PPT模板调出即用或修改可用 +

案例所需素材、效果齐全尽有 +

综合案例实用全面、前沿时尚

PPT精美幻灯片设计与制作

海 天 编著

PPT

完整、专业的知识体系：
5大篇幅、19章专题技术讲解，全面专业

典型、实用的案例技巧：
120多个技巧、240多个案例，经典实用

详尽、高清的图解教学：
1,700多张图片全程图解，操作一目了然

超值、贴心的光盘资源：
300多个素材文件、200多个效果文件和214段470多分钟教学视频文件，以及1,800款赠送资料，可以轻松学习PPT

北京希望电子出版社
Beijing Hope Electronic Press
www.bhp.com.cn

内容简介

本书是PowerPoint幻灯片制作的实用秘技大全，也可作为幻灯片制作的案头工具书，通过：5大篇幅内容布局＋19章专题技术讲解＋120多个技巧提醒放送＋240多个案例实战演练＋380多分钟教学视频演示＋1700多张图片全程图解，在最短时间内使读者从新手成为幻灯片制作高手。

全书共分为5篇：软件入门篇＋进阶提高篇＋核心攻略篇＋高手应用篇＋模板制作篇，共19章，具体内容包括初识PowerPoint 2013、演示文稿基本操作、幻灯片的基本操作、文本内容美化操作、制作精美图片效果、应用SmartArt图形对象、表格对象特效设计、创建编辑图表对象、添加外部媒体文件、设置幻灯片的主题、应用母版与超链接、幻灯片的动画设计、幻灯片的放映方式、发布打印演示文稿，以及相册、贺卡、教学、行政、汇报、计划、调研、策划、招商、管理、培训、演讲、宣传、推广、销售等数十种模板的制作等内容。

本书主要特色：PPT模板调出即用或修改可用＋案例所需素材、效果齐全尽有＋综合案例实用全面、前沿时尚。本书结构清晰、语言简洁，适合各类办公人员、商务人员、行政人员、财会人员、销售人员、学校教师、招商人员、管理人员、培训老师、相册制作人员等，同时也可作为各类计算机培训中心、中职中专、高职高专等院校及相关专业的辅导教材。

本书附赠1张DVD光盘，其中包括书中部分实例的素材文件、效果文件和语音视频教学文件，以及赠送资料版面文件，读者可以在学习过程中随时调用。

图书在版编目（CIP）数据

PPT精美幻灯片设计与制作/海天编著. —北京：北京希望电子出版社，2013.8

ISBN 978-7-83002-109-2

Ⅰ. ①P… Ⅱ. ①海… Ⅲ. ①图形软件 Ⅳ. ①TP391.41

中国版本图书馆CIP数据核字(2013)第143720号

出版：北京希望电子出版社
地址：北京市海淀区上地3街9号
金隅嘉华大厦C座611
邮编：100085
网址：www.bhp.com.cn
电话：010-62978181（总机）转发行部
010-82702675（邮购）
传真：010-82702698
经销：各地新华书店

封面：深度文化
编辑：韩宜波
校对：刘　伟
开本：787mm×1092mm　1/16
印张：25.5（彩插10面）
印数：1-3500
字数：575千字
印刷：北京双青印刷有限公司
版次：2013年8月1版1次印刷

定价：49.80元（配1张DVD光盘）

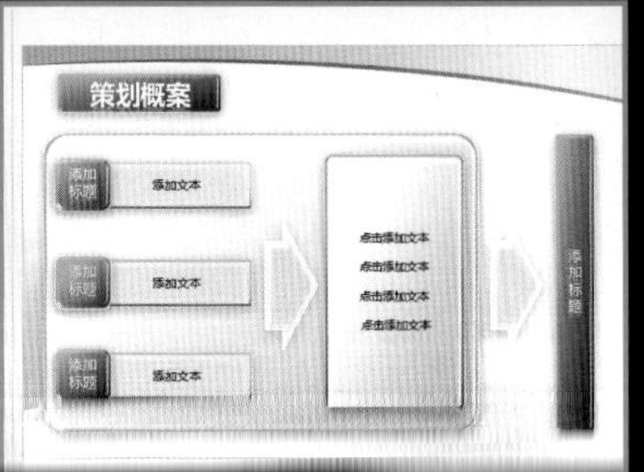

2.1.3 显示或隐藏对象

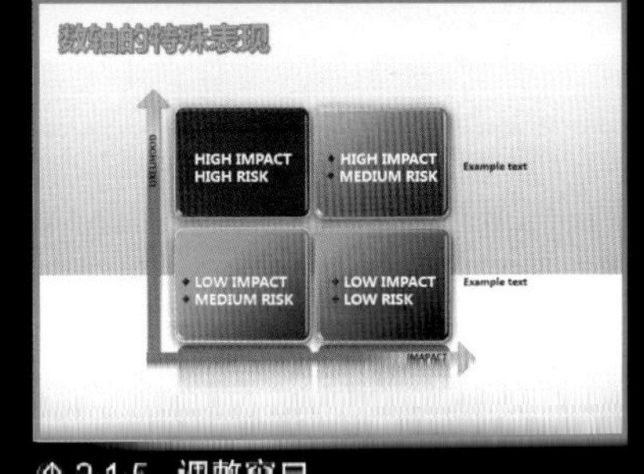

2.1.5 调整窗口

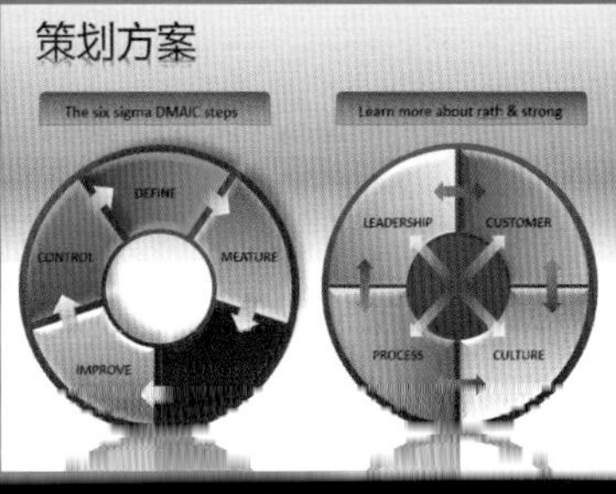

2.1.6 通过快捷键新建幻灯片

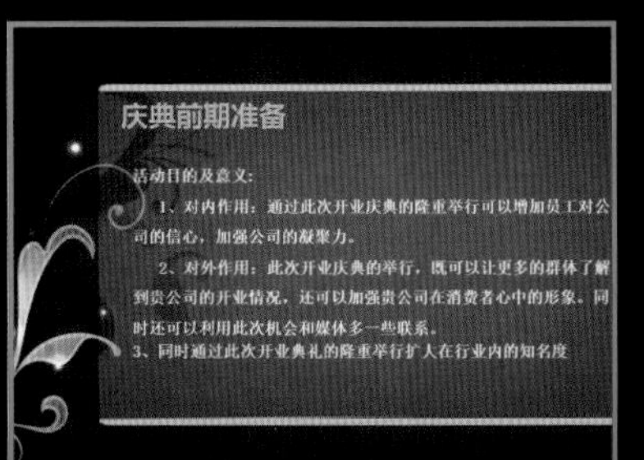

3.3.1 设置幻灯片段落对齐方式

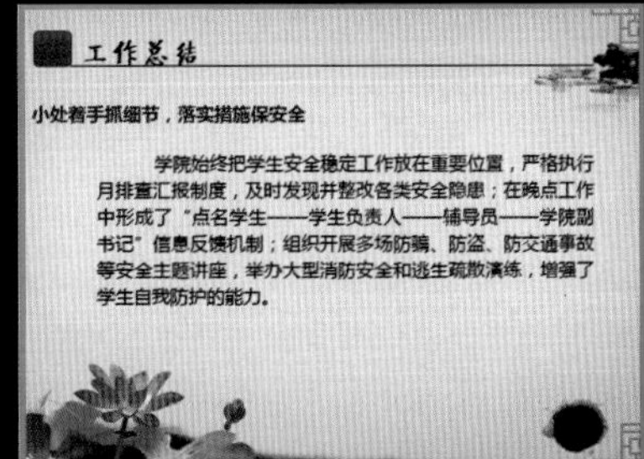

3.3.2 设置幻灯片缩进方式

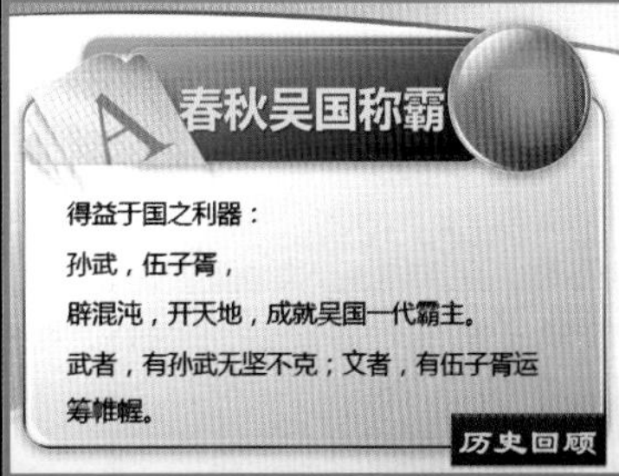

3.3.3 设置幻灯片行距和间距

4.1.5 添加批注文本

4.2.2 设置文本颜色

4.2.7 设置文字阴影

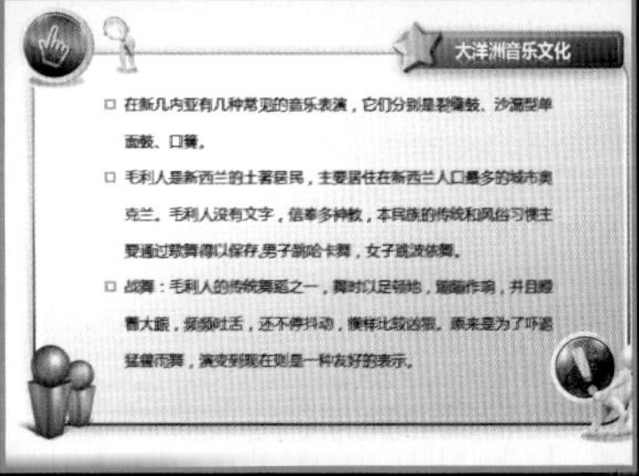

4.4.1 添加常用项目符号

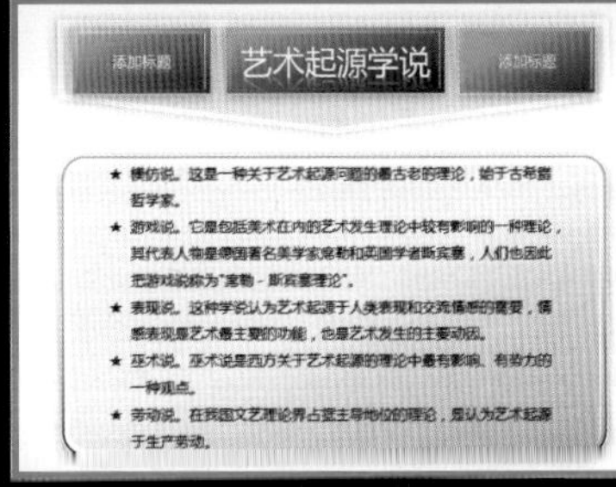

4.4.3 添加自定义项目符号

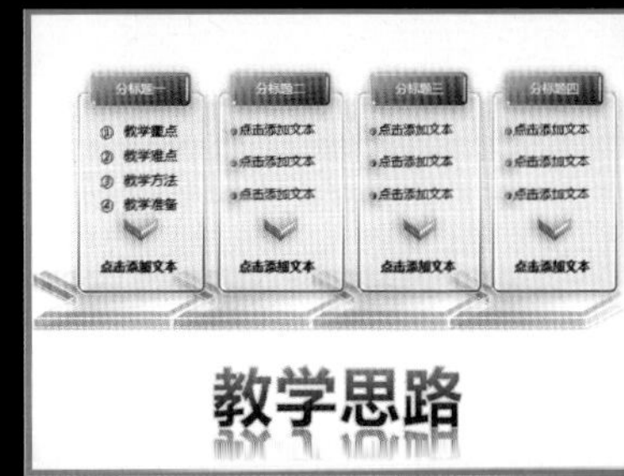

4.4.4 添加常用项目编号

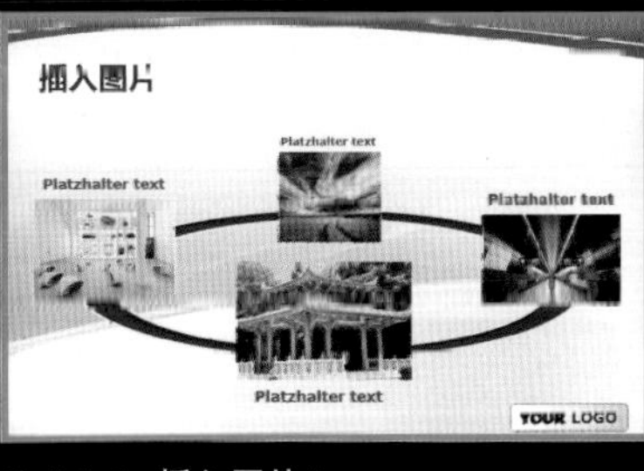

5.1.1 插入图片

5.1.2 调整图片大小

5.1.3 设置图片样式

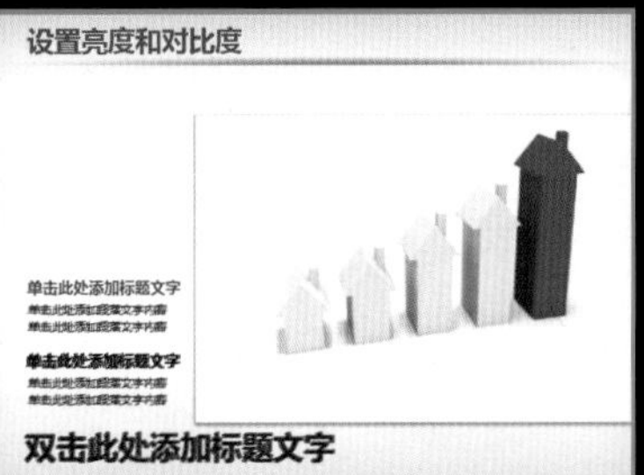

5.1.6 设置图片亮度和对比度

5.1.7 设置图片艺术效果

5.1.8 设置图片颜色

5.2.2 编辑剪贴画

5.3.2 设置艺术字形状填充

5.3.4 设置艺术字形状样式

5.3.5 设置艺术字形状效果

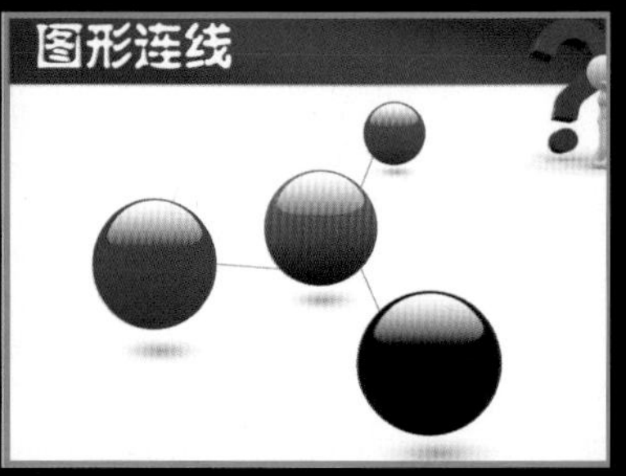

6.1.1 绘制直线图形

6.1.2 绘制矩形图形

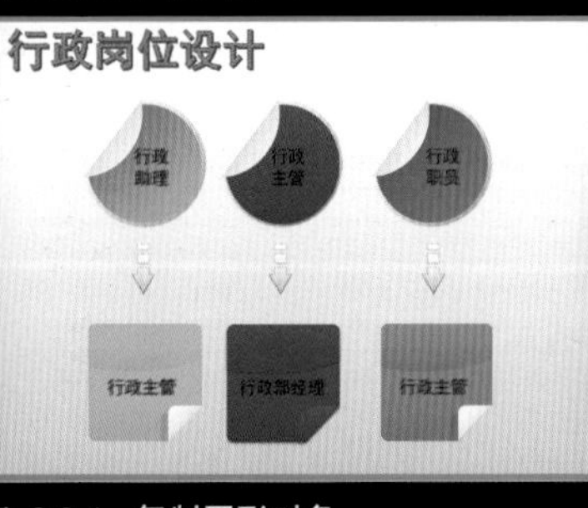

6.2.1 复制图形对象

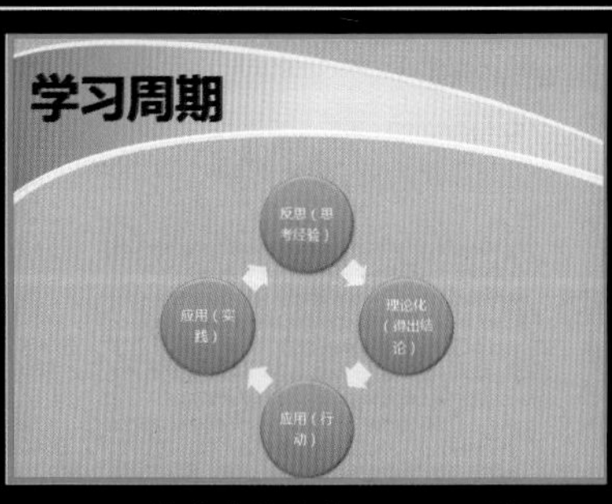

6.4.4 将文本转换为SmartArt图形

7.1.3 输入文本

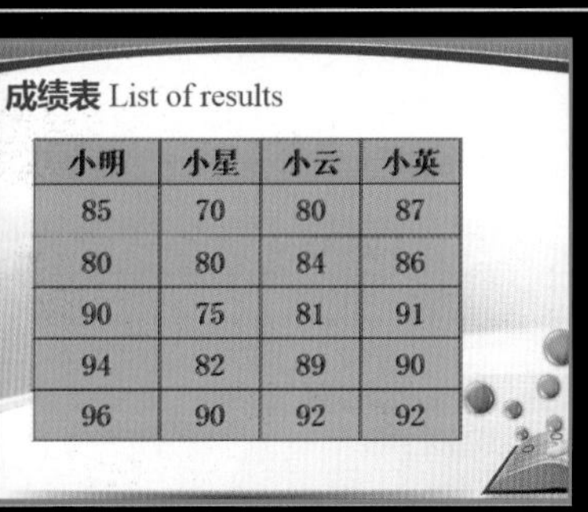
成绩表 List of results

小明	小星	小云	小英
85	70	80	87
80	80	84	86
90	75	81	91
94	82	89	90
96	90	92	92

7.2.1 复制Word表格

7.3.2 设置表格底纹

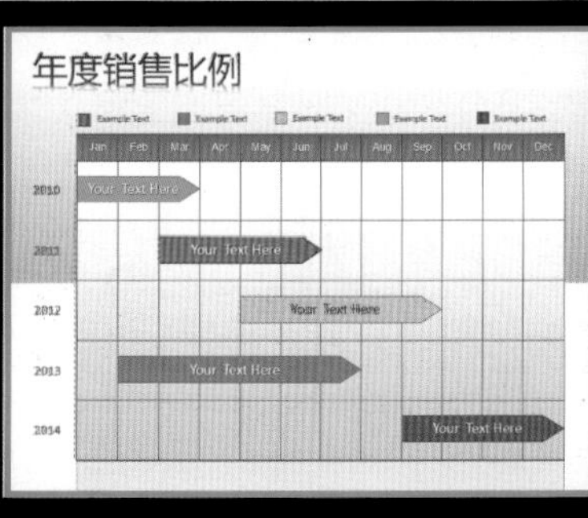

7.3.3 设置表格边框颜色

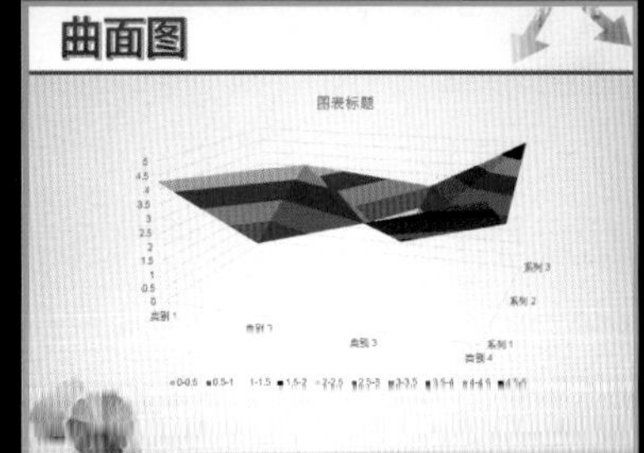

↑ 8.1.6 创建曲面图

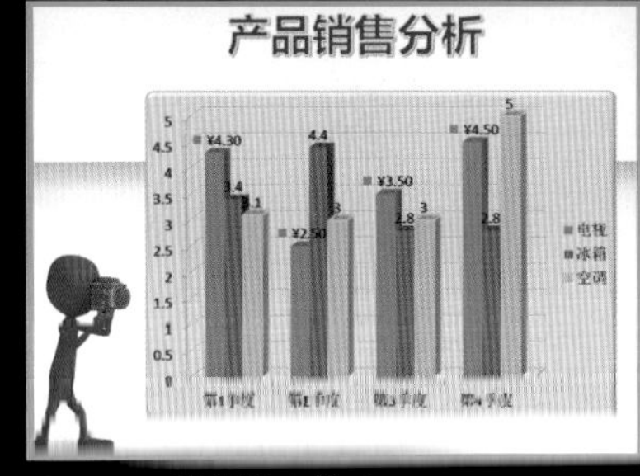

↑ 8.2.2 设置数字格式

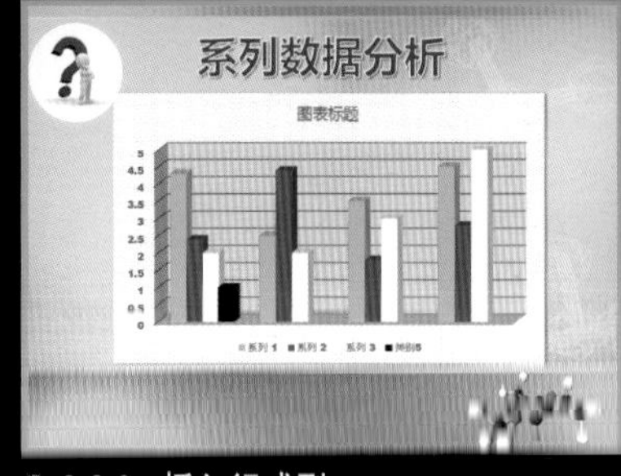

↑ 8.2.3 插入行或列

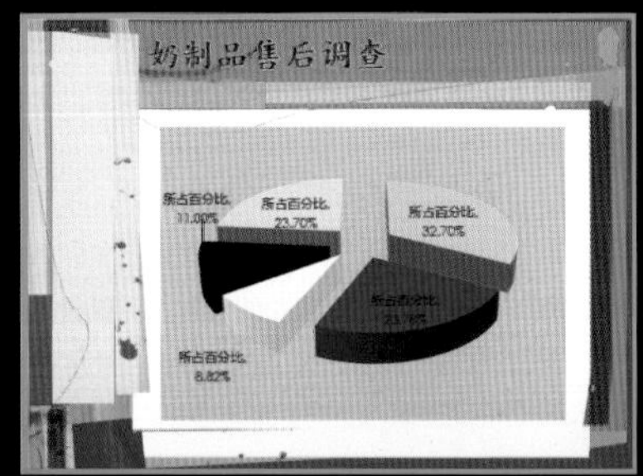

↑ 8.3.4 添加数据标签

↑ 9.2.1 设置声音音量

↑ 9.3.2 添加文件中的视频

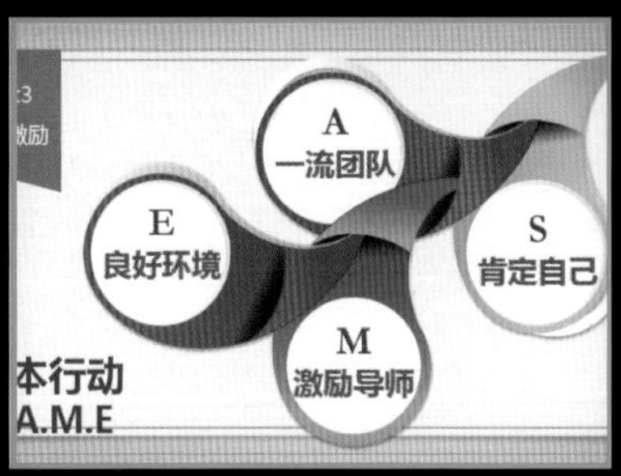

↑ 10.2.1 设置主题为环保

↑ 10.2.4 设置主题颜色为视点

↑ 10.4.2 设置渐变背景

↑ 10.4.4 设置图案背景

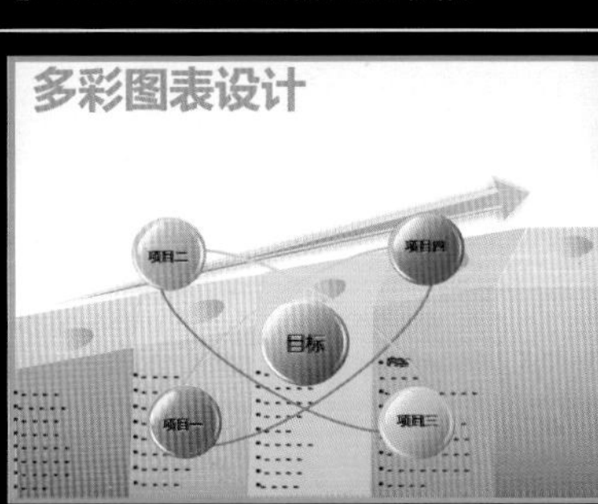

↑ 11.1.7 设置页眉和页脚

↑ 11.3.5 运用“动作”按钮添加动作

↑ 12.1.1 添加飞入动画效果

↑ 12.1.3 添加缩放动画效果

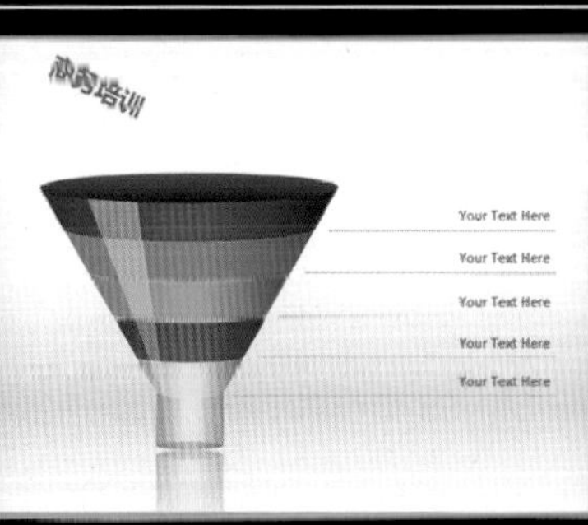

↑ 13.1.1 从头开始放映

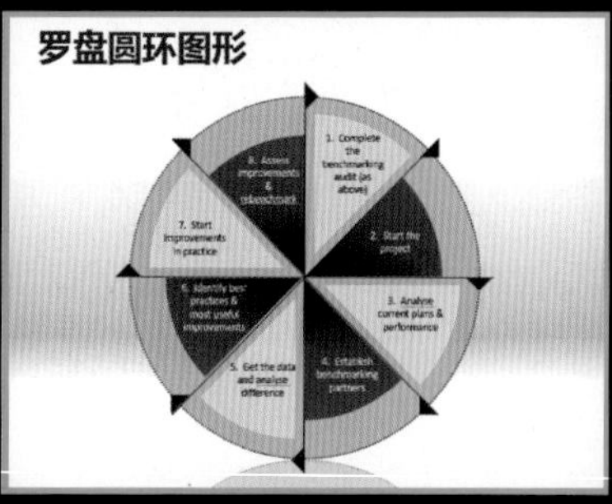

↑ 13.1.2　从当前幻灯片开始放映

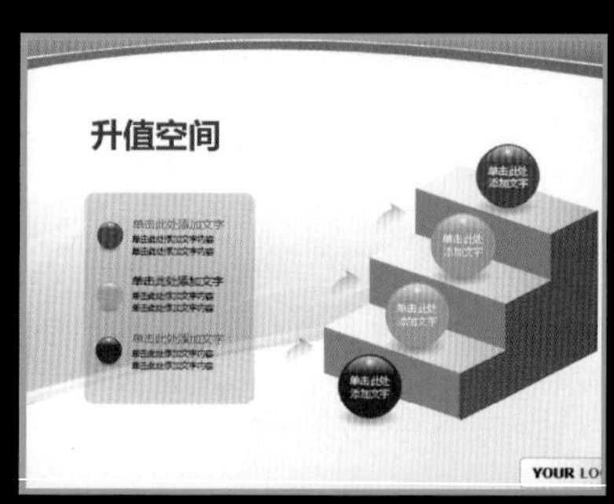

↑ 14.1.1　设置幻灯片大小

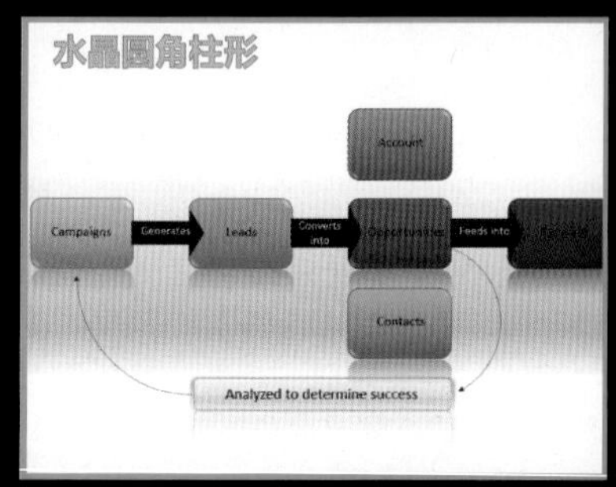

↑ 14.2.3　输出为放映文件

纳木措

↑ 15.1　电子相册模板制作

教学课件模板

单击此处添加标题
单击此处添加段落文字内容
单击此处添加段落文字内容

↑ 15.2　节日贺卡模板制作

↑ 15.3　教学课件模板制作

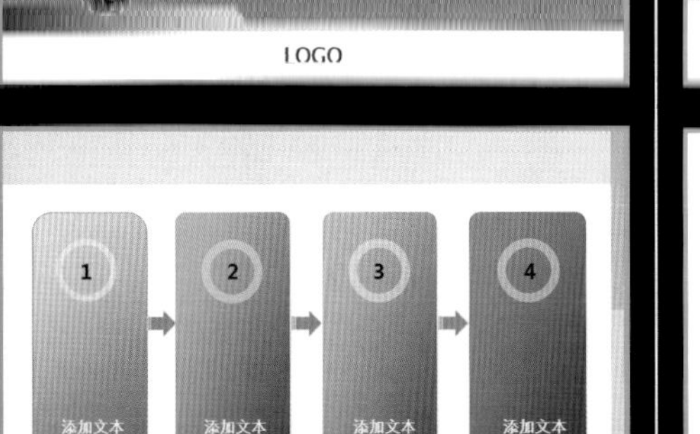

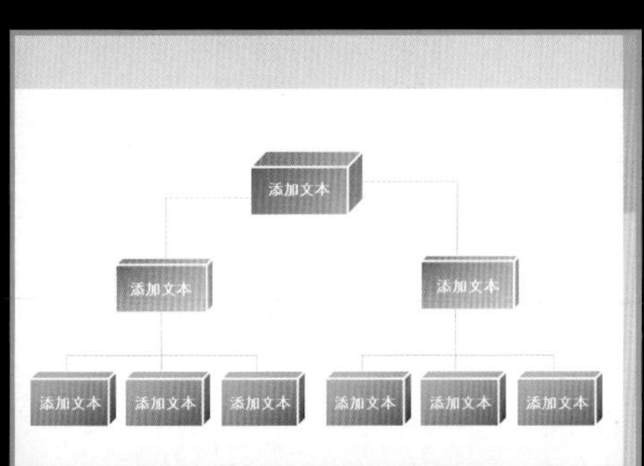

↑ 16.1 行政办公模板制作

↑ 16.2 工作汇报模板制作

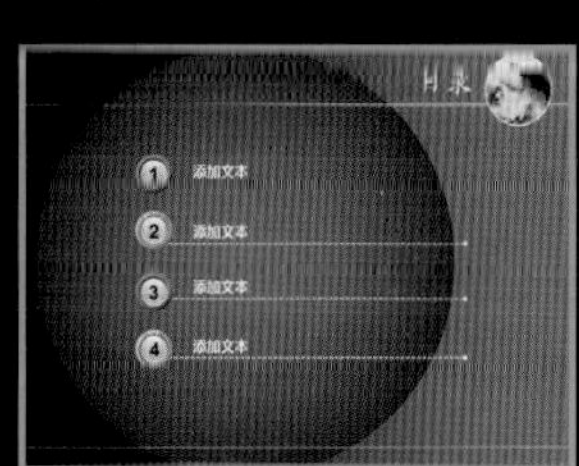

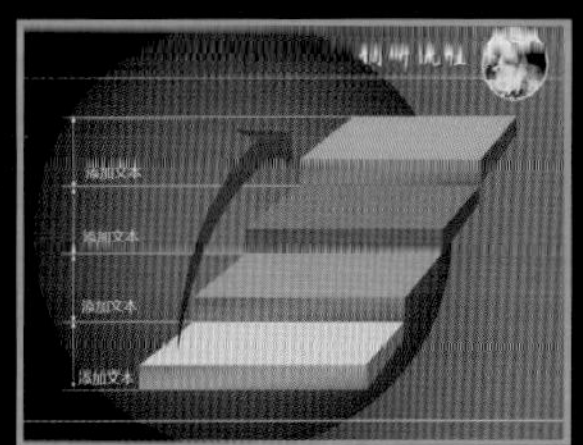

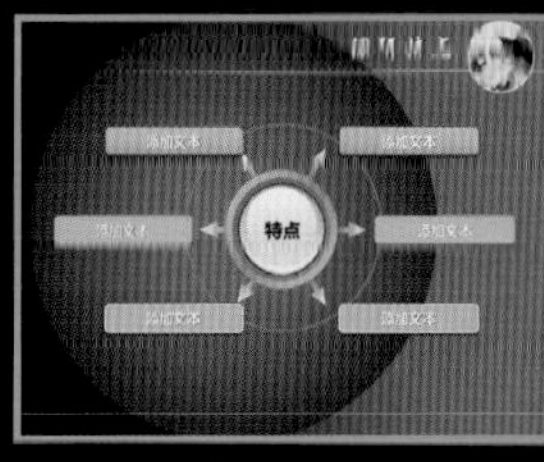

↑ 17.1 产品调研模板制作

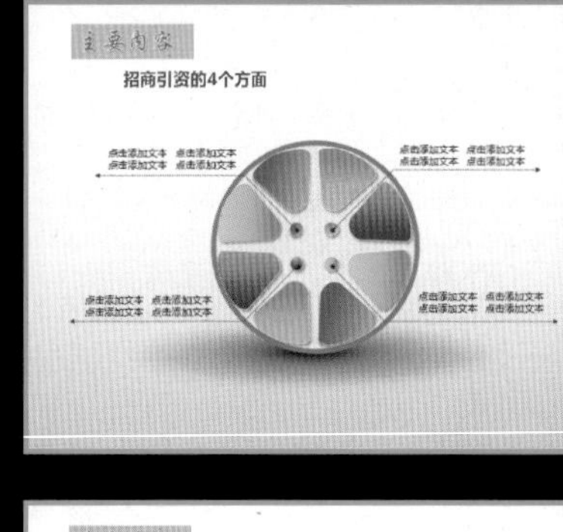

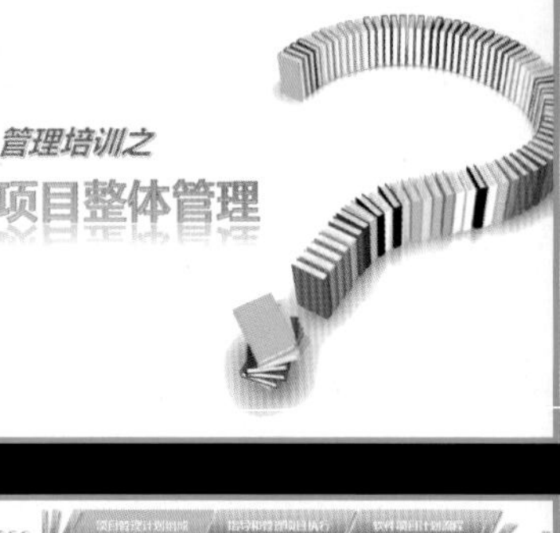

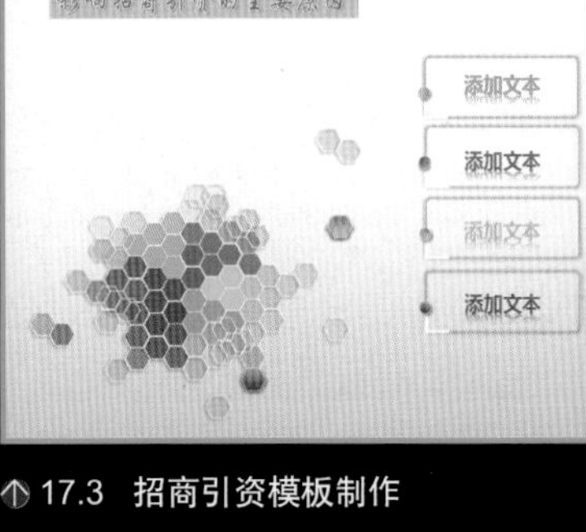

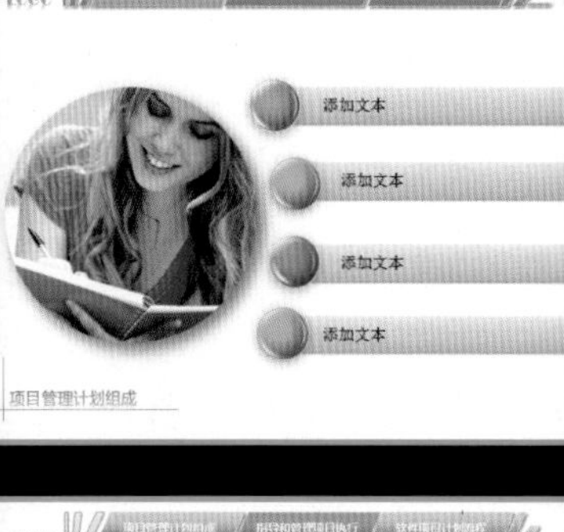

17.3 招商引资模板制作

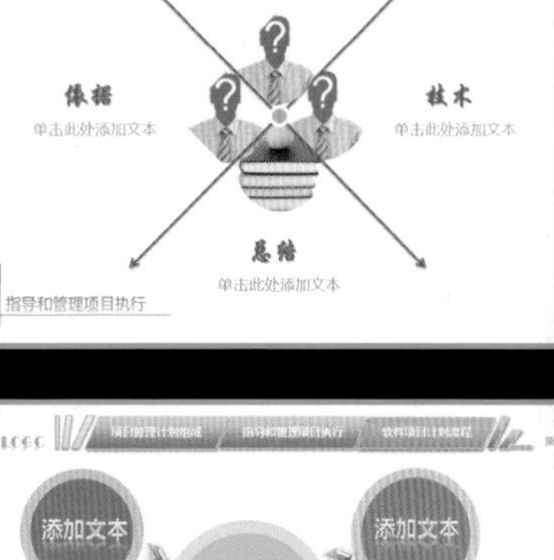

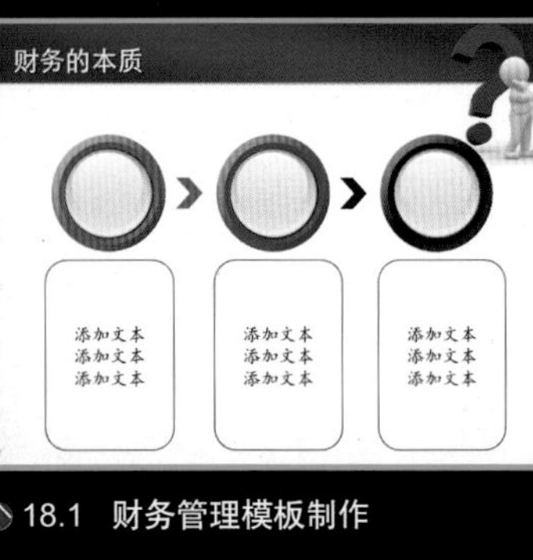

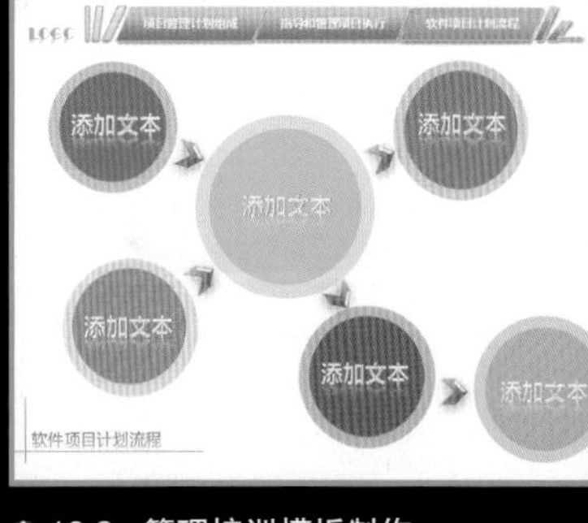

18.1 财务管理模板制作

18.2 管理培训模板制作

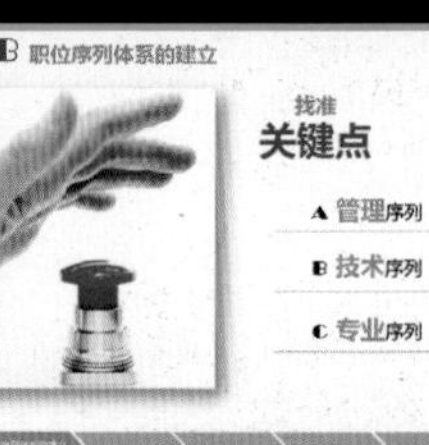

18.3 企业演讲模板制作

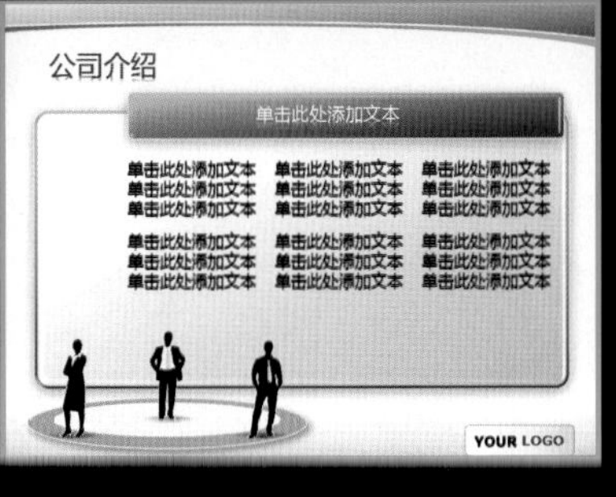

19.1　产品宣传模板制作

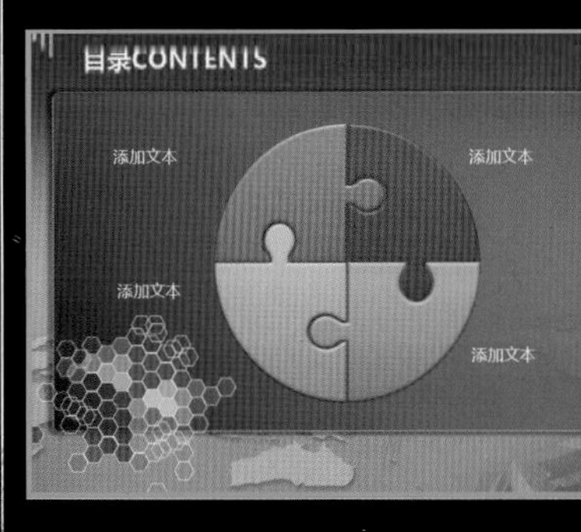

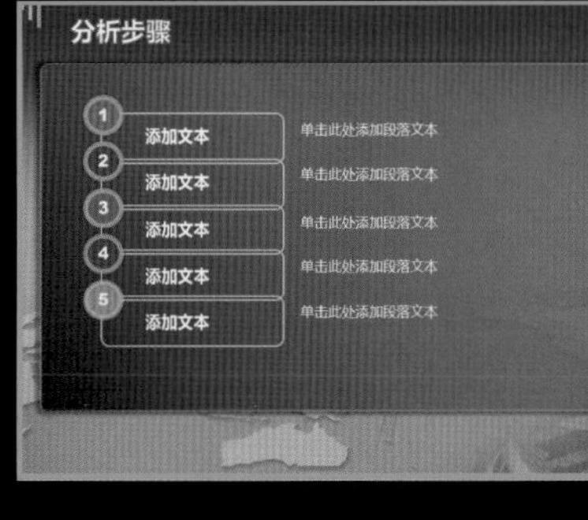

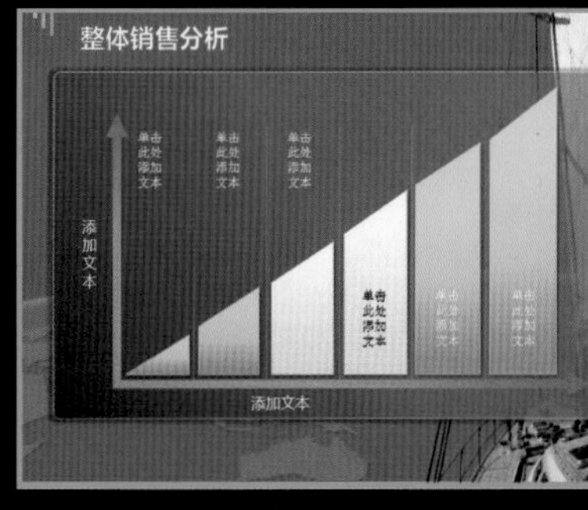

19.3　销售数据模板制作

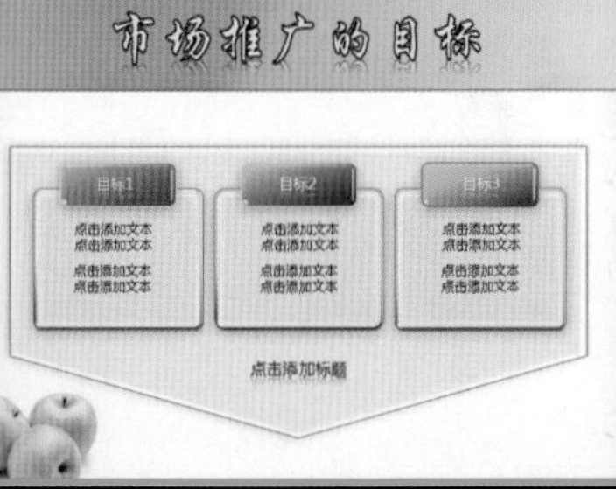

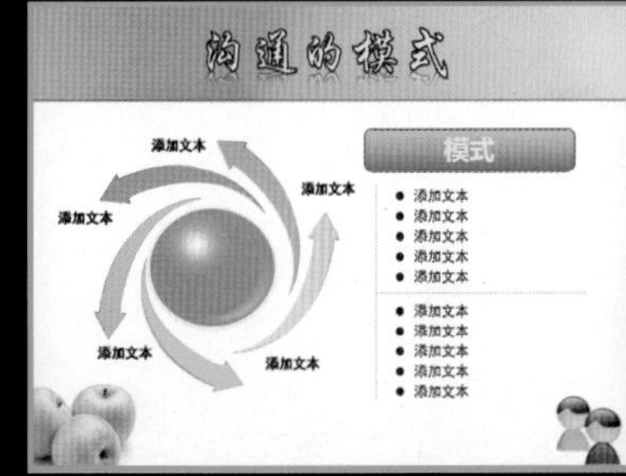

19.2　市场推广模板制作

1800款超值模板赠送

超值素材赠送：650款商业PPT模板

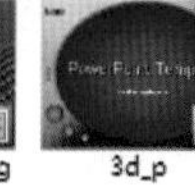

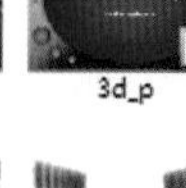

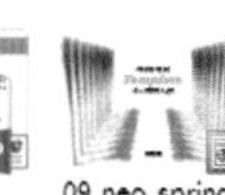

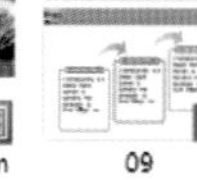

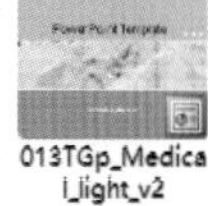

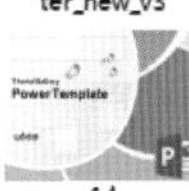

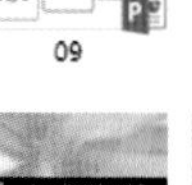

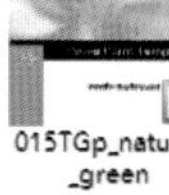

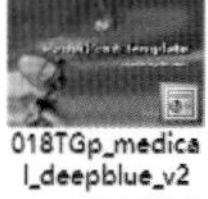
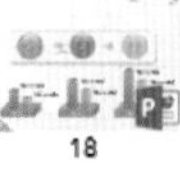

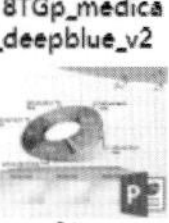

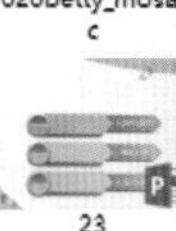

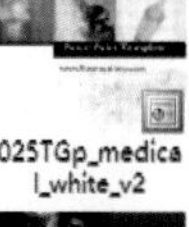
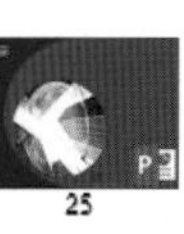

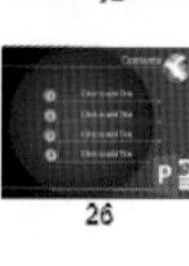

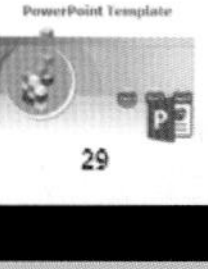

01_neo_blue	2	3	3_planets	3d_knot_blue_v2	3d_knot_green	3d_metal_ball_blue	3d_metal_ball_blue_2	3d_metal_ball_gold	3d_p
06_neo_3d_circle	007TGp_BizGlobe_bl_v3	07_neo_3d_hexagon	008TGp_BizCom_light	08_neo_3d_dream_works	009TGp_Computer_light	009TGp_Computer_new_v3	009TGp_food_new_v3	09	09_neo_spring_up
011TGp_Global_light	11_neo_3d_blue_n_red_lite	012TGp_Global_light_v3	013TGp_Medical_light_v2	014betty_b	014TGp_Medical_light_v2	14	015betty_g	015TGp_natural_green	016betty_dg
017betty_db	017TGp_medical_green_v2	17_neo_success_crystal	018betty_pastel	018TGp_medical_deepblue_v2	18	019betty_circle	019TGp_medical_deepgreen_v2	19	020betty_mosaic
20	20_neo_success_fingers	021betty_mosaic2	021TGp_bizmedical_light_v2	21	022TGp_bizmedical_bl_v2	22	023betty_arrow	023TGp_bizmedical_green_v2	23
024TGp_medical_violet_v2	24	025betty_block	025TGp_medical_white_v2	25	026betty_block2	026TGp_education_blue_v3	26	027gray	027TGp_edu_biz_gr_v2
028betty_white	028TGp_edu_school_gr_v3	28	029TGp_edu_biz_red_v3	29	030betty_jelly2	030TGp_edu_school_bl_v3	30	031betty_line	031TGp_education_green_v3

超值素材赠送：500款PPT图示图表

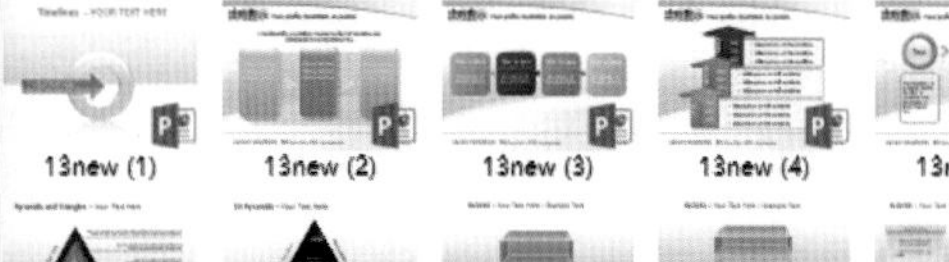
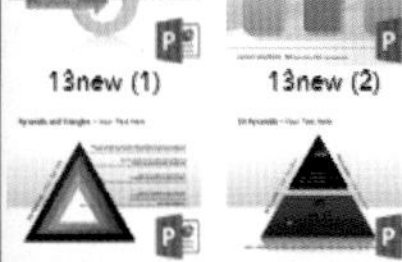
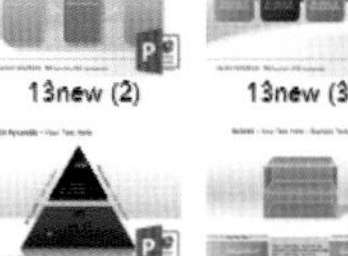
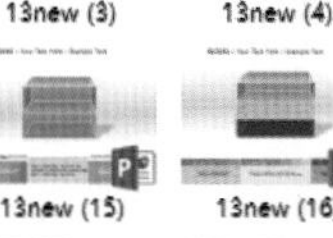

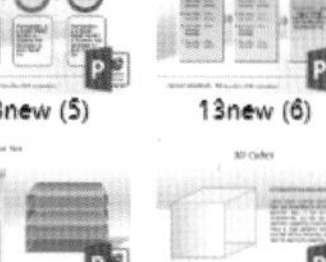
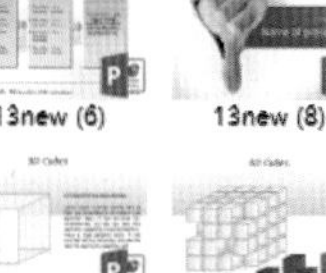
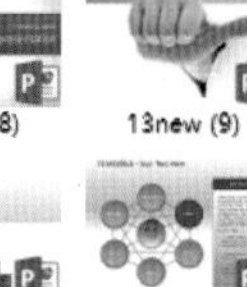
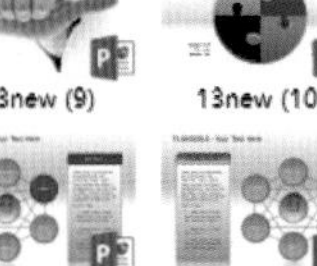

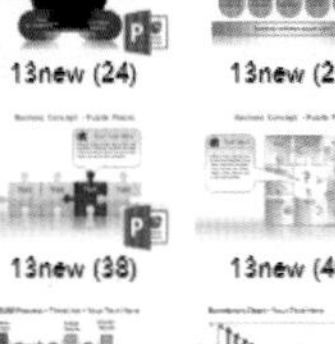

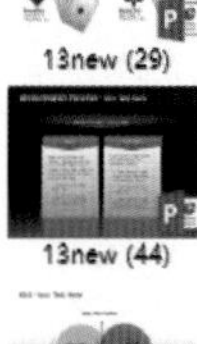

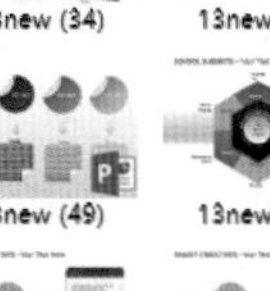

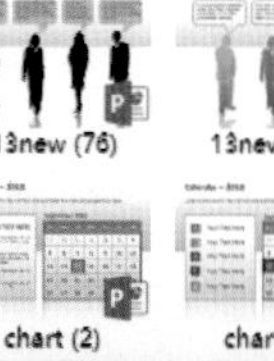

13new (1)	13new (2)	13new (3)	13new (4)	13new (5)	13new (6)	13new (8)	13new (9)	13new (10)	13new (11)
13new (13)	13new (14)	13new (15)	13new (16)	13new (17)	13new (18)	13new (19)	13new (20)	13new (21)	13new (22)
13new (24)	13new (25)	13new (26)	13new (28)	13new (29)	13new (30)	13new (32)	13new (33)	13new (34)	13new (36)
13new (38)	13new (40)	13new (41)	13new (42)	13new (44)	13new (45)	13new (46)	13new (48)	13new (49)	13new (50)
13new (53)	13new (54)	13new (56)	13new (57)	13new (58)	13new (60)	13new (61)	13new (62)	13new (64)	13new (65)
13new (68)	13new (69)	13new (70)	13new (72)	13new (73)	13new (74)	13new (76)	13new (77)	13new (78)	13new (80)
13new (82)	13new (84)	13new (85)	13new (86)	13new (88)	chart (1)	chart (2)	chart (3)	chart (4)	chart (5)

超值素材赠送：250款抽象PPT模板

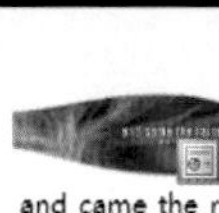

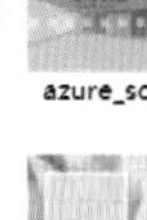

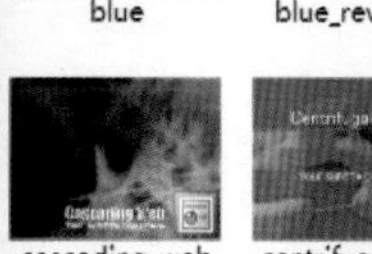

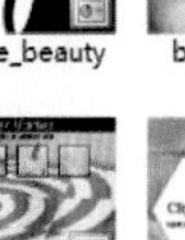

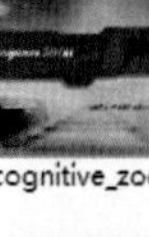

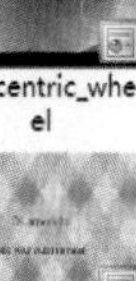

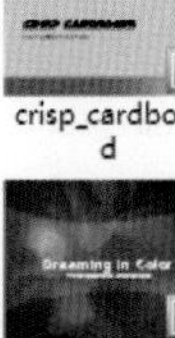

a_new_perspective　acid_drain　alien_skin　ampersand　and_came_the_rains　antiqued_glass　ashtrax　aurora_borealis　azure_solution

bad_hair_day　berrylishious　beveled_bliss　big_eye　biting_bullets　black_and_white　black_forum　black_hole　blaze

blue　blue_revolver　bold_new_tomorrow　bright_conclusion　broken_kaleidoscope　bubble_beauty　bubble_wrap　burlwood　burning_glass

cascading_web　centrifugal_effect　chilly_market　chimairic　chrome_antennae　cinder_vortex　city_structure　cloud_skipper　cognitive_zoom

compact_data　concentric_wheel　convex_concave　creative_fire　crimson_landscape　crisp_cardboard　crystaline　cyclones　damage_control

delta_gamma　diamonds　digital_denim　digital_rapture　domestic_textures　dreaming_in_color　droohbah　earthen_swatch　eclipse_in_action

超值素材赠送：200款商用图片

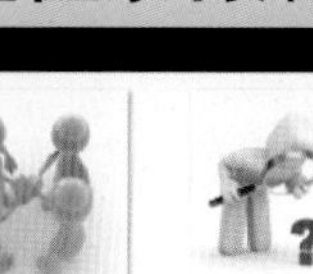

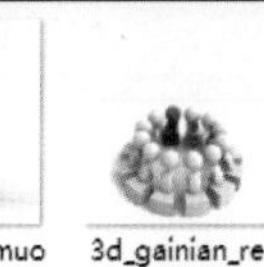

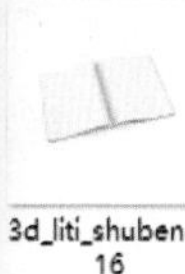
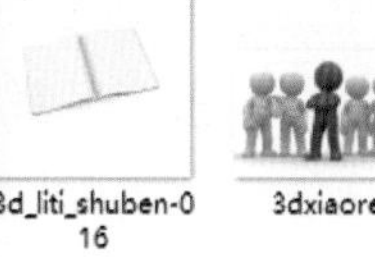
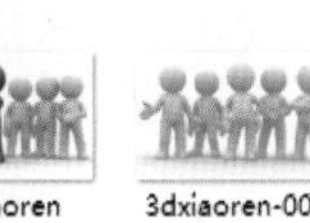

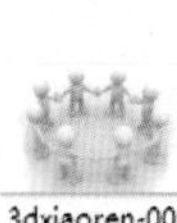

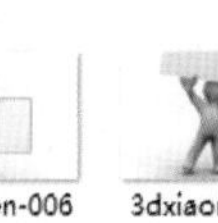

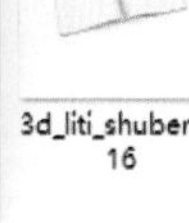
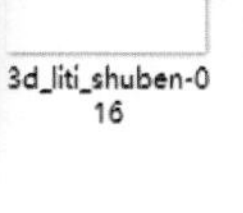

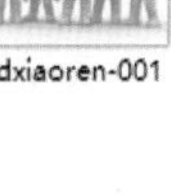
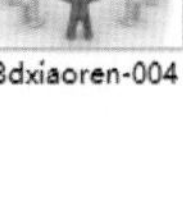
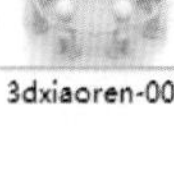
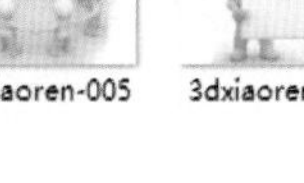
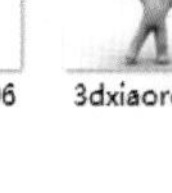

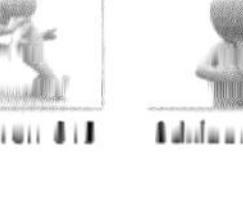

3d_gainian_muou-045　3d_gainian_muou-047　3d_gainian_muou-048　3d_gainian_renou-001　3d_gainian_renou-016　3d_gainian_renou-017　3d_gainian_renou-024　3d_liti_shuben-012　3d_liti_shuben-015

3d_liti_shuben-016　3dxiaoren　3dxiaoren-001　3dxiaoren-004　3dxiaoren-005　3dxiaoren-006　3dxiaoren-007　3dxiaoren-009　3dxiaoren-010

3dxiaoren-014　[illegible]　[illegible]016　[illegible]017　3dxiaoren-018　baihe_hua　baihe_hua-001　baihe_hua-003　baihe_hua-004

baihe_hua-005　baihe_hua-006　baihe_hua-007　baihe_hua-008　baihe_hua-009　baihe_hua-010　baihe_hua-011　baihe_hua-012　baihe_hua-027

baihe_hua-028　baihe_hua-029　baihe_hua-030　baihe_hua-031　baihe_hua-032　baihe_hua-033　baihe_hua-034　caise_huabi_beijing-007　caise_huabi_beijing-024

超值素材赠送：90款商务管理PPT模板

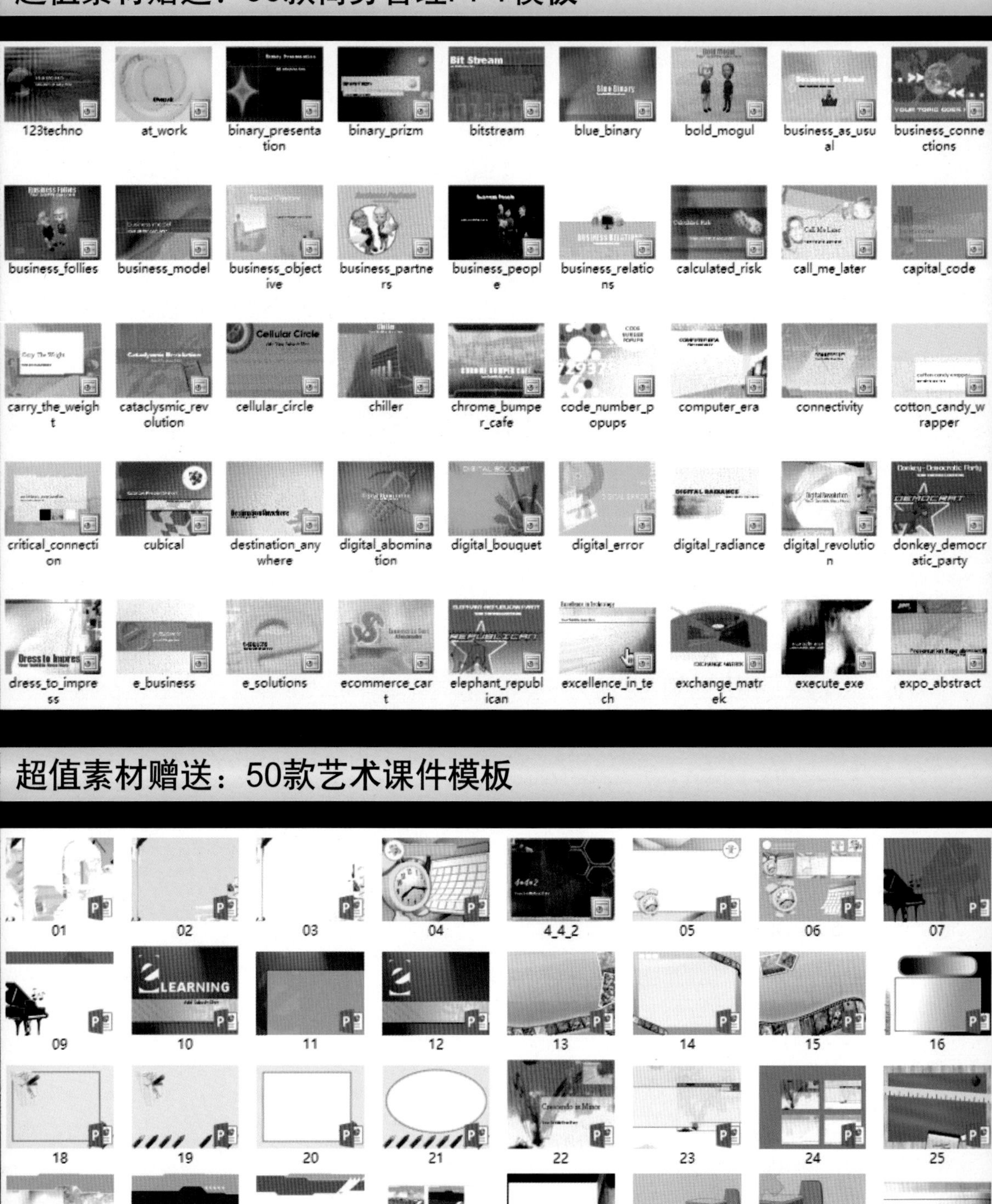

超值素材赠送：50款艺术课件模板

01 02 03 04 4_4_2 05 06 07

09 10 11 12 13 14 15 16

18 19 20 21 22 23 24 25

27 28 29 30 31 32 33 34

36 37 40 baseball_outline baseball_season basketball_outline billiards bmxtreme

本书简介

PowerPoint具有强大而完善的绘图、设计功能，它提供了高效的图形图像、文本声音、自定义动画、播放幻灯片功能。本书立足于PowerPoint 2013软件在营销、财务、计划等领域的应用，通过大量案例演练介绍其操作方法。

本书主要特色

PPT模板调出即用或修改可用：光盘中提供的书中实例效果文件模板及各种素材模板，可以直接拿来使用，或者修改调用，大大提高工作效率。

案例所需素材、效果齐全尽有：书中使用的素材与制作的效果共达500多款，其中包含300多个素材文件、200多个效果文件，涉及活动方案、教学课件等。

综合案例实用全面、前沿时尚：本书中的综合案例模板包括行政办公、工作汇报、产品调研、市场策划、财务管理、管理培训、产品宣传、市场推广以及销售数据等，实用全面，时尚新颖。

本书细节特色

5大篇幅内容布局：本书结构清晰，分为软件入门篇、进阶提高篇、核心攻略篇、高手应用篇、模板制作篇5大篇幅，帮助读者循序渐进，快速学习。

19章专题技术讲解：本书用19章专题对PowerPoint精美幻灯片的制作方法和基本应用技巧进行合理划分，让读者循序渐进地学习软件应用。

120多个专家技巧放送：书中附有作者在使用软件过程中总结的经验技巧，共计120多个，全部奉献给读者，方便读者提升PPT实战技巧与经验。

240多个案例实战演练：本书是一本操作性极强的技能实例手册，共计240多个实战案例，使读者在熟悉基础的同时熟练掌握精美幻灯片的制作方法。

370多分钟教学视频演示：书中的主要技能实例的操作，录制了语音讲解的演示视频共计370多分钟，读者可以独立观看视频演示进行学习。

1700多张图片全程图解：在写作过程中，避免了冗繁的文字叙述，通过1700多张操作截图来展示软件具体的操作方法，做到图文对照、简单易学。

本书内容

本书分为软件入门篇、进阶提高篇、核心攻略篇、高手应用篇、模板制作篇5大篇幅，共计19章，具体内容如下。

软件入门篇：第1～3章分为软件入门篇，主要向读者介绍了PowerPoint 2013基本概念、认识PowerPoint 2013工作界面、掌握常用视图方式、PowerPoint 2013新增功能、制作个性化工作界面、创建演示文稿、保存演示文稿、新建幻灯片以及设置幻灯片段落等内容。

进阶提高篇：第4～6章分为进阶提高篇，主要向读者介绍了输入多种文本、设置文本格式、编辑文本对象、添加项目符号、插入与编辑图片、插入与编辑剪贴画、插入与编辑艺术字、绘制自选图形、调整自选图形、插入与编辑SmartArt图形以及管理SmartArt图形等内容。

核心攻略篇：第7～10章分为核心攻略篇，主要向读者介绍了创建表格对象、设置表格效果、设置表格文本样式、创建图表对象、编辑图表、设置图表布局、添加各类声音、设置声音属性、添加视频、插入和剪辑动画、设置幻灯片主题、设置幻灯片背景、设置主题模板及颜色等内容。

高手应用篇：第11～14章分为高手应用篇，主要向读者介绍了编辑幻灯片母版、应用母版视图、创建超链接、链接到其他对象、添加动画、编辑动画效果、制作切换效果、设置幻灯片放映、幻灯片放映方式、放映过程中的控制、设置打印页面、打包演示文稿及打印演示文稿等内容。

模板制作篇：第15～19章分为模板制作篇，主要向读者介绍了电子相册模板制作、节日贺卡模板制作、行政办公模板制作、工作汇报模板制作、产品调研模板制作、市场策划模板、招商引资模板制作、财务管理模板制作、管理培训模板制作以及产品宣传模板制作等内容。

编者、售后

本书由龙飞编著，参加编写的人员还有柏松、谭贤、宋金梅、罗林、刘嫔、苏高、曾杰、罗权、罗磊、杨闰艳、周旭阳、袁淑敏、谭俊杰、徐茜、杨端阳、谭中阳、黄英、田潘、王力建、张国文、李四华、吴金蓉、陈国嘉、蒋珍珍、蒋丽虹等。书中难免存在疏漏与不妥之处，欢迎广大读者来信咨询和指正，联系邮箱：itsir@qq.com。

编　者

Contents 目录

第4章 文本内容美化操作

第5章 制作精美图片效果

第6章 应用SmartArt图形对象

第7章 表格对象特效设计

第8章 创建编辑图表对象

第9章 添加外部媒体文件

第10章 设置幻灯片的主题

第11章 应用母版与超链接

第12章 幻灯片的动画设计

第13章 幻灯片的放映方式

第14章 发布打印演示文稿

第15章 相册、贺卡、教学模板制作

第16章 行政、汇报、计划模板制作

第17章 调研、策划、招商模板制作

第18章 管理、培训、演讲模板制作

第19章 宣传、推广、销售模板制作

初识PowerPoint 2013

学习提示

PowerPoint 2013是Office 2013的重要组成部分之一，使用PowerPoint 2013可以制作出集文字、图形、图像、声音以及视频等为一体的多媒体演示文稿。本章主要向用户介绍PowerPoint 2013的基本知识。

主要内容

- PowerPoint应用特点
- PowerPoint常见术语
- 启动PowerPoint 2013
- 退出PowerPoint 2013
- 快速访问工具栏
- 幻灯片放映视图

重点与难点

- 编辑窗口
- 备注页视图
- 新增使用模板

学完本章后你会做什么

- 掌握启动与退出PowerPoint 2013的操作方法
- 掌握常用视图方式
- 掌握PowerPoint 2013新增功能

视频文件

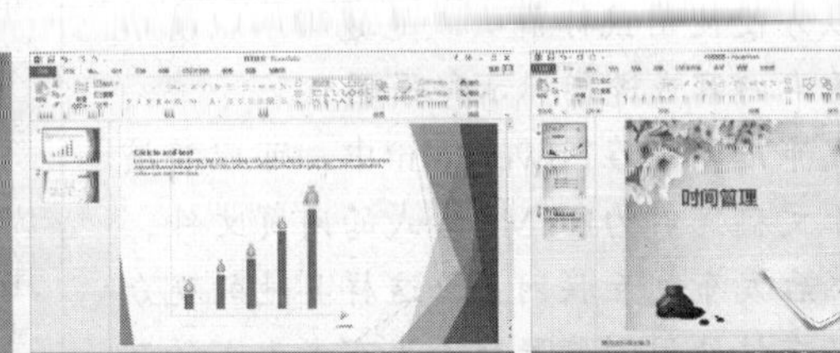

1.1 PowerPoint 2013基本概念

Microsoft Office 2013是美国微软公司发布的新版本，其中Microsoft PowerPoint 2013是Microsoft Office 2013办公套装软件中的一个重要组成部分，它是用来设计和制作信息展示领域的各种电子演示文稿，使演示文稿的编制更加容易和直观，也是人们在日常生活、工作、学习中使用比较广泛的幻灯片演示软件。

1.1.1 PowerPoint应用特点

PowerPoint 2013和其他Office 2013应用软件一样，使用方便，界面友好。简单地说，PowerPoint 2013具有如下特点。

- 简单易用：作为Office软件中的一员，PowerPoint在选项卡、工作界面的设置上和Word、Excel类似，各种工具的使用也相当简单，一般情况下用户只需经过短时间的学习就可以制作出具有专业水准的多媒体演示文稿。
- 帮助系统：在演示文稿的制作过程中，使用PowerPoint帮助系统，可以得到各种提示，可以帮助用户进行幻灯片的制作，以提高工作效率。
- 与他人协作：PowerPoint使连接互联网和共享演示文稿变得更加简单，地理位置分散的用户在自己的办公地点就可以很好地与他人进行合作。
- 多媒体演示：使用PowerPoint制作演示文稿可以应用于不同的场合，演示的内容可以是文字、图形、图像、声音以及视频等多媒体信息。另外，PowerPoint还提供了多种控制自如的放映方式和变化多样的画面切换效果，在放映时还可以方便使用鼠标箭头或笔迹指示以演示重点内容或进行标示和强调。
- 发布应用：在PowerPoint中，可以将演示文稿保存为HTML格式的网页文件，然后发布到互联网上，这样异地的观众可直接使用浏览器观看发布者发布的演示文稿。
- 支持多种格式的图形文件：Office的剪辑库中收集了多种类别的剪贴画，通过自定义的方法，可以向剪辑库中增加新的图形。此外，PowerPoint还允许在幻灯片中添加JPEG、BMP、EMF和GIF等图形文件，对于不同类型的图形对象，可以设置动态效果。
- 输出方式多样化：用户可以根据制作的演示文稿，选择输出供观众使用的讲义或者供演讲者使用的备注文档。

重点提醒

在PowerPoint 2013中，用户不仅可以将制作好的幻灯片输出为多种方式，还可以将幻灯片的大纲通过打印机打印出来。

1.1.2 PowerPoint常见术语

PowerPoint 2013引入了一些特有的专业术语，了解这些术语，更有利于创建和操作演示文稿。

1. 演示文稿和幻灯片

演示文稿是使用PowerPoint所创建的文档，而幻灯片则是演示文稿中的页面。演示文稿是由若干张幻灯片所组成的，这些幻灯片能以图、表、音和像并茂的多媒体形式用于广告宣传、产品介绍、业绩报告、学术演讲、电子教学、销售简报和商务办公等。图1-2所示为《公司年度计划》的演示文稿，图1-3所示为演示文稿中的一张幻灯片。

2. 主题

PowerPoint 2013的主题由“主题颜色”、“主题字体”和“主题效果”组成的，“主题字体”是指应用在演示文稿中的主要字体和次要字体的集合；“主题颜色”是指演示文稿中使用的颜色的集合，“主题效果”是指应用在演示文稿中元素的视觉属性的集合，主题可以作为一套独立的选择方案应用于演示文稿中。图1-3所示为同一张幻灯片应用两种不同主题的效果。

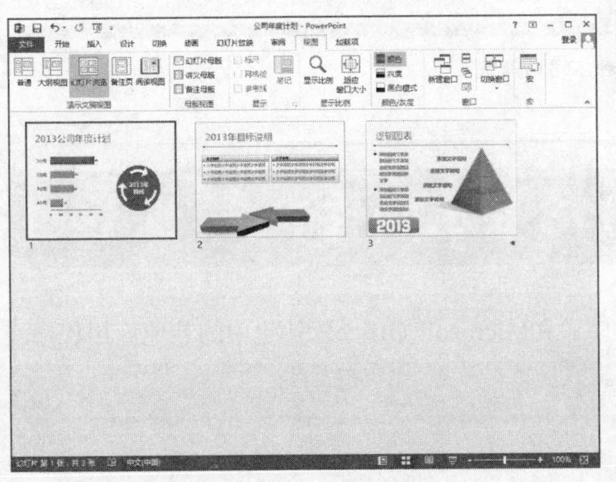

图1-1 《公司年度计划》的演示文稿

图1-2 演示文稿中的一张幻灯片

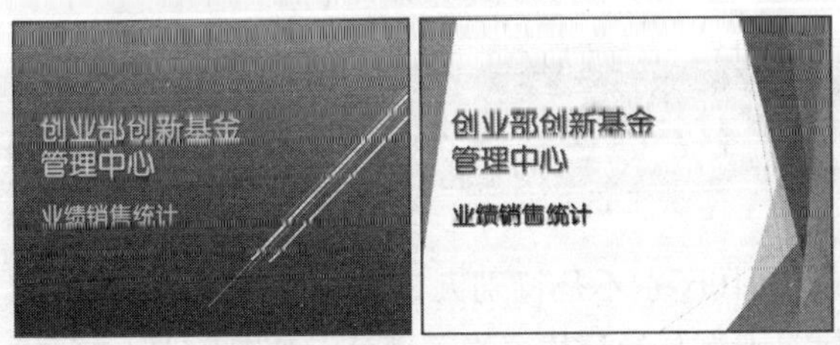

图1-3 应用两种不同主题

3. 模板

在PowerPoint 2013中，模板记录了对幻灯片母版、版式和主题组合所进行的设置，由于模板所包含的结构构成了已完成演示文稿的样式和页面布局，因此可以在模板的基础上快速创建出外观和风格相似的演示文稿。图1-4所示为已创建的“欢迎使用 PowerPoint”演示文稿。

图1-4 创建“欢迎使用PowerPoint”演示文稿

重点提醒

在“打开”选项卡右侧的“最近使用的演示文稿”选项区中，显示了最近打开过的演示文稿，如用户需要再次打开某一个使用过的演示文稿，则可以直接双击文件名实现打开操作。

4. 母版

母版是模板的一部分，其中储存了文本和各种对象在幻灯片上的放置位置、文本或占位符的大小、文本样式、背景、颜色主题、效果和动画等信息，母版包括幻灯片母版、讲义母版和备注母版，最常用的是幻灯片母版，它定义了幻灯片中要放置和显示内容的位置信息。图1-5所示为应用两种不同的母版。

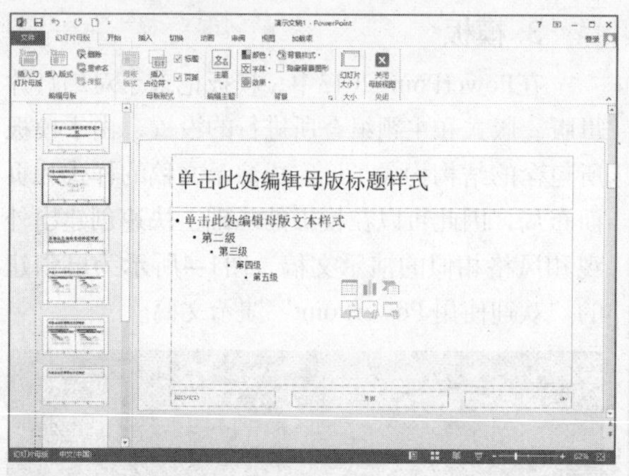

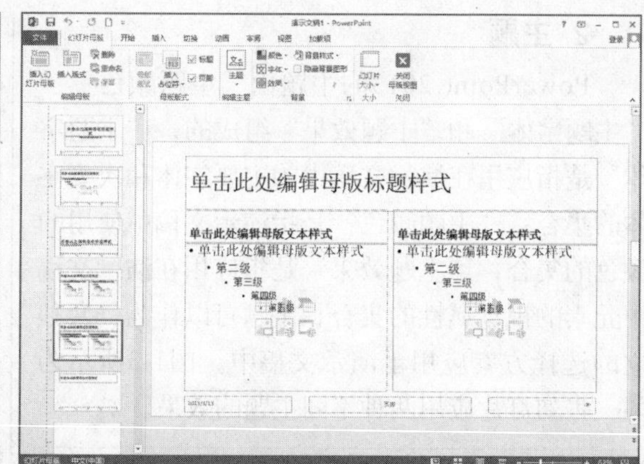

图1-5　应用两种不同的母版

1.2　PowerPoint 2013基本操作

PowerPoint是在Windows环境下开发的应用程序，和Microsoft Office软件包中的其他应用程序一样，可以采用不同方法来启动和退出PowerPoint。

1.2.1　启动PowerPoint 2013

启动PowerPoint 2013，常用以下3种方法。

- 图标：双击桌面上的PowerPoint 2013快捷方式图标，即可启动PowerPoint 2013。
- 命令：单击“开始”|“所有程序”|Microsoft Office| Microsoft PowerPoint 2013命令。
- 快捷菜单：在桌面窗口中的空白区域单击鼠标右键，在弹出的快捷菜单中选择“新建”|“Microsoft PowerPoint演示文稿”命令。

1.2.2　退出PowerPoint 2013

退出PowerPoint 2013，常用以下两种方法。

- 按钮：单击标题栏右侧的“关闭”按钮。
- 快捷键：按【Alt+F4】组合键，可直接退出PowerPoint应用程序。

重点提醒

在PowerPoint 2013的退出方法中，相比较于PowerPoint 2010，PowerPoint 2013减少了通过命令退出演示文稿的方法。

1.3　认识PowerPoint 2013工作界面

PowerPoint 2013的工作界面和以往的PowerPoint 2010区别不是特别大，它主要包括快速访问工具栏、标题栏、功能区、编辑区、状态栏、备注栏、大纲与幻灯片窗格等部分，如图1-6所示。

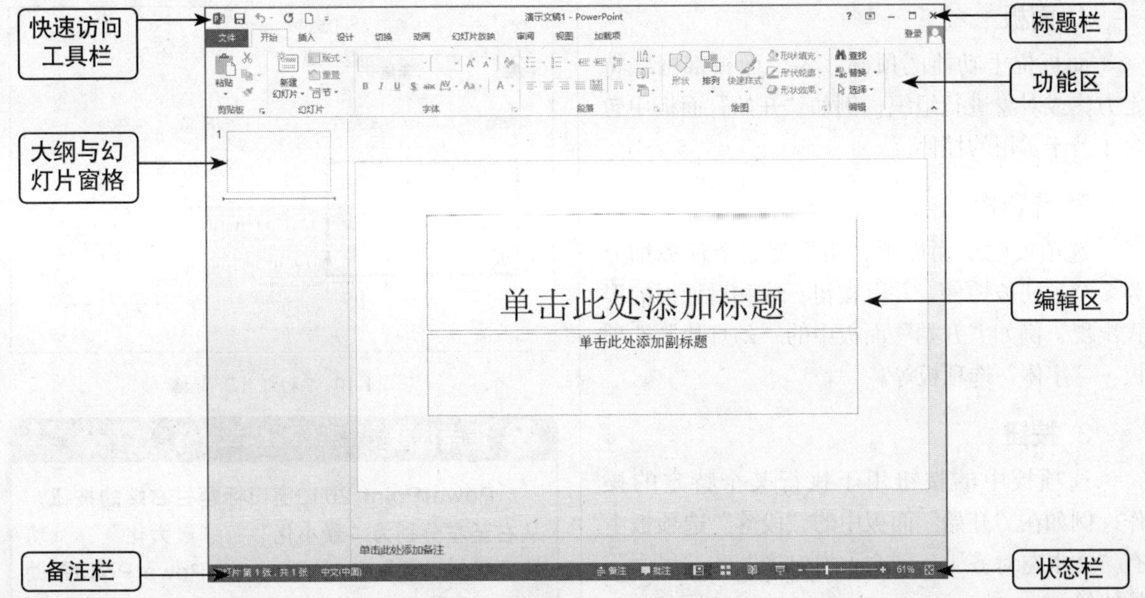

图1-6　PowerPoint 2013工作界面

1.3.1　快速访问工具栏

默认情况下，快速访问工具栏位于PowerPoint窗口的顶部，用户可以自行设置软件操作窗口中快速访问工具栏的按钮，可将需要的常用按钮显示其中，也可以将不需要的按钮删除，利用该工具栏可以对最常用的工具进行快速访问，如图1-7所示。

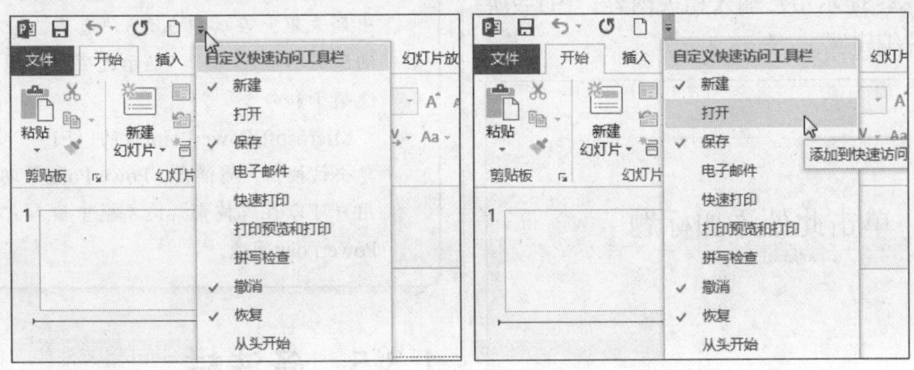

图1-7　自定义快速访问工具栏及其列表框

1.3.2　功能区

功能区由面板、选项板和按钮3部分组成，如图1-8所示。

图1-8　功能区

1. 面板

面板位于功能区顶部，各个面板都围绕特定方案或对象进行组织，例如“开始”面板中包含了若干常用的控件。

2. 选项板

选项板位于面板中，用于将某个任务细分为多个子任务控件，并以按钮、库和对话框的形式出现，例如“开始”面板中的“幻灯片”选项板、“字体”选项板等。

3. 按钮

选项板中的按钮用于执行某个特定的操作，例如在“开始”面板中的“段落”选项板中有“文本左对齐”、“文本右对齐”和“居中”按钮等。

1.3.3 编辑区

PowerPoint 2013主界面中间最大的区域即为幻灯片编辑区，用于编辑幻灯片的各项内容。当幻灯片应用了主题和版式后，编辑区将出现相应的提示信息，提示用户输入相关内容。图1-9所示为幻灯片编辑区。

图1-9 幻灯片编辑区

1.3.4 大纲与幻灯片窗格

幻灯片编辑窗口左侧即为“幻灯片”，“幻灯片”窗格以缩略图的形式显示演示文稿内容，使用缩略图能更方便地通过演示文稿导航并观看更改的效果。图1-10所示为“幻灯片”窗格。

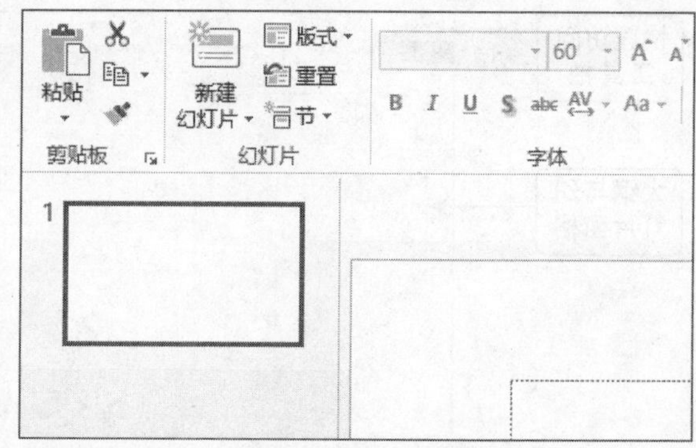

图1-10 “幻灯片”窗格

重点提醒

PowerPoint 2013窗口标题栏右端的按钮，从右至左分别为“最小化”、“最大化”、“功能区显示选项”和“Microsoft PowerPoint帮助（F1）”按钮。

- “最小化”按钮：单击该按钮，可将PowerPoint 2013窗口收缩为任务栏中的一个图标，单击该图标又可将其放大为窗口。
- “最大化”按钮：单击该按钮，可将PowerPoint 2013窗口放大到整个屏幕，此时“最大化”按钮变成“还原”按钮。
- “功能区显示选项”按钮：单击该按钮，弹出列表框，在其中包含3种选项，分别为“自动隐藏功能区”、“显示选项卡”以及“显示选项卡和命令”。
- “Microsoft PowerPoint帮助（F1）”按钮：单击该按钮，将弹出“PowerPoint帮助”窗口，用户可以在“搜索”文本框中输入需要了解的PowerPoint问题。

1.3.5 备注栏

备注栏位于幻灯片编辑窗口的下方，用于显示幻灯片备注信息，方便演讲者使用，用户还可以打印备注，将其分发给观众，也可以将备注包括在发送给观众或在网页上发布的演示文稿中。

1.3.6 状态栏

状态栏位于PowerPoint工作界面底部，用于显示当前状态，如页数、字数及语言等信息。状态栏的右侧为“视图切换按钮和显示比例滑竿”区域，通过视图切换按钮可以快速切换幻灯片的视图模式，显示比例滑竿可以控制幻灯片在整个编辑区的显示比例，达到理想效果。在状态栏中还包括“备注”和“批注”按钮。

1.4 掌握常用视图方式

在演示文稿制作的不同阶段，PowerPoint提供了不同的工作环境，称为视图。在PowerPoint中，给出了4种基本的视图模式，即普通视图、幻灯片浏览视图、幻灯片放映视图和备注页视图。在不同的视图中，可以使用相应的方式查看和操作演示文稿。

1.4.1 普通视图

普通视图是PowerPoint 2013的默认视图，也是使用最多的视图。普通视图可以同时观察到演示文稿中某张幻灯片的显示效果、大纲级别和备注内容。普通视图主要用于编辑幻灯片总体结构，也可以单独编辑单张幻灯片或大纲。单击大纲窗口上的“幻灯片”选项卡，进入普通视图的幻灯片模式，如图1-11所示。

图1-11 普通视图的幻灯片模式

幻灯片模式是调整、修饰幻灯片的最好显示模式，如图1-12所示。在幻灯片模式窗口中显示的是幻灯片的缩略图，在每张图的前面有该幻灯片的序列号和动画播放按钮。单击缩略图，即可在右边的幻灯片编辑窗口中进行编辑修改，单击“播放”按钮，可以浏览幻灯片动画播放效果，还可以拖曳缩略图，改变幻灯片的位置，调整幻灯片的播放次序。

图1-12 大纲模式

重点提醒

在“演示文稿视图”选项板中，单击“大纲视图”按钮，进入普通视图的大纲模式。由于普通视图的大纲方式具有特殊的结构和大纲工具栏，因此在大纲视图模式中更便于文本的输入、编辑和重组。

1.4.2 备注页视图

备注页视图用于为演示文稿中的幻灯片提供备注，单击“视图”面板中的“备注页”按钮，如图1-13所示，可以切换到备注页视图。在该视图模式下，可以通过文字、图片、图表和表格等对象来修饰备注，如图1-14所示。

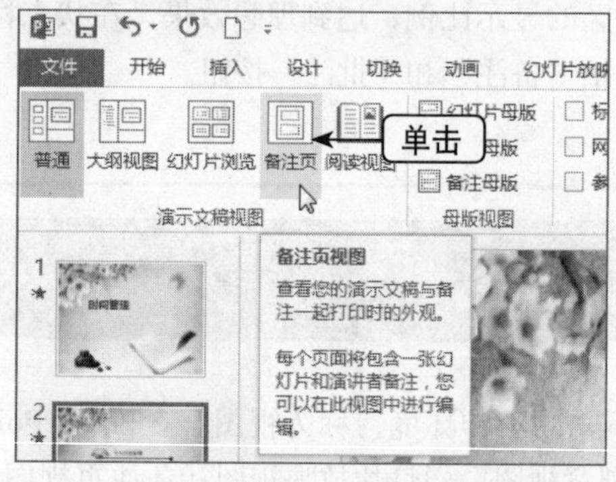

图1-13 单击“备注页”按钮

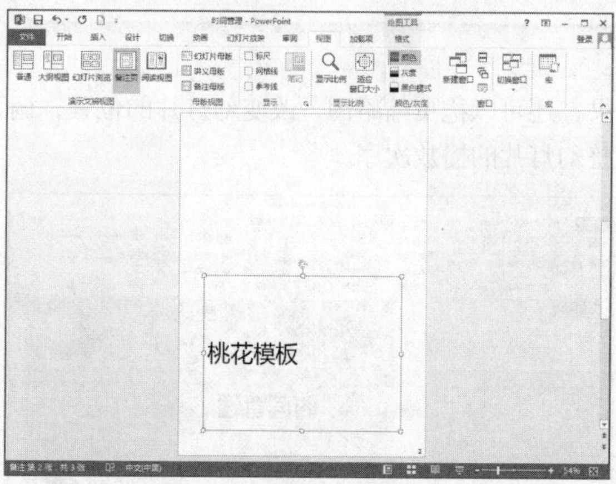

图1-14 通过文字修饰备注

重点提醒

切换至备注页视图以后，编辑区中仅显示备注编辑区域，而幻灯片中本身的背景图片将不会显示出来。

1.4.3 幻灯片浏览视图

在幻灯片浏览视图中，演示文稿中的所有幻灯片以缩略图方式整齐地显示在同一窗口中，在该视图中可以查看幻灯片的背景设计、配色方案，检查幻灯片之间是否协调、图标的位置是否合适等问题，同时还可以快速地在幻灯片之间添加、删除和移动幻灯片的前后顺序以及对幻灯片之间的动画进行切换。

单击状态栏右边的“幻灯片浏览”按钮，可将视图模式切换到幻灯片浏览视图模式，另外用户还可以切换至“视图”面板，在“演示文稿视图”选项板中单击“幻灯片浏览”按钮，如图1-15所示，同样可以切换到幻灯片浏览视图模式。图1-16所示为幻灯片浏览视图。

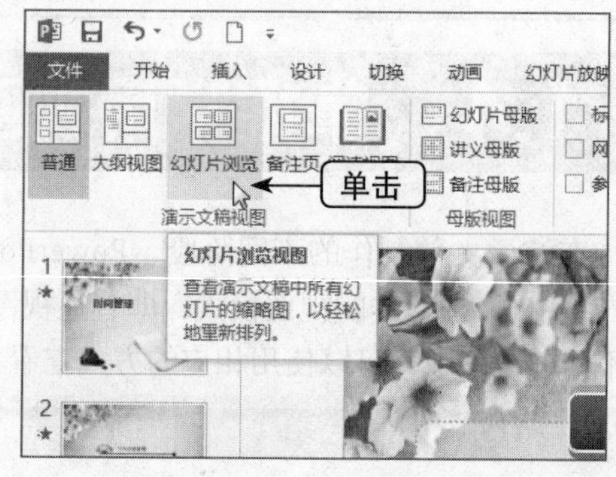

图1-15 单击“幻灯片浏览”按钮

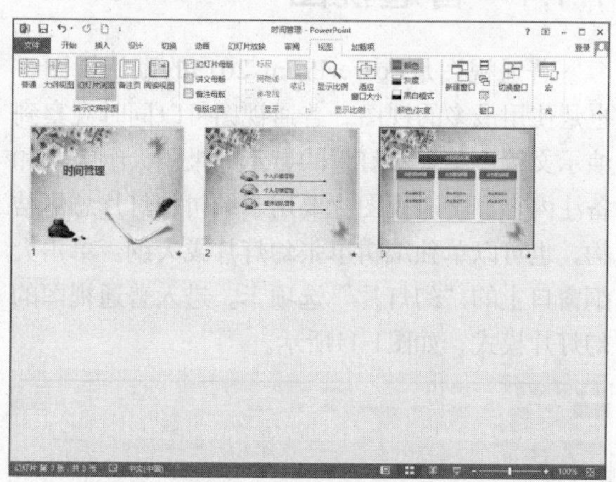

图1-16 幻灯片浏览视图

重点提醒

幻灯片浏览视图是用来观看每张幻灯片的缩略图，并在此基础上观察整份文稿的流程，这种方式通常用来重新安排幻灯片的播放顺序。

1.4.4 幻灯片放映视图

幻灯片放映视图是在计算机屏幕上完整播放演示文稿的专用视图，在该视图模式下，可以观看演示文稿的实际播放效果，还能体验到动画、声音和视频等多媒体效果。单击状态栏上的“幻灯片放映”按钮，即可进入幻灯片放映视图。图1-17所示为幻灯片放映视图。

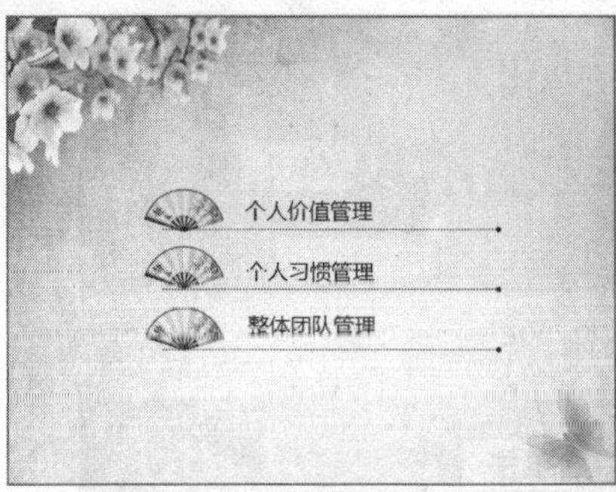

图1-17　幻灯片放映视图

重点提醒

在放映幻灯片时，幻灯片按顺序全屏幕播放，也可以单击鼠标，一张张放映幻灯片，或设置自动放映（预先设置好放映方式）。放映完毕后，视图恢复到原来的状态。

1.5　PowerPoint 2013新增功能

PowerPoint 2013具有全新的外观，使用起来更加简洁，适合在平板计算机和电话上使用，因此可以在演示文稿中轻扫并单击。演示者视图可自动适应投影设置，甚至可以在一台监视器上使用它。下面向用户介绍PowerPoint 2013的部分新增功能。

1.5.1　新增使用模板

PowerPoint 2013提供了许多种方式来使用模板、主题、最近的演示文稿、较旧的演示文稿或空白演示文稿来启动下一个演示文稿，而不是直接打开空白演示文稿，如图1-18所示。

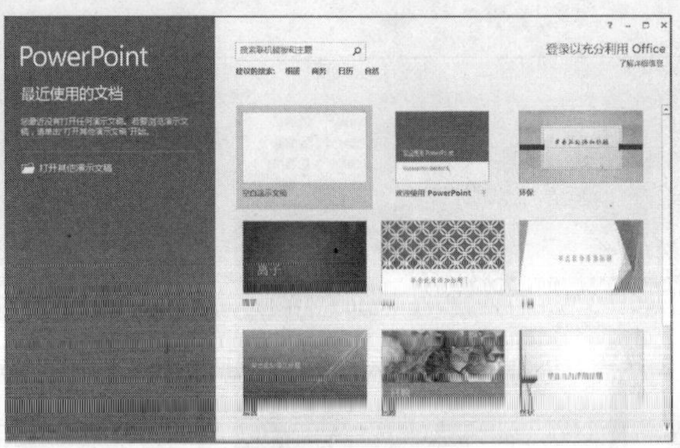

图1-18　幻灯片放映视图

1.5.2　简易的演示者视图

在以往的PowerPoint中设置演示者视图时可能会出现问题，但是在PowerPoint 2013中已经有了很大改进。只需连接监视器，PowerPoint将自动设置。在演示者视图中，用户可以在演示时看到本身的备注，而观众只能看到幻灯片。图1-19所示为演示者视图。

图1-19　演示者视图

重点提醒

如果用户在一台监视器上使用PowerPoint，并且想要显示演示者视图，需要在“幻灯片放映”视图中的左下角的控制栏上单击，然后单击“显示演示者视图”按钮。

在演示者视图中，用户还可以进行以下操作。

- 若要移动到上一张或下一张幻灯片，单击“上一张”或“下一张”按钮，如图1-20所示。

图1-20 单击“上一张”或“下一张”按钮

- 若要查看演示文稿中的所有幻灯片，单击“请查看所有幻灯片”按钮，如图1-21所示。

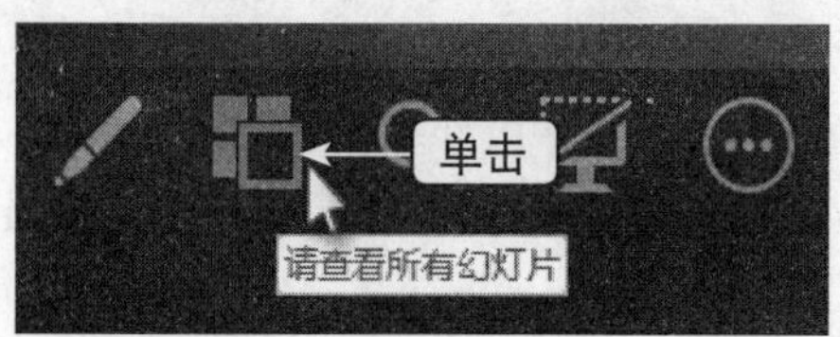

图1-21 单击“请查看所有幻灯片”按钮

- 若要近距离查看幻灯片中的细节，单击“放大幻灯片”按钮，然后指向需要查看的部分，如图1-22所示。
- 若要在演示时指向幻灯片或在幻灯片上书写，单击“笔和激光笔工具”按钮，如图1-23所示。

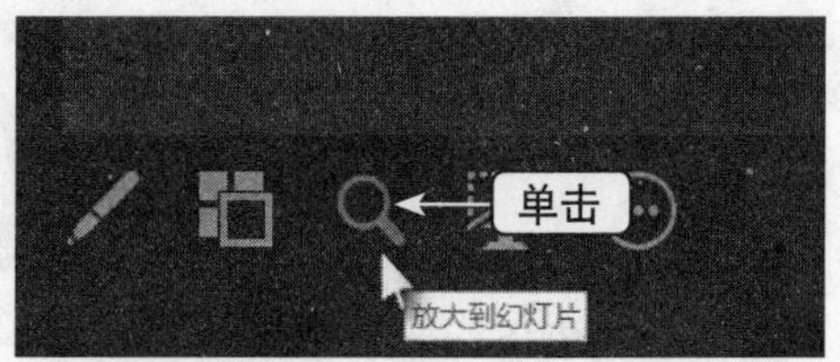

图1-22 单击“放大幻灯片”按钮

图1-23 单击“笔和激光笔工具”按钮

- 若要在演示文稿中隐藏或取消隐藏当前幻灯片，单击“变黑或还原幻灯片放映”按钮，如图1-24所示。

图1-24 单击“变黑或还原幻灯片放映”按钮

1.5.3 新增友好的宽屏

世界上的许多电视和视频都采用了宽屏和高清格式，PowerPoint也是如此。它具有16：9的版式，新主题旨在尽可能利用宽屏。图1-25所示为宽屏显示。

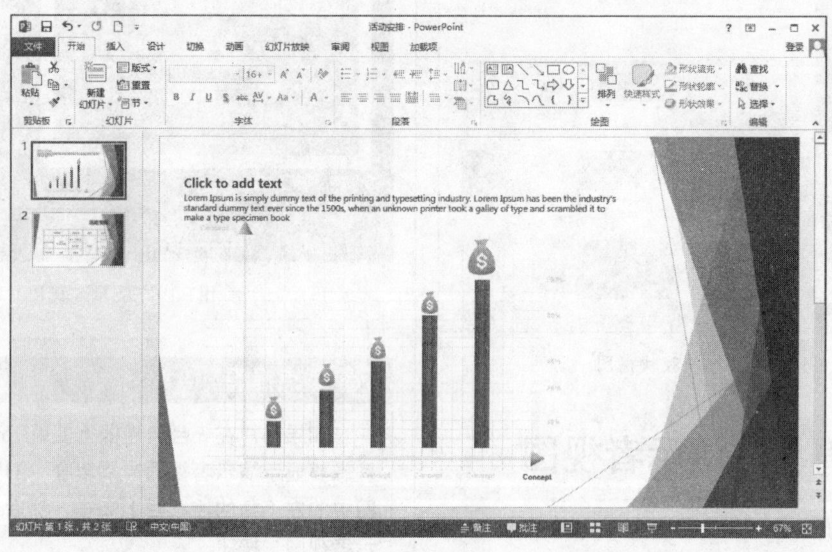

图1-25 宽屏显示

1.5.4 新增主题变体

主题现在提供了一组变体，例如不同的调色板和字体系列。此外，PowerPoint 2013提供了新的宽屏主题以及标准大小，从启动屏幕或“设计”面板中，选择一个主题和变体。图1-26所示为主题，图1-27所示为变体。

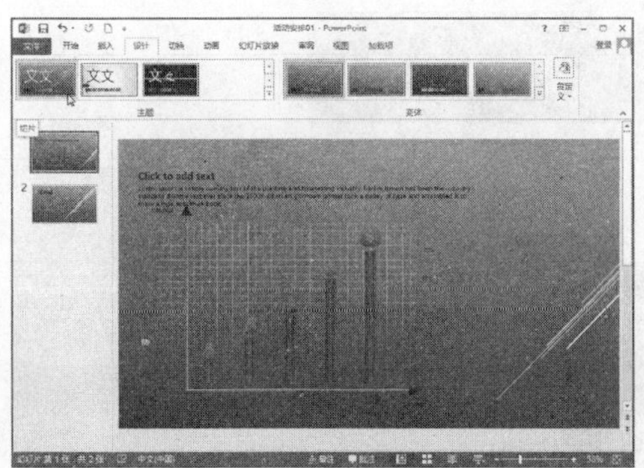

图1-26 主题

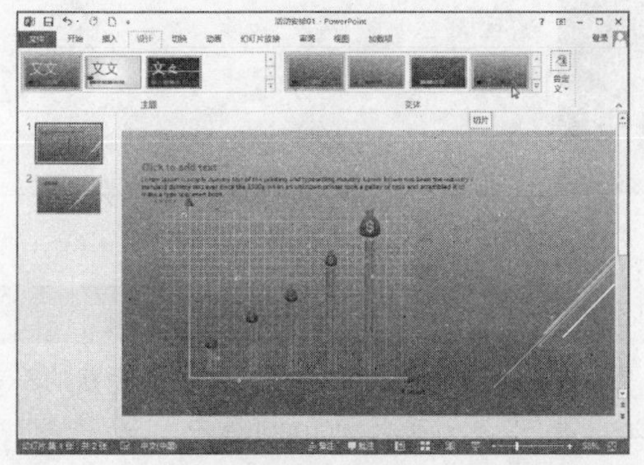

图1-27 变体

1.5.5 均匀地排列和隔开对象

在PowerPoint 2013中，无需目测幻灯片上的对象以查看它们是否已对齐。当使用的对象（例如图片、形状等）距离较近且均匀时，智能参考线会自动显示，并显示对象的间隔均匀，如图1-28所示。

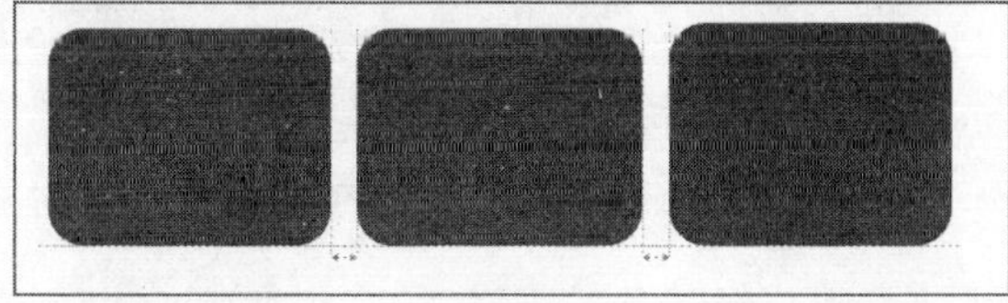

图1-28 均匀地排列和隔开对象

1.5.6 动作路径改进

在PowerPoint 2013中创建动作路径时，PowerPoint会显示对象的结束位置，原始对象始终存在，而“虚影”图像会随着路径一起移动到终点。

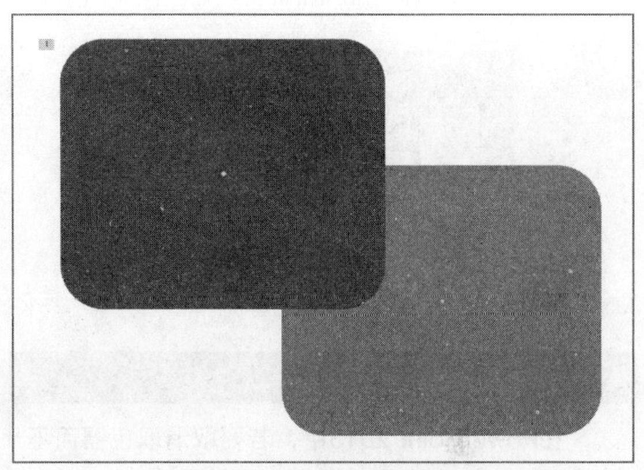

图1-28 动作路径改进

1.5.7 新增取色器

双击要匹配颜色的形状或其他对象，然后单击任一颜色选项，例如位于“绘图工具”下方“格式”选项卡上的“形状样式”组中的“形状填充”，如图1-29所示。使用取色器，单击要匹配的颜色并将其应用到所选形状或对象，如图1-30所示。将指针在不同颜色周围移动时，将显示颜色的实时预览，将鼠标悬停或暂停在一种颜色上以查看其RGB（红、绿、蓝）色坐标，如图1-31所示。单击所需的颜色，当很多颜色聚集在一起时，要获得所需的精确颜色，更准确的方法是按【Enter】键或空格键选择颜色。

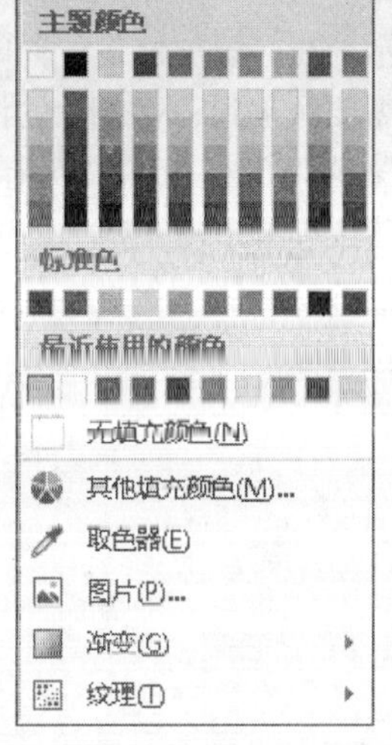

图1-29 “形状填充”列表框

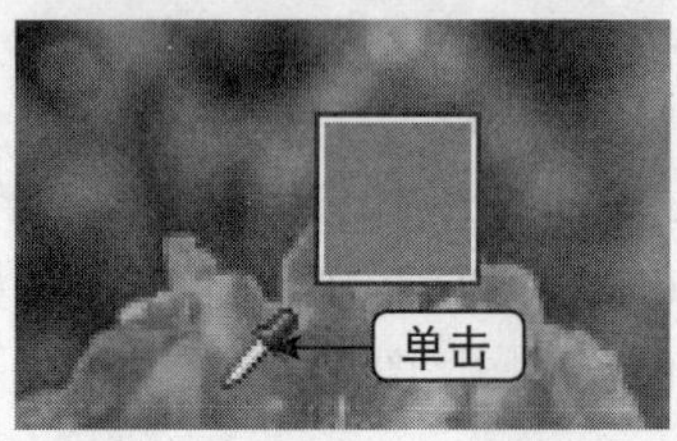

图1-30　单击需要的颜色

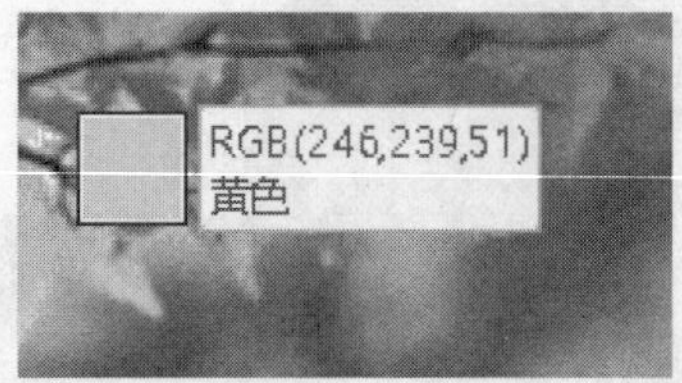

图1-31　查看颜色坐标

重点提醒

在PowerPoint 2013中，若要取消取色器而不选取任何颜色，则可以按【Esc】键取消。

1.5.8　共享Office文件并保存到云

在PowerPoint 2013中可以将演示文稿保存到Microsoft Sky Drive，以便在云中更轻松地访问、存储和共享文件。

使用Microsoft账户登录到Windows Live，如图1-32所示。在PowerPoint 2013中，单击“文件”|“另存为”|“添加位置”按钮，如图1-33所示。在“添加位置”下单击Sky Drive按钮，打开需要保存到Sky Drive的演示文稿，然后在“文件”选项卡上单击“另存为”按钮，在“另存为”选项区下方单击“姓名Sky Drive”按钮，从“最近访问的文件夹”列表中选择某个文件夹或单击“浏览”按钮，以查找Sky Drive上的某个文件夹，然后单击“打开”按钮即可。

图1-32　登录到Windows Live

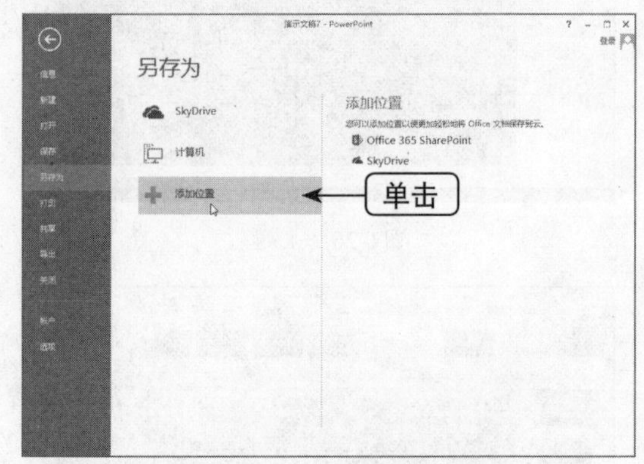

图1-33　单击“添加位置”按钮

重点提醒

在PowerPoint 2013中，若要设置免费的Sky Drive 账户，必须拥有Microsoft账户。

1.5.9　处理同一演示文稿

在PowerPoint 2013中，可以使用PowerPoint的桌面或联机版本处理同一演示文稿，并查看彼此所做的更改。

演示文稿基本操作

学习提示

对演示文稿中的工作界面进行设置、创建演示文稿、打开或者关闭演示文稿以及保存演示文稿，都属于演示文稿的基本操作。本章主要向用户介绍演示文稿基本操作方法。

主要内容

- 调整工具栏位置
- 显示/隐藏对象
- 调整窗口
- 创建空白演示文稿
- 关闭演示文稿
- 保存演示文稿

重点与难点

- 自定义快速访问工具栏
- 运用已安装的模板创建
- 加密保存演示文稿

学完本章后你会做什么

- 掌握调整工具栏、折叠功能选项板以及调整窗口的操作方法
- 掌握创建空白演示文稿、运用现有演示文稿创建的操作方法
- 掌握保存演示文稿、另存为演示文稿以及加密保存演示文稿的操作方法

视频文件

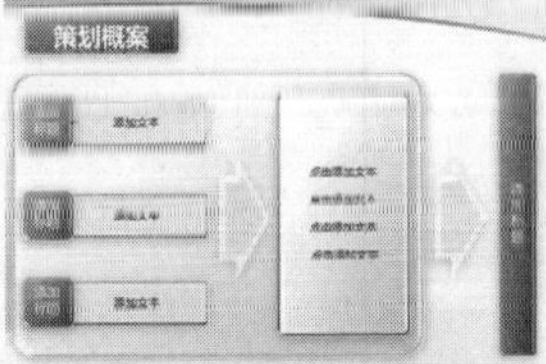

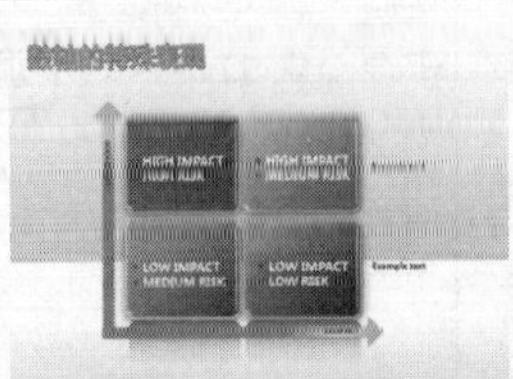

2.1 制作个性化工作界面

制作个性化工作界面是把Powerpoint 2013的工作界面设置成自己喜欢或习惯的界面，以提高工作效率，其中包括调整工具栏位置、隐藏功能选项卡区域、显示或隐藏对象和自定义快速访问工具栏等。

2.1.1 调整工具栏位置

在PowerPoint 2013中，用户可以根据自身的喜好，调整工具栏的位置。下面介绍调整工具栏位置的操作方法。

➡ 视频文件	视频\第2章\调整工具栏位置.mp4
➡ 难易程度	★★☆☆☆

01 在打开的PowerPoint 2013编辑窗口中，单击自定义快速访问工具栏右侧的下拉按钮，在弹出的列表框中选择“在功能区下方显示”选项，如图2-1所示。

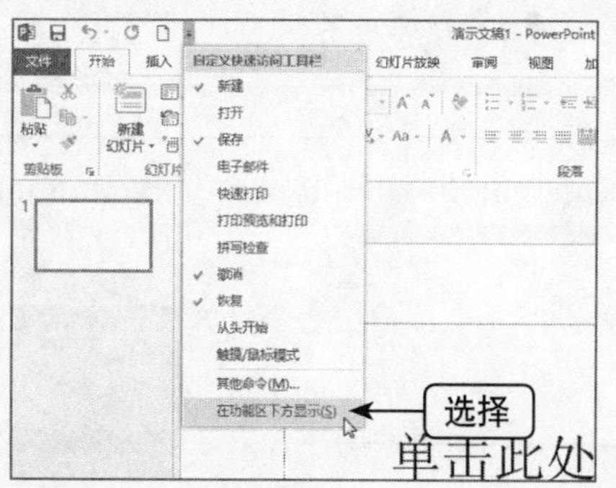

图2-1 选择“在功能区下方显示”选项

02 执行操作后，即可将快速访问工具栏调整至功能区下方，如图2-2所示。

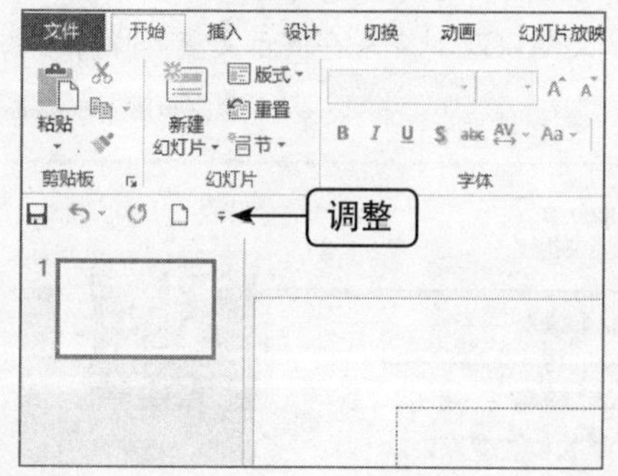

图2-2 调整工具栏位置

2.1.2 折叠功能选项板

在PowerPoint 2013中，隐藏功能选项板的目的是为了使幻灯片的显示区域更加清晰。下面介绍折叠功能选项板中的操作方法。

➡ 视频文件	视频\第2章\折叠功能选项板.mp4
➡ 难易程度	★★☆☆☆

01 在打开的PowerPoint 2013编辑窗口中，在菜单栏中的空白区域单击鼠标右键，在弹出的快捷菜单中选择“折叠功能区”命令，如图2-3所示。

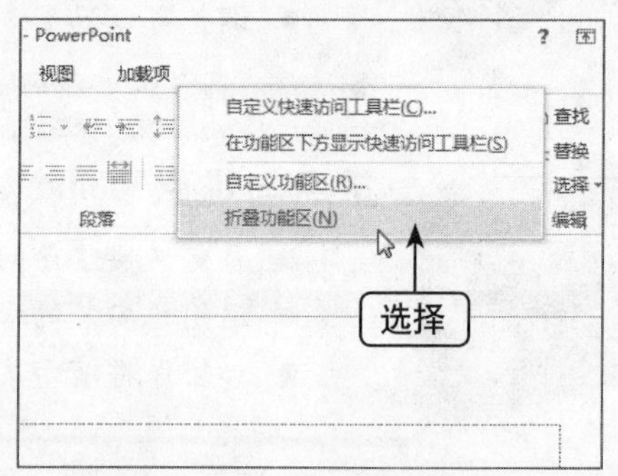

图2-3 选择“折叠功能区”命令

02 执行操作后，即可折叠功能选项板，如图2-4所示。

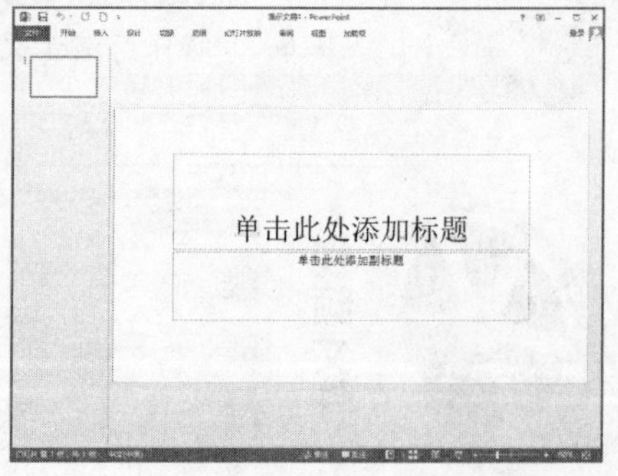

图2-4 折叠功能选项板

重点提醒

如要将功能选项板再次显示出来，有以下两种方法。

- 在菜单栏的空白处单击鼠标右键，在弹出的快捷菜单中选择“折叠功能区”命令即可。
- 在标题栏中，单击“功能区显示选项”按钮，弹出列表框，选择“显示选项卡和命令”选项即可。

2.1.3 显示或隐藏对象

在PowerPoint 2013中，选中消息栏将显示出安全警报，提醒用户注意演示文稿中存在的可能不安全的活动内容。如果要隐藏消息栏，用户可以在“视图”面板中的“显示”选项板中取消选中“消息栏”复选框即可。

1. 显示/隐藏标尺

在PowerPoint 2013中的普通视图模式下，利用标尺可以对齐文档中的文本、图形、表格等对象。下面介绍显示/隐藏标尺的操作方法。

➡素材文件	素材\第2章\策划概案.pptx
➡效果文件	效果\第2章\策划概案.pptx
➡视频文件	视频\第2章\显示或隐藏对象（A）.mp4
➡难易程度	★★★☆☆

01 在PowerPoint 2013中，打开一个素材文件，如图2-5所示。

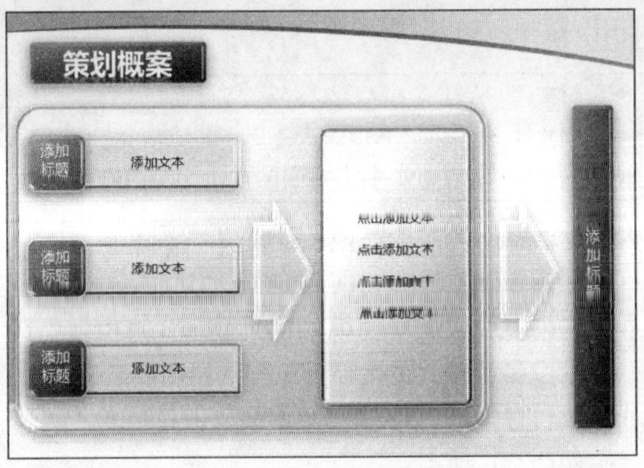

图2-5 打开一个素材文件

02 切换至“视图”面板，在“显示”选项板中选中“标尺”复选框，如图2-6所示。

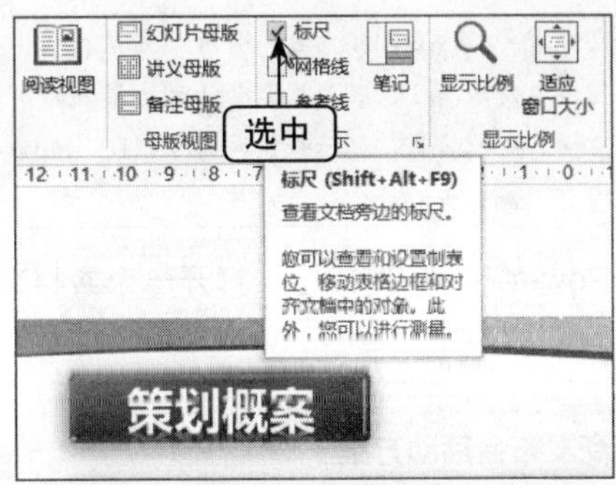

图2-6 选中“标尺”复选框

03 执行操作后，即可显示标尺，如图2-7所示。

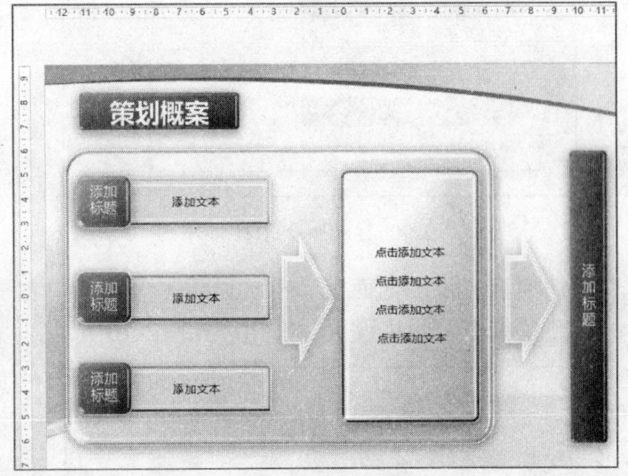

图2-7 显示标尺

04 用户如果想要将标尺进行隐藏，在“显示”选项板中取消选中“标尺”复选框，效果如图2-8所示。

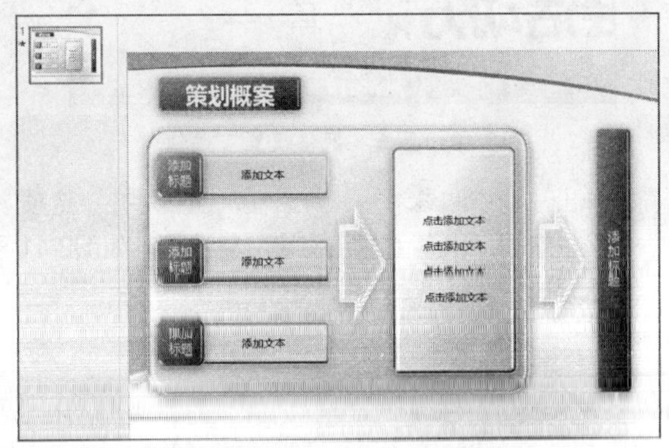

图2-8 取消标尺

2. 显示网格线

在PowerPoint 2013中，网格线是在普通视图模式下出现在幻灯片编辑区域的一组细线，在打印文稿时网格线不会被打印出来。

➡素材文件	素材\第2章\招商发布会活动方案.pptx
➡效果文件	效果\第2章\招商发布会活动方案.pptx
➡视频文件	视频\第2章\显示或隐藏对象（B）.mp4
➡难易程度	★★★☆☆

01 在PowerPoint 2013中，打开一个素材文件，如图2-9所示。

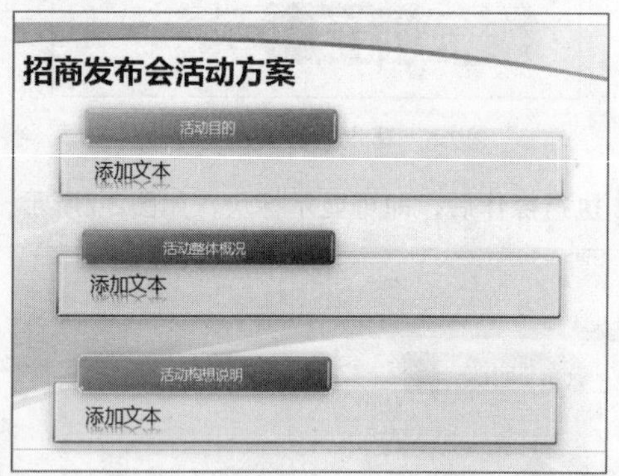

图2-9　打开一个素材文件

02 切换至“视图”面板，在“显示”选项板中右下角单击“网格设置”按钮，如图2-10所示。

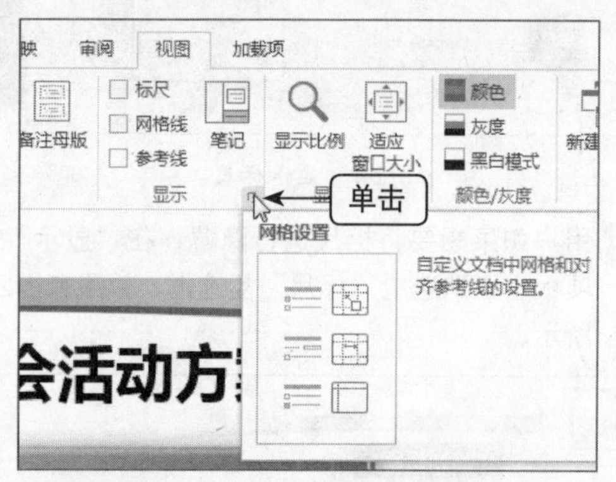

图2-10　单击“网格设置”按钮

03 弹出“网格和参考线”对话框，在“对齐”选项区中选中“屏幕上显示网格”复选框，如图2-11所示。

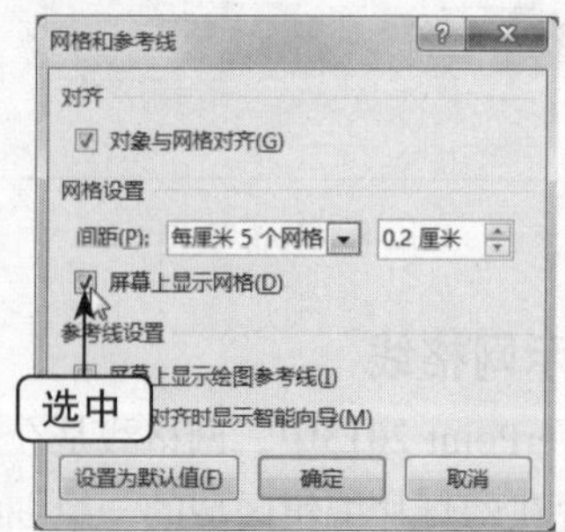

图2-11　选中“屏幕上显示网格”复选框

04 单击“确定”按钮，即可显示网格，效果如图2-12所示。

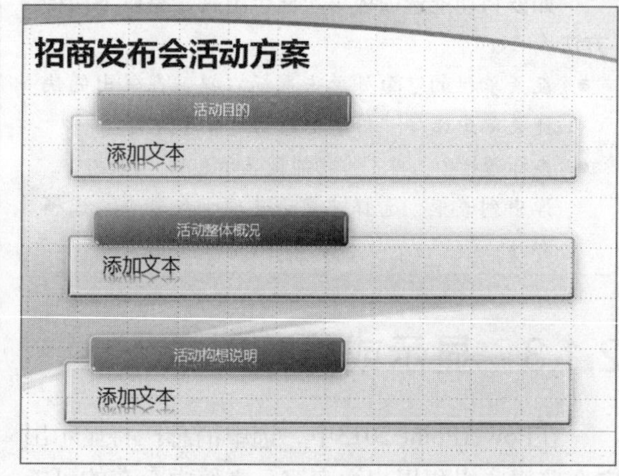

图2-12　显示网格

重点提醒

在PowerPoint 2013中，用户还可以通过直接在“显示”选项板中选中“网格线”复选框而在编辑窗口显示网格，或按【Shift+F9】组合键，也可以显示网格。另外，如果用户需要隐藏网格线，则可以取消选中“网格线”复选框即可。

3. 显示/隐藏参考线

在PowerPoint 2013中进行操作时，有时需要超越PowerPoint默认网格的限制，微调对象（图片、图形和图表等）的位置，此时可以使用参考线进行辅助操作，使设计的对象更精确。另外，参考线在幻灯片放映时是不可见的，而且不会打印出来。

➡素材文件	素材\第2章\制衣公司招商.pptx
➡视频文件	视频\第2章\显示或隐藏对象（C）.mp4
➡难易程度	★★★☆☆

01 在PowerPoint 2013中，打开一个素材文件，切换至第2张幻灯片，如图2-13所示。

02 切换至“视图”面板，在“显示”选项板中选中“参考线”复选框，如图2-14所示。

03 执行操作后，即可在编辑窗口中显示参考线，如图2-15所示。

04 用户如果想要将参考线进行隐藏，在“显示”选项板中取消选中“参考线”复选框，效果如图2-16所示。

重点提醒

用户还可以通过在调出的“网格和参考线”对话框中的“参考线设置”选项区中选中“屏幕上显示绘图参考线”复选框来显示参考线。

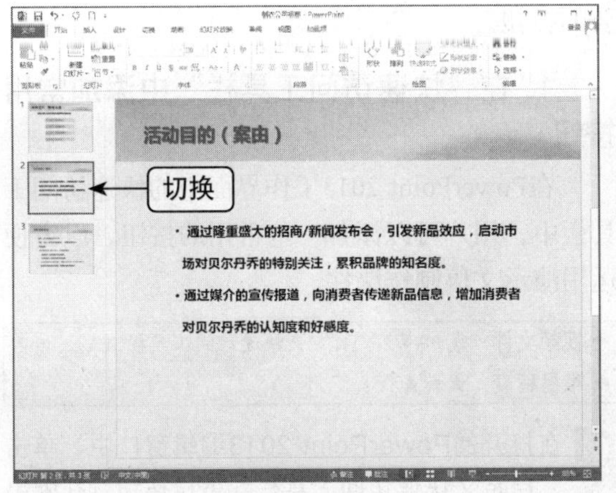

图2-13 切换至第2张幻灯片

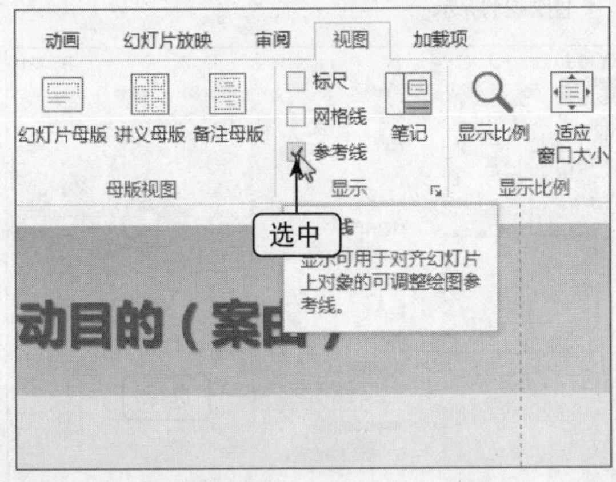

图2-14 选中“参考线”复选框

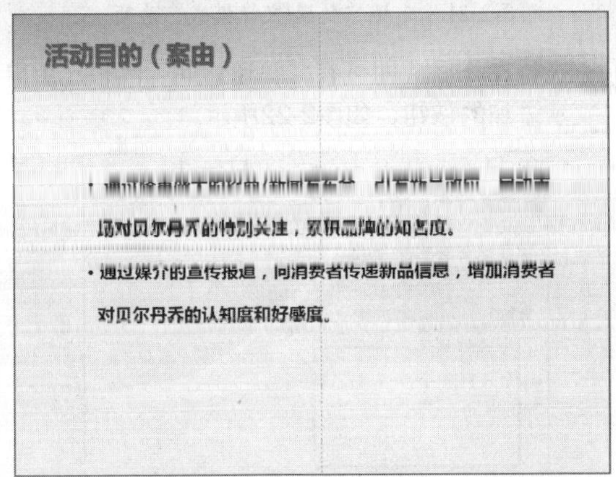

图2-15 显示参考线

活动目的（案由）

· 通过隆重盛大的招商/新闻发布会，引发新品效应，启动市场对贝尔丹乔的特别关注，累积品牌的知名度。

· 通过媒介的宣传报道，向消费者传递新品信息，增加消费者对贝尔丹乔的认知度和好感度。

图2-16 取消参考线

4. 显示/隐藏笔记

在PowerPoint 2013中，用户可以在幻灯片中添加笔记（即演讲者备注），以便在演示期间快速参考。在普通和大纲演示文稿视图中，演讲者备注窗格将显示在当前幻灯片下方，而在演示者视图中将显示在当前幻灯片旁边。

➡ 素材文件	素材\第2章\策划方案.pptx
➡ 视频文件	视频\第2章\显示或隐藏对象（D）.mp4
➡ 难易程度	★★★☆☆

01 在PowerPoint 2013中，打开一个素材文件，如图2-17所示。

图2-17 打开一个素材文件

02 切换至“视图”面板，在“显示”选项板中单击“笔记”按钮，如图2-18所示。

03 执行操作后，即可在编辑窗口下方显示笔记，如图2-19所示。

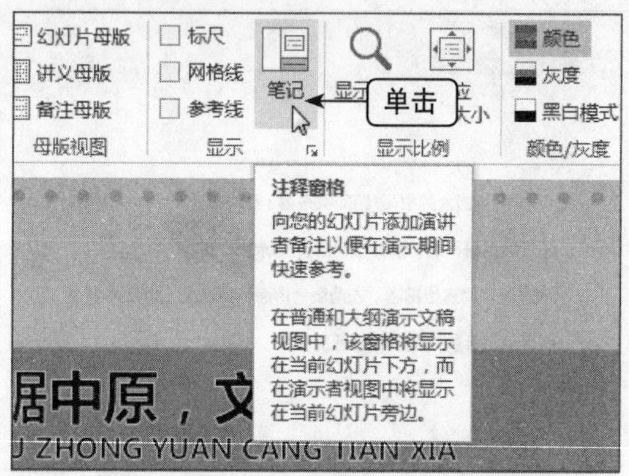

图2-18 单击“笔记”按钮

图2-19 显示笔记

04 用户如果想要将笔记进行隐藏，在“显示”选项板中再次单击“笔记”按钮即可隐藏，效果如图2-20所示。

图2-20 隐藏笔记

重点提醒

如果需要隐藏笔记，用户不仅可以运用以上的方法，还可以单击状态栏中的“备注”按钮。

2.1.4 自定义快速访问工具栏

在PowerPoint 2013中，用户可以根据自己的需要设置“快速访问工具栏”中的按钮，将需要的常用按钮添加到其中，也可以删除不需要的按钮。

1. 在“快速访问工具栏”中添加常用按钮

在PowerPoint 2013工作界面中的快速访问工具栏中，用户可以添加一些常用的按钮，以方便运用演示文稿制作课件。

➡ 视频文件	视频\第2章\自定义快速访问工具栏（A）.mp4
➡ 难易程度	★★★☆☆

01 在打开的PowerPoint 2013编辑窗口中，单击“自定义快速访问工具栏”下拉按钮，在弹出的列表框中选择“触摸/鼠标模式”选项，如图2-21所示。

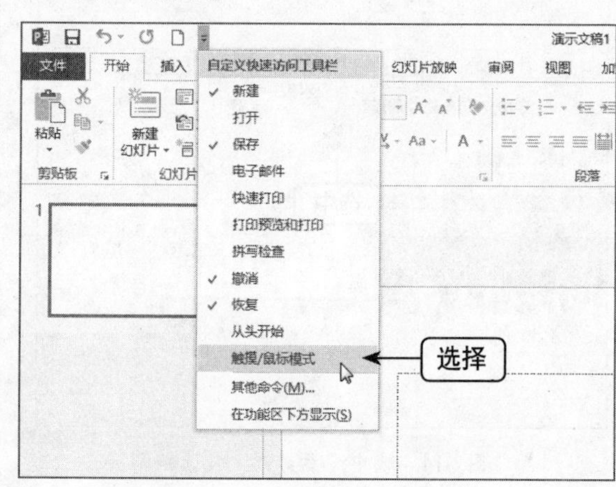

图2-21 选择“触摸/鼠标模式”选项

02 执行操作后，即可在“快速访问工具栏”中显示添加的按钮，如图2-22所示。

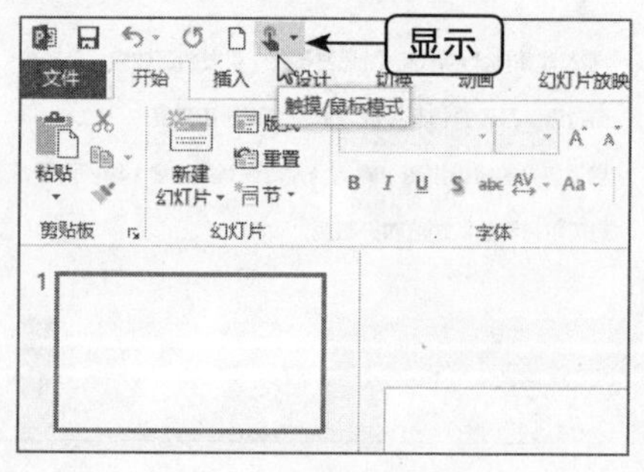

图2-22 显示添加的按钮

重点提醒

在“自定义快速访问工具栏”列表框中，用户可以将在制作课件时常用的选项逐一添加到快速访问工具栏中。

重点提醒

在快速访问工具栏中添加的“触摸/鼠标模式”右侧单击鼠标，弹出列表框，在其中显示“鼠标”和“触摸”两种模式，功能分别如下。

- 鼠标：标准功能区和命令，针对鼠标使用进行优化。
- 触摸：命令之间更大间距，针对触摸使用进行优化。

2. 在“快速访问工具栏”中添加其他按钮

由于在“自定义快速访问工具栏”中的按钮相对有限，所以用户还可以通过选择“其他命令”选项，在弹出的相应对话框中选择需要添加的按钮。

➡ 视频文件	视频\第2章\自定义快速访问工具栏（B）.mp4
➡ 难易程度	★★★★☆

01 在打开的PowerPoint 2013编辑窗口中，单击“自定义快速访问工具栏”下拉按钮，在弹出的列表框中选择“其他命令”选项，如图2-23所示。

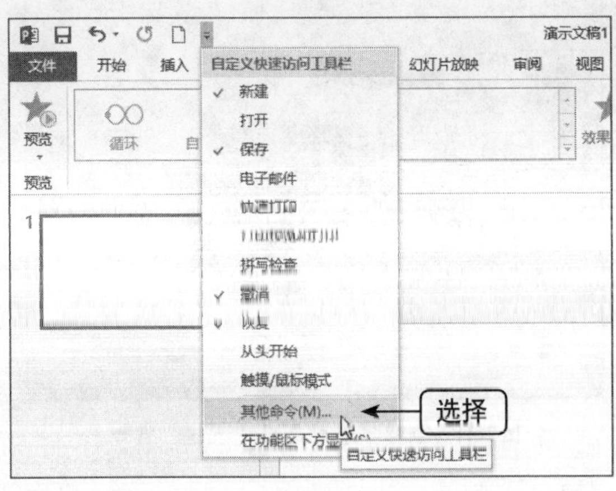

图2-23　选择“其他命令”选项

02 弹出“PowerPoint选项”对话框，在“自定义”选项卡中单击“从下列位置选择命令”下方的下拉按钮，在弹出的下拉列表框中选择“所有命令”选项，如图2-24所示。

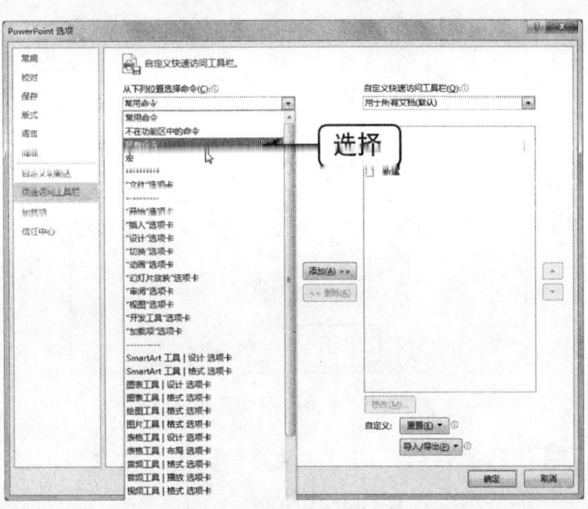

图2-24　选择“所有命令”选项

03 在“所有命令”下方的下拉列表框中选择“Excel电子表格”选项，如图2-25所示。

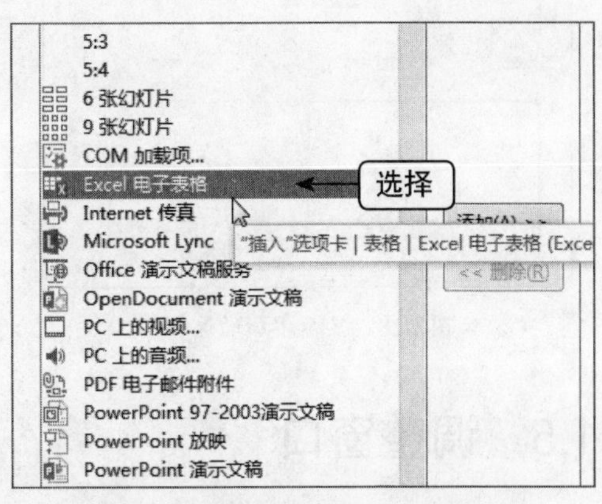

图2-25　选择“Excel电子表格”选项

04 单击“添加”按钮，即可在右侧的列表框中显示添加的选项，效果如图2-26所示。

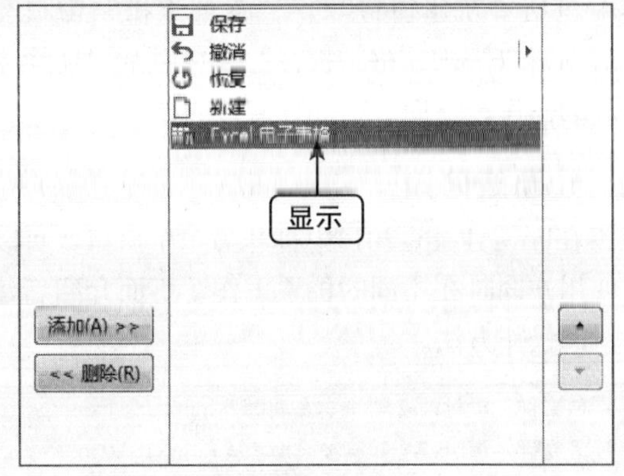

图2-26　显示添加的选项

05 单击“确定”按钮，如图2-27所示，返回到PowerPoint 2013工作界面。

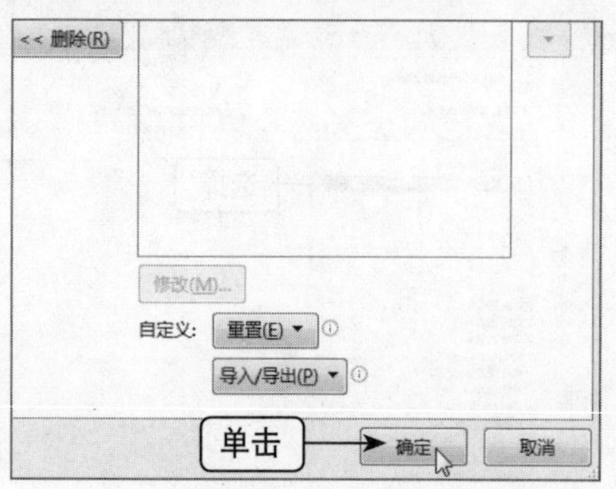

图2-27　单击“确定”按钮

06 执行操作后，即可在快速访问工具栏中显示添加的选项，如图2-28所示。

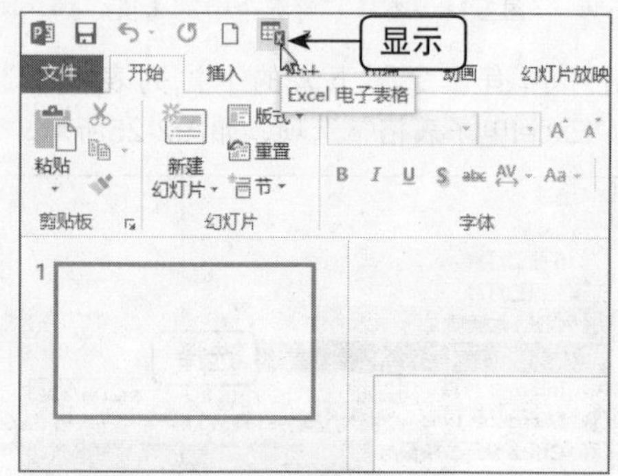

图2-28　显示添加的选项

2.1.5　调整窗口

窗口是用户界面中最重要的部分，在PowerPoint 2013中，用户可以根据制作演示文稿的实际情况，对打开的多个窗口进行相应调整，其中包括“新建窗口”、“全部重排”窗口、“层叠窗口”、“移动拆分”窗口以及“切换窗口”的操作，下面介绍部分窗口的操作方法。

1. 新建窗口

在PowerPoint 2013中打开另一个窗口，可以方便用户同时在不同的位置工作。下面介绍新建窗口的操作方法。

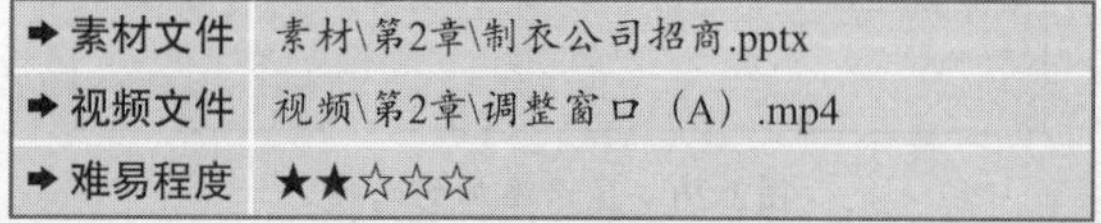

➡素材文件	素材\第2章\制衣公司招商.pptx
➡视频文件	视频\第2章\调整窗口（A）.mp4
➡难易程度	★★☆☆☆

01 在PowerPoint 2013中，打开一个素材文件，如图2-29所示。

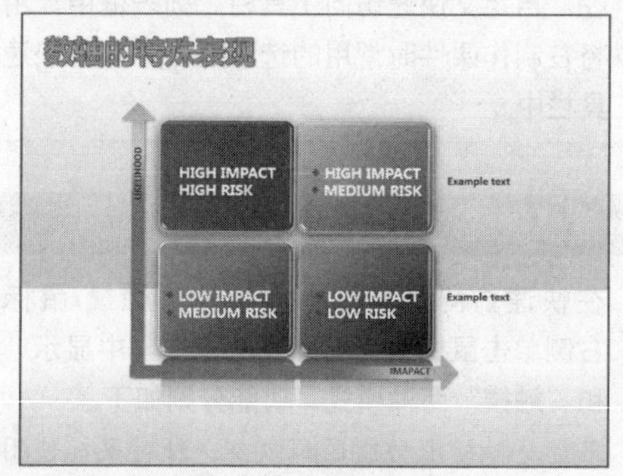

图2-29　打开一个素材文件

02 切换至“视图”面板，单击“窗口”选项板中的“新建窗口”按钮，如图2-30所示。

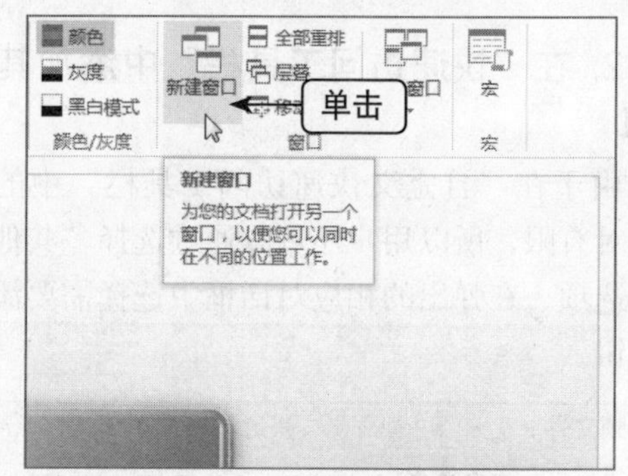

图2-30　单击“新建窗口”按钮

03 执行操作后，即可新建“数轴的特殊表现”窗口，如图2-31所示。

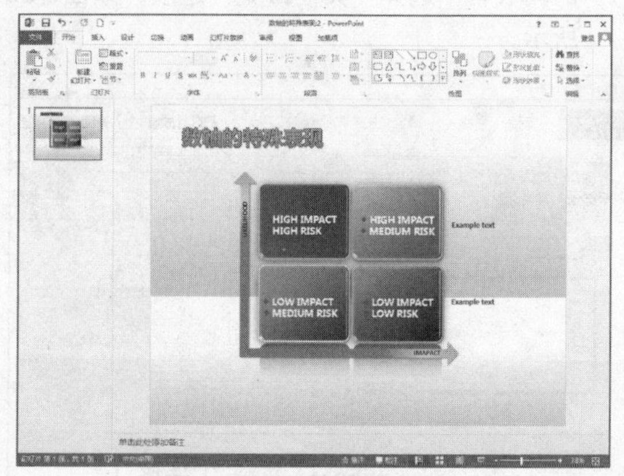

图2-31　新建“数轴的特殊表现”窗口

2. 全部重排窗口

在PowerPoint 2013中，制作幻灯片时，如果同时打开了多个文档窗口，可以将打开的多个窗口进行重新排列。下面介绍全部重排窗口的操作方法。

➡ 素材文件	素材\第2章\绿色环保策划方案.pptx、绿色环保宣传.pptx
➡ 视频文件	视频\第2章\调整窗口（B）.mp4
➡ 难易程度	★★★☆☆

01 在PowerPoint 2013中，打开两个素材文件，如图2-32所示。

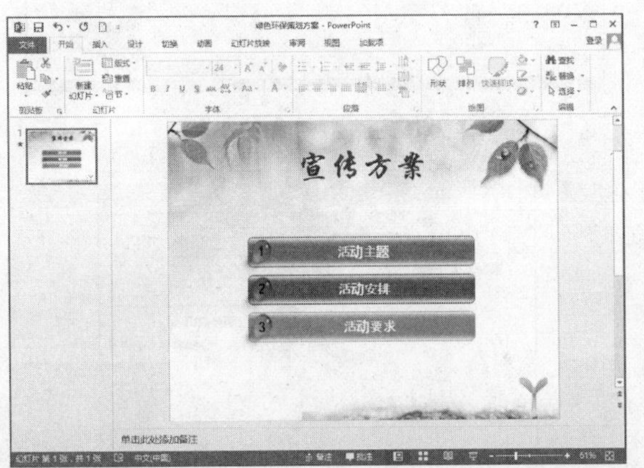

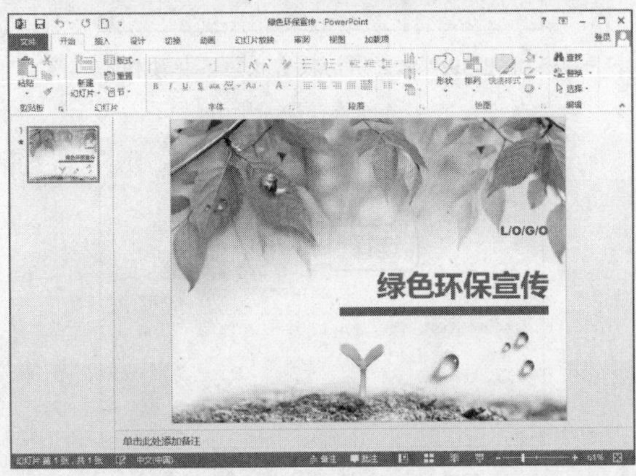

图2-32　打开素材文件

02 在“绿色环保宣传”窗口中，切换至“视图”面板，在“窗口”选项板中单击“全部重排”按钮，如图2-33所示。

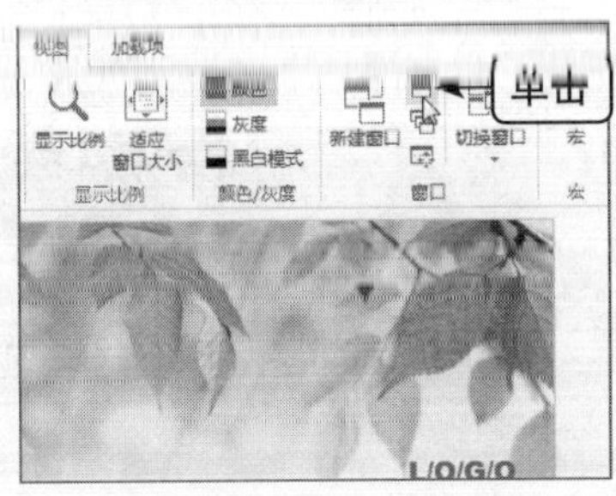

图2-33　单击“全部重排”按钮

03 执行操作后，即可重排窗口，效果如图2-34所示。

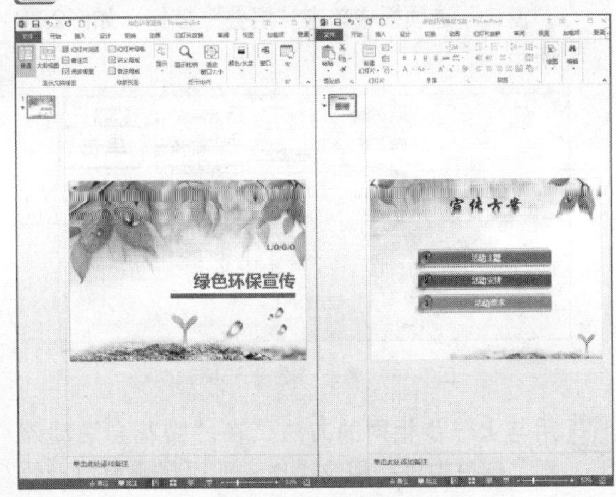

图2-34　重排窗口

3. 层叠窗口

在PowerPoint 2013中，使用层叠窗口可以将打开的两个或多个窗口在屏幕上进行层叠查看。下面介绍层叠窗口的操作方法。

➡ 素材文件	素材\第2章\赏花会.pptx、赏花会活动流程.pptx
➡ 视频文件	视频\第2章\调整窗口（C）.mp4
➡ 难易程度	★★★☆☆

01 在PowerPoint 2013中，打开两个素材文件，如图2-35所示。

图2-35　打开素材文件

02 在“赏花会”窗口中，切换至“视图”面板，在“窗口”选项板中单击“层叠”按钮，如图2-36所示。

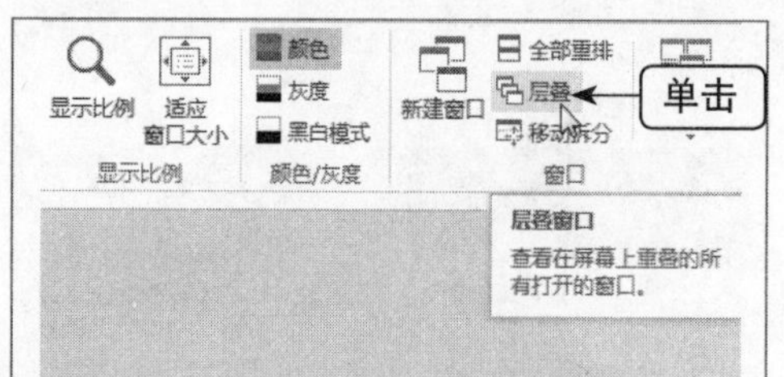

图2-36 单击“层叠”按钮

03 用与上一步相同的方法，在“赏花会活动流程”窗口中进行相应操作，即可层叠窗口，效果如图2-37所示。

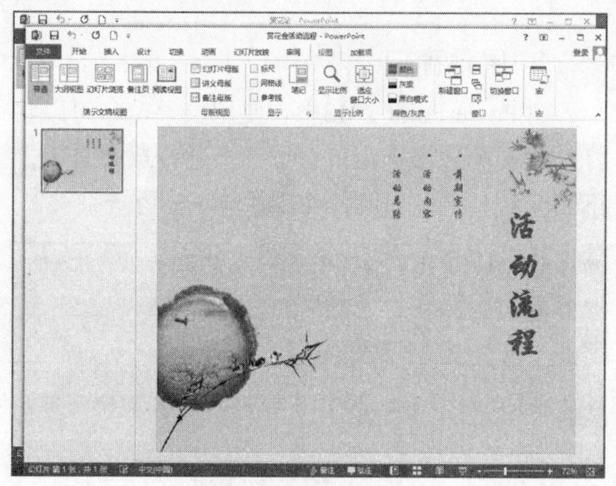

图2-37 层叠窗口

4. 切换窗口

在PowerPoint 2013中，如果打开了多个窗口，用户可以根据需要在“窗口”选项板中实现多个窗口之间的切换。下面介绍切换窗口的操作方法。

➜素材文件	素材\第2章\新都会.pptx、新都会目录.pptx
➜视频文件	视频\第2章\调整窗口（D）.mp4
➜难易程度	★★★☆☆

01 在PowerPoint 2013中，打开一个素材文件，如图2-38所示。

02 切换至“视图”面板，在“窗口”选项板中单击“切换窗口”下拉按钮，如图2-39所示。

03 弹出列表框，选择“新都会”选项，如图2-40所示。

04 执行操作后，即可切换窗口，如图2-41所示。

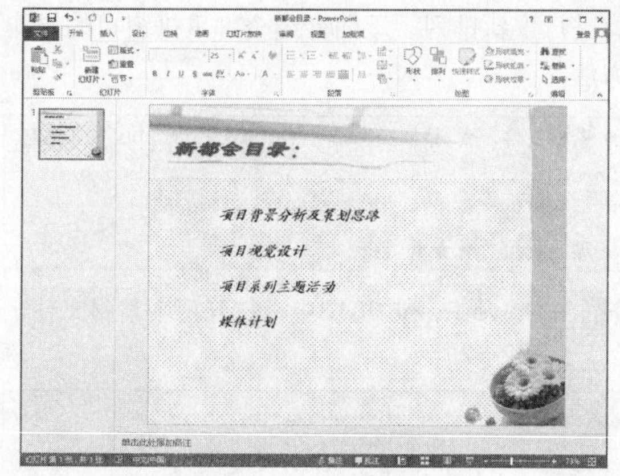

图2-38 打开素材文件

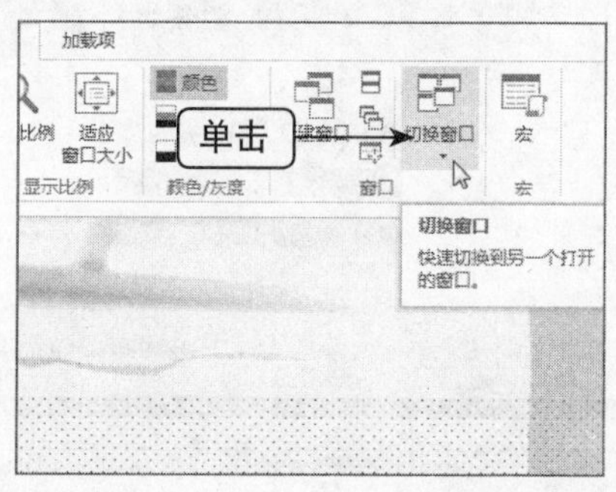

图2-39 单击“切换窗口”下拉按钮

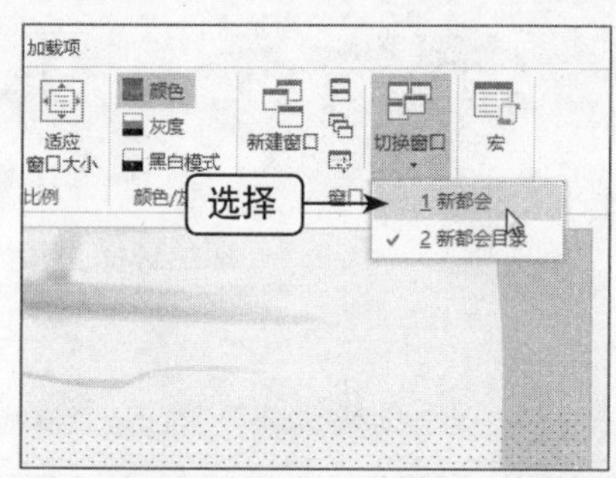

图2-40 选择“新都会”选项

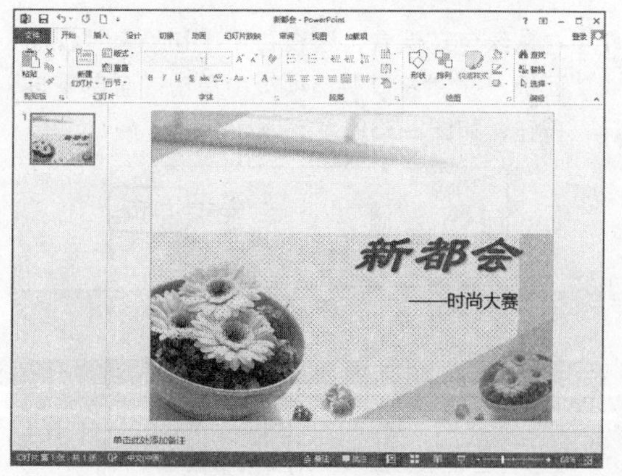

图2-41 切换窗口

2.2 创建演示文稿

新建演示文稿的方法包括新建空白演示文稿、根据已有演示文稿新建和通过模板新建演示文稿等，用户可以在空白的幻灯片上设计出具有鲜明个性的背景色彩、配色方案、文本格式和图片等内容。本节主要向用户介绍创建演示文稿的操作方法。

2.2.1 创建空白演示文稿

在PowerPoint 2013中，创建空白演示文稿主要有以下两种方法。

- 启动PowerPoint 2013程序后，系统将进入一个新的界面，在右侧区域中，选择"空白演示文稿"选项，如图2-42所示，即可创建空白演示。

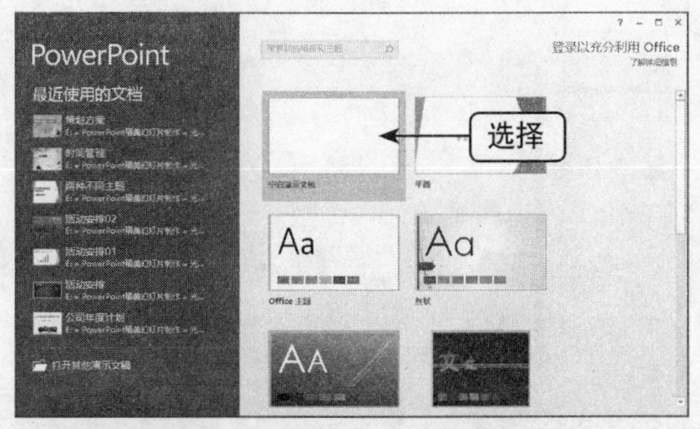

图2-42 选择"空白演示文稿"选项

- 打开演示文稿，单击"文件"命令，进入相应界面，在左侧的橘红色区域，选择"新建"选项，如图2-43所示。切换至"新建"选项卡，在右侧的"新建"选项区中选择"空白演示文稿"选项，如图2-44所示，即可创建空白演示文稿。

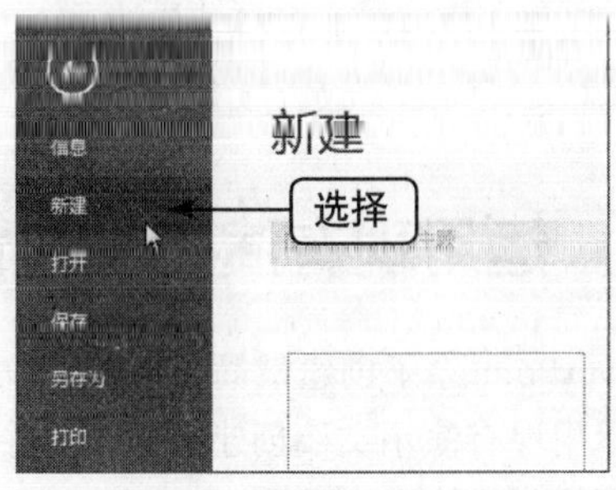

图2-43 选择"新建"选项

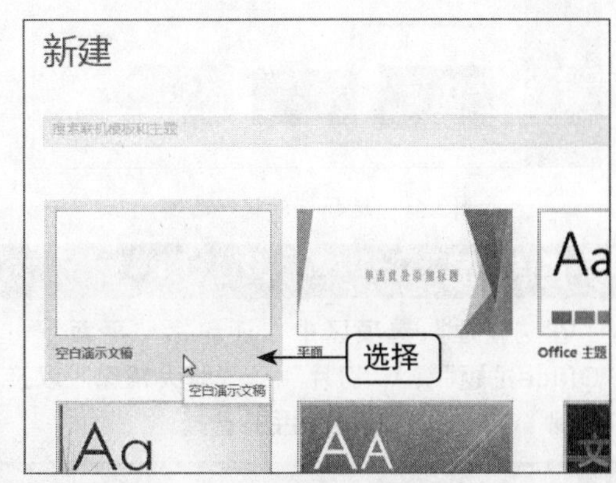

图2-44 选择"空白演示文稿"选项

2.2.2 运用已安装的模板创建

在PowerPoint 2013中，当遇到一些内容相似的演示文稿时，用户可以根据已安装的主题创建。下面介绍运用已安装的模板创建演示文稿。

➡ 视频文件	视频\第2章\运用已安装的模板创建.mp4
➡ 难易程度	★★★★☆

01 在打开的PowerPoint 2013编辑窗口中单击"文件"命令，如图2-45所示。

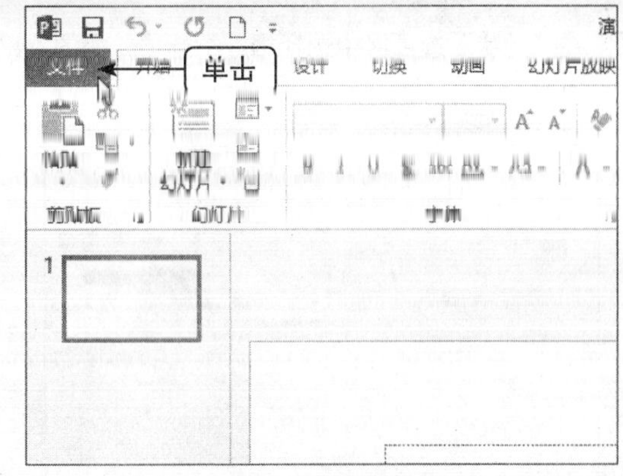

图2-45 单击"文件"命令

02 进入相应界面，在左侧区域中选择“新建”选项，切换至“新建”选项卡，在“新建”选项区中选择“丝状”选项，如图2-46所示。

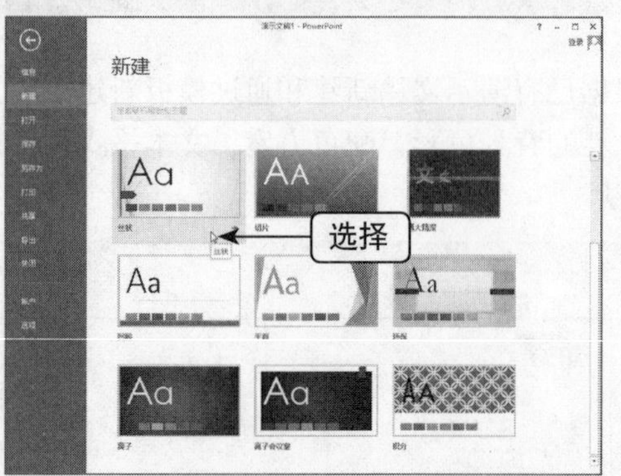

图2-46 选择“丝状”选项

重点提醒

在“新建”选项区中，还包括“平面”、“Office主题”、“切片”、“博大精深”以及“环保”在内的多种模板供用户选择。

03 执行操作后，弹出一个滑动窗口，如图2-47所示。

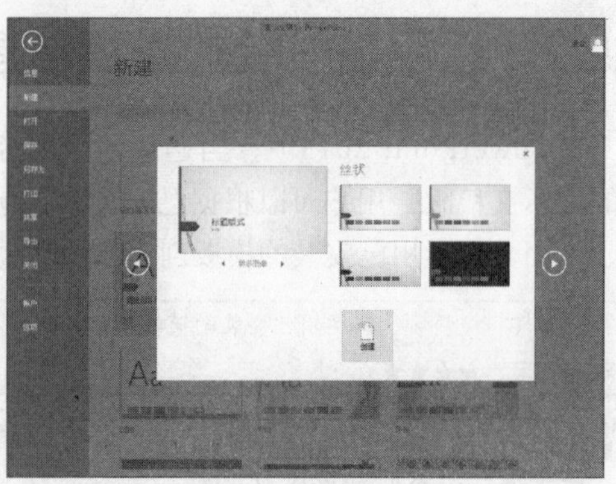

图2-47 弹出滑动窗口

04 在“丝状”选项区中选择相应的选项，如图2-48所示。

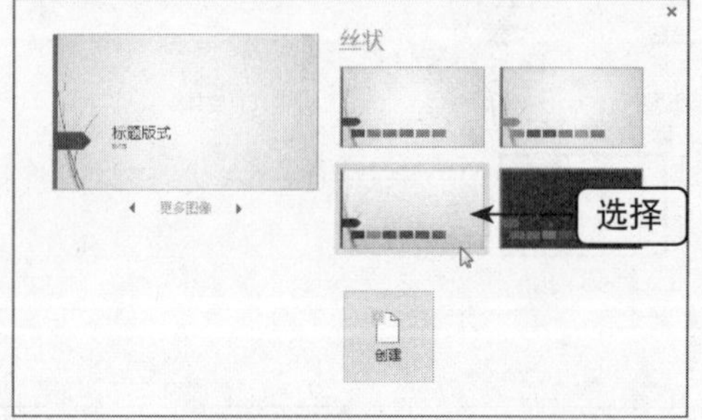

图2-48 选择相应选项

05 在左侧幻灯片缩略图的下方，单击向右按钮，选择合适的幻灯片样式，单击“创建”按钮，如图2-49所示。

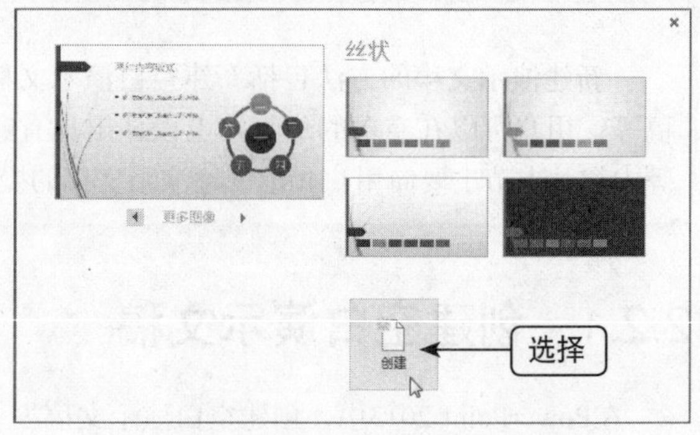

图2-49 单击“创建”按钮

06 执行操作后，即可运用已安装的模板创建演示文稿，如图2-50所示。

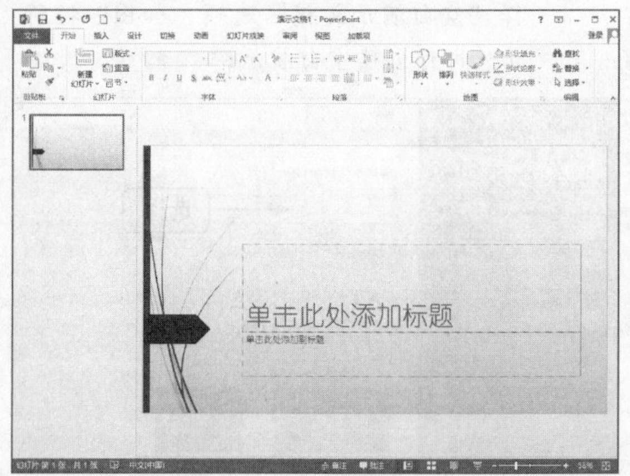

图2-50 创建演示文稿

重点提醒

在PowerPoint 2013中，演示文稿和幻灯片是两个不同的概念，利用PowerPoint 2013制作出的最终整体作品叫做演示文稿，演示文稿是一个文件，而演示文稿中的每一张页面则是幻灯片，每张幻灯片都是演示文稿中既相互独立又相互联系的内容。

2.2.3 运用现有演示文稿创建

PowerPoint除了创建最简单的演示文稿外，还可以运用现有演示文稿创建。下面介绍运用现有演示文稿创建的操作方法。

➡ 素材文件	素材\第2章\春暖花开.pptx
➡ 视频文件	视频\第2章\运用现有演示文稿创建.mp4
➡ 难易程度	★★★☆☆

01 在打开的PowerPoint 2013编辑窗口中，单击“文件”命令，进入相应界面，在左侧区域中选择“打开”选项，如图2-51所示。

图2-51 选择“打开”选项

02 在“打开”选项区中选择“计算机”选项，在“计算机”选项区中单击“浏览”按钮，如图2-52所示。

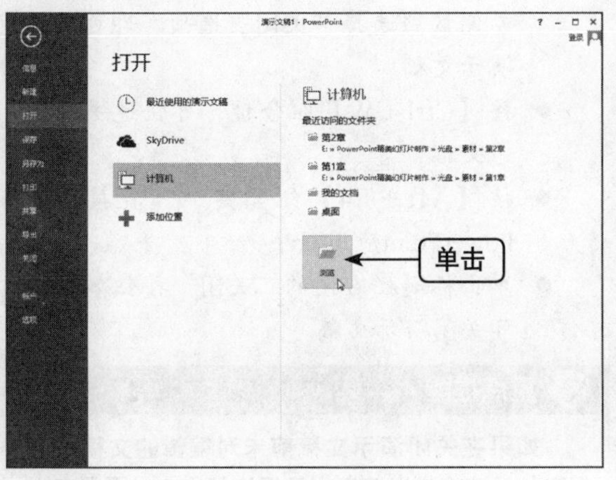

图2-52 单击“浏览”按钮

03 弹出“打开”对话框，在计算机中的合适位置选择相应的文件，如图2-53所示。

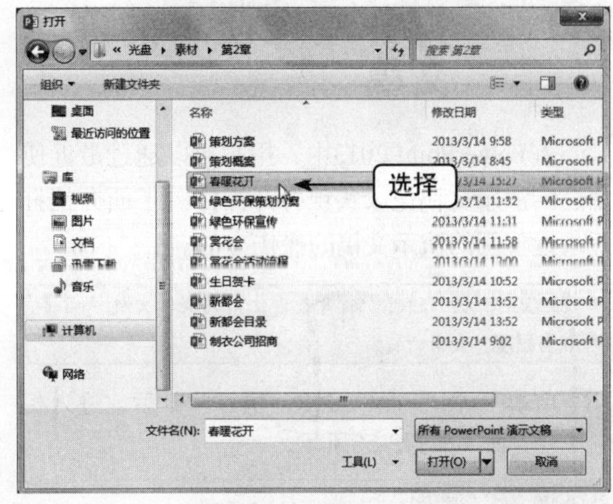

图2-53 选择相应选项

04 单击“打开”按钮，即可运用现有演示文稿创建，如图2-54所示。

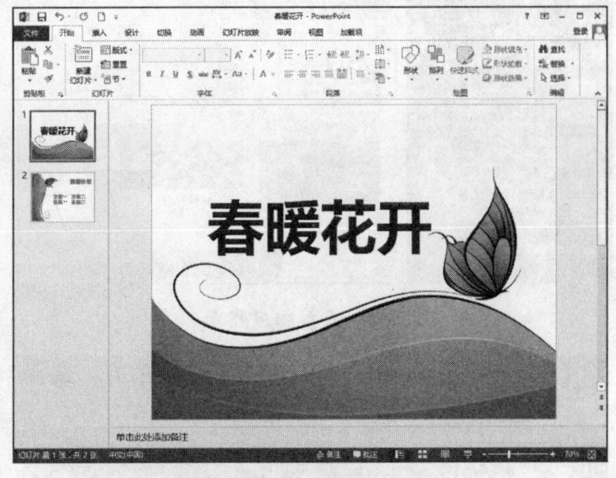

图2-54 运用现有演示文稿创建

重点提醒

使用现有模板创建的演示文稿一般都拥有漂亮的界面和统一的风格，以这种方式创建的演示文稿一般都拥有背景或装饰图案，用于帮助用户在设计时随时调整内容的位置等，以获得较好的画面效果。

2.3 打开/关闭演示文稿

在PowerPoint 2013中，演示文稿的操作就是对文件的基本操作，通常有打开和关闭等操作。本节将向用户介绍打开或关闭演示文稿的相关操作方法。

2.3.1 打开最近使用的演示文稿

在PowerPoint 2013中，用户可以通过最近使用过的演示文稿记录实现打开操作。下面介绍打开最近使用的演示文稿的操作方法。

➡视频文件	视频\第2章\打开最近使用的演示文稿.mp4
➡难易程度	★★☆☆☆

01 启动PowerPoint 2013，稍等片刻后，进入相应界面，如图2-55所示。

图2-55 进入相应界面

02 在“PowerPoint最近使用的文档”下方，选择“春暖花开”选项，如图2-56所示。

重点提醒

除了上述方法可以打开最近使用的演示文稿外，用户还可以在打开的演示文稿中，单击“菜单”命令，进入相应界面，选择“打开”选项，切换至“打开”选项卡，在“打开”选项区中选择“最近使用的演示文稿”选项，然后在右边的“最近使用的演示文稿”选项区中，显示了最近打开或编辑过的演示文稿，用户可以在其中选择任意演示文稿，即可打开。

图2-56 选择“春暖花开”选项

03 执行操作后，即可打开最近使用的文档。

2.3.2 关闭演示文稿

在编辑完演示文稿并保存后，关闭文档可以减小系统内存的占用空间。关闭演示文稿的方法有以下几种。

- 单击“文件”命令，进入相应界面，在左侧区域选择“关闭”选项，即可关闭演示文稿。
- 按【Ctrl+W】组合键，可快速关闭演示文稿。
- 按【Alt+F4】组合键，可直接退出PowerPoint应用程序。
- 单击标题栏右侧的“关闭”按钮✕，也可关闭演示文稿。

重点提醒

如果在关闭演示文稿前未对编辑的文稿进行保存，系统将弹出信息提示框询问用户是否保存文稿，单击“保存”按钮将保存文稿，单击“不保存”按钮将不保存文稿，单击“取消”按钮将不关闭文稿。

2.4 保存演示文稿

PowerPoint 2013提供了多种保存演示文稿的方法和格式，用户可以根据演示文稿的用途来进行选择。

2.4.1 保存演示文稿

在实际工作中，一定要养成经常保存的习惯。在制作演示文稿的过程中，保存的次数越多，因意外事故造成的损失就越小。

在PowerPoint 2013中，保存文稿的方法主要由以下7种。

- 按钮：单击“自定义快速访问工具栏”中的“保存”按钮即可。
- 命令：单击“文件”菜单，进入相应界面，在左侧区域选择“保存”选项即可。
- 快捷键1：按【Ctrl+S】组合键。
- 快捷键2：按【Shift+F12】组合键。
- 快捷键3：按【F12】组合键。
- 快捷键4：依次按【Alt】、【F】和【S】键。
- 快捷键5：依次按【Alt】、【F】和【A】键。

2.4.2 另存为演示文稿

在PowerPoint 2013中进行文件的常规保存时，可以在快速访问工具栏中单击“另存为”按钮，将制作好的演示文稿进行另保存。

➡素材文件	素材\第2章\新春年会.pptx
➡视频文件	视频\第2章\另存为演示文稿.mp4
➡难易程度	★★★★☆

01 在制作好的演示文稿中，单击“文件”命令，如图2-57所示。

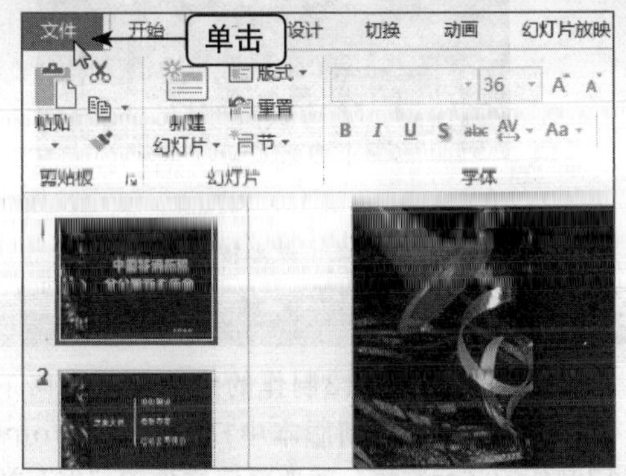

图2-57 单击“文件”命令

02 进入相应界面，在左侧的区域选择“另存为”选项，如图2-58所示。

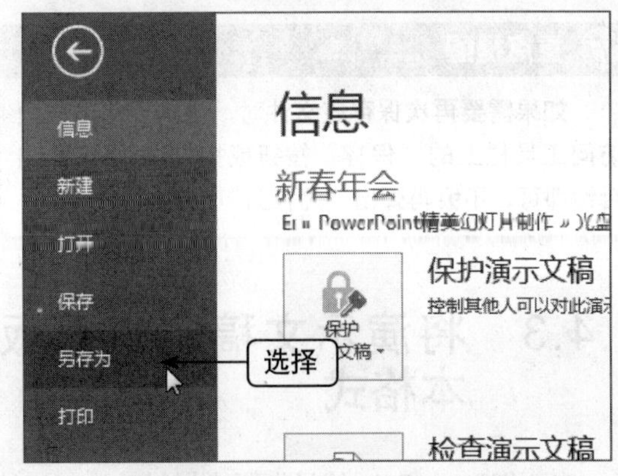

图2-58 选择“另存为”选项

03 执行操作后，切换至“另存为”选项卡，在“另存为”选项区中选择“计算机”选项，在右侧的“计算机”选项区中单击“浏览”按钮，如图2-59所示。

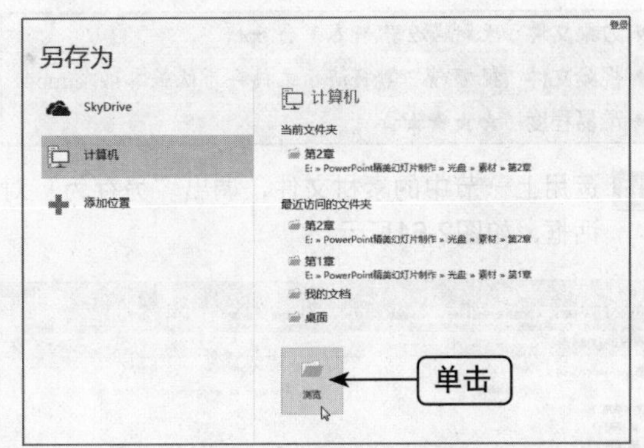

图2-59 单击“浏览”按钮

04 弹出“另存为”对话框，选择该文件的保存位置，在“文件名”文本框中输入相应标题内容，单击“保存”按钮，如图2-60所示。

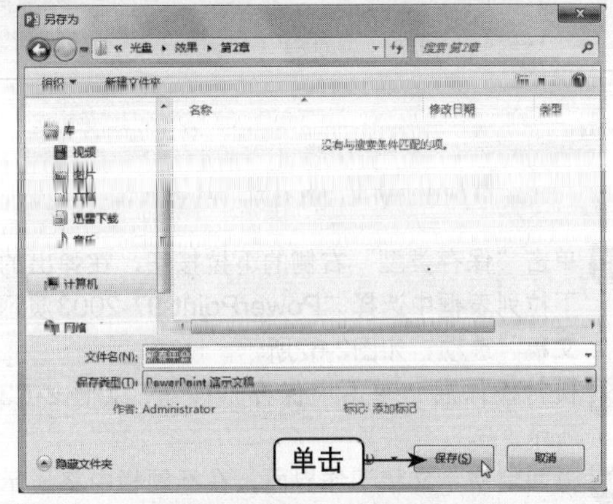

图2-60 单击“保存”按钮

05 执行操作后，即可另存为演示文稿。

> **重点提醒**
>
> 如果需要再次保存该文件时，只需要单击快速访问工具栏上的“保存”按钮或按【Ctrl＋S】组合键即可，不会再弹出“另存为”对话框。

2.4.3 将演示文稿存为低版本格式

当要把PowerPoint的早期版本通过PowerPoint 2013的格式打开时，需要安装适合PowerPoint 2013的Office兼容包才能完全打开，用户可以将演示文稿保存为兼容格式，从而能直接使用早期版本的PowerPoint来打开文档。

➡ 效果文件	素材\第2章\新春年会.pptx
➡ 视频文件	视频\第2章\将演示文稿存为低版本格式.mp4
➡ 难易程度	★★★★☆

01 运用上一节中的素材文件，调出“另存为”对话框，如图2-61所示。

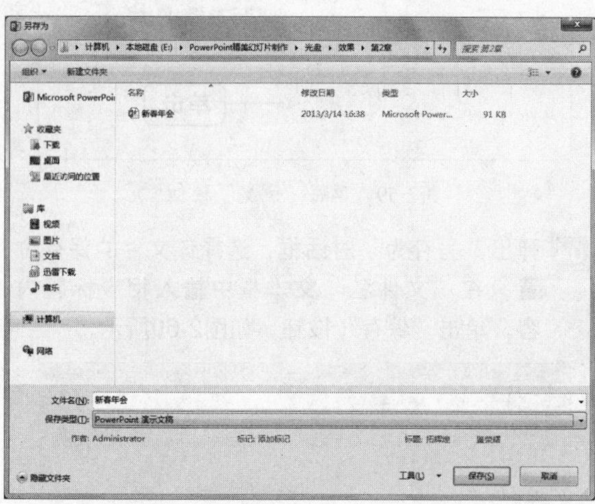

图2-61　调出“另存为”对话框

02 单击“保存类型”右侧的下拉按钮，在弹出的下拉列表框中选择“PowerPoint 97-2003演示文稿”选项，如图2-62所示。

03 执行操作后，单击“保存”按钮，如图2-63所示。

04 返回到演示文稿工作界面，在标题栏中将显示兼容模式，如图2-64所示。

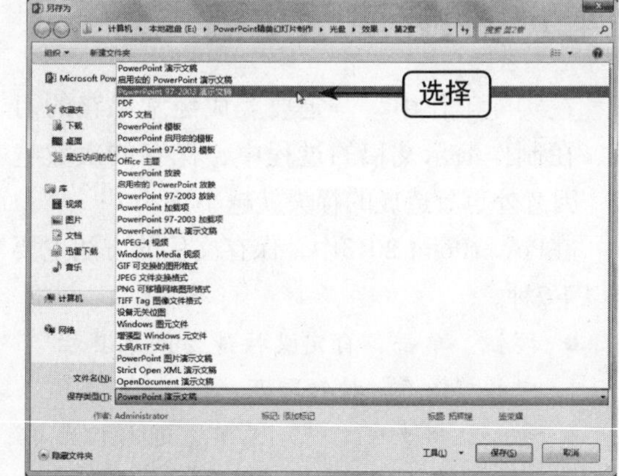

图2-62　选择“PowerPoint 97-2003演示文稿”选项

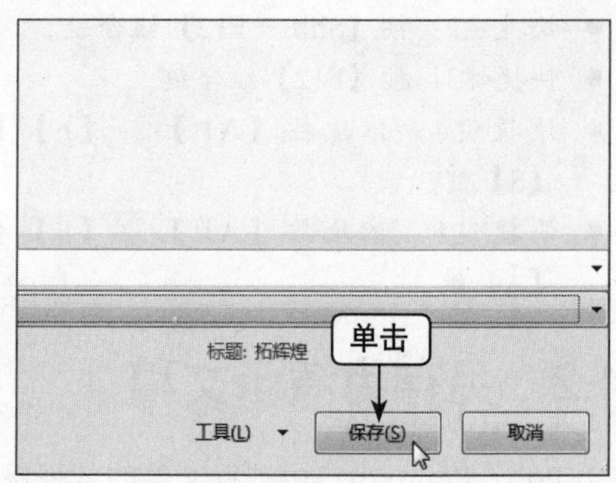

图2-63　单击“浏览”按钮

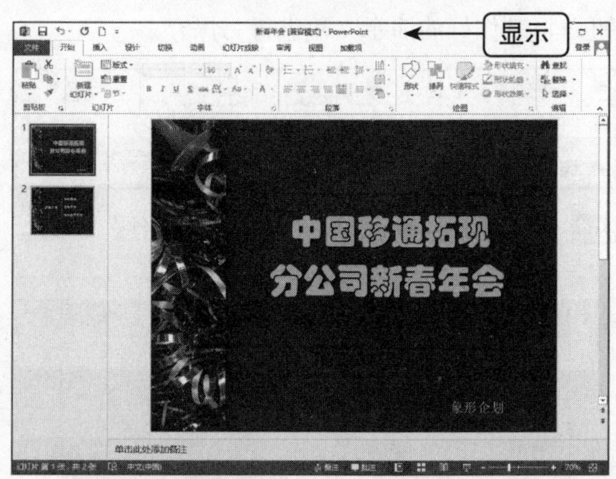

图2-64　显示兼容模式

> **重点提醒**
>
> PowerPoint 2013制作的演示文稿不向下兼容，如果需要在以前版本中打开PowerPoint 2013制作的演示文稿，就要将该文件的“保存类型”设置为“PowerPoint 97-2003演示文稿”，PowerPoint 2013演示文稿的扩展名为PPTX。

2.4.4 设置自动保存演示文稿

设置自动保存可以每隔一段时间自动保存一次，即使出现断电或死机的情况，当再次启动时，保存过的文件内容也依然存在，而且避免了手动保存的麻烦。

➡ 视频文件	视频\第2章\设置自动保存演示文稿.mp4
➡ 难易程度	★★☆☆☆

01 在打开的PowerPoint 2013中，单击“文件”命令，进入相应界面，在左侧区域选择“选项”选项，如图2-65所示。

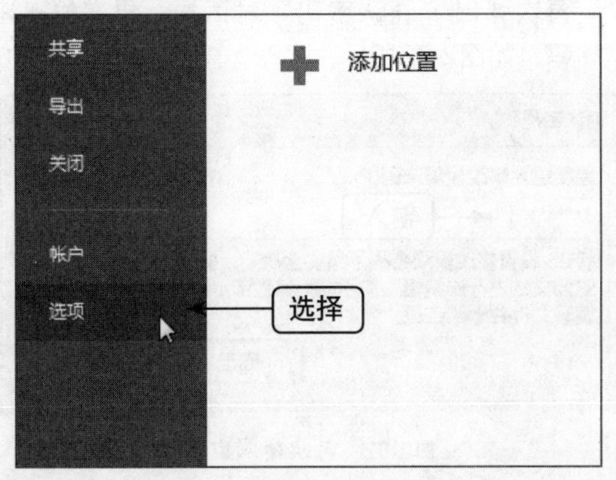

图2-65 选择“选项”选项

02 弹出“PowerPoint选项”对话框，切换至“保存”选项卡，在“保存演示文稿”选项区中选中“保存自动恢复信息时间间隔”复选框，并在右边的文本框中设置时间间隔为5分钟，如图2-66所示。单击“确定”按钮，即可设置自动保存演示文稿。

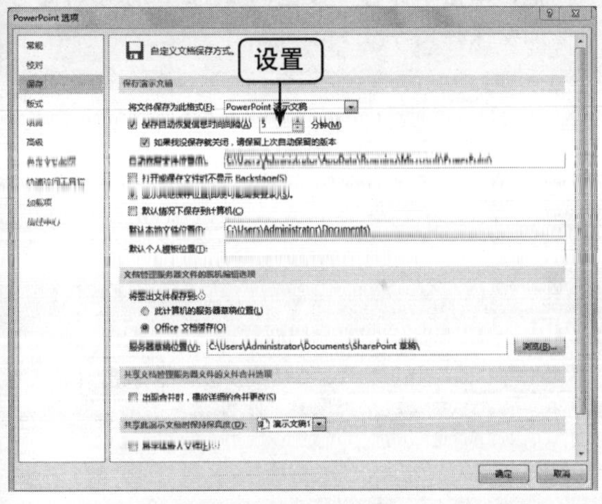

图2-66 设置时间间隔

重点提醒

在“另存为”对话框中单击“工具”按钮右侧的下拉按钮，在弹出的列表框中选择“保存选项”选项，也可以弹出“PowerPoint选项”对话框。

2.4.5 加密保存演示文稿

加密保存演示文稿，可以防止其他用户随意打开或修改演示文稿，一般的方法就是在保存演示文稿的时候设置权限密码。当用户要打开加密保存过的演示文稿时，此时PowerPoint将弹出“密码”对话框，只有输入正确的密码才能打开该演示文稿。

重点提醒

“打开权限密码”和“修改权限密码”可以设置为相同的密码，也可以设置为不同的密码，它们将分别作用于打开权限和修改权限。

➡ 素材文件	素材\第2章\年度传播内容.pptx
➡ 效果文件	效果\第2章\年度传播内容.pptx
➡ 视频文件	视频\第2章\加密保存演示文稿.mp4
➡ 难易程度	★★★★★

01 在制作好的演示文稿中单击“文件”命令，如图2-67所示。

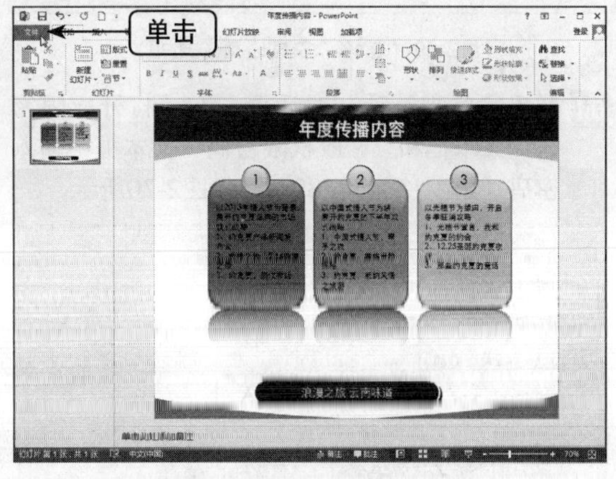

图2-67 单击“文件”命令

02 进入相应界面，在左侧区域选择“另存为”选项。在“另存为”选项区中选择“计算机”选项，在右侧“计算机”选项区中单击“浏览”按钮，弹出“另存为”对话框，单击左下角的

“工具”按钮，如图2-68所示。

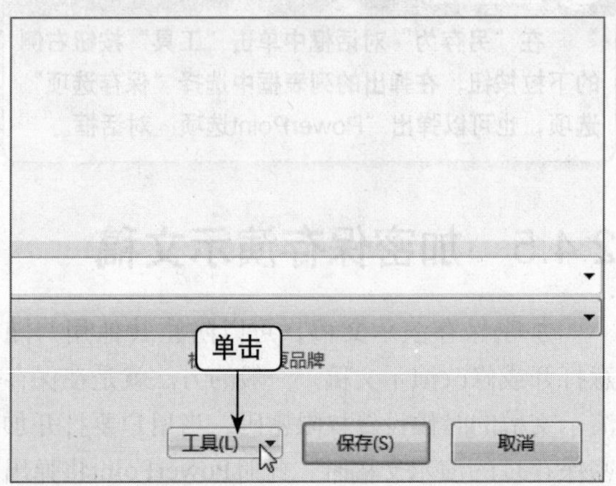

图2-68　单击“工具”按钮

03 弹出列表框，选择“常规选项”选项，如图2-69所示。

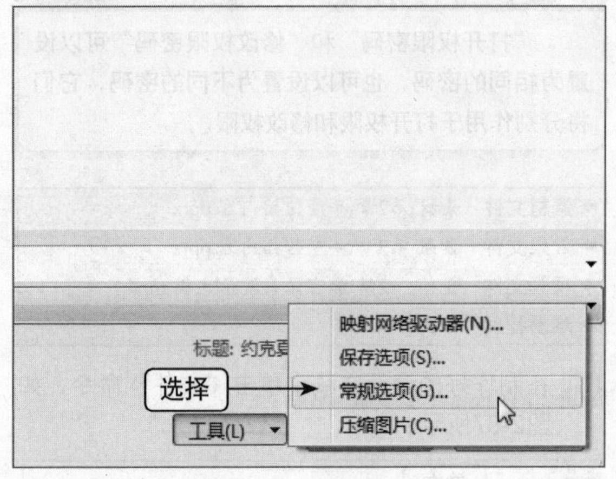

图2-69　选择“常规选项”选项

04 弹出“常规选项”对话框，在“打开权限密码”文本框和“修改权限密码”文本框中输入密码（如：123456789），如图2-70所示。

图2-70　输入密码

05 单击“确定”按钮，弹出“确认密码”对话框，如图2-71所示。

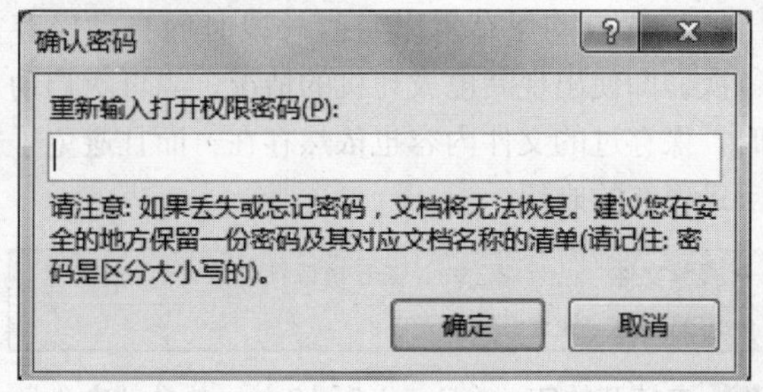

图2-71　弹出“确认密码”对话框

06 重新输入打开权限密码，单击“确定”按钮，再次弹出“确认密码”对话框，再次输入密码，如图2-72所示。

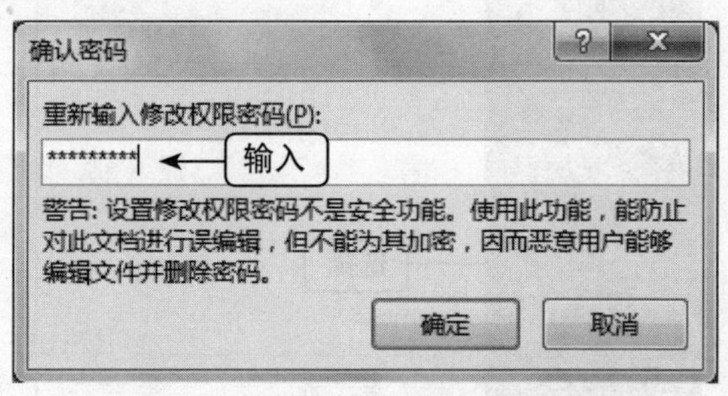

图2-72　再次输入密码

重点提醒

当用户要打开加密保存过的演示文稿时，此时PowerPoint将打开“密码”对话框，输入密码，即可打开该演示文稿。

07 单击“确定”按钮，返回到“另存为”对话框，单击“保存”按钮，如图2-73所示，即可加密保存文件。

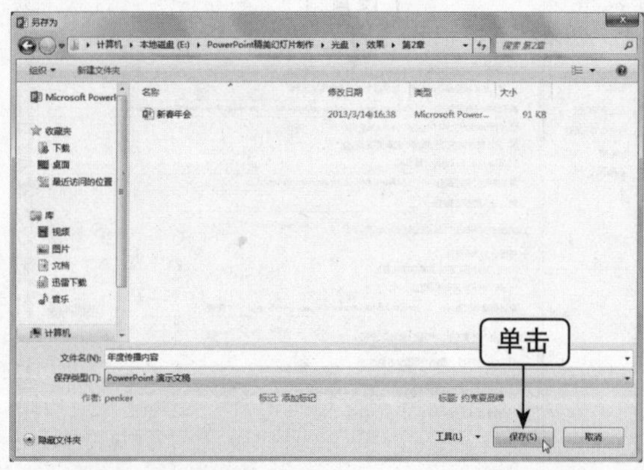

图2-73　单击“保存”按钮

幻灯片的基本操作

学习提示

在PowerPoint 2013中，幻灯片的基本操作主要包括插入幻灯片和编辑幻灯片。在对幻灯片的操作过程中，用户还可以修改幻灯片的版式。本章主要向用户介绍插入幻灯片、编辑幻灯片和设置幻灯片段落的基本操作。

主要内容

- 通过选项新建幻灯片
- 通过按钮新建幻灯片
- 选择幻灯片
- 移动幻灯片
- 设置幻灯片段落对齐方式
- 设置换行格式

重点与难点

- 通过快捷键新建幻灯片
- 复制幻灯片
- 设置幻灯片行距和间距

学完本章后你会做什么

- 掌握通过选项新建幻灯片、通过按钮新建幻灯片的操作方法
- 掌握选择幻灯片、移动幻灯片以及复制幻灯片的操作方法
- 掌握幻灯片段落对齐方式、设置幻灯片缩进方式的操作方法

视频文件

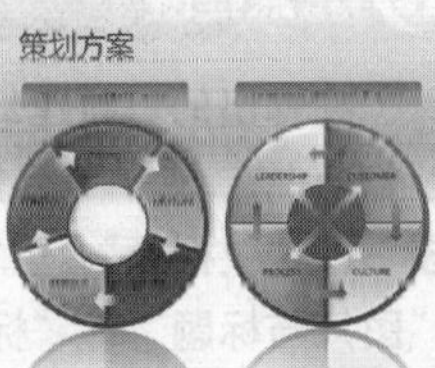

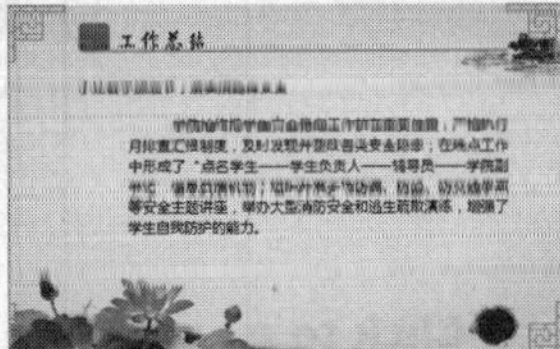

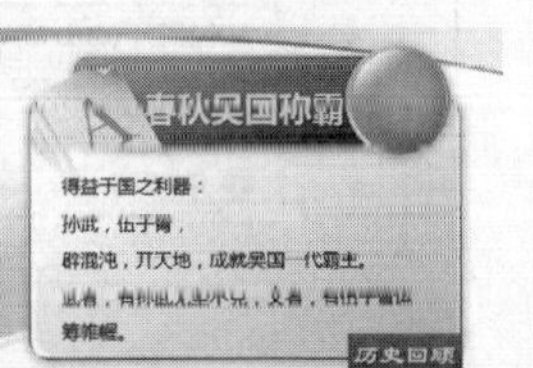

3.1 新建幻灯片

演示文稿是由一张张幻灯片组成的，它的数量是不固定的，用户可以根据需要增加或减少幻灯片数量。如果创建的是空白演示文稿，则用户只能看到一张幻灯片，其他幻灯片都需要自行添加。在PowerPoint 2013中，用户可以运用快捷键、命令和选项等插入幻灯片。

3.1.1 通过选项新建幻灯片

在PowerPoint 2013的“新建幻灯片”列表框中，用户可以新建多种幻灯片。下面向用户介绍通过选项新建幻灯片的操作方法。

➡素材文件	素材\第3章\立体图形.pptx
➡效果文件	效果\第3章\立体图形.pptx
➡视频文件	视频\第3章\通过选项新建幻灯片.mp4
➡难易程度	★★★☆☆

01 在PowerPoint 2013中，打开一个素材文件，如图3-1所示。

图3-1 打开一个素材文件

02 在“开始”面板的“幻灯片”选项板中，单击“新建幻灯片”下拉按钮，如图3-2所示。

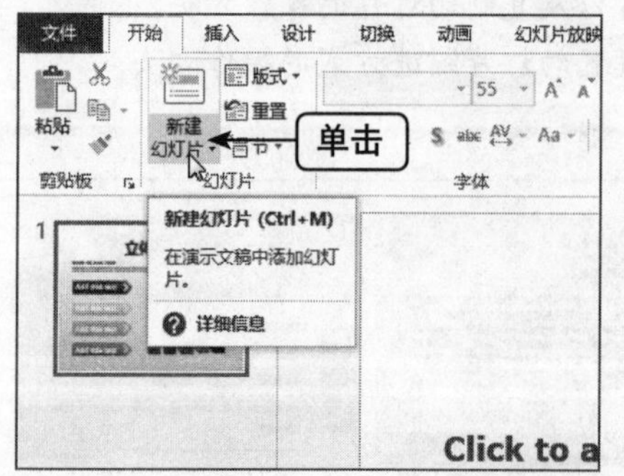

图3-2 单击“新建幻灯片”下拉按钮

03 弹出列表框，选择相应选项，如图3-3所示。

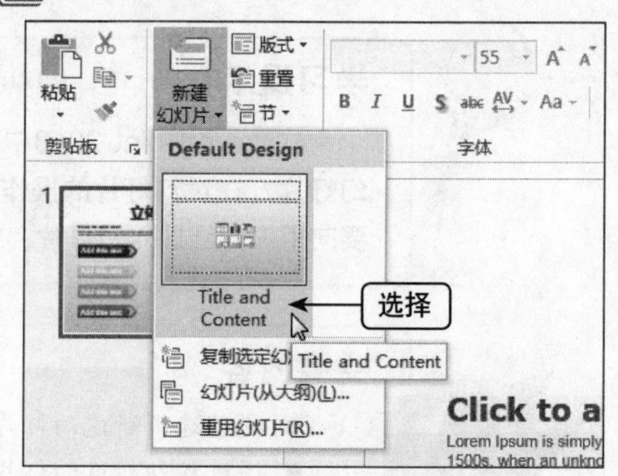

图3-3 选择相应选项

04 执行操作后，即可通过选项新建幻灯片，如图3-4所示。

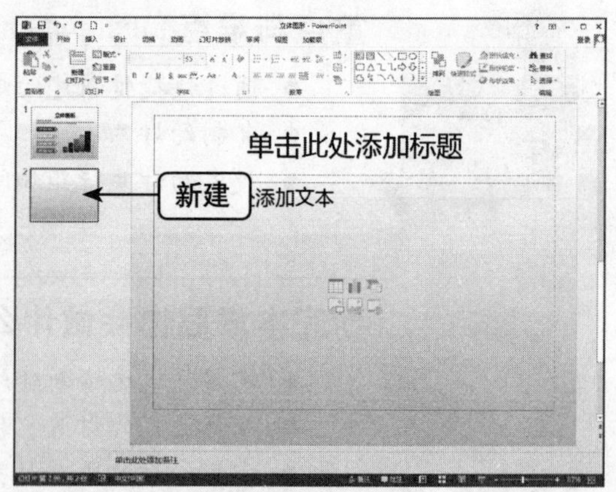

图3-4 新建幻灯片

重点提醒

在弹出的“新建幻灯片”列表框中还包括“标题幻灯片”、“节标题”、“两栏内容”、“比较”、“仅标题”、“空白”、“内容与标题”、“图片与标题”、“标题和竖排文字”、“垂直排列标题与文本”等幻灯片样式。

3.1.2 通过按钮新建幻灯片

在幻灯片浏览视图中，用户可以方便地运用按钮新建幻灯片。下面向用户介绍通过按钮新建幻灯片的操作方法。

➡ 素材文件	素材\第3章\课后习题.pptx
➡ 效果文件	效果\第3章\课后习题.pptx
➡ 视频文件	视频\第3章\通过按钮新建幻灯片.mp4
➡ 难易程度	★★★☆☆

01 在PowerPoint 2013中，打开一个素材文件，如图3-5所示。

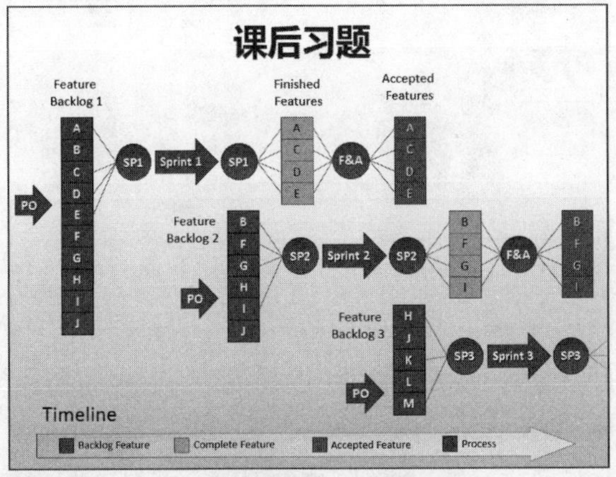

图3-5 打开一个素材文件

02 切换至“视图”面板，在“演示文稿视图”选项板中，单击“幻灯片浏览”按钮，如图3-6所示。

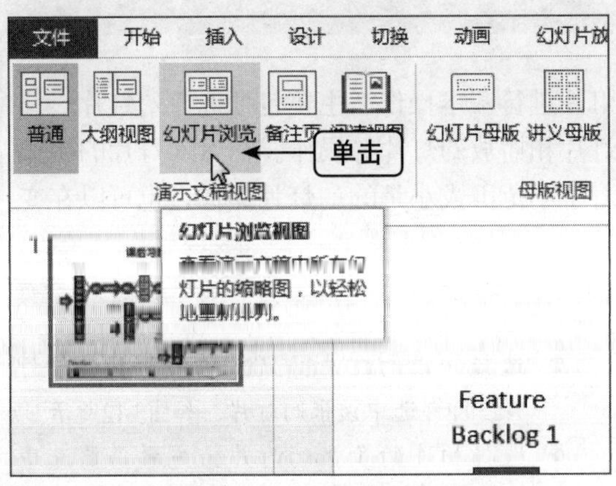

图3-6 单击“幻灯片浏览”按钮

03 执行操作后，即可切换到幻灯片浏览视图，在第1张幻灯片上单击鼠标右键，弹出快捷菜单，选择“新建幻灯片”命令，如图3-7所示。

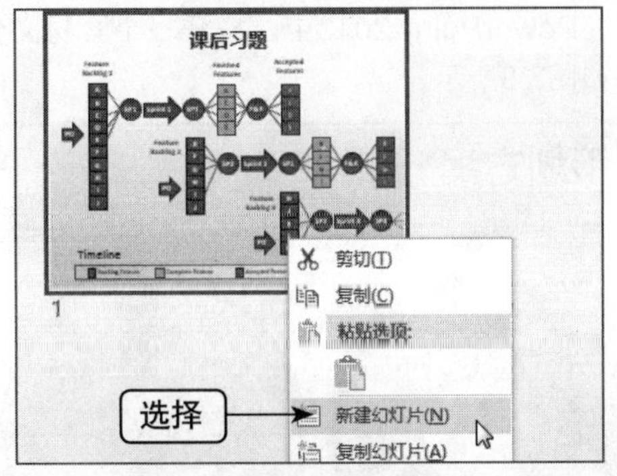

图3-7 选择“新建幻灯片”命令

04 执行操作后，即可通过按钮新建幻灯片，如图3-8所示。

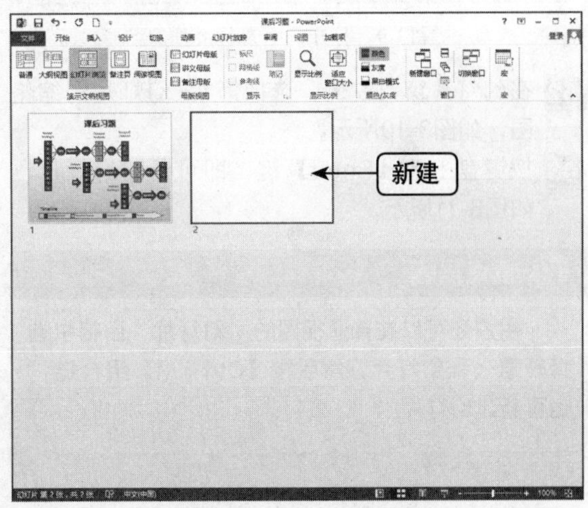

图3-8 新建幻灯片

重点提醒

新建幻灯片后，有的幻灯片只包含标题，有的包含标题和内容，也可以是图形、表格、剪贴画，或是文件的排列。如果用户不满意软件提供的版式，还可以选择一个相近的版式，然后进行修改。

3.1.3 通过快捷键新建幻灯片

在普通视图中，用户可以运用键盘上的【Enter】键快速新建幻灯片。下面向用户介绍通过快捷键新建幻灯片的操作方法。

➡ 素材文件	素材\第3章\策划方案.pptx
➡ 效果文件	效果\第3章\策划方案.pptx
➡ 视频文件	视频\第3章\通过快捷键新建幻灯片.mp4
➡ 难易程度	★★☆☆☆

01 在PowerPoint 2013中，打开一个素材文件，如图3-9所示。

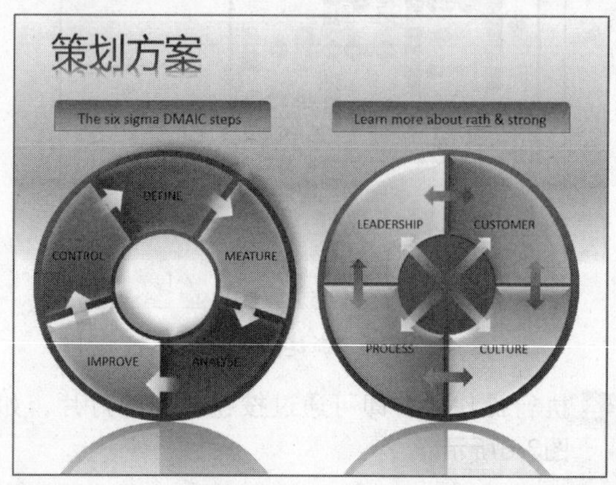

图3-9　打开一个素材文件

02 在幻灯片窗口左侧，选择第1张幻灯片的缩略图，如图3-10所示。

03 按键盘上的【Enter】键，即可新建幻灯片，如图3-11所示。

重点提醒

用户还可以在普通视图的“幻灯片”窗格中选择任意一张幻灯片，然后按【Ctrl＋M】组合键，也可新建幻灯片。

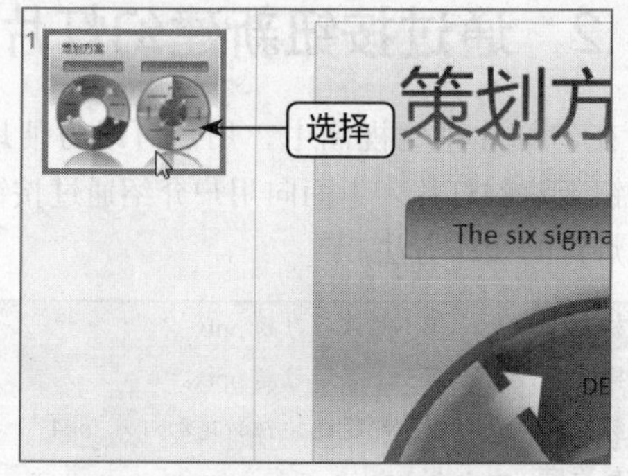

图3-10　单击“幻灯片浏览”按钮

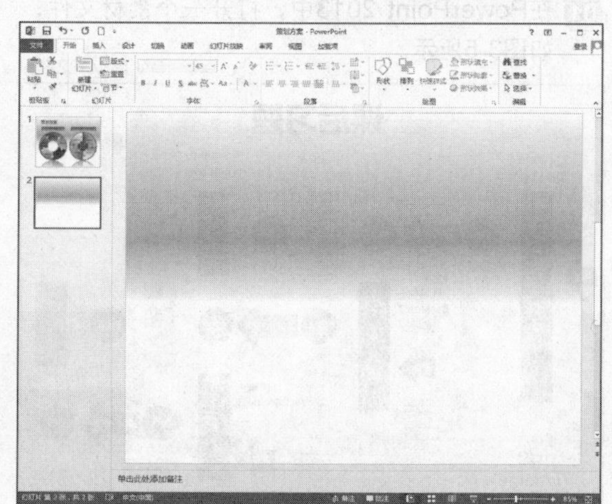

图3-11　新建幻灯片

3.2 编辑幻灯片

创建了演示文稿之后，用户可以根据需要对幻灯片进行基本操作。主要包括选择幻灯片、移动幻灯片、复制幻灯片、调整幻灯片顺序、删除幻灯片和播放幻灯片等操作。在对幻灯片的操作过程中，最为方便的视图模式是幻灯片浏览视图，对于小范围或小量的幻灯片操作，也可以在变通视图模式下进行。

3.2.1 选择幻灯片

在PowerPoint 2013中，用户可以自行选择一张或多张幻灯片，然后对选中的幻灯片进行编辑。选择幻灯片一般是在普通视图和幻灯片浏览视图下进行操作的。选择幻灯片的方法有以下3种。

- 选择一张幻灯片：只需单击需要的幻灯片，即可选中该张幻灯片，如图3-12所示。
- 选择相连的多张幻灯片：先单击要选中的一张幻灯片，然后按住【Shift】键，再单击所需的最后一张幻灯片，这样两张幻灯片之间的多张相连幻灯片都将被选中，如图3-13所示。

图3-12 选择一张幻灯片

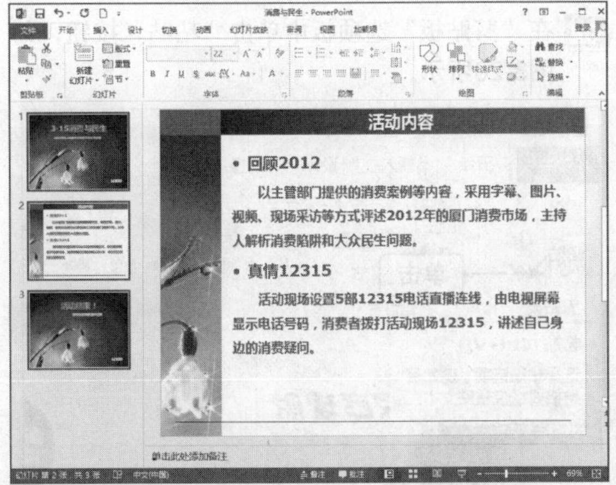

图3-13 选择相连的多张幻灯片

- 选择不相连的多张幻灯片：按住【Ctrl】键的同时，依次单击需要选择的幻灯片，就可以选中单击过的多张幻灯片，如图3-14所示。按住【Ctrl】键再次单击已经选中的幻灯片，就可以取消选中的幻灯片。

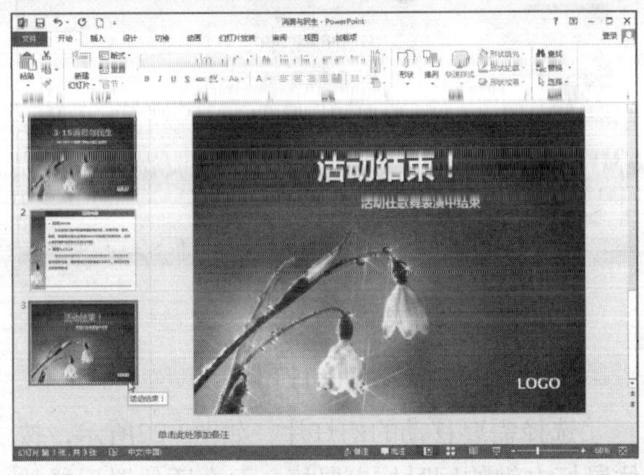

图3-14 选择不相连的多张幻灯片

3.2.2 移动幻灯片

创建一个包含多张幻灯片的演示文稿后，用户可以根据需要移动幻灯片在演示文稿中的位置。在PowerPoint 2013中，移动幻灯片的方法主要有以下3种。

1. 运用快捷键移动幻灯片

在PowerPoint 2013中，用户可以将演示文稿中的幻灯片通过快捷键进行移动。下面向用户介绍运用快捷键移动幻灯片的操作方法。

➜ 素材文件	素材\第3章\家庭理财.pptx
➜ 视频文件	视频\第3章\移动幻灯片（A）.mp4
➜ 难易程度	★★☆☆☆

01 在PowerPoint 2013中，打开一个素材文件，如图3-15所示。

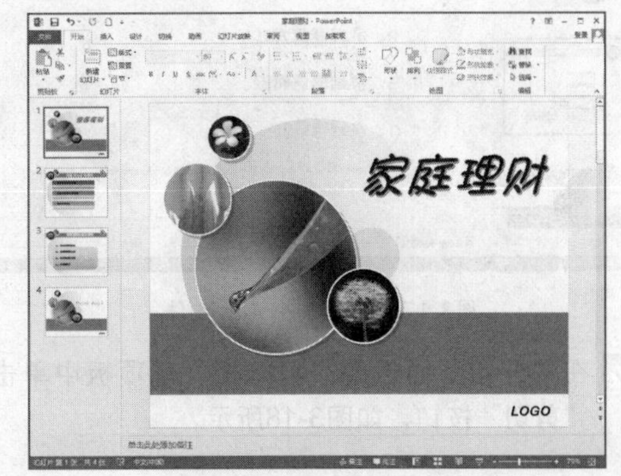

图3-15 打开一个素材文件

02 按【Ctrl+X】组合键剪切需要的幻灯片，按【Ctrl+V】组合键将剪切的幻灯片粘贴至合适的位置，如图3-16所示。

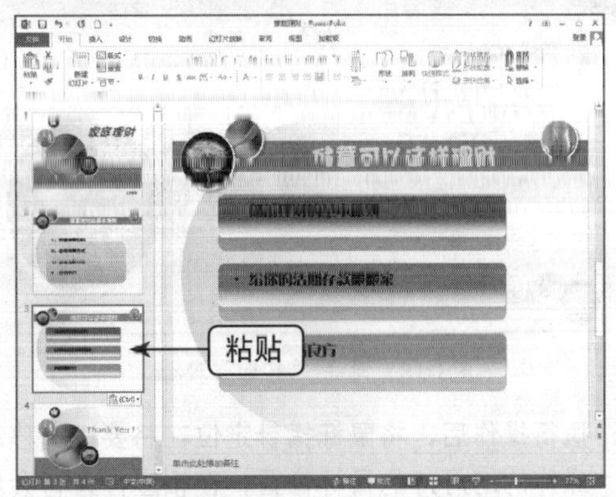

图3-16 粘贴至合适的位置

03 执行操作后，即可移动幻灯片。

2. 运用按钮移动幻灯片

运用选项板中的“剪切”和“粘贴”按钮，可以快速移动幻灯片。下面向用户介绍运用按钮移动幻灯片的操作方法。

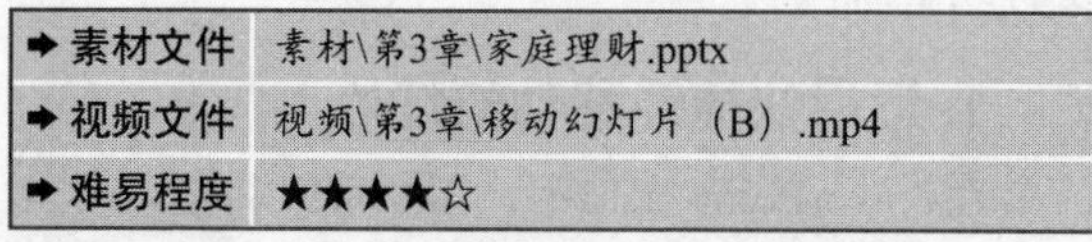

➡ 素材文件	素材\第3章\家庭理财.pptx
➡ 视频文件	视频\第3章\移动幻灯片（B）.mp4
➡ 难易程度	★★★★☆

01 在PowerPoint 2013中，打开一个素材文件，选择需要移动的幻灯片，如图3-17所示。

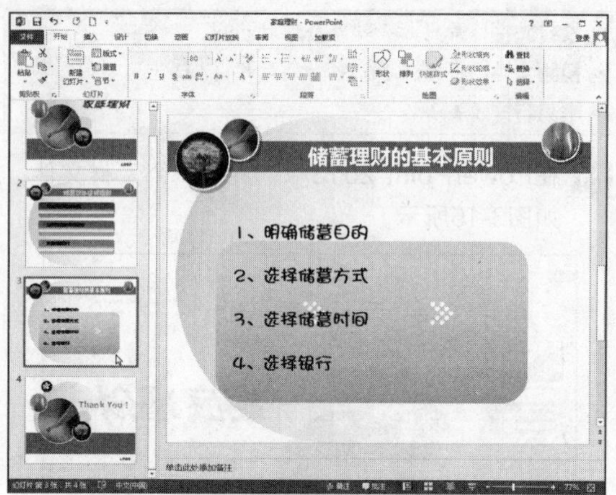

图3-17 打开一个素材文件

02 在“开始”面板的“剪贴板”选项板中单击“剪切”按钮，如图3-18所示。

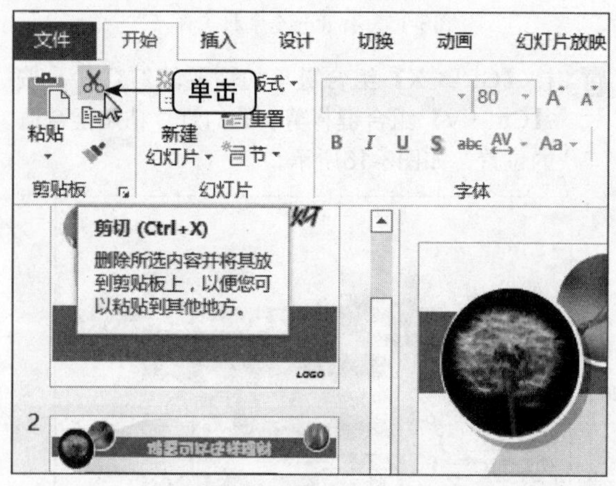

图3-18 单击“剪切”按钮

03 执行操作后，将鼠标指针定位在将要进行移动操作的幻灯片的目标位置，在相应位置将会显示一根红色的线段，如图3-19所示。

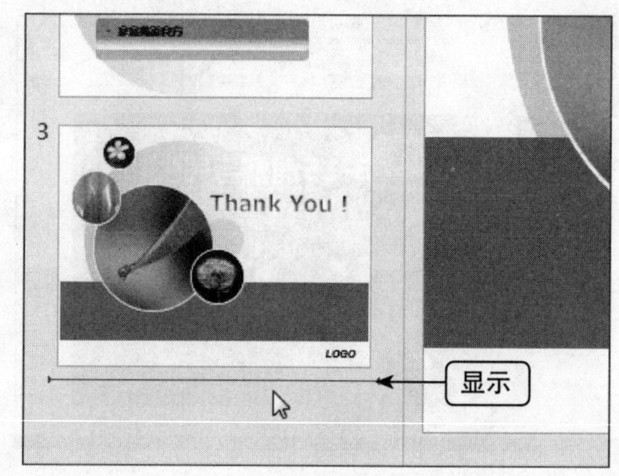

图3-19 显示红色线段

04 在“剪贴板”选项板中单击“粘贴”按钮，如图3-20所示。

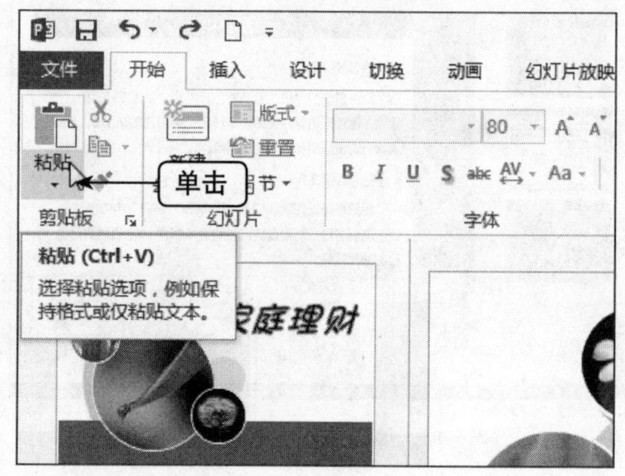

图3-20 单击“粘贴”按钮

05 执行操作后，即可移动幻灯片，如图3-21所示。

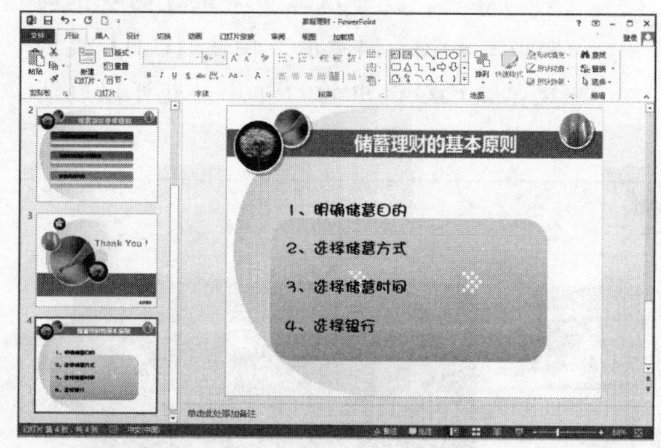

图3-21 移动幻灯片

3. 运用鼠标移动幻灯片

选择需要移动的幻灯片，如图3-22所示，按住鼠标左键的同时拖曳鼠标，至合适位置后释放鼠标左键即可移动幻灯片，如图3-23所示。

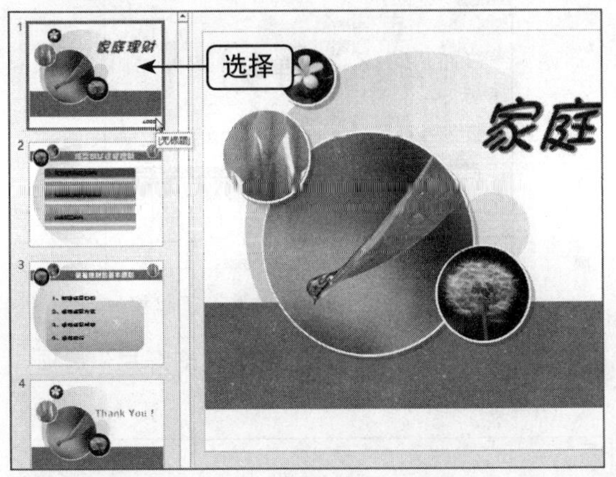

图3-22 选择需要移动的幻灯片

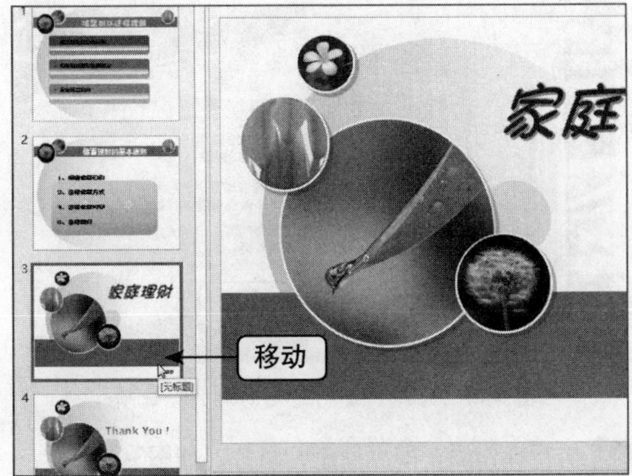

图3-23 移动幻灯片

重点提醒

移动幻灯片后，PowerPoint将自动对所有幻灯片重新编号，所以在幻灯片的编号上看不出哪张幻灯片被移动，只能通过内容来进行区别。

3.2.3 复制幻灯片

在制作演示文稿时，有时会需要两张内容相同或相近的幻灯片，此时可以利用幻灯片的复制功能，复制一张相同的幻灯片，以节省工作时间。

1. 运用按钮复制幻灯片

在PowerPoint 2013中，用户可以运用“剪贴板”中的“复制”按钮，复制幻灯片。下面向用户介绍运用按钮复制幻灯片的操作方法。

➡ 素材文件	素材\第3章\答谢会.pptx
➡ 视频文件	视频\第3章\移动幻灯片（A）.mp4
➡ 难易程度	★★★☆☆

01 在PowerPoint 2013中，打开一个素材文件，选择需要复制的幻灯片，如图3-24所示。

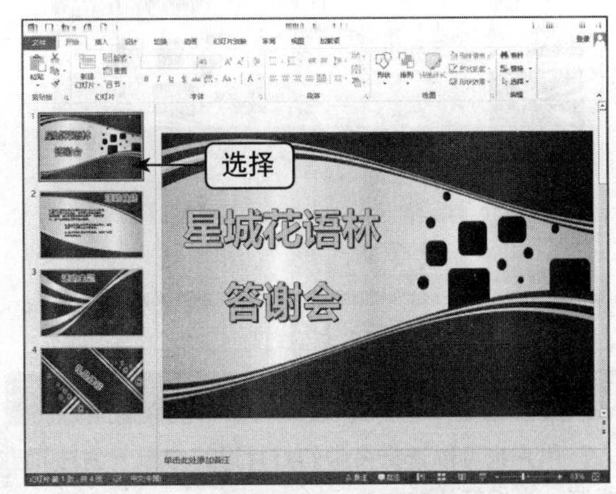

图3-24 选择需要复制的幻灯片

02 在“开始”面板的“剪贴板”选项板中单击“复制”按钮，如图3-25所示。

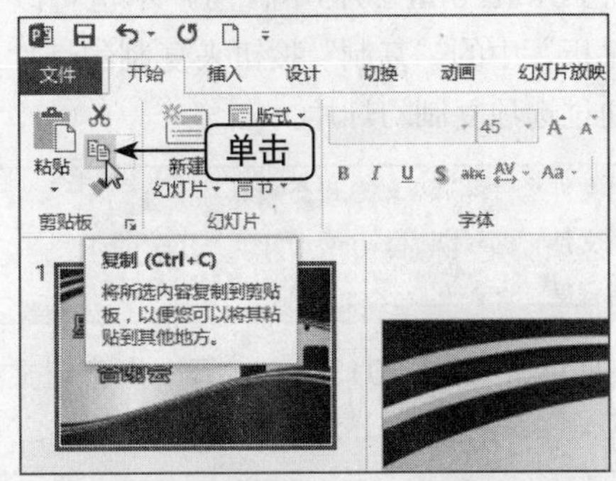

图3-25 单击“复制”按钮

03 在需要复制幻灯片的位置单击鼠标左键，显示一条红色线段，在“剪贴板”选项板中单击“粘贴”按钮，如图3-26所示。

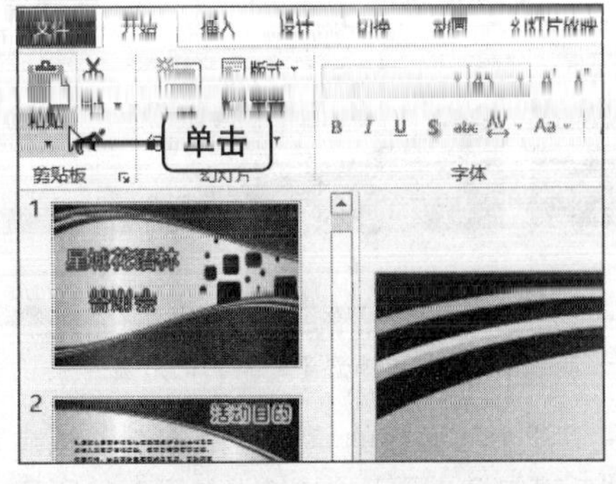

图3-26 单击“粘贴”按钮

04 执行操作后，即可复制幻灯片，如图3-27所示。

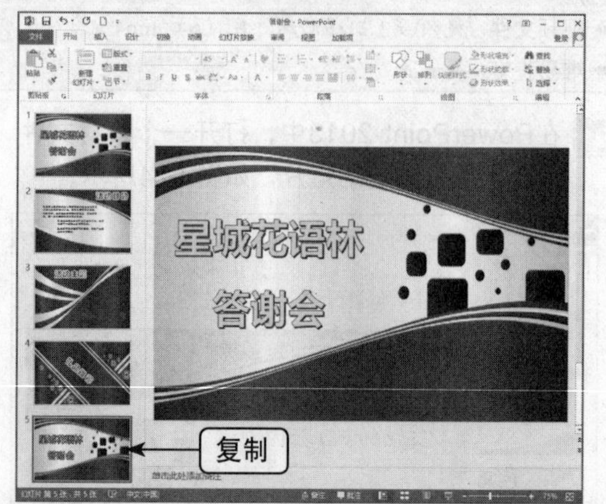

图3-27　复制幻灯片

重点提醒

用户也可以选择多张幻灯片进行复制，方法同复制一张幻灯片的方法一样。

2. 运用选项复制幻灯片

在PowerPoint 2013中，用户不但可以运用“剪贴板”中的“复制”按钮来复制幻灯片，还可以通过选项复制幻灯片。

➡素材文件	素材\第3章\答谢会.pptx
➡视频文件	视频\第3章\移动幻灯片（B）.mp4
➡难易程度	★★★☆☆

01 在PowerPoint 2013中，打开一个素材文件，选择需要复制的幻灯片，如图3-28所示。

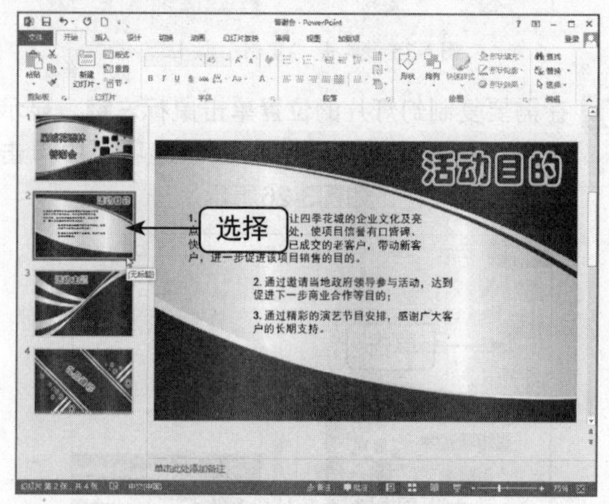

图3-28　选择需要复制的幻灯片

02 在“开始”面板的“幻灯片”选项板中单击“新建幻灯片”下拉按钮，如图3-29所示。

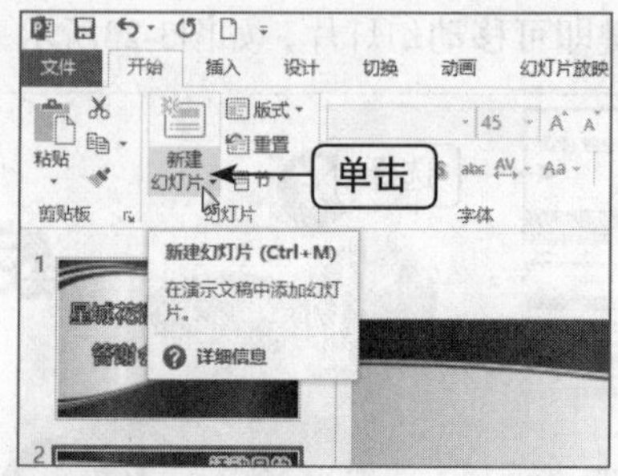

图3-29　单击“新建幻灯片”下拉按钮

03 弹出列表框，选择“复制选定幻灯片”选项，如图3-30所示。

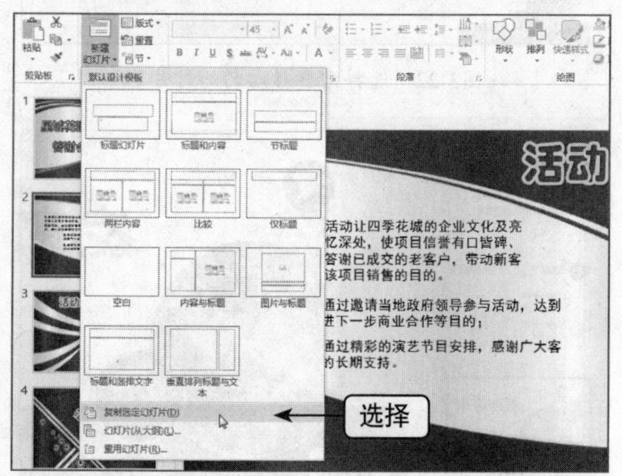

图3-30　选择“复制选定幻灯片”选项

04 执行操作后，即可复制幻灯片，如图3-31所示。

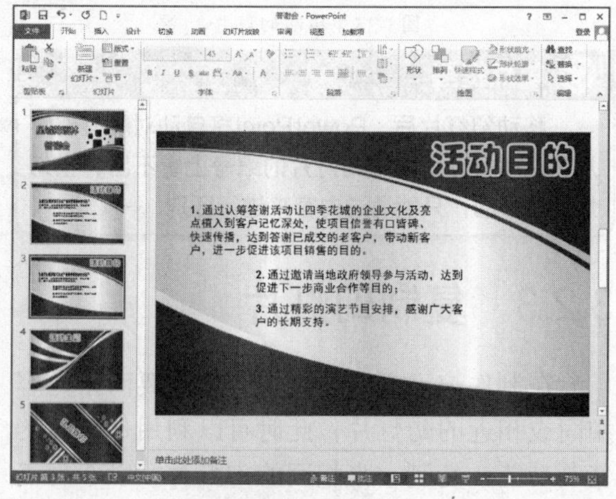

图3-31　复制幻灯片

3. 运用快捷键复制幻灯片

在PowerPoint 2013中，用户可以运用快捷键快速将需要的幻灯片进行复制。下面向用户介绍运用快捷键复制幻灯片的操作方法。

➡ 素材文件	素材\第3章\答谢会.pptx
➡ 视频文件	视频\第3章\移动幻灯片（C）.mp4
➡ 难易程度	★★★☆☆

01 在PowerPoint 2013中，打开一个素材文件，选择需要复制的幻灯片，如图3-32所示。

图3-32　选择需要复制的幻灯片

02 按【Ctrl+C】组合键，复制所选幻灯片，将鼠标定位在需要复制幻灯片的目标位置，如图3-33所示。

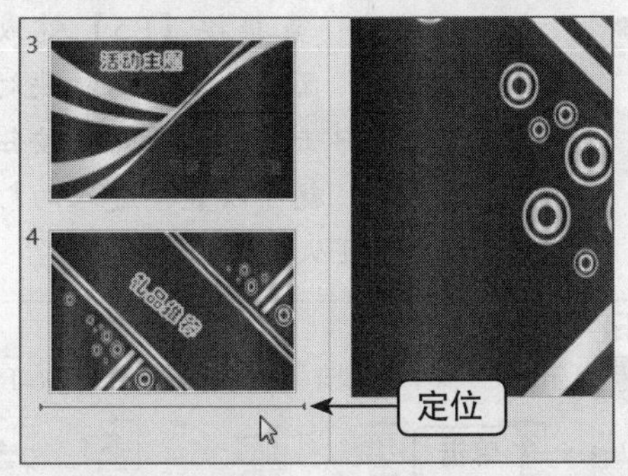

图3-33　定位鼠标

03 按【Ctrl+V】组合键，即可将幻灯片复制到目标位置，如图3-34所示。

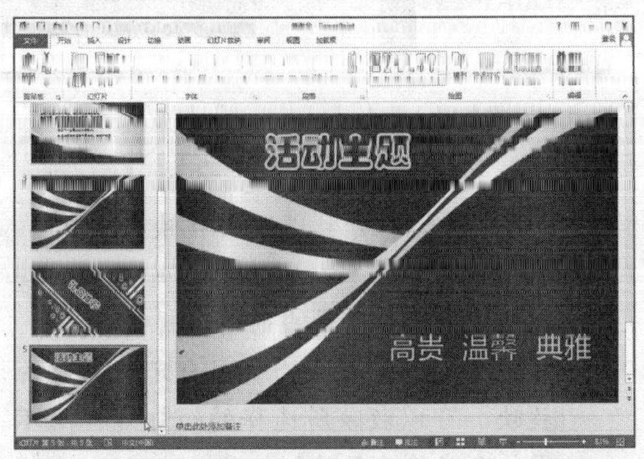

图3-34　复制幻灯片到目标位置

4. 运用拖曳复制幻灯片

除了运用以上几种方法新建幻灯片以外，在PowerPoint 2013中，用户还可以通过拖曳演示文稿中的幻灯片，从而复制幻灯片。

➡ 素材文件	素材\第3章\答谢会.pptx
➡ 视频文件	视频\第3章\移动幻灯片（D）.mp4
➡ 难易程度	★★☆☆☆

01 在PowerPoint 2013中，打开一个素材文件，选择需要复制的幻灯片，如图3-35所示。

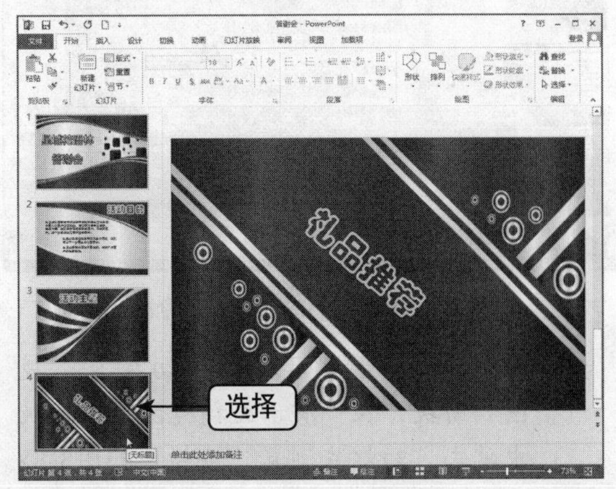

图3-35　选择需要复制的幻灯片

02 按住【Ctrl+Alt】组合键的同时，单击鼠标左键并拖曳，至合适位置后释放鼠标左键，即可复制幻灯片，如图3-36所示。

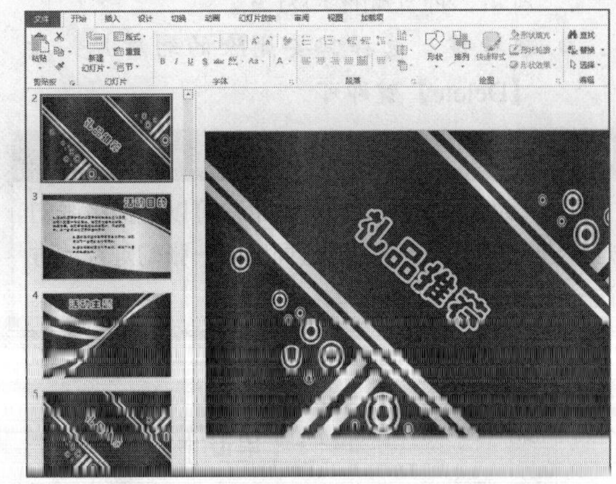

图3-36　复制幻灯片

3.2.4　删除幻灯片

在编辑完幻灯片后，如果发现幻灯片张数太多了，用户可以根据需要删除一些不必要的幻灯片。在PowerPoint 2013中，删除幻灯片的方法主要有以下3种。

- 选项1：打开演示文稿，在需要删除的幻灯片上单击鼠标右键，在弹出的快捷菜单中选择“删除幻灯片”命令，如图3-37所示。执行操作后，即可删除幻灯片。

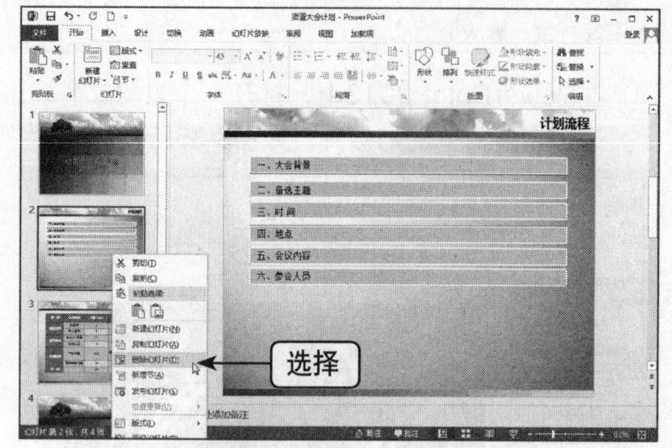

图3-37　选择“删除幻灯片”命令

- 选项2：打开演示文稿，切换至“视图”面板，在“演示文稿视图”选项板中单击“幻灯片浏览”按钮，如图3-38所示。执行操作后，幻灯片以浏览视图显示，选择第3张幻灯片，然后在幻灯片中单击鼠标右键，在弹出的快捷菜单中选择“删除幻灯片”命令，如图3-39所示，即可删除幻灯片。
- 快捷键：选择需要删除的幻灯片，按【Delete】键即可。

重点提醒

在PowerPoint 2013中，用户可以选择多张幻灯片进行删除，使用的方法同删除一张幻灯片的方法一样。

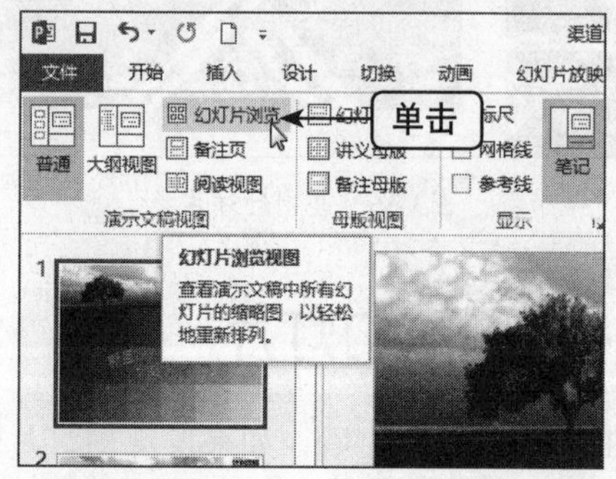

图3-38　单击“幻灯片浏览”按钮

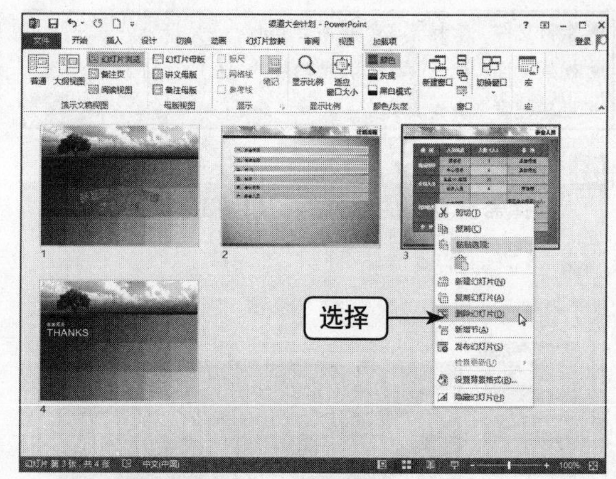

图3-39　选择“删除幻灯片”命令

3.2.5　播放幻灯片

在幻灯片制作的过程中，可以随时进行幻灯片的放映，观看幻灯片的效果，可以方便用户随时对幻灯片进行编辑和修改。在PowerPoint 2013中，播放幻灯片的方式主要有以下3种。

- 从头开始放映：直接按【F5】键或在“幻灯片放映”面板的“开始放映幻灯片”选项板中单击“从头开始”按钮，如图3-40所示，就可以直接进入幻灯片放映模式，并且从头开始放映。

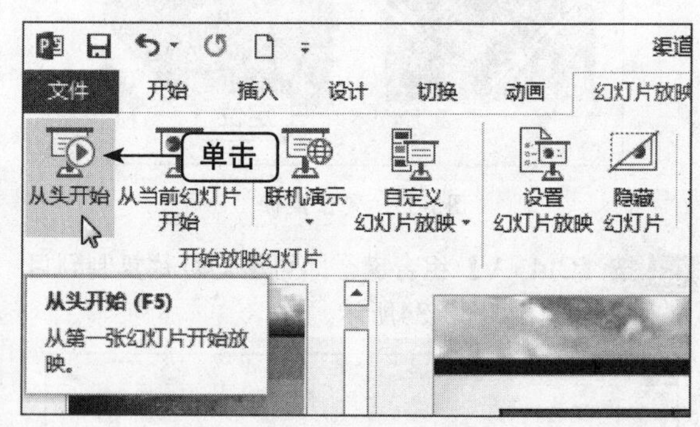

图3-40　单击“从头开始”按钮

- 从当前幻灯片放映：直接按【Shift+F5】组合键或在“开始放映幻灯片”选项板中单击“从当前幻灯片开始”按钮，方便用户查看当前的编辑效果。
- 自定义幻灯片放映：使用自定义幻灯片放映，可以放映所选择的幻灯片，而不用按顺序依次放映幻灯片。

重点提醒

默认的放映幻灯片放映状态是全屏放映，单击鼠标左键或按键盘上的任意键，可播放下一张幻灯片；而按【Esc】键可退出全屏放映。

3.3 设置幻灯片段落

在编辑幻灯片的过程中，为了使文本排版更加美观，可以设置文本段落对齐方式、段落缩进格式、段落行距和间距等。

3.3.1 设置幻灯片段落对齐方式

设置幻灯片段落的对齐方式有两种方式：一是用“段落”选项板来设置；二是用“段落”对话框对选中的段落进行设置。

1. 使用“段落”选项板设置对齐方式

用户在使用“段落”选项板设置幻灯片段落对齐方式时，首先需要选中幻灯片中的段落文本。下面向用户介绍使用“段落”选项板设置段落对齐方式。

➡ 素材文件	素材\第3章\酒店开业庆典.pptx
➡ 效果文件	效果\第3章\酒店开业庆典.pptx
➡ 视频文件	视频\第3章\设置幻灯片段落对齐方式（A）.mp4
➡ 难易程度	★★★☆☆

01 在PowerPoint 2013中，打开一个素材文件，如图3-41所示。

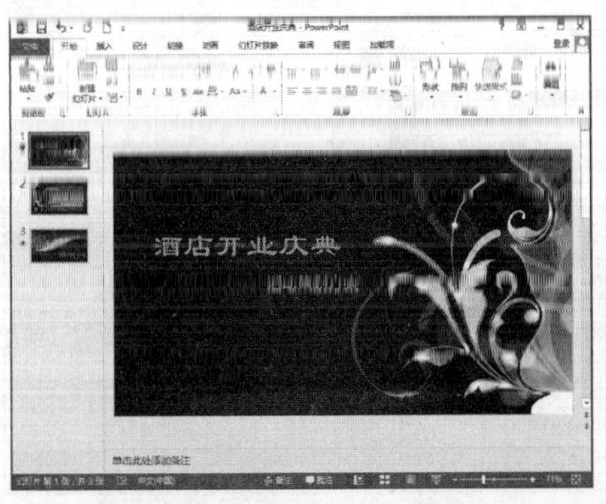

图3-41　打开一个素材文件

02 切换至第2张幻灯片，选择需要设置对齐方式的段落，如图3-42所示。

图3-42　选择相应段落

03 在“开始”面板的“段落”选项板中单击“左对齐”按钮，如图3-43所示。

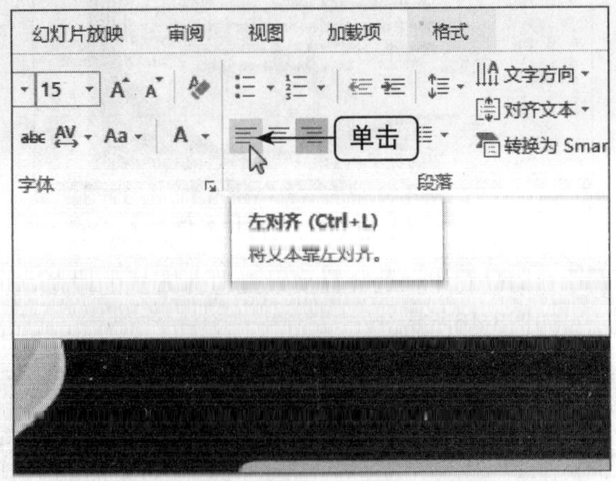

图3-43　单击“左对齐”按钮

04 执行操作后，即可设置段落左对齐，如图3-44所示。

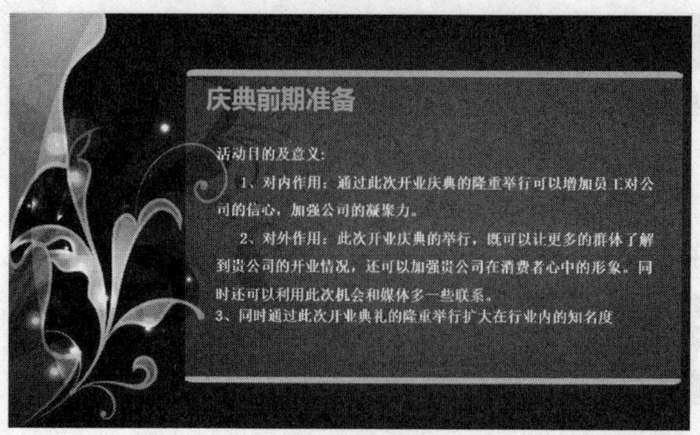

图3-44 设置段落左对齐

2. 使用“段落”对话框设置文本对齐方式

在PowerPoint 2013中，用户不但可以使用“段落”选项板设置对齐方式，还可以使用“段落”对话框设置文本对齐方式。

➡ 素材文件	素材\第3章\教学过程.pptx
➡ 效果文件	效果\第3章\教学过程.pptx
➡ 视频文件	视频\第3章\设置幻灯片段落对齐方式（B）.mp4
➡ 难易程度	★★★★☆

01 在PowerPoint 2013中，打开一个素材文件，如图3-45所示。

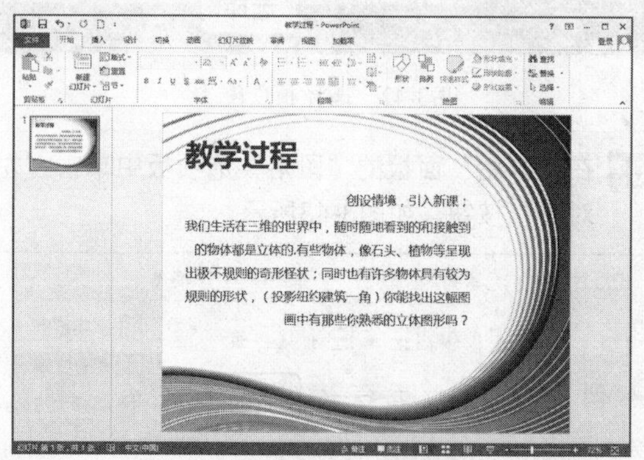

图3-45 打开一个素材文件

02 在幻灯片中，选择需要设置对齐方式的段落，如图3-46所示。

03 在“段落”选项板中的右下角单击“段落”按钮，如图3-47所示。

04 执行操作后，弹出“段落”对话框，如图3-48所示。

05 在“缩进和间距”选项卡的“常规”选项区中单击“对齐方式”右侧的下拉按钮，在弹出的列表框中选择“左对齐”选项，如图3-49所示。

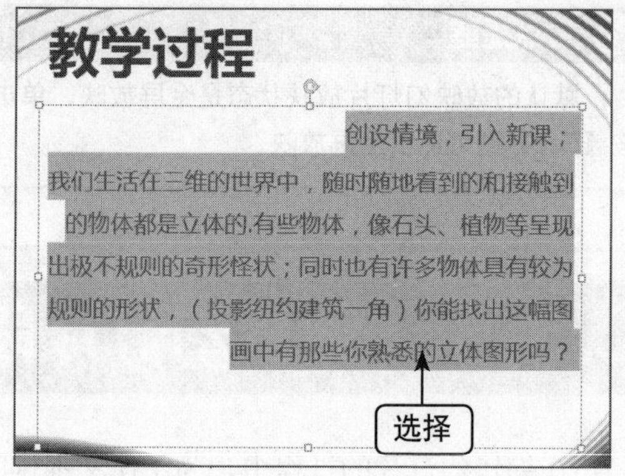

图3-46 选择相应段落

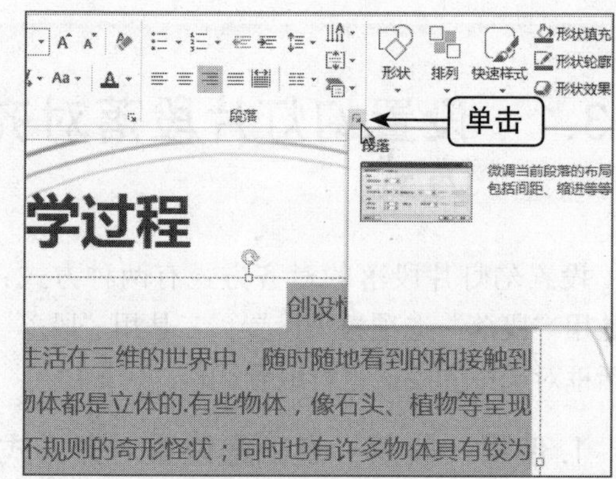

图3-47 单击“段落”按钮

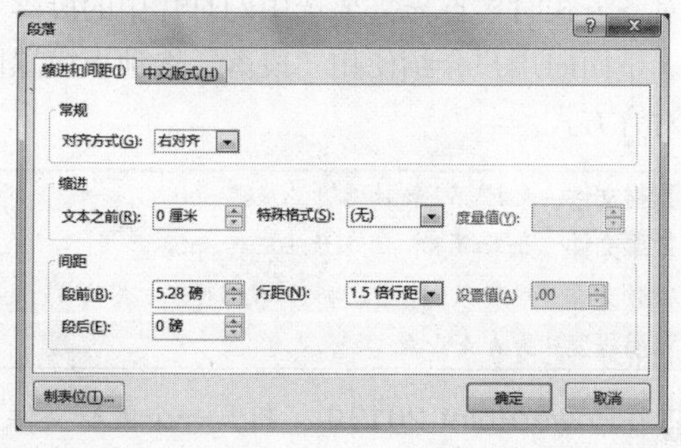

图3-48 弹出“段落”对话框

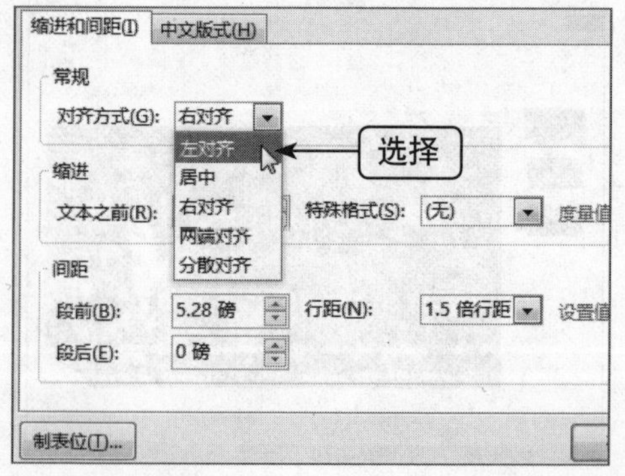

图3-49 选择“左对齐”选项

06 单击“确定”按钮，即可设置幻灯片段落左对齐，如图3-50所示。

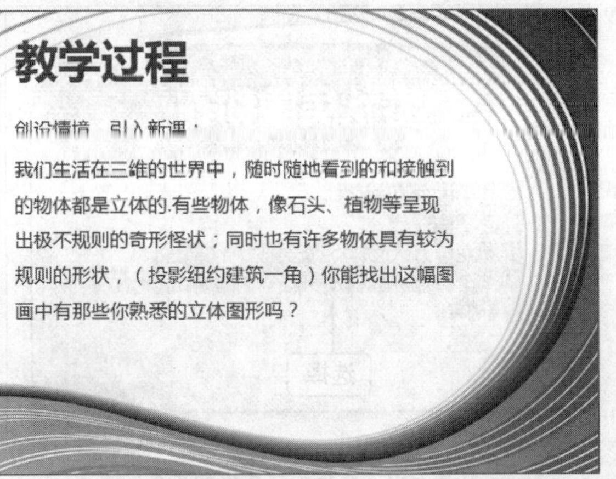

图3-50　设置幻灯片段落左对齐

重点提醒

选择需要设置对齐的文本，单击鼠标右键，在弹出的快捷菜单中选择“段落”命令，也可弹出“段落”对话框，然后在对话框中设置对齐方式。

3.3.2 设置幻灯片缩进方式

设置幻灯片段落缩进有助于对齐幻灯片中的文本，对于编号和项目符号都有预设的缩进，段落缩进方式包括首行缩进和悬挂缩进两种。

➜素材文件	素材\第3章\工作总结.pptx
➜效果文件	效果\第3章\工作总结.pptx
➜视频文件	视频\第3章\设置幻灯片缩进方式.mp4
➜难易程度	★★★☆☆

01 在PowerPoint 2013中，打开一个素材文件，如图3-51所示。

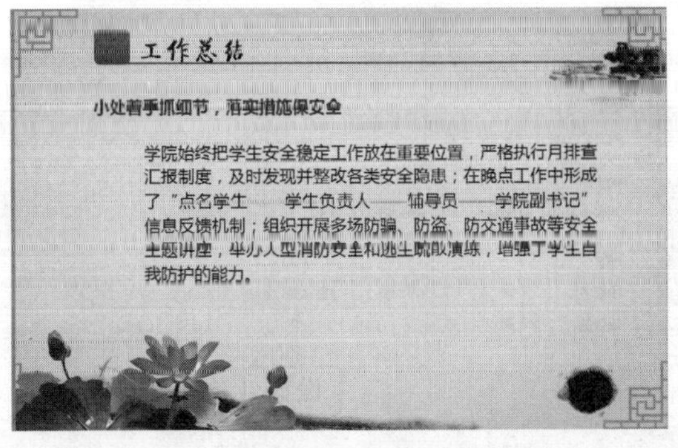

图3-51　打开一个素材文件

02 在幻灯片中，选择需要设置缩进方式的段落，如图3-52所示。

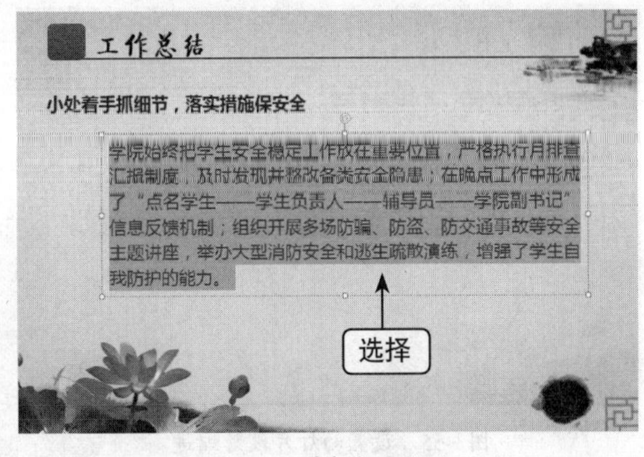

图3-52　选择相应段落

03 单击鼠标右键，弹出快捷菜单，选择“段落”命令，如图3-53所示。

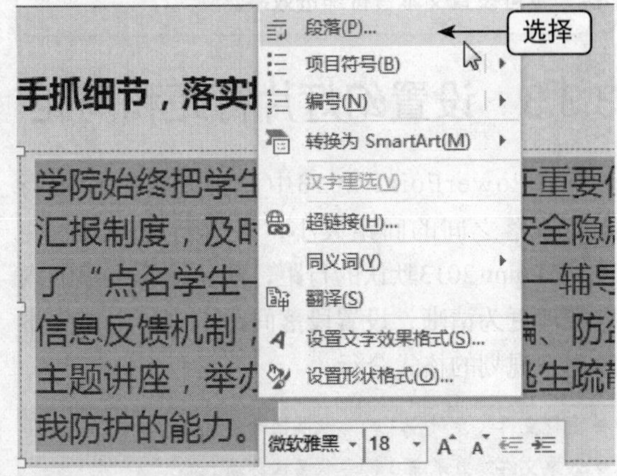

图3-53　选择“段落”命令

04 在弹出的“段落”对话框的“缩进和间距”选项卡中的“缩进”选项区中设置“特殊格式”为“首行缩进”、“度量值”为“2字符”，如图3-54所示。

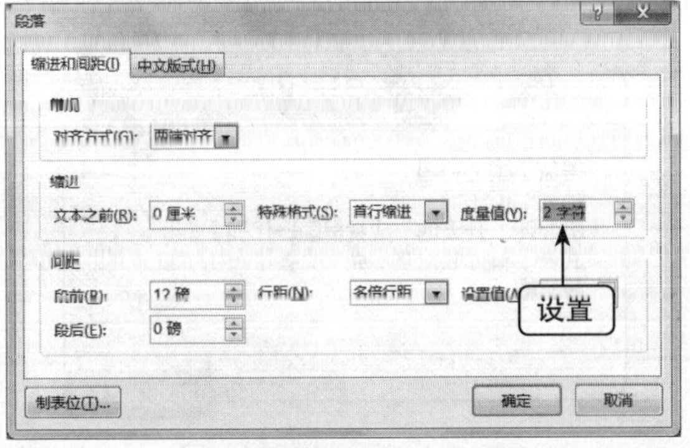

图3-54　设置各选项

05 单击“确定”按钮，即可设置幻灯片段落缩进，如图3-55所示。

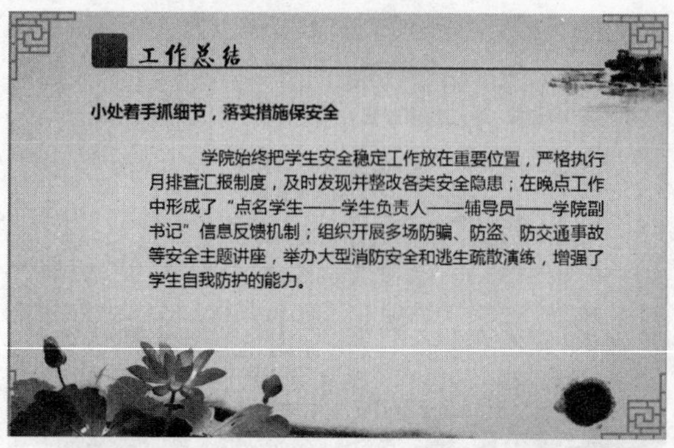

图3-55　设置幻灯片段落缩进

重点提醒

将鼠标移至首行第一个文字前，按【Tab】键，也可设置文本首行缩进效果。

3.3.3　设置幻灯片行距和间距

在PowerPoint 2013中，用户可以设置行距及段落之间的间距大小，设置行距可以改变PowerPoint 2013默认的行距，能使演示文稿的内容条理更为清晰；设置段落间距，则可以使文本以用户规划的格式分行。

➡ 素材文件	素材\第3章\春秋吴国称霸.pptx
➡ 效果文件	效果\第3章\春秋吴国称霸.pptx
➡ 视频文件	视频\第3章\设置幻灯片行距和间距.mp4
➡ 难易程度	★★★☆☆

01 在PowerPoint 2013中，打开一个素材文件，如图3-56所示。

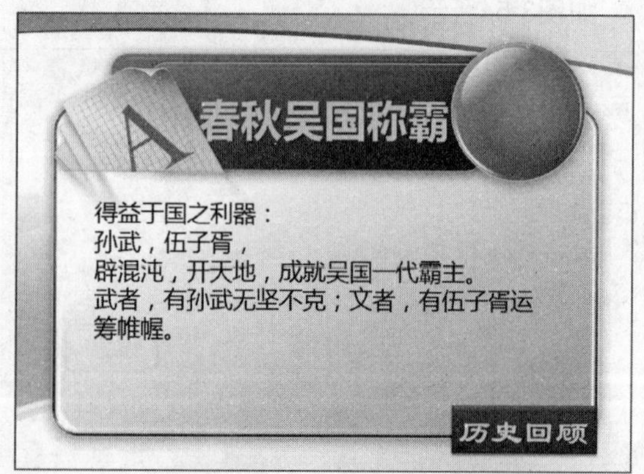

图3-56　打开一个素材文件

02 在编辑区中，选择幻灯片中的文本，如图3-57所示。

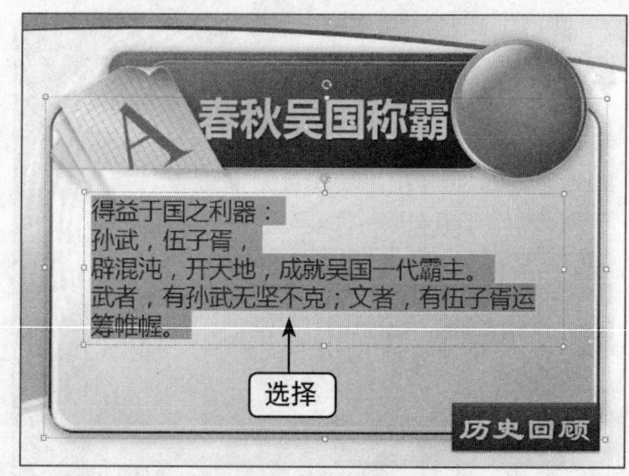

图3-57　选择幻灯片中的文本

03 在“开始”面板中单击“段落”选项板右下角的“段落”按钮，如图3-58所示。

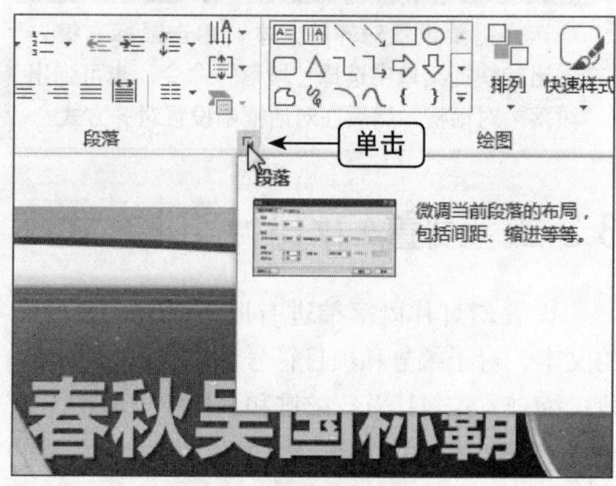

图3-58　单击“段落”按钮

04 弹出“段落”对话框，在“缩进和间距”选项卡的“间距”选项区中设置“段前”和“段后”都为“2磅”、“行距”为“1.5倍行距”，如图3-59所示。

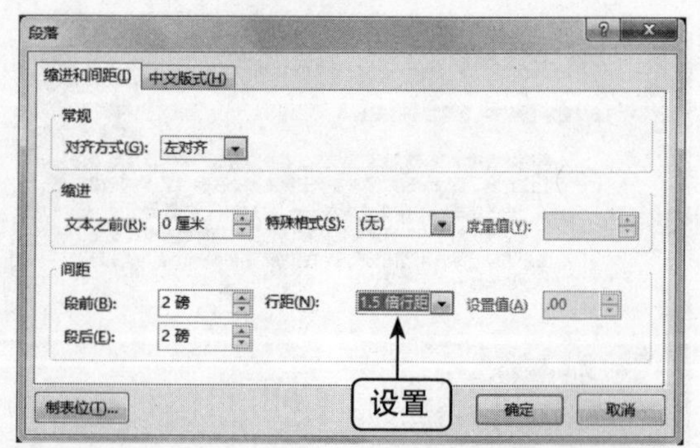

图3-59　设置各选项

05 单击“确定”按钮，即可设置幻灯片段落行距和间距，如图3-60所示。

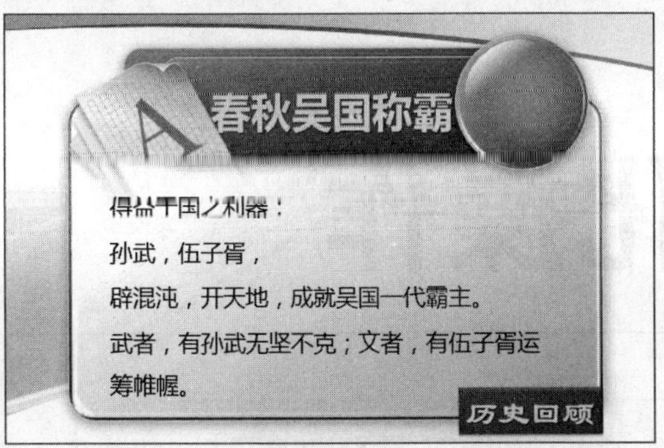

图3-60 设置幻灯片段落行距和间距

重点提醒

在“间距”选项区中各选项的含义如下。

- 段前：用于设置当前段落与前一段之间的距离。
- 段后：用于设置当前段落与下一段之间的距离。
- 行距：用于设置段落中行与行之间的距离，默认的行距是“单倍行距”，用户可以根据需要选择其他行距，并可以通过“设置值”对行距进行设置。

3.3.4 设置换行格式

选择需要设置换行格式的文本，在调出的“段落”对话框中，切换至“中文版式”选项卡，如图3-61所示。在“常规”选项区中用户可以选择需要的换行格式。

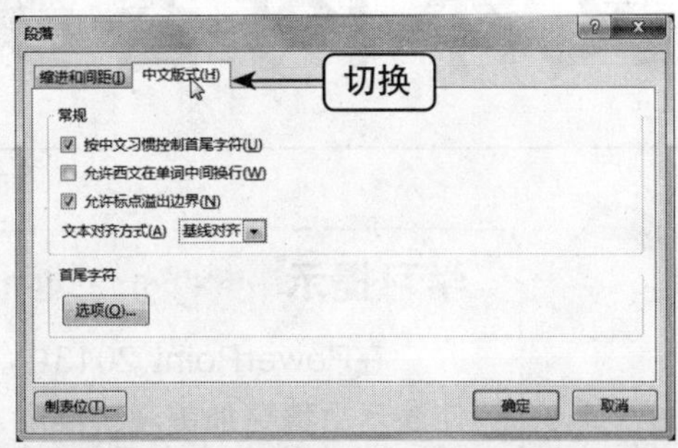

图3-61 切换至“中文版式”选项卡

重点提醒

“常规”选项区中3个复选框的含义如下。

- 按中文习惯控制首尾字符：使段落中的首尾字符按中文习惯显示。
- 允许西方在单词中间换行：使行尾的单词有可能被分为两部分显示。
- 允许标点溢出边界：使行尾的标点位置超过文本框边界而不会被换到下一行。

文本内容美化操作

学习提示

在PowerPoint 2013中，文本处理是制作演示文稿最基础的知识，为了使演示文稿更加美观、实用，还可以在输入文本后编辑文本对象。本章主要向用户介绍文本的基本操作、编辑文本对象和为文本添加项目符号等内容。

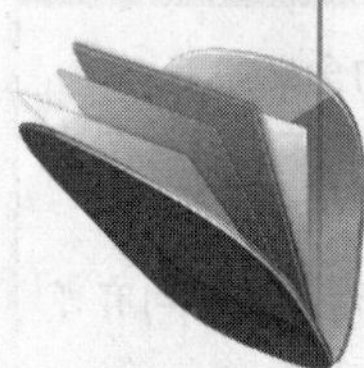

主要内容

- 在占位符中输入文本
- 在文本框中添加文本
- 设置文本字体
- 选取文本
- 添加常用项目符号
- 添加常用项目编号

重点与难点

- 从外部导入文本
- 复制与粘贴文本
- 添加图片项目符号

学完本章后你会做什么

- 掌握在占位符中输入文本、添加备注文本以及添加批注文本的操作方法
- 掌握设置文本字体、设置文本删除线以及设置文本阴影的操作方法
- 掌握添加常用项目符号、添加自定义项目符号的操作方法

视频文件

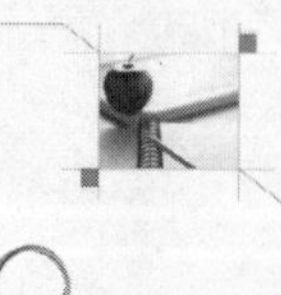

教学思路

4.1 输入多种文本

文字是演示文稿的重要组成部分，一个直观明了的演示文稿少不了文字说明，无论是新建的空白演示文稿，还是根据模板新建的演示文稿，都需要用户自己输入文字，然后用户可以根据所设计和制作的演示文稿对文本的格式进行设置。

4.1.1 在占位符中输入文本

占位符是一种带有虚线边框的方框，包含文字和图形等内容，大多数在占位符中预设了文字的属性和样式，供用户添加标题文字和项目文字等。

➡ 素材文件	素材\第4章\网络主题.pptx
➡ 效果文件	效果\第4章\网络主题.pptx
➡ 视频文件	视频\第4章\在占位符中输入文本.mp4
➡ 难易程度	★★★☆☆

01 在PowerPoint 2013中，打开一个素材文件，如图4-1所示。

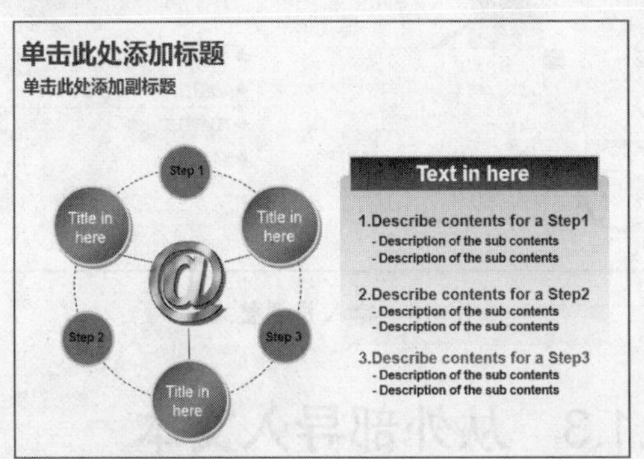

图4-1 打开一个素材文件

02 将占位符的“单击此处添加标题”文本框中的文本进行删除，鼠标呈指针形状，如图4-2所示。

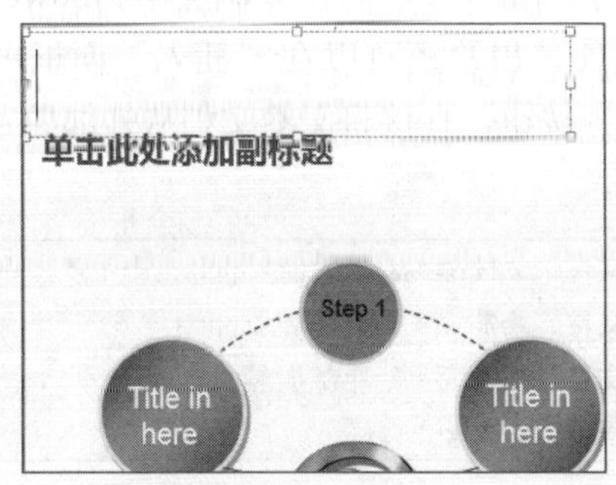

图4-2 鼠标呈指针形状

03 在占位符中输入相应的文本，如图4-3所示。

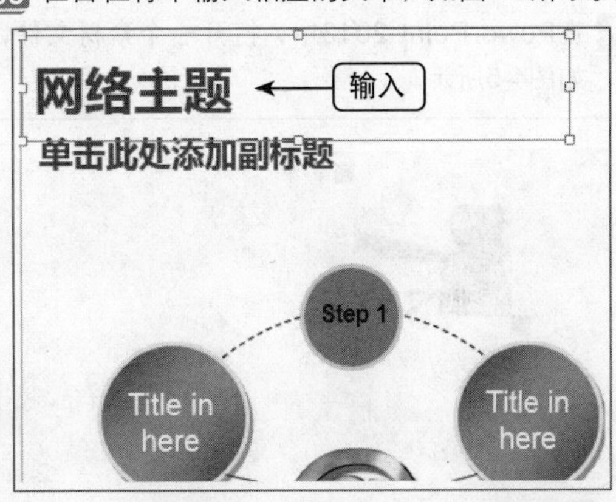

图4-3 输入相应文本

04 用与上面同样的方法，在占位符中输入副标题文本，如图4-4所示。

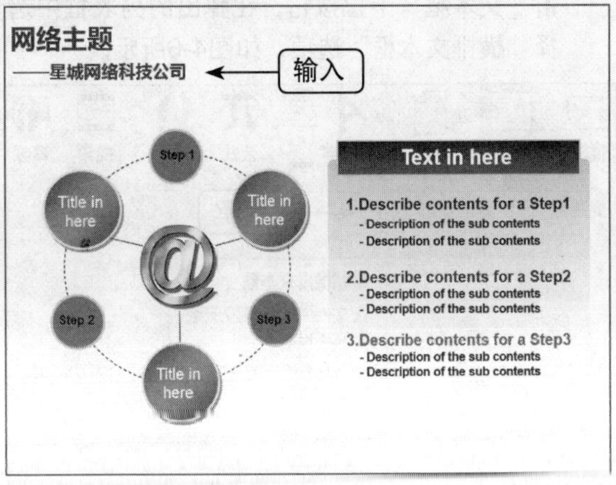

图4-4 输入副标题文本

重点提醒

默认情况下，在占位符中输入文字，PowerPoint会随着输入的文本自动调整文本大小以适应占位符，如果输入的文本超出了占位符的大小，PowerPoint将减小字号和行距直到容纳下所有文本为止。

4.1.2 在文本框中添加文本

在PowerPoint 2013中使用文本框，可以使文字按不同的方向进行排列，从而灵活地将文字放置到幻灯片的任何位置。

➡素材文件	素材\第4章\知识的特性.pptx
➡效果文件	效果\第4章\知识的特性.pptx
➡视频文件	视频\第4章\在文本框中添加文本.mp4
➡难易程度	★★★☆☆

01 在PowerPoint 2013中，打开一个素材文件，如图4-5所示。

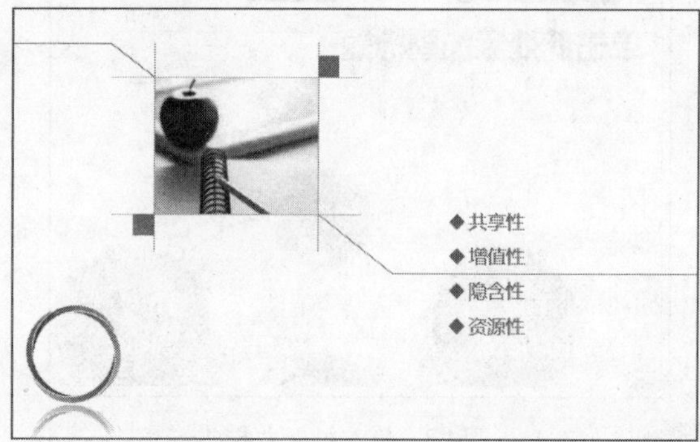

图4-5 打开一个素材文件

02 切换至“插入”面板，在“文本”选项板中单击“文本框”下拉按钮，在弹出的列表框中选择“横排文本框”选项，如图4-6所示。

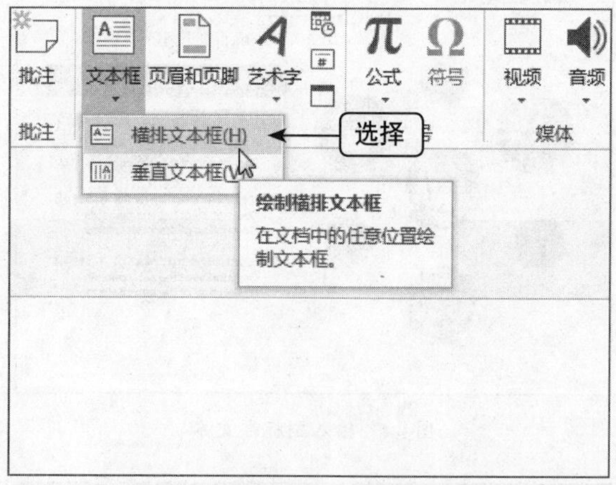

图4-6 选择“横排文本框”选项

重点提醒

在“文本框”列表框中，如果选择“竖排文本框”选项，则输入的文本内容按竖排排列。

03 将光标移至编辑区内，在空白处单击鼠标左键并拖曳，至合适位置后释放鼠标左键，绘制一个横排文本框，如图4-7所示。

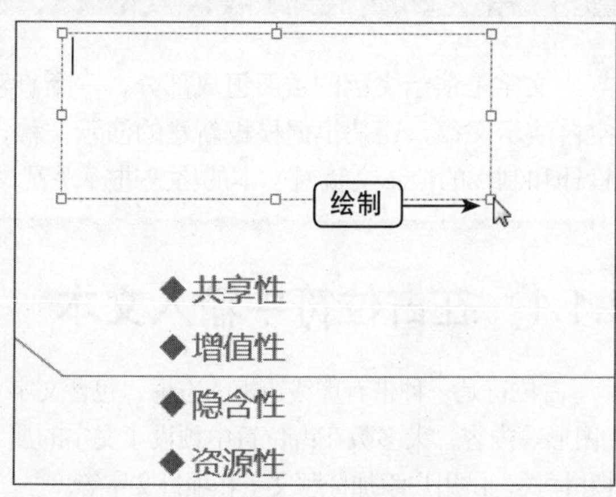

图4-7 绘制一个横排文本框

04 在文本框中输入相应的文本，并对文本进行调整，如图4-8所示。

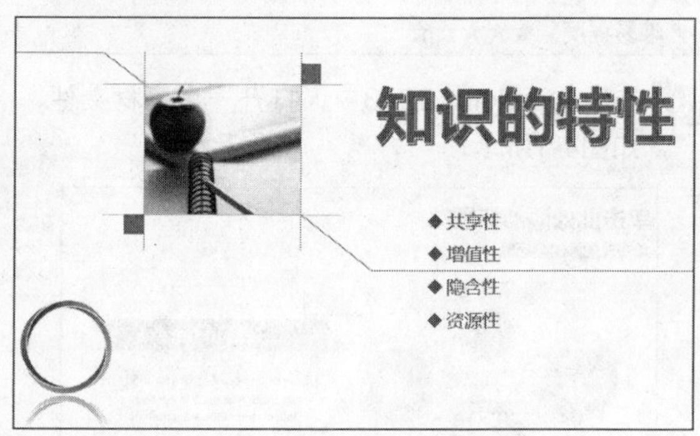

图4-8 输入并调整文本

4.1.3 从外部导入文本

PowerPoint 2013中除了使用占位符和文本框等输入文本外，还可以从Word、记事本和写字板等文字编辑软件中直接复制文字到PowerPoint中。另外，用户还可以在“插入”面板中单击“对象”按钮，直接将文本文档从外部导入到幻灯片中。

➡素材文件	素材\第4章\小学语文.pptx、小学语文.doc
➡效果文件	效果\第4章\小学语文.pptx
➡视频文件	视频\第4章\外部导入文本.mp4
➡难易程度	★★★☆☆

01 在PowerPoint 2013中，打开一个素材文件，

如图4-9所示。

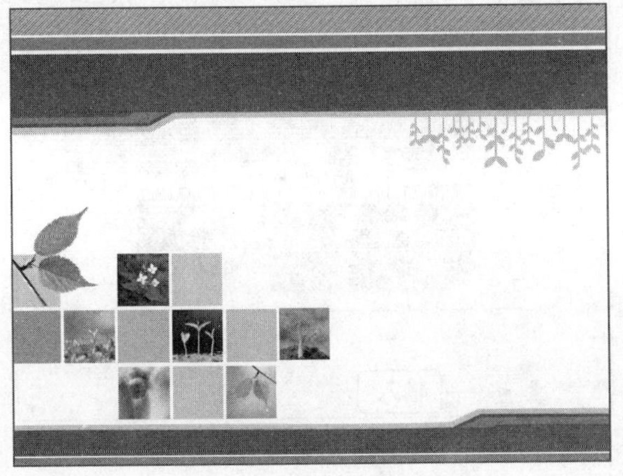

图4-9 打开一个素材文件

02 切换至“插入”面板，在“文本”选项板中单击“对象”按钮，如图4-10所示。

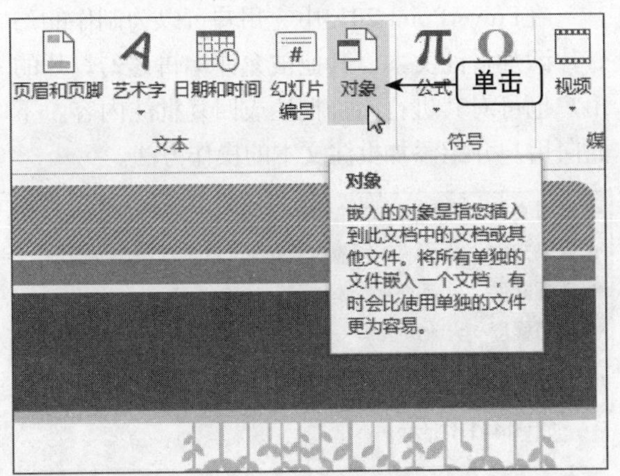

图4-10 单击“对象”按钮

03 在弹出的“插入对象”对话框中选中“由文件创建”单选按钮，单击“浏览”按钮，如图4-11所示。

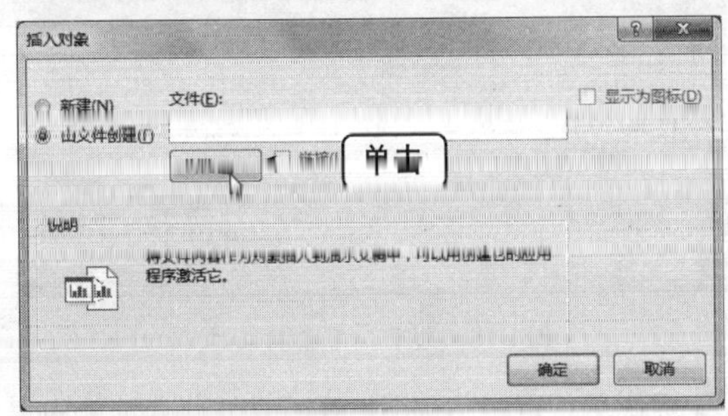

图4-11 单击“浏览”按钮

04 执行操作后，弹出“浏览”对话框，在相应文件夹中选择需要的选项，如图4-12所示。

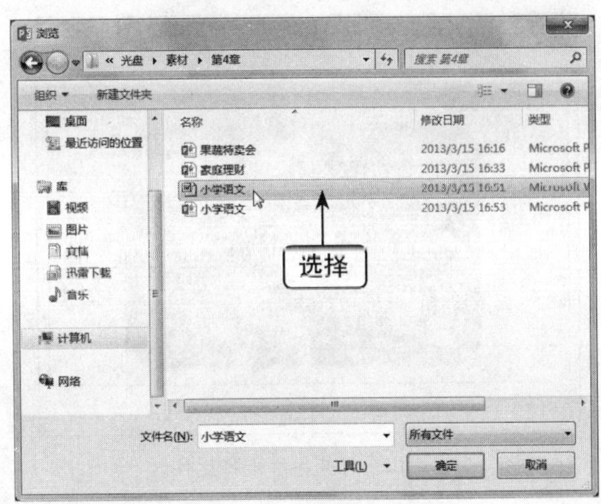

图4-12 选择需要的选项

05 依次单击“确定”按钮，即可在幻灯片中显示导入的文本文档，如图4-13所示。

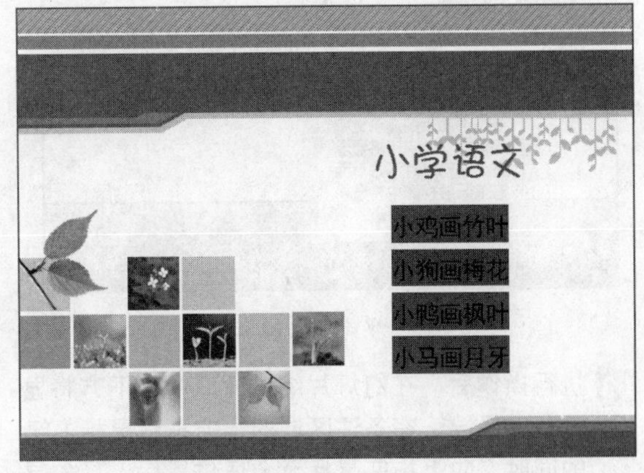

图4-13 导入文本文档

4.1.4 添加备注文本

在PowerPoint 2013中，用户可以在幻灯片的底部添加备注文本。下面向用户介绍添加备注文本的操作方法。

➡ 素材文件	素材\第4章\经验体会.pptx
➡ 效果文件	效果\第4章\经验体会.pptx
➡ 视频文件	视频\第4章\添加备注文本.mp4
➡ 难易程度	★★★☆☆

01 在PowerPoint 2013中，打开一个素材文件，如图4-14所示。

02 切换至“视图”面板，在“显示”选项板中单击“笔记”按钮，如图4-15所示。

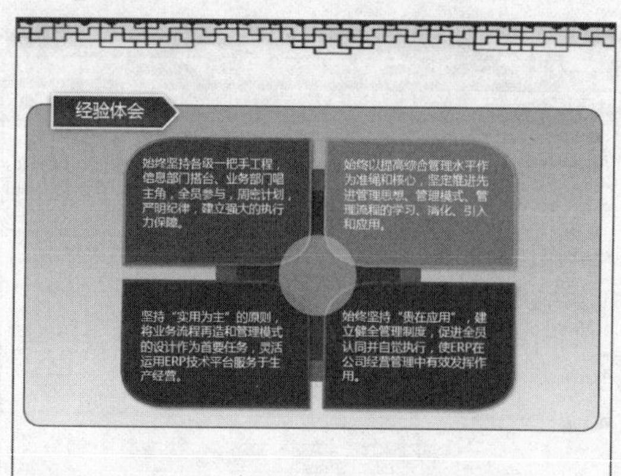

图4-14　打开一个素材文件

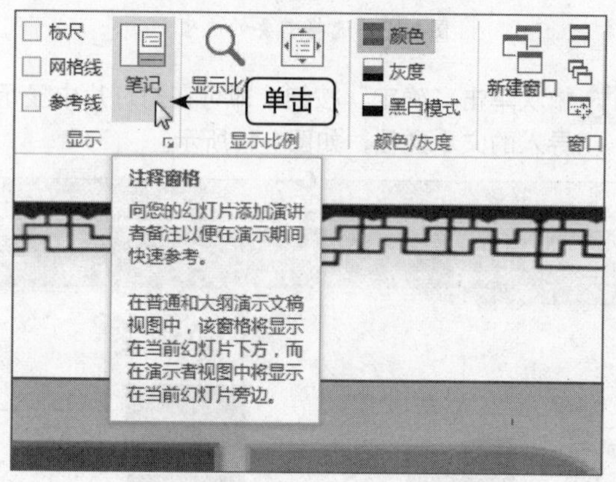

图4-15　单击“笔记”按钮

03 执行操作后，在幻灯片编辑窗口中的下方将显示备注区域，在备注区域的上方按住鼠标左键的同时，向上拖曳鼠标至合适位置后，释放鼠标左键，增加备注区域的编辑范围，如图4-16所示。

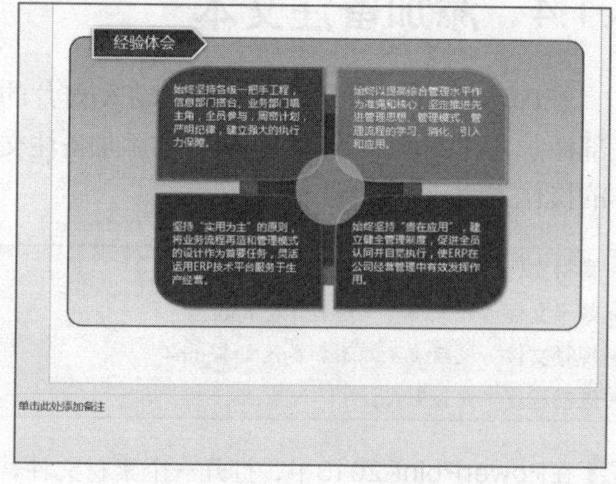

图4-16　增加备注区域

04 在备注区域输入相应文本，如图4-17所示，即可完成添加备注文本的操作。

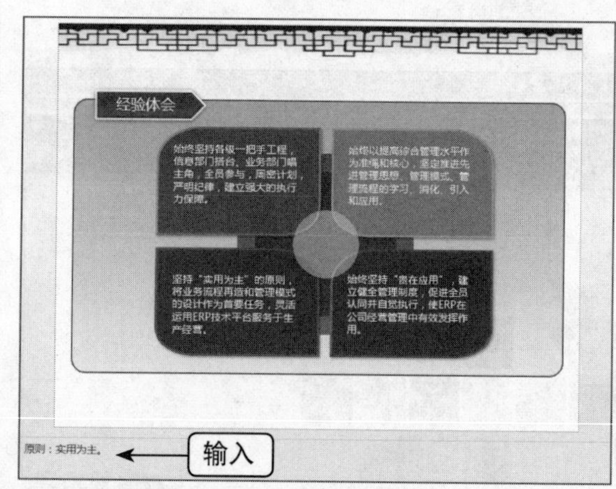

图4-17　添加备注文本

4.1.5 添加批注文本

在PowerPoint 2013中，用户可以为制作的幻灯片添加批注文本，其他被允许编辑该幻灯片的用户也可对其进行添加批注或回复批注内容。下面向用户介绍添加批注文本的操作方法。

➡ 素材文件	素材\第4章\管理概述.pptx
➡ 效果文件	效果\第4章\管理概述.pptx
➡ 视频文件	视频\第4章\添加批注文本.mp4
➡ 难易程度	★★★★☆

01 在PowerPoint 2013中，打开一个素材文件，如图4-18所示。

图4-18　打开一个素材文件

02 切换至“审阅”视图，在“批注”选项板中单击“显示批注”下拉按钮，如图4-19所示。

03 弹出列表框，选择“批注窗格”选项，如图4-20所示。

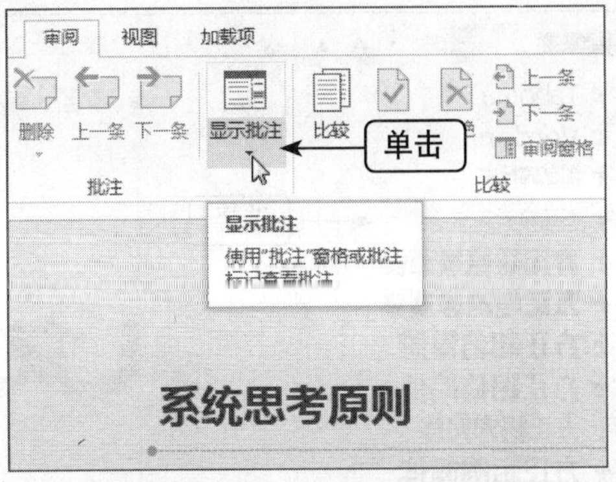

图4-19 单击"显示批注"下拉按钮

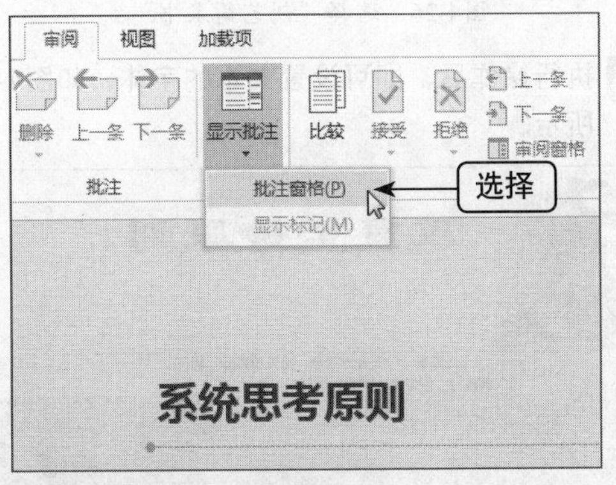

图4-20 选择"批注窗格"选项

04 执行操作后，在编辑区的右侧将弹出"批注"窗格，单击"新建"按钮，如图4-21所示。

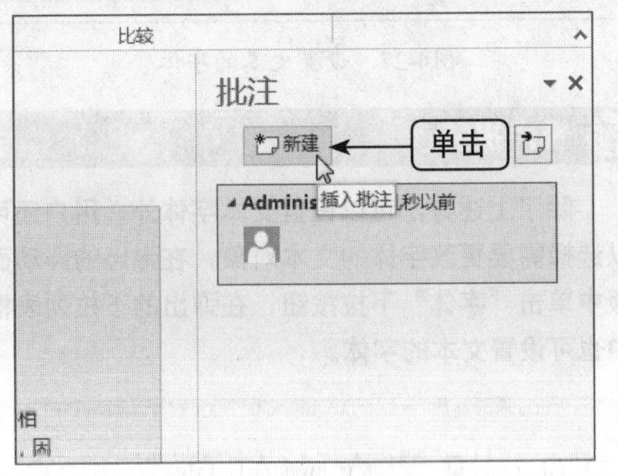

图4-21 单击"新建"按钮

05 执行操作后，即可新建一个批注文本框，输入相应文本，如图4-22所示。

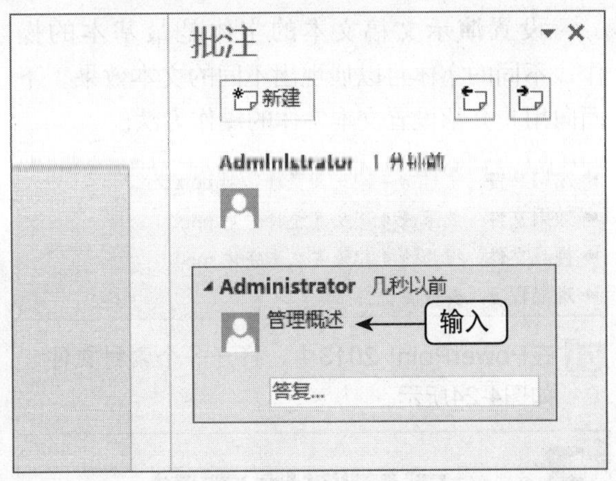

图4-22 输入相应文本

06 单击"关闭"按钮，关闭"批注"窗口，在幻灯片中的左上角将显示批注标记，如图4-23所示。

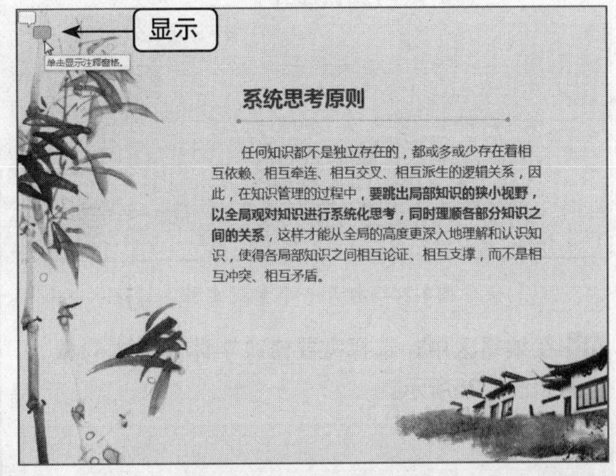

图4-23 显示批注标记

重点提醒

在批注文本框中输入相应批注后，在下方将会出现"答复"文本框，其他编辑该幻灯片的用户可以在答复文本框中进行相应回复。

4.2 设置文本格式

在幻灯片中输入文本后，用户可以对其进行字体、字号、颜色等方面的设置，通过对文本格式的设置，可以使文本更加美观。

4.2.1 设置文本字体

设置演示文稿文本的字体是最基本的操作，不同的字体可以展现出不同的文本效果。下面向用户介绍设置文本字体的操作方法。

➡素材文件	素材\第4章\反复坚持原则.pptx
➡效果文件	效果\第4章\反复坚持原则.pptx
➡视频文件	视频\第4章\设置文本字体.mp4
➡难易程度	★★★☆☆

01 在PowerPoint 2013中，打开一个素材文件，如图4-24所示。

图4-24 打开一个素材文件

02 在编辑区中，选择需要修改字体的文本对象，如图4-25所示。

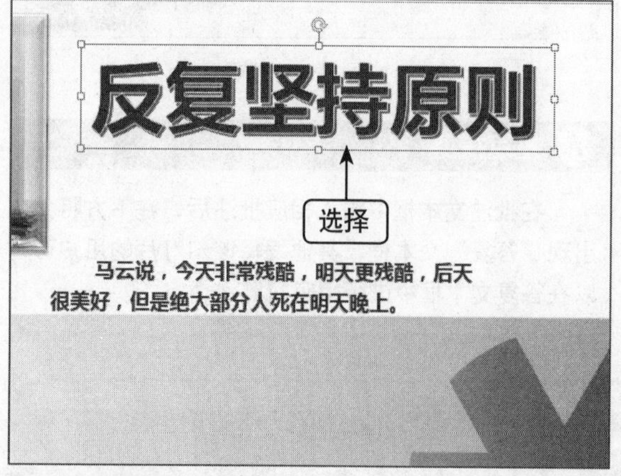

图4-25 选择需要修改字体的文本对象

03 在"开始"面板中单击"字体"右侧的下拉按钮，在弹出的列表框中选择"创艺简隶书"，如图4-26所示。

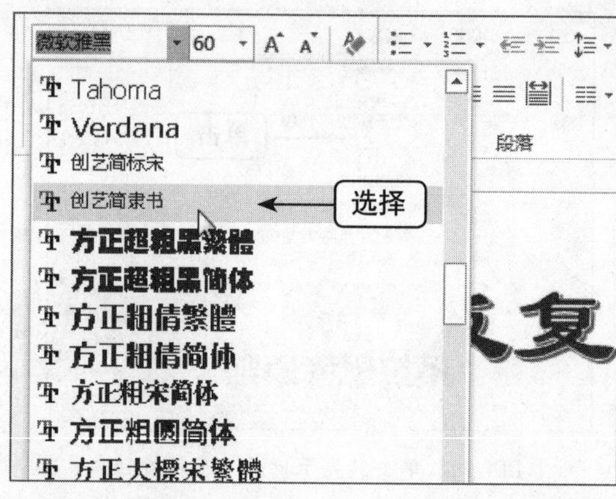

图4-26 选择"创艺简隶书"

04 执行操作后，即可设置文本的字体，如图4-27所示。

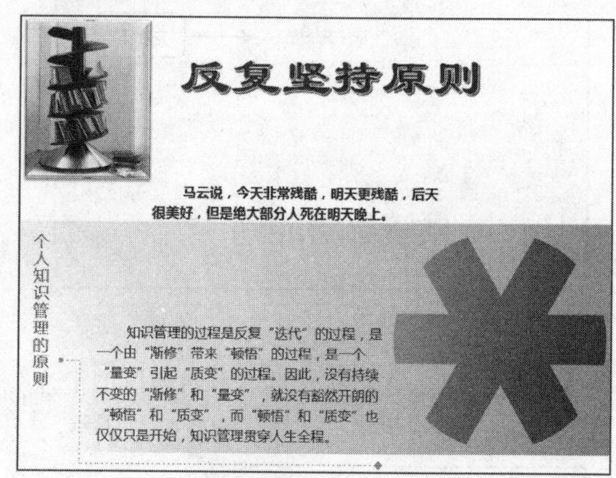

图4-27 设置文本的字体

重点提醒

除了上述方法可以设置文本字体外，用户还可以选择需要更改字体的文本对象，在弹出的浮动面板中单击"字体"下拉按钮，在弹出的下拉列表框中也可设置文本的字体。

4.2.2 设置文本颜色

在PowerPoint 2013中，用户可以根据需要设置字体的颜色，以得到更好的文本效果。下面向用户介绍设置文本颜色的操作方法。

➡素材文件	素材\第4章\知识的交流与分享.pptx
➡效果文件	效果\第4章\知识的交流与分享.pptx
➡视频文件	视频\第4章\设置文本颜色.mp4
➡难易程度	★★★☆☆

01 在PowerPoint 2013中，打开一个素材文件，如图4-28所示。

图4-28 打开一个素材文件

02 在编辑区中，选择需要设置颜色的文本，如图4-29所示。

图4-29 选择需要设置颜色的文本

03 在“开始”面板的“字体”选项板中，单击“字体颜色”右侧的下拉按钮，在弹出的列表框中的“标准色”选项区中选择“紫色”，如图4-30所示。

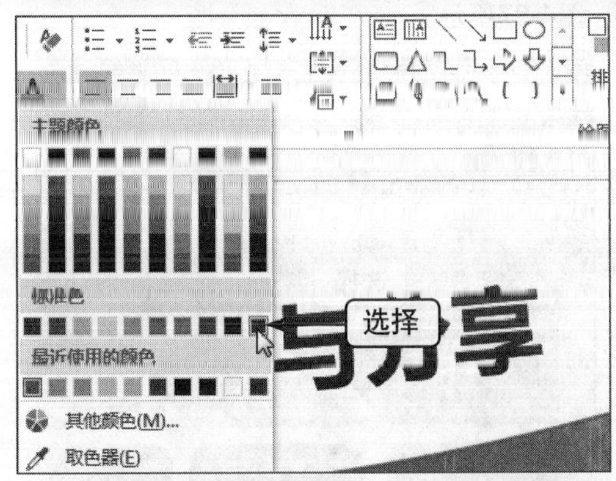

图4-30 选择“紫色”

04 执行操作后，即可设置文本的颜色，如图4-31所示。

图4-31 设置文本的颜色

重点提醒

除了上述方法可以设置文本颜色外，用户还可以选择需要更改颜色的文本对象，在弹出的浮动面板中单击“字体颜色”按钮，然后在弹出的列表框中也可设置文本的颜色。

4.2.3 设置文本大小

在PowerPoint 2013中，用户可以根据需要设置文本字体大小。如果课件中的文本太小，可以将文本调大；如果文本太大，则可以将文本调小。

➡ 素材文件	素材\第4章\数据库.pptx
➡ 效果文件	效果\第4章\数据库.pptx
➡ 视频文件	视频\第4章\设置文本大小.mp4
➡ 难易程度	★★★☆☆

01 在PowerPoint 2013中，打开一个素材文件，如图4-32所示。

图4-32 打开一个素材文件

02 在编辑区中，选择需要设置大小的文本，如图4-33所示。

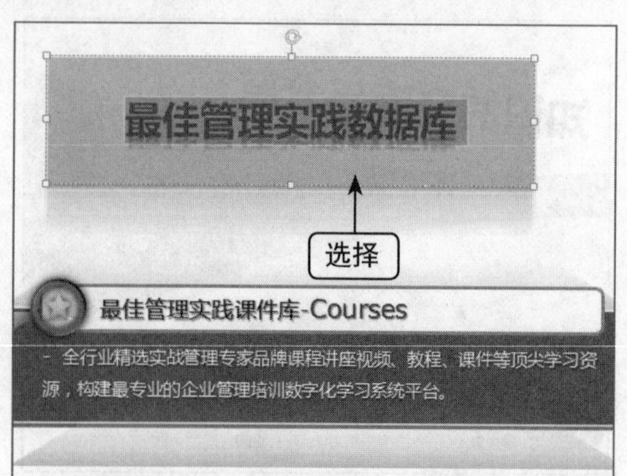

图4-33 选择需要设置大小的文本

03 在“开始”面板的“字体”选项板中，单击“字号”右侧的下拉按钮，在弹出的列表框中选择“40”，如图4-34所示。

图4-34 选择“40”

04 执行操作后，即可设置文本的字体大小，如图4-35所示。

图4-35 设置文本的字体大小

重点提醒

除了运用以上方法设置文本字体大小外，用户还可以在“字体”选项板中的右下角单击“字体”按钮，在弹出的“字体”选项板中也可以进行字体大小的设置。

4.2.4 设置文本下划线

在PowerPoint 2013中，用户可以为文本添加下划线，使文本更加突出。下面向用户介绍设置文本下划线的操作方法。

➡ 素材文件	素材\第4章\色彩分类.pptx
➡ 效果文件	效果\第4章\色彩分类.pptx
➡ 视频文件	视频\第4章\设置文本下划线.mp4
➡ 难易程度	★★★☆☆

01 在PowerPoint 2013中，打开一个素材文件，如图4-36所示。

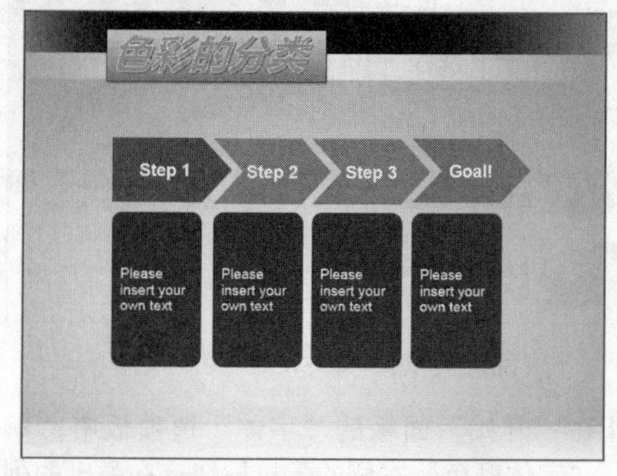

图4-36 打开一个素材文件

02 在编辑区中，选择需要设置下划线的文本，如图4-37所示。

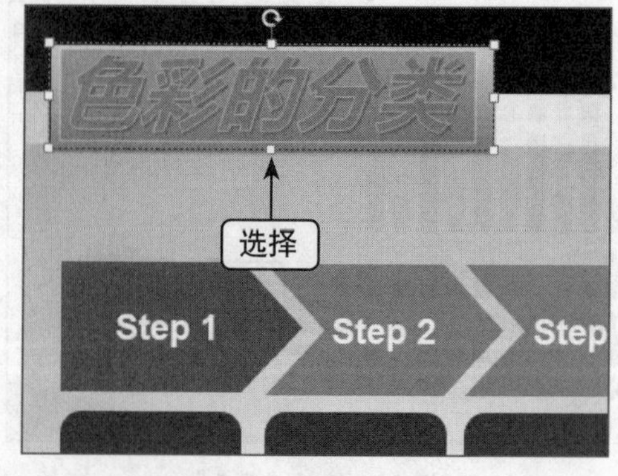

图4-37 选择需要设置下划线的文本

03 在"字体"选项板的右下角单击"字体"按钮 ，弹出"字体"对话框，如图4-38所示。

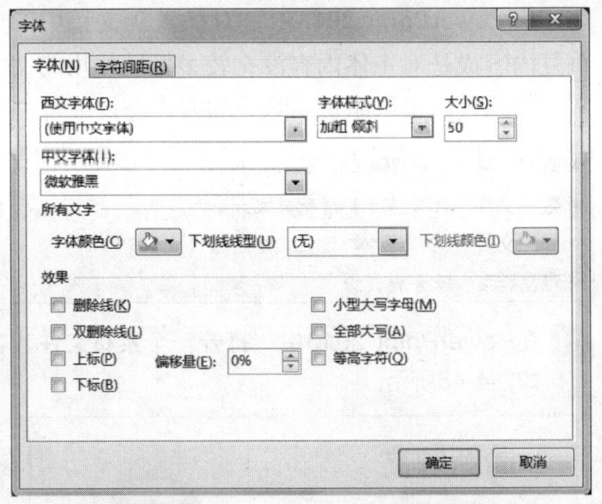

图4-38 弹出"字体"对话框

04 在"字体"选项卡的"所有文字"选项区中设置"下划线线型"为"粗线"、"下划线颜色"为橙色，如图4-39所示。

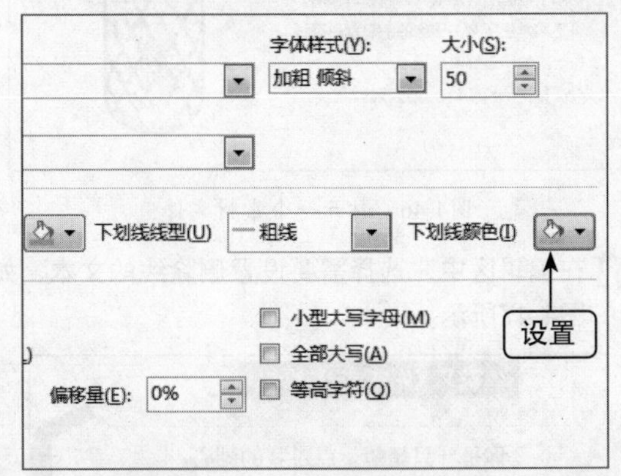

图4-39 设置各选项

05 单击"确定"按钮，即可为文本设置下划线，如图4-40所示。

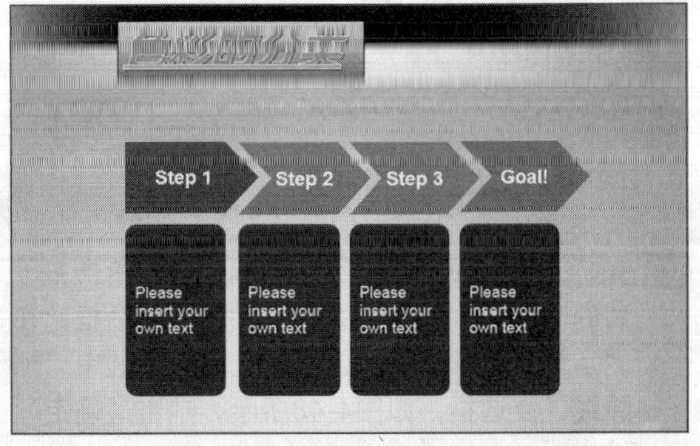

图4-40 设置文本下划线

4.2.5 设置课件的上标

在PowerPoint 2013中，用户可以为文本设置上标和下标效果，使制作出来的演示文稿课件更加具体、形象。下面向用户介绍设置课件上标的操作步骤。

➡ 素材文件	素材\第4章\影视基地的由来.pptx
➡ 效果文件	效果\第4章\影视基地的由来.pptx
➡ 视频文件	视频\第4章\设置课件的上标.mp4
➡ 难易程度	★★★☆☆

01 在PowerPoint 2013中，打开一个素材文件，如图4-41所示。

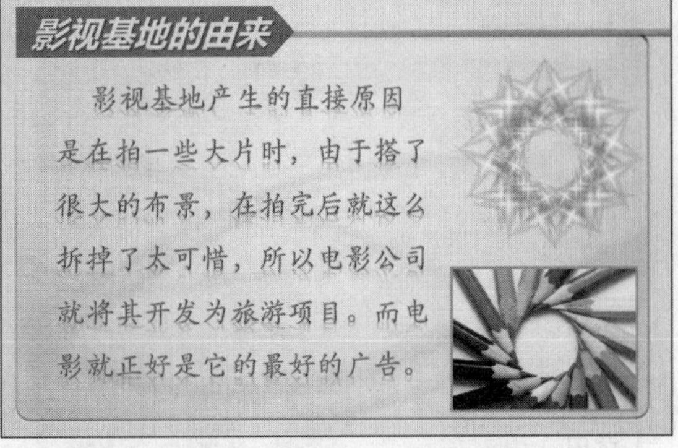

图4-41 打开一个素材文件

02 在编辑区中，选择需要设置上标的文本，如图4-42所示。

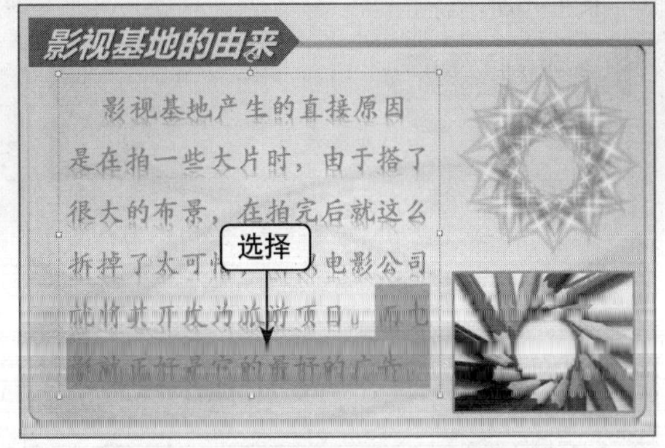

图4-42 选择需要设置上标的文本

03 在"开始"面板的"字体"选项板中的右下角单击"字体"按钮，如图4-43所示。

04 弹出"字体"对话框，在"字体"选项卡的"效果"选项区中选中"上标"复选框，如图4-44所示。

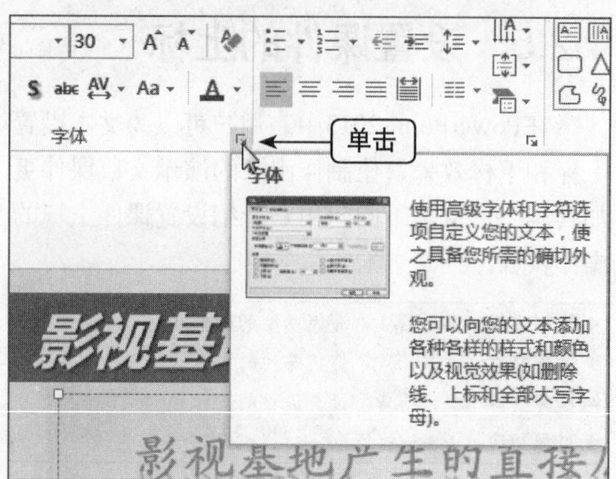

图4-43　单击“字体”按钮

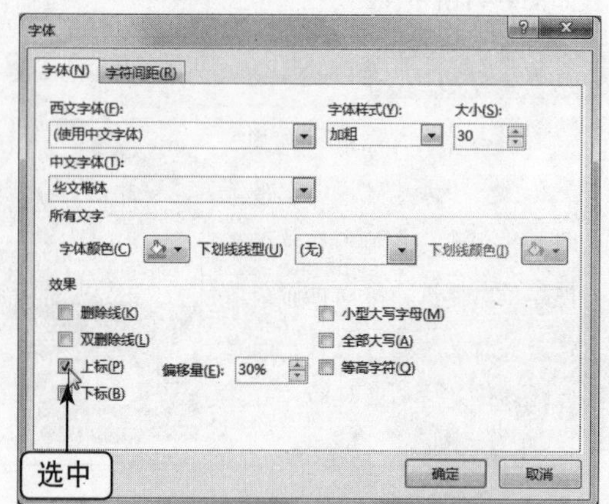

图4-44　选中“上标”复选框

05 单击“确定”按钮，即可设置文本为上标，如图4-45所示。

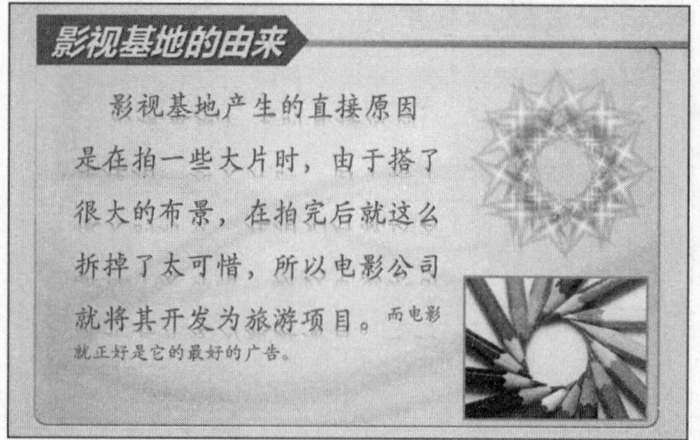

图4-45　设置文本为上标

重点提醒

如果用户需要设置文本为下标，只需在“字体”对话框的“字体”选项卡中的“效果”选项区中选中“下标”复选框即可。

4.2.6　设置文本删除线

在PowerPoint 2013中，对插入到文稿中的重复内容或是对主体内容没有较多辅助作用的文本，用户可以采取添加删除线的方式进行编辑。

➡素材文件	素材\第4章\清新散文.pptx
➡效果文件	效果\第4章\清新散文.pptx
➡视频文件	视频\第4章\设置文本删除线.mp4
➡难易程度	★★★☆☆

01 在PowerPoint 2013中，打开一个素材文件，如图4-46所示。

图4-46　打开一个素材文件

02 在编辑区中，选择需要设置删除线的文本，如图4-47所示。

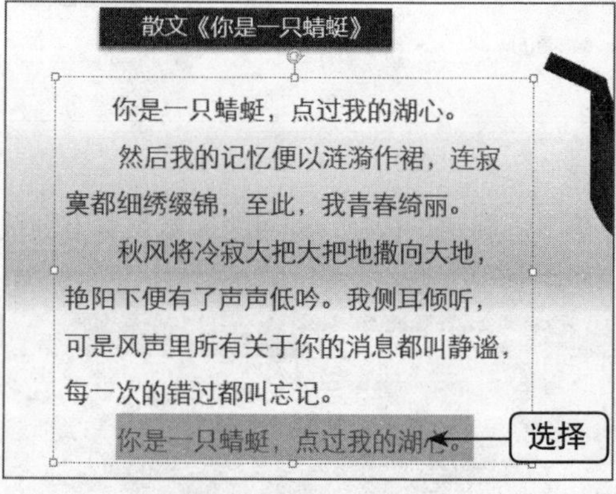

图4-47　选择需要设置删除线的文本

03 在“开始”面板的“字体”选项板中单击右下角的“字体”按钮，弹出“字体”对话框，在“字体”选项卡的“效果”选项区中选中“删除线”复选框，如图4-48所示，单击“确定”按钮。

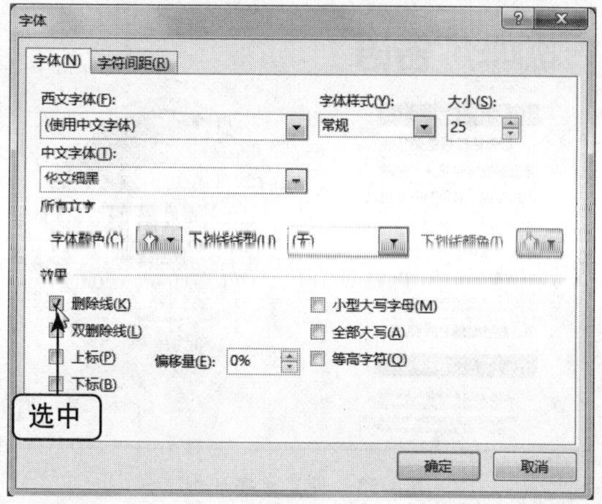

图4-48 选中“删除线”复选框

04 执行操作后，即可设置文本删除线，如图4-49所示。

图4-49 设置文本删除线

重点提醒

除了运用上述方法可以设置文本字形外，用户还可以在“字体”选项板中单击“删除线”按钮，也可设置文本删除线。

4.2.7 设置文字阴影

在PowerPoint 2013中，用户还可以对幻灯片中的文本添加阴影效果。下面向用户介绍设置文字阴影的操作方法。

➡ 素材文件	素材\第4章\咖啡广告语.pptx
➡ 效果文件	效果\第4章\咖啡广告语.pptx
➡ 视频文件	视频\第4章\设置文字阴影.mp4
➡ 难易程度	★★★☆☆

01 在PowerPoint 2013中，打开一个素材文件，如图4-50所示。

图4-50 打开一个素材文件

02 在编辑区中，选择需要设置阴影的文本，如图4-51所示。

图4-51 选择需要设置阴影的文本

03 在“开始”面板的“字体”选项板中单击“文字阴影”按钮，如图3-52所示。

图4-52 单击“文字阴影”按钮

04 执行操作后，即可设置文字阴影，如图4-53所示。

重点提醒

给文字添加阴影，可以使文字变得立体，达到突出文字的效果。

图4-53 设置文字阴影

4.3 编辑文本对象

在幻灯片中简单的输入文本后，要使幻灯片的文字更具有吸引力，更加美观，还必须对输入的文本进行各种编辑操作，以制作出符合用户需要的演示文稿。对文本的基本编辑操作包括选取、移动、恢复、复制粘贴、查找和替换等内容。

4.3.1 选取文本

在PowerPoint 2013中，编辑文本之前，先要选取文本，之后才能进行其他的相关操作。选取文本的方法有以下6种。

- 选择任意数量的文本：当鼠标指针在文本处变为编辑状态时，在要选择的文本位置，单击鼠标左键的同时拖曳鼠标，至文本结束后释放鼠标左键，选择后的文本将以高亮度显示。
- 选择所有文本：在文本编辑状态下，切换至"开始"面板，在"编辑"选项板中单击"选择"按钮，在弹出的下拉列表框中选择"全选"选项，即可选择所有文本。
- 选择连续文本：在文本编辑状态下，将鼠标定位在文本的起始位置，按住【Shift】键，然后选择文本的结束位置单击鼠标左键，释放【Shift】键，即可选择连续的文本。
- 选择不连续文本：按住【Ctrl】键的同时，运用鼠标单击其他不相连的文本，即可选择不连续的文本。
- 运用快捷键选择：按【Ctrl＋A】组合键或按两次【F2】键，即可全选文本。
- 选择占位符或文本框中的文本：当要选择占位符或文本框中的文本时，只需单击占位符或文本框中的边框即可选中。

4.3.2 复制与粘贴文本

在PowerPoint 2013中，用户可以将演示文稿中的幻灯片通过快捷键进行移动。下面向用户介绍运用快捷键移动幻灯片的操作方法。

➡ 素材文件	素材\第4章\软件设计.pptx
➡ 效果文件	效果\第4章\软件设计.pptx
➡ 视频文件	视频\第4章\复制与粘贴文本.mp4
➡ 难易程度	★★★☆☆

01 在PowerPoint 2013中，打开一个素材文件，如图4-54所示。

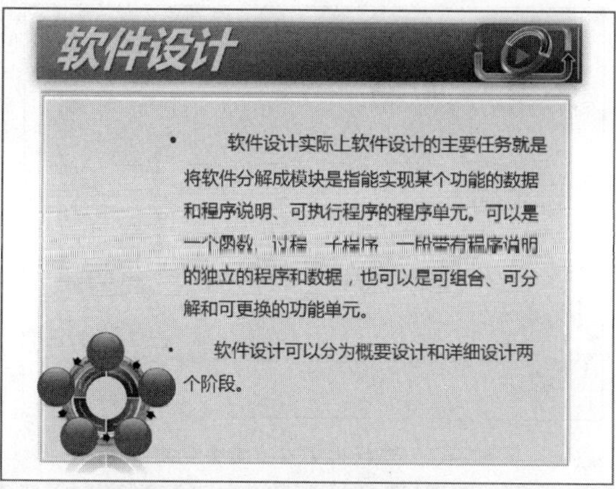

图4-54 打开一个素材文件

02 在编辑区中，选择需要复制的文本，如图4-55所示。

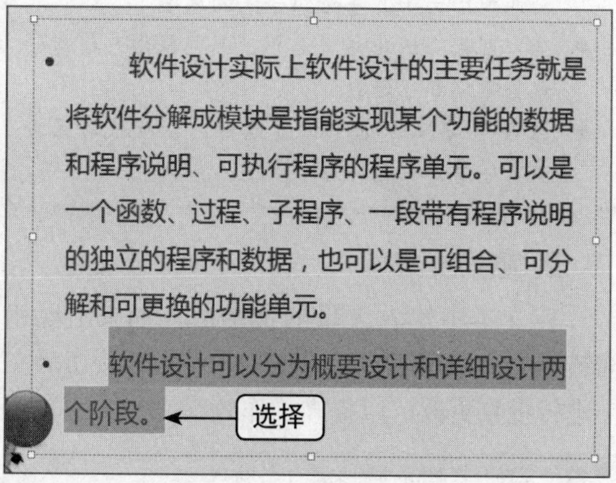

图4-55 选择需要复制的文本

03 在选择的文本上单击鼠标右键，在弹出的快捷菜单中选择“复制”命令，如图3-56所示。

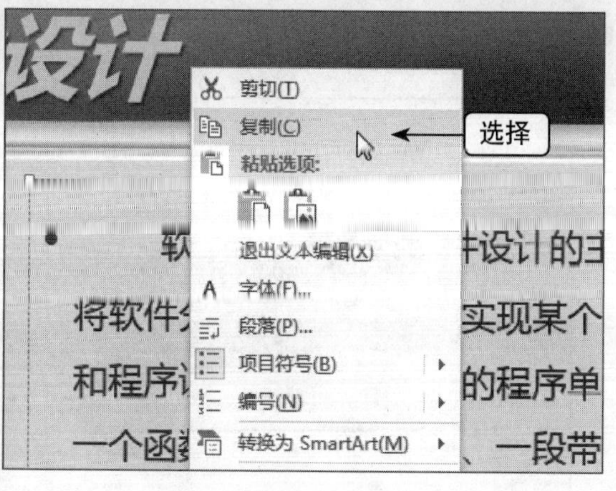

图4-56 选择“复制”命令

04 复制文本，将鼠标移至合适位置，再次单击鼠标右键，弹出快捷菜单，单击“粘贴选项”选项区中的“保留源格式”按钮，如图4-57所示。

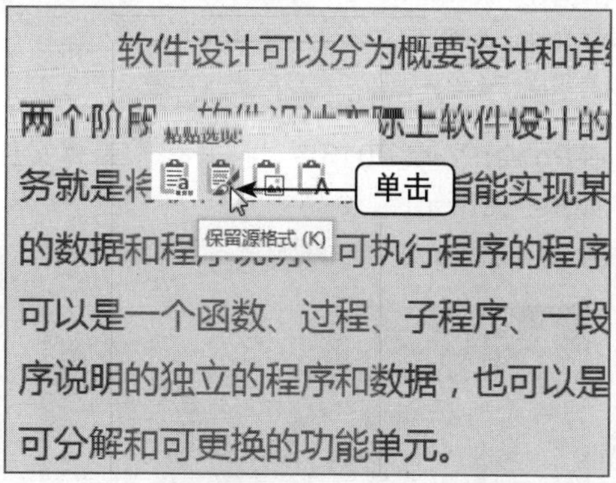

图4-57 单击“保留源格式”按钮

> **重点提醒**
>
> 在幻灯片中剪切或复制的文本都被保存至剪贴板中。因此，用户可以使用“剪贴板”任务窗格进行类似的复制和移动操作。

05 执行操作后，即可粘贴文本对象，如图4-58所示。

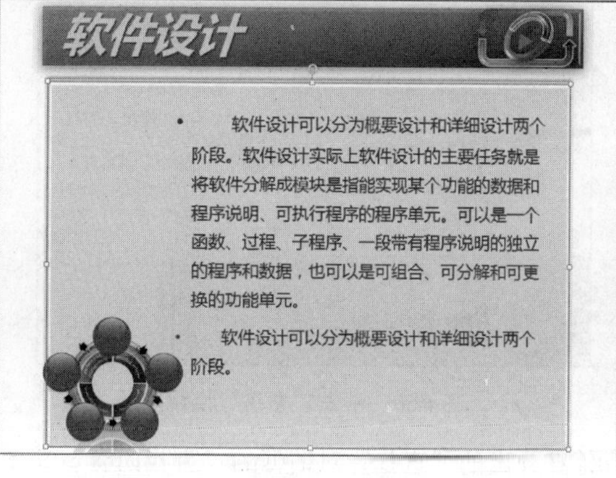

图4-58 粘贴文本对象

4.3.3 查找与替换文本

当需要在比较长的演示文稿中查找某个特定的内容，或要将查找的内容替换为其他内容时，可以使用“查找”和“替换”功能。

1. 查找文本

当需要在较长的演示文稿中查找某一特定

的内容时，用户可以通过“查找”命令来找出某些特定的内容。

➡ 素材文件	素材\第4章\古巴音乐.pptx
➡ 视频文件	视频\第4章\查找与替换文本（A）.mp4
➡ 难易程度	★★★☆☆

01 在PowerPoint 2013中，打开一个素材文件，如图4-59所示。

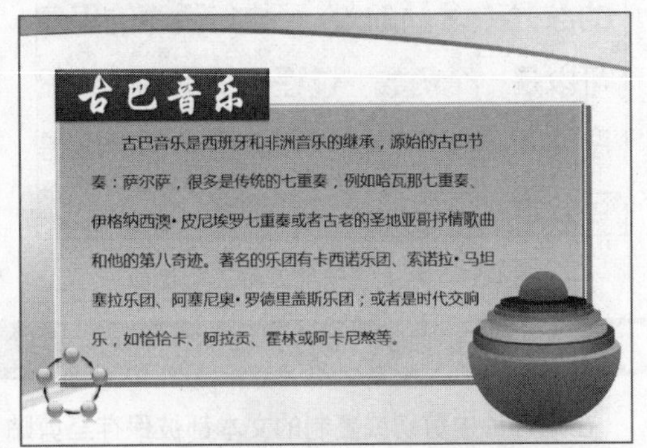

图4-59 打开一个素材文件

02 在“开始”面板的“编辑”选项板中单击“查找”按钮，如图4-60所示。

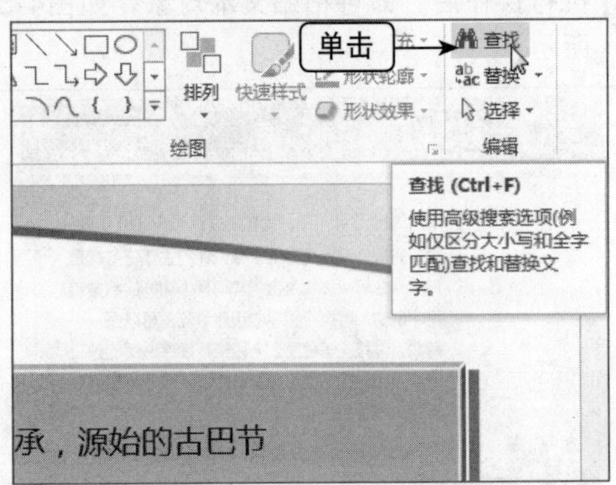

图4-60 单击“查找”按钮

03 在弹出的“查找”对话框的“查找内容”文本框中输入需要查找的内容，如图4-61所示。

图4-61 输入需要查找的内容

04 单击“查找下一个”按钮，即可依次查找出文本中需要的内容，如图4-62所示。

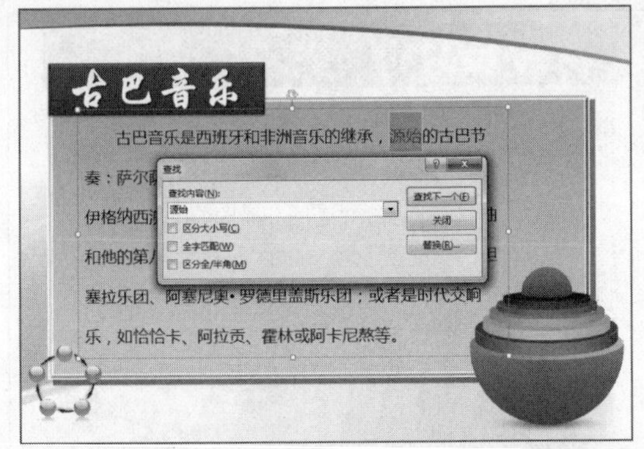

图4-62 查找出文本中需要的内容

重点提醒

“查找”对话框中各复选框的含义如下。

- 区分大小写：选中该复选框，在查找时需要完全匹配由大小写字母组合成的单词。
- 全字匹配：选中该复选框，只查找用户输入的完整单词和字母。
- 区分全/半角：选中该复选框，在查找时区分全角字符和半角字符。

2. 替换文本

在文本中输入大量的文字后，如果出现相同错误的文字很多，可以使用“替换”按钮对文字进行批量更改，以提高工作效率。

➡ 素材文件	素材\第4章\古巴音乐.pptx
➡ 效果文件	效果\第4章\古巴音乐.pptx
➡ 视频文件	视频\第4章\查找与替换文本（B）.mp4
➡ 难易程度	★★★☆☆

01 在PowerPoint 2013中，打开上一小节查找文本所需的素材文件，如图4-63所示。

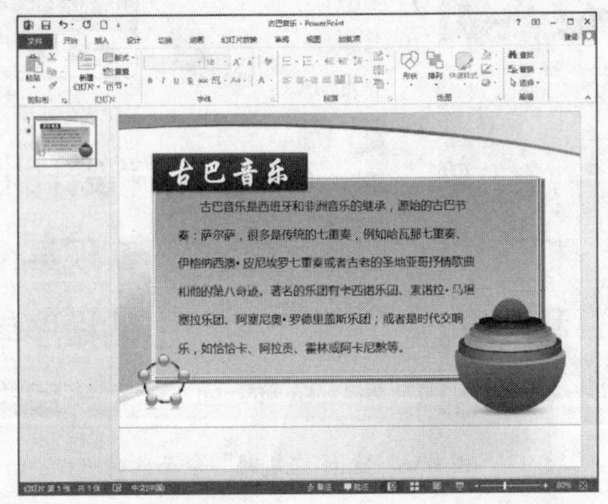

图4-63 打开一个素材文件

02 在“开始”面板的“编辑”选项板中单击“替换”下拉按钮，在弹出的列表框中选择“替换”选项，如图4-64所示。

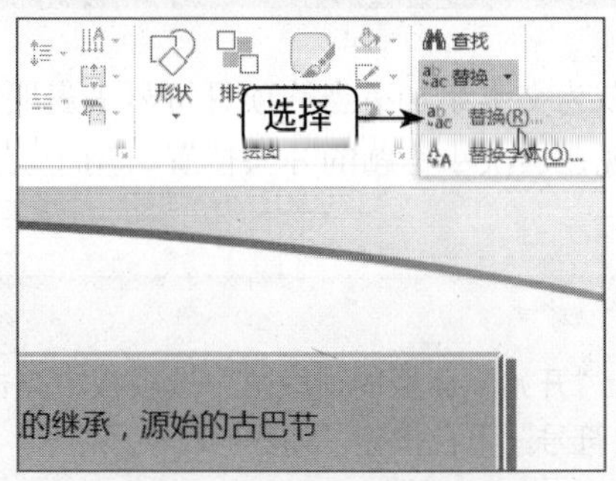

图4-64 选择“替换”选项

03 弹出“替换”对话框，在“查找内容”文本框和“替换为”文本框中分别输入相应内容，如图4-65所示。

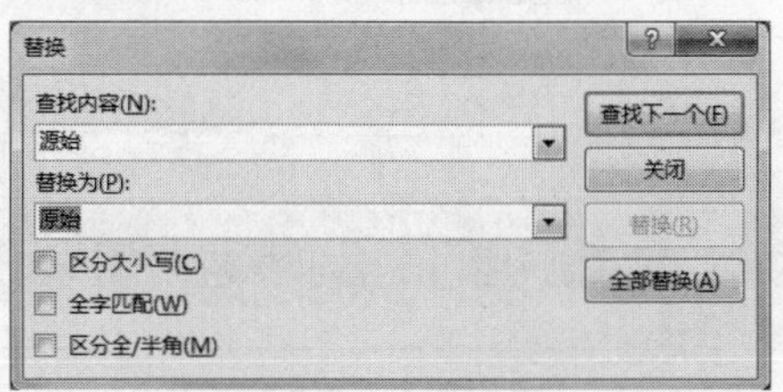

图4-65 输入相应内容

04 单击“全部替换”按钮，弹出信息提示框，单击“确定”按钮，如图4-66所示。

图4-66 单击“确定”按钮

05 返回到“替换”对话框，单击“关闭”按钮，即可替换文本，如图4-67所示。

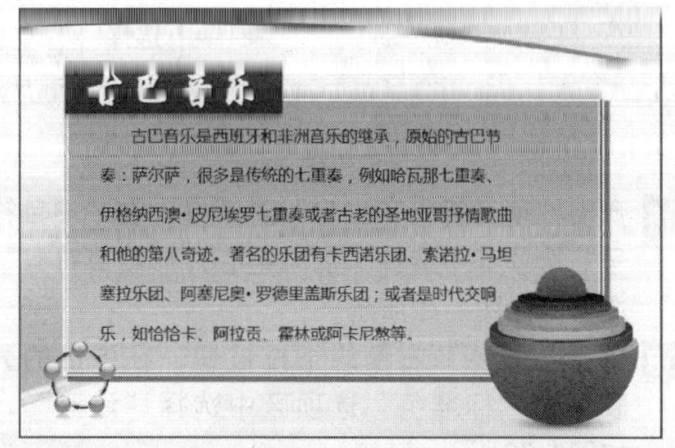

图4-67 替换文本

重点提醒

在PowerPoint 2013中，用户还可以在“编辑”选项板中单击“替换”下拉按钮，在弹出的列表框中选择“替换字体”选项，替换文本中的字体。

4.3.4 删除文本

在PowerPoint 2013中，删除文本指的是删除占位符中的文字和文本框中的文字，用户可以直接选择文本框或占位符，执行删除操作。在PowerPoint 2013中，可以通过以下两种方法删除文本。

- 按钮：选择需要删除的文本，在“开始”面板的“剪贴板”选项板中单击“剪切”按钮，即可删除文本。
- 快捷键：选择需要删除的文本，按【Delete】键即可将其删除。

重点提醒

对于运用“剪切”按钮删除的文本，按【Ctrl+V】组合键即可将其恢复。

4.3.5 撤销和恢复文本

用户在进行编辑时，对文本进行了不必要的操作，这时执行某个命令或按钮，即可恢复文本，有以下两种方法：

- 单击快速访问工具栏中的“撤销键入”按钮和“重复键入”按钮，可以执行撤销和恢复操作。
- 按【Ctrl+Z】组合键，即可恢复上一步的操作。

重点提醒

在默认情况下，PowerPoint 2013可以最多撤销20步操作，用户也可以根据需要在“PowerPoint 2013选项”对话框中设置撤销的次数。但是，如果将可撤销的数值设置过大，将会占用软件较大的系统内存，从而影响PowerPoint的运行速度。

4.4 添加项目符号

在编辑文本时，为了表明文本的结构层次，用户可以为文本添加适当的项目符号来表明文本的顺序，项目符号是以段落为单位的，项目符号一般出现在层次小标题的开头位置，用于突出该层次小标题。

4.4.1 添加常用项目符号

项目符号用于强调一些特别重要的观点或条目，它可以使主题更加美观、突出、有条理。项目编号能使主题层次更加分明、有条理。

➡ 素材文件	素材\第4章\大洋洲音乐文化.pptx
➡ 效果文件	效果\第4章\大洋洲音乐文化.pptx
➡ 视频文件	视频\第4章\添加常用项目符号.mp4
➡ 难易程度	★★★★☆

01 在PowerPoint 2013中，打开一个素材文件，如图4-68所示。

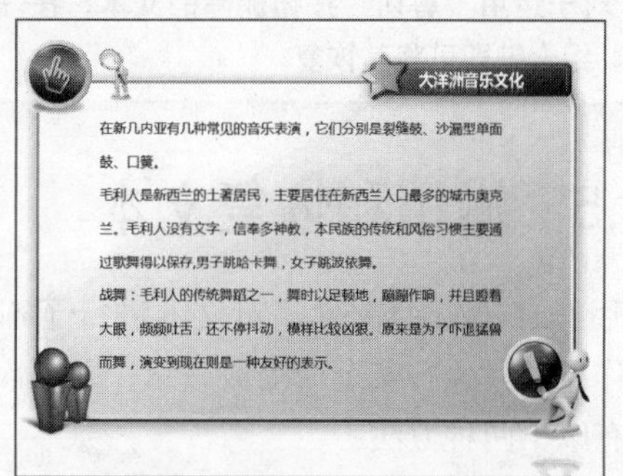

图4-68　打开一个素材文件

02 在编辑区中，选择需要设置项目符号的文本，如图4-69所示。

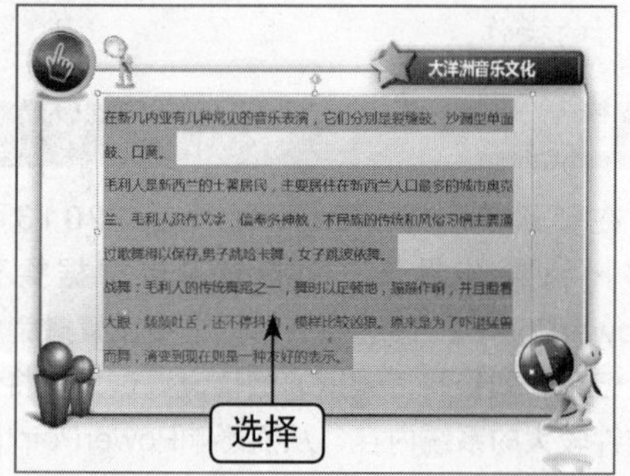

图4-69　选择相应文本

03 在“开始”面板的“段落”选项板中单击“项目符号”下拉按钮，如图4-70所示。

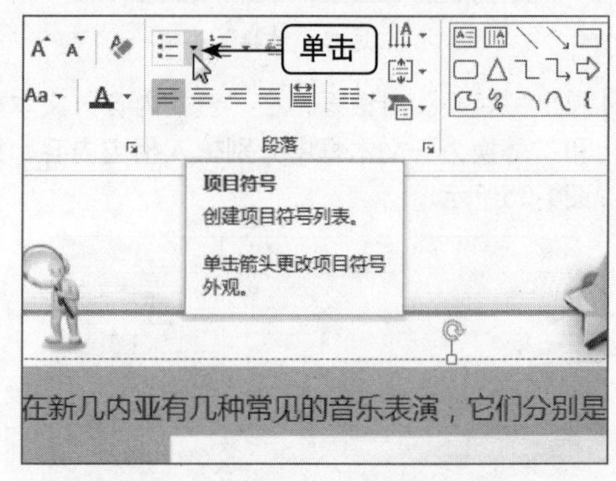

图4-70　单击“项目符号”下拉按钮

04 在弹出的列表框中选择“项目符号和编号”选项，如图4-71所示。

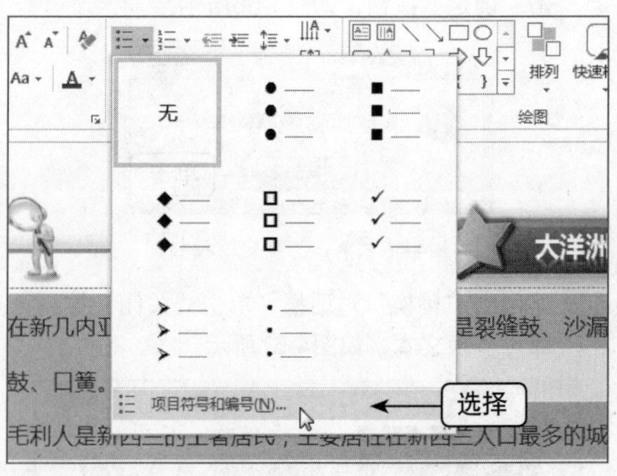

图4-71　选择“项目符号和编号”选项

05 弹出“项目符号和编号”对话框，在“项目符号”选项卡中选择“加粗空心方形项目符号”选项，如图4-72所示。

06 单击“颜色”右侧的下拉按钮，在弹出的列表框的“标准色”选项区中选择“浅蓝”，如图4-73所示。

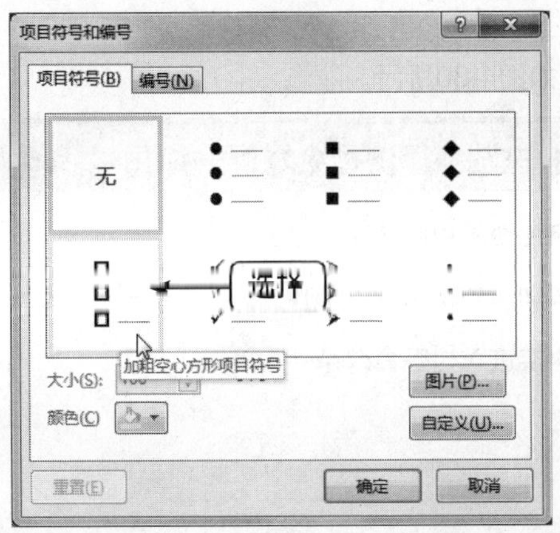

图4-72　选择“加粗空心方形项目符号”选项

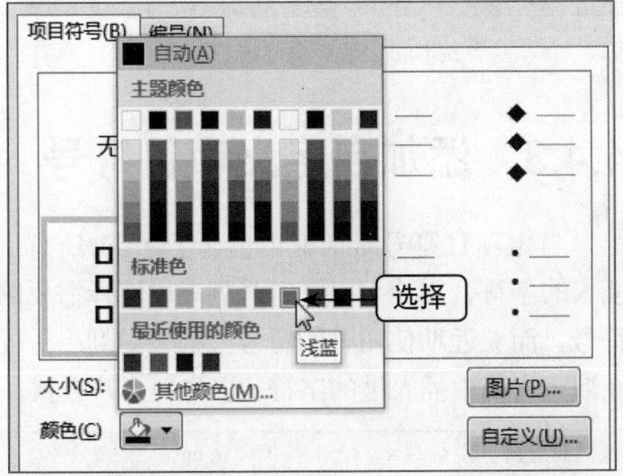

图4-73　选择“浅蓝”

07 单击“确定”按钮，即可添加项目符号，如图4-74所示。

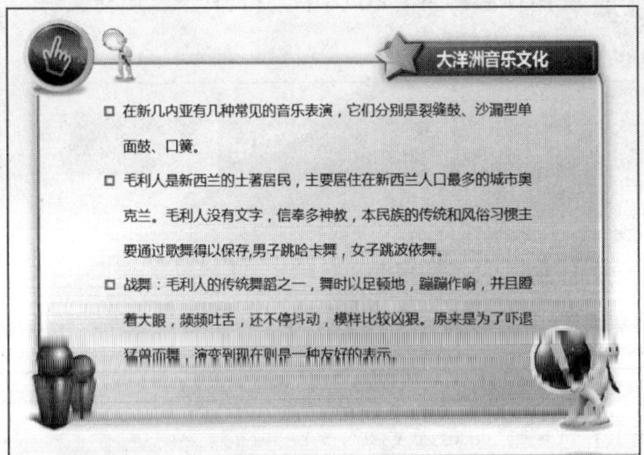

图4-74　添加项目符号

4.4.2　添加图片项目符号

在“项目符号和编号”对话框中，可供选择的项目符号类有7种。PowerPoint 2013还允许将图片设置为项目符号，使文本更加丰富多彩。

➡素材文件	素材\第4章\推进城乡经济社会.pptx
➡效果文件	效果\第4章\推进城乡经济社会.pptx
➡视频文件	视频\第4章\添加图片项目符号.mp4
➡难易程度	▲▲▲▲△

01 在PowerPoint 2013中，打开一个素材文件，如图4-75所示。

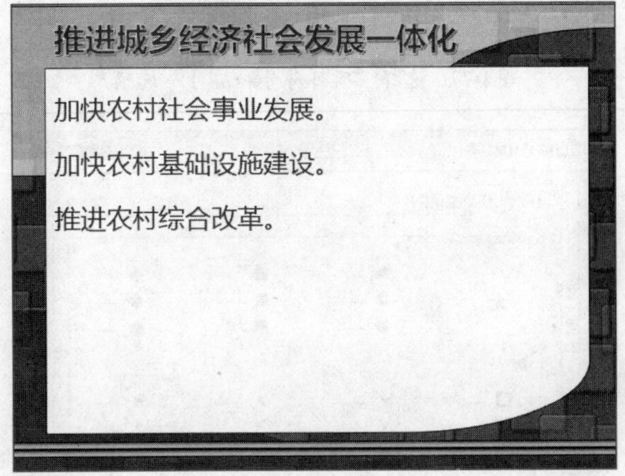

图4-75　打开一个素材文件

02 在编辑区中，选择需要设置图片项目符号的文本，如图4-76所示。

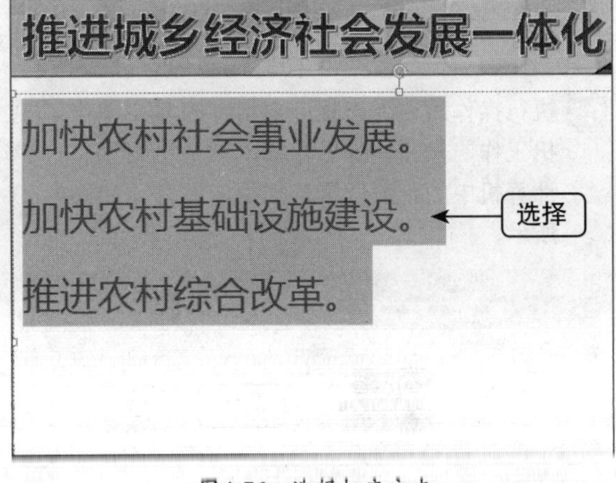

图4-76　选择相应文本

03 在“开始”面板的“段落”选项板中单击“项目符号”下拉按钮，在弹出的列表框中选择“项目符号和编号”选项，如图4-77所示。

04 弹出“项目符号和编号”对话框，在“项目符号”选项卡中单击“图片”按钮，如图4-78所示。

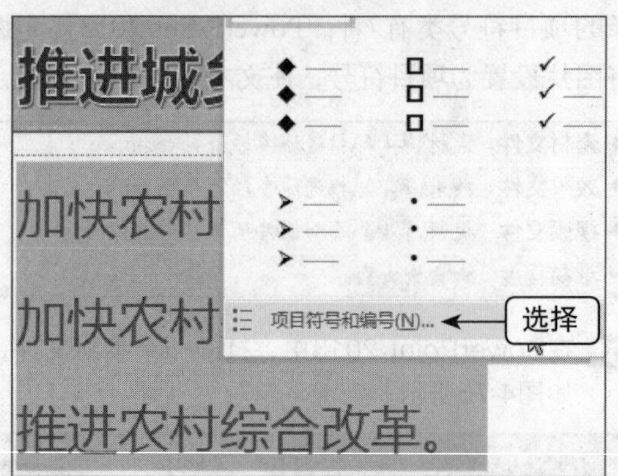

图4-77　选择“项目符号和编号”选项

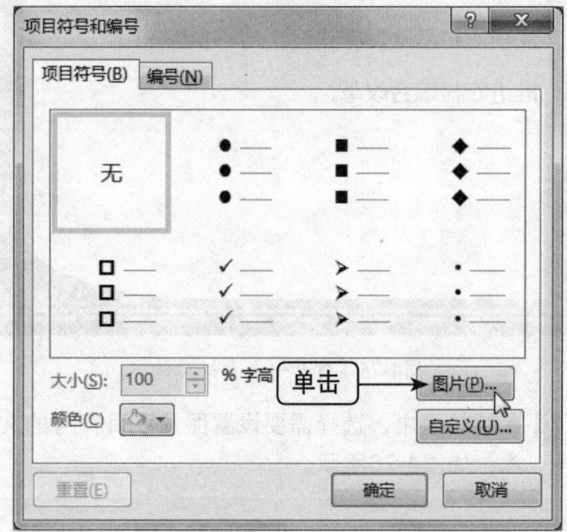

图4-78　单击“图片”按钮

05 执行操作后，弹出相应窗口，在其中单击“脱机工作”按钮，弹出“插入图片”对话框，在计算机中的合适位置选择相应图片，如图4-79所示。

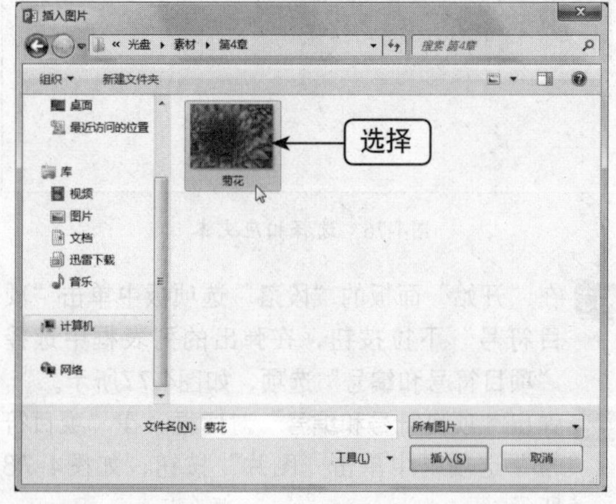

图4-79　选择相应图片

06 单击“插入”按钮，即可添加图片项目符号，如图4-80所示。

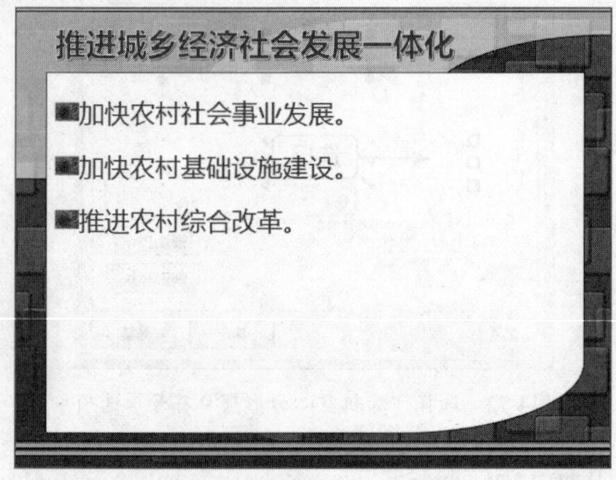

图4-80　添加图片项目符号

4.4.3　添加自定义项目符号

自定项目符号对话框中包含了Office所有可插入的字符，用户可以在符号列表中选择需要的符号，而“近期使用过的符号”列表中列出最近在演示文稿中插入过的字符，以方便用户查找。

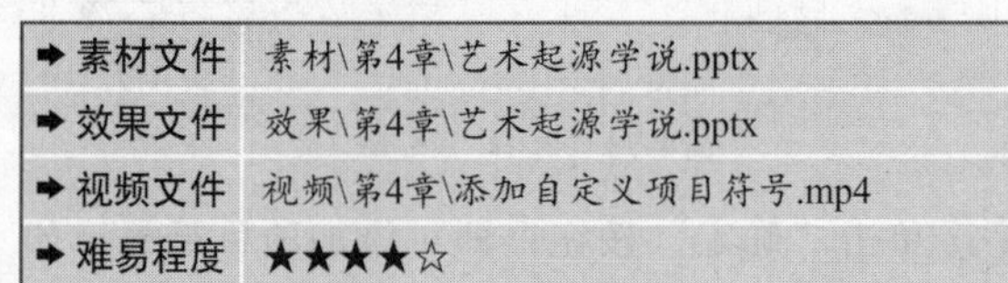

➜ 素材文件	素材\第4章\艺术起源学说.pptx
➜ 效果文件	效果\第4章\艺术起源学说.pptx
➜ 视频文件	视频\第4章\添加自定义项目符号.mp4
➜ 难易程度	★★★★☆

01 在PowerPoint 2013中，打开一个素材文件，如图4-81所示。

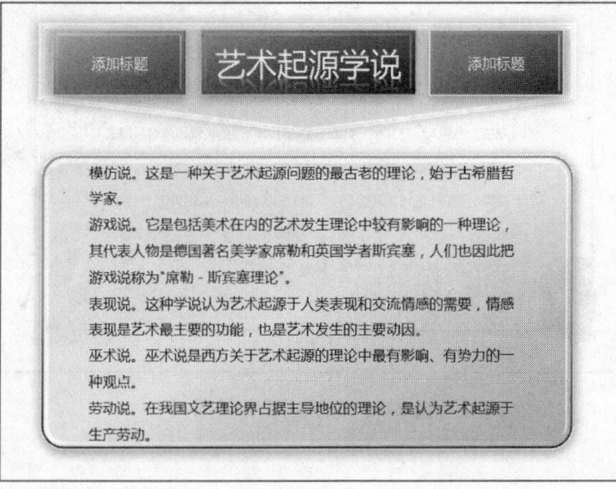

图4-81　打开一个素材文件

02 在编辑区中，选择需要设置项目符号的文本，如图4-82所示。

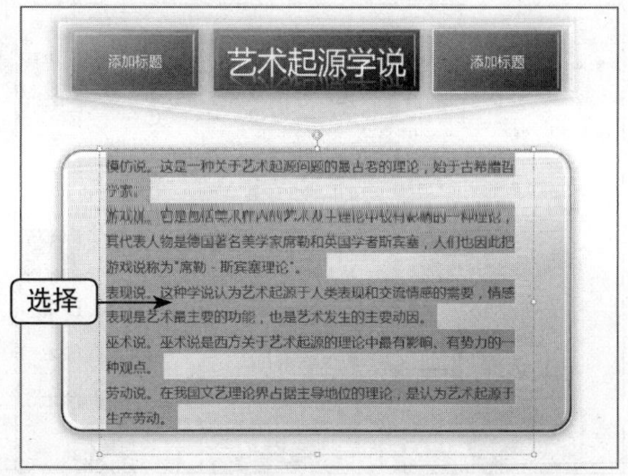

图4-82　选择相应文本

03 在“项目符号”列表框中选择“项目符号和编号”选项，弹出“项目符号和编号”对话框，单击“自定义”按钮，如图4-83所示。

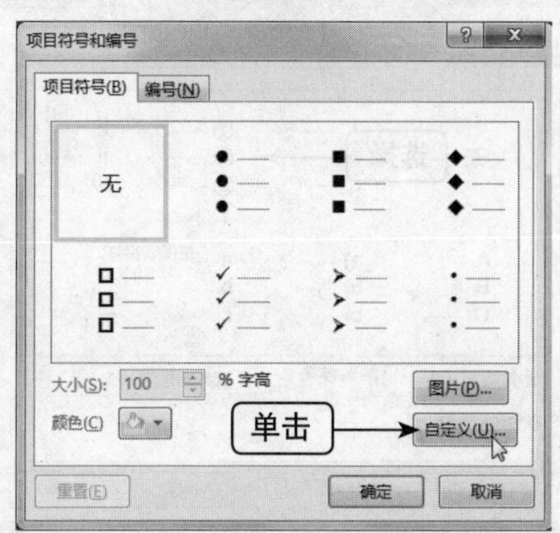

图4-83　单击“自定义”按钮

04 弹出“符号”对话框，单击“子集”下拉按钮，在弹出的列表框中选择“几何图形符”选项，如图4-84所示。

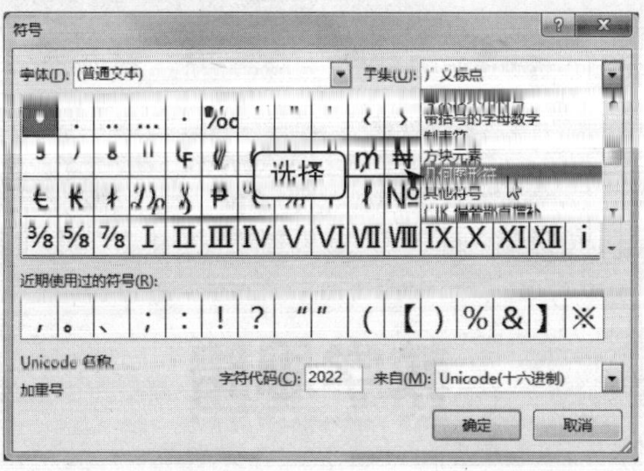

图4-84　选择“几何图形符”选项

05 在中间的下拉列表框中选择相应符号，如图4-85所示。

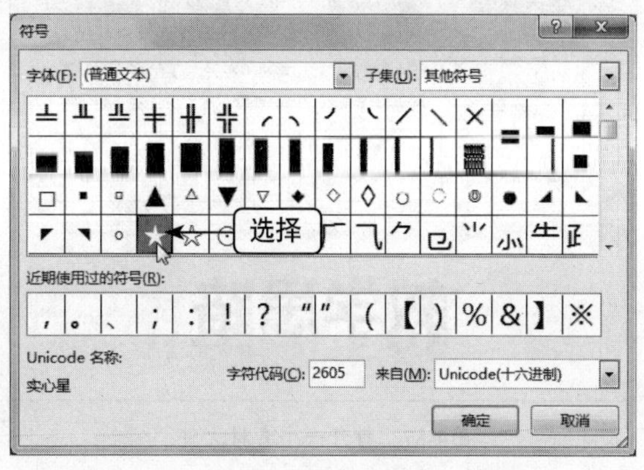

图4-85　选择相应符号

06 依次单击“确定”按钮，即可添加自定义项目符号，如图4-86所示。

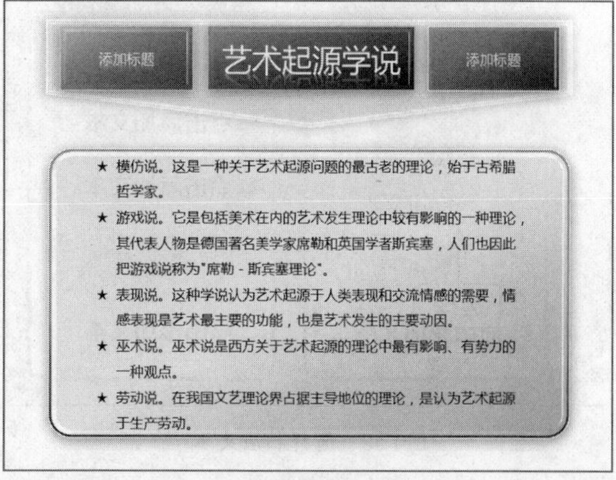

图4-86　添加自定义项目符号

4.4.4　添加常用项目编号

在PowerPoint 2013中，可以为不同级别的段落设置编号。在默认情况下，项目编号是由阿拉伯数字1、2、3……构成，另外，PowerPoint还允许用户自定义项目编号样式。

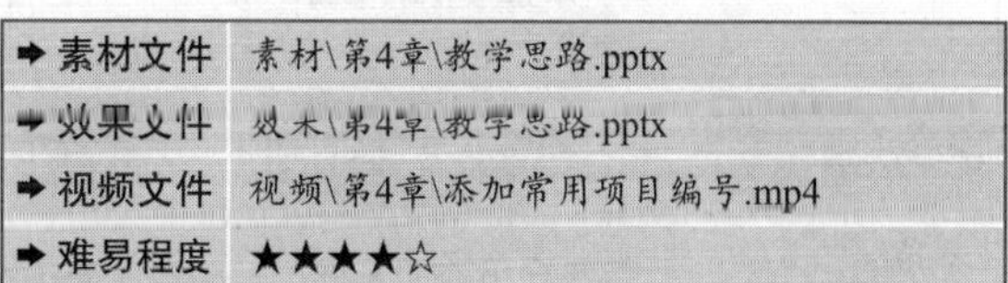

➡素材文件	素材\第4章\教学思路.pptx
➡效果文件	效果\第4章\教学思路.pptx
➡视频文件	视频\第4章\添加常用项目编号.mp4
➡难易程度	★★★★☆

01 在PowerPoint 2013中，打开一个素材文件，如图4-87所示。

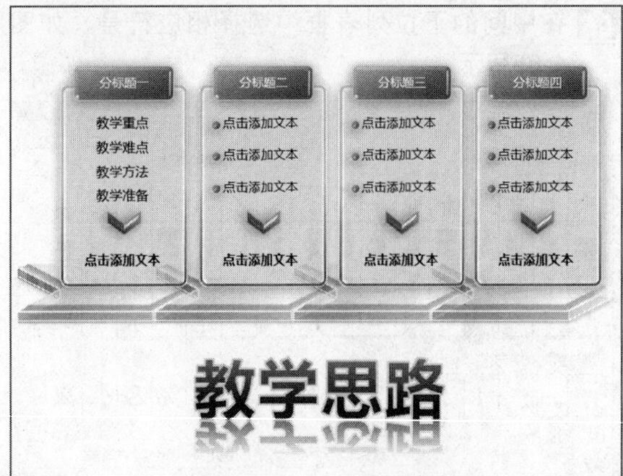

图4-87 打开一个素材文件

02 在编辑区中，选择需要设置项目编号的文本，如图4-88所示。

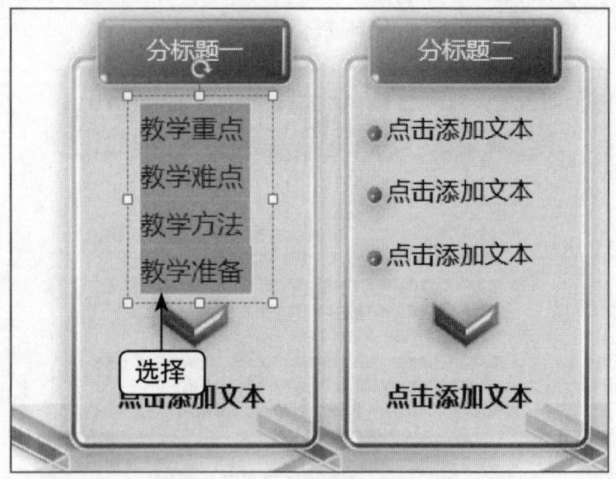

图4-88 选择相应文本

03 在"开始"面板的"段落"选项板中单击"编号"下拉按钮，如图4-89所示。

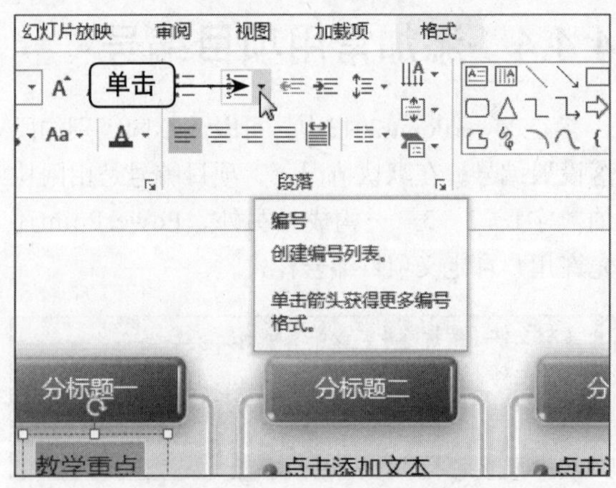

图4-89 单击"编号"下拉按钮

04 弹出列表框，选择"项目符号和编号"选项，如图4-90所示。

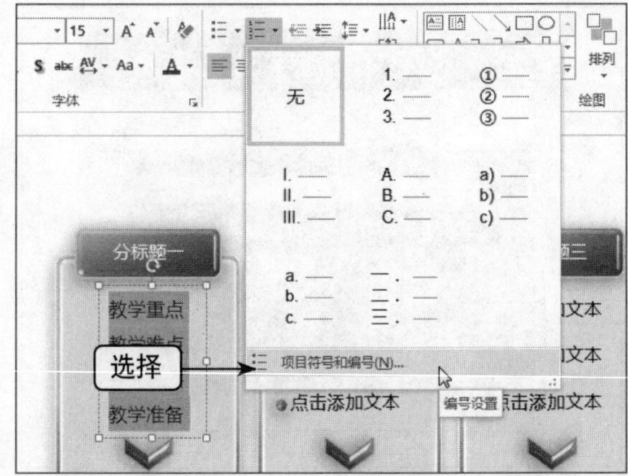

图4-90 选择"项目符号和编号"选项

05 弹出"项目符号和编号"对话框，在"编号"选项卡中选择相应选项，如图4-91所示。

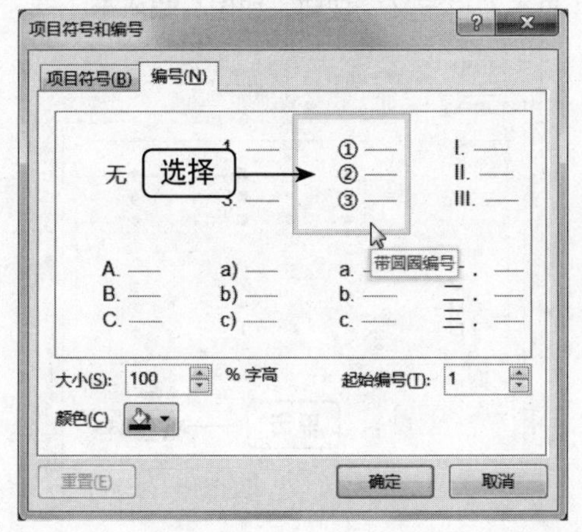

图4-91 选择相应选项

06 单击"确定"按钮，即可添加常用项目编号，调整文本位置，如图4-92所示。

图4-92 添加常用项目编号

第5章 制作精美图片效果

学习提示

在幻灯片中添加图片，可以生动形象地阐述主题和表达思想。在插入图片时，应注意图片与幻灯片之间的联系，使图片与主题统一。本章主要向用户介绍插入与编辑图片、插入与编辑剪贴画以及插入与编辑艺术字等内容。

主要内容

- 插入图片
- 调整图片大小
- 插入剪贴画
- 编辑剪贴画
- 插入艺术字
- 设置艺术字形状填充

重点与难点

- 设置图片样式
- 设置图片效果
- 设置艺术字效果

学完本章后你会做什么

- 掌握插入图片、设置图片艺术效果以及设置图片颜色的操作方法
- 掌握插入剪贴画、编辑剪贴画的操作方法
- 掌握插入艺术字、设置艺术字形状样式以及设置艺术字形状效果的操作方法

视频文件

插入图片

Platzhalter text

Platzhalter text

Platzhalter text

Platzhalter text

YOUR LOGO

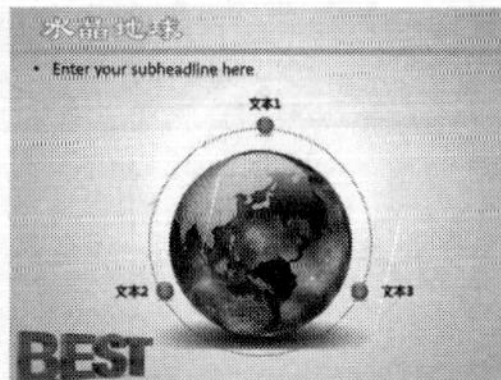

5.1 插入与编辑图片

在PowerPoint 2013中，如果软件自带的图片不能满足用户制作课件的需求，则可以将外部图片插入到演示文稿中，并且可以对插入的图片进行相应编辑。

5.1.1 插入图片

在演示文稿中插入图片，可以生动形象地阐述主题和思想。在插入图片时，需充分考虑幻灯片的主题，使图片和主体和谐一致。

➡素材文件	素材\第5章\插入图片.pptx、亭子.jpg
➡效果文件	效果\第5章\插入图片.pptx
➡视频文件	视频\第5章\插入图片.mp4
➡难易程度	★★★☆☆

01 在PowerPoint 2013中，打开一个素材文件，如图5-1所示。

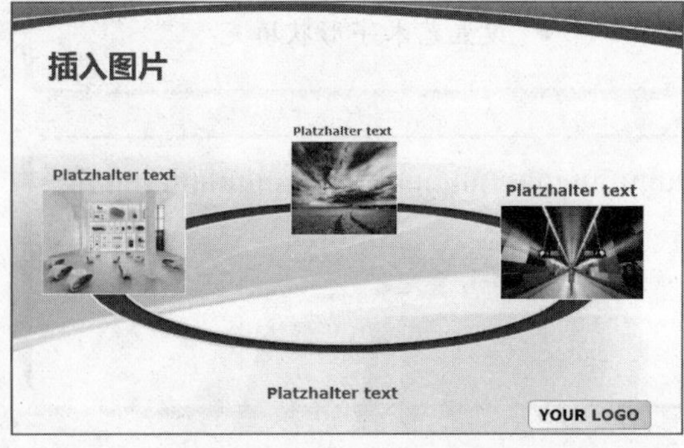

图5-1 打开一个素材文件

02 切换至“插入”面板，在“图像”选项板中单击“图片”按钮，如图5-2所示。

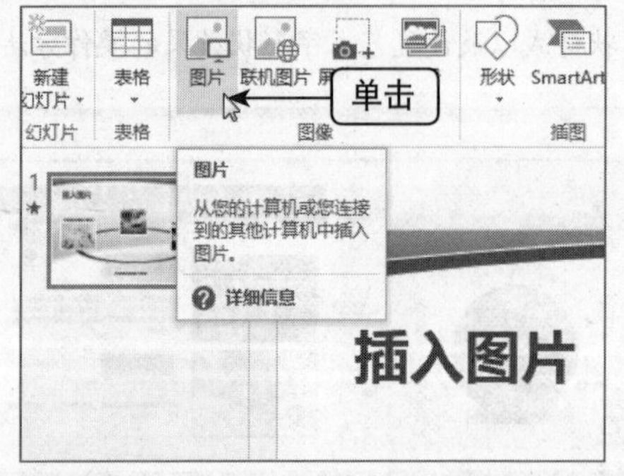

图5-2 单击“图片”按钮

03 弹出“插入图片”对话框，在相应文件夹中选择需要插入的图片，如图5-3所示。

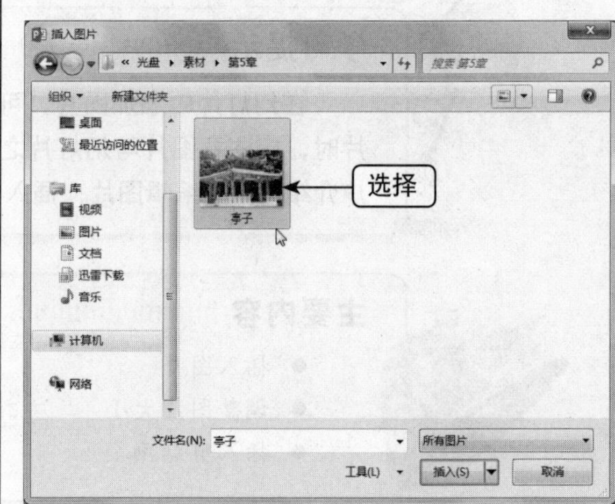

图5-3 选择需要插入的图片

04 单击“插入”按钮，即可在幻灯片中插入图片，调整图片位置和大小，如图5-4所示。

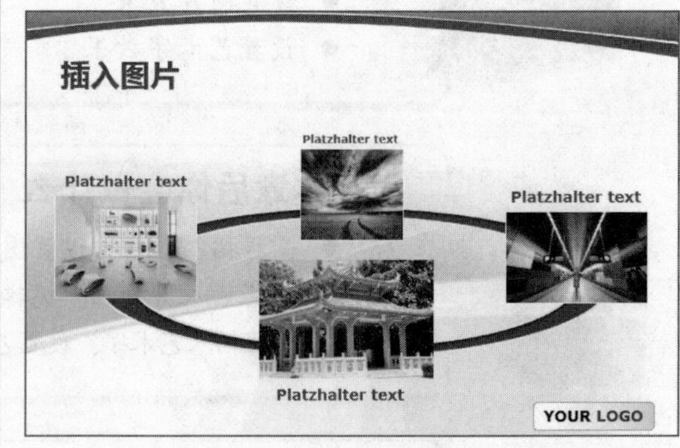

图5-4 插入并调整图片

重点提醒

在调出的“插入图片”对话框中，按住【Ctrl】键的同时单击鼠标左键，可选择多张图片。

5.1.2 调整图片大小

在PowerPoint 2013中，用户在编辑窗口插入图片后，便可以对插入的图片进行大小的调整。下面向用户介绍调整图片大小的操作方法。

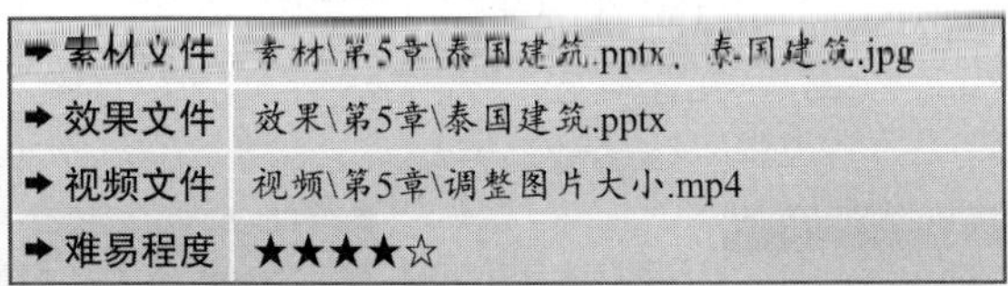

➡ 素材文件	素材\第5章\泰国建筑.pptx、泰国建筑.jpg
➡ 效果文件	效果\第5章\泰国建筑.pptx
➡ 视频文件	视频\第5章\调整图片大小.mp4
➡ 难易程度	★★★★☆

01 在PowerPoint 2013中，打开一个素材文件，如图5-5所示。

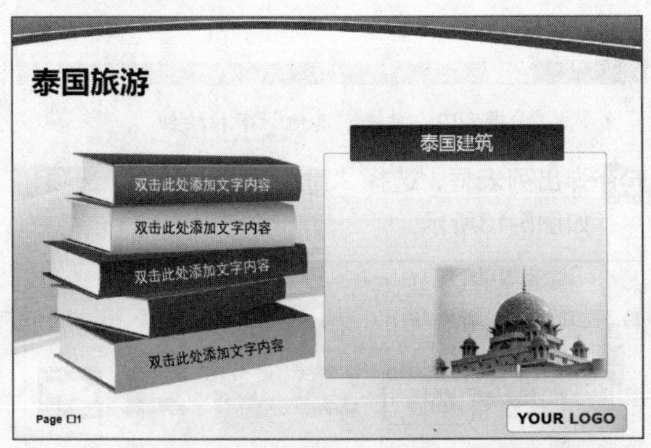

图5-5 打开一个素材文件

02 在编辑区中选择需要设置大小的图片，切换至“图片工具”中的“格式”面板，如图5-6所示。

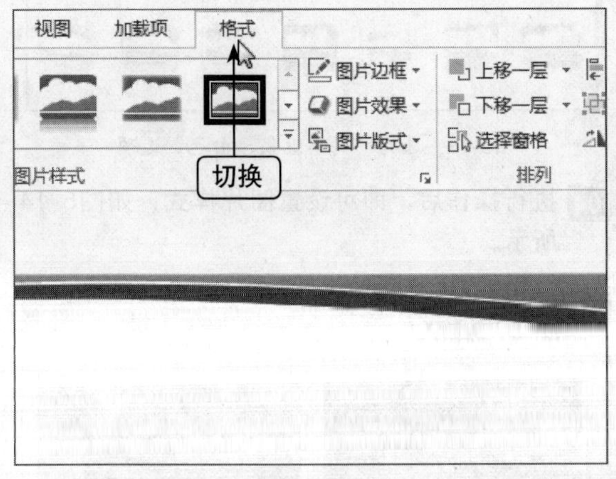

图5-6 切换至“格式”面板

03 在“大小”选项板中单击右下角的“大小和位置”按钮，如图5-7所示。

04 执行操作后，弹出“设置图片格式”窗格，如图5-8所示。

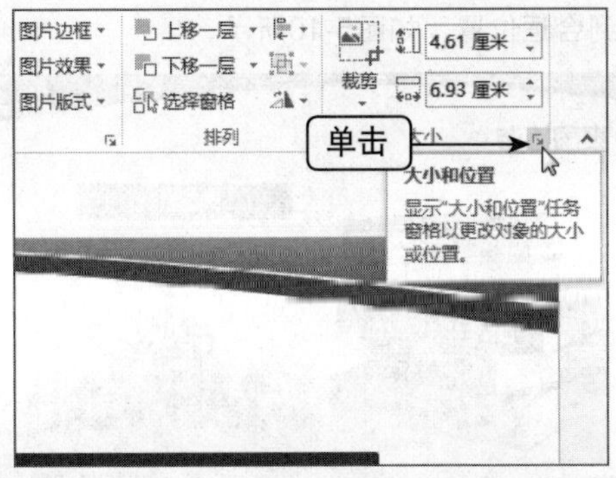

图5-7 单击“大小和位置”按钮

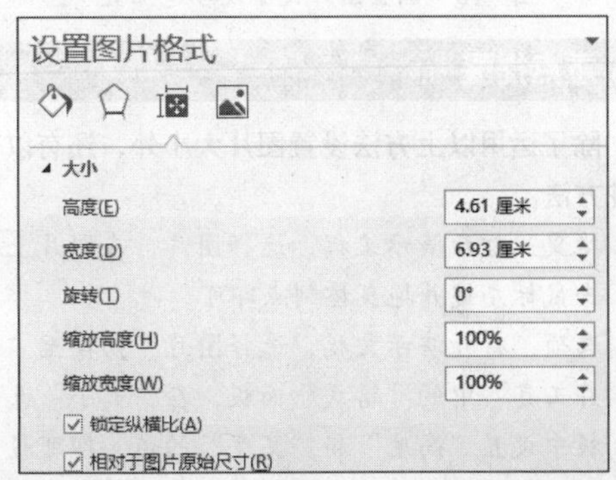

图5-8 弹出“设置图片格式”窗格

> **重点提醒**
>
> 在调出的“设置图片格式”窗格中，在各选项区的上方显示出4个大的选项区，分别是“填充线条”选项区、“效果”选项区、“大小属性”选项区和“图片”选项区。

05 在“大小”选项区中，取消选中“锁定纵横比”复选框，设置“高度”为7.04厘米、“宽度”为10.6厘米，如图5-9所示。

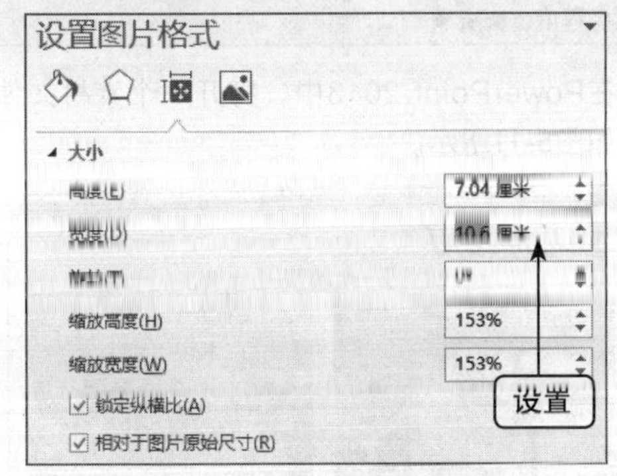

图5-9 设置各选项

06 在“设置图片格式”窗格中的右上角单击“关闭”按钮，即可调整图片大小。然后调整图片到合适位置，如图5-10所示。

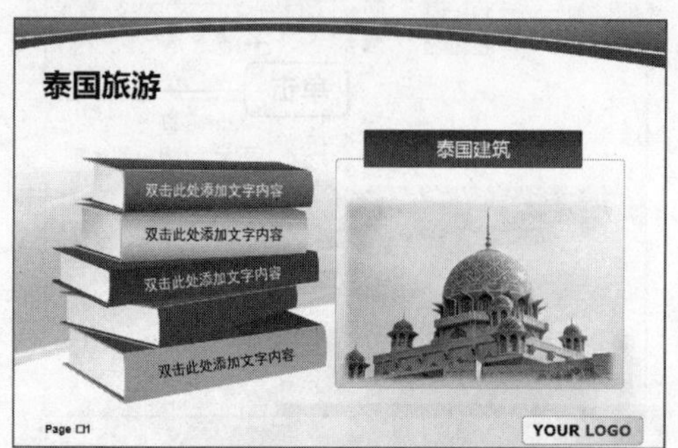

图5-10 调整图片大小及合适位置

重点提醒

除了运用以上方法设置图片大小外，还有以下两种方法。

- 拖曳：打开演示文稿，选择图片，在图片上单击鼠标左键并拖曳控制点即可。
- 选项：打开演示文稿，选择图片，切换至“图片工具”中的“格式”面板，在“大小”选项板中设置“高度”和“宽度”的值，即可设置图片的大小。

5.1.3 设置图片样式

为插入幻灯片中的图片设置图片样式，可以使图片更加美观，从而增添整个幻灯片的美感。下面向用户介绍设置图片样式的操作方法。

➜素材文件	素材\第5章\圣马河路灯.pptx
➜效果文件	效果\第5章\圣马河路灯.pptx
➜视频文件	视频\第5章\设置图片样式.mp4
➜难易程度	★★★☆☆

01 在PowerPoint 2013中，打开一个素材文件，如图5-11所示。

图5-11 打开一个素材文件

02 在编辑区中选择左边的图片，切换至“图片工具”中的“格式”面板，在“图片样式”选项板中单击“其他”下拉按钮，如图5-12所示。

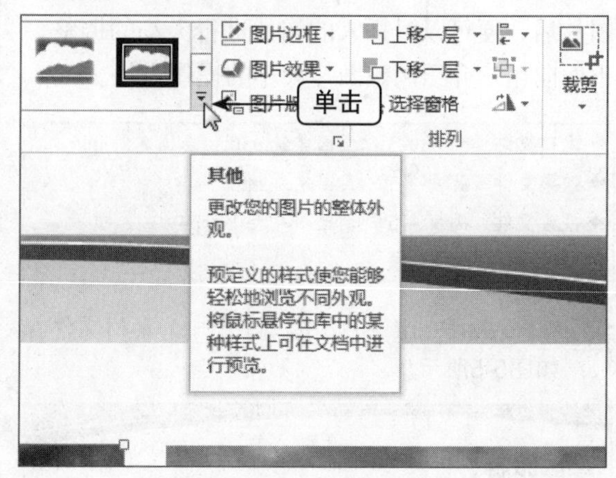

图5-12 单击“其他”下拉按钮

03 弹出列表框，选择“简单框架，白色”选项，如图5-13所示。

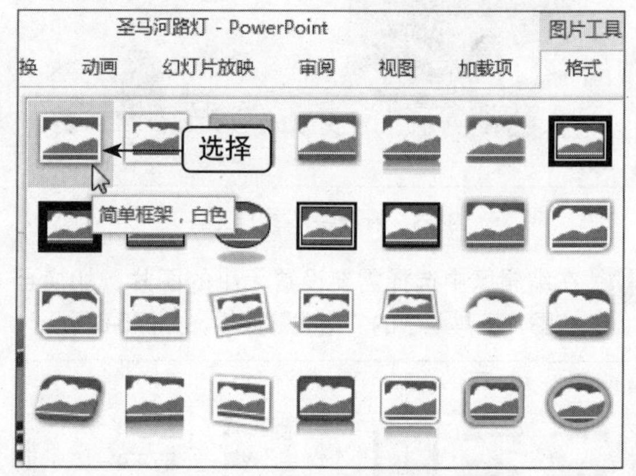

图5-13 选择“简单框架，白色”选项

04 执行操作后，即可设置图片样式，如图5-14所示。

图5-14 设置图片样式

重点提醒

在弹出的“图片样式”列表框中，包含有“棱台亚光，白色”、“金属框架”、“柔化边缘矩形”、“厚重亚光，黑色”、“金属椭圆”等28种图片样式。

05 用与上面同样的方法，为幻灯片中的其他图片设置相同的图片样式，效果如图5-15所示。

图5-15 设置其他图片样式

5.1.4 设置图片效果

在PowerPoint 2013中，用户可以为图片设置“预设”、“阴影”、“映像”、“发光”、“柔化边缘”、“棱台”、“三维旋转”等效果。

➡ 素材文件	素材\第5章\麓山枫叶.pptx
➡ 效果文件	效果\第5章\麓山枫叶.pptx
➡ 视频文件	视频\第5章\设置图片效果.mp4
➡ 难易程度	★★★★★

01 在PowerPoint 2013中，打开一个素材文件，如图5-16所示。

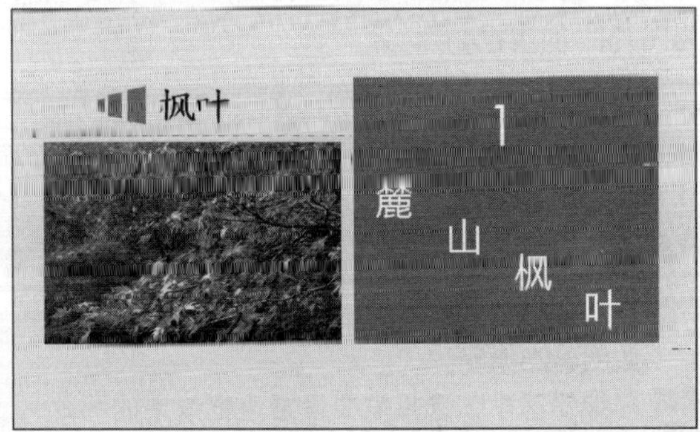

图5-16 打开一个素材文件

02 在编辑区中，选择需要设置效果的图片，如图5-17所示。

图5-17 选择需要设置效果的图片

03 切换至“图片工具”中的“格式”面板，在“图片样式”选项板中单击“图片效果”下拉按钮，如图5-18所示。

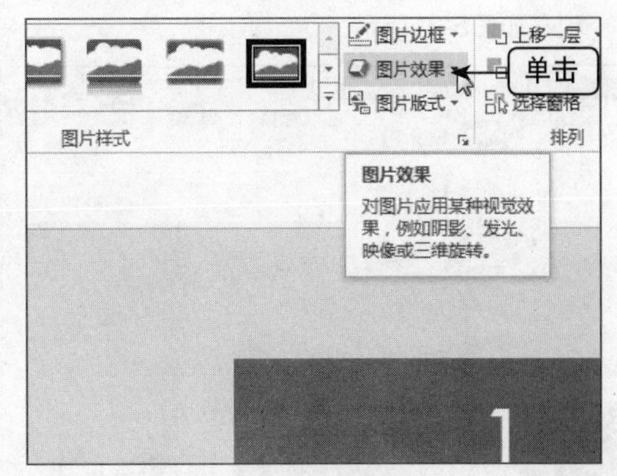

图5-18 单击“图片效果”下拉按钮

04 弹出列表框，选择“预设”中的“预设1”选项，如图5-19所示。

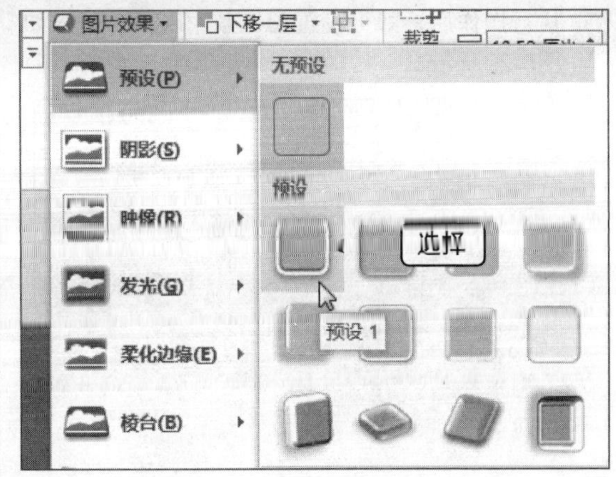

图5-19 选择“预设1”选项

05 执行操作后，即可设置图片预设效果，如图5-20所示。

图5-20 设置图片预设效果

06 单击“图片效果”下拉按钮，在弹出的列表框中选择“映像”中的“紧密映像，接触”选项，如图5-21所示。

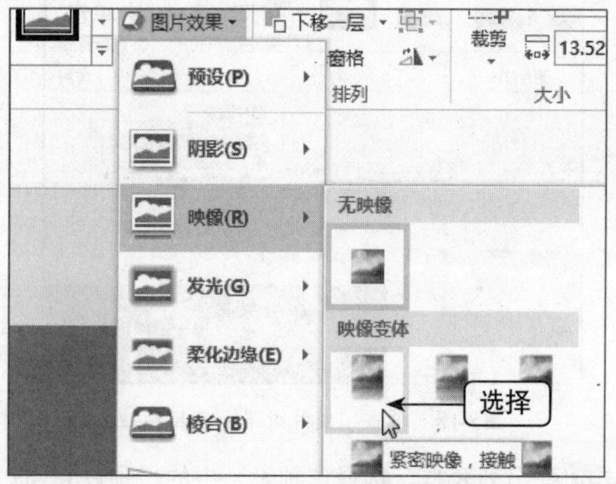

图5-21 选择“紧密映像，接触”选项

07 执行操作后，即可设置图片紧密映像，效果如图5-22所示。

图5-22 设置图片紧密映像

08 单击“图片效果”下拉按钮，在弹出的列表框中选择“发光”中的“红色，8 pt发光，着色2”选项，如图5-23所示。

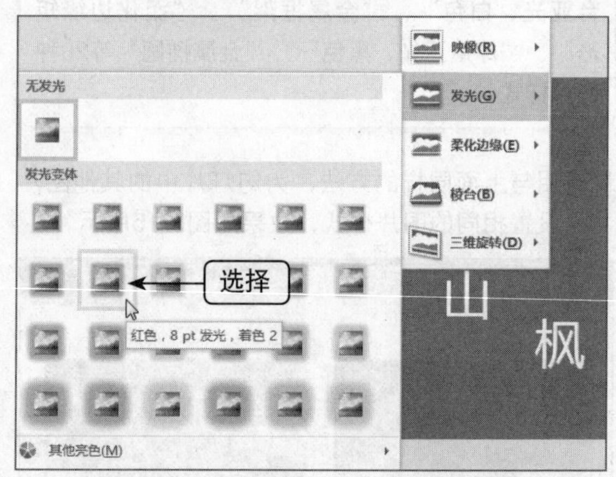

图5-23 选择相应选项

09 执行操作后，即可设置图片发光效果，如图5-24所示。

图5-24 设置图片发光效果

5.1.5 设置图片边框

在设置好图片形状以后，为使图片与背景和演示文稿中的其他元素区分开来，用户还可以为图片添加边框。

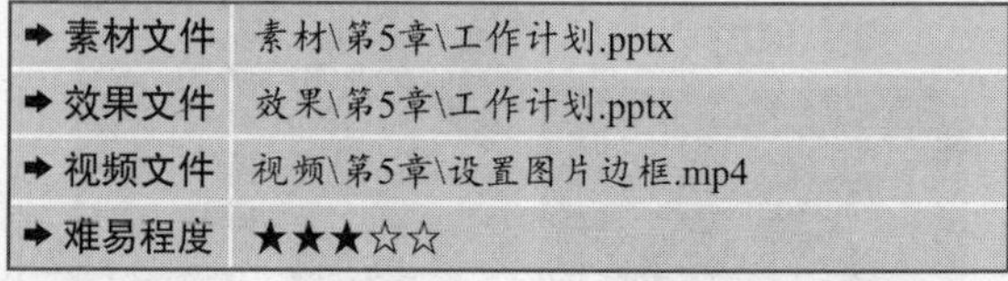

➜ 素材文件	素材\第5章\工作计划.pptx
➜ 效果文件	效果\第5章\工作计划.pptx
➜ 视频文件	视频\第5章\设置图片边框.mp4
➜ 难易程度	★★★☆☆

01 在PowerPoint 2013中，打开一个素材文件，如图5-25所示。

02 在编辑区中，选择需要设置边框效果的图片，如图5-26所示。

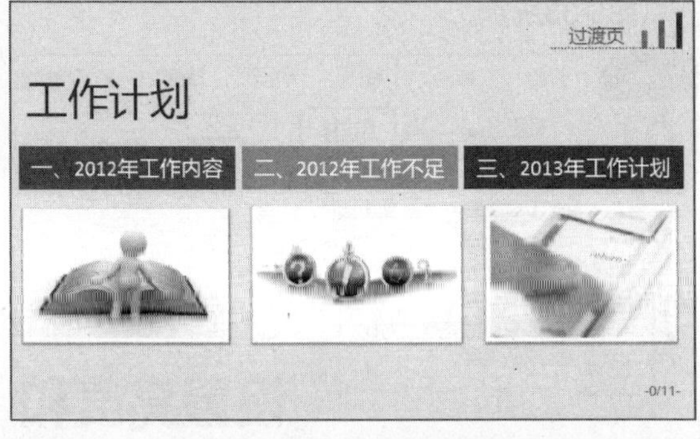

图5-25 打开一个素材文件

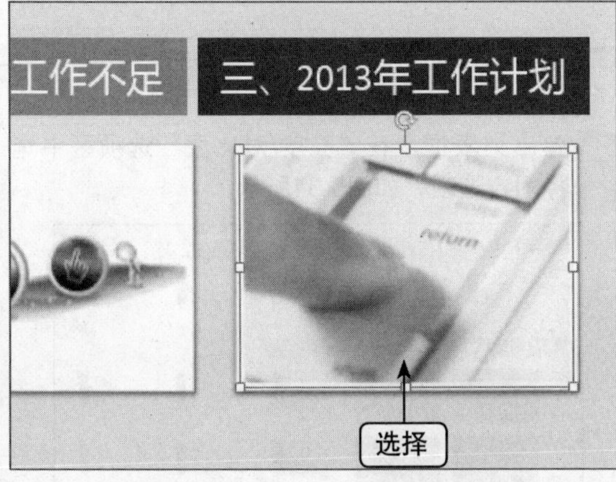

图5-26 选择需要设置边框效果的图片

03 切换至“格式”面板，在“图片样式”选项板中单击“图片边框”下拉按钮，如图5-27所示。

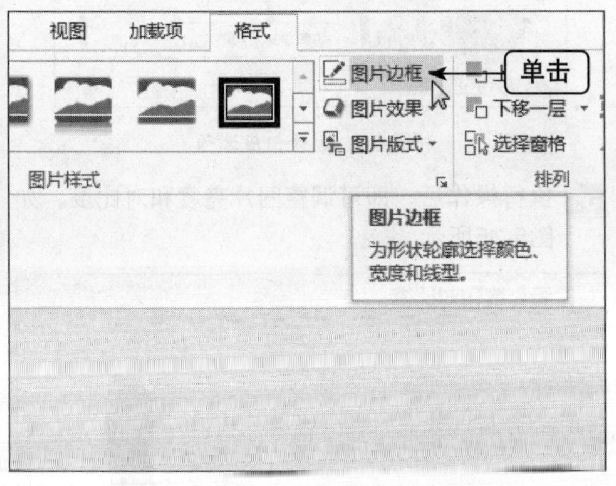

图5-27 单击“图片边框”下拉按钮

04 在弹出的列表框的“标准色”选项区中选择“黄色”，如图5-28所示。

05 执行操作后，即可设置边框颜色，单击“图片边框”下拉按钮，在弹出的列表框中选择“粗细”中的“4.5磅”选项，如图5-29所示。

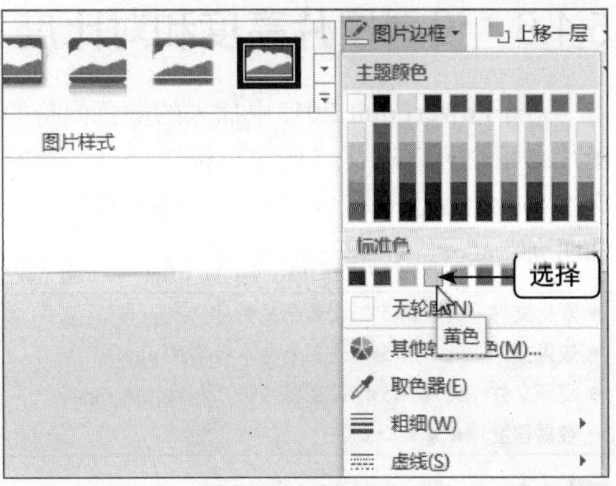

图5-28 选择“黄色”

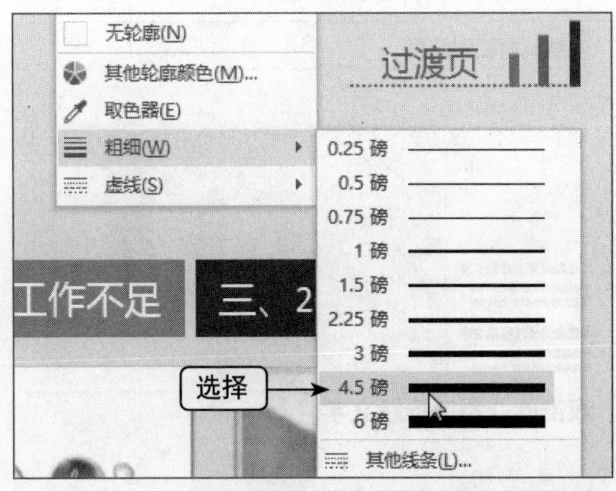

图5-29 选择“4.5磅”选项

06 执行操作后，即可设置图片边框效果，如图5-30所示。

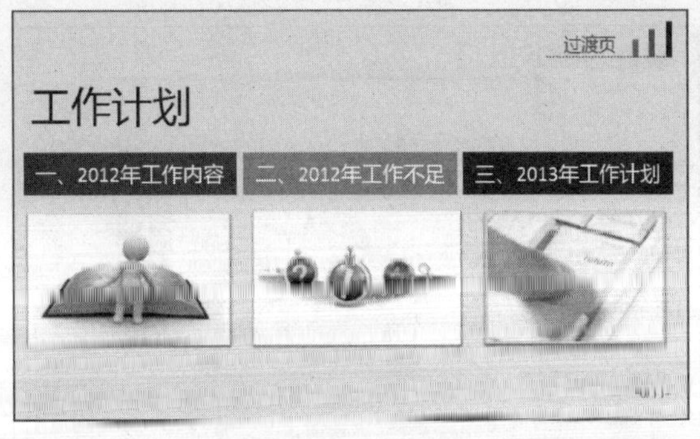

图5-30 设置图片边框效果

重点提醒

在“图片边框”列表框中，除了可以为图片设置颜色与边框线的粗细外，用户还可以将边框线设置为虚线。

5.1.6 设置图片亮度和对比度

对于PowerPoint 2013中插入的颜色偏暗的图片，用户可以通过“更正”按钮，对图片的亮度和对比度进行相应调整，使插入的图片更加明亮。

➡ 素材文件	素材\第5章\设置亮度和对比度.pptx
➡ 效果文件	效果\第5章\设置亮度和对比度.pptx
➡ 视频文件	视频\第5章\设置图片亮度和对比度.mp4
➡ 难易程度	★★★☆☆

01 在PowerPoint 2013中，打开一个素材文件，如图5-31所示。

图5-31 打开一个素材文件

02 在编辑区中，选择需要调整亮度和对比度的图片，如图5-32所示。

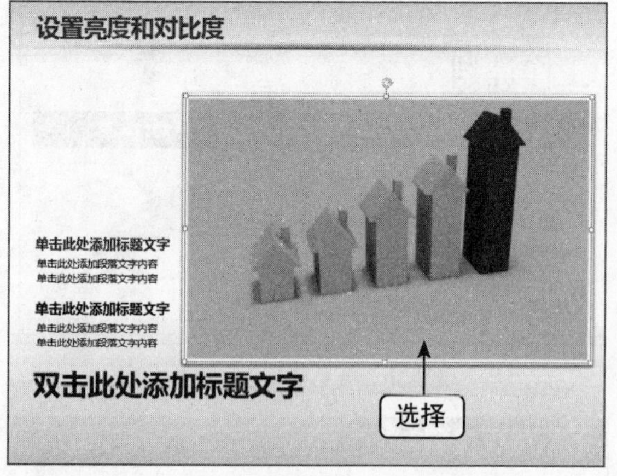

图5-32 选择需要调整亮度和对比度的图片

03 切换至“图片工具”中的“格式”面板，在“调整”选项板中单击“更正”下拉按钮，如图5-33所示。

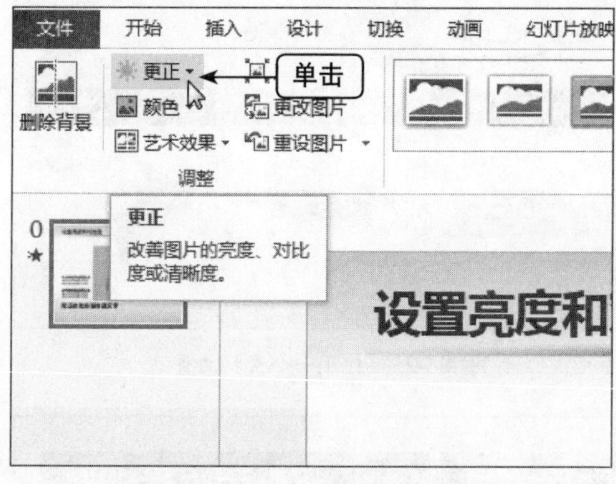

图5-33 单击“更正”下拉按钮

04 弹出列表框，在“亮度/对比度”选项区中选择相应选项，如图5-34所示。

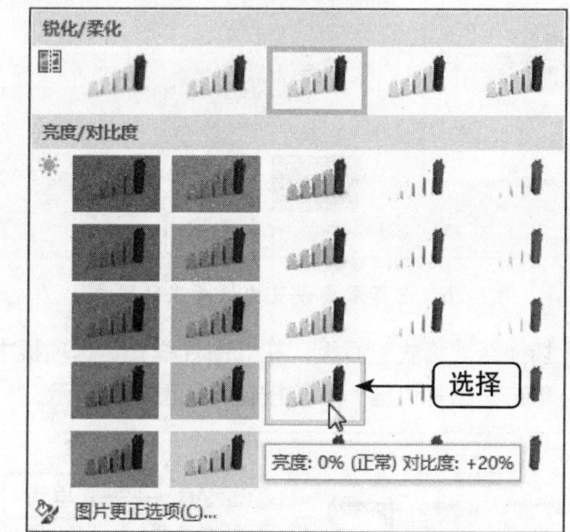

图5-34 选择相应选项

05 执行操作后，即可调整图片亮度和对比度，如图5-35所示。

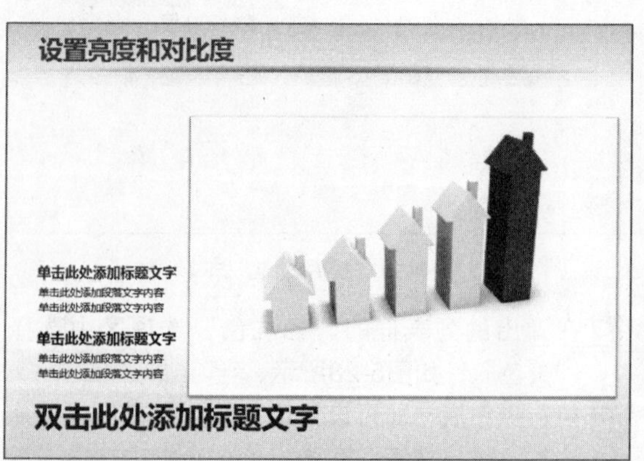

图5-35 调整图片亮度和对比度

5.1.7 设置图片艺术效果

在PowerPoint 2013的“艺术效果”列表框中，为用户提供了20多种艺术效果，选择不同的选项，即可制作出不同的艺术效果。

➡素材文件	素材\第5章\水晶地球.pptx
➡效果文件	效果\第5章\水晶地球.pptx
➡视频文件	视频\第5章\设置图片艺术效果.mp4
➡难易程度	★★★☆☆

01 在PowerPoint 2013中，打开一个素材文件，如图5-36所示。

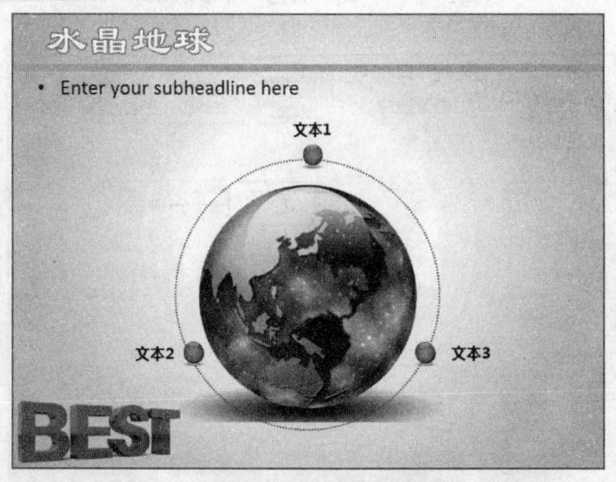

图5-36 打开一个素材文件

02 在编辑区中，选择需要调整艺术效果的图片，如图5-37所示。

图5-37 选择需要调整艺术效果的图片

03 切换至“格式”面板，在“调整”选项板中单击“艺术效果”下拉按钮，如图5-38所示。

04 在弹出的列表框中选择“混凝土”选项，如图5-39所示。

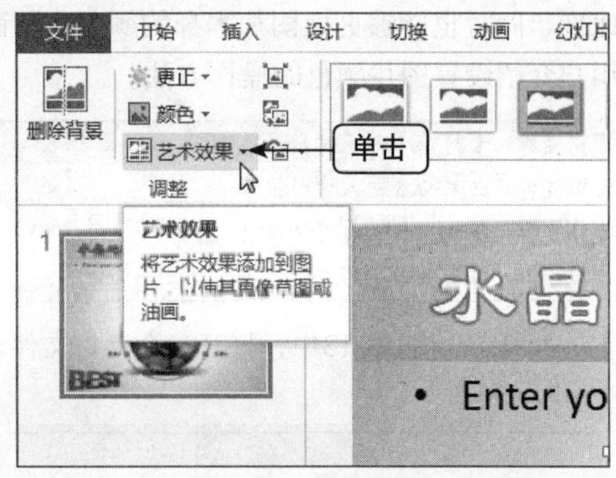

图5-38 单击“艺术效果”下拉按钮

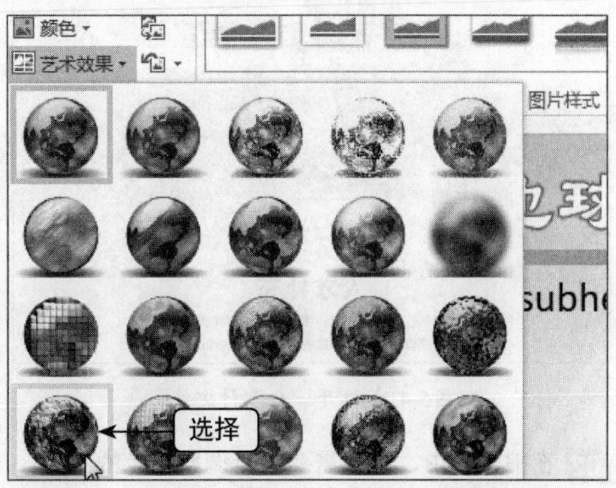

图5-39 选择“混凝土”选项

05 执行操作后，即可设置图片艺术效果，如图5-40所示。

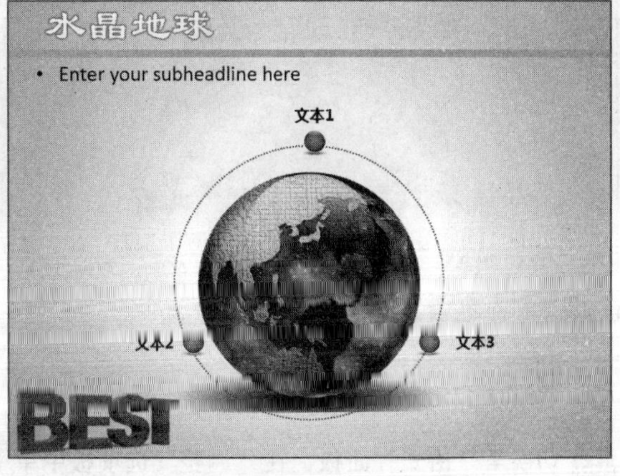

图5-40 设置图片艺术效果

5.1.8 设置图片颜色

PowerPoint 2013不但能够调整图片的亮度和

对比度，同时也能够更换图片本身的颜色。下面向用户介绍设置图片颜色的操作方法。

➡ 素材文件	素材\第5章\人才补充.pptx
➡ 效果文件	效果\第5章\人才补充.pptx
➡ 视频文件	视频\第5章\设置图片颜色.mp4
➡ 难易程度	★★★★☆

01 在PowerPoint 2013中，打开一个素材文件，如图5-41所示。

图5-41　打开一个素材文件

02 在编辑区中，选择需要重新调整颜色的图片，如图5-42所示。

图5-42　选择需要重新调整颜色的图片

03 切换至“格式”面板，在“调整”选项板中单击“颜色”下拉按钮，如图5-43所示。

04 弹出列表框，在“颜色饱和度”选项区中选择相应选项，如图5-44所示。

05 执行操作后，即可设置图片颜色饱和度，效果如图5-45所示。

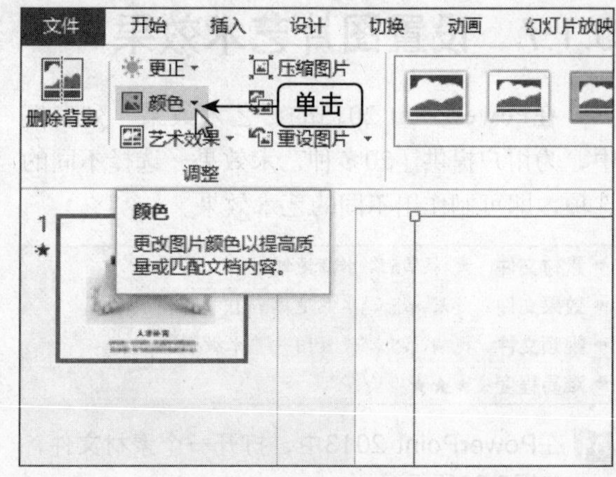

图5-43　单击“颜色”下拉按钮

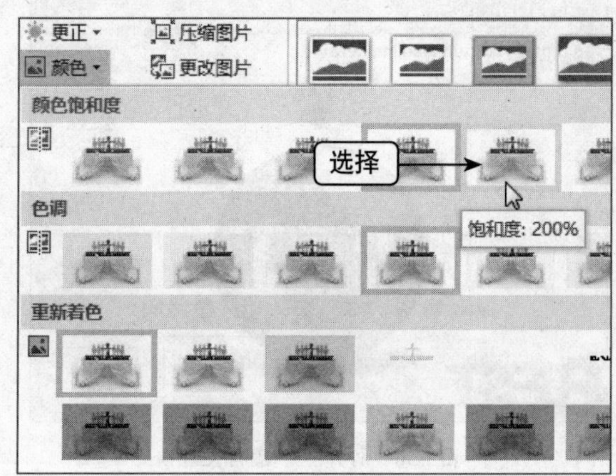

图5-44　选择相应选项

图5-45　设置图片颜色饱和度

06 单击“颜色”下拉按钮，在弹出的“色调”选项区中选择相应选项，如图5-46所示。

07 执行操作后，即可设置图片颜色，效果如图5-47所示。

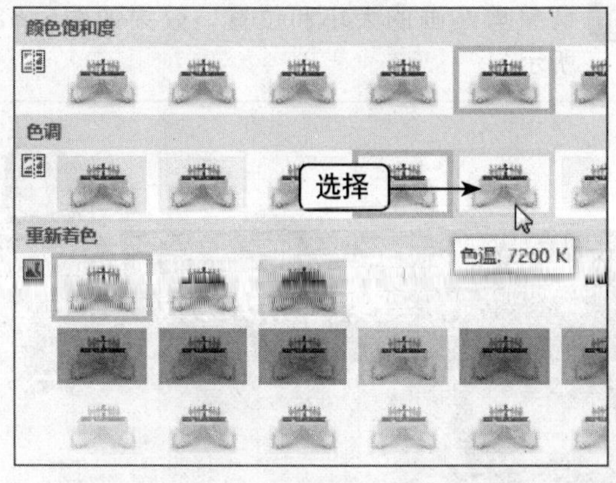

图5-46　选择相应选项

图5-47　设置图片颜色

5.2　插入与编辑剪贴画

在PowerPoint 2013中，用户可以根据需要在幻灯片中添加软件自带的剪贴画，并可以对添加的剪贴画进行相应的编辑。

5.2.1　插入剪贴画

PowerPoint 2013的剪贴画库内容非常丰富，所有的图片都经过专业设计，它们能够表达不同的主题，并适合于制作各种不同风格的演示文稿。

1. 在非占位符中插入剪贴画

在PowerPoint 2013中，用户可以运用“联机图片”按钮，在幻灯片中插入剪贴画。下面向用户介绍在非占位符中插入剪贴画的操作方法。

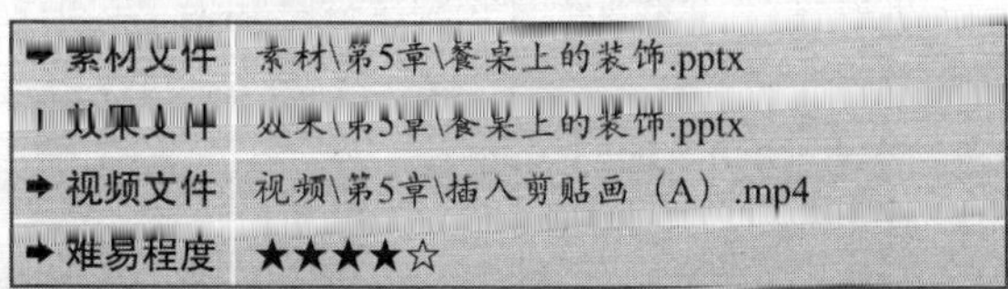

➡素材文件	素材\第5章\餐桌上的装饰.pptx
➡效果文件	效果\第5章\餐桌上的装饰.pptx
➡视频文件	视频\第5章\插入剪贴画（A）.mp4
➡难易程度	★★★★☆

01 在PowerPoint 2013中，打开一个素材文件，如图5-48所示。

02 切换至“插入”面板，在“图像”选项板中单击“联机图片”按钮，如图5-49所示。

图5-48　打开一个素材文件

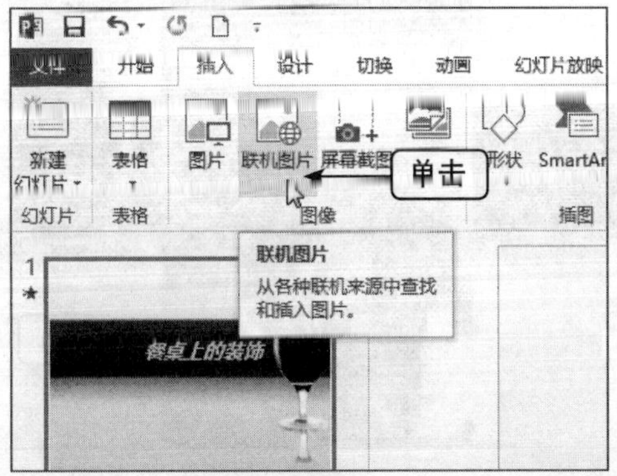

图5-49　单击“联机图片”按钮

03 执行操作后，弹出相应窗口，在“插入图片”选项区中的“Office.com剪贴画”右侧的搜索文本框中输入关键字，如图5-50所示。

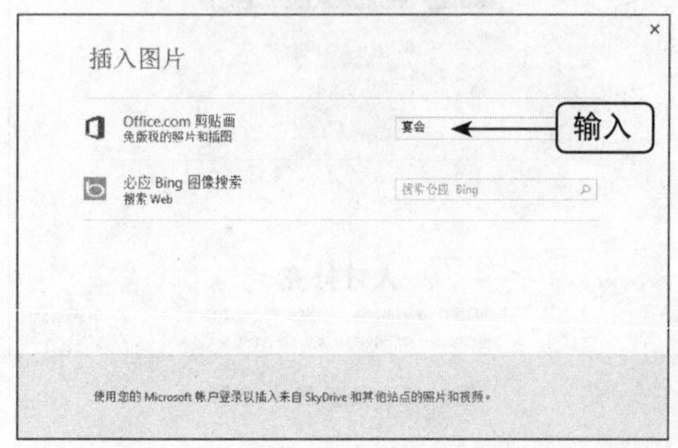

图5-50 输入关键字

04 单击“搜索”按钮，在下方的列表框中将显示搜索出来的相关剪贴画，在此选择“花瓶中的插花”剪贴画，如图5-51所示。

图5-51 选择“花瓶中的插花”剪贴画

05 单击“插入”按钮，即可将该剪贴画下载并插入至幻灯片中，如图5-52所示。

图5-52 插入剪贴画

06 调整剪贴画的大小和位置，效果如图5-53所示。

图5-53 调整剪贴画

2. 在占位符中插入剪贴画

PowerPoint 2013的很多版式中都提供了插入联机图片、形状图片、表格和图表等，利用这些图表可以快速插入相应的对象。下面向用户介绍在占位符中插入剪贴画的操作方法。

➡ 素材文件	素材\第5章\财务管理.pptx
➡ 效果文件	效果\第5章\财务管理.pptx
➡ 视频文件	视频\第5章\插入剪贴画（B）.mp4
➡ 难易程度	★★★☆☆

01 在PowerPoint 2013中，打开一个素材文件，如图5-54所示。

图5-54 打开一个素材文件

02 单击“幻灯片”选项板中的“新建幻灯片”下拉按钮，在弹出的列表框中选择“标题和内容”选项，如图5-55所示。

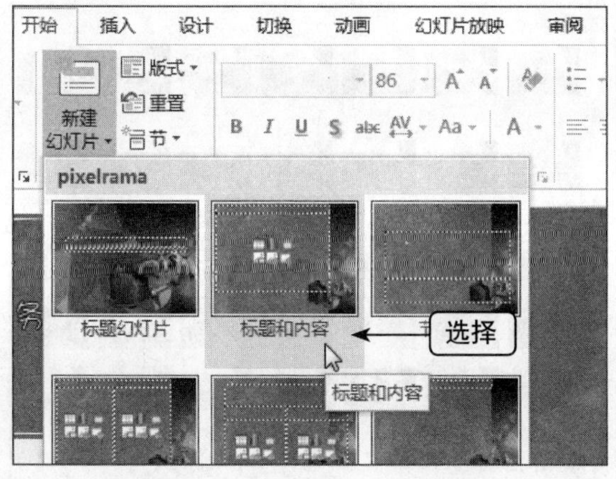

图5-55 选择"标题和内容"选项

03 执行操作后，新建一张"标题和内容"的幻灯片，在"单击此处添加文本"占位符中，单击"联机图片"按钮，如图5-56所示。

图5-56 单击"联机图片"按钮

04 弹出相应窗口，在"插入图片"选项区中的"Office.com剪贴画"右侧的搜索文本框中输入关键字"财务"，单击"搜索"按钮，如图5-57所示。

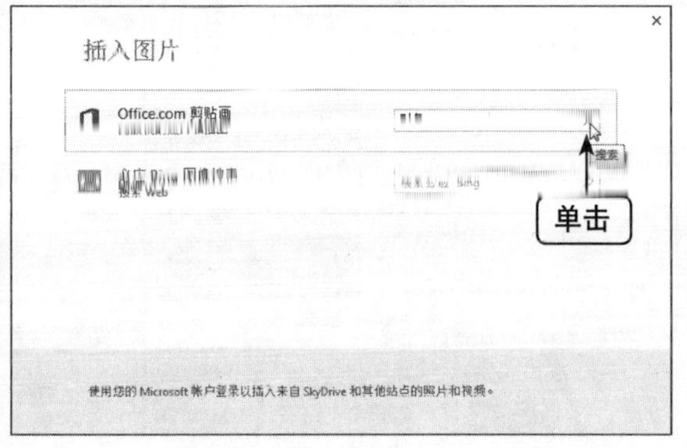

图5-57 单击"搜索"按钮

05 执行操作后，在下方的列表框中将显示搜索出来的相关剪贴画，选择相应选项，如图5-58所示。

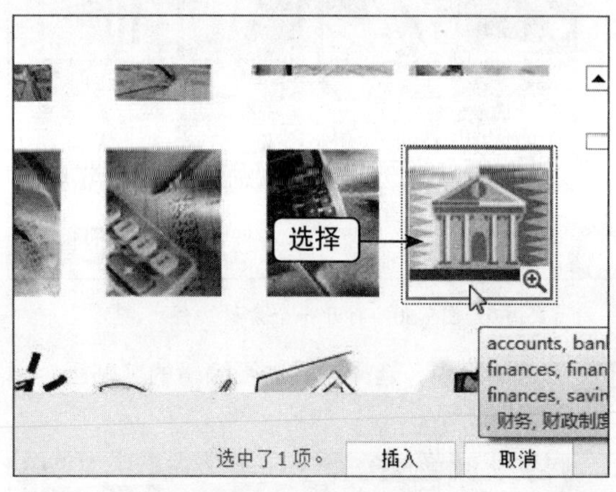

图5-58 选择相应选项

06 单击"插入"按钮，即可将该剪贴画下载并插入至幻灯片中，调整剪贴画的大小和位置，效果如图5-59所示。

图5-59 调整剪贴画

5.2.2 编辑剪贴画

在PowerPoint 2013中，插入剪贴画以后，用户可以根据需要设置剪贴画的颜色、样式以及效果等。下面向用户介绍编辑剪贴画的操作方法。

➡ 素材文件	素材\第5章\人才招聘.pptx
➡ 效果文件	效果\第5章\人才招聘.pptx
➡ 视频文件	视频\第5章\编辑剪贴画.mp4
➡ 难易程度	★★★★★

01 在PowerPoint 2013中，打开一个素材文件，如图5-60所示。

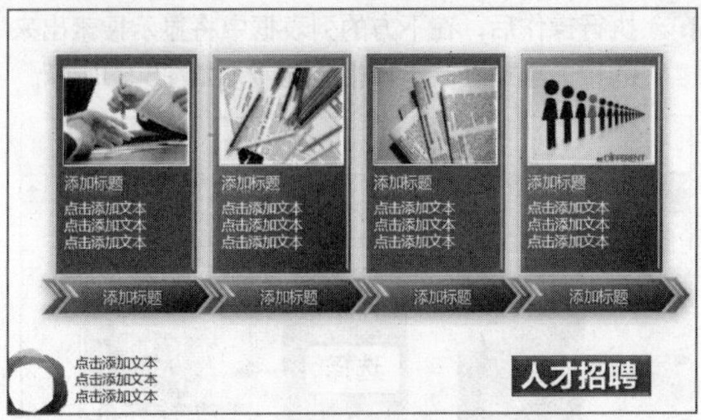

图5-60 打开一个素材文件

02 在编辑区中，选择需要进行编辑的剪贴画，如图5-61所示。

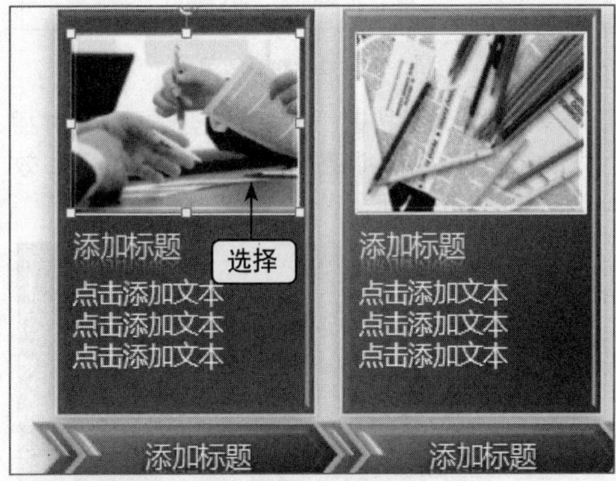

图5-61 选择剪贴画

03 切换至“图片工具”中的“格式”面板，在“调整”选项板中单击“颜色”下拉按钮，如图5-62所示。

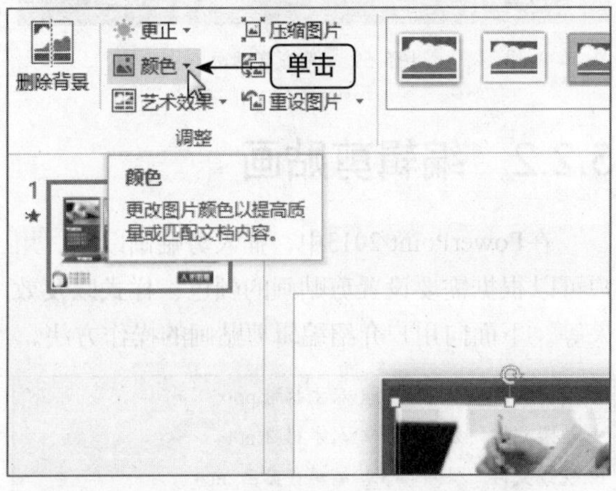

图5-62 单击“颜色”下拉按钮

04 弹出列表框，在“颜色饱和度”选项区中选择相应选项，如图5-63所示。

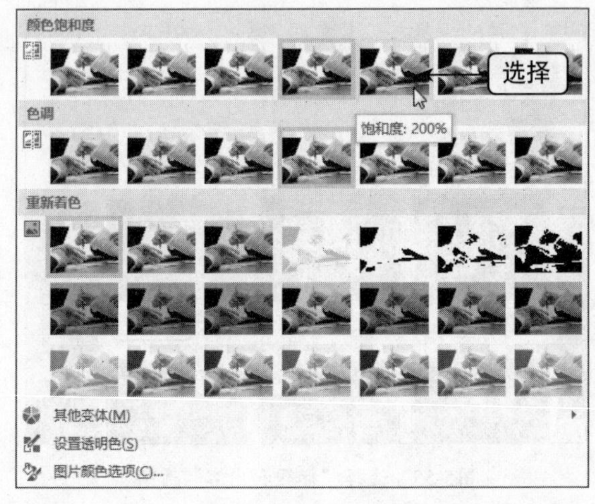

图5-63 选择相应选项

05 执行操作后，即可设置剪贴画的颜色，如图5-64所示。

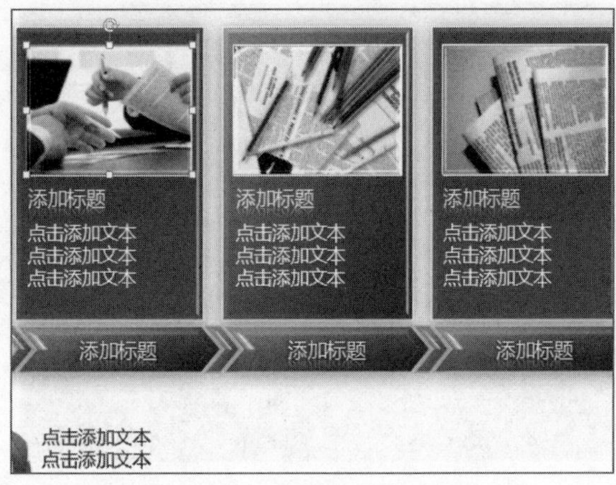

图5-64 设置剪贴画的颜色

06 在“图片样式”选项板中，单击“其他”下拉按钮，效果如图5-65所示。

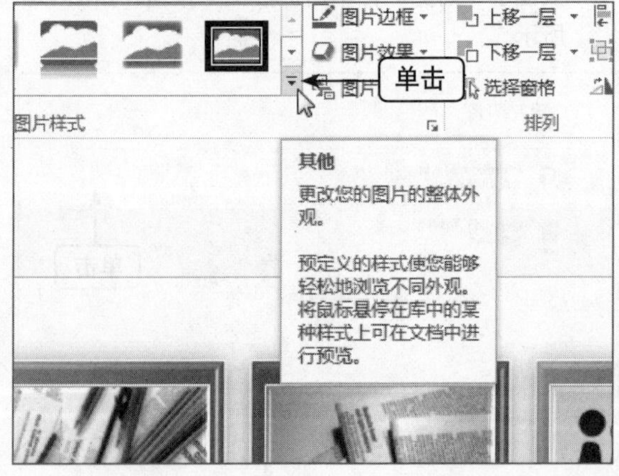

图5-65 单击“其他”下拉按钮

07 弹出列表框，选择“映像右透视”选项，如图5-66所示。

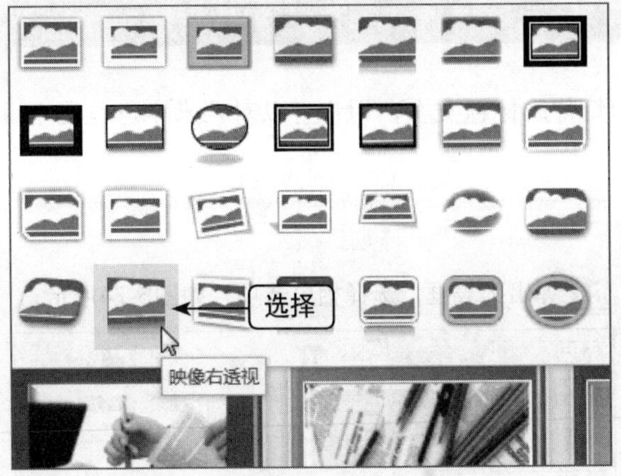

图5-66 选择“映像右透视”选项

08 在“图片样式”选项板中单击“图片边框”下拉按钮，在“标准色”选项区中选择“浅绿”，然后选择“粗细”中的“3磅”选项，如图5-67所示。

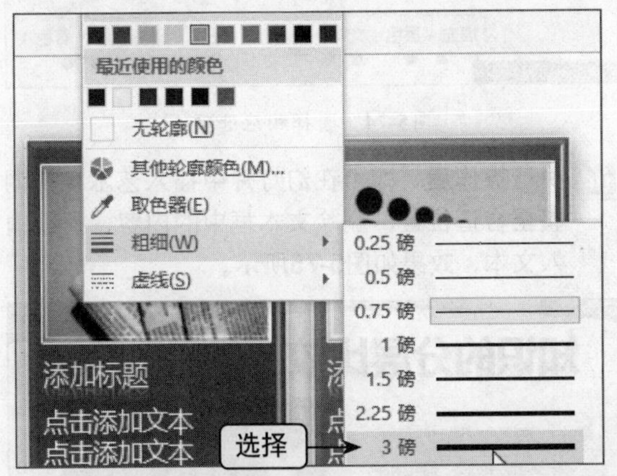

图5-67 选择“3磅”选项

09 执行操作后，即可设置剪贴画边框，如图5-68所示。

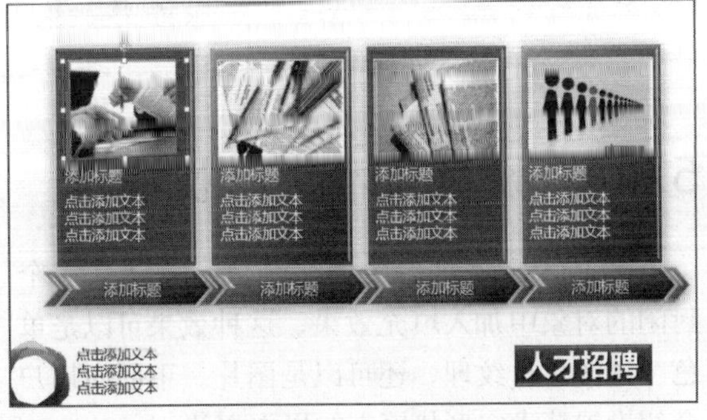

图5-68 设置剪贴画边框

10 单击“图片效果”下拉按钮，在弹出的列表框中选择“发光”中的“橄榄色，8pt发光，着色3”选项，如图5-69所示。

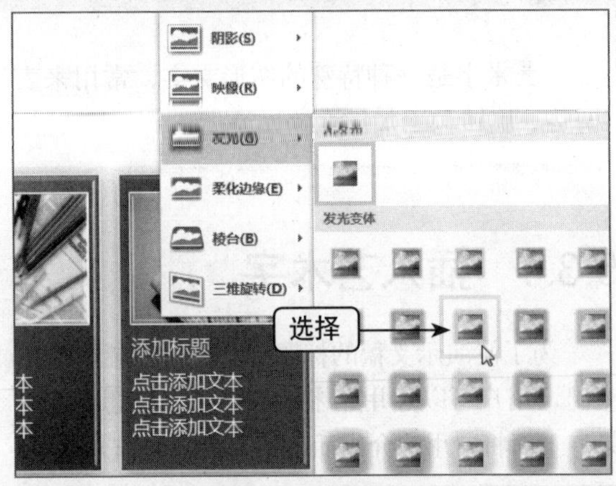

图5-69 选择相应选项

11 再次单击“图片效果”下拉按钮，在弹出的列表框中选择“棱台”中的“柔圆”选项，如图5-70所示。

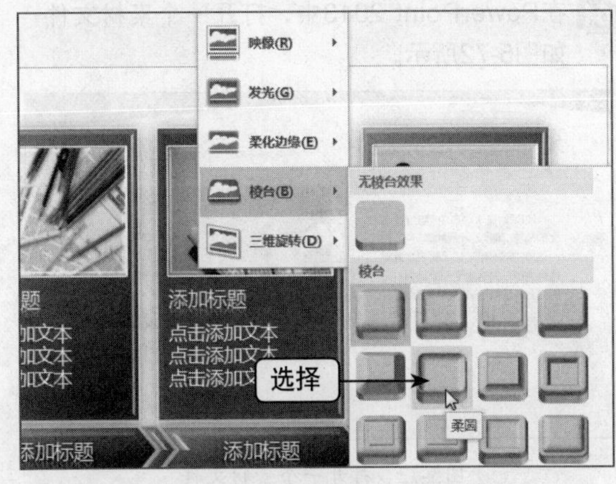

图5-70 选择“柔圆”选项

12 执行操作后，即可完成剪贴画的编辑，效果如图5-71所示。

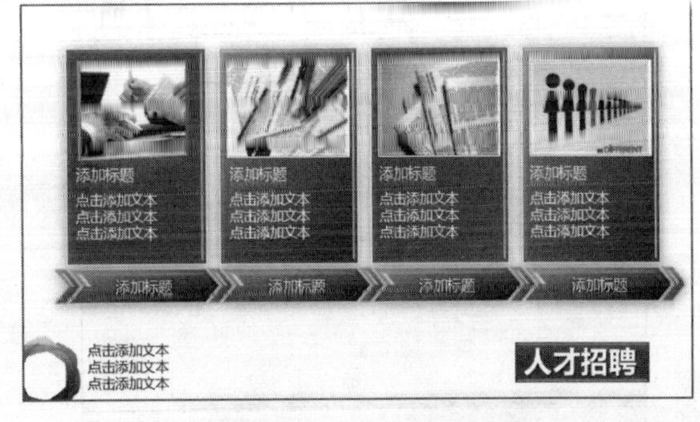

图5-71 完成剪贴画的编辑

5.3 插入与编辑艺术字

艺术字是一种特殊的图形文字，常用来表现幻灯片的标题文字，用户可以对艺术字进行大小调整、旋转和添加三维效果等。

5.3.1 插入艺术字

为了使演示文稿的标题或某个文字能够更加突出，用户可以运用艺术字来达到自己想要的效果。下面将向用户介绍插入艺术字的操作方法。

➡素材文件	素材\第5章\知识的分层比较.pptx
➡效果文件	效果\第5章\知识的分层比较.pptx
➡视频文件	视频\第5章\插入艺术字.mp4
➡难易程度	★★★☆☆

01 在PowerPoint 2013中，打开一个素材文件，如图5-72所示。

图5-72 打开一个素材文件

02 切换至“插入”面板，在“文本”选项板中单击“艺术字”下拉按钮，如图5-73所示。

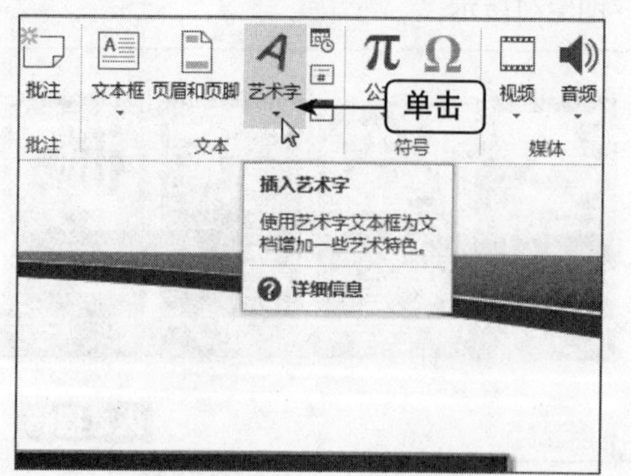

图5-73 单击“艺术字”下拉按钮

03 弹出列表框，选择相应选项，如图5-74所示。

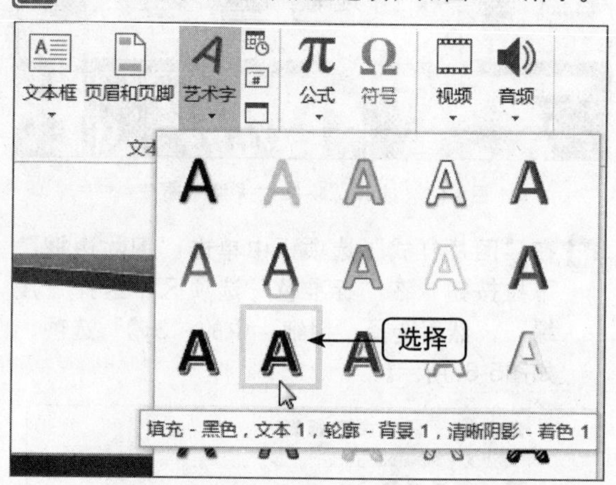

图5-74 选择相应选项

04 执行操作后，即可在幻灯片中插入艺术字，调整至合适位置，删除文本框中的内容，重新输入文本，效果如图5-75所示。

图5-75 插入艺术字

5.3.2 设置艺术字形状填充

为艺术字添加形状填充颜色，是指在一个封闭的对象中加入填充效果，这种效果可以是单色、过渡色、纹理，还可以是图片。下面向用户介绍设置艺术字形状填充的操作方法。

➡素材文件	素材\第5章\中国风.pptx
➡效果文件	效果\第5章\中国风.pptx
➡视频文件	视频\第5章\艺术字形状填充.mp4
➡难易程度	★★★★☆

01 在PowerPoint 2013中，打开一个素材文件，如图5-76所示。

图5-76　打开一个素材文件

02 在编辑区中选择需要设置形状填充的艺术字，如图5-77所示。

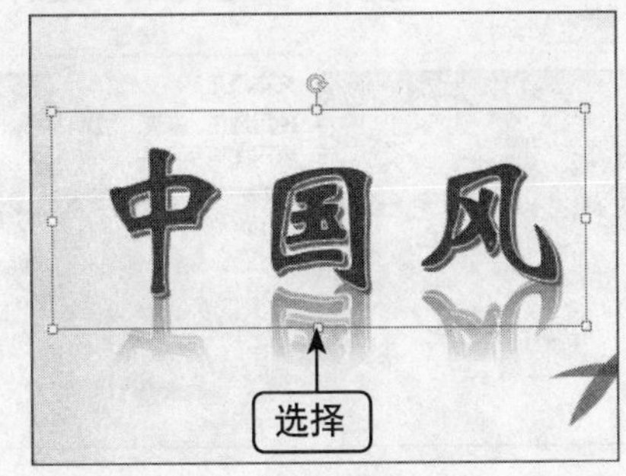

图5-77　选择艺术字

03 切换至“绘图工具”中的“格式”面板，单击“形状样式”选项板中的“形状填充”下拉按钮，如图5-78所示。

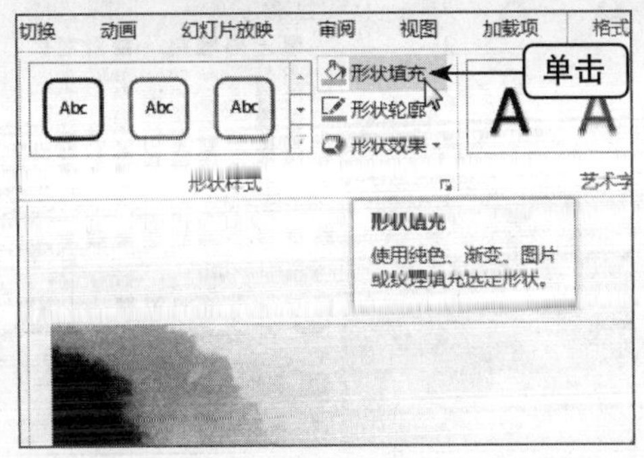

图5-78　单击“形状填充”下拉按钮

04 弹出列表框，选择“取色器”选项，如图5-79所示。

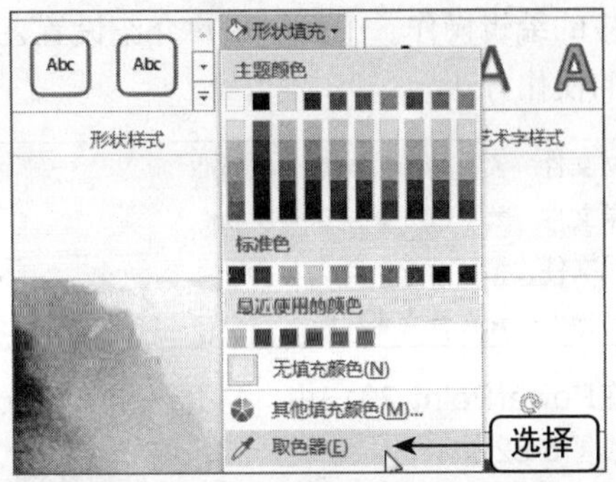

图5-79　选择“取色器”选项

05 鼠标指针呈吸管形状，在编辑区中的相应颜色位置单击鼠标左键，拾取颜色，如图5-80所示。

图5-80　拾取颜色

06 执行操作后，即可设置艺术字形状填充，效果如图5-81所示。

图5-81　设置艺术字形状填充

重点提醒

在弹出的“形状填充”列表框中，用户不仅可以直接选择颜色进行填充，还可以用图片、渐变色和纹理进行填充。

5.3.3　设置艺术字效果

在PowerPoint 2013中，用户在插入艺术字后，如果对艺术字的效果不满意，还可以对其进行相应的编辑操作。下面向用户介绍设置艺术字效果的操作方法。

➡素材文件	素材\第5章\知识管理.pptx
➡效果文件	效果\第5章\知识管理.pptx
➡视频文件	视频\第5章\设置艺术字效果.mp4
➡难易程度	★★★★★

01 在PowerPoint 2013中，打开一个素材文件，如图5-82所示。

图5-82　打开一个素材文件

02 在编辑区中选择需要进行更改的艺术字，如图5-83所示。

图5-83　选择艺术字

03 切换至“绘图工具”中的“格式”面板，在“艺术字样式”选项板中，单击“其他”下拉按钮，如图5-84所示。

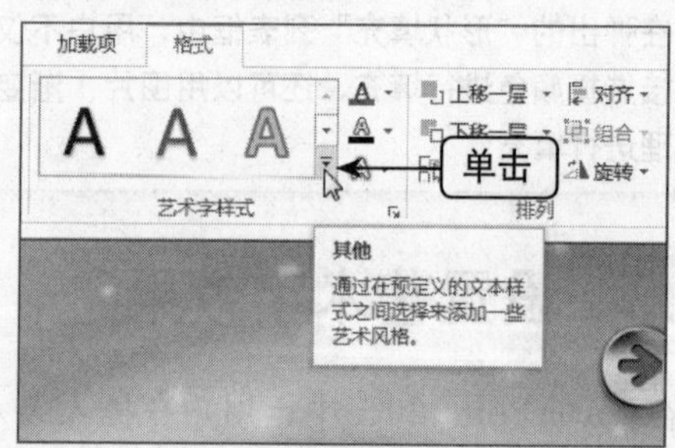

图5-84　单击“其他”下拉按钮

04 弹出列表框，选择相应选项，如图5-85所示。

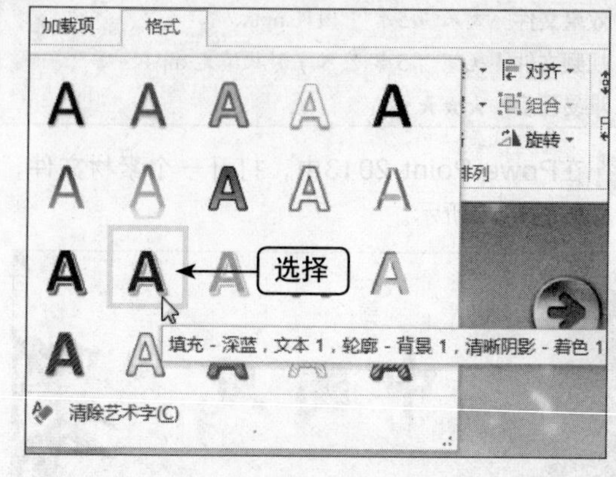

图5-85　选择相应选项

05 执行操作后，即可设置艺术字样式，单击“艺术字样式”选项板中的“文本填充”下拉按钮，如图5-86所示。

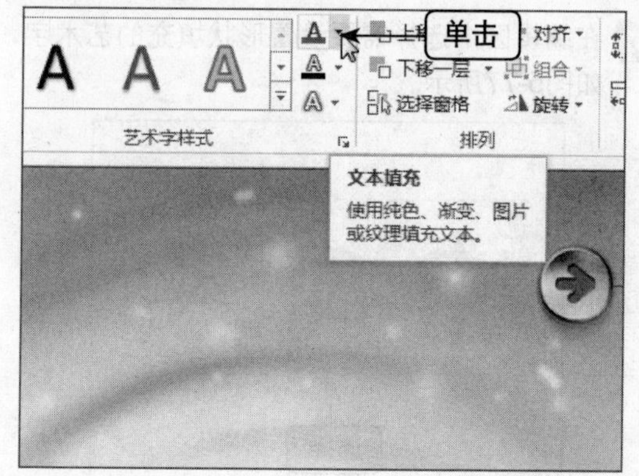

图5-86　单击“文本填充”下拉按钮

06 弹出列表框，在“标准色”选项区中选择“紫色”，如图5-87所示。

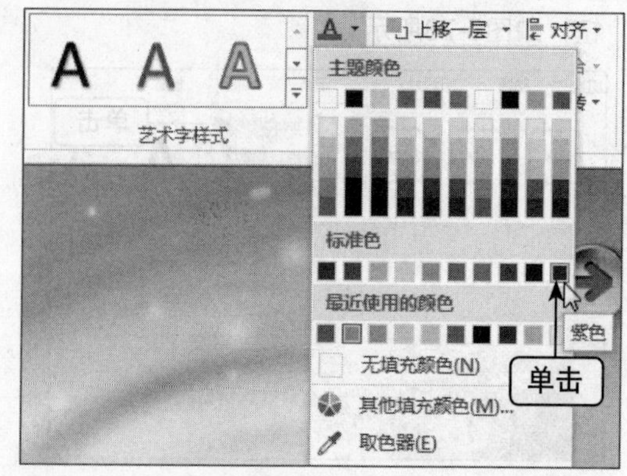

图5-87　选择“紫色”

07 执行操作后，即可设置艺术字颜色，如图5-88所示。

图5-88 设置艺术字颜色

08 单击“文本轮廓”下拉按钮，弹出列表框，选择“粗细”中的“1.5磅”选项，如图5-89所示。

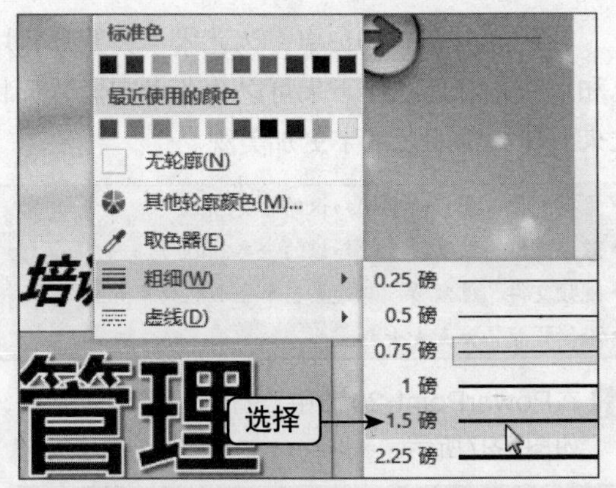

图5-89 选择“1.5磅”选项

09 单击“文字效果”下拉按钮，弹出列表框，选择“映像”中的“紧密映像，接触”选项，如图5-90所示。

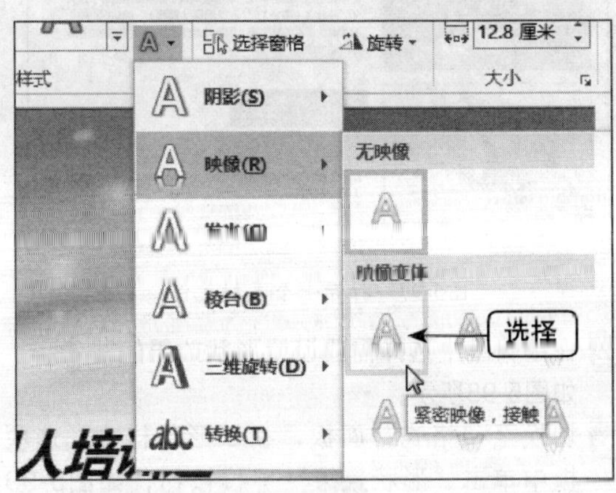

图5-90 选择“紧密映像，接触”选项

10 执行操作后，即可完成艺术字效果的设置，如图5-91所示。

图5-91 设置艺术字效果

5.3.4 设置艺术字形状样式

在幻灯片中绘制的艺术字轮廓是默认的颜色，用户可以根据制作的课件整体风格对艺术字轮廓样式进行相应设置。

➡ 素材文件	素材\第5章\色彩艺术.pptx
➡ 效果文件	效果\第5章\色彩艺术.pptx
➡ 视频文件	视频\第5章\设置艺术字形状样式.mp4
➡ 难易程度	★★★☆☆

01 在PowerPoint 2013中，打开一个素材文件，如图5-92所示。

图5-92 打开一个素材文件

02 在编辑区中选择需要设置形状样式的艺术字，如图5-93所示。

03 切换至“绘图工具”中的“格式”面板，在“形状样式”选项板中单击“其他”下拉按钮，如图5-94所示。

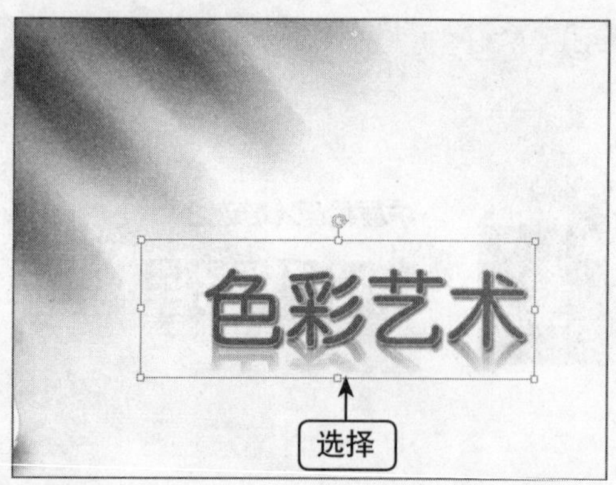

图5-93 选择艺术字

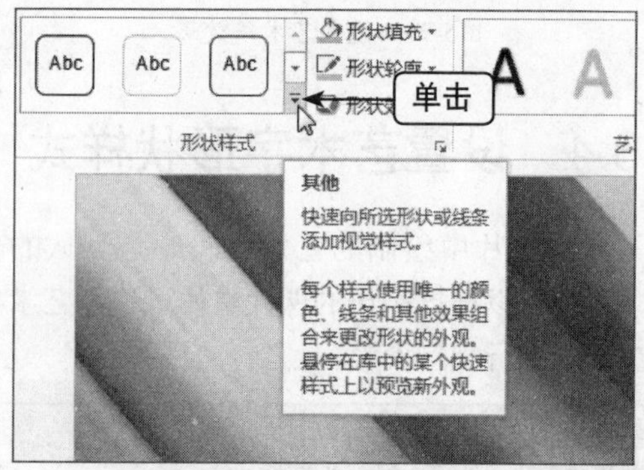

图5-94 单击“其他”下拉按钮

04 弹出列表框，选择“强烈效果-靛蓝，强调颜色6”选项，如图5-95所示。

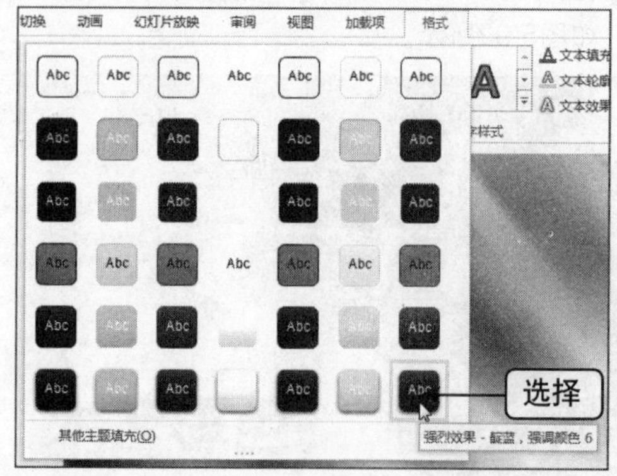

图5-95 选择“强烈效果-靛蓝，强调颜色6”选项

05 执行操作后，即可设置艺术字形状样式，如图5-96所示。

重点提醒

如果用户对“其他”列表框中的形状样式不满意，还可以选择“其他主题填充”选项，在弹出的列表框中软件自带12种样式供用户选择。

图5-96 设置艺术字形状样式

5.3.5 设置艺术字形状效果

在PowerPoint 2013中，为艺术字设置形状填充和形状轮廓后，接下来可以为艺术字设置形状效果，使添加的艺术字更加美观。

➡ 素材文件	素材\第5章\知识的分类.pptx
➡ 效果文件	效果\第5章\知识的分类.pptx
➡ 视频文件	视频\第5章\设置艺术字形状效果.mp4
➡ 难易程度	★★★★☆

01 在PowerPoint 2013中，打开一个素材文件，如图5-97所示。

图5-97 打开一个素材文件

02 在编辑区中选择需要设置形状效果的艺术字，如图5-98所示。

03 切换至“格式”面板，在“形状样式”选项板中单击“形状效果”下拉按钮，如图5-99所示。

04 弹出列表框，选择“预设”中的“预设12”选项，如图5-100所示。

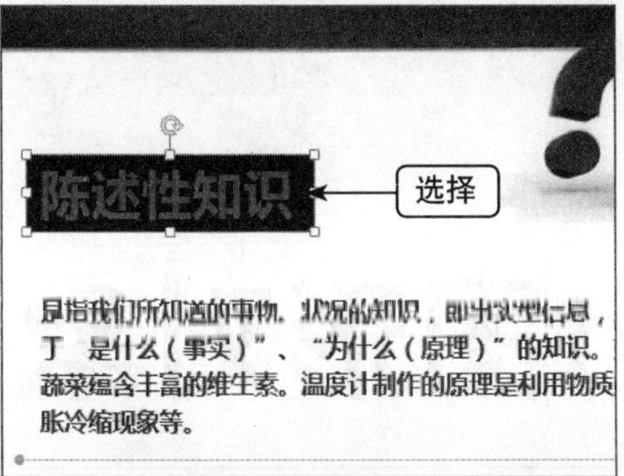

图5-98　选择艺术字

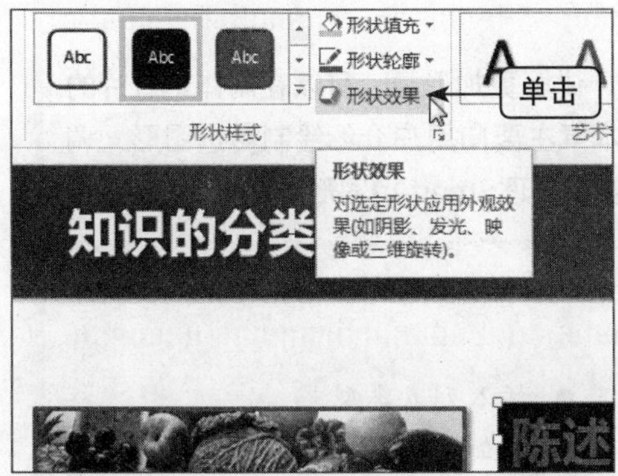

图5-99　单击“形状效果”下拉按钮

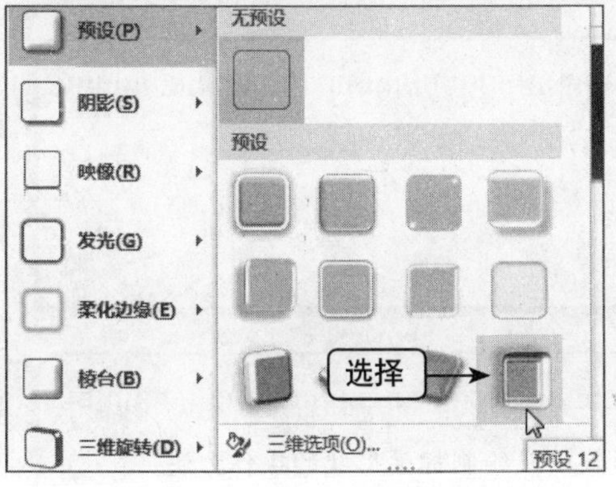

图5-100　选择“预设12”选项

05 执行操作后，即可设置艺术字形状预设效果，如图5-101所示。

06 单击“形状效果”下拉按钮，弹出列表框，选择“棱台”中的“松散嵌入”选项，如图5-102所示。

07 执行操作后，即可设置艺术字效果，如图5-103所示。

08 用与上面同样的方法，设置其他艺术字形状效果，如图5-104所示。

图5-101　设置艺术字形状预设效果

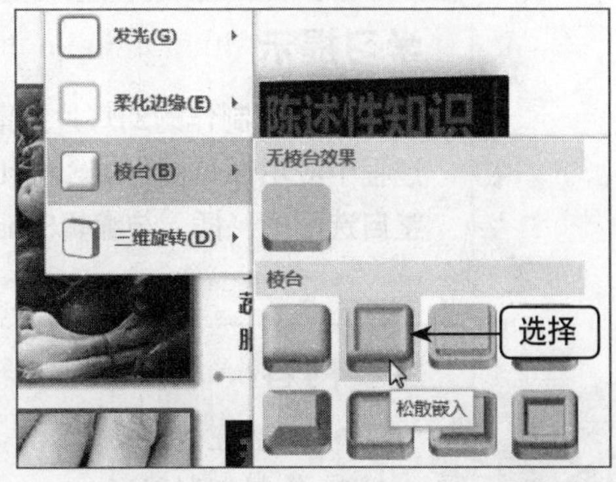

图5-102　选择“松散嵌入”选项

图5-103　设置艺术字效果

图5-104　设置其他艺术字效果

应用SmartArt图形对象

学习提示

为了使制作的幻灯片元素更加丰富，讲解更加形象，可以在制作幻灯片的过程中应用部分图形或SmartArt对象。本章主要向用户介绍绘制自选图形、调整自选图形、插入与编辑SmartArt图形以及管理SmartArt图形等内容。

主要内容

- 绘制直线图形
- 绘制矩形图形
- 复制图形对象
- 插入列表类型
- 添加形状
- 更改图形布局

重点与难点

- 绘制笑脸形状
- 旋转图形对象
- 设置SmartArt图形样式

学完本章后你会做什么

- 掌握绘制直线图形、绘制公式形状以及绘制标注形状的操作方法
- 掌握复制图形对象、翻转图形对象以及调整叠放次序的操作方法
- 掌握添加形状、更改图形布局以及将文本转换为SmartArt图形的操作方法

视频文件

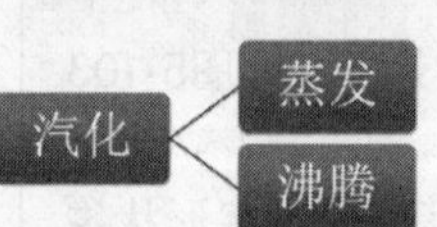

6.1 绘制自选图形

在PowerPoint 2013中，可以方便地绘制直线和矩形等基本图形，也可以方便地绘制笑脸、箭头、公式、标注、流程图和五角星等复杂图形。

6.1.1 绘制直线图形

在幻灯片中各图形对象之间绘制直线，可以方便地将多个不相干的图形组合在一起，形成一个整体。下面向用户介绍绘制直线图形的操作方法。

➡素材文件	素材\第6章\图形连线.pptx
➡效果文件	效果\第6章\图形连线.pptx
➡视频文件	视频\第6章\绘制直线图形.mp4
➡难易程度	★★★☆☆

01 在PowerPoint 2013中，打开一个素材文件，如图6-1所示。

图6-1　打开一个素材文件

02 切换至“插入”面板，在“插图”选项板中单击“形状”下拉按钮，如图6-2所示。

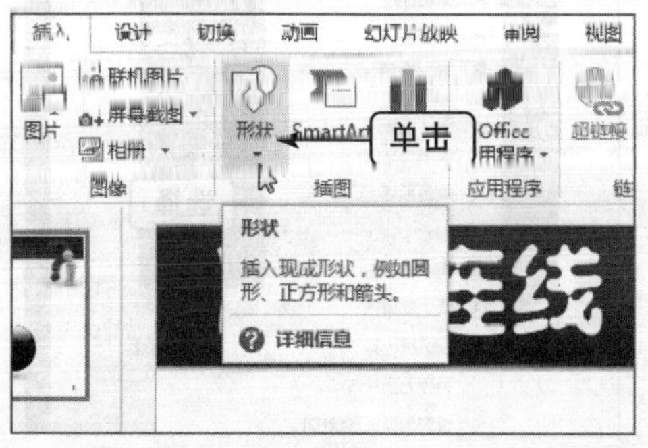

图6-2　单击“形状”下拉按钮

03 弹出列表框，在“线条”选项区中选择“直线”选项，如图6-3所示。

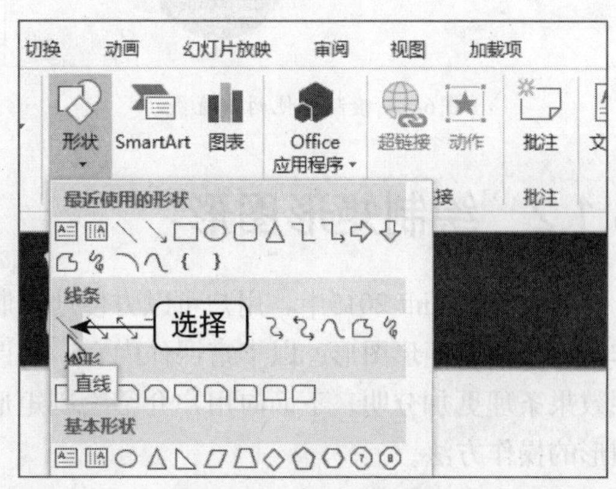

图6-3　选择“直线”选项

04 在编辑区中需要绘制直线的位置，单击鼠标左键并拖曳至合适位置后，释放鼠标左键，绘制直线如图6-4所示。

图6-4　绘制直线

重点提醒

单击“形状”下拉按钮，在弹出的列表框中包含“线段”、“矩形”、“基本形状”、“箭头总汇”、“公式形状”、“流程图”、“星与旗帜”、“标注”和“动作按钮”9种形状选项区。

05 用与上面同样的方法，在编辑区中的合适位置绘制其他两条直线，效果如图6-5所示。

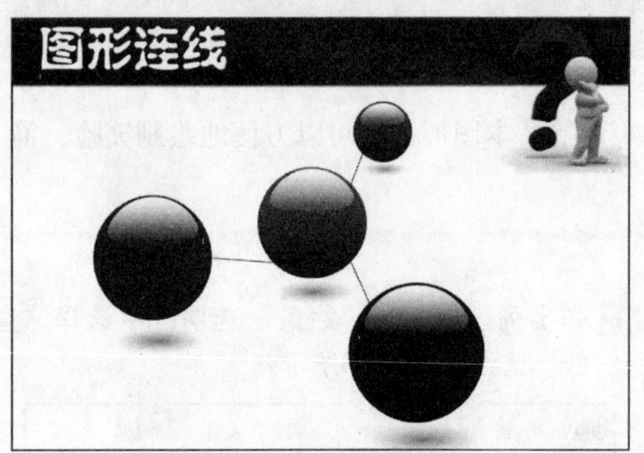

图6-5　绘制其他两条直线

6.1.2　绘制矩形图形

在PowerPoint 2013中，用户可以方便地对制作的课件绘制矩形图形，以丰富课件内容，使课件效果条理更加分明。下面向用户介绍绘制矩形图形的操作方法。

➡素材文件	素材\第6章\员工之家.pptx
➡效果文件	效果\第6章\员工之家.pptx
➡视频文件	视频\第6章\绘制矩形图形.mp4
➡难易程度	★★★☆☆

01 在PowerPoint 2013中，打开一个素材文件，如图6-6所示。

图6-6　打开一个素材文件

02 切换至“插入”面板，在“插图”选项板中单击“形状”下拉按钮，在弹出的列表框中选择“剪去对角的矩形”选项，如图6-7所示。

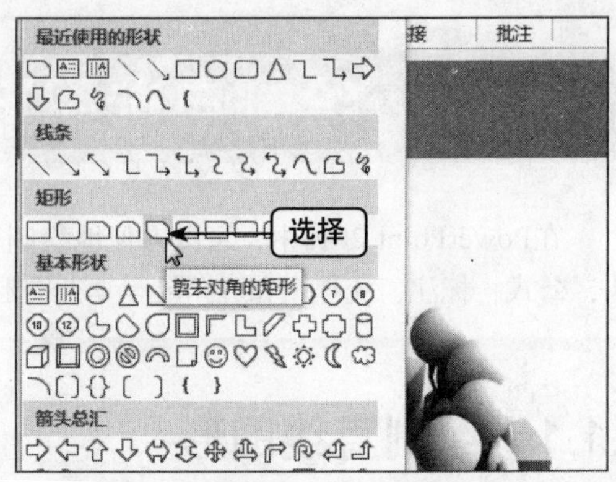

图6-7　选择“剪去对角的矩形”选项

重点提醒

在“矩形”选项区中包含“圆角矩形”、“剪去单角的矩形”、“剪去同侧角的矩形”、“单圆角矩形”、“同侧圆角矩形”等9种矩形图形。

03 在幻灯片的编辑区中，鼠标呈十字形显示，在合适位置绘制相应的矩形图形，如图6-8所示。

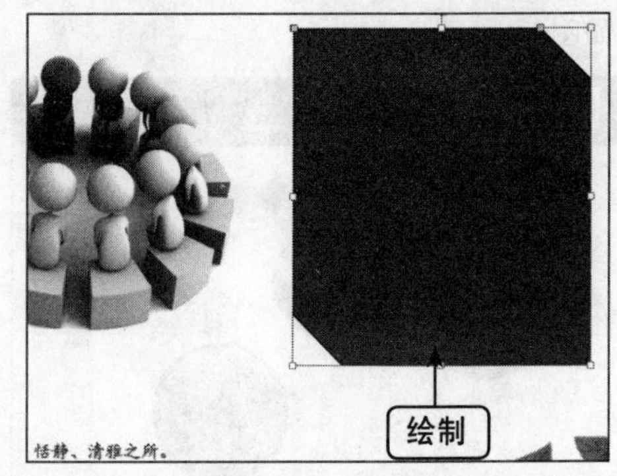

图6-8　绘制图形

04 在绘制的图形上单击鼠标右键，弹出快捷菜单，选择“置于底层”下的“置于底层”命令，如图6-9所示。

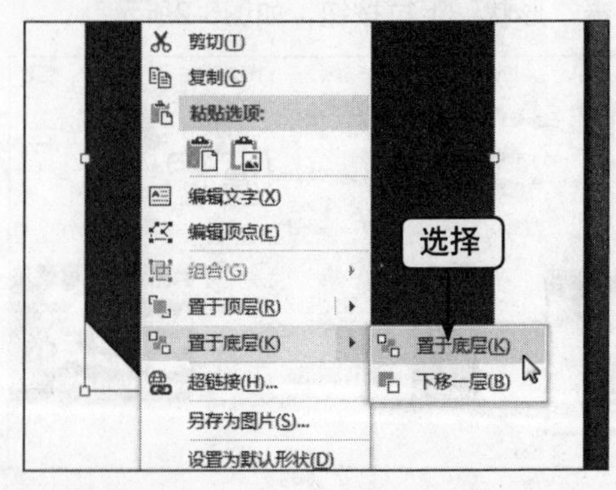

图6-9　选择“置于底层”命令

05 执行操作后，即可将图形调整至底层，设置字体颜色，效果如图6-10所示。

图6-10 绘制矩形效果

6.1.3 绘制笑脸形状

在PowerPoint 2013中，用户可以根据实际需要绘制笑脸等复杂的图形。下面向用户介绍绘制笑脸图形的操作方法。

➡ 素材文件	素材\第6章\绘制笑脸.pptx
➡ 效果文件	效果\第6章\绘制笑脸.pptx
➡ 视频文件	视频\第6章\绘制笑脸形状.mp4
➡ 难易程度	★★★☆☆

01 在PowerPoint 2013中，打开一个素材文件，如图6-11所示。

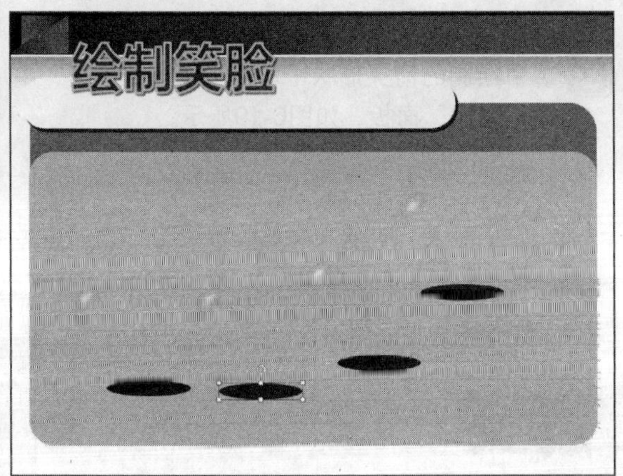

图6-11 打开一个素材文件

02 切换至“插入”面板，在“插图”选项板中单击“形状”下拉按钮，如图6-12所示。

图6-12 单击“形状”下拉按钮

03 在弹出的列表框中的“基本形状”选项区中选择“笑脸”选项，如图6-13所示。

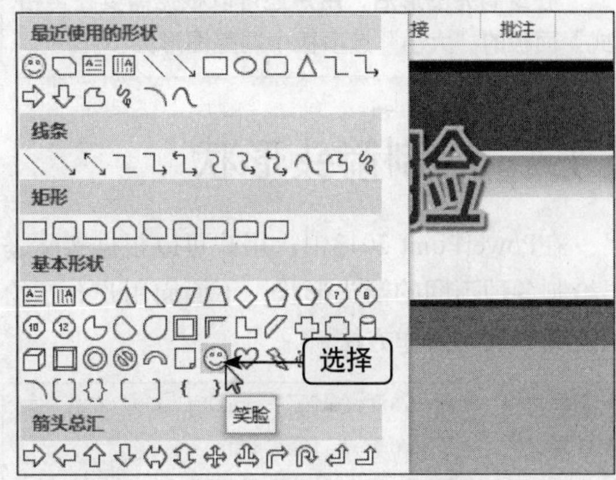

图6-13 选择“笑脸”选项

04 在编辑区的合适位置单击鼠标左键并拖曳，即可绘制笑脸形状，如图6-14所示。

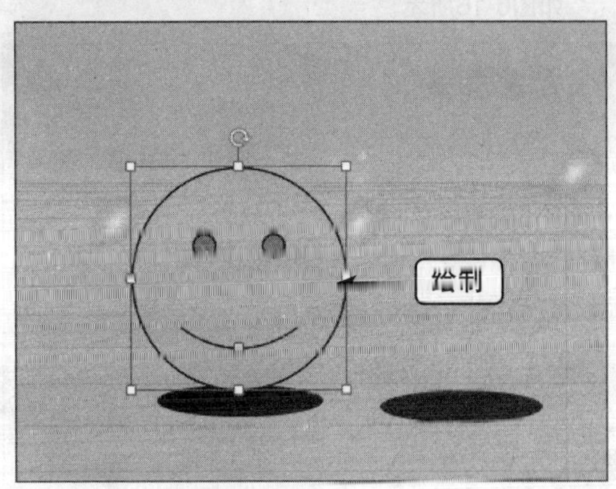

图6-14 绘制笑脸形状

05 用与上面同样的方法，绘制其他笑脸形状，效果如图6-15所示。

图6-15　绘制其他笑脸形状

重点提醒

在绘制完图形后，用户还可以根据需要在“格式”面板的“大小”选项板中调整图形大小。

6.1.4　绘制箭头形状

在PowerPoint 2013中，用户可以根据实际需要绘制各种不同的箭头形状。下面向用户介绍绘制箭头形状的操作方法。

➡素材文件	素材\第6章\绘制箭头.pptx
➡效果文件	效果\第6章\绘制箭头.pptx
➡视频文件	视频\第6章\绘制箭头形状.mp4
➡难易程度	★★★★☆

01 在PowerPoint 2013中，打开一个素材文件，如图6-16所示。

图6-16　打开一个素材文件

02 切换至“插图”选项板，单击“形状”下拉按钮，在弹出的列表框中的“箭头总汇”选项区中选择“下箭头”选项，如图6-17所示。

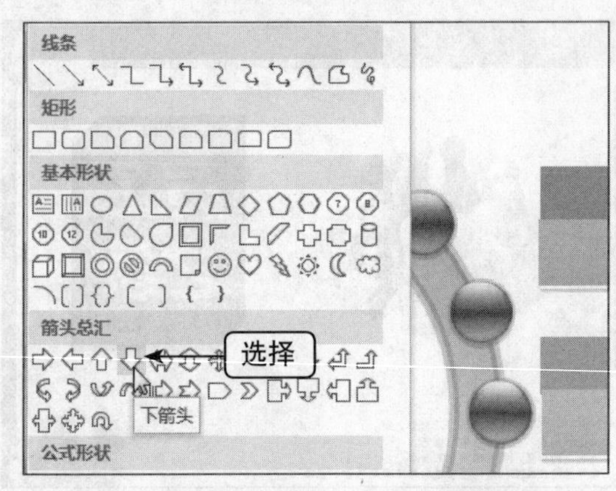

图6-17　选择“右箭头”选项

03 在编辑区的合适位置单击鼠标左键并拖曳至合适位置后释放鼠标左键，绘制箭头形状，如图6-18所示。

图6-18　绘制箭头形状

04 选中绘制的箭头形状，切换至“绘图工具”中的“格式”面板，如图6-19所示。

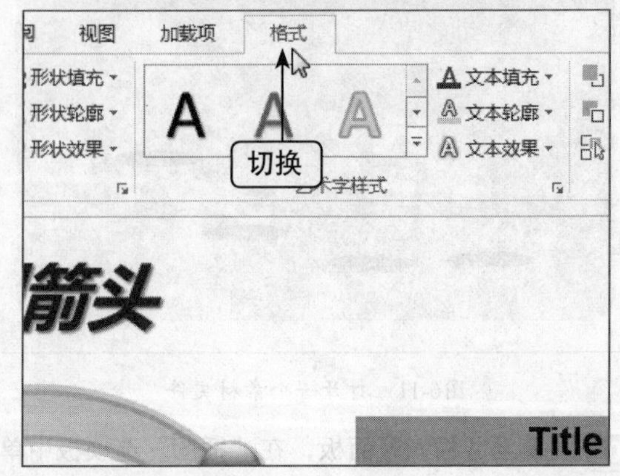

图6-19　切换至“格式”面板

05 单击“形状样式”选项板中的“其他”按钮，在弹出的列表框中选择“强烈效果-黑色，深色1”选项，如图6-20所示。

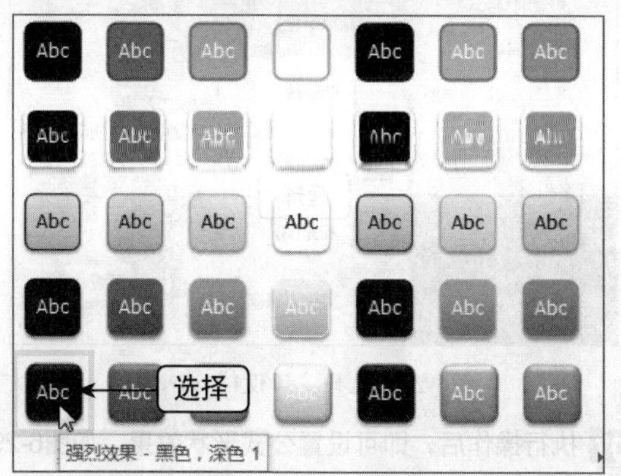

图6-20 选择“强烈效果-黑色，深色1”选项

06 执行操作后，即可设置箭头形状样式，效果如图6-21所示。

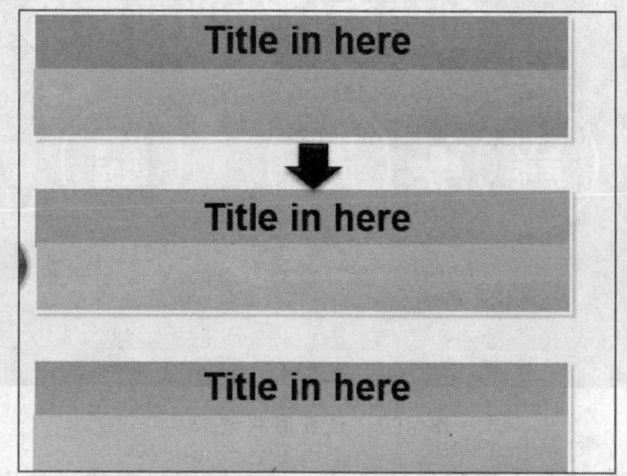

图6-21 设置箭头形状样式

07 用与上面同样的方法，在幻灯片中的另外3个图形之间添加箭头形状，并相应调整形状样式和大小，效果如图6-22所示。

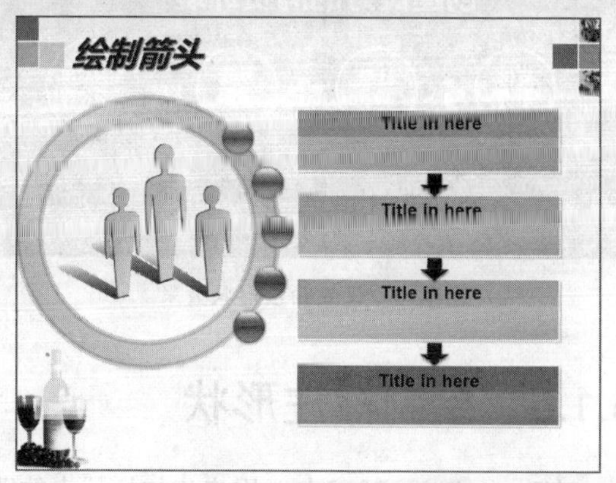

图6-22 绘制其他箭头形状

6.1.5 绘制公式形状

在PowerPoint 2013中，运用形状工具绘制公式，能够快速将多个图文对象之间的复杂关系简单化。下面向用户介绍绘制公式形状的操作方法。

➡ 素材文件	素材\第6章\创建良好的消费环境.pptx
➡ 效果文件	效果\第6章\创建良好的消费环境.pptx
➡ 视频文件	视频\第6章\绘制公式形状.mp4
➡ 难易程度	★★★★☆

01 在PowerPoint 2013中，打开一个素材文件，如图6-23所示。

图6-23 打开一个素材文件

02 切换至“插入”面板，在“插图”选项板中单击“形状”按钮，在弹出的列表框中选择“加号”选项，如图6-24所示。

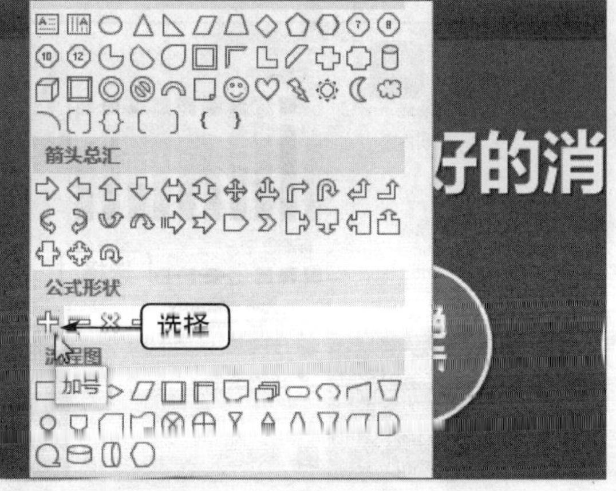

图6-24 选择“加号”选项

03 在编辑区的合适位置，单击鼠标左键并拖曳，即可绘制加号形状，如图6-25所示。

04 双击加号形状，在“形状样式”选项板中单击“形状填充”下拉按钮，如图6-26所示。

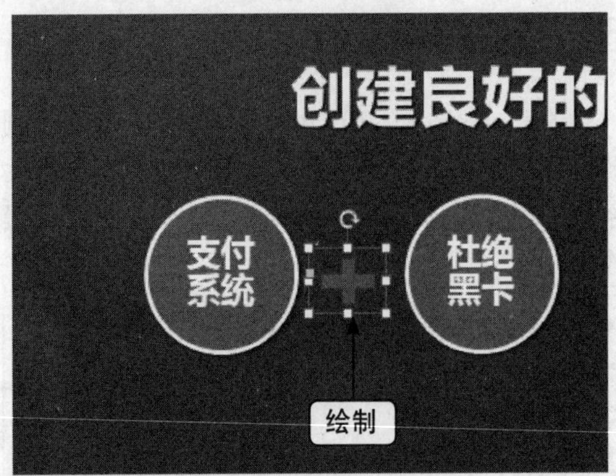

图6-25　绘制加号形状

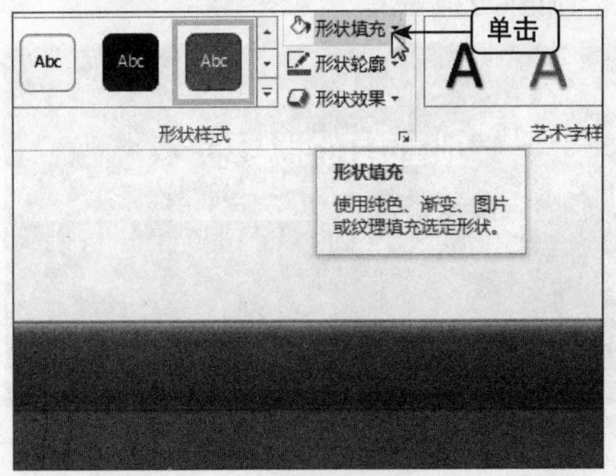

图6-26　单击“形状填充”下拉按钮

05 弹出列表框，在“标准色”选项区中选择“黄色”，如图6-27所示。

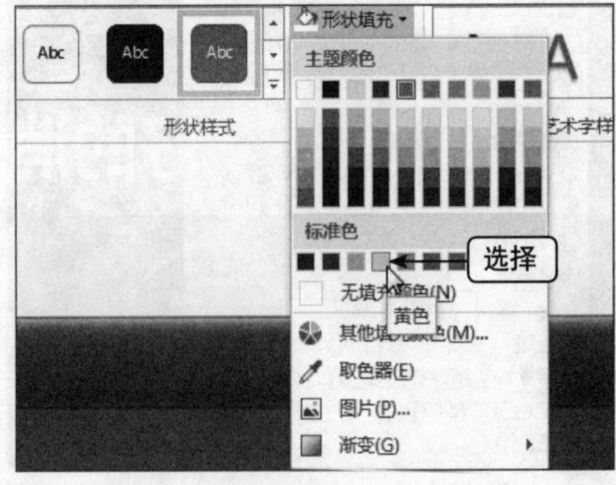

图6-27　选择“黄色”

06 在“形状轮廓”列表框中设置“轮廓”为“无轮廓”。单击“形状效果”下拉按钮，弹出列表框，选择“预设”下的“预设1”选项，如图6-28所示。

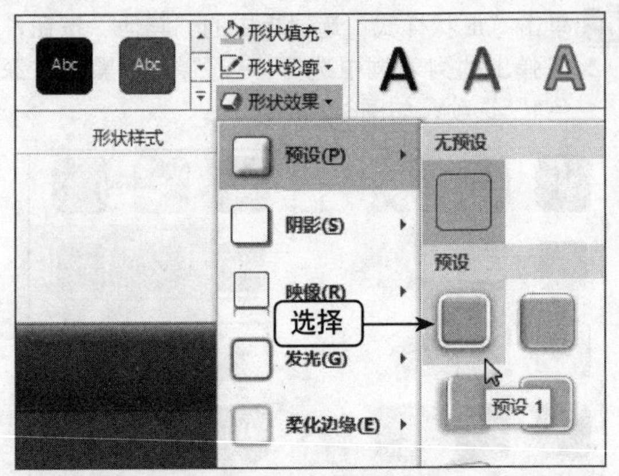

图6-28　选择“预设1”选项

07 执行操作后，即可设置公式形状效果，如图6-29所示。

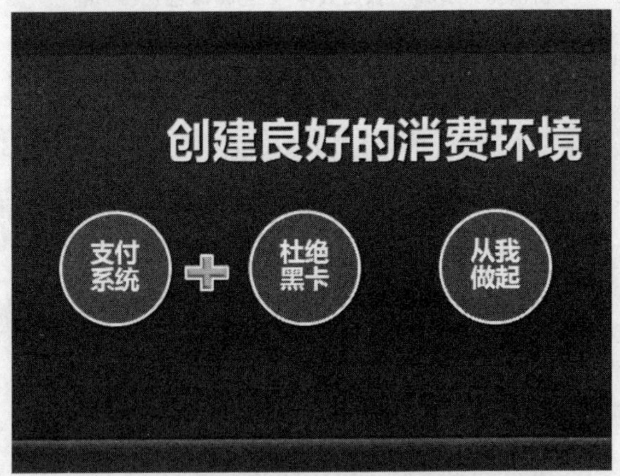

图6-29　设置形状效果

08 用与上面同样的方法，绘制等于号形状，并设置相应形状效果，如图6-30所示。

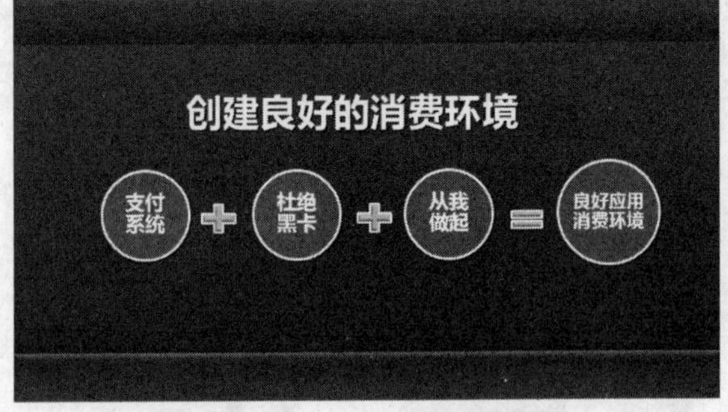

图6-30　设置相应形状效果

6.1.6　绘制标注形状

在PowerPoint 2013中，用户为幻灯片中的图片和文字等对象添加标注形状，可以丰富幻灯片中的内容。下面向用户介绍绘制标注形状的操作方法。

➡素材文件	素材\第6章\绘制标注形状.pptx
➡效果文件	效果\第6章\绘制标注形状.pptx
➡视频文件	视频\第6章\绘制标注形状.mp4
➡难易程度	★★★★★

01 在PowerPoint 2013中，打开一个素材文件，如图6-31所示。

图6-31　打开一个素材文件

02 切换至“插图”选项板，单击“形状”下拉按钮，在弹出的列表框中的“标注”选项区中选择“线形标注2”选项，如图6-32所示。

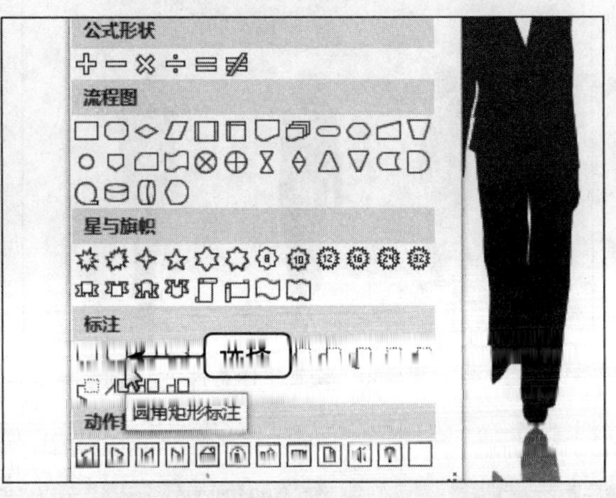

图6-32　选择“圆角矩形标注”选项

03 在编辑区的合适位置，单击鼠标左键并拖曳，至合适位置后释放鼠标左键，绘制“圆角矩形标注”形状，并对绘制的形状进行细微调整，如图6-33所示。

图6-33　绘制标注

04 双击绘制的标注形状，切换至“绘图工具”中的“格式”面板，单击“形状样式”选项板中的“其他”按钮，在弹出的列表框中选择“细微效果-橙色，强调颜色6”选项，如图6-34所示。

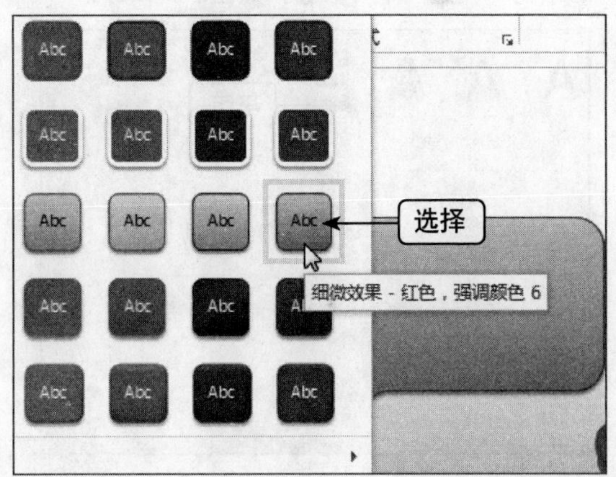

图6-34　选择“细微效果-红色，强调颜色6”选项

05 执行操作后，即可设置形状样式，效果如图6-35所示。

图6-35　设置形状样式

06 在绘制的“线形标注2”标注上单击鼠标右键，弹出快捷菜单，选择“编辑文字”命令，如图6-36所示。

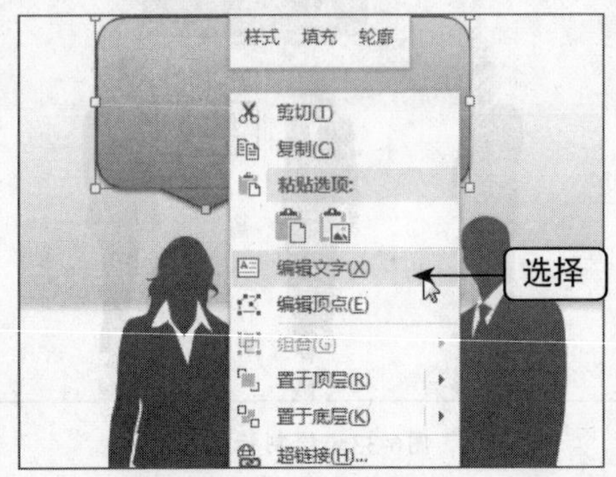

图6-36 选择“编辑文字”命令

07 在标注中输入文字后并选中输入的文字，切换至“格式”面板，单击“艺术字样式”选项板中的“其他”下拉按钮，如图6-37所示。

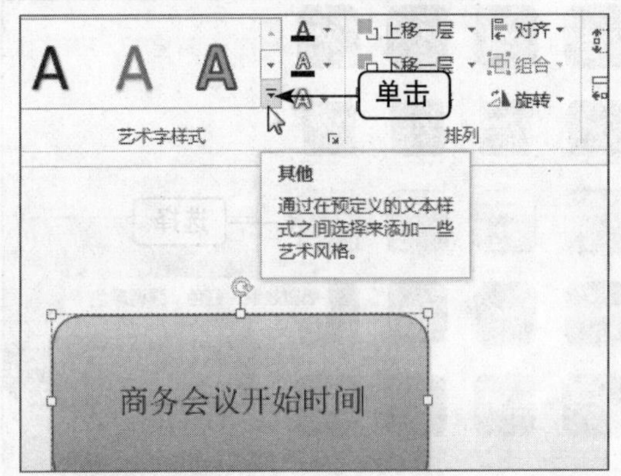

图6-37 单击“其他”下拉按钮

08 在弹出的列表框中选择“填充-白色，轮廓-着色2，清晰阴影-着色2”选项，如图6-38所示。

09 执行操作后，即可设置文字效果，如图6-39所示。

10 选择设置的艺术字，在弹出的悬浮窗口中设置“字体”为“隶书”、“字号”为35，适当调整标注形状的大小，效果如图6-40所示。

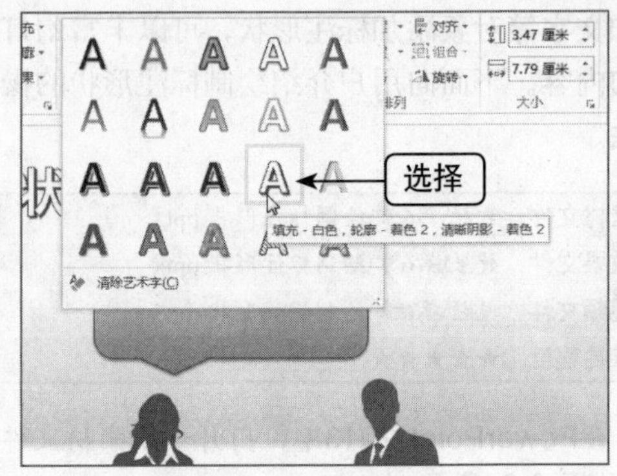

图6-38 选择相应选项

图6-39 设置文字效果

图6-40 设置字体属性

6.2 调整自选图形

在PowerPoint 2013中，用户可以根据需要在幻灯片中添加软件自带的剪贴画，并可以对添加的剪贴画进行相应的编辑。

6.2.1 复制图形对象

在幻灯片中如果同一个样式的图形对象出现多次，则用户可以对其进行复制操作。下面向用户介绍复制图形对象的操作方法。

➡素材文件	素材\第6章\行政岗位设计.pptx
➡效果文件	效果\第6章\行政岗位设计.pptx
➡视频文件	视频\第6章\复制图形对象.mp4
➡难易程度	★★★★☆

01 在PowerPoint 2013中，打开一个素材文件，如图6-41所示。

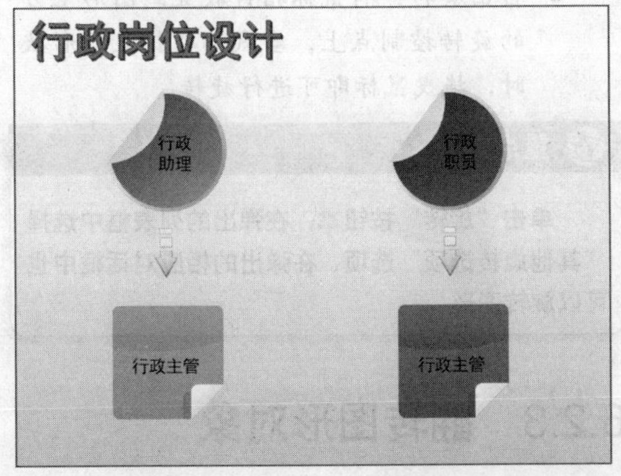

图6-41 打开一个素材文件

02 在幻灯片中的合适位置，选择需要进行复制的图形对象，如图6-42所示。

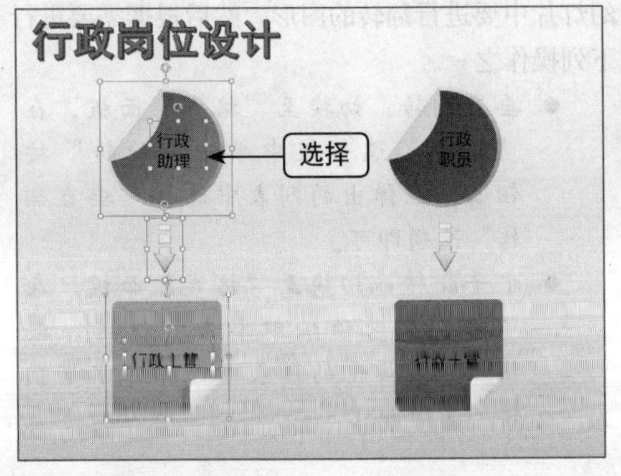

图6-42 选择需要进行复制的图形对象

03 单击鼠标右键，在弹出的快捷菜单中选择“复制”命令，如图6-43所示。

04 将鼠标定位至幻灯片中的相应位置，按【Ctrl+V】组合键，粘贴相应图形对象，并调整至合适位置，如图6-44所示。

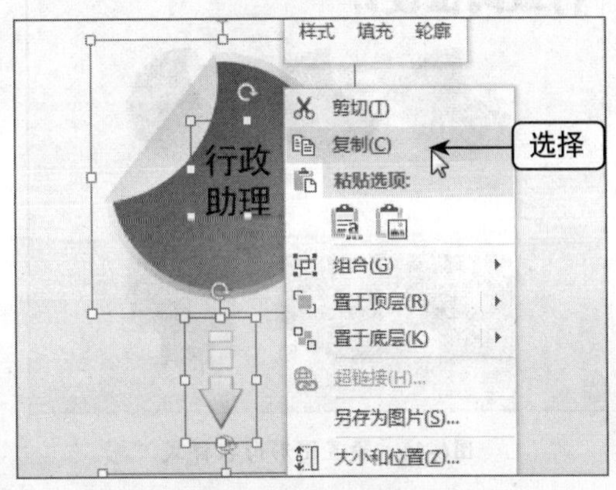

图6-43 选择“复制”命令

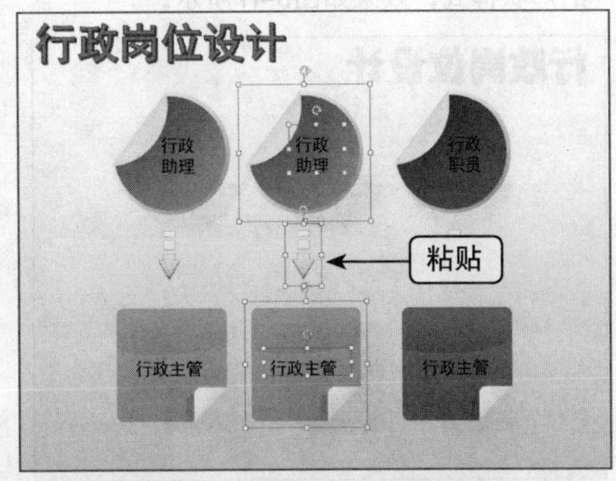

图6-44 粘贴图形对象

05 选择复制的图形对象，切换至“绘图工具”中的“格式”面板，单击“形状样式”选项板中的“其他”下拉按钮，在弹出的列表框中选择“中等效果-红色，强调颜色1”选项，如图6-45所示。

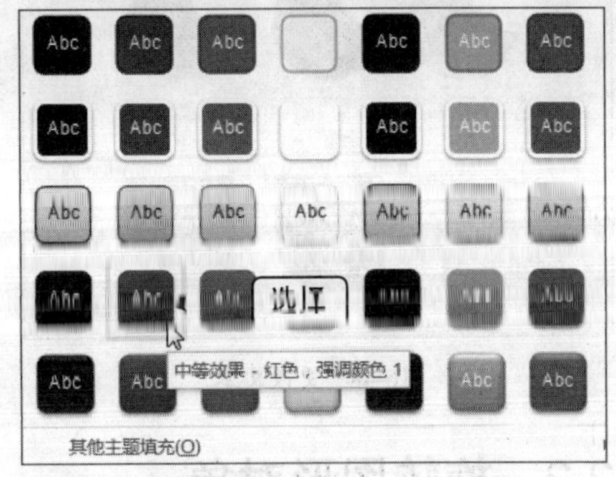

图6-45 选择“中等效果-红色，强调颜色1”选项

06 执行操作后，即可设置图形形状样式，效果如图6-46所示。

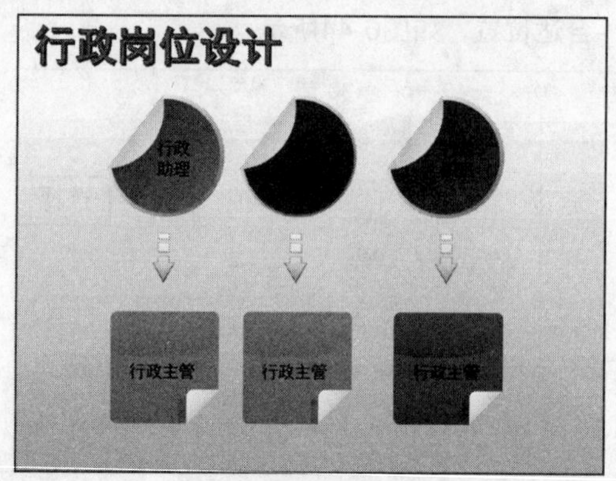

图6-46　设置图形形状样式

07 用与上面相同的方法，为下方的图形设置相同的形状样式，效果如图6-47所示。

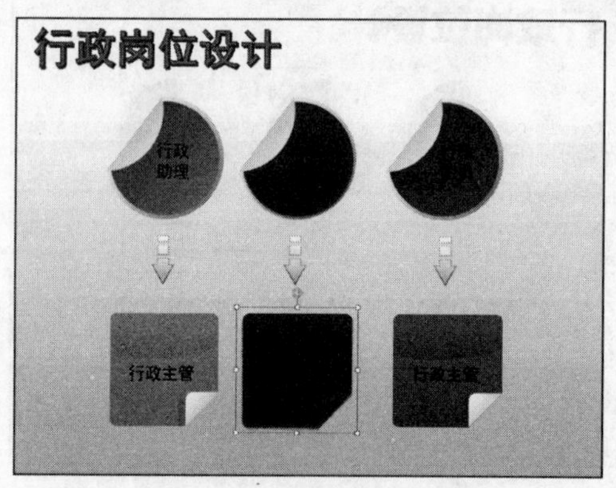

图6-47　设置形状样式

08 更改复制图形中的文本，并进行相应调整，效果如图6-48所示。

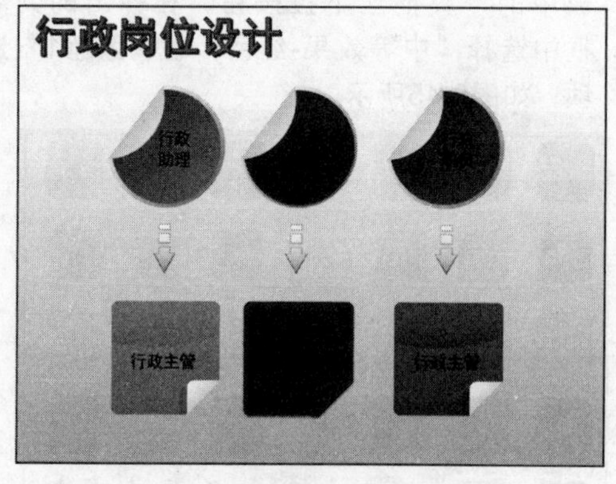

图6-48　更改文本

6.2.2　旋转图形对象

在PowerPoint 2013中，用户还可以根据需要对图形进行任意角度的自由旋转操作。旋转图形对象的方法很简单，只需选择在幻灯片中要进行旋转的图形，然后根据需要进行下列操作之一。

- 向左旋转90°：切换至“格式”面板，在“排列”选项板中单击“旋转”按钮，在弹出的列表中选择“向左旋转90°”选项即可。
- 向右旋转90°：切换至“格式”面板，在“排列”选项板中单击“旋转”按钮，在弹出的列表中选择“向右旋转90°”选项即可。
- 自由旋转：将鼠标指针放置到图形上方的旋转控制点上，当鼠标指针呈形状时，拖曳鼠标即可进行旋转。

重点提醒

单击“旋转”按钮，在弹出的列表框中选择“其他旋转选项”选项，在弹出的相应对话框中也可以旋转图形。

6.2.3　翻转图形对象

在PowerPoint 2013中，用户还可以根据需要对图形进行翻转操作，翻转图形不会改变图形的整体形状。翻转图形对象的方法很简单，选择在幻灯片中要进行翻转的图形，然后根据需要进行下列操作之一。

- 垂直翻转：切换至“格式”面板，在“排列”选项板中单击“旋转”按钮，在弹出的列表中选择“垂直翻转”选项即可。
- 水平翻转：切换至“格式”面板，在“排列”选项板中单击“旋转”按钮，在弹出的列表中选择“水平翻转”选项即可。

6.2.4　调整叠放次序

在同一区域中绘制多个图形时，最后绘制图形的部分或全部将自动覆盖前面图形的部分或全部，即重叠的部分会被遮掩。

调整叠放次序的方法是：选择需要调整叠放次序的图形，切换至“格式”面板，在“排序”选项板中选择叠放次序即可，如图6-49所示。

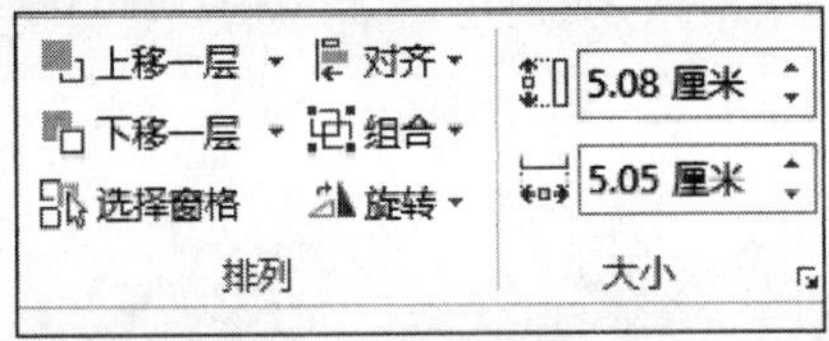

图6-49　选择叠放次序

在PowerPoint 2013中，有4种叠放次序，其含义如下。

- 上移一层：将选择的图形对象在整个叠放对象中的位置向上移动一层。
- 置于顶层：将选择的图形对象显示在所有叠放对象的最顶层。
- 下移一层：将选择的图形对象在整个叠放对象中的位置向下移动一层。
- 置于底层：将选择的图形对象显示在所有叠放对象的最底层。

重点提醒

选择需要调整叠放次序的图形，单击鼠标右键，然后在弹出的快捷菜单中也可以选择相应命令来调整图形叠放次序。

6.3 插入与编辑SmartArt图形

SmartArt图形是信息和观点的视觉表示形式。创建SmrartArt图形可以非常直观地说明层级关系、附属关系、并列关系以及循环关系等各种常见的关系，而且制作出来的图形漂亮精美，具有很强的立体感和画面感。

6.3.1 插入列表类型

在PowerPoint 2013中，插入列表图形课件可以将分组信息或相关信息显示出来。下面向用户介绍制作列表图形的操作方法。

➡ 素材文件	素材\第6章\列表图形.pptx
➡ 效果文件	效果\第6章\列表图形.pptx
➡ 视频文件	视频\第6章\插入列表类型.mp4
➡ 难易程度	★★★☆☆

01 在PowerPoint 2013中，打开一个素材文件，如图6-50所示。

图6-50　打开一个素材文件

02 切换至“插入”面板，然后在“插图”选项板中单击SmartArt按钮，如图6-51所示。

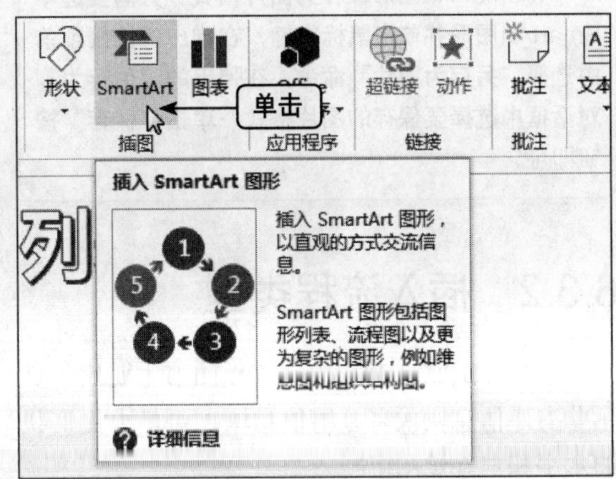

图6-51　单击SmartArt按钮

03 弹出“选择SmartArt图形”对话框，切换至“列表”选项卡，在中间的下拉列表框中选择“垂直框列表”选项，如图6-52所示。

04 单击“确定”按钮，即可插入列表图形，效果如图6-53所示。

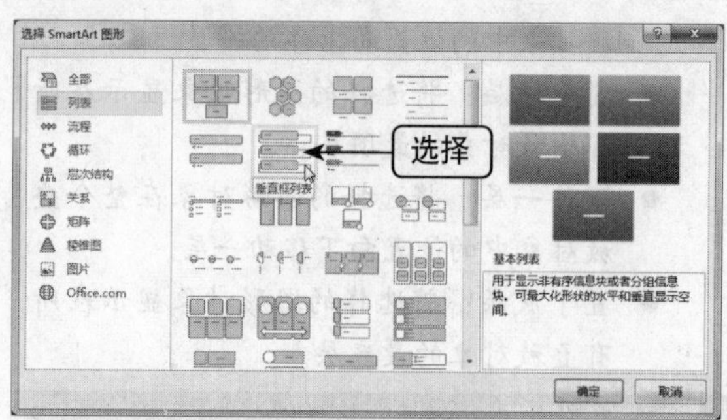

图6-52　选择“垂直框列表”选项

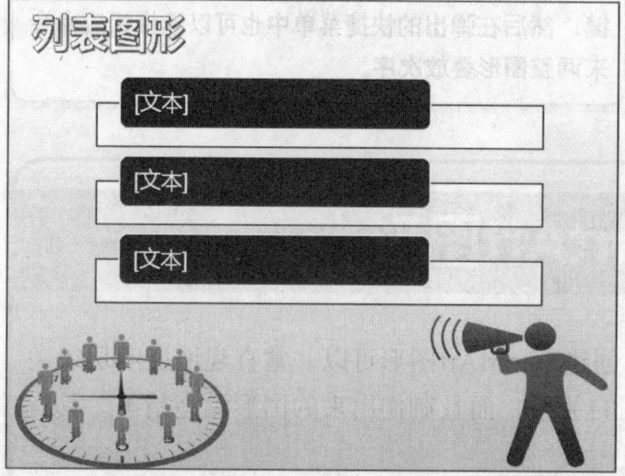

图6-53　插入列表图形

重点提醒

将SmartArt图形保存为图片格式，只需要选中SmartArt图形并单击鼠标右键，在弹出的快捷菜单中选择“另存为图片”命令，在弹出的“另存为”对话框中选择要保存的图片格式，单击“保存”按钮即可。

6.3.2　插入流程类型

在PowerPoint 2013中，流程图形主要用于显示非有序信息块或者分组信息块，可最大化形状的水平和垂直显示空间。

➡ 素材文件	素材\第6章\流程图形.pptx
➡ 效果文件	效果\第6章\流程图形.pptx
➡ 视频文件	视频\第6章\插入流程类型.mp4
➡ 难易程度	★★★☆☆

01 在PowerPoint 2013中，打开一个素材文件，如图6-54所示。

图6-54　打开一个素材文件

02 切换至“插入”面板，在“插图”选项板中单击SmartArt按钮，弹出“选择SmartArt图形”对话框，切换至“流程”选项卡，在中间的下拉列表框中选择“连续块状流程”选项，如图6-55所示。

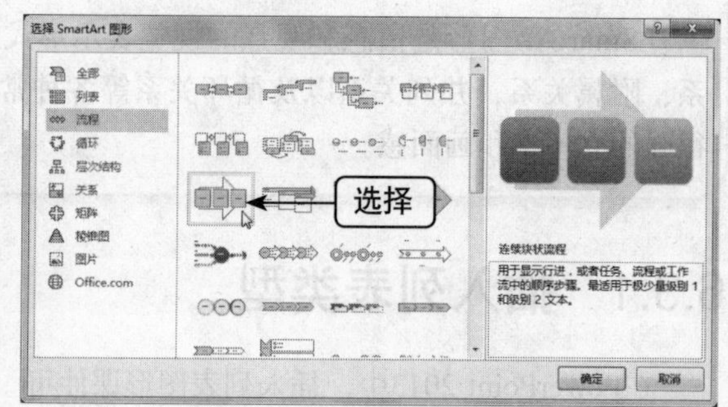

图6-55　选择“连续块状流程”选项

03 在右侧列表框下面单击“确定”按钮，如图6-56所示。

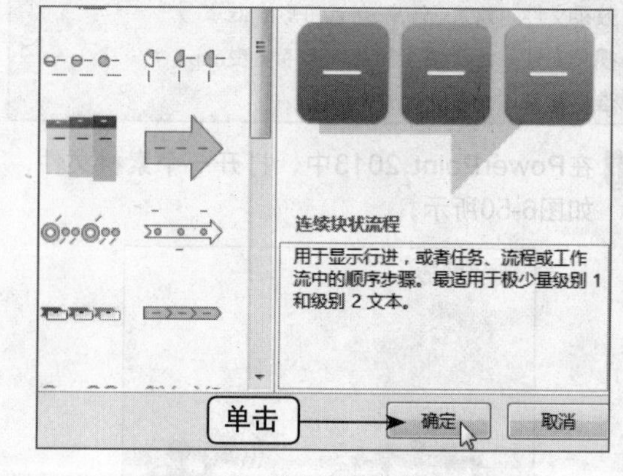

图6-56　单击“确定”按钮

04 执行操作后，即可制作流程图课件，效果如图6-57所示。

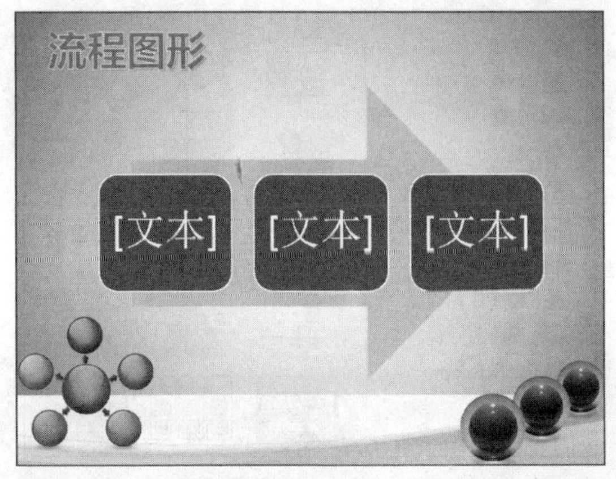

图6-57　制作流程图课件

6.3.3　插入矩阵类型

循环矩阵图形主要用于显示循环行与中央观点的关系。级别1是指文本前四行的每一行均与某一个楔形或饼形相对应，并且每行的级别2文本将显示在楔形或饼形旁边的矩形中，未使用的文本不会显示，但是如果切换布局，这些文本仍将可用。下面向用户介绍插入矩阵类型的操作方法。

➡ 素材文件	素材\第6章\循环矩阵图形.pptx
➡ 效果文件	效果\第6章\循环矩阵图形.pptx
➡ 视频文件	视频\第6章\插入矩阵类型.mp4
➡ 难易程度	★★★☆☆

01 在PowerPoint 2013中，打开一个素材文件，如图6-58所示。

图6-58　打开一个素材文件

02 调出“选择SmartArt图形”对话框，切换至“矩阵”选项卡，如图6-59所示。

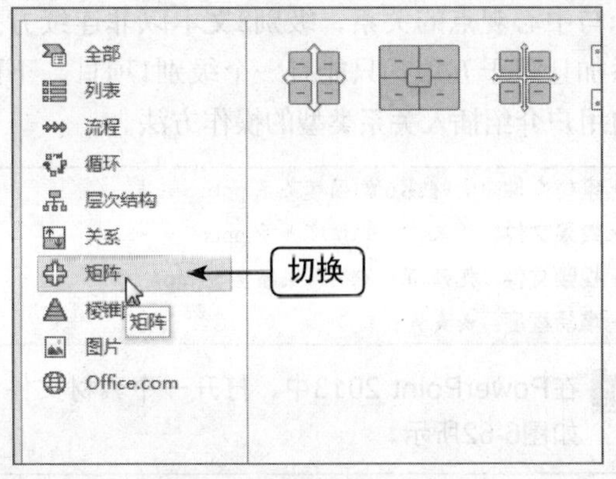

图6-59　切换至“矩阵”选项卡

03 在中间的列表框中选择“循环矩阵”选项，如图6-60所示。

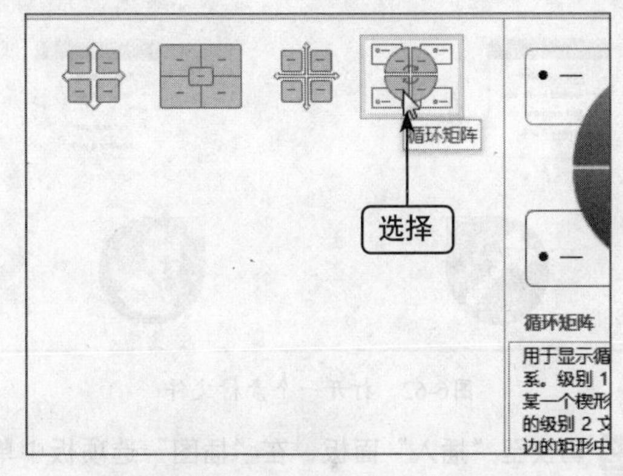

图6-60　选择“循环矩阵”选项

04 单击“确定”按钮，即可插入循环矩阵图形，调整至合适位置，效果如图6-61所示。

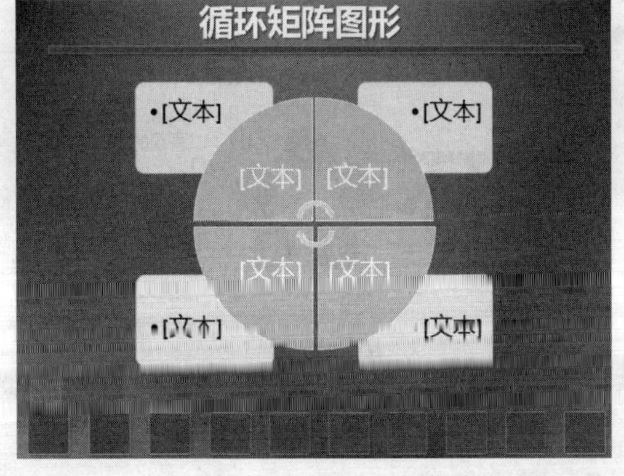

图6-61　插入循环矩阵图形

6.3.4　插入关系类型

SmartArt图形中的循环关系图形主要用于显

示与中心观点的关系，级别2文本以非连续方式添加且限于五项，只能有一个级别1项目。下面向用户介绍插入关系类型的操作方法。

➡ 素材文件	素材\第6章\循环关系.pptx
➡ 效果文件	效果\第6章\循环关系.pptx
➡ 视频文件	视频\第6章\插入关系类型.mp4
➡ 难易程度	★★★☆☆

01 在PowerPoint 2013中，打开一个素材文件，如图6-62所示。

图6-62　打开一个素材文件

02 切换至“插入”面板，在“插图”选项板中单击SmartArt按钮，如图6-63所示。

图6-63　单击SmartArt按钮

03 弹出“选择SmartArt图形”对话框，切换至“关系”选项卡，在中间的列表框中选择“循环关系”选项，如图6-64所示。

04 单击“确定”按钮，即可插入循环关系图形，调整图形的大小和位置，效果如图6-65所示。

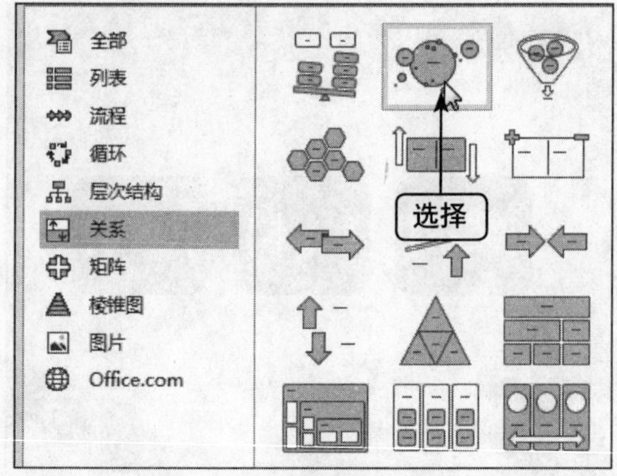

图6-64　选择“循环关系”选项

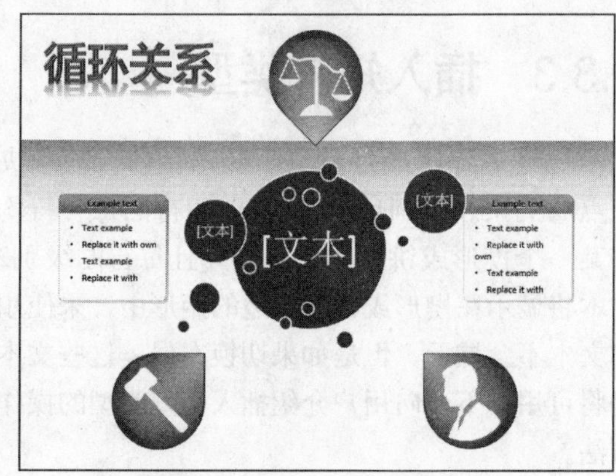

图6-65　插入循环关系图形

6.3.5　插入层次结构类型

在PowerPoint 2013中，水平层次结构图形主要用于水平显示层次关系递进，最适用于决策树。下面向用户介绍插入层次结构类型的操作方法。

➡ 素材文件	素材\第6章\水平层次结构.pptx
➡ 效果文件	效果\第6章\水平层次结构.pptx
➡ 视频文件	视频\第6章\插入层次结构类型.mp4
➡ 难易程度	★★★☆☆

01 在PowerPoint 2013中，打开一个素材文件，如图6-66所示。

02 在“插图”选项板中调出“选择SmartArt图形”对话框，切换至“层次结构”选项卡，如图6-67所示。

03 在中间的列表框中选择“水平层次”选项，如图6-68所示。

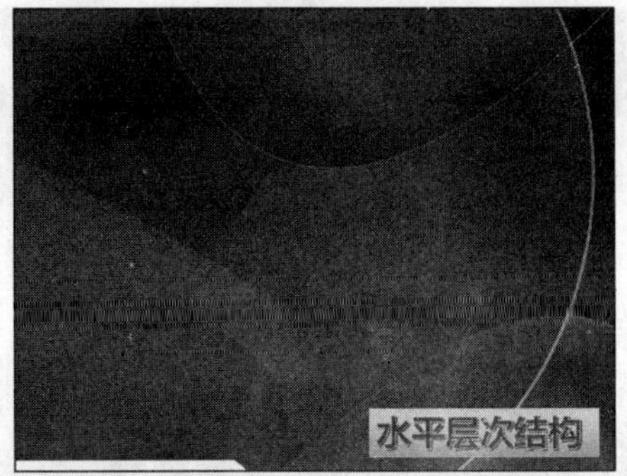

图6-66 打开一个素材文件

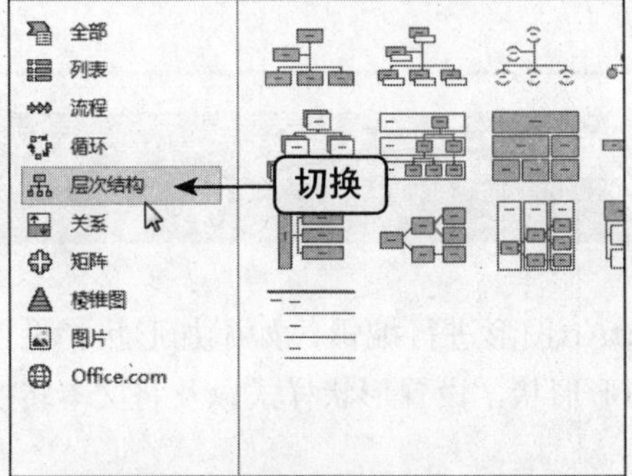

图6-67 切换至“层次结构”选项卡

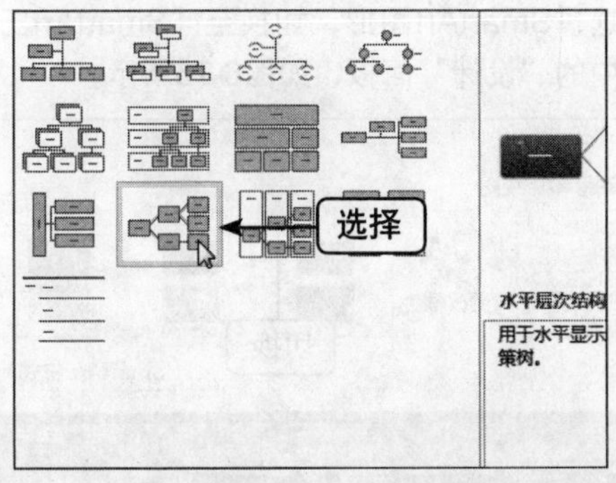

图6-68 选择“水平层次”选项

04 单击“确定”按钮，即可制作水平层次结构图形，调整图形的大小和位置，效果如图6-69所示。

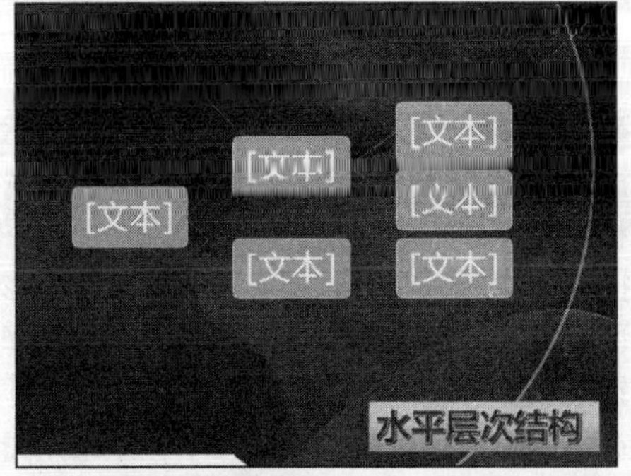

图6-69 制作水平层次结构图形

6.3.6 在辅助文本框中输入文本

在幻灯片中插入SmartArt图形之后，可以在其辅助文本框中输入相应内容，输入的内容将直接在插入的图形中间显示。

➡素材文件	素材\第6章\企划岗位设计.pptx
➡效果文件	效果\第6章\企划岗位设计.pptx
➡视频文件	视频\第6章\在辅助文本框中输入文本.mp4
➡难易程度	★★★☆☆

01 在PowerPoint 2013中，打开一个素材文件，如图6-70所示。

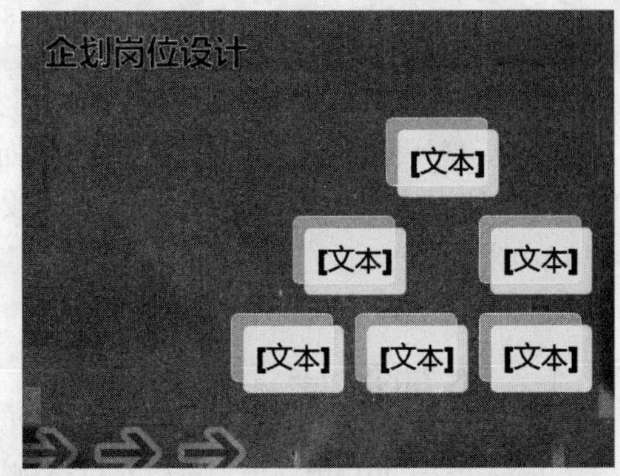

图6-70 打开一个素材文件

02 在图形中间单击鼠标左键，显示边框线，单击边框左侧中间的三角形按钮，弹出辅助文本框，如图6-71所示。

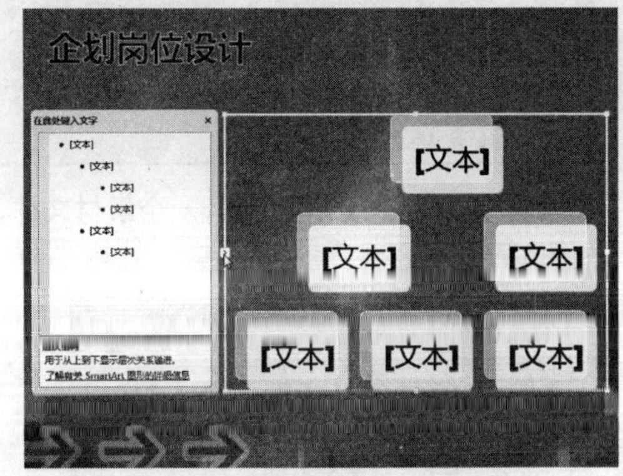

图6-71 弹出辅助文本框

03 在辅助文本框中间的文本处输入文本，如图6-72所示。

04 用与上面相同的方法，在文本框中的其他位置输入相应文本，效果如图6-73所示。

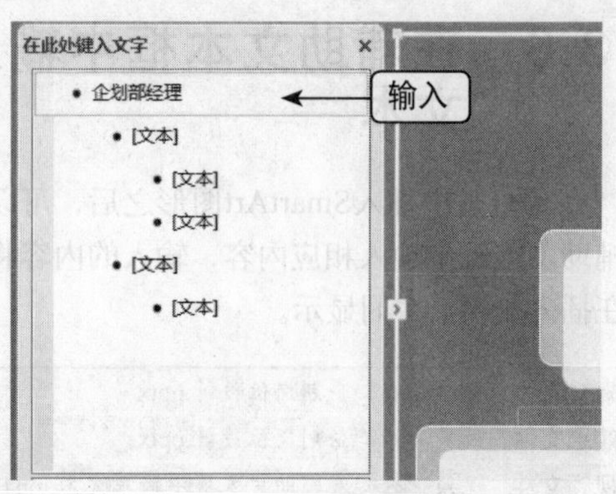

图6-72 输入文本

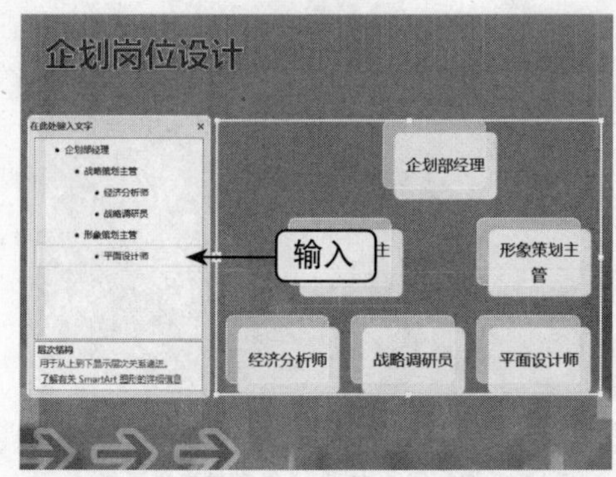

图6-73 输入相应文本

6.4 管理SmartArt图形

在SmartArt图形中输入文字后，用户还可以对SmartArt图形进行编辑，如添加形状、设置级别、更改图形布局、设置SmartArt样式、更改SmartArt图形形状、设置形状样式以及将文本转换为SmartArt图形等。

6.4.1 添加形状

在PowerPoint 2013中，用户可以在已经创建好的SmartArt图形布局类型中添加形状。添加形状包括从后面添加形状、从前面添加形状、从上方添加形状和从下方添加形状。

➡素材文件	素材\第6章\个人与团队管理关系.pptx
➡效果文件	效果\第6章\个人与团队管理关系.pptx
➡视频文件	视频\第6章\添加形状.mp4
➡难易程度	★★★☆☆

01 在PowerPoint 2013中，打开一个素材文件，如图6-74所示。

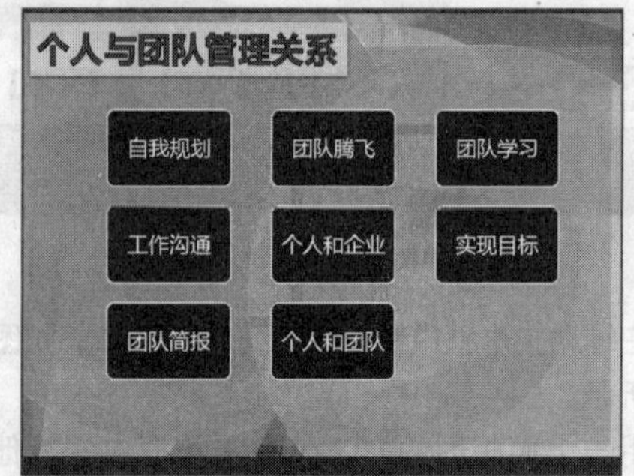

图6-74 打开一个素材文件

02 选择SmartArt图形，切换至“SmartArt工具”中的“设计”面板，如图6-75所示。

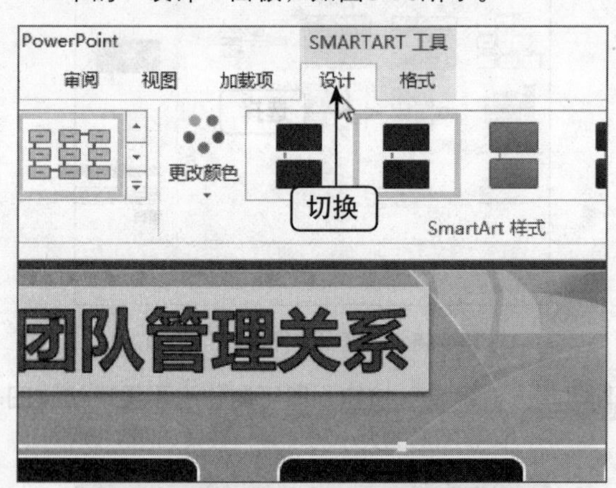

图6-75 切换至“设计”面板

03 在“创建图形”选项板中单击“添加形状”下拉按钮，弹出列表框，选择“在后面添加形状”选项，如图6-76所示。

04 执行操作后，即可添加形状。在添加的形状上单击鼠标右键，在弹出的快捷菜单中选择“编辑文字”命令，如图6-77所示。

05 在添加的形状上输入相应文本，效果如图6-78所示。

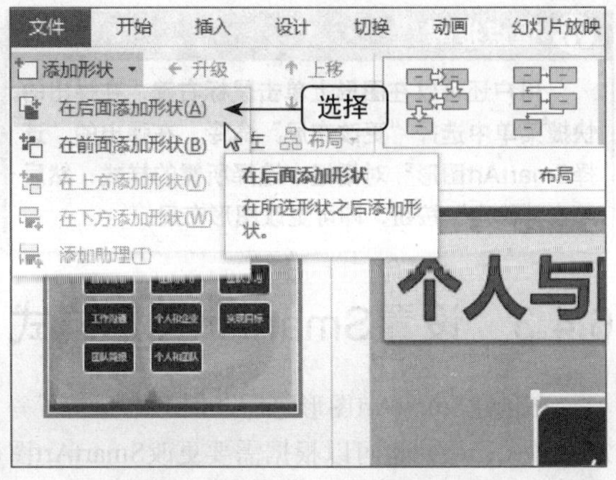

图6-76 选择“在后面添加形状”选项

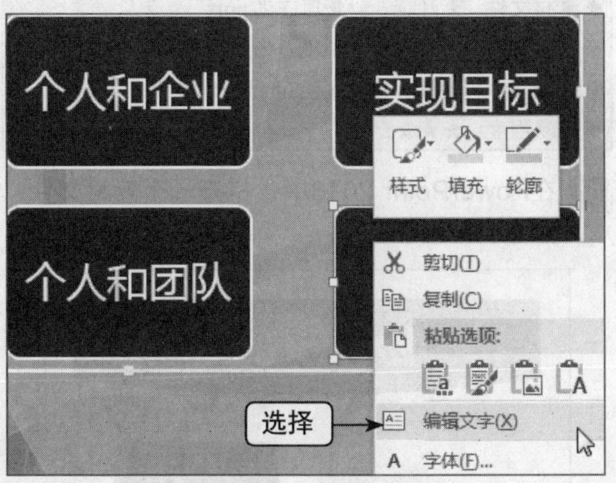

图6-77 选择“编辑文字”命令

图6-78 输入相应文本

重点提醒

用户也可以在选中的图形上单击鼠标右键，在弹出的快捷菜单中选择“添加形状”命令，在弹出的子菜单中选择添加形状的位置。

6.4.2 更改图形布局

在PowerPoint 2013中，当用户添加了SmartArt图形之后，还可以方便地修改已经创建好的图形布局。

➡ 素材文件	素材\第6章\个人与商家之间的联系.pptx
➡ 效果文件	效果\第6章\个人与商家之间的联系.pptx
➡ 视频文件	视频\第6章\更改图形布局.mp4
➡ 难易程度	★★★☆☆

01 在PowerPoint 2013中，打开一个素材文件，如图6-79所示。

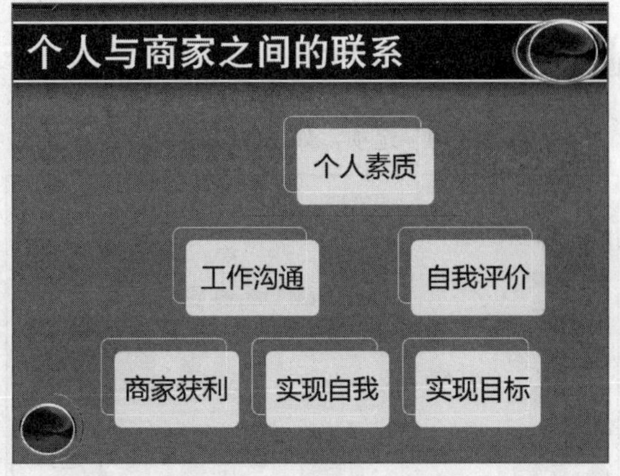

图6-79 打开一个素材文件

02 选择幻灯片中的SmartArt图形，切换至“SmartArt工具”中的“设计”面板，在“布局”选项板中单击“其他”下拉按钮，如图6-80所示。

图6-80 单击“其他”下拉按钮

03 弹出列表框，选择“其他布局”选项，如图6-81所示。

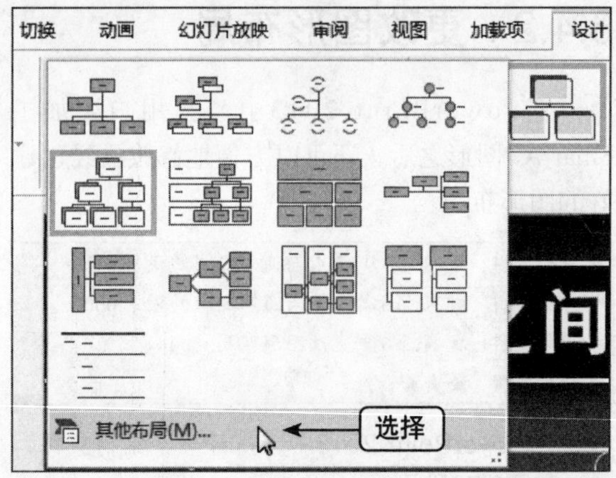

图6-81　选择“其他布局”选项

04 弹出“选择SmartArt图形”对话框，在中间下拉列表框中的“层次结构”选项区中选择“水平层次结构”选项，如图6-82所示。

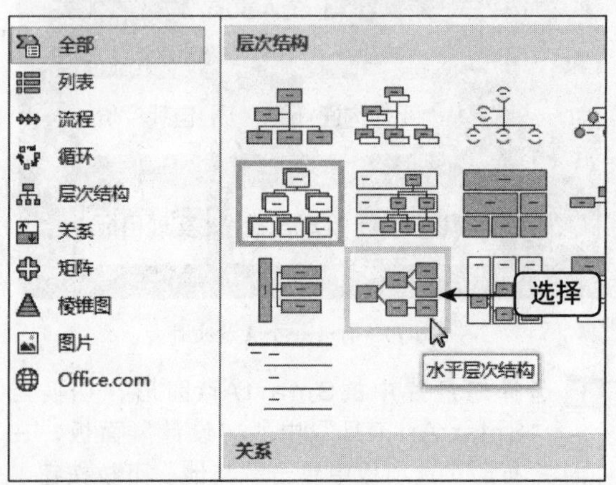

图6-82　选择“水平层次结构”选项

05 单击“确定”按钮，即可更改图形布局，如图6-83所示。

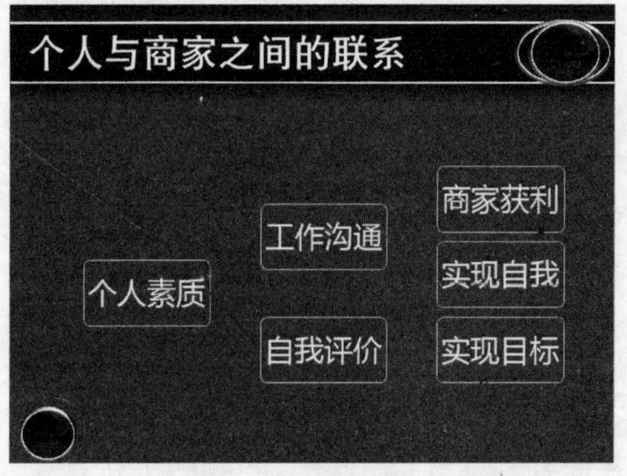

图6-83　更改图形布局

重点提醒

用户还可以在图形上单击鼠标右键，在弹出的快捷菜单中选择“更改布局”命令，在弹出的“选择SmartArt图形”对话框中选择所需的样式，然后单击“确定”按钮，即可更改图形布局。

6.4.3　设置SmartArt图形样式

在创建SmartArt图形之后，图形本身带了一定的样式，用户也可以根据需要更改SmartArt图形的样式。

➡ 素材文件	素材\第6章\物理汽化.pptx
➡ 效果文件	效果\第6章\物理汽化.pptx
➡ 视频文件	视频\第6章\设置SmartArt图形样式.mp4
➡ 难易程度	★★★☆☆

01 在PowerPoint 2013中，打开一个素材文件，如图6-84所示。

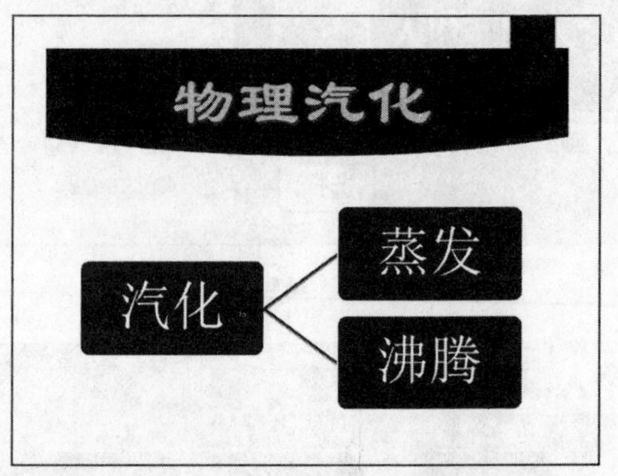

图6-84　打开一个素材文件

02 在编辑区中，选择SmartArt图形，按住【Shift】键的同时选择所有单个图形，如图6-85所示。

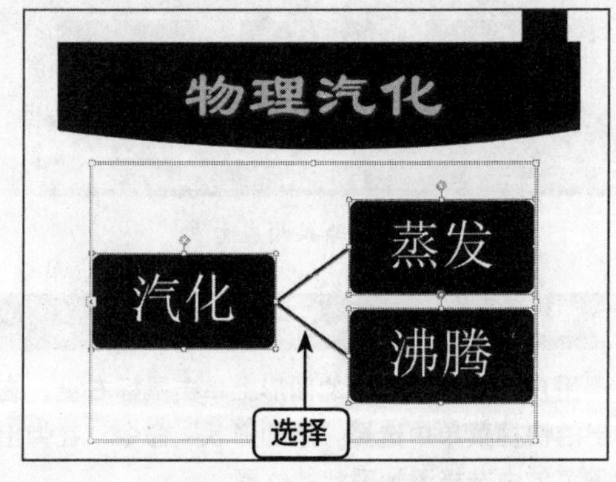

图6-85　选择所有单个图形

03 切换至“SmartArt工具”中的“格式”面板，在“形状样式”选项板中单击“其他”下拉按钮，如图6-86所示。

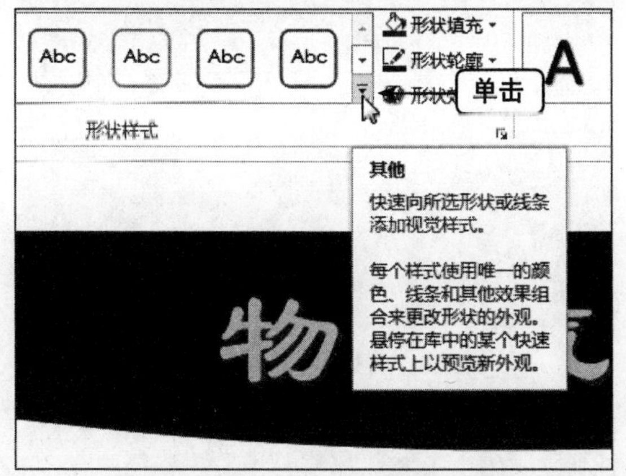

图6-86 单击“其他”下拉按钮

04 弹出列表框，选择“强烈效果-紫色，强调颜色6”选项，效果如图6-87所示。

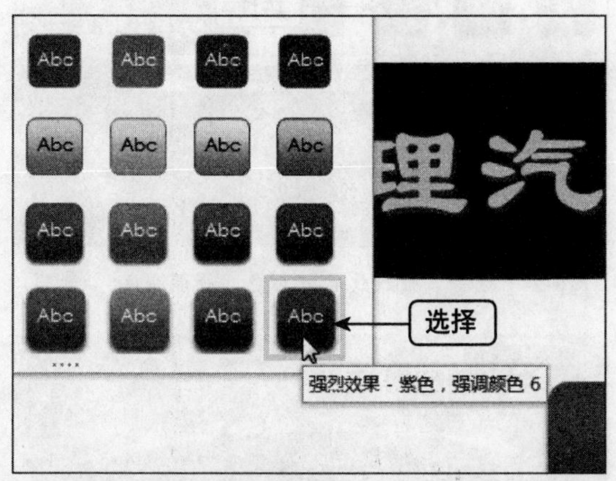

图6-87 选择“强烈效果-紫色，强调颜色6”选项

05 执行操作后，即可应用形状样式，如图6-88所示。

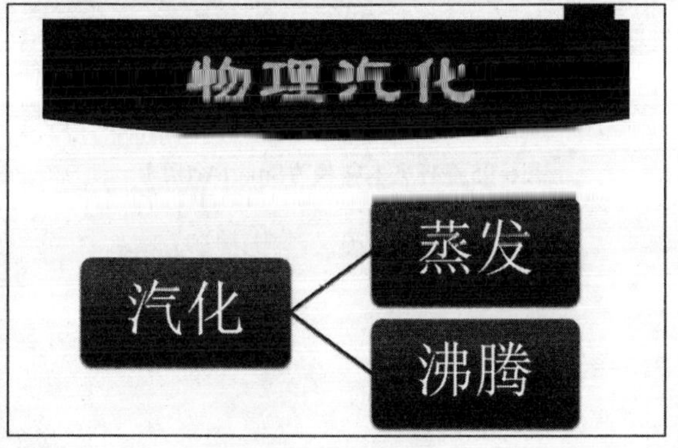

图6-88 应用形状样式

重点提醒

在PowerPoint 2013的编辑区中选择形状后，在“形状样式”选项板中用户还可以设置“形状轮廓”和“形状效果”。

6.4.4 将文本转换为SmartArt图形

在PowerPoint 2013中，用户可以将文本直接转换为SmartArt图形，使用这个功能可以方便的处理图形。

➡ 素材文件	素材\第6章\学习周期.pptx
➡ 效果文件	效果\第6章\学习周期.pptx
➡ 视频文件	视频\第6章\将文本转换为SmartArt图形.mp4
➡ 难易程度	★★★★☆

01 在PowerPoint 2013中，打开一个素材文件，如图6-89所示。

图6-89 打开一个素材文件

02 在编辑区中，选择幻灯片中的文本，在“开始”面板中的“段落”选项板中单击“转换为SmartArt”下拉按钮，如图6-90所示。

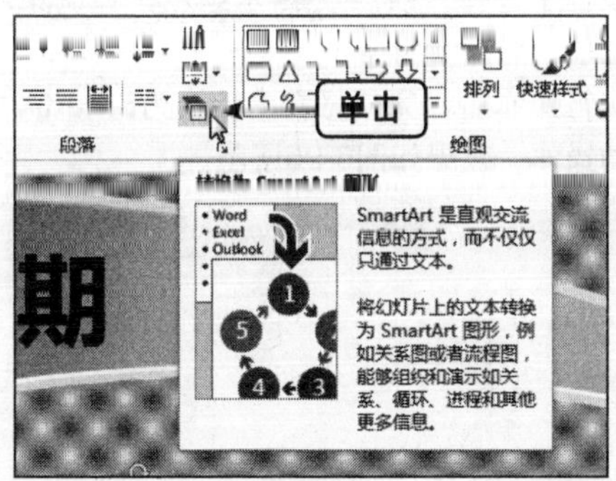

图6-90 单击“转换为SmartArt”下拉按钮

03 弹出列表框，选择“其他SmartArt图形”选项，如图6-91所示。

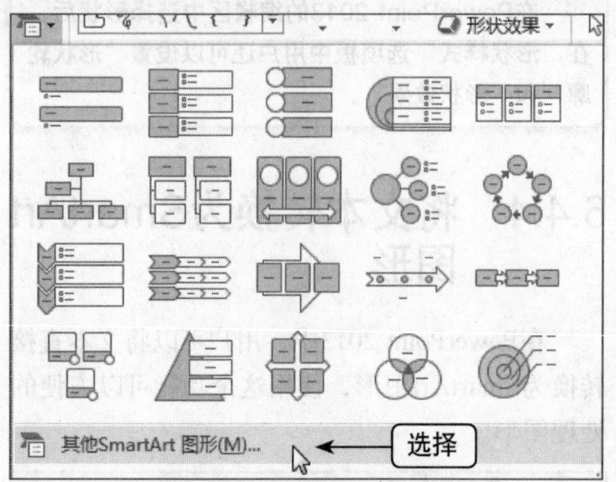

图6-91 选择“其他SmartArt图形”选项

04 弹出“选择SmartArt图形”对话框，切换至“循环”选项卡，在中间的列表框中选择“基本循环”选项，如图6-92所示。

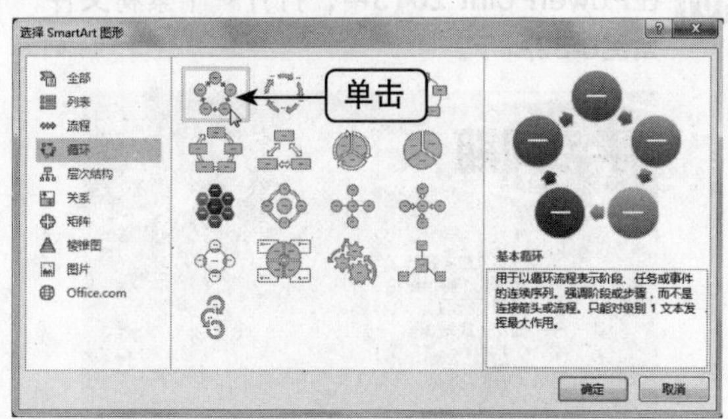

图6-92 选择“基本循环”选项

05 单击“确定”按钮，即可将文本转换为SmartArt图形，调整图形的大小和位置，如图6-93所示。

06 切换至“SmartArt工具”中的“格式”面板，选择SmartArt图形中的形状，在“形状样式”选项板中单击“其他”下拉按钮，在弹出的列表框中选择“强烈效果-水绿色，强调颜色5”选项，如图6-94所示。

07 执行操作后，完成将文本转换为SmartArt图形的操作，效果如图6-95所示。

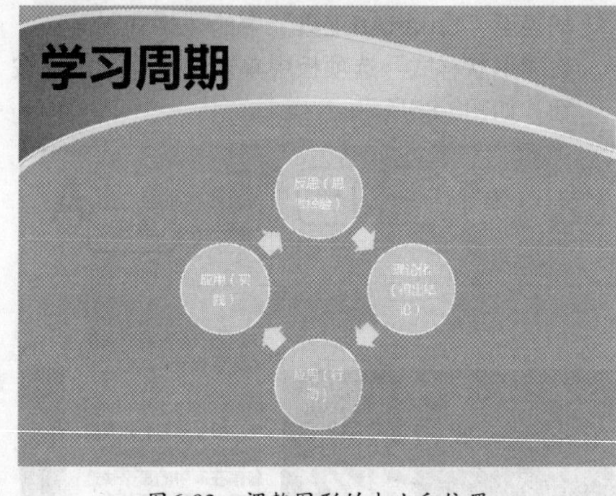

图6-93 调整图形的大小和位置

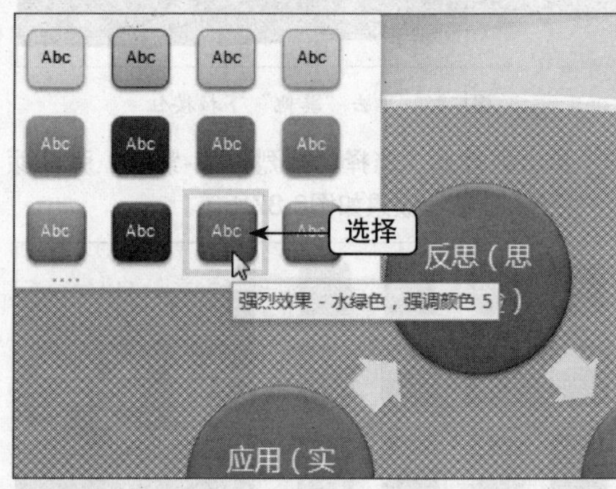

图6-94 选择“强烈效果-水绿色，强调颜色5”选项

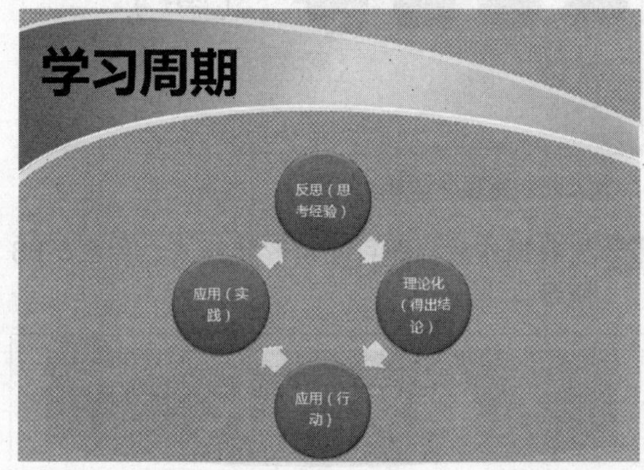

图6-95 将文本转换为SmartArt图形

表格对象特效设计

学习提示

在PowerPoint 2013中，可以制作仅包含表格的幻灯片，也可将一个表格插入到已存在的幻灯片中，通常使用表格可制作财务报表等。本章主要向用户介绍创建表格对象、导入外部表格、设置表格效果以及设置表格文本样式等内容。

主要内容

- 在幻灯片内插入表格
- 复制Excel表格
- 设置主题样式
- 设置表格底纹
- 设置快速样式
- 设置表格文本效果

重点与难点

- 运用占位符插入表格
- 导入Excel表格
- 设置表格边框颜色

学完本章后你会做什么

- 掌握在幻灯片内插入表格、运用占位符插入表格以及输入文本的操作方法
- 掌握复制Word表格，导入Excel表格的操作方法
- 掌握设置表格文本填充、设置快速样式以及设置表格文本效果的操作方法

视频文件

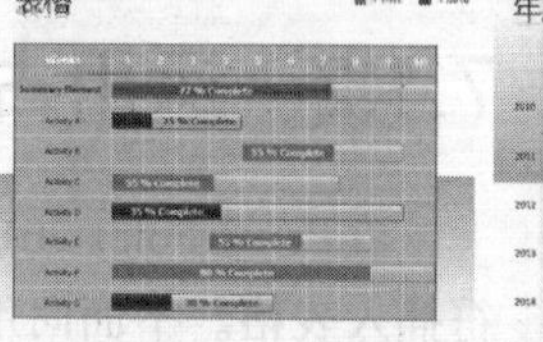

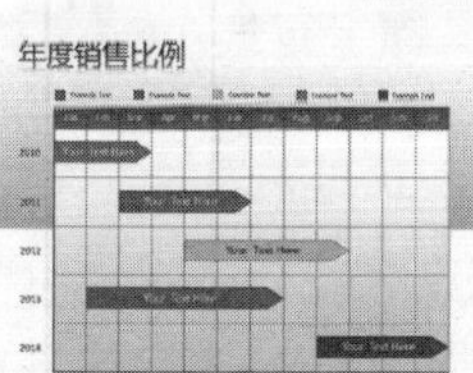

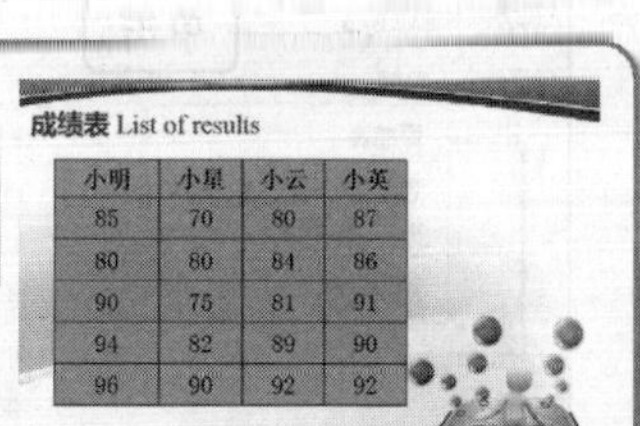

7.1 创建表格对象

表格是由行列交错的单元格组成的，在每一个单元格中，用户可以输入文字或数据，并对表格进行编辑。PowerPoint中支持多种插入表格的方式，可以在幻灯片中直接插入，也可以利用占位符插入。

7.1.1 在幻灯片中插入表格

在PowerPoint 2013中，自动插入表格功能能够方便用户完成表格的创建，提高在幻灯片中添加表格的效率。

➡素材文件	素材\第7章\插入表格.pptx
➡效果文件	效果\第7章\插入表格.pptx
➡视频文件	视频\第7章\在幻灯片内插入表格.mp4
➡难易程度	★★★☆☆

01 在PowerPoint 2013中，打开一个素材文件，如图7-1所示。

图7-1　打开一个素材文件

02 切换至“插入”面板，在“表格”选项板中单击“表格”下拉按钮，如图7-2所示。

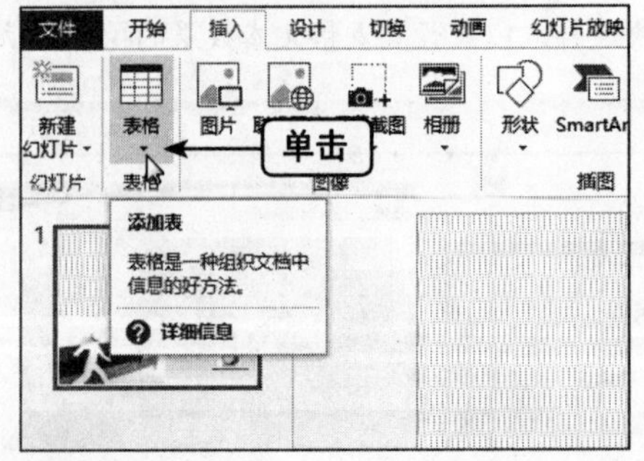

图7-2　单击“表格”下拉按钮

03 在弹出的网格区域中，拖曳鼠标，选择需要创建表格的行、列数据，如图7-3所示。

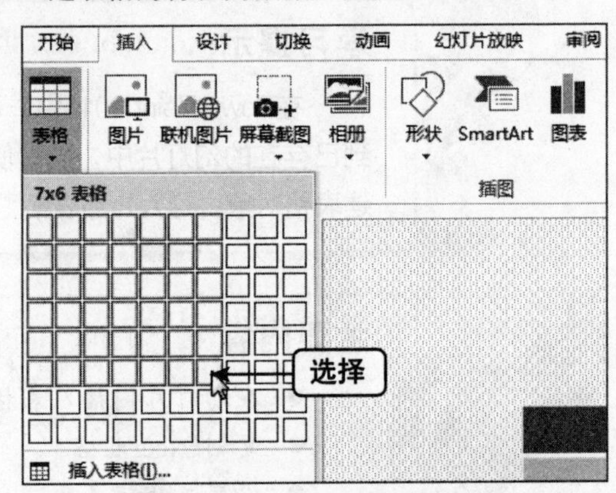

图7-3　选择需要创建表格的行、列数据

04 单击鼠标左键，即可插入表格，调整表格大小和位置，如图7-4所示。

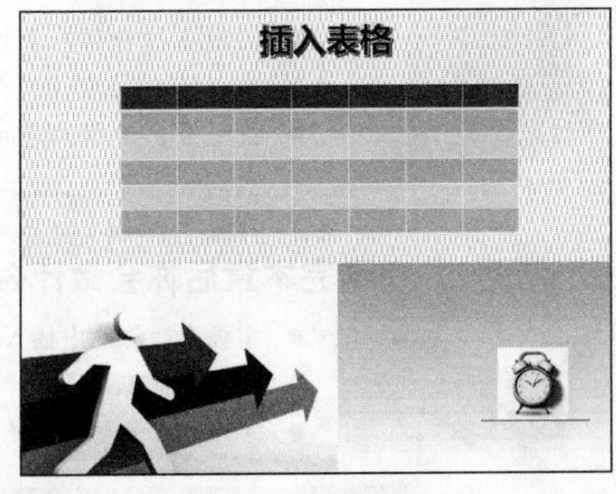

图7-4　插入表格

7.1.2 运用占位符插入表格

在PowerPoint 2013中，用户还可以运用占位符插入表格。下面向用户介绍运用占位符插入表格的操作方法。

➡ 素材文件	素材\第7章\飞镖比赛命中率.pptx
➡ 效果文件	效果\第7章\飞镖比赛命中率.pptx
➡ 视频文件	视频\第7章\运用占位符插入表格.mp4
➡ 难易程度	★★★★☆

01 在PowerPoint 2013中，打开一个素材文件，如图7-5所示。

图7-5　打开一个素材文件

02 在“开始”面板中的“幻灯片”选项板中单击“新建幻灯片”下拉按钮，如图7-6所示。

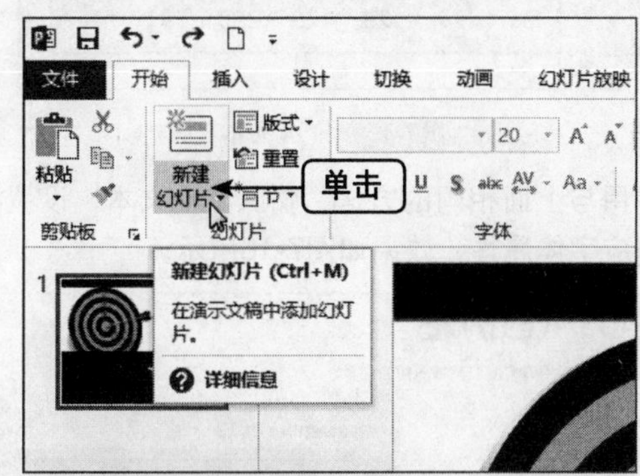

图7-6　单击“新建幻灯片”下拉按钮

03 弹出列表框，选择“标题和内容”选项，如图7-8所示。

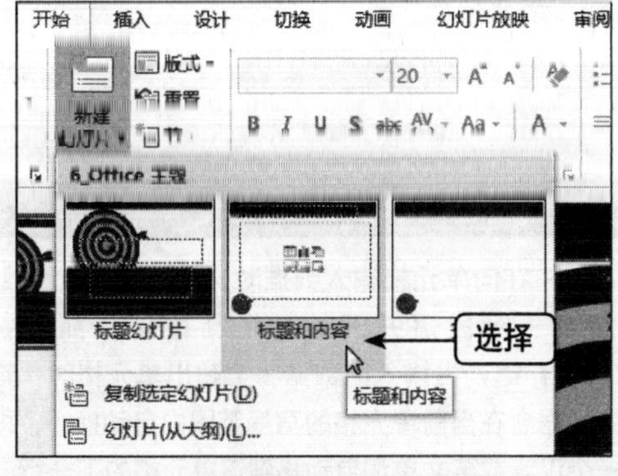

图7-8　选择“标题和内容”选项

04 执行操作后，即可新建一张标题和内容的幻灯片，如图7-9所示。

图7-9　新建一张标题和内容的幻灯片

05 选中“单击此处添加标题”文本，在其中输入相应文本，在下方的占位符中单击“插入表格”按钮，如图7-10所示。

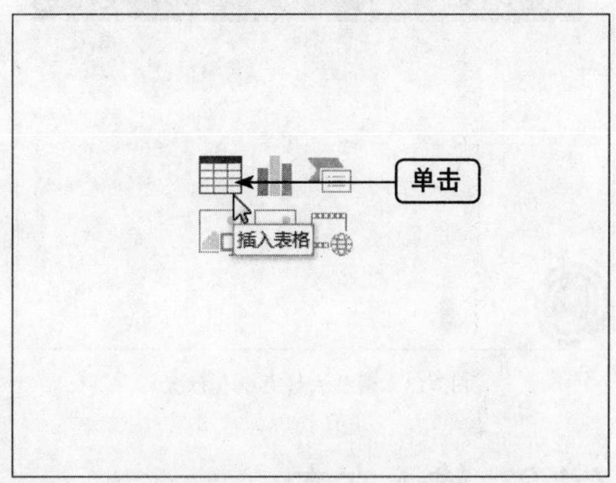

图7-10　单击“插入表格”按钮

06 弹出“插入表格”对话框，设置“列数”为6、“行数”为5，效果如图7-11所示。

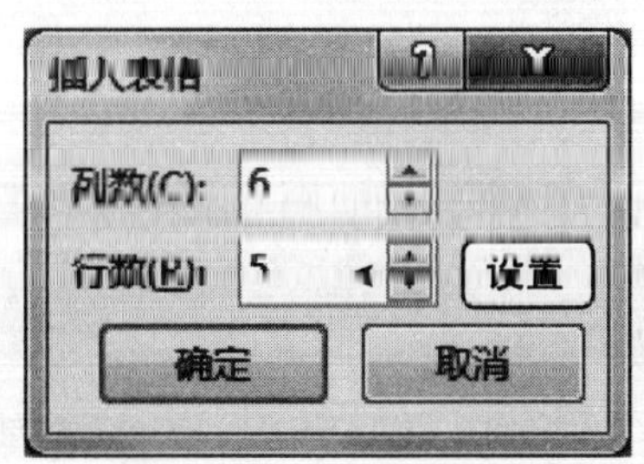

图7-11　设置各选项

07 单击“确定”按钮，即可在编辑区中插入表格，如图7-12所示。

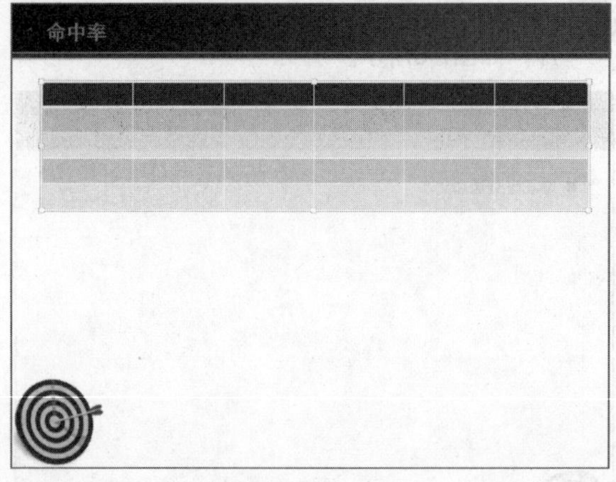

图7-12　插入表格

08 选中插入的表格，调整其大小和位置，效果如图7-13所示。

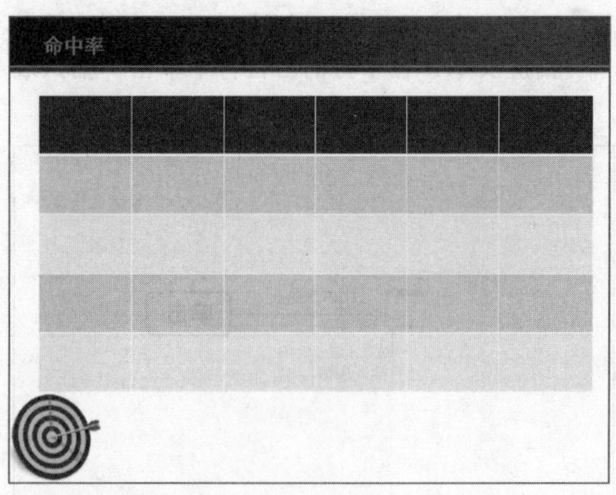

图7-13　调整表格大小和位置

7.1.3　输入文本

在PowerPoint 2013中，用户在幻灯片中建立了表格的基本结构以后，则可以进行文本的输入。下面向用户介绍输入文本的操作方法。

➡素材文件	素材\第7章\2013年12月日历表.pptx
➡效果文件	效果\第7章\2013年12月日历表.pptx
➡视频文件	视频\第7章\输入文本.mp4
➡难易程度	★★☆☆☆

01 在PowerPoint 2013中，打开一个素材文件，如图7-14所示。

02 将鼠标放置在第一个单元格内，单击鼠标左键，在单元格中显示插入点，输入文本“大雪”，如图7-15所示。

图7-14　打开一个素材文件

图7-15　输入文本

03 用与上面相同的方法，输入其他文本，设置相应字体属性，效果如图7-16所示。

图7-16　输入其他文本

重点提醒

用户在向单元格输入数据时，可以按【Enter】键结束一个段落并开始一个新段落，如未按【Enter】键，当输入的数据将要超出单元格时，输入的数据会在当前单元格的宽度范围内自动换行，即下一个汉字或英文单词自动移到该单元格的下一行。

7.2 导入外部表格

PowerPoint不仅可以创建表格、插入表格、手绘表格，还可以从外部导入或者复制表格，如从Word或Excel中导入或复制表格。

7.2.1 复制Word表格

在Word文档中复制表格后，可直接粘贴至PowerPoint中，然后在PowerPoint中根据需要进行编辑与处理。

➡ 素材文件	素材\第7章\成绩表.pptx、成绩表.doc
➡ 效果文件	效果\第7章\成绩表.pptx
➡ 视频文件	视频\第7章\复制Word表格.mp4
➡ 难易程度	★★★☆☆

01 打开Word文档，选择需要复制的表格，如图7-17所示。

小明	小星	小云	小英
85	70	80	87
80	80	84	86
90	75	81	91
94	82	89	90
96	90	92	92

历史月考成绩表

图7-17 选择需要复制的表格

02 单击鼠标右键，在弹出的快捷菜单中选择“复制”命令，如图7-18所示。

图7-18 选择“复制”命令

03 在PowerPoint 2013中，打开一个素材文件，如图7-19所示。

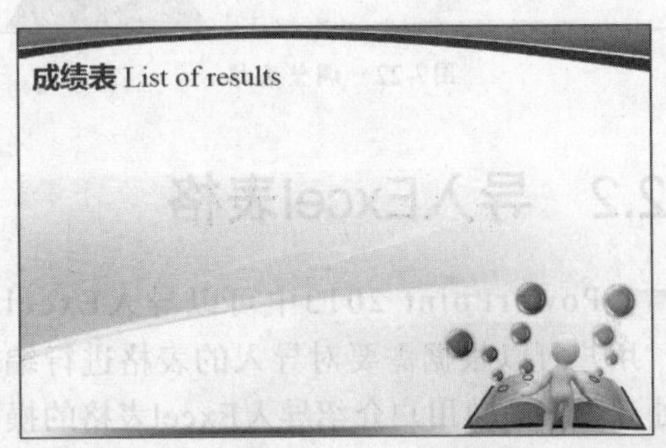

图7-19 打开一个素材文件

04 在“开始”面板中的“剪贴板”选项板中单击“粘贴”按钮，在弹出的列表框中选择“保留源格式”选项，如图7-20所示。

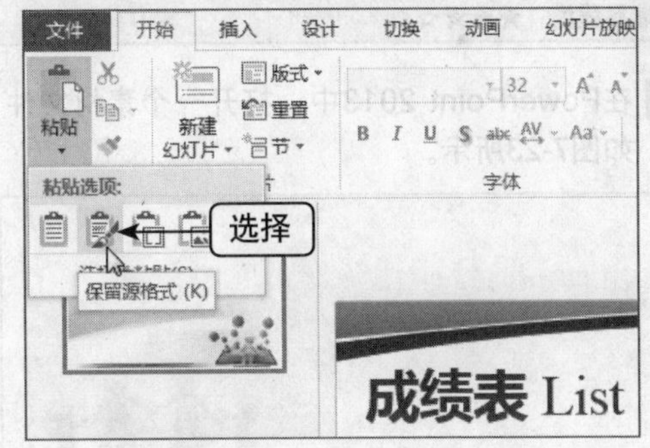

图7-20 选择“保留源格式”选项

05 执行操作后，即可粘贴表格，如图7-21所示。

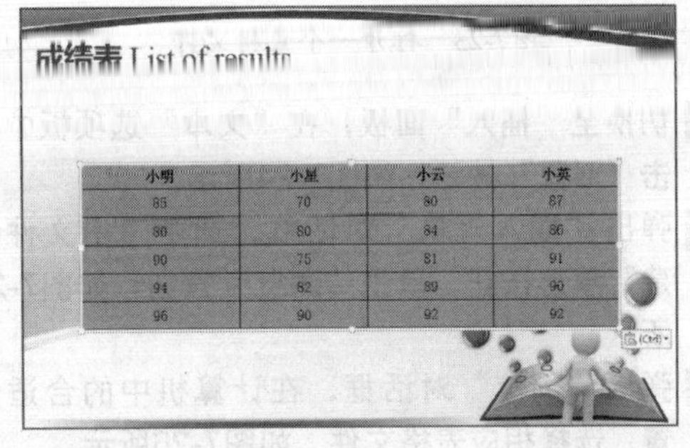

图7-21 粘贴表格

06 拖曳表格边框，调整表格大小和位置，并设置“字号”为30，效果如图7-22所示。

成绩表 List of results

小明	小星	小云	小英
85	70	80	87
80	80	84	86
90	75	81	91
94	82	89	90
96	90	92	92

图7-22　调整表格

7.2.2　导入Excel表格

在PowerPoint 2013中可以导入Excel表格，用户可以根据需要对导入的表格进行编辑与处理。下面向用户介绍导入Excel表格的操作方法。

➡素材文件	素材\第7章\销售数据.pptx、销售数据.xls
➡效果文件	效果\第7章\销售数据.pptx
➡视频文件	视频\第7章\导入Excel表格.mp4
➡难易程度	★★★☆☆

01 在PowerPoint 2013中，打开一个素材文件，如图7-23所示。

图7-23　打开一个素材文件

02 切换至“插入”面板，在“文本”选项板中单击“对象”按钮，如图7-24所示。

03 弹出“插入对象”对话框，选中“由文件创建”单选按钮，单击“浏览”按钮，如图7-25所示。

04 弹出“浏览”对话框，在计算机中的合适位置，选择相应表格文件，如图7-26所示。

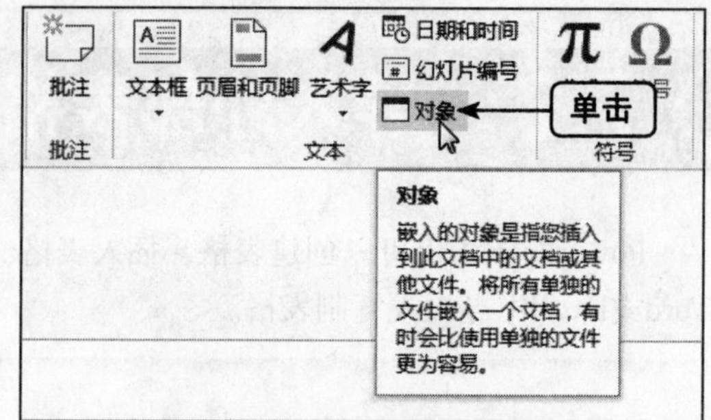

图7-24　单击“对象”按钮

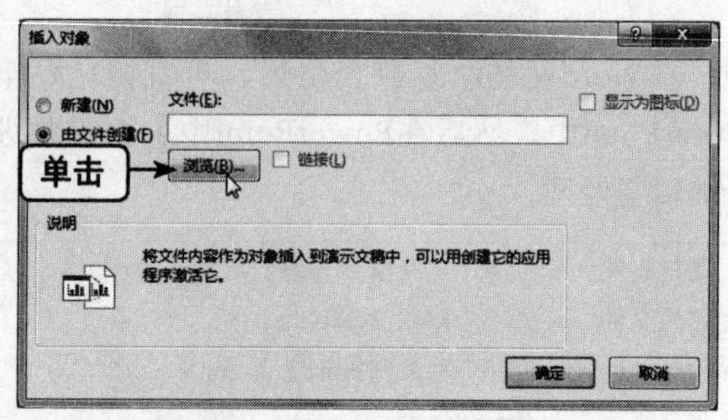

图7-25　单击“浏览”按钮

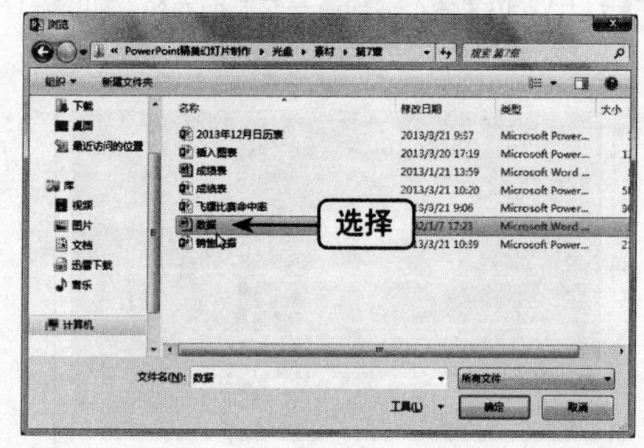

图7-26　选择相应表格文件

05 依次单击“确定”按钮，在幻灯片中插入表格，如图7-27所示。

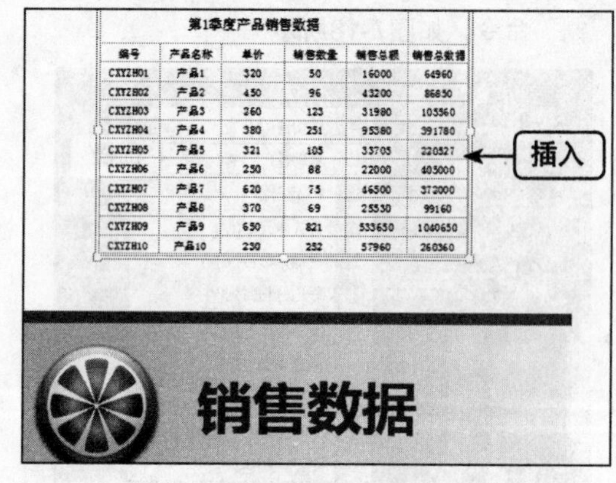

第1季度产品销售数据

编号	产品名称	单价	销售数量	销售总额	销售总数据
CXYZH01	产品1	320	50	16000	64960
CXYZH02	产品2	450	96	43200	86850
CXYZH03	产品3	260	123	31980	105560
CXYZH04	产品4	380	251	95380	391780
CXYZH05	产品5	321	105	33705	220527
CXYZH06	产品6	250	88	22000	405000
CXYZH07	产品7	620	75	46500	372000
CXYZH08	产品8	370	69	25530	99160
CXYZH09	产品9	650	821	533650	1040650
CXYZH10	产品10	230	252	57960	260360

图7-27　插入表格

06 拖曳表格边框，调整表格的大小和位置，效果如图7-28所示。

第1季度产品销售数据

编号	产品名称	单价	销售数量	销售总额	销售总数据
CXYZH01	产品1	320	50	16000	64960
CXYZH02	产品2	450	96	43200	86850
CXYZH03	产品3	260	123	31980	105560
CXYZH04	产品4	380	251	95380	391780
CXYZH05	产品5	321	105	33705	220527
CXYZH06	产品6	250	88	22000	405000
CXYZH07	产品7	620	75	46500	372000
CXYZH08	产品8	370	69	25530	99160
CXYZH09	产品9	650	821	533650	1040650
CXYZH10	产品10	230	252	57960	[illegible]

图7-28 调整表格

7.3 设置表格效果

插入到幻灯片中的表格，不仅可以像文本框和占位符一样被选中、移动、调整大小，还可以为其添加底纹、边框样式、边框颜色以及表格特效等。

7.3.1 设置主题样式

在“设计”面板中的“表格样式”选项板中提供了多种表格的样式图案，它能够快速更改表格的主题样式。

➡ 素材文件	素材\第7章\饮料销售表.pptx
➡ 效果文件	效果\第7章\饮料销售表.pptx
➡ 视频文件	视频\第7章\设置主题样式.mp4
➡ 难易程度	★★★☆☆

01 在PowerPoint 2013中，打开一个素材文件，如图7-29所示。

图7-29 打开一个素材文件

02 在编辑区中，选择需要设置主题样式的表格，如图7-30所示。

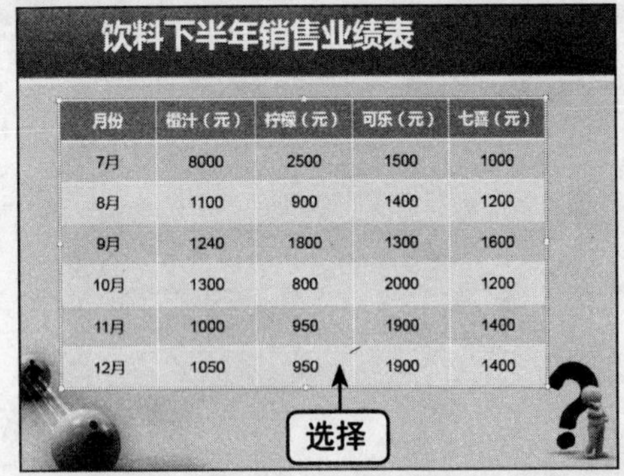

月份	橙汁（元）	柠檬（元）	可乐（元）	七喜（元）
7月	8000	2500	1500	1000
8月	1100	900	1400	1200
9月	1240	1800	1300	1600
10月	1300	800	2000	1200
11月	1000	950	1900	1400
12月	1050	950	1900	1400

图7-30 选择需要设置主题样式的表格

03 切换至“表格工具”中的“设计”面板，在“表格样式”选项板中单击“其他”下拉按钮，如图7-31所示。

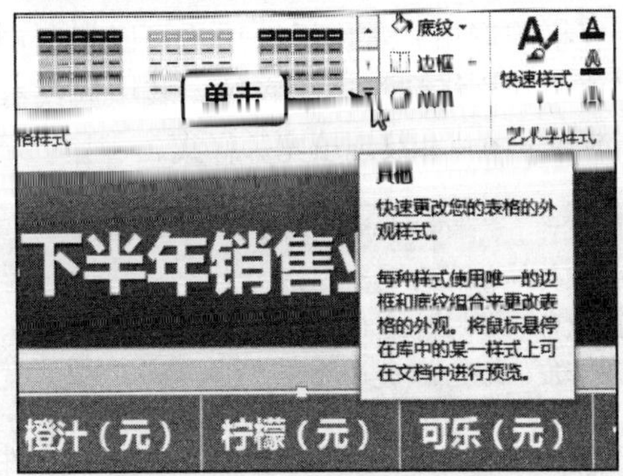

图7-31 单击“其他”下拉按钮

04 在弹出的列表框中选择“主题样式1-强调2”选项，如图7-32所示。

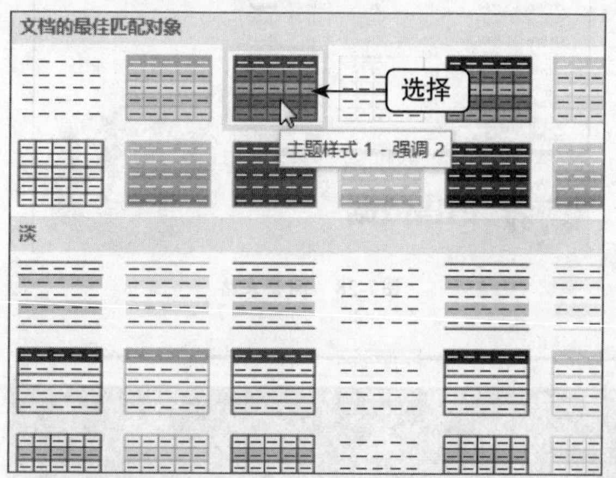

图7-32 选择“主题样式1-强调2”选项

05 执行操作后，即可设置主题样式，如图7-33所示。

饮料下半年销售业绩表

月份	橙汁（元）	柠檬（元）	可乐（元）	七喜（元）
7月	8000	2500	1500	1000
8月	1100	900	1400	1200
9月	1240	1800	1300	1600
10月	1300	800	2000	1200
11月	1000	950	1900	1400
12月	1050	950	1900	1400

图7-33 设置主题样式

7.3.2 设置表格底纹

表格的应用非常广泛，用户可以根据制作的课件为表格搭配相应的底纹，其中底纹有纯色、渐变、图片和纹理填充等样式。

➜素材文件	素材\第7章\表格.pptx
➜效果文件	效果\第7章\表格.pptx
➜视频文件	视频\第7章\设置表格底纹.mp4
➜难易程度	★★★☆☆

01 在PowerPoint 2013中，打开一个素材文件，如图7-34所示。

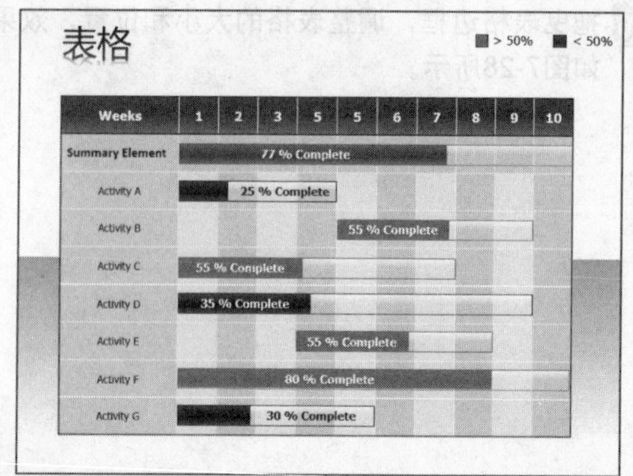

图7-34 打开一个素材文件

02 在编辑区中，选择需要设置底纹的表格，如图7-35所示。

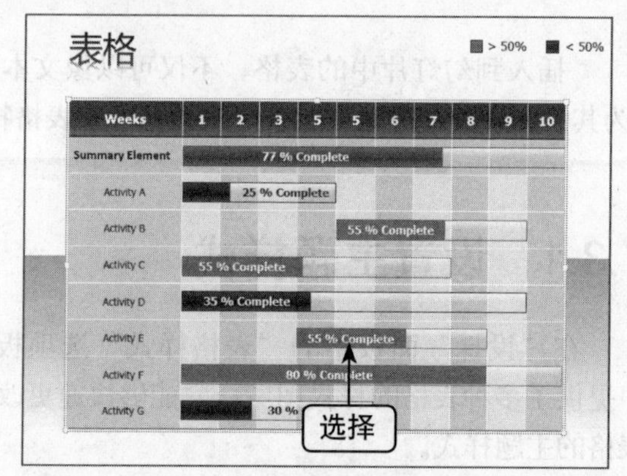

图7-35 选择需要设置底纹的表格

03 切换至“表格工具”中的“设计”面板，单击“表格样式”选项板中的“底纹”下拉按钮，如图7-36所示。

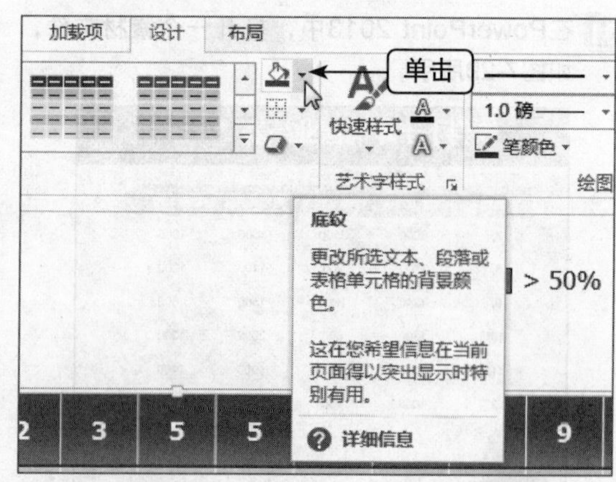

图7-36 单击“底纹”下拉按钮

04 弹出列表框，在“标准色”选项区中选择“橙色”，如图7-37所示。

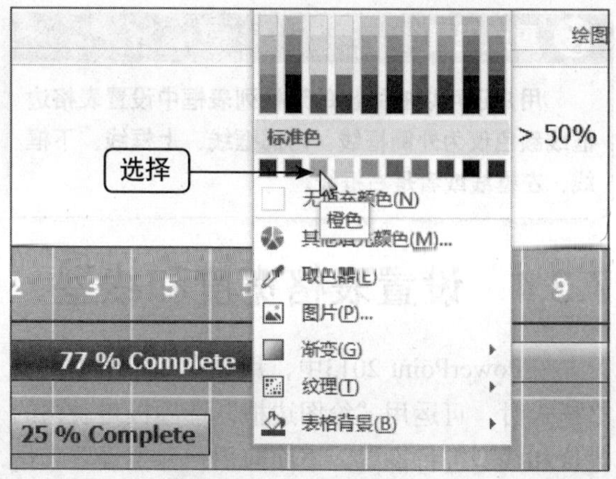

图7-37 选择“橙色”

05 执行操作后，即可设置表格底纹，如图7-38所示。

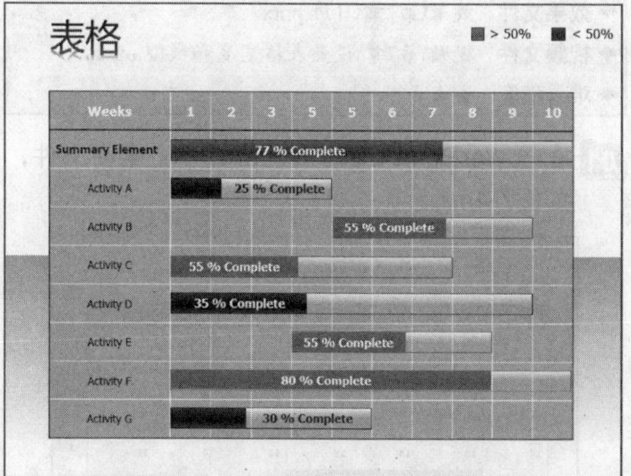

图7-38 设置表格底纹

重点提醒

如果用户对主题样式中的底纹不满意，可以根据表格的主题样式来设置表格的底纹效果，底纹类型各式各样，用户可灵活运用。

7.3.3 设置表格边框颜色

在PowerPoint 2013的表格中，可以设置表格的边框颜色，它能够单独使表格的一边或多边加上边框线，以及更改边框的颜色、大小和边框的样式。

➜ 素材文件	素材\第7章\年度销售比例.pptx
➜ 效果文件	效果\第7章\年度销售比例.pptx
➜ 视频文件	视频\第7章\设置表格边框颜色.mp4
➜ 难易程度	★★★☆☆

01 在PowerPoint 2013中，打开一个素材文件，如图7-39所示。

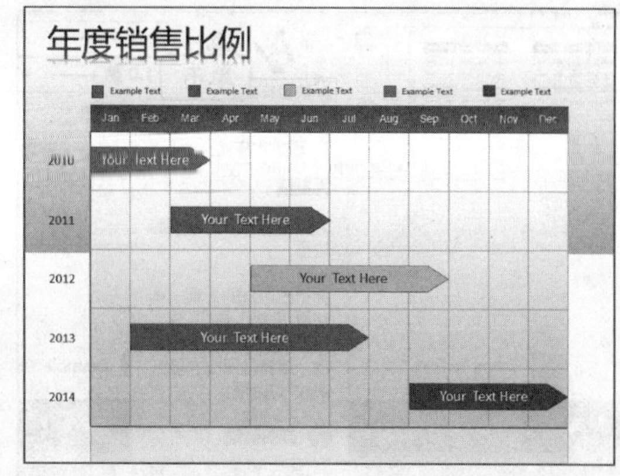

图7-39 打开一个素材文件

02 在编辑区中，选择需要设置边框颜色的表格对象，如图7-40所示。

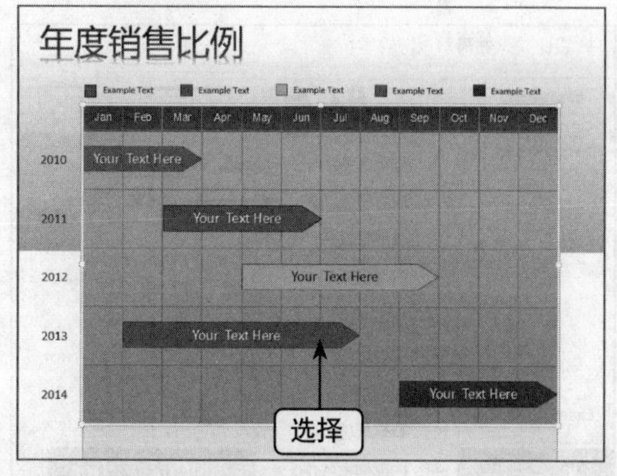

图7-40 选择需要设置边框颜色的表格对象

03 切换至“表格工具”中的“设计”面板，在“绘图边框”选项板中单击“笔颜色”下拉按钮，在弹出的列表框中选择“红色”，如图7-41所示。

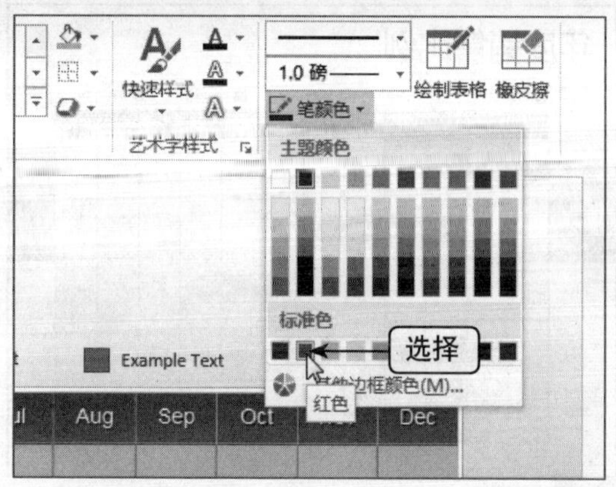

图7-41 选择“红色”

04 单击“表格样式”选项板中的“边框”下拉按钮，如图7-42所示。

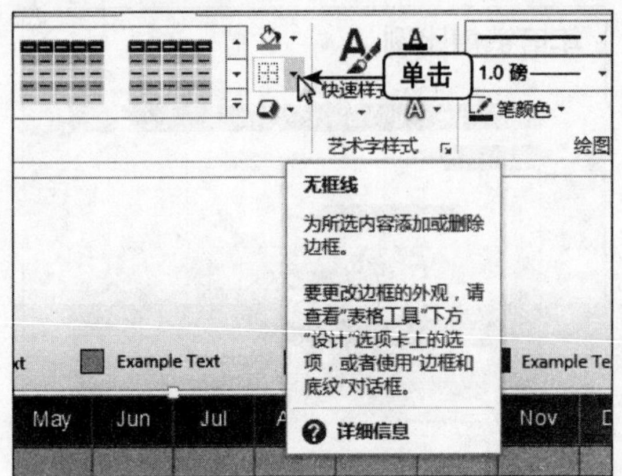

图7-42 单击“边框”下拉按钮

05 弹出列表框，选择“所有框线”选项，如图7-43所示。

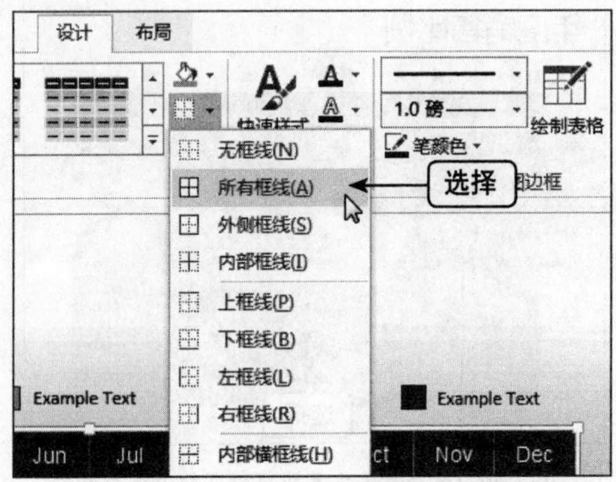

图7-43 选择“所有框线”选项

06 执行操作后，即可设置表格线框颜色，如图7-44所示。

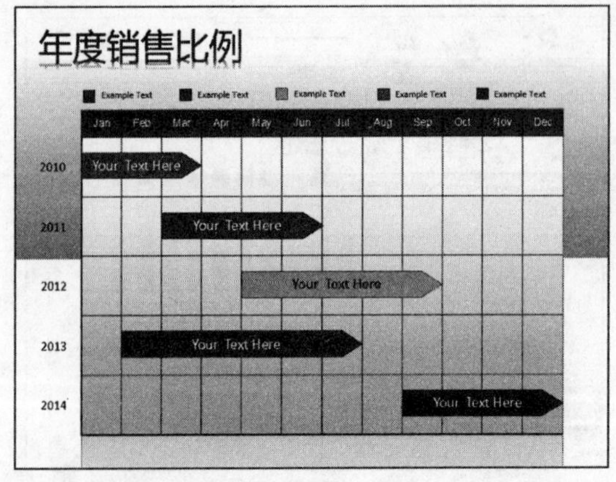

图7-44 设置表格线框颜色

重点提醒

用户还可以在弹出的边框列表框中设置表格边框线颜色仅为外侧框线、内部框线、上框线、下框线、左框线或者是右框线。

7.3.4 设置表格宽度和线型

在PowerPoint 2013中，用户在编辑所需的表格样式时，可运用“绘图边框”选项板对表格的宽度和线型进行设置。下面向用户介绍设置表格宽度和线型的操作方法。

➡ 素材文件	素材\第7章\日历.pptx
➡ 效果文件	效果\第7章\日历.pptx
➡ 视频文件	视频\第7章\设置表格宽度和线型.mp4
➡ 难易程度	★★★☆☆

01 在PowerPoint 2013中，打开一个素材文件，如图7-45所示。

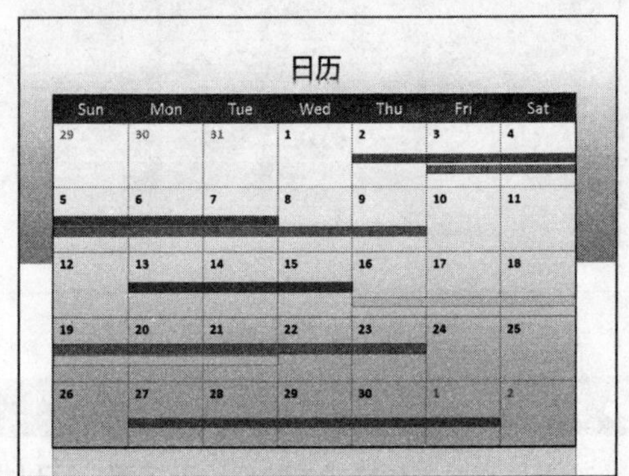

图7-45 打开一个素材文件

02 在编辑区中，选择需要设置宽度和线型的表格，如图7-46所示。

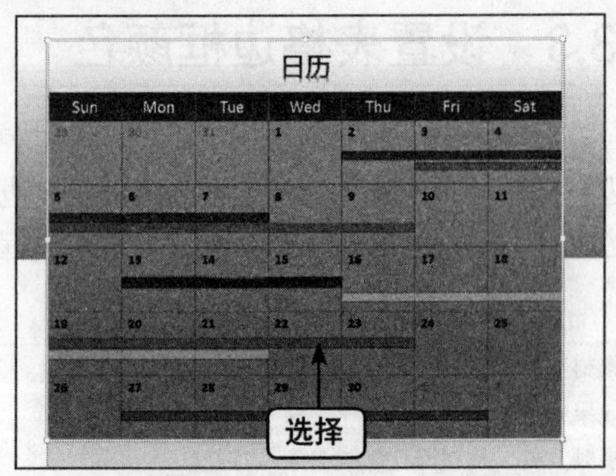

图7-46 选择需要设置宽度和线型的表格

03 切换至“表格工具”中的“设计”面板，单击“绘图边框”选项板中的“笔划粗细”按钮，在弹出的列表框中选择“2.25磅”选项，如图7-47所示。

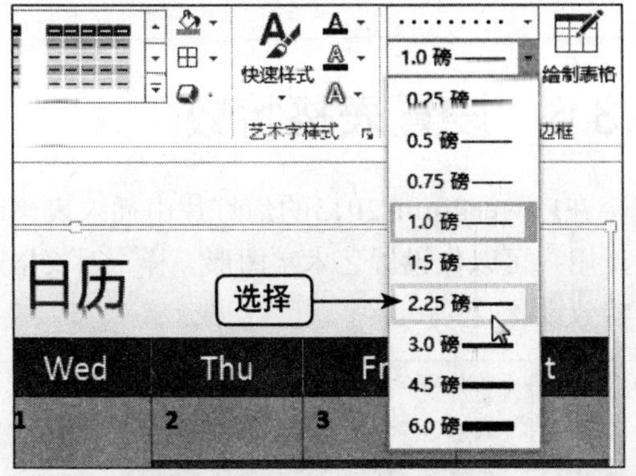

图7-47 选择“2.25磅”选项

04 单击“笔样式”右侧的下拉按钮，在弹出的列表框中选择合适的线型选项，如图7-48所示。

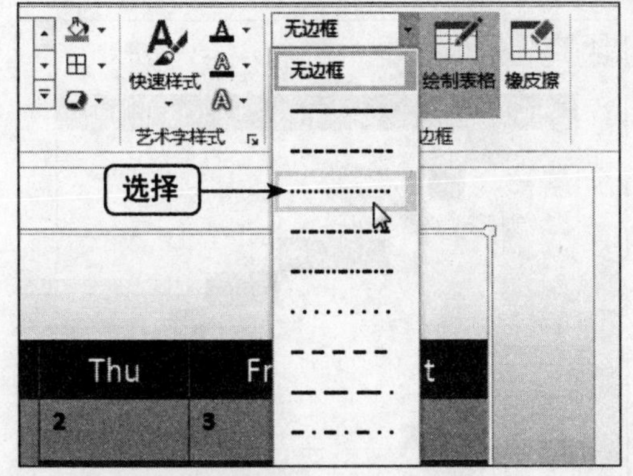

图7-48 选择合适的线型选项

05 单击“表格样式”选项板中的“所有框线”按钮，在弹出的列表框中选择“所有框线”选项，如图7-49所示。

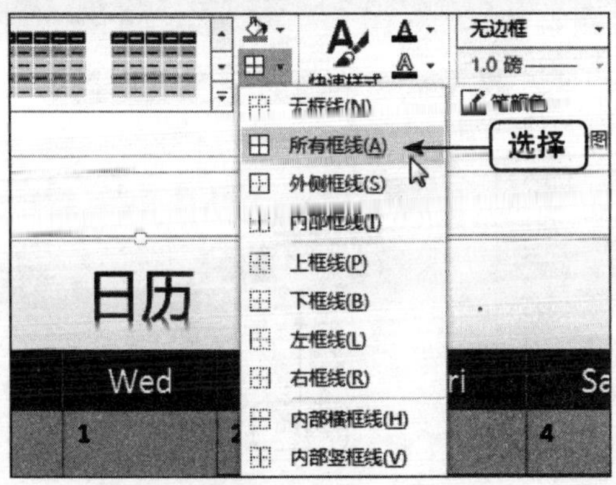

图7-49 选择“所有框线”选项

06 执行操作后，即可设置表格的宽度和线型，如图7-50所示。

图7-50 设置表格的宽度和线型

重点提醒

用户可以使用“擦除”按钮删除表格单元格之间的边框。在“绘图边框”选项板中单击“擦除”按钮或者当指针变为铅笔形状时按住【Shift】键的同时单击要删除的边框即可。

7.3.5 设置文本对齐方式

用户可以根据自己的需求对表格中的文本进行设置，如设置表格中文本的对齐方式，使其看起来与表格更加协调。下面向用户介绍设置文本对齐方式的操作方法。

➜素材文件	素材\第7章\学生成绩表.pptx
➜效果文件	效果\第7章\学生成绩表.pptx
➜视频文件	视频\第7章\设置文本对齐方式.mp4
➜难易程度	★★★☆☆

01 在PowerPoint 2013中，打开一个素材文件，如图7-51所示。

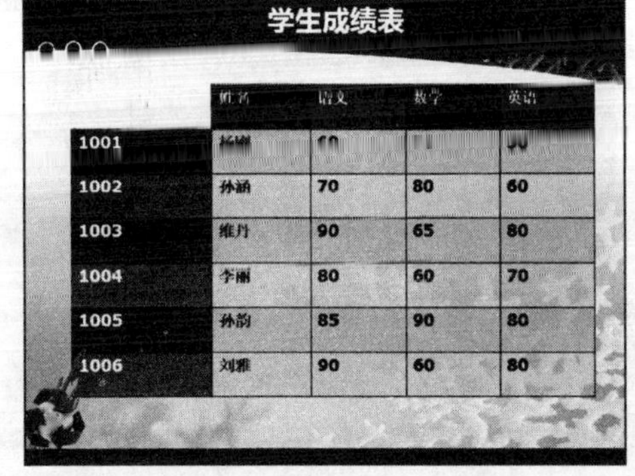

图7-51 打开一个素材文件

02 在编辑区中，选择表格中的文本，如图7-52所示。

学生成绩表

	姓名	语文	数学	英语
1001	杨刚	60	70	50
1002	孙涵	70	80	60
1003	维丹	90	65	80
1004	李丽	80	60	70
1005	孙韵	85	90	80
1006	刘雅	90	60	80

选择

图7-52　选择表格中的文本

03 切换至“表格工具”中的“布局”面板，在“对齐方式”选项板中单击“居中”和“垂直居中”按钮，如图7-53所示。

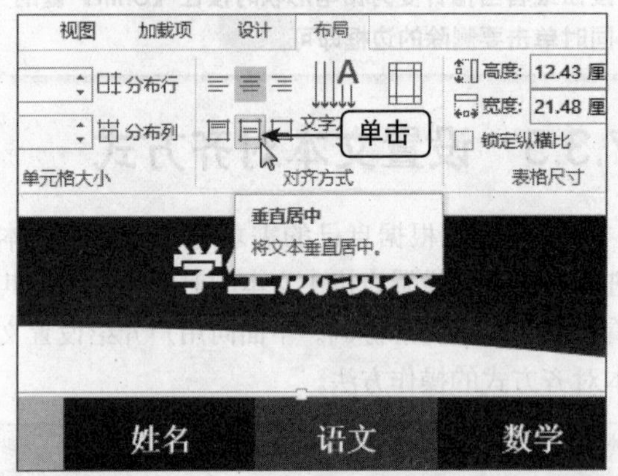

图7-53　单击“垂直居中”按钮

04 执行操作后，即可设置文本的对齐方式，如图7-54所示。

学生成绩表

	姓名	语文	数学	英语
1001	杨刚	60	70	50
1002	孙涵	70	80	60
1003	维丹	90	65	80
1004	李丽	80	60	70
1005	孙韵	85	90	80
1006	刘雅	90	60	80

图7-54　设置文本的对齐方式

重点提醒

在“对齐方式”选项板中，用户还可以为表格中的文本设置“顶端对齐”和“底端对齐”等对齐方式。

7.3.6　设置表格特效

在PowerPoint 2013的幻灯片中插入表格以后，用户可以像设置艺术字图形一样，对表格进行特效设置。

➡ 素材文件	素材\第7章\时间安排.pptx
➡ 效果文件	效果\第7章\时间安排.pptx
➡ 视频文件	视频\第7章\设置表格特效.mp4
➡ 难易程度	★★★☆☆

01 在PowerPoint 2013中，打开一个素材文件，如图7-55所示。

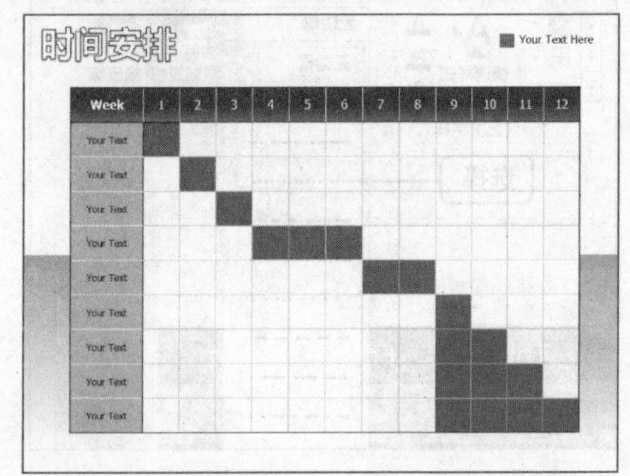

图7-55　打开一个素材文件

02 在编辑区中，选择需要设置特效的表格，如图7-56所示。

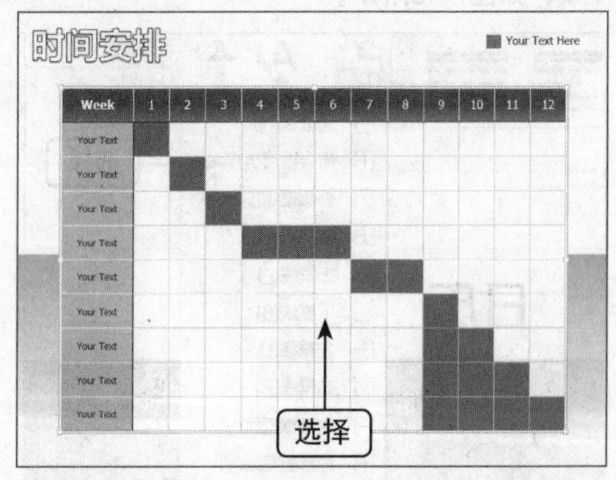

图7-56　选择表格

03 切换至“绘图工具”中的“设计”面板，在“表格样式”选项板中单击“效果”下拉按钮，如图7-57所示。

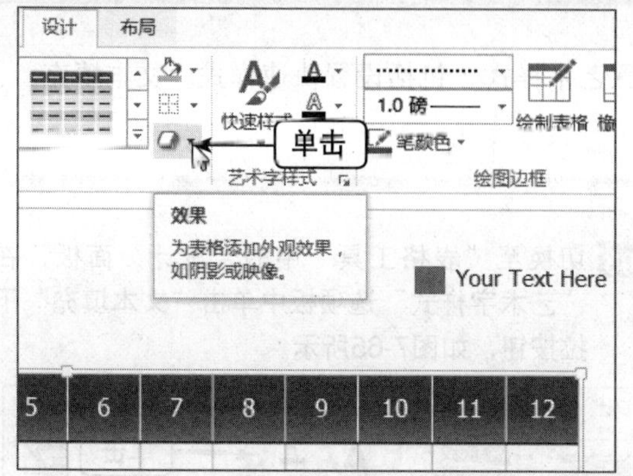

图7-57 单击“效果”下拉按钮

04 弹出列表框，选择“单元格凹凸效果”中的“松散嵌入”选项，如图7-58所示。

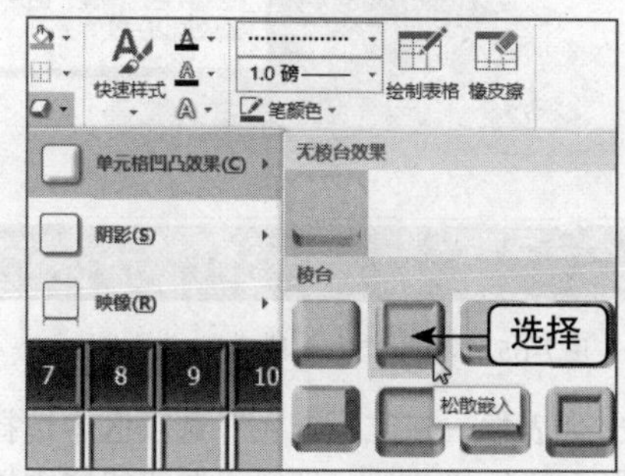

图7-58 选择“松散嵌入”选项

05 执行操作后，即可设置表格凹凸效果，如图7-59所示。

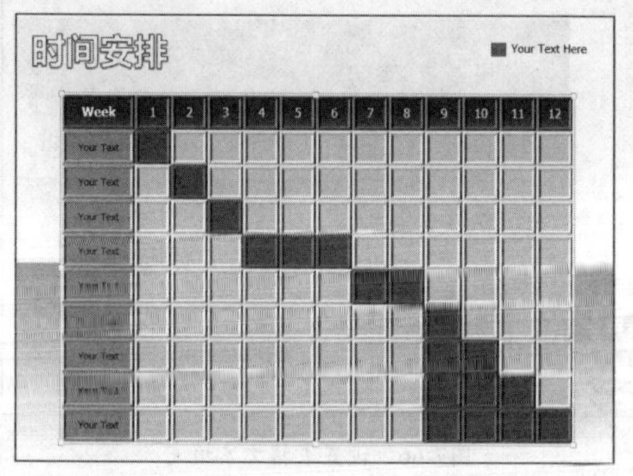

图7-59 设置表格凹凸效果

06 单击“效果”下拉按钮，在弹出的列表框中选择“阴影”中的“向下偏移”选项，如图7-60所示。

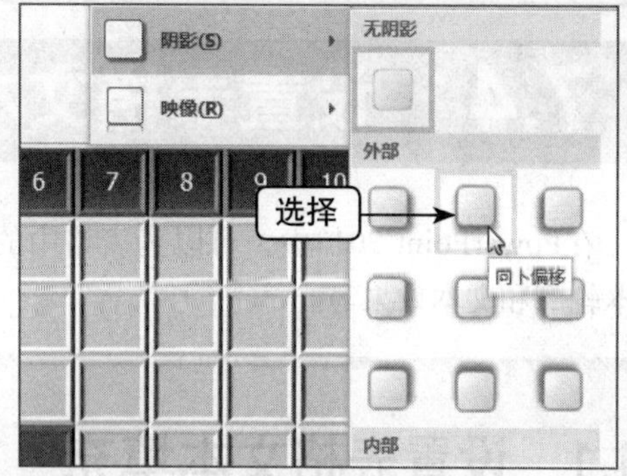

图7-60 选择“向上偏移”选项

07 执行操作后，即可设置表格阴影效果，如图7-61所示。

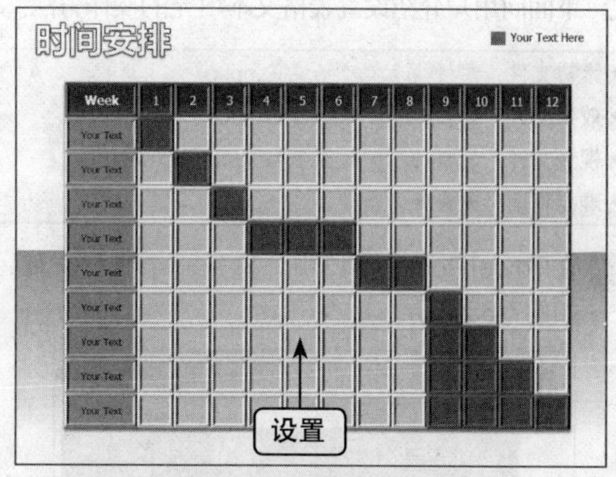

图7-61 设置表格阴影效果

08 再次单击“效果”下拉按钮，在弹出的列表框中选择“映像”中的“紧密映像，接触”选项，即可设置表格效果，如图7-62所示。

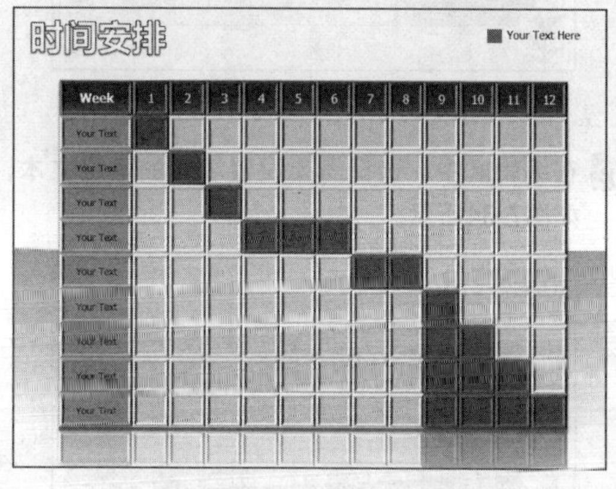

图7-62 设置表格效果

重点提醒

为幻灯片中的表格设置表格效果后，可以使表格更具有立体感，更加时尚、美观。

7.4 设置表格文本样式

在PowerPoint 2013中，可以为表格中的文字设置艺术样式，包括设置快速样式、文本填充、文本轮廓和文本效果等。

7.4.1 设置表格文本填充

在PowerPoint 2013中，表格可以使用纯色、渐变、图片或纹理填充，图片填充可支持多种图片格式。下面向用户介绍设置表格文本填充的操作方法。

➡ 素材文件	素材\第7章\市场竞价.pptx
➡ 效果文件	效果\第7章\市场竞价.pptx
➡ 视频文件	视频\第7章\设置表格文本填充.mp4
➡ 难易程度	★★★☆☆

01 在PowerPoint 2013中，打开一个素材文件，如图7-63所示。

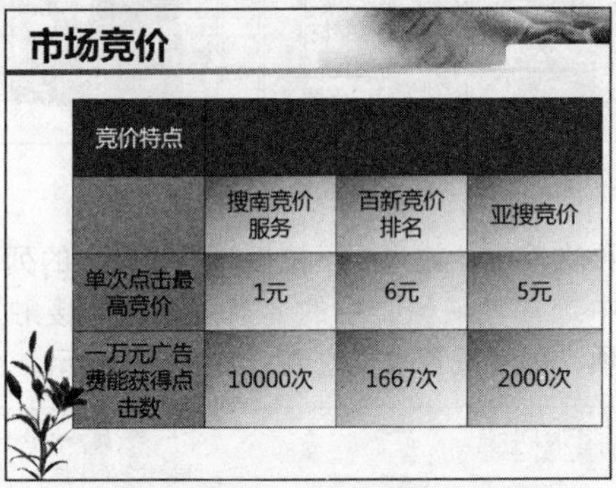

市场竞价
竞价特点
搜南竞价服务
百新竞价排名
亚搜竞价
单次点击最高竞价
1元
6元
5元
一万元广告费能获得点击数
10000次
1667次
2000次

图7-63 打开一个素材文件

02 在编辑区中，选择需要设置填充的表格文本，如图7-64所示。

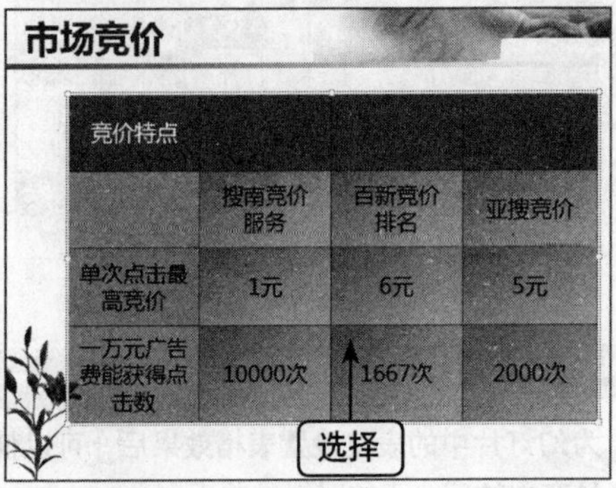

市场竞价
竞价特点
搜南竞价服务
百新竞价排名
亚搜竞价
单次点击最高竞价
1元
6元
5元
一万元广告费能获得点击数
10000次
1667次
2000次
选择

图7-64 选择表格文本

03 切换至“表格工具”中的“设计”面板，在“艺术字样式”选项板中单击“文本填充”下拉按钮，如图7-65所示。

设计
布局
底纹
边框
效果
快速样式
单击
1.0 磅
笔颜色
绘制表格
艺术字样式
绘图边框
文本填充
使用纯色、渐变、图片或纹理填充文本。

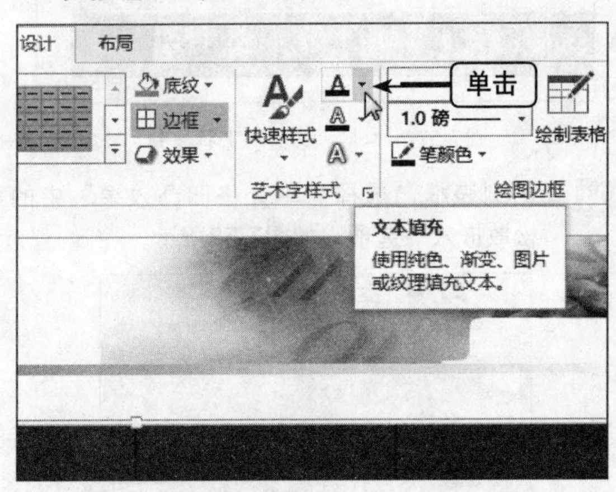

图7-65 单击“文本填充”下拉按钮

04 弹出列表框，在“标准色”选项区中选择“紫色”。执行操作后，即可设置表格文本填充，效果如图7-66所示。

市场竞价
竞价特点
搜南竞价服务
百新竞价排名
亚搜竞价
单次点击最高竞价
1元
6元
5元
一万元广告费能获得点击数
10000次
1667次
2000次

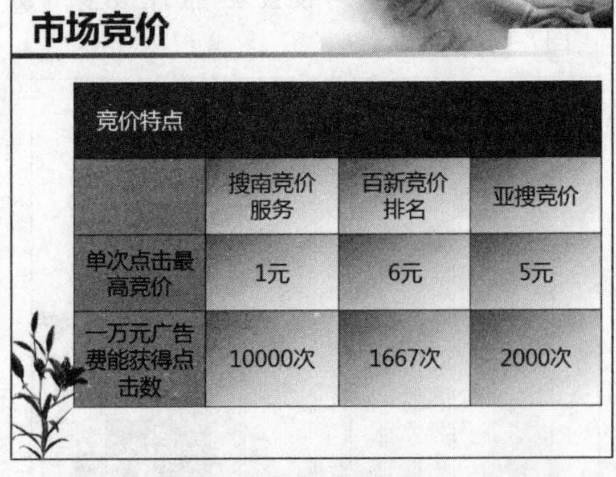

图7-66 设置表格文本填充

重点提醒

表格中的文本除了运用纯色填充外，用户还可以根据需要设置文本填充为渐变、图片或纹理等。

7.4.2 设置快速样式

在PowerPoint 2013中，用户可以在已经创建好的SmartArt图形布局类型中添加形状。添加形状包括从后面添加形状、从前面添加形状、从上方添加形状和从下方添加形状。

➡ 素材文件	素材\第7章\空调生产情况表.pptx
➡ 效果文件	效果\第7章\空调生产情况表.pptx
➡ 视频文件	视频\第7章\设置快速样式.mp4
➡ 难易程度	★★★☆☆

01 在PowerPoint 2013中，打开一个素材文件，如图7-67所示。

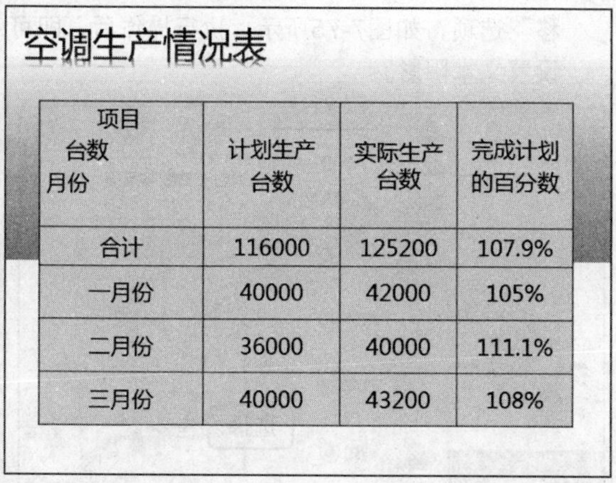

空调生产情况表
项目
台数
月份
计划生产台数
实际生产台数
完成计划的百分数
合计 116000 125200 107.9%
一月份 40000 42000 105%
二月份 36000 40000 111.1%
三月份 40000 43200 108%

图7-67　打开一个素材文件

02 在编辑区中，选择需要设置快速样式的表格文本，如图7-68所示。

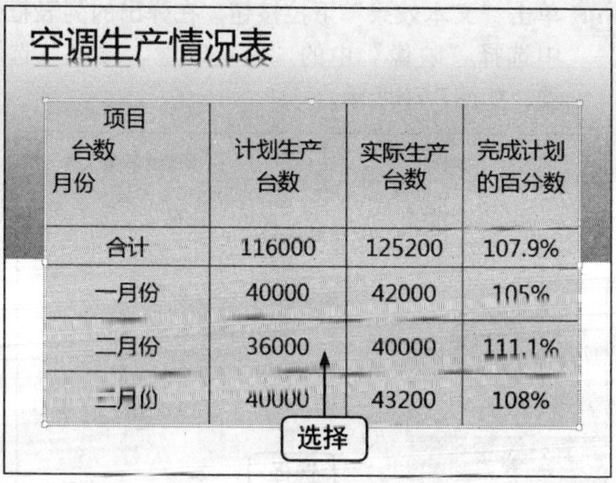

空调生产情况表
项目
台数
月份
计划生产台数
实际生产台数
完成计划的百分数
合计 116000 125200 107.9%
一月份 40000 42000 105%
二月份 36000 40000 111.1%
三月份 40000 43200 108%
选择

图7-68　选择表格文本

03 切换至“表格工具”中的“设计”面板，在“艺术字样式”选项板中单击“快速样式”下拉按钮，如图7-69所示。

设计
布局
快速样式
1.0 磅
绘制表格
单击
艺术字样式
绘图边框
艺术字快速样式
通过在预定义的文本样式之间选择来添加一些艺术风格。

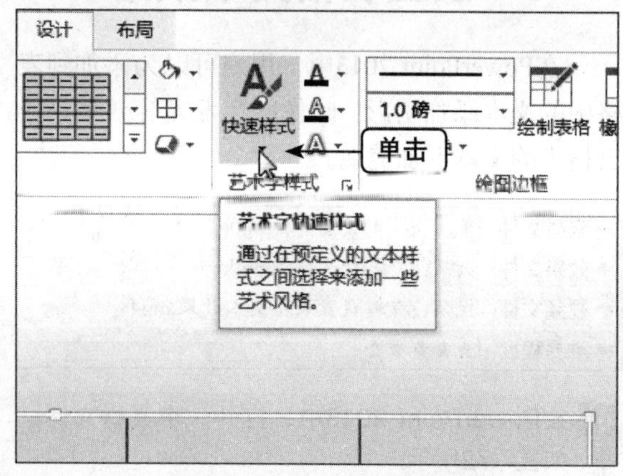

图7-69　单击“快速样式”下拉按钮

04 弹出列表框，选择“填充-白色，轮廓-着色2，清晰阴影-着色2”选项，如图7-70所示。

表格工具
布局
快速样式
1.0 磅
笔颜色
绘制表格
橡皮擦
选择

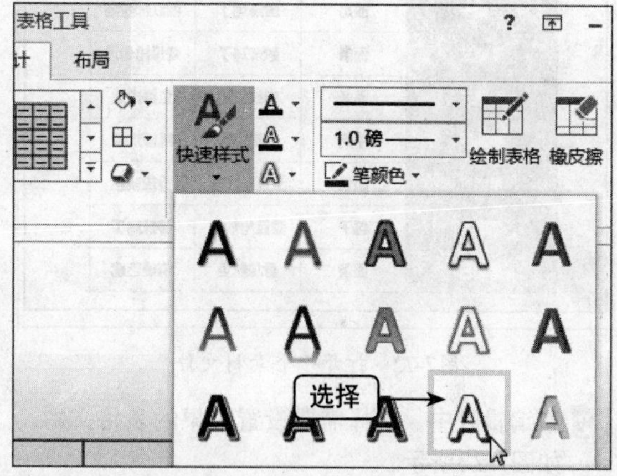

图7-70　选择相应选项

05 执行操作后，即可设置表格文本快速样式，如图7-71所示。

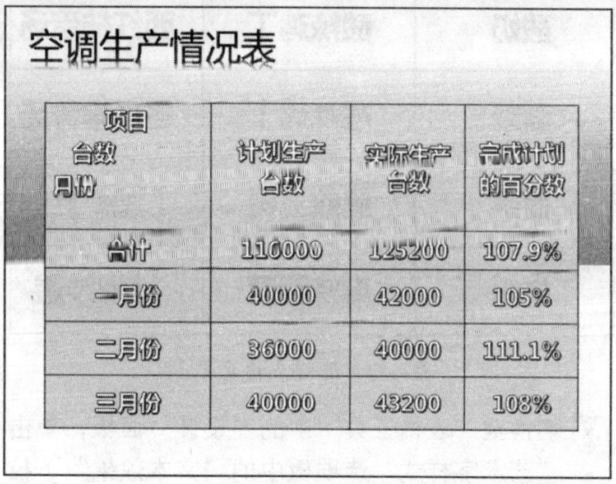

空调生产情况表
项目
台数
月份
计划生产台数
实际生产台数
完成计划的百分数
合计 116000 125200 107.9%
一月份 40000 42000 105%
二月份 36000 40000 111.1%
三月份 40000 43200 108%

图7-71　设置表格文本快速样式

7.4.3 设置表格文本效果

在PowerPoint 2013中，用户可以为添加到表格中的文本添加阴影、映像以及发光等效果，使表格中的文本更加美观。

➡ 素材文件	素材\第7章\饮食安排.pptx
➡ 效果文件	效果\第7章\饮食安排.pptx
➡ 视频文件	视频\第7章\设置表格文本效果.mp4
➡ 难易程度	★★★★☆

01 在PowerPoint 2013中，打开一个素材文件，如图7-72所示。

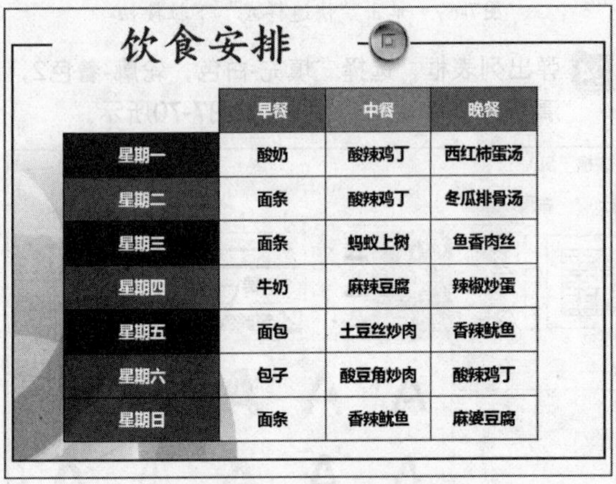

饮食安排

	早餐	中餐	晚餐
星期一	酸奶	酸辣鸡丁	西红柿蛋汤
星期二	面条	酸辣鸡丁	冬瓜排骨汤
星期三	面条	蚂蚁上树	鱼香肉丝
星期四	牛奶	麻辣豆腐	辣椒炒蛋
星期五	面包	土豆丝炒肉	香辣鱿鱼
星期六	包子	酸豆角炒肉	酸辣鸡丁
星期日	面条	香辣鱿鱼	麻婆豆腐

图7-72 打开一个素材文件

02 在编辑区中，选择需要设置效果的表格文本，如图7-73所示。

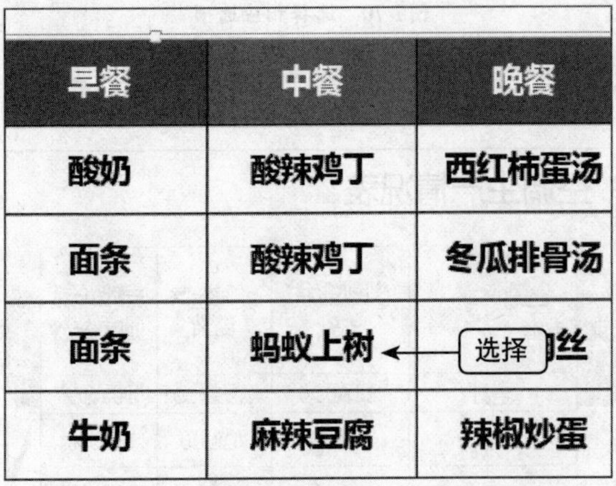

早餐	中餐	晚餐
酸奶	酸辣鸡丁	西红柿蛋汤
面条	酸辣鸡丁	冬瓜排骨汤
面条	蚂蚁上树 ← 选择	[illegible]丝
牛奶	麻辣豆腐	辣椒炒蛋

图7-73 选择表格文本

03 切换至“表格工具”中的“设计”面板，单击“艺术字样式”选项板中的“文本效果”下拉按钮，如图7-74所示。

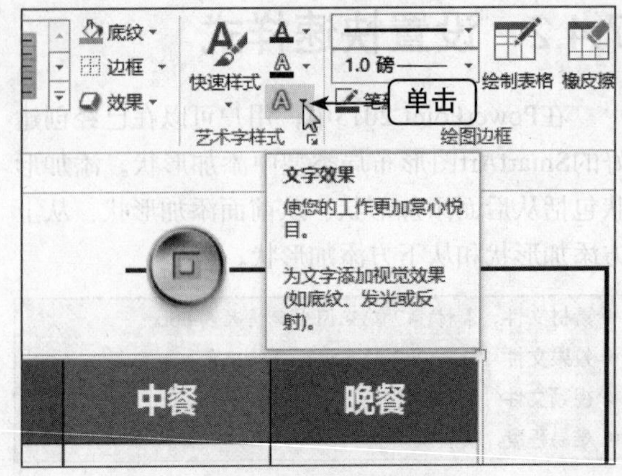

图7-74 单击“文本效果”下拉按钮

04 在弹出的列表框中选择“阴影”中的“向下偏移”选项，如图7-75所示。执行操作后，即可设置文本阴影。

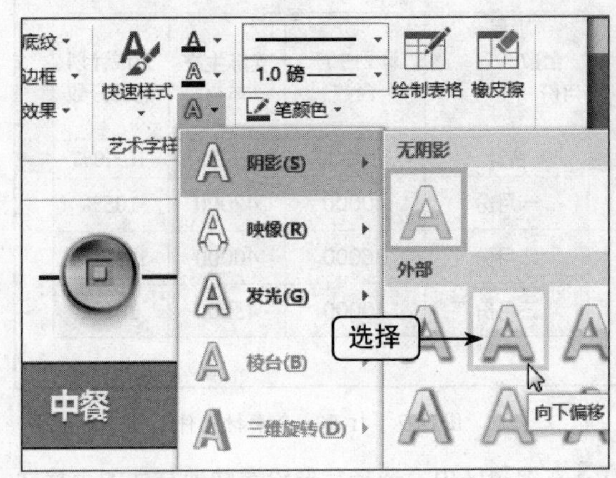

图7-75 选择“向下偏移”选项

05 单击“文本效果”下拉按钮，在弹出的列表框中选择“映像”中的“紧密映像，接触”选项，如图7-76所示。

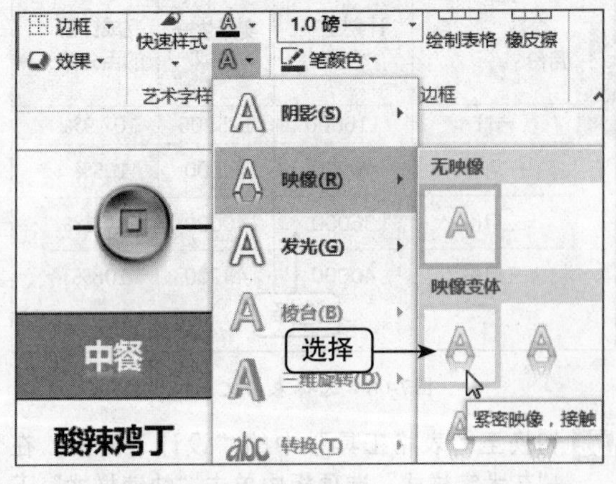

图7-76 选择“紧密映像，接触”选项

06 执行操作后，即可设置文本紧密映像，如图7-77所示。

早餐	中餐	晚餐
酸奶	酸辣鸡丁	西红柿蛋汤
面条	酸辣鸡丁	冬瓜排骨汤
面条	蚂蚁上树	鱼香肉丝
牛奶	麻辣豆腐	辣椒炒蛋

图7-77 设置文本紧密映像

07 单击“文本效果”下拉按钮，在弹出的列表框中选择“发光”中的“酸橙色，18 pt发光，着色2”选项，如图7-78所示。

08 执行操作后，即可设置表格文本效果，如图7-79所示。

重点提醒

在PowerPoint 2013中，用户还可以将表格中的文本轮廓颜色进行相应设置。只需在“艺术字样式”选项板中单击“文本轮廓”下拉按钮，在弹出的列表框中选择合适的颜色即可。

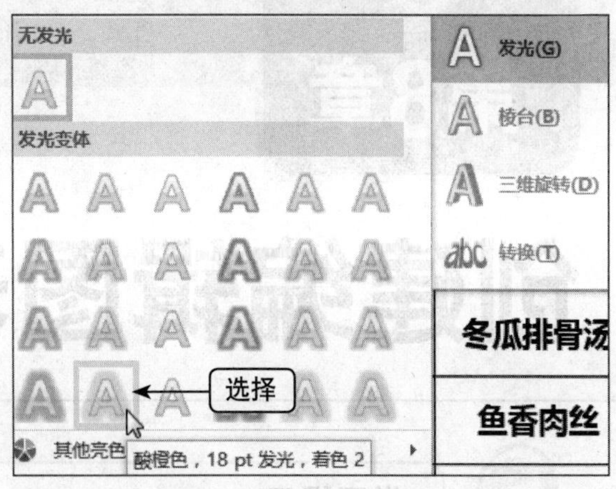

图7-78 选择“酸橙色，18 pt发光，着色2”选项

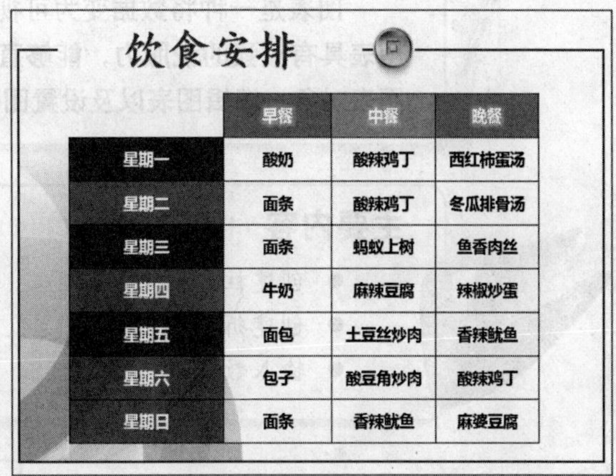

	早餐	中餐	晚餐
星期一	酸奶	酸辣鸡丁	西红柿蛋汤
星期二	面条	酸辣鸡丁	冬瓜排骨汤
星期三	面条	蚂蚁上树	鱼香肉丝
星期四	牛奶	麻辣豆腐	辣椒炒蛋
星期五	面包	土豆丝炒肉	香辣鱿鱼
星期六	包子	酸豆角炒肉	酸辣鸡丁
星期日	面条	香辣鱿鱼	麻婆豆腐

图7-79 设置表格文本效果

创建编辑图表对象

学习提示

图表是一种将数据变为可视化的视图，主要用于演示数据和比较数据。图表具有较强的说服力，能够直观地体现出数据。本章主要向用户介绍创建图表对象、编辑图表以及设置图表布局等内容。

主要内容

- 创建柱形图
- 创建折线图
- 输入数据
- 设置数字格式
- 添加图表标题
- 添加坐标轴标题

重点与难点

- 创建条形图
- 插入行或列
- 设置图例

学完本章后你会做什么

- 掌握创建柱形图、创建曲面图以及创建雷达图的操作方法
- 掌握输入数据、删除行或列以及调整数据表大小的操作方法
- 掌握添加图表标题、添加运算图表以及添加趋势线的操作方法

视频文件

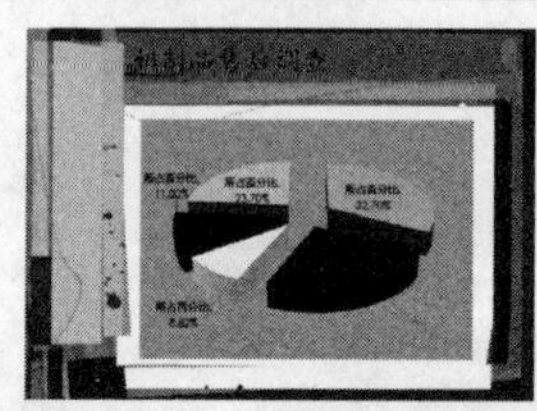

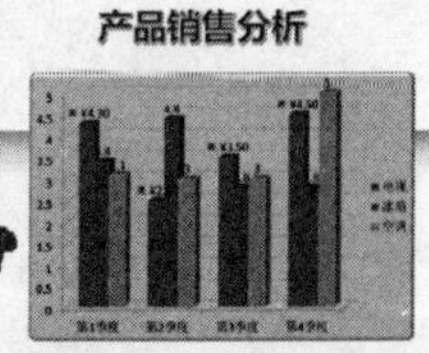

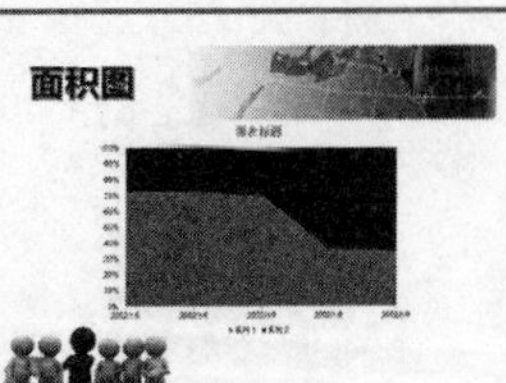

8.1 创建图表对象

图表具有较好的视觉效果，便于用户查看和分析数据，与文字内容相比，形象直观的图表更容易让人了解。

8.1.1 创建柱形图

柱形图是在垂直方向绘制出的长条图，可以包含多组的数据系列，其中分类为X轴，数值为Y轴。下面向用户介绍创建柱形图的操作方法。

➡素材文件	素材\第8章\柱形图.pptx
➡效果文件	效果\第8章\柱形图.pptx
➡视频文件	视频\第8章\创建柱形图.mp4
➡难易程度	★★★☆☆

01 在PowerPoint 2013中，打开一个素材文件，如图8-1所示。

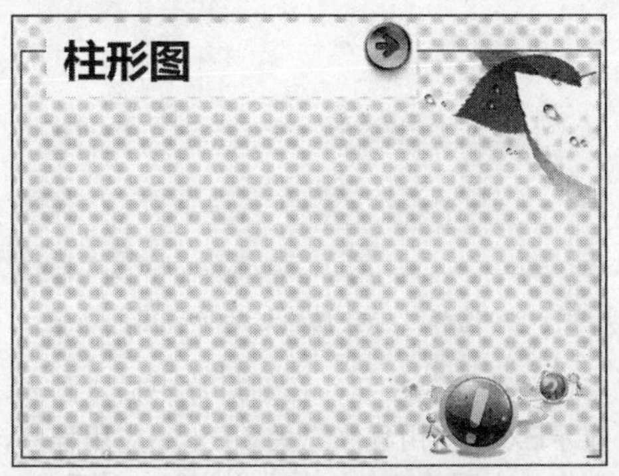

图8-1 打开一个素材文件

02 切换至“插入”面板，在“插图”选项板中单击“图表”按钮，如图8-2所示。

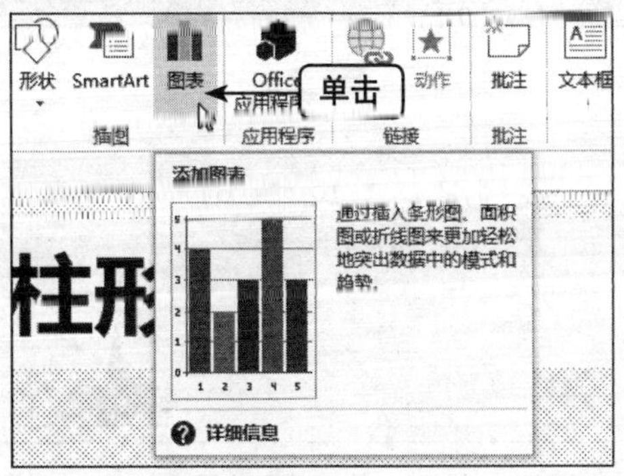

图8-2 单击“图表”按钮

03 弹出“插入图表”对话框，选择“柱形图”选项，在“柱形图”选项区中选择“百分比堆积柱形图”选项，如图8-3所示。

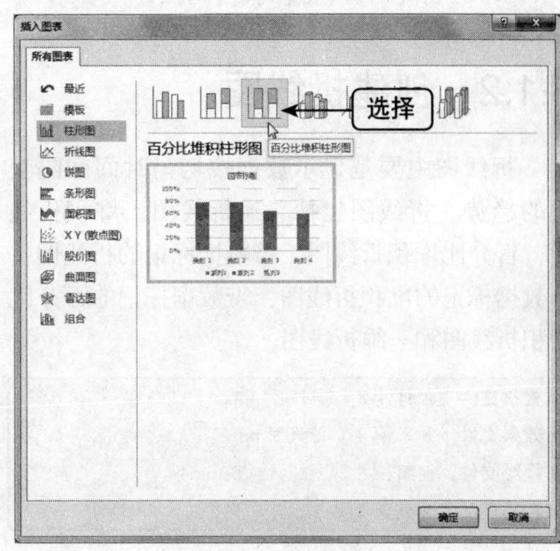

图8-3 选择需要创建表格的行、列数据

04 单击“确定”按钮，在幻灯片中插入图表，并显示Excel应用程序，如图8-4所示。

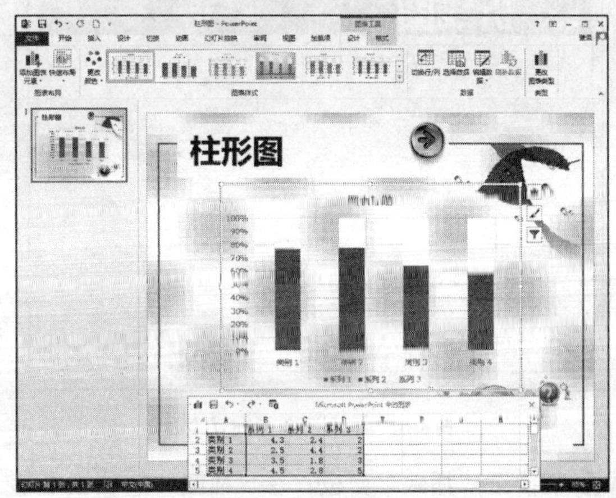

图8-4 插入图表

05 关闭Excel应用程序，在幻灯片中调整图表的大小与位置，效果如图8-5所示。

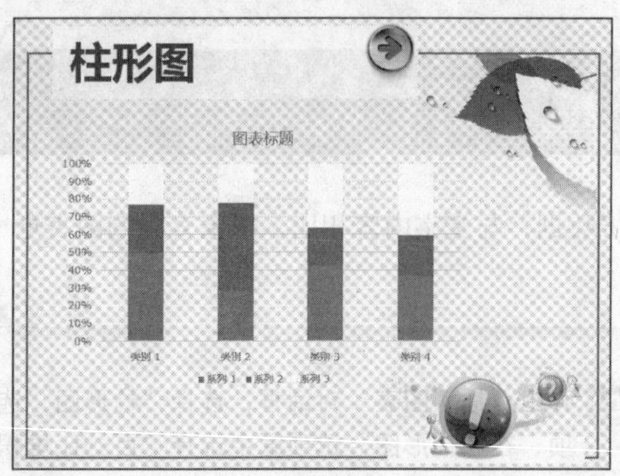

图8-5 调整图表的大小与位置

8.1.2 创建折线图

折线图主要是显示数据按均匀时间间隔变化的趋势。折线图包括普通折线图、堆积折线图、百分比堆积折线图、带数据标记的折线图、带数据标记的堆积折线图、带数据标记的百分比堆积折线图和三维折线图。

➡素材文件	素材\第8章\折线图.pptx
➡效果文件	效果\第8章\折线图.pptx
➡视频文件	视频\第8章\创建折线图.mp4
➡难易程度	★★★☆☆

01 在PowerPoint 2013中，打开一个素材文件，如图8-6所示。

图8-6 打开一个素材文件

02 切换至“插入”面板，在“插图”选项板中单击“图表”按钮，如图8-7所示。

03 弹出“插入图表”对话框，选择“折线图”选项，在“折线图”选项区中选择“带数据标记的折线图”选项，如图8-8所示。

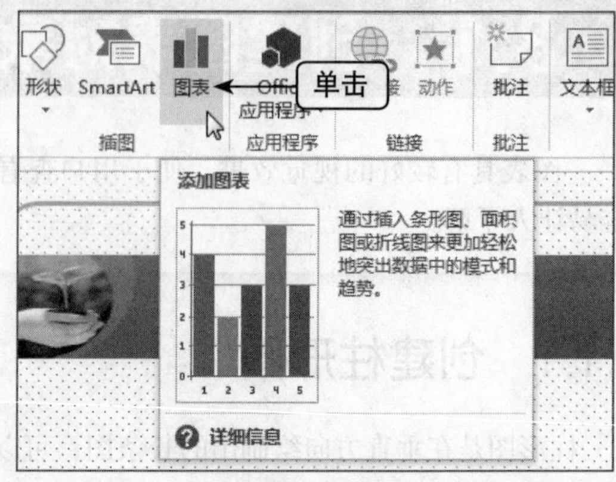

图8-7 单击“图表”按钮

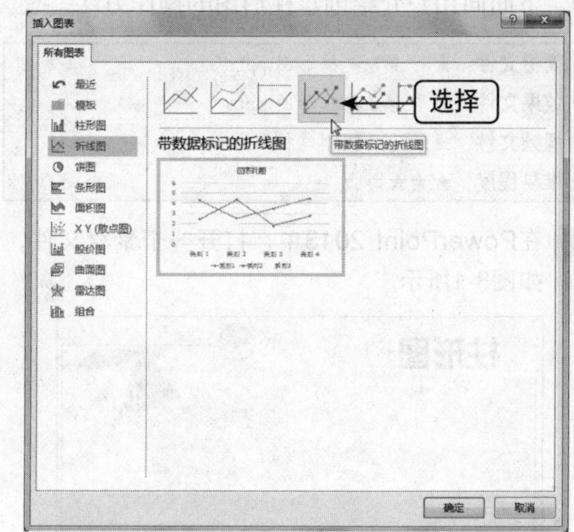

图8-8 选择“带数据标记的折线图”选项

04 单击“确定”按钮，在幻灯片中插入图表，并显示Excel应用程序。关闭Excel应用程序，在幻灯片中调整图表的大小与位置，效果如图8-9所示。

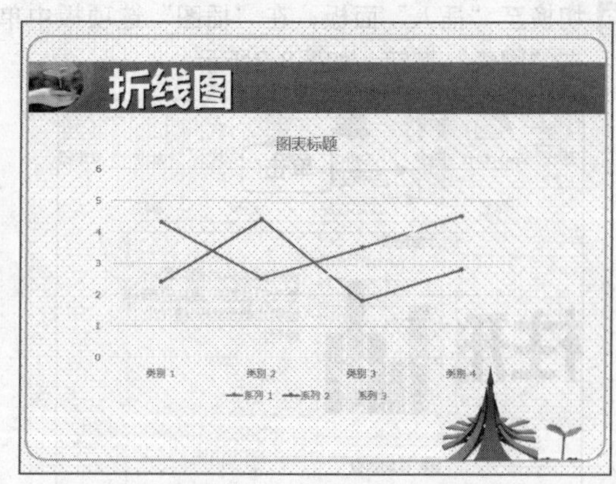

图8-9 插入并调整图表

重点提醒

在“插入图表”对话框中，用户可以将经常用到的图表设置为默认图表。

8.1.3 创建条形图

条形图是指在水平方向绘制出的长条图，同柱形图相似，也可以包含多组数据系列，但其分类名称在Y轴，数值在X轴，用来强调不同分类之间的差别。

➡ 素材文件	素材\第8章\条形图.pptx
➡ 效果文件	效果\第8章\条形图.pptx
➡ 视频文件	视频\第8章\创建条形图.mp4
➡ 难易程度	★★★☆☆

01 在PowerPoint 2013中，打开一个素材文件，如图8-10所示。

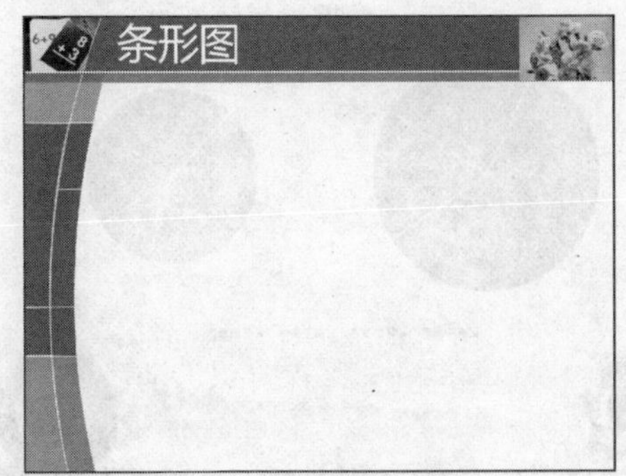

图8-10　打开一个素材文件

02 调出“插入图表”对话框，选择“条形图”选项，在“条形图”选项区中选择“堆积条形图”选项，如图8-11所示。

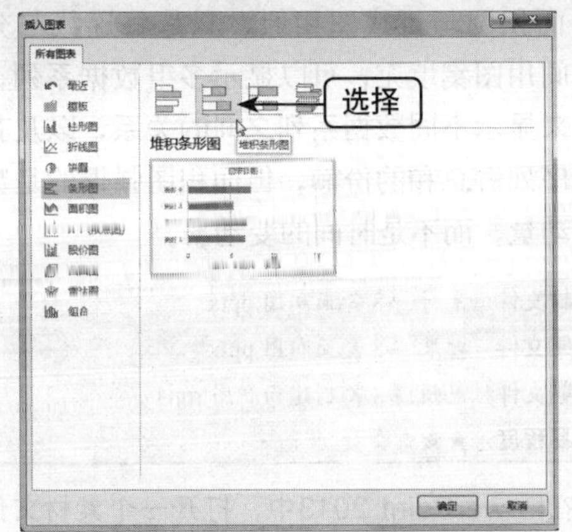

图8-11　选择“堆积条形图”选项

重点提醒

在“条形图”选项区中包含“簇状条形图”、“堆积条形图”、“三维簇状条形图”、“三维堆积条形图”和“三维百分比堆积条形图”6种条形图样式。

03 单击“确定”按钮，在幻灯片中插入图表，并且系统将自动启动Excel应用程序，如图8-12所示。

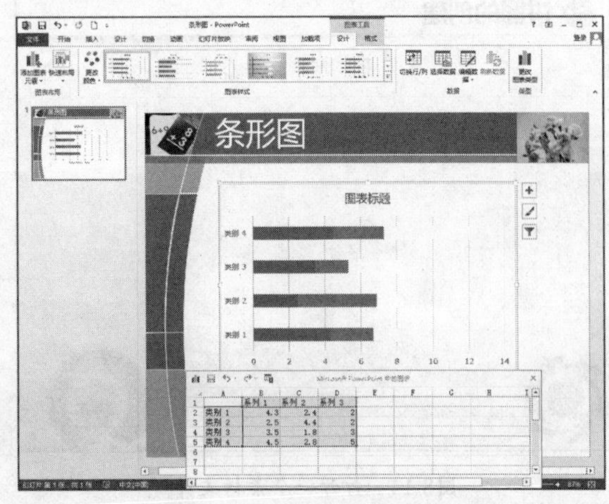

图8-12　启动Excel应用程序

04 关闭Excel应用程序，在幻灯片中调整图表的大小与位置，并设置表格中文本的“字体颜色”为黑色，效果如图8-13所示。

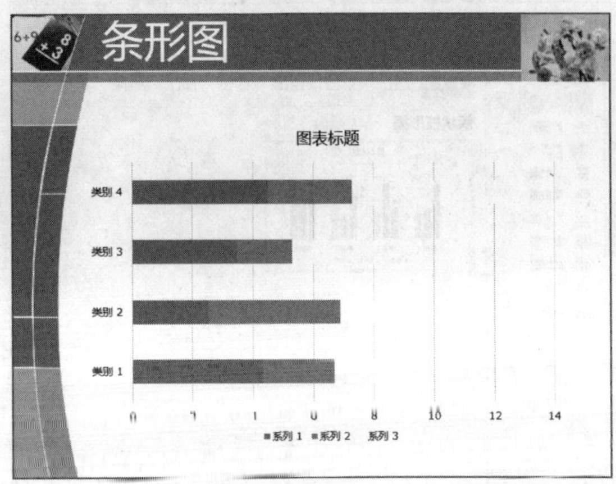

图8-13　调整图表

8.1.4 创建饼图

饼图是一个划分为几个扇形的圆形统计图表，用于描述量、频率或百分比之间的相对关系。在饼图中，每个扇区的弧长（以及圆心角和面积）大小为其所表示的数量的比例。

➡ 素材文件	素材\第8章\饼图.pptx
➡ 效果文件	效果\第8章\饼图.pptx
➡ 视频文件	视频\第8章\创建饼图.mp4
➡ 难易程度	★★★☆☆

01 在PowerPoint 2013中，打开一个素材文件，如图8-14所示。

图8-14　打开一个素材文件

02 切换至“插入”面板，在“插图”选项板中单击“图表”按钮，弹出“插入图表”对话框，如图8-15所示。

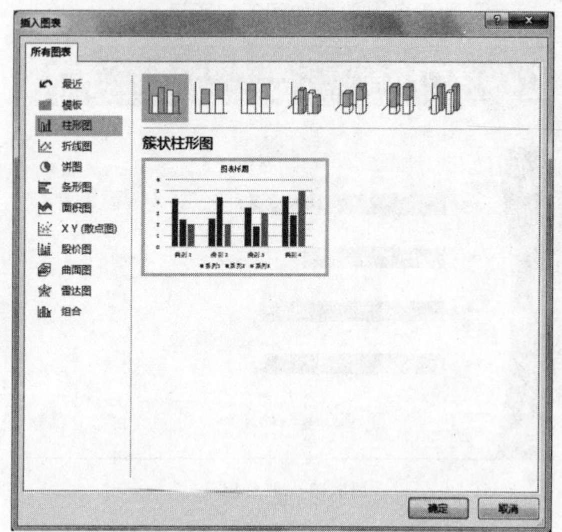

图8-15　弹出“插入图表”对话框

03 在“所有图表”选项卡的左侧选择“饼图”选项，在右侧选项区中选择“复合饼图”选项，如图8-16所示。

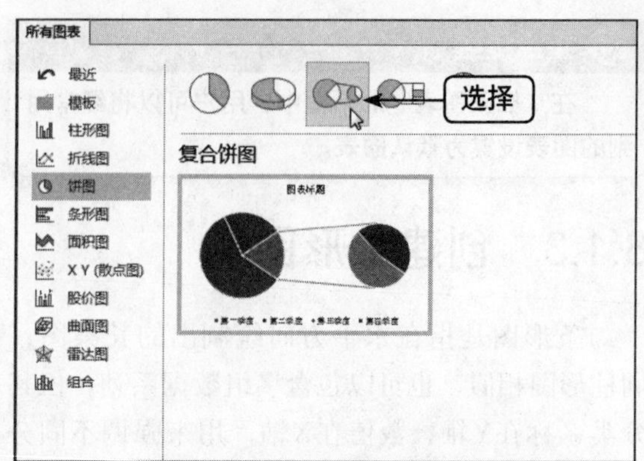

图8-16　选择“复合饼图”选项

04 单击“确定”按钮，在幻灯片中插入图表，并且系统将自动启动Excel应用程序。关闭Excel应用程序，在幻灯片中调整图表的大小与位置，效果如图8-17所示。

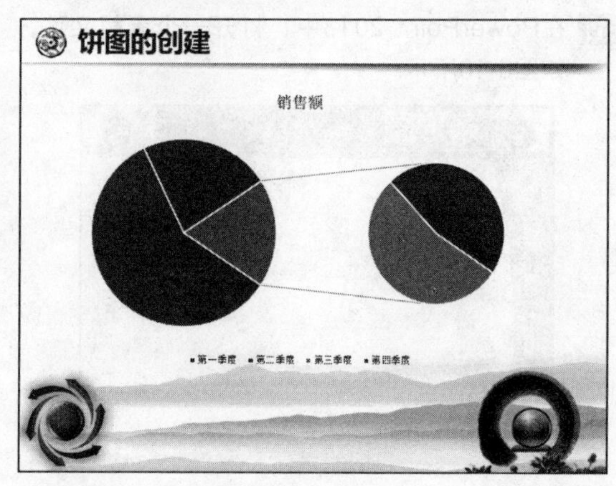

图8-17　插入并调整图表

8.1.5　创建面积图

面积图与折线图相似，只是将连线与分类轴之间用图案填充，可以显示多组数据系列，主要用来显示不同数据系列之间的关系，以及其中一个序列占总和的份额，但面积图强调的是数据的变动量，而不是时间的变动率。

➡ 素材文件	素材\第8章\面积图.pptx
➡ 效果文件	效果\第8章\面积图.pptx
➡ 视频文件	视频\第8章\创建面积图.mp4
➡ 难易程度	★★☆☆☆

01 在PowerPoint 2013中，打开一个素材文件，如图8-18所示。

图8-18　打开一个素材文件

02 切换至“插入”面板，调出“插入图表”对话框，在“所有图表”选项卡的左侧选择“面积图”选项，在右侧的选项区中选择“百分比堆积面积图”选项，如图8-19所示。

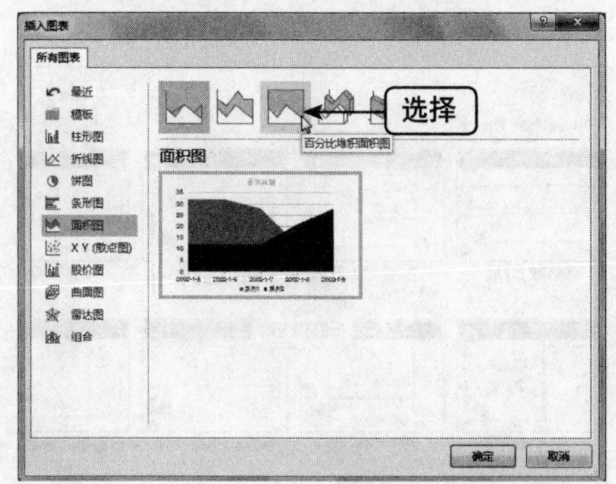

图8-19　选择“百分比堆积面积图”选项

03 单击“确定”按钮，在幻灯片中插入图表，并且系统将自动启动Excel应用程序。关闭Excel应用程序，在幻灯片中调整图表的大小与位置，效果如图8-20所示。

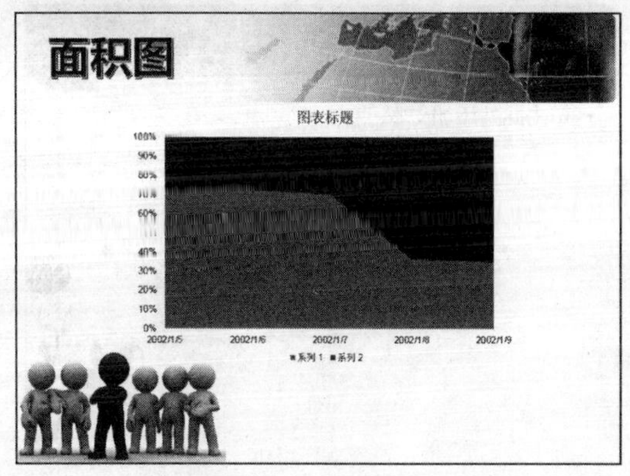

图8-20　插入并调整图表

重点提醒

面积图强调的是数据的变动量，而不是时间的变动率。

8.1.6 创建曲面图

在连续的曲面上显示数值的趋势。三维曲面图较为特殊，主要是用来寻找两组数据之间的最佳组合。

➡ 素材文件	素材\第8章\曲面图.pptx
➡ 效果文件	效果\第8章\曲面图.pptx
➡ 视频文件	视频\第8章\创建曲面图.mp4
➡ 难易程度	★★☆☆☆

01 在PowerPoint 2013中，打开一个素材文件，如图8-21所示。

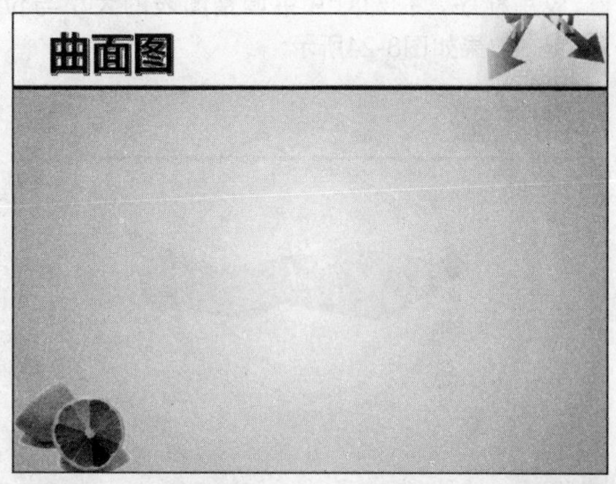

图8-21　打开一个素材文件

02 调出“插入图表”对话框，选择“曲面图”选项，如图8-22所示。

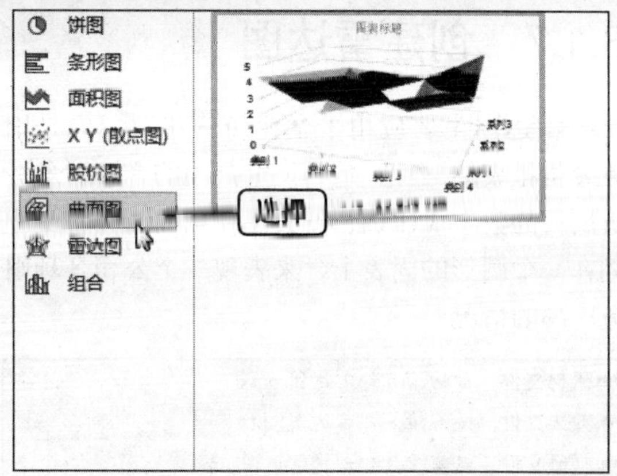

图8-22　选择“曲面图”选项

03 在“曲面图”选项区中选择“三维曲面图”选项，如图8-23所示。

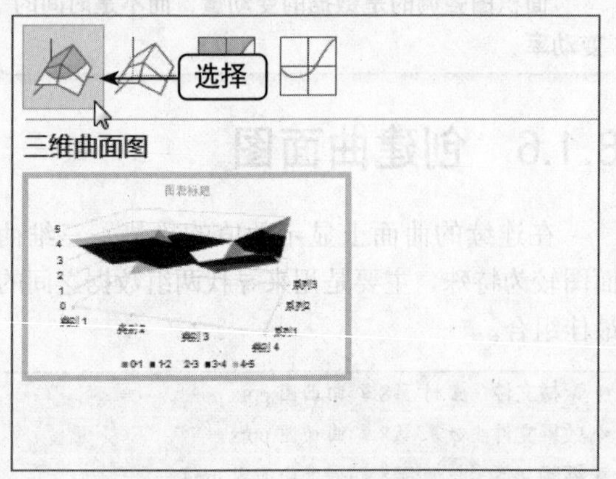

图8-23 选择“三维曲面图”选项

04 单击“确定”按钮，系统将自动启动Excel应用程序，并在幻灯片中插入图表。关闭Excel应用程序，在幻灯片中调整图表的大小与位置，效果如图8-24所示。

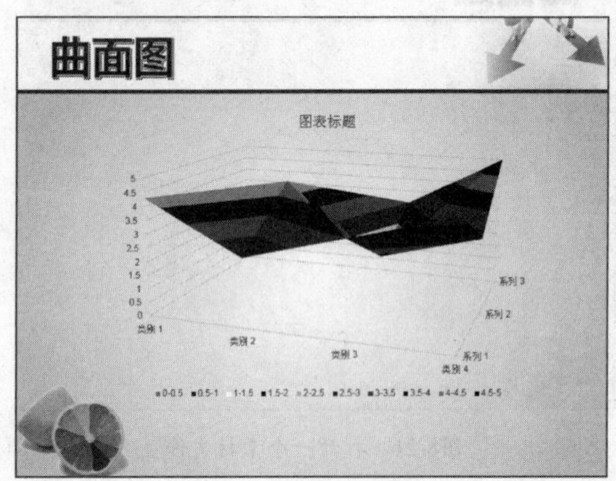

图8-24 插入并调整图表

8.1.7 创建雷达图

雷达图主要应用于企业经营状况，它是财务分析报表的一种，是将一个公司的各项财务分析所得的数字或比例，就其比较重要的项目集中划在一个圆形的固表上，来表现一个公司各项财务比率的情况。

➡素材文件	素材\第8章\雷达图.pptx
➡效果文件	效果\第8章\雷达图.pptx
➡视频文件	视频\第8章\创建雷达图.mp4
➡难易程度	★★★★☆

01 在PowerPoint 2013中，打开一个素材文件，如图8-25所示。

图8-25 打开一个素材文件

02 在“开始”面板的“幻灯片”选项板中单击“版式”下拉按钮，在弹出的下拉列表框中选择“标题和内容”选项，如图8-26所示。

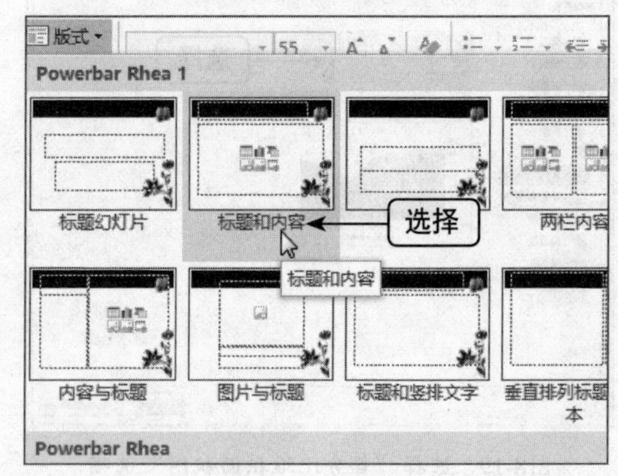

图8-26 选择“标题和内容”选项

03 执行操作后，即可将版式更改为标题和内容样式，按【Delete】键将“单击此处添加标题”文本框进行删除，如图8-27所示。

图8-27 删除标题文本框

04 在文本占位符中，单击“插入图表”按钮，如图8-28所示。

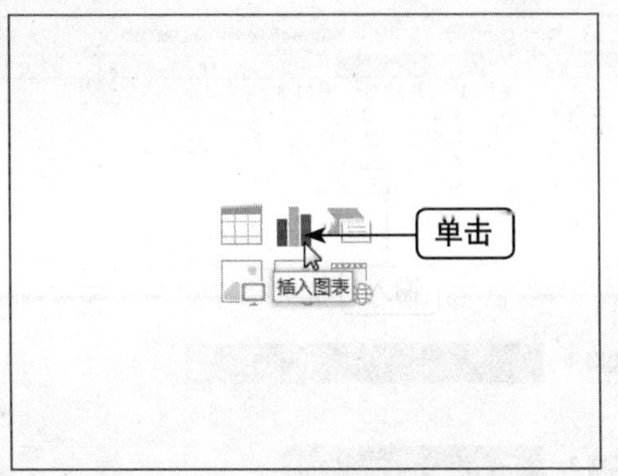

图8-28　单击“插入图表”按钮

05 弹出“插入图表”对话框，在“所有图表”选项卡的左侧选择“雷达图”选项，在右侧选项区中选择“填充雷达图”选项，如图8-29所示。

06 单击“确定”按钮，系统将自动启动Excel应用程序，并在幻灯片中插入图表。关闭Excel应用程序，在幻灯片中调整图表的大小与位置，效果如图8-30所示。

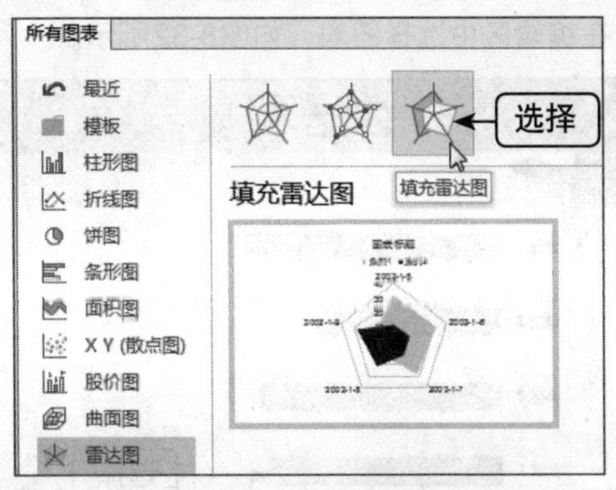

图8-29　选择“填充雷达图”选项

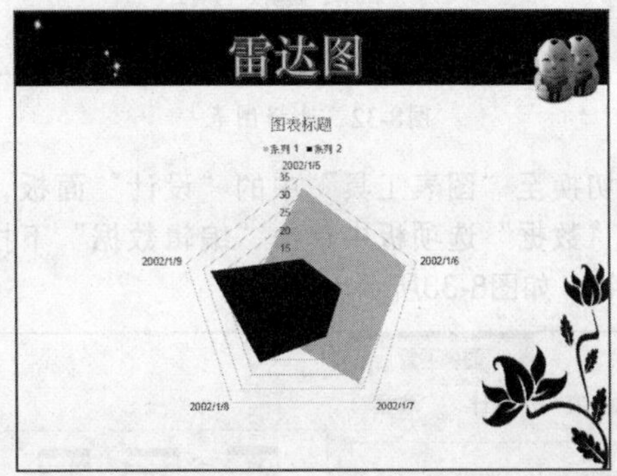

图8-30　插入并调整图表

8.2　编辑图表

当样本数据表及其对应的图表出现后，用户可在系统提供的样本数据表中完全按自己的需要重新输入图表数据。

8.2.1　输入数据

定义完数据系列以后，即可向数据表中输入数据，输入的数据可以是标签（即分类名和数据系列名），也可以是创建图表用的实际数值。当样本数据表及其对应的图表出现后，用户可在系统提供的样本数据表中完全按自己的需要重新输入图表数据。

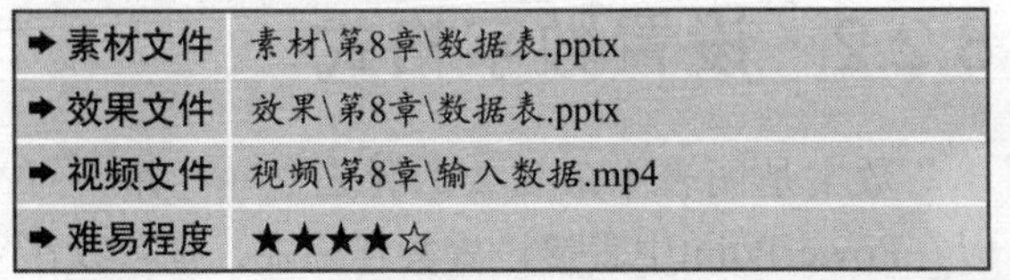

➡ 素材文件	素材\第8章\数据表.pptx
➡ 效果文件	效果\第8章\数据表.pptx
➡ 视频文件	视频\第8章\输入数据.mp4
➡ 难易程度	★★★★☆

01 在PowerPoint 2013中，打开一个素材文件，如图8-31所示。

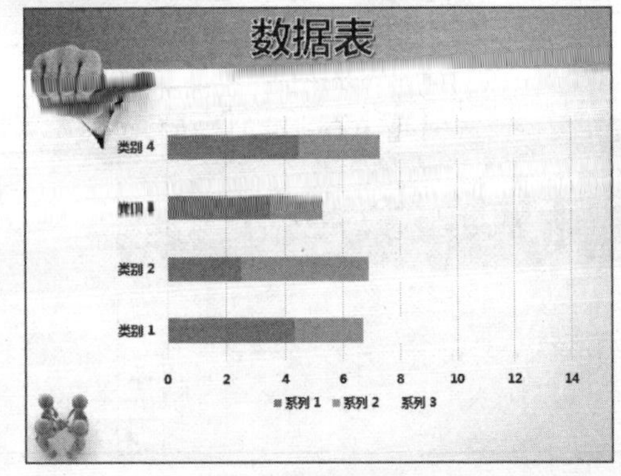

图8-31　打开一个素材文件

02 在编辑区中选择图表，如图8-32所示。

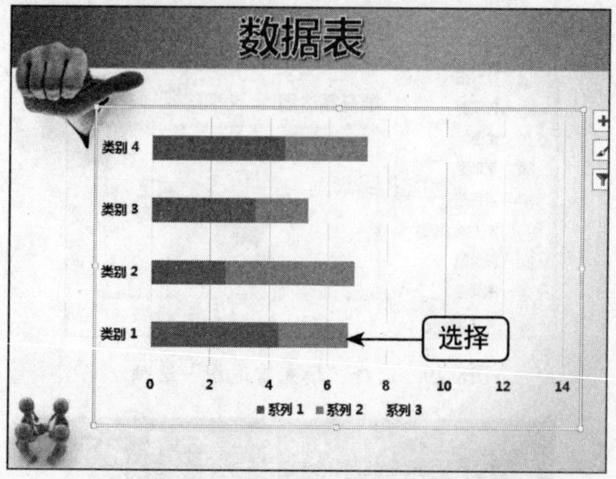

图8-32　选择图表

03 切换至“图表工具”中的“设计”面板，在“数据”选项板中单击“编辑数据”下拉按钮，如图8-33所示。

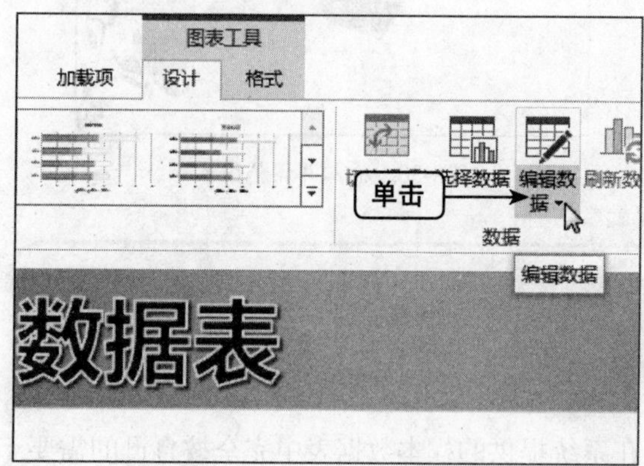

图8-33　打开一个素材文件

04 在弹出的列表框中选择“编辑数据”选项，如图8-34所示。

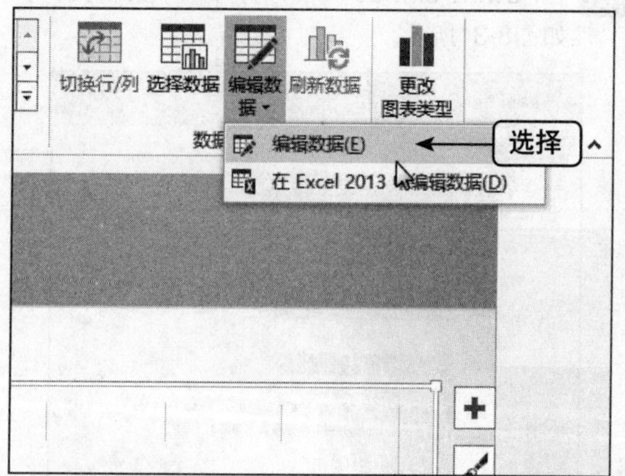

图8-34　选择“编辑数据”选项

05 弹出数据编辑表，在数据表中输入修改的数据，如图8-35所示。

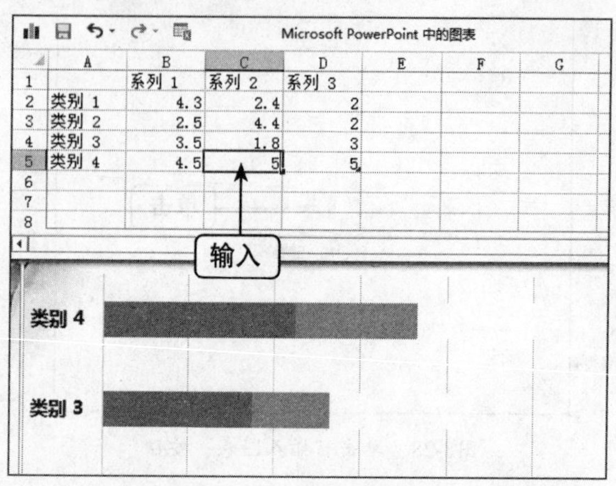

	A	B	C	D	E	F	G
1		系列 1	系列 2	系列 3			
2	类别 1	4.3	2.4	2			
3	类别 2	2.5	4.4	2			
4	类别 3	3.5	1.8	3			
5	类别 4	4.5	5	5			
6							
7							
8							

图8-35　输入修改的数据

06 按【Enter】键进行确认，关闭数据编辑表，在幻灯片中即可以输入的数据显示图表，效果如图8-36所示。

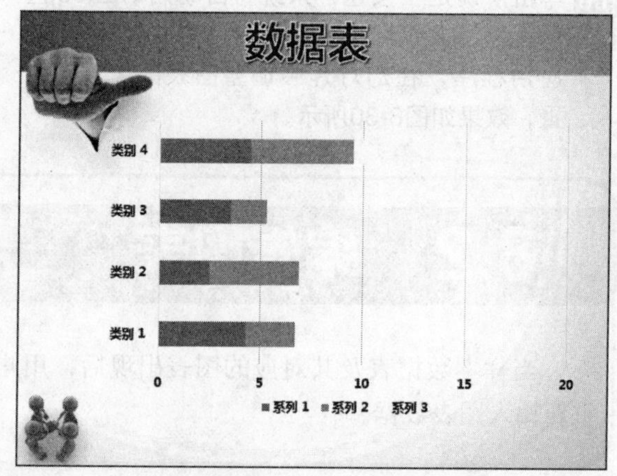

图8-36　显示图表

重点提醒

如果输入的数据太长，单元格中排列不下则尾部字符被隐藏。对过大的数值，将以指数形式显示；对过多的小数位，将依据当时的列宽进行舍入，可通过拖动列标题右边线扩充列宽以便查阅该数据。

8.2.2　设置数字格式

数字是图表中最重要的元素之一，用户可以在PowerPoint中直接设置数字格式，也可以在

Excel中进行设置。下面向用户介绍设置数字格式的操作方法。

➡素材文件	素材\第8章\产品销售分析.pptx
➡效果文件	效果\第8章\产品销售分析.pptx
➡视频文件	视频\第8章\设置数字格式.mp4
➡难易程度	★★★★☆

01 在PowerPoint 2013中，打开一个素材文件，如图8-37所示。

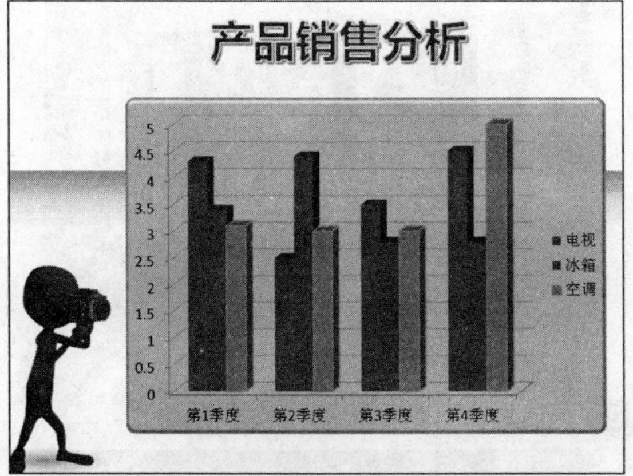

图8-37 打开一个素材文件

02 在编辑区中选择图表，如图8-38所示。

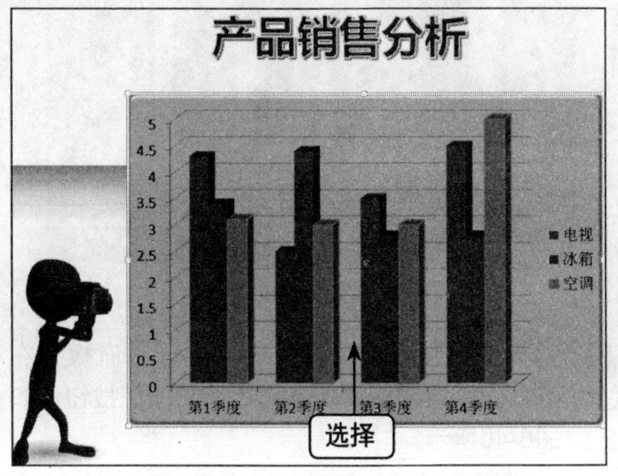

图8-38 选择图表

03 切换至“图表工具”中的“设计”面板，在“图表布局”选项板中单击“添加图表元素”下拉按钮，如图8-39所示。

04 在弹出的列表框中选择“数据标签”选项，然后在弹出的子菜单中选择“其他数据标签选项”选项，如图8-40所示。

05 弹出“设置数据标签格式”窗格，在“标签选项”选项区中选中“值”、“显示引导线”以及“图例项标示”复选框，如图8-41所示。

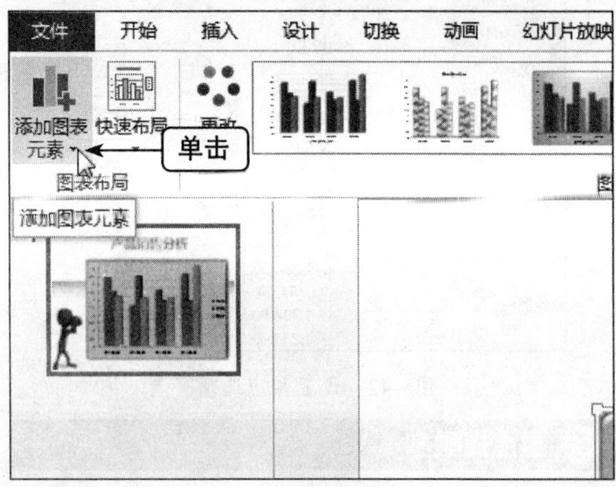

图8-39 单击“添加图表元素”下拉按钮

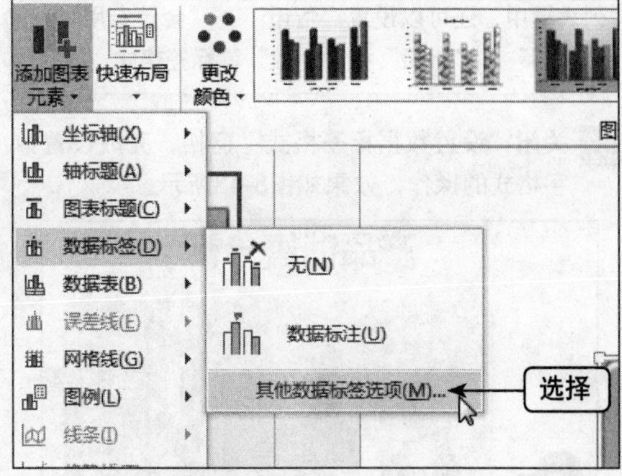

图8-40 选择“其他数据标签选项”选项

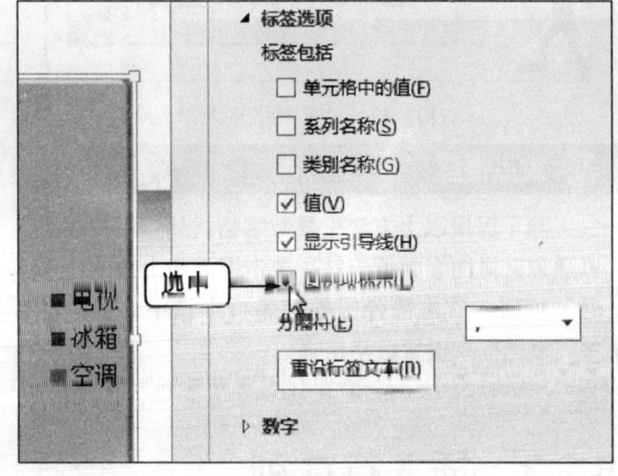

图8-41 选中相应复选框

06 展开“数字”选项区，在“类别”列表框中选择“货币”选项，设置“小数位数”值为2，如图8-42所示。

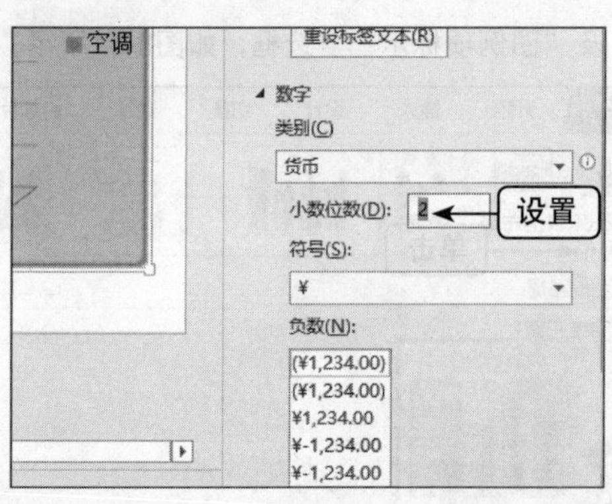

图8-42　设置相应选项

重点提醒

在“设置数据标签格式”对话框中，切换至“数字”选项卡，在“数字”选项区中的“类别”列表框中，还可以设置“货币”、“会计专用”、“日期”、“时间”和“分数”等标签格式。

07 关闭“设置数据标签格式”窗格，完成设置数字格式的操作，效果如图8-43所示。

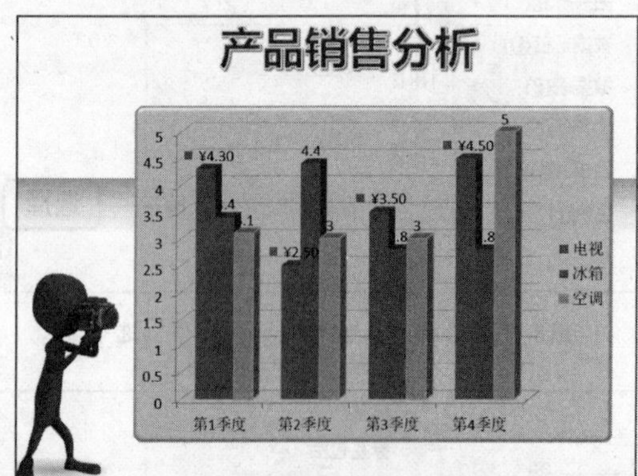

图8-43　设置数字格式

重点提醒

除了运用以上方法设置数字格式外，用户还可以通过选择图表数据，然后单击图表右上角的“加号”按钮，在左侧弹出的列表框中选中“数据标签”复选框来设置数字格式。

8.2.3　插入行或列

在PowerPoint 2013中，用户可以根据制作课件的实际需求向图表中添加或删除数据系列和分类信息。下面向用户介绍插入行或列的操作方法。

➡素材文件	素材\第8章\系列数据分析.pptx
➡效果文件	效果\第8章\系列数据分析.pptx
➡视频文件	视频\第8章\插入行或列.mp4
➡难易程度	★★★★☆

01 在PowerPoint 2013中，打开一个素材文件，如图8-44所示。

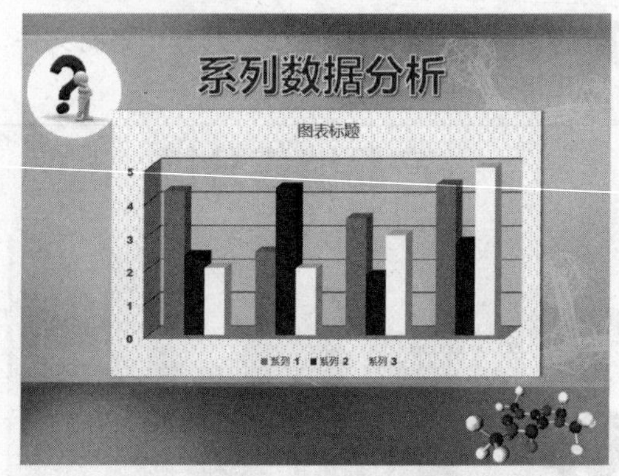

图8-44　打开一个素材文件

02 在编辑区中选择图表，如图8-45所示。

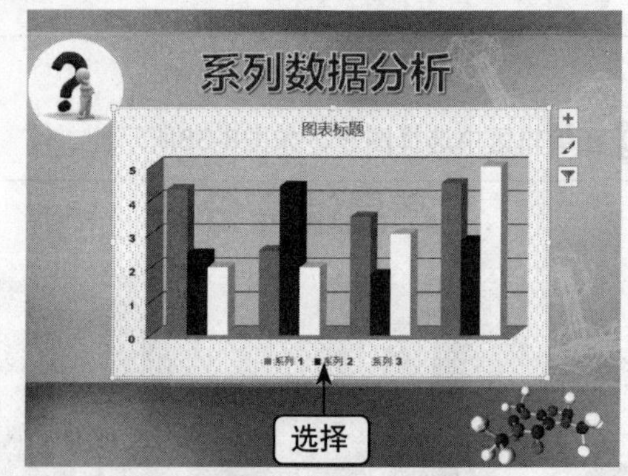

图8-45　选择图表

03 切换至“图表工具”中的“设计”面板，在“数据”选项板中单击“选择数据”按钮，如图8-46所示。

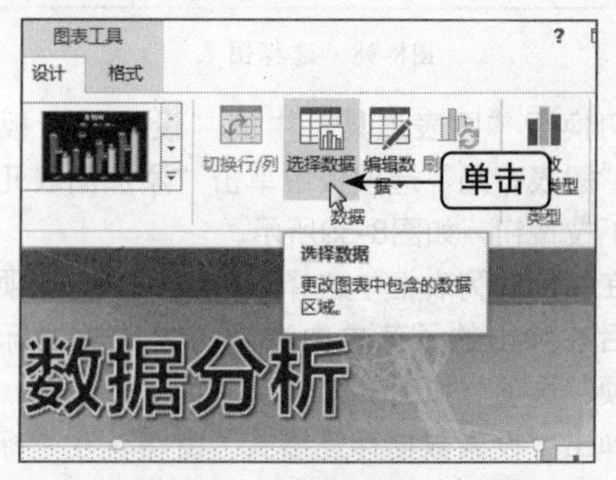

图8-46　单击“选择数据”按钮

04 启动数据编辑表，并弹出“选择数据源”对话框，如图8-47所示。

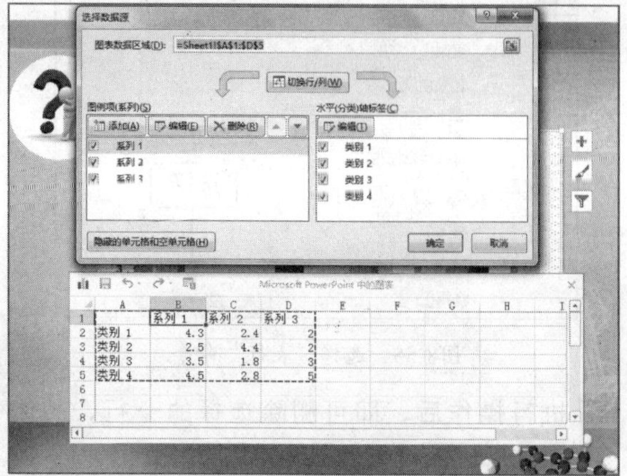

图8-47 弹出“选择数据源”对话框

05 在“图例项（系列）”列表框中单击“添加”按钮，如图8-48所示。

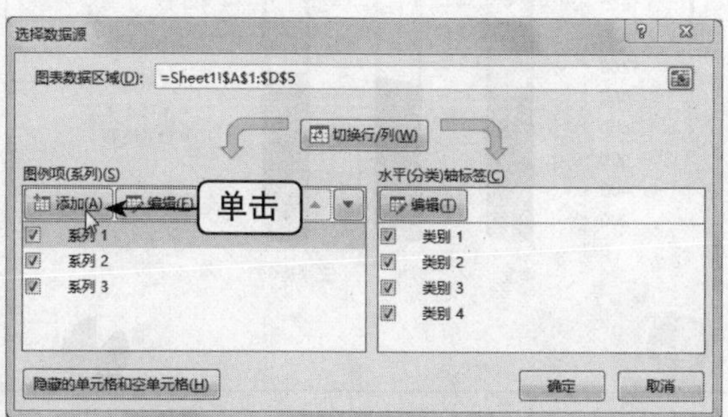

图8-48 单击“添加”按钮

06 弹出“编辑数据系列”对话框，在“系列名称”文本框中输入“类别5”，如图8-49所示。

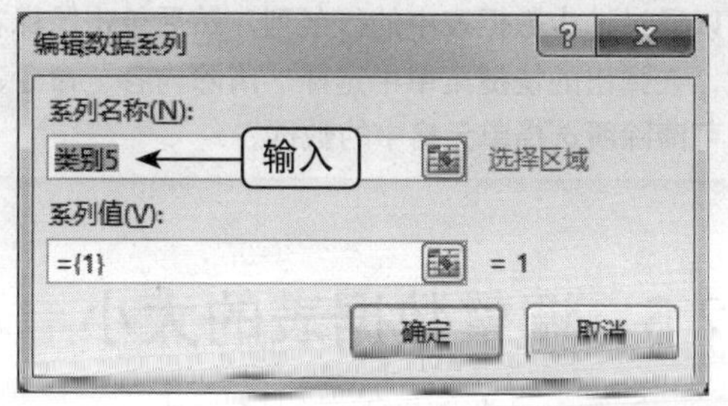

图8-49 输入“类别5”

重点提醒

在一个单元格中输入完数据后，按【Enter】键使下面单元格成为活动单元格，可继续输入数值。当在所选范围内输入完数据后，按【Enter】键，单元格指针又返回到所选范围内的第一个单元格上。

07 依次单击“确定”按钮，关闭Excel应用程序，即可插入新行或新列，效果如图8-50所示。

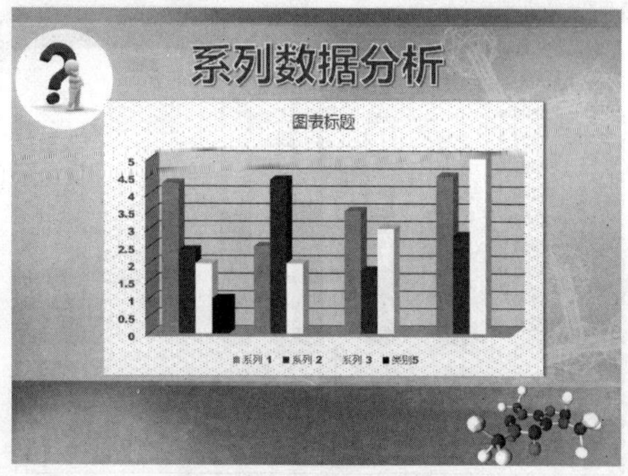

图8-50 插入新行或新列

8.2.4 删除行或列

在PowerPoint 2013中，运用在数据表中弹出的快捷菜单，可以将计算机销售分析中的行或列进行删除操作。

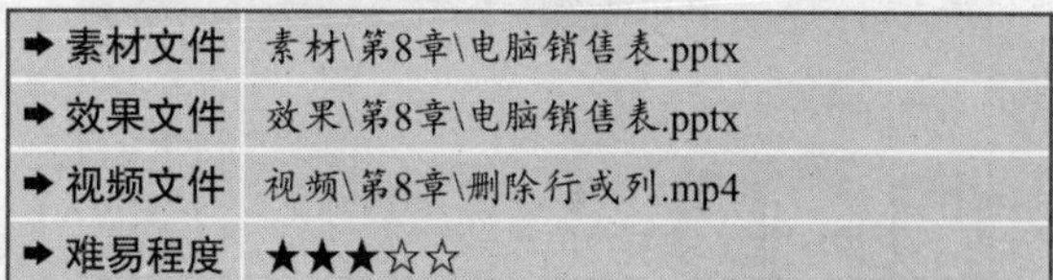

➡ 素材文件	素材\第8章\电脑销售表.pptx
➡ 效果文件	效果\第8章\电脑销售表.pptx
➡ 视频文件	视频\第8章\删除行或列.mp4
➡ 难易程度	★★★☆☆

01 在PowerPoint 2013中，打开一个素材文件，如图8-51所示。

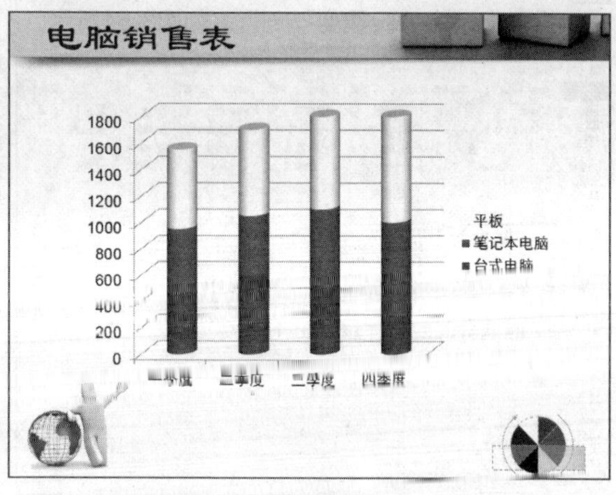

图8-51 打开一个素材文件

02 在编辑区中选择图表，如图8-52所示。

03 在“图表工具”中的“设计”面板，单击“数据”选项板中的“编辑数据”下拉按钮，在弹出的列表框中选择“在Excel 2013中编辑数据”选项，如图8-53所示。

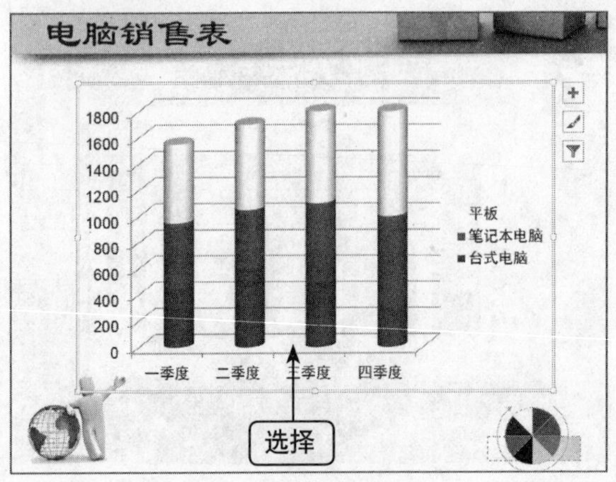

图8-52 选择图表

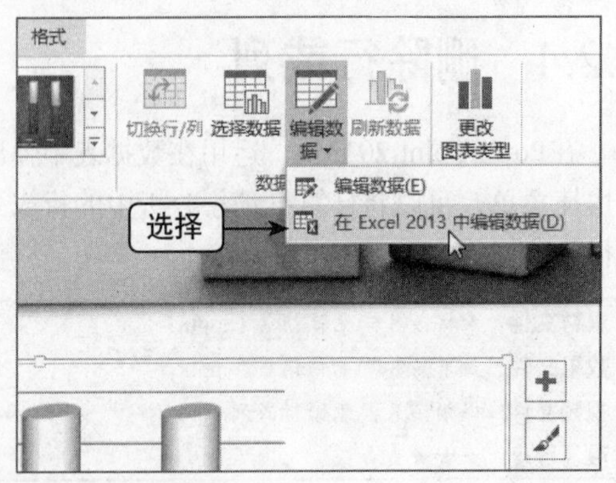

图8-53 选择“在Excel 2013中编辑数据”选项

04 执行操作后，即可启动Excel应用程序，在数据表中选中“四季度”一行，如图8-54所示。

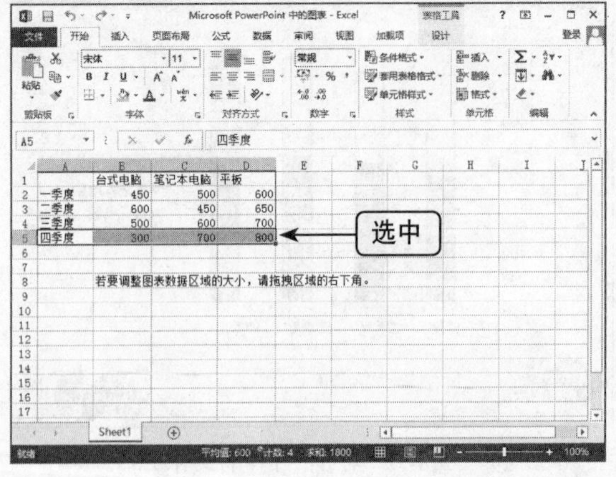

图8-54 选中“四季度”一行

05 单击鼠标右键，在弹出的快捷菜单中选择“删除”下的“表行”命令，如图8-55所示。

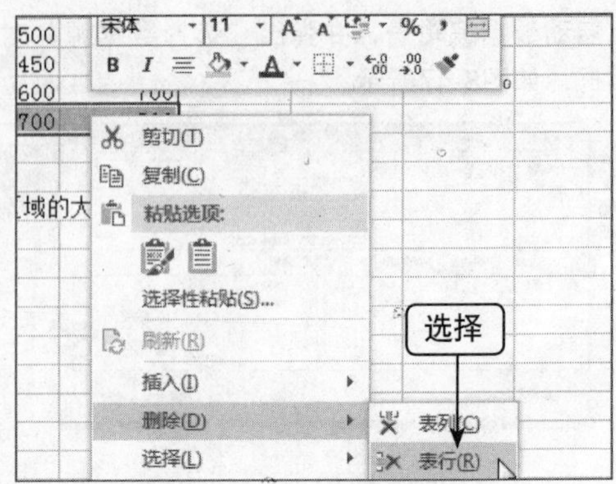

图8-55 选择“表行”命令

06 执行操作后，即可删除选择的一行，关闭Excel应用程序，如图8-56所示。

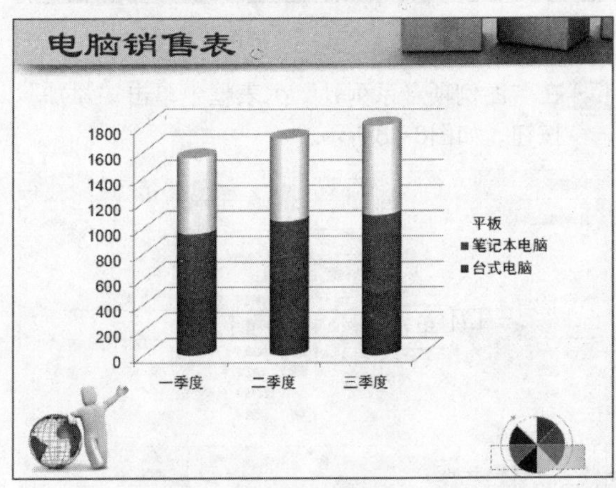

图8-56 删除行

重点提醒

除了运用以上方法删除行或列以外，用户还可以通过选中数据表中的行或列，然后单击鼠标右键，在弹出的快捷菜单中选择“清除内容”命令，即可清除所选择单元格中的数据。

8.2.5 调整数据表的大小

在PowerPoint 2013中，用户还可以直接在Excel中调整数据表的大小，设置完成后，将显示在幻灯片中。

➡素材文件	素材\第8章\季度销量统计表.pptx
➡效果文件	效果\第8章\季度销量统计表.pptx
➡视频文件	视频\第8章\调整数据表的大小.mp4
➡难易程度	★★★☆☆

01 在PowerPoint 2013中，打开一个素材文件，如图8-57所示。

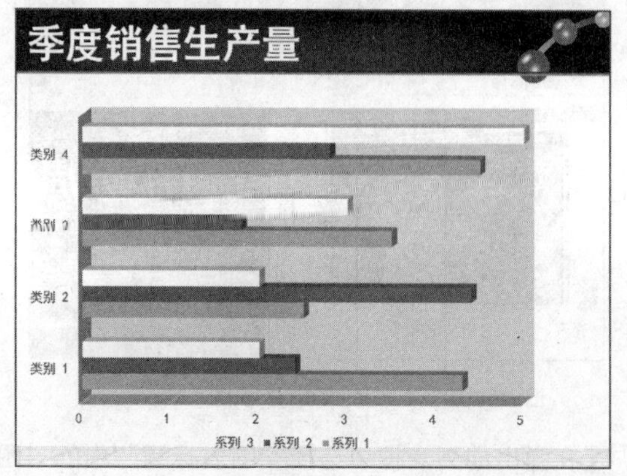

图8-57 打开一个素材文件

02 在编辑区中选择图表，如图8-58所示。

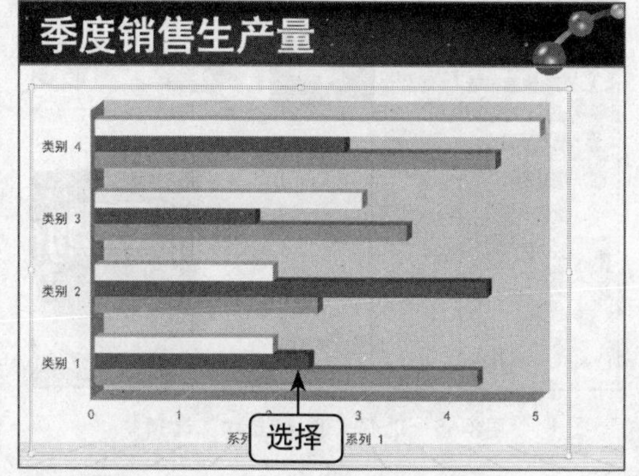

图8-58 选择图表

03 切换至“图表工具”中的“设计”面板，单击“数据”选项板中的“编辑数据”按钮，如图8-59所示。

04 启动Excel应用程序，拖曳数据表右下角的蓝色边框线，如图8-60所示。

05 设置完成后，即可调整数据表的大小，关闭Excel应用程序，如图8-61所示。

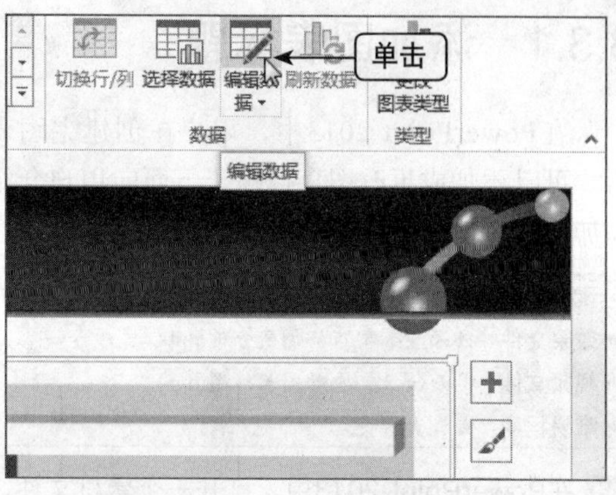

图8-59 单击“编辑数据”按钮

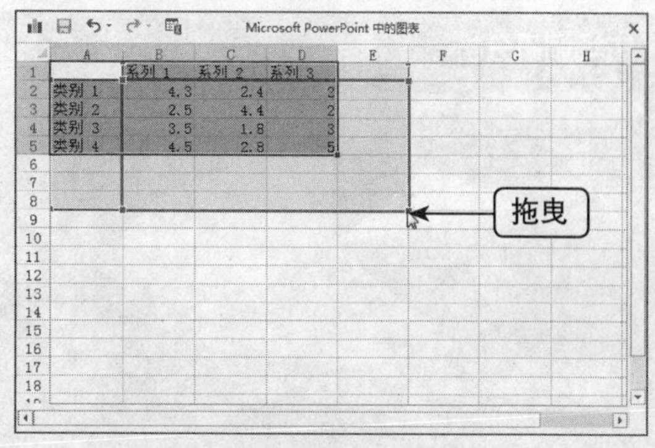

图8-60 拖曳蓝色边框线

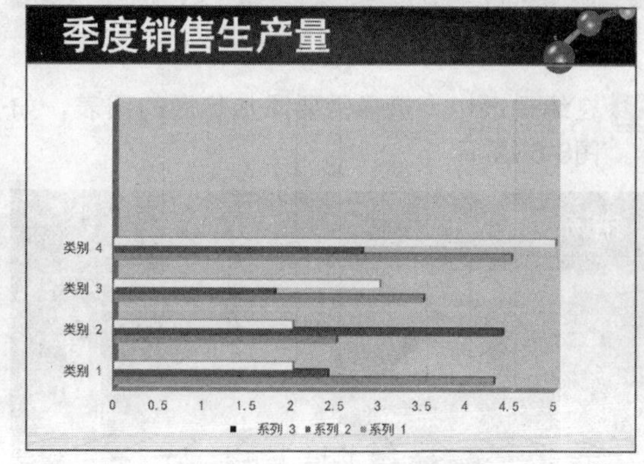

图8-61 调整数据表的大小

8.3 设置图表布局

创建图表后，用户可以更改图表的外观，可以快速将一个预定义布局和图表样式应用到现有的图表中，而无需手动添加或更改图表元素或设置图表格式。PowerPoint提供了多种预定的布局和样式（或快速布局、快速样式），用户可以从中选择。

8.3.1 添加图表标题

在PowerPoint 2013中，用户在创建完图表后，可以添加或更改图表标题。下面向用户介绍添加图表标题的操作方法。

➡素材文件	素材\第8章\市场调研分析.pptx
➡效果文件	效果\第8章\市场调研分析.pptx
➡视频文件	视频\第8章\添加图表标题.mp4
➡难易程度	★★★☆☆

01 在PowerPoint 2013中，打开一个素材文件，如图8-62所示。

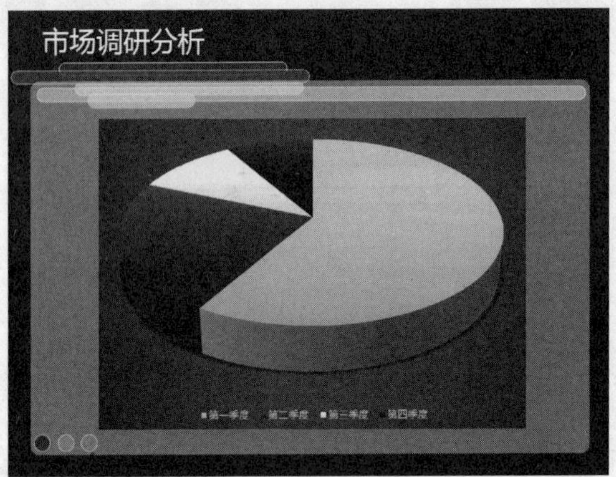

图8-62 打开一个素材文件

02 在编辑区中，选择需要添加标题的图表，如图8-63所示。

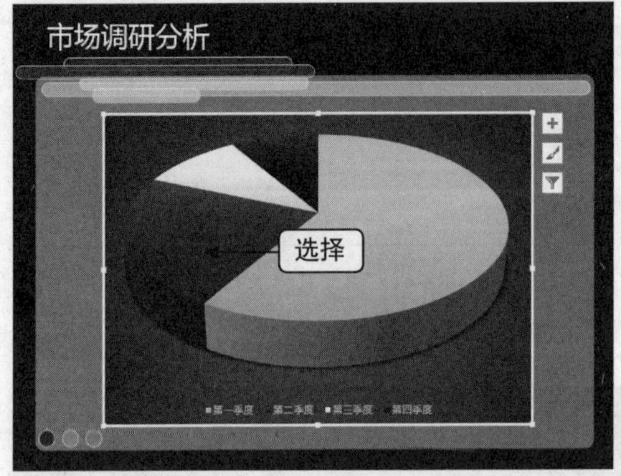

图8-63 选择需要添加标题的图表

03 切换至“图表工具”中的“设计”面板，在“图表布局”选项板中单击“添加图表元素”下拉按钮，如图8-64所示。

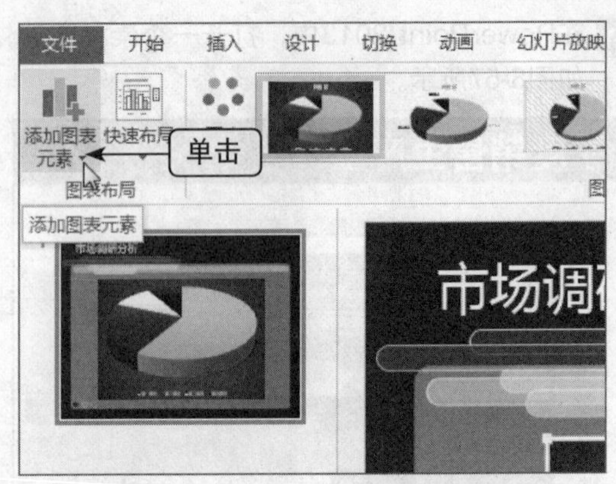

图8-64 单击“添加图表元素”下拉按钮

04 在弹出的列表框中选择“图表标题”中的“图表上方”选项，如图8-65所示。

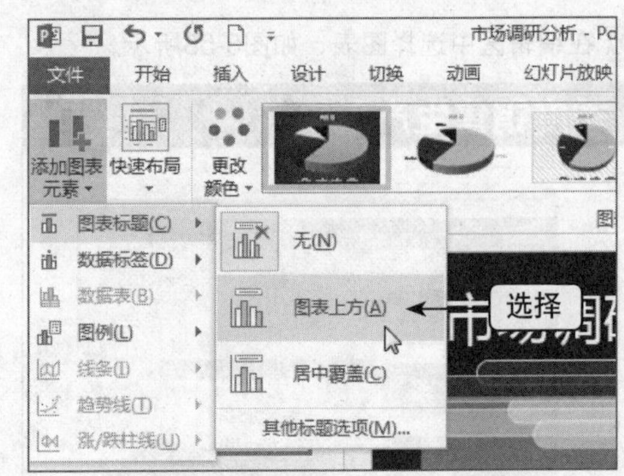

图8-65 选择“图表上方”选项

05 执行操作后，即可显示标题。更改标题文本，调整标题位置，效果如图8-66所示。

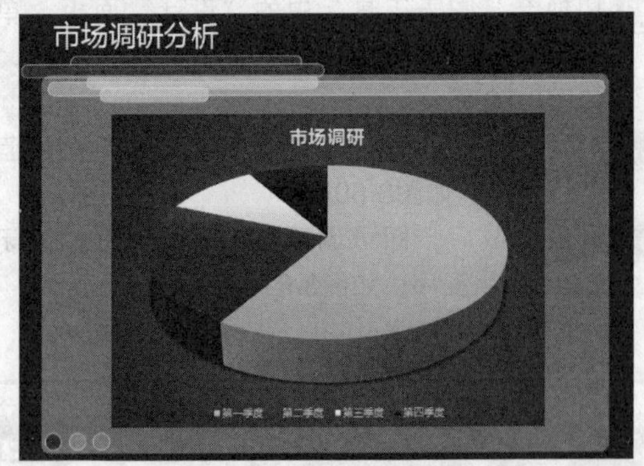

图8-66 显示标题

8.3.2 添加坐标轴标题

在PowerPoint 2013中，用户在创建图表后，可以通过“坐标轴标题”按钮对弹出的列表框中的各选项进行设置。

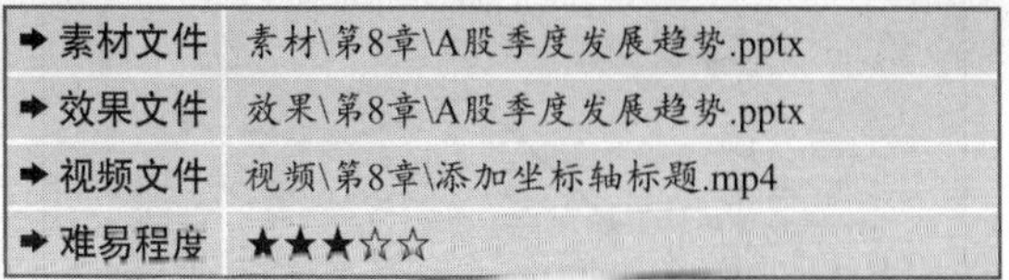

➡ 素材文件	素材\第8章\A股季度发展趋势.pptx
➡ 效果文件	效果\第8章\A股季度发展趋势.pptx
➡ 视频文件	视频\第8章\添加坐标轴标题.mp4
➡ 难易程度	★★★☆☆

01 在PowerPoint 2013中，打开一个素材文件，如图8-67所示。

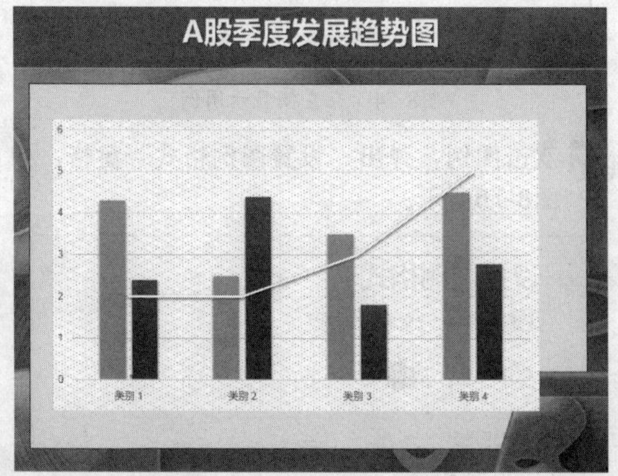

图8-67　打开一个素材文件

02 在编辑区中，选择需要添加坐标轴标题的图表，如图8-68所示。

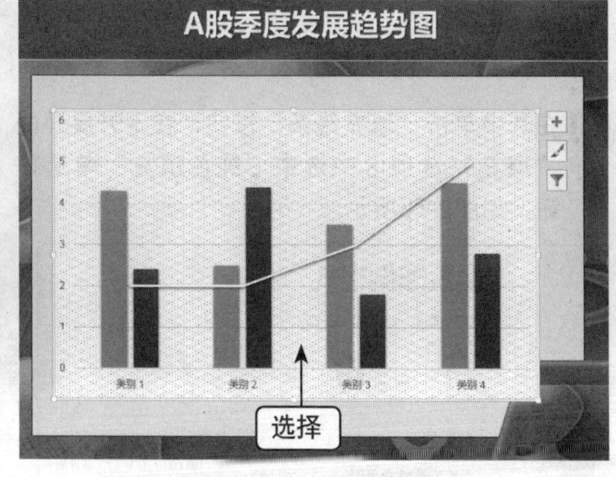

图8-68　选择需要添加坐标轴标题的图表

03 切换至“表格工具”中的“设计”面板，在“图表布局”选项板中单击“添加图表元素”下拉按钮，在弹出的列表框中选择“轴标题”中的“主要横坐标轴”选项，如图8-69所示。

04 执行操作后，即可添加坐标轴标题。在坐标轴文本框中输入文字，并设置文本“字号”为30，效果如图8-70所示。

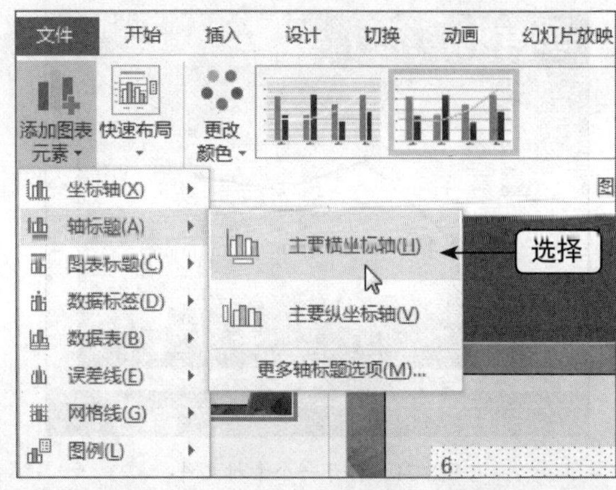

图8-69　选择“主要横坐标轴”选项

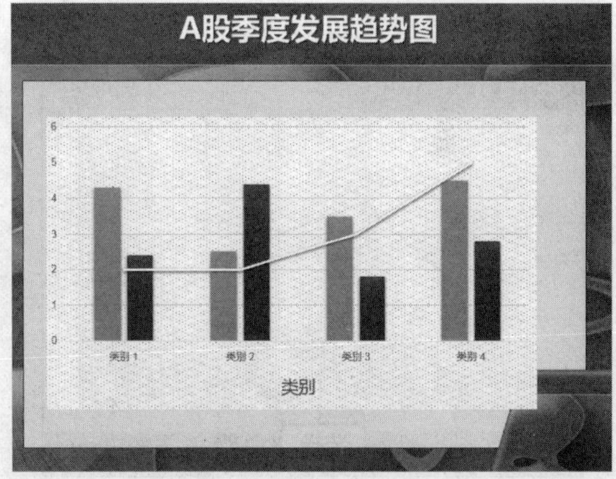

图8-70　添加坐标轴标题

重点提醒

图表数据表中允许用户导入其他软件生成的数据或电子表格，生产统计图表。用户可以根据自己的需要选择导入文件的类型，以制作符号需求的图表。

8.3.3　设置图例

图例位于图表中适当位置处的一个方框，内含各个数据系列名称。数据系列名称左侧有一个标识数据系列的小方块，称为图例项标识。

➡ 素材文件	素材\第8章\季度销量统计表.pptx
➡ 效果文件	效果\第8章\季度销量统计表.pptx
➡ 视频文件	视频\第8章\设置图例.mp4
➡ 难易程度	★★★★☆

01 在PowerPoint 2013中，打开一个素材文件，如图8-71所示。

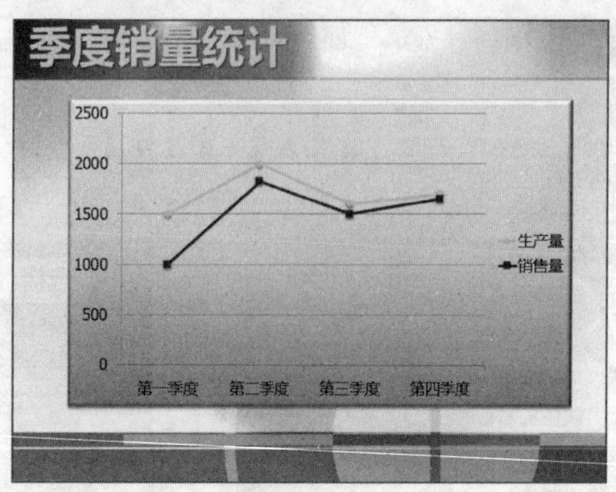

图8-71 打开一个素材文件

02 在编辑区中，选择需要设置图例的图表，如图8-72所示。

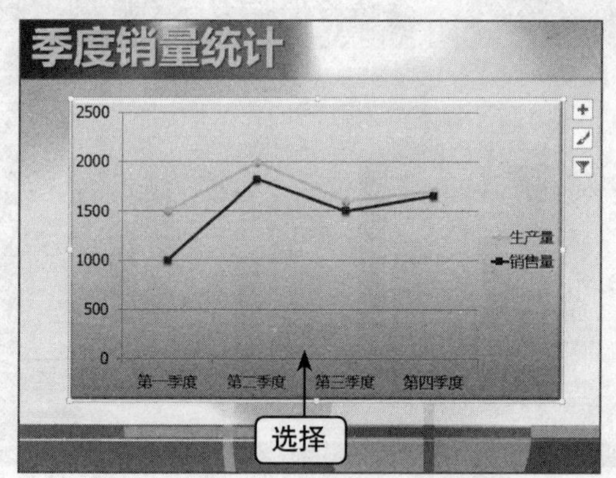

图8-72 选择需要设置图例的图表

03 切换至“表格工具”中的“设计”面板，在“图表布局”选项板中单击“添加图表元素”下拉按钮，在弹出的列表框中选择“图例”中的“左侧”选项，如图8-73所示。

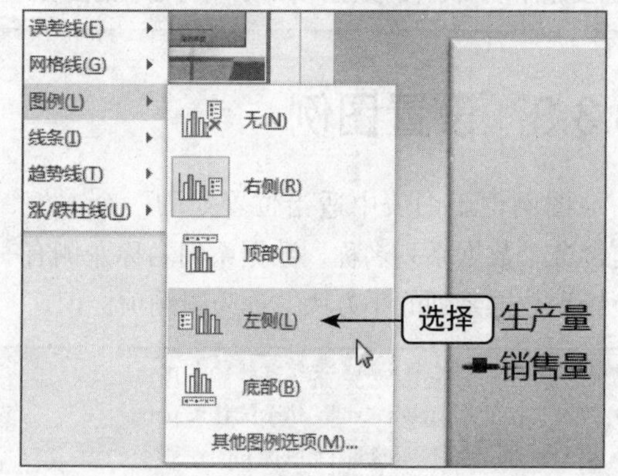

图8-73 选择“左侧”选项

04 执行操作后，即可在左侧显示图例，如图8-74所示。

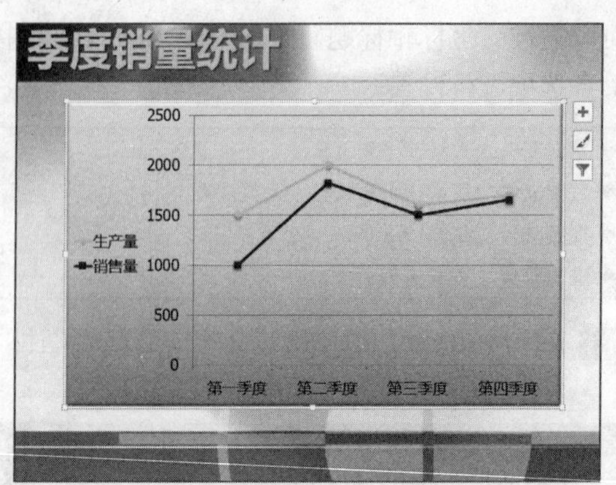

图8-74 在左侧显示图例

05 双击图例，弹出“设置图例格式”窗格，如图8-75所示。

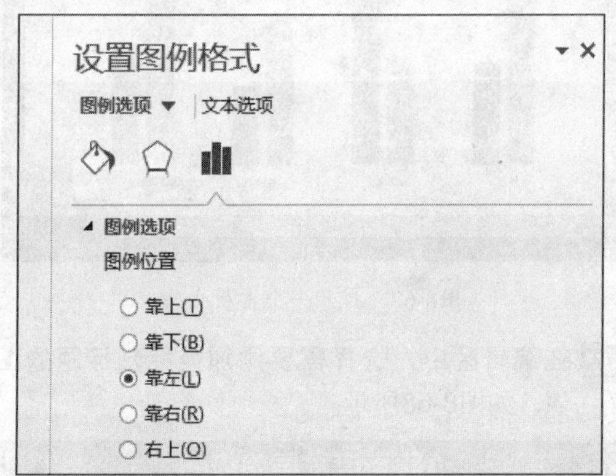

图8-75 弹出“设置图例格式”窗格

06 在其中单击“填充线条”按钮，在下方展开的“填充”选项区中选中“纯色填充”单选按钮，如图8-76所示。

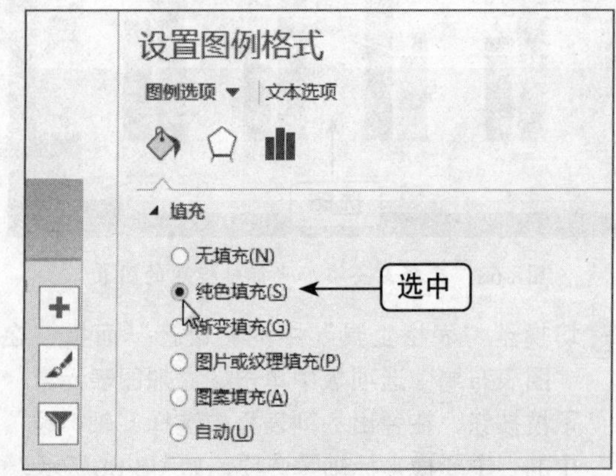

图8-76 选中“纯色填充”单选按钮

07 单击下方“颜色”右侧的下拉按钮，在弹出的列表框中选择“黄色”，如图8-77所示。

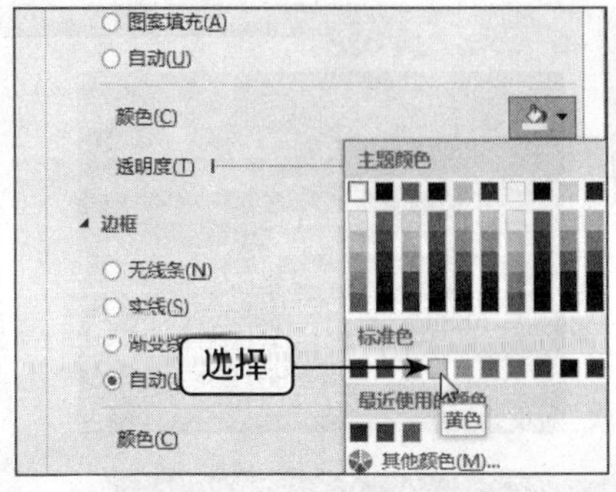

图8-77 选择“黄色”选项

08 执行操作后，关闭“设置图例格式”窗格，完成图例的设置，效果如图8-78所示。

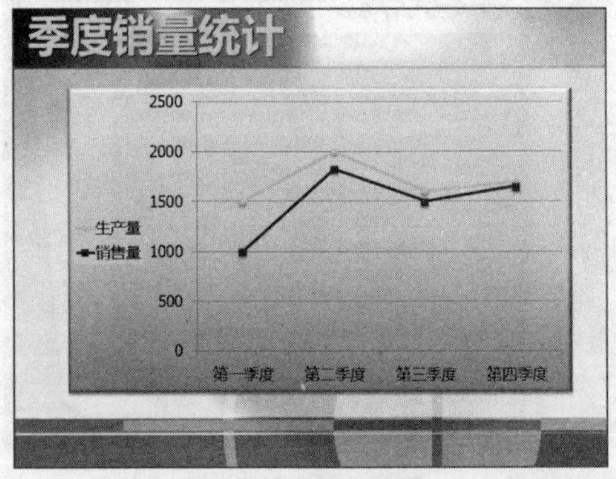

图8-78 设置图例效果

重点提醒

在PowerPoint 2013中，用户还可以通过选择幻灯片中的表格，单击鼠标右键，在弹出的快捷菜单中选择“设置图表区域格式”命令，也可弹出“设置图表区格式”窗格，然后在其中对图例进行相应设置。

8.3.4 添加数据标签

数据标签是指将数据表中具体的数值添加到图表的分类系列上。使用此功能可以方便设置坐标轴上的显示内容。

➡素材文件	素材\第8章\奶制品售后调查.pptx
➡效果文件	效果\第8章\奶制品售后调查.pptx
➡视频文件	视频\第8章\添加数据标签.mp4
➡难易程度	★★★☆☆

01 在PowerPoint 2013中，打开一个素材文件，如图8-79所示。

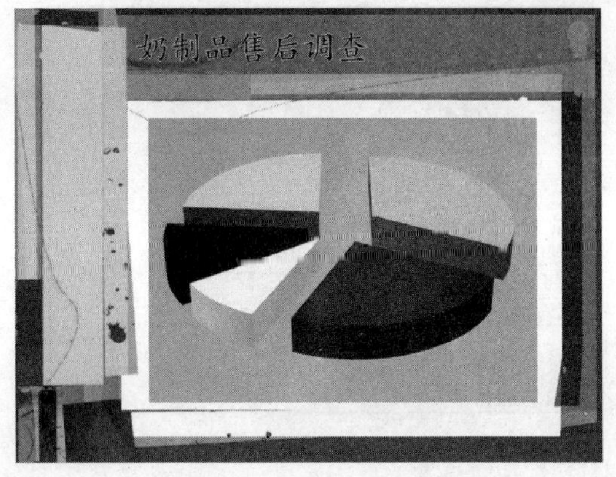

图8-79 打开一个素材文件

02 在编辑区中，选择需要添加数据标签的图表，如图8-80所示。

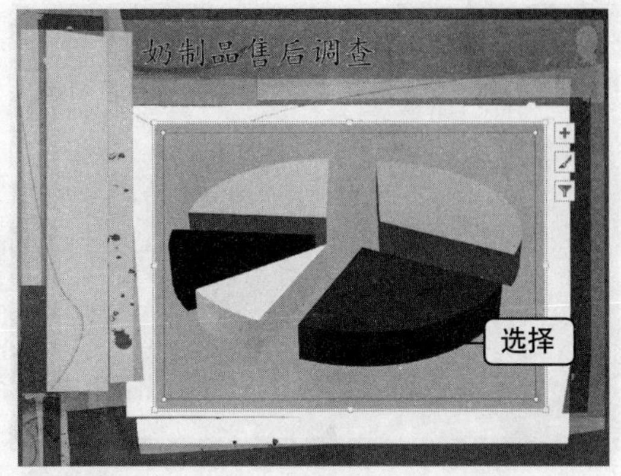

图8-80 选择需要添加数据标签的图表

03 切换至“图表工具”中的“设计”面板，单击“图表布局”选项板中的“添加图表元素”下拉按钮，在弹出的列表框中选择“数据标签”中的“其他数据标签选项”选项，如图8-81所示。

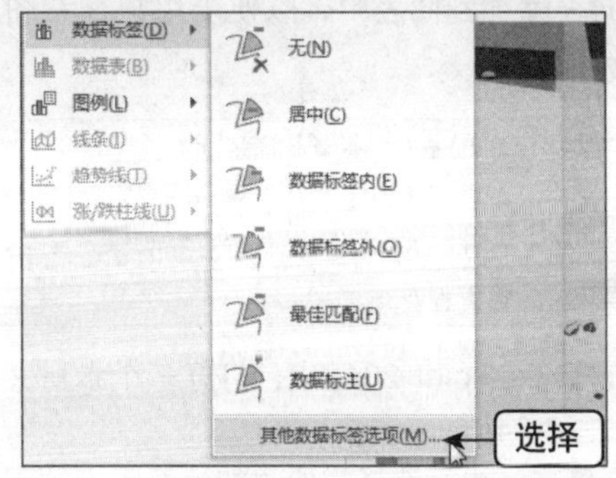

图8-81 选择“其他数据标签选项”选项

04 弹出“设置数据标签格式”窗格，在“标签选项”选项区中选中“系列名称”、“值”和“显示引导线”复选框，如图8-82所示。

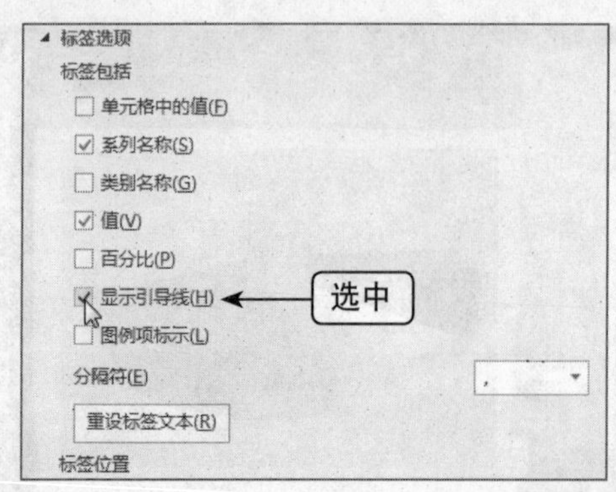

图8-82 选中相应的复选框

05 执行操作后，关闭“设置数据标签格式”窗格，将添加的数据字体进行相应调整，效果如图8-83所示。

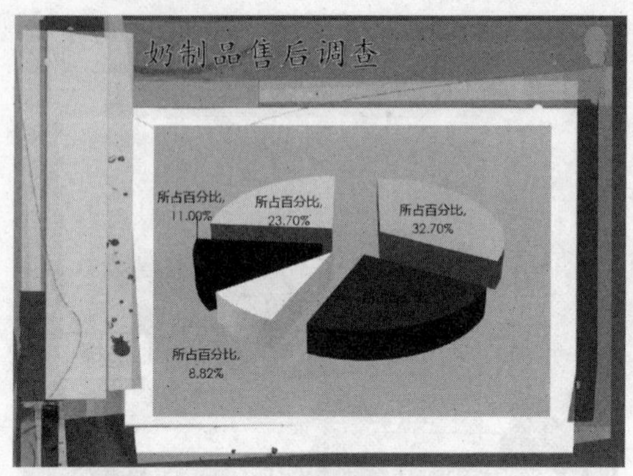

图8-83 添加数据标签

8.3.5 添加运算图表

在PowerPoint 2013中，用户可以将Excel中的数据表添加到图表中，以便于用户查看图表信息和数据。

➡素材文件	素材\第8章\各书籍价格.pptx
➡效果文件	效果\第8章\各书籍价格.pptx
➡视频文件	视频\第8章\添加运算图表.mp4
➡难易程度	★★★☆☆

01 在PowerPoint 2013中，打开一个素材文件，如图8-84所示。

02 在编辑区中，选择需要添加运算图表的图表，如图8-85所示。

03 单击图表右侧的“图表元素”按钮+，在弹出的列表框中选中“数据表”复选框，如图8-86所示。

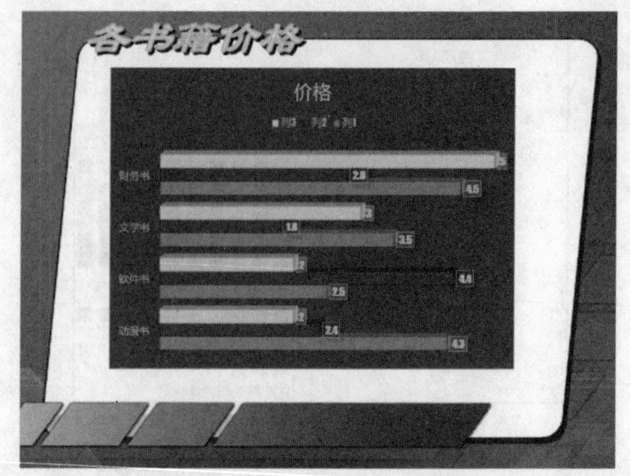

图8-84 打开一个素材文件

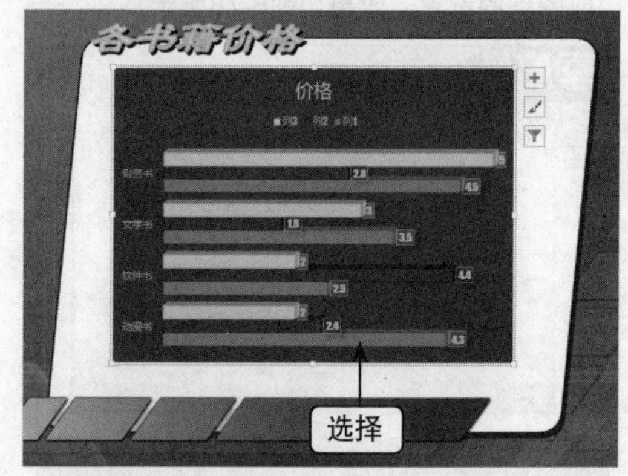

图8-85 选择图表

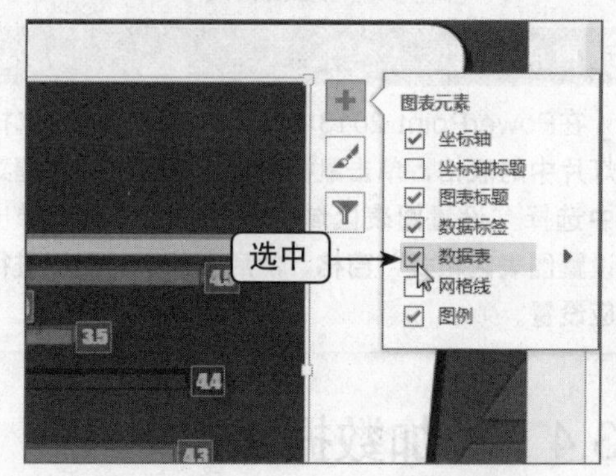

图8-86 选中“数据表”复选框

04 执行操作后，即可添加运算图表，效果如图8-87所示。

> **重点提醒**
>
> 用户还可以在同一个图表中使用两种或两种以上的图表类型表示不同的数据系列，但使用两个数值轴的图表被称为组合图表，只有二维图表能构成组合图表。建立组合图表的方法很简单，逐个选择该图表中的数据系列，并逐个改变其图表类型即可。

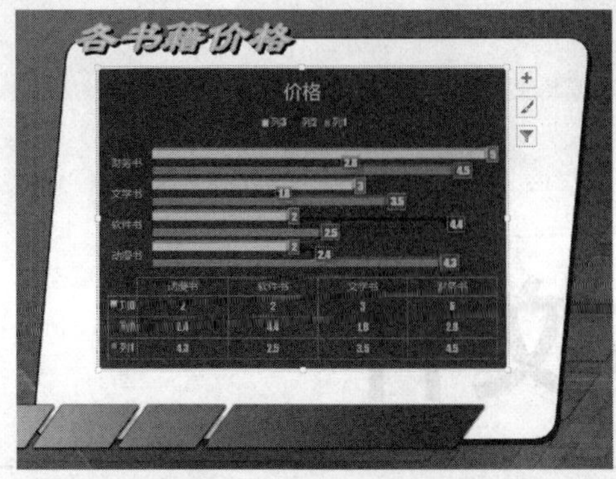

图8-87 添加运算图表

8.3.6 添加趋势线

在二维面积图、条形图、柱形图、折线图以及XY散点图中，可以增加趋势线，用以描述数据系列中数据值的总趋势，并可基于已存在的数据预见最近的将来数据点的情况。趋势线是数据趋势的图形表示形式，可用于分析、预测数据变化趋势。

➡ 素材文件	素材\第8章\人均收入情况.pptx
➡ 效果文件	效果\第8章\人均收入情况.pptx
➡ 视频文件	视频\第8章\添加趋势线.mp4
➡ 难易程度	★★★☆☆

01 在PowerPoint 2013中，打开一个素材文件，如图8-88所示。

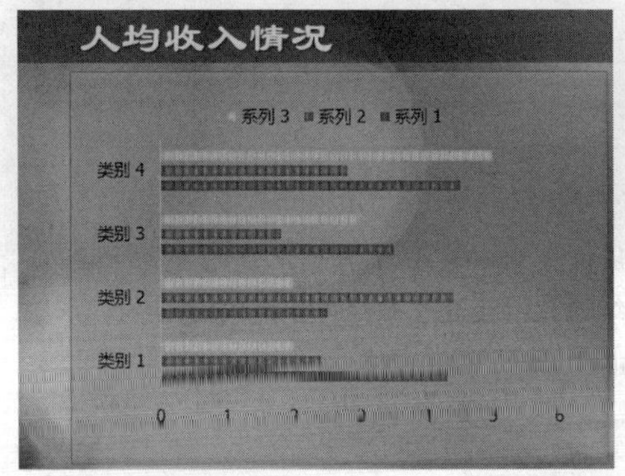

图8-88 打开一个素材文件

02 在编辑区中，选择需要添加趋势线的图表，如图8-89所示。

03 切换至“表格工具”中的“设计”面板，单击“图表布局”选项板中的“添加图表元素”下拉按钮，在弹出的列表框中选择“趋势线”中的“指数”选项，如图8-90所示。

04 弹出“添加趋势线”对话框，依照默认设置，单击“确定”按钮，如图8-91所示。

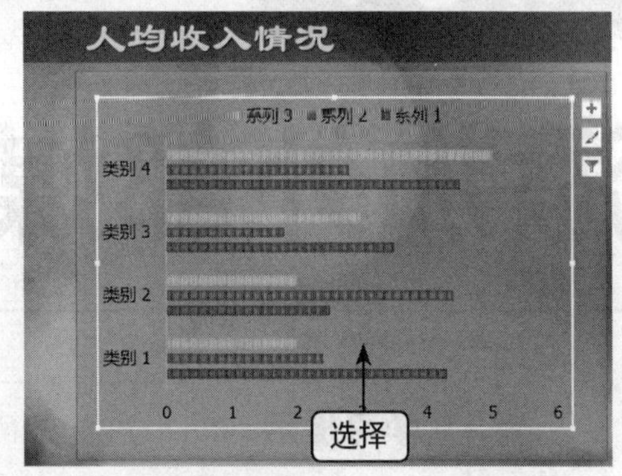

图8-89 选择需要添加趋势线的图表

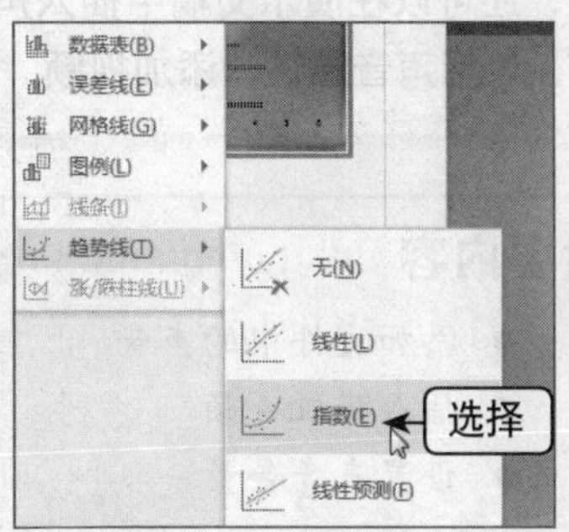

图8-90 选择“指数”选项

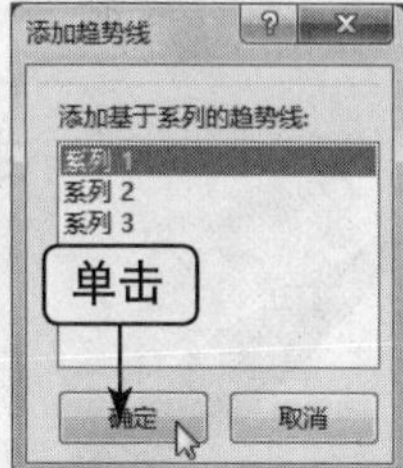

图8-91 单击“确定”按钮

05 执行操作后，即可在图表中添加趋势线，效果如图8-92所示。

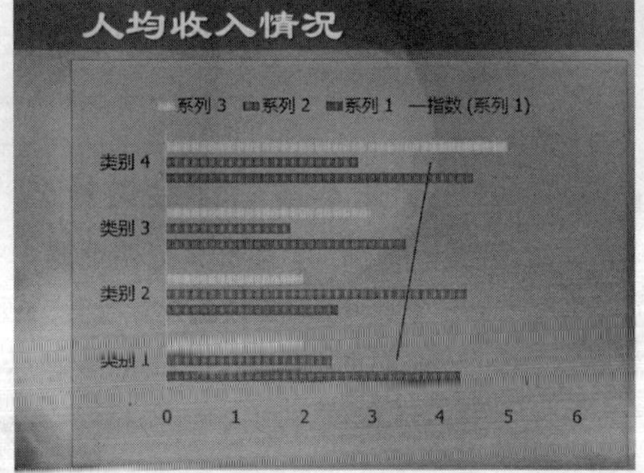

图8-92 添加趋势线

重点提醒

用户若要删除趋势线，可以先选中该趋势线，再按【Delete】键；或者单击鼠标右键，在弹出的快捷菜单中选择“清除”命令。

添加外部媒体文件

学习提示

在PowerPoint 2013中，除了在演示文稿中插入图片、形状以及表格外，还可以在演示文稿中插入声音和视频。本章主要向用户介绍添加各类声音、设置声音属性、添加视频、设置视频属性以及插入和剪辑动画等内容。

主要内容

- 添加文件中的声音
- 插入联机音频
- 设置声音音量
- 添加联机视频
- 设置视频选项
- 添加Flash动画

重点与难点

- 添加录制的声音
- 设置声音淡入和淡出时间
- 添加文件中的视频

学完本章后你会做什么

- 掌握添加文件中的声音、插入联机音频以及添加录制声音的操作方法
- 掌握设置声音音量、设置声音连续播放以及设置播放声音模式的操作方法
- 掌握添加Flash动画以及放映Flash动画的操作方法

视频文件

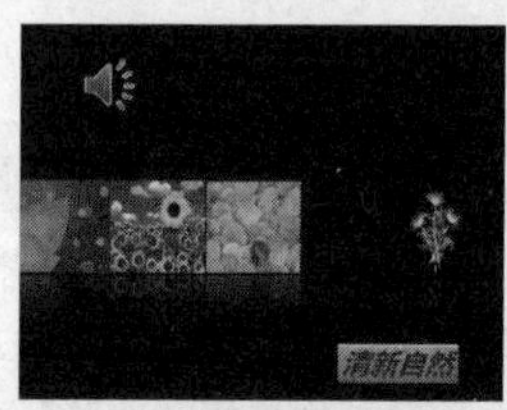

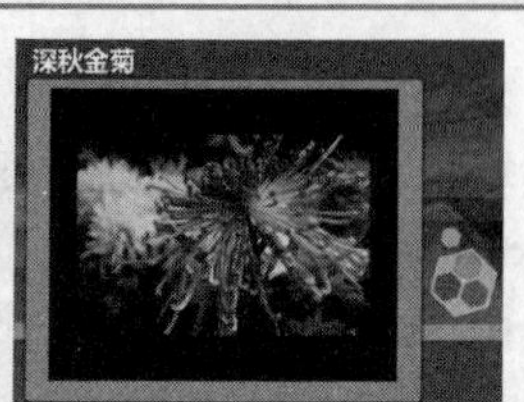

9.1 添加各类声音

在制作演示文稿的过程中，特别是在制作宣传演示文稿时，可以为幻灯片添加一些适当的声音，添加的声音可以配合图文，使演示文稿变得有声有色，更具感染力。

9.1.1 添加文件中的声音

添加文件中的声音就是将计算机中已存在的声音插入到演示文稿中，也可以从其他的声音文件中添加用户需要的声音。下面向用户介绍添加文件中声音的操作方法。

➡ 素材文件	素材\第9章\音乐世界.pptx、音乐世界.mp3
➡ 效果文件	效果\第9章\音乐世界.pptx
➡ 视频文件	视频\第9章\添加文件中的声音.mp4
➡ 难易程度	★★★☆☆

01 在PowerPoint 2013中，打开一个素材文件，如图9-1所示。

图9-1 打开一个素材文件

02 切换至"插入"面板，在"媒体"选项板中单击"音频"下拉按钮，在弹出的列表框中选择"PC上的音频"选项，如图9-2所示。

03 弹出"插入音频"对话框，选择需要插入的声音文件，如图9-3所示。

04 单击"插入"按钮，即可插入声音。调整声音图标至合适位置，如图9-4所示。在播放幻灯片时即可听到插入的声音。

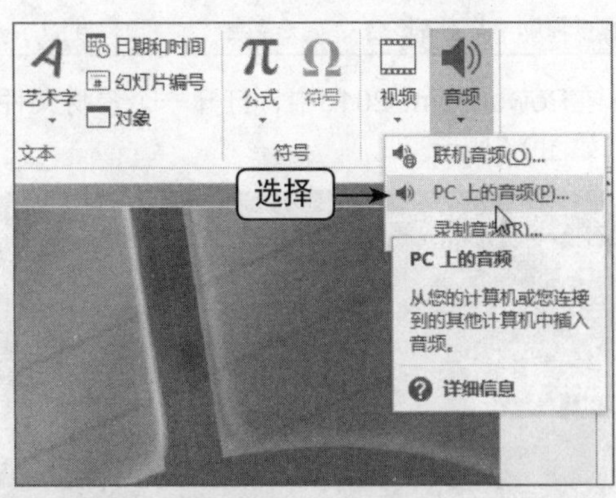

图9-2 选择"PC上的音频"选项

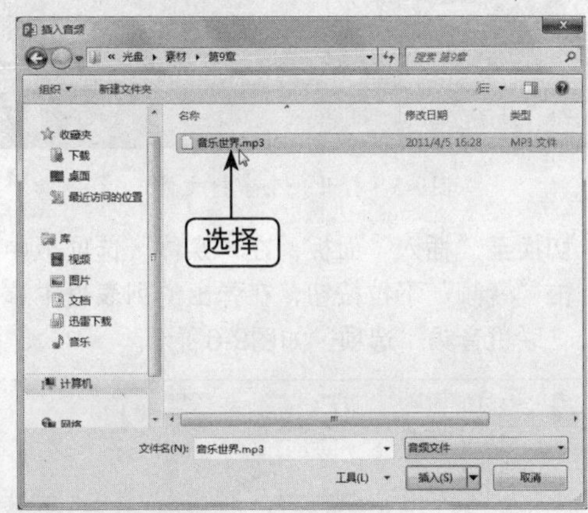

图9-3 选择需要创建表格的行、列数据

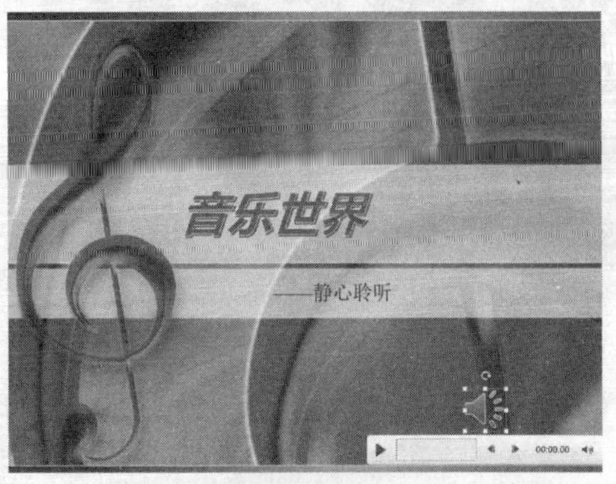

图9-4 插入图表

9.1.2 插入联机音频

在PowerPoint 2013中，用户除了添加文件中的声音外，还可以插入联机音频。下面向用户介绍插入联机音频的操作方法。

➡ 素材文件	素材\第9章\人力资源管理.pptx
➡ 效果文件	效果\第9章\人力资源管理.pptx
➡ 视频文件	视频\第9章\插入联机音频.mp4
➡ 难易程度	★★★☆☆

01 在PowerPoint 2013中，打开一个素材文件，如图9-5所示。

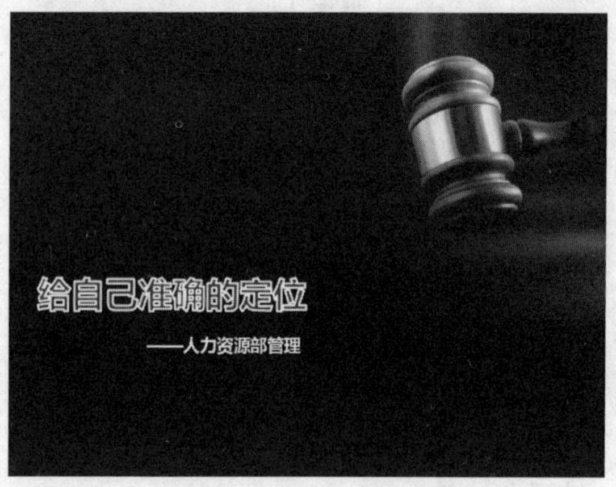

图9-5 打开一个素材文件

02 切换至“插入”面板，在“媒体”选项板中单击“音频”下拉按钮，在弹出的列表框中选择“联机音频”选项，如图9-6所示。

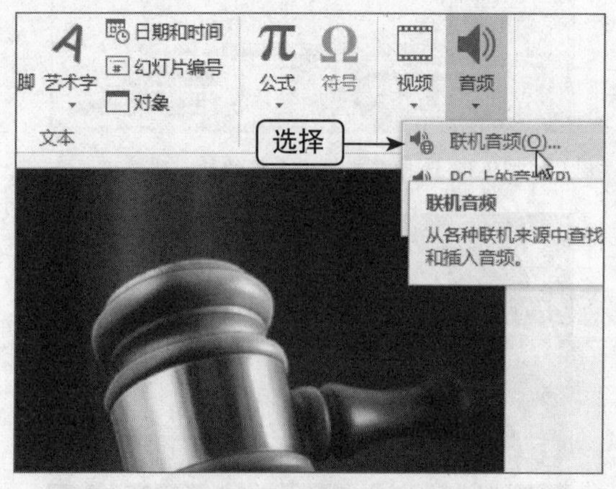

图9-6 选择“联机音频”选项

03 弹出“插入音频”窗口，在“搜索”文本框中输入文本“铃声”，单击“搜索”按钮，如图9-7所示。

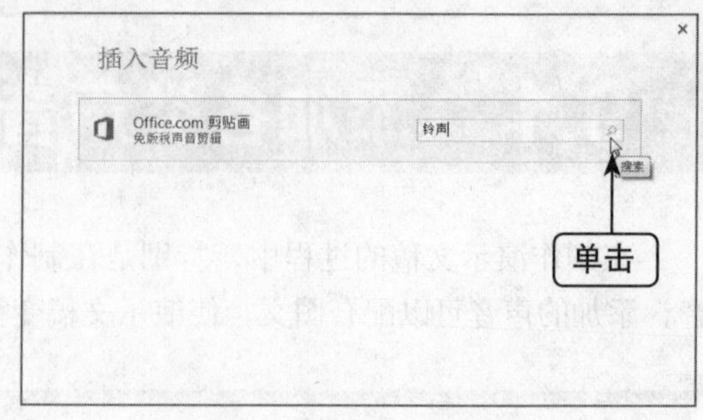

图9-7 单击“搜索”按钮

04 在其下方将显示搜索出的音频文件，选择相应铃声，如图9-8所示。

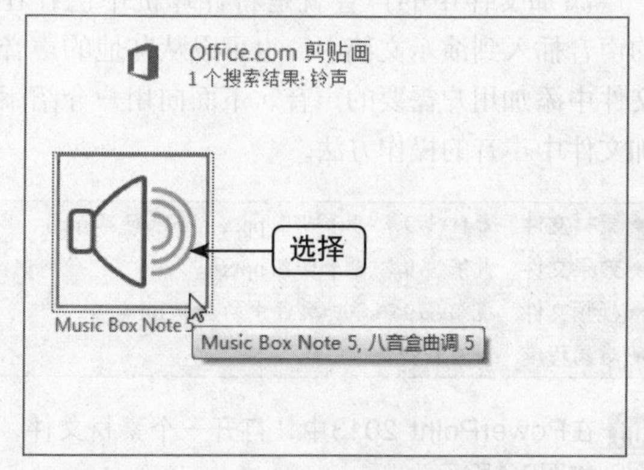

图9-8 选择相应铃声

05 单击“插入”按钮，即可将音频文件插入至幻灯片中，调整至合适位置，如图9-9所示。

图9-9 插入音频文件

9.1.3 添加录制声音

如果用户对计算机中自带的声音文件感到不满意，也可以通过录制外来的声音，将其插入至幻灯片中。下面向用户介绍添加录制声音的操作方法。

➡素材文件	素材\第9章\海滨休闲.pptx
➡效果文件	效果\第9章\海滨休闲.pptx
➡视频文件	视频\第9章\添加录制声音.mp4
➡难易程度	★★★☆☆

01 在PowerPoint 2013中，打开一个素材文件，如图9-10所示。

图9-10 打开一个素材文件

02 切换至“插入”面板，在“媒体”选项板中单击“音频”下拉按钮，在弹出的列表框中选择“录制音频”选项，如图9-11所示。

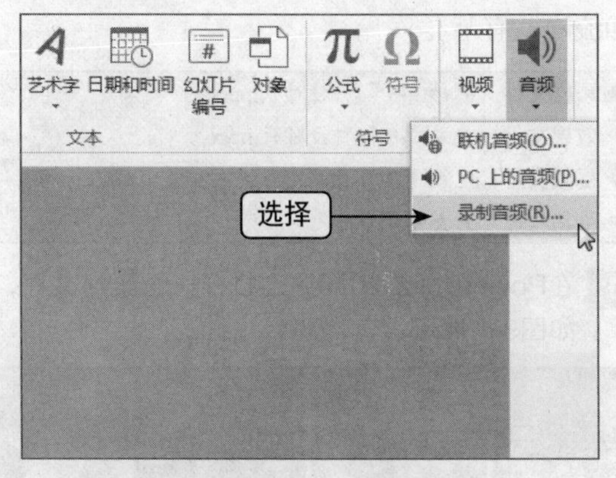

图9-11 选择“录制音频”选项

03 弹出“录制声音”对话框，在“名称”文本框中输入名称“外来声音”，单击“开始录制”按钮，如图9-12所示。

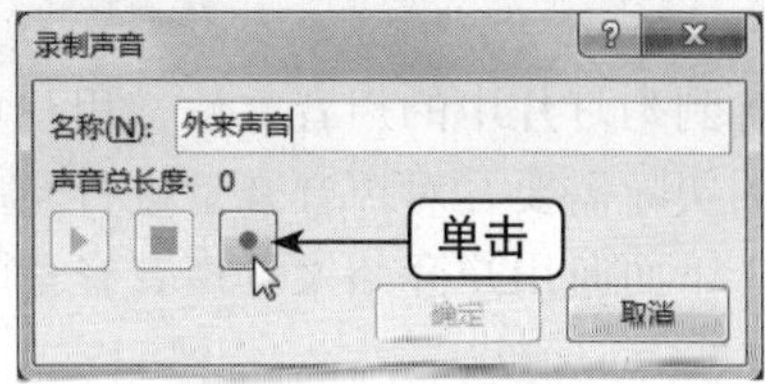

图9-12 单击“录制”按钮

04 录制声音完成后，单击“停止”按钮，然后单击“确定”按钮，如图9-13所示。

图9-13 单击“确定”按钮

05 执行操作后，即可在幻灯片中添加录制的声音，效果如图9-14所示。

图9-14 添加录制的声音

重点提醒

当录音完成后，在幻灯片中也将会出现声音图标，与插入剪辑中的声音一样，可以调整图标的大小与位置，还可以切换到“播放”面板，对插入的声音进行播放设置。

9.2 设置声音属性

在PowerPoint 2013中，对插入到幻灯片中的声音文件，用户可以对其音量、播放模式等属性进行设置。

9.2.1 设置声音音量

添加到幻灯片中的声音文件，用户可以根据播放的实际需要，对声音音量进行升高或降低操作。下面向用户介绍设置声音音量的操作方法。

➡ 素材文件	素材\第9章\清新自然.pptx
➡ 效果文件	效果\第9章\清新自然.pptx
➡ 视频文件	视频\第9章\设置声音音量.mp4
➡ 难易程度	★★☆☆☆

01 在PowerPoint 2013中，打开一个素材文件，如图9-15所示。

图9-15 打开一个素材文件

02 在编辑区中，选择插入的声音图标，如图9-16所示。

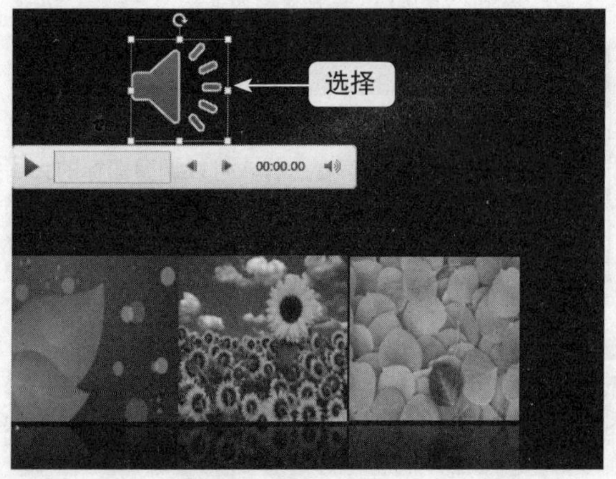

图9-16 选择声音图标

03 切换至“音频工具”中的“播放”面板，单击“音频”选项板中的“音量”下拉按钮，在弹出的列表框中选择“中”选项，如图9-17所示。

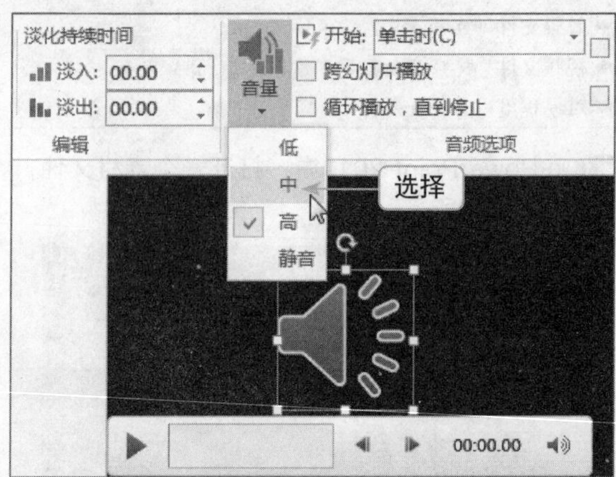

图9-17 选择“中”选项

04 执行操作后，即可设置声音音量。

9.2.2 设置声音淡入和淡出时间

在PowerPoint 2013中，对插入的声音文件使用淡入和淡出效果，可以使声音文件在播放时更加流程、有节奏。

➡ 素材文件	素材\第9章\科技时代.pptx
➡ 效果文件	效果\第9章\科技时代.pptx
➡ 视频文件	视频\第9章\设置声音淡入和淡出时间.mp4
➡ 难易程度	★★☆☆☆

01 在PowerPoint 2013中，打开一个素材文件，如图9-18所示。

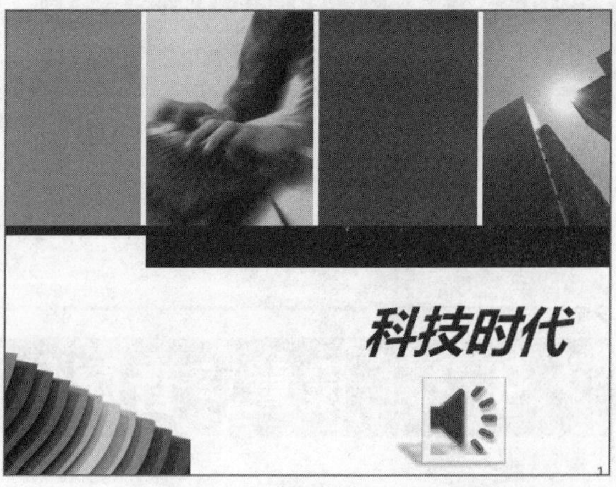

图9-18 打开一个素材文件

02 在编辑区中，选择声音文件，如图9-19所示。

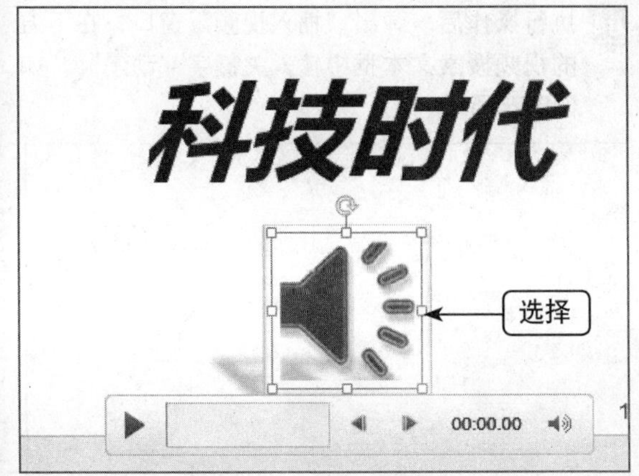

图9-19 选择声音文件

 切换至“音频工具”中的“播放”按钮，在“编辑”选项板中的“淡化持续时间”下方，设置“淡入”和“淡出”均为02:00，如图9-20所示。

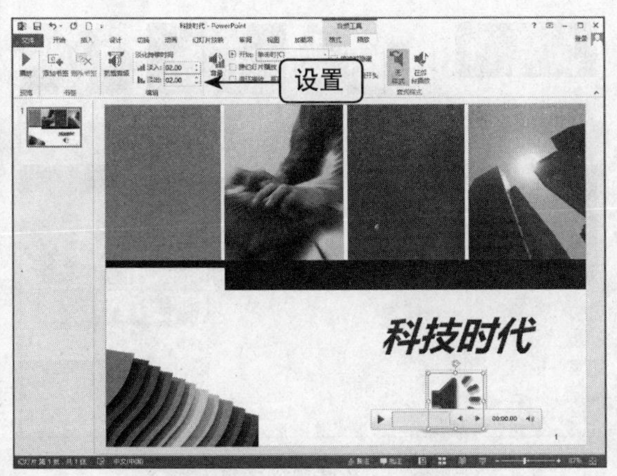

图9-20 设置相应选项

9.2.3 设置声音连续播放

在PowerPoint 2013的幻灯片中选中声音图标，切换至“播放”面板，选中“音频选项”选项板中的“循环播放，直到停止”复选框，如图9-21所示。在放映幻灯片的过程中会自动循环播放，直到放映下一张幻灯片或停止放映为止。

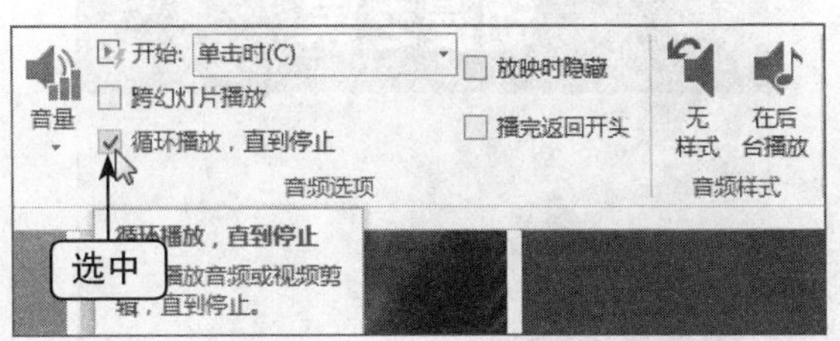

图9-21 选中“循环播放，直到停止”复选框

9.2.4 设置播放声音模式

单击“开始”下拉按钮，在弹出的列表框中包括“自动”和“单击时”两个选项，如图9-22所示。在“音频选项”选项板中选中“跨幻灯片播放”复选框时，声音文件不仅在插入的幻灯片中有效，在演示文稿的所有幻灯片中均有效。

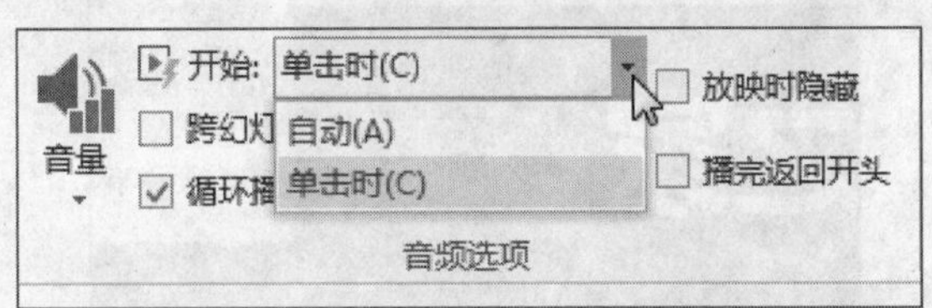

图9-22 “开始”下拉列表

9.3 添加视频

在PowerPoint 2013的幻灯片中可以插入的视频格式有10多种，PowerPoint支持的视频格式会随着媒体播放器的不同而不同。用户可根据剪辑管理器或是从外部文件夹中添加视频。

9.3.1 添加联机视频

在PowerPoint 2013中，用户可以通过互联网插入联机视频。下面向用户介绍添加联机视频的操作方法。

➡ 素材文件	素材\第9章\动漫之家.pptx
➡ 效果文件	效果\第9章\动漫之家.pptx
➡ 视频文件	视频\第9章\添加联机视频.mp4
➡ 难易程度	★★★★☆

01 在PowerPoint 2013中，打开一个素材文件，如图9-23所示。

图9-23 打开一个素材文件

02 切换至“插入”面板，在“媒体”选项板中单击“视频”下拉按钮，如图9-24所示。

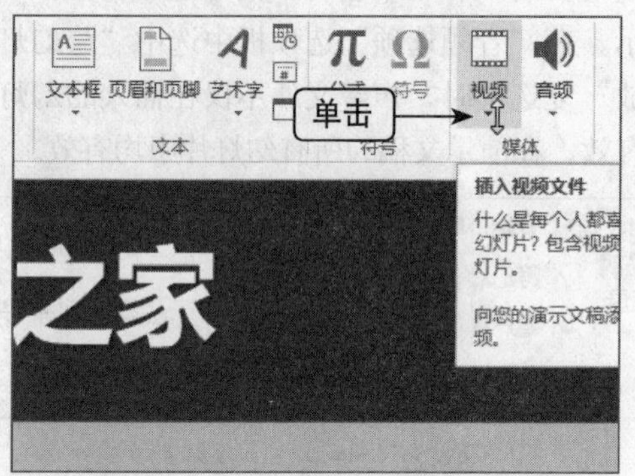

图9-24 单击“视频”下拉按钮

03 弹出列表框，选择“联机视频”选项，如图9-25所示。

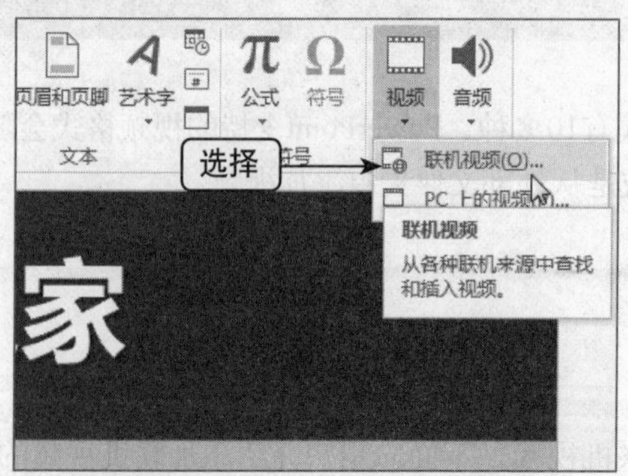

图9-25 选择“联机视频”选项

04 执行操作后，弹出“插入视频”窗口，在下方的视频搜索文本框中输入关键字“动漫”，如图9-26所示。

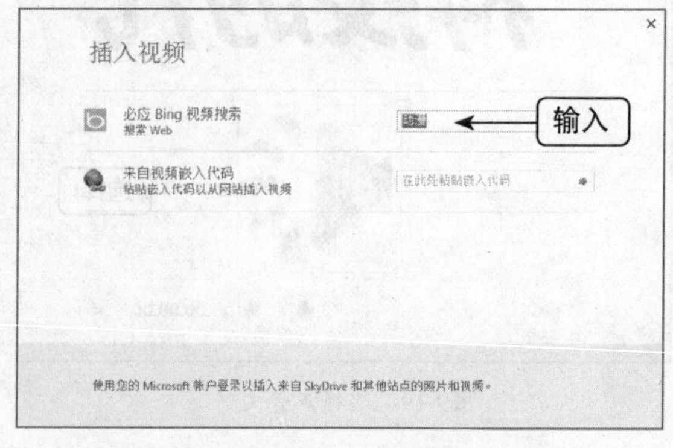

图9-26 输入关键字

05 单击“搜索”按钮，在下方显示的视频文件中选择相应视频文件，如图9-27所示。

图9-27 选择相应视频文件

06 单击“插入”按钮，即可将视频文件插入至幻灯片中，如图9-28所示。

图9-28 插入视频文件

07 调整视频文件的大小，切换至“视频工具”中的“播放”面板，在“预览”选项板中单击“播放”按钮，如图9-29所示。

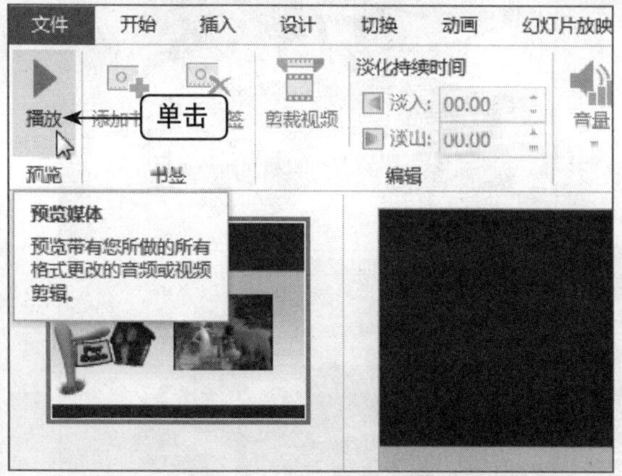

图9-29 单击“播放”按钮

08 执行操作后，即可播放视频文件，效果如图9-30所示。

图9-30 播放视频文件

9.3.2 添加文件中的视频

大多数情况下，PowerPoint剪辑管理器中的视频不能满足用户的需求，此时就可以选择插入来自文件中的视频。

➡ 素材文件	素材\第9章\儿童壁画.pptx、壁画.mp4
➡ 效果文件	效果\第9章\儿童壁画.pptx
➡ 视频文件	视频\第9章\添加文件中的视频.mp4
➡ 难易程度	★★★☆☆

01 在PowerPoint 2013中，打开一个素材文件，如图9-31所示。

图9-31 打开一个素材文件

02 切换至“插入”面板，单击“媒体”选项板中的“视频”下拉按钮，弹出列表框，选择“PC上的视频”选项，如图9-32所示。

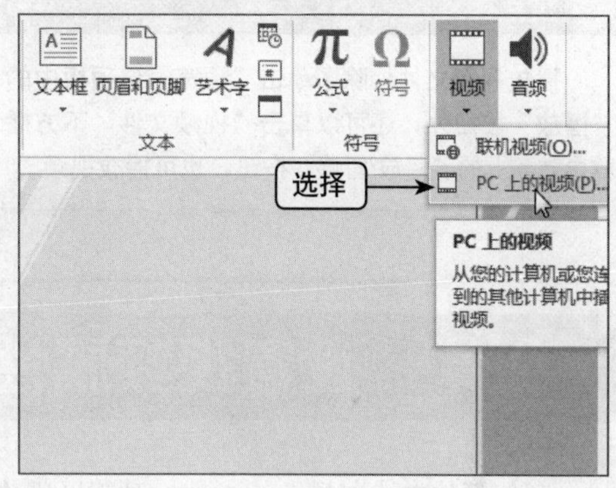

图9-32 选择“PC上的视频”选项

03 弹出“插入视频文件”对话框，在计算机上的合适位置选择视频文件，如图9-33所示。

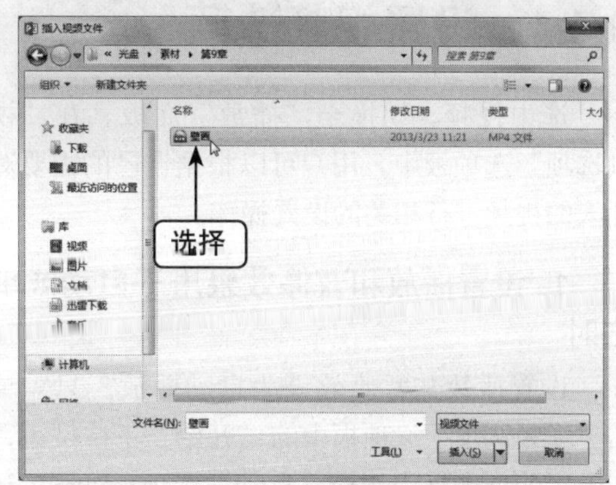

图9-33 选择视频文件

04 单击“插入”按钮，即可将视频文件插入到幻灯片中，调整视频大小，如图9-34所示。

图9-34　插入视频文件

05 切换至“视频工具”中的“播放”面板，在“预览”选项板中单击“播放”按钮，播放视频文件，效果如图9-35所示。

重点提醒

播放视频文件，除了单击“预览”选项板中的“播放”按钮外，还可以单击“视频文件”下方播放导航条上的“播放/暂停”按钮，也可播放视频。

图9-35　播放视频文件

9.4 设置视频属性

在幻灯片中选中插入的影片，功能区就将出现“影片选项”选项板，在该选项板中用户可以根据自己的需求对插入的影片进行相关的设置。

9.4.1 设置视频选项

选中视频，切换至“播放”面板，在“视频选项”选项板中，用户可以根据自己的需要对插入的视频进行相关的设置操作。

1. 设置播放和暂停效果用于自动或单击时

设置播放和暂停效果为自动播放。只需单击“视频选项”选项板中的“开始”下拉按钮，在弹出的列表框中选择“自动”选项，如图9-36所示，即可设置自动播放视频。

设置播放和暂停效果为单击时播放。只需单击“视频选项”选项板中的“开始”下拉按钮，在弹出的列表框中选择“单击时”选项即可，如图9-37所示。

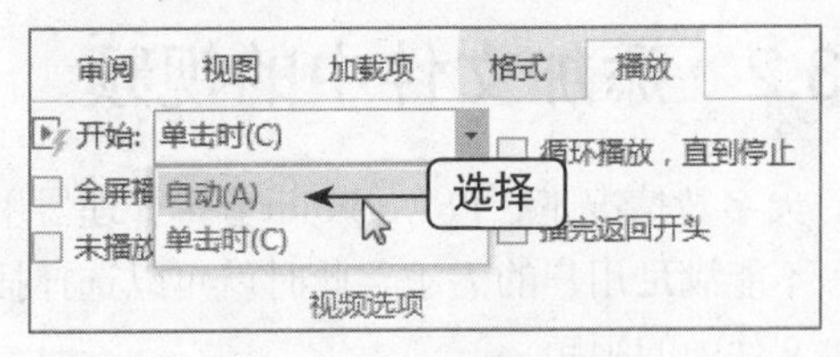

图9-36　选择“自动”选项

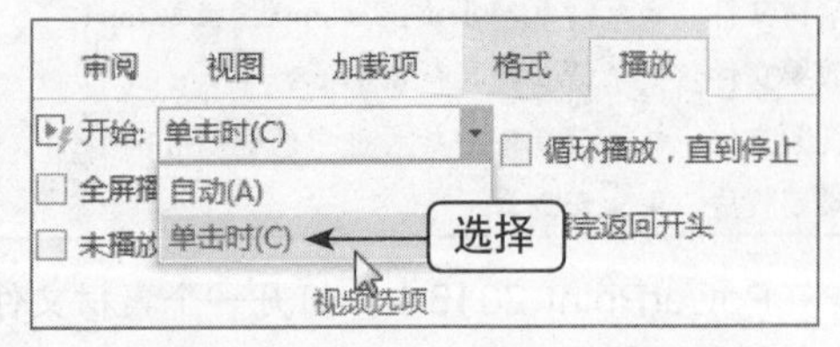

图9-37　选择“单击时”选项

2. 调整视频尺寸

调整视频尺寸的方法有两种：一种是选中视频，切换至“格式”面板，在“大小”选项板中直接输入宽度和高度的具体数值，即可设置视频的大小，如图9-38所示。一种是单击“大小”选项板右下角的扩展按钮，弹出“设置视频格式”对话框，在“大小”选项区中输入宽度和高度的具体数值，即可设置视频的大小。

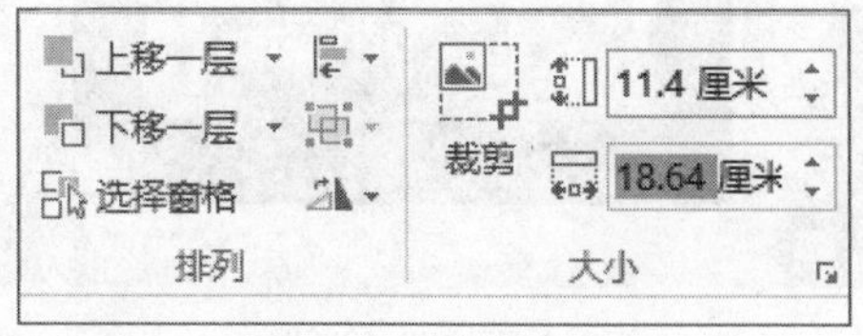

图9-38 设置视频大小

3. 设置全屏播放视频

在“视频选项”选项板中选中“全屏播放”复选框，如图9-39所示。在播放时，PowerPoint会自动将视频显示为全屏模式。

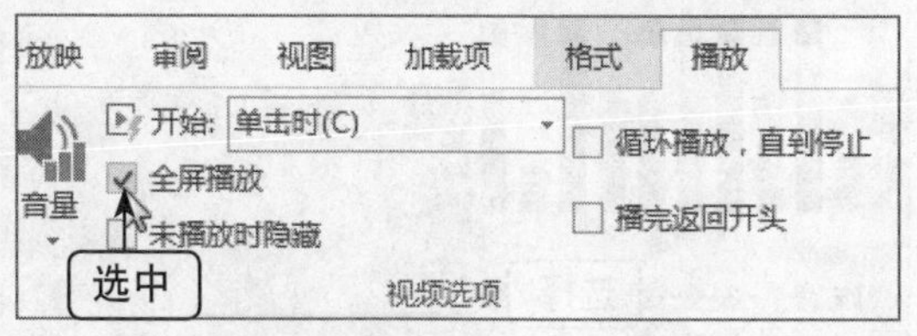

图9-39 选中“全屏播放”复选框

4. 设置视频音量

在“音量”列表框中，用户可以根据需要选择“低”、“中”、“高”和“静音”4个选项，对音量进行设置，如图9-40所示。

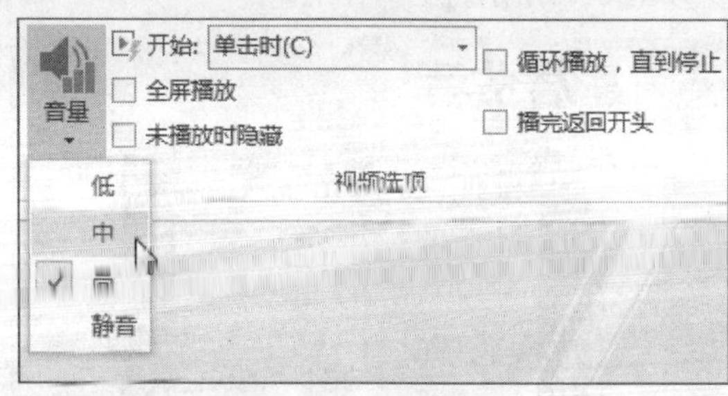

图9-40 “音量”列表框

5. 设置视频倒带

将视频设置为播放后倒带，视频将自动返回到第一张幻灯片，并在播放一次后停止。只需选中“视频选项”选项板中的“播完返回开头”复选框即可，如图9-41所示。

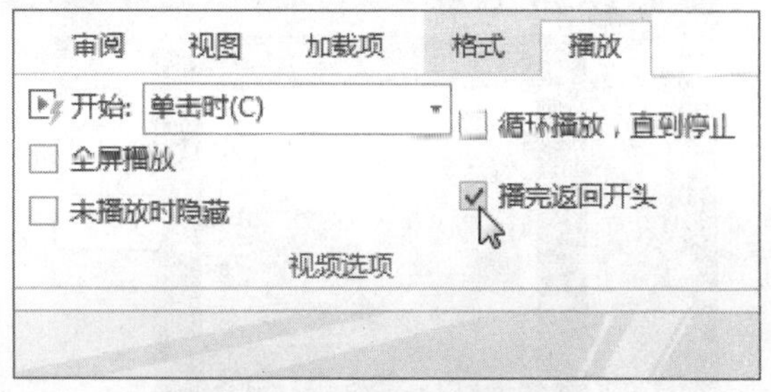

图9-41 选中“播完返回开头”复选框

6. 快速设置视频循环播放

在“视频选项”选项板中选中“循环播放，直到停止”复选框，在放映幻灯片时，视频会自动循环播放，直到下一张幻灯片才停止放映。

9.4.2 设置视频样式

与图表及其他对象一样，PowerPoint也为视频提供了视频样式。视频样式可以使视频应用不同的视频样式效果、视频形状和视频边框等。下面向用户介绍设置视频样式的操作方法。

➡ 素材文件	素材\第9章\家居生活.pptx
➡ 效果文件	效果\第9章\家居生活.pptx
➡ 视频文件	视频\第9章\设置视频样式.mp4
➡ 难易程度	★★★★☆

01 在PowerPoint 2013中，打开一个素材文件，如图9-42所示。

图9-42 打开一个素材文件

02 在编辑区中，选择需要设置样式的视频，如图9-43所示。

图9-43 选择视频

03 切换至“视频工具”中的“格式”面板，在“视频样式”选项板中单击“其他”下拉按钮，如图9-44所示。

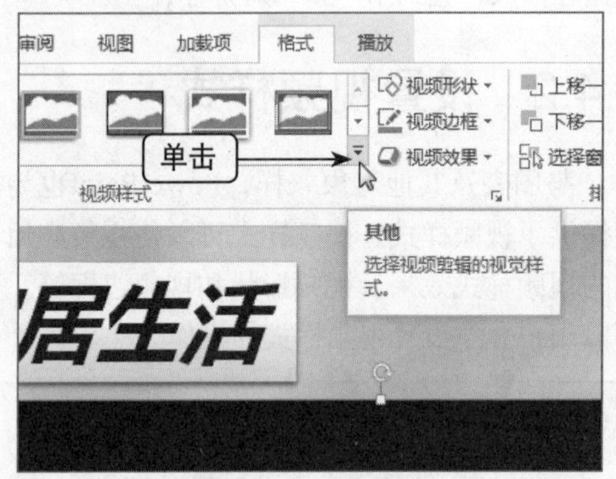

图9-44 单击“其他”下拉按钮

04 在弹出的列表框中的“中等”选项区中选择“圆形对角，白色”选项，如图9-45所示。

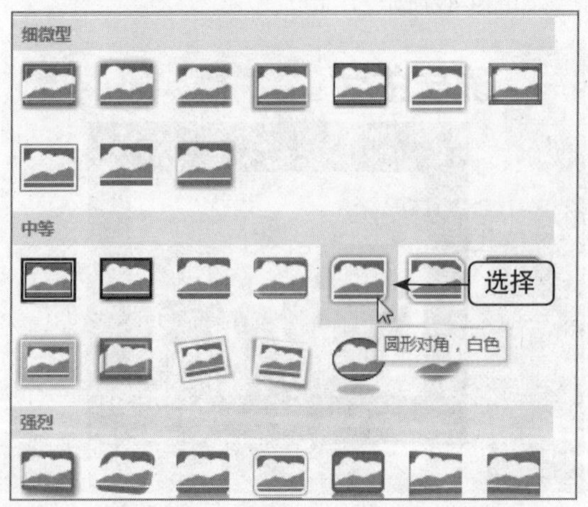

图9-45 选择“圆形对角，白色”选项

05 执行操作后，即可应用视频样式，如图9-46所示。

图9-46 应用视频样式

06 在“视频样式”选项板中单击“视频边框”右侧的下拉按钮，弹出列表框，在“标准色”选项区中选择“橙色”，如图9-47所示。

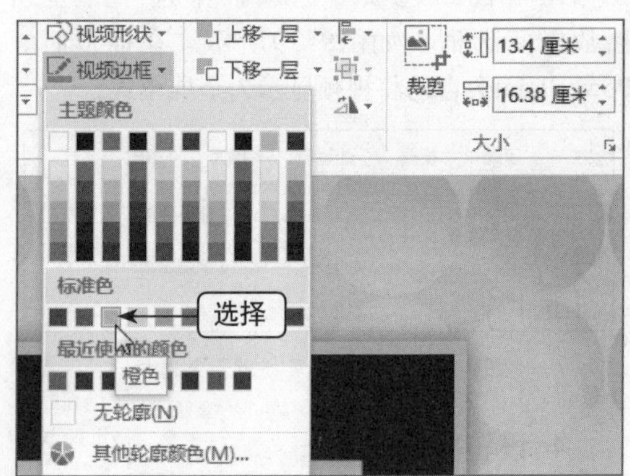

图9-47 选择“橙色”

07 设置完成后，视频将以设置的样式显示，效果如图9-48所示。

图9-48 设置视频样式效果

重点提醒

影片都是以链接的方式插入的，如果要在另一台计算机上播放，则需要在复制演示文稿的同时复制它所链接的影片文件。

9.4.3 调整视频亮度和对比度

当导入的视频在拍摄过程中太暗或太亮时，用户可以运用“调整”选项板中的相关操作对视频进行修复处理。

➡ 素材文件	素材\第9章\自然风光.pptx
➡ 效果文件	效果\第9章\自然风光.pptx
➡ 视频文件	视频\第9章\调整视频亮度和对比度.mp4
➡ 难易程度	★★★☆☆

01 在PowerPoint 2013中，打开一个素材文件，如图9-49所示。

图9-49 打开一个素材文件

02 在编辑区中，选择需要调整亮度和对比度的视频，如图9-50所示。

图9-50 选择视频

03 切换至“视频工具”中的“格式”面板，单击“调整”选项板中的“更正”下拉按钮，如图9-51所示。

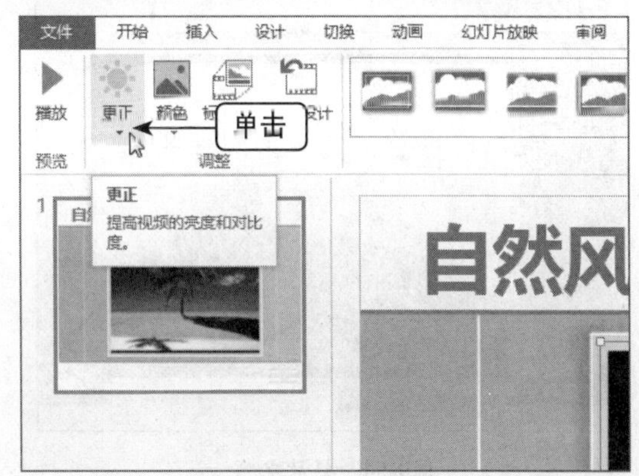

图9-51 单击“更正”下拉按钮

04 在弹出的列表框中选择相应选项，如图9-52所示。

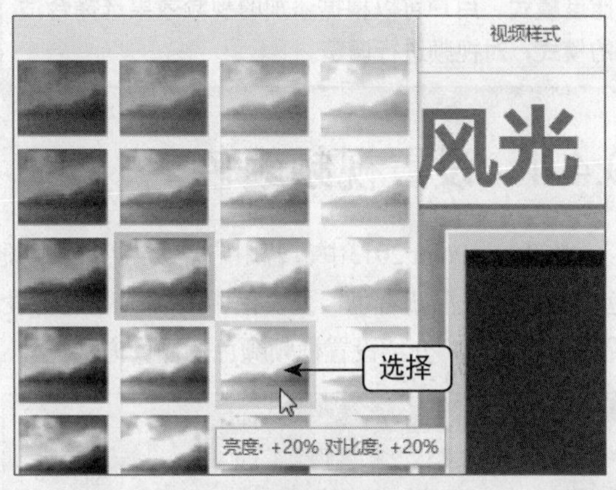

图9-52 选择相应选项

05 执行操作后，即可调整视频的亮度和对比度，如图9-53所示。

图9-53 调整视频的亮度和对比度

06 在视频的下方，单击悬浮面板中的“播放/暂停”按钮，播放视频，如图9-54所示。

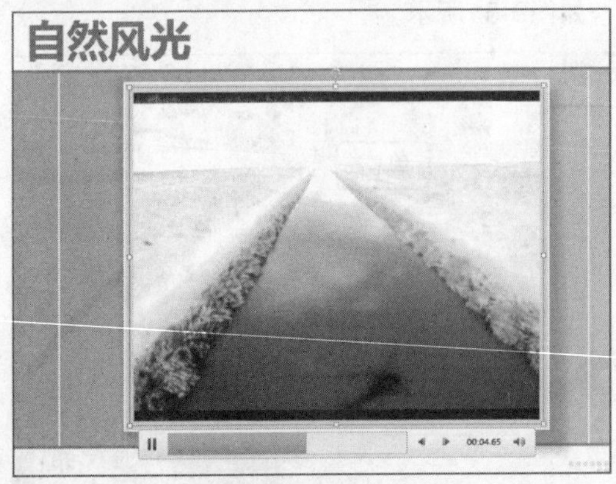

图9-54 播放视频

重点提醒

在弹出的“更正”列表框中包括25种亮度和对比度模式，用户可以根据添加的视频效果选择合适的模式，对视频进行调整。

9.4.4 设置视频颜色

在PowerPoint 2013中，若用户需要改变视频颜色，可通过“重新着色”列表框中的各选项进行设置。下面向用户介绍设置视频颜色的操作方法。

➡ 素材文件	素材\第9章\深秋金菊.pptx
➡ 效果文件	效果\第9章\深秋金菊.pptx
➡ 视频文件	视频\第9章\设置视频颜色.mp4
➡ 难易程度	★★★★☆

01 在PowerPoint 2013中，打开一个素材文件，如图9-55所示。

图9-55 打开一个素材文件

02 在编辑区中，选择需要设置颜色的视频，如图9-56所示。

图9-56 选择视频

03 切换至“视频工具”中的“格式”面板，单击“调整”选项板中的“颜色”下拉按钮，如图9-57所示。

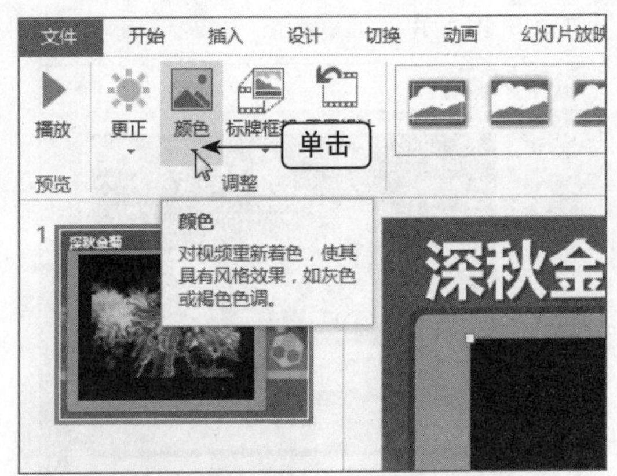

图9-57 单击“颜色”下拉按钮

04 在弹出的列表框中选择“褐色”，如图9-58所示。

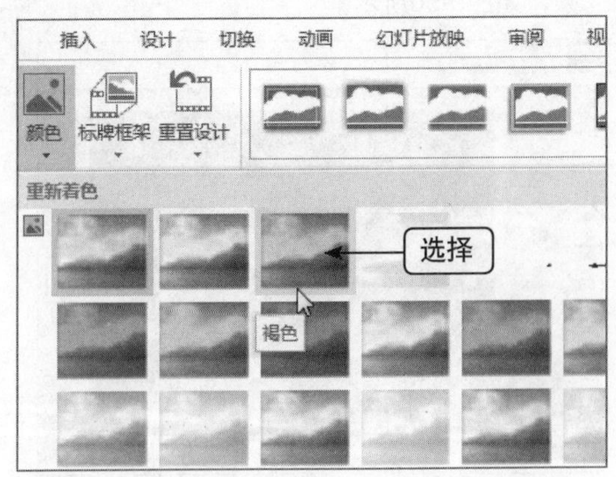

图9-58 选择“褐色”

05 执行操作后，即可设置视频的颜色，如图9-59所示。

图9-59 设置视频的颜色

06 在视频的下方，单击悬浮面板中的“播放/暂停”按钮，播放视频，如图9-60所示。

图9-60 播放视频

重点提醒

在弹出的“颜色”列表框中，用户还可以选择“视频颜色选项”选项，在弹出的“设置视频格式”对话框中对视频的属性进行设置。

9.5 插入和剪辑动画

在PowerPoint 2013演示文稿中还可以插入SWF格式的Flash文件。能正确插入和播放Flash动画的前提是计算机中应安装最新版本的Flash Player软件，以便注册Shockware Flash Object。

9.5.1 添加Flash动画

插入Flash动画的基本方法是先在演示文稿中添加一个ActiveX控件，然后创建一个从该控件指向Flash动画文件的链接。下面向用户介绍添加Flash动画的操作方法。

➜素材文件	素材\第9章\光芒四射.pptx、光芒.swf
➜效果文件	效果\第9章\光芒四射.pptx
➜视频文件	视频\第9章\添加Flash动画.mp4
➜难易程度	★★★★★

01 在PowerPoint 2013中，打开一个素材文件，如图9-61所示。

02 在“开始”面板中的功能区上单击鼠标右键，在弹出的快捷菜单中选择“自定义功能区”命令，如图9-62所示。

03 在弹出的“PowerPoint选项”对话框中，选中“开发工具”复选框，如图9-63所示。

图9-61 打开一个素材文件

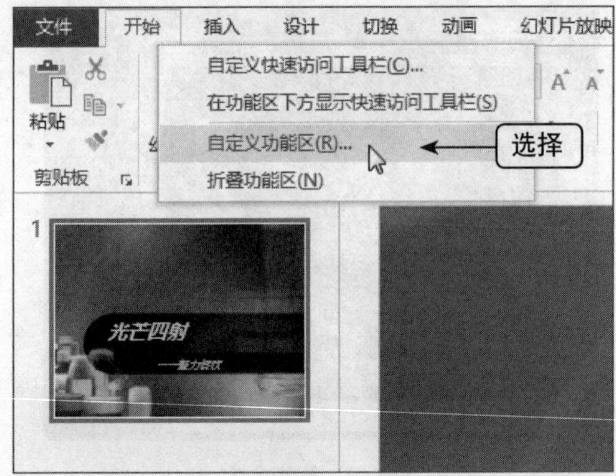

图9-62 选择“自定义功能区”命令

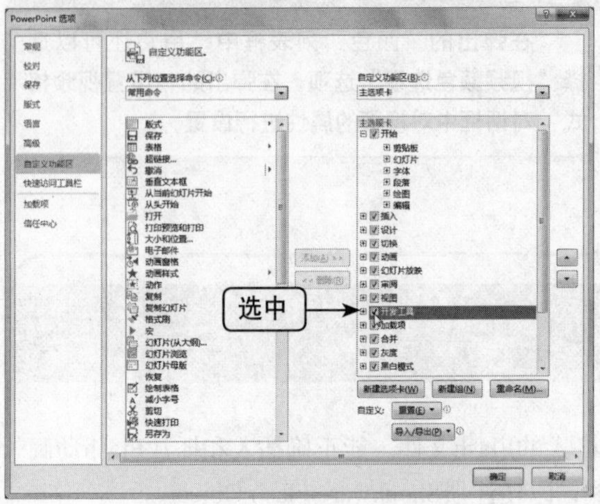

图9-63 选中“开发工具”复选框

04 单击“确定”按钮，即可在功能区中显示“开发工具”面板，如图9-64所示。

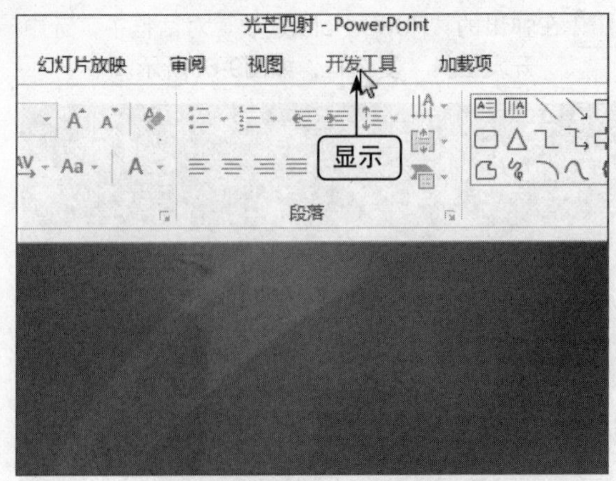

图9-64 显示“开发工具”面板

05 新建一张空白幻灯片，切换至“开发工具”面板，在“开发工具”面板中单击“控件”选项板中的“其他控件”按钮，如图9-65所示。

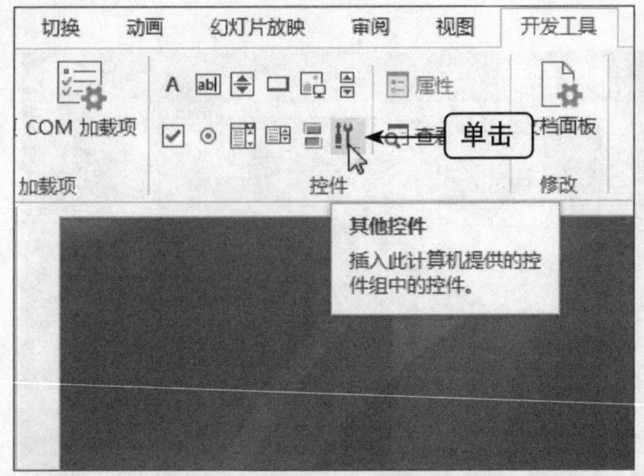

图9-65 单击“其他控件”按钮

06 弹出“其他控件”对话框，在该对话框中选择相应选项，如图9-66所示。

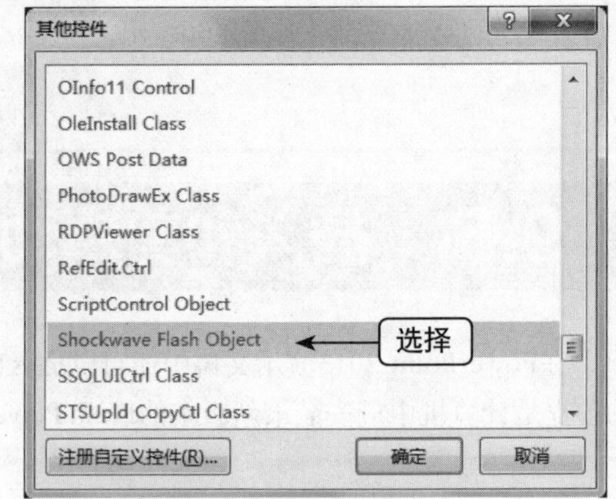

图9-66 选择相应选项

07 单击“确定”按钮，然后在幻灯片上拖曳鼠标，绘制一个长方形的Shockware Flash Object控件，如图9-67所示。

图9-67 绘制一个长方形

08 在绘制的Shockware Flash Object控件上单击鼠标右键，在弹出的快捷菜单中选择“属性表”命令，如图9-68所示。

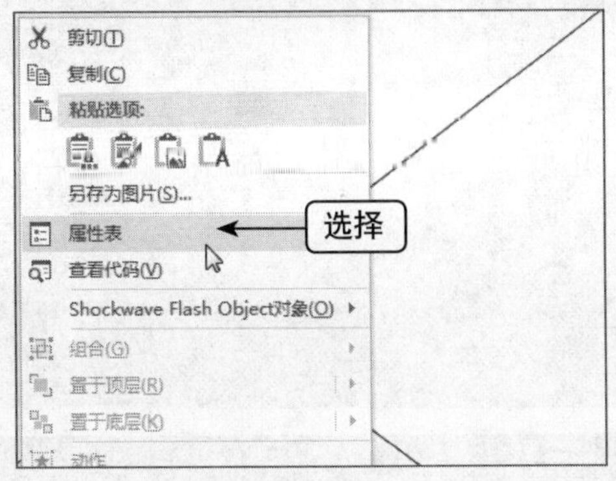

图9-68 选择“属性表”命令

09 执行操作后，弹出“属性”对话框，选择Movie选项，如图9-69所示。

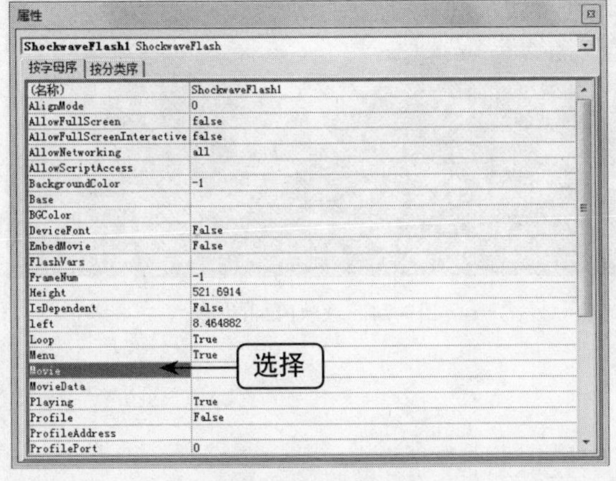

图9-69 选择Movie选项

10 在Movie选项右侧的空白文本框中，输入需要插入的Flash文件路径和文件名，如图9-70所示。

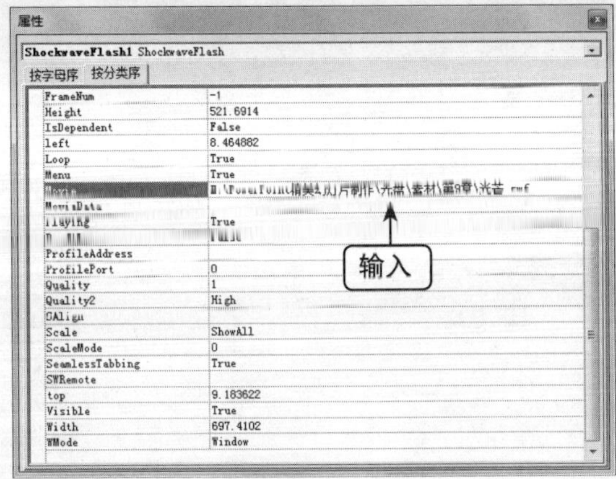

图9-70 输入文件路径和文件名

11 关闭“属性”对话框，即可插入Flash动画，如图9-71所示。

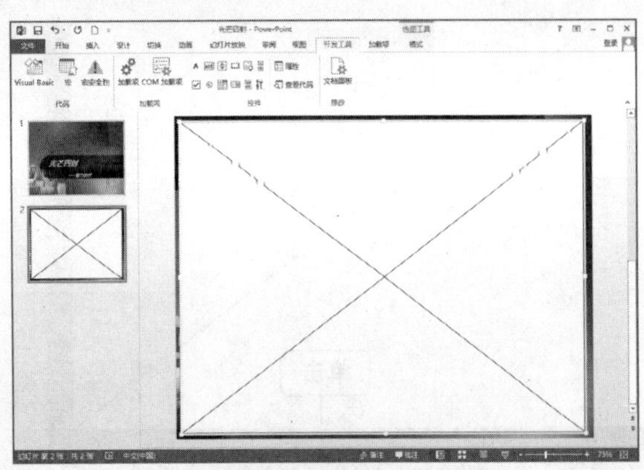

图9-71 插入Flash动画

重点提醒

要在显示幻灯片时自动播放动画，还应该将Playing属性设置为True。如果不希望重复播放动画，则应将Loop属性设置为False。添加Flash动画后，只有在幻灯片放映视图中可见。

9.5.2 放映Flash动画

在幻灯片中插入Flash动画后，用户还可以在“幻灯片放映”面板中设置Flash动画的放映。下面向用户介绍放映Flash动画的操作方法。

➡ 素材文件	素材\第9章\光芒四射.pptx
➡ 效果文件	效果\第9章\光芒四射01.pptx
➡ 视频文件	视频\第9章\放映Flash动画.mp4
➡ 难易程度	★★☆☆☆

01 打开上一节中的效果文件，进入第2张幻灯片，如图9-72所示。

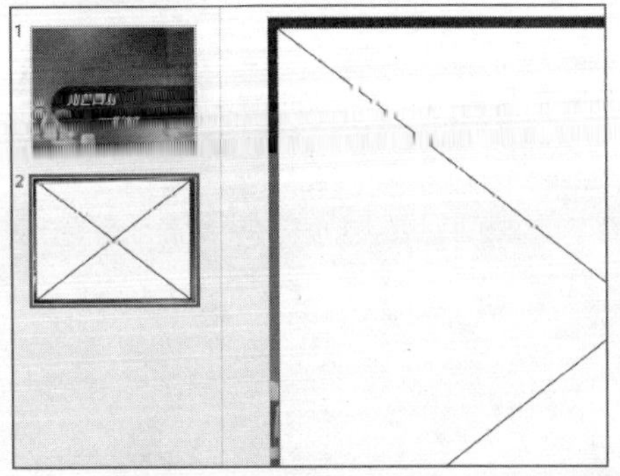

图9-72 进入第2张幻灯片

02 在幻灯片底部的备注栏中单击“幻灯片放映”按钮，如图9-73所示。

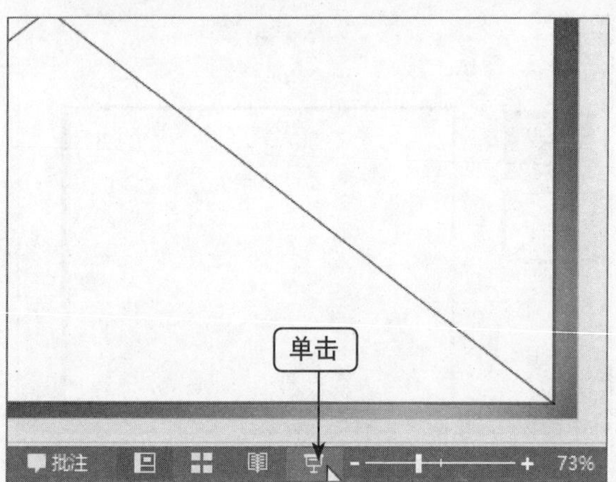

图9-73　单击“幻灯片放映”按钮

重点提醒

除了单击“幻灯片放映”按钮可以放映Flash动画外，用户还可以切换至“幻灯片放映”面板，然后在“开始放映幻灯片”选项板中选中合适的放映方式放映Flash动画。

03 执行操作后，即可放映Flash动画，效果如图9-74所示。

图9-74　放映Flash动画

设置幻灯片的主题

学习提示

主题是一组统一的设计元素，是用颜色、字体和图形来设置文档的外观。通过应用幻灯片主题，可以快速而轻松地设置文档的格式，赋予其专业和时尚的外观。本章主要向用户介绍设置幻灯片主题、设置主题模板及颜色、设置主题各种特效以及设置幻灯片背景等内容。

主要内容

- 置内置主题模板
- 浏览硬盘主题模板
- 设置主题为环保
- 设置主题为积分
- 设置主题效果为插页
- 设置纯色背景

重点与难点

- 保存当前主题模板
- 设置主题颜色为博大精深
- 设置渐变背景

学完本章后你会做什么

- 掌握设置内置主题模板、浏览硬盘主题模板及保存当前主题模板的操作方法
- 掌握设置主题为环保、设置主题为积分以及设置主题颜色为视点的操作方法
- 掌握设置纯色背景、设置渐变背景以及设置图案背景的操作方法

视频文件

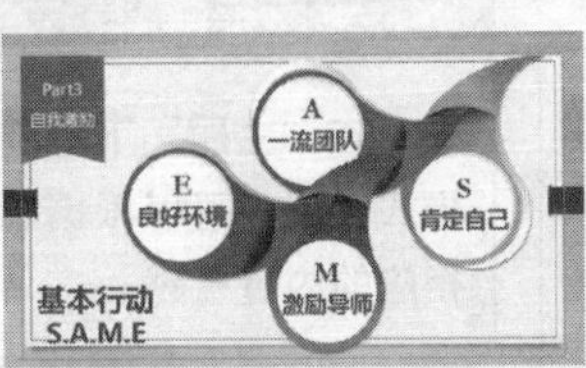

10.1 设置幻灯片主题

在PowerPoint 2013中提供了很多种幻灯片主题，用户可以直接在演示文稿中应用这些主题。色彩漂亮且与演示文稿内容协调是评判幻灯片是否成功的标准之一，所以用幻灯片配色来烘托主题是制作演示文稿的一个重要操作。

10.1.1 设置内置主题模板

在制作演示文稿时，用户如果需要快速设置幻灯片的主题，可以直接使用PowerPoint中自带的主题效果。

➡ 素材文件	素材\第10章\时代.pptx
➡ 效果文件	效果\第10章\时代.pptx
➡ 视频文件	视频\第10章\设置内置主题模板.mp4
➡ 难易程度	★★★☆☆

01 在PowerPoint 2013中，打开一个素材文件，如图10-1所示。

图10-1 打开一个素材文件

02 切换至"设计"面板，单击"主题"选项板中的"其他"下拉按钮，如图10-2所示。

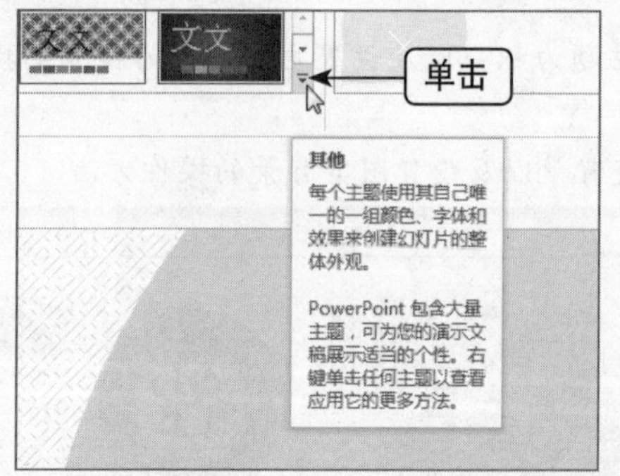

图10-2 单击"其他"下拉按钮

03 在弹出的列表框中选择"丝状"选项，如图10-3所示。

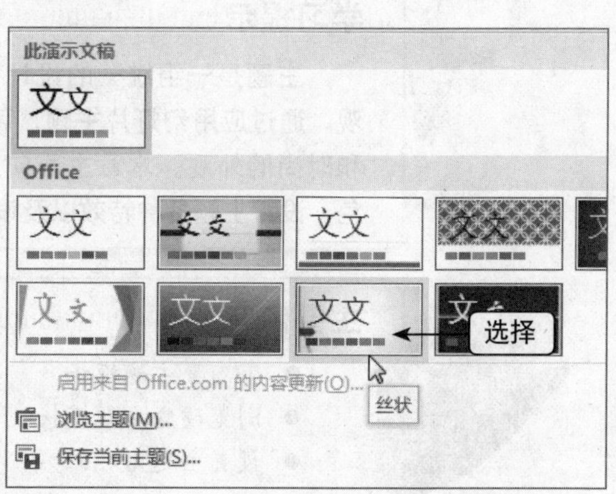

图10-3 选择"丝状"选项

04 执行操作后，即可应用内置主题，如图10-4所示。

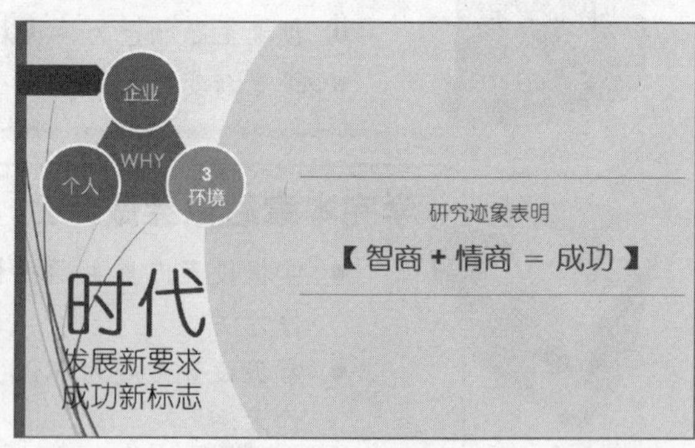

图10-4 应用内置主题

重点提醒

在"主题"下拉列表框中包含了10种内置主题样式，用户可以根据制作幻灯片的实际需求，选择相应的内置主题。

10.1.2 浏览硬盘主题模板

在制作演示文稿时，用户还可以选择存储在硬盘中的幻灯片模板。下面将向用户介绍浏览硬盘中主题模板的操作方法。

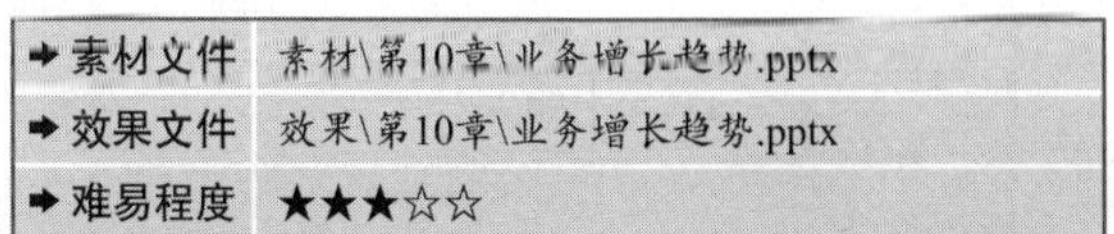

➡素材文件	素材\第10章\业务增长趋势.pptx
➡效果文件	效果\第10章\业务增长趋势.pptx
➡难易程度	★★★☆☆

01 在打开的PowerPoint 2013空白窗口中，切换至“设计”面板，如图10-5所示。

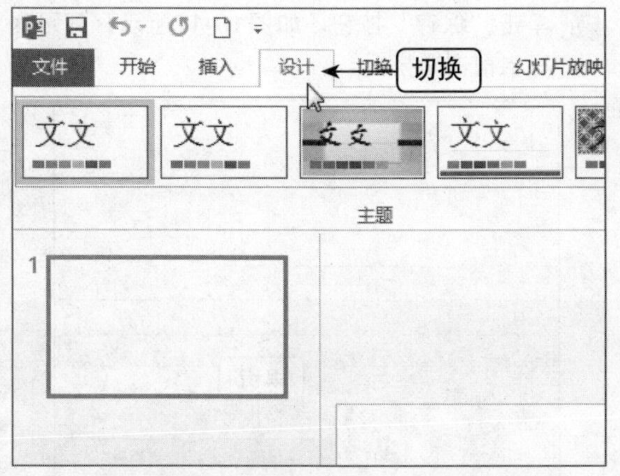

图10-5 切换至“设计”面板

02 在“主题”选项板中单击“其他”下拉按钮，在弹出的列表框中选择“浏览主题”选项，如图10-6所示。

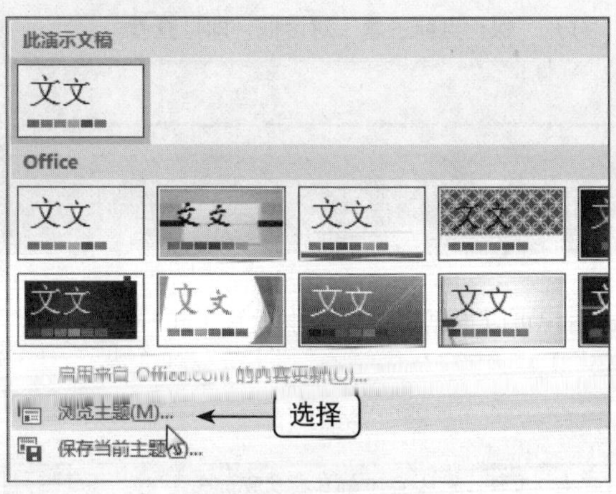

图10-6 选择“浏览主题”选项

03 弹出“选择主题或主题文档”对话框，在计算机中的合适位置选择相应选项，如图10-7所示。

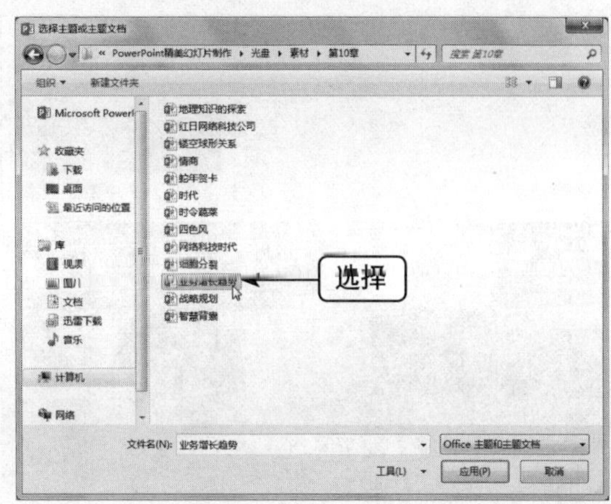

图10-7 选择相应选项

04 单击“应用”按钮，即可应用硬盘中的模板，如图10-8所示。

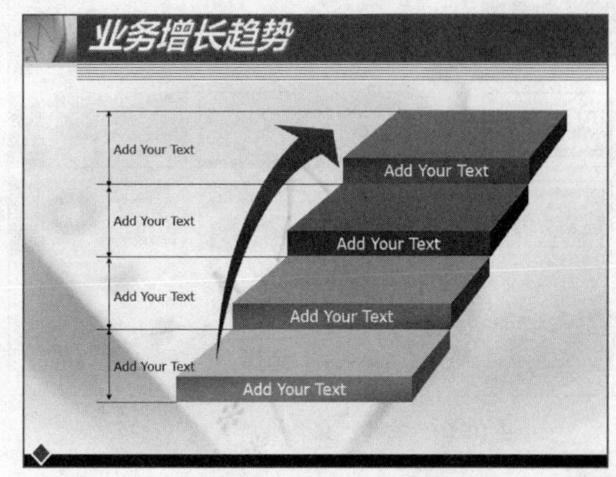

图10-8 应用硬盘中的模板

10.1.3 保存当前主题模板

在PowerPoint 2013中，对于一些比较漂亮的主题，用户可以将其保存下来，方便以后再次使用。下面向用户介绍保存当前主题模板的操作方法。

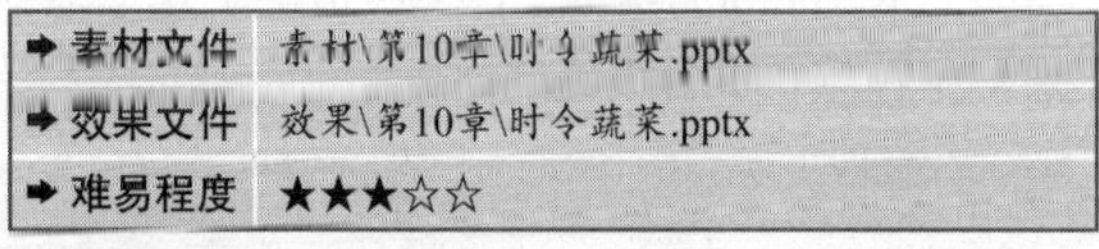

➡素材文件	素材\第10章\时令蔬菜.pptx
➡效果文件	效果\第10章\时令蔬菜.pptx
➡难易程度	★★★☆☆

01 在PowerPoint 2013中，打开一个素材文件，如图10-9所示。

02 切换至“设计”面板，单击“主题”选项板中的“其他”下拉按钮，在弹出的列表框中选择“保存当前主题”选项，如图10-10所示。

图10-9　打开一个素材文件

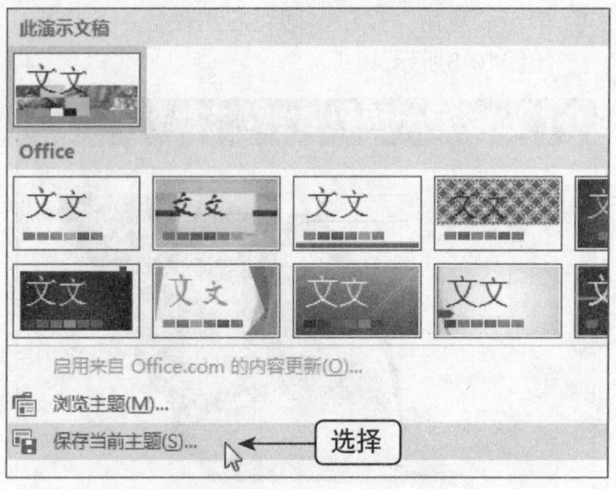

图10-10　选择“保存当前主题”选项

03 弹出“保存当前主题”对话框，选择文件的保存路径，并在“文件名”右侧的文本框中输入保存的主题名称，如图10-11所示。

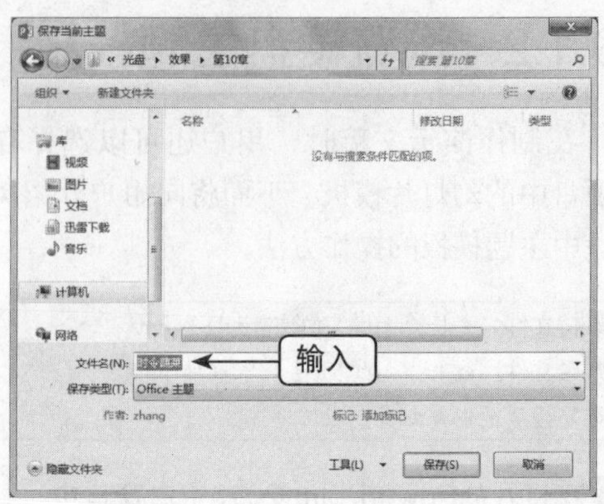

图10-11　输入保存的主题名称

04 单击“保存”按钮，如图10-12所示，即可保存当前主题模板。

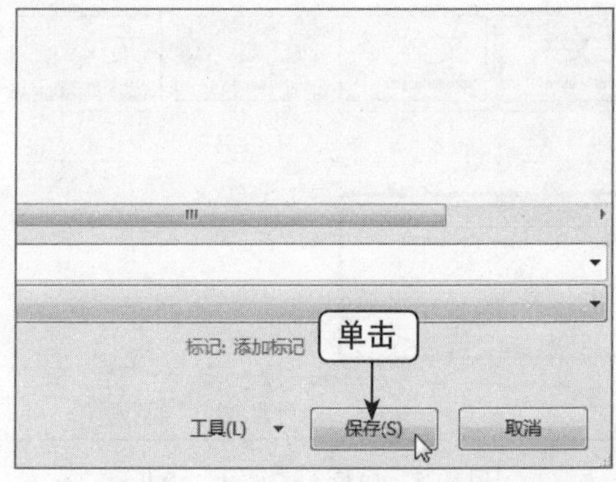

图10-12　单击“保存”按钮

重点提醒

如果用户需要查看保存的主题文件，只需再次打开“保存当前主题”对话框，即可查看。

10.2　设置主题模板及颜色

PowerPoint为每种设计模板提供了几十种颜色，用户可以根据自己的需求设置主题模板后，接着对主题颜色进行设置。

10.2.1　设置主题为环保

在PowerPoint 2013中，用户可以通过设置主题模式，迅速改变主题。下面向用户介绍设置主题为环保的操作方法。

➡ 素材文件	素材\第10章\自我激励.pptx
➡ 效果文件	效果\第10章\自我激励.pptx
➡ 视频文件	视频\第10章\设置内置主题模板.mp4
➡ 难易程度	★★★☆☆

01 在PowerPoint 2013中，打开一个素材文件，

如图10-13所示。

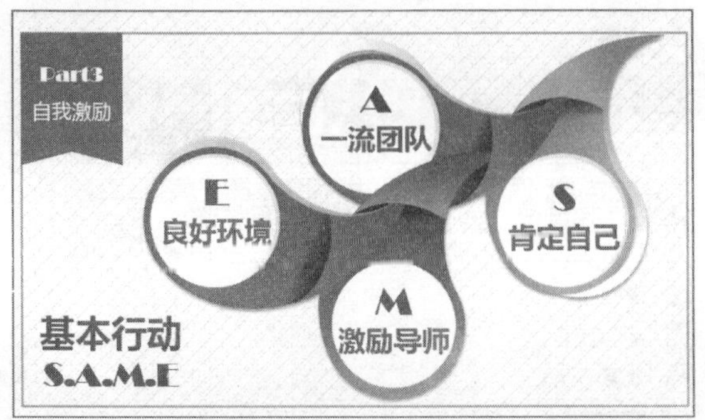

图10-13 打开一个素材文件

02 切换至“设计”面板，在“主题”选项板中单击“其他”下拉按钮，如图10-14所示。

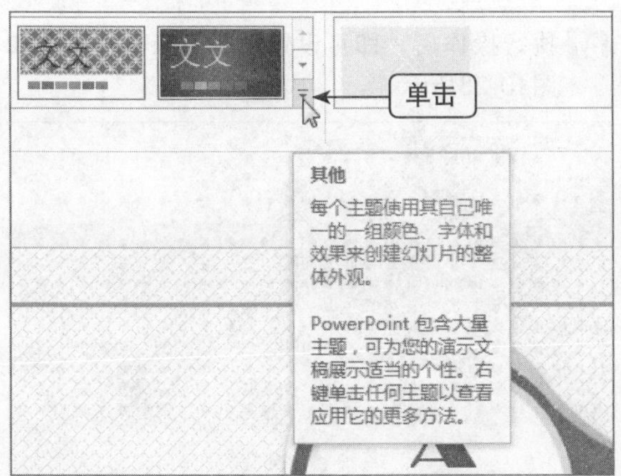

图10-14 单击“其他”下拉按钮

03 弹出列表框，在其中选择“环保”选项，如图10-15所示。

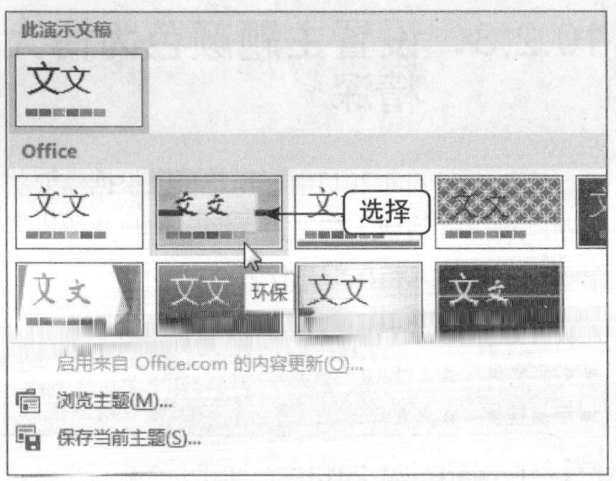

图10-15 选择“环保”选项

04 执行操作后，即可将主题设置为环保，设置“字体”为“微软雅黑”，效果如图10-16所示。

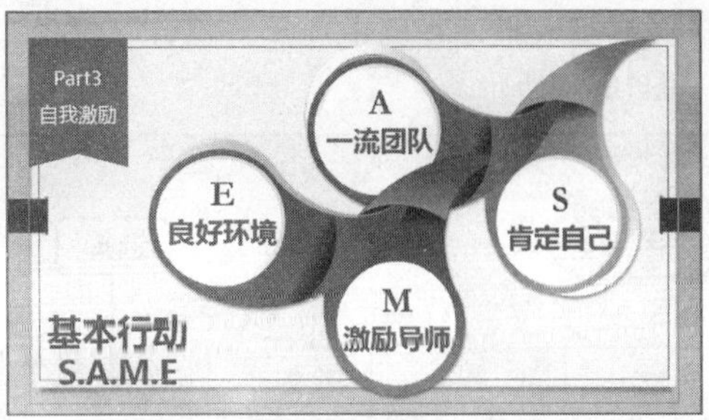

图10-16 将主题设置为环保

10.2.2 设置主题为积分

在PowerPoint 2013中，将主题设置为积分，可以使整个主题呈现一种带布纹的复古样式。下面向用户介绍设置主题为积分的操作方法。

➡ 素材文件	素材\第10章\地理知识的探索.pptx
➡ 效果文件	效果\第10章\地理知识的探索.pptx
➡ 难易程度	★★★★☆

01 在PowerPoint 2013中，打开一个素材文件，如图10-17所示。

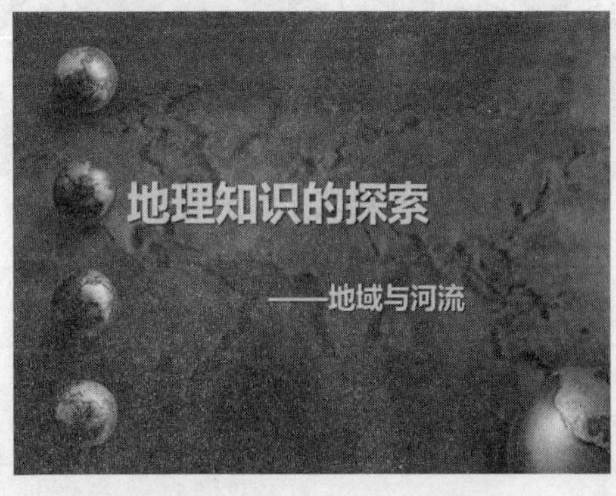

图10-17 打开一个素材文件

02 切换至“设计”面板，在“主题”选项板中单击“其他”下拉按钮，如图10-18所示。

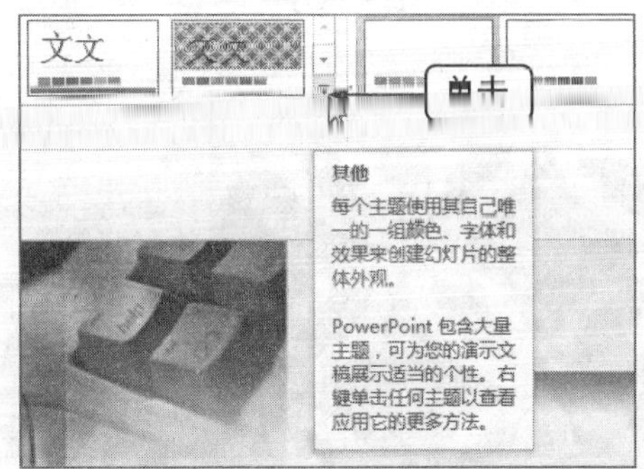

图10-18 单击“其他”下拉按钮

03 弹出列表框，在其中选择“积分”选项，如图10-19所示。

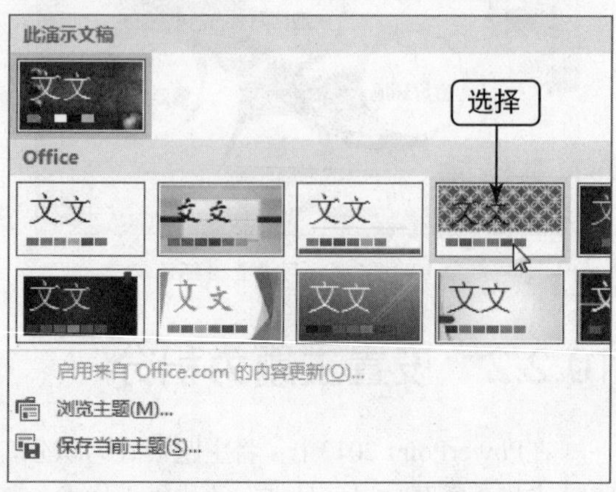

图10-19 选择“积分”选项

04 执行操作后，即可将主题设置为积分，设置幻灯片中的文本效果，如图10-20所示。

图10-20 设置幻灯片中的文本效果

05 在“变体”选项板中，单击“其他”下拉按钮，如图10-21所示。

图10-21 单击“其他”下拉按钮

06 弹出列表框，选择相应选项，如图10-22所示。

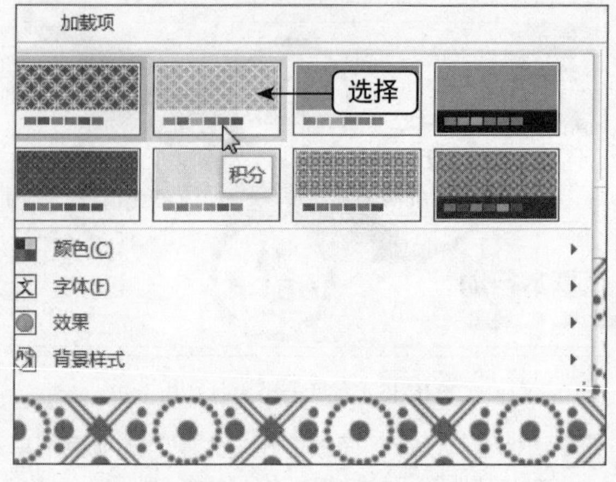

图10-22 选择相应选项

07 执行操作后，即可设置主题为积分，效果如图10-23所示。

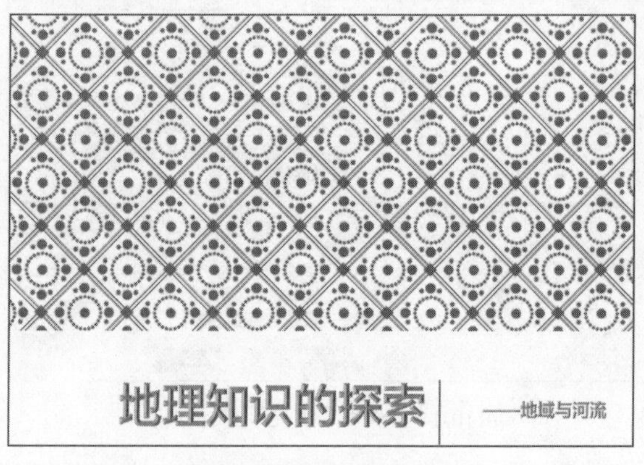

图10-23 设置主题为积分

10.2.3 设置主题颜色为博大精深

在PowerPoint 2013中，用户可以根据需要将主题颜色设置为博大精深。下面向用户介绍设置主题颜色为博大精深的操作方法。

➜ 素材文件	素材\第10章\自我意识尺度.pptx
➜ 效果文件	效果\第10章\自我意识尺度.pptx
➜ 难易程度	★★★☆☆

01 在PowerPoint 2013中，打开一个素材文件，如图10-24所示。

02 切换至“设计”面板，在“主题”选项板中单击“其他”下拉按钮，在弹出的列表框中选择

"丝状"选项，如图10-25所示。

图10-24 打开一个素材文件

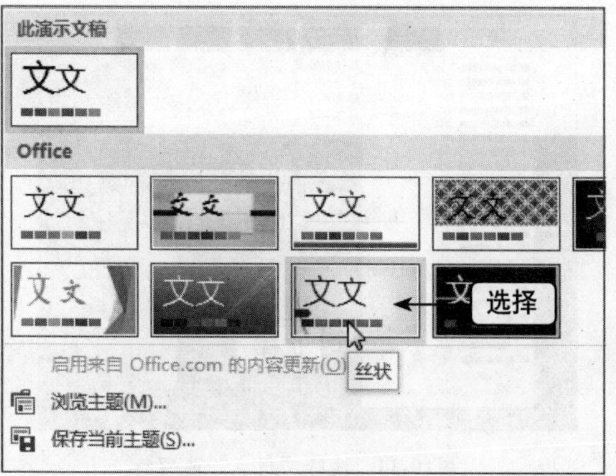

图10-25 选择"丝状"选项

03 执行操作后，即可将主题设置为丝状，如图10-26所示。

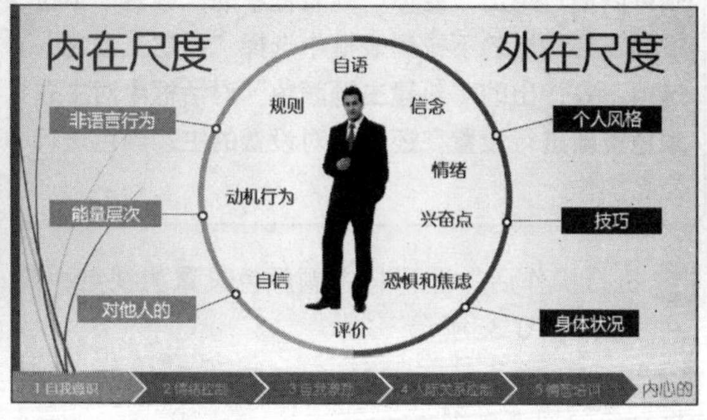

图10-26 设置主题为丝状

04 在"变体"选项板中，选择相应选项，如图10-27所示。

05 执行操作后，即可设置主题变体，效果如图10-28所示。

06 单击"变体"右侧的下拉按钮，弹出列表框，选择"颜色"中的"博大精深"选项，如图10-29所示。

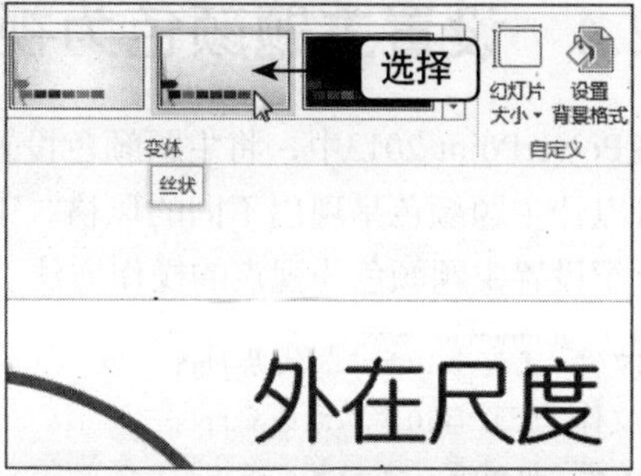

图10-27 选择相应选项

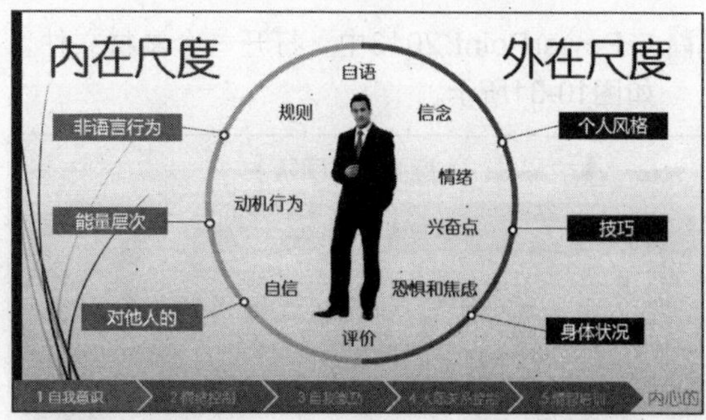

图10-28 设置主题变体

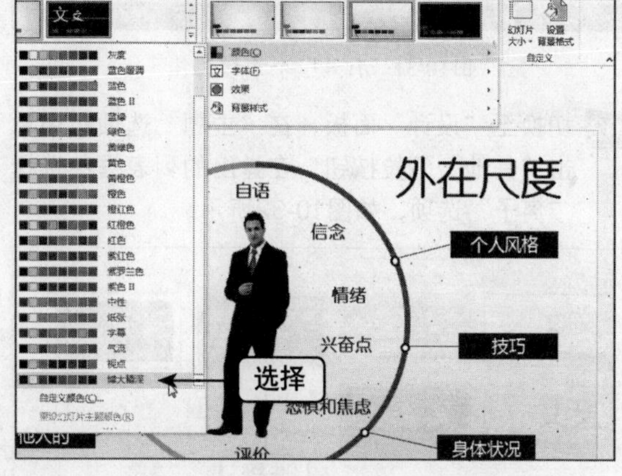

图10-29 选择"博大精深"选项

07 执行操作后，即可设置主题颜色，效果如图10-30所示。

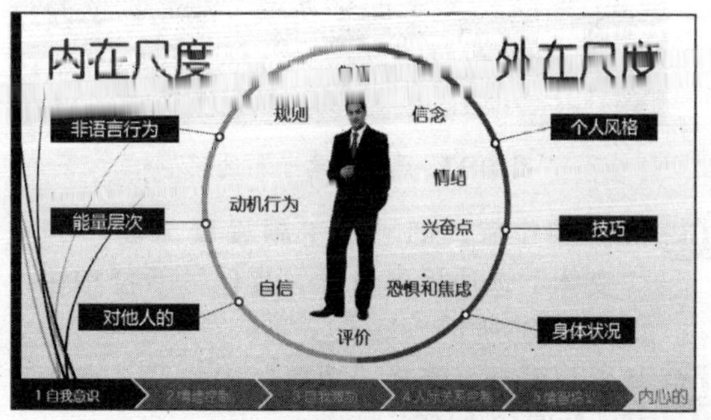

图10-30 设置主题颜色

10.2.4 设置主题颜色为视点

在PowerPoint 2013中，将主题颜色设置为视点，可以让主题颜色呈现出不同的风格。下面向用户介绍设置主题颜色为视点的操作方法。

➡素材文件	素材\第10章\人际关系.pptx
➡效果文件	效果\第10章\人际关系.pptx
➡视频文件	视频\第10章\设置主题颜色为视点.mp4
➡难易程度	★★★☆☆

01 在PowerPoint 2013中，打开一个素材文件，如图10-31所示。

Your "A" Team 人际关系（团队）

支持的类型	在工作中（名字）	在生活中（名字）
我永远可以依靠的人		
向我介绍新思想、新兴趣和新人的人		
可以与之分担痛苦的人		
让我感到自己价值的人		
给我诚实反馈的人		
总是向我提供重要信息的人		
向我挑战、迫使我正视自己的人		
在危难时刻可以依靠的人		

图10-31 打开一个素材文件

02 切换至“设计”面板，在“主题”选项板中单击“其他”下拉按钮，在弹出的列表框中选择“离子”选项，如图10-32所示。

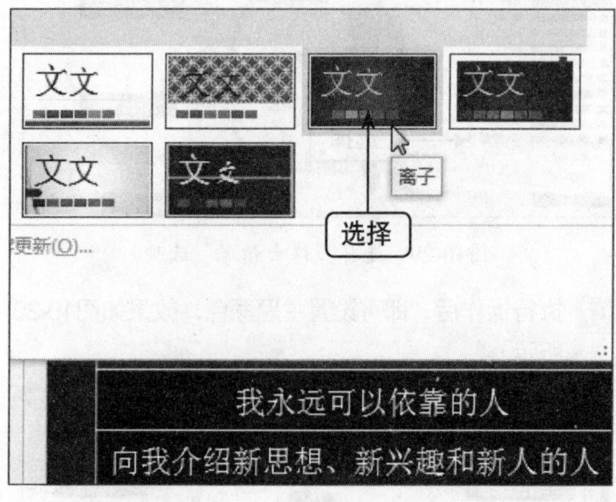

图10-32 选择“离子”选项

03 执行操作后，即可将主题设置为离子，在“变体”选项板中单击“其他”下拉按钮，如图10-33所示。

04 弹出列表框，选择“颜色”中的“视点”选项，如图10-34所示。

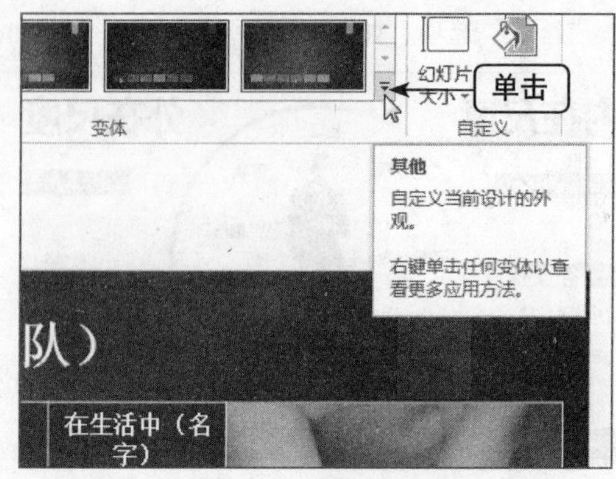

图10-33 单击“其他”下拉按钮

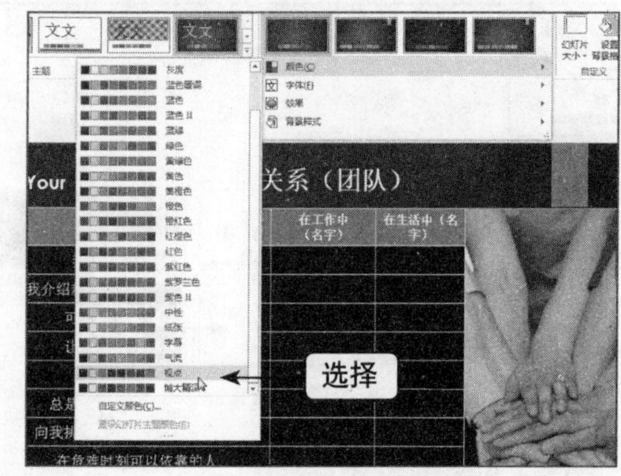

图10-34 选择“视点”选项

重点提醒

如果用户对幻灯片中自带的主题颜色不满意，则可以通过单击“变体”列表框中的“颜色”下拉按钮，在弹出的下拉列表框中选择“自定义颜色”选项，在弹出的“新建主题颜色”对话框中对主题颜色重新进行设置，还可以对设置的主题颜色进行命名操作。

05 执行操作后，即可将主题颜色设置为视点，效果如图10-35所示。

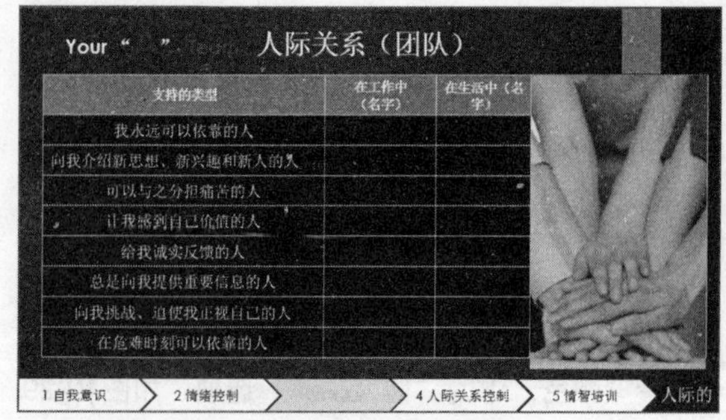

图10-35 设置主题颜色为视点

10.3 设置主题各种特效

在“主题”选项板中用户可以设置幻灯片中的各种字体特效，其中包括有沉稳型的方正姚体、暗香扑面型的微软雅黑和活力型的幼圆等。另外，用户还可以对幻灯片中的主题设置效果。

10.3.1 设置主题字体为博大精深

在幻灯片中，用户可以根据需要将主题字体设置为博大精深。下面向用户介绍设置主题字体为博大精深的操作方法。

➡ 素材文件	素材\第10章\情商.pptx
➡ 效果文件	效果\第10章\情商.pptx
➡ 难易程度	★★★☆☆

01 在PowerPoint 2013中，打开一个素材文件，如图10-36所示。

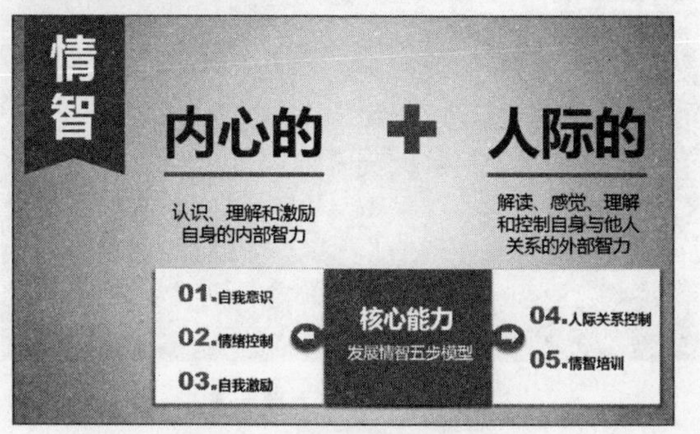

图10-36 打开一个素材文件

02 切换至“设计”面板，在“变体”选项板中单击右侧的“其他”下拉按钮，如图10-37所示。

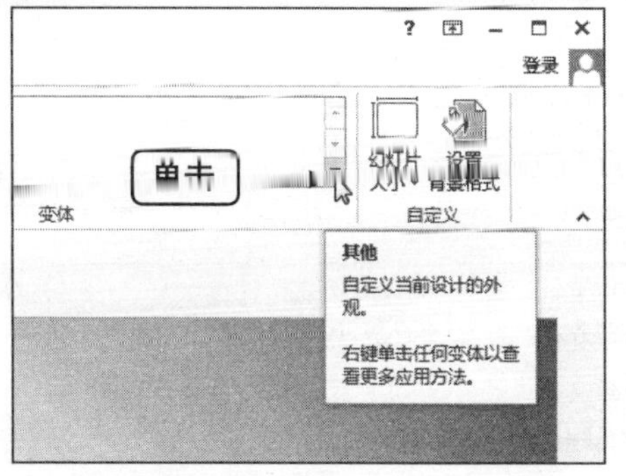

图10-37 单击“其他”下拉按钮

03 弹出列表框，选择“字体”中的“博大精深”选项，如图10-38所示。

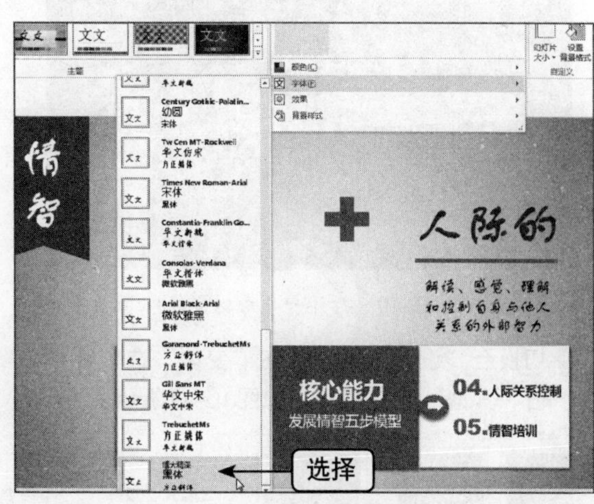

图10-38 选择“博大精深”选项

04 执行操作后，即可设置主题字体为博大精深，效果如图10-39所示。

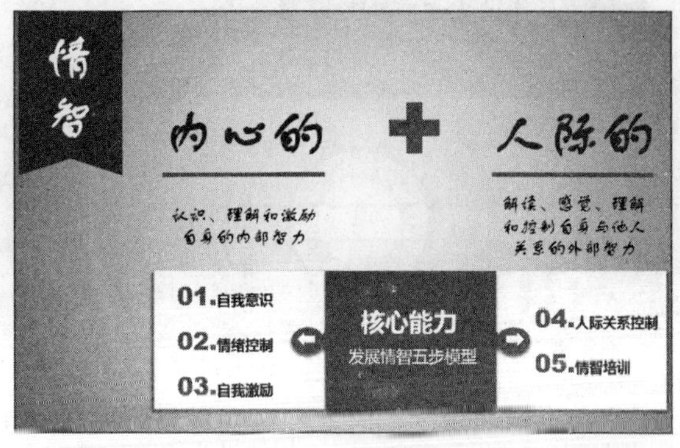

图10-39 设置主题字体

10.3.2 设置主题效果为插页

在幻灯片中，用户可以将设置好的主题添加合适的效果。下面向用户介绍设置主题效果为插页的操作方法。

➡素材文件	素材\第10章\智慧背囊.pptx
➡效果文件	效果\第10章\智慧背囊.pptx
➡视频文件	视频\第10章\设置主题效果为插页.mp4
➡难易程度	★★★☆☆

01 在PowerPoint 2013中，打开一个素材文件，如图10-40所示。

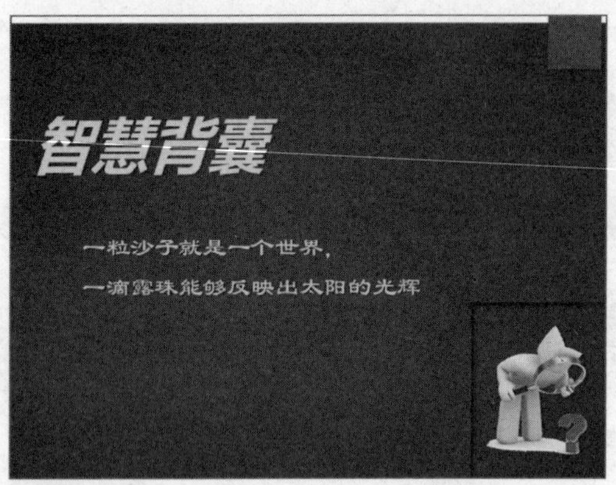

图10-40 打开一个素材文件

02 切换至“设计”面板，在“变体”选项板中单击“其他”下拉按钮，如图10-41所示。

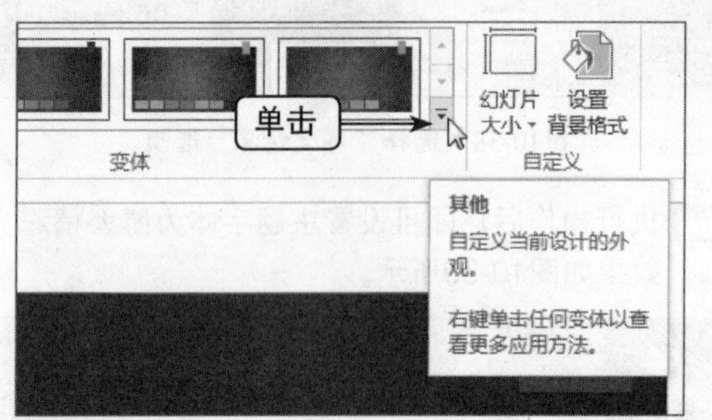

图10-41 单击“其他”下拉按钮

03 弹出列表框，选择“效果”中的“插页”选项，如图10-42所示。

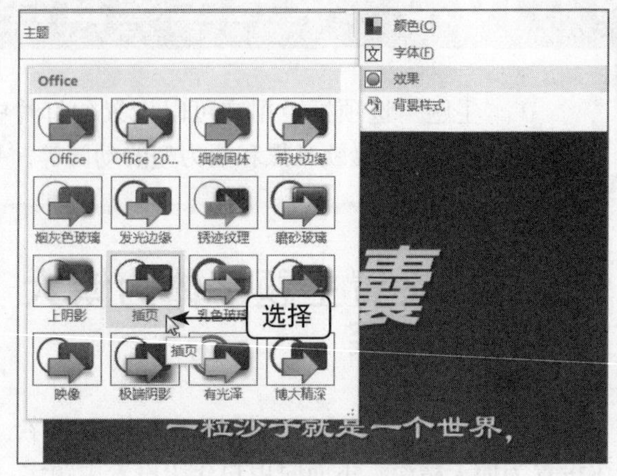

图10-42 选择“插页”选项

04 执行操作后，即可设置主题效果为插页，如图10-43所示。

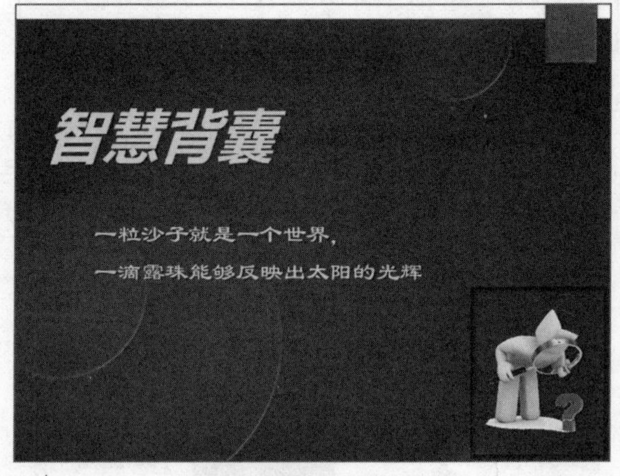

图10-43 设置主题效果

10.4 设置幻灯片背景

在设计演示文稿时，除了通过使用主题来美化演示文稿外，还可以通过设置演示文稿的背景来制作具有观赏性的演示文稿。

10.4.1 设置纯色背景

设置幻灯片母版的背景可以统一演示文稿中幻灯片的版式。应用主题后，用户还可以根据自己的喜好更改主题背景颜色。

➡素材文件	素材\第10章\战略规划.pptx
➡效果文件	效果\第10章\战略规划.pptx
➡视频文件	视频\第10章\设置纯色背景.mp4
➡难易程度	★★★☆☆

01 在PowerPoint 2013中，打开一个素材文件，

如图10-44所示。

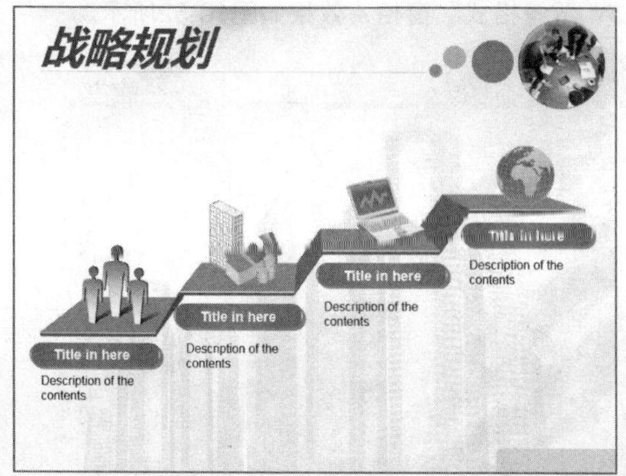

图10-44 打开一个素材文件

02 切换至“设计”面板，单击“变体”选项板中的“其他”下拉按钮，弹出列表框，选择“背景样式”中的“设置背景格式”选项，如图10-45所示。

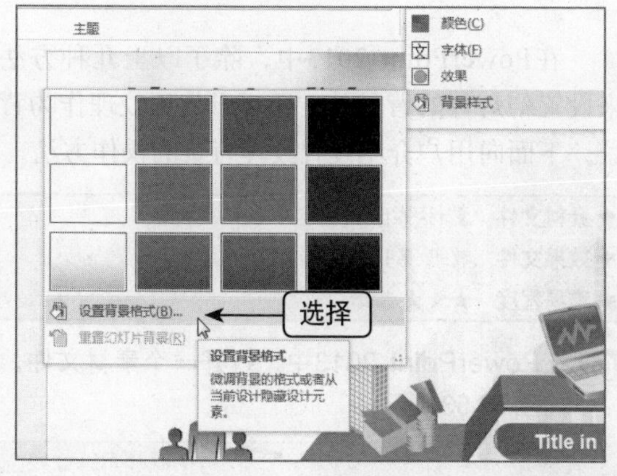

图10-45 选择“设置背景格式”选项

03 弹出“设置背景格式”窗格，在“填充”选项区中选中“纯色填充”单选按钮，如图10-46所示。

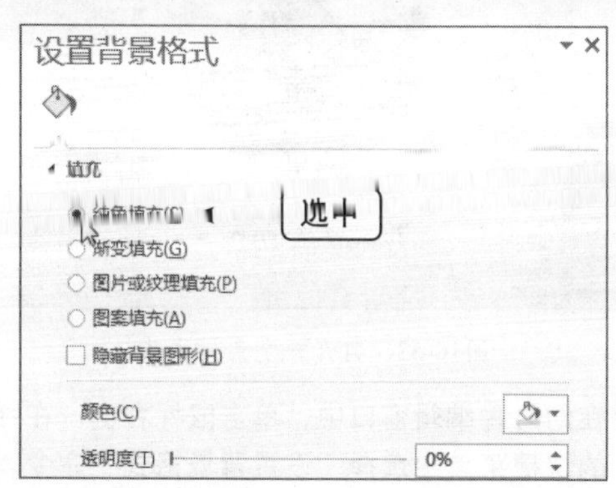

图10-46 选中“纯色填充”单选按钮

04 在“填充”选项区的下方单击“颜色”右侧的下拉按钮，在弹出的列表框中选择“深绿，着色6，淡色40%”选项，如图10-47所示。

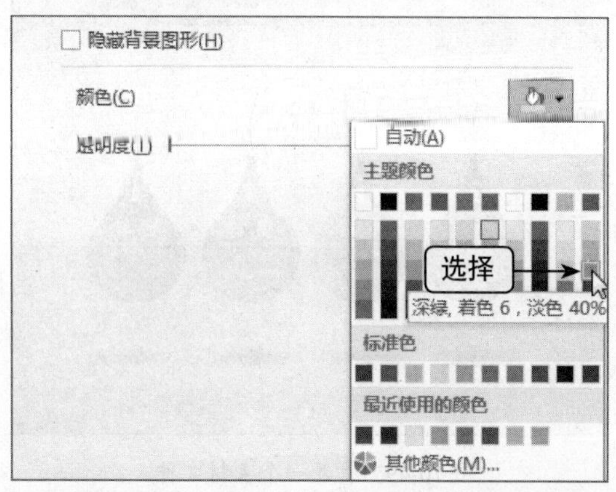

图10-47 选择“深绿，着色6，淡色40%”选项

05 执行操作后，即可设置纯色背景。关闭“设置背景格式”窗格，效果如图10-48所示。

图10-48 设置纯色背景

10.4.2 设置渐变背景

背景主题不仅能运用纯色，还可以运用渐变色对幻灯片进行填充。应用渐变填充可以丰富幻灯片的视觉效果。

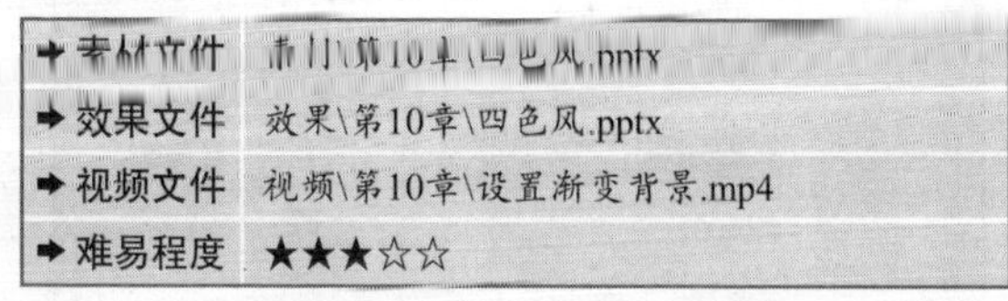

➡ 素材文件	素材\第10章\四色风.pptx
➡ 效果文件	效果\第10章\四色风.pptx
➡ 视频文件	视频\第10章\设置渐变背景.mp4
➡ 难易程度	★★★☆☆

01 在PowerPoint 2013中，打开一个素材文件，如图10-49所示。

02 切换至“设计”面板，单击“变体”选项板中的“其他”下拉按钮，弹出列表框，选择“背景样式”中的“设置背景格式”选项，如图10-50所示。

图10-49　打开一个素材文件

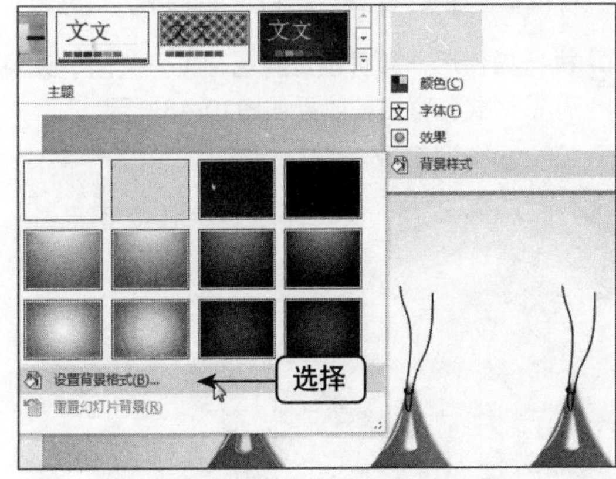

图10-50　选择“设置背景格式”选项

03 弹出“设置背景格式”窗格，在“填充”选项区中选中“渐变填充”单选按钮，在下方单击“预设渐变”右侧的下拉按钮，在弹出的列表框中选择“顶部聚光灯-着色6”选项，如图10-51所示。

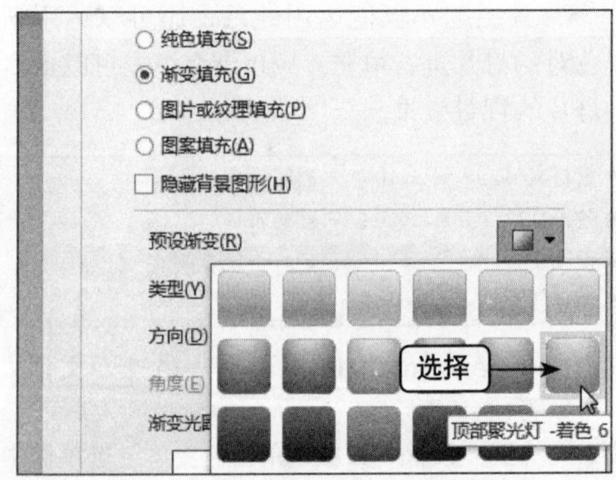

图10-51　选择“顶部聚光灯-着色6”选项

04 执行操作后，即可设置渐变背景。关闭“设置背景格式”窗格，效果如图10-52所示。

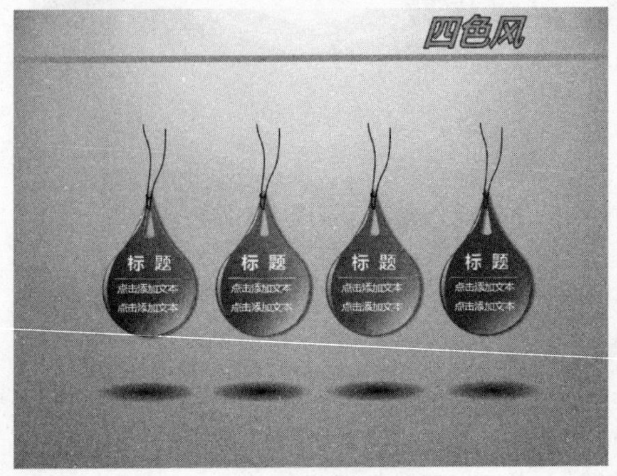

图10-52　设置渐变背景

10.4.3　设置纹理背景

在PowerPoint 2013中，除了以上几种方法来设置幻灯片的背景外，还可以使用纹理作为背景。下面向用户介绍设置纹理背景的操作方法。

➡ 素材文件	素材\第10章\镂空球形关系.pptx
➡ 效果文件	效果\第10章\镂空球形关系.pptx
➡ 难易程度	★★★☆☆

01 在PowerPoint 2013中，打开一个素材文件，如图10-53所示。

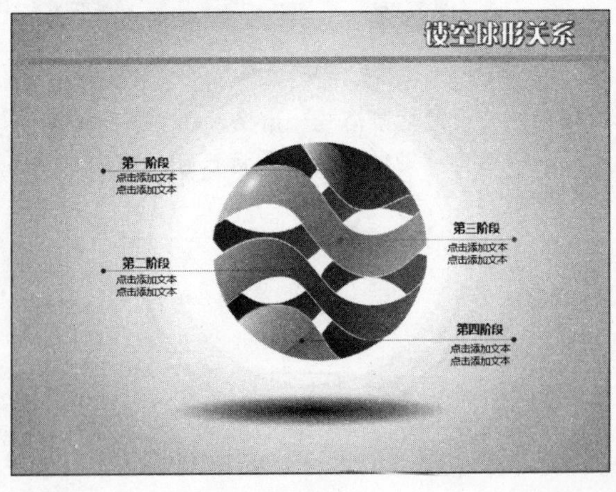

图10-53　打开一个素材文件

02 在幻灯片编辑窗口中，单击鼠标右键，在弹出的快捷菜单中选择“设置背景格式”命令，如图10-54所示。

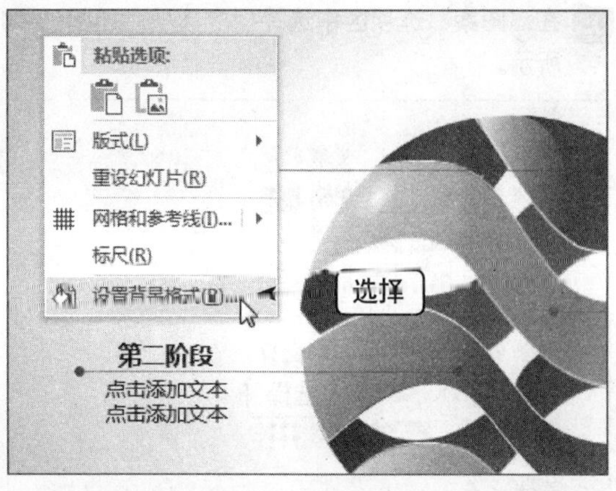

图10-54 选择“设置背景格式”命令

03 弹出“设置背景格式”窗格，在“填充”选项区中选中“图片或纹理填充”单选按钮，在下方单击“纹理”右侧的下拉按钮，在弹出的列表框中选择“信纸”选项，如图10-55所示。

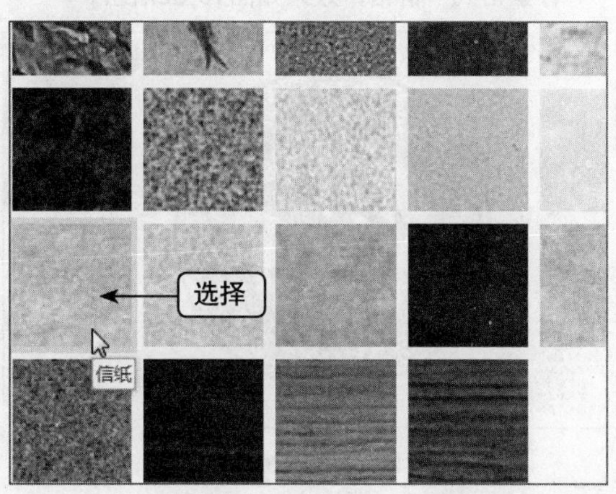

图10-55 选择“信纸”选项

04 执行操作后，即可设置纹理背景。关闭“设置背景格式”窗格，效果如图10-56所示。

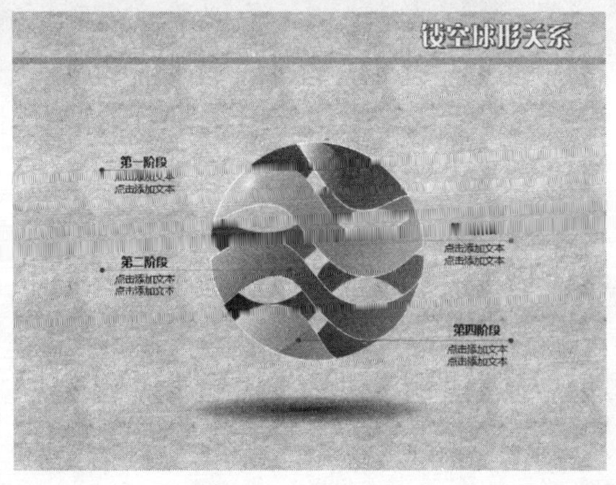

图10-56 设置纹理背景

重点提醒

在“纹理”列表框中包括“花束”、“斜纹布”、“编织物”、“水滴”、“纸袋”、“鱼类化石”、“沙滩”、“绿色大理石”、“粉色面巾纸”等25种纹理填充效果，用户可以根据制作的实际需要，选择合适的纹理。

10.4.4 设置图案背景

在PowerPoint 2013中，用户可以通过选中“图案填充”单选按钮，将背景设置为图案填充。下面向用户介绍设置图案背景的操作方法。

➡ 素材文件	素材\第10章\蛇年贺卡.pptx
➡ 效果文件	效果\第10章\蛇年贺卡.pptx
➡ 难易程度	★★★★☆

01 在PowerPoint 2013中，打开一个素材文件，如图10-57所示。

图10-57 打开一个素材文件

02 在幻灯片编辑窗口中，单击鼠标右键，在弹出的快捷菜单中选择“设置背景格式”命令，如图10-58所示。

图10-58 选择“设置背景格式”命令

03 弹出“设置背景格式”窗格，在“填充”选项区中选中“图案填充”单选按钮，如图10-59所示。

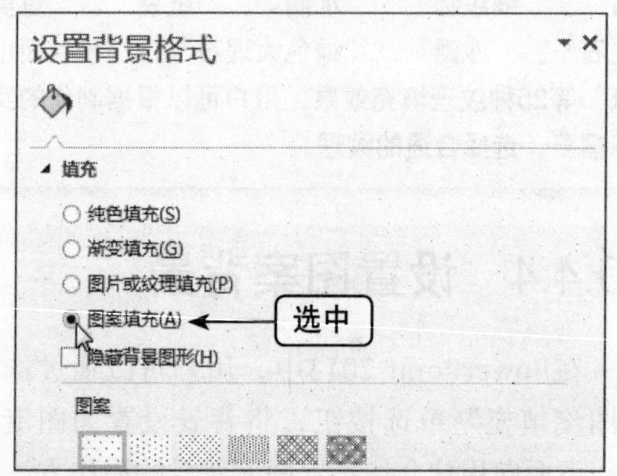

图10-59 选中“图案填充”单选按钮

04 单击其下方“背景”右侧的下拉按钮，在弹出的列表框中选择“红色”，如图10-60所示。

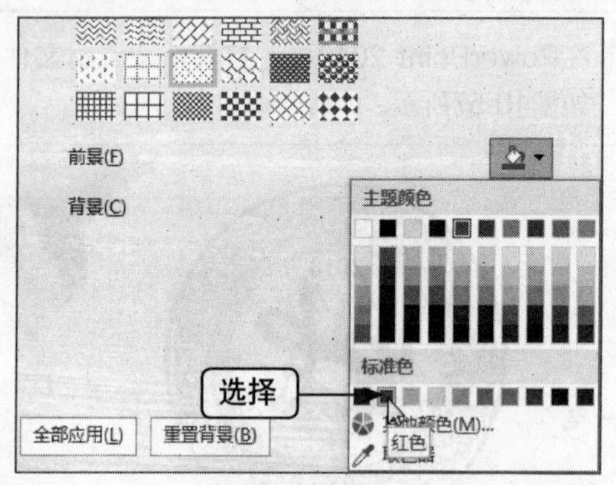

图10-60 选择“红色”

05 在“图案”选项区中选择相应选项，如图10-61所示。

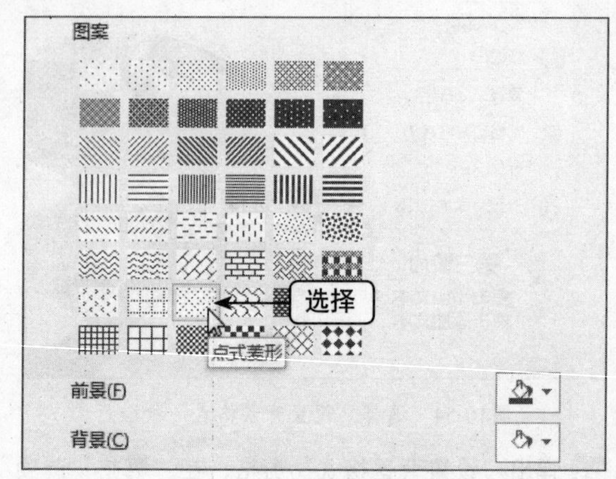

图10-61 选择相应选项

06 执行操作后，即可设置图案背景。关闭“设置背景格式”窗格，效果如图10-62所示。

图10-62 设置图案背景

应用母版与超链接

学习提示

如果需要对幻灯片整体风格进行改动，应用母版则十分方便；如果需要让演示文稿更好地配合演讲者，则可以在演示文稿中插入超链接。本章主要向用户介绍编辑幻灯片母版、应用母版视图、创建超链接以及链接到其他对象等内容。

主要内容

- 复制幻灯片母版
- 插入幻灯片母版
- 应用讲义母版
- 插入超链接
- 添加动作按钮
- 链接到演示文稿

重点与难点

- 在母版中插入占位符
- 应用备注母版
- 运用按钮删除超链接

学完本章后你会做什么

- 掌握复制幻灯片母版、插入幻灯片母版以及设置页眉和页脚的操作方法
- 掌握插入超链接、添加动作按钮、运用“动作”按钮添加动作的操作方法
- 掌握链接到演示文稿、链接到新建文档以及设置屏幕提示的操作方法

视频文件

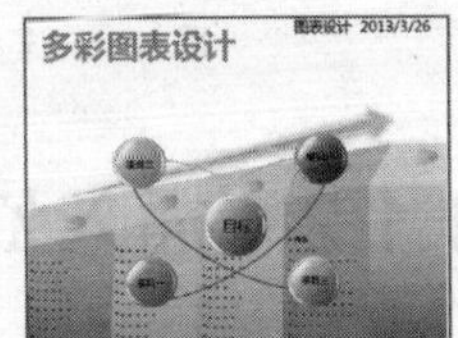

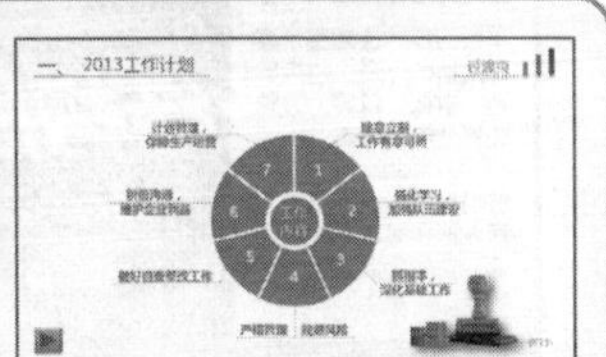

11.1 编辑幻灯片母版

幻灯片母版用于设置幻灯片的样式，可供用户设定各种标题文字、背景、属性等，只需更改一项内容就可更改所有幻灯片的设计。本节将向用户介绍复制幻灯片母版、插入幻灯片母版、设置项目符号、在母版中插入占位符、设置占位符属性、设置母版背景以及设置页眉和页脚等内容。

11.1.1 复制幻灯片母版

在PowerPoint 2013中的幻灯片母版面板中，通过运用选项可以复制幻灯片母版。下面向用户介绍复制幻灯片母版的操作方法。

➡素材文件	素材\第11章\商业结构图形.pptx
➡效果文件	效果\第11章\商业结构图形.pptx
➡视频文件	视频\第11章\复制幻灯片母版.mp4
➡难易程度	★★★☆☆

01 在PowerPoint 2013中，打开一个素材文件，如图11-1所示。

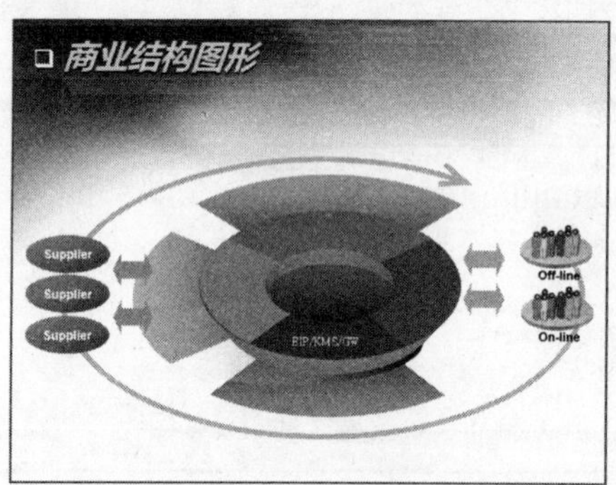

图11-1　打开一个素材文件

02 切换至“视图”面板，在“母版视图”选项板中单击“幻灯片母版”按钮，如图11-2所示。

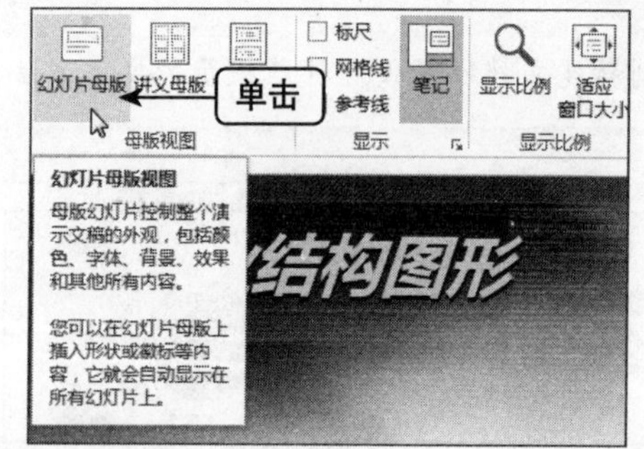

图11-2　单击“幻灯片母版”按钮

03 进入“幻灯片母版”面板，在第1张幻灯片的缩略图上单击鼠标右键，在弹出的快捷菜单中选择“复制幻灯片母版”命令，如图11-3所示。

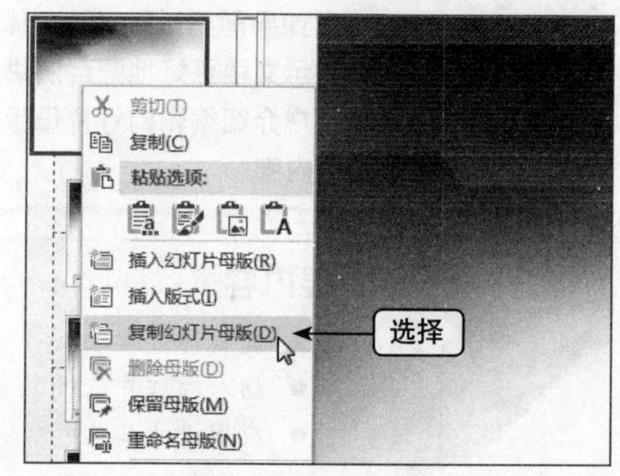

图11-3　选择“复制幻灯片母版”命令

04 执行操作后，即可复制幻灯片母版，如图11-4所示。

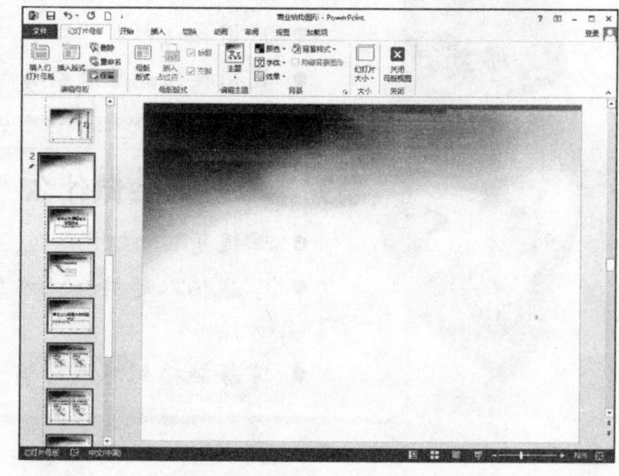

图11-4　复制幻灯片母版

11.1.2 插入幻灯片母版

进入幻灯片母版编辑面板中，用户可以根

据实际情况插入幻灯片母版。下面向用户介绍插入幻灯片母版的操作方法。

➡ 素材文件	素材\第11章\PPT模板的制作.pptx
➡ 效果文件	效果\第11章\PPT模板的制作.pptx
➡ 难易程度	★★★☆☆

01 在PowerPoint 2013中，打开一个素材文件，如图11-5所示。

图11-5　打开一个素材文件

02 切换至“视图”面板，在“母版视图”选项板中单击“幻灯片母版”按钮，如图11-6所示。

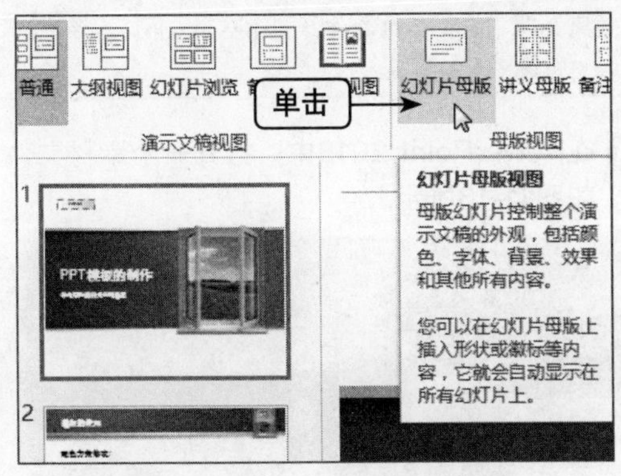

图11-6　单击“幻灯片母版”按钮

03 进入“幻灯片母版”面板，在“编辑母版”选项板中单击“插入幻灯片母版”按钮，如图11-7所示。

04 执行操作后，即可插入幻灯片母版，如图11-8所示。

重点提醒

除了运用以上方法插入幻灯片母版外，用户还可以通过单击鼠标右键，在弹出的快捷菜单中选择“插入幻灯片母版”命令来实现幻灯片母版的插入。

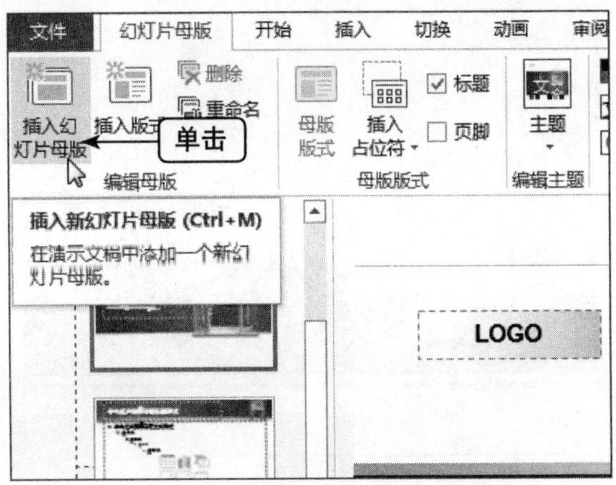

图11-7　单击“插入幻灯片母版”按钮

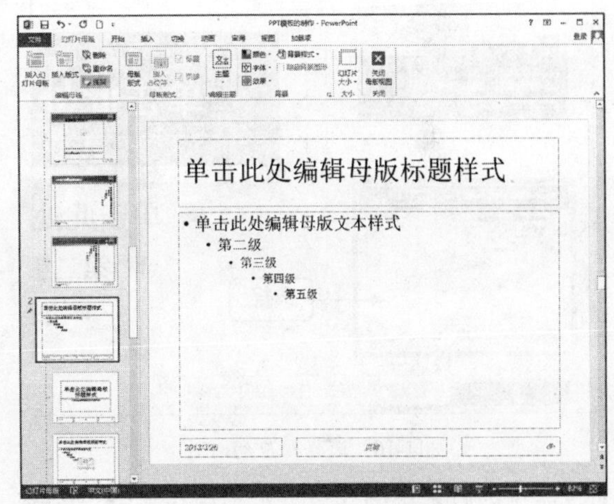

图11-8　插入幻灯片母版

11.1.3　设置项目符号

项目符号是文本中经常用到的，在幻灯片母版中同样可以设置项目符号。下面向用户介绍设置项目符号的操作方法。

➡ 素材文件	素材\第11章\蓝色商务风.pptx
➡ 效果文件	效果\第11章\蓝色商务风.pptx
➡ 难易程度	★★★☆☆

01 在PowerPoint 2013中，打开一个素材文件，如图11-9所示。

02 切换至“视图”面板，单击“母版视图”选项板中的“幻灯片母版”按钮，进入“幻灯片母版”面板，在左侧结构图中选择相应幻灯片，如图11-10所示。

图11-9 打开一个素材文件

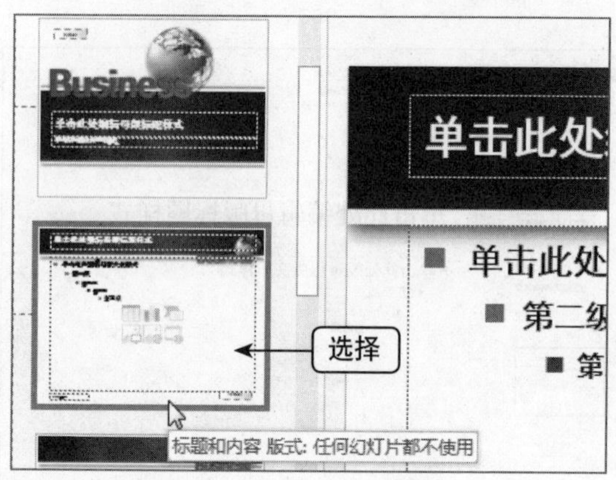

图11-10 选择相应幻灯片

03 选中幻灯片中的文本，单击鼠标右键，在弹出的快捷菜单中选择“项目符号”命令，在弹出的子菜单中选择“箭头项目符号”选项，如图11-11所示。

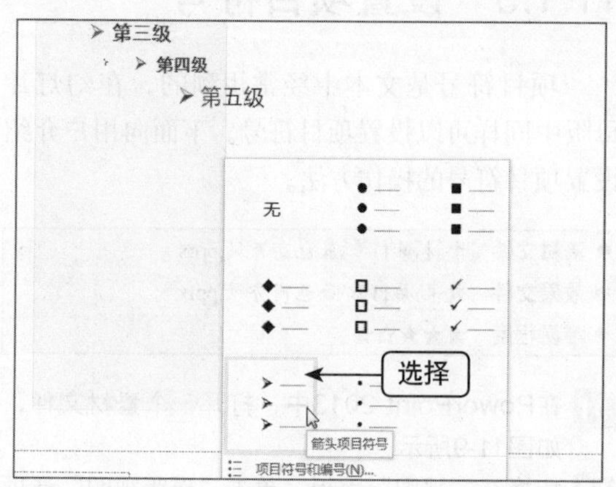

图11-11 选择“箭头项目符号”选项

04 执行操作后，即可设置项目符号，如图11-12所示。

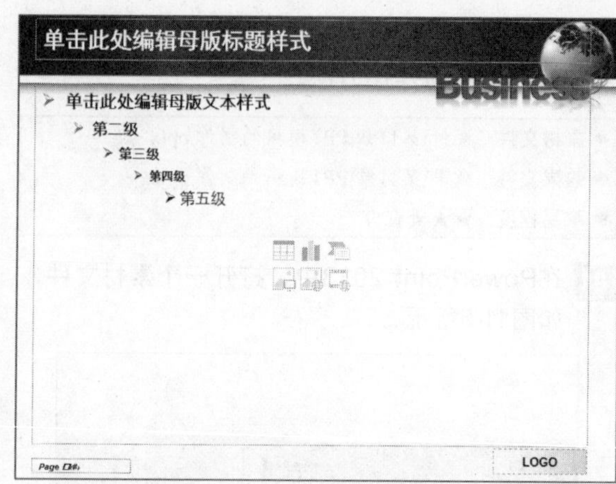

图11-12 设置项目符号

11.1.4 在母版中插入占位符

在幻灯片母版中，当用户选择了母版版式以后，会发现母版都是自带了占位符格式的，如果用户不满意程序所带的占位符格式，则可以选择自行插入占位符。

➡素材文件	素材\第11章\星城图书公司.pptx
➡效果文件	效果\第11章\星城图书公司.pptx
➡难易程度	★★★★☆

01 在PowerPoint 2013中，打开一个素材文件，如图11-13所示。

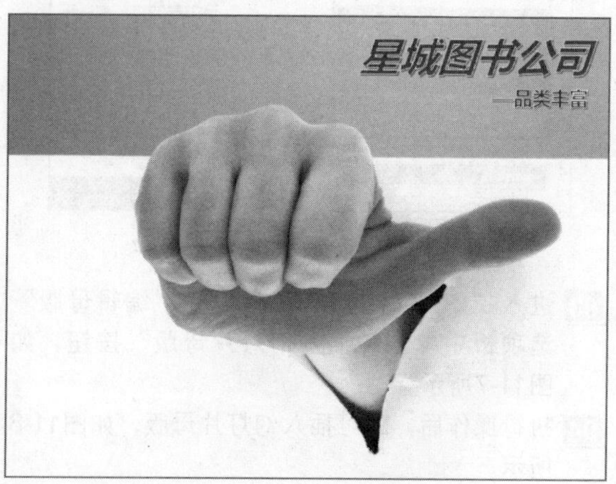

图11-13 打开一个素材文件

02 切换至“视图”面板，单击“母版视图”选项板中的“幻灯片母版”按钮，进入“幻灯片母版”面板，选择需要插入占位符的幻灯片母版，如图11-14所示。

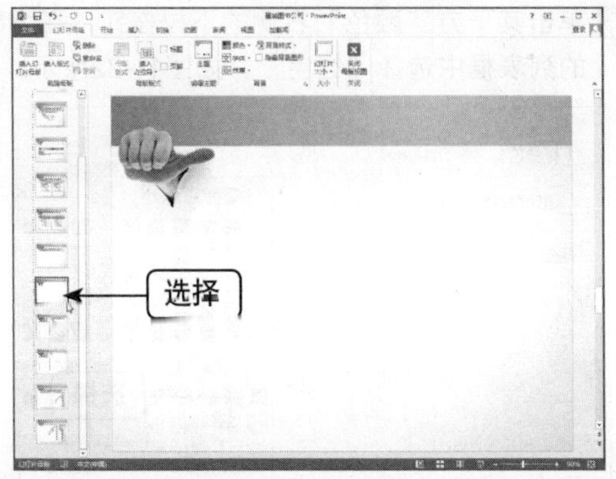

图11-14 选择需要插入占位符的幻灯片母版

03 在“母版版式”选项板中单击“插入占位符”下拉按钮，如图11-15所示。

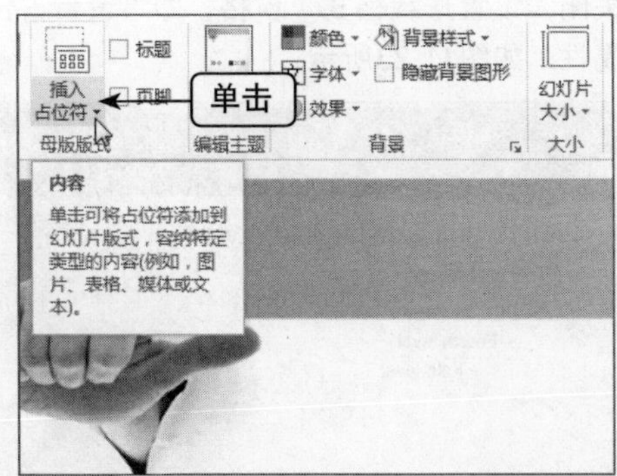

图11-15 单击“插入占位符”下拉按钮

04 弹出列表框，选择“表格”选项，如图11-16所示。

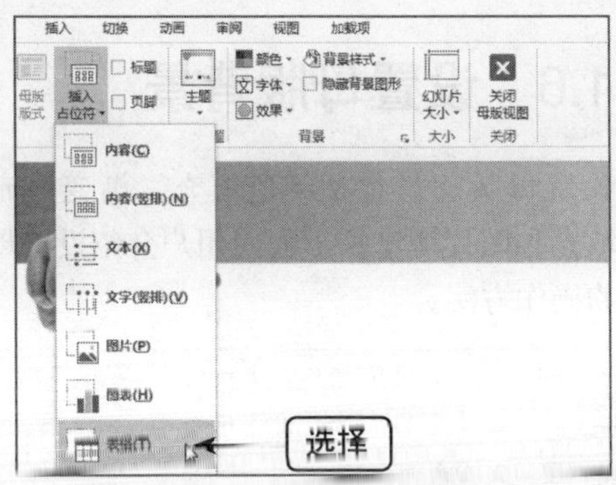

图11-16 选择“表格”选项

重点提醒

如果要忽略其中的背景图形，可以通过在“幻灯片母版”选项卡的“背景”组中选中“隐藏背景图形”复选框即可。

05 此时鼠标指针呈十字状，在幻灯片中的合适位置单击鼠标左键并拖曳至合适位置后，释放鼠标左键，即可插入相应大小的占位符，如图11-17所示。

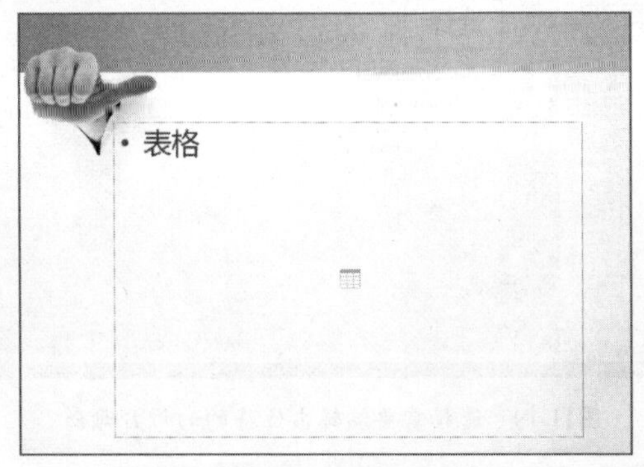

图11-17 插入占位符

11.1.5 设置占位符属性

在PowerPoint 2013中，占位符、文本框及自选图形对象具有相似的属性，如大小、填充颜色以及线型等，设置它们的属性操作是相似的。

➡素材文件	素材\第11章\运动极限.pptx
➡效果文件	效果\第11章\运动极限.pptx
➡视频文件	视频\第11章\设置占位符属性.mp4
➡难易程度	★★★★☆

01 在PowerPoint 2013中，打开一个素材文件，如图11-18所示。

图11-18 打开一个素材文件

02 切换至“视图”面板，单击“母版视图”选项板中的“幻灯片母版”按钮，进入“幻灯片母版”面板，选择需要编辑占位符的幻灯片母版，如图11-19所示。

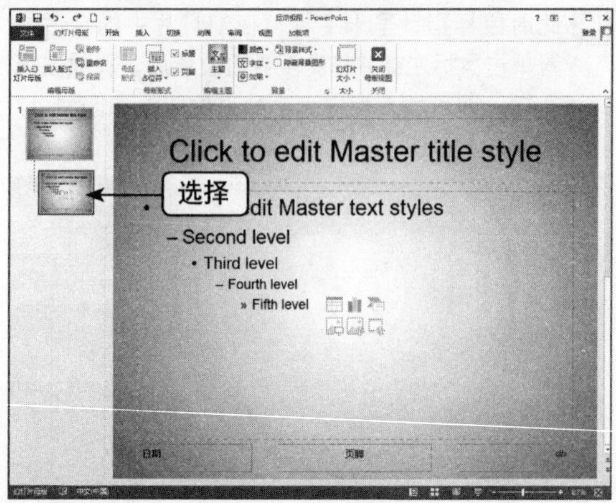

图11-19　选择需要编辑占位符的幻灯片母版

03 在标题占位符中单击鼠标右键，在弹出的快捷菜单中选择"设置形状格式"命令，如图11-20所示。

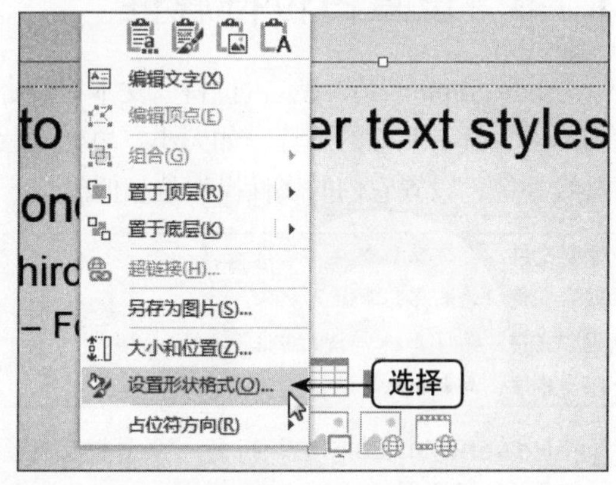

图11-20　选择"设置形状格式"命令

04 弹出"设置形状格式"窗格，在"填充"选项区中选中"纯色填充"单选按钮，如图11-21所示。

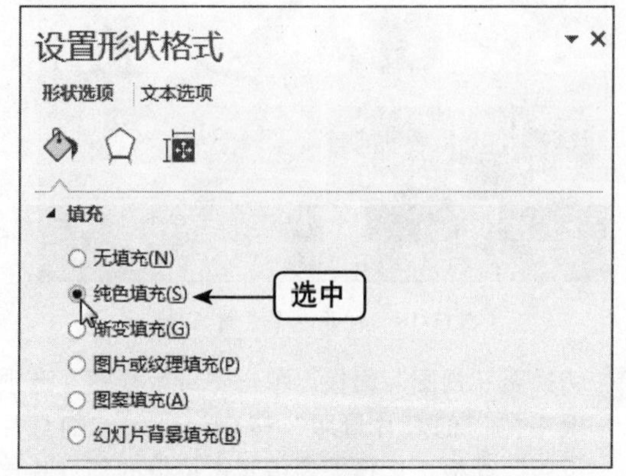

图11-21　选中"纯色填充"单选按钮

05 单击其下方"颜色"右侧的下拉按钮，在弹出的列表框中选择"红色"，如图11-22所示。

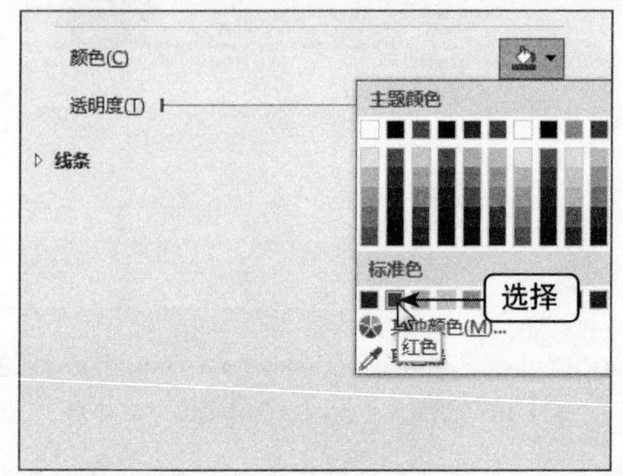

图11-22　选择"红色"

06 关闭"设置形状格式"窗格，即可设置占位符属性，如图11-23所示。

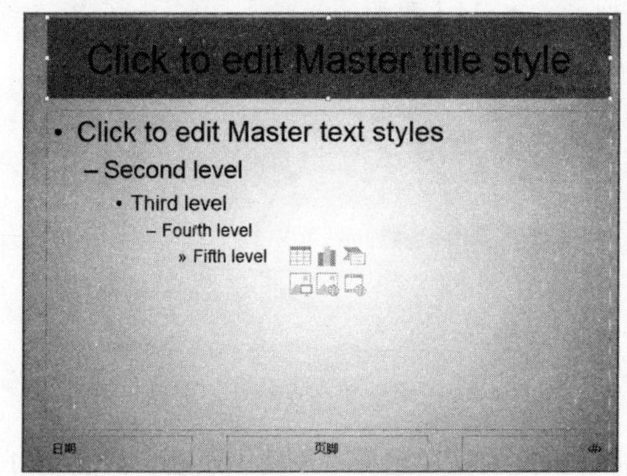

图11-23　设置占位符属性

11.1.6　设置母版背景

设置母版背景包括纯色填充、渐变填充、纹理填充和图片填充。下面向用户介绍设置母版背景的操作方法。

➡素材文件	素材\第11章\合作愉快.pptx
➡效果文件	效果\第11章\合作愉快.pptx
➡难易程度	★★★★☆

01 在PowerPoint 2013中，打开一个素材文件，如图11-24所示。

02 切换至"视图"面板，单击"母版视图"选项板中的"幻灯片母版"按钮，进入"幻灯片母版"面板，单击"背景"选项板中的"背景样式"下拉按钮，如图11-25所示。

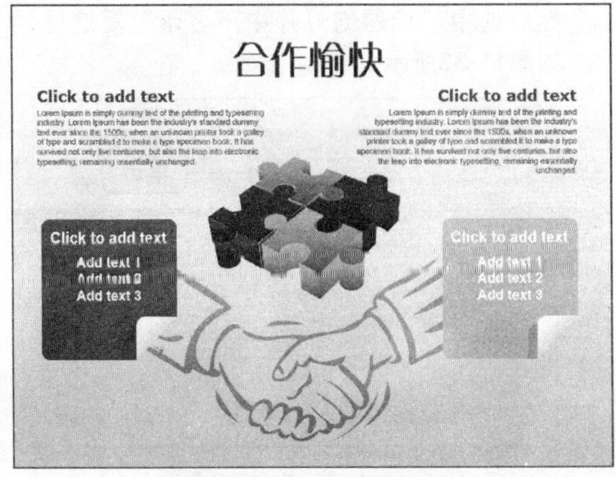

图11-24　打开一个素材文件

图11-25　单击“背景样式”下拉按钮

03 弹出列表框，选择“设置背景格式”选项，如图11-26所示。

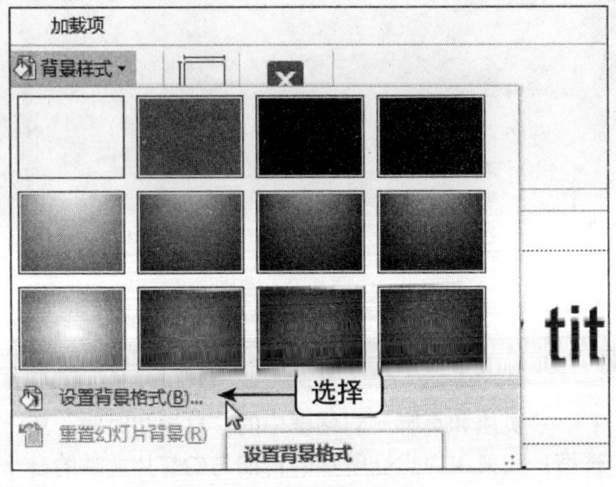

图11-26　选择“设置形状格式”选项

04 弹出“设置背景格式”窗格，在“填充”选项区中选中“图片或纹理填充”单选按钮，如图11-27所示。

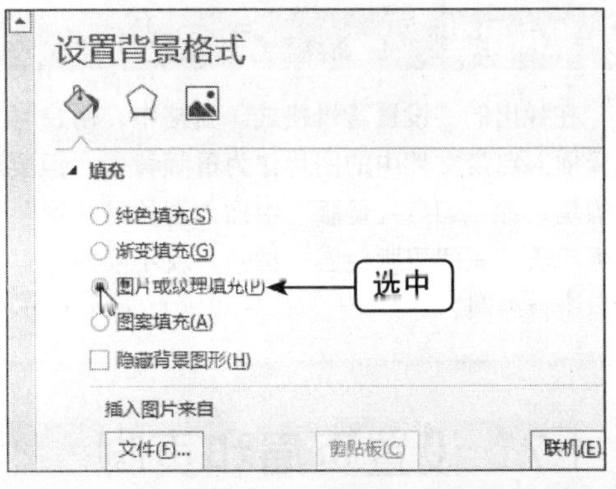

图11-27　选中“图片或纹理填充”单选按钮

重点提醒

在母版中增加背景对象将出现在所有幻灯片背景上，在母版中可删除所有幻灯片上的背景对象。

05 单击“纹理”右侧的下拉按钮，在弹出的列表框中选择“粉色面巾纸”选项，如图11-28所示。

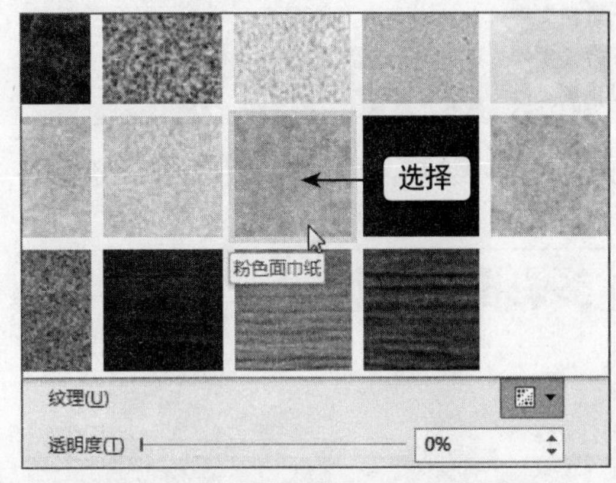

图11-28　选择“粉色面巾纸”选项

06 关闭“设置形状格式”窗格，即可设置幻灯片母版背景，如图11-29所示。

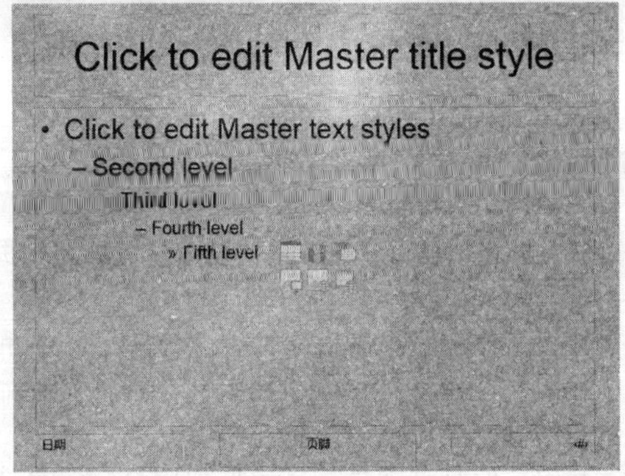

图11-29　设置幻灯片母版背景

重点提醒

在弹出的“设置背景格式”窗格中，用户可以选择插入自带文件中的图片作为母版背景。但要注意的是，在“幻灯片母版”中插入图片的情况下，如果单击“关闭母版视图”按钮，就不能对幻灯片背景进行编辑。

11.1.7 设置页眉和页脚

在幻灯片母版中，还可以添加页眉和页脚。页眉是幻灯片文本内容上方的信息，页脚是幻灯片文本内容下方的信息。用户可以利用页眉和页脚来为每张幻灯片添加日期、时间、编号和页码等。下面向用户介绍设置页眉和页脚的操作方法。

➡ 素材文件	素材\第11章\多彩图表设计.pptx
➡ 效果文件	效果\第11章\多彩图表设计.pptx
➡ 难易程度	★★★★☆

01 在PowerPoint 2013中，打开一个素材文件，如图11-30所示。

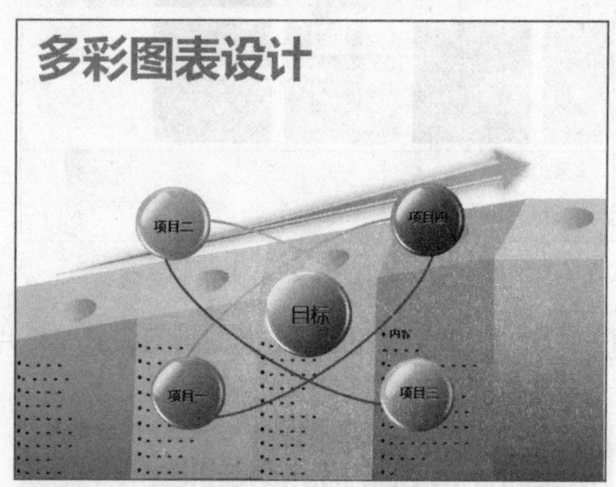

图11-30 打开一个素材文件

02 切换至“视图”面板，单击“母版视图”选项板中的“幻灯片母版”按钮，进入“幻灯片母版”面板，单击“插入”面板中的“页眉和页脚”按钮，如图11-31所示。

03 弹出“页眉和页脚”对话框，选中“日期和时间”复选框和“自动更新”单选按钮，如图11-32所示。

04 选中“幻灯片编号”复选框和“页脚”复选框，并在页脚文本框中输入“图表设计”，然后选中“标题幻灯片中不显示”复选框，如图11-33所示。

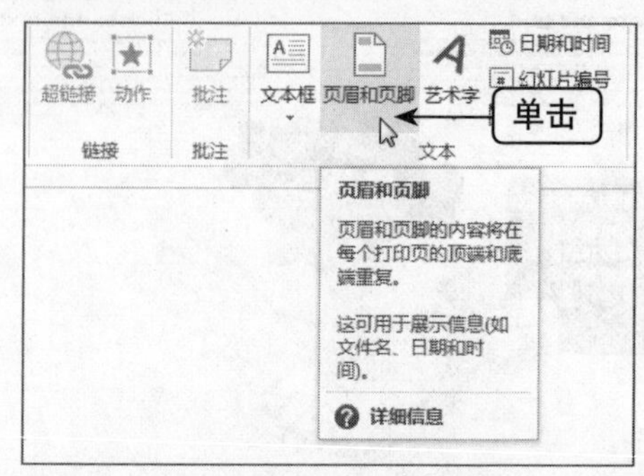

图11-31 单击“页眉和页脚”按钮

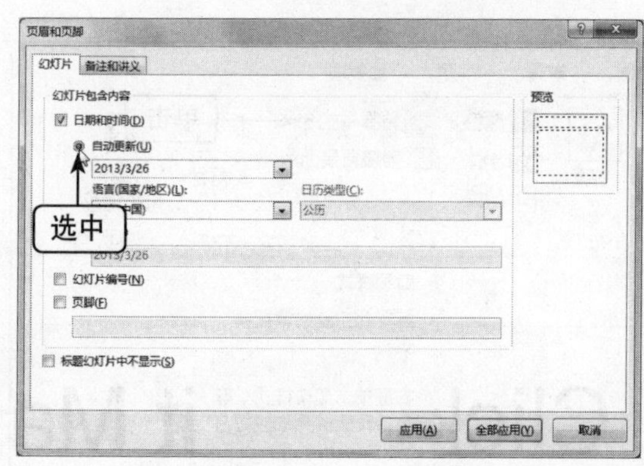

图11-32 选中相应选项

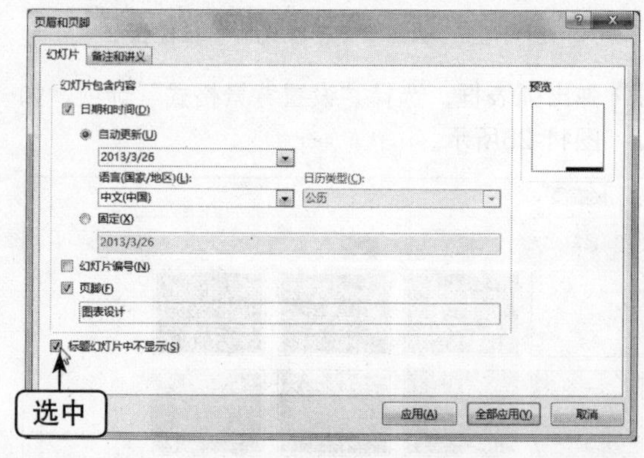

图11-33 选中相应选项

重点提醒

“页眉和页脚”对话框中的“日期和时间”复选框：如果用户想让所加的日期与幻灯片放映的日期一致，则选中“自动更新”单选按钮；如果想显示演示文稿完成日期，则选中“固定”单选按钮，并输入日期。在每一张幻灯片的“页脚”文本框中，用户都可以添加需要显示的文本信息内容。

05 单击“全部应用”按钮，所有的幻灯片中都将添加页眉和页脚，如图11-34所示。

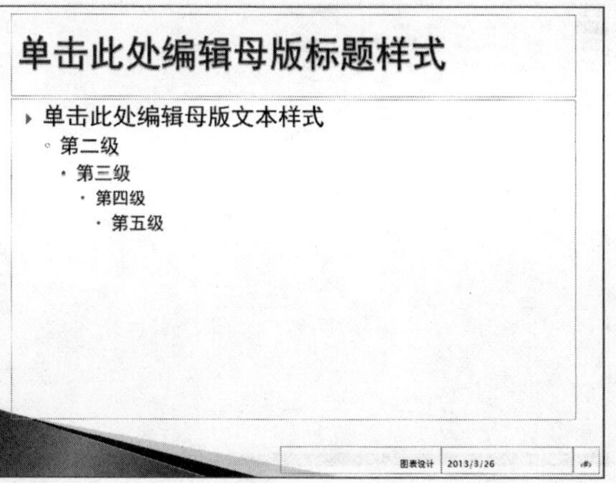

图11-34 添加页眉和页脚

06 选中页脚，在自动浮出的工具栏中设置“字体”为“黑体”、“字号”为24号，效果如图11-35所示。

07 切换至“幻灯片母版”面板，单击“关闭”选项板中的“关闭母版视图”按钮，将页眉和页脚调整至合适位置，效果如图11-36所示。

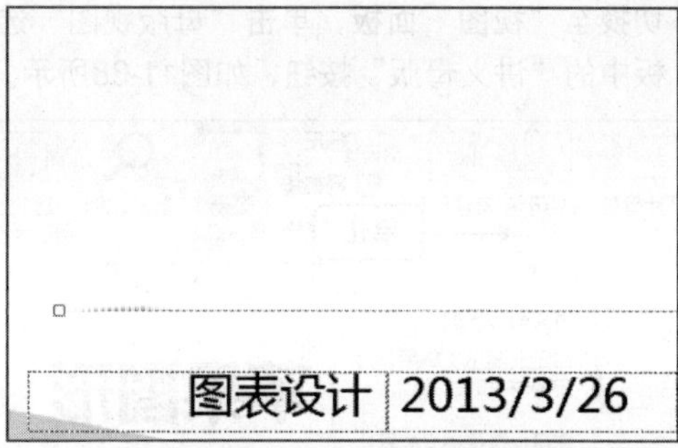

图11-35 设置字体属性

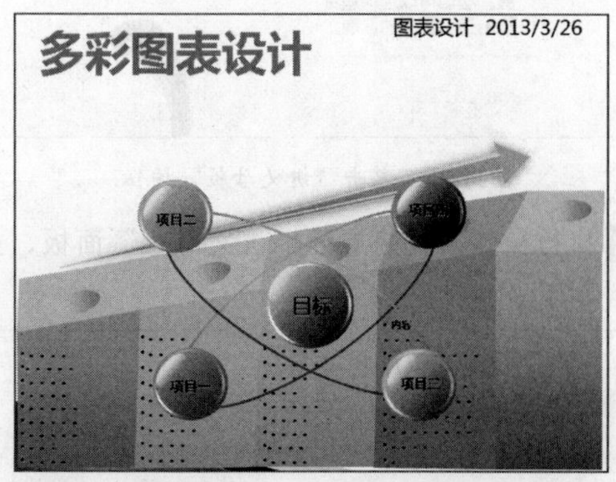

图11-36 设置页眉和页脚

11.2 应用母版视图

母版是一种特殊的幻灯片，它用于设置演示文稿中每张幻灯片的预设格式，母版控制演示文稿中的所有元素，如字体、字行和背景等。

11.2.1 应用讲义母版

讲义母版是用来控制讲义的打印格式，它允许在一张讲义中设置几张幻灯片，并设置页眉、页脚和页码等基本信息。

➡素材文件	素材\第11章\苹果图形.pptx
➡效果文件	效果\第11章\苹果图形.pptx
➡视频文件	视频\第11章\应用讲义母版.mp4
➡难易程度	★★★★☆

01 在PowerPoint 2013中，打开一个素材文件，如图11-37所示。

图11-37 打开一个素材文件

02 切换至“视图”面板，单击“母版视图”选项板中的“讲义母版”按钮，如图11-38所示。

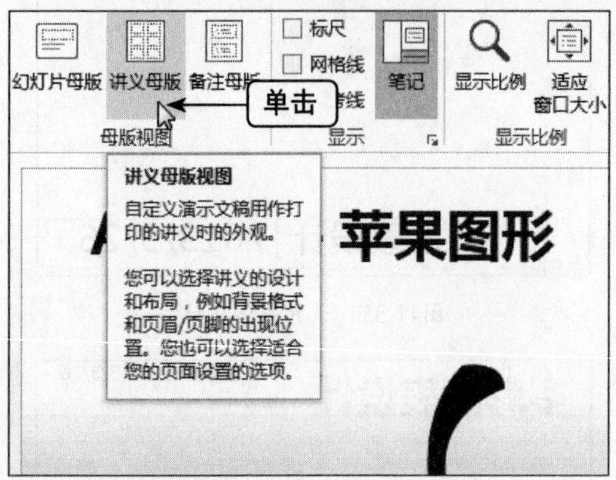

图11-38 单击“讲义母版”按钮

03 执行操作后，将展开“讲义母版”面板，如图11-39所示。

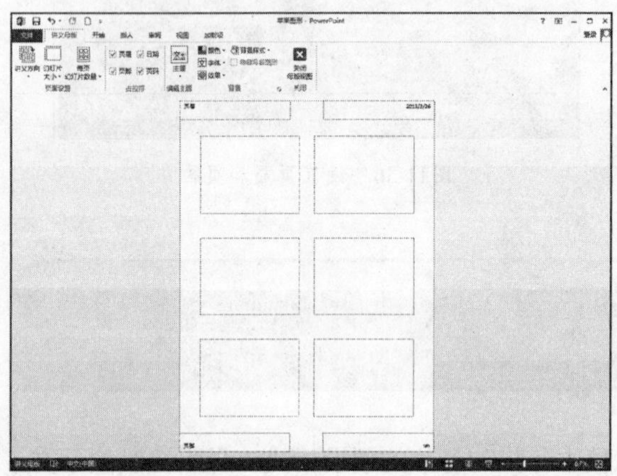

图11-39 展开“讲义母版”面板

04 在“页面设置”选项板中单击“讲义方向”下拉按钮，在弹出的列表框中选择“横向”选项，如图11-40所示。

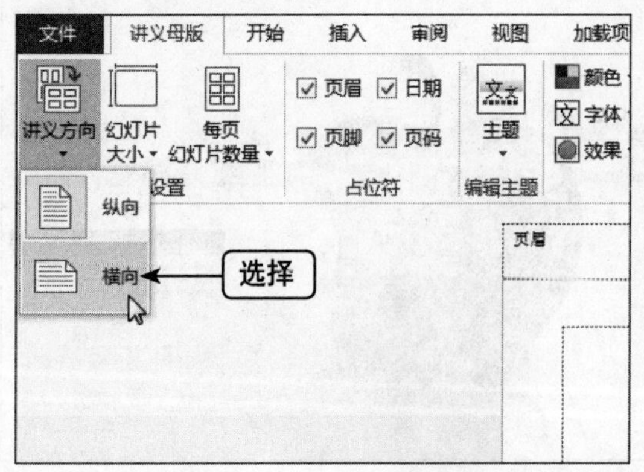

图11-40 选择“横向”选项

05 执行操作后，即可设置讲义方向，如图11-41所示。

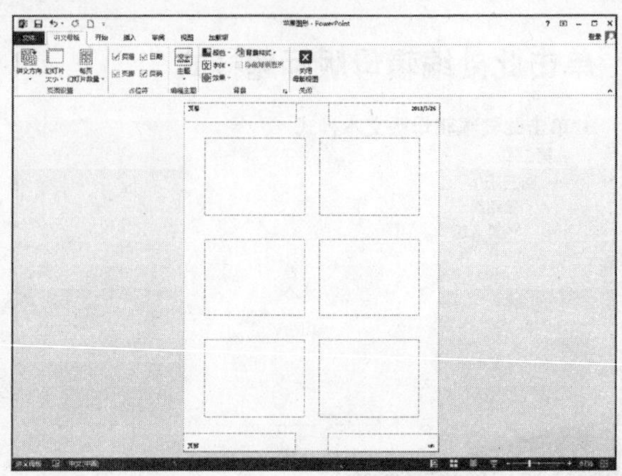

图11-41 设置讲义方向

06 单击“页面设置”选项板中的“每页幻灯片数量”下拉按钮，在弹出的列表框中选择“4张幻灯片”选项，如图11-42所示。

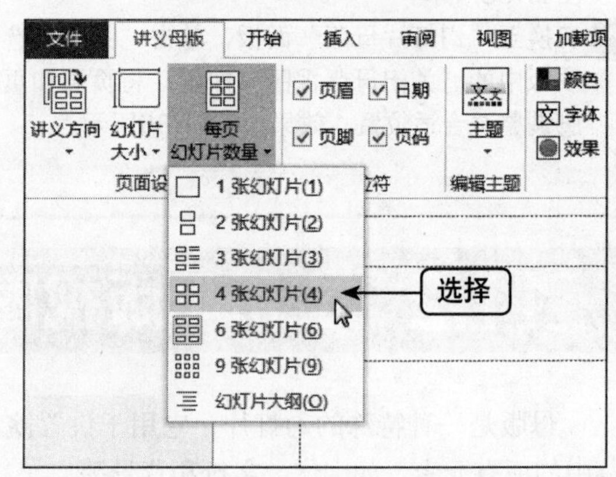

图11-42 选择“4张幻灯片”选项

07 执行操作后，即可设置每页幻灯片数量，如图11-43所示。

图11-43 设置每页幻灯片数量

08 在“关闭”选项板中单击“关闭母版视图”按钮，如图11-44所示，即可退出“讲义母版”视图。

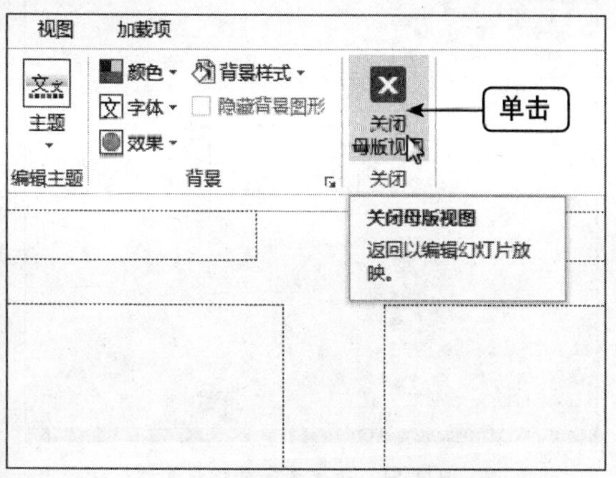

图11-44 单击“关闭母版视图”按钮

11.2.2 应用备注母版

备注母版主要用来设置幻灯片的备注格式，一般是用于打印输出的，所以备注母版的设置大多也和打印页面相关。PowerPoint为每张幻灯片都设置了一个备注页，供演讲人添加备注。备注母版用于控制报告人注释的显示内容和格式，使多数注释有统一的外观。

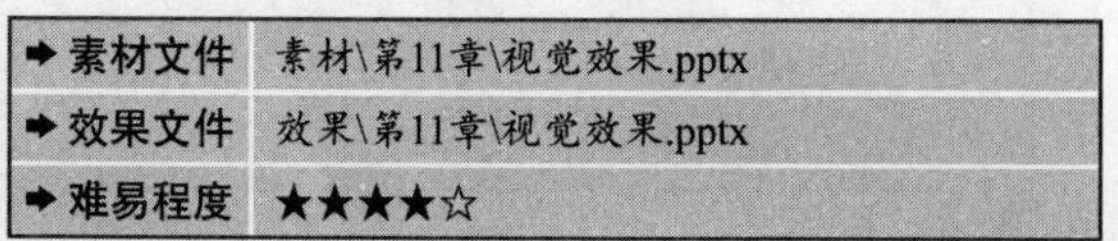

➜素材文件	素材\第11章\视觉效果.pptx
➜效果文件	效果\第11章\视觉效果.pptx
➜难易程度	★★★★☆

01 在PowerPoint 2013中，打开一个素材文件，如图11-45所示。

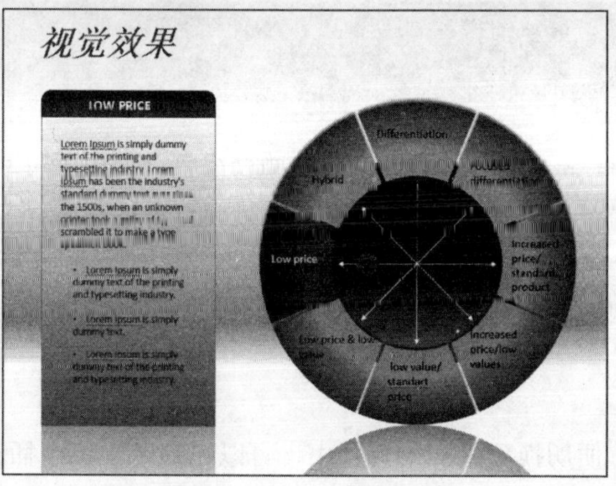

图11-45 打开一个素材文件

02 切换至“视图”面板，单击“母版视图”选项板中的“备注母版”按钮，如图11-46所示。

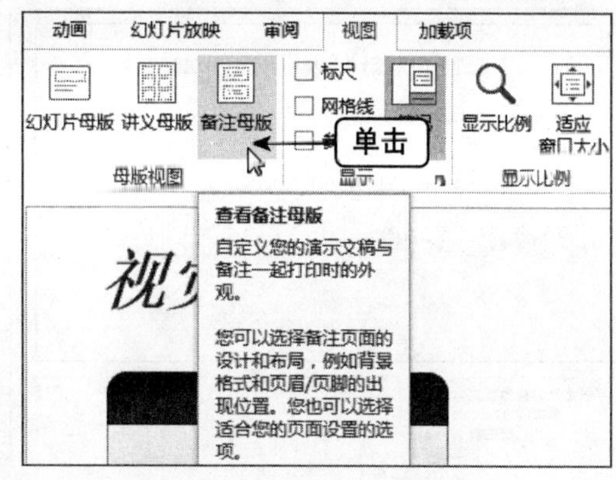

图11-46 单击“备注母版”按钮

03 执行操作后，将展开“备注母版”面板，如图11-47所示。

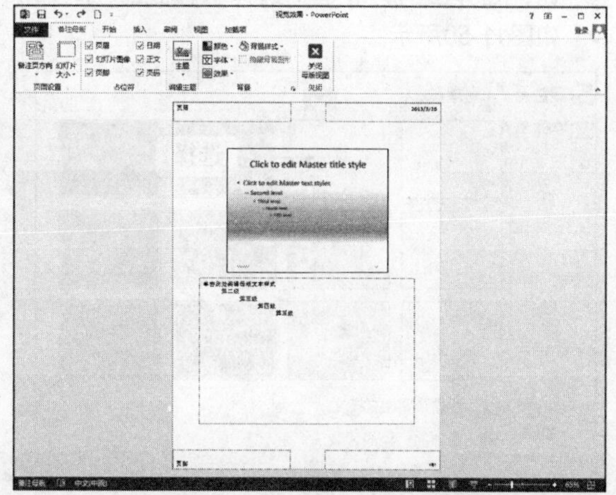

图11-47 展开“备注母版”面板

04 在“页面设置”选项板中单击“幻灯片大小”下拉按钮，在弹出的列表框中选择“宽屏（16：9）”选项，如图11-48所示。

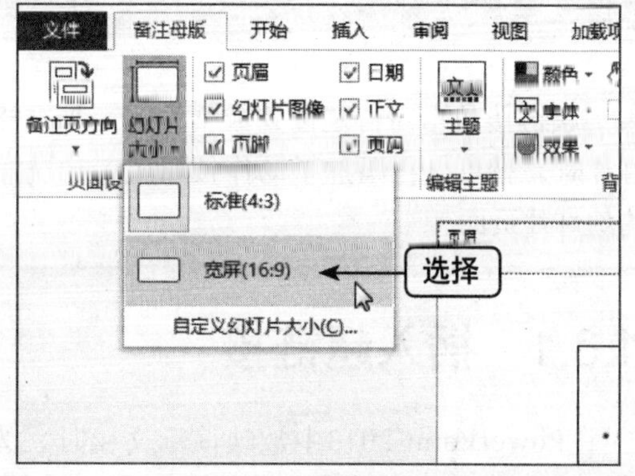

图11-48 选择“宽屏（16：9）”选项

05 执行操作后，即可更改幻灯片大小，如图11-49所示。

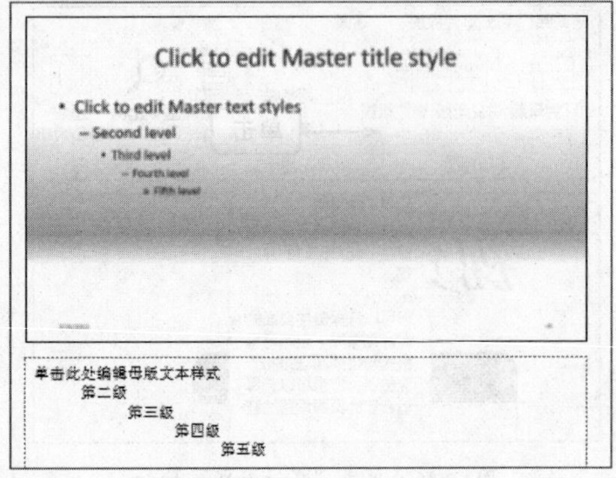

图11-49 设置幻灯片大小

06 单击“背景”选项板中的“背景样式”下拉按钮，在弹出的列表框中选择“样式2”选项，如图11-50所示。

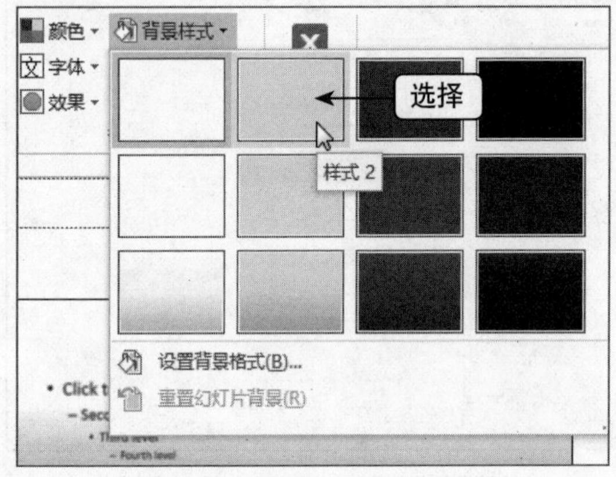

图11-50 选择“样式2”选项

07 执行操作后，即可设置备注母版背景，如图11-51所示。

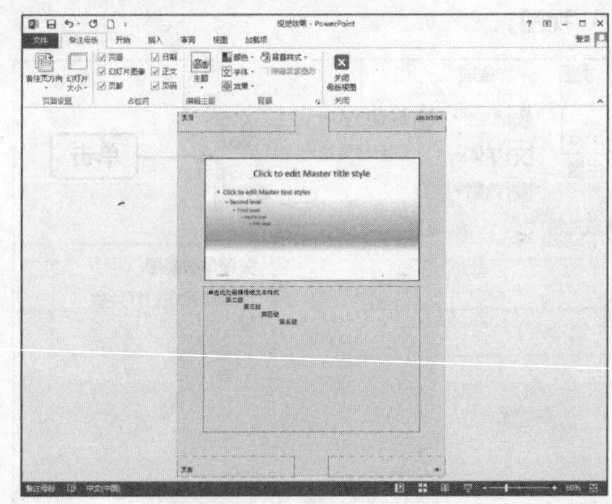

图11-51 设置备注母版背景

08 在“关闭”选项板中，单击“关闭母版视图”按钮，如图11-51所示，即可退出“备注母版”视图。

图11-52 单击“关闭母版视图”按钮

11.3 创建超链接

超链接是指向特定位置或文件的一种链接方式，可以利用它指定程序的跳转位置。当放映幻灯片时，就可以在添加了动作按钮或者超链接的文本上单击该动作按钮，程序就将自动跳至指定的幻灯片页面。

11.3.1 插入超链接

在PowerPoint 2013中放映演示文稿时，为了方便切换到目标幻灯片中，可以在演示文稿中插入超链接。下面向用户介绍插入超链接的操作方法。

➜ 素材文件	素材\第11章\图表与图形的合成.pptx
➜ 效果文件	效果\第11章\图表与图形的合成.pptx
➜ 视频文件	视频\第11章\插入超链接.mp4
➜ 难易程度	★★★☆☆

01 在PowerPoint 2013中，打开一个素材文件，如图11-53所示。

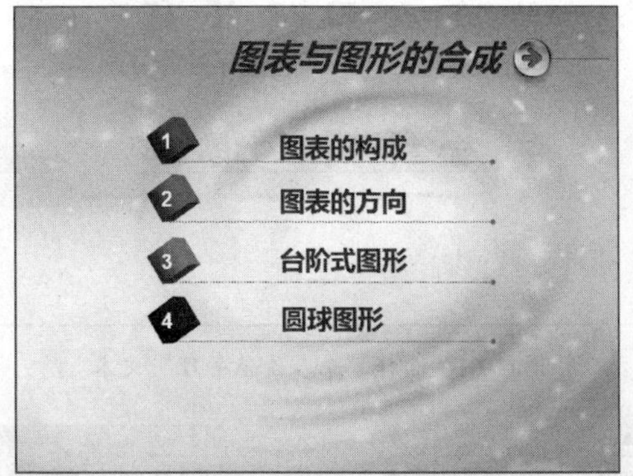

图11-53　打开一个素材文件

02 在编辑区中选择“图表的构成”文本，如图11-54所示。

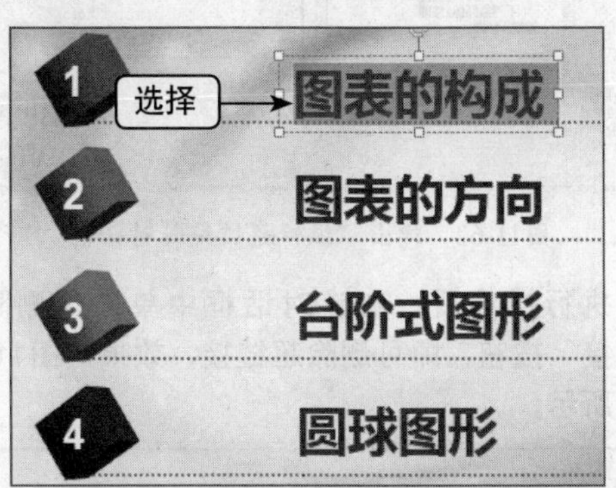

图11-54　选择“图表的构成”文本

03 切换至“插入”面板，在“链接”选项板中单击“超链接”按钮，如图11-55所示。

图11-55　单击“超链接”按钮

04 弹出“插入超链接”对话框，在“链接到”列表框中单击“本文档中的位置”按钮，效果如图11-56所示。

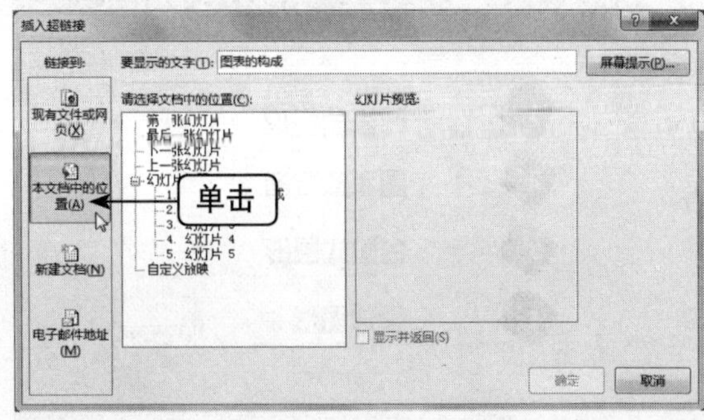

图11-56　单击“本文档中的位置”按钮

重点提醒

除了运用以上方法弹出“插入超链接”对话框外，用户还可以在选中的文本上单击鼠标右键，在弹出的快捷菜单中选择“超链接”命令，即可弹出“插入超链接”对话框。

05 然后在“请选择文档中的位置”选项区中的“幻灯片标题”下方选择“图表的构成”选项，如图11-57所示。

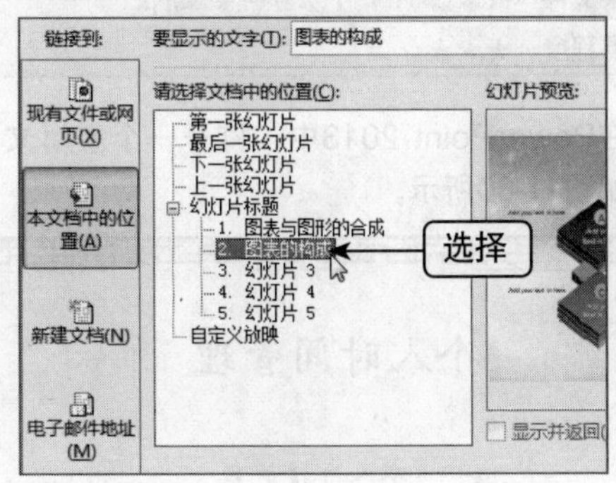

图11-57　选择“图表的构成”选项

06 单击“确定”按钮，即可在幻灯片中插入超链接，效果如图11-58所示。

图11-58　在幻灯片中插入超链接

07 用与上面相同的方法，为幻灯片中的其他内容添加超链接，效果如图11-59所示。

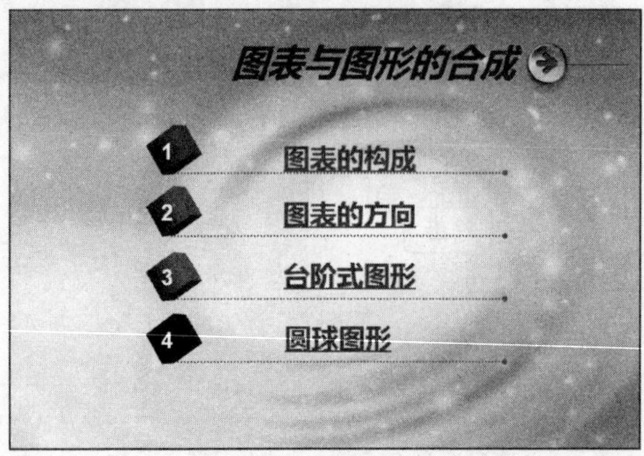

图11-59　添加其他内容超链接

11.3.2　运用按钮删除超链接

在PowerPoint 2013中，用户可以通过单击"链接"选项板中的"超链接"按钮，达到删除超链接的目的。下面向用户介绍插入超链接的操作方法。

➡素材文件	素材\第11章\个人时间管理.pptx
➡效果文件	效果\第11章\个人时间管理.pptx
➡难易程度	★★★☆☆

01 在PowerPoint 2013中，打开一个素材文件，如图11-60所示。

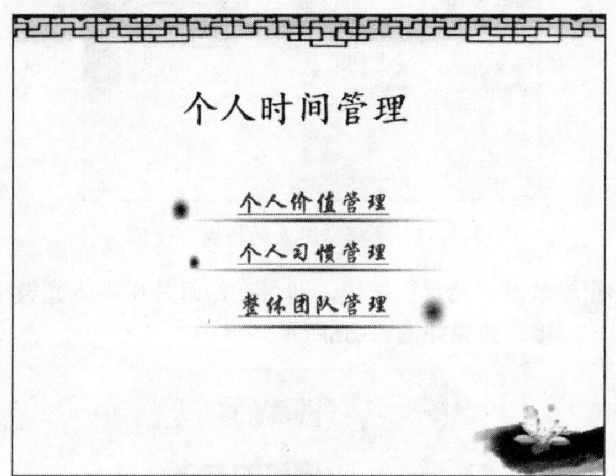

图11-60　打开一个素材文件

02 在编辑区中，选择"个人价值管理"文本，如图11-61所示。

03 切换至"插入"面板，在"链接"选项板中单击"超链接"按钮，弹出"编辑超链接"对话框，如图11-62所示。

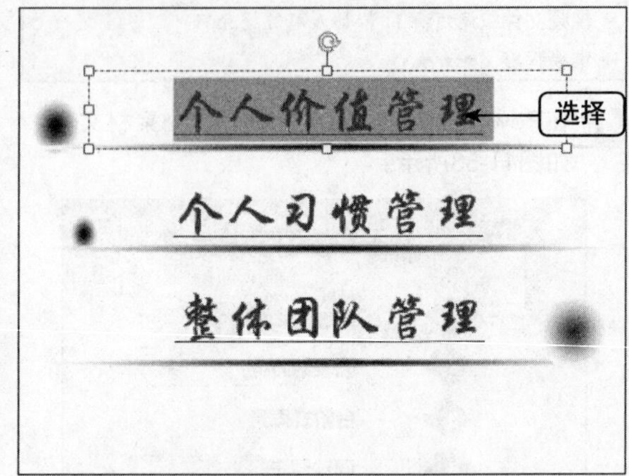

图11-61　选择"个人价值管理"文本

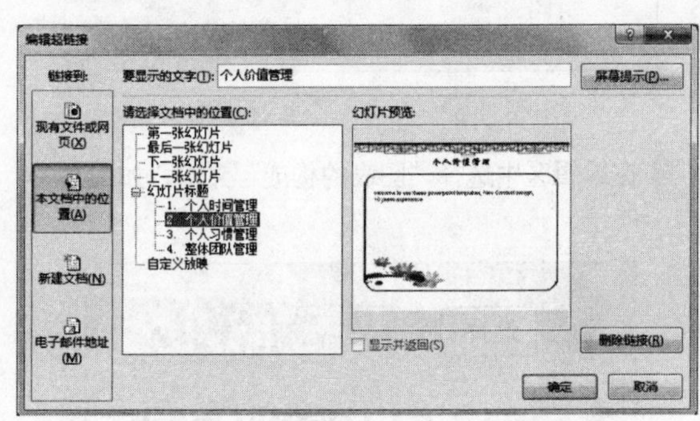

图11-62　弹出"编辑超链接"对话框

04 执行操作后，在该对话框中单击"删除链接"按钮，即可删除超链接，效果如图11-63所示。

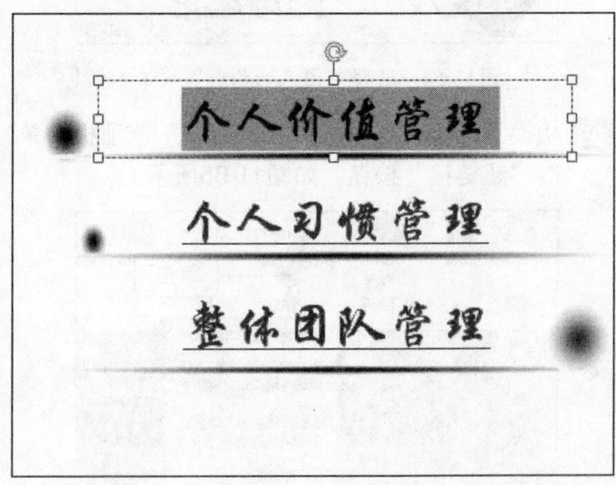

图11-63　删除超链接

05 用与上面相同的方法，运用按钮删除其他超链接，效果如图11-64所示。

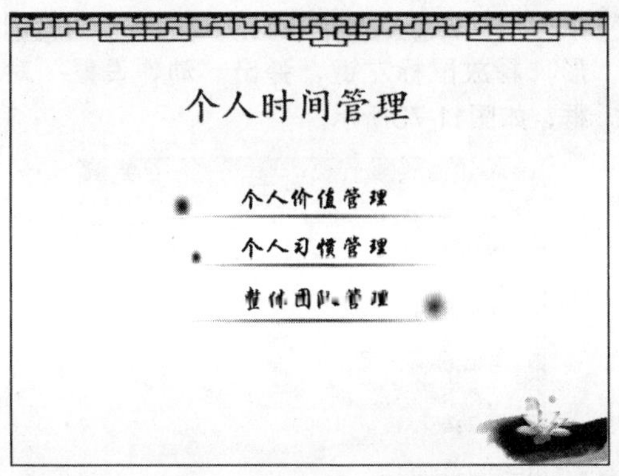

图11-64 删除其他超链接

11.3.3 运用选项取消超链接

在PowerPoint 2013中，除了运用按钮删除超链接外，用户还可以通过选择“取消超链接”选项删除超链接。下面向用户介绍运用选项取消超链接的操作方法。

➡素材文件	素材\第11章\工作总结.pptx
➡效果文件	效果\第11章\工作总结.pptx
➡视频文件	视频\第11章\运用选项取消超链接.mp4
➡难易程度	★★★☆☆

01 在PowerPoint 2013中，打开一个素材文件，如图11-65所示。

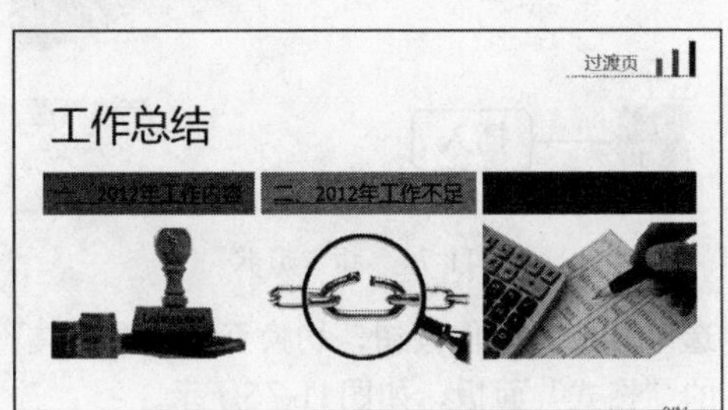

图11-65 打开一个素材文件

02 在编辑区中，选择“2012年工作内容”文本，如图11-66所示。

图11-66 选择“2012年工作内容”文本

03 单击鼠标右键，在弹出的快捷菜单中选择“取消超链接”命令，如图11-67所示。

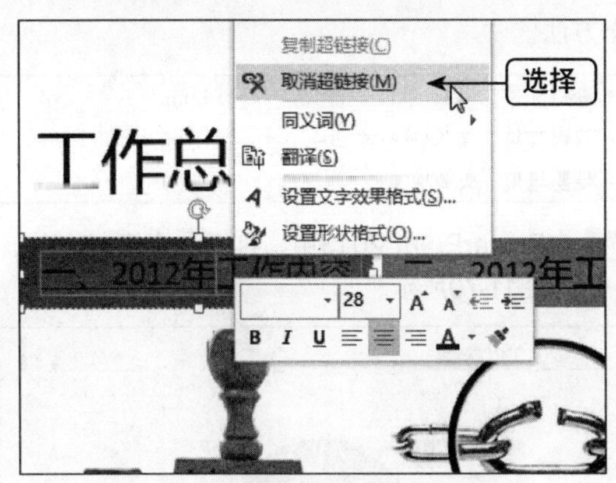

图11-67 选择“取消超链接”选项

04 执行操作后，即可取消超链接，效果如图11-68所示。

图11-68 取消超链接

05 用与上面相同的方法，运用选项取消其他超链接，效果如图11-69所示。

图11-69 取消其他超链接

11.3.4 添加动作按钮

动作按钮是一种带有特定动作的图形按钮

应用这些按钮可以快速实现在放映幻灯片时跳转的目的。下面向用户介绍添加动作按钮的操作方法。

➡素材文件	素材\第11章\2013工作计划.pptx
➡效果文件	效果\第11章\2013工作计划.pptx
➡难易程度	★★★★☆

01 在PowerPoint 2013中，打开一个素材文件，如图11-70所示。

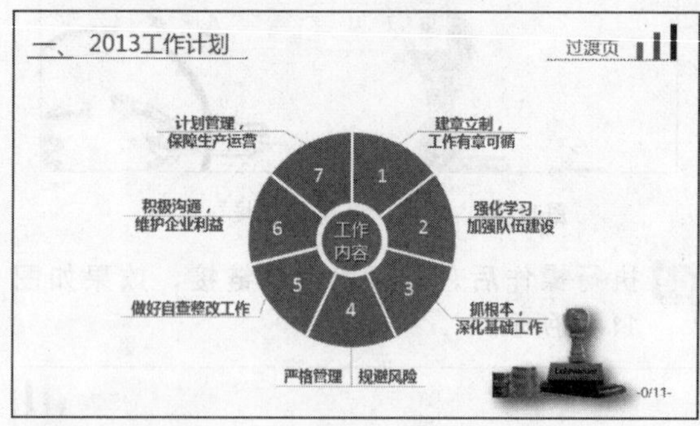

图11-70 打开一个素材文件

02 切换至“插入”面板，在“插图”选项板中单击“形状”下拉按钮，如图11-71所示。

图11-71 单击“形状”下拉按钮

03 弹出列表框，在“动作按钮”选项区中单击“前进或下一项”按钮，如图11-72所示。

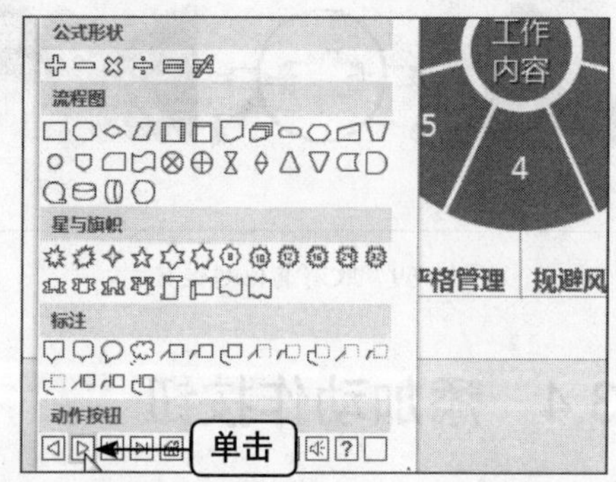

图11-72 单击“前进或下一项”按钮

04 鼠标指针呈十字形，在幻灯片的右下角绘制图形，释放鼠标左键，弹出“动作设置”对话框，如图11-73所示。

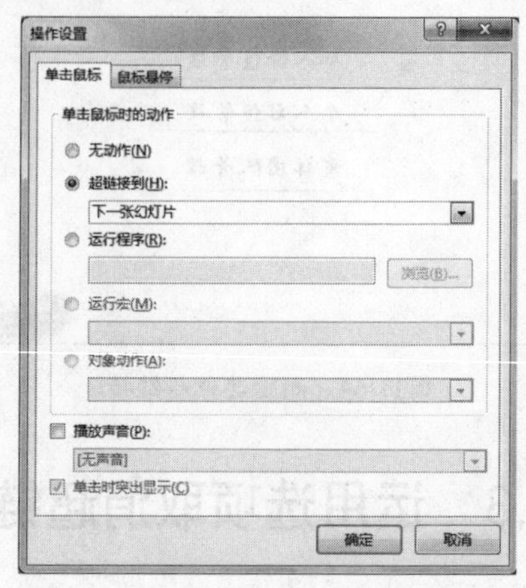

图11-73 弹出“动作设置”对话框

05 各选项依照默认设置，单击“确定”按钮。插入形状，并调整形状的大小和位置，如图11-74所示。

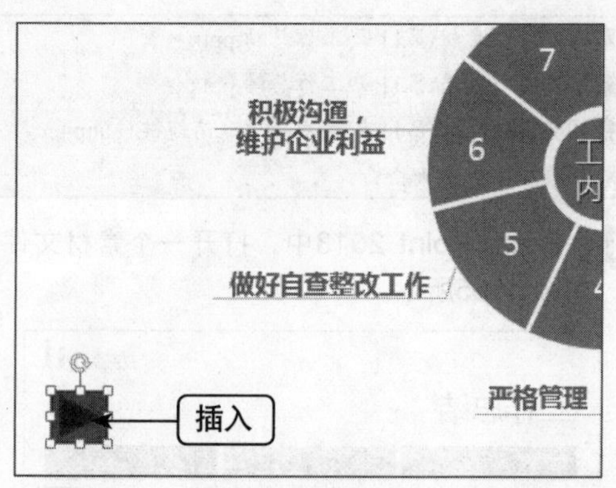

图11-74 插入形状

06 选中添加的动作按钮，切换至“绘图工具”中的“格式”面板，如图11-75所示。

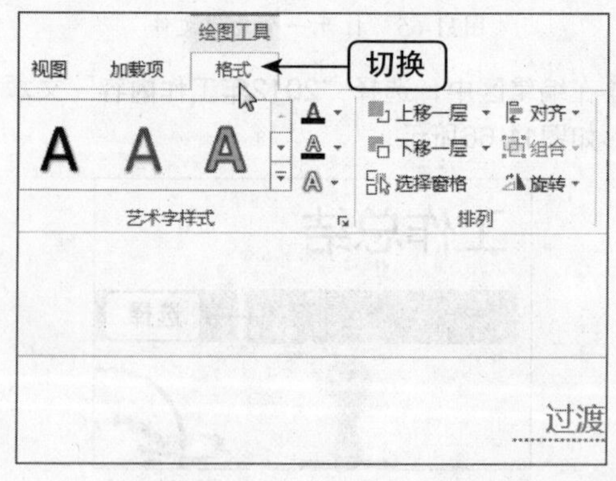

图11-75 切换至“格式”面板

07 在“形状样式”选项板中单击“其他”下拉按钮，在弹出的列表框中选择“强烈效果-橙色，强调颜色6”选项，如图11-76所示。

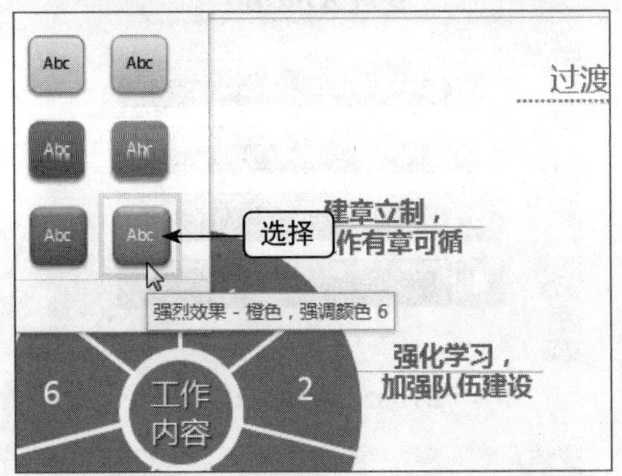

图11-76　选择“强烈效果-橙色，强调颜色6”选项

08 执行操作后，即可添加动作按钮，如图11-77所示。

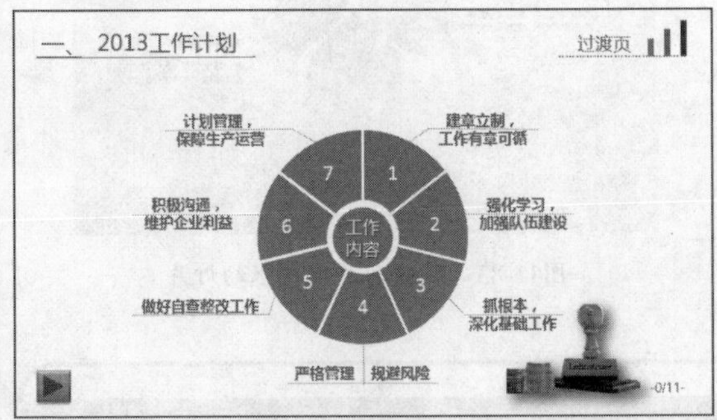

图11-77　添加动作按钮

重点提醒

动作与超链接的区别：超链接是将幻灯片中的某一部分与另一部分链接起来，它可以与本文档中的幻灯片链接，也可以链接到其他文件；插入动作只能与指定的幻灯片进行链接，它突出的是完成某一个动作。

11.3.5　运用“动作”按钮添加动作

在PowerPoint 2013中，除了运用形状添加动作按钮外，还可以选中对象，再插入“动作”按钮。下面向用户介绍运用“动作”按钮添加动作的操作方法。

➡素材文件	素材\第11章\多种关系图形.pptx
➡效果文件	效果\第11章\多种关系图形.pptx
➡视频文件	视频\第11章\运用“动作”按钮添加动作.mp4
➡难易程度	★★★☆☆

01 在PowerPoint 2013中，打开一个素材文件，如图11-78所示。

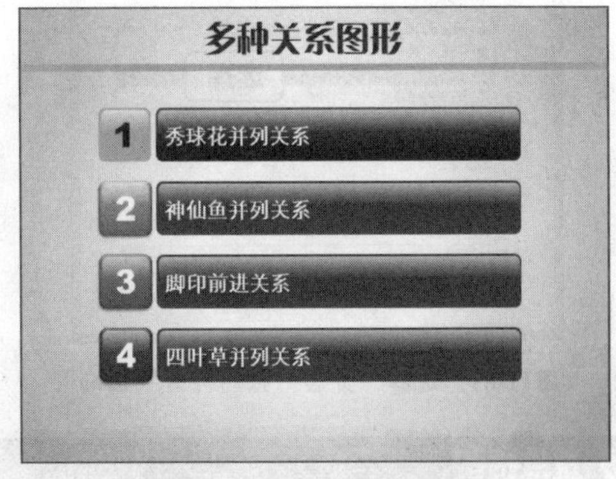

图11-78　打开一个素材文件

02 在编辑区中，选择需要添加动作的文本，如图11-79所示。

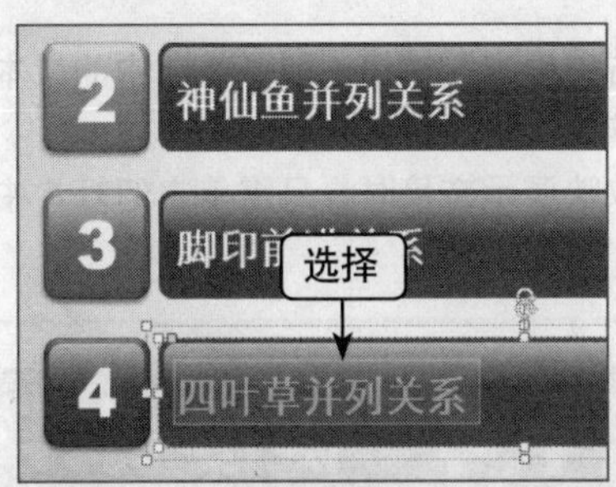

图11-79　选择需要添加动作的文本

03 切换至“插入”面板，在“链接”选项板中单击“动作”按钮，如图11-80所示。

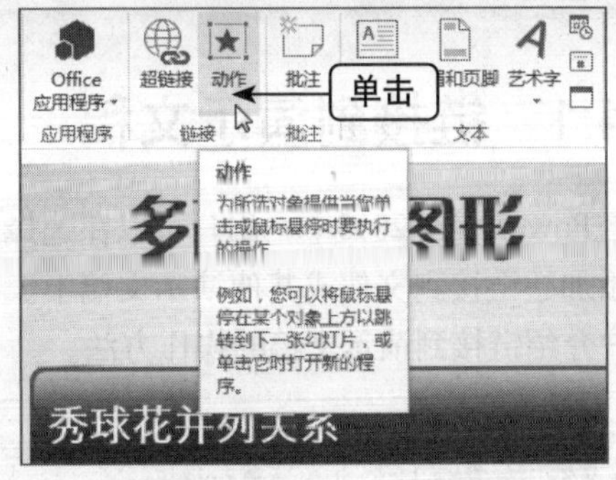

图11-80　单击“动作”按钮

04 弹出“动作设置”对话框，选中“超链接到”单选按钮，单击下方的下拉按钮，在弹出的下

拉列表框中选择“最后一张幻灯片”选项，如图11-81所示。

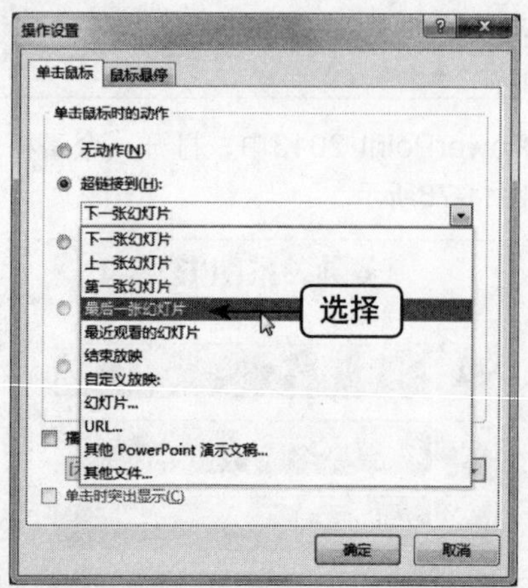

图11-81　选择“最后一张幻灯片”选项

重点提醒

用户可以根据选择文本的实际情况，在“超链接到”下拉列表框中选择相对应的幻灯片进行链接。

05 单击“确定”按钮，即可为选中的文本添加动作链接，如图11-82所示。

06 在放映演示文稿时，只需单击幻灯片中的动作对象，即可跳转到最后一张幻灯片，如图11-83所示。

图11-82　添加动作链接

图11-83　跳转到最后一张幻灯片

11.4　链接到其他对象

在幻灯片中，除了链接文本和图形外，还可以设置链接到其他的对象，如网页、电子邮件、其他的演示文稿等。

11.4.1　链接到演示文稿

在PowerPoint 2013中，用户可以在选择的对象上添加超链接到文件或其他演示文稿中。下面向用户介绍链接到演示文稿的操作方法。

➜ 素材文件	素材\第11章\自我激励.pptx
➜ 效果文件	效果\第11章\自我激励.pptx
➜ 难易程度	★★★★☆

01 在PowerPoint 2013中，打开一个素材文件，如图11-84所示。

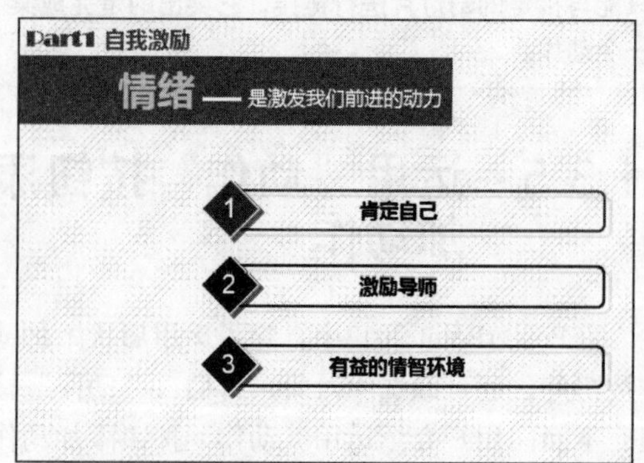

图11-84　打开一个素材文件

02 在编辑区中，选择需要进行超链接的对象文本，如图11-85所示。

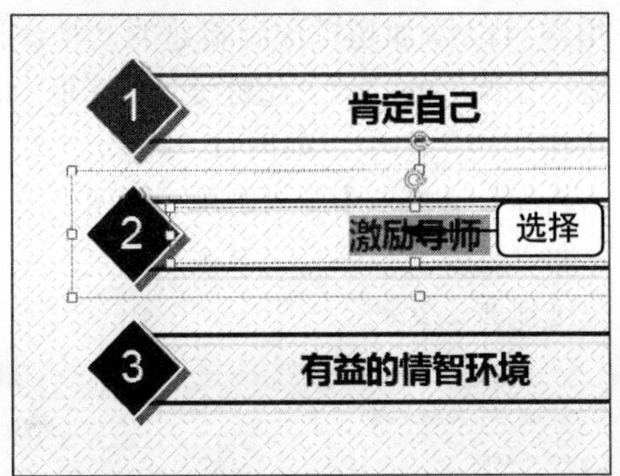

图11-85 选择需要进行超链接的对象文本

03 切换至“插入”面板，在“链接”选项板中单击“超链接”按钮，弹出“插入超链接”对话框，如图11-86所示。

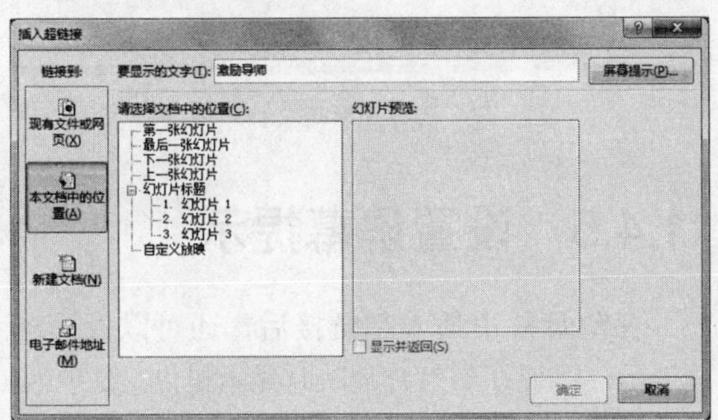

图11-86 弹出“插入超链接”对话框

04 在“链接到”选项区中单击“现有文件或网页”按钮，在“查找范围”下拉列表框中选择需要链接演示文稿的位置，选择相应的演示文稿，如图11-87所示。

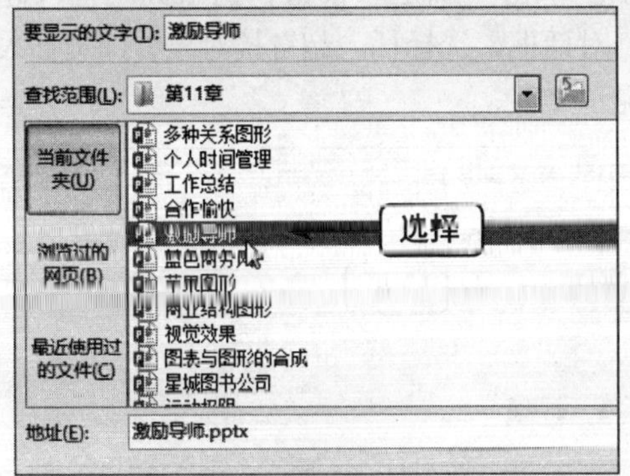

图11-87 选择相应的演示文稿

05 单击“确定”按钮，即可插入超链接，如图11-88所示。

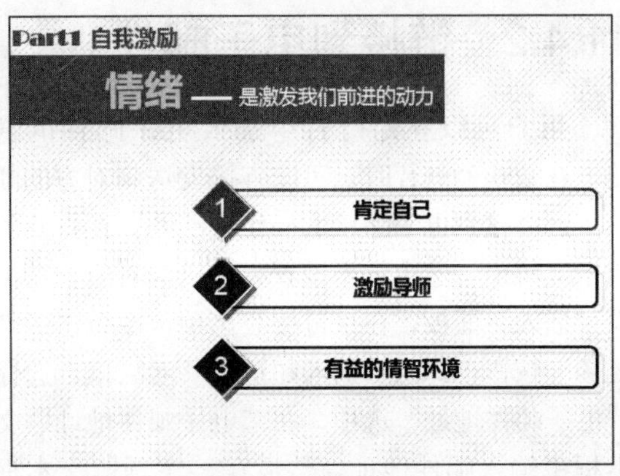

图11-88 插入超链接

06 切换至“幻灯片放映”面板，在“开始放映幻灯片”选项板中单击“从头开始”按钮，将鼠标移至“激励导师”文本对象时，如图11-89所示，鼠标呈手形形状。

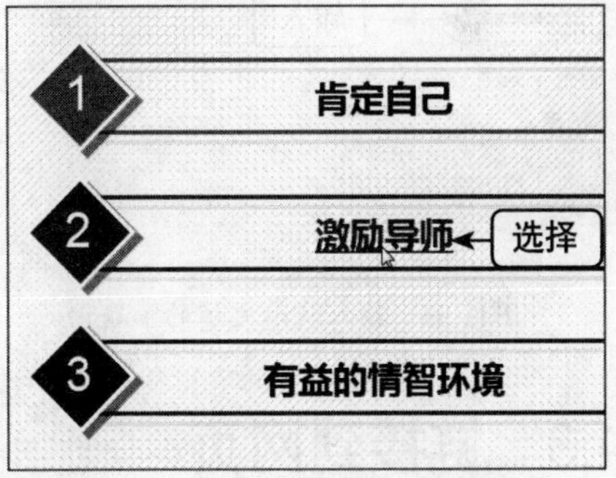

图11-89 定位鼠标位置

07 在文本上单击鼠标左键，即可链接到相应演示文稿，如图11-90所示。

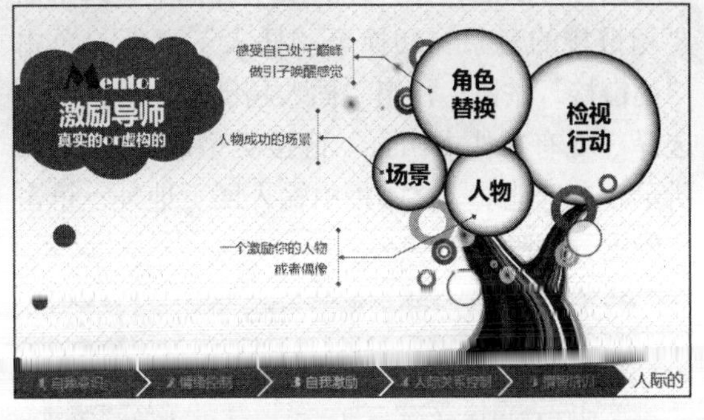

图11-90 链接到相应演示文稿

重点提醒

只有在幻灯片中的对象才能添加超链接，讲义和备注等内容不能添加超链接。添加或修改超链接的操作只有在普通视图的幻灯片中才能进行编辑。

11.4.2 链接到电子邮件

用户可以在幻灯片中加入电子邮件的链接，在放映幻灯片时，可以直接发送到对方的邮箱中。链接到电子邮件的操作方法是：在打开的演示文稿中，选中需要设置超链接的对象，切换至“插入”面板，在“链接”选项板中单击“超链接”按钮，弹出“插入超链接”对话框，选择“电子邮件地址”选项，在“电子邮件地址”文本框中输入邮件地址，然后在“主题”文本框中输入演示文稿的主题，如图11-91所示，单击“确定”按钮即可。

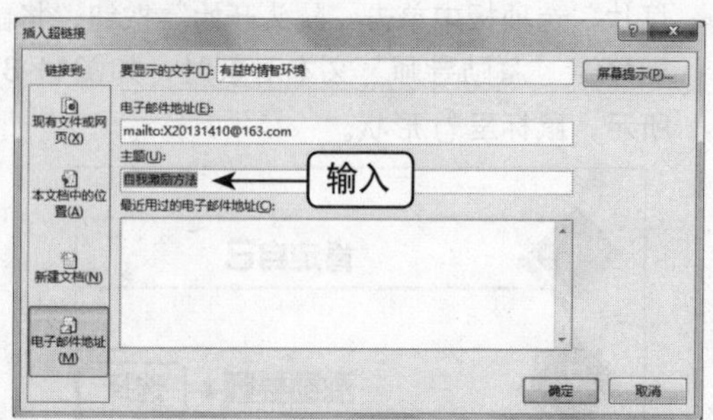

图11-91 输入演示文稿的主题

11.4.3 链接到网页

用户可以在幻灯片中加入指向Internet的链接，在放映幻灯片时可直接打开网页。链接到网页的操作方法是：在打开的演示文稿中，选中需要超链接的对象，切换至“插入”面板，单击“超链接”按钮，弹出“插入超链接”对话框，选择“现有文件或网页”链接类型，如图11-92所示。在“地址”文本框中输入网页地址，单击“确定”按钮即可。

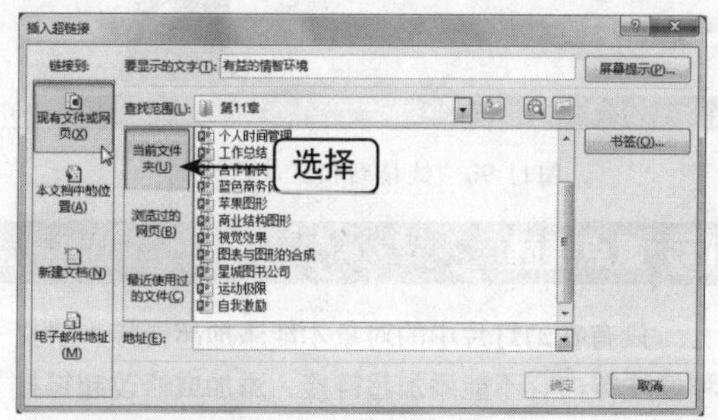

图11-92 选择“现有文件或网页”链接类型

11.4.4 链接到新建文档

用户可以添加超链接到新建的文档。操作方法是：在调出的“插入超链接”对话框中，选择“新建文档”选项，如图11-93所示。在“新建文档名称”文本框中输入名称，单击“更改”按钮，即可更改文件路径，单击“确定”按钮，即可链接到新建文档。

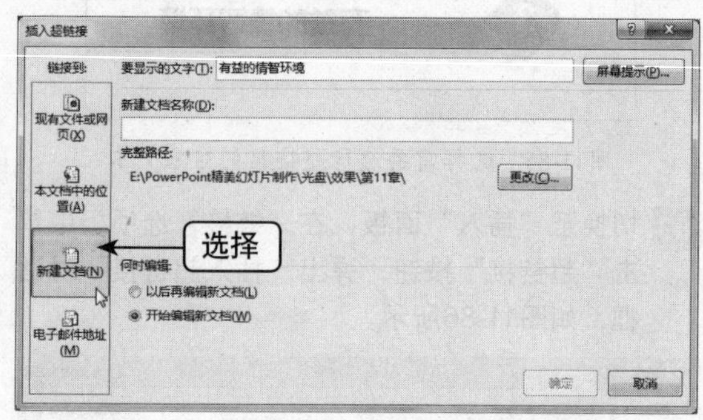

图11-93 选择“新建文档”选项

11.4.5 设置屏幕提示

在幻灯片中插入超链接后，还可以设置屏幕提示，以便在幻灯片放映时显示提供。

设置屏幕提示的操作方法是：选中需要超链接的对象，切换至“插入”面板，单击“超链接”按钮，弹出“插入超链接”对话框，单击“屏幕提示”按钮，弹出“设置超链接屏幕提示”对话框，在文本框中输入文字，如图11-94所示。单击“确定”按钮，返回到“插入超链接”对话框，选择插入超链接对象，即可插入屏幕提示文字。

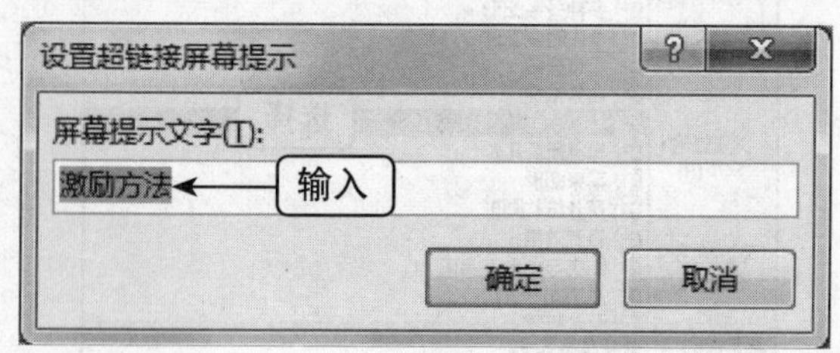

图11-94 输入文字

幻灯片的动画设计

学习提示

在幻灯片中添加动画和切换效果可以增加演示文稿的趣味性和观赏性，同时也能带动演讲气氛。本章主要向用户介绍添加动画、编辑动画效果、制作切换效果以及切换效果选项设置等内容。

主要内容

- 添加飞入动画效果
- 添加上浮动画效果
- 修改动画效果
- 添加分割切换效果
- 添加淡出切换效果
- 设置切换声音

重点与难点

- 添加缩放动画效果
- 设置动画效果选项
- 添加蜂巢切换效果

学完本章后你会做什么

- 掌握添加飞入动画效果、添加螺旋飞出动画效果的操作方法
- 掌握修改动画效果、添加动画效果以及添加动作路径动画的操作方法
- 掌握设置切换声音、设置切换效果选项以及设置切换时间的操作方法

视频文件

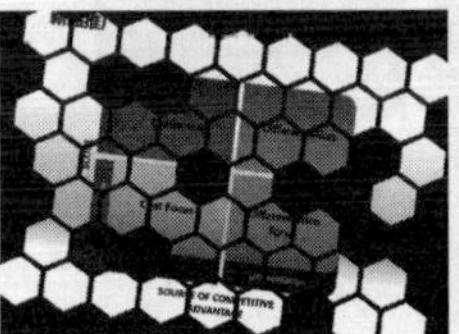

12.1 添加动画

PowerPoint中动画效果繁多，用户可以运用提供的动画效果将幻灯片中的标题、文本、图表或图片等对象设置成以动态的方式进行播放。

12.1.1 添加飞入动画效果

动画是演示文稿的精华，在PowerPoint 2013中，“飞入”动画是最为常用的“进入”动画效果中的一种方式。下面向用户介绍添加飞入动画效果的操作方法。

➜素材文件	素材\第12章\图文合排.pptx
➜效果文件	效果\第12章\图文合排.pptx
➜视频文件	视频\第12章\添加飞入动画效果.mp4
➜难易程度	★★★☆☆

01 在PowerPoint 2013中，打开一个素材文件，如图12-1所示。

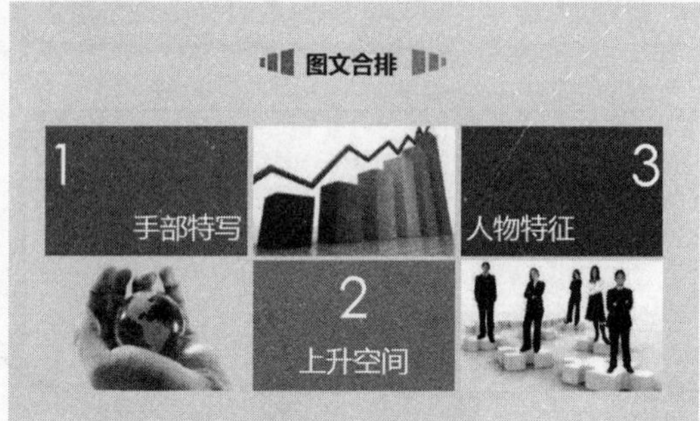

图12-1 打开一个素材文件

02 在编辑窗口中，选择需要设置动画的对象，如图12-2所示。

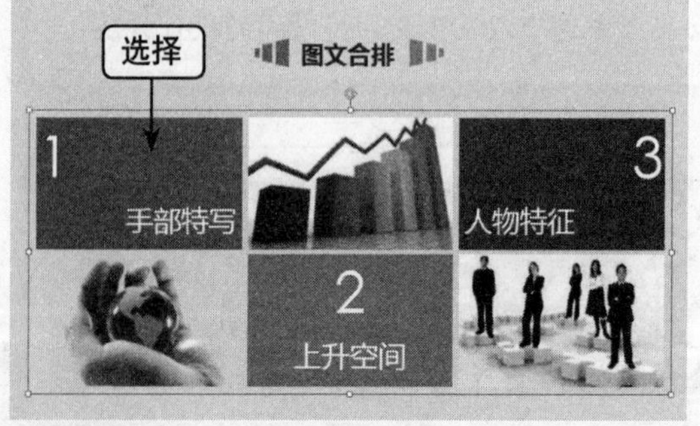

图12-2 选择相应对象

重点提醒

用户如果对“动画”列表框中的“进入”动画效果不满意，还可以选择“更多进入效果”，在弹出的“更改进入效果”对话框中选择合适的进入动画效果。

03 切换至“动画”面板，在“动画”选项板中单击“其他”下拉按钮，如图12-3所示。

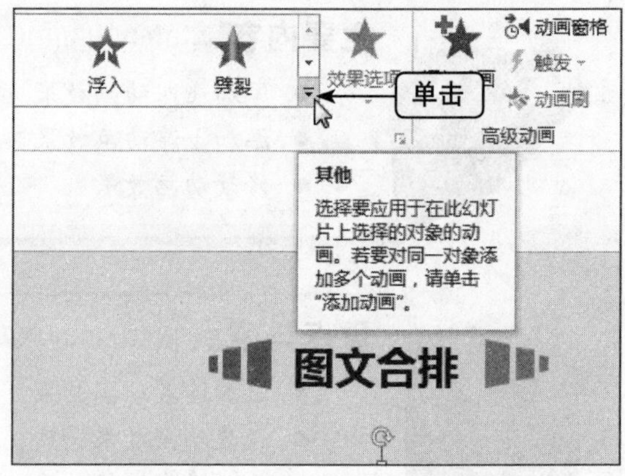

图12-3 单击“其他”下拉按钮

04 弹出列表框，在“进入”选项区中选择“飞入”动画效果，如图12-4所示。

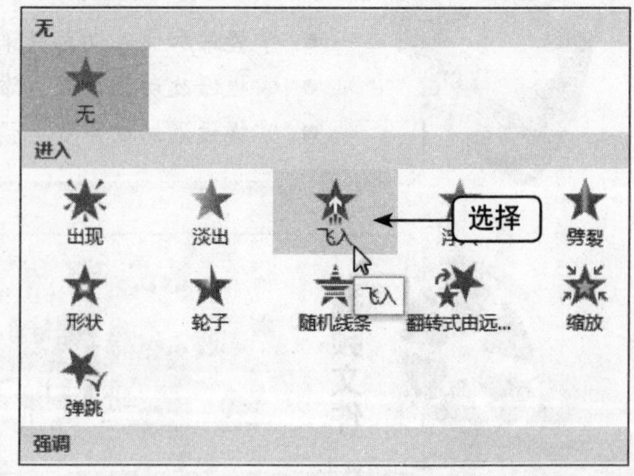

图12-4 选择“飞入”动画效果

重点提醒

除了运用以上方法可以预览动画效果外，用户还可以切换至"幻灯片放映"面板，在"开始放映幻灯片"选项板中单击"从头开始"按钮，也可预览动画效果。

05 执行操作后，即可为幻灯片中的对象添加飞入动画效果，如图12-5所示。

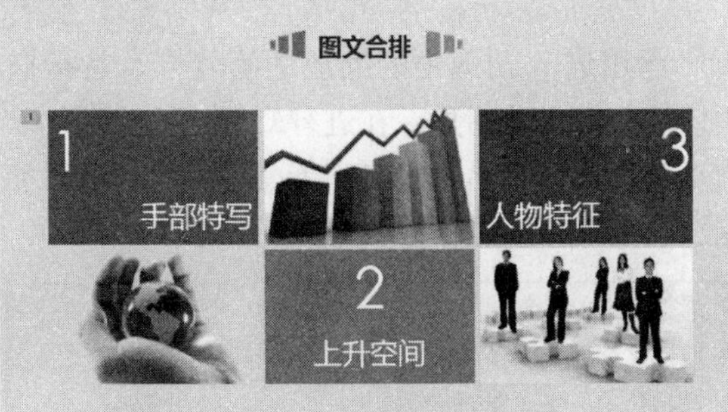

图12-5 添加飞入动画效果

12.1.2 添加上浮动画效果

为幻灯片中的对象添加进入动画效果中的上浮动画后，该对象在进行放映时，将会以浮动的形式逐渐显示出来。下面向用户介绍添加上浮动画效果的操作方法。

➡素材文件	素材\第12章\名言名句.pptx
➡效果文件	效果\第12章\名言名句.pptx
➡视频文件	视频\第12章\添加上浮动画效果.mp4
➡难易程度	★★★★☆

01 在PowerPoint 2013中，打开一个素材文件，如图12-6所示。

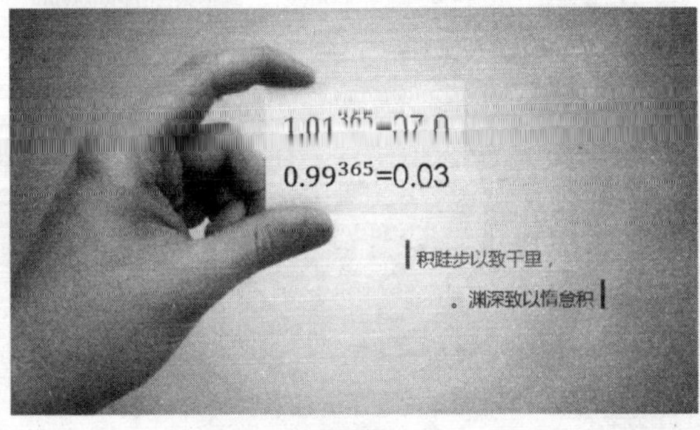

图12-6 打开一个素材文件

02 在编辑区中，选择需要添加上浮动画的对象，如图12-7所示。

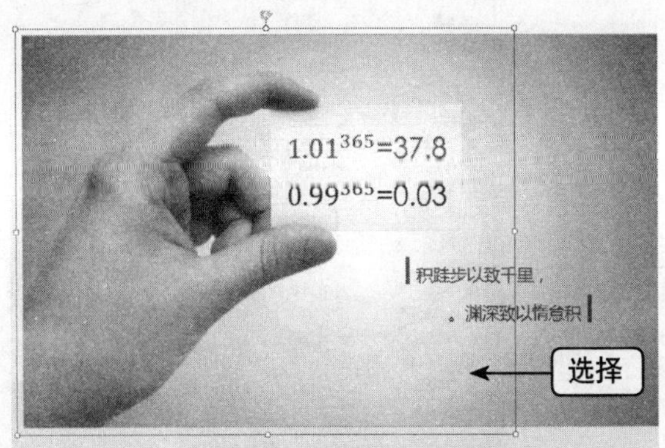

图12-7 选择需要添加上浮动画的对象

03 切换至"动画"面板，单击"动画"选项板中的"其他"下拉按钮，如图12-8所示。

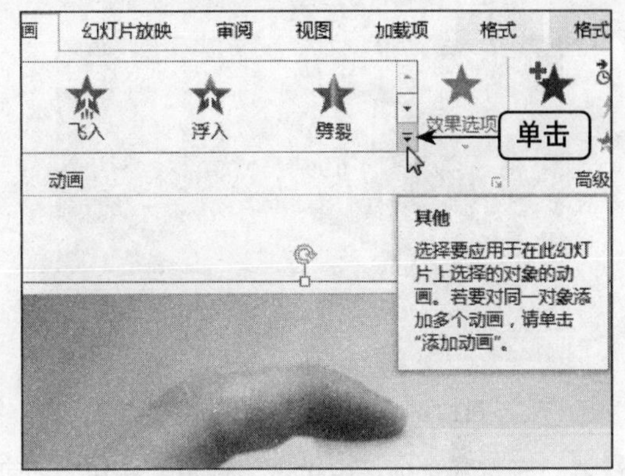

图12-8 单击"其他"下拉按钮

04 弹出列表框，选择"更多进入效果"选项，如图12-9所示。

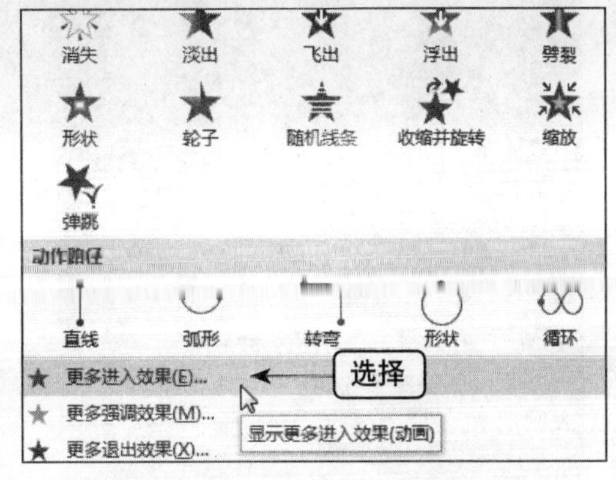

图12-9 选择"更多进入效果"选项

05 弹出"更改进入效果"对话框，在"温和型"选项区中选择"上浮"选项，如图12-10所示。

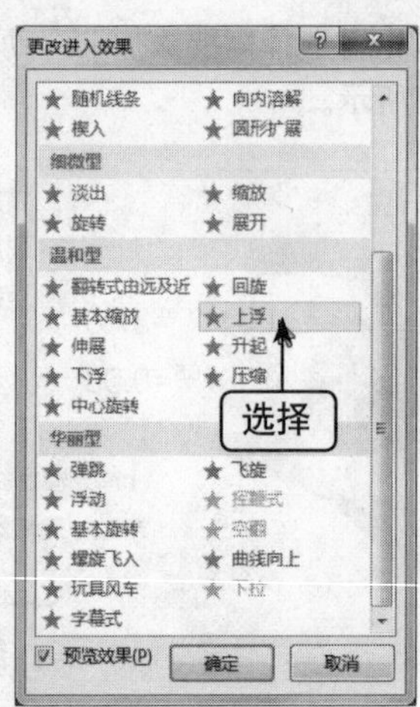

图12-10　选择“上浮”选项

06 单击“确定”按钮，即可为幻灯片中的对象添加上浮动画效果，如图12-11所示。

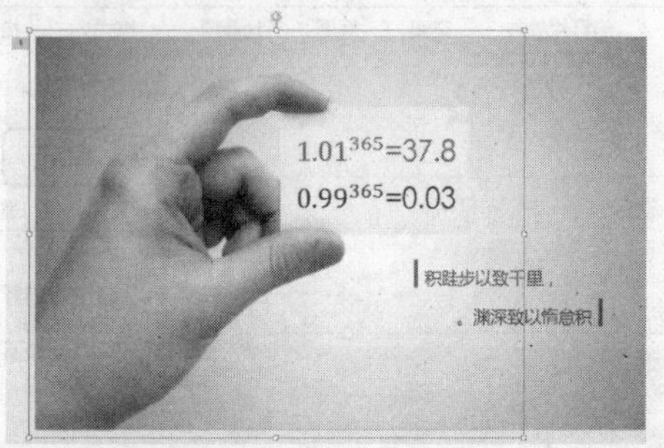

图12-11　添加上浮动画效果

07 在“预览”选项板中单击“预览”按钮，即可预览上浮动画效果，如图12-12所示。

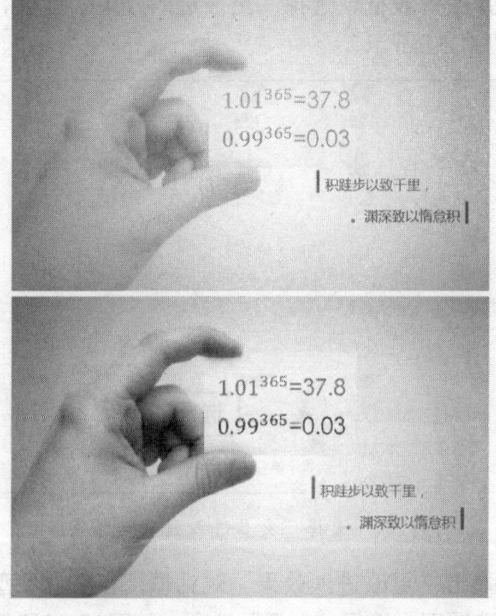

图12-12　预览上浮动画效果

重点提醒

在“更改进入效果”对话框中的“温和型”选项区中，用户不仅可以将幻灯片中的对象设置为“上浮”动画，同样还可以将其设置为“下浮”动画。“下浮”动画与“上浮”动画的区别主要在于对象出现的方向为相反方向。

12.1.3　添加缩放动画效果

运用进入动画中的缩放动画效果，是指应用该动画效果的对象，在进行幻灯片放映时，以由小变大的方式显示出来。下面向用户介绍添加缩放动画效果的操作方法。

➡素材文件	素材\第12章\扶摇直上.pptx
➡效果文件	效果\第12章\扶摇直上.pptx
➡难易程度	★★★☆☆

01 在PowerPoint 2013中，打开一个素材文件，如图12-13所示。

图12-13　打开一个素材文件

02 在编辑区中，选择需要添加缩放动画的对象，如图12-14所示。

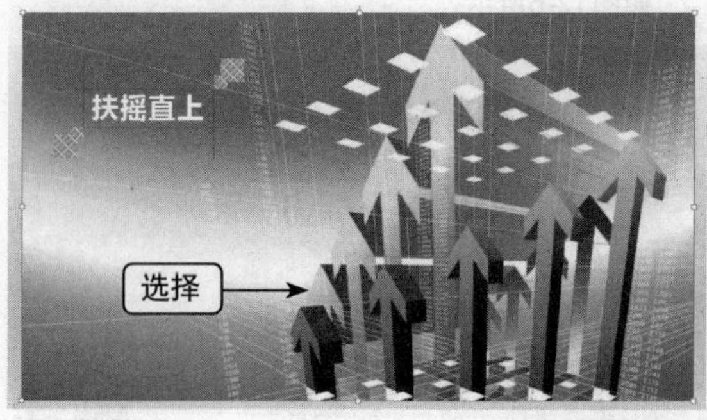

图12-14　选择需要添加缩放动画的对象

03 切换至“动画”面板，单击“动画”选项板中的“其他”下拉按钮，在弹出的下拉列表框的“进入”选项区中选择“缩放”选项，如图12-15所示。

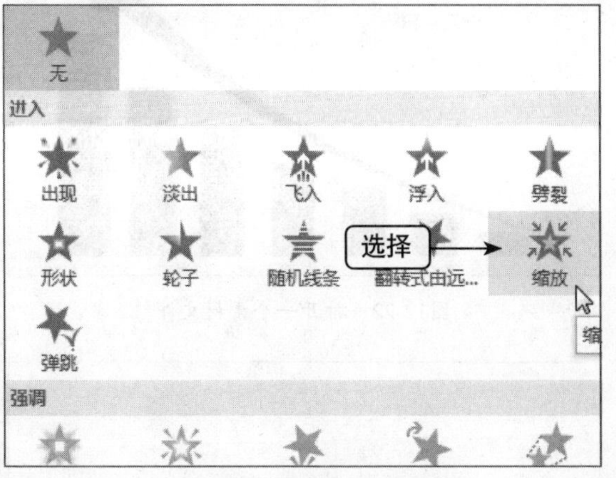

图12-15 选择“缩放”选项

04 执行操作后，即可添加缩放动画效果。单击“预览”选项板中的“预览”按钮，预览动画效果，如图12-16所示。

图12-16 预览动画效果

12.1.4 添加陀螺旋动画效果

在PowerPoint 2013中，陀螺旋动画是指对象以顺时针的方向在原地进行旋转的效果。下面向用户介绍添加陀螺旋动画的操作方法。

➡ 素材文件	素材\第12章\世界触手可及.pptx
➡ 效果文件	效果\第12章\世界触手可及.pptx
➡ 难易程度	★★★☆☆

01 在PowerPoint 2013中，打开一个素材文件，如图12-17所示。

02 在编辑区中，选择需要添加陀螺旋动画的对象，如图12-18所示。

图12-17 打开一个素材文件

图12-18 选择需要添加陀螺旋动画的对象

03 切换至“动画”面板，在“动画”选项板中单击“其他”下拉按钮，在弹出的下拉列表框的“强调”选项区中选择“陀螺旋”选项，如图12-19所示。

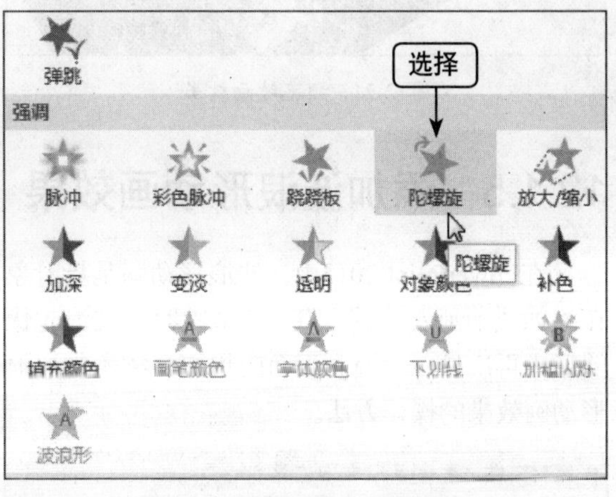

图12-19 选择“陀螺旋”选项

04 执行操作后，即可添加陀螺旋动画效果，如图12-20所示。

05 单击“预览”选项板中的“预览”按钮，预览动画效果，如图12-21所示。

图12-20 添加陀螺旋动画效果

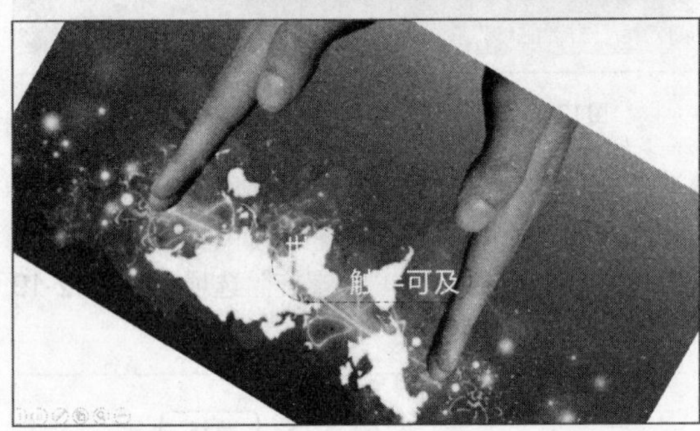

图12-21 预览动画效果

12.1.5 添加波浪形动画效果

在PowerPoint 2013中，波浪形动画是指对象在添加该动画效果后，将会在放映时以波浪起伏的形式再次显示一遍。下面向用户介绍添加波浪形动画效果的操作方法。

➡素材文件	素材\第12章\座右铭.pptx
➡效果文件	效果\第12章\座右铭.pptx
➡难易程度	★★★☆☆

01 在PowerPoint 2013中，打开一个素材文件，如图12-22所示。

02 在编辑区中，选择需要添加波浪形动画效果的对象，如图12-23所示。

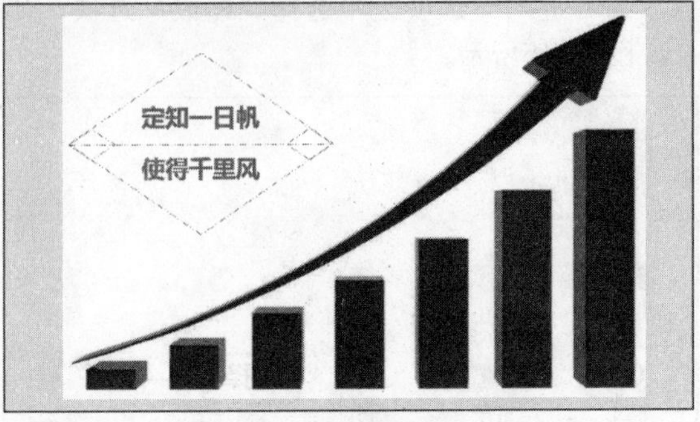

图12-22 打开一个素材文件

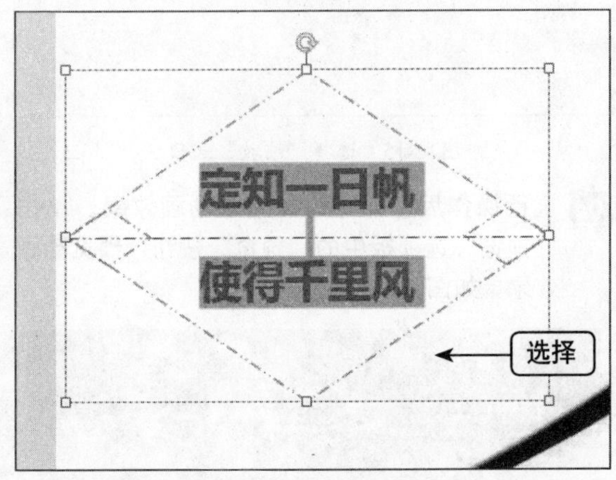

图12-23 选择需要添加波浪形动画的对象

03 切换至“动画”面板，单击“动画”选项板中的“其他”下拉按钮，在弹出的列表框中选择“更多强调效果”选项，如图12-24所示。

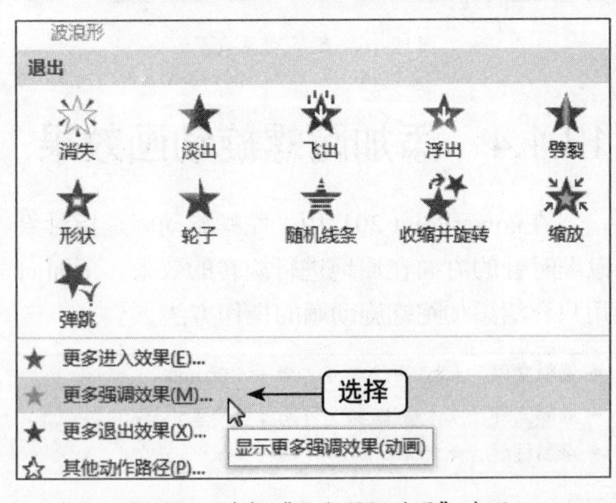

图12-24 选择“更多强调效果”选项

04 弹出“更改强调效果”对话框，在“华丽型”选项区中选择“波浪形”选项，如图12-25所示。

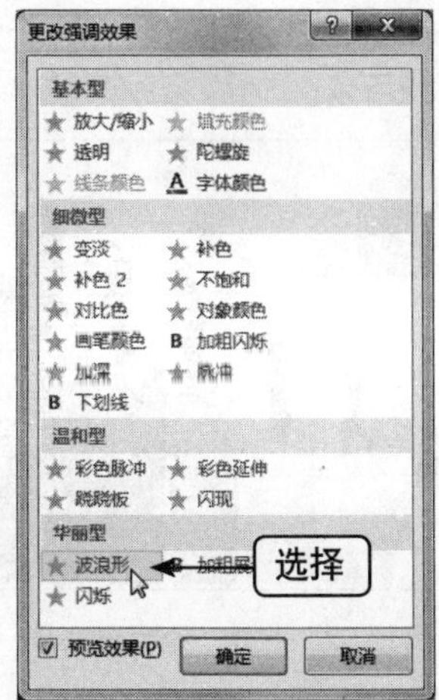

图12-25 选择“波浪形”选项

重点提醒

在“更改强调效果”对话框的“华丽型”选项区中，包含有3种强调类型，分别是“波浪形”、“加粗展示”和“闪烁”。

05 单击“确定”按钮，即可添加波浪形动画效果。单击“预览”选项板中的“预览”按钮，预览动画效果，如图12-26所示。

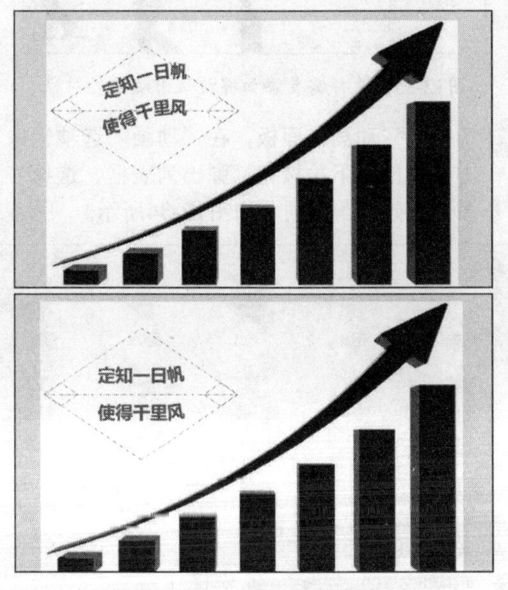

图12-26 预览动画效果

12.1.6 添加形状动画效果

在PowerPoint 2013中，用户可以根据制作课件的实际需要将幻灯片中的对象设置为形状动画效果。下面向用户介绍添加形状动画效果后的操作方法。

➡ 素材文件	素材\第12章\内心坐标.pptx
➡ 效果文件	效果\第12章\内心坐标.pptx
➡ 难易程度	★★★☆☆

01 在PowerPoint 2013中，打开一个素材文件，如图12-27所示。

图12-27 打开一个素材文件

02 在编辑区中，选择需要添加形状动画效果的对象，如图12-28所示。

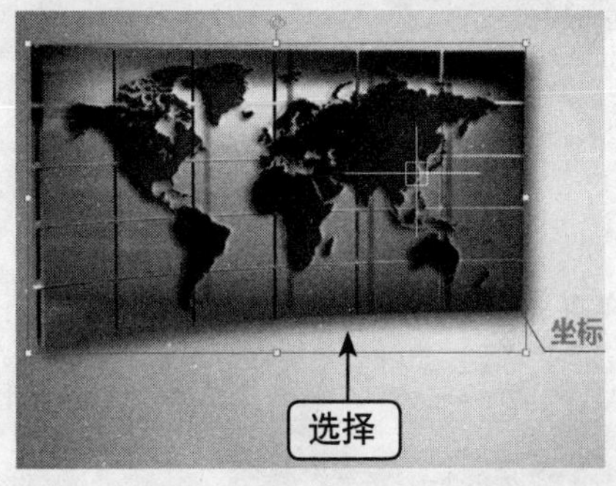

图12-28 选择需要添加形状动画的对象

03 切换至“动画”面板，在“动画”选项板中单击“其他”下拉按钮，弹出列表框，在“退出”选项区中选择“形状”选项，如图12-29所示。

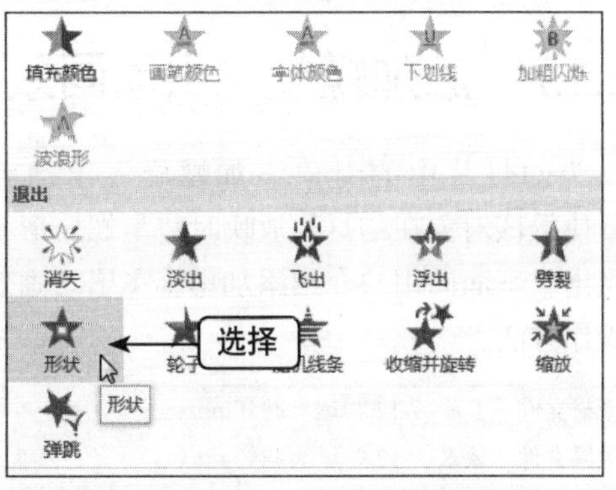

图12-29 选择“形状”选项

04 执行操作后，即可添加形状动画效果，如图12-30所示。

图12-30 添加形状动画效果

05 单击“预览”选项板中的“预览”按钮，预览动画效果，如图12-31所示。

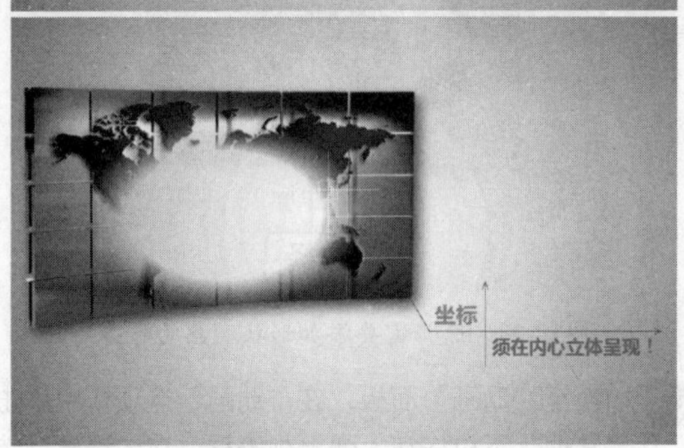

图12-31 预览动画效果

12.1.7 添加螺旋飞出动画效果

为幻灯片中的对象添加螺旋飞出动画效果，使得该对象在幻灯片放映时将呈螺旋形状逐渐飞出。下面向用户介绍添加螺旋飞出动画效果的操作方法。

➜素材文件	素材\第12章\远大胸怀.pptx
➜效果文件	效果\第12章\远大胸怀.pptx
➜难易程度	★★★☆☆

01 在PowerPoint 2013中，打开一个素材文件，如图12-32所示。

图12-32 打开一个素材文件

02 在编辑区中，选择需要添加螺旋飞出动画的对象，如图12-33所示。

图12-33 选择需要添加螺旋飞出动画的对象

03 切换至“动画”面板，在“动画”选项板中单击“其他”下拉按钮，弹出列表框，选择“更多退出效果”选项，如图12-34所示。

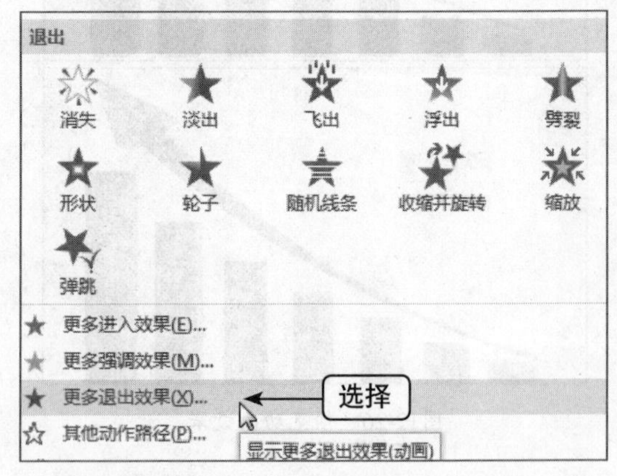

图12-34 选择“更多退出效果”选项

04 弹出“更多退出效果”对话框，在“华丽型”选项区中选择“螺旋飞出”选项，如图12-35所示。

图12-35　选择“螺旋飞出”选项

05 单击“确定”按钮，即可添加螺旋飞出动画效果。单击“预览”选项板中的“预览”按钮，即可预览动画效果，如图12-36所示。

图12-36　预览动画效果

12.2 编辑动画效果

当为对象添加动画效果之后，该对象就应用了默认的动画格式，这些动画格式主要包括动画开始运行的方式、变化方向、运行速度、延时方案及重复次数等属性。用户可以根据幻灯片内容设置相应属性。

12.2.1 修改动画效果

在PowerPoint 2013中，如果用户需要修改已设置的动画效果，可以在动画窗格中完成。下面向用户介绍修改动画效果的操作方法。

➜素材文件	素材\第12章\情绪智慧.pptx
➜效果文件	效果\第12章\情绪智慧.pptx
➜难易程度	★★★☆☆

01 在PowerPoint 2013中，打开一个素材文件，如图12-37所示。

02 在编辑区中，选择幻灯片中的图片，如图12-38所示。

03 切换至“动画”面板，在“高级动画”选项板中单击“动画窗格”按钮，如图12-39所示。

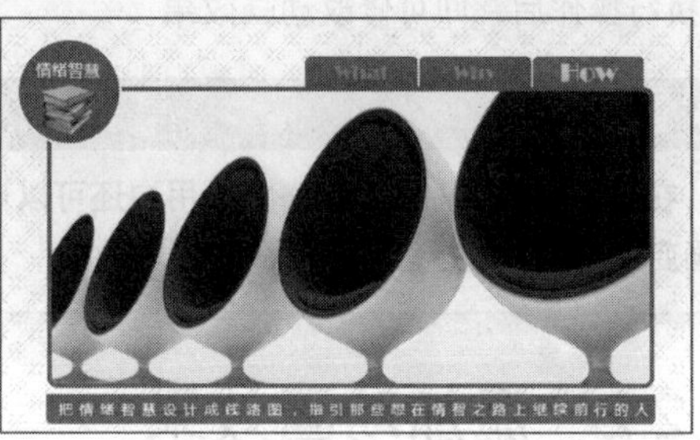

图12-37　打开一个素材文件

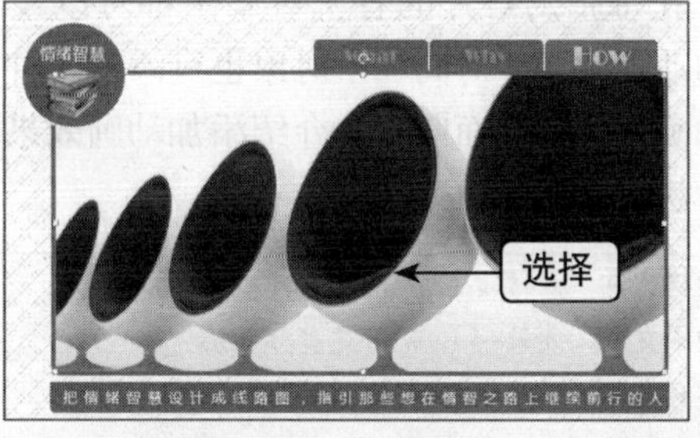

图12-38　选择图片

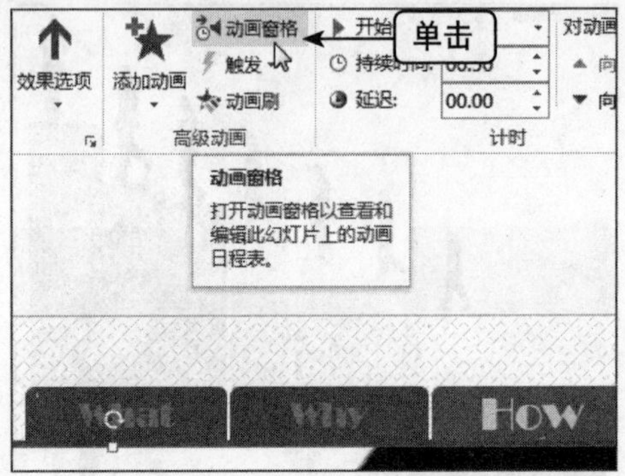

图12-39 单击"动画窗格"按钮

04 弹出"动画窗格"窗口，在下方的列表框中单击"图片2"右侧的下拉按钮，在弹出的列表框中选择"从上一项开始"选项，如图12-40所示。

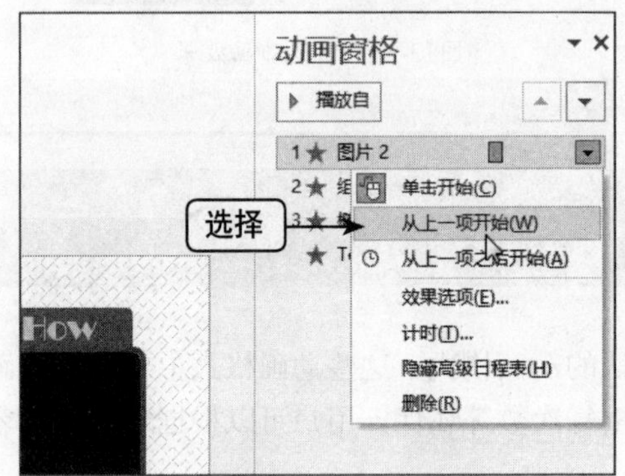

图12-40 选择"从上一项开始"选项

05 执行操作后，即可修改动画效果。

> **重点提醒**
>
> 在"动画窗格"任务窗格中，用户还可以设置动画变换方向、运行速度。

12.2.2 添加动画效果

在每张幻灯片的各个对象中都可以设置不同的动画效果，对同一个对象也可添加两种不同的动画效果。下面向用户介绍添加动画效果的操作方法。

➡素材文件	素材\第12章\清楚目标.pptx
➡效果文件	效果\第12章\清楚目标.pptx
➡视频文件	视频\第12章\添加动画效果.mp4
➡难易程度	★★★★☆

01 在PowerPoint 2013中，打开一个素材文件，如图12-41所示。

图12-41 打开一个素材文件

02 在编辑区中，选择需要添加动画效果的对象，如图12-42所示。

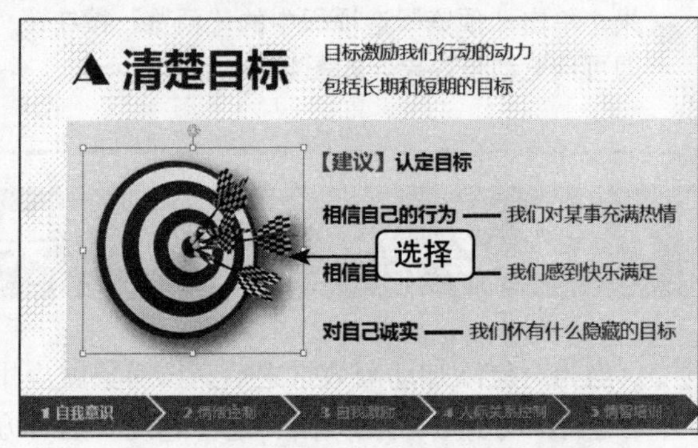

图12-42 选择需要添加动画效果的对象

03 切换至"动画"面板，单击"高级动画"选项板中的"添加动画"下拉按钮，如图12-43所示。

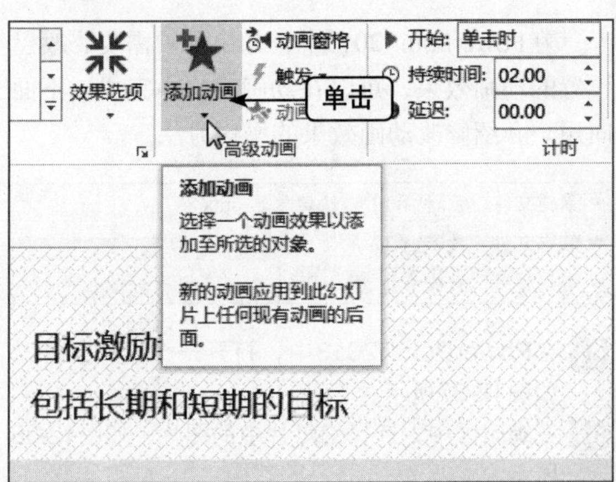

图12-43 单击"添加动画"下拉按钮

04 弹出列表框，选择"更多退出效果"选项，如图12-44所示。

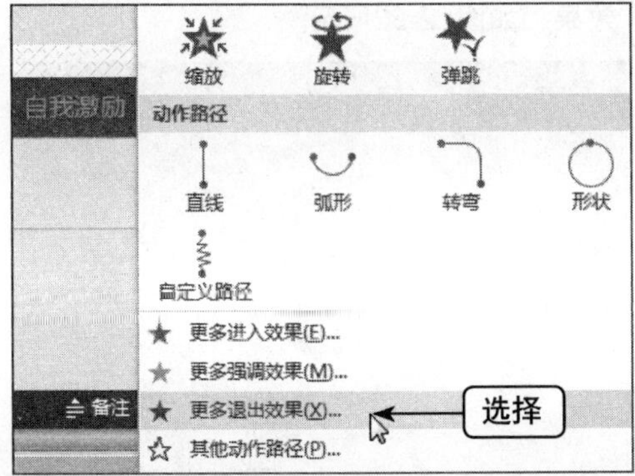

图12-44 选择“更多退出”选项

05 弹出“添加退出效果”对话框，在“基本型”选项区中选择“向外溶解”选项，如图12-45所示。

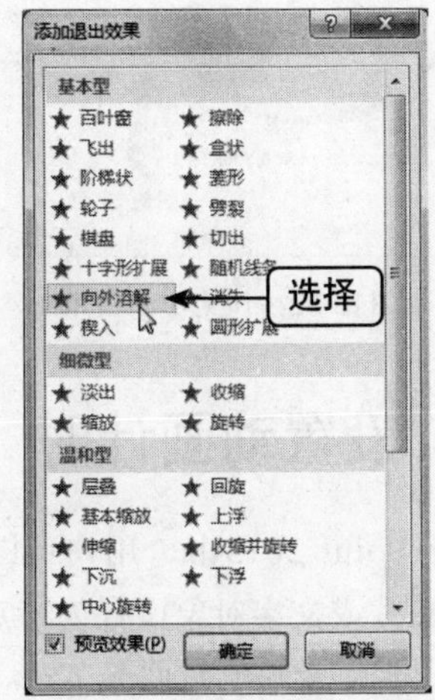

图12-45 选择“向外溶解”选项

06 单击“确定”按钮，即可再次为文本对象添加动画效果，如图12-46所示。

图12-46 添加动画效果

07 单击“预览”选项板中的“预览”按钮，即可按添加效果的顺序预览动画效果，如图12-47所示。

图12-47 预览动画效果

12.2.3 设置动画效果选项

在PowerPoint 2013中，动画效果可以按系列、类别或元素放映，用户可以对幻灯片中的内容进行设置。下面向用户介绍设置动画效果选项的操作方法。

➡ 素材文件	素材\第12章\风车图形.pptx
➡ 效果文件	效果\第12章\风车图形.pptx
➡ 难易程度	★★★☆☆

01 在PowerPoint 2013中，打开一个素材文件，如图12-48所示。

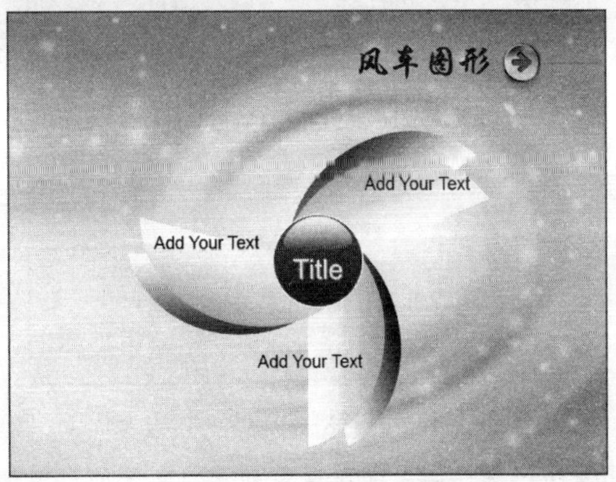

图12-48 打开一个素材文件

02 在编辑区中，选择相应的图形，如图12-49所示。

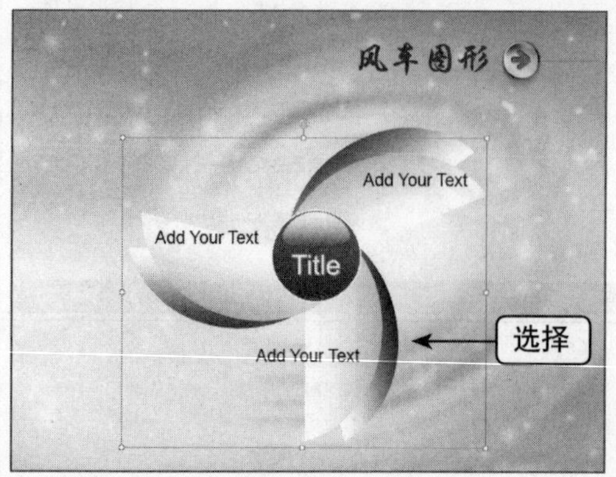

图12-49 选择相应图形

03 切换至“动画”面板，在“动画”选项板中单击“效果选项”下拉按钮，如图12-50所示。

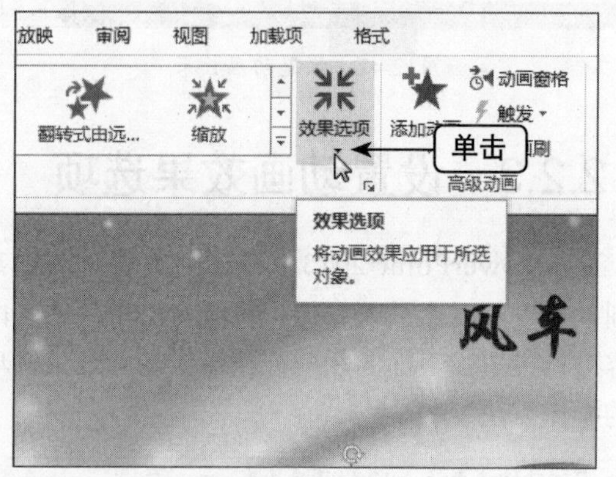

图12-50 单击“效果选项”下拉按钮

04 弹出列表框，在“形状”选项区中选择“菱形”选项，如图12-51所示。

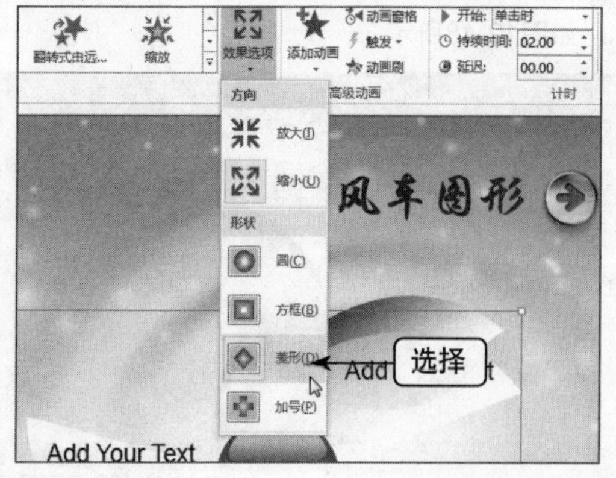

图12-51 选择“菱形”选项

05 执行操作后，即可设置动画效果选项。单击“预览”选项板中的“预览”按钮，预览动画效果，如图12-52所示。

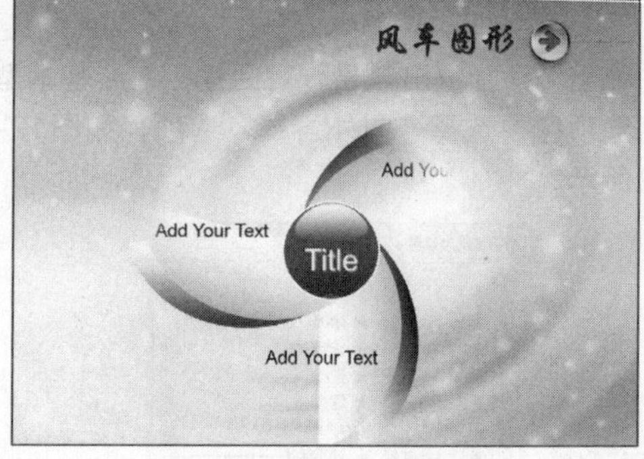

图12-52 预览动画效果

12.2.4 设置动画计时

在PowerPoint 2013中，用户可以将添加了动画效果的图片或文字对象设置为特定时间后播放，并且可以控制放映的时间长度。

➡素材文件	素材\第12章\世界地图.pptx
➡效果文件	效果\第12章\世界地图.pptx
➡难易程度	★★★★☆

01 在PowerPoint 2013中，打开一个素材文件，如图12-53所示。

图12-53 打开一个素材文件

02 在编辑区中，选择相应对象，如图12-54所示。

图12-54 选择相应对象

03 切换至“动画”面板，在“动画”选项板中单击“显示其他效果选项”按钮，如图12-55所示。

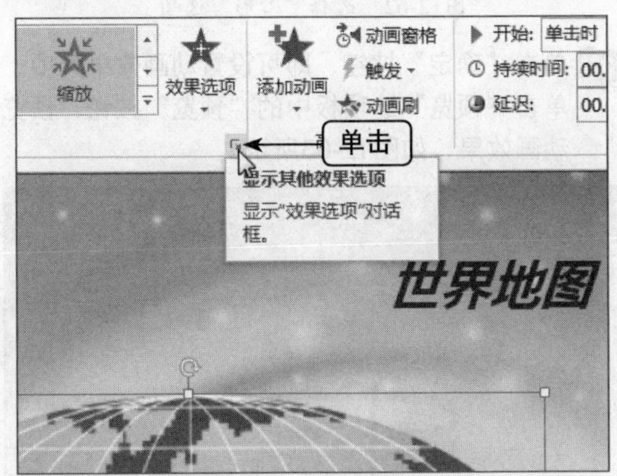

图12-55 单击“显示其他效果选项”按钮

04 执行操作后，弹出“缩放”对话框，如图12-56所示。

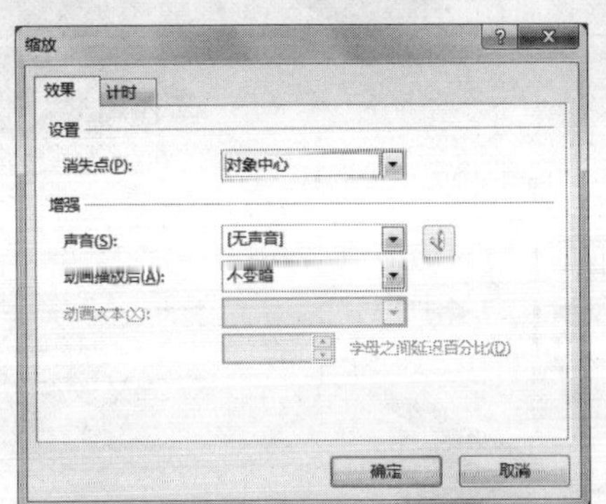

图12-56 弹出“缩放”对话框

05 切换至“计时”选项卡，设置“开始”为“上一动画之后”、“延迟”为2秒、“期间”为“慢速（3秒）”，如图12-57所示。

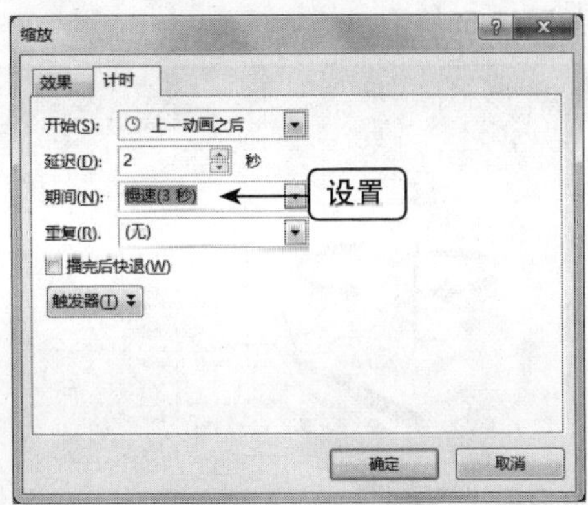

图12-57 设置各选项

06 单击“确定”按钮，即可设置动画效果选项。单击“预览”选项板中的“预览”按钮，预览动画效果，如图12-58所示。

图12-58 预览动画效果

> **重点提醒**
>
> 用户还可以在“缩放”对话框中的“效果”选项卡中设置相应选项。

12.2.5 添加动作路径动画

PowerPoint为用户提供了几种常用幻灯片对象的动画效果，除此之外用户还可以自定义较复杂的动画效果，使画面更生动。下面向用户添加动作路径动画的操作方法。

➡ 素材文件	素材\第12章\立体图形.pptx
➡ 效果文件	效果\第12章\立体图形.pptx
➡ 难易程度	★★★★☆

01 在PowerPoint 2013中，打开一个素材文件，如图12-59所示。

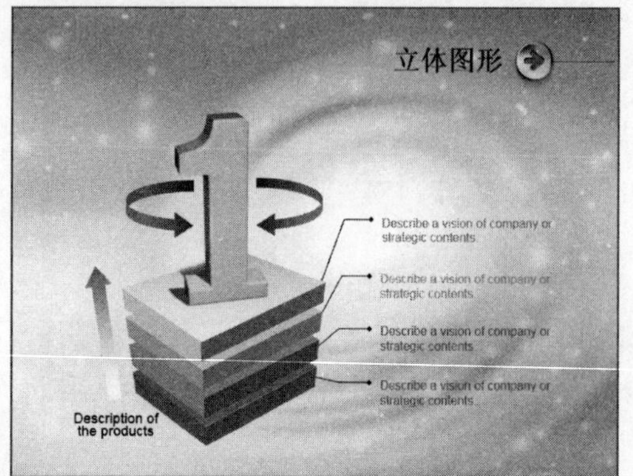

图12-59　打开一个素材文件

02 在编辑区中，选择需要绘制动画的对象，如图12-60所示。

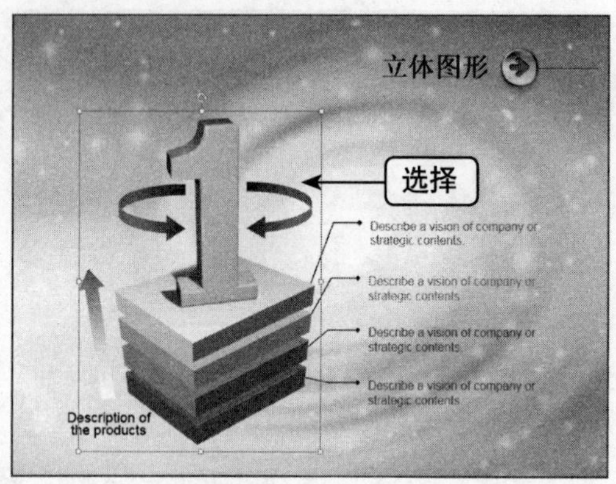

图12-60　选择相应对象

03 切换至“动画”面板，单击“动画”选项板中的“其他”下拉按钮，在弹出的列表框的“动作路径”选项区中选择“自定义路径”选项，如图12-61所示。

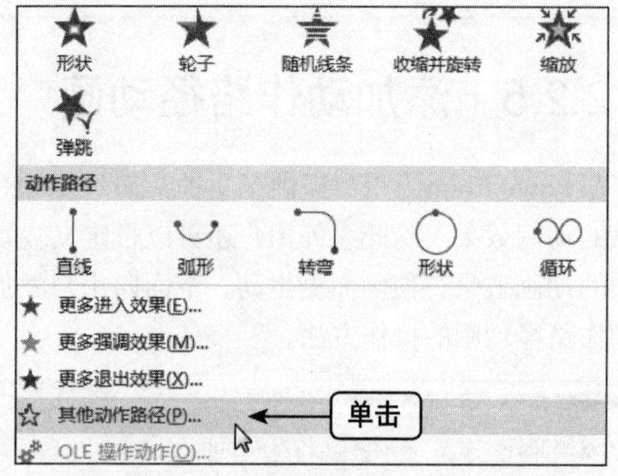

图12-61　单击“显示其他效果选项”按钮

04 弹出“更改动作路径”对话框，在“基本”选项区中选择“心形”选项，如图12-62所示。

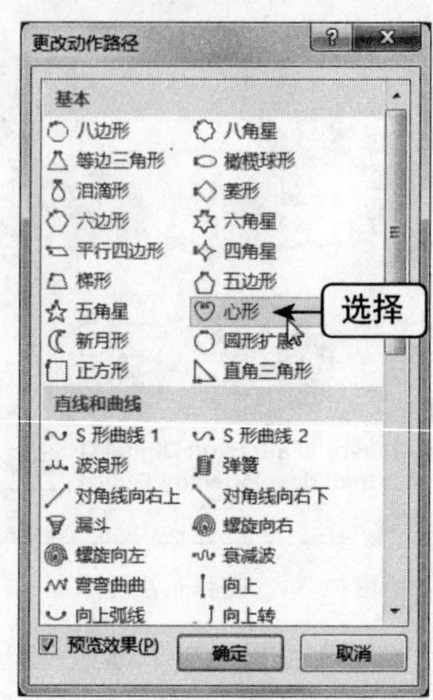

图12-62　选择“心形”选项

05 单击“确定”按钮，即可设置动画效果选项。单击“预览”选项板中的“预览”按钮，预览动画效果，如图12-63所示。

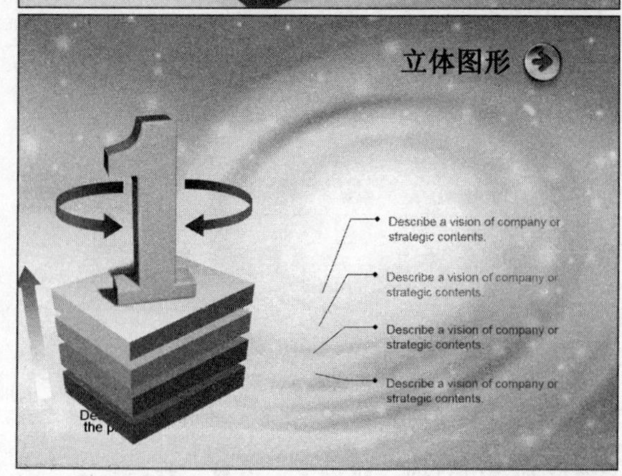

图12-63　预览动作路径动画

12.3 制作切换效果

在PowerPoint 2013中，用户可以为多张幻灯片设置动画切换效果。幻灯片中自带的切换效果主要包括“细微型”、“华丽型”和“动态内容”3大类型。

12.3.1 添加分割切换效果

幻灯片中的分割切换效果是将某张幻灯片以一个特定的分界线向特定的两个方向进行切割的动画效果。下面向用户介绍添加分割切换效果的操作方法。

➡素材文件	素材\第12章\金字塔.pptx
➡效果文件	效果\第12章\金字塔.pptx
➡视频文件	视频\第12章\添加分割切换效果.mp4
➡难易程度	★★★★☆

01 在PowerPoint 2013中，打开一个素材文件，如图12-64所示。

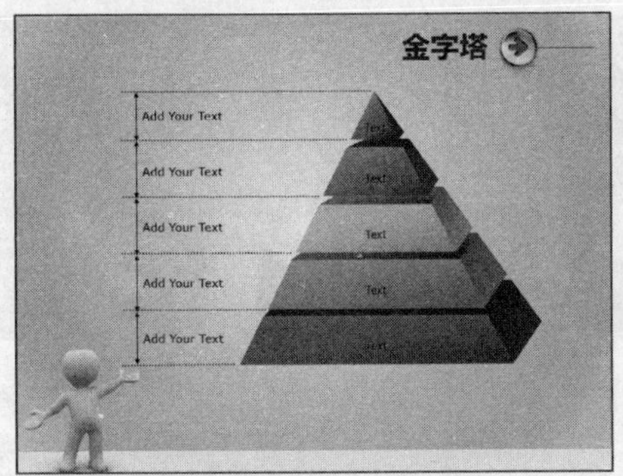

图12-64 打开一个素材文件

02 切换至“切换”面板，单击“切换到此幻灯片”选项板中的“其他”下拉按钮，如图12-65所示。

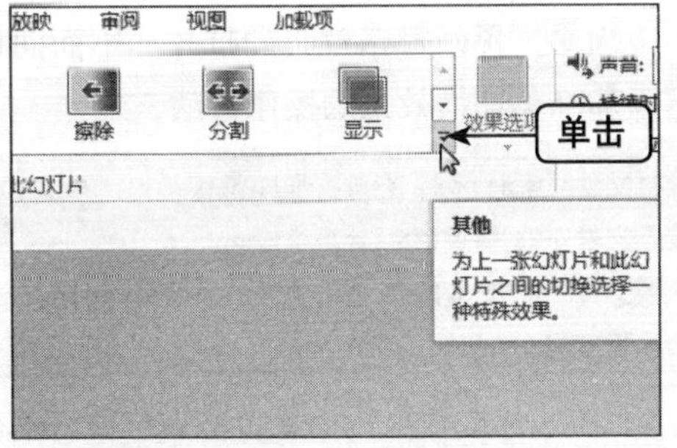

图12-65 单击“其他”下拉按钮

03 弹出列表框，在“细微型”选项区中选择“分割”选项，如图12-66所示。

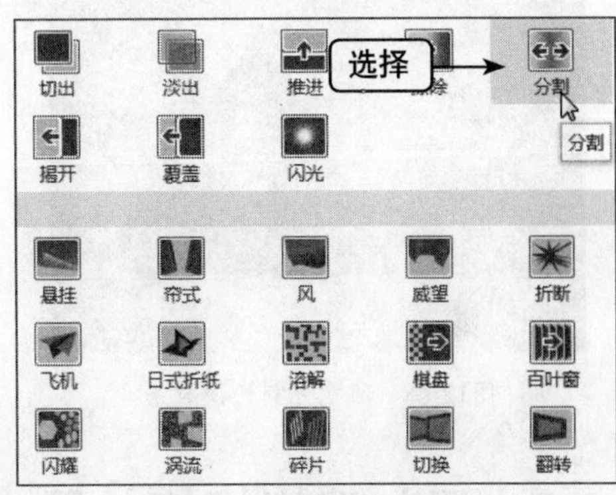

图12-66 选择“分割”选项

04 执行操作后，即可添加分割切换效果。在“预览”选项板中单击“预览”按钮，如图12-67所示。

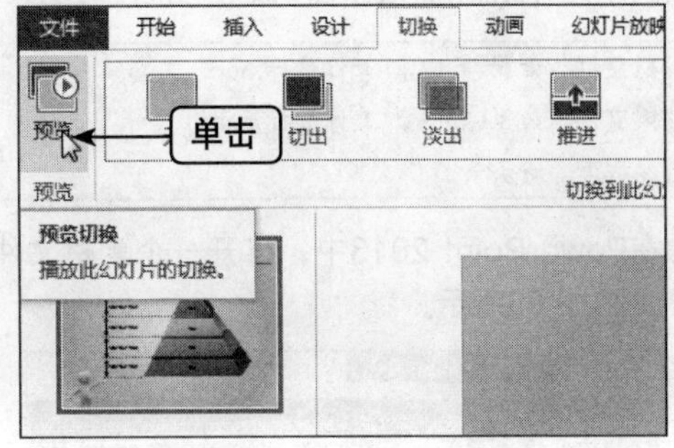

图12-67 单击“预览”按钮

05 执行操作后，即可预览分割切换效果，如图12-68所示。

重点提醒

在“细微型”选项区中，用户还可以将幻灯片的切换效果设置为“闪光”、“形状”、“揭开”以及“覆盖”等，每一种切换方式都有其独特的特征，用户可以根据制作课件的实际需要选择合适的细微型切换效果。

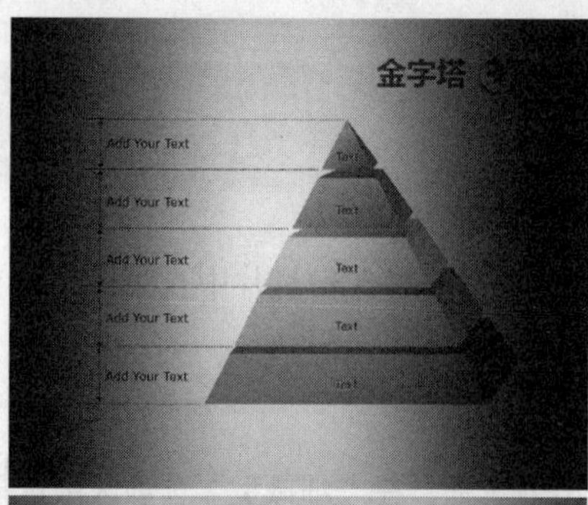

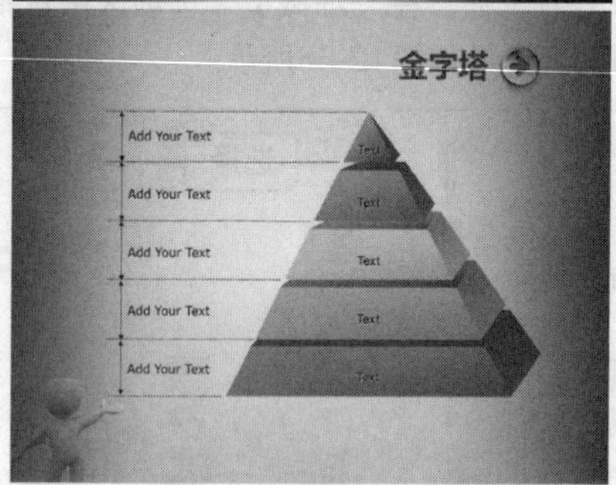

图12-68　预览分割切换效果

12.3.2　添加淡出切换效果

在PowerPoint 2013中，淡出切换是指被选择的幻灯片在放映模式下将会以平缓的形式显现出来。下面向用户介绍添加淡出切换效果的操作方法。

➡ 素材文件	素材\第12章\工作目标.pptx
➡ 效果文件	效果\第12章\工作目标.pptx
➡ 难易程度	★★★☆☆

01 在PowerPoint 2013中，打开一个素材文件，如图12-69所示。

图12-69　打开一个素材文件

02 切换至“切换”面板，在“切换到此幻灯片”选项板中单击“其他”下拉按钮，弹出列表框，在“细微型”选项区中选择“淡出”选项，如图12-70所示。

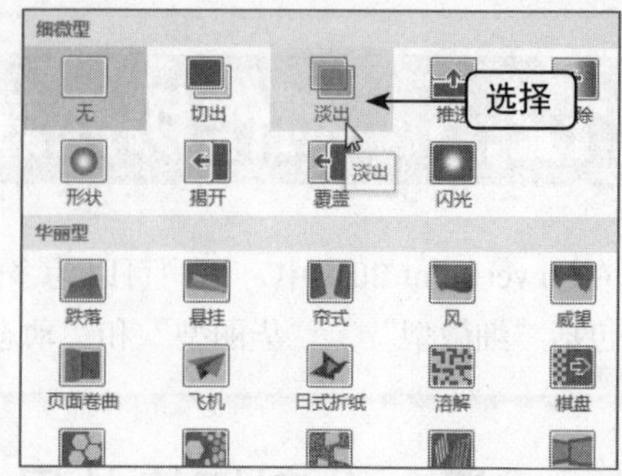

图12-70　选择“淡出”选项

03 执行操作后，即可添加淡出切换效果。在“预览”选项板中单击“预览”按钮，预览淡出切换效果，如图12-71所示。

图12-71　预览淡出切换效果

12.3.3　添加蜂巢切换效果

在PowerPoint 2013中，蜂巢切换效果是指运用该切换效果的幻灯片在放映时以小六边形的样式由少到多，逐渐显示整张幻灯片。下面向用户介绍添加蜂巢切换效果的操作方法。

➡ 素材文件	素材\第12章\新品推广.pptx
➡ 效果文件	效果\第12章\新品推广.pptx
➡ 视频文件	视频\第12章\添加蜂巢切换效果.mp4
➡ 难易程度	★★☆☆☆

01 在PowerPoint 2013中，打开一个素材文件，如图12-72所示。

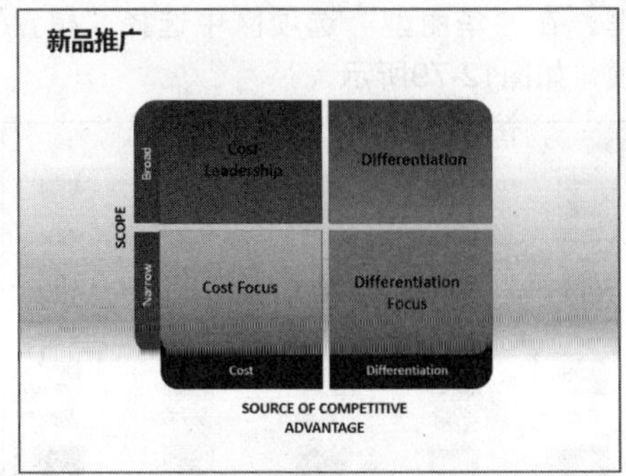

图12-72　打开一个素材文件

02 切换至“切换”面板，单击“切换到此幻灯片”选项板中的“其他”下拉按钮，弹出列表框，在“华丽型”选项区中选择“蜂巢”选项，如图12-73所示。

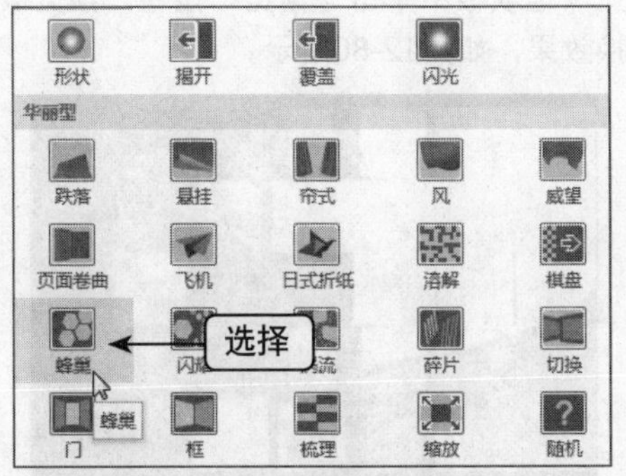

图12-73　选择“蜂巢”选项

03 执行操作后，即可添加蜂巢切换效果。在“预览”选项板中单击“预览”按钮，预览蜂巢切换效果，如图12-74所示。

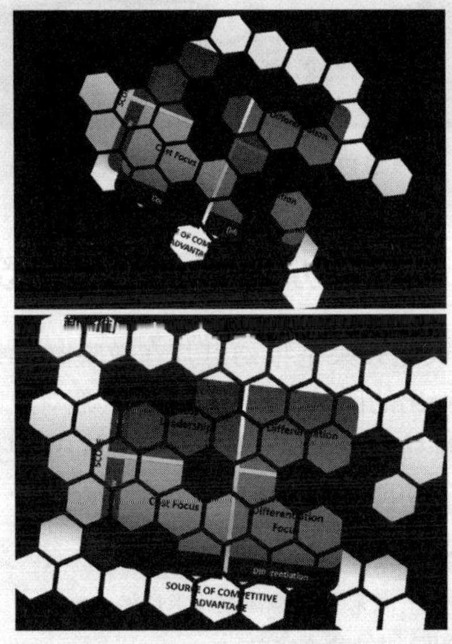

图12-74　预览蜂巢切换效果

重点提醒

演示文稿中的幻灯片也可运用同一种切换方式。用户可单击“计时”选项板中的“全部应用”按钮，即可将所有幻灯片都应用同一种切换方式。

12.3.4　添加涟漪切换效果

在PowerPoint 2013中，涟漪切换特效可以让幻灯片在放映时，以水波流动的形式显示出来。下面向用户介绍添加涟漪切换效果的操作方法。

➡ 素材文件	素材\第12章\室内设计.pptx
➡ 效果文件	效果\第12章\室内设计.pptx
➡ 难易程度	★★★☆☆

01 在PowerPoint 2013中，打开一个素材文件，如图12-75所示。

图12-75　打开一个素材文件

02 切换至“切换”面板，单击“切换到此幻灯片”选项板中的“其他”下拉按钮，弹出列表框，在“华丽型”选项区中选择“涟漪”选项，如图12-76所示。

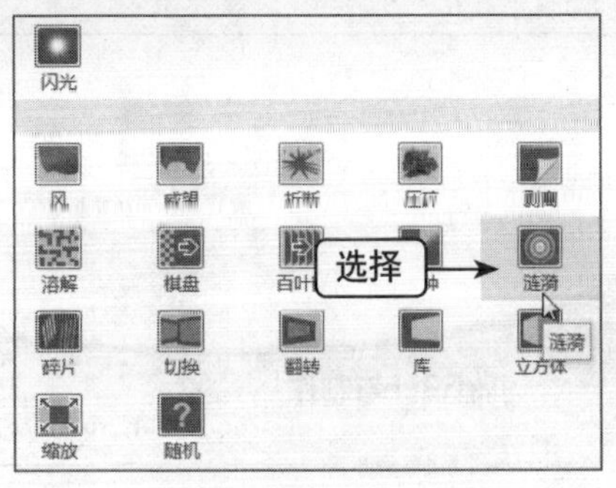

图12-76　选择“涟漪”选项

03 执行操作后，即可添加涟漪切换效果。在“预览”选项板中单击“预览”按钮，预览涟漪切换效果，如图12-77所示。

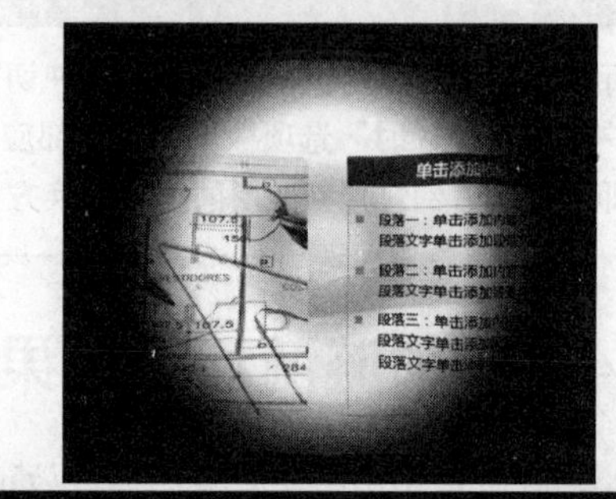

图12-77 预览涟漪切换效果

12.3.5 添加棋盘切换效果

在PowerPoint 2013中，棋盘切换效果分别是将幻灯片从左至右，或者从上至下进行棋盘样式的切换。下面向用户介绍添加棋盘切换效果的操作方法。

➡素材文件	素材\第12章\机械设计与制作.pptx
➡效果文件	效果\第12章\机械设计与制作.pptx
➡难易程度	★★★☆☆

01 在PowerPoint 2013中，打开一个素材文件，如图12-78所示。

图12-78 打开一个素材文件

02 切换至"切换"面板，单击"切换到此幻灯片"选项板中的"其他"下拉按钮，弹出列表框，在"华丽型"选项区中选择"棋盘"选项，如图12-79所示。

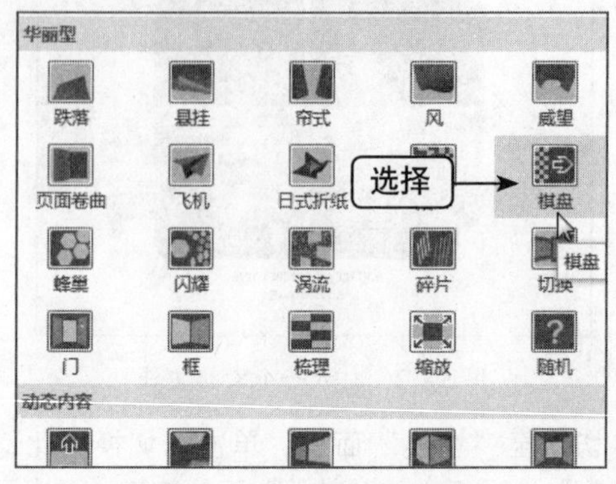

图12-79 选择"棋盘"选项

03 执行操作后，即可添加棋盘切换效果。在"预览"选项板中单击"预览"按钮，预览棋盘切换效果，如图12-80所示。

图12-80 预览棋盘切换效果

12.3.6 添加摩天轮切换效果

摩天轮效果是指幻灯片在放映时，整张幻灯片在淡出的同时，幻灯片中的其他对象则是以摩天轮旋转的方式显示出来。下面向用户介绍添加摩天轮切换效果的操作方法。

➡素材文件	素材\第12章\职场成长阶梯.pptx
➡效果文件	效果\第12章\职场成长阶梯.pptx
➡难易程度	★★★☆☆

01 在PowerPoint 2013中，打开一个素材文件，如图12-81所示。

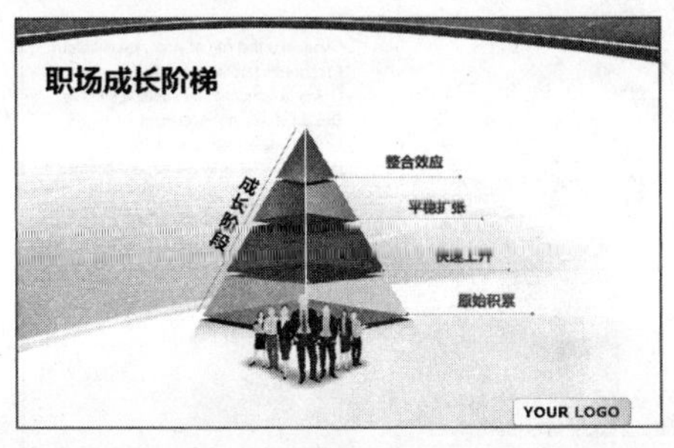

图12-81 打开一个素材文件

02 切换至“切换”面板，单击“切换到此幻灯片”选项板中的“其他”下拉按钮，弹出列表框，在“动态内容”选项区中选择“摩天轮”选项，如图12-82所示。

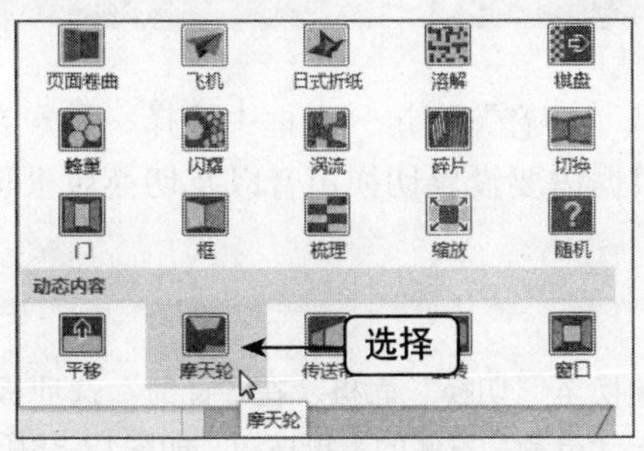

图12-82 选择“摩天轮”选项

03 执行操作后，即可添加摩天轮切换效果。在“预览”选项板中单击“预览”按钮，预览摩天轮切换效果，如图12-83所示。

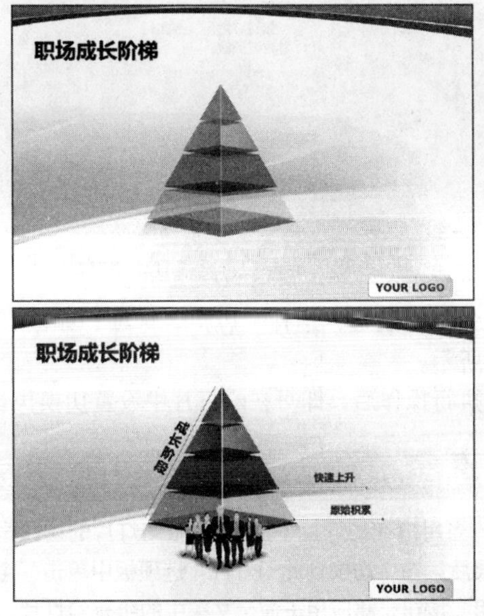

图12-83 预览摩天轮切换效果

12.3.7 添加平移切换效果

平移切换效果是指应用该切换效果的幻灯片在进行放映时，整张幻灯片在淡出的同时，其他内容则以向上迅速移动的形式显示整张幻灯片。下面向用户介绍添加平移切换效果的操作方法。

➡ 素材文件	素材\第12章\目标递进.pptx
➡ 效果文件	效果\第12章\目标递进.pptx
➡ 难易程度	★★★☆☆

01 在PowerPoint 2013中，打开一个素材文件，如图12-84所示。

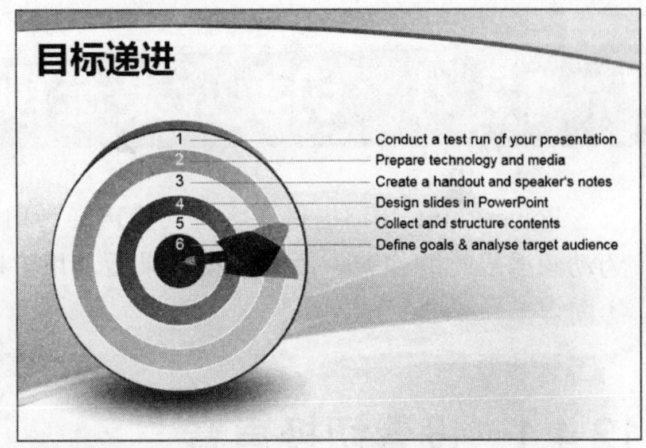

图12-84 打开一个素材文件

02 切换至“切换”面板，单击“切换到此幻灯片”选项板中的“其他”下拉按钮，弹出列表框，在“动态内容”选项区中选择“平移”选项，如图12-85所示。

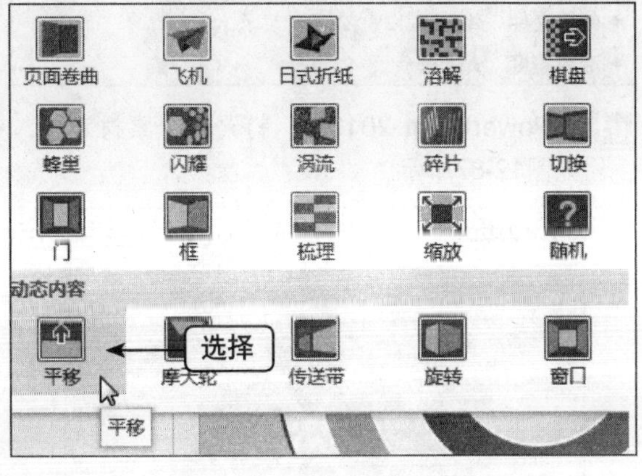

图12-85 选择“平移”选项

03 执行操作后，即可添加平移切换效果。在“预览”选项板中单击“预览”按钮，预览平移切换效果，如图12-86所示。

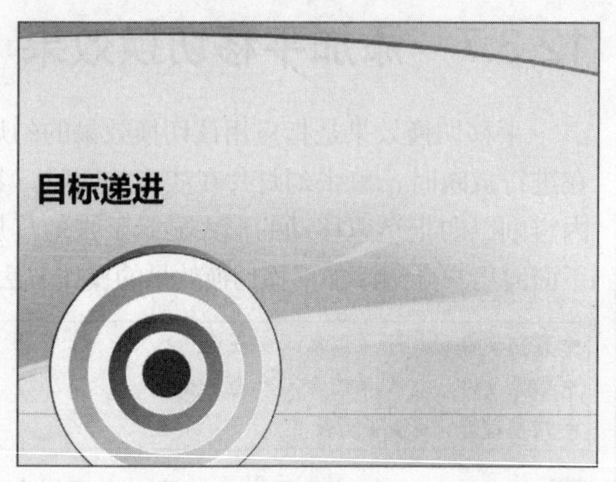

图12-86　预览平移切换效果

12.4 切换效果选项设置

PowerPoint 2013提供了多种切换声音，用户可以从“声音”下拉列表框中选择一种声音作为动画播放时的伴音。添加切换效果后，用户还可以根据需要设置切换声音以及切换效果选项等内容。

12.4.1 设置切换声音

用户可以根据制作课件的实际需要，选择合适的切换声音。下面向用户介绍设置切换声音的操作方法。

➡ 素材文件	素材\第12章\公司的发展.pptx
➡ 效果文件	效果\第12章\公司的发展.pptx
➡ 难易程度	★★★☆☆

01 在PowerPoint 2013中，打开一个素材文件，如图12-87所示。

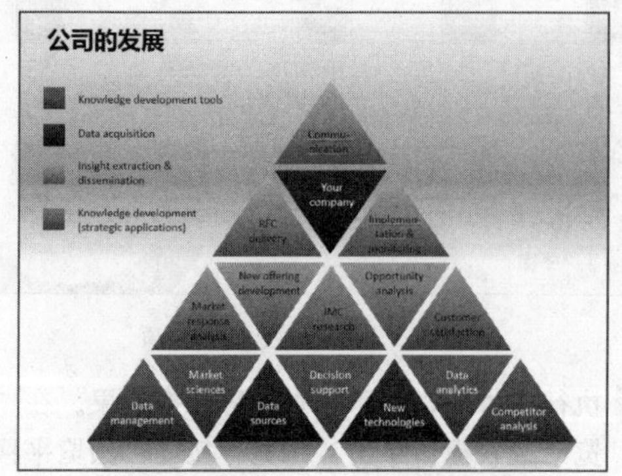

图12-87　打开一个素材文件

02 切换至“切换”面板，在“计时”选项板中单击“声音”右侧的下拉按钮，如图12-88所示。

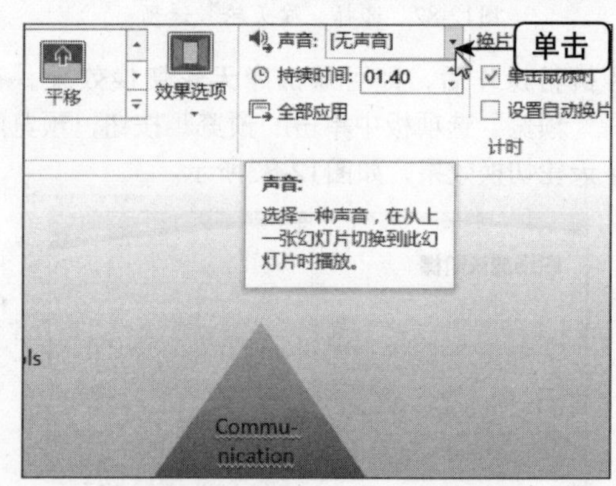

图12-88　单击“声音”下拉按钮

03 弹出列表框，选择“风声”选项，如图12-89所示。

04 执行操作后，即可在幻灯片中设置切换声音。

重点提醒

当用户在幻灯片中设置第1张幻灯片的切换声音效果后，在“切换到此幻灯片”选项板中单击“全部应用”按钮，将应用于演示文稿中的所有幻灯片。

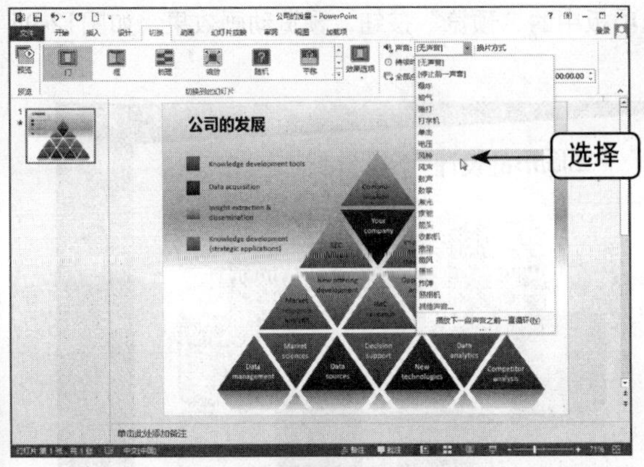

图12-89 选择“风声”选项

12.4.2 设置切换效果选项

在PowerPoint 2013中添加相应的切换效果后，用户可以在“效果选项”列表框中选择合适的切换方向。

➡ 素材文件	素材\第12章\七色图形的设计.pptx
➡ 效果文件	效果\第12章\七色图形的设计.pptx
➡ 视频文件	视频\第12章\设置切换效果选项.mp4
➡ 难易程度	★★★☆☆

01 在PowerPoint 2013中，打开一个素材文件，如图12-90所示。

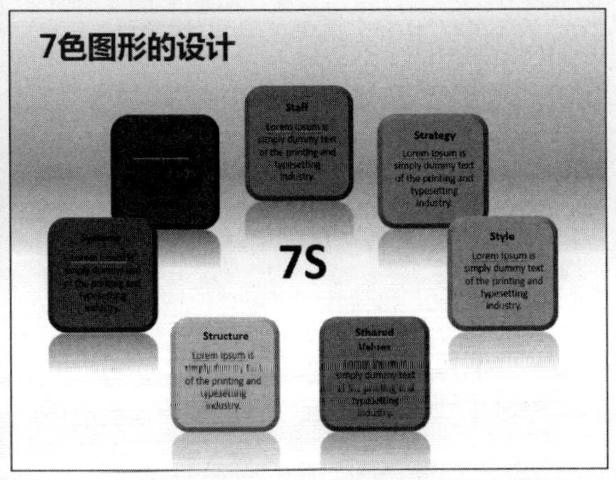

图12-90 打开一个素材文件

02 切换至“切换”面板，单击“切换到此幻灯片”选项板中的“其他”下拉按钮，弹出列表框，在“华丽型”选项区中选择“库”选项，如图12-91所示。

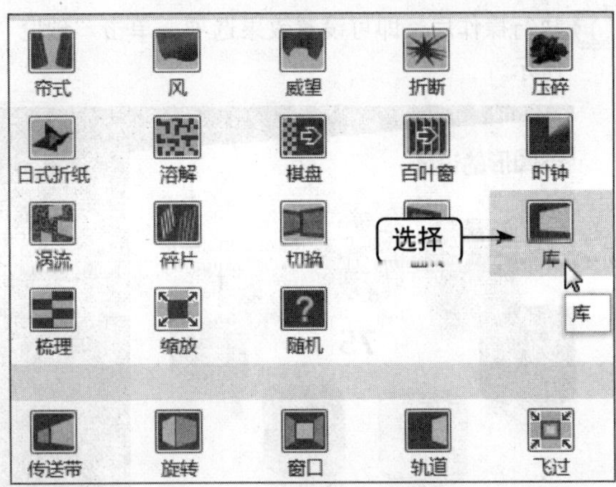

图12-91 选择“库”选项

03 执行操作后，即可添加切换效果。单击“切换到此幻灯片”选项板中的“效果选项”按钮，如图12-92所示。

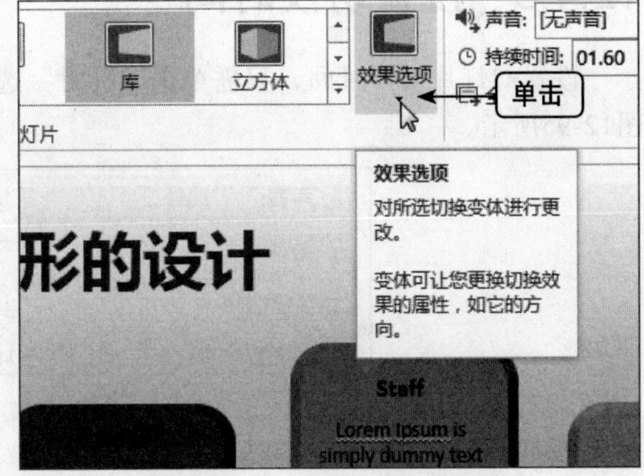

图12-92 单击“效果选项”按钮

04 弹出列表框，选择“自左侧”选项，如图12-93所示。

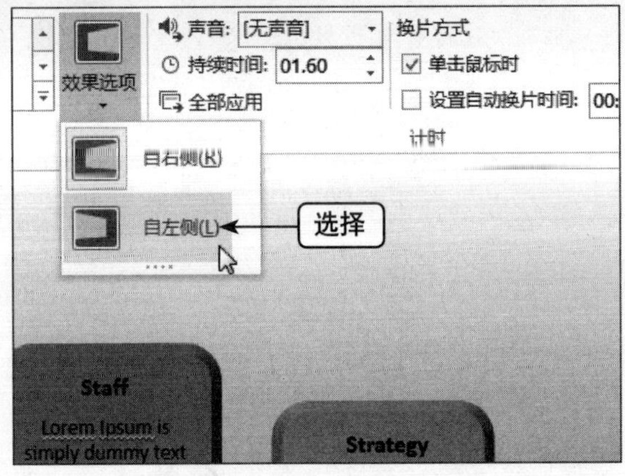

图12-93 选择“自左侧”选项

05 执行操作后，即可设置效果选项。单击“预览”选项板中的“预览”按钮，预览动画效果，如图12-94所示。

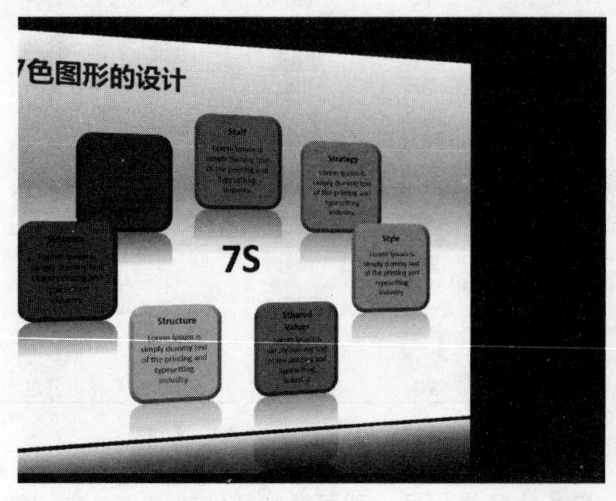

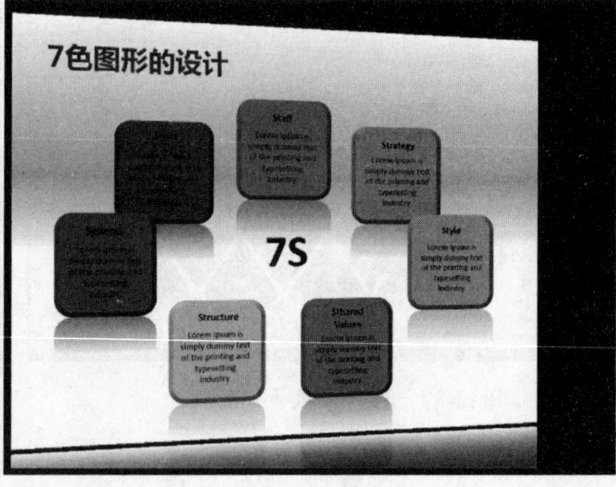

图12-94 预览动画效果

12.4.3 设置切换时间

设置幻灯片切换时间，只需单击“计时”选项板中的“持续时间”右侧的三角按钮即可，如图12-95所示。

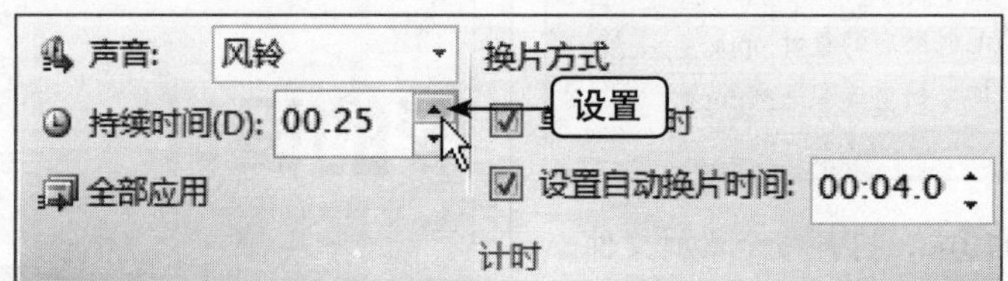

图12-95 设置幻灯片切换时间

幻灯片的放映方式

学习提示

PowerPoint 2013中提供了多种放映和控制幻灯片的方法，用户可以选择最为理想的放映速度与放映方式，使幻灯片在放映时结构清晰、流畅。本章主要向用户介绍设置幻灯片放映、幻灯片放映方式以及放映过程中的控制等内容。

主要内容

- 从头开始放映
- 从当前幻灯片开始放映
- 演讲者放映
- 观众自行浏览
- 录制旁白
- 排练计时

重点与难点

- 自定义幻灯片放映
- 在展台浏览放映
- 显示演示者视图

学完本章后你会做什么

- 掌握从头开始放映、从当前幻灯片开始放映的操作方法
- 掌握演讲者放映、观众自行浏览以及隐藏和显示幻灯片的操作方法
- 掌握录制旁白、排练计时的操作方法

视频文件

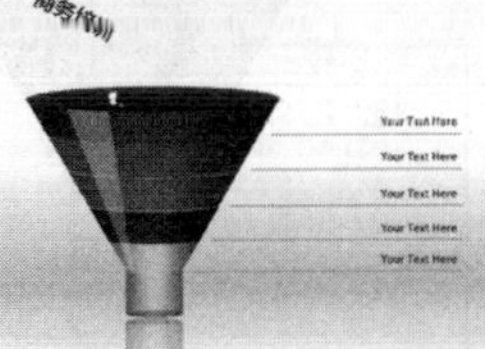

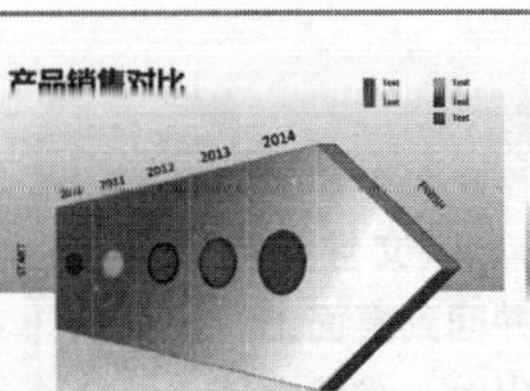

13.1 设置幻灯片放映

在PowerPoint中启动幻灯片放映就是打开要放映的演示文稿，在“幻灯片放映”面板中执行操作来启动幻灯片的放映。启动放映的方法有从头开始放映幻灯片、从当前幻灯片开始播放和自定义幻灯片放映3种。

13.1.1 从头开始放映

如果希望在演示文稿中从第1张开始依次进行放映，可以按【F5】键或单击“开始放映幻灯片”选项板中的“从头开始”按钮。

➡素材文件	素材\第13章\商务培训.pptx
➡视频文件	视频\第13章\从头开始放映.mp4
➡难易程度	★★☆☆☆

01 在PowerPoint 2013中，打开一个素材文件，如图13-1所示。

图13-1 打开一个素材文件

02 切换至“幻灯片放映”面板，单击“开始放映幻灯片”选项板中的“从头开始”按钮，如图13-2所示。

03 执行操作后，即可从头开始放映幻灯片，如图13-3所示。

重点提醒

如果是从桌面上打开的放映文件，放映退出时，PowerPoint会自动关闭并回到桌面上；如果从PowerPoint中启动，放映退出时，演示文稿仍然会保持打开状态，并可以进行编辑。

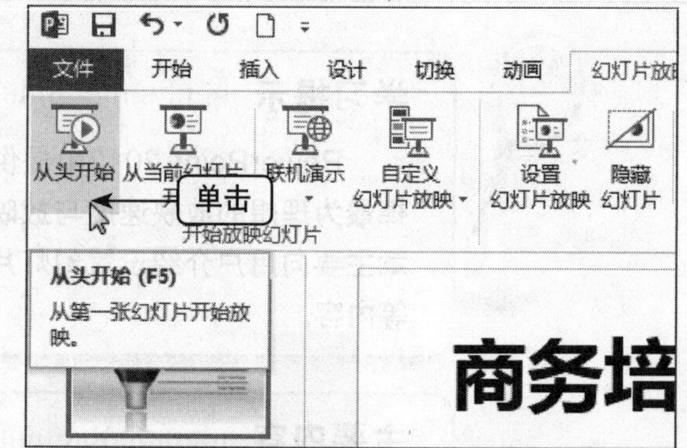

图13-2 单击“从头开始”按钮

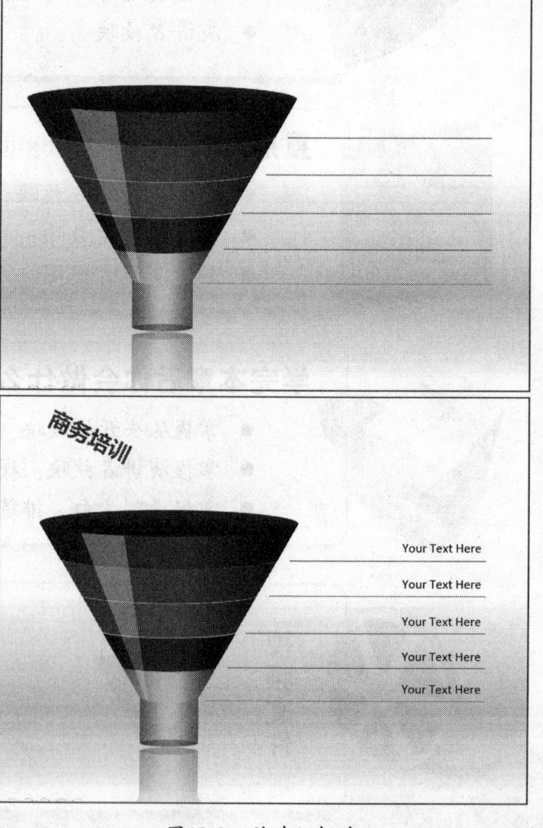

图13-3 放映幻灯片

13.1.2 从当前幻灯片开始放映

如果用户需要从当前选择的幻灯片处开始放映，可以按【Shift＋F5】组合键，或单击“开始放映幻灯片”选项板中的“从当前幻灯片开始”按钮。

➡素材文件	素材\第13章\圆环图形.pptx
➡效果文件	效果\第13章\圆环图形.pptx
➡难易程度	★★★☆☆

01 在PowerPoint 2013中，打开一个素材文件，如图13-4所示。

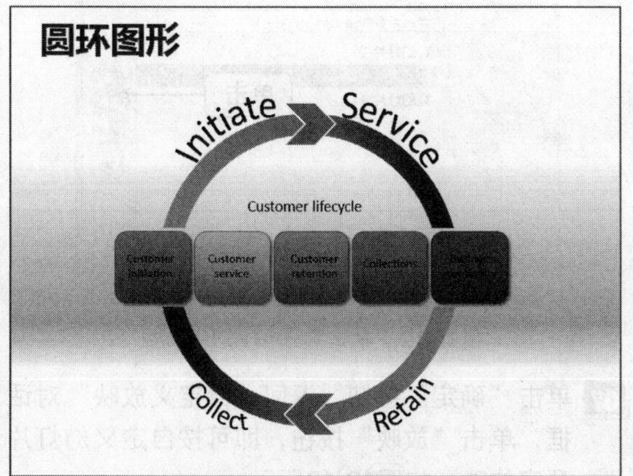

图13-4　打开一个素材文件

02 进入第2张幻灯片，切换至“幻灯片放映”面板，单击“开始放映幻灯片”选项板中的“从当前幻灯片开始”按钮，如图13-5所示。

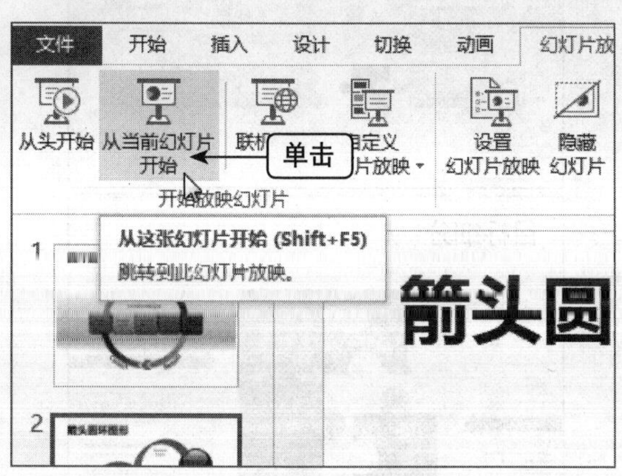

图13-5　单击“从当前幻灯片开始”按钮

03 执行操作后，即可从当前幻灯片处开始放映，如图13-6所示。

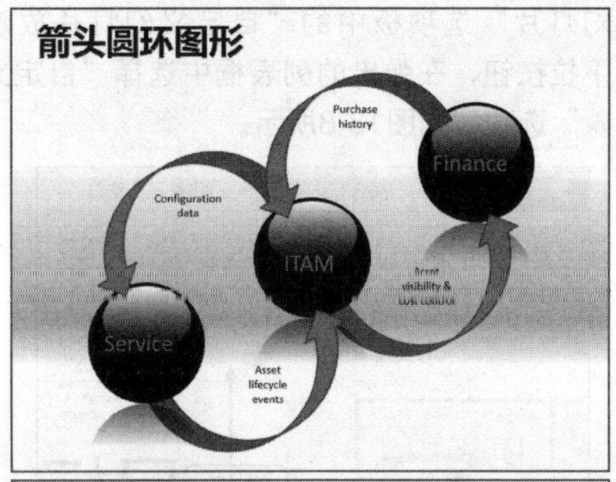

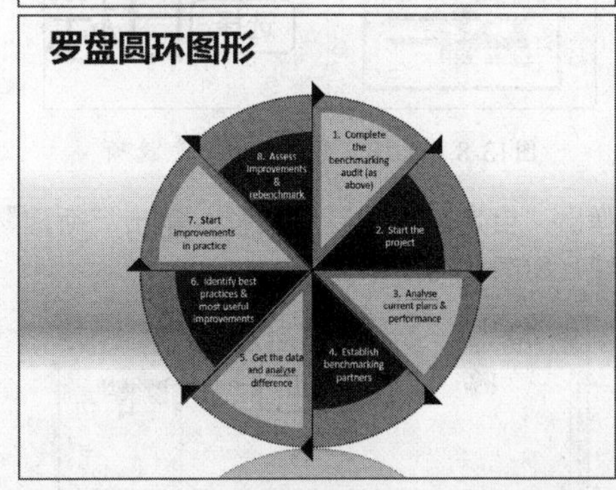

图13-6　从当前幻灯片处开始放映

13.1.3 自定义幻灯片放映

自定义幻灯片放映是按设定的顺序播放，而不会按顺序依次放映每一种幻灯片。用户可在“定义自定义放映”对话框中设置幻灯片的放映顺序。

➡素材文件	素材\第13章\目标定位.pptx
➡效果文件	效果\第13章\目标定位.pptx
➡难易程度	★★★★☆

01 在PowerPoint 2013中，打开一个素材文件，如图13-7所示。

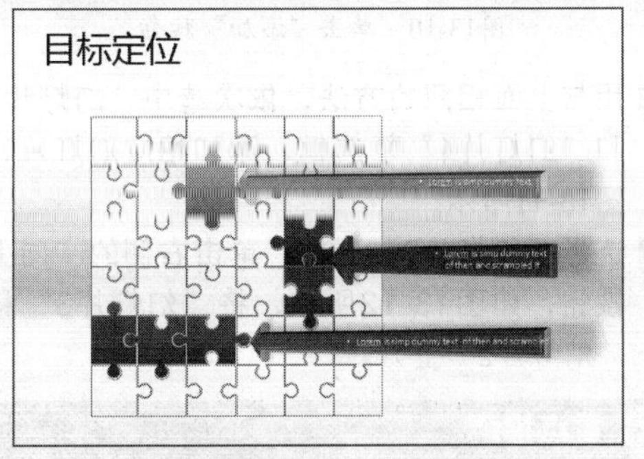

图13-7　打开一个素材文件

02 切换至“幻灯片放映”面板，单击“开始放映幻灯片”选项板中的“自定义幻灯片放映”下拉按钮，在弹出的列表框中选择“自定义放映”选项，如图13-8所示。

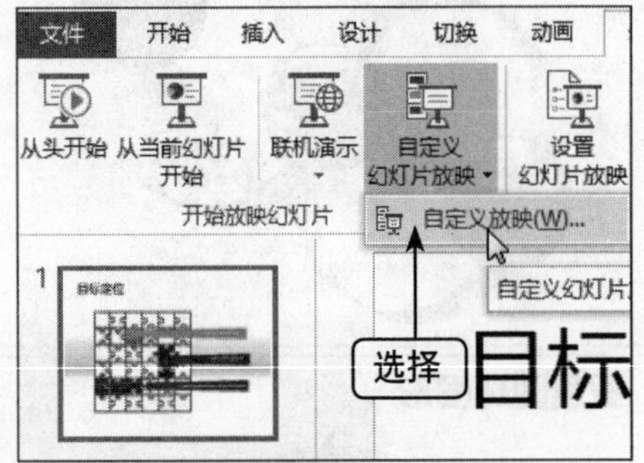

图13-8 选择“自定义放映”选项

03 弹出“自定义放映”对话框，单击“新建”按钮，如图13-9所示。

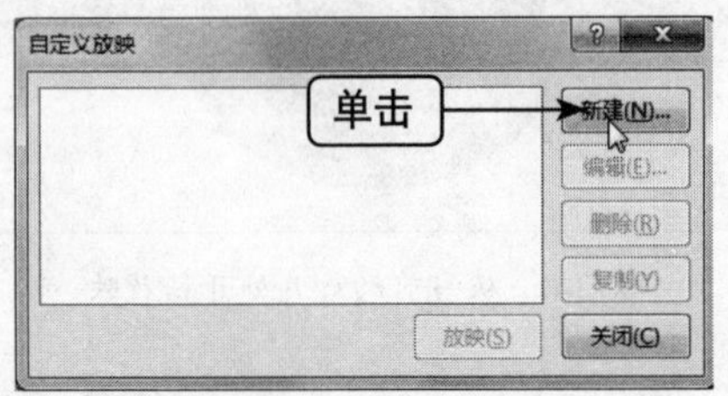

图13-9 单击“新建”按钮

04 弹出“定义自定义放映”对话框，在“在演示文稿中的幻灯片”列表框中选中“幻灯片2”复选框，单击“添加”按钮，如图13-10所示。

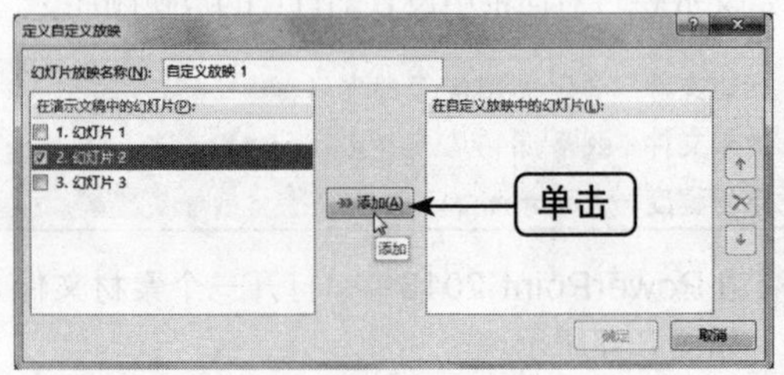

图13-10 单击“添加”按钮

05 用与上面相同的方法，依次选中“幻灯片3”和“幻灯片1”复选框，添加相应幻灯片，如图13-11所示。

06 选择“幻灯片3”选项，单击右侧的“向上”按钮，如图13-12所示，将“幻灯片3”移至“幻灯片2”上方。

重点提醒

如果用户需要将添加的幻灯片向后调整位置，则可以单击“向下”按钮，进行调整。

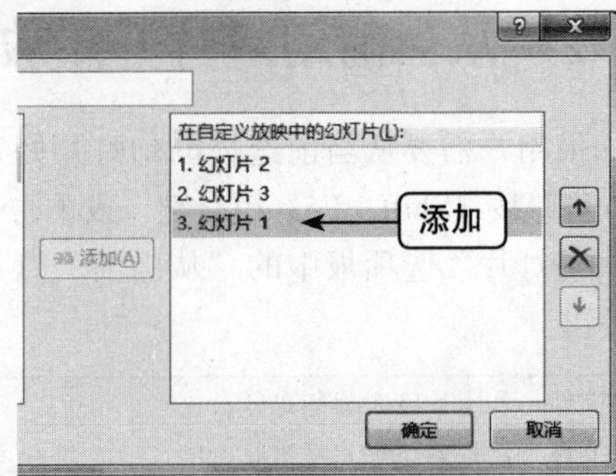

图13-11 添加相应幻灯片

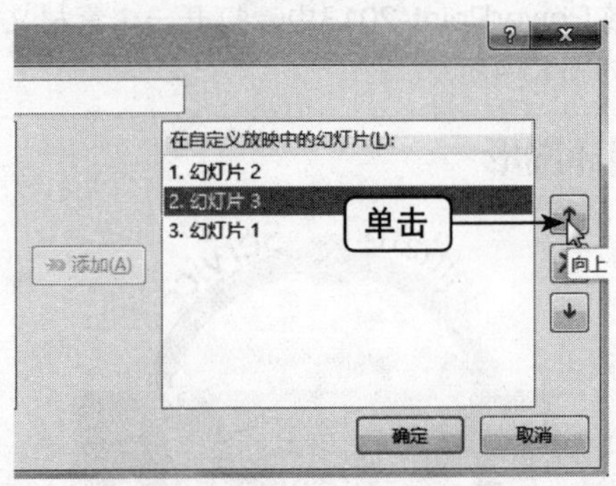

图13-12 单击右侧的向上按钮

07 单击“确定”按钮，返回“自定义放映”对话框，单击“放映”按钮，即可按自定义幻灯片顺序放映，如图13-13所示。

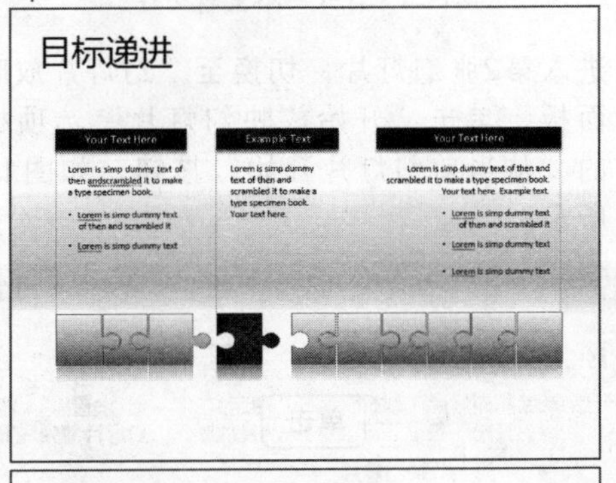

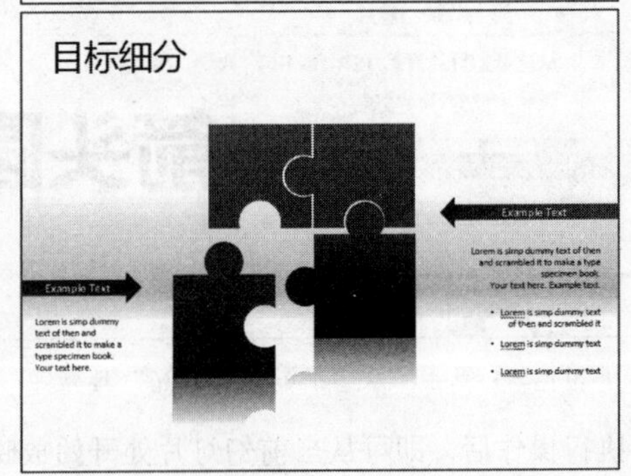

图13-13 按自定义幻灯片顺序放映

13.2 幻灯片放映方式

PowerPoint 提供了多种演示文稿的放映方式，最常用的是幻灯片页面的演示控制。制作好演示文稿后，需要查看制作好的成果，或让观众欣赏制作出的演示文稿，此时可以通过幻灯片放映来观看幻灯片的总体效果。

13.2.1 演讲者放映

演讲者放映方式可全屏显示幻灯片，在演讲者自行播放时，演讲都具有完整的控制权，可采用人工或自动方式放映，也可以将演示文稿暂停，添加更多的细节或修改错误。

➡素材文件	素材\第13章\职场中的立方体.pptx
➡视频文件	视频\第13章\演讲者放映.mp4
➡难易程度	★★★☆☆

01 在PowerPoint 2013中，打开一个素材文件，如图13-14所示。

图13-14 打开一个素材文件

02 切换至“幻灯片放映”面板，单击“设置”选项板中的“设置幻灯片放映”按钮，如图13-15所示。

03 弹出“设置放映方式”对话框，在“放映类型”选项区中选中“演讲者放映（全屏幕）”单选按钮，如图13-16所示。

04 单击“确定”按钮，在“开始放映幻灯片”选项板中单击“从头开始”按钮，如图13-17所示。

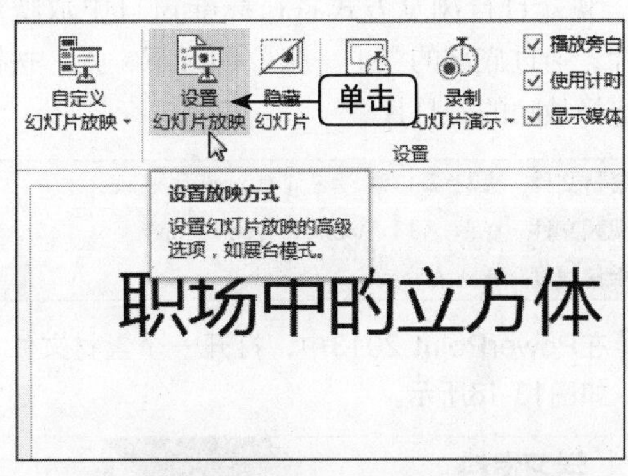

图13-15 单击“设置幻灯片放映”按钮

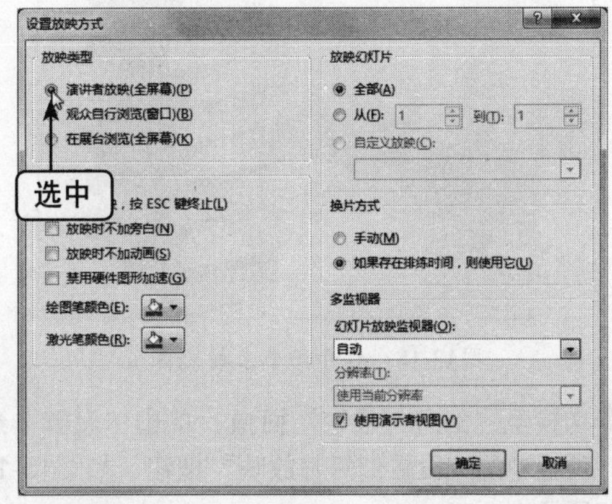

图13-16 选中“演讲者放映（全屏幕）”单选按钮

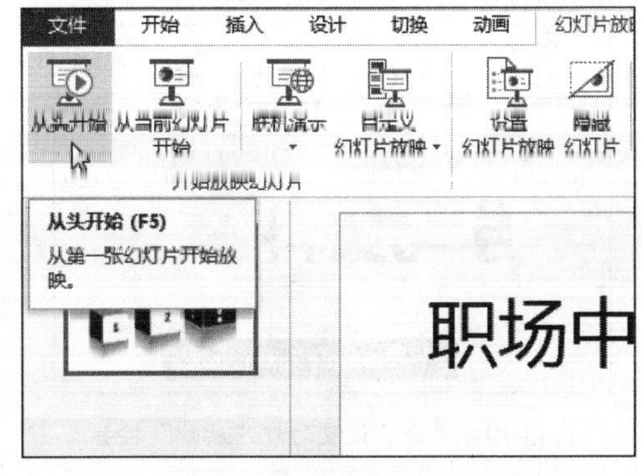

图13-17 单击“从头开始”按钮

05 执行操作后，即可开始放映幻灯片。

重点提醒

选中“演讲者放映（全屏幕）”单选按钮，可以全屏显示幻灯片，演讲者完全掌握幻灯片放映。

13.2.2 观众自行浏览

观众自行浏览方式将在标准窗口中放映幻灯片。通过底部的“上一张”和“下一张”按钮可选择放映的幻灯片。

素材文件	素材\第13章\学习资料.pptx
视频文件	视频\第13章\观众自行浏览.mp4
难易程度	★★★☆☆

01 在PowerPoint 2013中，打开一个素材文件，如图13-18所示。

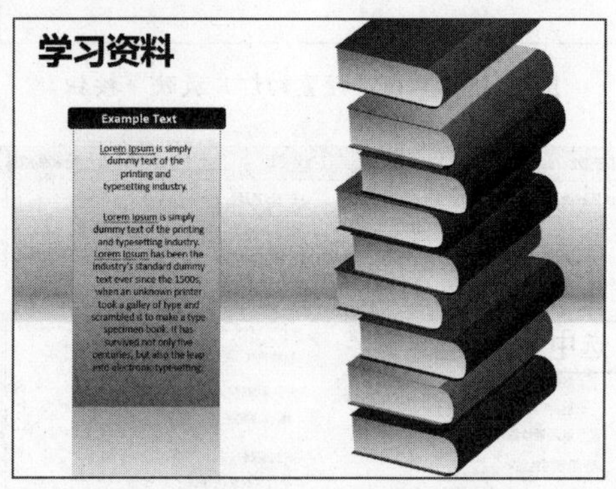

图13-18 打开一个素材文件

02 切换至“幻灯片放映”面板，单击“设置”选项板中的“设置幻灯片放映”按钮，如图13-19所示。

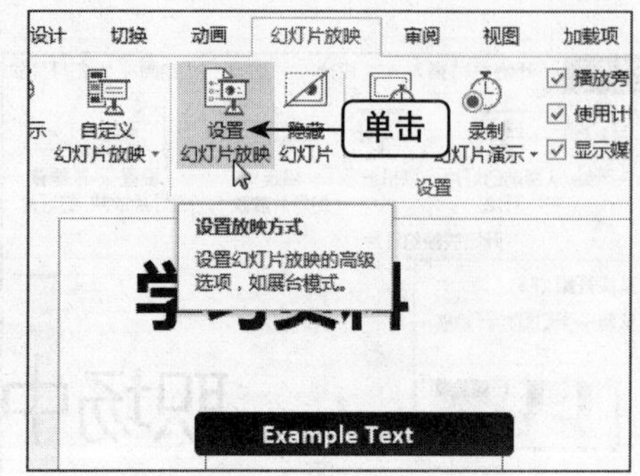

图13-19 单击“设置幻灯片放映”按钮

03 弹出“设置放映方式”对话框，在“放映类型”选项区中选中“观众自行浏览（窗口）”单选按钮，如图13-20所示。

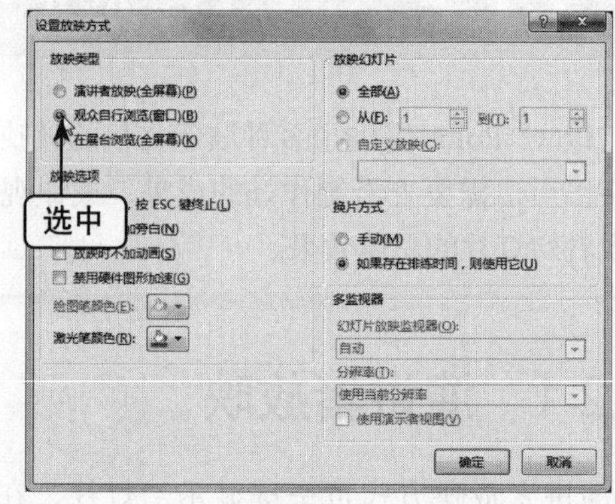

图13-20 选中“观众自行浏览（窗口）”单选按钮

04 单击“确定”按钮，单击“开始放映幻灯片”选项板中的“从当前幻灯片开始”按钮，如图13-21所示。

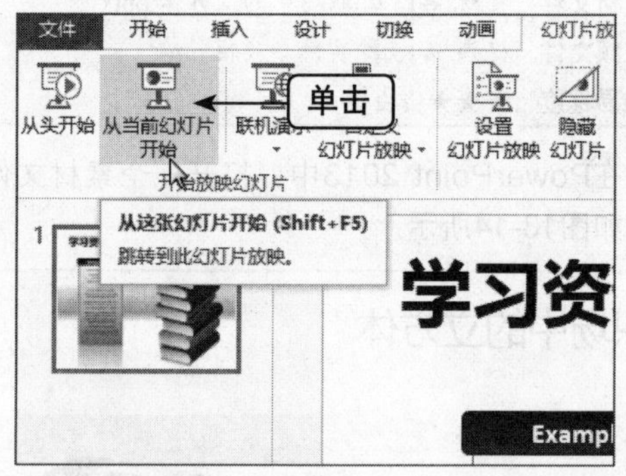

图13-21 单击“从当前幻灯片开始”按钮

重点提醒

在“设置放映方式”对话框中，选中“观众自行浏览（窗口）”单选按钮，在下方的“显示状态栏”复选框将会处于编辑状态并被选中。

05 执行操作后，即可放映幻灯片，如图13-22所示。

图13-22 放映幻灯片

13.2.3 在展台浏览放映

设置为展台浏览方式后，幻灯片将自动运行全屏幻灯片放映，并且循环放映演示文稿。在放映过程中，除了保留鼠标指针用于选择屏幕对象放映外，其他功能全部失效，按【Esc】键可终止放映。

➡素材文件	素材\第13章\职场晋级阶梯.pptx
➡效果文件	效果\第13章\职场晋级阶梯.pptx
➡难易程度	★★★☆☆

01 在PowerPoint 2013中，打开一个素材文件，如图13-23所示。

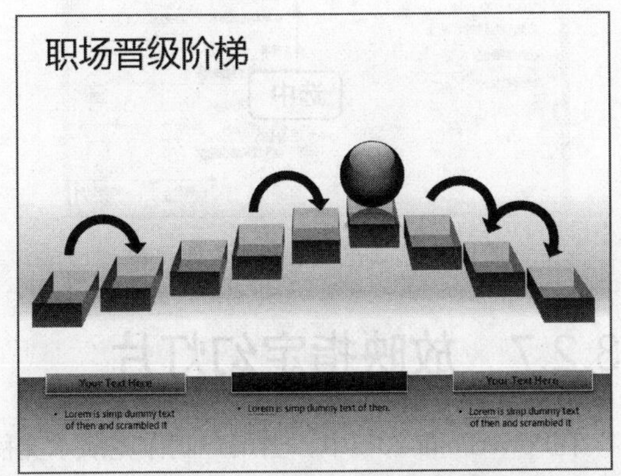

图13-23 打开一个素材文件

02 切换至“幻灯片放映”面板，单击“设置”选项板中的“设置幻灯片放映”按钮，弹出“设置放映方式”对话框，在“放映类型”选项区中选中“在展台浏览（全屏幕）”单选按钮，如图13-24所示。

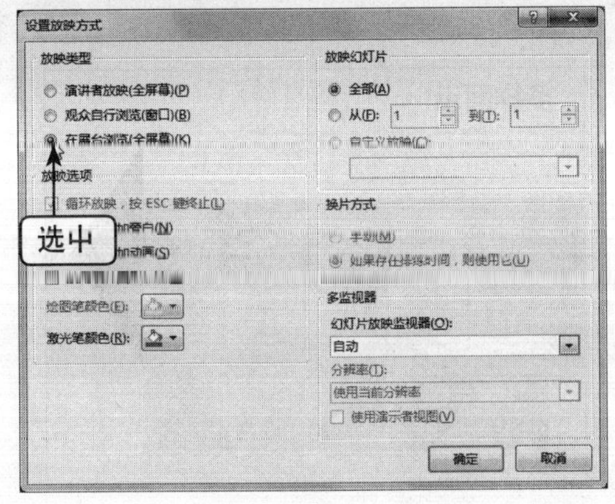

图13-24 选中“在展台浏览（全屏幕）”单选按钮

03 单击“确定”按钮，即可更改放映方式。

重点提醒

运用展台浏览方式无法单击鼠标手动放映幻灯片，但可以通过单击超链接和动作按钮来切换，在展览会或会议中运行时，若无人管理幻灯片放映时，适合运用这种方式。

13.2.4 显示演示者视图

PowerPoint演示者视图非常有用，可以让演示者在演讲时看到备注信息，而不影响观众的观看效果，增强演讲的信息量和流畅度。

➡素材文件	素材\第13章\产品销售对比.pptx
➡效果文件	效果\第13章\产品销售对比.pptx
➡难易程度	★★★☆☆

01 在PowerPoint 2013中，打开一个素材文件，如图13-25所示。

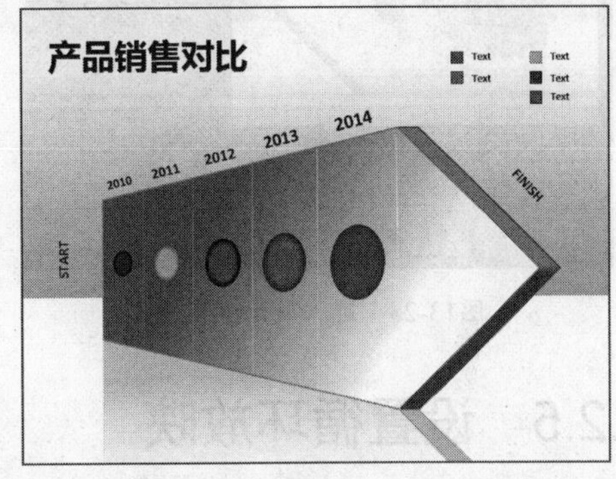

图13-25 打开一个素材文件

02 切换至“幻灯片放映”面板，单击“从头开始”按钮，如图13-26所示。

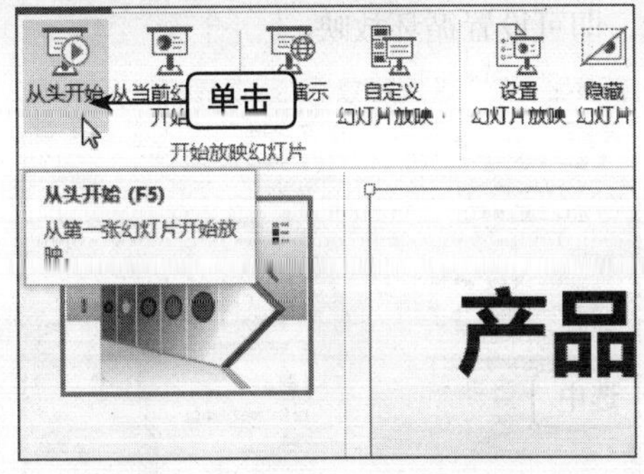

图13-26 单击“从头开始”按钮

03 执行操作后，即可切换至幻灯片放映窗口，在幻灯片中单击鼠标右键，弹出快捷菜单，选择

"显示演示者视图"命令，如图13-27所示。

图13-27 选择"显示演示者视图"命令

04 执行操作后，即可进入演示者视图，效果如图13-28所示。

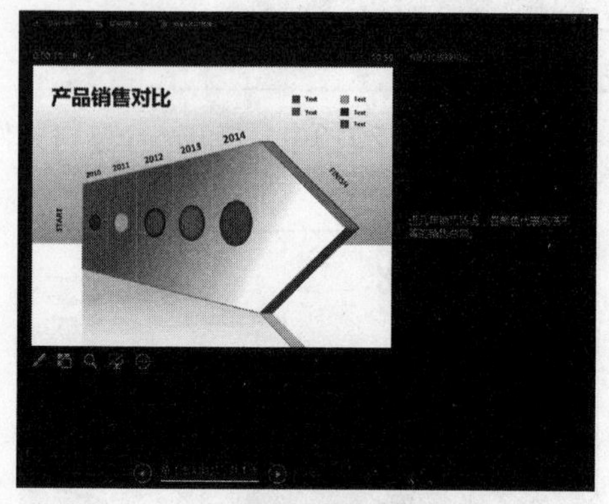

图13-28 进入演示者视图

13.2.5 设置循环放映

设置循环放映幻灯片，只需打开"设置放映方式"对话框，在"放映选项"选项区中选中"循环播放，按Esc键终止"复选框，如图13-29所示，即可设置循环放映。

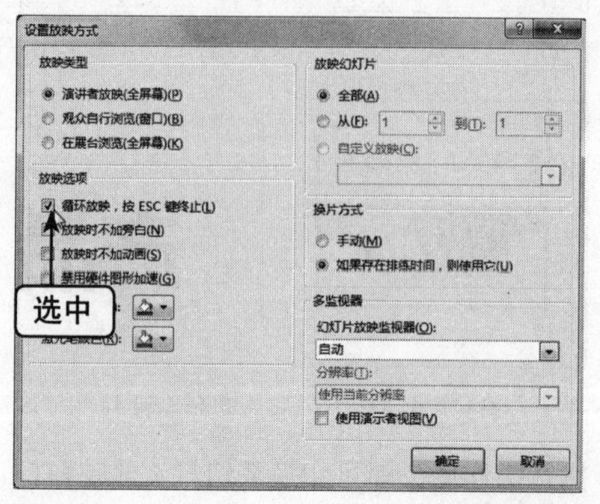

图13-29 选中"循环播放，按Esc键终止"复选框

13.2.6 放映换片方式

在"设置放映方式"对话框中，还可以使用"换片方式"选项区中的选项来指定如何从一张幻灯片移动到另一张幻灯片。用户只需打开"设置放映方式"对话框，在"换片方式"选项区中设定幻灯片放映时的换片方式，如选中"手动"单选按钮，如图13-30所示，单击"确定"按钮即可。

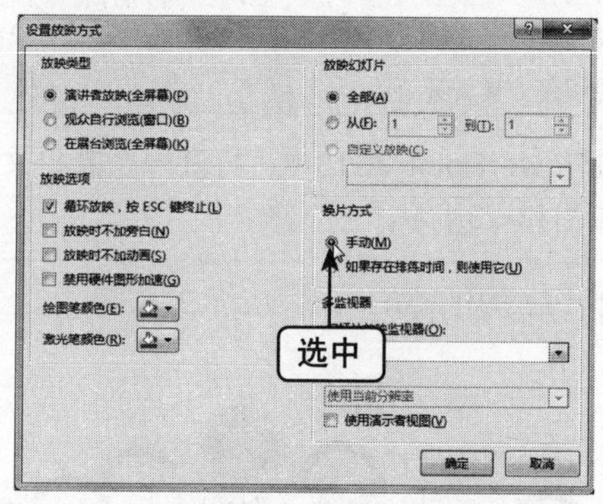

图13-30 选中"手动"单选按钮

13.2.7 放映指定幻灯片

在PowerPoint 2013中，当用户制作完演示文稿后，在幻灯片放映时可以指定幻灯片的放映范围。下面向用户介绍放映指定幻灯片的操作方法。

➡素材文件	素材\第13章\多样图示.pptx
➡效果文件	效果\第13章\多样图示.pptx
➡难易程度	★★★☆☆

01 在PowerPoint 2013中，打开一个素材文件，如图13-31所示。

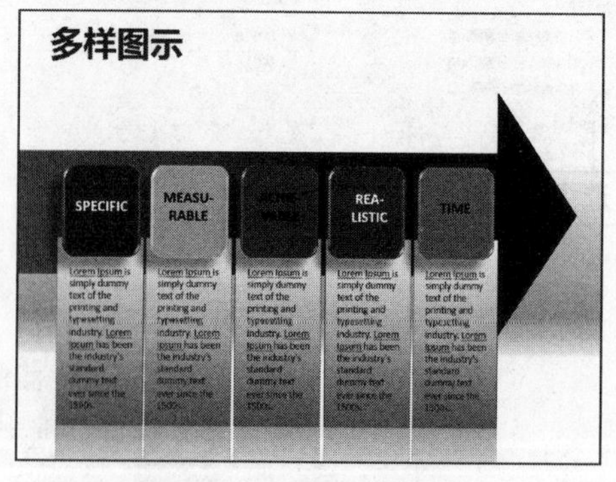

图13-31 打开一个素材文件

02 切换至"幻灯片放映"面板，单击"设置幻灯

片放映”按钮，弹出“设置放映方式”对话框，设置“放映幻灯片”选项区中的各选项，如图13-32所示。

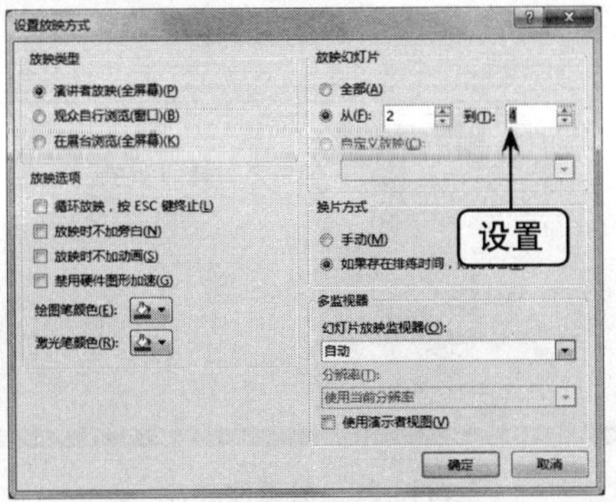

图13-32　设置各选项

重点提醒

在“设置放映方式”对话框中的“从”文本框为空时，将从第一张幻灯片开始放映；“到”文本框为空时，将放映到最后一个幻灯片；在“从”和“到”两个文本框中输入的编号相同时，将放映单个幻灯片。

03 单击“确定”按钮，在“开始放映幻灯片”选项板中单击“从头开始”按钮，即可从第2张开始放映幻灯片，直到第4张结束，如图13-33所示。

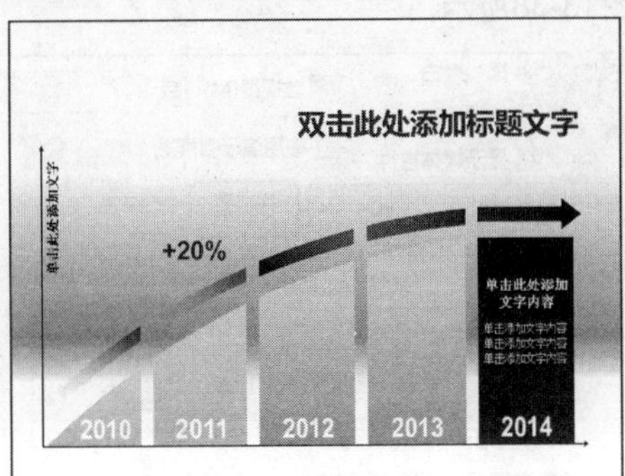

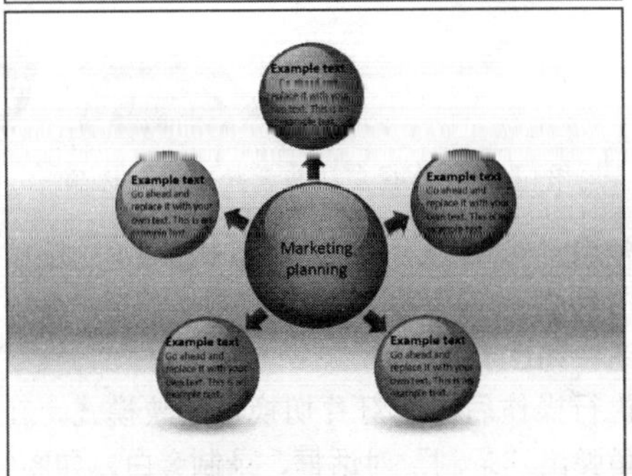

图13-33　放映幻灯片

13.2.8　隐藏和显示幻灯片

隐藏幻灯片就是将演示文稿中的某一部分幻灯片隐藏起来，在放映的时候将不会放映隐藏的幻灯片。

➡ 素材文件	素材\第13章\语文课件.pptx
➡ 视频文件	视频\第13章\隐藏和显示幻灯片.mp4
➡ 难易程度	★★☆☆☆

01 在PowerPoint 2013中，打开一个素材文件，如图13-34所示。

图13-34　打开一个素材文件

02 切换至“幻灯片放映”面板，单击“设置”选项板中的“隐藏幻灯片”按钮，如图13-35所示。

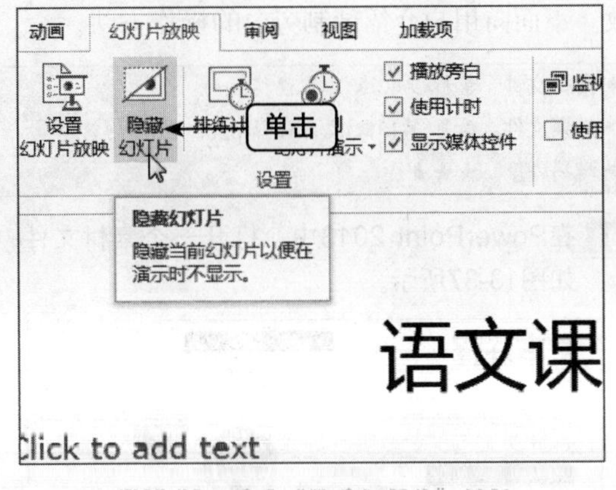

图13-35　单击“隐藏幻灯片”按钮

重点提醒

在PowerPoint 2013中，用户还可以在普通模式下，在幻灯片缩略图上单击鼠标右键，在弹出的快捷菜单中选择“隐藏幻灯片”命令，即可隐藏选中的幻灯片。

03 执行操作后，即可隐藏该幻灯片。在幻灯片缩略图左上角将出现一个斜线方框，如图13-36所示。

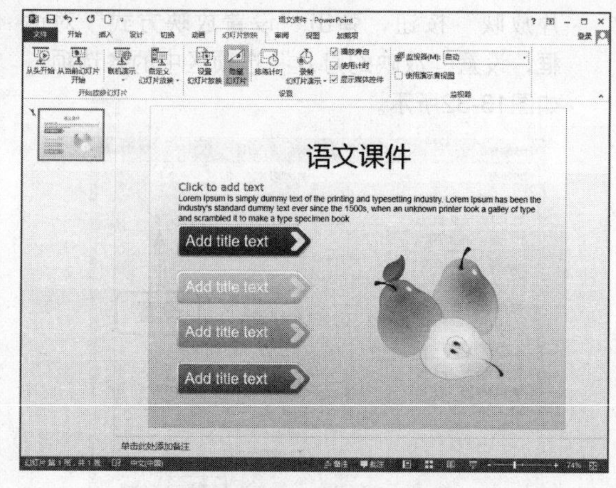

图13-36 隐藏幻灯片

13.3 放映过程中的控制

在PowerPoint 2013中，用户可以在演示文稿中实现录制旁白、设置排练计时等。

13.3.1 录制旁白

在PowerPoint 2013中，用户可以录制旁白。录制的旁白将会在幻灯片放映的状态下一同播放。下面向用户介绍录制旁白的操作方法。

➡素材文件	素材\第13章\文本注释.pptx
➡效果文件	效果\第13章\文本注释.pptx
➡难易程度	★★★☆☆

01 在PowerPoint 2013中，打开一个素材文件，如图13-37所示。

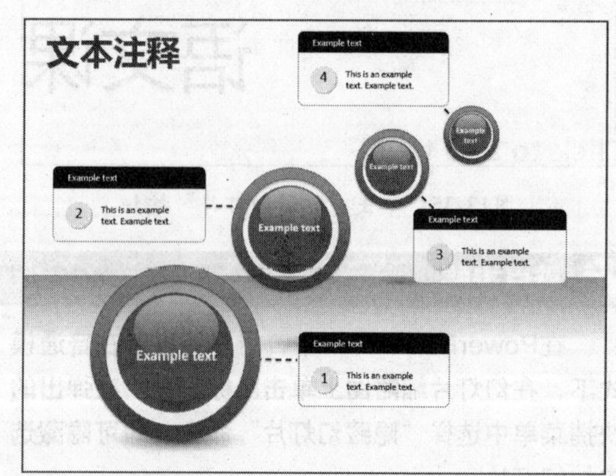

图13-37 打开一个素材文件

02 切换至“幻灯片放映”面板，在“设置”选项板中单击“录制幻灯片演示”下拉按钮，在弹出的列表框中选择“从头开始录制”选项，如图13-38所示。

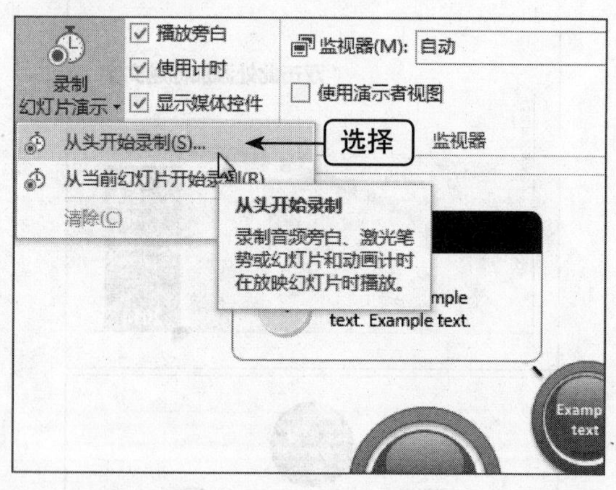

图13-38 选择“从头开始录制”选项

03 弹出“录制幻灯片演示”对话框，仅选中“旁白和激光笔”复选框，单击“开始录制”按钮，如图13-39所示。

04 执行操作后，幻灯片切换至放映模式，在左上角弹出“录制”对话框，录制旁白，如图13-40所示。

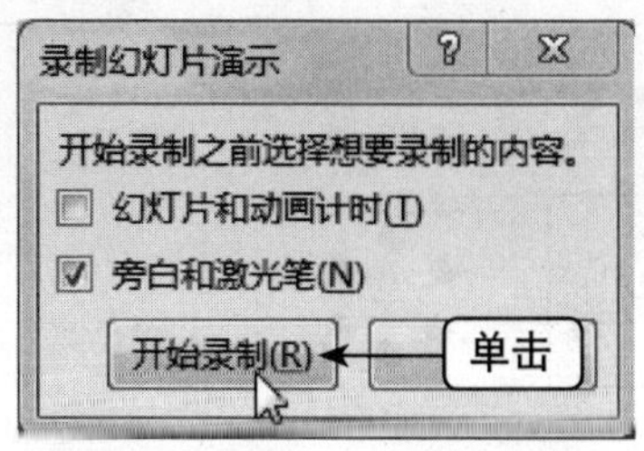

图13-39 单击“开始录制”按钮

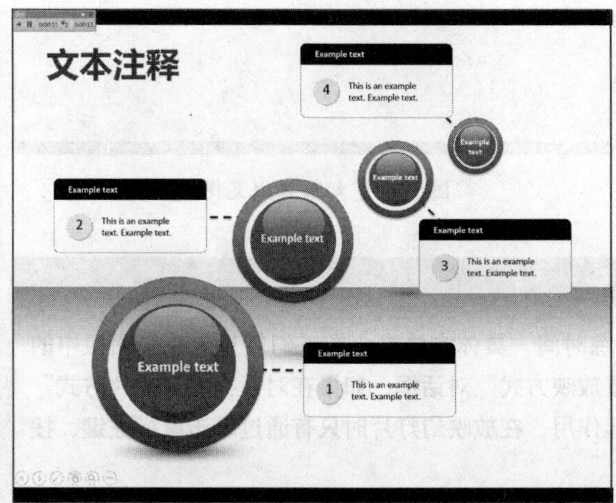

图13-40 录制旁白

05 录制完成后，在演示文稿中添加了旁白的幻灯片的右下角将显示一个声音图标，如图13-41所示。

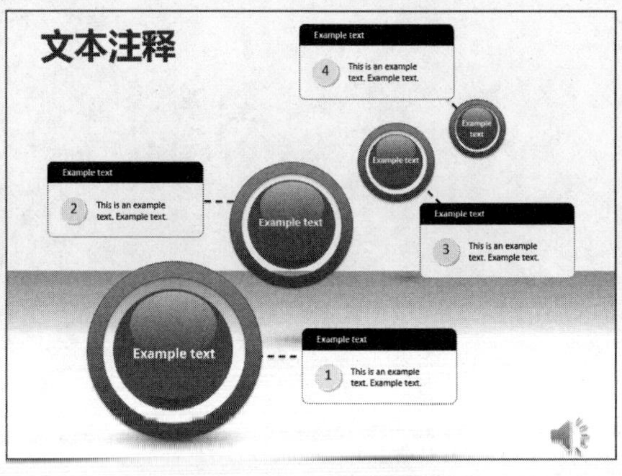

图13-41 显示声音图标

13.3.2 排练计时

运用“排练计时”功能可以让演讲者确切了解每一张幻灯片需要讲解的时间，以及整个演示文稿的总放映时间。

➜ 素材文件	素材\第13章\人口的分布.pptx
➜ 效果文件	效果\第13章\人口的分布.pptx
➜ 难易程度	★★★☆☆

01 在PowerPoint 2013中，打开一个素材文件，如图13-42所示。

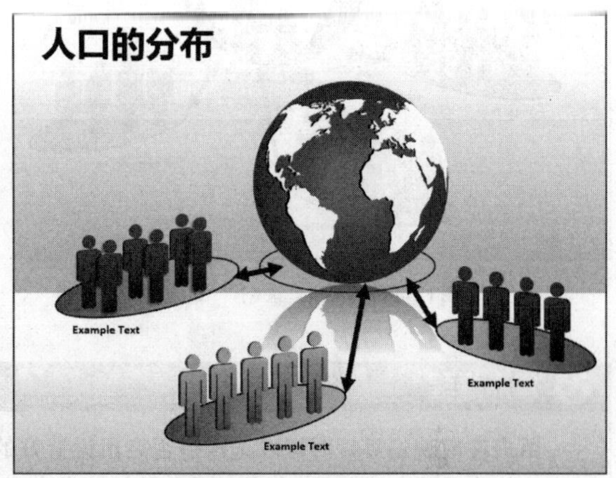

图13-42 打开一个素材文件

02 切换至“幻灯片放映”面板，在“设置”选项板中单击“排练计时”按钮，如图13-43所示。

图13-43 选择“排练计时”选项

03 演示文稿将自动切换至幻灯片放映状态，此时演示文稿左上角将弹出“录制”面板，如图13-44所示。

04 演讲者根据需要对每一张幻灯片进行手动切换，“录制”工具栏将对每张幻灯片播放的时间进行计时，演示文稿放映完成后，弹出信息提示框，单击“是”按钮。切换至“视图”面板，在“演示文稿视图”选项板中单击“幻灯片浏览”按钮，从幻灯片浏览视图中可以看到每张幻灯片下方均显示各自的排练时间，如图13-45所示。

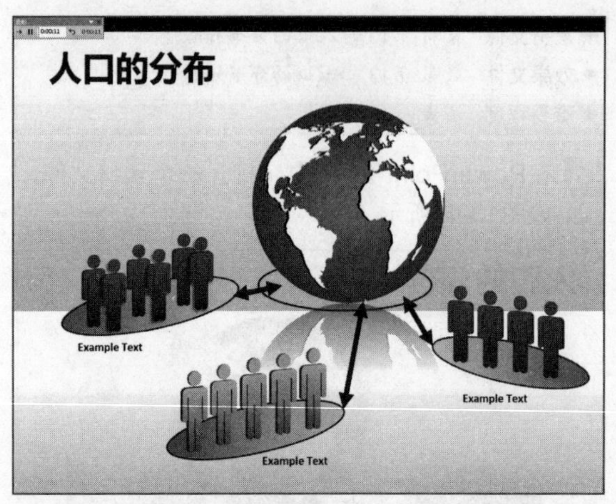

图13-44 弹出“录制”面板

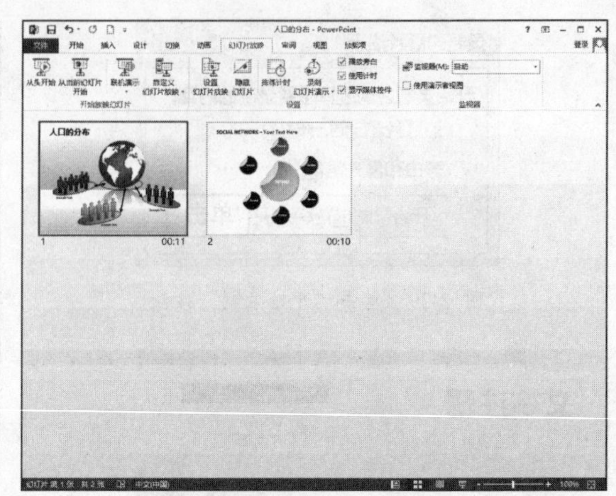

图13-45 幻灯片浏览视图

重点提醒

用户在放映幻灯片时可以选择是否启用设置好的排练时间。具体方法是：在“幻灯片放映”面板中的“设置”选项板中单击“幻灯片放映”按钮，弹出“设置放映方式”对话框，如果在对话框的“换片方式”选项区中选中“手动”单选按钮，则存在的排练计时不起作用，在放映幻灯片时只有通过单击鼠标左键、按【Enter】键或空格键才能切换幻灯片。

发布打印演示文稿

学习提示

在PowerPoint 2013中，演示文稿制作好以后，可以将整个演示文稿中的部分幻灯片、讲义、备注页和大纲等打印出来。本章主要向用户介绍设置打印页面、打包演示文稿以及打印演示文稿等内容。

主要内容

- 设置幻灯片大小
- 设置幻灯片方向
- 将演示文稿打包
- 输出为图形文件
- 设置打印选项
- 设置打印内容

重点与难点

- 设置幻灯片编号起始值
- 输出为放映文件
- 设置幻灯片边框

学完本章后你会做什么

- 掌握设置幻灯片大小、设置幻灯片方向及设置幻灯片宽度和高度的操作方法
- 掌握将演示又稿打包、输出为图形文件以及输出为放映文件的操作方法
- 掌握设置打印选项、设置打印内容以及打印多份演示文稿的操作方法

视频文件

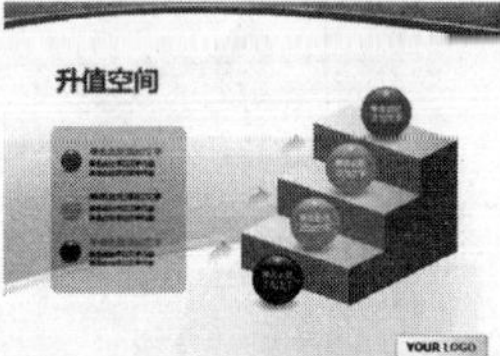

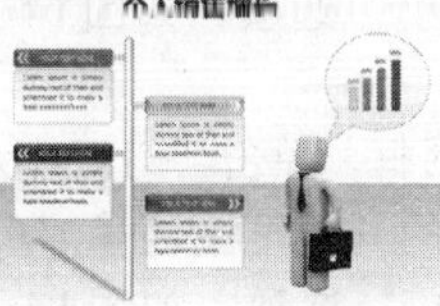

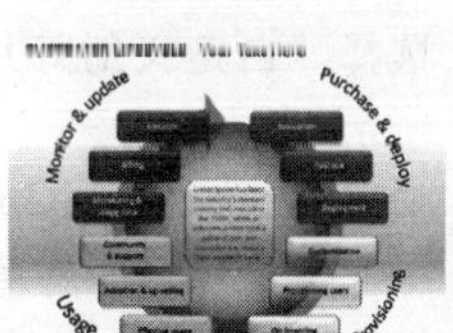

14.1 设置打印页面

通过“自定义幻灯片大小”对话框，可以设置用于打印的幻灯片大小、方向和其他版式。幻灯片每页只打印一张，在打印前，应先调整好它的大小以适合各种纸张大小，还可以自定义打印的方式和方向。

14.1.1 设置幻灯片大小

在PowerPoint 2013中打印演示文稿前，用户可以根据自己的需要，对打印页面大小进行设置。下面向用户介绍设置幻灯片大小的操作方法。

➡素材文件	素材\第14章\升值空间.pptx
➡效果文件	效果\第14章\升值空间.pptx
➡视频文件	视频\第14章\设置幻灯片大小.mp4
➡难易程度	★★★☆☆

01 在PowerPoint 2013中，打开一个素材文件，如图14-1所示。

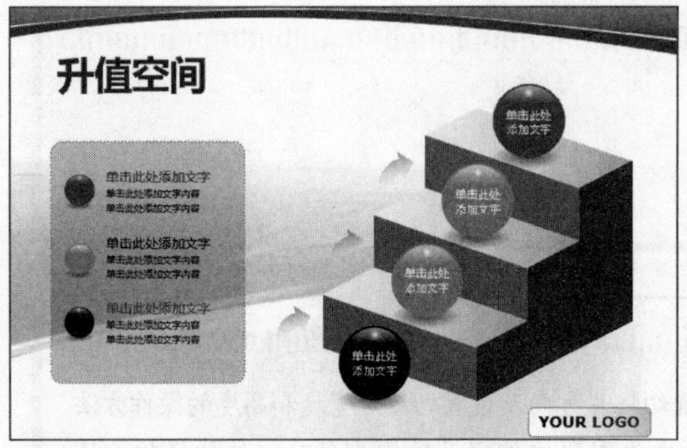

图14-1 打开一个素材文件

02 切换至“设计”面板，单击“自定义”选项板中的“幻灯片大小”下拉按钮，弹出列表框，选择“自定义幻灯片大小”选项，如图14-2所示。

03 弹出“幻灯片大小”对话框，单击“幻灯片大小”下拉按钮，在弹出的列表框中选择“A4纸张（210×297毫米）”选项，如图14-3所示。

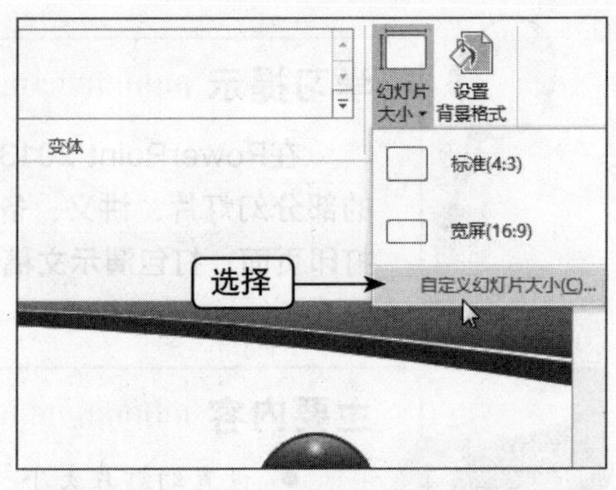

图14-2 选择“自定义幻灯片大小”选项

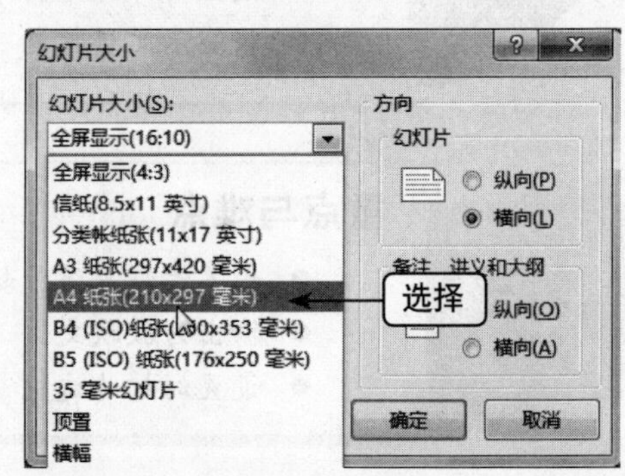

图14-3 选择“A4纸张（210×297毫米）”选项

04 单击“确定”按钮，弹出提示信息框，单击“确保适合”按钮，如图14-4所示。

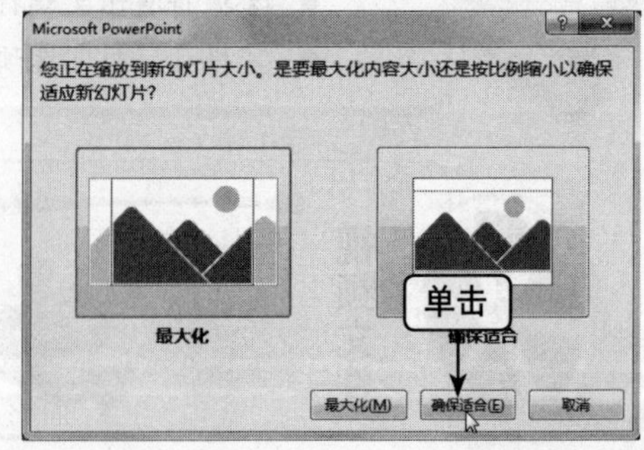

图14-4 单击“确保适合”按钮

05 执行操作后，即可设置幻灯片大小，效果如图14-5所示。

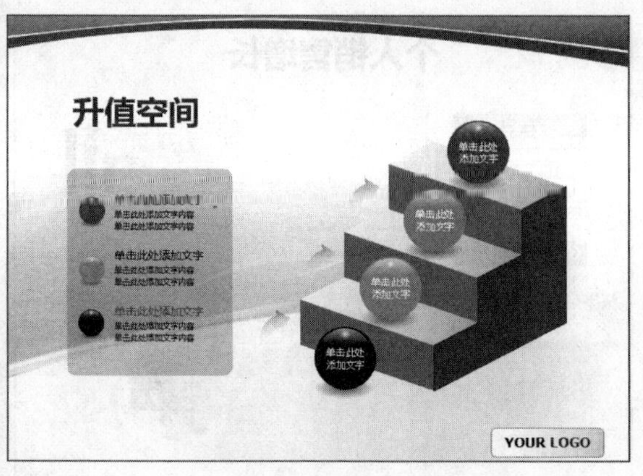

图14-5 设置幻灯片大小

14.1.2 设置幻灯片方向

设置演义文稿中幻灯片的方向，只需单击“页面设置”对话框中“方向”选项区中的“横向”或“纵向”单选按钮。

➡ 素材文件	素材\第14章\市场分析.pptx
➡ 效果文件	效果\第14章\市场分析.pptx
➡ 视频文件	视频\第14章\设置幻灯片方向.mp4
➡ 难易程度	★★★☆☆

01 在PowerPoint 2013中，打开一个素材文件，如图14-6所示。

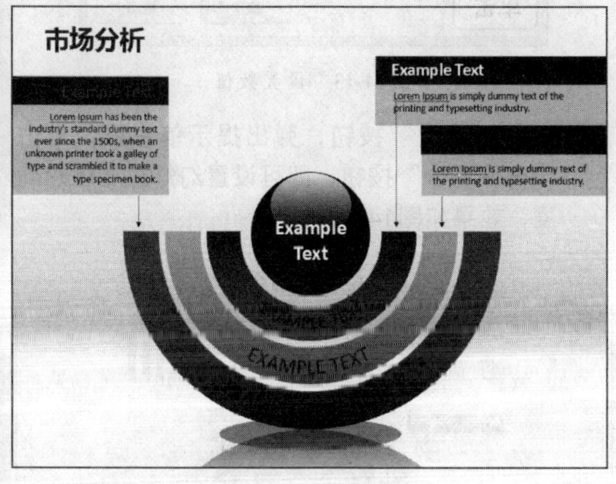

图14-6 打开一个素材文件

02 切换至“设计”面板，单击“自定义”选项板中的“幻灯片大小”下拉按钮，弹出列表框，选择“自定义幻灯片大小”选项，如图14-7所示。

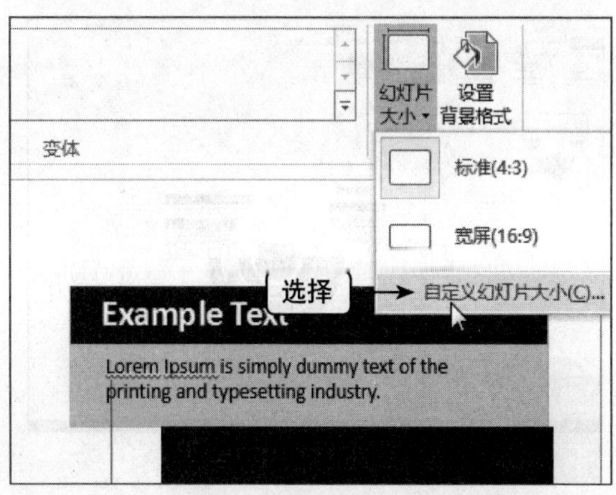

图14-7 选择“自定义幻灯片大小”选项

03 弹出“幻灯片大小”对话框，在“方向”选项区中选中“幻灯片”选项区中的“纵向”单选按钮，如图14-8所示。

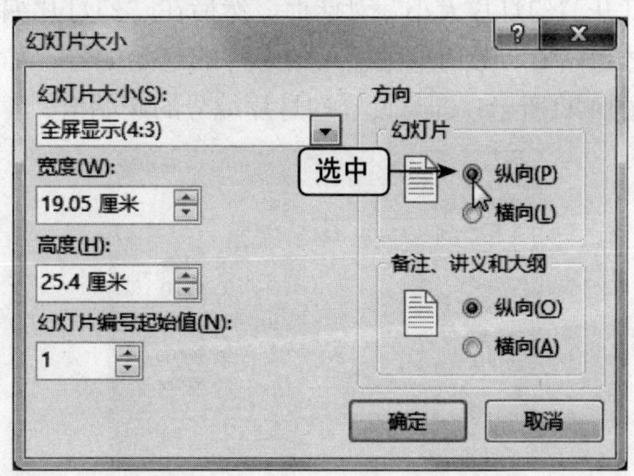

图14-8 选中“纵向”单选按钮

04 单击“确定”按钮，弹出提示信息框，单击“确保适合”按钮，如图14-9所示。

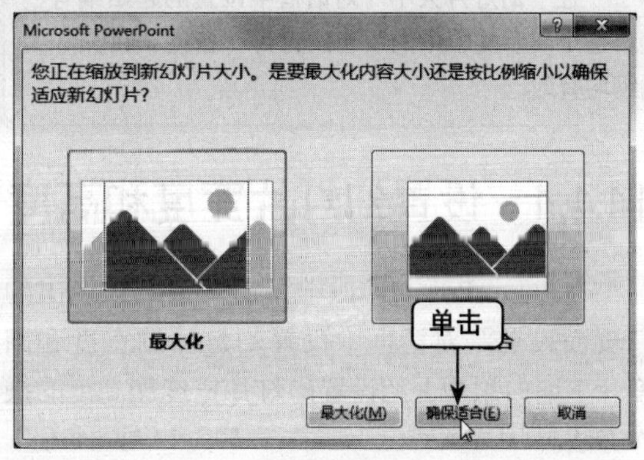

图14-9 单击“确保适合”按钮

05 执行操作后，即可设置幻灯片方向，如图14-10所示。

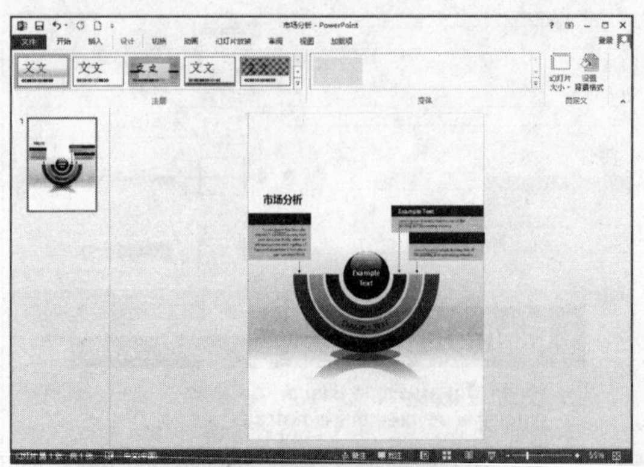

图14-10　设置幻灯片方向

14.1.3　设置幻灯片编号起始值

设置演义文稿中幻灯片编号起始值，只需打开“幻灯片大小”对话框，然后在“幻灯片编号起始值”数值框中输入幻灯片的起始编号，如图14-11所示，即可设置幻灯片编号的起始值。

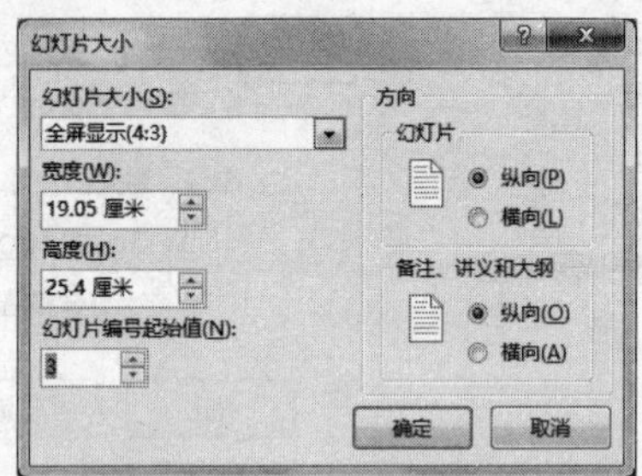

图14-11　输入起始编号

重点提醒

在“幻灯片大小”对话框中设置的起始编号，对整个演示文稿中的所有幻灯片、备注、讲义和大纲均有效。

14.1.4　设置幻灯片宽度和高度

在PowerPoint 2013中，用户可以在调出的“页面设置”对话框中设置幻灯片的宽度和高度。下面向用户介绍设置幻灯片宽度和高度的操作方法。

➜ 素材文件	素材\第14章\个人销售增长.pptx
➜ 效果文件	效果\第14章\个人销售增长.pptx
➜ 难易程度	★★★☆☆

01 在PowerPoint 2013中，打开一个素材文件，如图14-12所示。

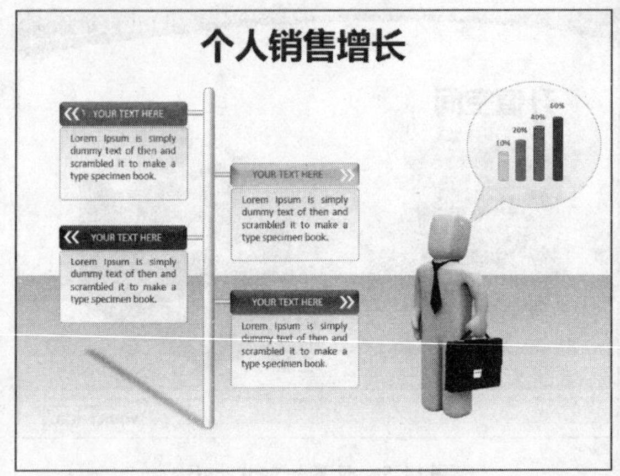

图14-12　打开一个素材文件

02 切换至“设计”面板，单击“自定义”选项板中的“幻灯片大小”下拉按钮，在弹出的列表框中选择“自定义幻灯片大小”选项，弹出“幻灯片大小”对话框，设置“宽度”为28厘米、“高度”为16厘米，如图14-13所示。

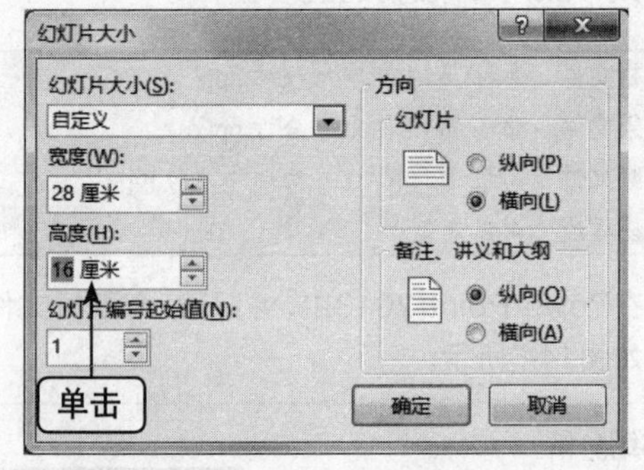

图14-13　设置数值

03 单击“确定”按钮，弹出提示信息框，单击“确保适合”按钮，即可设置幻灯片宽度和高度，效果如图14-14所示。

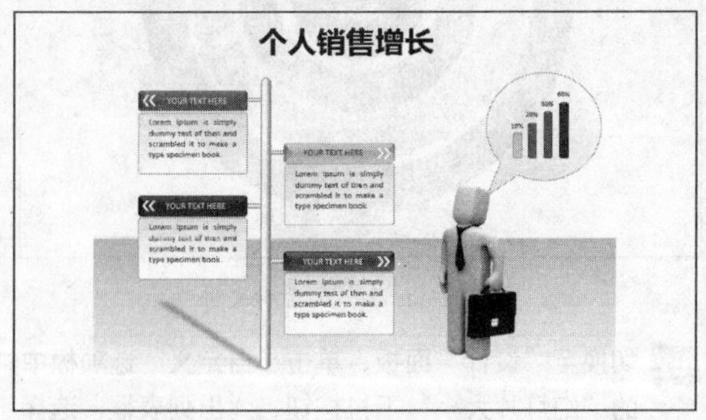

图14-14　设置幻灯片宽度和高度

14.2 打包演示文稿

PowerPoint提供了多种保存、输出演示文稿的方法。用户可以将制作出来的演示文稿输出为多种样式，如将演示文稿打包，以网页、文件的形式输出等。

14.2.1 将演示文稿打包

要在没有安装PowerPoint的计算机上运行演示文稿，需要Microsoft Office PowerPoint Viewer的支持。默认情况下，在安装PowerPoint时，将自动安装PowerPoint Viewer，因此可以直接使用“将演示文稿打包CD”功能，从而将演示文稿以特殊的形式复制到刻录光盘、网络或本地磁盘驱动器中，并在其中集成一个PowerPoint Viewer，以便在任何计算机上都能进行演示。

➡ 素材文件	素材\第14章\网络的传输.pptx
➡ 效果文件	效果\第14章\演示文稿CD
➡ 难易程度	★★★★☆

01 在PowerPoint 2013中，打开一个素材文件，如图14-15所示。

图14-15 打开一个素材文件

02 选择“文件”|“导出”|“将演示文稿打包成CD”|“打包成CD”命令，如图14-16所示。

03 弹出“打包成CD”对话框，单击“复制到文件夹”按钮，如图14-17所示。

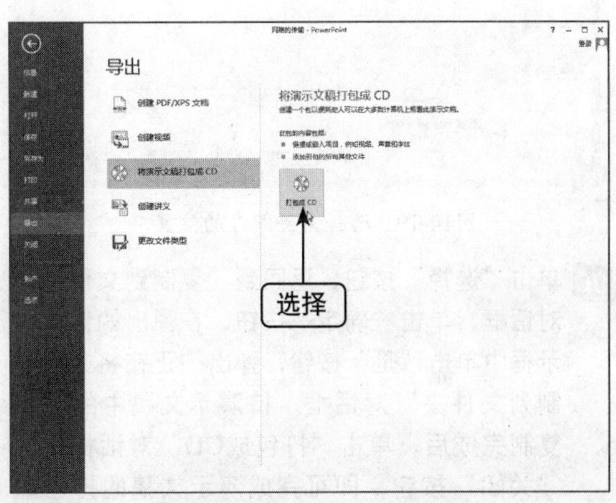

图14-16 选择“打包成CD”命令

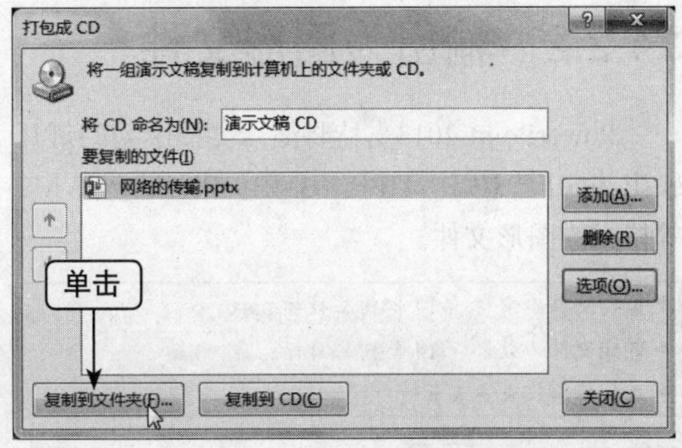

图14-17 单击“复制到文件夹”按钮

04 弹出“复制到文件夹”对话框，单击“浏览”按钮，如图14-18所示。

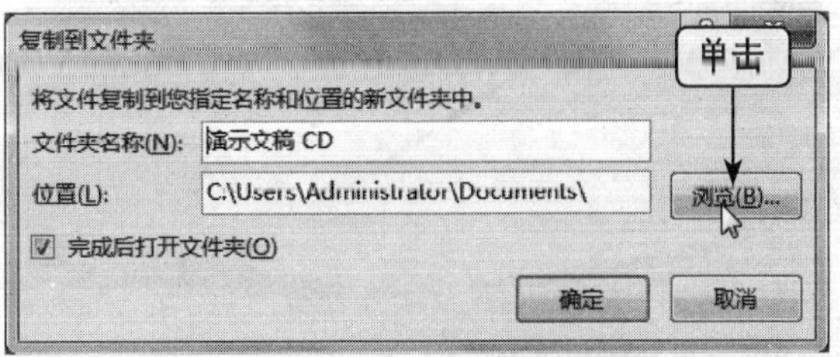

图14-18 单击“浏览”按钮

05 执行操作后，弹出“选择位置”对话框，选择需要保存的位置，如图14-19所示。

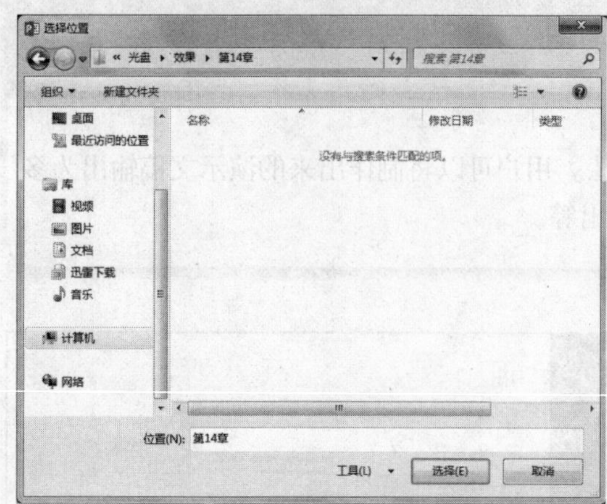

图14-19 选择需要保存的位置

06 单击“选择”按钮，返回到“复制到文件夹”对话框。单击“确定”按钮，在弹出的信息提示框中单击“是”按钮，弹出“正在将文件复制到文件夹”对话框。待演示文稿中的文件复制完成后，单击“打包成CD”对话框中的“关闭”按钮，即可完成演示文稿的打包操作，在保存位置即可查看打包CD的文件。

14.2.2 输出为图形文件

PowerPoint 2013支持将演示文稿中的幻灯片输出为GIF、JPG、TIFF、BMP、PNG以及WMF等格式的图形文件。

➡素材文件	素材\第14章\树立目标.pptx
➡效果文件	效果\第14章\树立目标
➡难易程度	★★★★☆

01 在PowerPoint 2013中，打开一个素材文件，如图14-20所示。

图14-20 打开一个素材文件

02 选择“文件”|“导出”|“更改文件类型”命令，如图14-21所示。

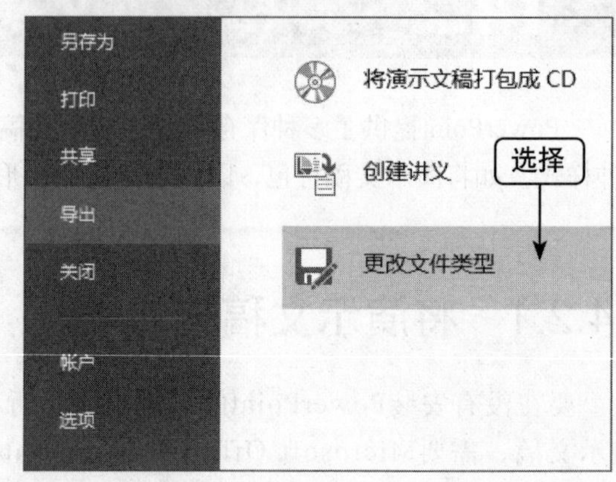

图14-21 选择“更改文件类型”命令

03 在“更改文件类型”列表框中的“图片文件类型”选项区中选择“JPEG文件交换格式”选项，如图14-22所示。

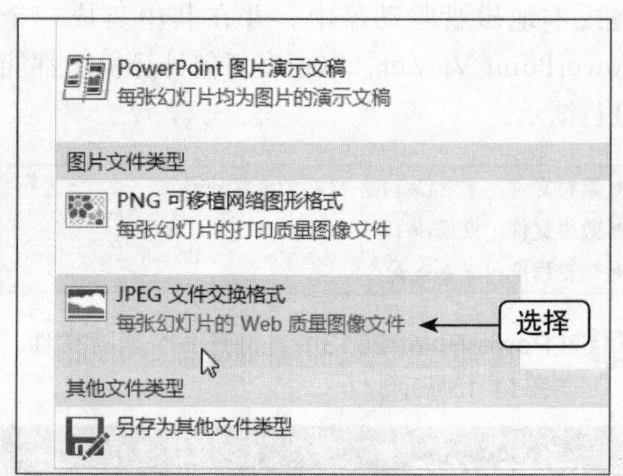

图14-22 选择“JPEG文件交换格式”选项

04 执行操作后，弹出“另存为”对话框，选择相应的保存文件类型，如图14-23所示。

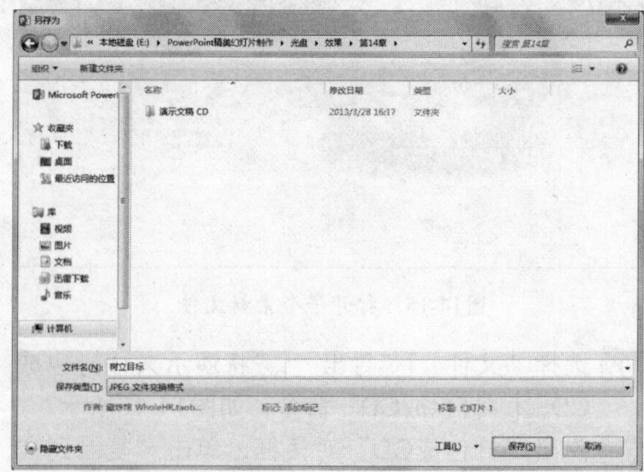

图14-23 选择相应的保存文件类型

05 单击“保存”按钮，弹出信息提示框，单击“所有幻灯片”按钮，如图14-24所示。

图14-24 单击“所有幻灯片”按钮

06 执行操作后，弹出信息提示框，单击“确定”按钮，如图14-25所示。

图14-25 单击“确定”按钮

07 执行操作后，即可输出演示文稿为图形文件。打开所存储的文件夹，查看输出的图像文件，如图14-26所示。

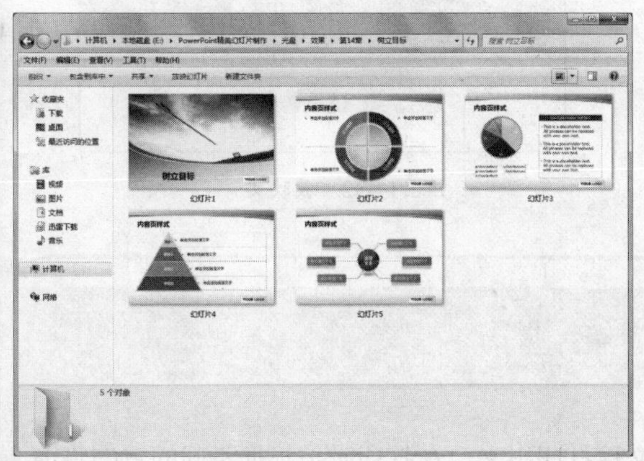

图14-26 查看输出的图像文件

14.2.3 输出为放映文件

在PowerPoint 2013中经常用到的输出格式为幻灯片放映文件格式。幻灯片放映是将演示文稿保存为总是以幻灯片放映的形式打开的演示文稿，每当打开该类型文件，PowerPoint将自动切换到幻灯片放映状态，而不会出现PowerPoint编辑窗口。

➡ 素材文件	素材\第14章\水晶圆角柱形.pptx
➡ 效果文件	效果\第14章\水晶圆角柱形.pptx
➡ 难易程度	★★★★☆

01 在PowerPoint 2013中，打开一个素材文件，如图14-27所示。

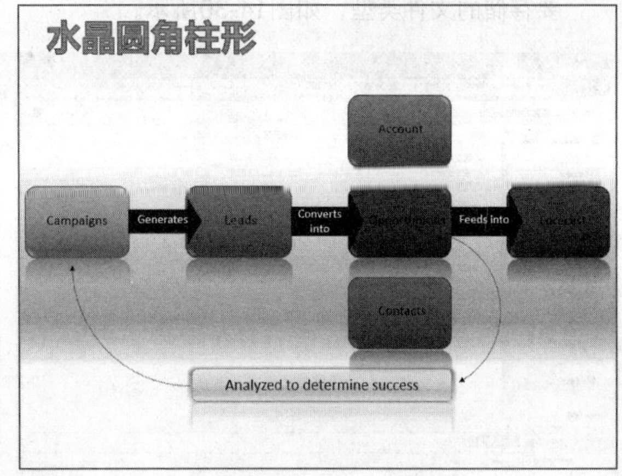

图14-27 打开一个素材文件

02 选择“文件”|“导出”|“更改文件类型”命令，如图14-28所示。

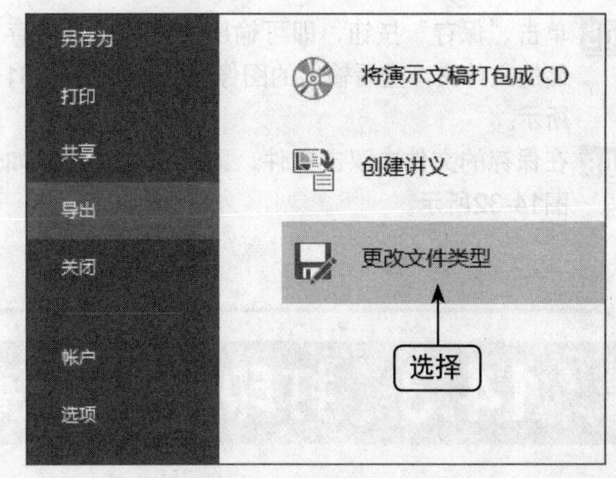

图14-28 选择“更改文件类型”命令

03 在“更改文件类型”列表框中的“演示文稿文件类型”选项区中选择“PowerPoint放映”选项，如图14-29所示。

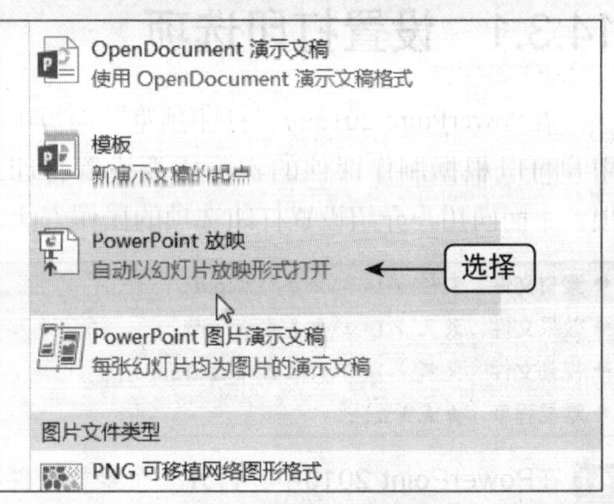

图14-29 选择“JPEG文件交换格式”选项

04 执行操作后，弹出“另存为”对话框，选择需要存储的文件类型，如图14-30所示。

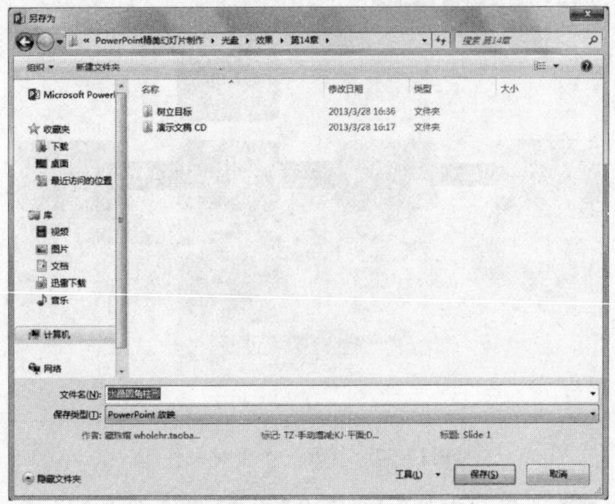

图14-30　选择需要存储的文件类型

05 单击“保存”按钮，即可输出文件。打开所存储的文件夹，查看输出的图像文件，如图14-31所示。

06 在保存的文件中双击文件，即可放映文件，如图14-32所示。

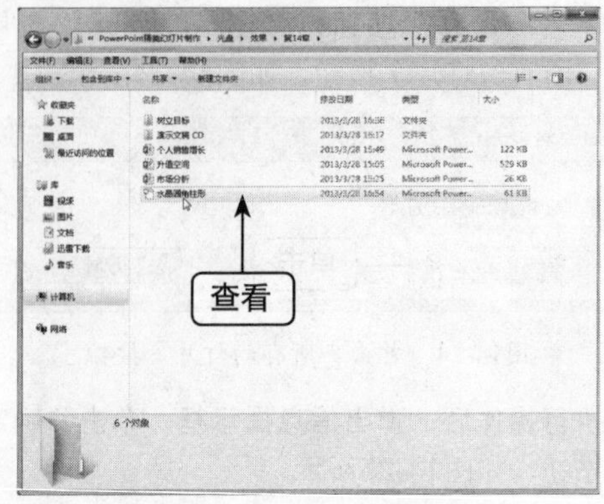

图14-31　查看输出的图像文件

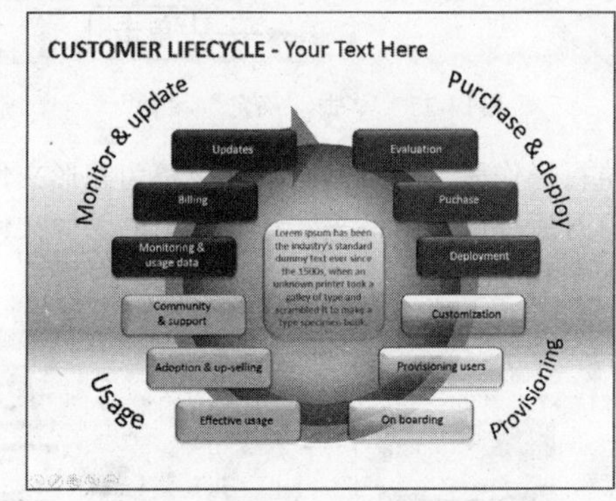

图14-32　放映文件

14.3　打印演示文稿

在PowerPoint 2013中，可以将制作好的演示文稿打印出来。在打印时，根据不同的目的将演示文稿打印为不同的形式，常用的打印稿形式有幻灯片、讲义、备注和大纲视图。

14.3.1　设置打印选项

在PowerPoint 2013的“打印预览”面板中，用户可以根据制作课件的实际需要设置打印选项。下面向用户介绍设置打印选项的操作方法。

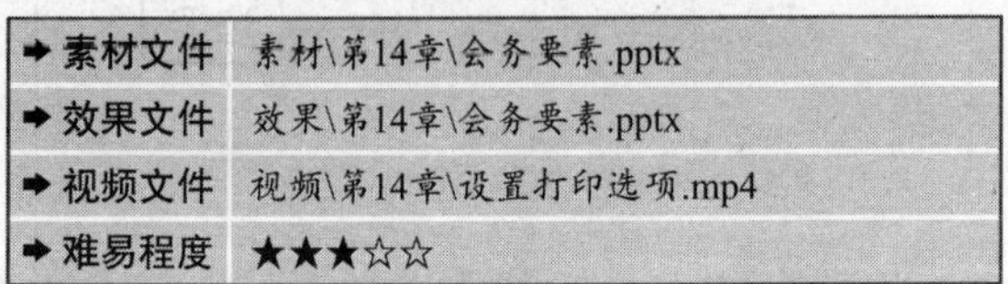

➡ 素材文件	素材\第14章\会务要素.pptx
➡ 效果文件	效果\第14章\会务要素.pptx
➡ 视频文件	视频\第14章\设置打印选项.mp4
➡ 难易程度	★★★☆☆

01 在PowerPoint 2013中，打开一个素材文件，如图14-33所示。

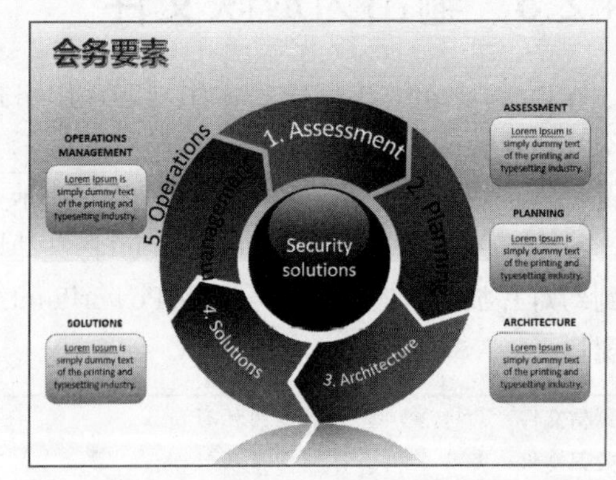

图14-33　打开一个素材文件

02 选择“文件”|“打印”命令，如图14-34所示。

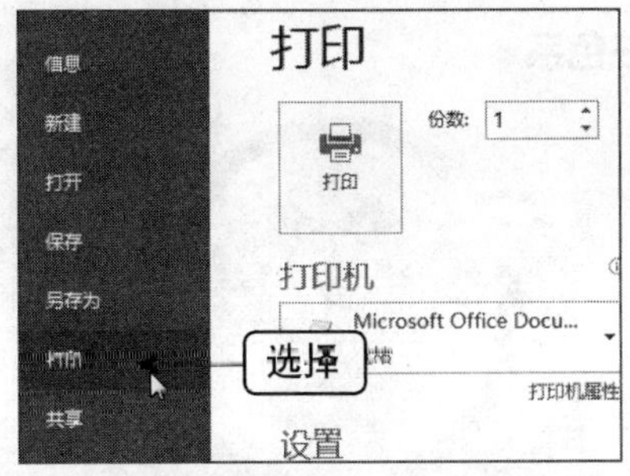

图14-34　选择“打印”命令

03 切换至“打印”选项卡，即可预览打印效果，如图14-35所示。

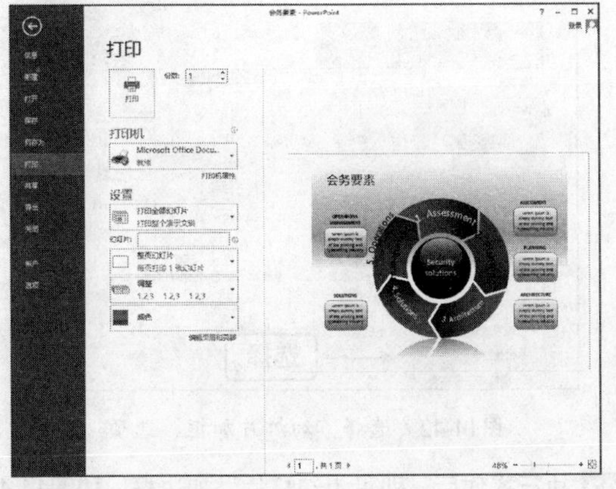

图14-35　预览打印效果

04 在“设置”选项区中单击“打印全部幻灯片”下拉按钮，在弹出的列表框中选择“打印当前幻灯片”选项，如图14-36所示。

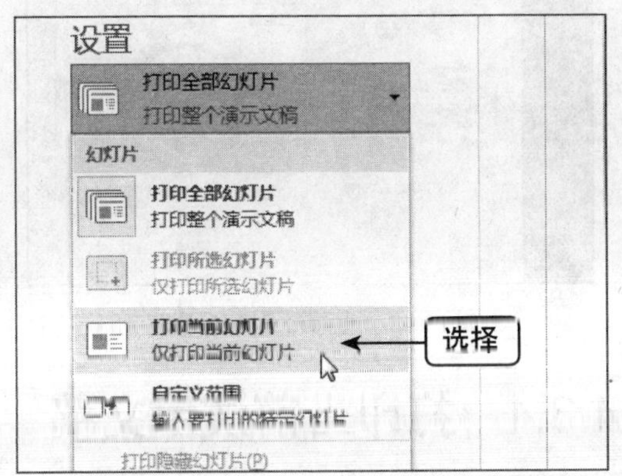

图14-36　选择“打印当前幻灯片”选项

> **重点提醒**
>
> 单击“打印全部幻灯片”下拉按钮，在弹出的列表框中，用户还可以选择“自定义范围”，将需要的某一特定的幻灯片进行打印。

05 执行操作后，即可打印幻灯片。

14.3.2　设置打印内容

设置打印内容是指打印幻灯片、讲义、备注或是大纲视图。单击“页面设置”选项板中的“打印内容”按钮，在弹出的列表框中用户可以根据自己的需求选择打印的内容。

➡ 素材文件	素材\第14章\世界货币.pptx
➡ 效果文件	效果\第14章\世界货币.pptx
➡ 难易程度	★★★★☆

01 在PowerPoint 2013中，打开一个素材文件，如图14-37所示。

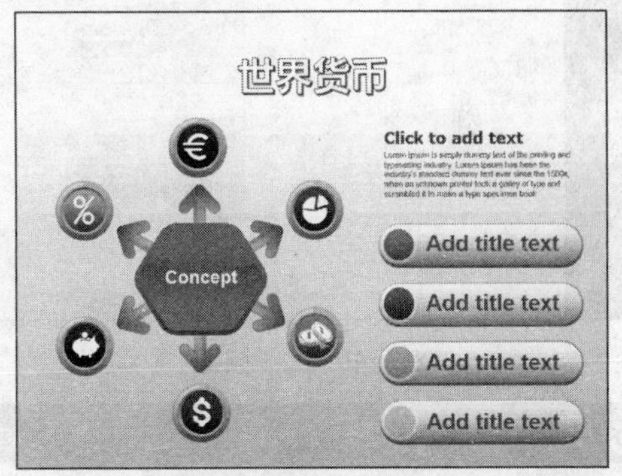

图14-37　打开一个素材文件

02 选择“文件”|“打印”命令，切换至“打印”选项卡，如图14-38所示。

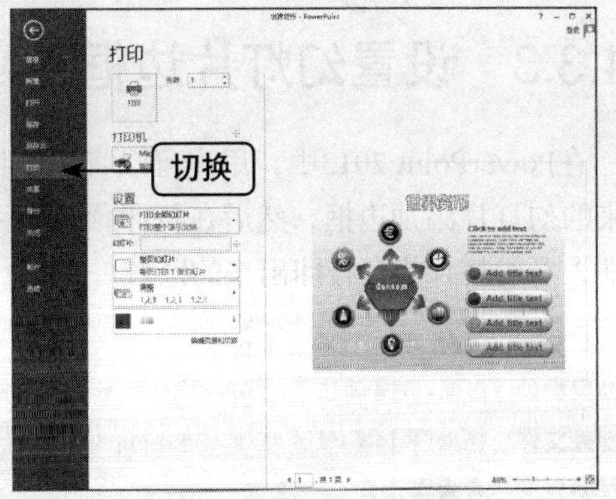

图14-38　切换至“打印”选项卡

03 在“设置”选项区中单击“整页幻灯片”下拉按钮，弹出列表框，在“讲义”选项区中选择“2张幻灯片”选项，如图14-39所示。

04 执行操作后，即可显示两张竖排放置的幻灯片，如图14-40所示。

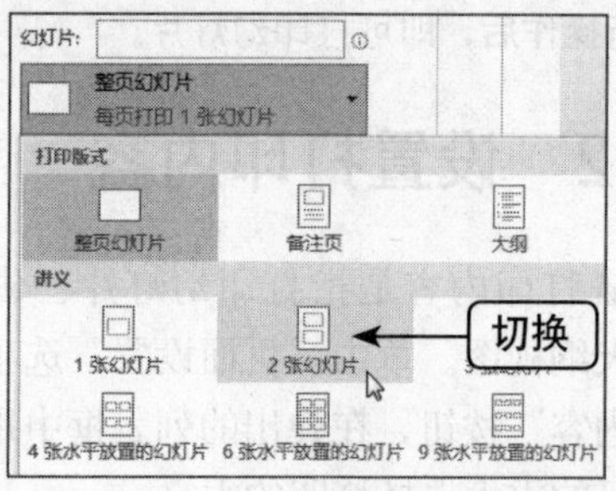

图14-39　选择“2张幻灯片”选项

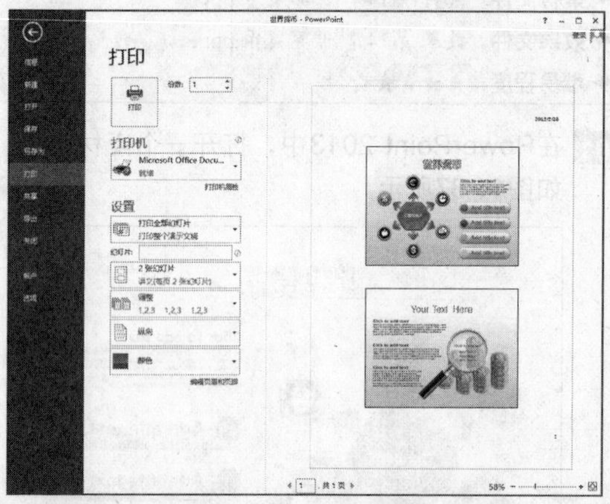

图14-40　显示预览

重点提醒

单击“整页幻灯片”下拉按钮，弹出列表框，打印页面会根据用户选择的幻灯片数量自行设置好版式。

14.3.3　设置幻灯片边框

在PowerPoint 2013中，用户可以将需要打印出来的幻灯片添加边框，然后在打印预览中可以清晰查看幻灯片将会打印出来的区域。

➜素材文件	素材\第14章\三色系.pptx
➜效果文件	效果\第14章\三色系.pptx
➜视频文件	视频\第14章\设置幻灯片边框.mp4
➜难易程度	★★☆☆☆

01 在PowerPoint 2013中，打开一个素材文件，如图14-41所示。

02 选择“文件”|“打印”命令，切换至“打印”选项卡，单击“整页幻灯片”下拉按钮，在弹出的列表框中选择“幻灯片加框”选项，如图14-42所示。

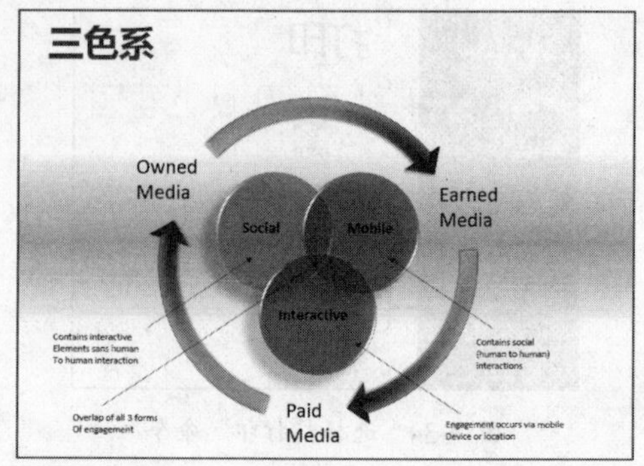

图14-41　打开一个素材文件

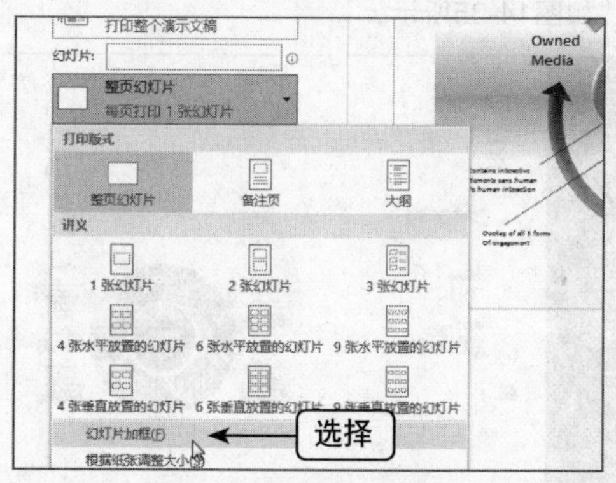

图14-42　选择“幻灯片加框”选项

03 执行操作后，即可为幻灯片添加边框，如图14-43所示。

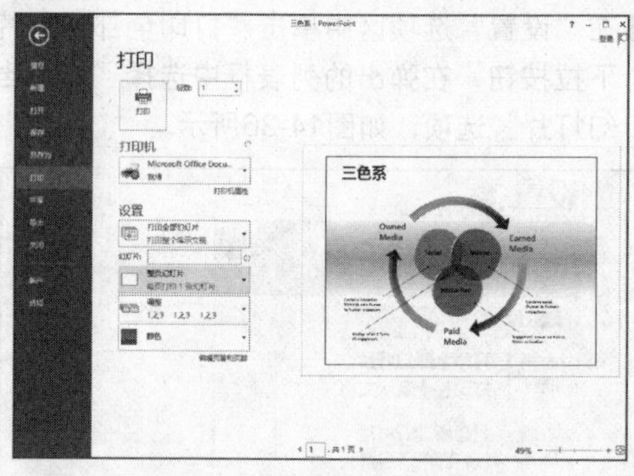

图14-43　为幻灯片添加边框

14.3.4　打印当前演示文稿

在PowerPoint 2013中，用户可以根据需要打印当前演示文稿。下面向用户介绍打印当前演示文稿的操作方法。

➜素材文件	素材\第14章\变革与创新.pptx
➜视频文件	视频\第14章\打印当前演示文稿.mp4
➜难易程度	★★★☆☆

01 在PowerPoint 2013中，打开一个素材文件，如图14-44所示。

图14-44 打开一个素材文件

02 选择“文件”|“打印”命令，切换至“打印”选项卡，单击“打印全部幻灯片”下拉按钮，在弹出的列表框中选择“打印当前幻灯片”选项，如图14-45所示。

03 执行操作后，在“打印”选项区中单击“打印”按钮，如图14-46所示。

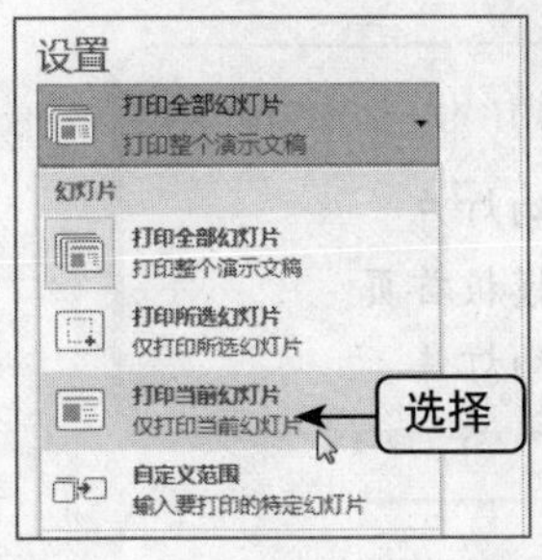

图14-45 选择“打印当前幻灯片”选项

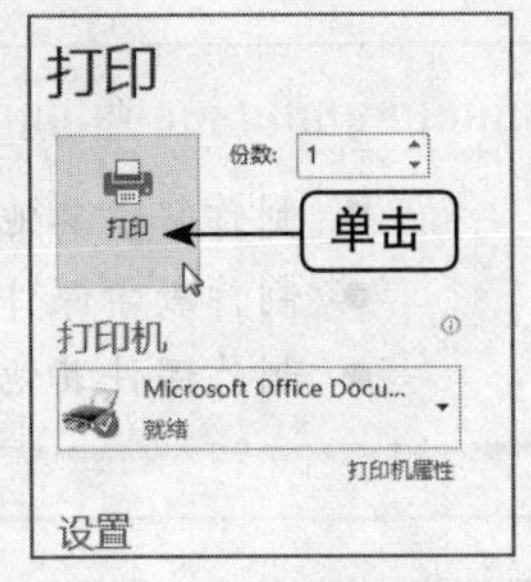

图14-46 单击“打印”按钮

04 弹出“另存为”对话框，选择合适的位置，单击“保存”按钮，如图14-47所示，即可将打印的演示文稿进行保存。

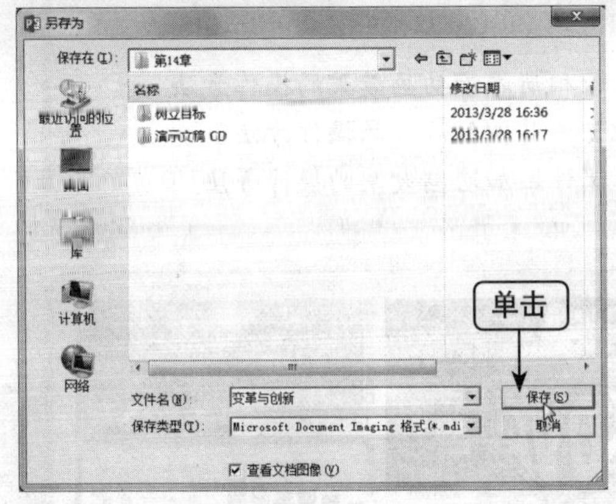

图14-47 单击“保存”按钮

14.3.5 打印多份演示文稿

在PowerPoint 2013中，用户如果需要将幻灯片中制作的课件打印多份，则可以在“副本”右侧的文本框中设置相应的数值即可，具体操作方法如下。

➡ 素材文件	素材\第14章\历史与典故.pptx
➡ 视频文件	视频\第14章\打印多份演示文稿.mp4
➡ 难易程度	★★☆☆☆

01 在PowerPoint 2013中，打开一个素材文件，如图14-48所示。

图14-48 打开一个素材文件

02 选择“文件”|“打印”命令，切换至“打印”选项卡，单击“副本”右侧的三角形按钮，即可设置打印份数，如图14-49所示。

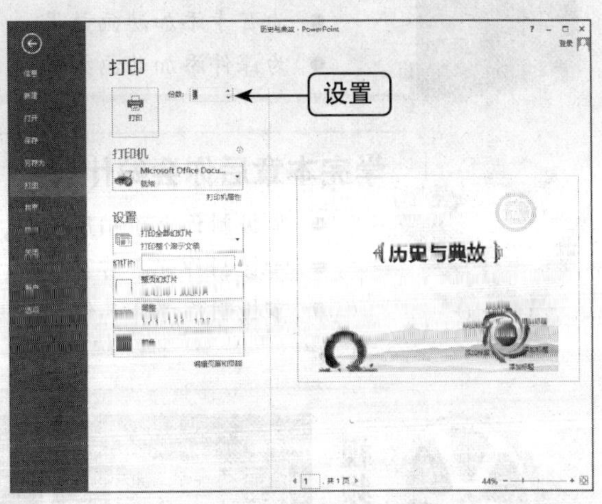

图14-49 设置打印份数

03 执行操作后，即可打印多份演示文稿。

相册、贺卡、教学模板制作

学习提示

节日来临之即，为亲朋好友送上一张亲手制作的电子贺卡已成为一种时尚，运用PowerPoint能够制作精美的相册、贺卡以及教学模板等。本章主要向用户介绍制作相册、贺卡、教学模板的操作方法。

主要内容

- 制作电子相册首页
- 制作电子相册其他幻灯片
- 制作贺卡首页效果
- 制作贺卡其他幻灯片
- 制作教学课件模板首页
- 制作课件其他幻灯片

重点与难点

- 为电子相册添加动画效果
- 为贺卡添加动画效果
- 为课件添加动画效果

学完本章后你会做什么

- 掌握制作电子相册首页、为电子相册添加动画效果的操作方法
- 掌握制作贺卡首页效果、制作贺卡其他幻灯片的操作方法
- 掌握制作课件其他幻灯片、为课件添加动画效果的操作方法

视频文件

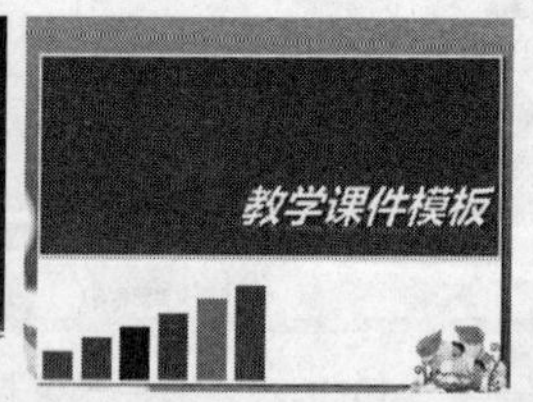

15.1 电子相册模板制作

本实例介绍的是神秘西藏电子相册的制作，效果如图15-1所示。

图15-1 神秘西藏电子相册效果

➡ 素材文件	素材\第15章\电子相册模板.pptx等
➡ 效果文件	效果\第15章\电子相册模板.pptx
➡ 视频文件	视频\第15章\制作电子相册模板首页.mp4等
➡ 难易程度	★★★★★

15.1.1 制作电子相册首页

制作电子相册首页的具体操作步骤如下。

01 在PowerPoint 2013中，打开一个素材文件，如图15-2所示。

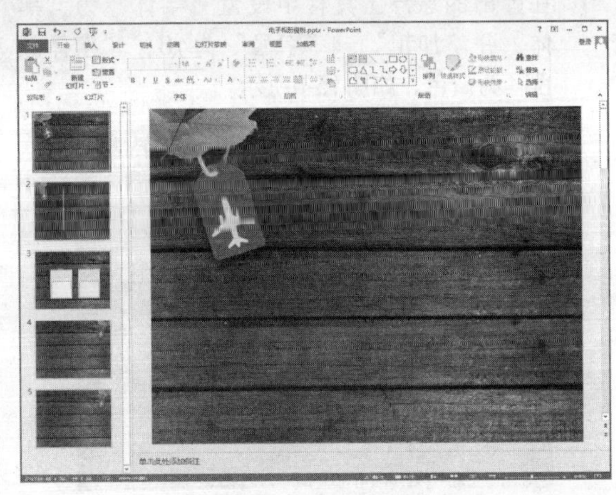

图15-2 打开一个素材文件

02 进入第1张幻灯片，切换至“插入”面板，在“文本”选项板中单击“文本框”下拉按钮，弹出列表框，选择“横排文本框”选项，如图15-3所示。

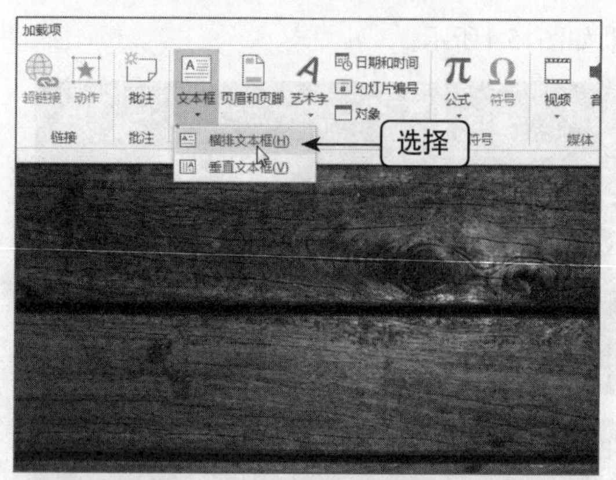

图15-3 选择“横排文本框”选项

03 执行操作后，在编辑区中的合适位置绘制一个文本框，如图15-4所示。

图15-4 绘制一个文本框

04 在绘制的文本框中输入相应文本。选择文本，在弹出的悬浮工具栏中设置“字体”为“黑体”并“加粗”、“字号”为48、“字体颜色”为白色，如图15-5所示。

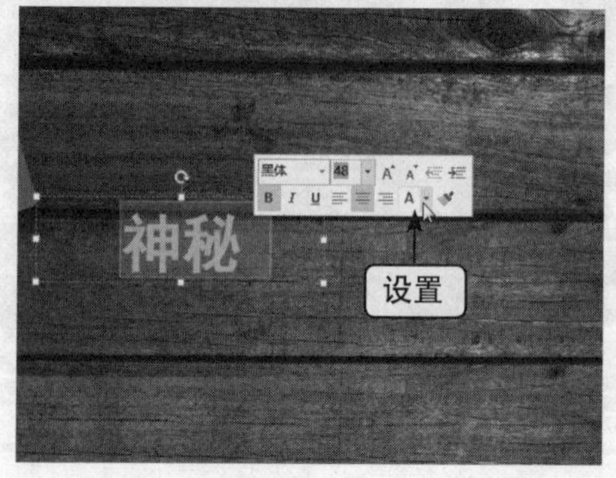

图15-5 设置字体属性

05 用与上面相同的方法，在编辑区中的相应位置再次绘制一个文本框，并输入文本，如图15-6所示。

图15-6 输入文本

06 选择文本，在“开始”面板中的“字体”选项板中，设置“字体”为“楷体GB2312”并“加粗”、“字号”为150，效果如图15-7所示。

图15-7 设置字体属性

07 用与上面相同的方法，输入其他文本，并调整文本至合适位置，效果如图15-8所示。

图15-8 输入其他文本

08 切换至“插入”面板，单击“插图”选项板中的“形状”下拉按钮，如图15-9所示。

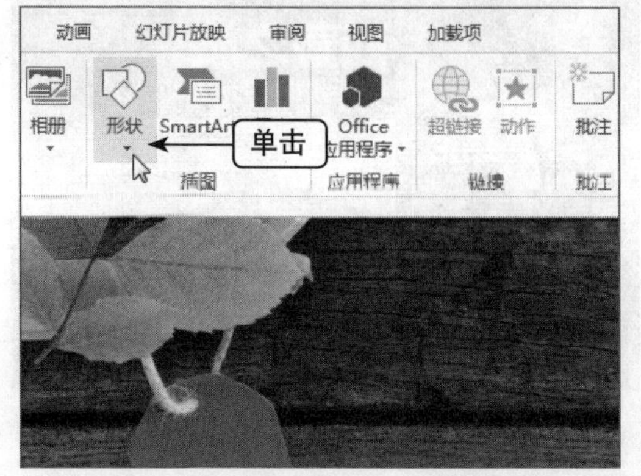

图15-9 单击“形状”下拉按钮

09 弹出列表框，选择“线段”选项区中的“直线”选项，如图15-10所示。

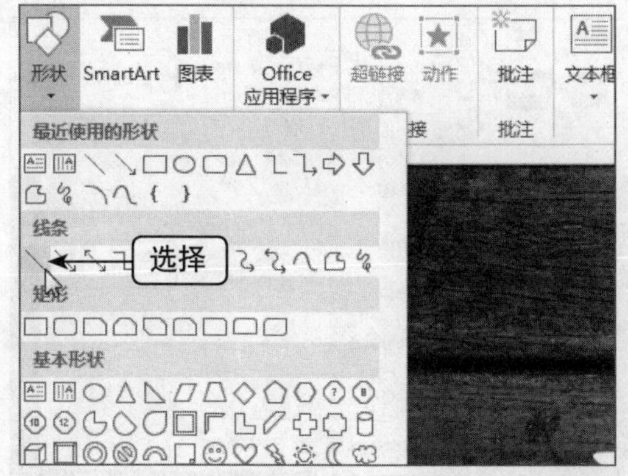

图15-10 选择“直线”选项

10 在编辑区中的相应位置绘制直线，并在“格式”选项板中的“形状样式”选项板中设置直线的“形状轮廓”为“白色，背景1”选项，效果如图15-11所示。

图15-11 设置直线形状样式

15.1.2 制作电子相册其他幻灯片

制作电子相册其他幻灯片的具体操作步骤如下。

01 进入第2张幻灯片，在编辑区中的合适位置绘制一个文本框，如图15-12所示。

图15-12 绘制一个文本框

02 在文本框中，输入数字1，在“字体”选项板中设置相应字体，“字号”为156，单击“加粗”和“倾斜”按钮，设置“字体颜色”为金色，效果如图15-13所示。

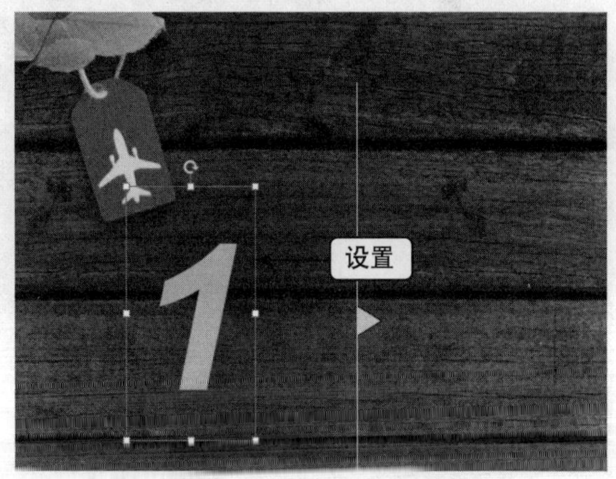

图15-13 设置文本属性

03 用与上面相同的方法，在幻灯片中的其他位置输入相应文本，并设置各属性，效果如图15-14所示。

04 切换至“插入”面板，单击“图像”选项板中的“图片”按钮，如图15-15所示。

图15-14　输入相应文本

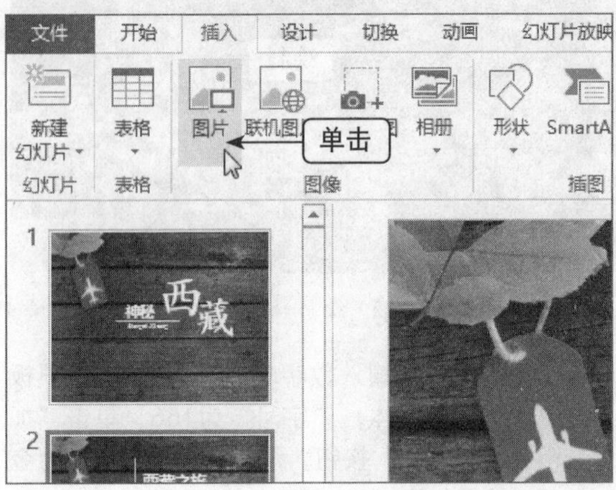

图15-15　单击"图片"按钮

05 弹出"插入图片"对话框，在计算机中的相应位置选择需要的图片，如图15-16所示。

图15-16　选择需要的图片

06 单击"插入"按钮，即可将图片插入至幻灯片中，调整其大小，如图15-17所示。

图15-17　插入图片

07 双击左边的图片，切换至"图片工具"中的"格式"面板，单击"图片样式"选项板中的"图片效果"下拉按钮，弹出列表框，选择"预设"中的"预设1"选项，如图15-18所示。

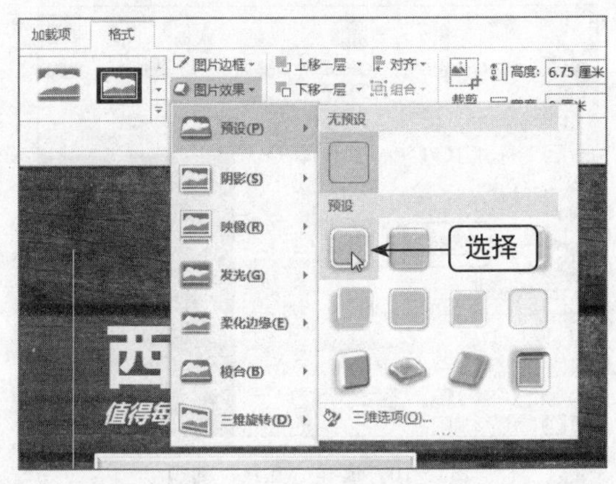

图15-18　选择"预设1"选项

08 执行操作后，即可设置图片效果。用与上面相同的方法，设置另外一张图片的效果，并调整两张图片的大小和位置，效果如图15-19所示。

图15-19　设置图片效果

09 进入第3张幻灯片，绘制文本框，输入文本，并设置相应属性，效果如图15-20所示。

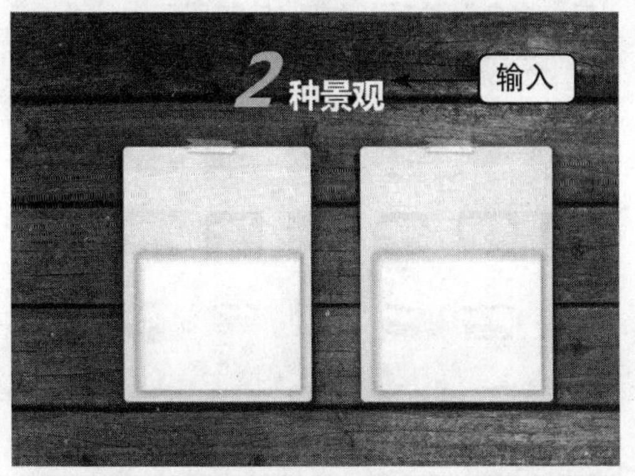

图15-20 输入文本

10 切换至“插入”面板，单击“图像”选项板中的“图片”按钮，弹出“插入图片”对话框，在计算机中的合适位置选择需要的图片，如图15-21所示。

图15-21 选择需要的图片

11 单击“插入”按钮，插入图片，调整至合适大小和位置。用与上面相同的方法，插入另外一张图片，并进行相应调整，效果如图15-22所示。

图15-22 插入图片

12 选择插入的两张图片，切换至“图片工具”中的“格式”面板，单击“图片样式”选项板中的“其他”下拉按钮，弹出列表框，选择“柔化边缘椭圆”选项，如图15-23所示。

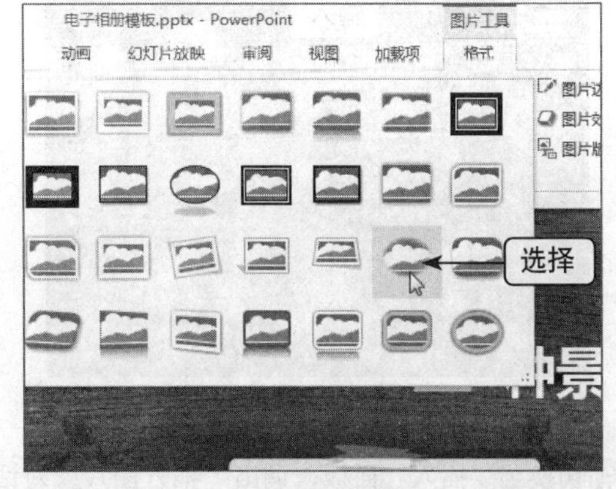

图15-23 选择“柔化边缘椭圆”选项

13 执行操作后，即可设置图片样式，效果如图15-24所示。

图15-24 设置图片样式

14 在两张图片的上方分别绘制文本框，并输入文本，效果如图15-25所示。

图15-25 输入文本

15 进入第4张幻灯片，在编辑区上方绘制文本框，并输入文本，然后设置相应属性，如图15-26所示。

图15-26 输入文本并设置相应属性

16 切换至“插入”面板，调出“插入图片”对话框，在计算机中的合适位置选择需要的图片，如图15-27所示。

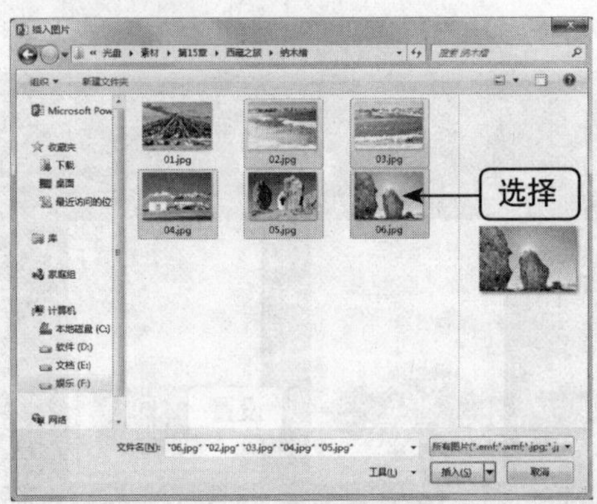

图15-27 选择需要的图片

17 单击“插入”按钮，即可插入图片，调整至合适大小，如图15-28所示。

图15-28 插入图片

18 选择一张图片，切换至“图片工具”中的“格式”面板，单击“图片样式”选项板中的“其他”下拉按钮，弹出列表框，选择“简单框架，白色”选项，如图15-29所示。

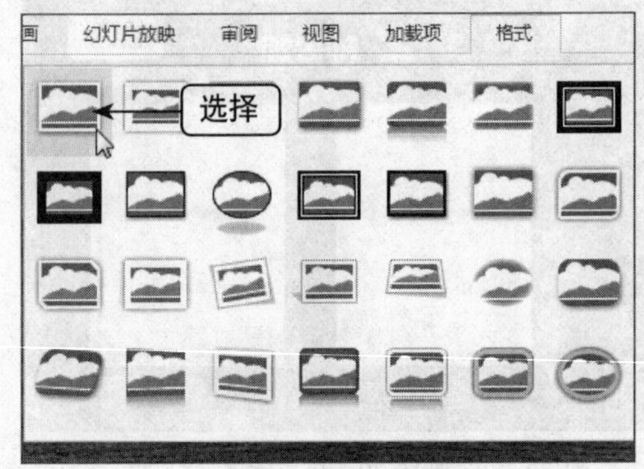

图15-29 选择“简单框架，白色”选项

19 执行操作后，即可设置图片样式，调整图片至合适位置，如图15-30所示。

图15-30 设置图片样式

20 用与上面相同的方法，设置其他图片的样式，并调整至相应位置，效果如图15-31所示。

图15-31 设置其他图片的样式

21 进入第5张幻灯片，在幻灯片中绘制文本框，并输入文本，然后设置相应文本属性，效果如

图15-32所示。

图15-32　输入文本并设置相应属性

22 用与同第4张幻灯片中相同的操作方法，在幻灯片中插入图片，并设置相应图片样式，然后对插入的图片进行相应调整，效果如图15-33所示。

图15-33　插入图片

15.1.3　为电子相册添加动画效果

将幻灯片中的元素制作完成以后，即可为幻灯片添加动画效果，具体操作步骤如下。

01 进入第1张幻灯片，选择相应文本，如图15-34所示。

图15-34　选择相应文本

02 切换至“动画”面板，单击“动画”选项板中的“其他”下拉按钮，弹出列表框，在“进入”选项板中选择“飞入”选项，如图15-35所示。

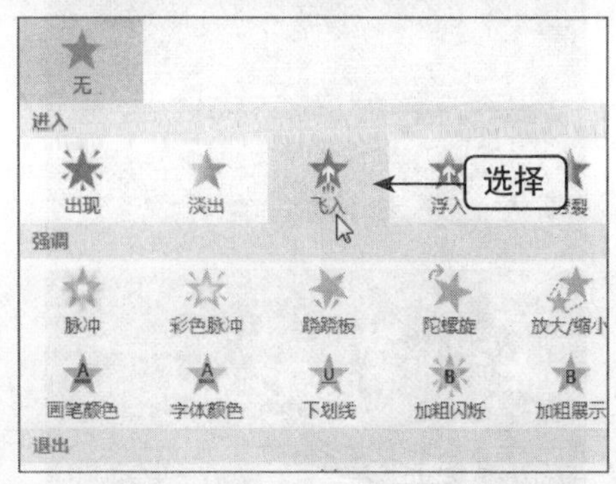

图15-35　选择“飞入”选项

03 执行操作后，即可为文本设置飞入动画效果。用与上面相同的方法，设置文本“西藏”的动画效果为“浮入”、西文文本的动画效果为“淡出”。单击“预览”选项板中的“预览”按钮，即可预览第1张幻灯片动画效果，如图15-36所示。

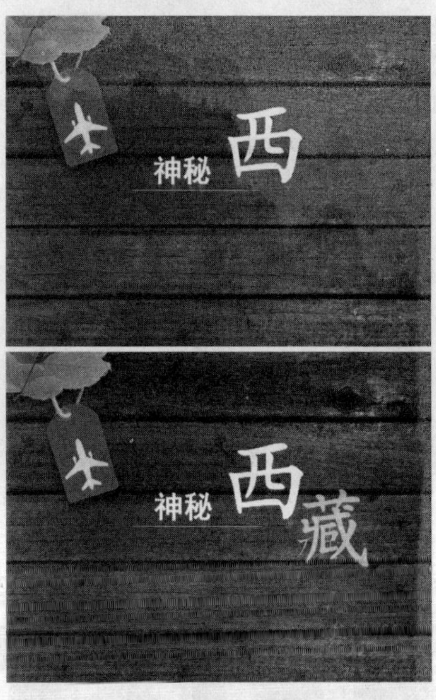

图15-36　预览第1张动画效果

04 进入第2张幻灯片，设置左边文本的动画效果为“轮子”、右边文本动画效果为“劈裂”、两张图片的动画效果分别为“棋盘”和“菱形”。预览第2张幻灯片动画效果，如图15-37所示。

图15-37　预览第2张幻灯片动画效果

05 进入第3张幻灯片，设置最上方标题文本动画效果为“楔入”、两张图片上方的文本动画效果为“飞入”、两张图片的动画效果为“翻转式由远及近”。预览第3张幻灯片动画效果，如图15-38所示。

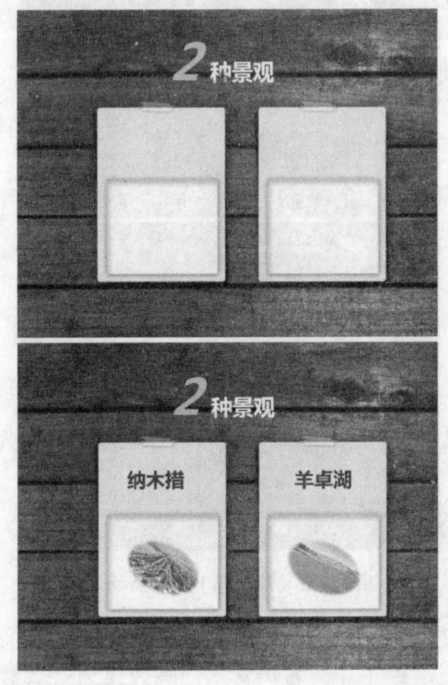

图15-38　预览第3张幻灯片动画效果

06 进入第4张幻灯片，设置标题文本动画效果为“飞入”、5张图片的动画效果依次为“飞旋”、“螺旋飞入”、“飞旋”、“缩放”和“浮动”。预览第4张幻灯片动画效果，如图15-39所示。

图15-39　预览第4张幻灯片动画效果

07 进入第5张幻灯片，将幻灯片中的文本与图片设置与第4张幻灯片中相同的动画效果。单击“预览”选项板中的“预览”按钮，预览第5张幻灯片动画效果，如图15-40所示。

图15-40　预览第5张幻灯片动画效果

15.2 节日贺卡模板制作

本实例介绍的是情人节贺卡的制作，效果如图15-41所示。

图15-41　情人节贺卡效果

➡素材文件	素材\第15章\节日贺卡模板.pptx等
➡效果文件	效果\第15章\节日贺卡模板.pptx
➡视频文件	视频\第15章\制作贺卡首页效果.mp4等
➡难易程度	★★★★★

15.2.1　制作贺卡首页效果

制作贺卡首页效果的具体操作步骤如下。

01 在PowerPoint 2013中，打开一个素材文件，如图15-42所示。

图15-42　打开一个素材文件

02 进入第1张幻灯片，切换至“插入”面板，单击“图像”选项板中的“图片”按钮，如图15-43所示。

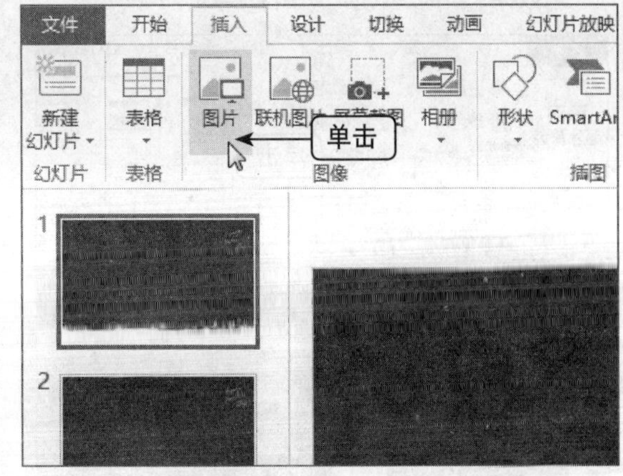

图15-43　单击“图片”按钮

03 弹出“插入图片”对话框，在计算机中的相应位置选择需要的图片，如图15-44所示。

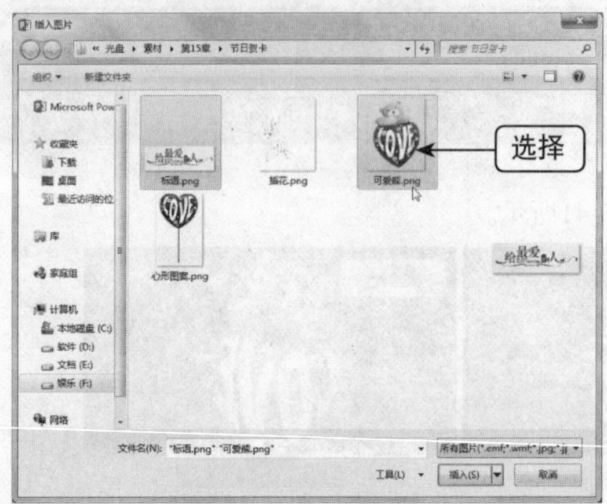

图15-44　选择需要的图片

04 单击“插入”按钮，即可插入图片，分别调整至合适位置，如图15-45所示。

图15-45　插入图片

05 选择插入的图片，切换至“图片工具”中的“格式”面板，单击“调整”选项板中的“艺术效果”下拉按钮，如图15-46所示。

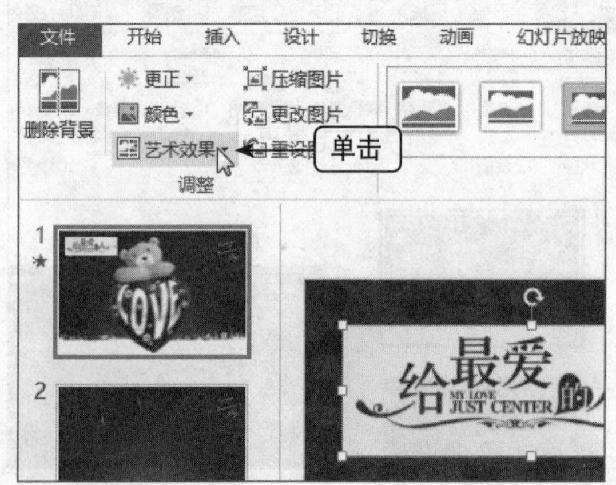

图15-46　单击“艺术效果”下拉按钮

06 弹出列表框，选择“混凝土”选项，如图15-47所示。

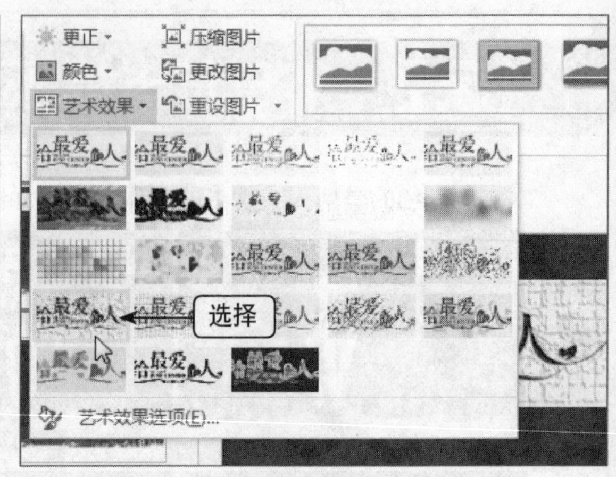

图15-47　选择“混凝土”选项

07 在“图片样式”选项板中，单击“图片效果”下拉按钮，弹出列表框，选择“预设”中的“预设2”选项，如图15-48所示。

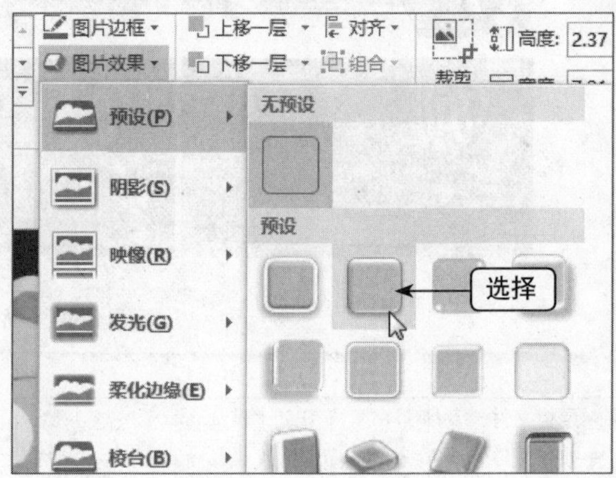

图15-48　选择“预设2”选项

08 执行操作后，即可设置图片预设效果，如图15-49所示。

图15-49　设置图片预设效果

09 再次单击“图片效果”下拉按钮，弹出列表框，选择“映像”中的“紧密映像，接触”选项，如图15-50所示。

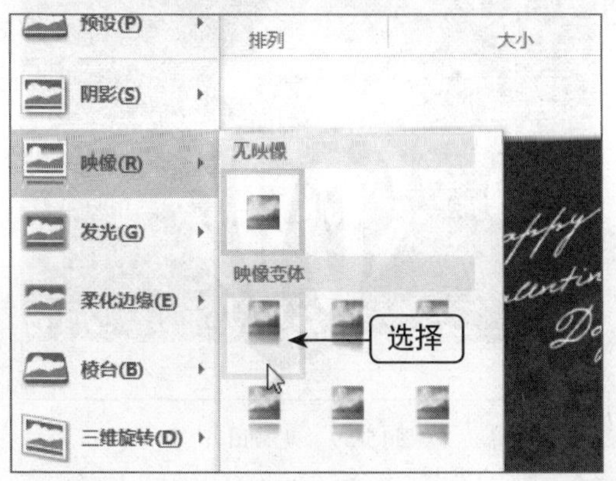

图15-50 选择“紧密映像，接触”选项

10 执行操作后，即可设置图片映像效果，如图15-51所示。

图15-51 设置图片映像效果

11 切换至“插入”面板，单击“文本”选项板中的“文本框”下拉按钮，弹出列表框，选择“横排文本框”选项，如图15-52所示。

图15-52 选择“横排文本框”选项

12 在幻灯片中绘制文本框，并输入文本，设置“字体”为“文鼎中特广告体”、“字号”为30，效果如图15-53所示。

图15-53 输入文本

13 切换至“绘图工具”中的“格式”面板，单击“形状样式”选项板中的“其他”下拉按钮，弹出列表框，选择“强烈效果-橙色，强调颜色6”选项，如图15-54所示。

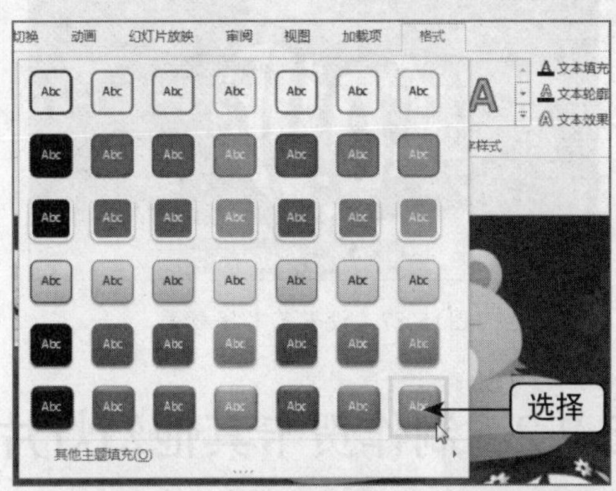

图15-54 选择“强烈效果-橙色，强调颜色6”选项

14 执行操作后，即可设置文本形状效果，如图15-55所示。

图15-55 设置文本形状效果

15 单击“艺术字样式”选项板中的“其他”下拉按钮，弹出列表框，选择相应选项，如图15-56所示。

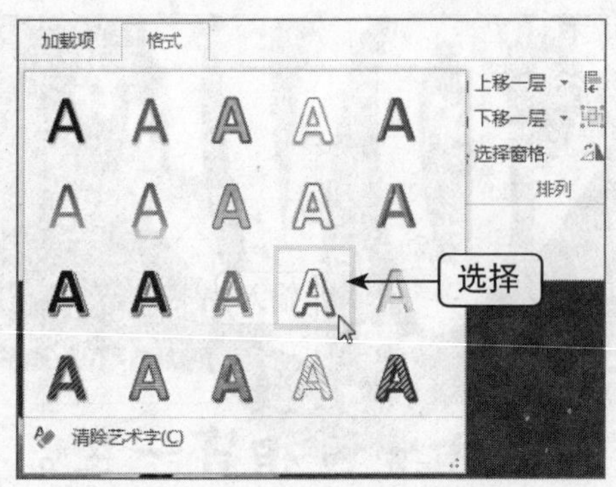

图15-56 选择相应选项

16 执行操作后，即可设置艺术字效果，如图15-57所示。

图15-57 设置艺术字效果

15.2.2 制作贺卡其他幻灯片

制作贺卡其他幻灯片的具体操作步骤如下。

01 进入第2张幻灯片，绘制文本框，并输入文本，设置“字体”为“华康少女文字”、“字号”为28，单击“加粗”按钮，设置“字体颜色”为白色，效果如图15-58所示。

图15-58 输入文本并设置文本属性

02 进入第1张幻灯片，复制相应图片，粘贴至第2张幻灯片中的合适位置，如图15-59所示。

图15-59 复制图片

03 切换至“插入”面板，调出“插入图片”对话框，在计算机中的相应位置选择需要的图片，如图15-60所示。

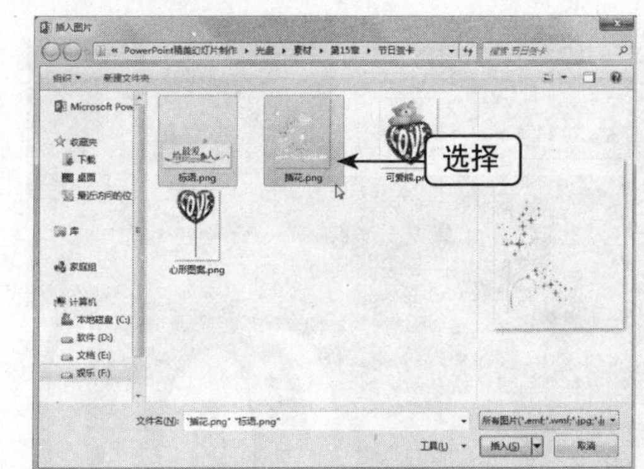

图15-60 选择需要的图片

04 单击“插入”按钮，即可插入图片，调整图片顺序及位置，效果如图15-61所示。

图15-61 插入图片

05 进入第3张幻灯片，将第2张幻灯片中的部分图片复制到第3张幻灯片中，调整至合适位置，如图15-62所示。

图15-62　复制图片

06 切换至“插入”面板，单击“图像”选项板中的“图片”按钮，弹出“插入图片”对话框，在计算机中的相应位置选择需要的图片，如图15-63所示。

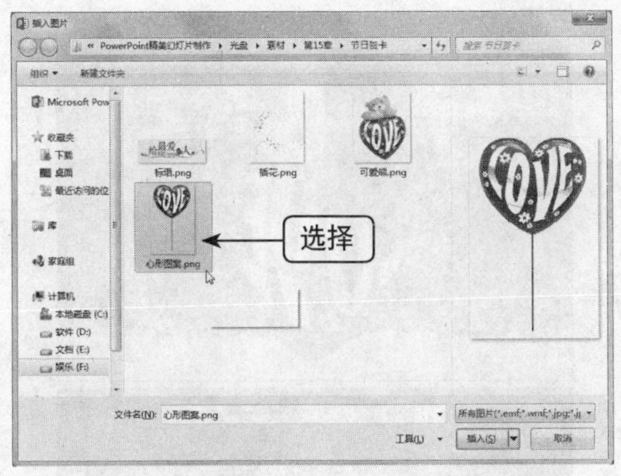

图15-63　选择需要的图片

07 单击“插入”按钮，即可插入图片，调整图片的位置，如图15-64所示。

图15-64　插入图片

08 切换至“插入”面板，单击“文本”选项板中的“文本框”下拉按钮，弹出列表框，选择“垂直文本框”选项，效果如图15-65所示。

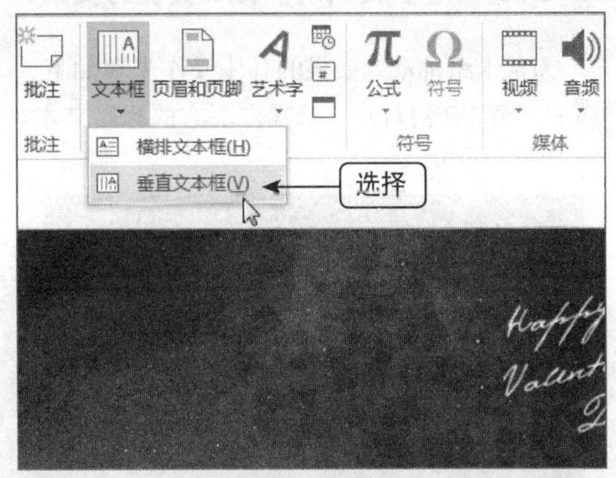

图15-65　选择“垂直文本框”选项

09 在幻灯片中绘制文本框，并输入文本，如图15-66所示。

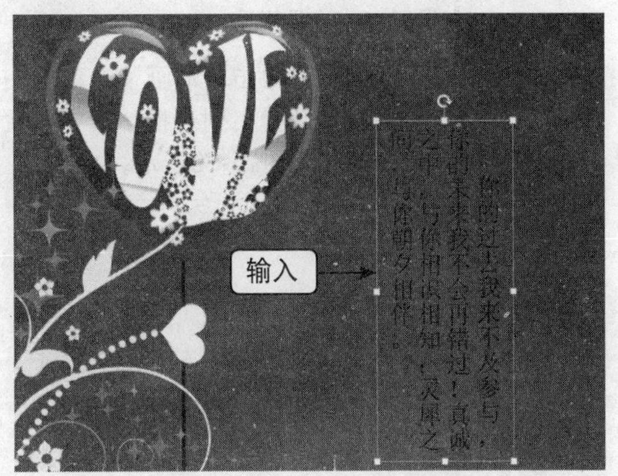

图15-66　输入文本

10 选择文本，在“字体”选项板中设置“字体”为“华康少女文字”、“字号”为20、“字体颜色”为白色，单击“加粗”按钮，在“段落”选项板中设置“行距”为1.5，效果如图15-67所示。

图15-67　设置各选项

15.2.3 为贺卡添加动画效果

为贺卡添加动画效果的具体操作步骤如下。

01 进入第1张幻灯片，选择左上方的标题文本，如图15-68所示。

图15-68 选择标题文本

02 切换至“动画”面板，单击“动画”选项板中的“其他”下拉按钮，弹出列表框，选择“更多进入效果”选项，如图15-69所示。

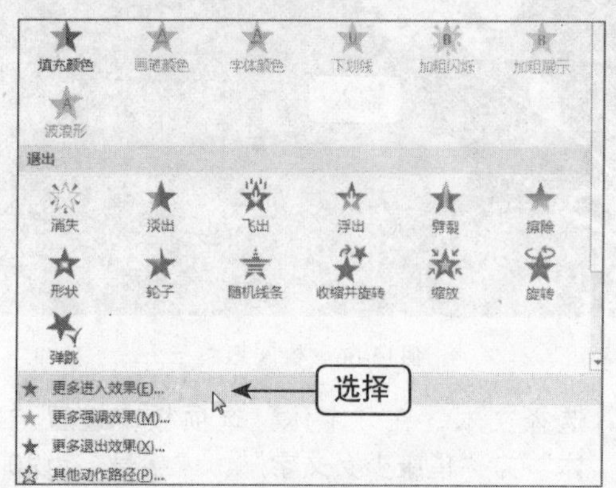

图15-69 选择“更多进入效果”选项

03 弹出“更改进入效果”对话框，在“华丽型”选项区中选择“飞旋”选项，如图15-70所示。

04 单击“确定”按钮，即可为标题文本添加动画效果，如图15-71所示。

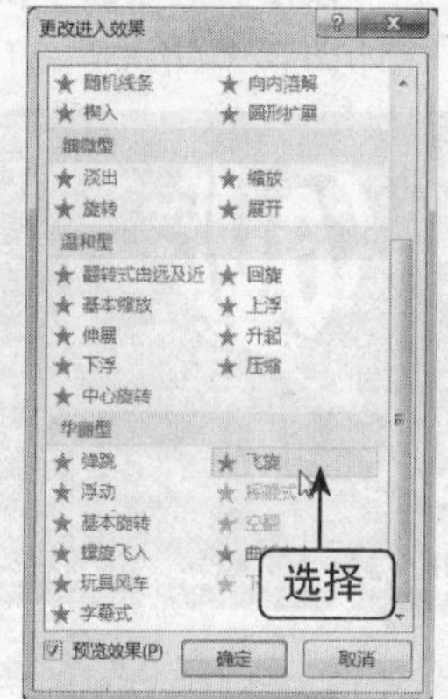

图15-70 选择“飞旋”选项

图15-71 为标题文本添加动画效果

05 用与上面相同的方法，设置可爱熊图片的动画效果为“轮子”、下方文本的动画效果为“下拉”。单击“预览”选项板中的“预览”按钮，即可预览第1张动画效果，如图15-72所示。

图15-72 预览第1张幻灯片动画效果

06 进入第2张幻灯片，由上至下设置文本动画效果分别为“浮入”和“缩放”、可爱熊图片动画效果为“轮子”、装饰花的动画效果为“旋转”。单击“预览”选项板中的预览按钮，即可预览第2张幻灯片动画效果，如图15-73所示。

07 进入第3张幻灯片，设置左边的装饰花的动画效果为“展开”、下方的文本动画效果为“缩放”、设置中间的文本动画效果为“空翻”。单击“预览”选项板中的“预览”按钮，预览第3张幻灯片动画效果，如图15-74所示。

图15-73 预览第2张幻灯片动画效果

图15-74 预览第3张幻灯片动画效果

08 进入第1张幻灯片，切换至“切换”面板，单击“切换到此幻灯片”选项板中的“其他”下拉按钮，如图15-75所示。

图15-75 单击“其他”下拉按钮

09 弹出列表框，在“华丽型”选项区中选择“涡流”选项，如图15-76所示。

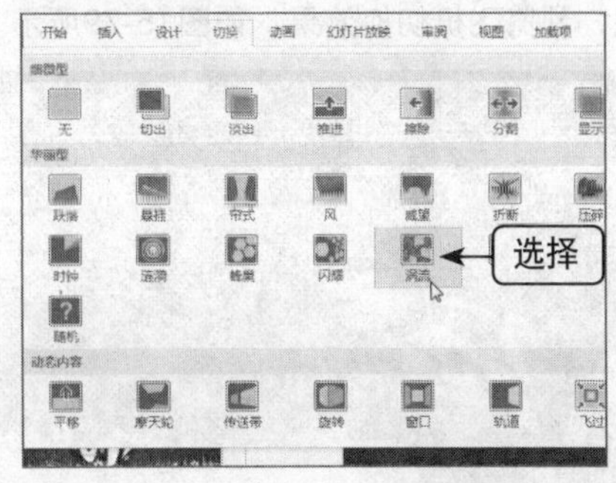

图15-76 选择“涡流”选项

10 执行操作后，即可为第1张幻灯片添加涡流切换效果。单击“预览”选项板中的“预览”按钮，预览涡流切换效果，如图15-77所示。

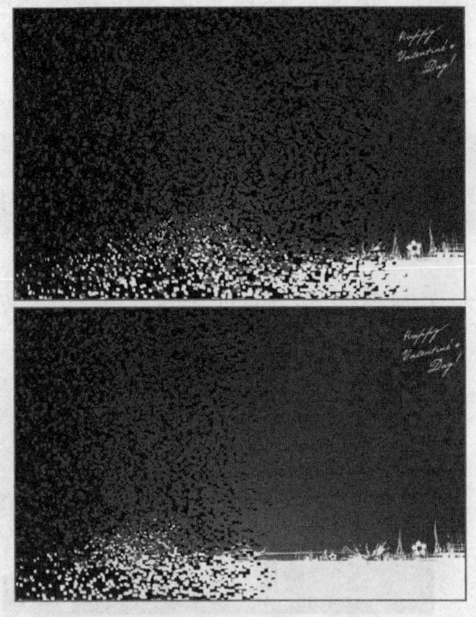

图15-77 预览涡流切换效果

11 进入第2张幻灯片，单击“切换到此幻灯片”选项板中的“其他”下拉按钮，弹出列表框，在“华丽型”选项区中选择“飞机”选项，如图15-78所示。

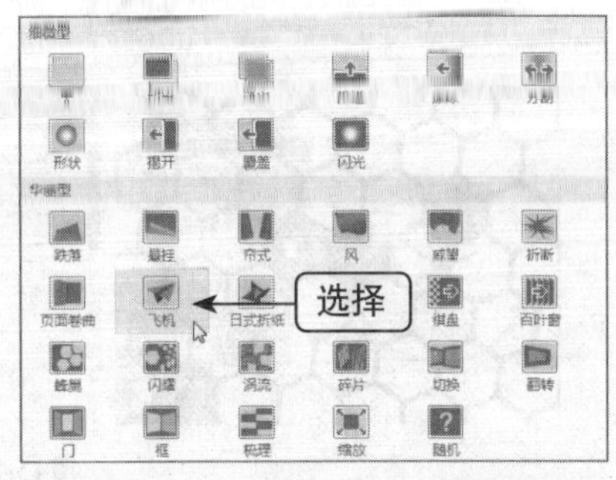

图15-78 选择“飞机”选项

12 执行操作后，即可为第2张幻灯片添加飞机切换效果。单击“预览”选项板中的“预览”按钮，预览飞机切换效果，如图15-79所示。

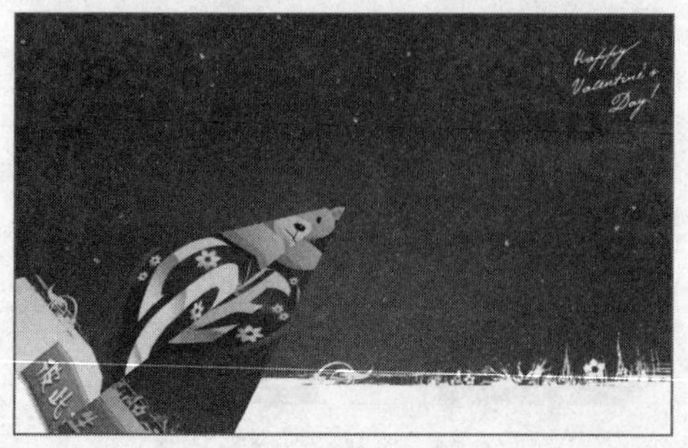

图15-79　预览飞机切换效果

13 进入第3张幻灯片，用与上面相同的方法，设置切换效果为“帘式”。单击“预览”选项板中的“预览”按钮，预览帘式切换效果，如图15-80所示。

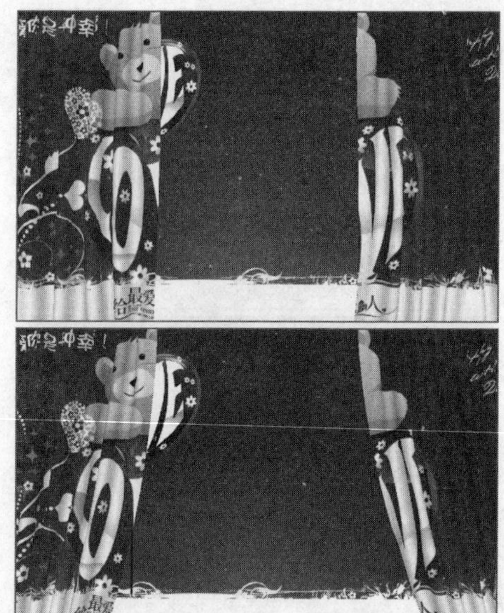

图15-80　预览帘式切换效果

15.3　教学课件模板制作

本实例介绍教学课件模板的制作，效果如图15-81所示。

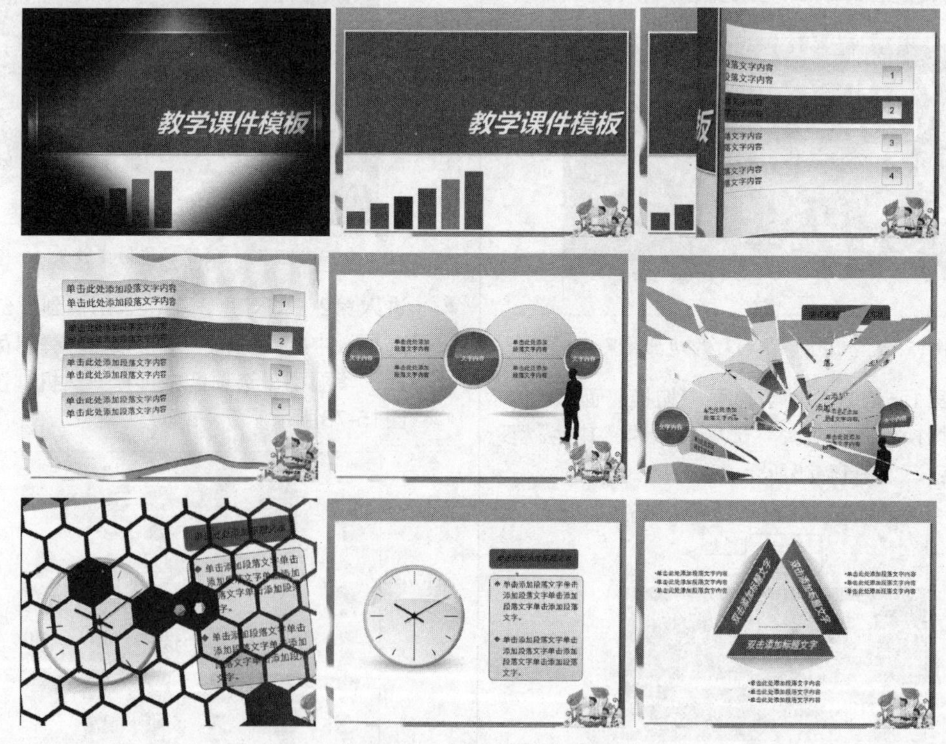

图15-81　教学课件模板效果

➡ 素材文件	素材\第15章\教学课件模板.pptx等
➡ 效果文件	效果\第15章\教学课件模板.pptx
➡ 视频文件	视频\第15章\制作教学课件模板首页.mp4等
➡ 难易程度	★★★★★

15.3.1 制作教学课件模板首页

制作教学课件模板首页的具体操作步骤如下。

01 在PowerPoint 2013中，打开一个素材文件，如图15-82所示。

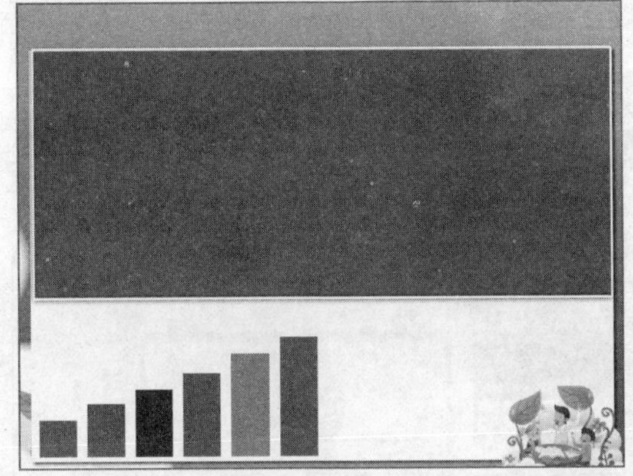

图15-82 打开一个素材文件

02 在编辑区中的合适位置绘制一个文本框，如图15-83所示。

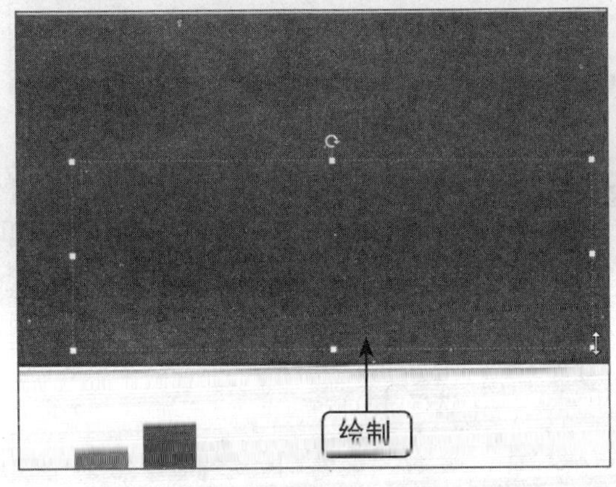

图15-83 绘制文本框

03 在文本框中输入文本，并选中文本，在“字体”选项板中设置文本“字体”为“微软雅黑”、“字号”为60，单击“加粗”和“文字阴影”按钮，设置“字体颜色”为白色，效果如图15-84所示。

图15-84 输入文本

04 切换至“绘图工具”中的“格式”面板，单击“艺术字样式”选项板中的“文本效果”下拉按钮，如图15-85所示。

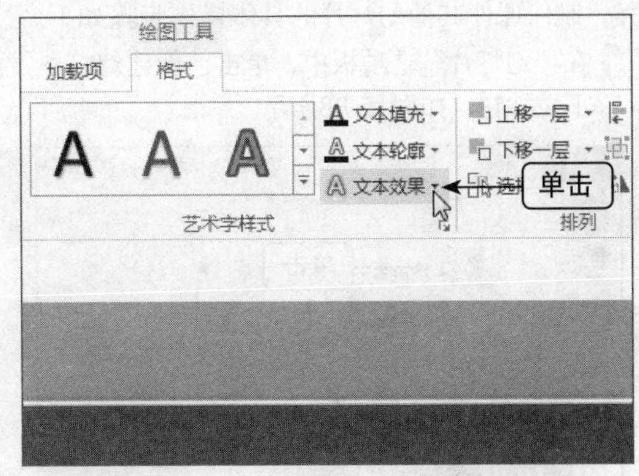

图15-85 单击“文本效果”下拉按钮

05 弹出列表框，在其中选择相应选项，如图15-86所示。

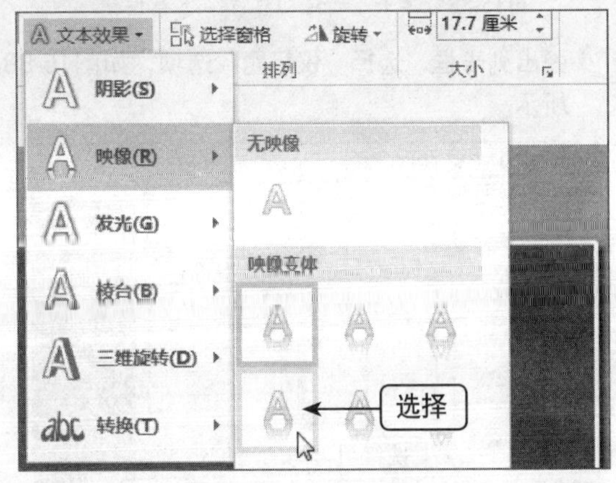

图15-86 选择相应选项

06 执行操作后，即可设置文本效果，如图15-87所示。

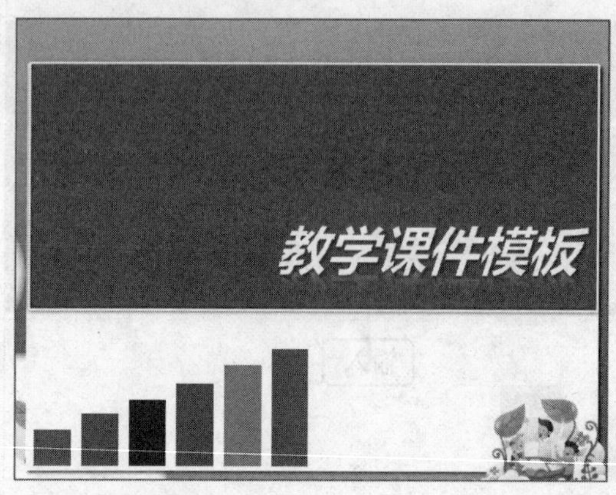

图15-87　设置文本效果

15.3.2　制作课件其他幻灯片

制作课件其他幻灯片的具体操作步骤如下。

01 在“幻灯片”选项板中，单击“新建幻灯片”下拉按钮，如图15-88所示。

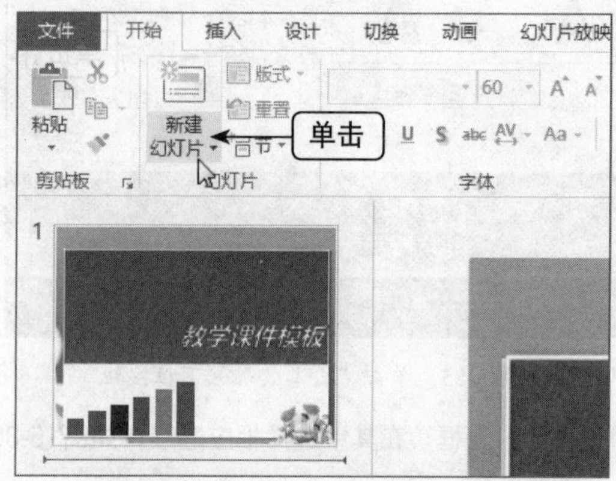

图15-88　单击“新建幻灯片”下拉按钮

02 弹出列表框，选择“仅标题”选项，如图15-89所示。

图15-89　选择“仅标题”选项

03 执行操作后，即可新建1张幻灯片，如图15-90所示。

图15-90　新建1张幻灯片

04 用与上面相同的方法，再次新建3张幻灯片，效果如图15-91所示。

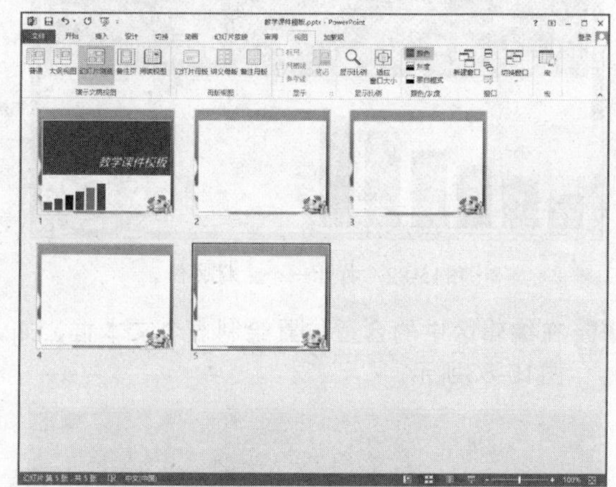

图15-91　新建3张幻灯片

05 进入第2张幻灯片，切换至“插入”面板，单击“插图”选项板中的“形状”下拉按钮，如图15-92所示。

图15-92　单击“形状”下拉按钮

06 弹出列表框，在“矩形”选项区中选择“矩形”选项，如图15-93所示。

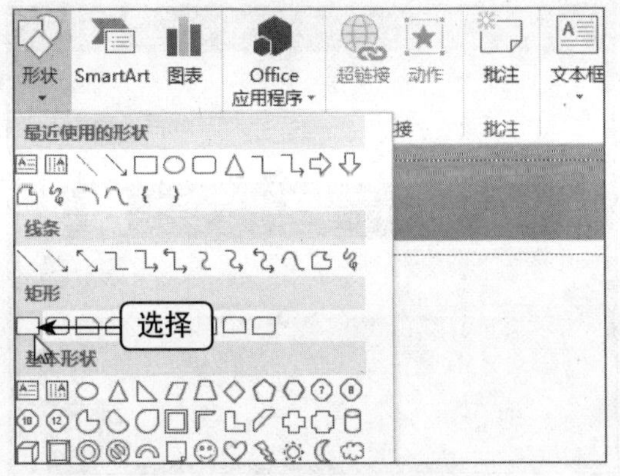

图15-93　选择“矩形”选项

07 执行操作后，在幻灯片中绘制矩形，单击鼠标右键，在弹出的快捷菜单中选择“设置形状格式”命令，如图15-94所示。

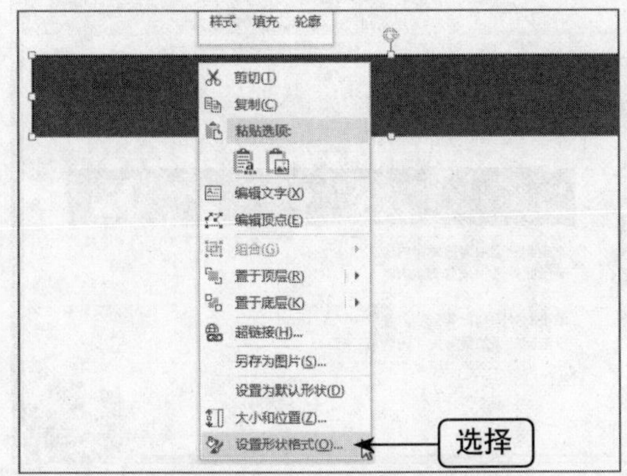

图15-94　选择“设置形状格式”命令

08 展开“设置形状格式”窗格，在展开的“填充”选项区中选中“渐变填充”单选按钮，如图15-95所示。

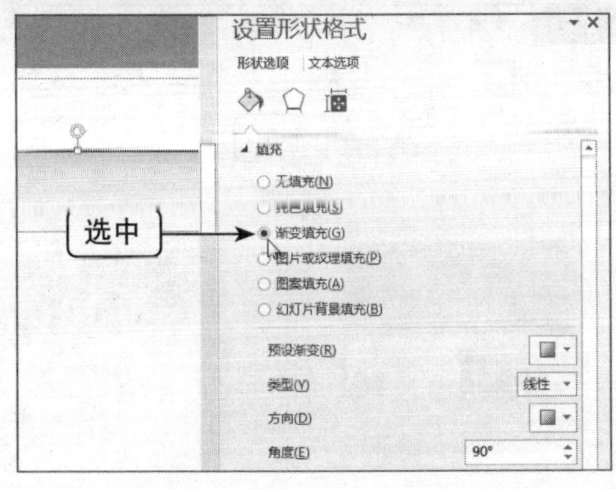

图15-95　选中“渐变填充”单选按钮

09 关闭“设置形状格式”窗格，在“绘图”选项板中单击“形状轮廓”下拉按钮，弹出列表框，选择相应选项，如图15-96所示。

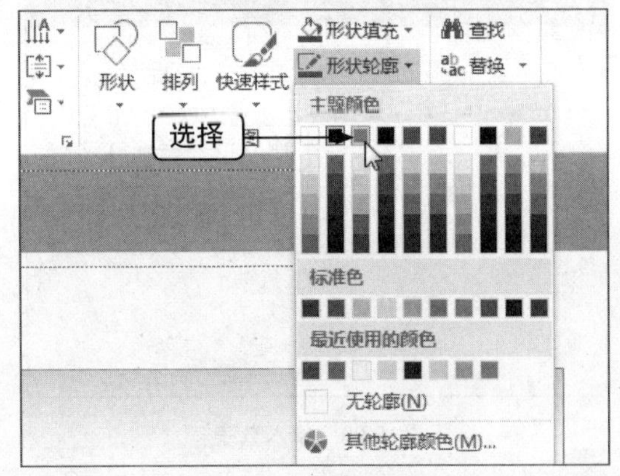

图15-96　选择相应选项

10 执行操作后，即可设置形状轮廓，效果如图15-97所示。

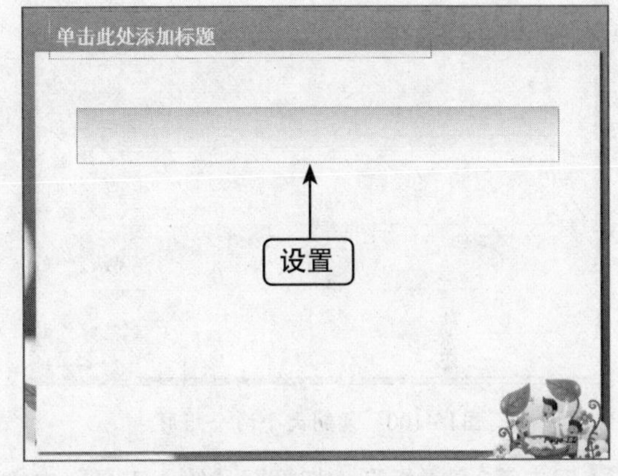

图15-97　设置形状轮廓

11 用与上面相同的方法，在矩形图形上绘制一个小矩形，如图15-98所示。

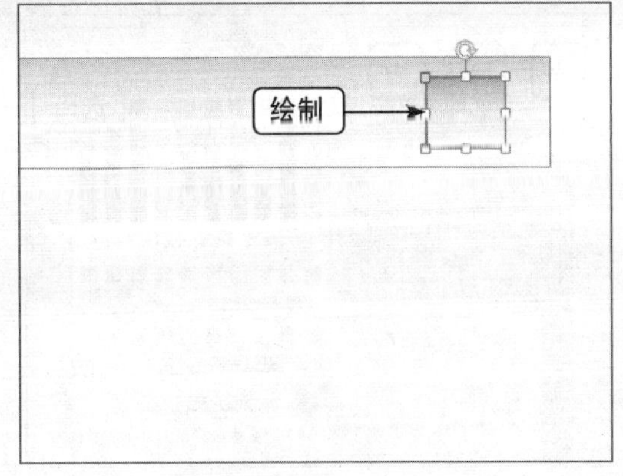

图15-98　绘制小矩形

12 单击鼠标右键，在弹出的快捷菜单中选择“编辑文字”命令，然后输入数字1，如图15-99所示。

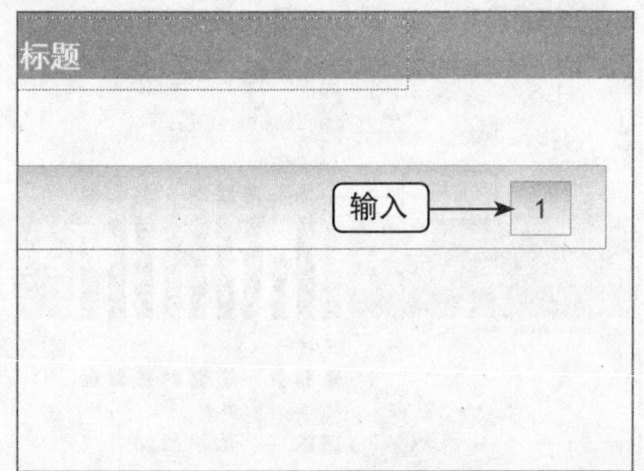

图15-99　输入数字

13 选中大小两个矩形，复制3份，效果如图15-100所示。

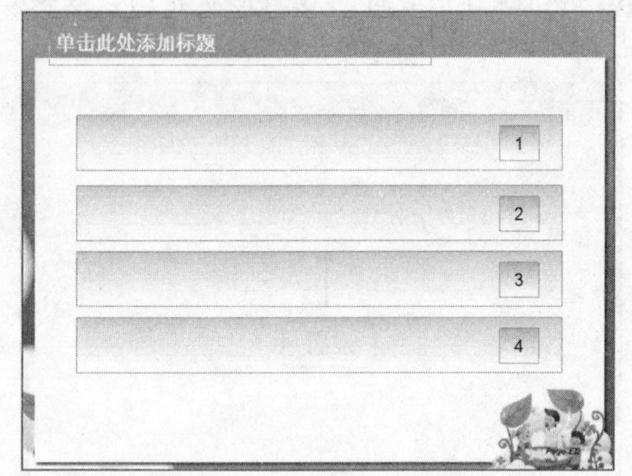

图15-100　复制大小两个矩形

14 双击第2个大矩形，切换至“绘图工具”中的“格式”面板，单击“形状样式”选项板中的“形状填充”下拉按钮，弹出列表框，选择“粉色，着色1”选项，如图15-101所示。

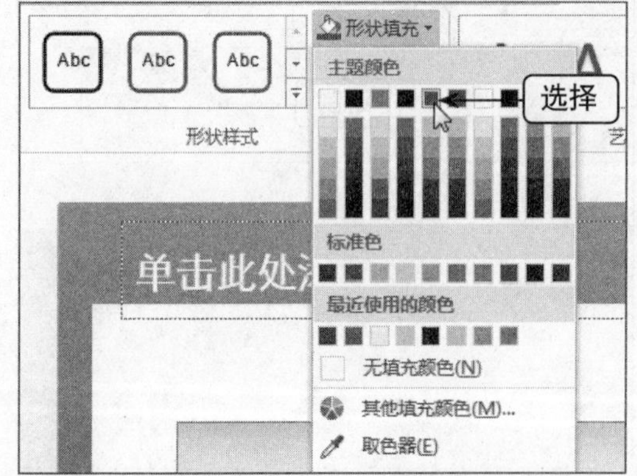

图15-101　选择“粉色，着色1”选项

15 执行操作后，即可填充形状，效果如图15-102所示。

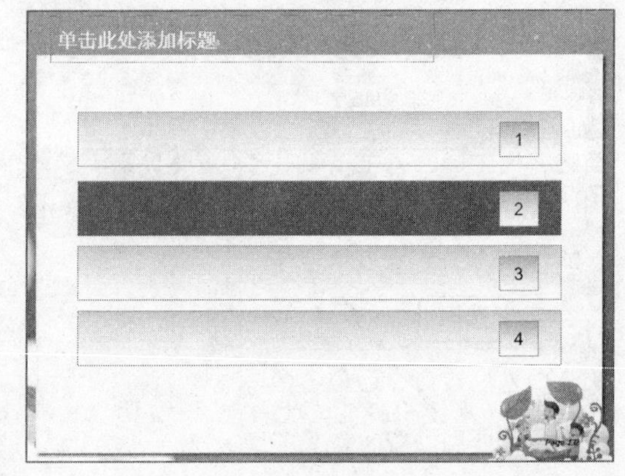

图15-102　填充形状

16 用户可以在矩形上添加需要的课件内容，效果如图15-103所示。

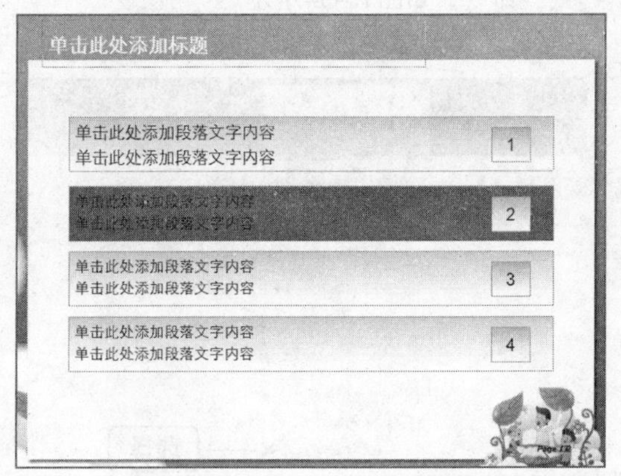

图15-103　添加需要的课件内容

17 进入第3张幻灯片，切换至“插入”面板，单击“图像”选项板中的“图片”按钮，如图15-104所示。

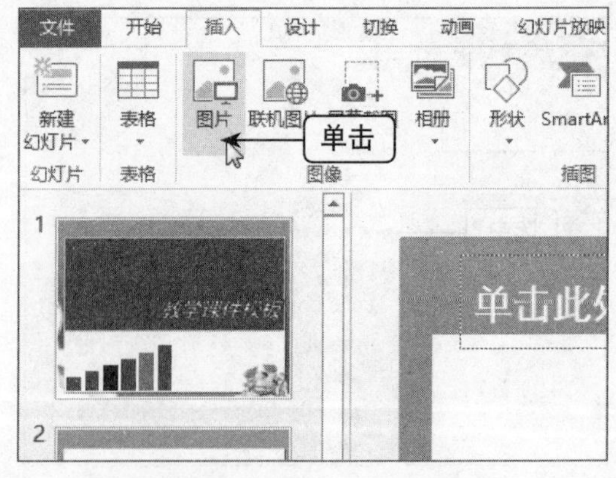

图15-104　单击“图片”按钮

18 弹出“插入图片”对话框，在计算机中的相应位置选择需要的图片，如图15-105所示。

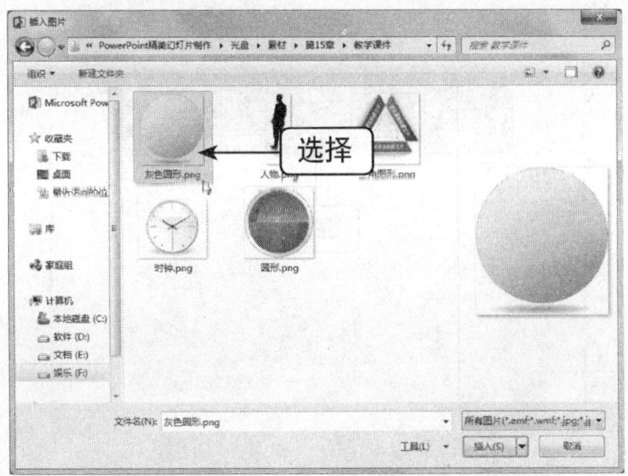

图15-105 选择需要的图片

19 单击“插入”按钮，即可插入图片。复制一个圆形，调整至合适位置，如图15-106所示。

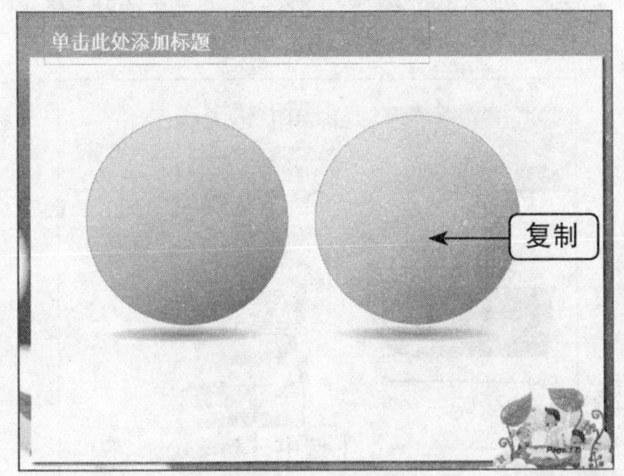

图15-106 插入并复制圆形

20 用与上面相同的方法，分别在幻灯片中插入“圆形”和“人物”图片，调整至合适位置，如图15-107所示。

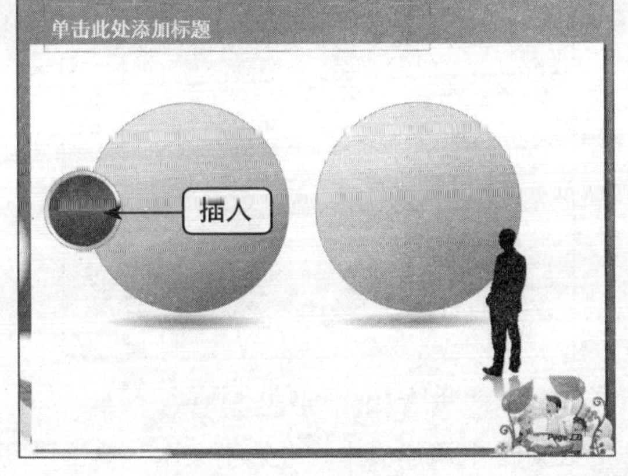

图15-107 插入图片

21 选择“圆形”图片，复制2次，调整至相应位置。选择中间的圆形，等比例放大，效果如图15-108所示。

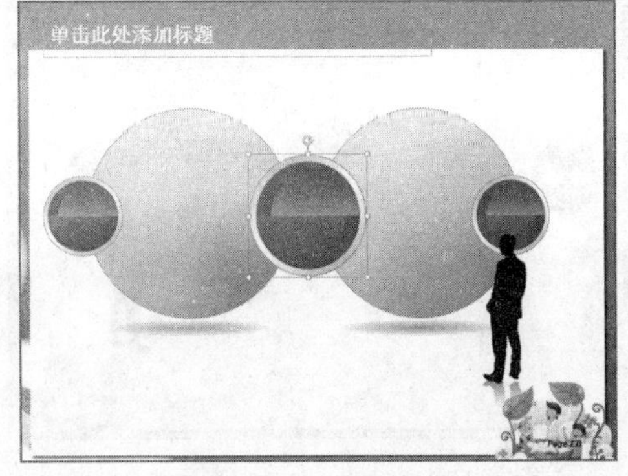

图15-108 复制圆形

22 在“形状”列表框中运用“箭头”形状绘制箭头，如图15-109所示。

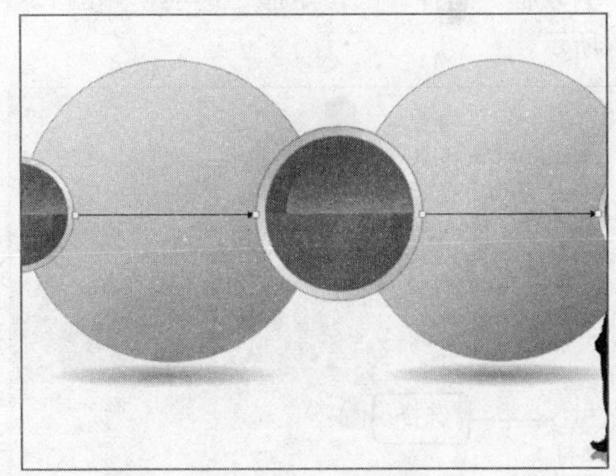

图15-109 绘制箭头

23 双击绘制的箭头形状，切换至“绘图工具”中的“格式”面板，单击“形状样式”选项板中的“其他”下拉按钮，弹出列表框，选择“细线-强调颜色1”选项，设置形状样式，效果如图15-110所示。

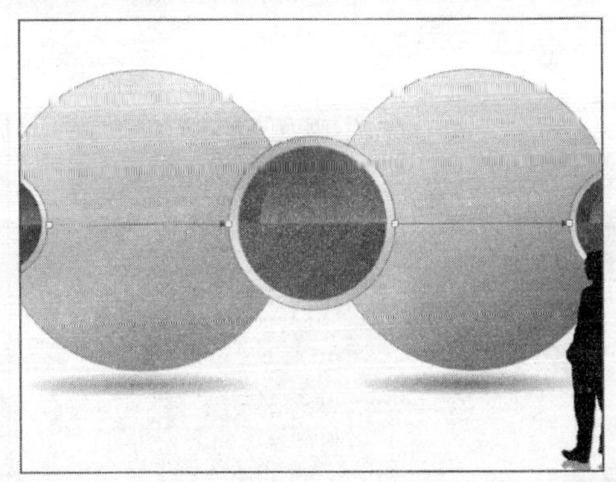

图15-110 设置形状样式

24 在图形上的合适位置添加文本框，用户可以输入相应图形文本，效果如图15-111所示。

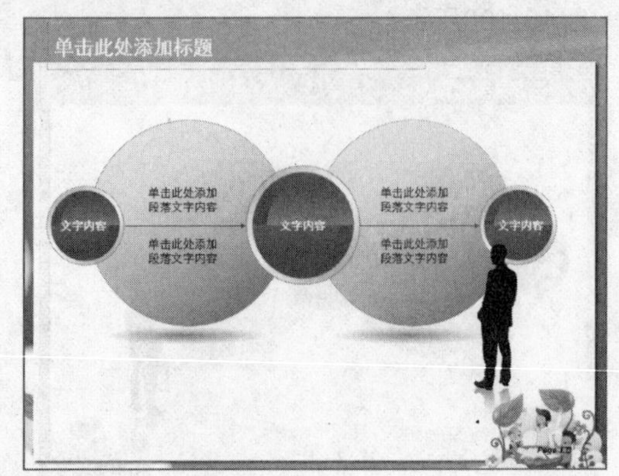

图15-111 输入相应图形文本

25 进入第4张幻灯片，切换至“插入”面板，单击“插图”选项板中的“形状”下拉按钮，弹出列表框，选择“圆角矩形”选项，如图15-112所示。

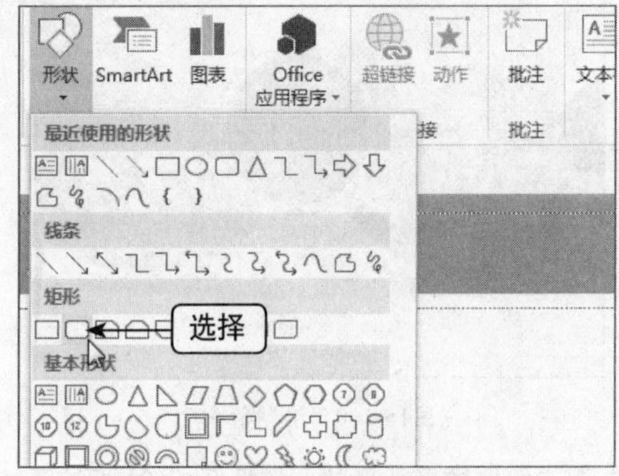

图15-112 选择“圆角矩形”选项

26 绘制一个圆角矩形，设置“形状轮廓”为“无轮廓”、“形状效果”为“预设3”，效果如图15-113所示。

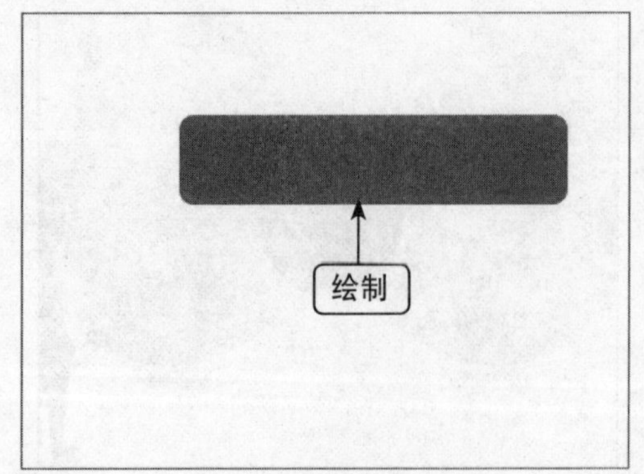

图15-113 绘制圆角矩形

27 在圆角矩形上绘制一个文本框，用户可以根据需要添加文本，如图15-114所示。

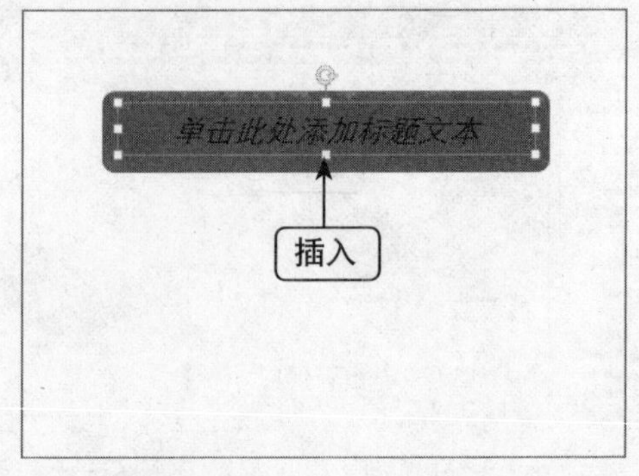

图15-114 插入并复制圆形

28 再次绘制一个圆角矩形，单击鼠标右键，在弹出的快捷菜单中选择“设置形状格式”命令，弹出“设置形状格式”窗格，在展开的“填充”选项区中选中“渐变填充”单选按钮，如图15-115所示。

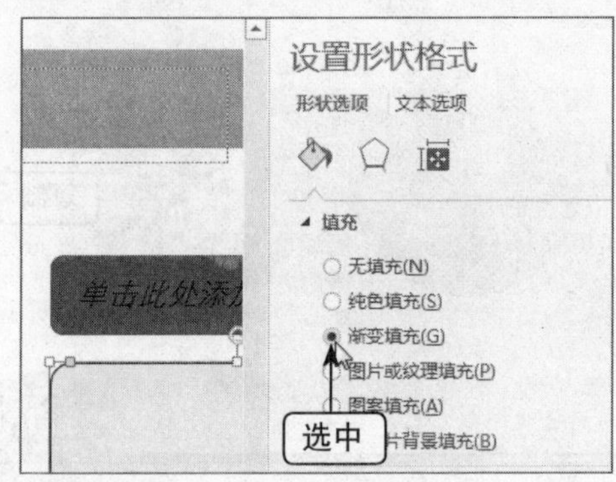

图15-115 选中“渐变填充”单选按钮

29 关闭“设置形状格式”窗格，即可设置形状样式，如图15-116所示。

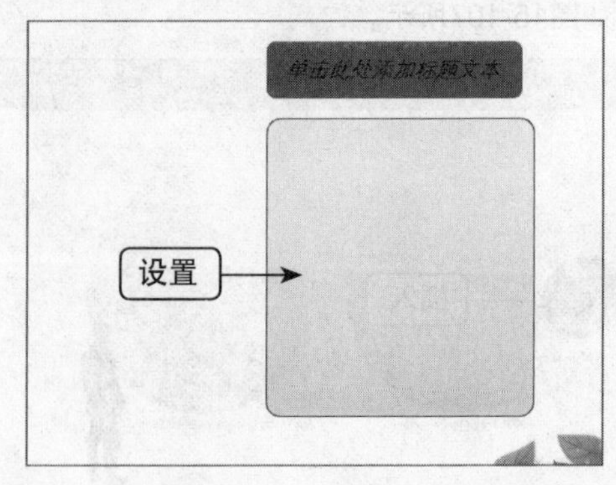

图15-116 设置形状样式

30 在矩形中添加文本，并选中文本，单击“段落”选项板中的“项目符号”下拉按钮，弹出列表框，选择“带填充效果的钻石形项目符号”选项，如图15-117所示。

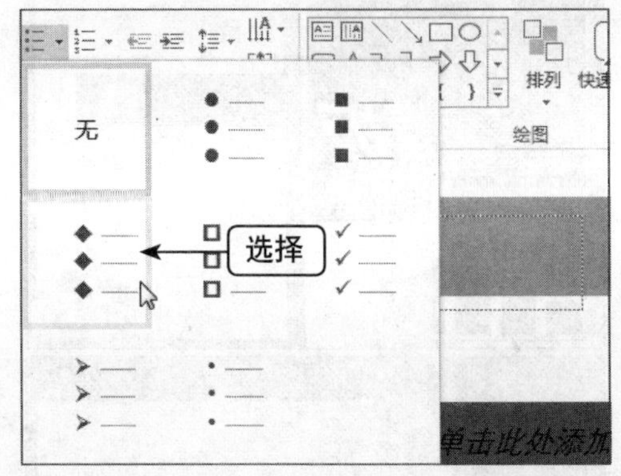

图15-117 选择“带填充效果的钻石形项目符号”选项

31 执行操作后，即可为文本添加项目符号，效果如图15-118所示。

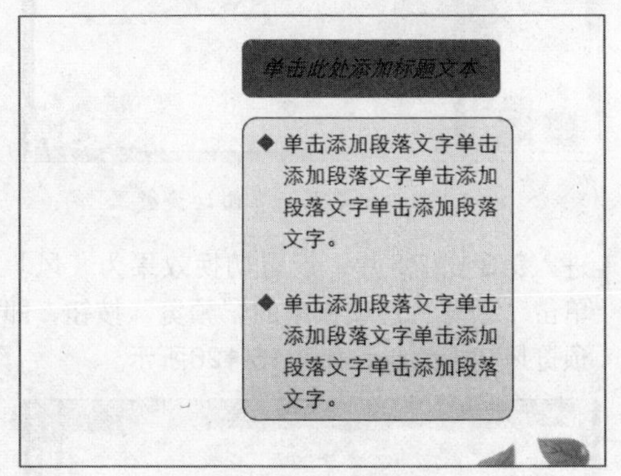

图15-118 添加项目符号

32 用与第3张幻灯片相同的操作方法，在第4张幻灯片中插入一个时钟图片，调整至合适位置，效果如图15-119所示。

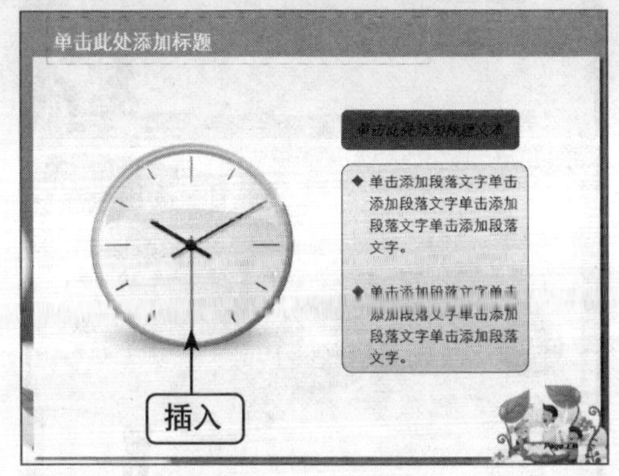

图15-119 插入图片

33 进入第5张幻灯片，用与上面相同的方法，在幻灯片中插入一个三角图形，如图15-120所示。

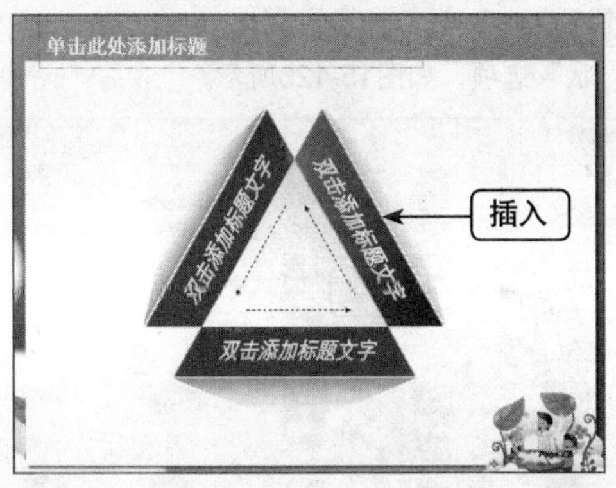

图15-120 插入一个三角图形

34 将三角图形调整至合适位置，用户可以在图形周边绘制文本框，输入相应文本，效果如图15-121所示。

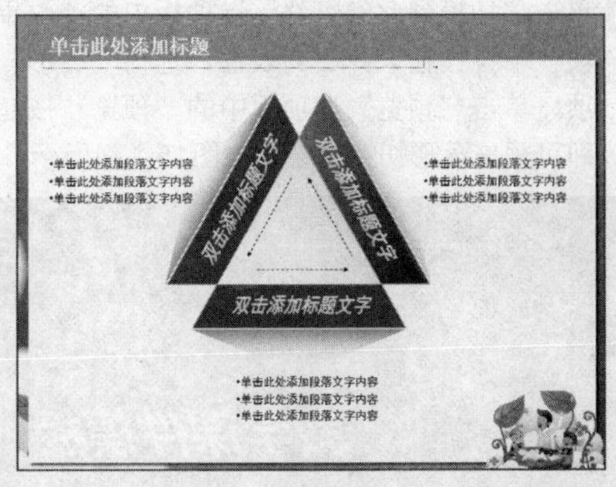

图15-121 绘制文本框

15.3.3 为课件添加动画效果

为课件添加动画效果的具体操作步骤如下。

01 进入第1张幻灯片，切换至“切换”面板，单击“切换到此幻灯片”选项板中的“其他”下拉按钮，如图15-122所示。

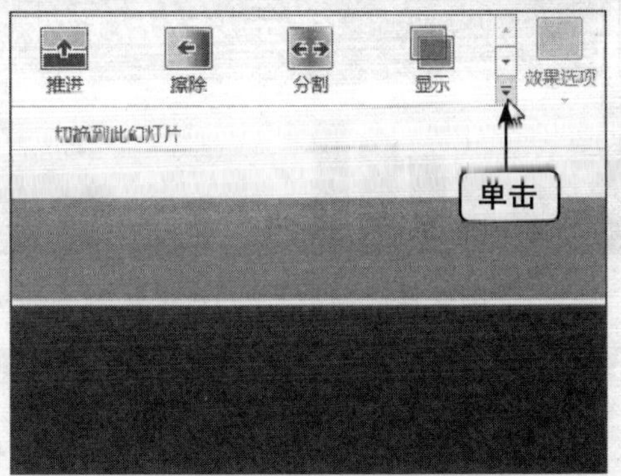

图15-122 选择标题文本

02 弹出列表框，在“细微型”选项区中选择“形状”选项，如图15-123所示。

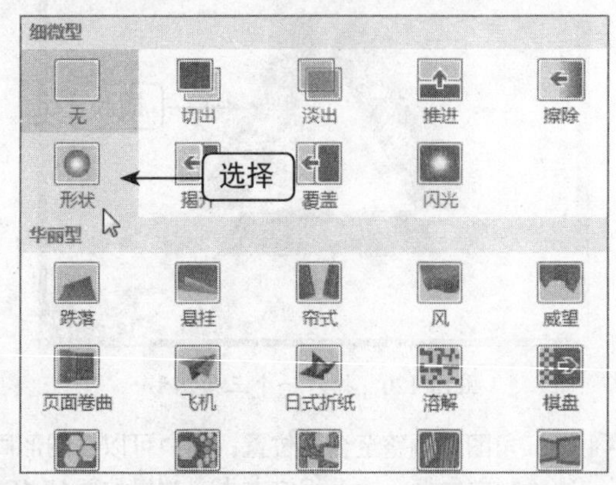

图15-123 选择“形状”选项

03 单击“切换到此幻灯片”选项板中的“效果选项”下拉按钮，弹出列表框，选择“菱形”选项。单击“预览”选项板中的“预览”按钮，即可预览菱形切换效果，如图15-124所示。

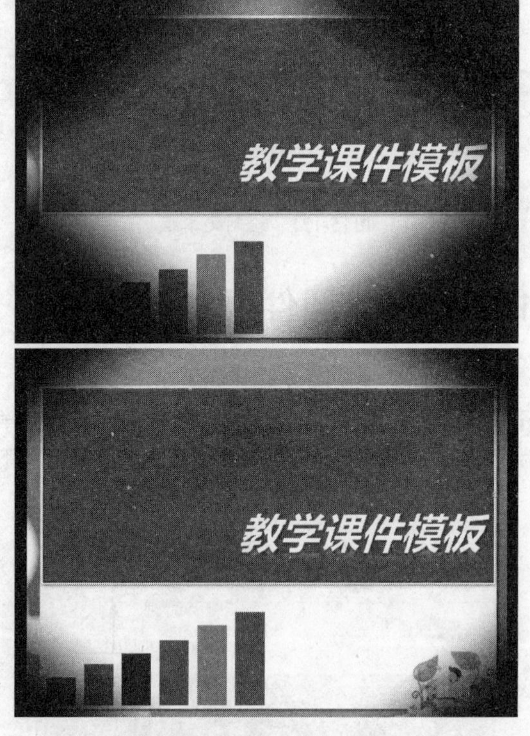

图15-124 预览菱形切换效果

04 进入第2张幻灯片，设置切换效果为“页面卷曲”。单击“预览”选项板中的“预览”按钮，即可预览页面卷曲切换效果，如图15-125所示。

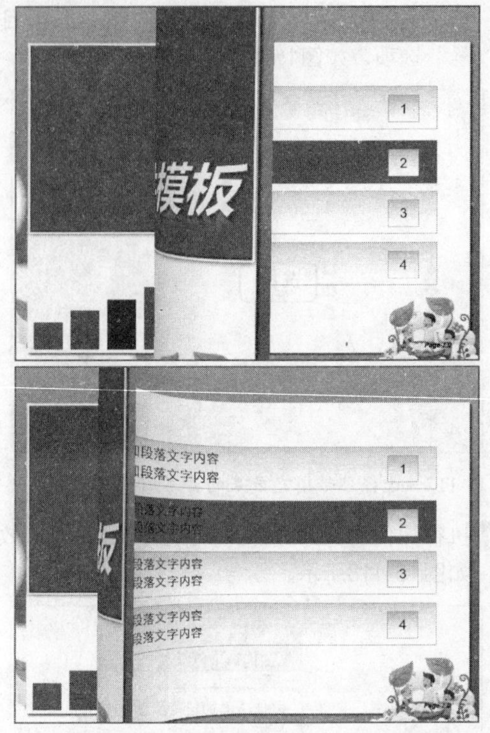

图15-125 预览页面卷曲切换效果

05 进入第3张幻灯片，设置切换效果为“风”。单击“预览”选项板中的“预览”按钮，即可预览风切换效果，如图15-126所示。

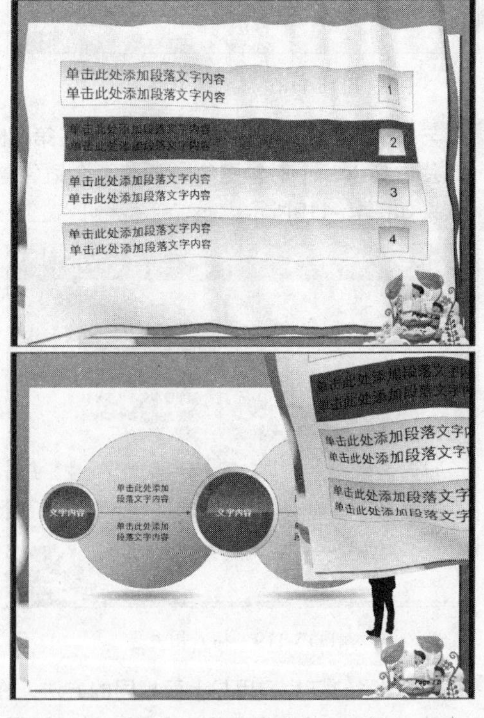

图15-126 预览风切换效果

06 进入第4张幻灯片，设置切换效果为“折断”。单击“预览”选项板中的“预览”按钮，即可预览折断切换效果，如图15-127所示。

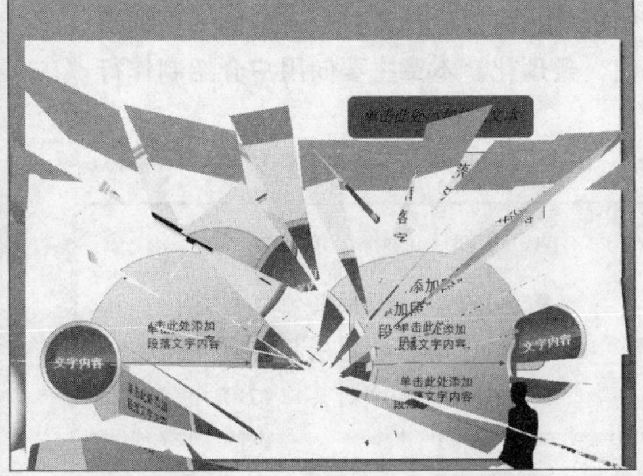

图15-127 预览折断切换效果

07 进入第5张幻灯片，设置切换效果为“蜂巢”。单击“预览”选项板中的“预览”按钮，即可预览蜂巢切换效果，如图15-128所示。

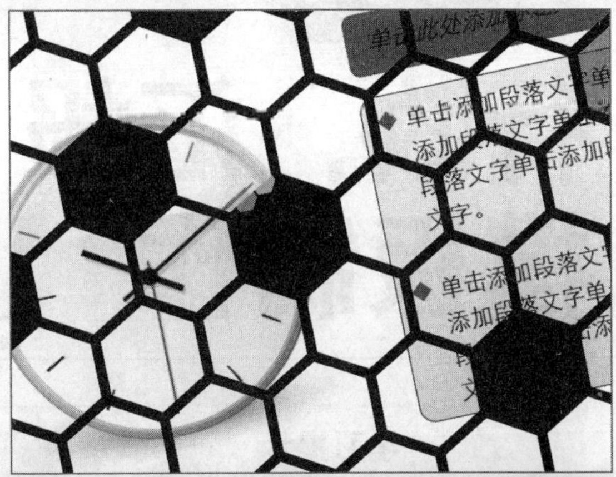

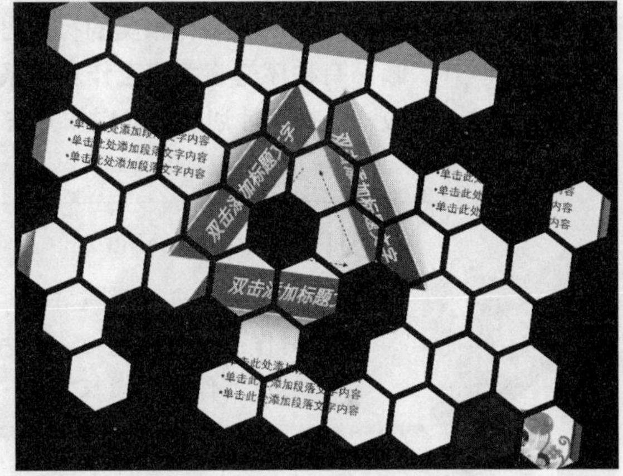

图15-128 预览蜂巢切换效果

行政、汇报、计划模板制作

学习提示

运用PPT制作精美的行政办公模板等，可以让行政办公人员能够更加清晰、有秩序的将每日工作安排系统化、条理化。本章主要向用户介绍制作行政、汇报、计划模板的操作方法。

主要内容

- 制作行政办公模板首页
- 制作行政办公其他幻灯片
- 制作工作汇报模板首页
- 制作工作汇报其他幻灯片
- 制作工作计划模板首页
- 制作工作计划其他幻灯片

重点与难点

- 为行政办公模板添加动画效果
- 为工作汇报模板添加动画效果
- 为工作计划添加动画效果

学完本章后你会做什么

- 掌握制作行政办公模板首页、为行政办公模板添加动画效果的操作方法
- 掌握制作工作汇报模板首页、制作工作汇报其他幻灯片的操作方法
- 掌握制作工作计划模板首页、为工作计划添加动画效果的操作方法

视频文件

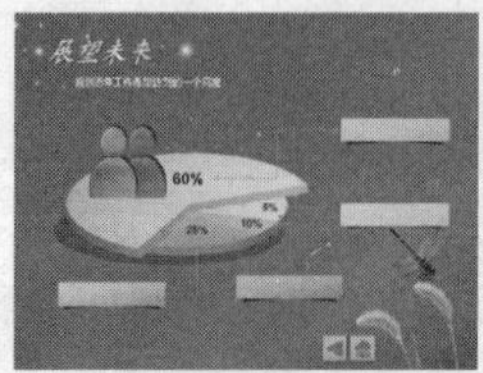

16.1 行政办公模板制作

本实例介绍的是行政办公模板的制作，效果如图16-1所示。

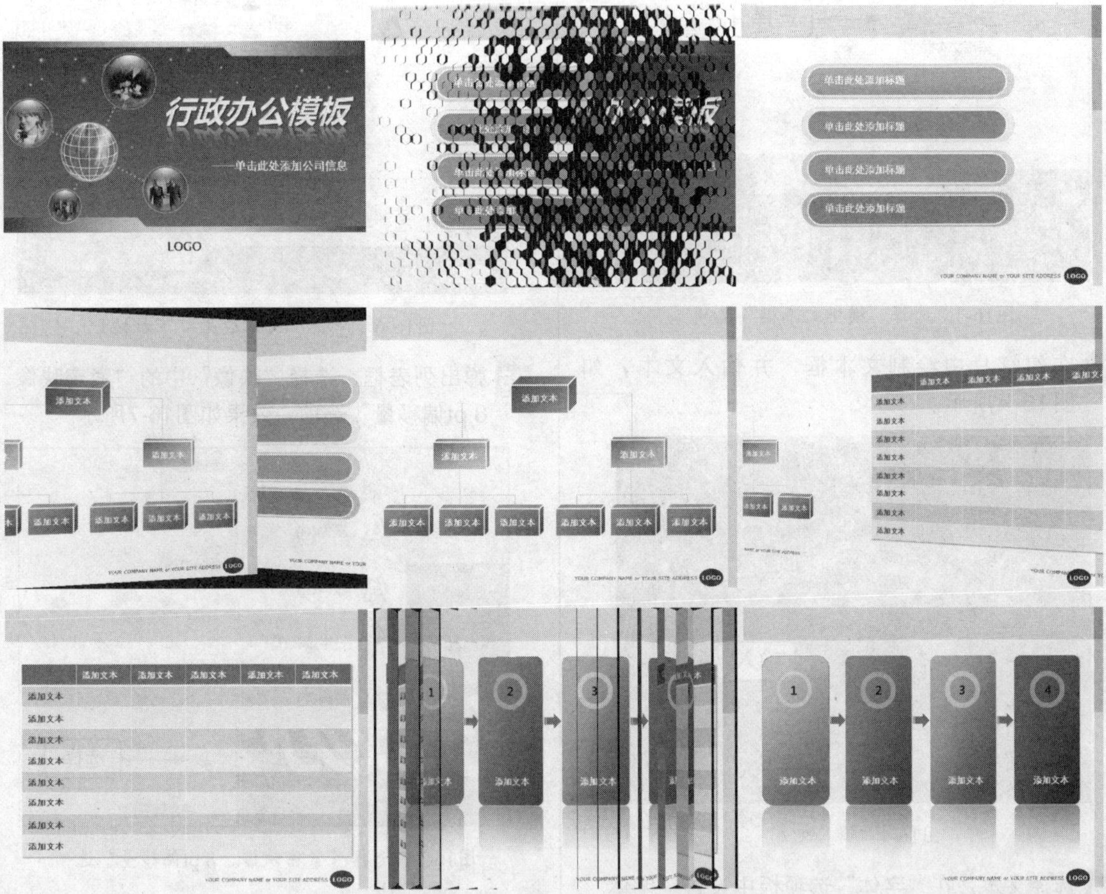

图16-1 行政办公模板效果

素材文件	素材\第16章\行政办公模板.pptx等
效果文件	效果\第16章\行政办公模板.pptx
视频文件	视频\第16章\制作行政办公模板首页.mp4等
难易程度	★★★★★

16.1.1 制作行政办公模板首页

制作行政办公模板首页的具体操作步骤如下。

01 在PowerPoint 2013中，打开一个素材文件，如图16-2所示。

图16-2 打开一个素材文件

02 切换至“插入”面板，单击“文本”选项板中的“文本框”下拉按钮，弹出列表框，选择“横排文本框”选项，如图16-3所示。

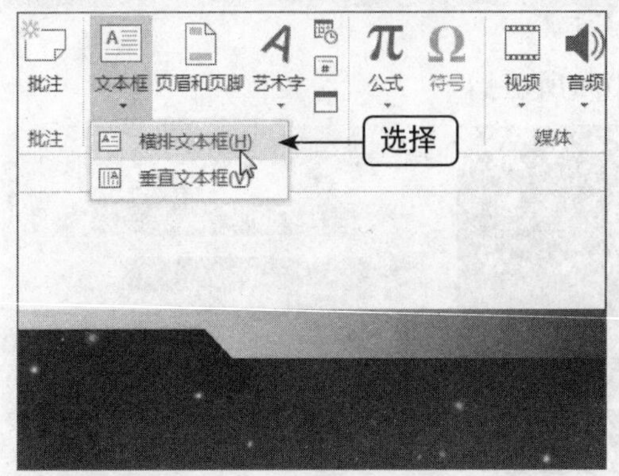

图16-3　选择“横排文本框”选项

03 在幻灯片中绘制文本框，并输入文本，如图16-4所示。

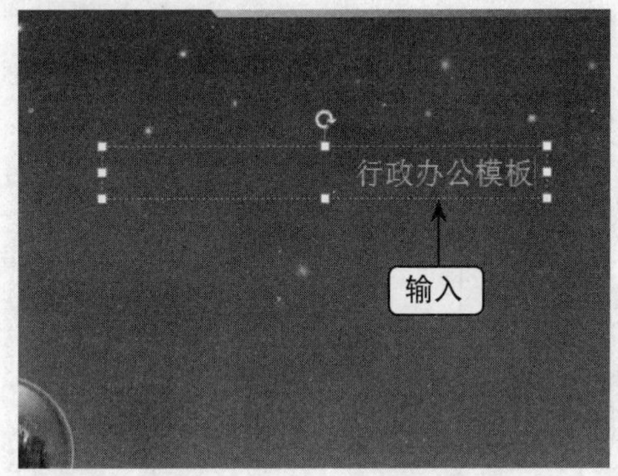

图16-4　输入文本

04 选择文本，在“字体”选项板中设置“字体”为“微软雅黑”、“字号”为60，单击“加粗”、“倾斜”以及“文字阴影”按钮，效果如图16-5所示。

图16-5　设置文本属性

05 切换至“绘图工具”中的“格式”面板，单击“艺术字样式”选项板中的“文本效果”下拉按钮，如图16-6所示。

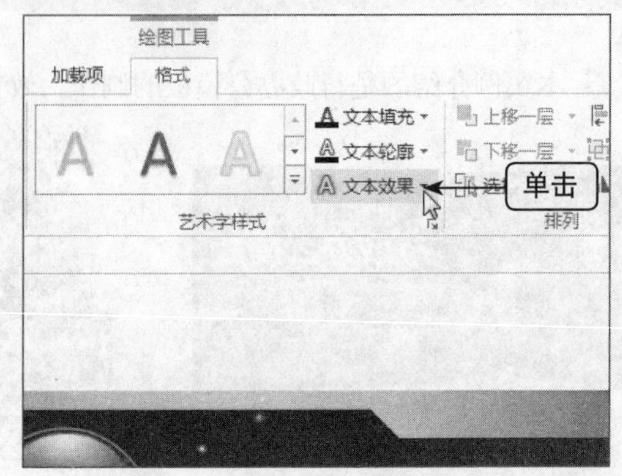

图16-6　单击“文本效果”下拉按钮

06 弹出列表框，选择“映像”中的“紧密映像，8 pt偏移量”选项，效果如图16-7所示。

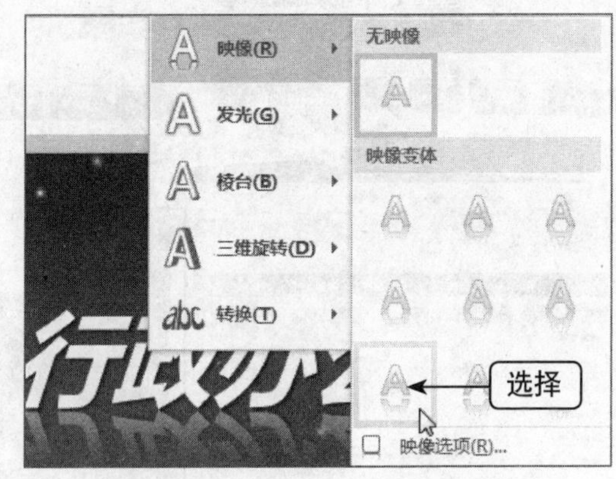

图16-7　选择“紧密映像，8 pt偏移量”选项

07 再次单击“文本效果”下拉按钮，在弹出的列表框中选择“棱台”中的“柔圆”选项，如图16-8所示。

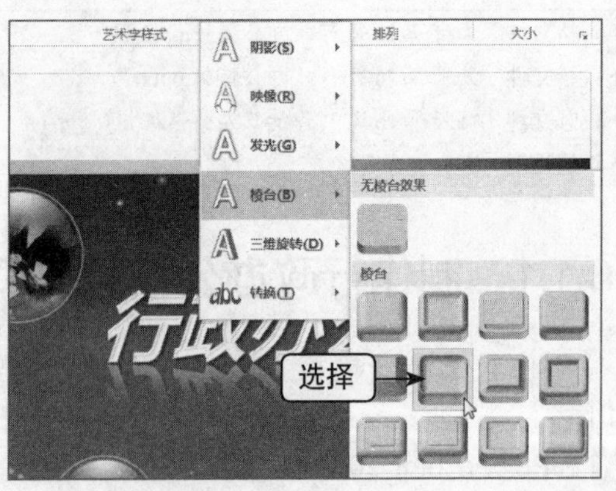

图16-8　选择“柔圆”选项

08 执行操作后，即可设置文本效果，如图16-9所示。

图16-9　设置文本效果

09 在标题文本的下方绘制一个文本框，如图16-10所示。

图16-10　绘制一个文本框

10 用户可以根据公司的具体情况，输入公司名称等信息，并设置相应属性，效果如图16-11所示。

图16-11　输入文本

16.1.2　制作行政办公其他幻灯片

制作行政办公其他幻灯片的具体操作步骤如下。

01 单击“幻灯片”选项板中的“新建幻灯片”下拉按钮，弹出列表框，选择“仅标题”选项，如图16-12所示。

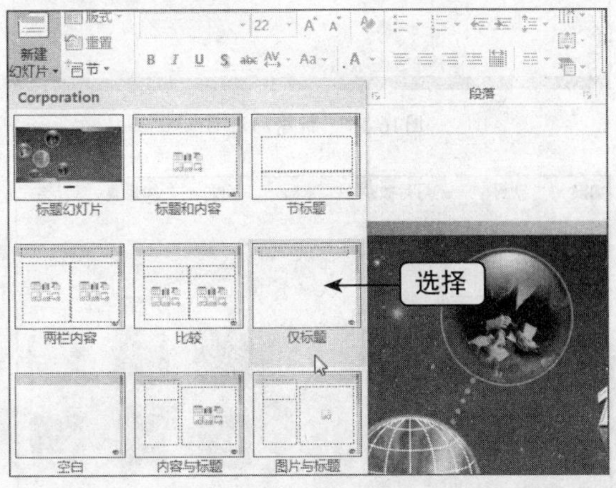

图16-12　选择“仅标题”选项

02 执行操作后，即可新建1张仅标题幻灯片，如图16-13所示。

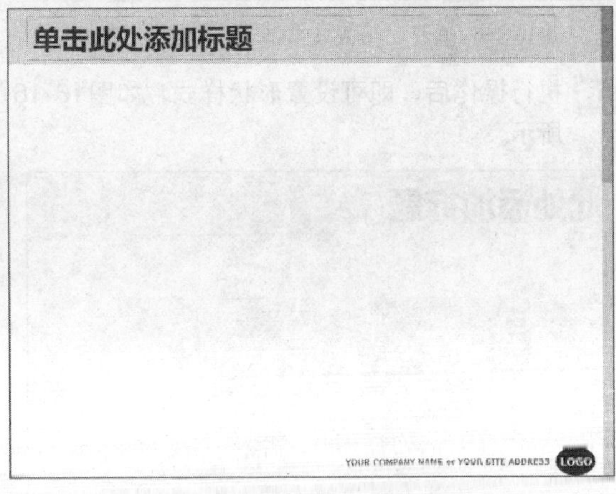

图16-13　新建1张仅标题幻灯片

03 用与上面相同的方法，新建2张仅标题幻灯片、1张标题和内容的幻灯片，如图16-14所示。

04 进入第2张幻灯片，绘制一个圆角矩形，在“形状样式”选项板中单击“其他”下拉按钮，弹出列表框，选择“细微效果-金色，深色1”选项，如图16-15所示。

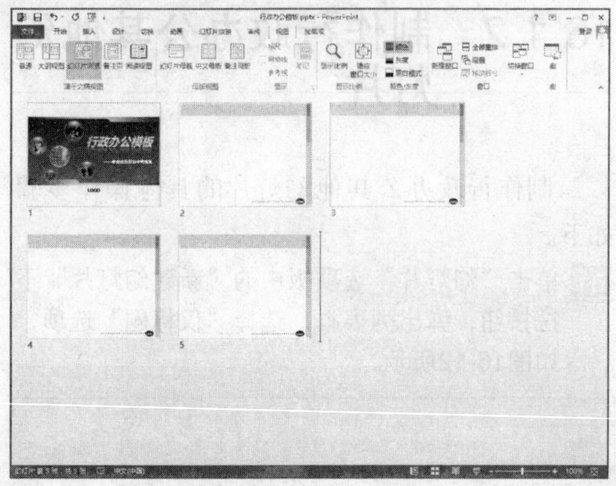

图16-14　新建幻灯片

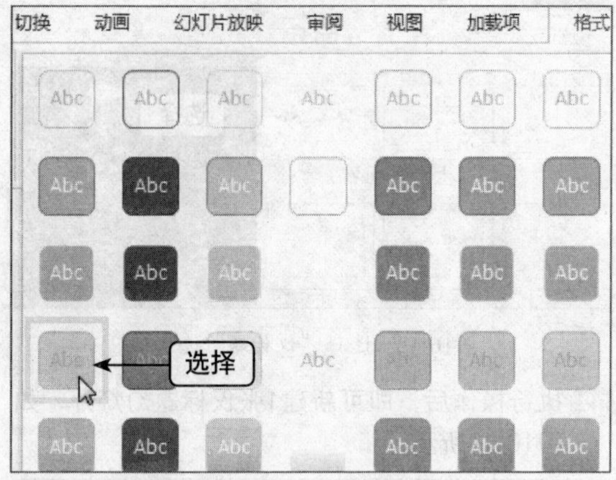

图16-15　选择“细微效果-金色，深色1”选项

05 执行操作后，即可设置形状样式，如图16-16所示。

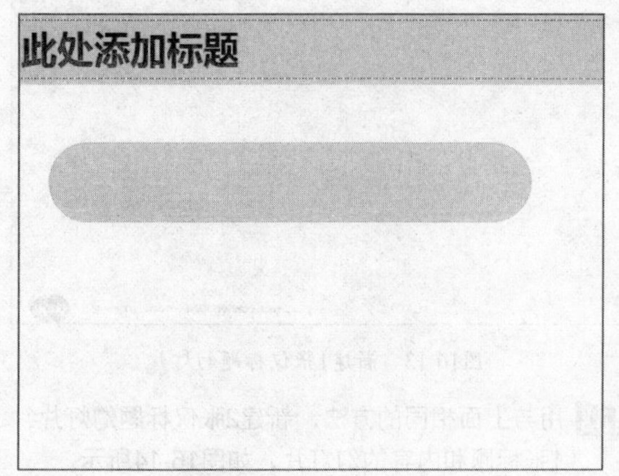

图16-16　设置形状样式

06 复制圆角矩形，在“形状样式”列表框中选择“中等效果-金色，强调颜色4”选项，如图16-17所示。

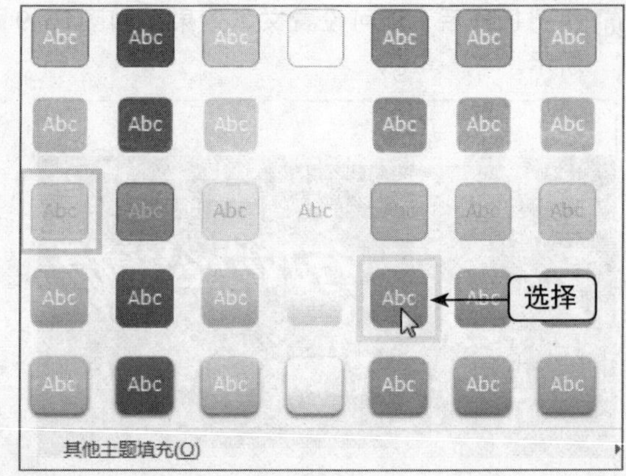

图16-17　选择“中等效果-金色，强调颜色4”选项

07 设置形状样式，调整圆角矩形的大小和位置，效果如图16-18所示。

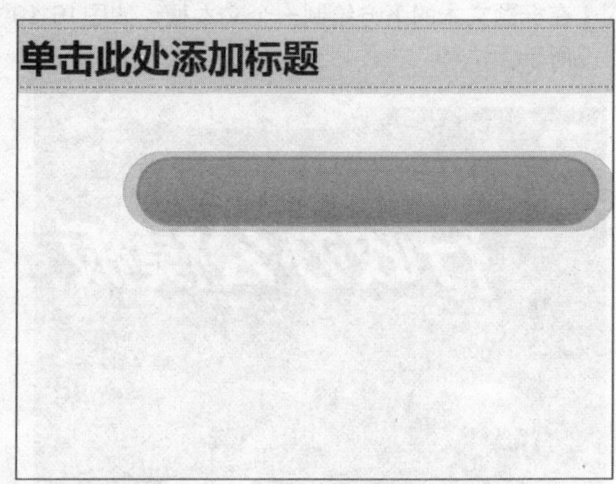

图16-18　设置形状样式

08 选择较小的圆角矩形，切换至“绘图工具”中的“格式”面板，单击“形状样式”选项板中的“形状轮廓”下拉按钮，弹出列表框，选择“白色，背景1”选项，如图16-19所示。

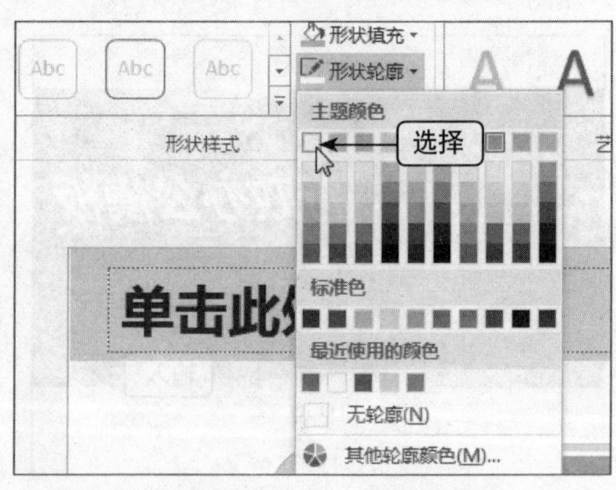

图16-19　选择“白色，背景1”选项

09 再次单击"形状轮廓"下拉按钮，弹出列表框，选择"粗细"中的"3磅"选项，如图16-20所示。

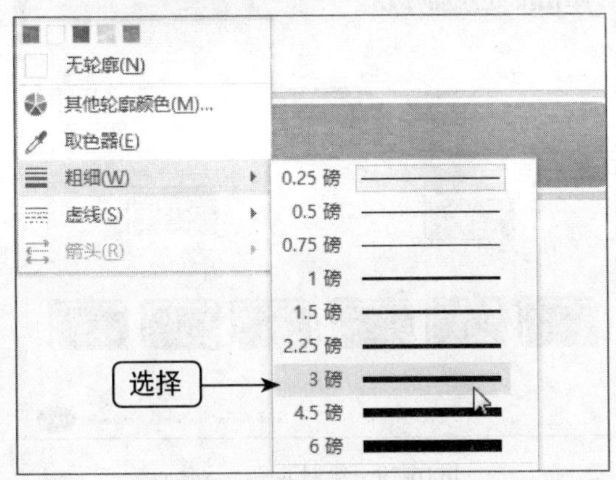

图16-20 选择"3磅"选项

10 执行操作后，即可设置形状轮廓，效果如图16-21所示。

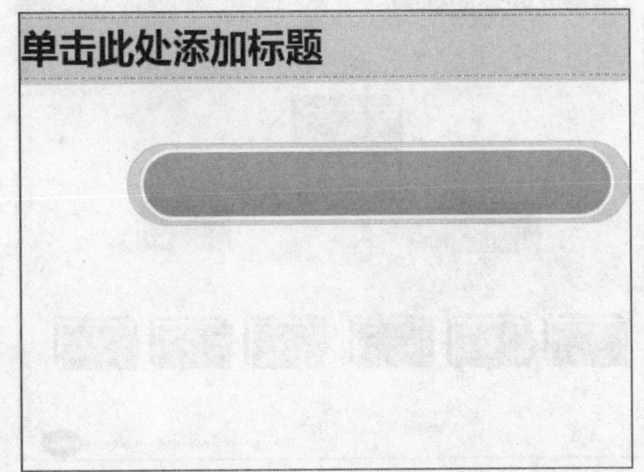

图16-21 设置形状轮廓

11 用与上面相同的方法，绘制其他形状，效果如图16-22所示。

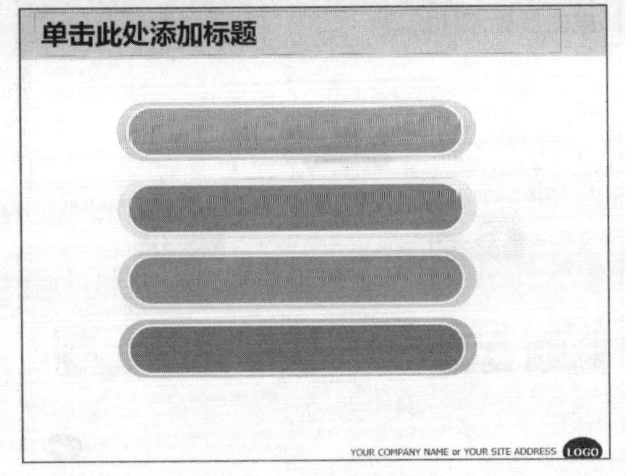

图16-22 绘制其他形状

12 在圆角矩形上方添加文本框，用户可以根据需要添加相应标题文本，如图16-23所示。

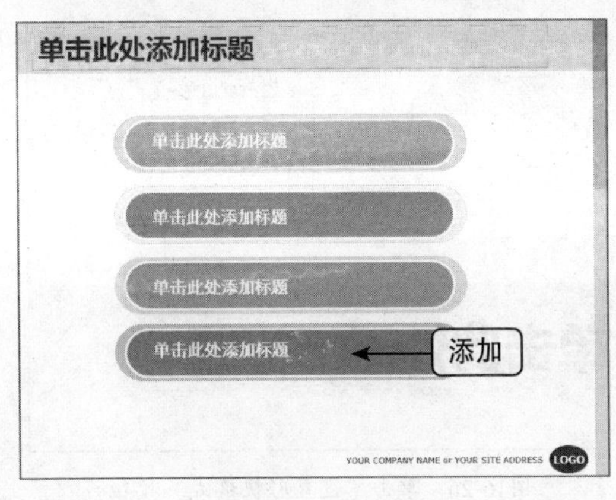

图16-23 添加标题文本

13 进入第3张幻灯片，切换至"插入"面板，单击"插图"选项板中的"形状"下拉按钮，弹出列表框，选择"立方体"选项，如图16-24所示。

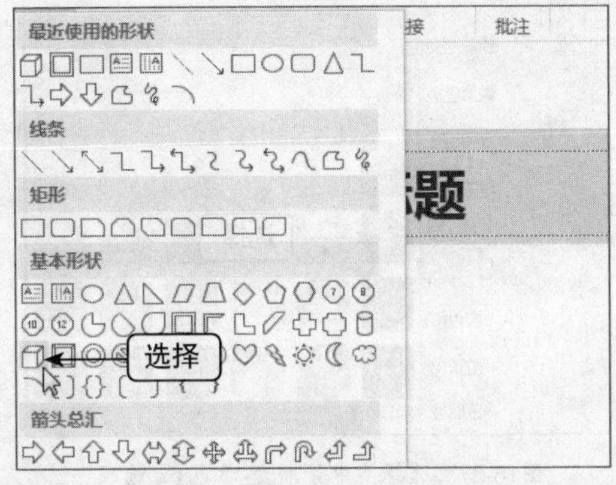

图16-24 选择"立方体"选项

14 在幻灯片中绘制立方体，并设置"形状轮廓"为"白色"、"轮廓粗细"为3磅，效果如图16-25所示。

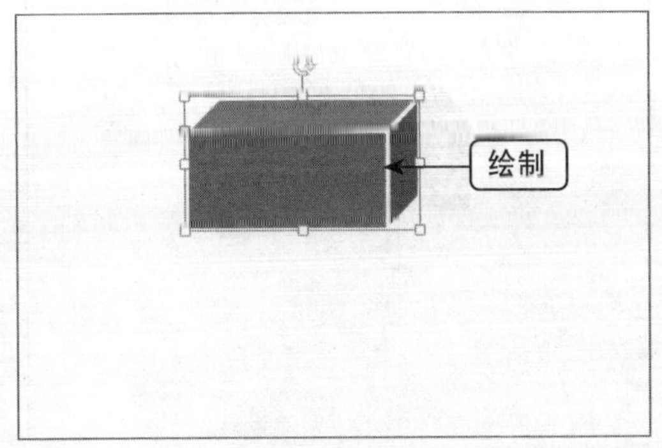

图16-25 绘制立方体

15 在“形状样式”选项板中单击“设置形状格式”按钮，如图16-26所示。

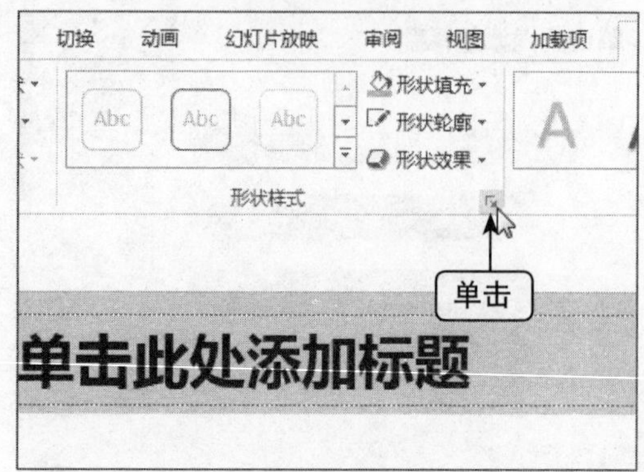

图16-26　单击“设置形状格式”按钮

16 弹出“设置形状格式”窗格，在“填充”选项区中选中“渐变填充”单选按钮，单击“预设渐变”右侧的下拉按钮，弹出列表框，选择“中等渐变-着色1”选项，如图16-27所示。

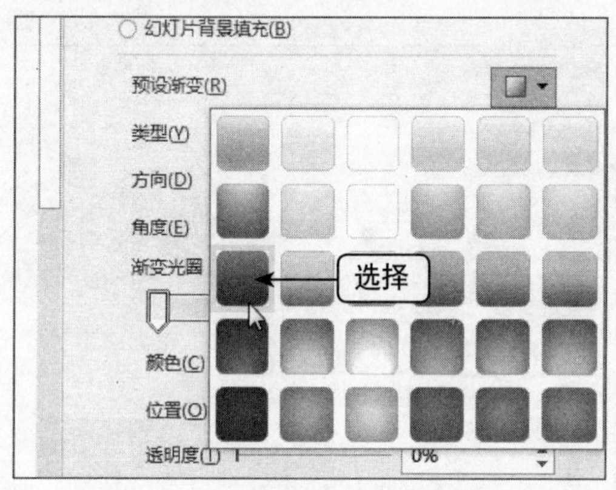

图16-27　选择“中等渐变-着色1”选项

17 设置“角度”为45°，关闭“设置形状格式”窗格，即可设置形状格式，效果如图16-28所示。

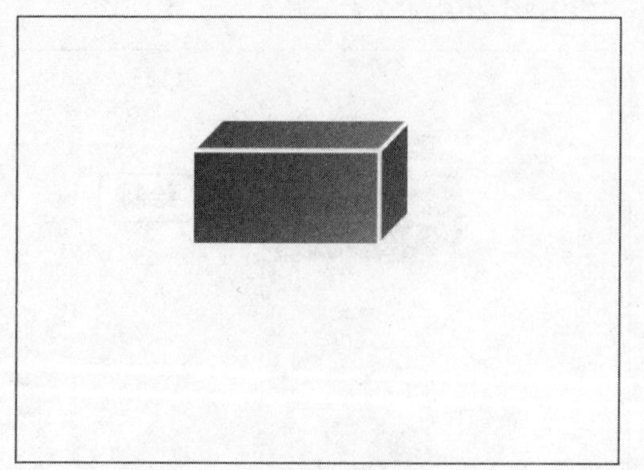

图16-28　设置形状格式

18 用与上面相同的方法，绘制其他立方体，并设置相应格式，效果如图16-29所示。

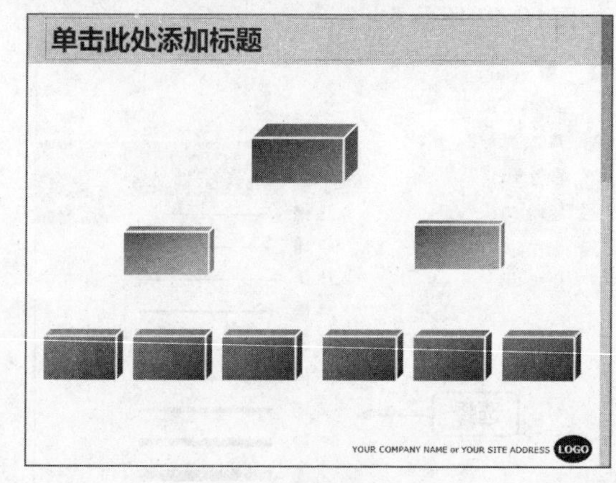

图16-29　绘制其他立方体

19 运用形状工具，将幻灯片中的图形进行连接，效果如图16-30所示。

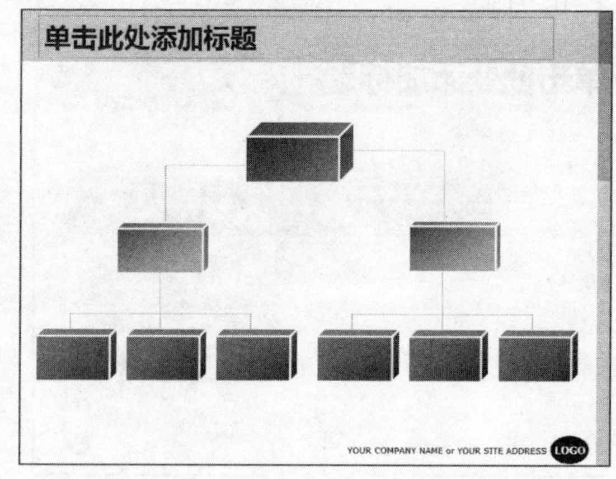

图16-30　连接图形

20 制作完形状以后，用户可以在形状上添加相应行政内容，效果如图16-31所示。

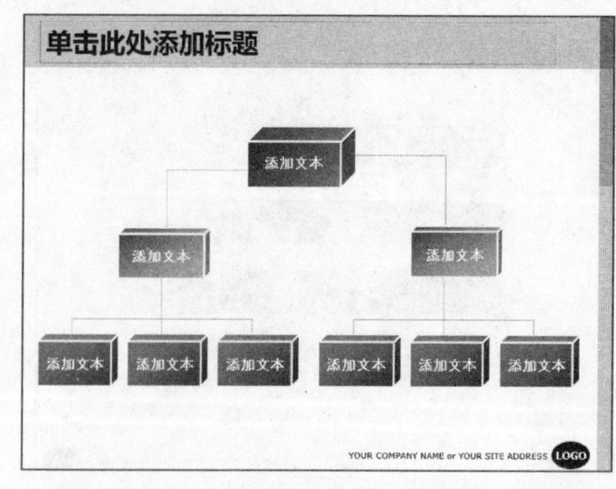

图16-31　添加相应行政内容

21 进入第4张幻灯片，在文本占位符中单击“插入表格”按钮，如图16-32所示。

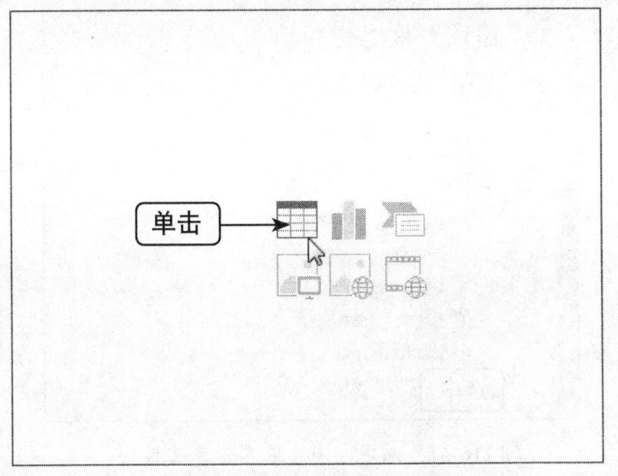

图16-32 单击“表格”按钮

22 弹出“插图表格”对话框，设置各选项，如图16-33所示。

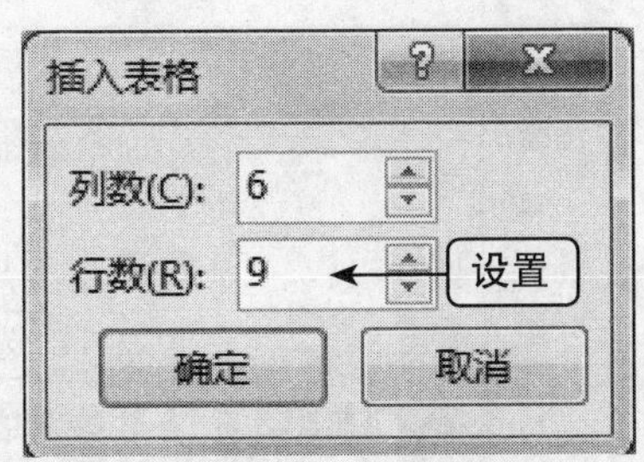

图16-33 设置各选项

23 单击“确定”按钮，即可在幻灯片中插入表格，调整表格大小和位置，如图16-34所示。

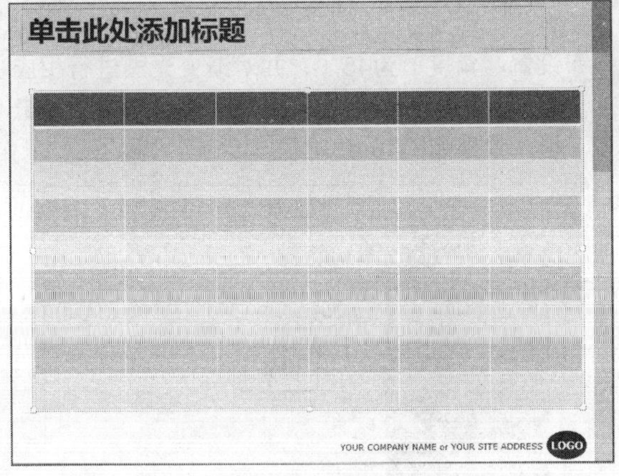

图16-34 插入表格

24 选中表格，单击“表格样式”选项板中的“效果”下拉按钮，弹出列表框，选择“阴影”中的“右下斜偏移”选项，如图16-35所示。

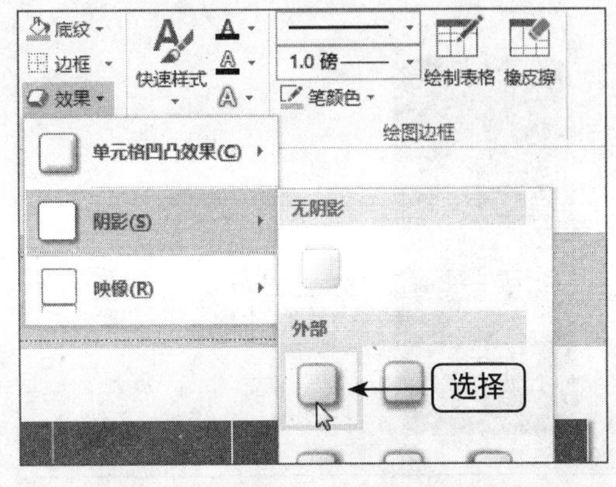

图16-35 选择“右下斜偏移”选项

25 执行操作后，即可设置表格效果，如图16-36所示。

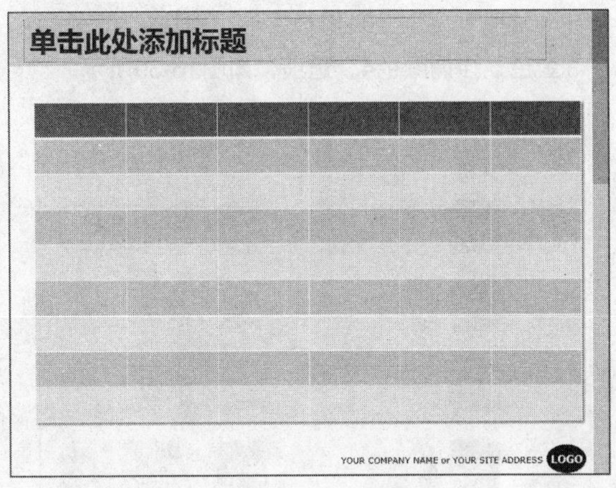

图16-36 设置表格效果

26 用户可以在表格中输入相应文本，如图16-37所示。

图16-37 输入相应文本

27 进入第5张幻灯片，在幻灯片中绘制一个圆角矩形，如图16-38所示。

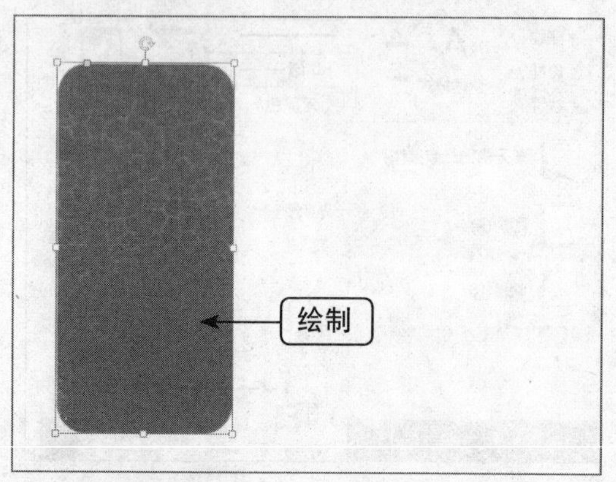

图16-38 绘制一个圆角矩形

28 双击绘制的矩形，切换至“绘图工具”中的“格式”面板，单击“形状样式”选项板中的“其他”按钮，弹出列表框，选择“彩色填充-金色，强调颜色4”选项，如图16-39所示。

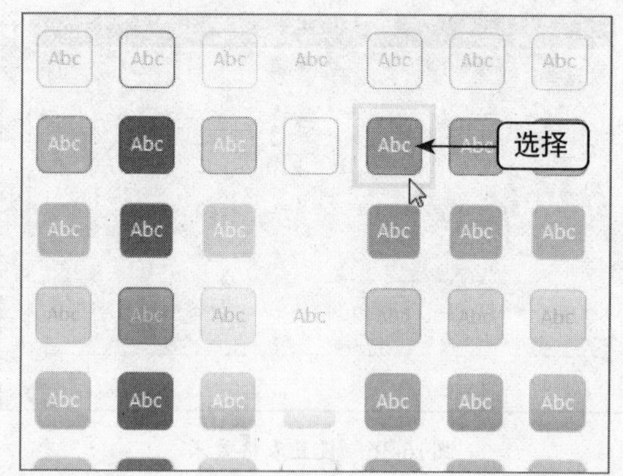

图16-39 选择“彩色填充-金色，强调颜色4”选项

29 在“形状样式”选项板中，单击“形状效果”下拉按钮，弹出列表框，选择“映像”中的“紧密映像，接触”选项，如图16-40所示。

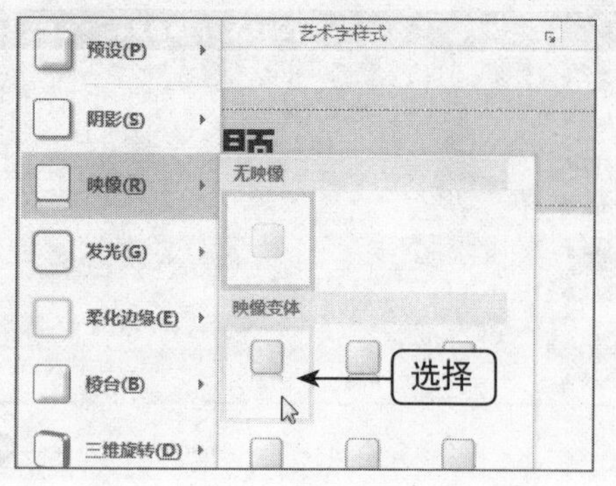

图16-40 选择“紧密映像，接触”选项

30 单击“形状样式”选项板中的“设置形状格式”按钮，弹出“设置形状格式”窗格，在展开的“填充”选项区中选中“渐变填充”单选按钮，如图16-41所示。

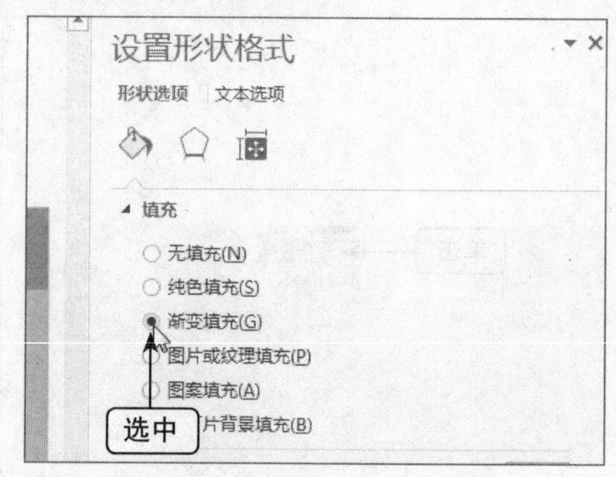

图16-41 选中“渐变填充”单选按钮

31 单击“预设渐变”右侧的下拉按钮，弹出列表框，选择“中等渐变-着色4”选项，如图16-42所示。

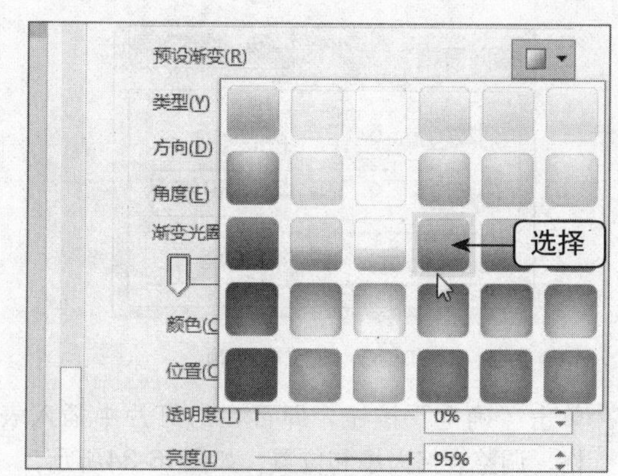

图16-42 选择“中等渐变-着色4”选项

32 设置“角度”为45°，并对渐变光圈进行相应调整，设置完成后，关闭“设置形状格式”窗格，效果如图16-43所示。

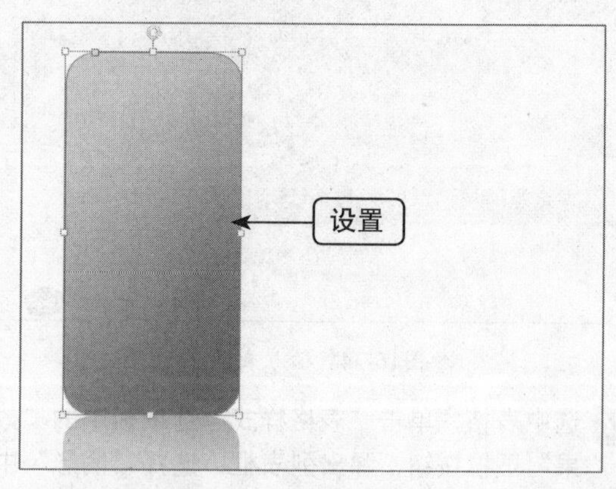

图16-43 设置形状格式

33 运用同心圆形状工具，在圆角矩形上绘制一个同心圆，并设置“形状样式”为“细微效果-金色，深色1”，效果如图16-44所示。

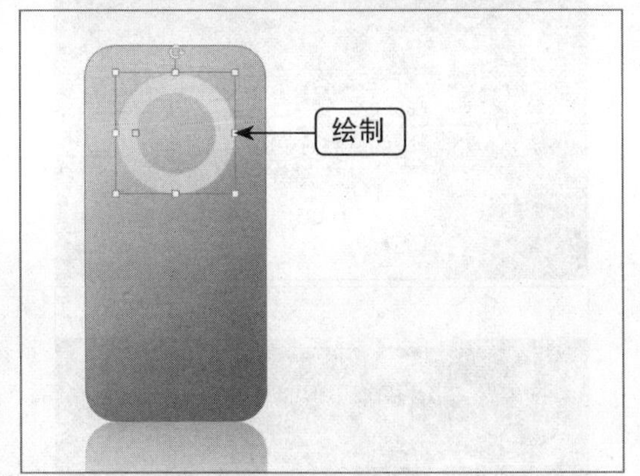

图16-44 绘制同心圆

34 用与上面相同的方法，绘制其他圆角矩形和同心圆，效果如图16-45所示。

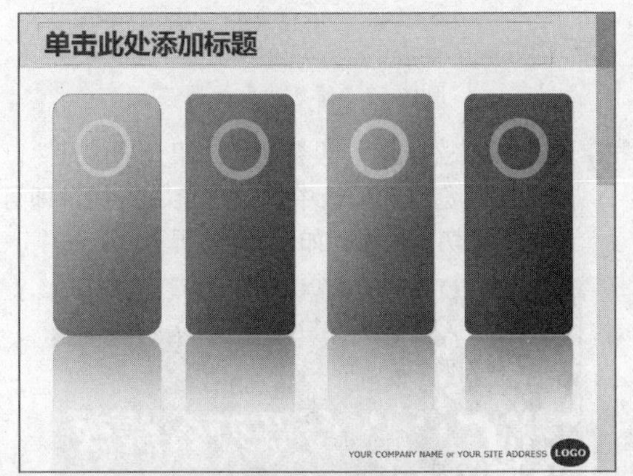

图16-45 绘制其他圆角矩形和同心圆

35 在4个圆角矩形的中间分别绘制虚尾箭头形状，如图16-46所示。

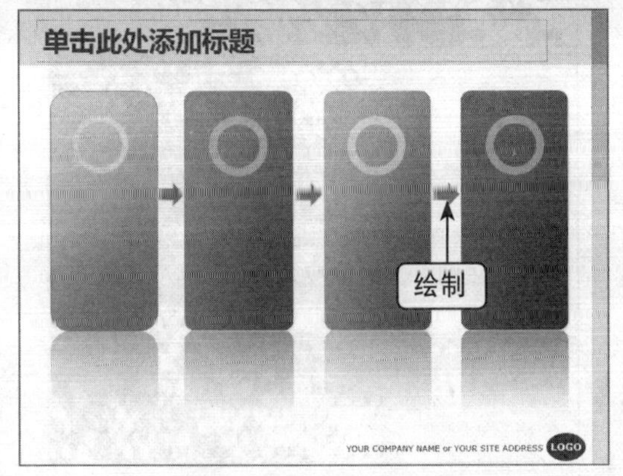

图16-46 绘制虚尾箭头形状

36 在各图形中，分别输入文本内容，效果如图16-47所示。

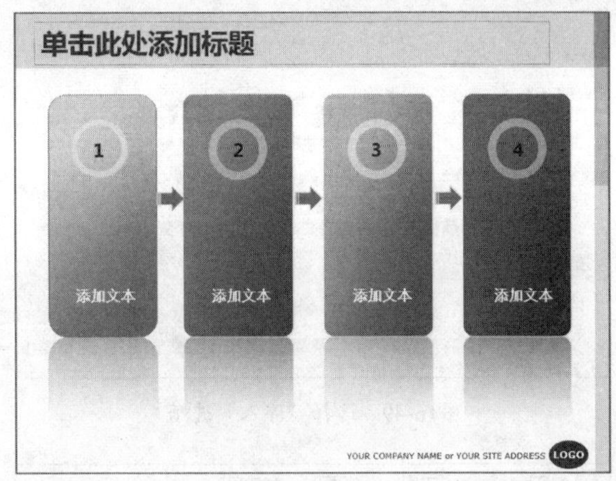

图16-47 输入文本内容

16.1.3 为行政办公模板添加动画效果

为行政办公模板添加动画效果的具体操作步骤如下。

01 进入第1张幻灯片，选择幻灯片中的标题文本，如图16-48所示。

图16-48 选择标题文本

02 切换至“动画”面板，单击“动画”选项板中的“其他”下拉按钮，弹出列表框，在“进入”选项区中选择“浮入”选项，如图16-49所示。

03 选中第1张幻灯片，切换至“切换”面板，单击“切换到此幻灯片”选项板中的“其他”下拉按钮，如图16-50所示。

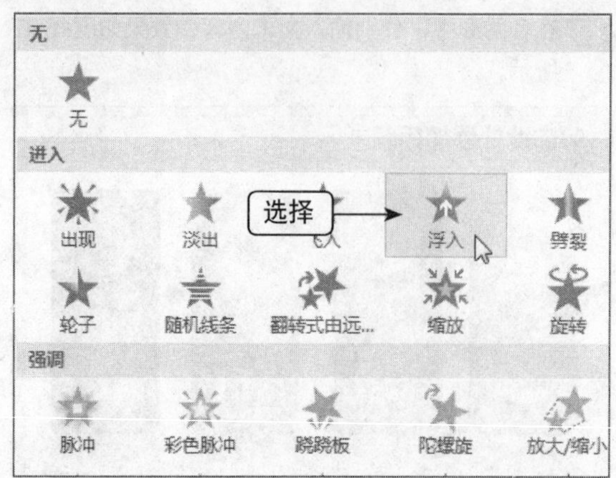

图16-49　选择“浮入”选项

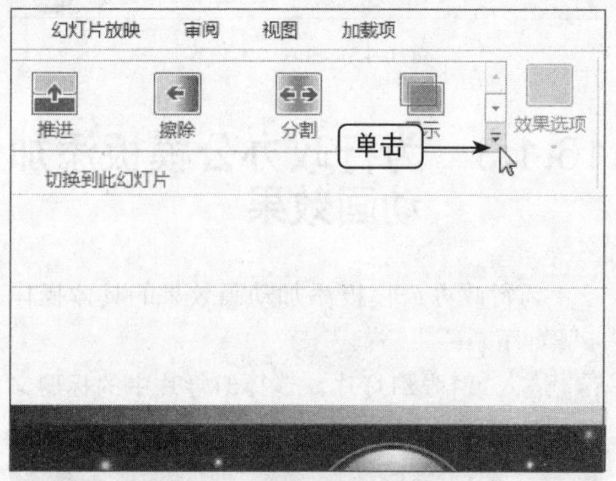

图16-50　单击“其他”下拉按钮

04 弹出列表框，在“细微型”选项区中选择“分割”选项，如图16-51所示。

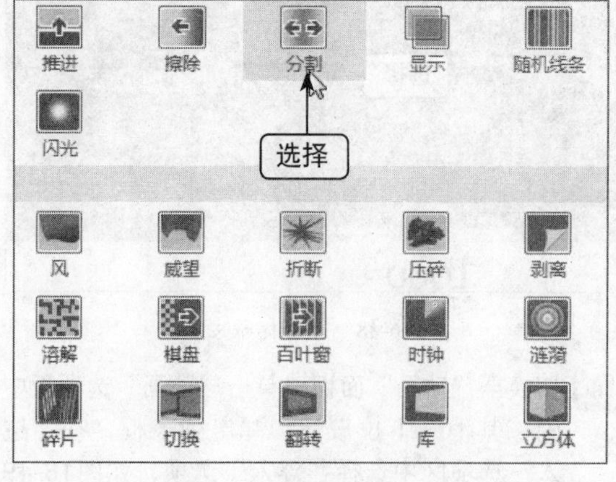

图16-51　选择“分割”选项

05 执行操作后，即可设置第1张幻灯片的动画效果。单击“预览”选项板中的“预览”按钮，即可预览动画效果，如图16-52所示。

图16-52　预览动画效果

06 进入第2张幻灯片，设置切换效果为“闪耀”。单击“预览”选项板中的“预览”按钮，即可预览闪耀切换效果，如图16-53所示。

图16-53　预览闪耀切换效果

07 进入第3张幻灯片，设置切换效果为“切换”。单击“预览”选项板中的“预览”按钮，即可预览切换效果，如图16-54所示。

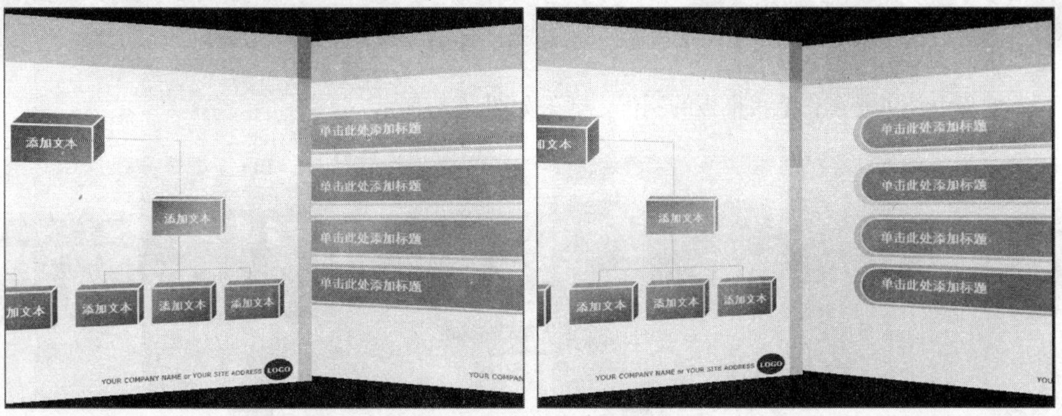

图16-54　预览切换效果

08 进入第4张幻灯片，设置切换效果为“传送带”。单击“预览”选项板中的“预览”按钮，即可预览传送带切换效果，如图16-55所示。

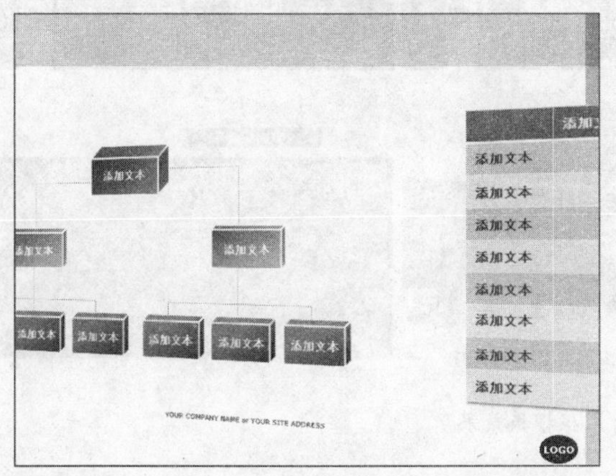

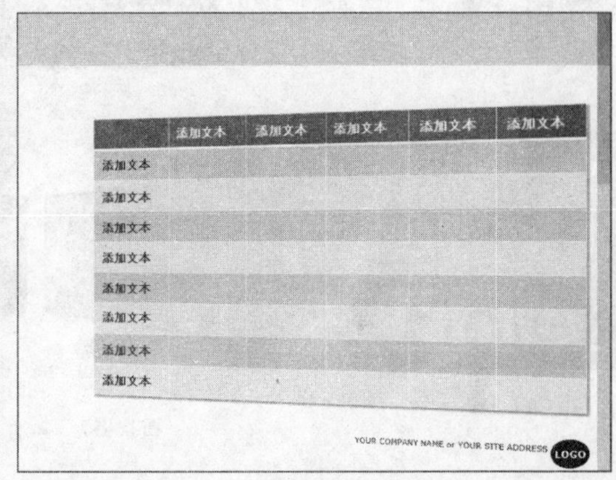

图16-55　预览传送带切换效果

09 进入第5张幻灯片，设置切换效果为“百叶窗”。单击“预览”选项板中的“预览”按钮，即可预览百叶窗切换效果，如图16-56所示。

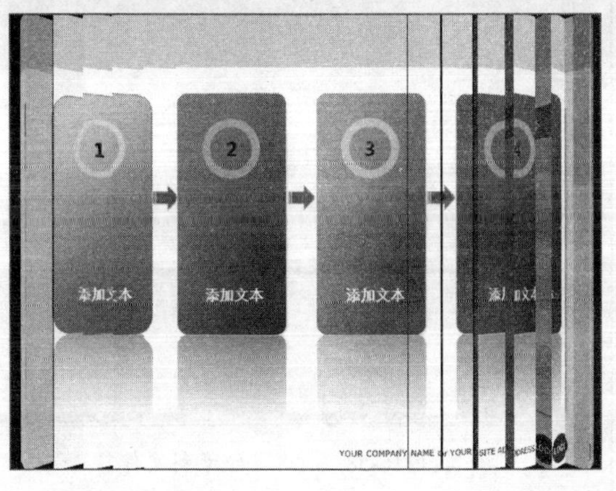

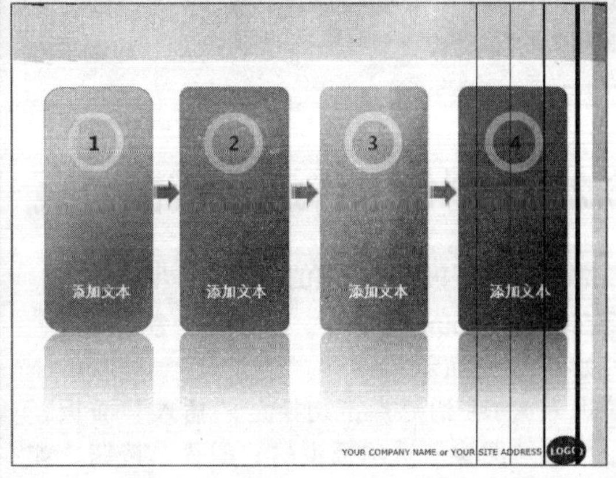

图16-56　预览百叶窗切换效果

16.2 工作汇报模板制作

本实例介绍的是工作汇报模板的制作，效果如图16-57所示。

图16-57 工作汇报模板效果

➡素材文件	素材\第16章\工作汇报模板.pptx等
➡效果文件	效果\第16章\工作汇报模板.pptx
➡视频文件	视频\第16章\制作工作汇报模板首页.mp4等
➡难易程度	★★★★★

16.2.1 制作工作汇报模板首页

制作工作汇报模板首页的具体操作步骤如下。

01 在PowerPoint 2013中，打开一个素材文件，如图16-58所示。

02 进入第1张幻灯片，切换至“插入”面板，单击“图像”选项板中的“图片”按钮，如图16-59所示。

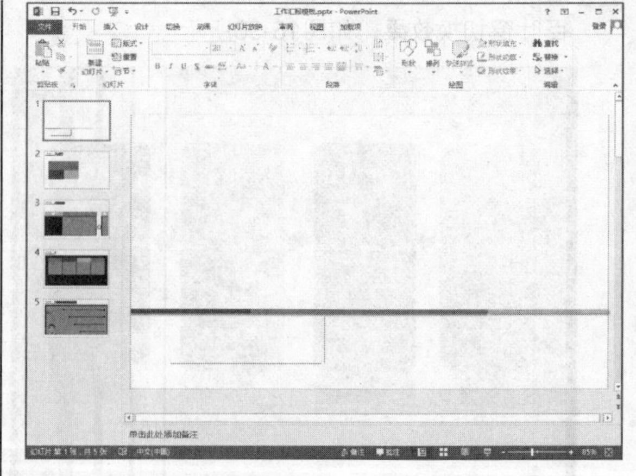

图16-58 打开一个素材文件

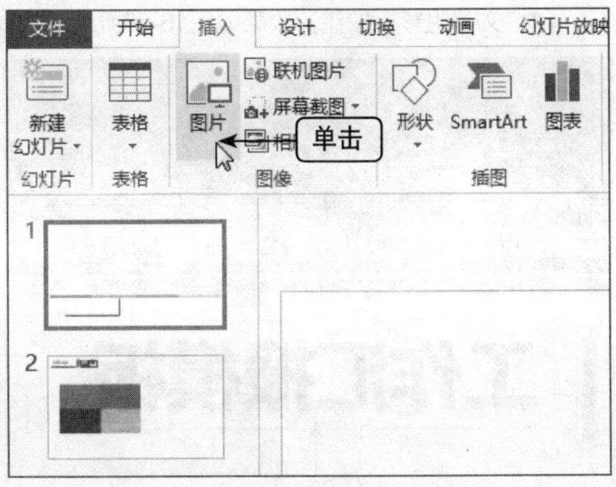

图16-59 单击“图片”按钮

03 弹出“插入图片”对话框，在计算机中的相应位置选择需要的图片，如图16-60所示。

图16-60 选择需要的图片

04 单击“插入”按钮，即可插入图片，调整图片的大小和位置，如图16-61所示。

图16-61 插入图片

05 在幻灯片中绘制一条直线，切换至“绘图工具”中的“格式”面板，单击“形状样式”选项板中的“其他”下拉按钮，如图16-62所示。

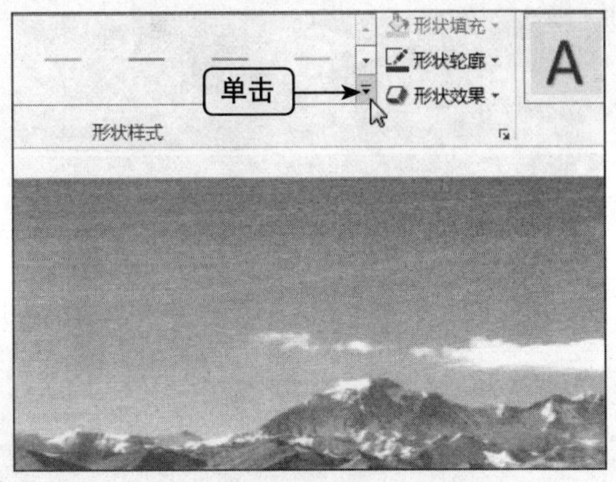

图16-62 单击“其他”下拉按钮

06 弹出列表框，选择“粗线-强调颜色1”选项，如图16-63所示。

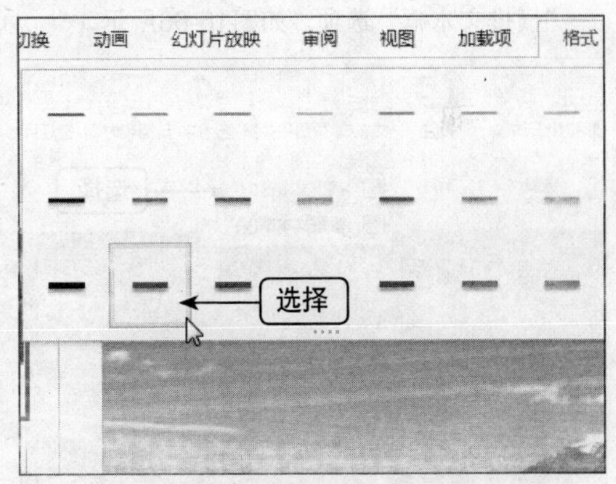

图16-63 选择“粗线-强调颜色1”选项

07 单击“形状样式”选项板中的“形状轮廓”下拉按钮，弹出列表框，选择“粗细”中的“6磅”选项，如图16-64所示。

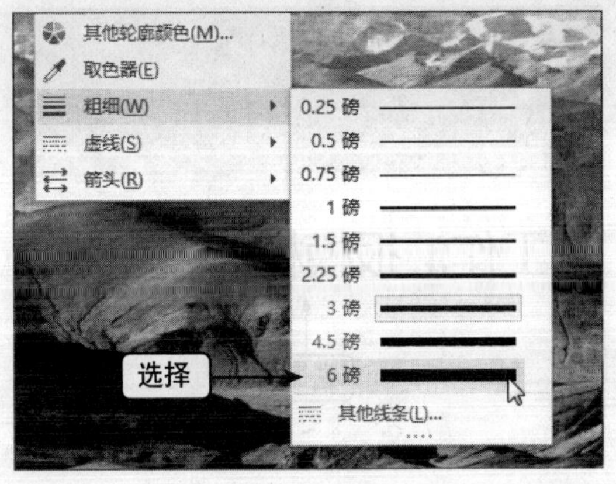

图16-64 选择“6磅”选项

08 执行操作后，即可设置线条样式，如图16-65所示。

图16-65 设置线条样式

09 切换至"插入"面板，单击"文本"选项板中的"文本框"下拉按钮，弹出列表框，选择"横排文本框"选项，如图16-66所示。

图16-66 选择"横排文本框"选项

10 在幻灯片中绘制文本框，并输入文本，如图16-67所示。

图16-67 输入文本

11 选择文本，在"字体"选项板中设置"字体"为"微软雅黑"、"字号"为36，单击"加粗"和"文字阴影"按钮，效果如图16-68所示。

图16-68 设置文本属性

12 切换至"绘图工具"中的"格式"面板，在"艺术字样式"选项板中设置"文本填充"为"蓝色"、"文本轮廓"为"白色，背景1"、"轮廓粗细"为1磅，效果如图16-69所示。

图16-69 设置文本样式

13 用与上面相同的方法，在幻灯片中添加其他文本内容，效果如图16-70所示。

图16-70 添加其他文本内容

16.2.2 制作工作汇报其他幻灯片

制作工作汇报其他幻灯片的具体操作步骤如下。

01 进入第2张幻灯片，在绿色色块和蓝色色块上分别绘制文本框，并输入文本，然后设置相应属性，效果如图16-71所示。

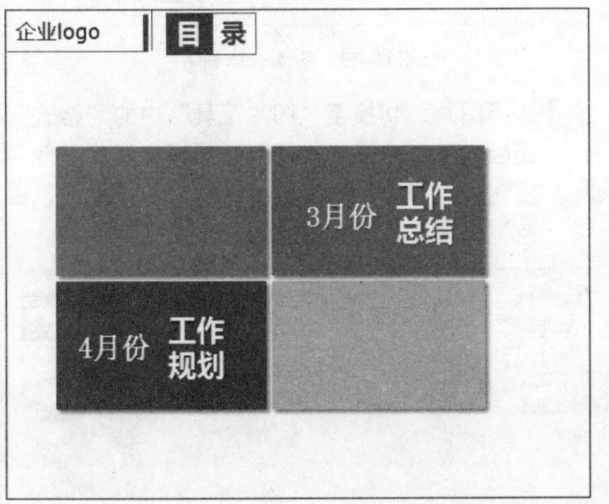

图16-71 输入文本并设置文本属性

02 切换至“插入”面板，单击“图像”选项板中的“图片”按钮，弹出“插入图片”对话框，在计算机中的相应位置选择需要的图片，如图16-72所示。

图16-72 选择需要的图片

03 单击“插入”按钮，即可插入图片。将两张图片分别调整至合适位置，如图16-73所示。

04 选择其中一张图片以及相应的色块，如图16-74所示。

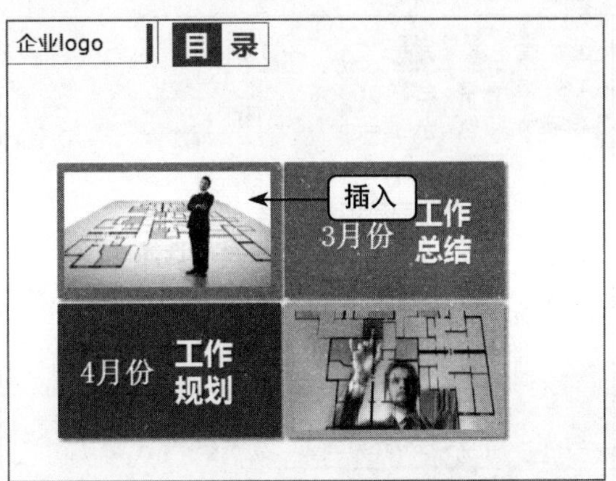

图16-73 插入图片

图16-74 选择图片及色块

05 切换至“图片工具”中的“格式”面板，单击“排列”选项板中的“对齐”下拉按钮，弹出列表框，选择“左右居中”选项，如图16-75所示。

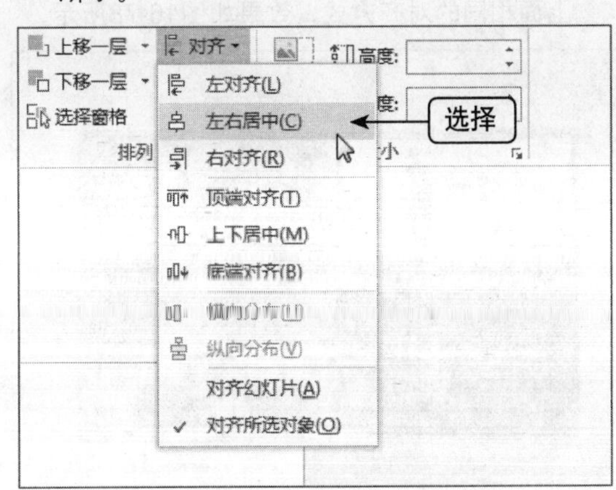

图16-75 选择“左右居中”选项

06 再次单击“对齐”下拉按钮，在弹出的列表框中选择“上下居中”选项，如图16-76所示。

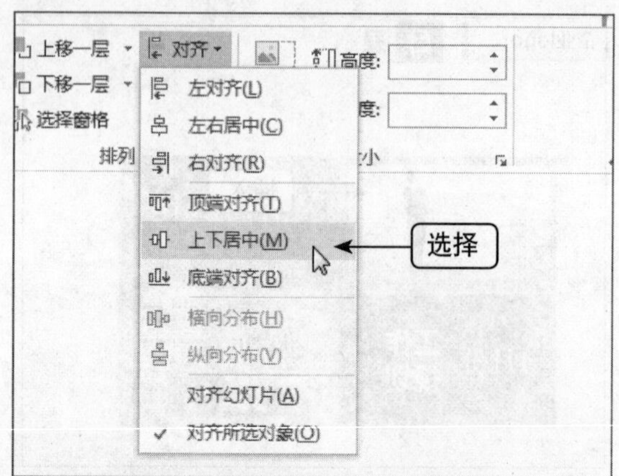

图16-76 选择"上下居中"选项

07 执行操作后，即可设置图片对齐方式，如图16-77所示。

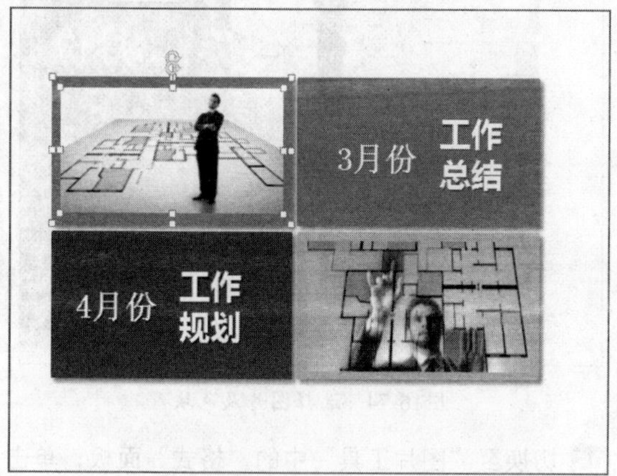

图16-77 设置图片对齐

08 用与上面相同的方法，为另外一张图片设置与上面相同的对齐方式，效果如图16-78所示。

图16-78 设置图片对齐方式

09 用与上面相同样的方法，再次在幻灯片中插入一张图片，并调整至合适位置，如图16-79所示。

图16-79 插入一张图片

10 选择图片，切换至"图片工具"中的"格式"面板，单击"图片样式"选项板中的"其他"按钮，在弹出的列表框中选择"简单框架，白色"选项，如图16-80所示。

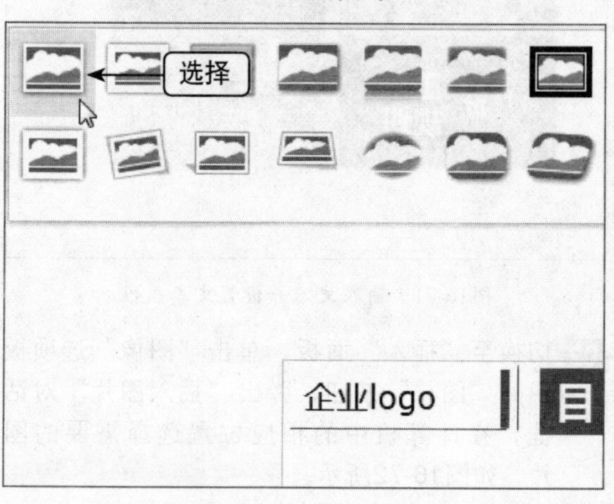

图16-80 选择"简单框架，白色"选项

11 执行操作后，即可设置图片样式，单击"图片样式"选项板中的"图片边框"下拉按钮，弹出列表框，选择"红色"，如图16-81所示。

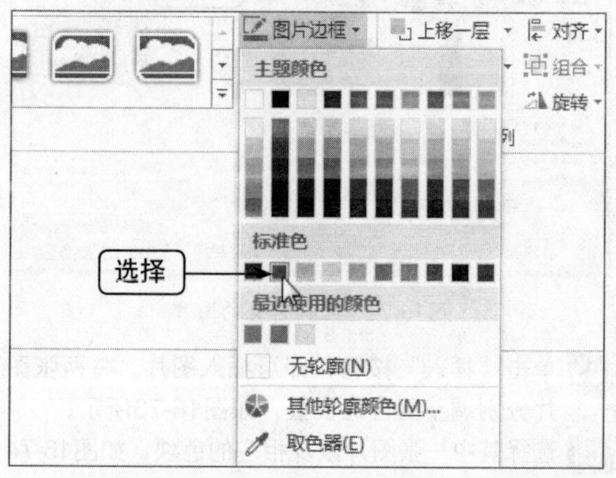

图16-81 选择"红色"

12 执行操作后，即可设置图片边框颜色，效果如图16-82所示。

图16-82 设置图片边框颜色

13 进入第3张幻灯片，选择幻灯片上方的蓝色色块，单击鼠标右键，在弹出的快捷菜单中选择“编辑文字”命令，如图16-83所示。

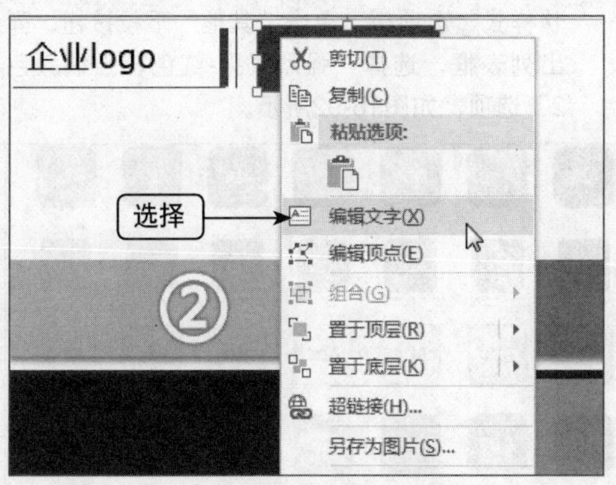

图16-83 选择“编辑文字”命令

14 在色块上输入文本，如图16-84所示。

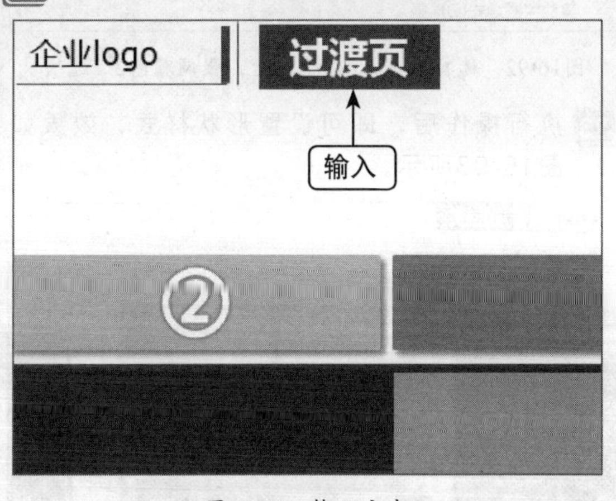

图16-84 输入文本

15 在橙色色块上绘制文本框，并输入文本，如图16-85所示。

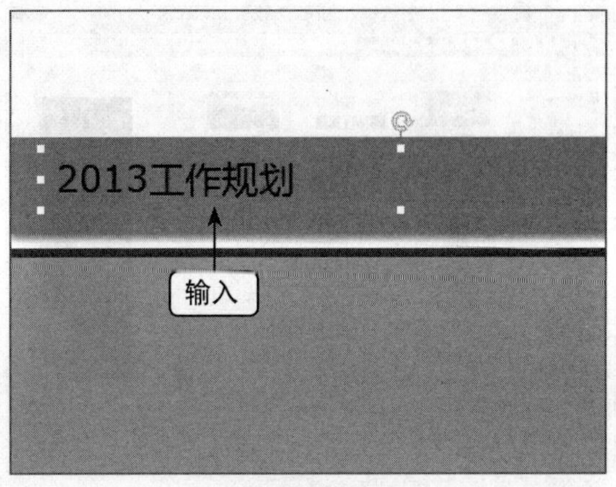

图16-85 输入文本

16 选中文本，在“字体”选项板中设置“字体”为“微软雅黑”、“字号”为25，单击“加粗”和“文字阴影”按钮，设置“字体颜色”为白色，效果如图16-86所示。

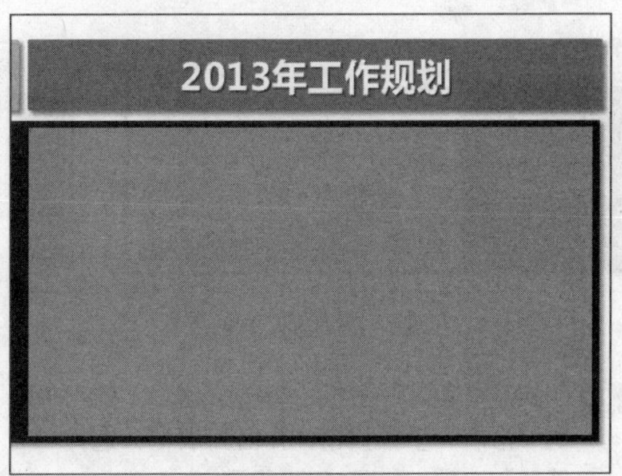

图16-86 设置字体颜色

17 用与上面相同的方法，在幻灯片中的其他位置添加文本内容，如图16-87所示。

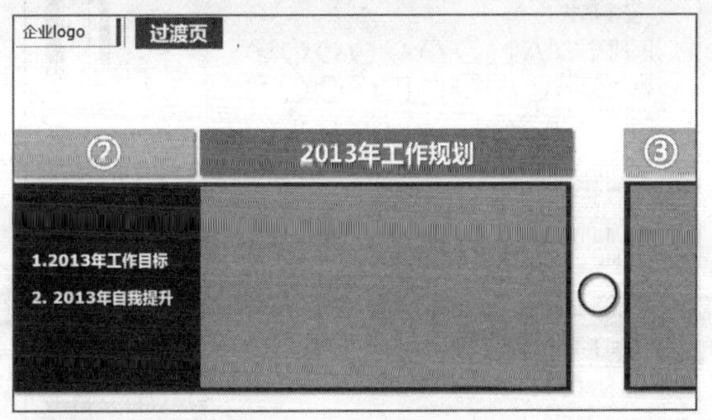

图16-87 添加文本内容

18 切换至“插入”面板，在调出的“插入图片”对话框中选择需要的图片，如图16-88所示。

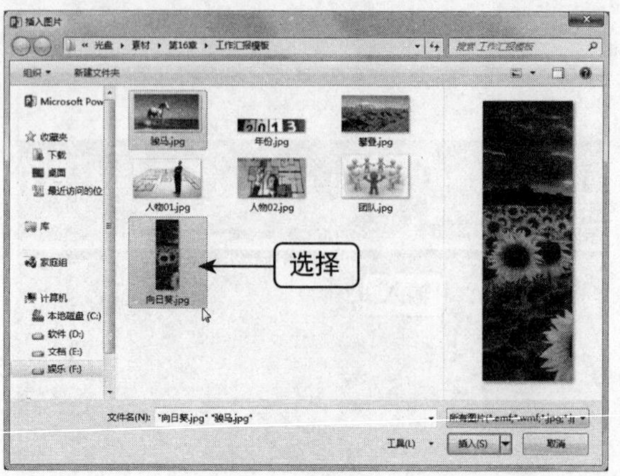

图16-88　选择需要的图片

19 单击“插入”按钮，即可插入图片，调整图片大小和位置，如图16-89所示。

图16-89　插入图片

20 切换至“插入”面板，单击“插图”选项板中的“形状”下拉按钮，弹出列表框，选择“右箭头”选项，如图16-90所示。

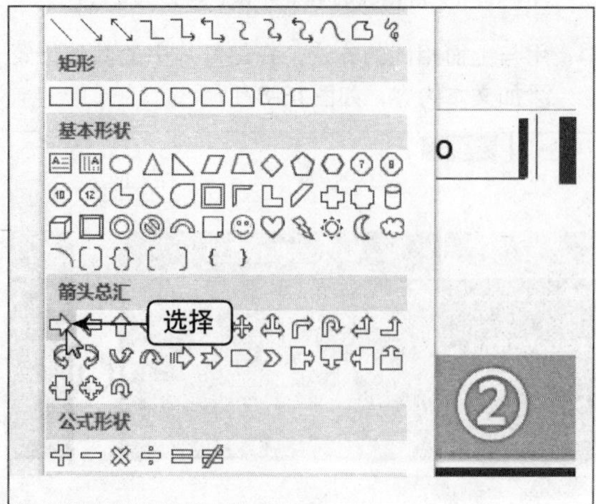

图16-90　选择“右箭头”选项

21 在幻灯片中的圆圈内绘制一个右箭头，如图16-91所示。

图16-91　绘制一个右箭头

22 双击箭头形状，切换至“绘图工具”中的“形状样式”选项板，单击“其他”下拉按钮，弹出列表框，选择“强烈效果-红色，强调颜色2”选项，如图16-92所示。

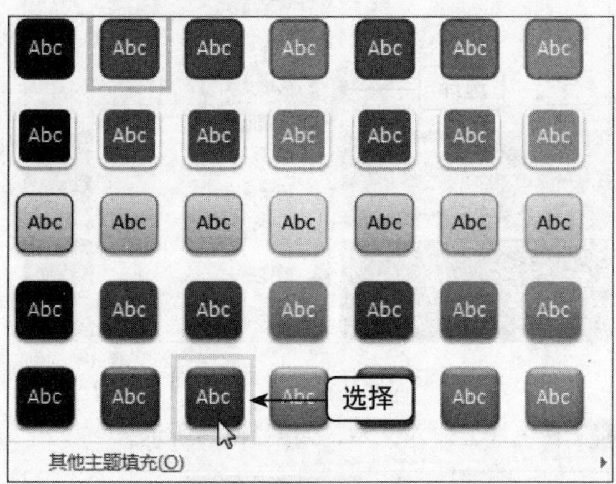

图16-92　选择“强烈效果-红色，强调颜色2”选项

23 执行操作后，即可设置形状样式，效果如图16-93所示。

图16-93　设置形状样式

24 进入第4张幻灯片，用与上面相同的方法，在幻灯片中插入图片，调整其大小和位置，如图16-94所示。

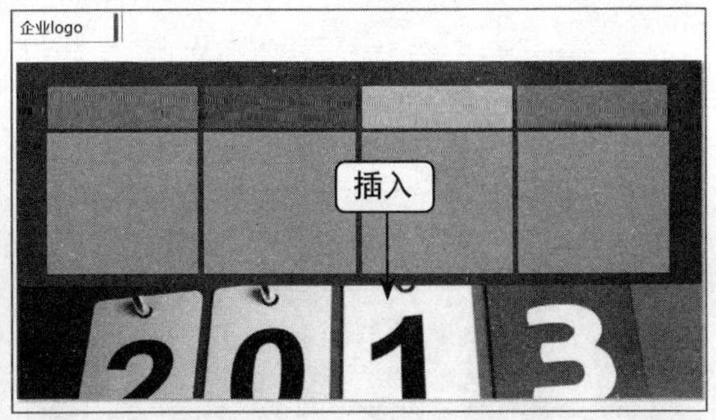

图16-94　插入图片

25 复制第3张幻灯片中的蓝色色块及文本，粘贴至第4张幻灯片中的相应位置，更改文本内容，如图16-95所示。

图16-95　更改文本内容

26 在幻灯片中的其他色块上绘制文本框，并输入文本，效果如图16-96所示。

图16-96　输入文本

27 进入第5张幻灯片，在上方的蓝色色块上输入文本，如图16-97所示。

28 复制第4张幻灯片中的四色色块，粘贴至第5张幻灯片中，调整至合适位置，并更改文本内容，效果如图16-98所示。

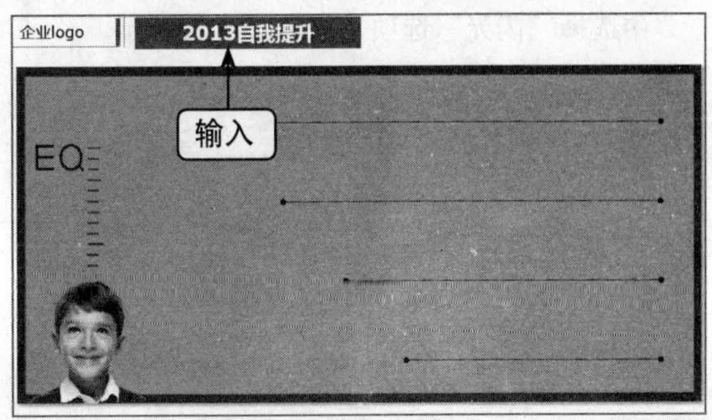

图16-97　输入文本

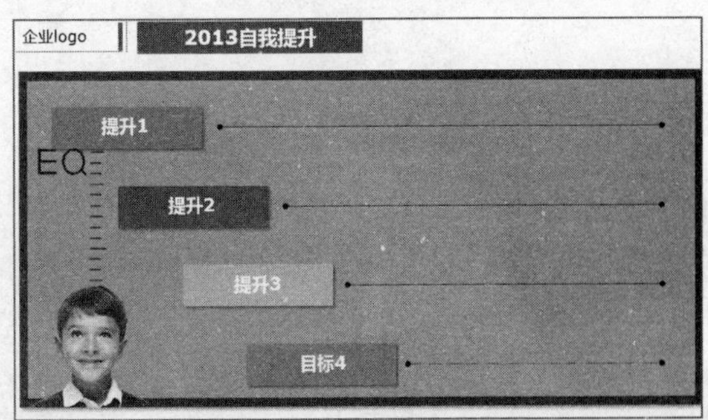

图16-98　更改文本内容

16.2.3　为工作汇报模板添加动画效果

为工作汇报模板添加动画效果的具体操作步骤如下。

01 进入第1张幻灯片，切换至“切换”面板，如图16-99所示。

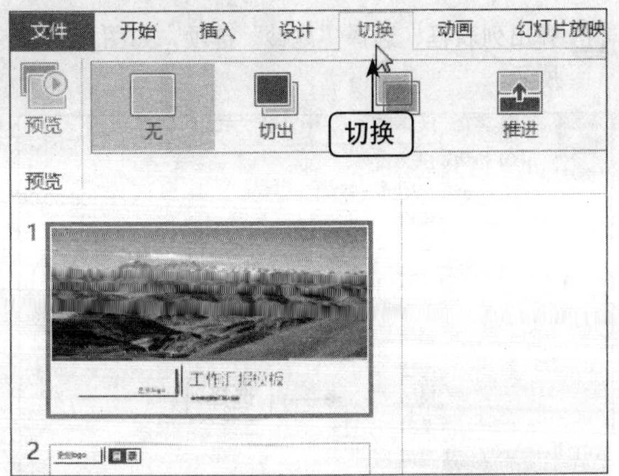

图16-99　切换至“切换”面板

02 单击“切换到此幻灯片”选项板中的“其他”下拉按钮，弹出列表框，在“细微型”选项区中选择“闪光”选项，如图16-100所示。

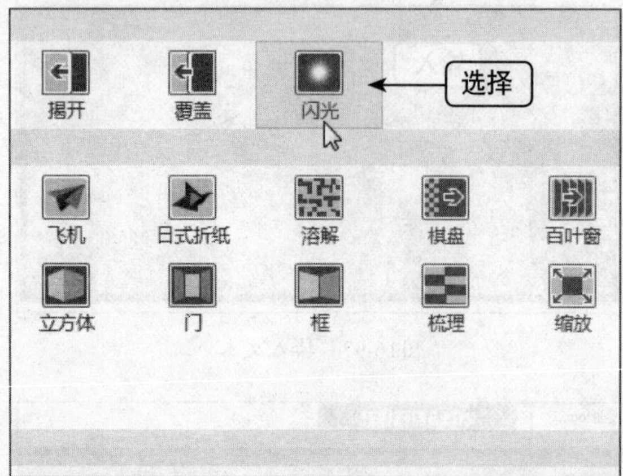

图16-100 选择“闪光”选项

03 单击“计时”选项板中“声音”右侧的下拉按钮，如图16-101所示。

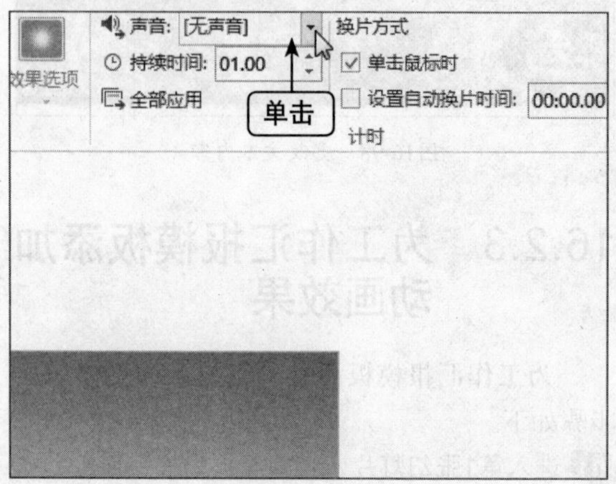

图16-101 单击“声音”右侧的下拉按钮

04 弹出列表框，选择“风铃”选项，如图16-102所示。

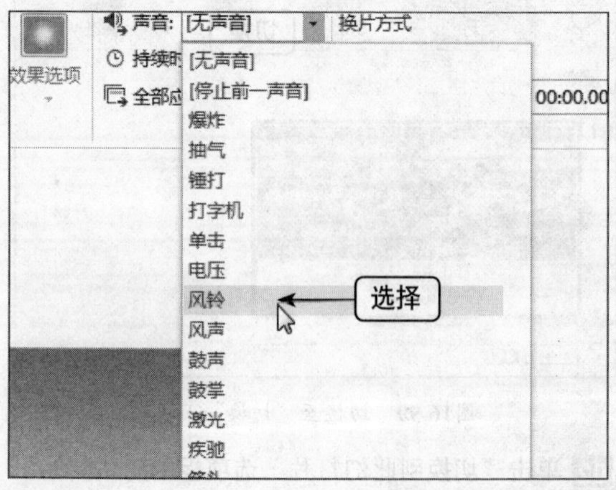

图16-102 选择“风铃”选项

05 执行操作后，即可设置切换效果。单击“预览”选项板中的“预览”按钮，即可预览切换效果，如图16-103所示。

图16-103 预览切换效果

06 进入第2张幻灯片，在“切换到此幻灯片”选项板中单击“其他”下拉按钮，在弹出的列表框中选择“华丽型”选项区的“梳理”选项，设置切换效果。单击“预览”选项板中的“预览”按钮，即可预览梳理切换效果，如图16-104所示。

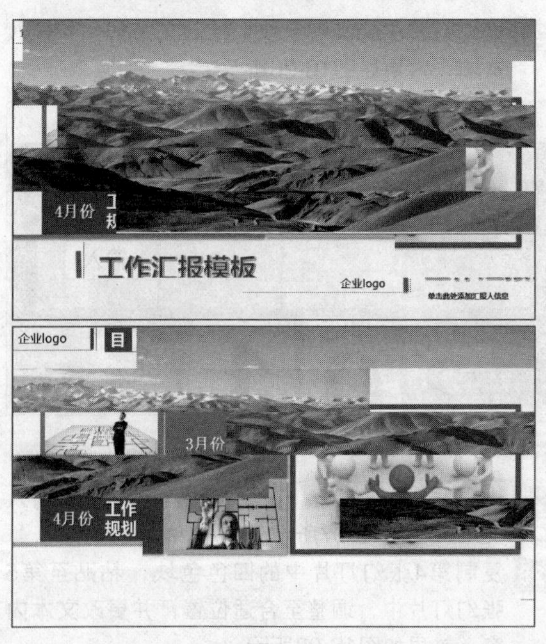

图16-104 预览梳理切换效果

07 进入第3张幻灯片，设置切换效果为“溶解”。单击“预览”选项板中的“预览”按钮，即可预览溶解切换效果，如图16-105所示。

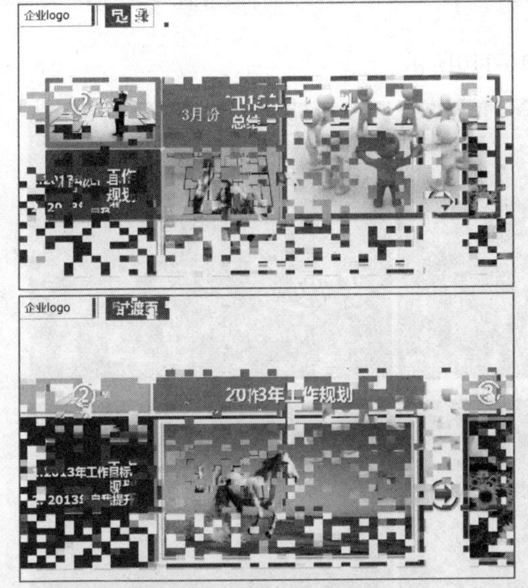

图16-105 预览溶解切换效果

08 进入第4张幻灯片，设置切换效果为“门”。单击“预览”选项板中的“预览”按钮，即可预览门切换效果，如图16-106所示。

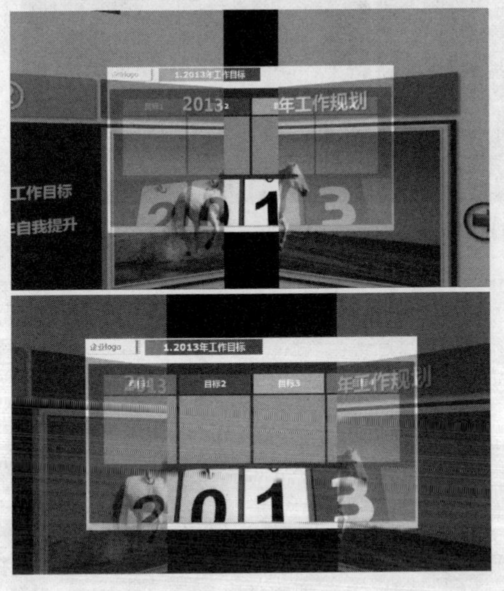

图16-106 预览门切换效果

09 进入第5张幻灯片，单击“切换到此幻灯片”选项板中的“其他”按钮，弹出列表框，选择“动态平移”选项区中的“轨道”选项，如图16-107所示。

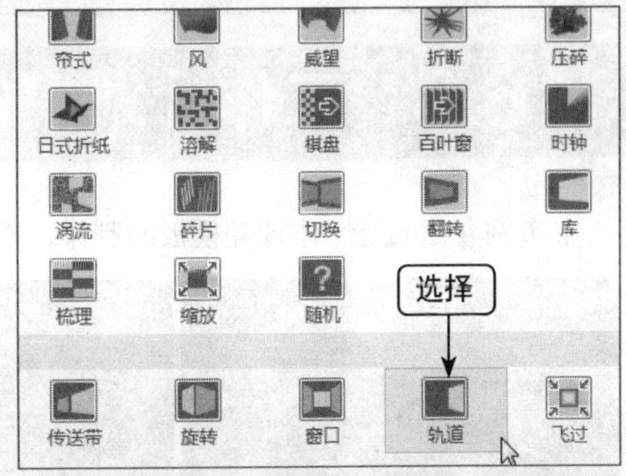

图16-107 选择“轨道”选项

10 单击“切换到此幻灯片”选项板中的“效果选项”下拉按钮，弹出列表框，选择“自左侧”选项，如图16-108所示。

图16-108 选择“自左侧”选项

11 执行操作后，即可为第5张幻灯片添加轨道切换效果。单击“预览”选项板中的“预览”按钮，预览轨道切换效果，如图16-109所示。

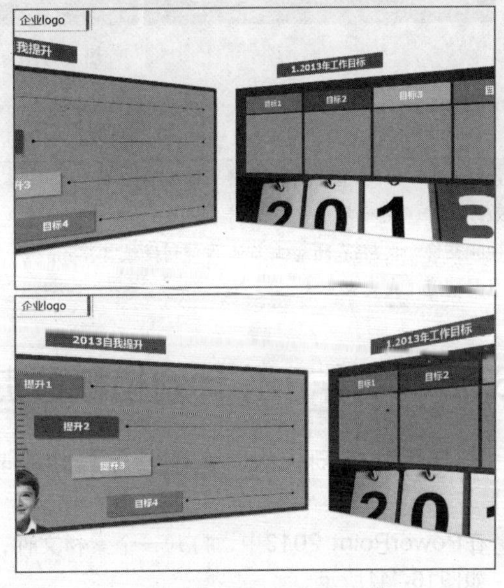

图16-109 预览轨道切换效果

16.3 工作计划模板制作

本实例介绍的是工作计划模板的制作，效果如图16-110所示。

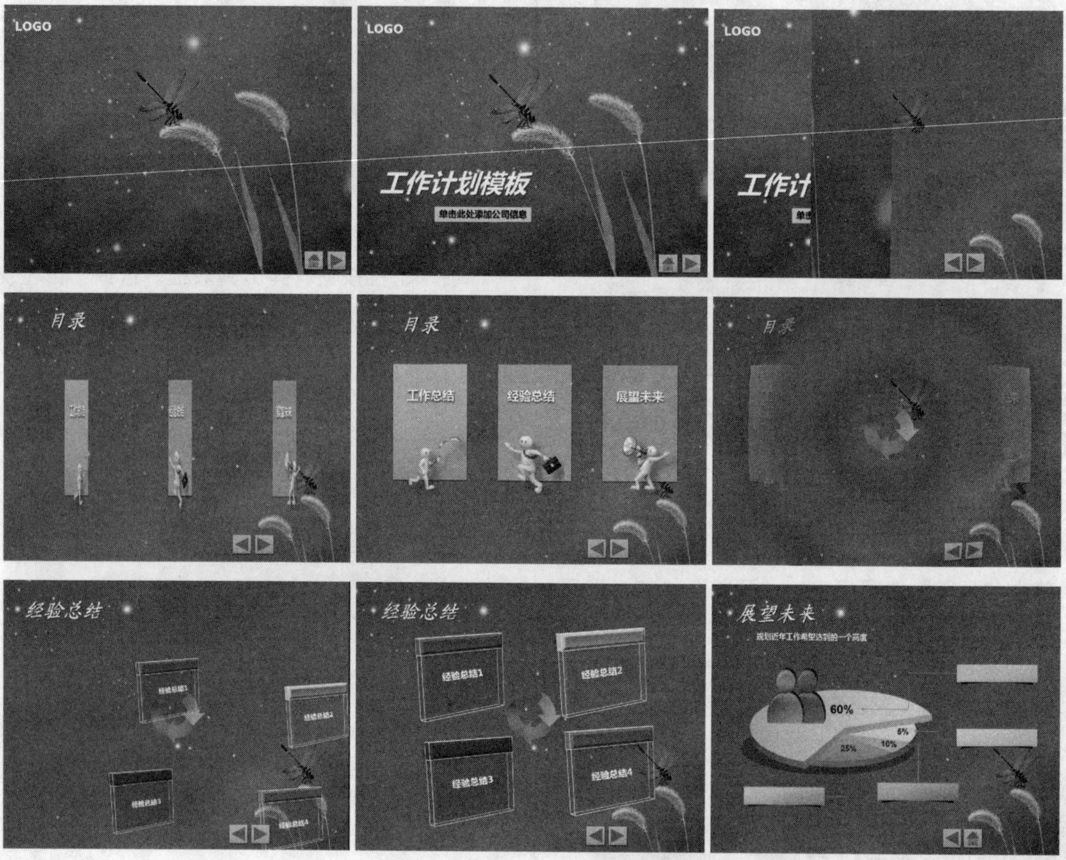

图16-110　工作计划模板效果

➡素材文件	素材\第16章\工作计划模板.pptx等
➡效果文件	效果\第16章\工作计划模板.pptx
➡视频文件	视频\第16章\制作工作计划模板首页.mp4等
➡难易程度	★★★★★

16.3.1 制作工作计划模板首页

制作工作计划模板首页的具体操作步骤如下。

01 在PowerPoint 2013中，打开一个素材文件，如图16-111所示。

图16-111　打开一个素材文件

02 在编辑区中的合适位置绘制一个横排文本框，并输入文本，如图16-112所示。

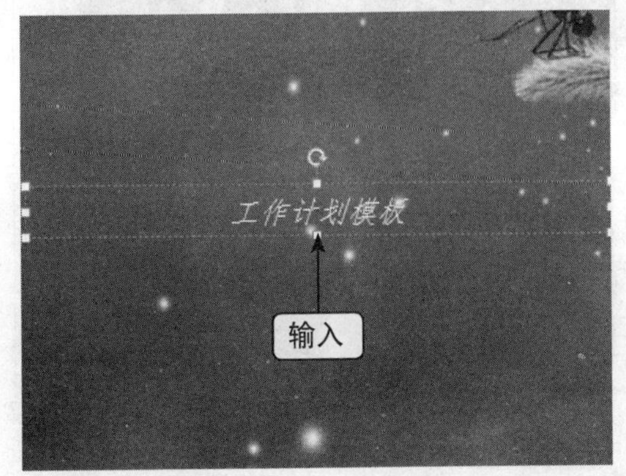

图16-112　输入文本

03 选中文本，在弹出的悬浮窗口中设置“字体”为“微软雅黑”、“字号”为50，单击“加粗”和“倾斜”按钮，“字体颜色”为白色，效果如图16-113所示。

图16-113　设置字体属性

04 用与上面相同的方法，在标题下方添加文本，并设置相应属性，效果如图16-114所示。

图16-114　添加文本

05 选中副标题文本，切换至“绘图工具”中的“格式”面板，单击“形状样式”选项板中的“其他”下拉按钮，弹出列表框，选择“细微效果-金色，强调颜色1”选项，如图16-115所示。

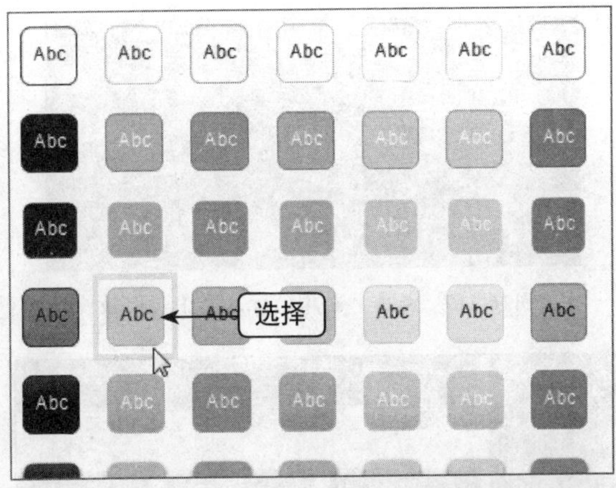

图16-115　选择“细微效果-金色，强调颜色1”选项

06 执行操作后，即可设置形状样式，效果如图16-116所示。

图16-116　设置文本效果

16.3.2　制作工作计划其他幻灯片

制作工作计划其他幻灯片的具体操作步骤如下。

01 在“幻灯片”选项板中单击“新建幻灯片”下拉按钮，如图16-117所示。

02 弹出列表框，选择“空白”选项，如图16-118所示。

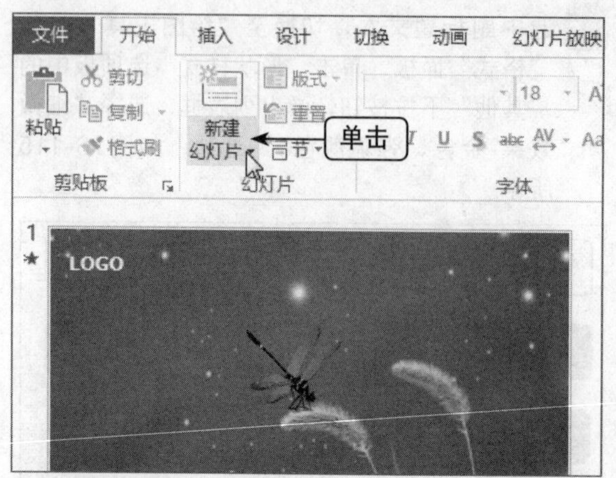

图16-117 单击“新建幻灯片”下拉按钮

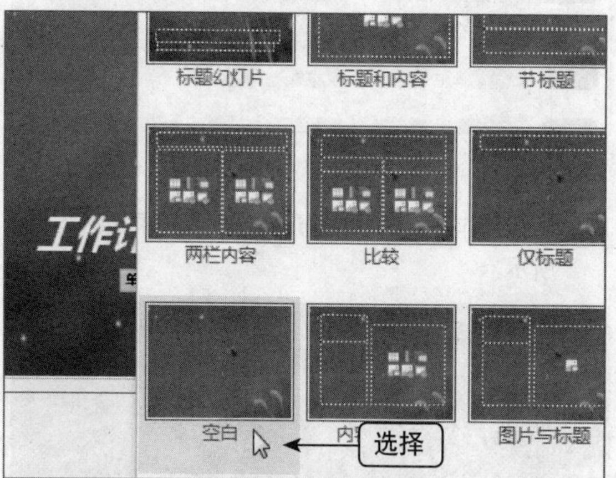

图16-118 选择“空白”选项

03 执行操作后，即可新建1张幻灯片，如图16-119所示。

图16-119 新建1张幻灯片

04 用与上面相同的方法，再次新建2张空白幻灯片，效果如图16-120所示。

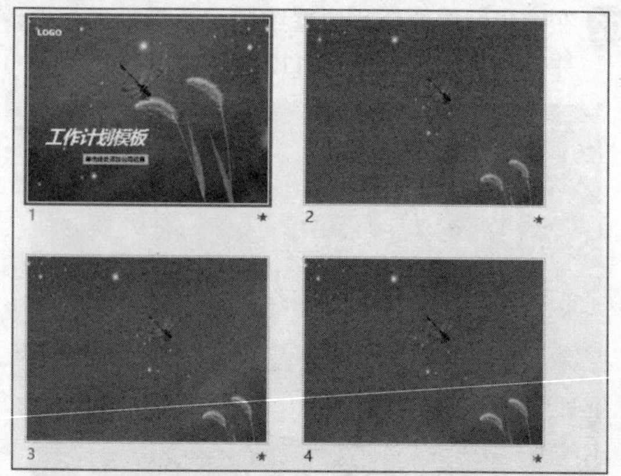

图16-120 新建2张空白幻灯片

05 进入第2张幻灯片，绘制一个矩形，切换至“绘图工具”中的“格式”面板，单击“形状样式”选项板中的“其他”下拉按钮，弹出列表框，选择“强烈效果-金色，强调颜色1”选项，如图16-121所示。

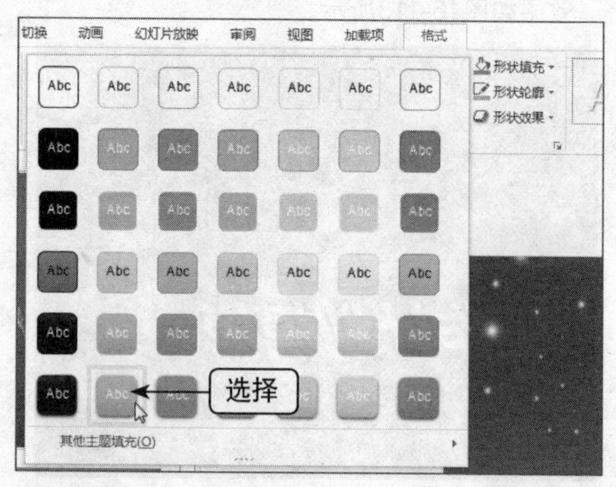

图16-121 选择“强烈效果-金色，强调颜色1”选项

06 执行操作后，即可设置形状样式，如图16-122所示。

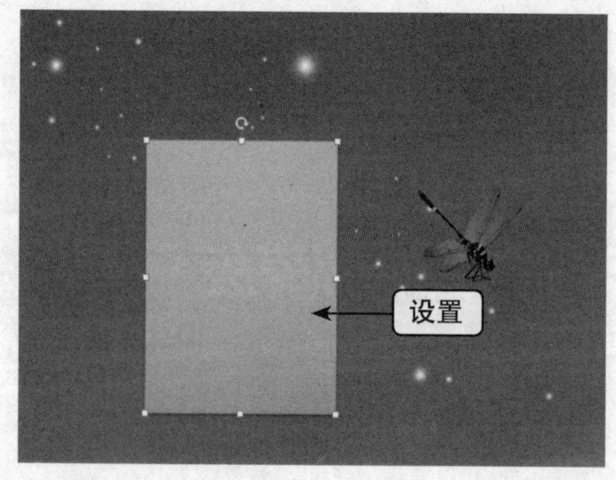

图16-122 设置形状样式

07 用与上面相同的方法，绘制其他形状样式，效果如图16-123所示。

图16-123 绘制其他形状样式

08 切换至“插入”面板，单击“图像”选项板中的“图片”按钮，弹出“插入图片”对话框，在计算机中的合适位置选择需要的图片，单击“插入”按钮，效果如图16-124所示。

图16-124 插入图片

09 将插入的图片调整至合适位置与大小，效果如图16-125所示。

图16-125 调整图片

10 在绘制的矩形上方绘制一个文本框，并输入文本，如图16-126所示。

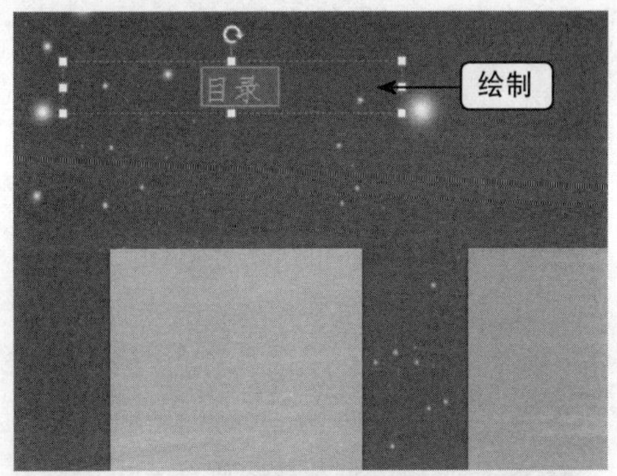

图16-126 输入文本

11 选择文本，在“字体”选项板中设置“字体”为“楷体GB2312”、“字号”为40，单击“加粗”、“倾斜”和“文字阴影”按钮，效果如图16-127所示。

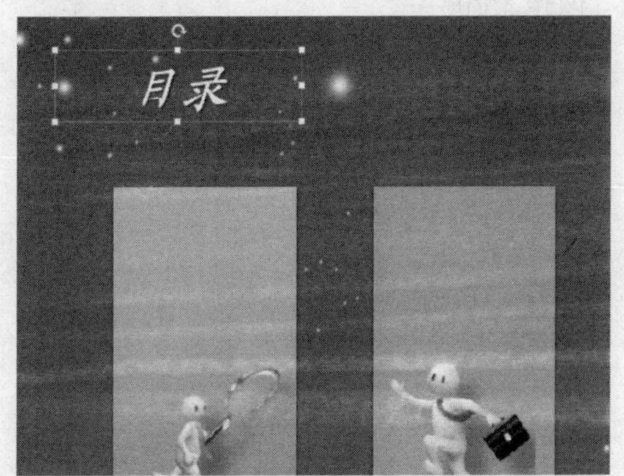

图16-127 设置文本属性

12 用与上面相同的方法，在矩形上添加文本，效果如图16-128所示。

图16-128 添加文本

13 进入第3张幻灯片，复制第2张幻灯片中的标题文本，粘贴至第3张幻灯片中的相应位置，更改文本内容，如图16-129所示。

图16-129 更改文本内容

14 切换至“插入”面板，单击“图像”选项板中的“图片”按钮，弹出“插入图片”对话框，选择需要的图片，单击“插入”按钮，效果如图16-130所示。

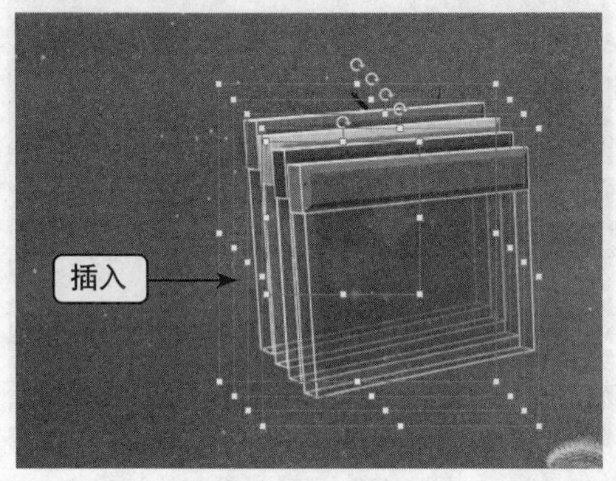

图16-130 插入图片

15 执行操作后，即可插入图片，调整图片大小和位置，效果如图16-131所示。

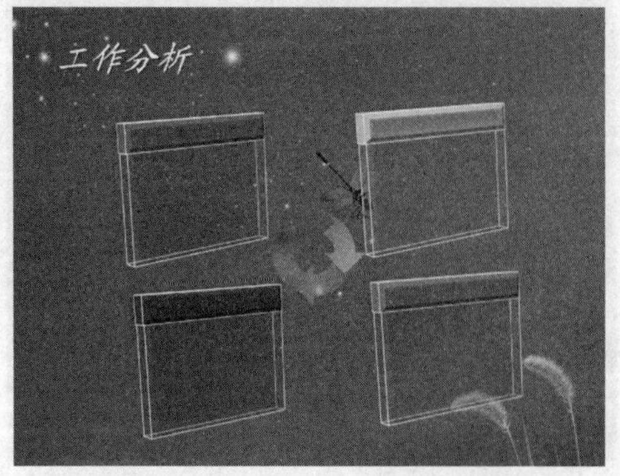

图16-131 调整图片大小和位置

16 用户可以在矩形上添加经验总结内容，效果如图16-132所示。

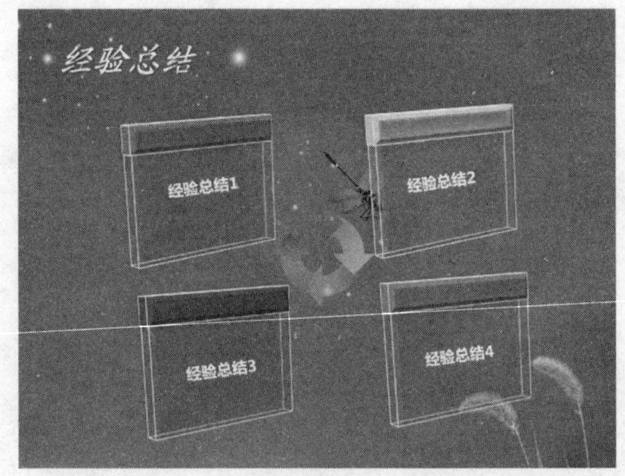

图16-132 添加经验总结内容

17 进入第4张幻灯片，复制第3张幻灯片中的标题文本，粘贴至第4张幻灯片中的合适位置，更改文本内容，如图16-133所示。

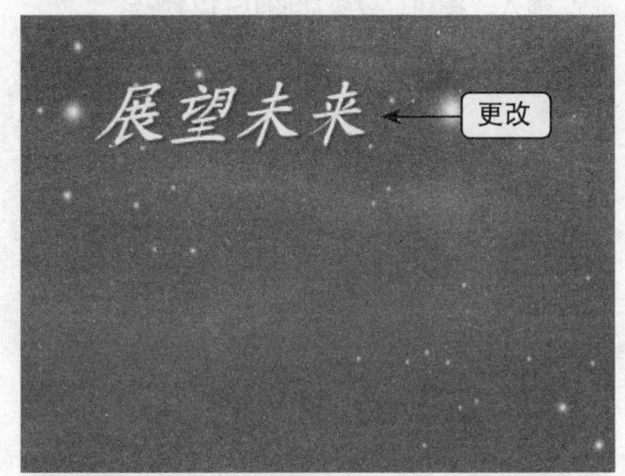

图16-133 更改文本内容

18 在标题文本的下方，绘制一个横排文本框，如图16-134所示。

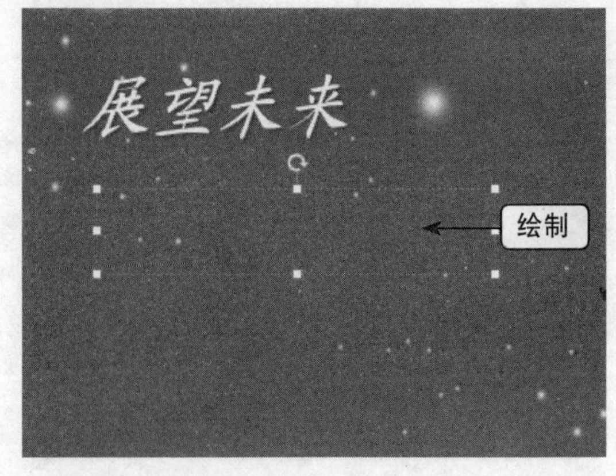

图16-134 绘制横排文本框

19 输入文本，设置“字体”为“微软雅黑”、“字号”为15，单击“加粗”和“文字阴影”按钮，效果如图16-135所示。

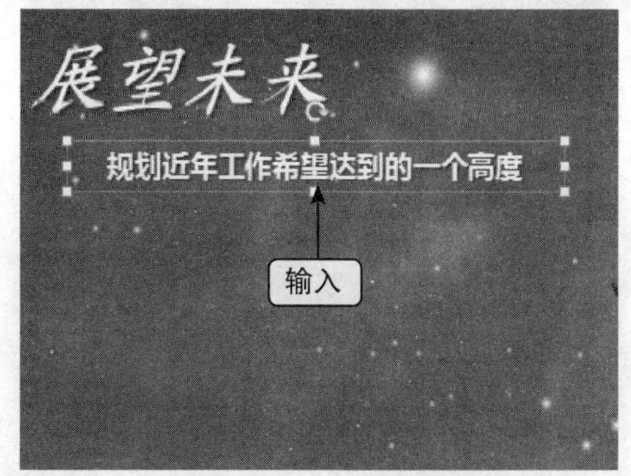

图16-135 输入并设置文本属性

20 切换至“插入”面板，单击“图像”选项板中的“图片”按钮，如图16-136所示。

图16-136 单击“图片”按钮

21 弹出“插入图片”对话框，在计算机中的合适位置选择需要的图片，如图16-137所示。

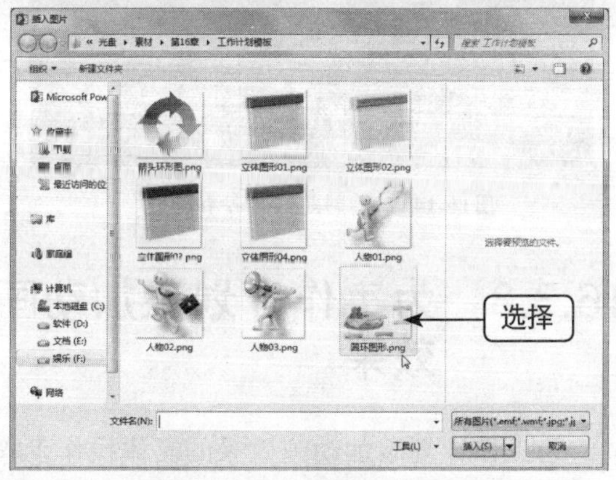

图16-137 选择需要的图片

22 单击“插入”按钮，即可插入图片，调整至相应位置，如图16-138所示。

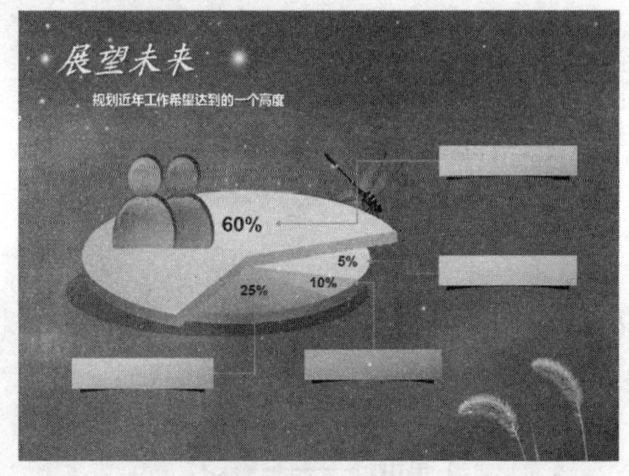

图16-138 调整图片位置

23 进入第1张幻灯片，切换至“插入”面板，单击“插图”选项板中的“形状”下拉按钮，如图16-139所示。

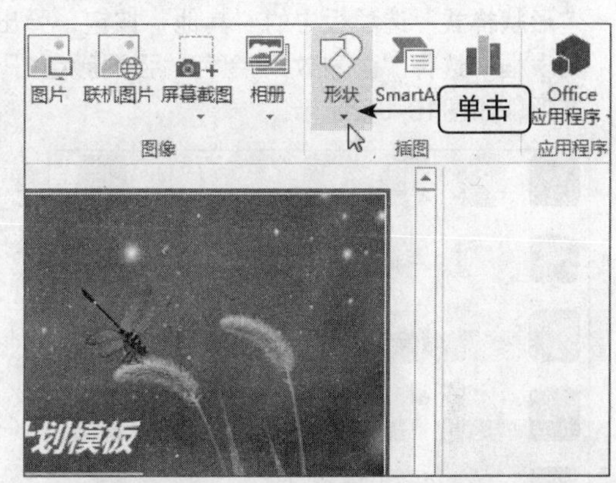

图16-139 单击“形状”下拉按钮

24 弹出列表框，在“动作按钮”选项区中选择“第一张”选项，如图16-140所示。

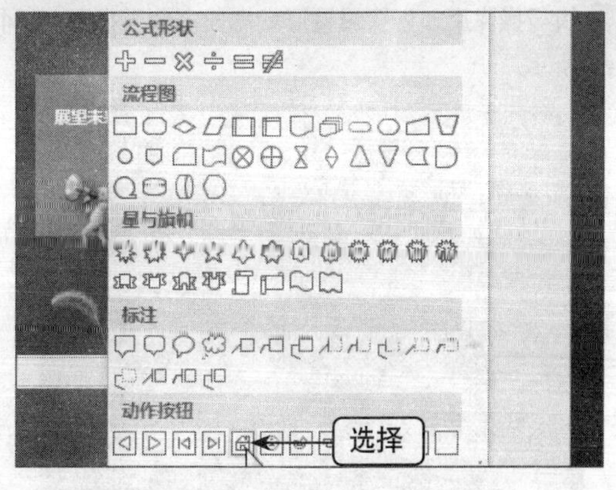

图16-140 选择“第一张”选项

25 在幻灯片中的右下角绘制形状，弹出“操作设置”对话框，各选项依照默认设置，单击“确定”按钮，如图16-141所示。

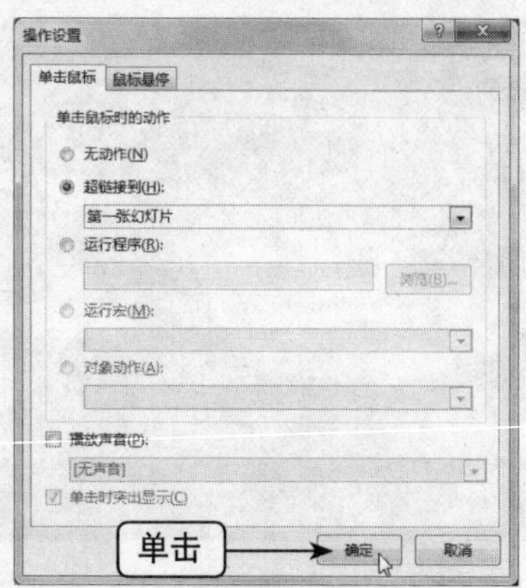

图16-141　单击“确定”按钮

26 执行操作后，即可绘制形状。双击形状图标，进入“绘图工具”中的“格式”面板，单击“形状样式”选项板中的“其他”按钮，弹出列表框，选择“强烈效果-金色，强调颜色1”选项，如图16-142所示。

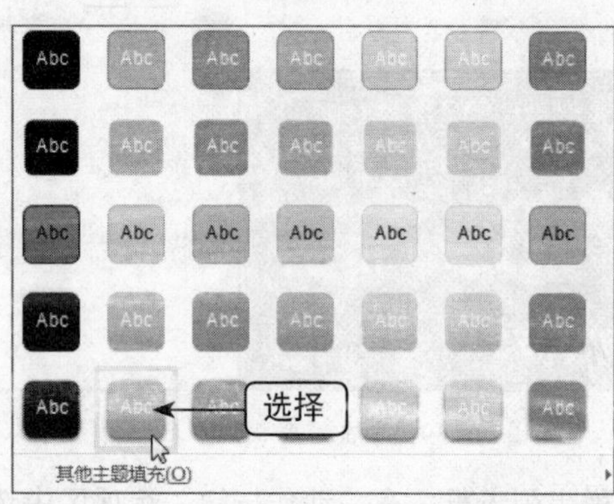

图16-142　选择“强烈效果-金色，强调颜色1”选项

27 执行操作后，即可设置形状样式，效果如图16-143所示。

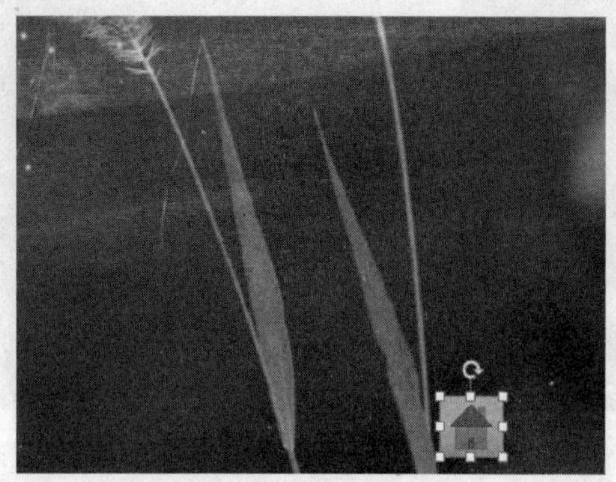

图16-143　设置形状样式

28 用与上面相同的方法，在其他幻灯片中绘制超链接按钮，效果如图16-144所示。

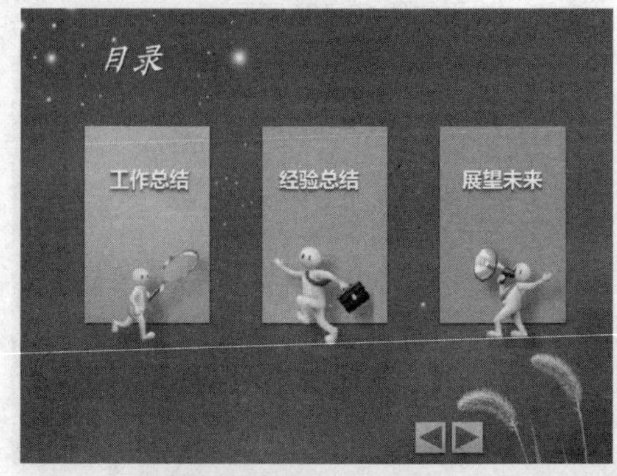

图16-144　绘制超链接按钮（A）

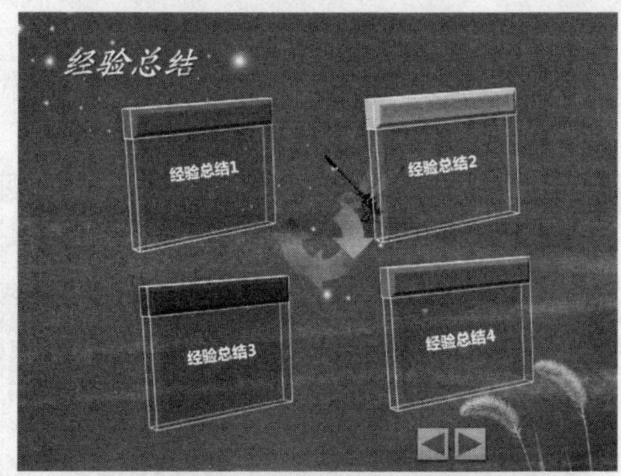

图16-144　绘制超链接按钮（B）

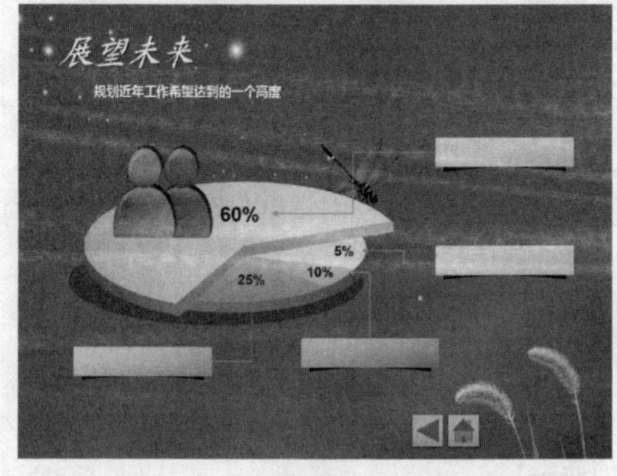

图16-144　绘制超链接按钮（C）

16.3.3　为工作计划添加动画效果

为工作计划添加动画效果的具体操作步骤如下。

01 进入第1张幻灯片，选择标题文本，切换至“动画”面板，单击“动画”选项板中的“其他”下拉按钮，弹出列表框，在“进入”选项区中选择“浮入”选项，如图16-145所示。

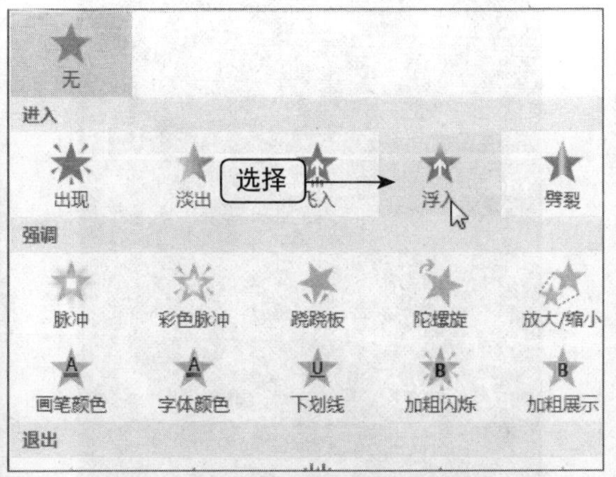

图16-145 选择“浮入”选项

02 用与上面相同的方法，设置副标题文本的动画效果为“飞入”。单击“预览”选项板中的“预览”按钮，预览动画效果，如图16-146所示。

图16-146 预览动画效果

03 进入第2张幻灯片，设置标题文本动画效果为“上浮”、设置中间立方图形动画效果为“飞旋”。单击“预览”选项板中的“预览”按钮，预览动画效果，如图16-147所示。

04 进入第3张幻灯片，设置标题文本动画效果为“上浮”、设置中间图形动画效果为“螺旋飞旋”。单击“预览”选项板中的“预览”按钮，预览动画效果，如图16-148所示。

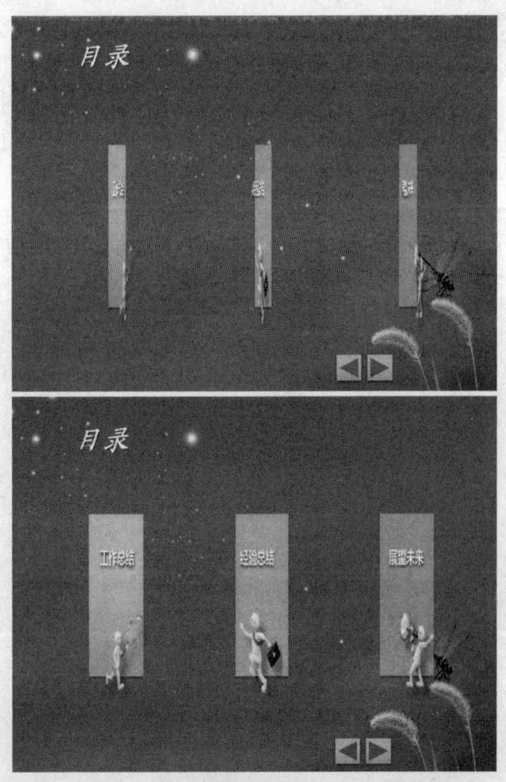

图16-147 预览第2张幻灯片动画效果

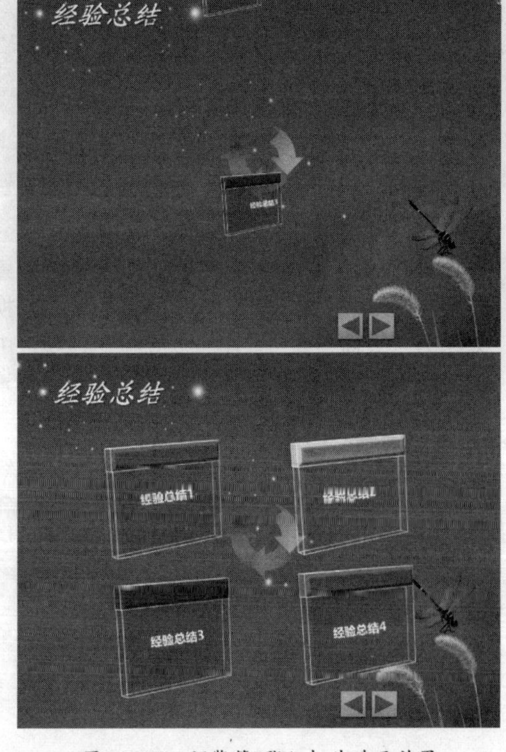

图16-148 预览第3张幻灯片动画效果

05 进入第4张幻灯片，设置标题文本动画效果为“上浮”、副标题文本动画效果为“曲线向上”、设置中间图形动画效果为“十字形扩展”。单击“预览”选项板中的“预览”按钮，预览动画效果，如图16-149所示。

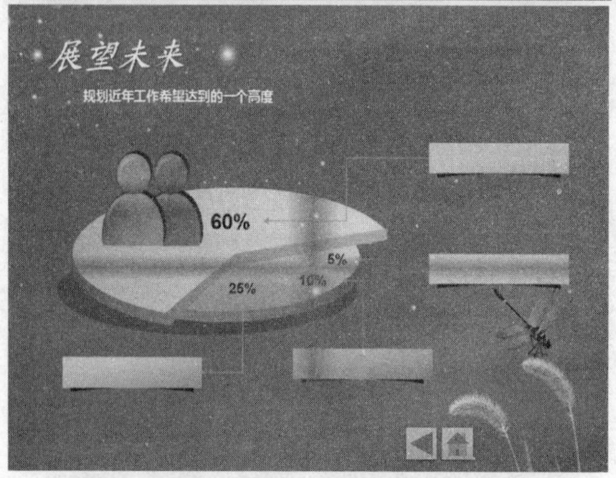

图16-149　预览第4张幻灯片动画效果

06 进入第1张幻灯片，切换至“切换”面板，设置切换效果为“淡出”，设置第2张幻灯片的切换效果为“页面卷曲”。单击“预览”选项板中的“预览”按钮，预览切换效果，如图16-150所示。

07 进入第3张幻灯片，设置切换效果为“涟漪”，设置第4张幻灯片的切换效果为“涡流”。单击“预览”选项板中的“预览”按钮，预览切换效果，如图16-151所示。

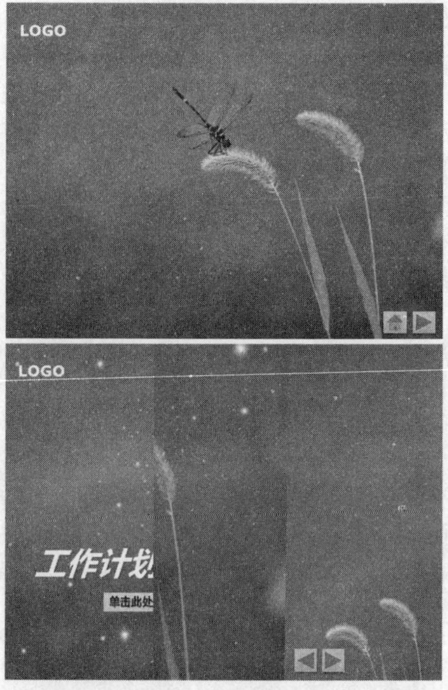

图16-150　预览切换效果

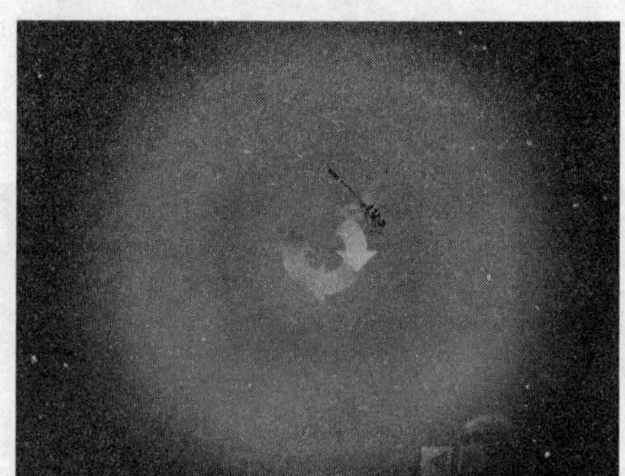

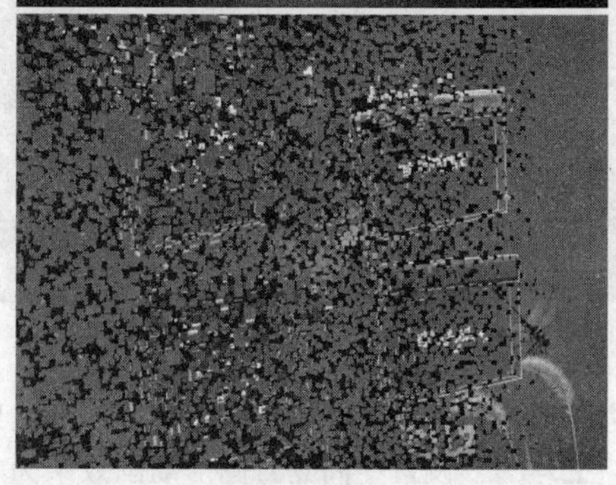

图16-151　预览切换效果

调研、策划、招商模板制作

学习提示

在企业经营过程中，经常需要根据对市场产品的调研，制定出合适策划方案，还可以通过对企业产品进入市场的效益评估，制作招商方案。本章主要向用户介绍制作调研、策划、招商模板的操作方法。

主要内容

- 制作产品调研模板首页
- 制作产品调研其他幻灯片
- 制作市场策划模板首页
- 制作市场策划其他幻灯片
- 制作招商引资模板首页
- 制作招商引资其他幻灯片

重点与难点

- 为产品调研模板添加动画效果
- 为市场策划模板添加动画效果
- 为招商引资添加动画效果

学完本章后你会做什么

- 掌握制作产品调研模板首页、为产品调研模板添加动画效果的操作方法
- 掌握制作市场策划模板首页、制作市场策划其他幻灯片的操作方法
- 掌握制作招商引资模板首页、为招商引资添加动画效果的操作方法

视频文件

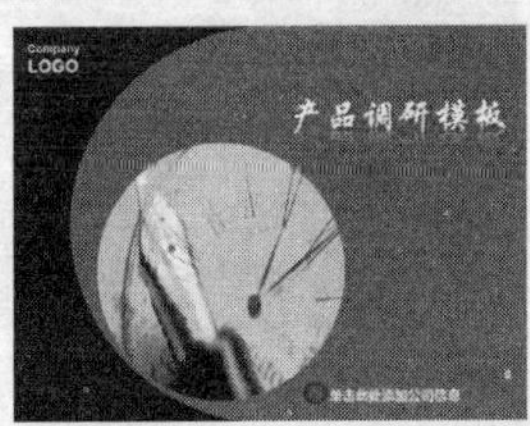

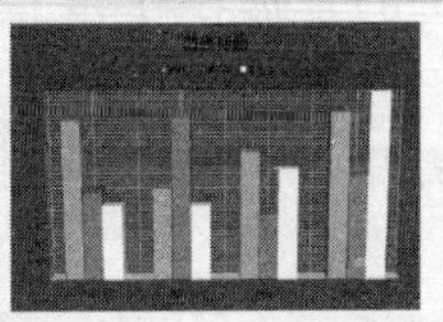

17.1 产品调研模板制作

本实例介绍的是产品调研模板的制作，效果如图17-1所示。

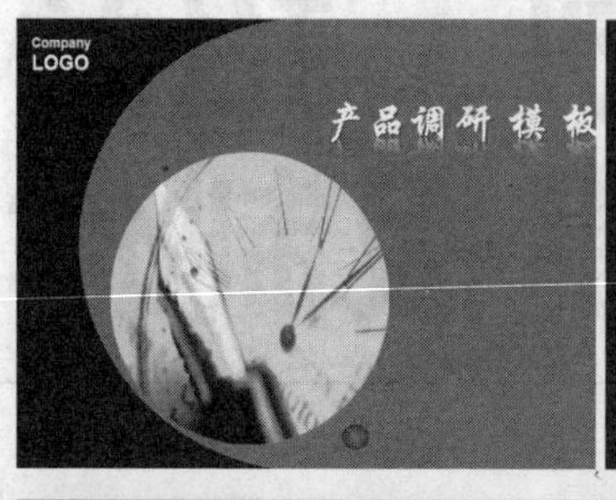

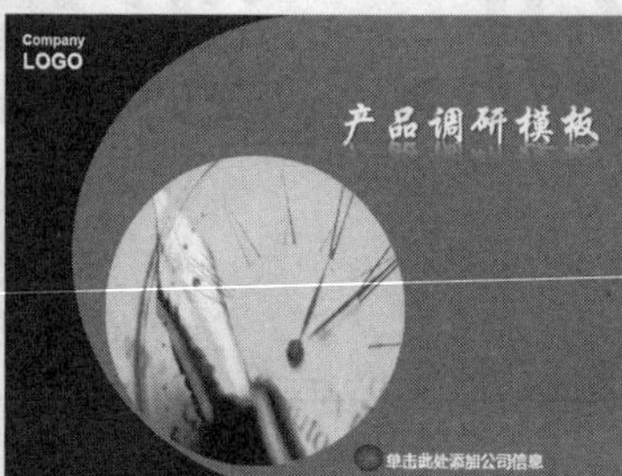

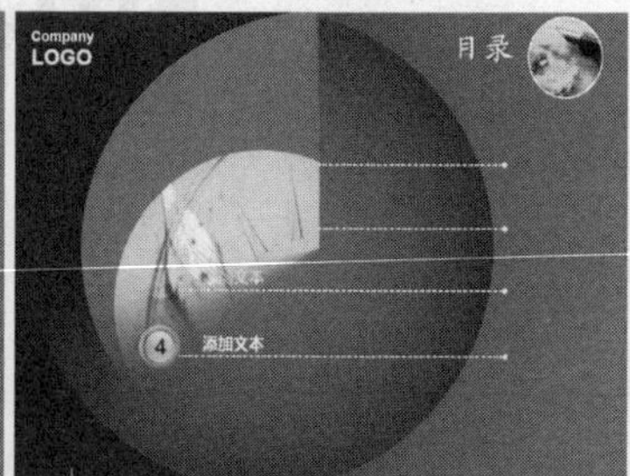

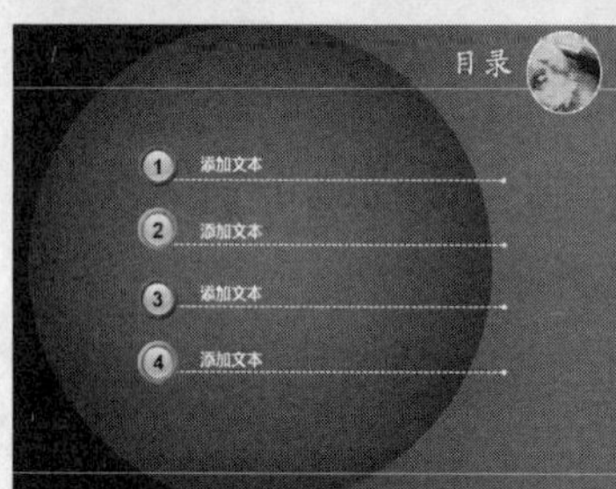

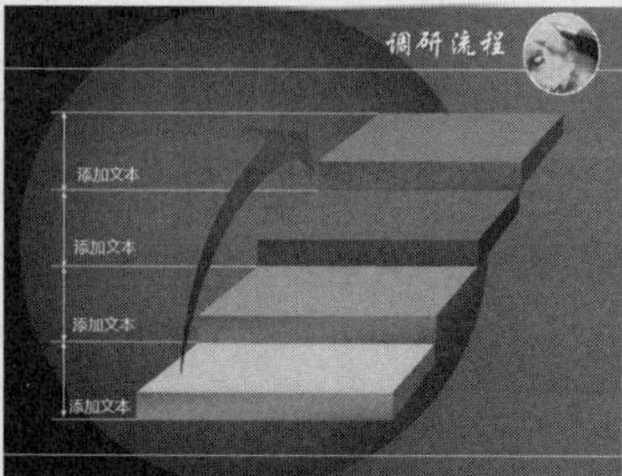

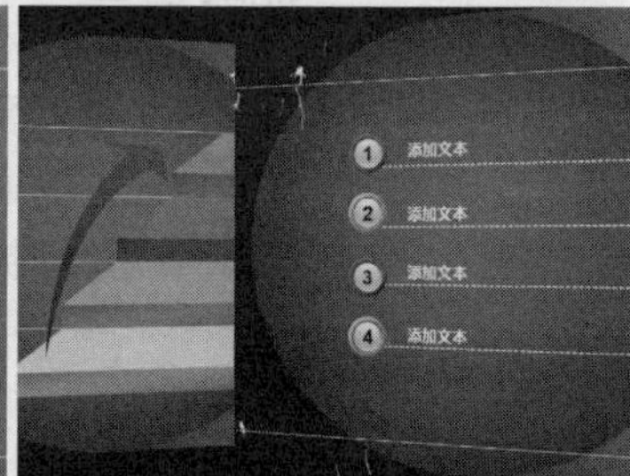

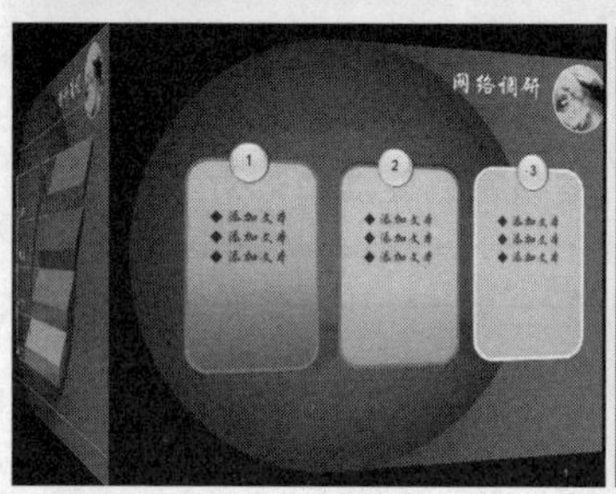

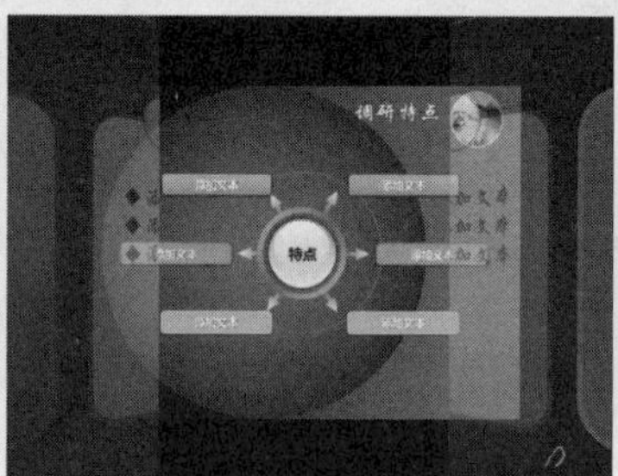

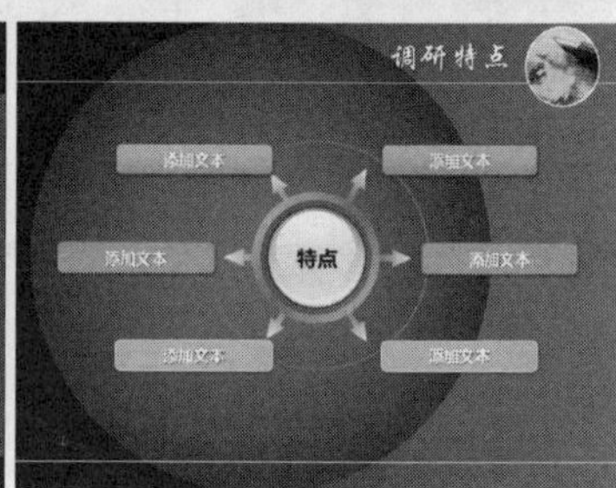

图17-1　产品调研模板效果

➡素材文件	素材\第17章\产品调研模板.pptx等
➡效果文件	效果\第17章\产品调研模板.pptx
➡视频文件	视频\第17章\制作产品调研模板首页.mp4等
➡难易程度	★★★★★

17.1.1　制作产品调研模板首页

制作产品调研模板首页的具体操作步骤如下。

01 在PowerPoint 2013中，打开一个素材文件，如图17-2所示。

图17-2　打开一个素材文件

02 在“单击此处添加标题”处单击鼠标左键，并输入文本，如图17-3所示。

图17-3 输入文本

03 选中输入的文本，在“字体”选项板中设置“字体”为“微软简行楷”、“字号”为50，单击“加粗”和“文字阴影”按钮，设置“字体颜色”为白色，如图17-4所示。

图17-4 设置字体属性

04 切换至“绘图工具”中的“格式”面板，单击“艺术字样式”选项板中的“文本效果”下拉按钮，弹出列表框，选择相应选项，如图17-5所示。

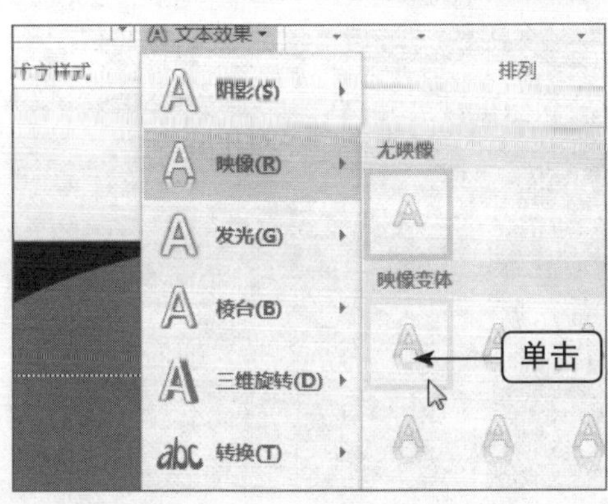

图17-5 选择相应选项

05 执行操作后，即可设置文本艺术效果，如图17-6所示。

图17-6 设置文本艺术效果

06 在“单击此处添加副标题”处，单击鼠标并输入文本，如图17-7所示。

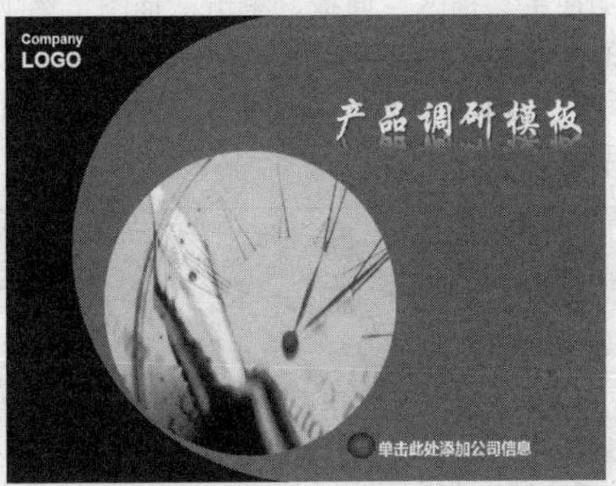

图17-7 输入文本

17.1.2 制作产品调研其他幻灯片

制作产品调研其他幻灯片的具体操作步骤如下。

01 进入第2张幻灯片，在标题文本框中输入文本，如图17-8所示。

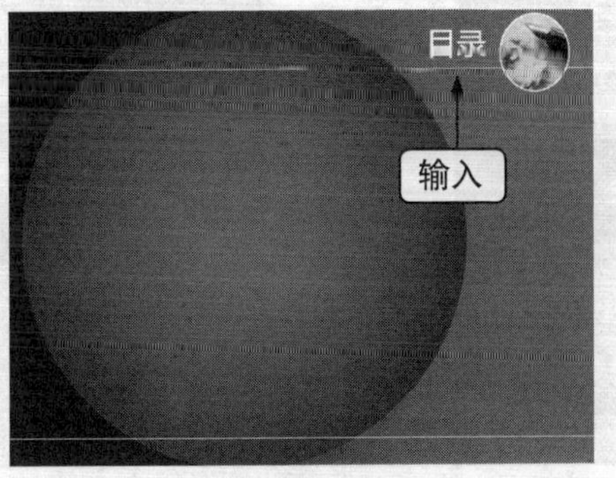

图17-8 输入文本

02 选中文本，设置“字体”为“楷体GB2312”，单击“加粗”和“文字阴影”按钮，效果如图17-9所示。

图17-9　设置文本属性

03 切换至“插入”面板，单击“插图”选项板中的“形状”下拉按钮，弹出列表框，在“线段”选项区中选择“直线”选项，如图17-10所示。

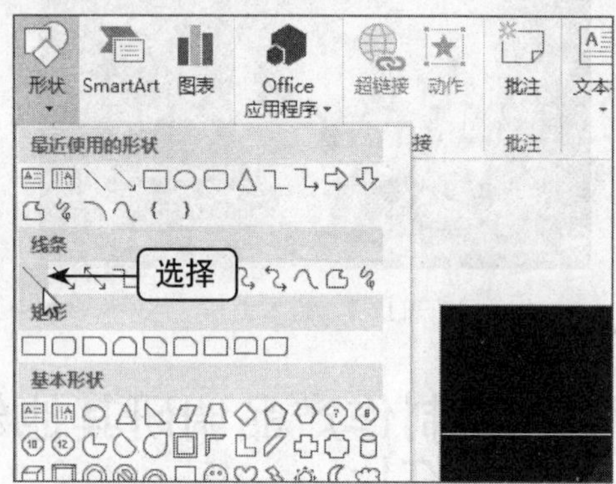

图17-10　选择“直线”选项

04 在幻灯片中绘制一条直线，单击鼠标右键，在弹出的快捷菜单中选择“设置形状格式”命令，如图17-11所示。

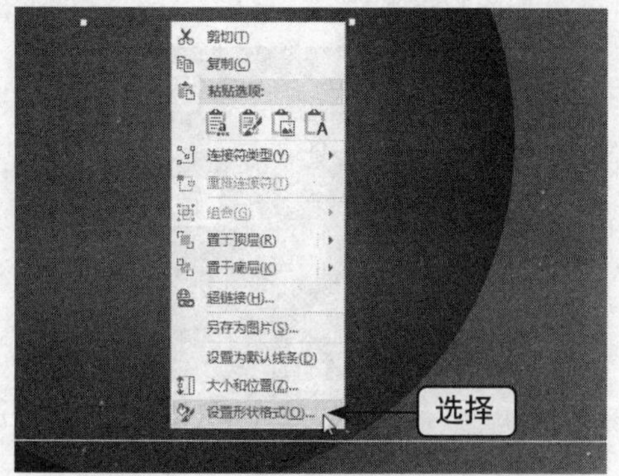

图17-11　选择“设置形状格式”命令

05 弹出“设置形状格式”窗格，在展开的“线条”选项区中设置“短划线类型”为“方点”，单击“箭头末端类型”右侧的下拉按钮，弹出列表框，选择“圆型箭头”选项，如图17-12所示。

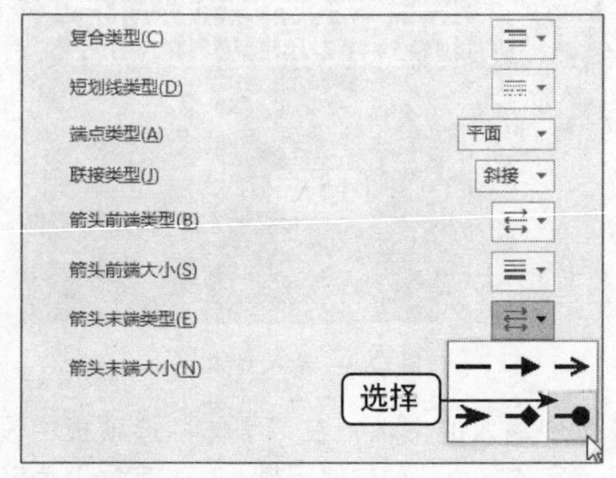

图17-12　选择“圆型箭头”选项

06 设置线条“颜色”为白色、“宽度”为2磅，关闭“设置形状格式”窗格，效果如图17-13所示。

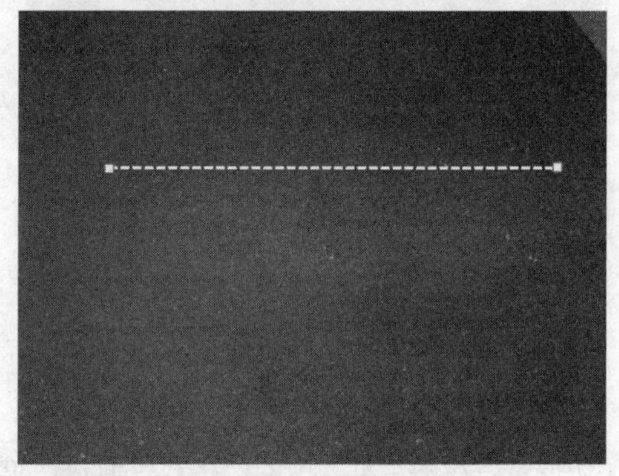

图17-13　设置线条格式

07 调整线条长度，并放置到合适位置，复制3条线段，效果如图17-14所示。

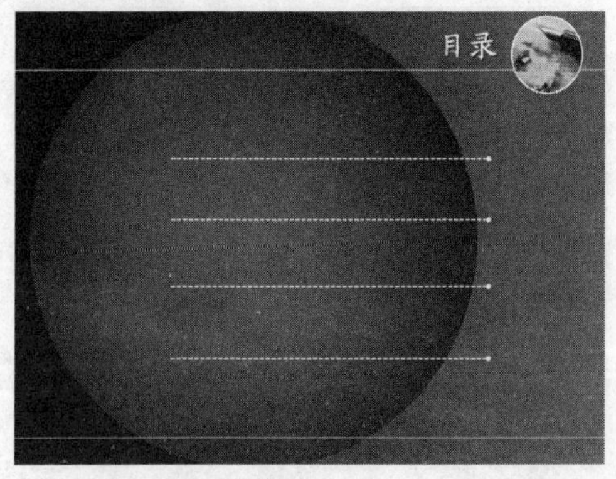

图17-14　复制3条线段

08 切换至“插入”面板，单击“图像”选项板中的“图片”按钮，弹出“插入图片”对话框，在计算机中的合适位置选择需要的图片，如图17-15所示。

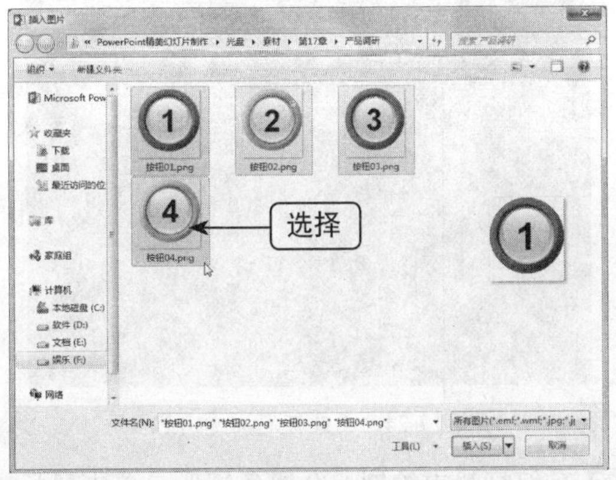

图17-15 选择需要的图片

09 单击“插入”按钮，将插入的按钮调整至合适的位置，如图17-16所示。

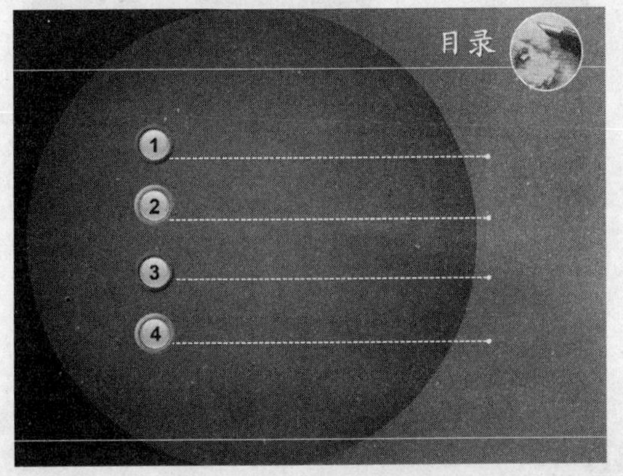

图17-16 插入按钮

10 切换至“插入”面板，单击“文本”选项板中的“文本框”下拉按钮，弹出列表框，选择“横排文本框”选项，如图17-17所示。

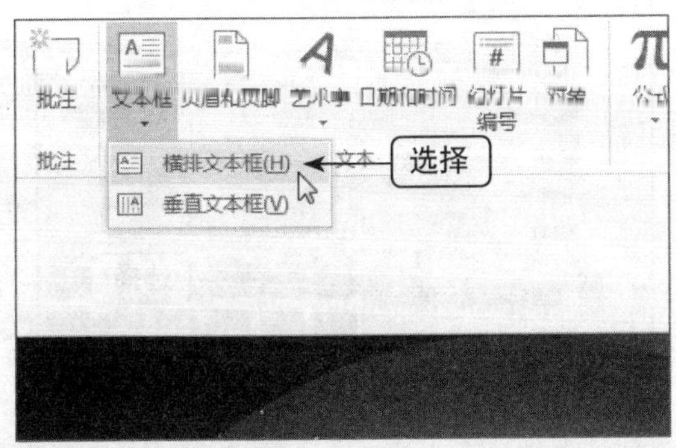

图17-17 选择“横排文本框”选项

11 在线条上方绘制文本框，并输入相应文本，如图17-18所示。

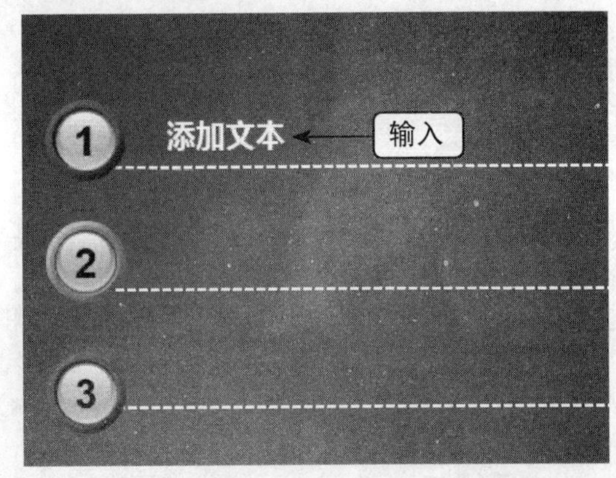

图17-18 输入文本

12 用与上面相同的方法，在其他线条上绘制文本框，并输入文本，如图17-19所示。

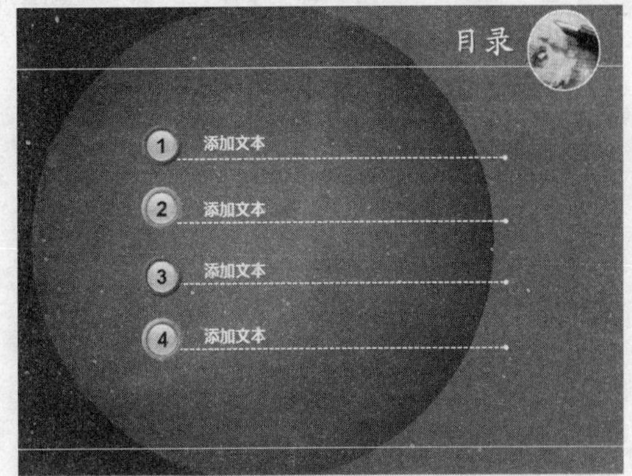

图17-19 输入文本

13 进入第3张幻灯片，删除幻灯片中的标题文本框，复制第2张幻灯片中的标题文本，粘贴至第3张幻灯片中，并更改文本内容，如图17-20所示。

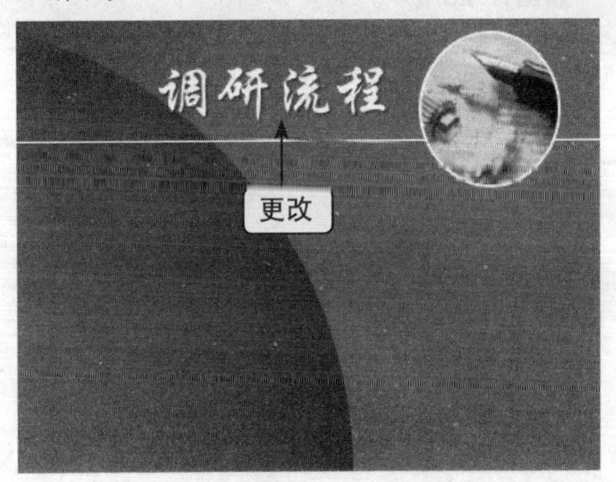

图17-20 更改文本内容

14 切换至“插入”面板，调出“插入图片”对话框，在计算机中的相应位置选择需要的图片，如图17-21所示。

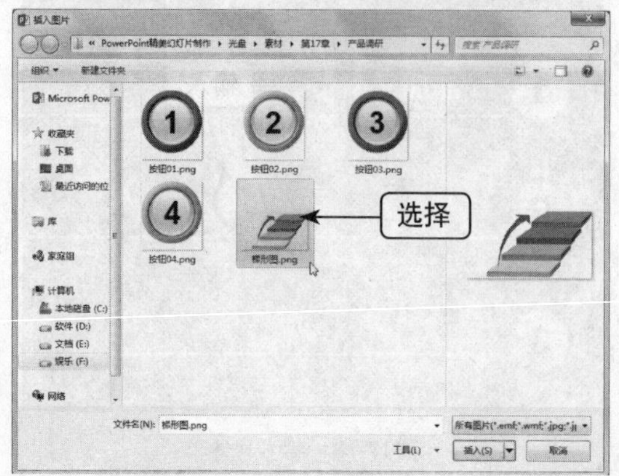

图17-21　选择需要的图片

15 单击“插入”按钮，即可插入图片，调整图片大小和位置，如图17-22所示。

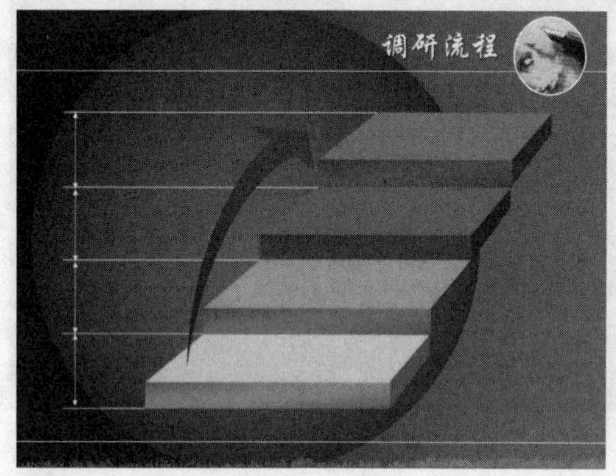

图17-22　插入图片

16 用户可以根据产品调研的具体流程，在幻灯片中的相应位置绘制文本框，并输入文本，效果如图17-23所示。

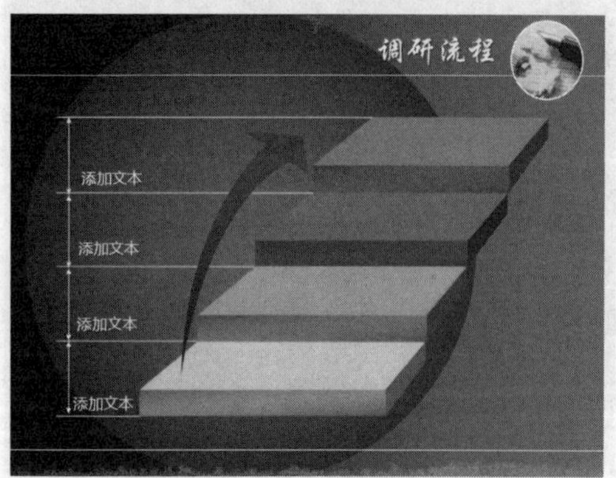

图17-23　添加文本

17 进入第4张幻灯片，复制第3张幻灯片中标题文本至第4张幻灯片中的合适位置，并更改标题文本内容，如图17-24所示。

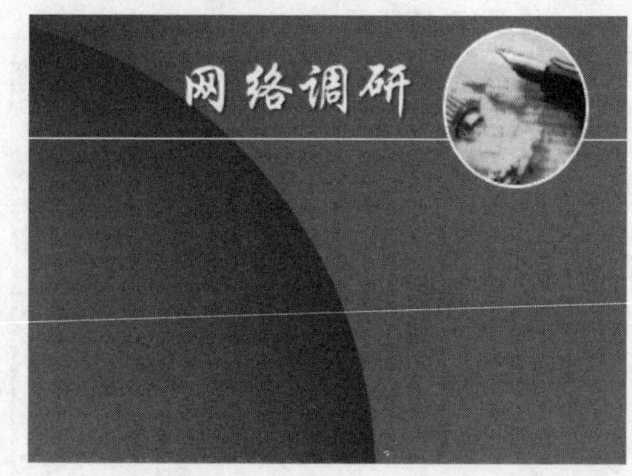

图17-24　更改标题文本内容

18 在幻灯片中绘制一个圆角矩形，单击鼠标右键，在弹出的快捷菜单中选择“设置形状格式”命令，如图17-25所示。

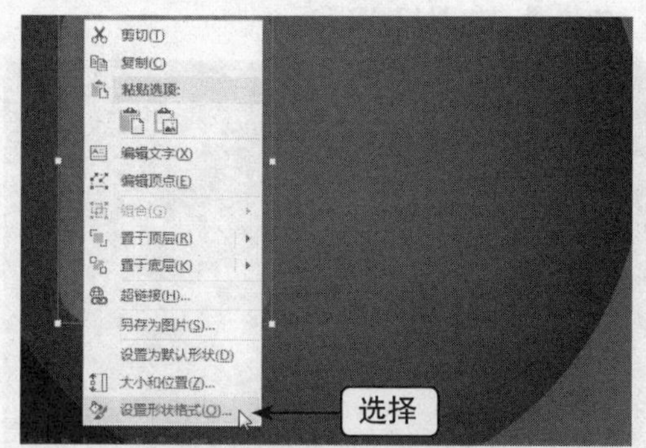

图17-25　选择“设置形状格式”命令

19 弹出“设置形状格式”窗格，在展开的“填充”选项区中选中“渐变填充”单选按钮，单击“预设渐变”右侧的下拉按钮，弹出列表框，选择“中等渐变-着色2”选项，如图17-26所示。

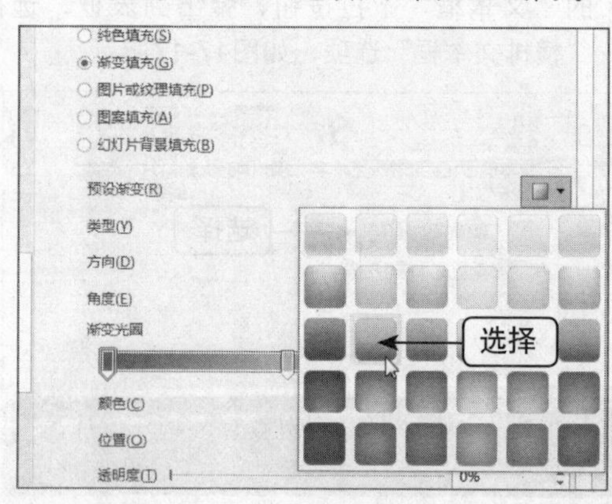

图17-26　选择“中等渐变-着色2”选项

20 关闭“设置形状格式”窗格，切换至“绘图工具”中的“格式”面板，单击“形状样式”选项板中的“形状效果”下拉按钮，弹出列表框，选择“阴影”中的“右上对角透视”选项，如图17-27所示。

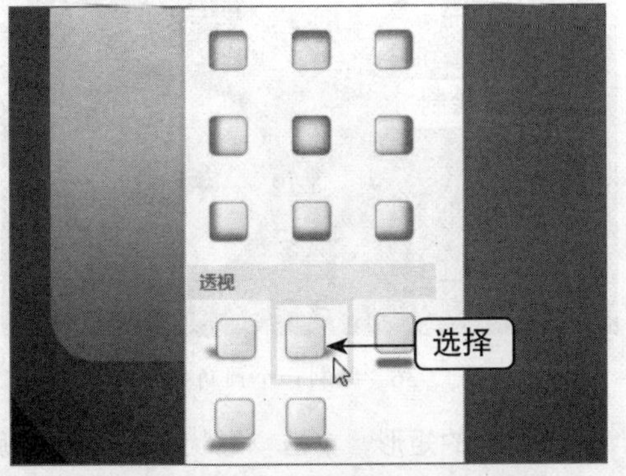

图17-27 选择“右上对角透视”选项

21 执行操作后，即可设置形状样式，如图17-28所示。

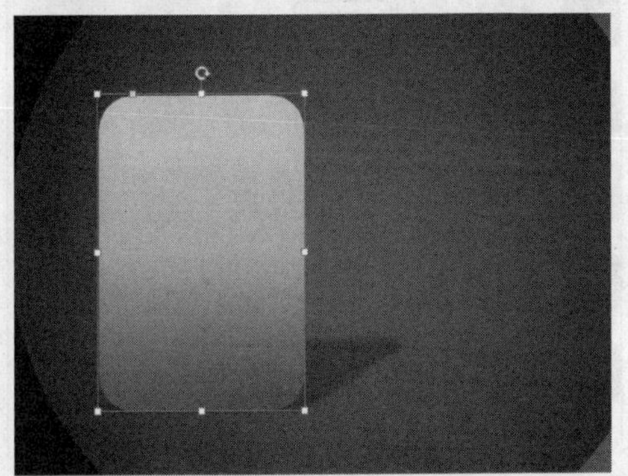

图17-28 设置形状样式

22 在“形状样式”选项板中的“形状轮廓”列表框中，设置“轮廓颜色”为“浅蓝”、“粗细”为4.5磅，如图17-29所示。

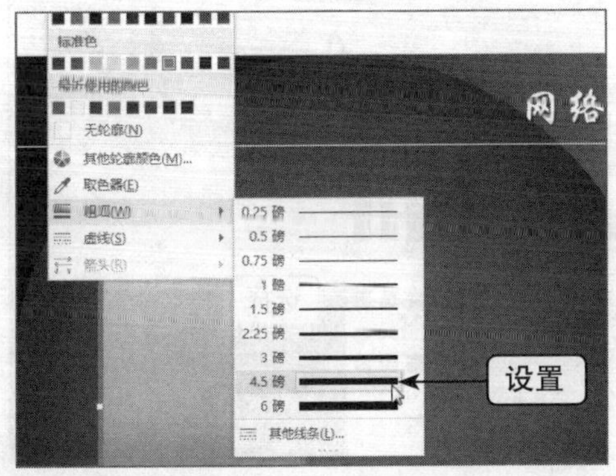

图17-29 设置各选项

23 切换至“插入”面板，在调出的“插入图片”对话框中选择需要的按钮，如图17-30所示。

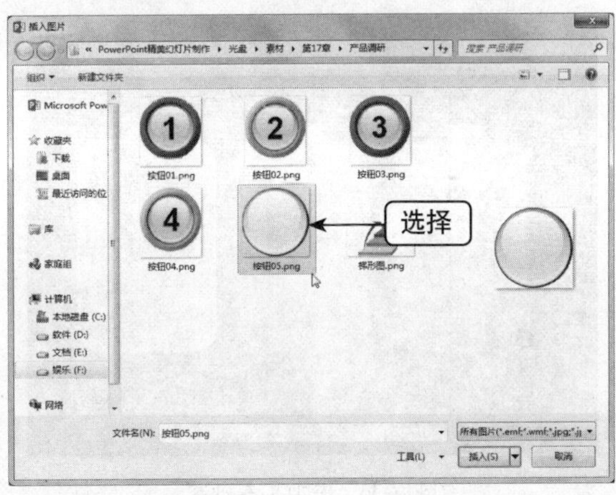

图17-30 选择需要的按钮

24 单击“插入”按钮，即可插入按钮，调整其位置，如图17-31所示。

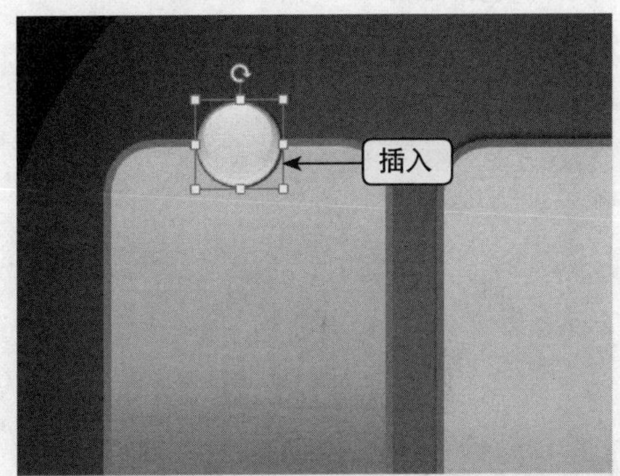

图17-31 插入按钮

25 复制两个按钮，并将其分别放置在两个圆角矩形的上方，效果如图17-32所示。

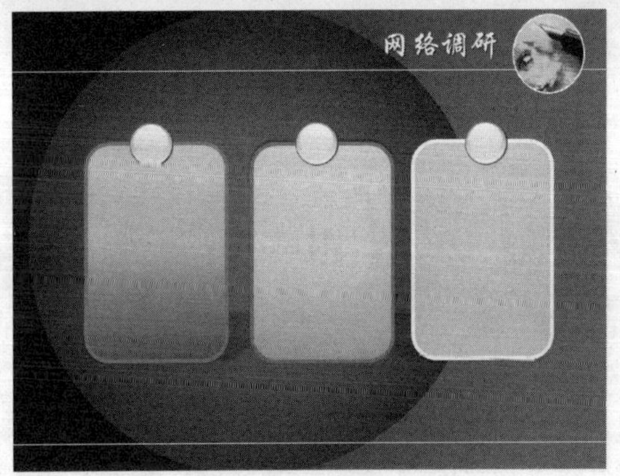

图17-32 复制按钮

26 在幻灯片中的相应位置添加文本内容，效果如图17-33所示。

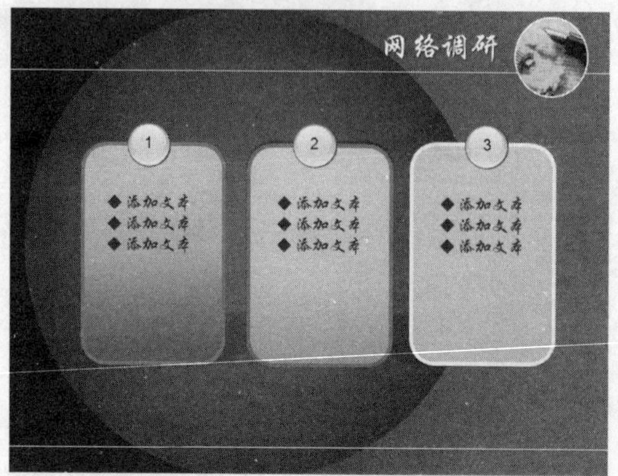

图17-33　添加文本内容

27 进入第5张幻灯片，复制第4张幻灯片中标题文本至第5张幻灯片中的合适位置，并更改标题文本内容，如图17-34所示。

图17-34　更改标题内容

28 切换至“插入”面板，在调出的“插入图片”对话框中选择相应形状，如图17-35所示。

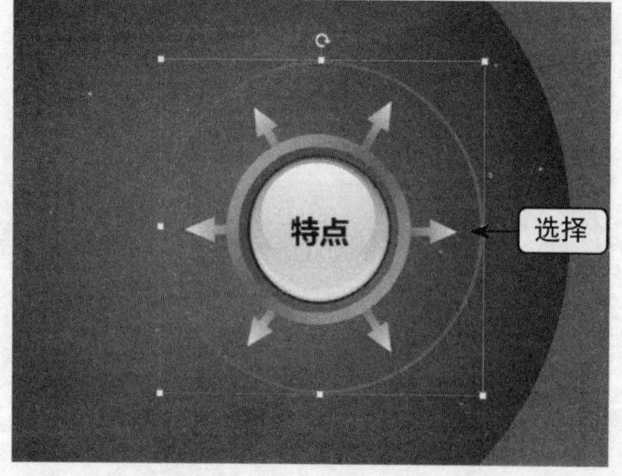

图17-35　选择相应形状

29 在幻灯片中绘制一个圆角矩形，如图17-36所示。

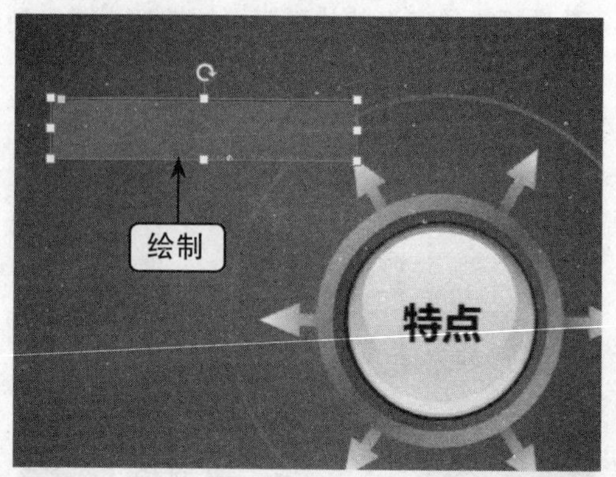

图17-36　绘制一个圆角矩形

30 双击绘制的矩形，单击“形状样式”选项板中的“其他”下拉按钮，弹出列表框，选择“强烈效果-浅蓝，强调颜色2”选项，如图17-37所示。

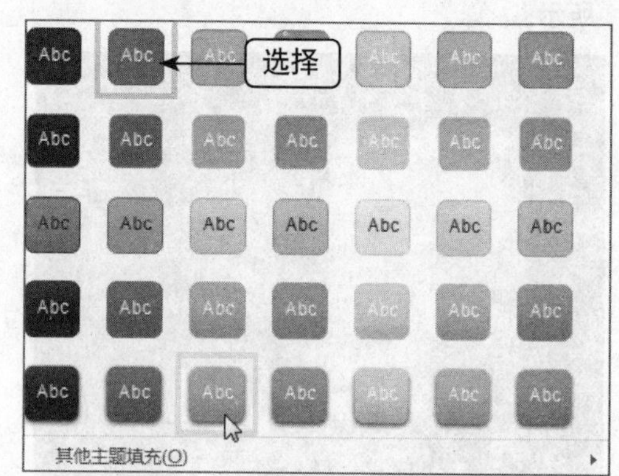

图17-37　选择“强烈效果-浅蓝，强调颜色2”选项

31 单击“形状样式”选项板中的“形状轮廓”下拉按钮，弹出列表框，在“标准色”选项区中选择“蓝色”，如图17-38所示。

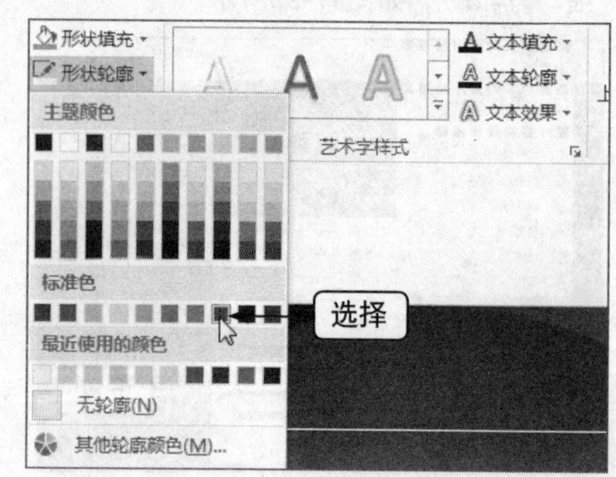

图17-38　选择“蓝色”

32 再次单击“形状轮廓”下拉按钮，在弹出的列表框中选择“粗细”中的“1.5磅”选项，如图17-39所示。

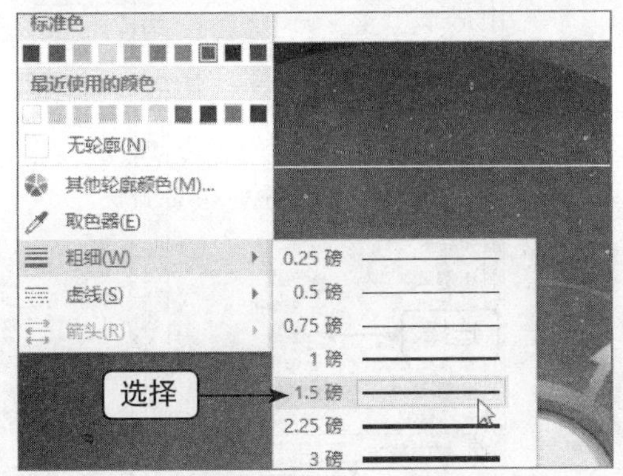

图17-39 选择“1.5磅”选项

33 执行操作后，即可设置形状轮廓，效果如图17-40所示。

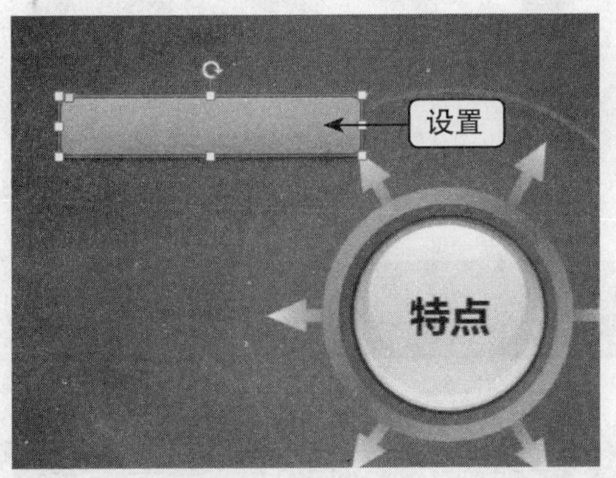

图17-40 设置形状轮廓

34 在形状上单击鼠标右键，在弹出的快捷菜单中选择“编辑文字”命令，如图17-41所示。

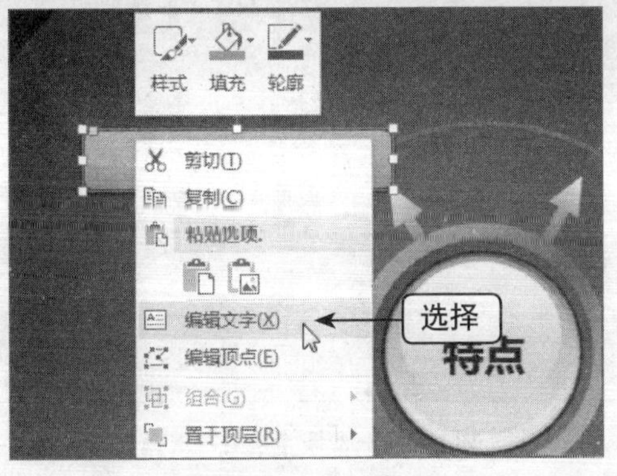

图17-41 选择“编辑文字”命令

35 在形状上添加相应文本，并设置文本加粗和添加文字阴影效果，如图17-42所示。

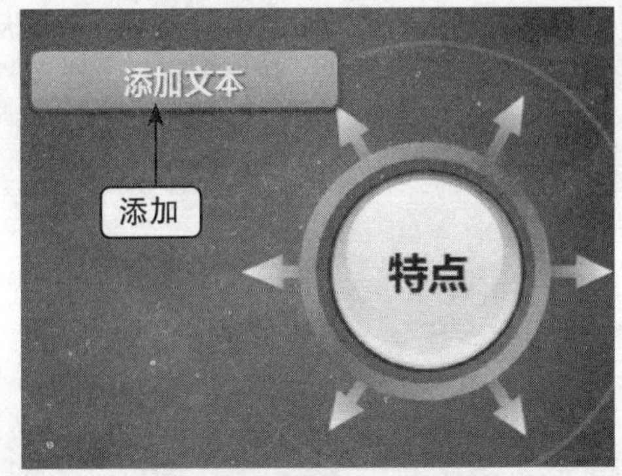

图17-42 添加文本

36 用与上面相同的方法，绘制其他圆角矩形，并添加文本，效果如图17-43所示。

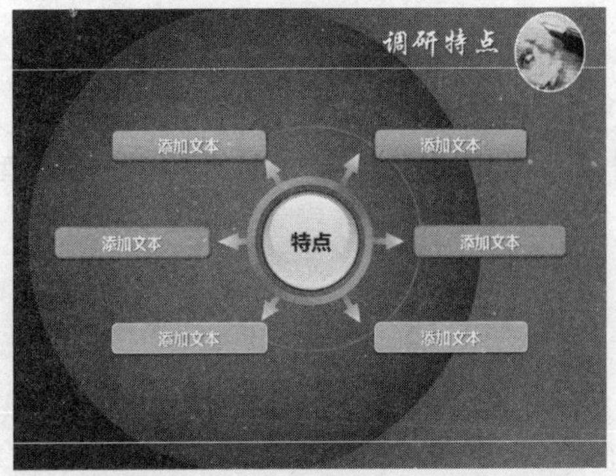

图17-43 绘制其他圆角矩形

17.1.3 为产品调研模板添加动画效果

为产品调研模板添加动画效果的具体操作步骤如下。

01 进入第1张幻灯片，选择幻灯片中的标题文本，如图17-44所示。

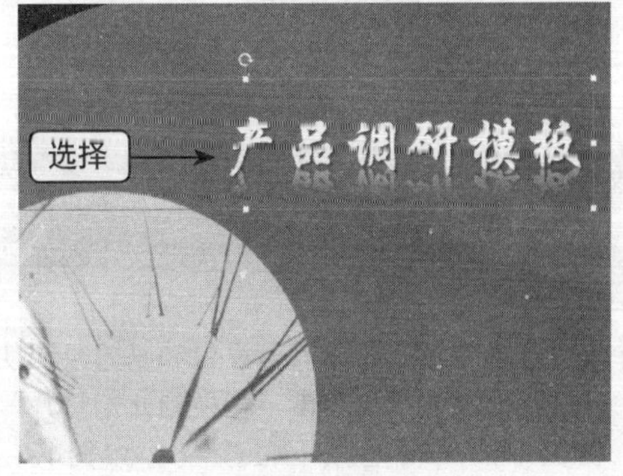

图17-44 选择标题文本

02 切换至“动画”面板，单击“动画”选项板中的“其他”下拉按钮，弹出列表框，选择“更多进入效果”选项，如图17-45所示。

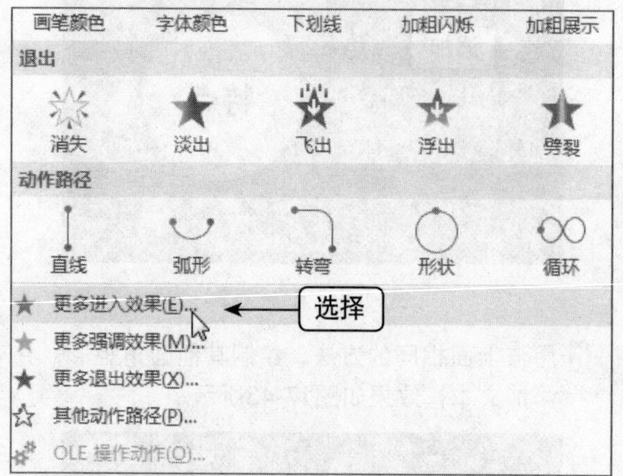

图17-45　选择“更多进入效果”选项

03 弹出“更改进入效果”对话框，在“华丽型”选项区中选择“挥鞭式”选项，如图17-46所示。

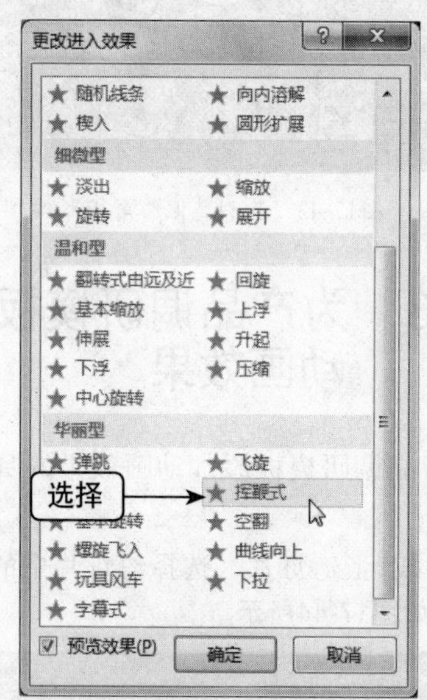

图17-46　选择“挥鞭式”选项

04 单击“确定”按钮，即可为标题文本设置动画效果。用与上面相同的方法，在“更改进入效果”对话框中的“华丽型”选项区中选择“空翻”选项，如图17-47所示。

05 单击“确定”按钮，即可设置动画效果。切换至“切换”面板，单击“切换到此幻灯片”选项板中的“其他”下拉按钮，如图17-48所示。

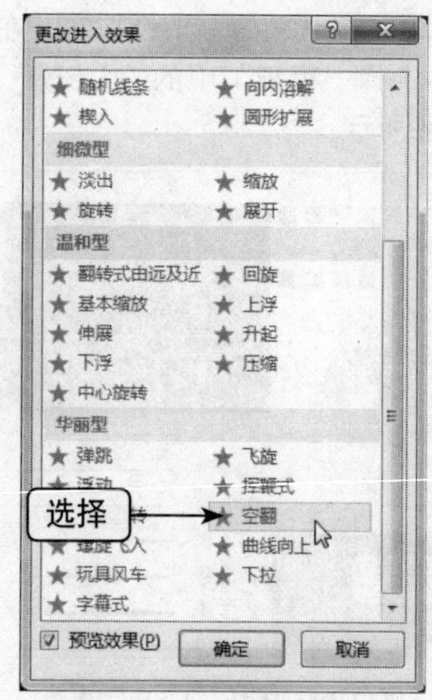

图17-47　选择“空翻”选项

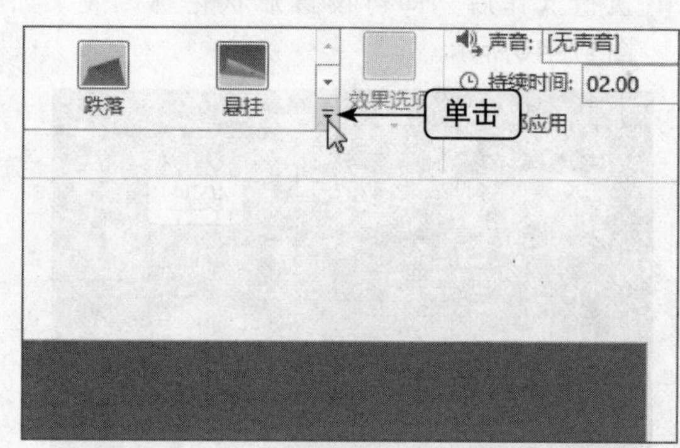

图17-48　单击“其他”下拉按钮

06 弹出列表框，在“细微型”选项区中选择“分割”选项，如图17-49所示。

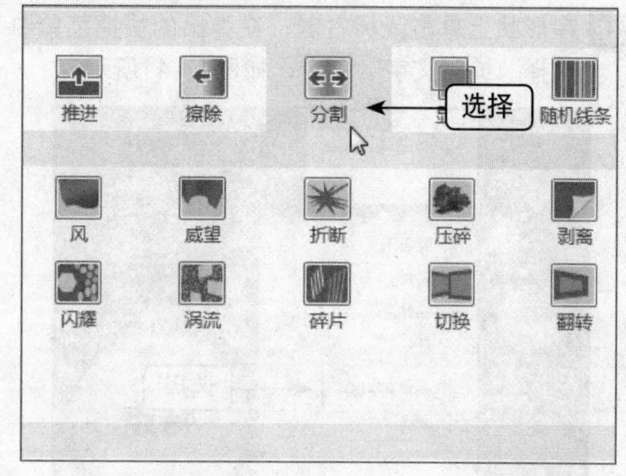

图17-49　选择“分割”选项

07 执行操作后，即可设置切换效果。单击“预览”选项板中的“预览”按钮，预览第1张动画效果，如图17-50所示。

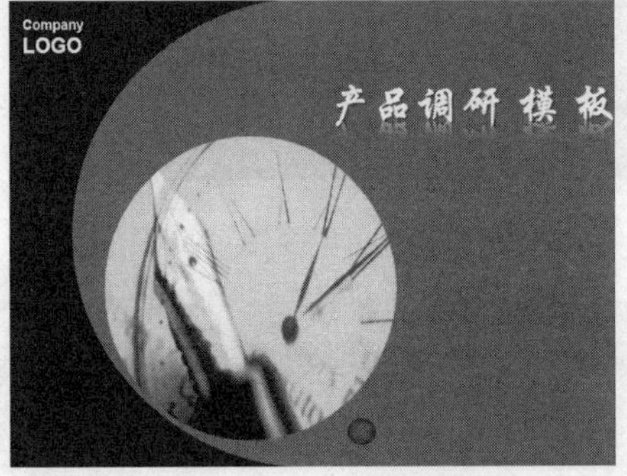

图17-50　预览第1张动画效果

08 进入第2张幻灯片，设置切换效果为“时钟”。单击“预览”选项板中的“预览”按钮，即可预览时钟切换效果，如图17-51所示。

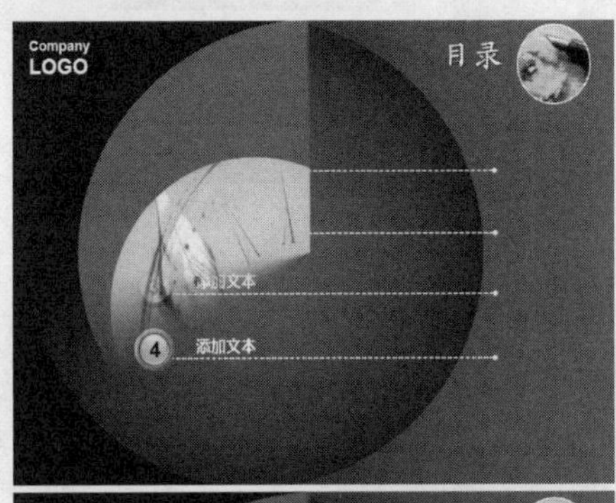

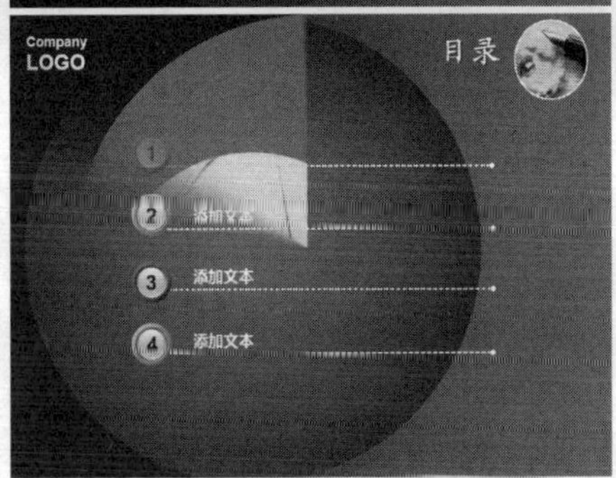

图17-51　预览时钟切换效果

09 进入第3张幻灯片，设置切换效果为“切换”。单击“预览”选项板中的“预览”按钮，即可预览切换效果，如图17-52所示。

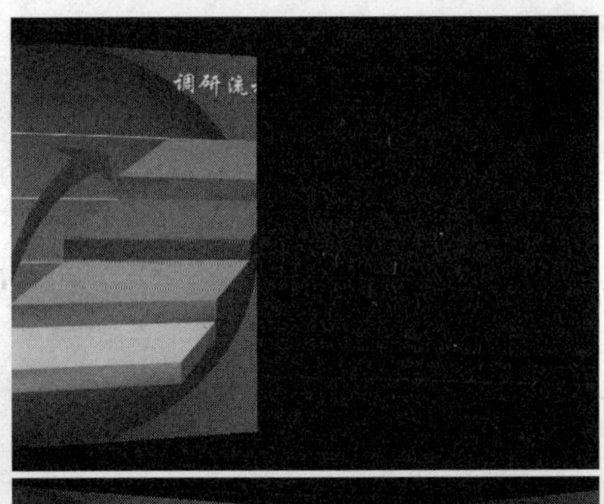

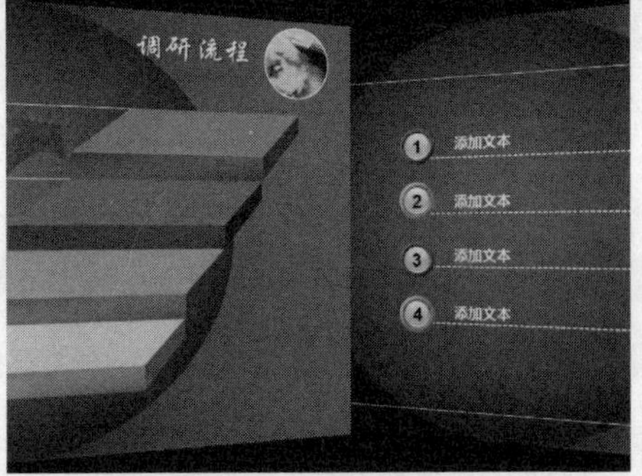

图17-52　预览切换效果

10 进入第4张幻灯片，设置切换效果为“立方体”。单击“预览”选项板中的“预览”按钮，即可预览立方体切换效果，如图17-53所示。

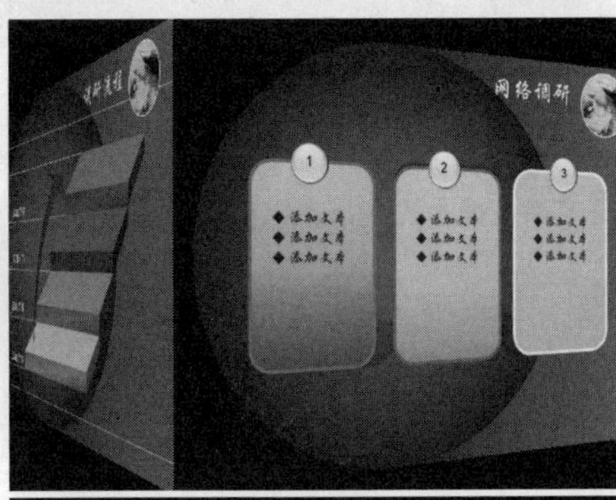

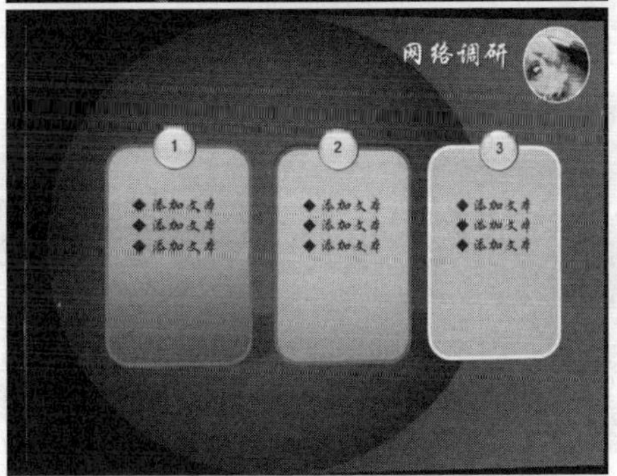

图17-53　预览立方体切换效果

11 进入第5张幻灯片，设置切换效果为“门”。单击“预览”选项板中的“预览”按钮，即可预览门切换效果，如图17-54所示。

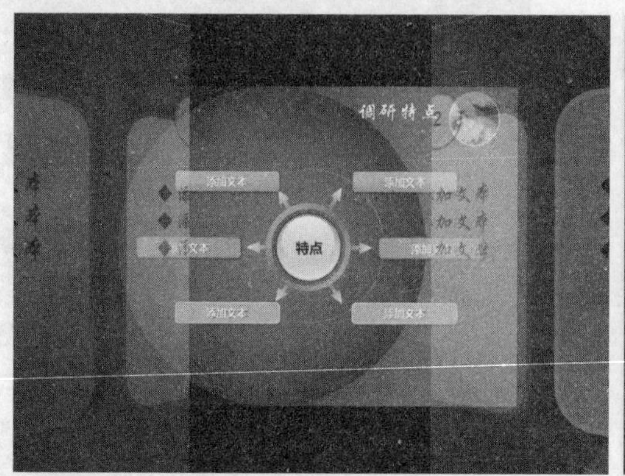

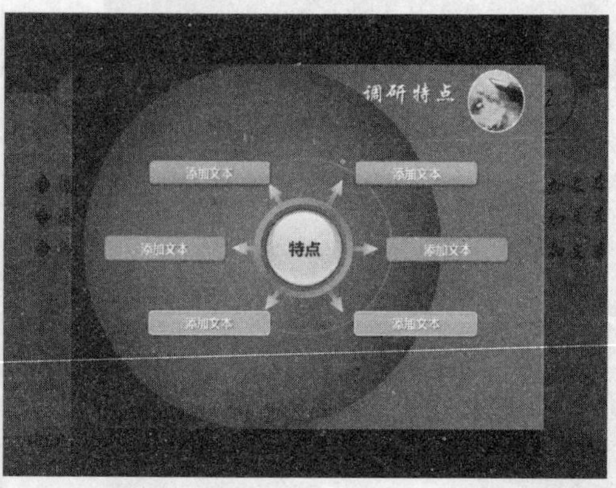

图17-54　预览门切换效果

17.2 市场策划模板

本实例介绍的是市场策划模板的制作，效果如图17-55所示。

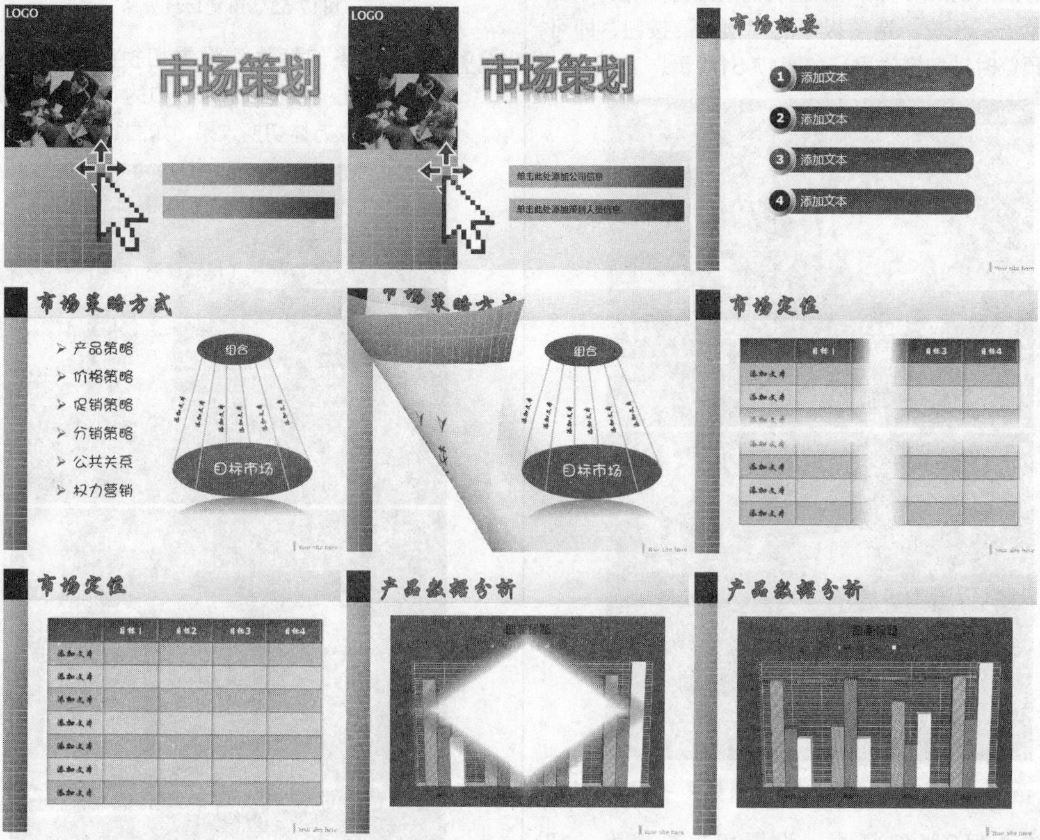

图17-55　市场策划模板效果

➡ 素材文件	素材\第17章\市场策划模板.pptx等
➡ 效果文件	效果\第17章\市场策划模板.pptx
➡ 视频文件	视频\第17章\制作市场策划模板首页.mp4等
➡ 难易程度	★★★★★

17.2.1 制作市场策划模板首页

制作市场策划模板首页的具体操作步骤如下。

01 在PowerPoint 2013中，打开一个素材文件，如图17-56所示。

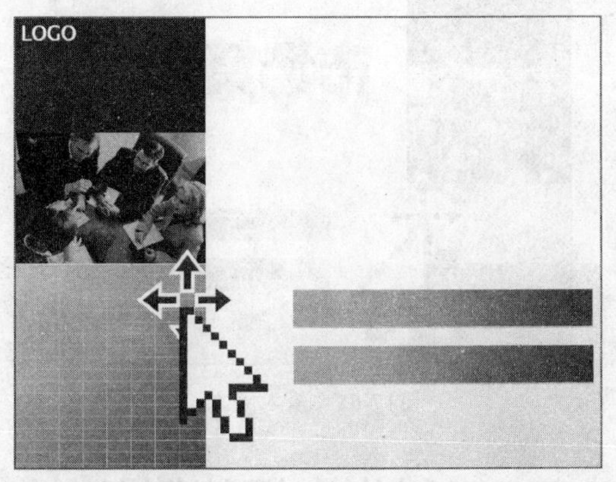

图17-56 打开一个素材文件

02 切换至“插入”面板，单击“文本”选项板中的“文本框”下拉按钮，弹出列表框，选择“横排文本框”选项，如图17-57所示。

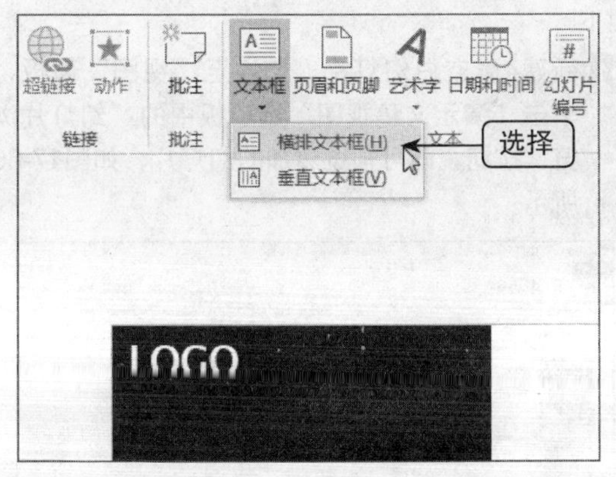

图17-57 选择“横排文本框”选项

03 在幻灯片中绘制一个文本框，并输入文本，如图17-58所示。

04 选择输入的文本，在“字体”选项板中设置“字体”为“微软雅黑”、“字号”为80，单击“加粗”和“文字阴影”按钮，设置“字体颜色”为深紫色，效果如图17-59所示。

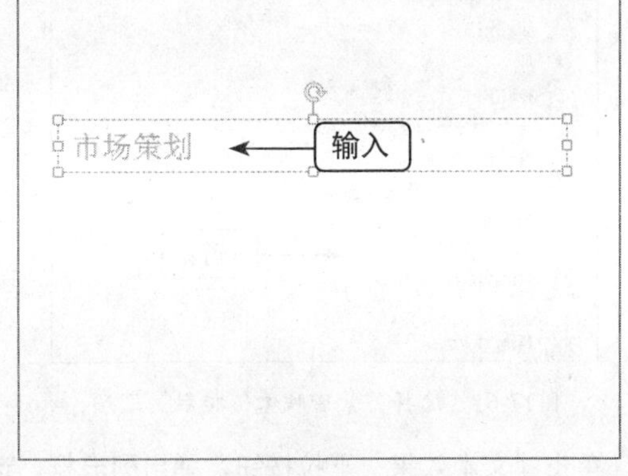

图17-58 输入文本

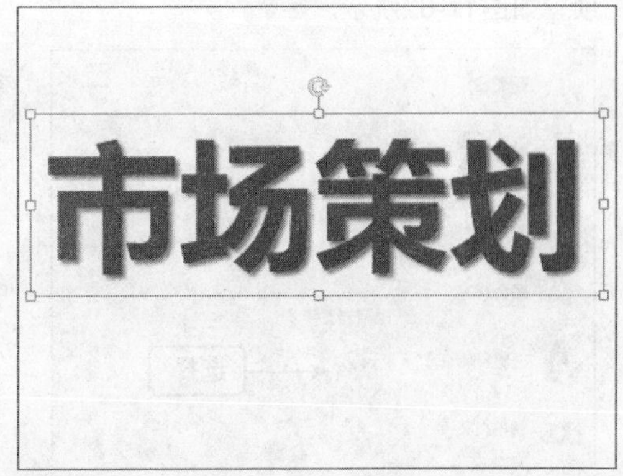

图17-59 设置字体属性

05 双击标题文本，切换至“绘图工具”中的“格式”面板，单击“艺术字样式”选项板中的“其他”下拉按钮，弹出列表框，选择相应选项，如图17-60所示。

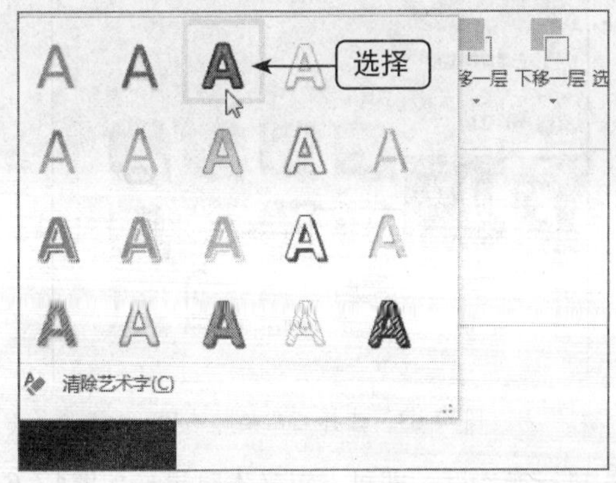

图17-60 选择相应选项

06 单击“艺术字样式”选项板中的“文本效果”下拉按钮，弹出列表框，选择“映像”中的“紧密映像，接触”选项，如图17-61所示。

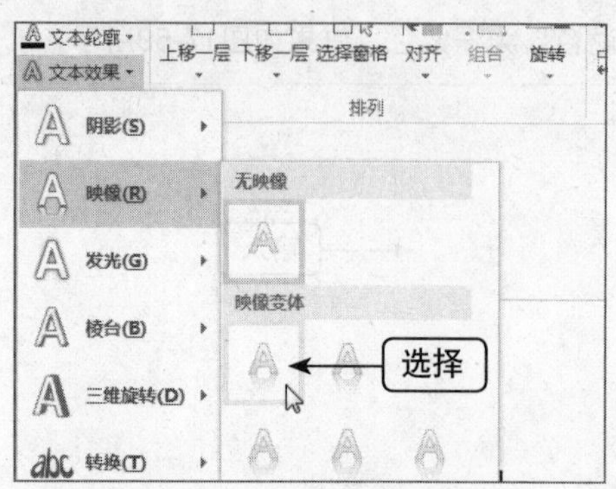

图17-61　选择“紧密映像，接触”选项

07 单击“文本效果”下拉按钮，弹出列表框，选择“发光”中的“紫色，5pt发光，着色1”选项，如图17-62所示。

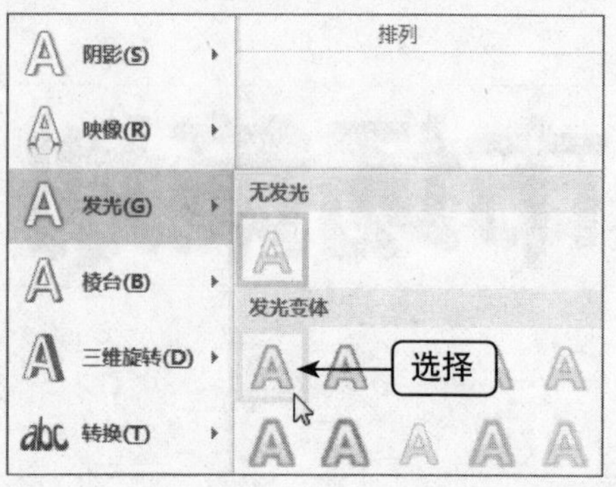

图17-62　选择“紫色，5pt发光，着色1”选项

08 再次单击“文本效果”下拉按钮，在弹出的列表框中选择“棱台”中的“凸起”选项，如图17-63所示。

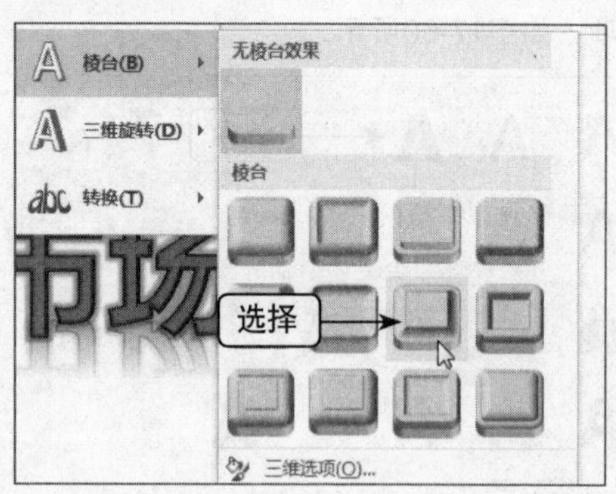

图17-63　选择“凸起”选项

09 执行操作后，即可设置文本效果，如图17-64所示。

10 在下方的两个矩形条上分别绘制文本框，输入文本，并设置相应的文本属性，效果如图17-65所示。

图17-64　设置文本效果

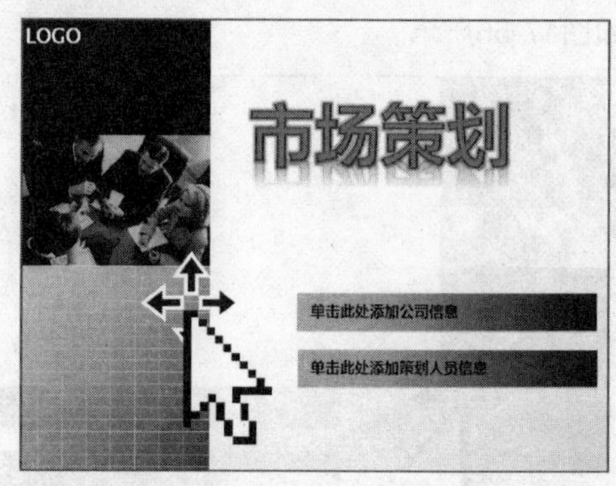

图17-65　输入文本

17.2.2　制作市场策划其他幻灯片

制作市场策划其他幻灯片的具体操作步骤如下。

01 新建4张空白幻灯片，切换至“视图”面板，单击“演示文稿视图”选项板中的“幻灯片浏览”按钮，即可预览添加的幻灯片，如图17-66所示。

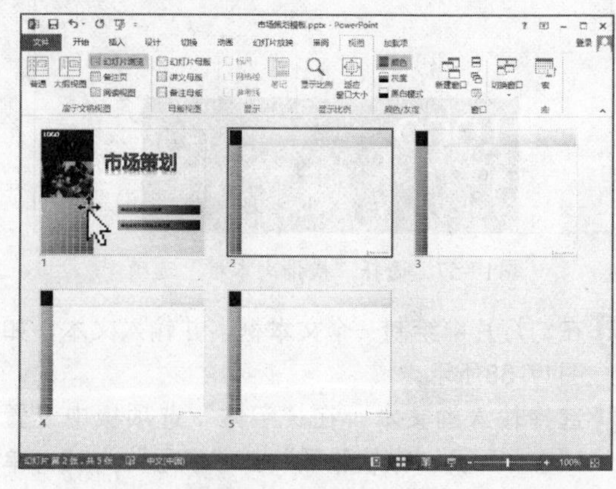

图17-66　预览幻灯片

02 返回到普通视图，进入第2张幻灯片，在幻灯片的上方绘制一个横排文本框，如图17-67所示。

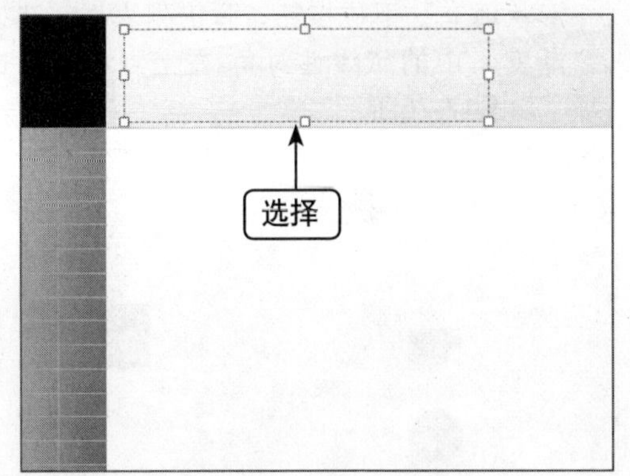

图17-67 绘制一个横排文本框

03 输入文本后，并选中输入的文本，设置“字体”为“微软简行楷”、“字号”为48，单击“加粗”按钮，在“艺术字样式”选项板中单击“其他”下拉按钮，弹出列表框，选择相应选项，如图17-68所示。

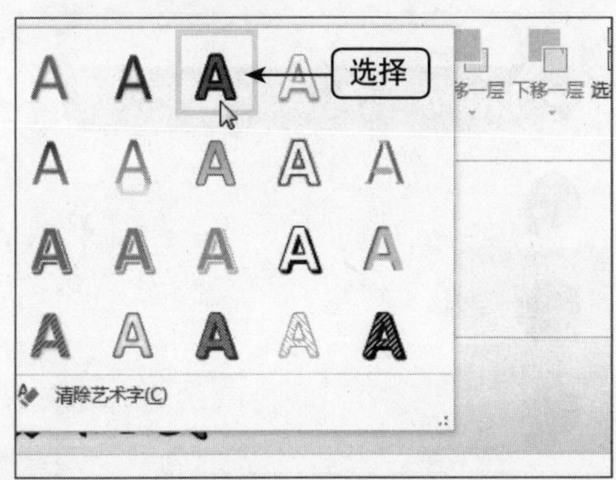

图17-68 选择相应选项

04 执行操作后，即可设置文本样式，效果如图17-69所示。

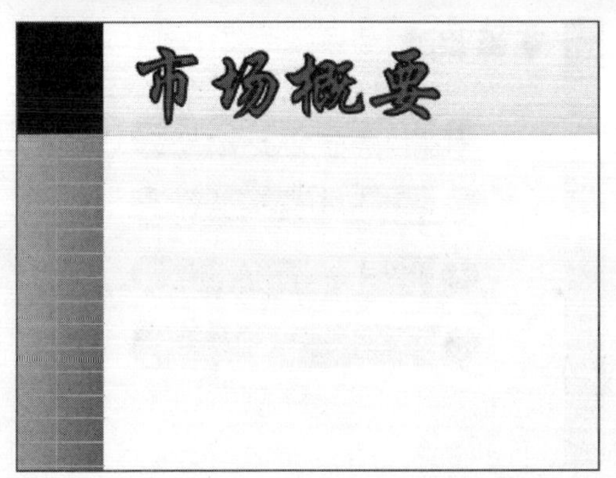

图17-69 设置文本样式

05 切换至“插入”面板，单击“图像”选项板中的“图片”按钮，如图17-70所示。

图17-70 单击“图片”按钮

06 弹出“插入图片”对话框，在计算机中的相应位置选择需要的按钮，如图17-71所示。

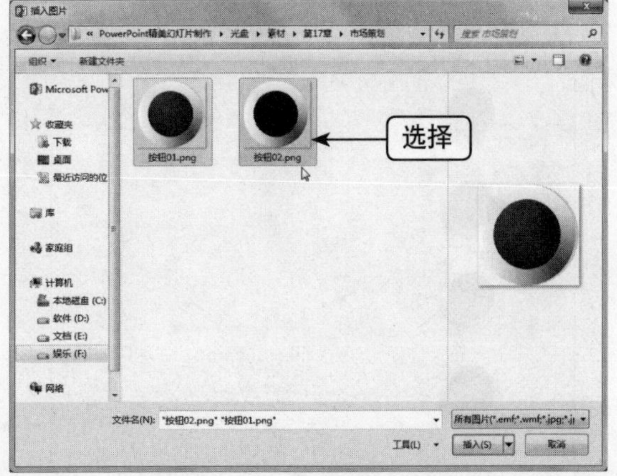

图17-71 选择需要的按钮

07 单击“插入”按钮，即可插入按钮，复制幻灯片中的按钮，调整至合适位置，如图17-72所示。

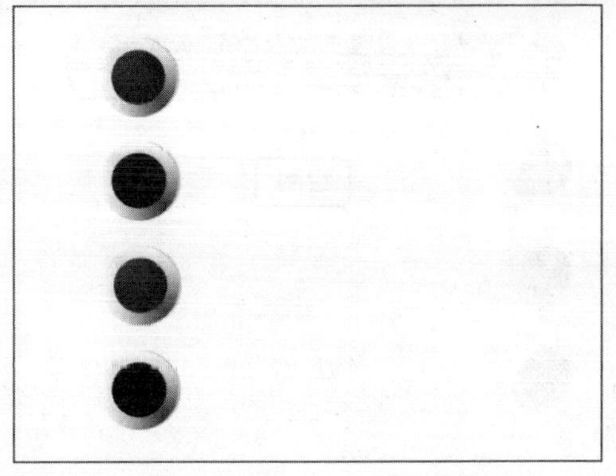

图17-72 插入按钮

08 选择幻灯片中的按钮，切换至“图片工具”中的“格式”面板，单击“排列”选项板中的“对齐”下拉按钮，弹出列表框，选择“左对齐”选项，再次在弹出的“对齐”列表框中选择“纵向分布”选项，如图17-73所示。

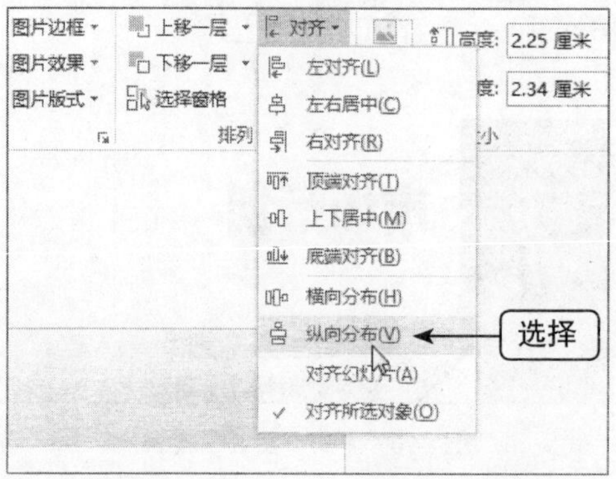

图17-73　选择“纵向分布”选项

09 执行操作后，即可设置图片对齐，效果如图17-74所示。

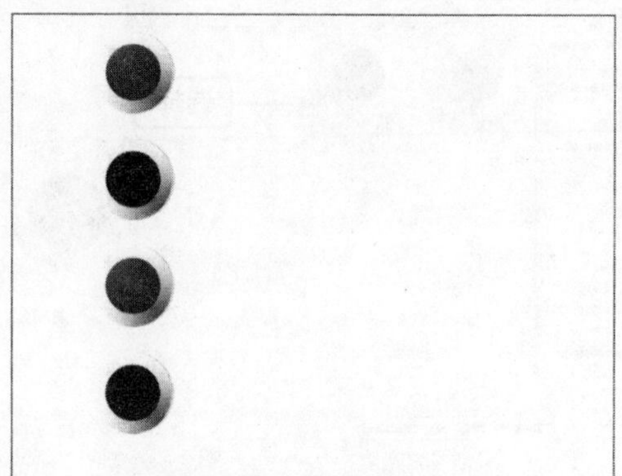

图17-74　设置图片对齐

10 在幻灯片中绘制一个圆角矩形，并将其置于底层，如图17-75所示。

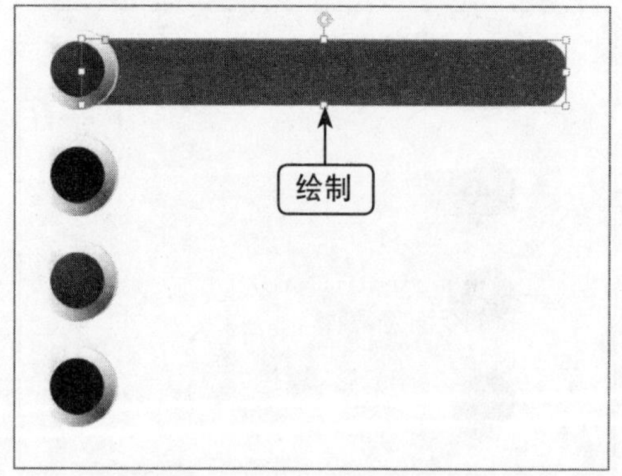

图17-75　绘制圆角矩形

11 选择绘制的图形，在“绘图工具”中的“格式”面板中，单击“形状样式”选项板中的“形状填充”下拉按钮，弹出列表框，选择“渐变”中的“线性对角-左上到右下”选项，如图17-76所示。

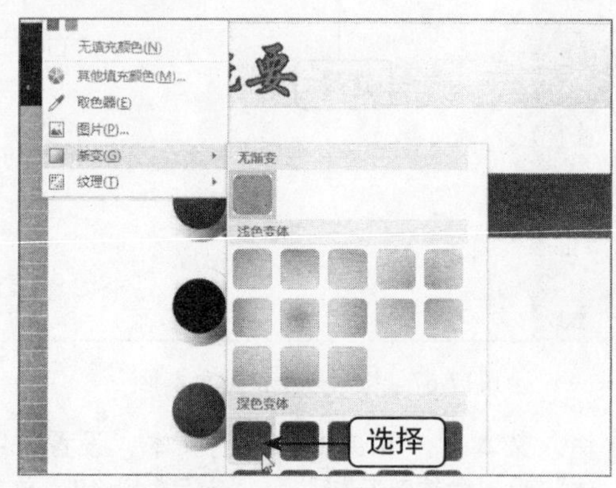

图17-76　选择“线性对角-左上到右下”选项

12 执行操作后，即可设置形状填充，效果如图17-77所示。

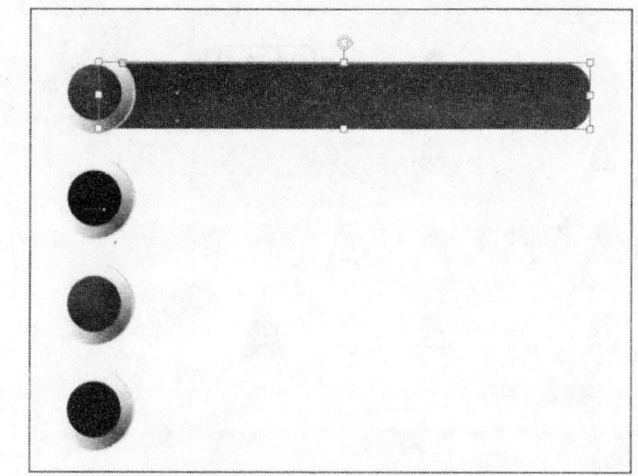

图17-77　设置形状填充

13 用与上面相同的方法，绘制其他圆角矩形，并设置相应样式，效果如图17-78所示。

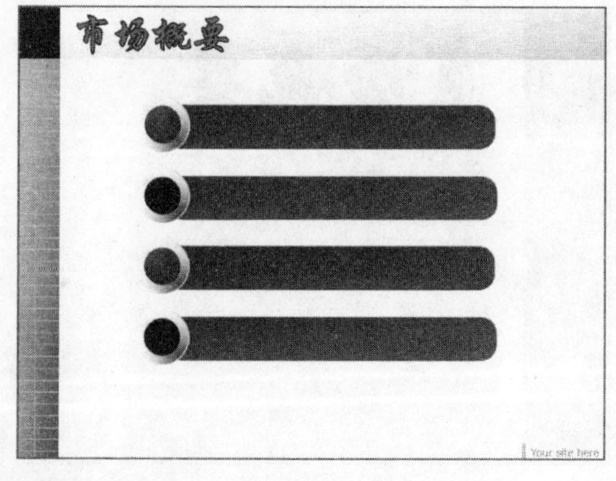

图17-78　绘制其他圆角矩形

14 在幻灯片中的相应位置绘制文本框，用户可以根据策划方案的具体要求，在文本框中输入文本，如图17-79所示。

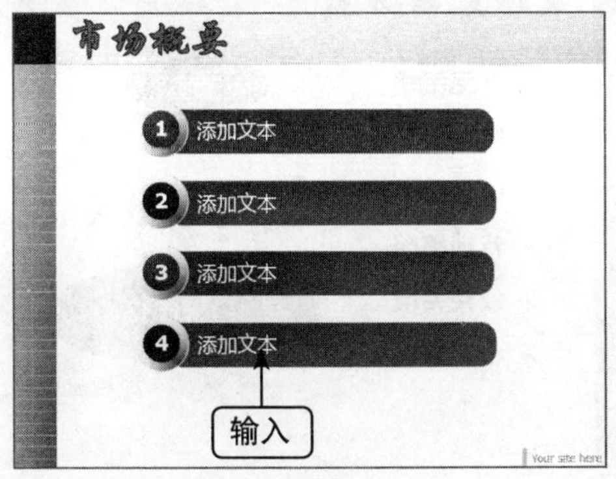

图17-79 输入文本

15 进入第3张幻灯片，复制第2张幻灯片中的标题文本，将其粘贴至第3张幻灯片中，更改标题文本，如图17-80所示。

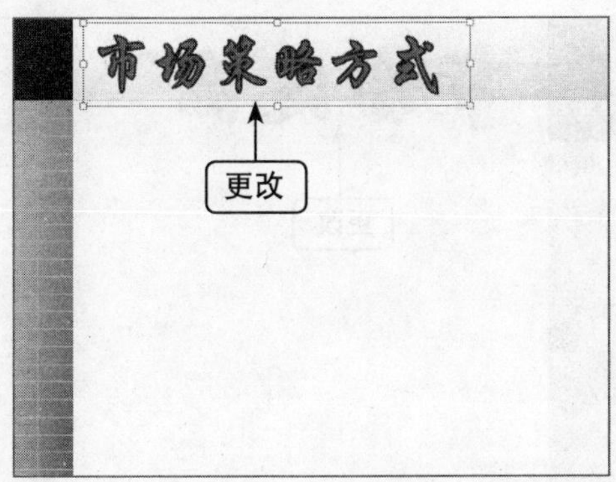

图17-80 更改标题文本

16 在幻灯片中绘制一个横排文本框，并输入文本，如图17-81所示。

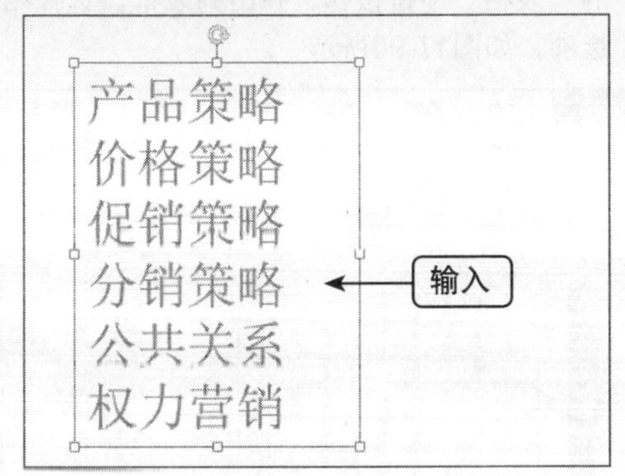

图17-81 输入文本

17 选中文本，设置“字体”为“华康少女文字”、“字号”为32、“字体颜色”为深紫色。在“段落”选项板中设置“行距”为1.5，效果如图17-82所示。

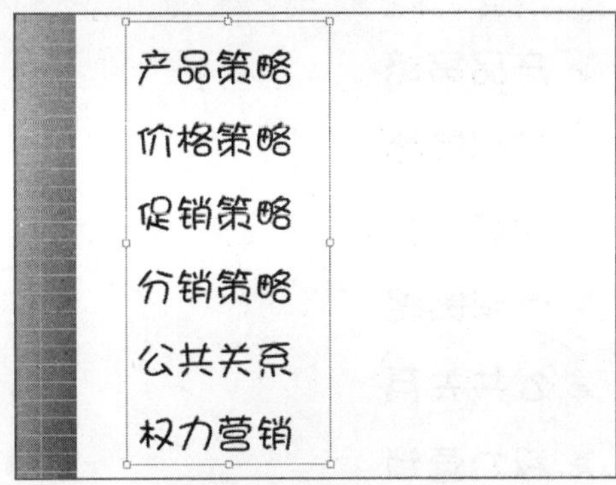

图17-82 设置字体属性

18 单击“段落”选项板中的“项目符号”下拉按钮，弹出列表框，选择“项目符号和编号”选项，如图17-83所示。

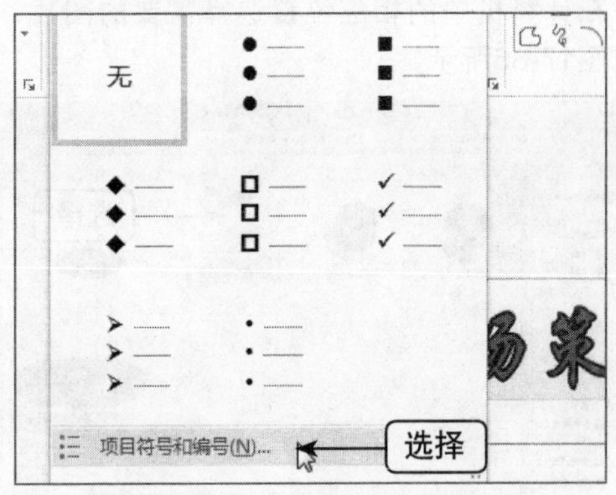

图17-83 选择“项目符号和编号”选项

19 弹出“项目符号和编号”对话框，在“项目符号”选项卡中选择“箭头项目符号”选项，单击“颜色”右侧的下拉按钮，弹出列表框，选择相应选项，如图17-84所示。

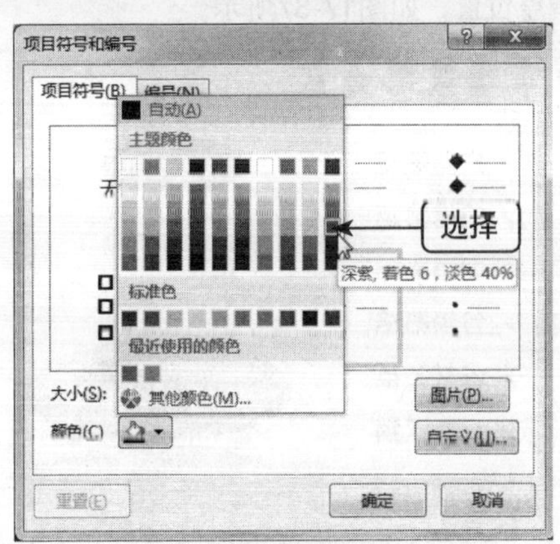

图17-84 选择相应选项

20 单击“确定”按钮，即可设置项目符号，效果如图17-85所示。

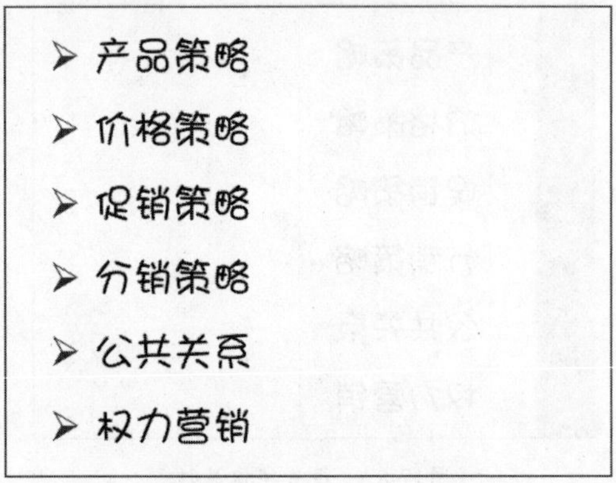

➢ 产品策略
➢ 价格策略
➢ 促销策略
➢ 分销策略
➢ 公共关系
➢ 权力营销

图17-85 设置项目符号

21 切换至“插入”面板，单击“图像”选项板中的“图片”按钮，弹出“插入图片”对话框，在计算机中的相应位置选择需要的图片，如图17-86所示。

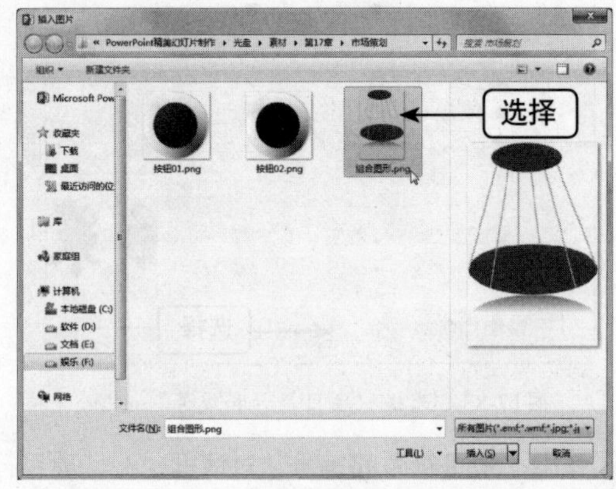

图17-86 选择需要的图片

22 单击“插入”按钮，将图片插入至幻灯片中，调整位置，如图17-87所示。

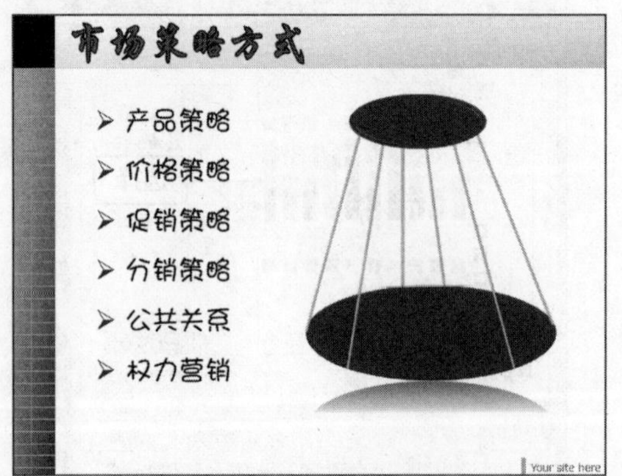

图17-87 插入图片

23 在插入的图形上添加文本，效果如图17-88所示。

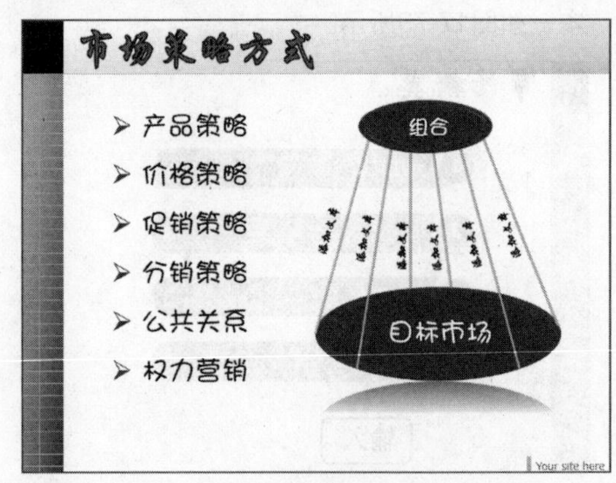

图17-88 添加文本

24 进入第4张幻灯片，复制第3张幻灯片中的标题文本，将其粘贴至第4张幻灯片中，更改标题文本，如图17-89所示。

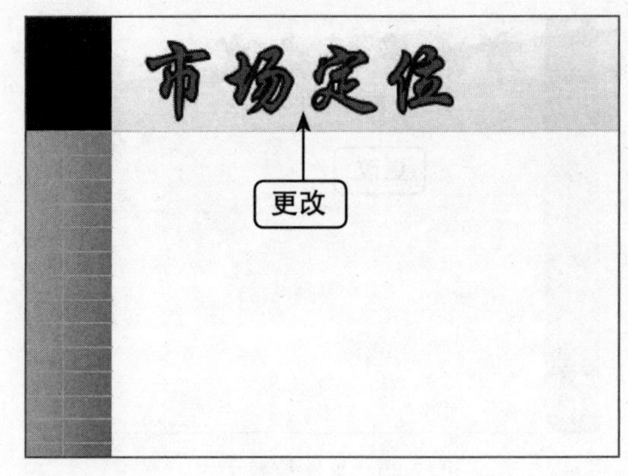

图17-89 更改文本

25 切换至“插入”面板，单击“表格”选项板中的“表格”下拉按钮，弹出列表框，选择相应选项，如图17-90所示。

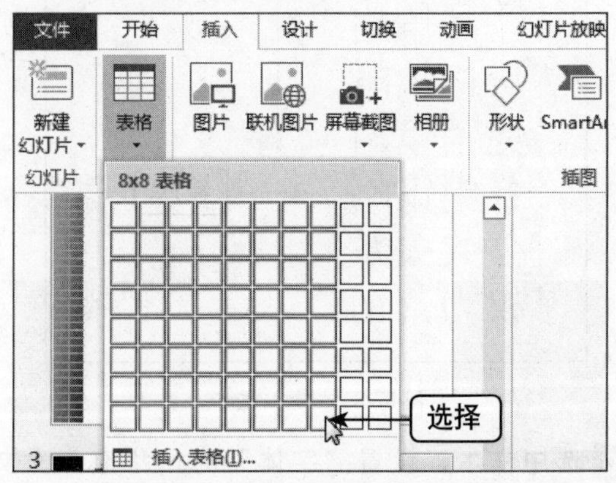

图17-90 选择相应选项

26 执行操作后，即可在幻灯片中插入表格，调整表格大小，如图17-91所示。

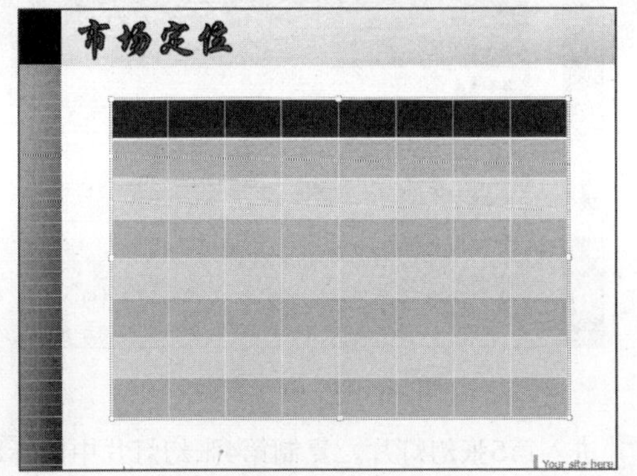

图17-91 插入表格

27 选择右边的3列表格，按【BackSpace】键，删除选中的表格，如图17-92所示。

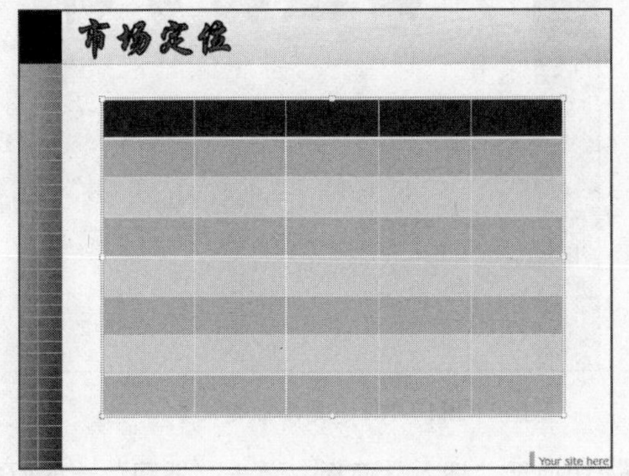

图17-92 删除选中的表格

28 选中表格，切换至“表格工具”中的“设计”面板，单击“表格样式”选项板中的“其他”下拉按钮，弹出列表框，选择相应选项，如图17-93所示。

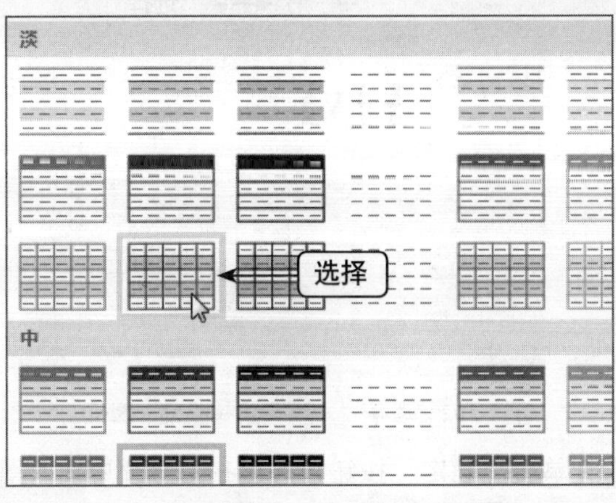

图17-93 选择相应选项

29 执行操作后，即可设置表格样式。单击“表格样式”选项板中的“底纹”下拉按钮，弹出列表框，选择相应选项，如图17-94所示。

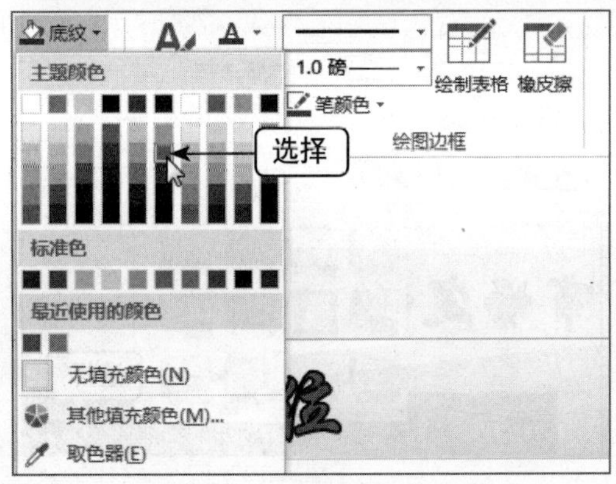

图17-94 选择相应选项

30 再次单击“底纹”下拉按钮，在弹出的列表框中选择“渐变”中的“线性向下”选项，如图17-95所示。

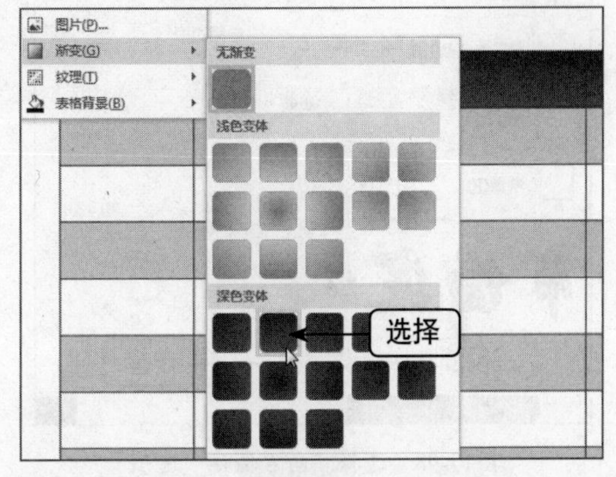

图17-95 选择“线性向下”选项

31 执行操作后，即可设置第1行表格样式，如图17-96所示。

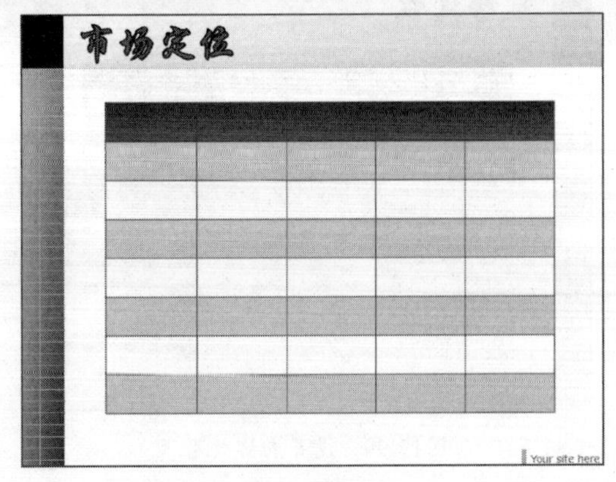

图17-96 设置表格样式

32 选中表格，在“表格样式”选项板中单击“效果”下拉按钮，弹出列表框，选择“单元格凹凸效果”中的“硬边缘”选项，如图17-97所示。

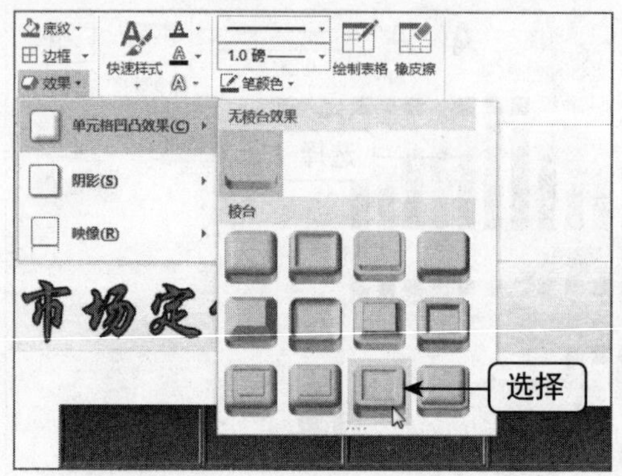

图17-97　选择“硬边缘”选项

33 再次单击“效果”下拉按钮，在弹出的列表框中选择“阴影”中的“向右偏移”选项，如图17-98所示。

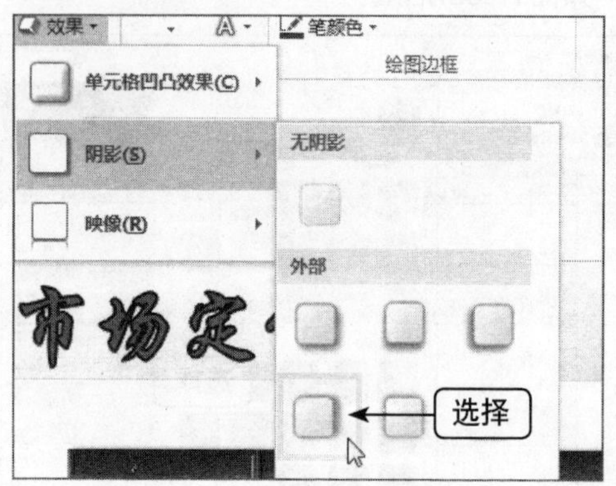

图17-98　选择“向右偏移”选项

34 执行操作后，即可设置表格效果，如图17-99所示。

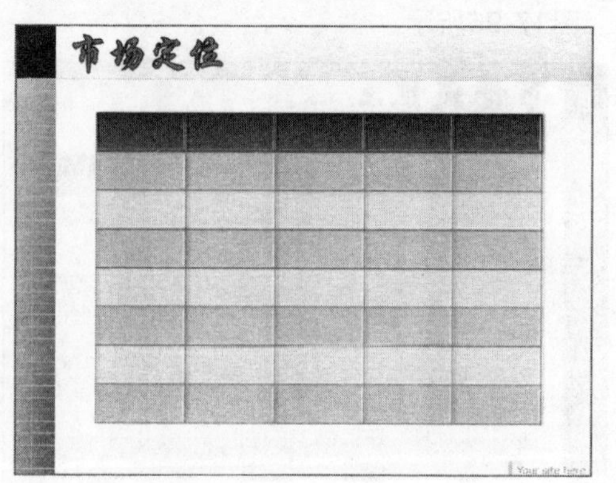

图17-99　设置表格效果

35 在表格中输入相应文本，效果如图17-100所示。

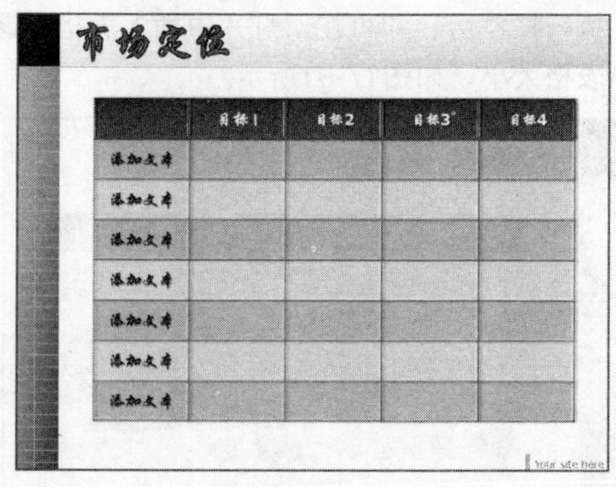

图17-100　输入文本

36 进入第5张幻灯片，复制第4张幻灯片中的标题文本，将其粘贴至第5张幻灯片中，更改标题文本，如图17-101所示。

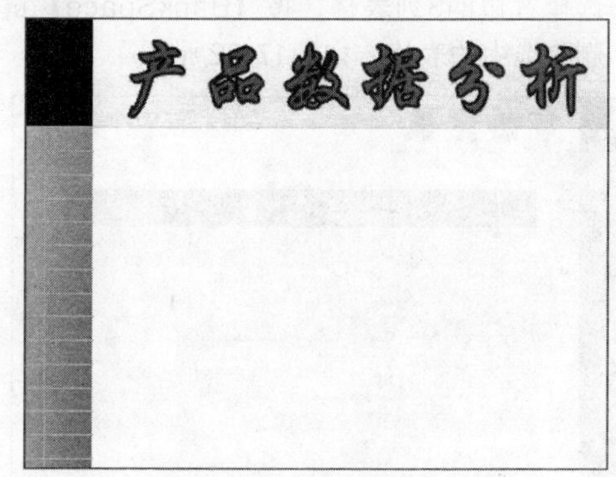

图17-101　更改标题文本

37 切换至“插入”面板，单击“插图”选项板中的“图表”按钮，弹出“插入图表”对话框，在“柱形图”选项区中选择“三维簇状柱形图”选项，如图17-102所示。

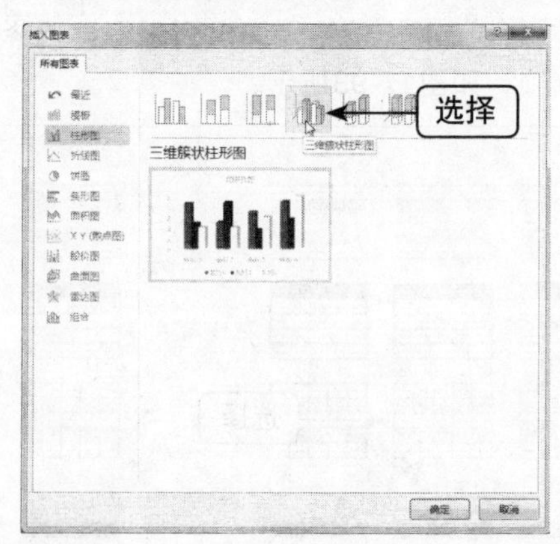

图17-102　选择“三维簇状柱形图”选项

38 单击“确定”按钮，即可在幻灯片中插入图表，调整至合适位置，如图17-103所示。

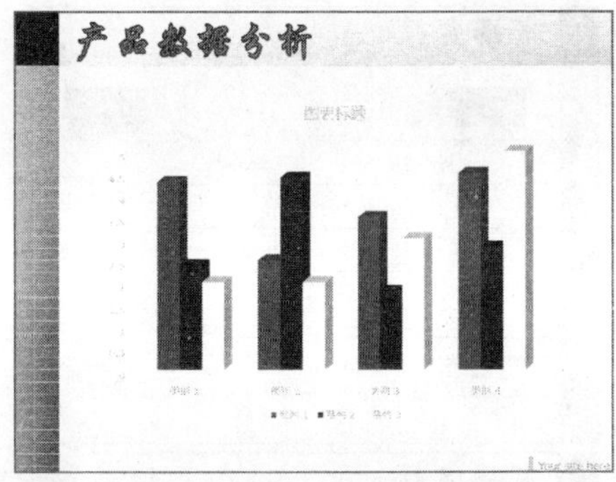

图17-103　更改标题文本

39 选中幻灯片中的图表，切换至“图表工具”中的“设计”面板，单击“图表样式”选项板中的“其他”下拉按钮，在弹出的列表框中选择“样式2”选项，效果如图17-104所示。

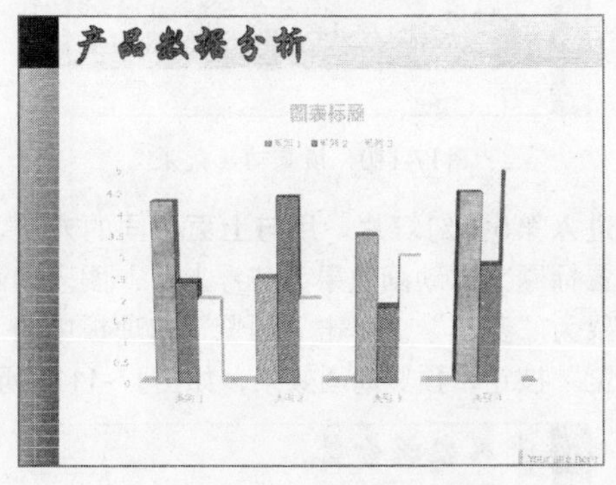

图17-104　设置图表样式

40 选中图表，设置图表中“字体颜色”为深紫色，单击图表右上角的“图表元素”按钮，在弹出的列表框中选中“网格线”复选框，在弹出的子列表框中选中相应复选框。切换至“图表工具”中的“格式”面板，设置“形状填充”为“深紫，着色6，淡色40%”，效果如图17-105所示。

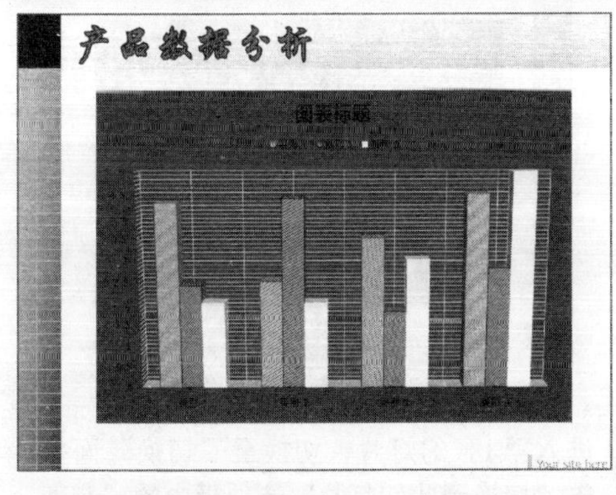

图17-105　设置形状填充

17.2.3　为市场策划模板添加动画效果

为工作汇报模板添加动画效果的具体操作步骤如下。

01 进入第1张幻灯片，选择标题文本，切换至“动画”面板，单击“动画”选项板中的“其他”下拉按钮，如图17-106所示。

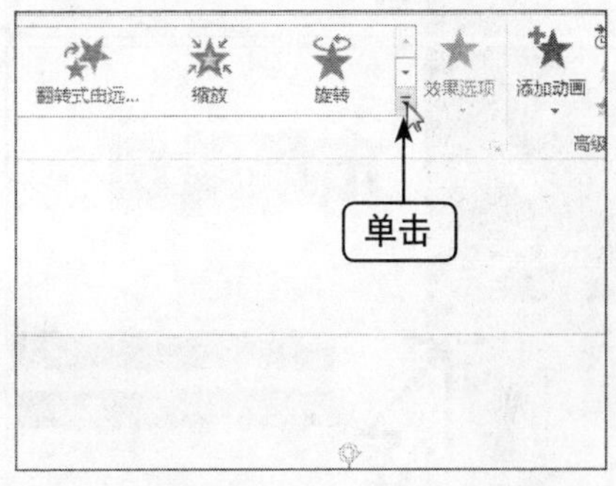

图17-106　单击“其他”下拉按钮

02 弹出列表框，选择“更多进入效果”选项，弹出“更改进入效果”对话框，在“华丽型”选项区中选择“曲线向上”选项，如图17-107所示。

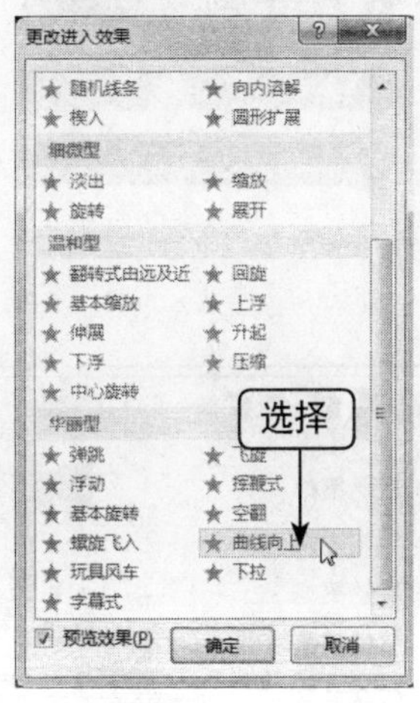

图17-107　选择“曲线向上”选项

03 单击“确定”按钮，设置动画效果。用与上面相同的方法，为下方的文本设置动画效果为“浮入”，预览动画效果，如图17-108所示。

04 进入第2张幻灯片，用与上面相同的方法，设置标题文本动画效果为“浮入”，将下方的图形文本依次设置为“飞入”。进入第3张幻灯片，设置标题文本动画效果为“浮入”、左边文本动画效果为“飞入”、右边的图文组合动画效果为

"轮子"，预览动画效果，如图17-109所示。

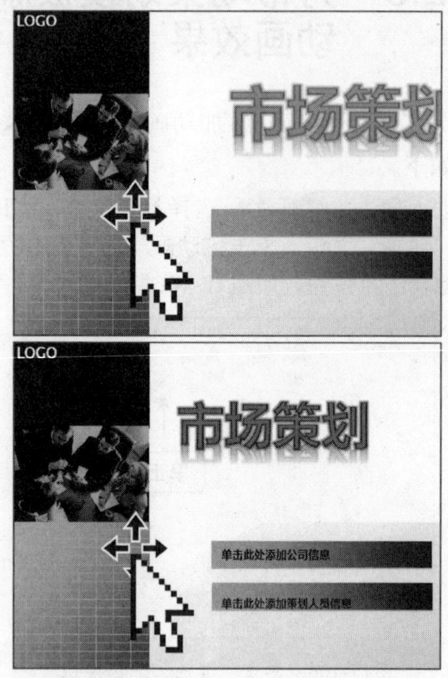

图17-108 预览动画效果

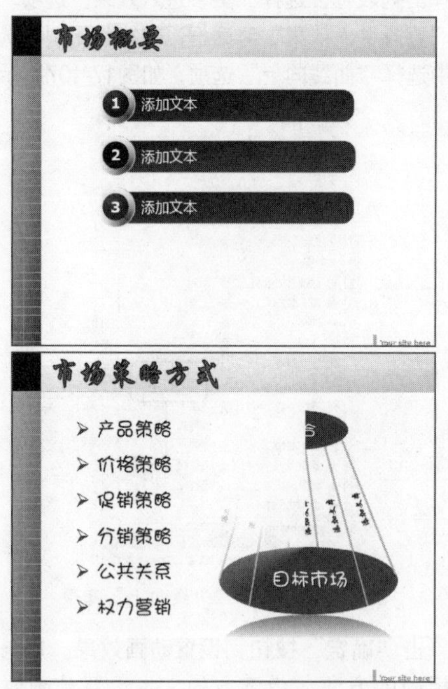

图17-109 预览动画效果

05 进入第4张幻灯片，用与上面相同的方法，设置标题文本动画效果为"浮入"、表格动画效果为"十字形扩展"。单击"预览"选项板中的"预览"按钮，预览动画效果，如图17-110所示。

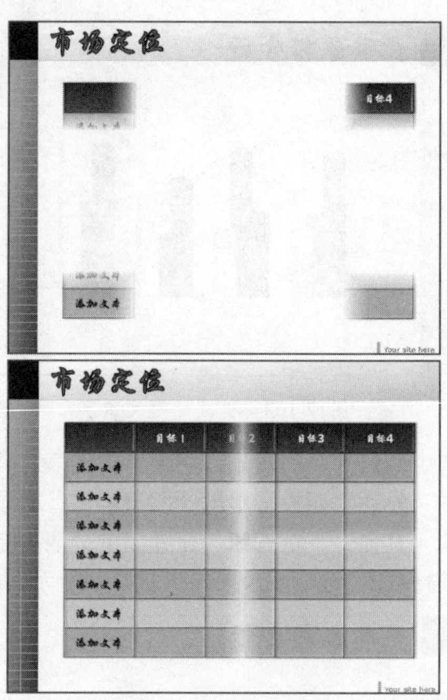

图17-110 预览动画效果

06 进入第5张幻灯片，用与上面相同的方法，设置标题文本动画效果为"浮入"、图表动画效果为"菱形"。单击"预览"选项板中的"预览"按钮，预览动画效果，如图17-111所示。

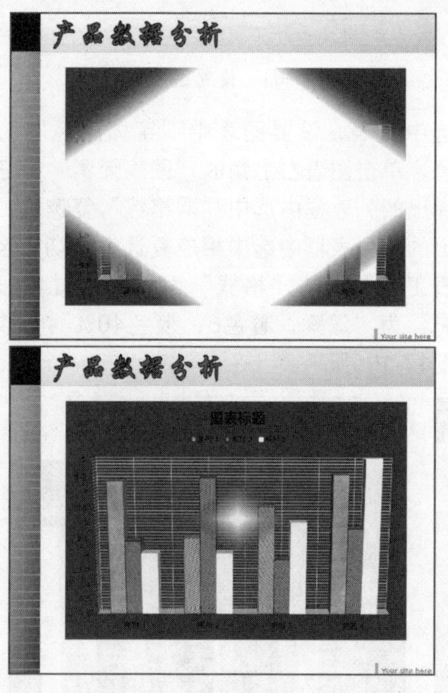

图17-111 预览动画效果

07 进入第1张幻灯片，切换至"切换"面板，单击"切换到此幻灯片"选项板中的"其他"下拉按钮，弹出列表框，选择“剥离”选项，如图17-112所示。

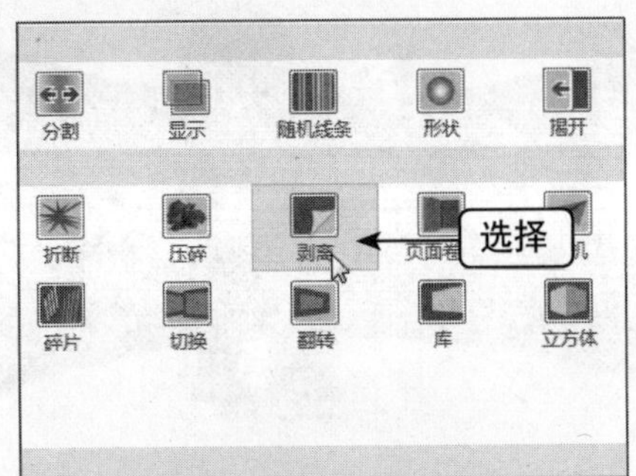

图17-112　选择“剥离”选项

08 单击“切换到此幻灯片”选项板中的“效果选项”下拉按钮，弹出列表框，选择“向右”选项，如图17-113所示。

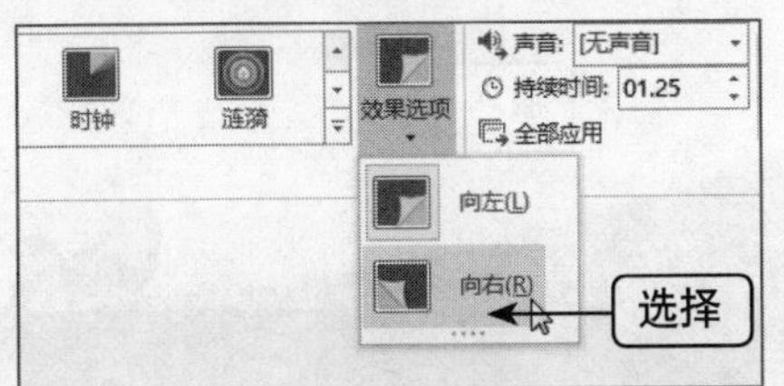

图17-113　选择“向右”选项

09 在“计时”选项板中单击“全部应用”按钮，演示文稿中所有幻灯片都将应用该切换效果。单击“预览”选项板中的“预览”按钮，预览切换效果，如图17-114所示。

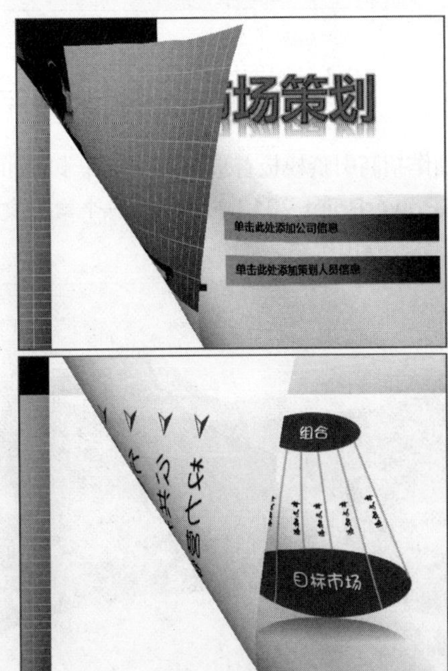

图17-114　预览切换效果

17.3　招商引资模板制作

本实例介绍的是招商引资模板的制作，效果如图17-115所示。

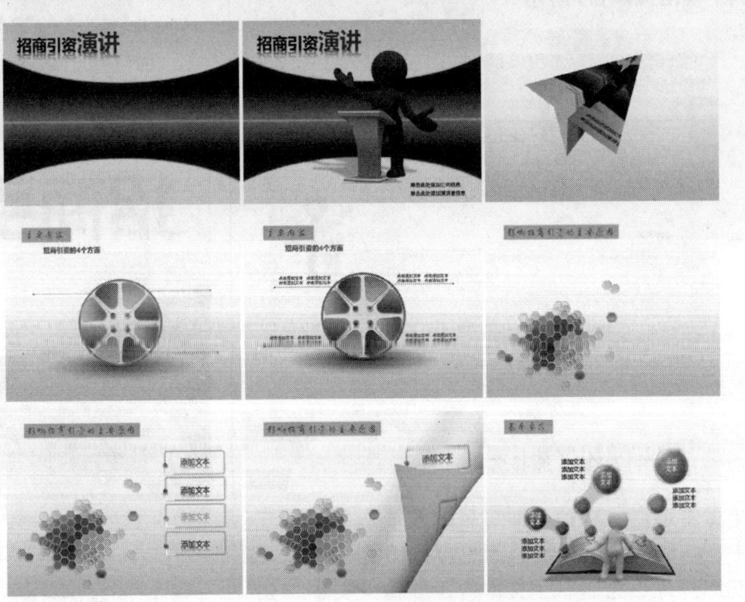

图17-115　招商引资模板效果

➡素材文件	素材\第17章\企业招商模板.pptx等
➡效果文件	效果\第17章\企业招商模板pptx
➡视频文件	视频\第17章\制作招商引资模板首页.mp4等
➡难易程度	★★★★★

17.3.1 制作招商引资模板首页

制作招商引资模板首页的具体操作步骤如下。

01 在PowerPoint 2013中，打开一个素材文件，如图17-116所示。

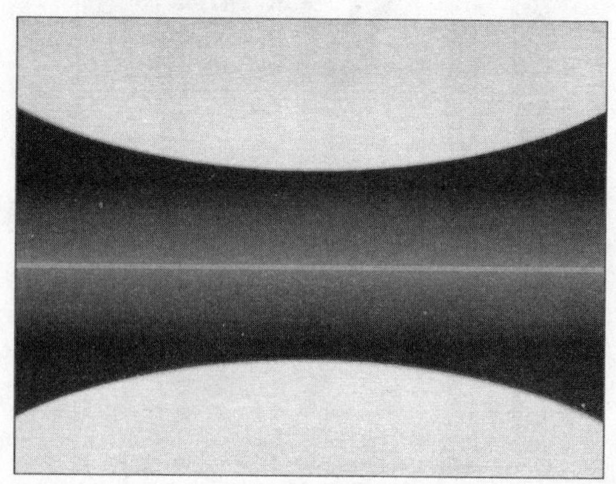

图17-116 打开一个素材文件

02 切换至“插入”面板，单击“图像”选项板中的“图片”按钮，弹出“插入图片”对话框，在计算机中的相应位置选择需要的图片，如图17-117所示。

图17-117 选择需要的图片

03 单击“插入”按钮，即可将图片插入至幻灯片中，调整图片的位置，如图17-118所示。

04 在幻灯片中绘制一个文本框，并输入文本，如图17-119所示。

图17-118 插入图片

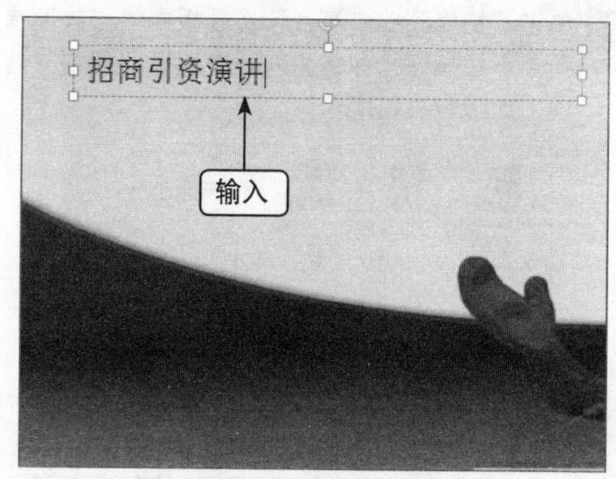

图17-119 输入文本

05 选中文本，设置“字体”为“微软雅黑”、“字号”为45，单击“加粗”按钮，将“演讲”文本的字号更改为65、“字体颜色”设置为红色，效果如图17-120所示。

图17-120 设置字体属性

06 切换至“绘图工具”中的“格式”面板，单击“艺术字样式”选项板中的“文本效果”下拉按钮，弹出列表框，选择“映像”中的“紧密映像，接触”选项，效果如图17-121所示。

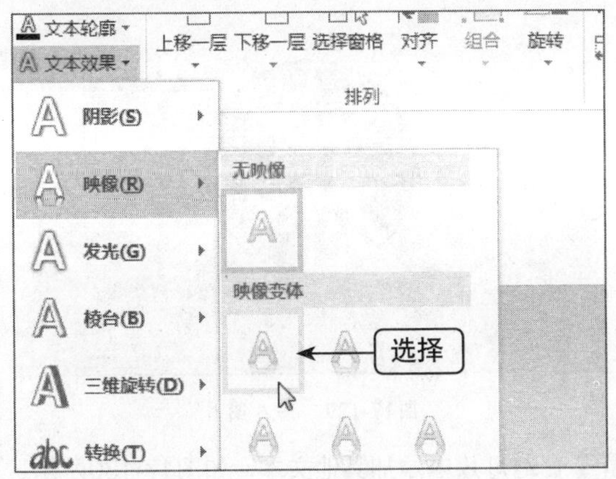

图17-121 选择“紧密映像，接触”选项

07 执行操作后，即可设置文本效果，如图17-122所示。

图17-122 设置文本效果

08 用与上面相同的方法，在幻灯片中添加其他文本，效果如图17-123所示。

图17-123 添加其他文本

17.3.2 制作招商引资其他幻灯片

制作招商引资其他幻灯片的具体操作步骤如下。

01 进入第2张幻灯片，绘制文本框，并输入文本，如图17-124所示。

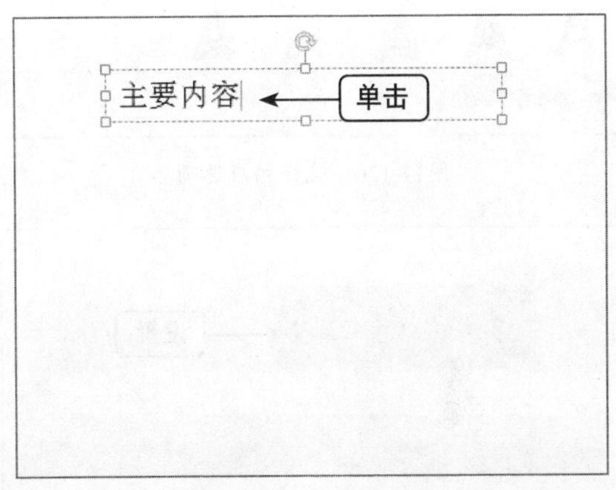

图17-124 输入文本

02 选中文本，设置“字体”为“微软简行楷”、“字号”为30。切换至“绘图工具”中的“格式”面板，单击“形状样式”选项板中的“其他”下拉按钮，弹出列表框，选择相应选项，如图17-125所示。

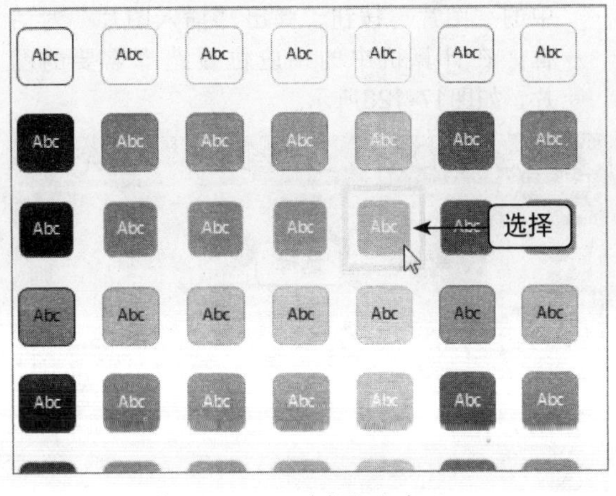

图17-125 选择相应选项

03 单击“艺术字样式”选项板中的“其他”下拉按钮，弹出列表框，选择相应选项，如图17-126所示。

04 执行操作后，即可设置文本样式，效果如图17-127所示。

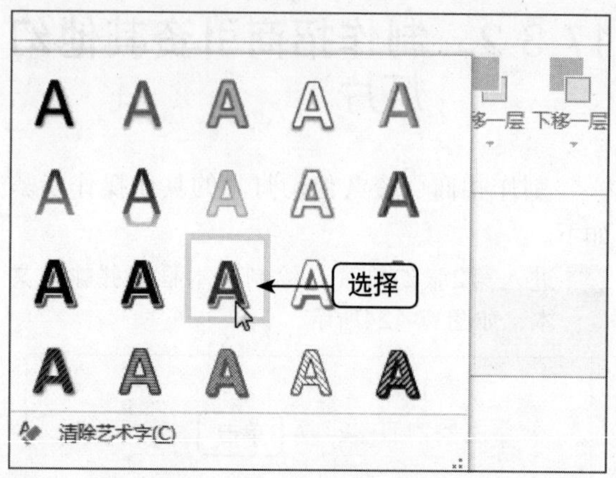

图17-126　选择相应选项

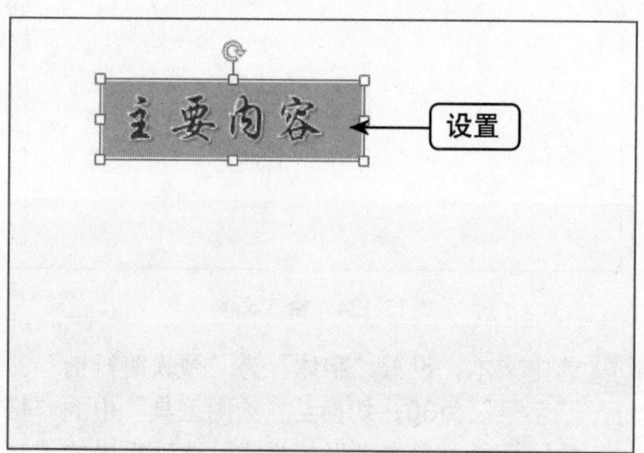

图17-127　设置文本样式

05 切换至“插入”面板，单击“图像”选项板中的“图片”按钮，弹出“插入图片”对话框，在计算机中的相应位置选择需要的图片，如图17-128所示。

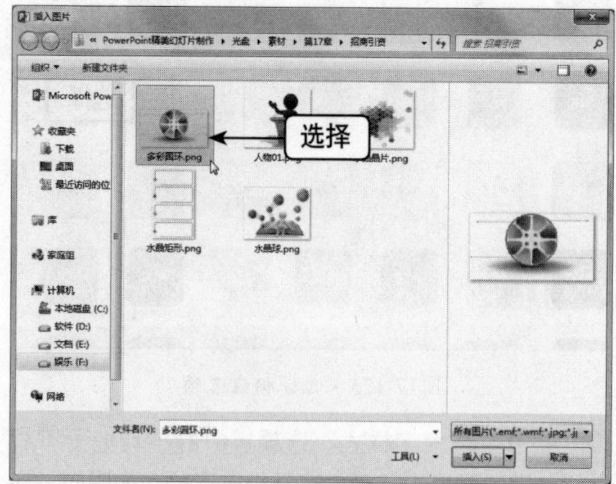

图17-128　选择需要的图片

06 单击“插入”按钮，即可插入图片，调整图片大小和位置，如图17-129所示。

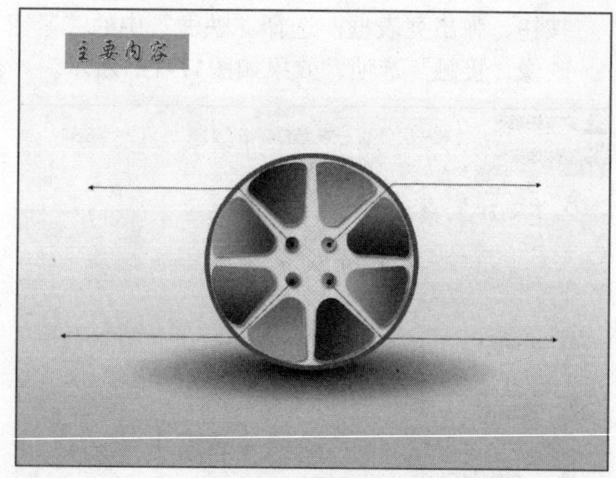

图17-129　插入图片

07 在幻灯片中添加其他文本，如图17-130所示。

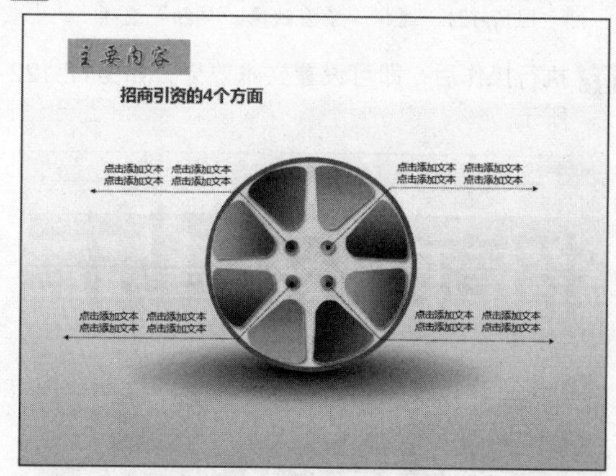

图17-130　添加其他文本

08 进入第3张幻灯片，复制第2张幻灯片中的标题文本，粘贴至第3张幻灯片中，更改文本内容，如图17-131所示。

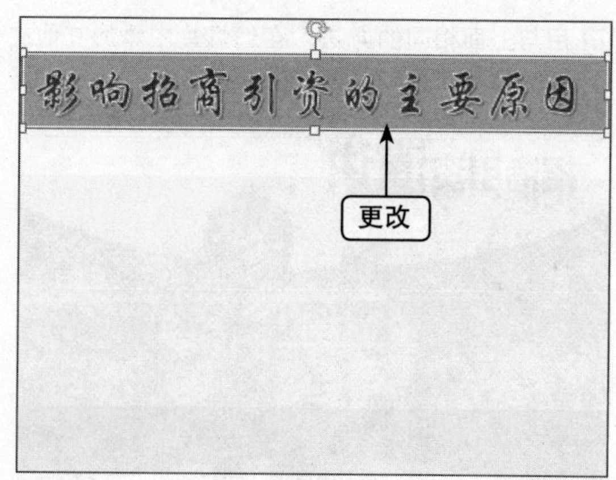

图17-131　更改文本内容

09 切换至“插入”面板，在调出的“插入图片”对话框中选择需要的图片，如图17-132所示。

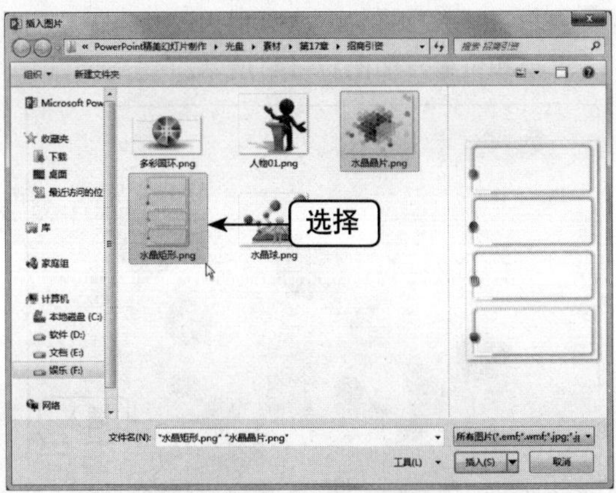

图17-132 选择需要的图片

10 单击“插入”按钮，即可插入图片。调整图片位置，如图17-133所示。

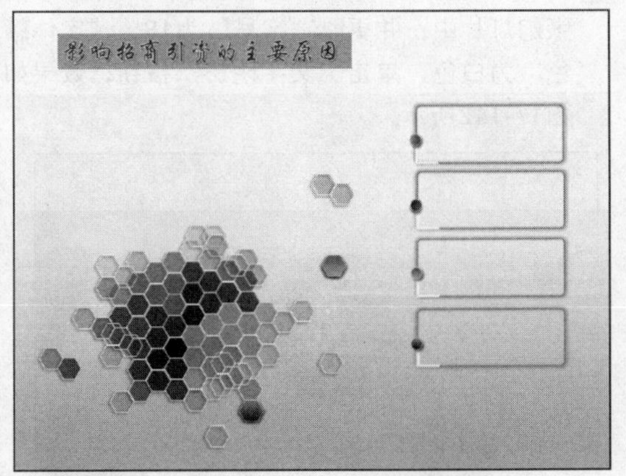

图17-133 插入图片

11 在右侧水晶圆角矩形上绘制文本框，并输入文本，如图17-134所示。

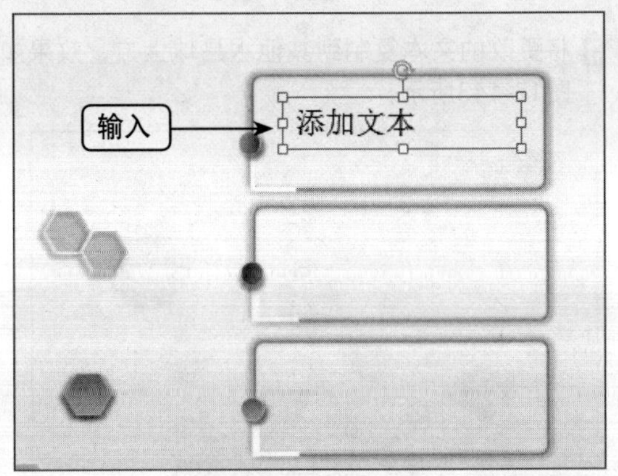

图17-134 输入文本

12 选择文本，设置“字体”为“微软雅黑”、“字号”为22，单击“加粗”按钮，设置“字体颜色”为绿色，效果如图17-135所示。

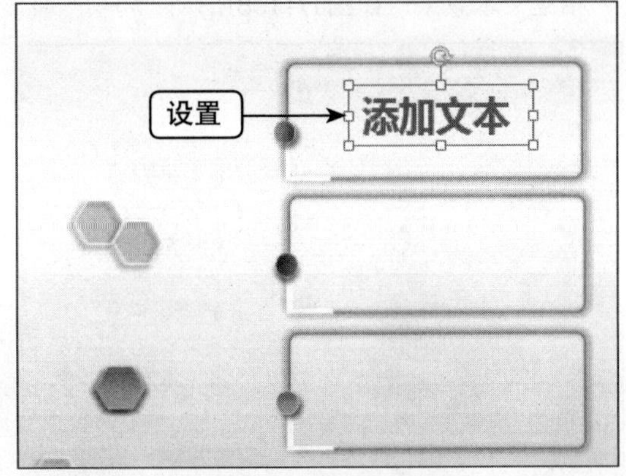

图17-135 设置字体属性

13 切换至“绘图工具”中的“格式”面板，单击“艺术字样式”选项板中的“文本效果”下拉按钮，弹出列表框，选择相应选项，如图17-136所示。

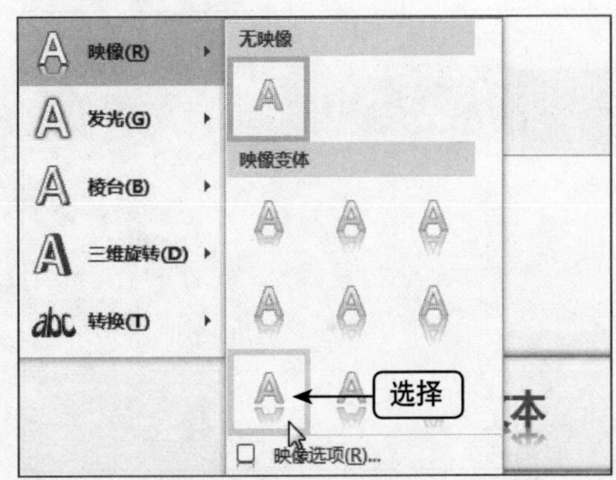

图17-136 选择相应选项

14 执行操作后，即可设置文本效果，如图17-137所示。

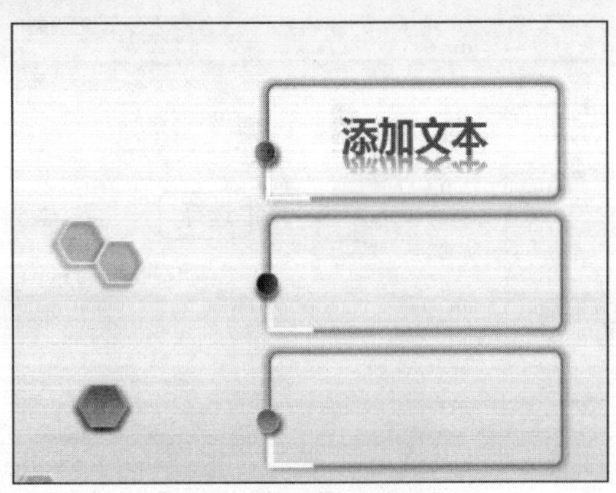

图17-137 设置文本效果

15 用与上面相同的方法，添加其他文本，并设置相应文本效果，如图17-138所示。

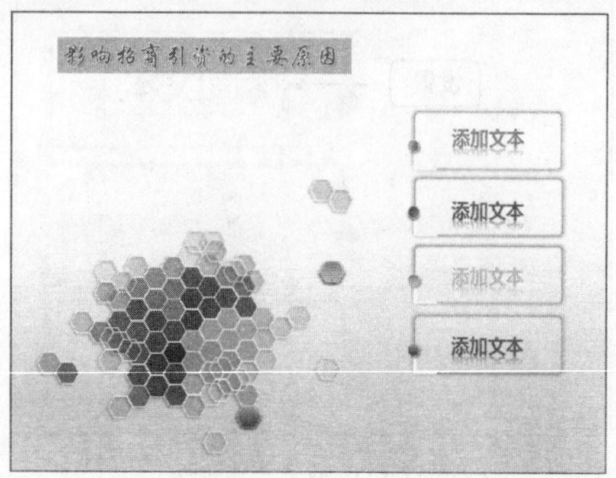

图17-138　添加其他文本

16 进入第4张幻灯片，复制第3张幻灯片中的标题文本，粘贴至第4张幻灯片中，更改文本内容，效果如图17-139所示。

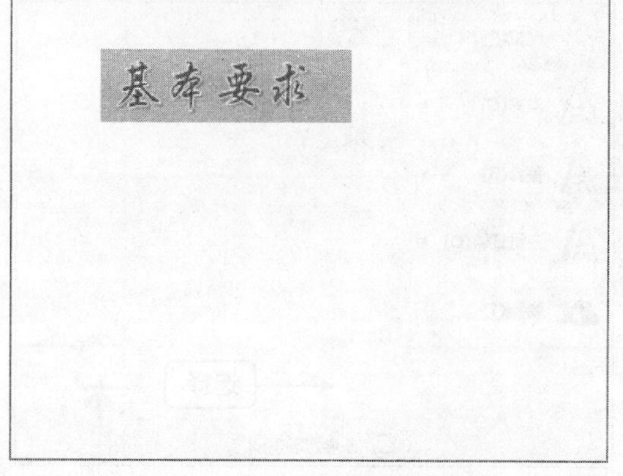

图17-139　更改文本内容

17 切换至“插入”面板，在调出的“插入图片”对话框中选择需要的图片，如图17-140所示。

图17-140　选择需要的图片

18 单击“插入”按钮，即可插入图片。调整图片大小和位置，如图17-141所示。

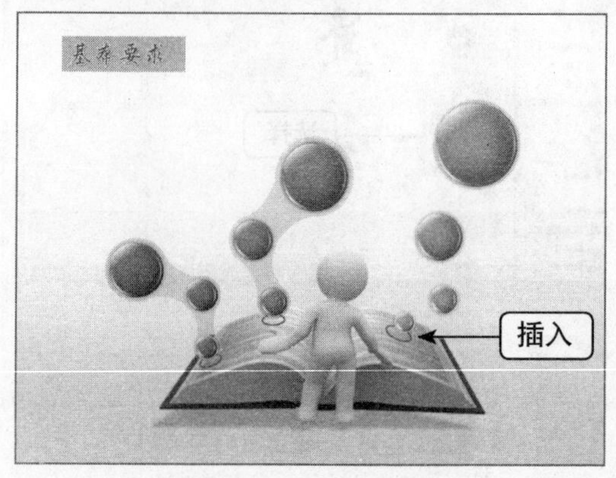

图17-141　插入图片

19 复制第3张幻灯片中矩形上的文本，粘贴至第4张幻灯片中，并更改“字号”为18、“字体颜色”为白色，单击“文字阴影”按钮，效果如图17-142所示。

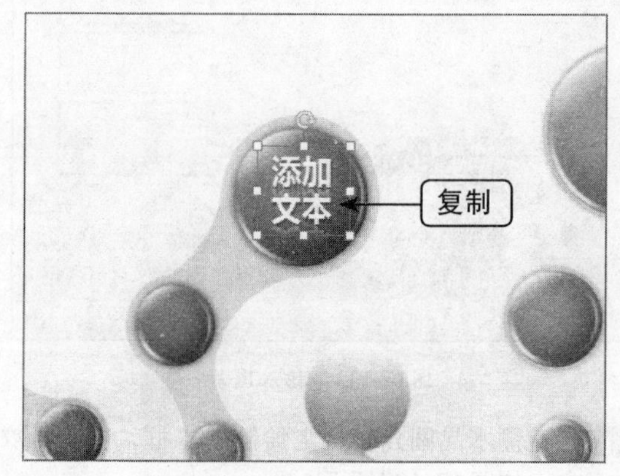

图17-142　复制并更改文本

20 将更改的文本复制到其他水晶球上方，效果如图17-143所示。

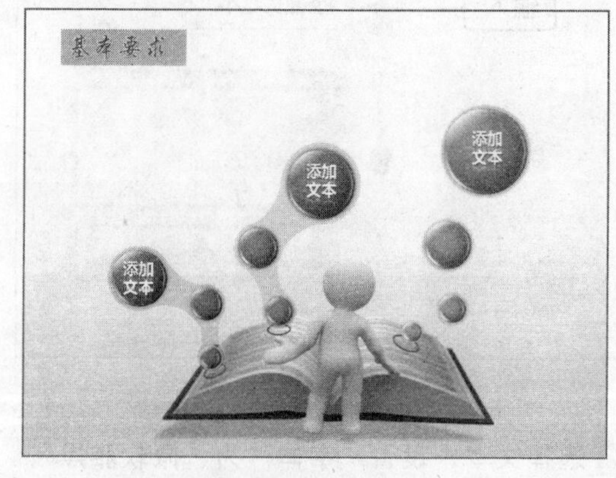

图17-143　复制文本

21 在幻灯片中绘制文本框，并输入文本，设置相应属性，如图17-144所示。

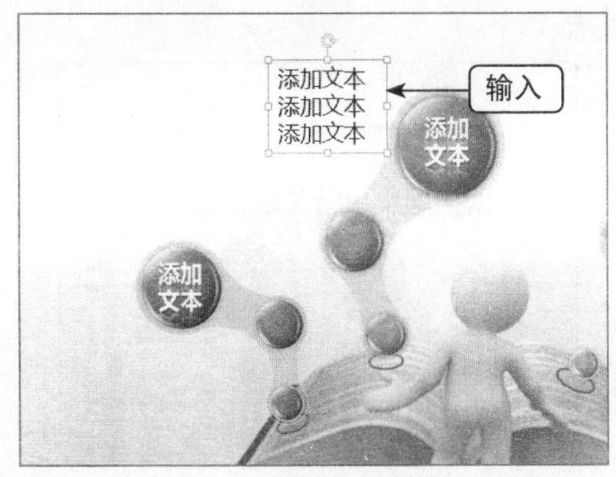

图17-144 输入文本

22 用与上面相同的方法，在幻灯片中的其他位置，用户可以根据需要添加相应文本，如图17-145所示。

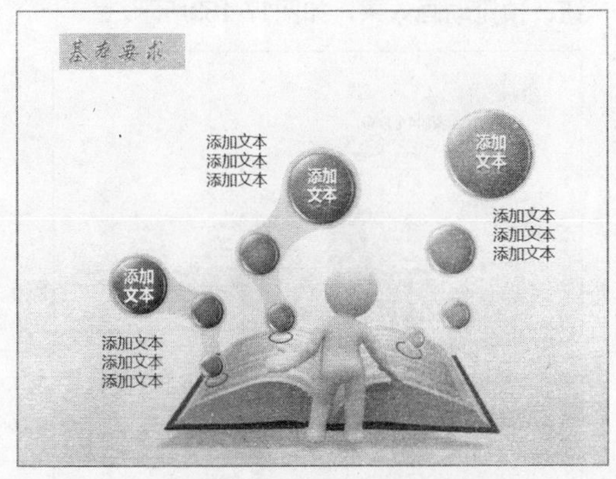

图17-145 添加其他文本

17.3.3 为招商引资添加动画效果

为招商引资添加动画效果的具体操作步骤如下。

01 进入第1张幻灯片，选择标题文本，切换至“动画”面板，单击“动画”选项板中的“其他”下拉按钮，弹出列表框，在“进入”选项区中选择“飞入”选项，如图17-146所示。

02 选择幻灯片中的其他文本，在“进入”选项区中设置动画效果为“缩放”，单击“动画”选项板中的“效果选项”下拉按钮，弹出列表框，选择“幻灯片中心”选项，如图17-147所示。

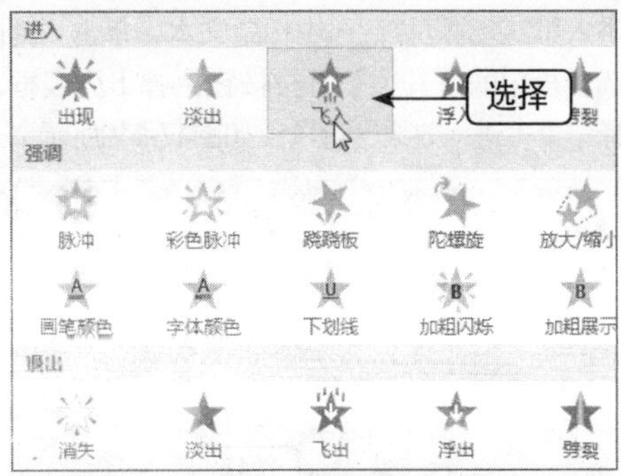

图17-146 选择“飞入”选项

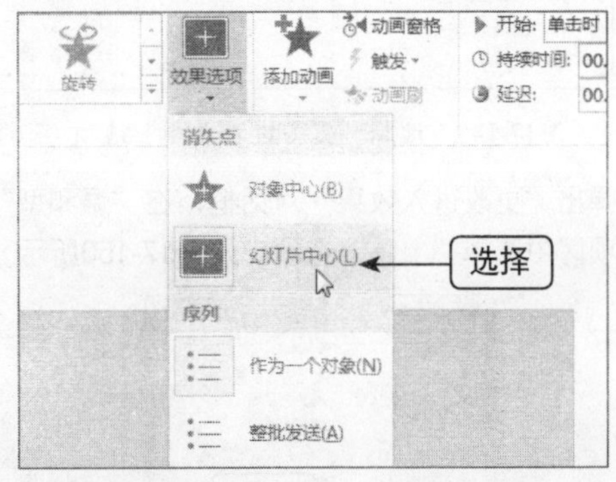

图17-147 选择“幻灯片中心”选项

03 用与上面相同的方法，设置中间图形的动画效果为“缩放”。单击“预览”选项板中的“预览”按钮，预览动画效果，如图17-148所示。

图17-148 预览第1张幻灯片动画效果

04 进入第2张幻灯片，选中标题文本，单击“动画”选项板中的“其他”下拉按钮，弹出列表框，选择“更多进入效果”选项，如图17-149所示。

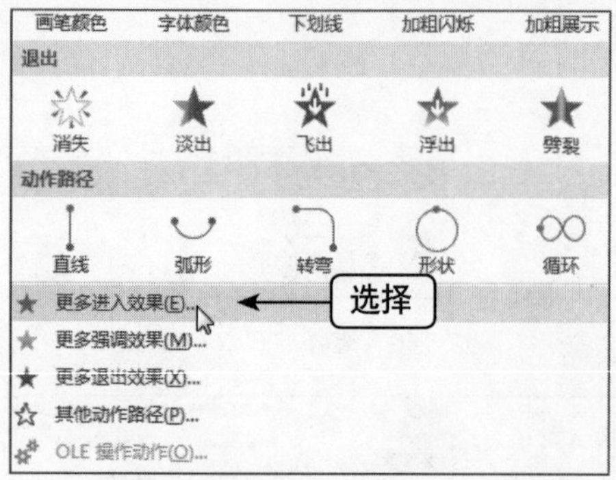

图17-149 选择“更多进入效果”选项

05 弹出“更改进入效果”对话框，在“温和型”选项区中选择“上浮”选项，如图17-150所示。

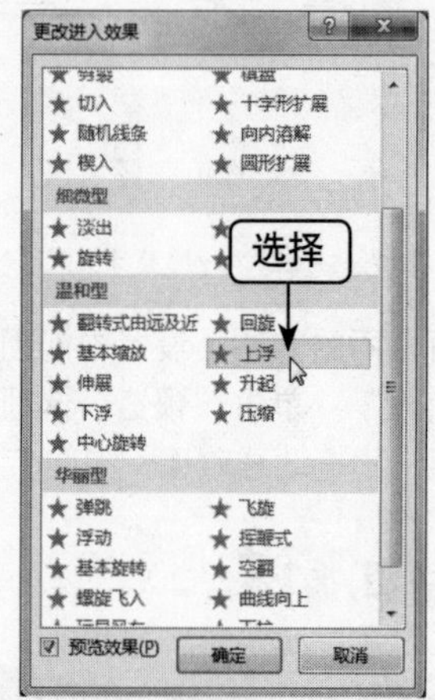

图17-150 选择“上浮”选项

06 单击“确定”按钮，即可为标题文本设置动画效果。选中副标题文本，在弹出的“动画”列表框中的“进入”选项区中选择“弹跳”选项，如图17-151所示。

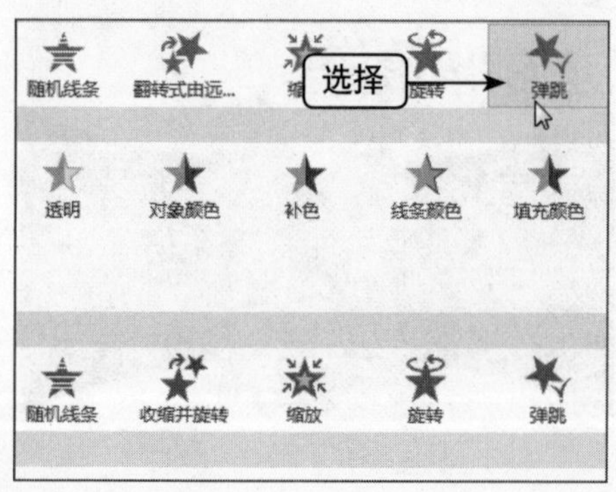

图17-151 选择“弹跳”选项

07 执行操作后，即可设置副标题文本动画效果为弹跳。在幻灯片中选择添加的图片，如图17-152所示。

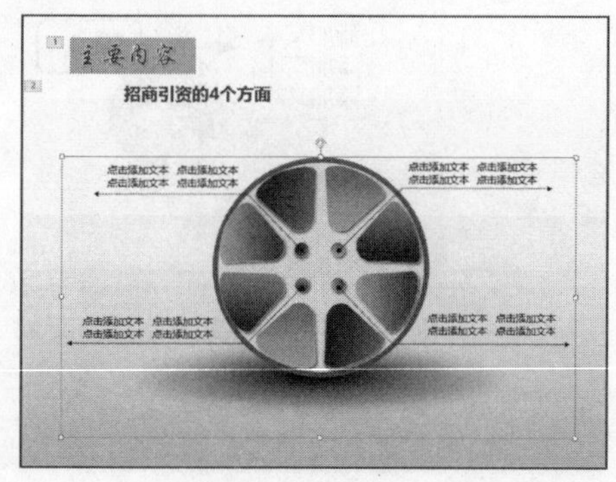

图17-152 选择添加的图片

08 用与上面相同的方法，设置图片动画效果为“圆形扩展”。选中图片中的文本，设置动画效果为“浮入”。单击“预览”选项板中的“预览”按钮，预览动画效果，如图17-153所示。

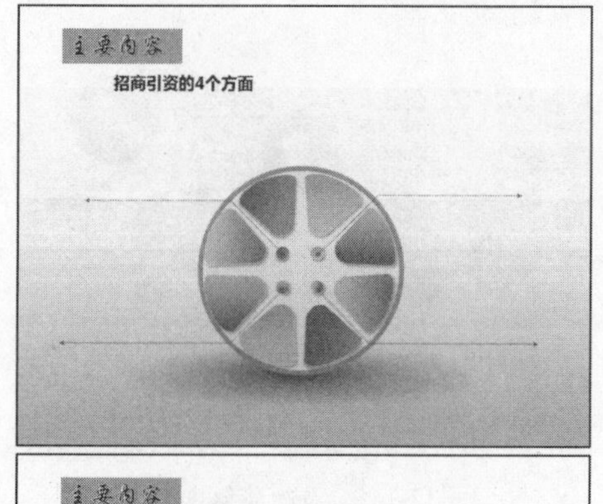

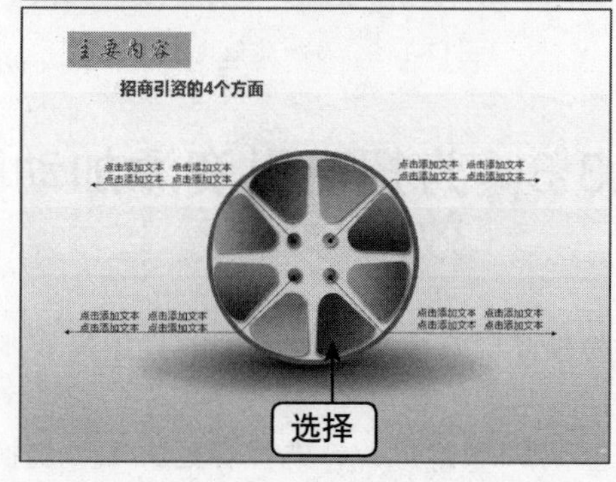

图17-153 预览动画效果

09 进入第3张幻灯片，设置标题文本动画效果为“浮入”、设置左边图片的动画效果为“形状”、右边矩形图片动画效果为“阶梯状”、矩形中的文本动画效果为“升起”。单击“预览”选项板中的“预览”按钮，预览动画效果，如图17-154所示。

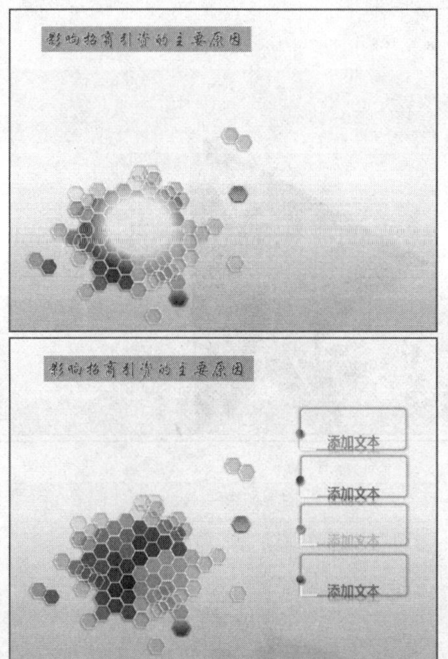

图17-154 预览动画效果

10 进入第4张幻灯片，设置标题文本动画效果为“浮入”、设置左边图片的动画效果为“缩放”、水晶球上的文本动画效果为“下浮”、其他文本动画效果为“切入”。单击“预览”选项板中的“预览”按钮，预览动画效果，如图17-155所示。

图17-155 预览动画效果

11 进入第1张幻灯片，切换至“切换”面板，单击“切换到此幻灯片”选项板中的“其他”下拉按钮，如图17-156所示。

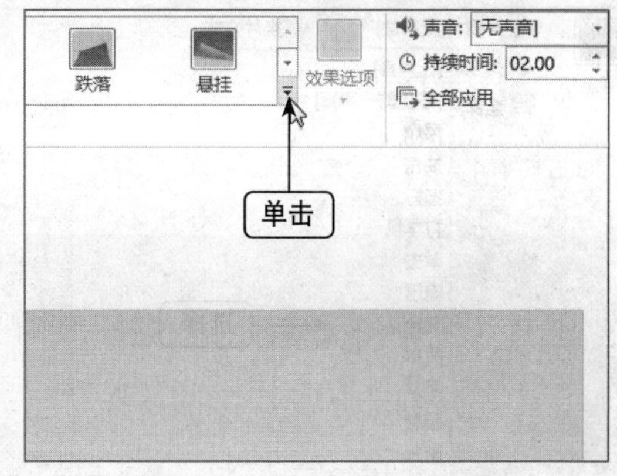

图17-156 单击“其他”下拉按钮

12 弹出列表框，在“华丽型”选项区中选择“页面卷曲”选项，如图17-157所示。

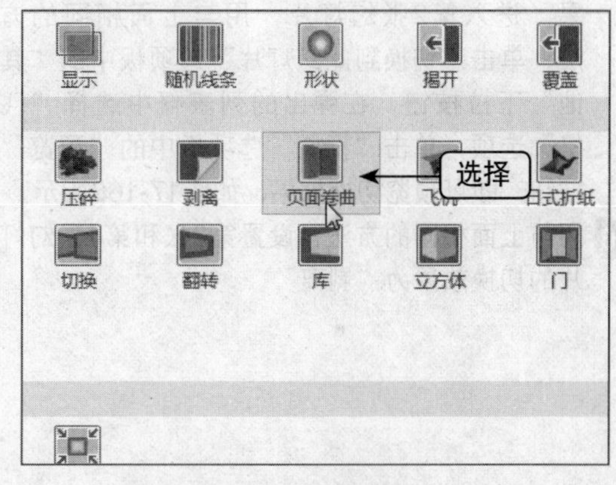

图17-157 选择“页面卷曲”选项

13 单击“切换到此幻灯片”选项板中的“效果选项”下拉按钮，弹出列表框，选择“双右”选项，如图17-158所示。

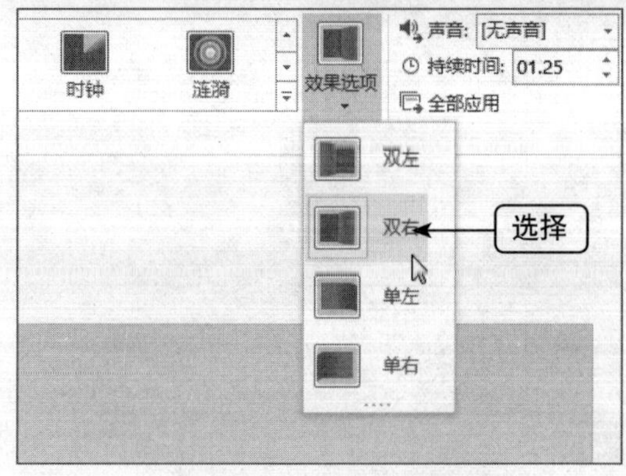

图17-158 选择“双右”选项

14 单击“计时”选项板中的“声音”右侧的下拉按钮，弹出列表框，选择“风铃”选项，如图17-159所示。

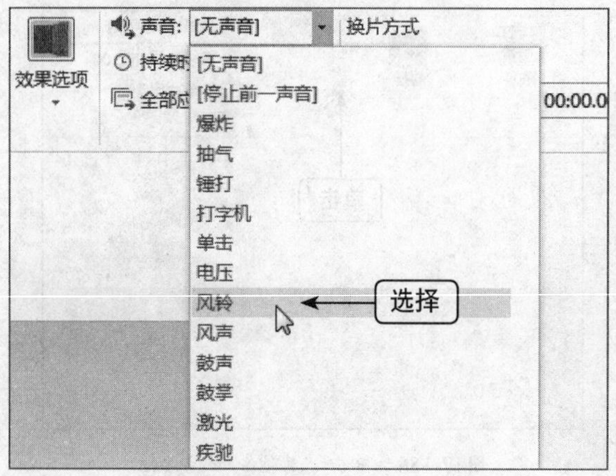

图17-159 选择“风铃”选项

15 执行操作后，即可设置第1张幻灯片的切换效果。进入第2张幻灯片，用与上面相同的方法，单击“切换到此幻灯片”选项板中的“其他”下拉按钮，在弹出的列表框中选择“飞机”选项，单击“预览”选项板中的“预览”按钮，即可预览切换效果，如图17-160所示。

16 用与上面相同的方法，设置第3张和第4张幻灯片的切换效果为“剥离”。

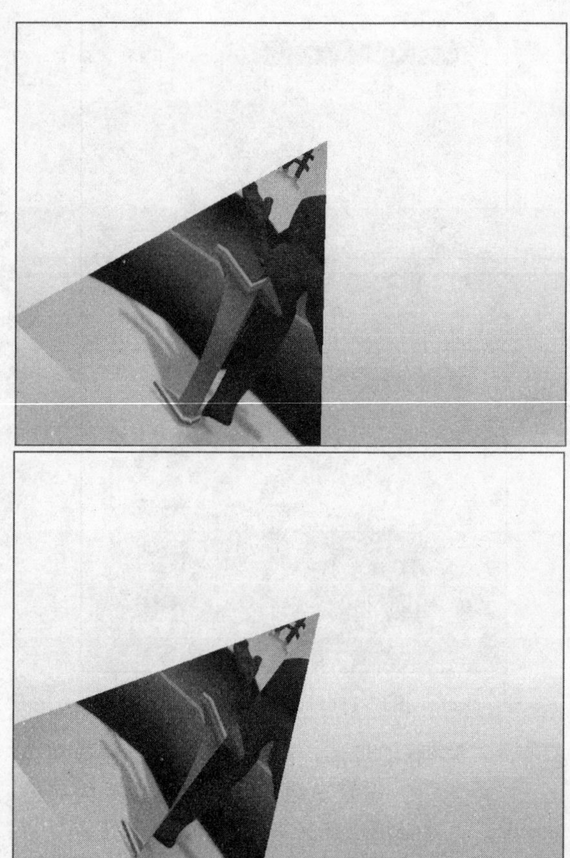

图17-160 预览切换效果

管理、培训、演讲模板制作

学习提示

通过企业管理培训，有助于员工的知识、技能以及工作价值观得到改善和提高，从而发挥出最大的潜力提高个人和组织的业绩。本章主要向用户介绍制作管理、培训、演讲模板的操作方法。

主要内容

- 制作财务管理模板首页
- 制作财务管理其他幻灯片
- 制作管理培训模板首页
- 制作管理培训其他幻灯片
- 制作企业演讲模板首页
- 制作企业演讲其他幻灯片

重点与难点

- 为财务管理模板添加动画效果
- 为管理培训模板添加动画效果
- 为企业演讲添加动画效果

学完本章后你会做什么

- 掌握制作财务管理模板首页、为财务管理模板添加动画效果的操作方法
- 掌握制作管理培训模板首页、制作管理培训其他幻灯片的操作方法
- 掌握制作企业演讲模板首页、为企业演讲添加动画效果的操作方法

视频文件

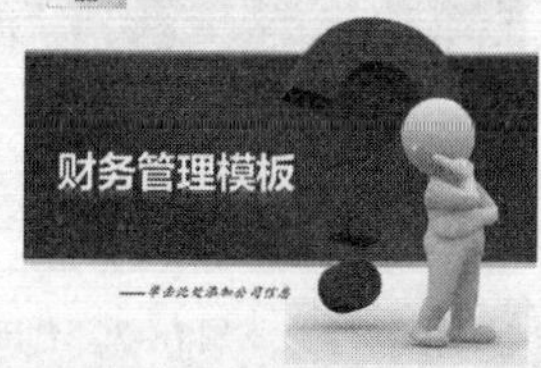

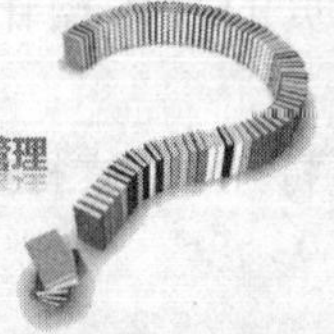

员工职业规划
——企业演讲

18.1 财务管理模板制作

本实例介绍的是财务管理模板的制作，效果如图18-1所示。

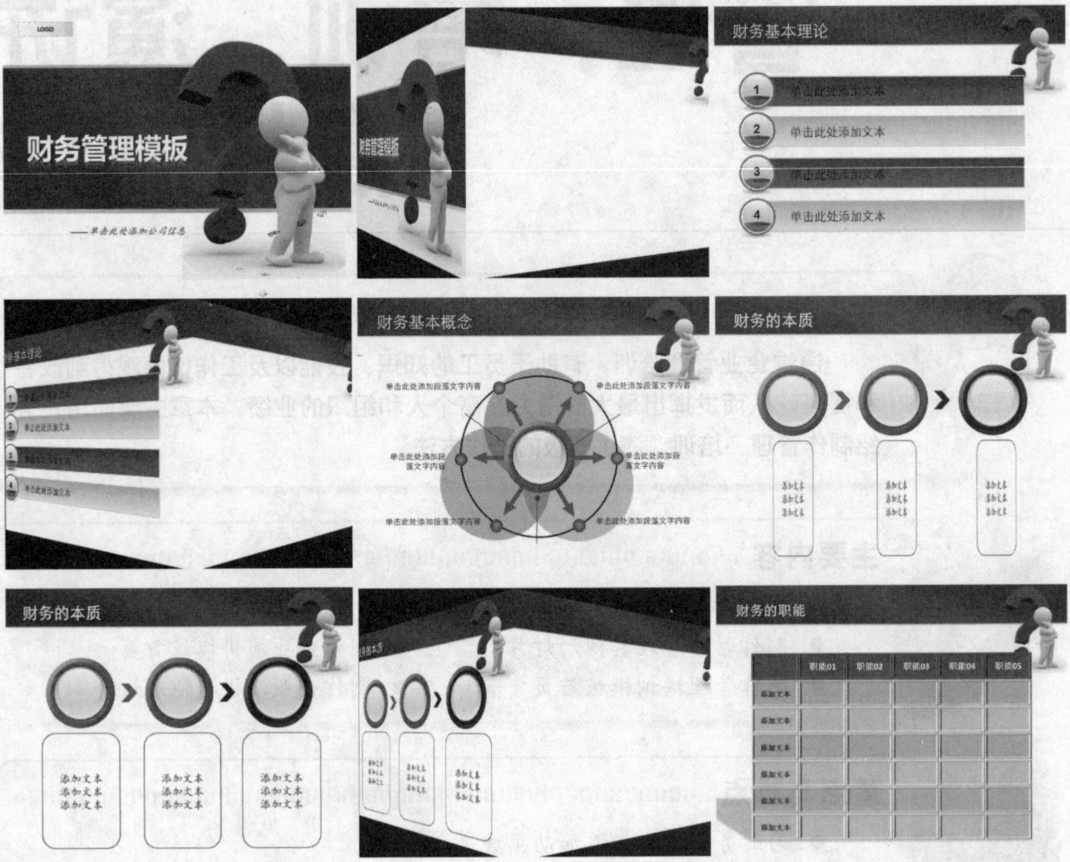

图18-1 财务管理模板效果

素材文件	素材\第18章\财务管理模板.pptx等
效果文件	效果\第18章\财务管理模板.pptx
视频文件	视频\第18章\制作财务管理模板首页.mp4等
难易程度	★★★★★

18.1.1 制作财务管理模板首页

制作财务管理模板首页的具体操作步骤如下。

01 在PowerPoint 2013中，打开一个素材文件，如图18-2所示。

图18-2 打开一个素材文件

02 在幻灯片中绘制一个横排文本框，如图18-3所示。

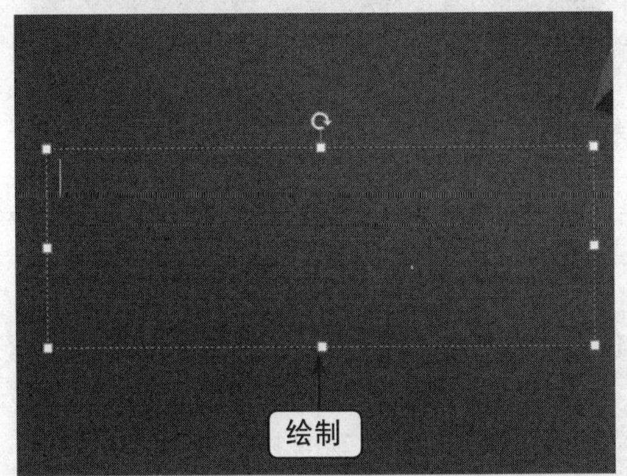

图18-3　绘制横排文本框

03 在文本框中输入文本，并选中输入的文本，如图18-4所示。

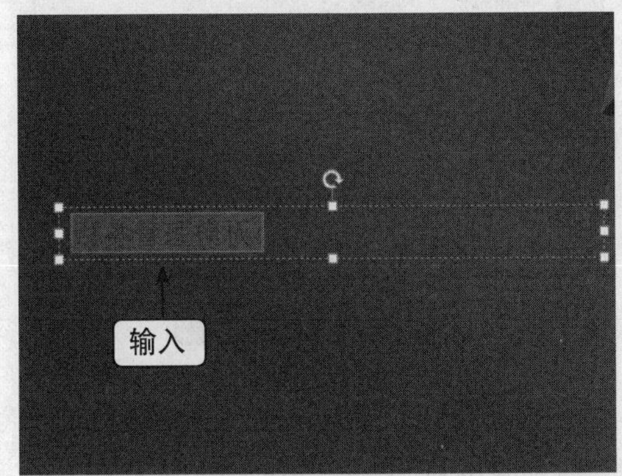

图18-4　输入文本

04 在“开始”面板中的“字体”选项板中，设置“字体”为“微软雅黑”、“字号”为55，单击“加粗”和“文字阴影”按钮，设置“字体颜色”为白色，效果如图18-5所示。

图18-5　设置字体属性

05 切换至“绘图工具”中的“格式”面板，单击“艺术字样式”选项板中的“文本效果”下拉按钮，如图18-6所示。

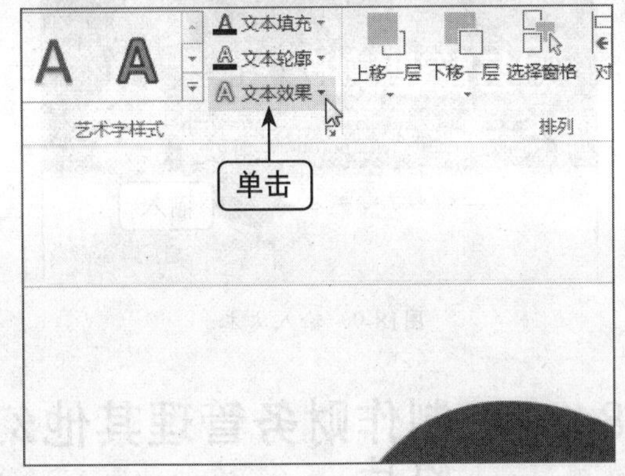

图18-6　单击“文本效果”下拉按钮

06 弹出列表框，选择“映像”中的“紧密映像，8pt 偏移量”选项，如图18-7所示。

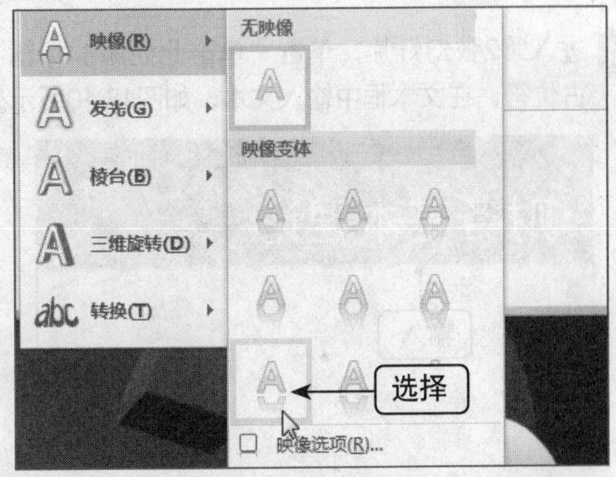

图18-7　选择“紧密映像，8pt 偏移量”选项

07 执行操作后，即可设置文本效果，如图18-8所示。

图18-8　设置文本效果

08 在幻灯片的下方，绘制一个横排文本框，输入文本，并设置相应属性，效果如图18-9所示。

图18-9　输入文本

18.1.2　制作财务管理其他幻灯片

制作财务管理其他幻灯片的具体操作步骤如下。

01 进入第2张幻灯片，单击“单击此处添加标题”占位符，在文本框中输入文本，如图18-10所示。

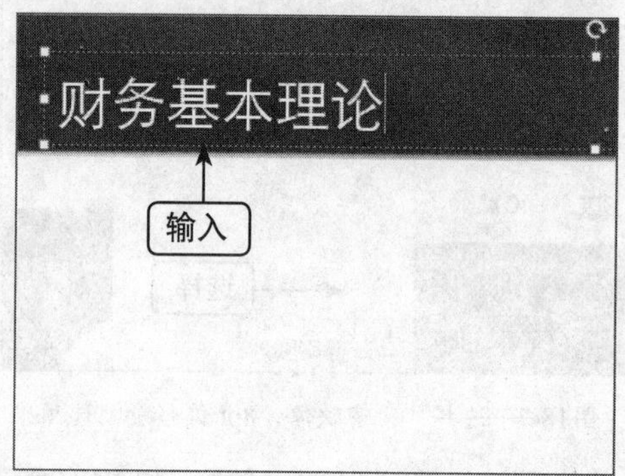

图18-10　输入文本

02 选中文本，为文本添加文字阴影，效果如图18-11所示。

图18-11　添加文字阴影

03 在幻灯片中，绘制一个矩形，如图18-12所示。

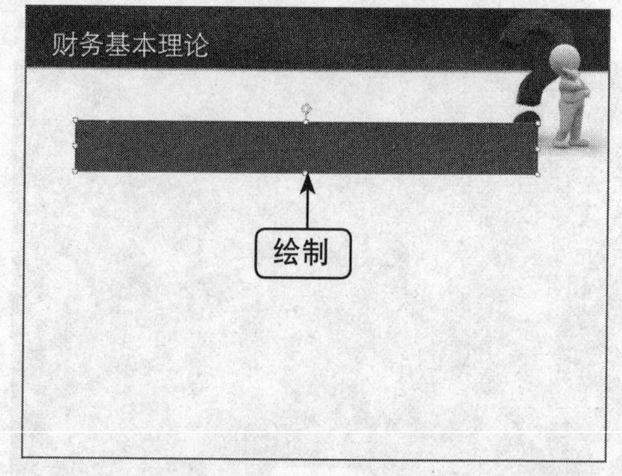

图18-12　绘制矩形

04 双击矩形，在“形状样式”选项板中单击“形状填充”下拉按钮，弹出列表框，选择“渐变”中的“线性向下”选项，如图18-13所示。

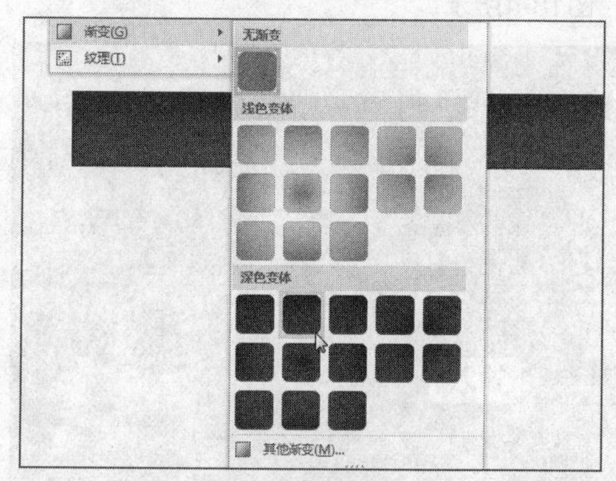

图18-13　选择“线性向下”选项

05 单击“形状样式”选项板中的“形状轮廓”下拉按钮，弹出列表框，选择“灰色-25%，背景2，淡色40%”选项，如图18-14所示。

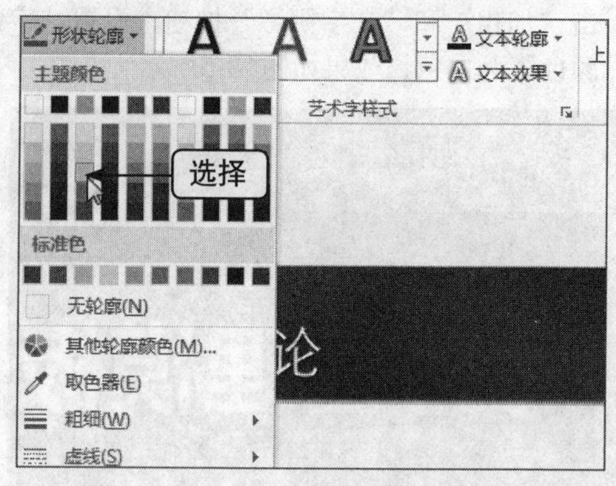

图18-14　选择“灰色-25%，背景2，淡色40%”选项

06 执行操作后，即可设置形状轮廓，如图18-15所示。

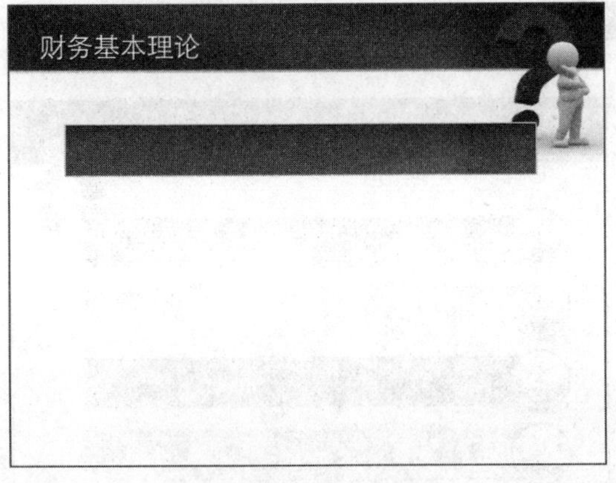

图18-15 设置形状轮廓

07 复制3个矩形，调整各个矩形之间的位置，如图18-16所示。

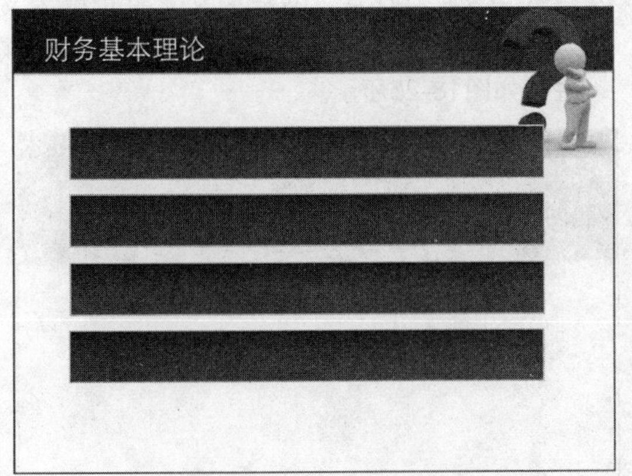

图18-16 复制矩形

08 选择第2个矩形，在“形状样式”选项板中设置“形状填充”为“灰色-25%，背景2，深色25%”，单击“形状填充”下拉按钮，弹出列表框，选择“渐变”中的“线性向下”选项，如图18-17所示。

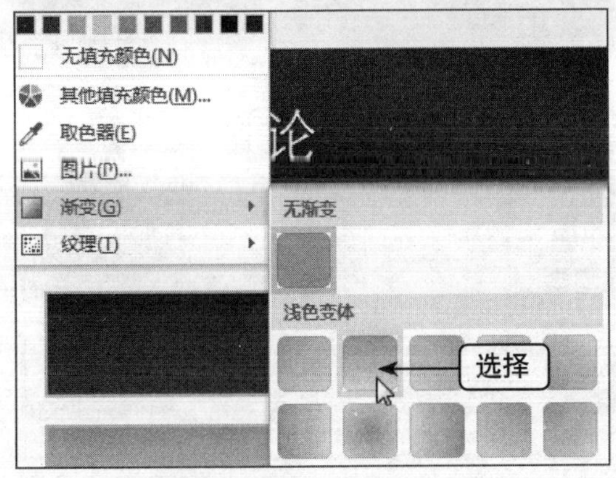

图18-17 选择“线性向下”选项

09 执行操作后，即可设置形状填充，效果如图18-18所示。

图18-18 设置形状填充

10 复制一个灰色矩形，将其移动到第4个矩形的位置进行替换，效果如图18-19所示。

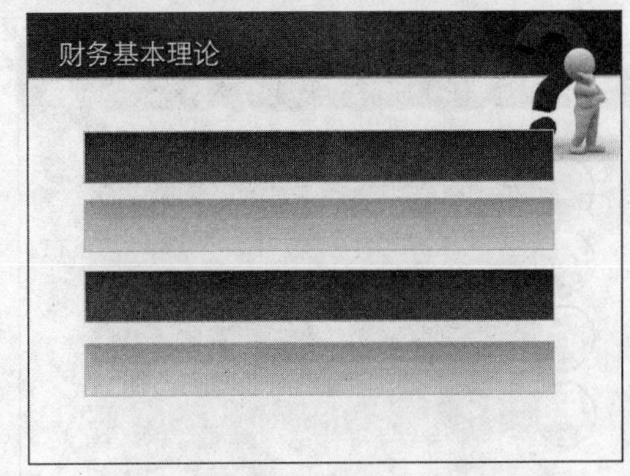

图18-19 替换第4个矩形

11 切换至“插入”面板，单击“图像”选项板中的“图片”按钮，弹出“插入图片”对话框，在计算机中的相应位置选择需要的图片，如图18-20所示。

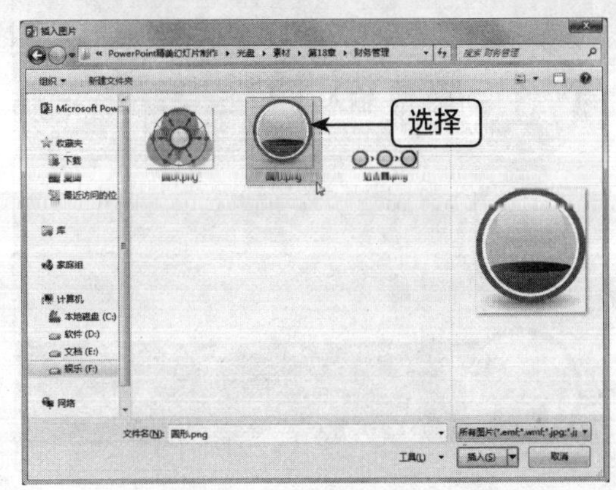

图18-20 选择图片

12 单击“插入”按钮，即可插入图片，调整图片位置，如图18-21所示。

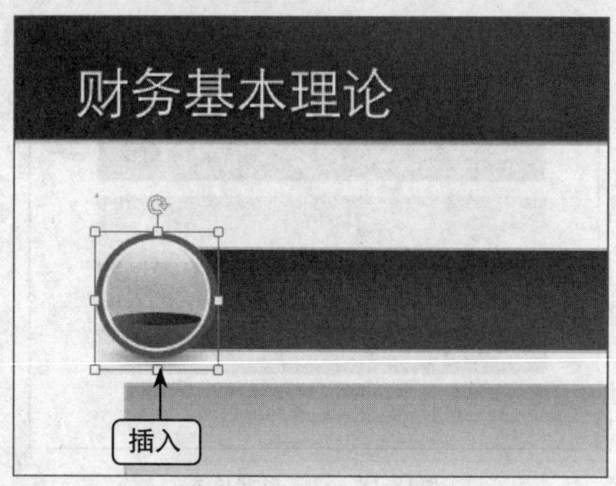

图18-21　插入图片

13 复制图片，调整至相应位置，效果如图18-22所示。

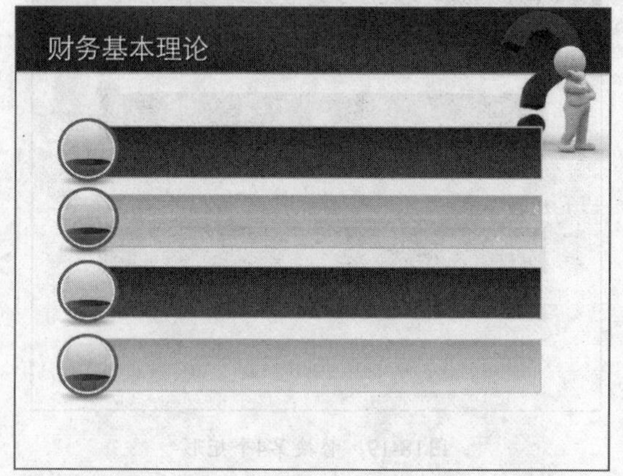

图18-22　复制图片

14 在圆形图片上绘制一个文本框，输入相应内容，如图18-23所示。

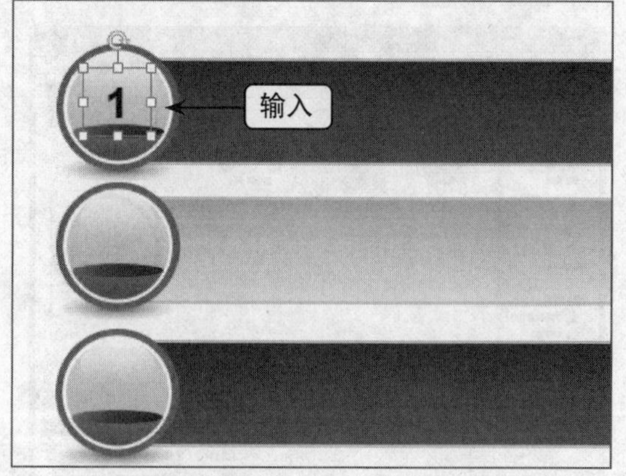

图18-23　输入文本

15 用与上面相同的方法，在幻灯片中的其他位置绘制文本框，并输入文本，效果如图18-24所示。

图18-24　输入其他文本

16 进入第3张幻灯片，在标题文本框中输入文本，并设置与第2张幻灯片中标题相同的属性，如图18-25所示。

图18-25　输入文本

17 切换至“插入”面板，在调出的“插入图片”对话框中选择圆环，如图18-26所示。

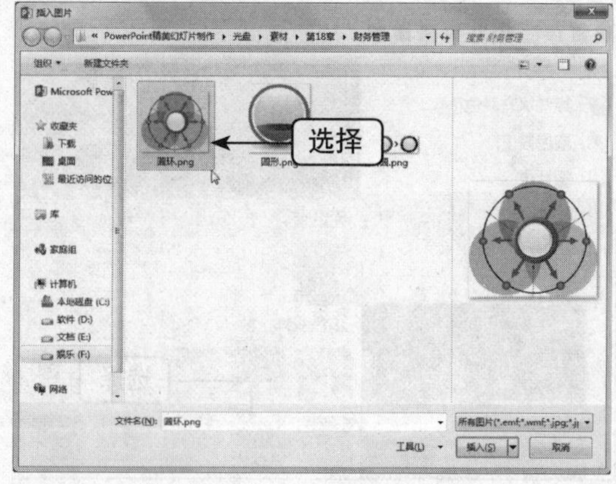

图18-26　选择圆环

18 单击“插入”按钮，即可插入圆环，调整大小和位置，如图18-27所示。

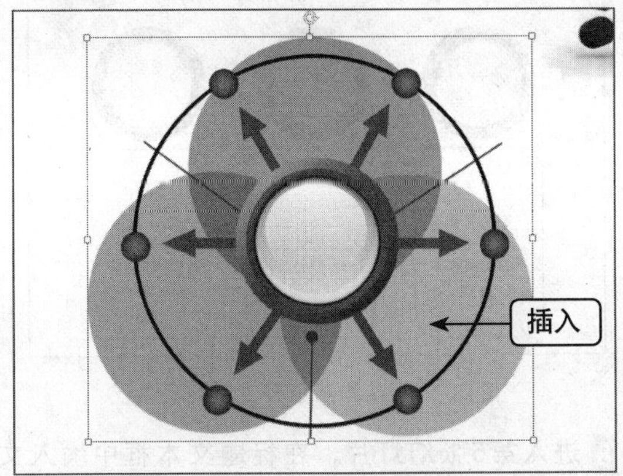

图18-27 插入圆环

19 在圆环图片箭头所指的6个位置处，分别绘制文本框，并输入相应文本，如图18-28所示。

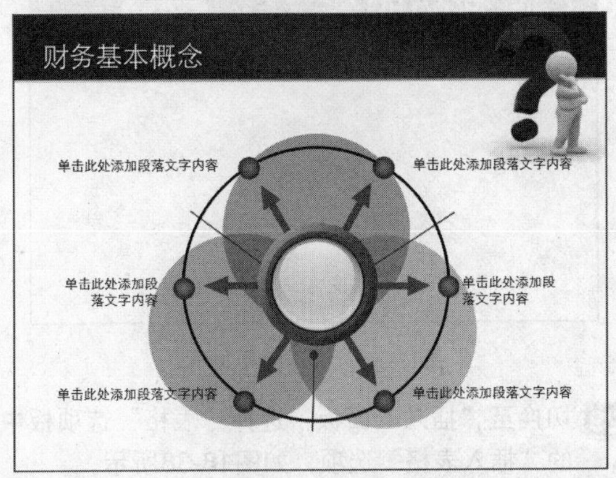

图18-28 输入文本

20 进入第4张幻灯片，在标题文本框中输入文本，并设置与第3张幻灯片中标题相同的属性，如图18-29所示。

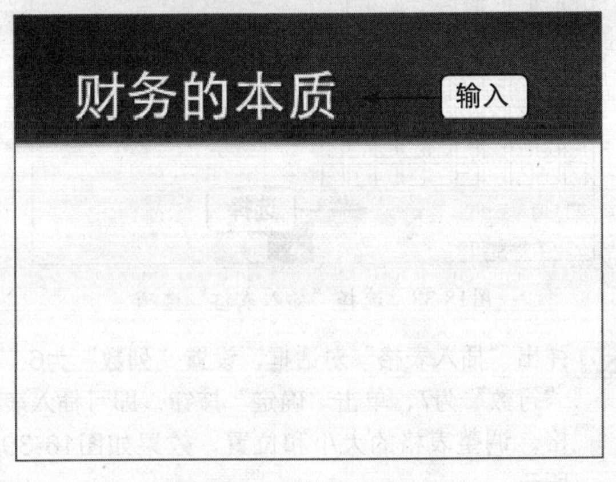

图18-29 输入标题文本

21 在幻灯片中，插入组合圆图片，如图18-30所示。

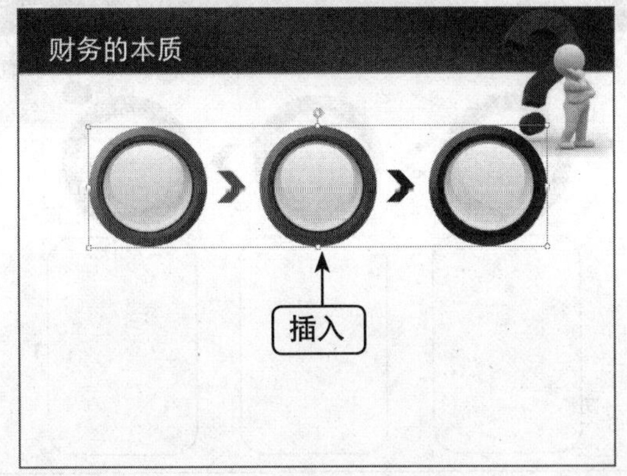

图18-30 插入组合圆图片

22 在幻灯片中绘制一个圆角矩形，如图18-31所示。

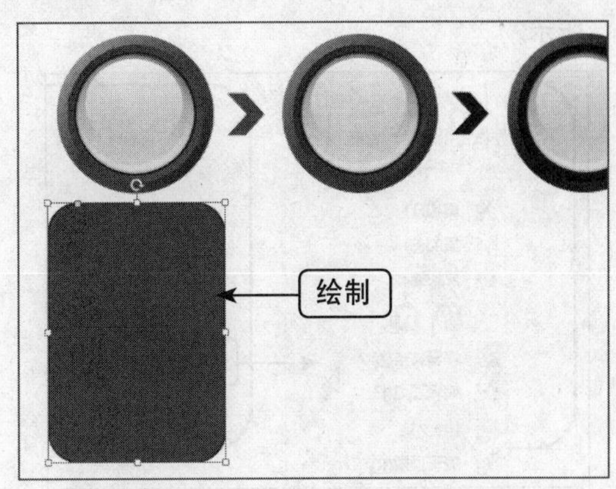

图18-31 绘制一个圆角矩形

23 选中矩形，切换至“绘图工具”中的“格式”面板，单击“形状样式”选项板中的“其他”下拉按钮，弹出列表框，选择“彩色轮廓-红色，强调颜色1”选项，如图18-32所示。

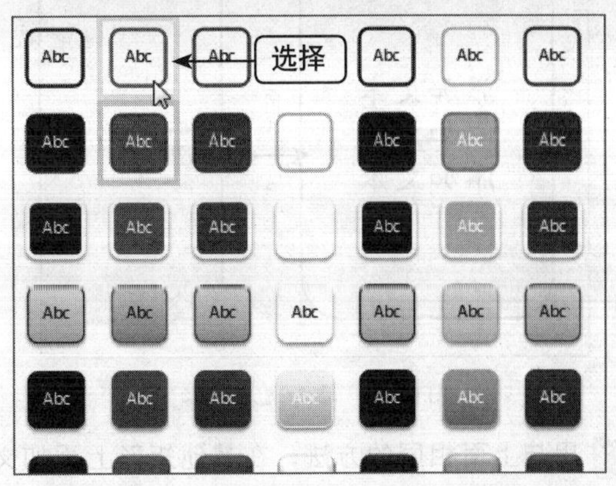

图18-32 选择“彩色轮廓-红色，强调颜色1”选项

24 在幻灯片中复制两个圆角矩形，如图18-33所示。

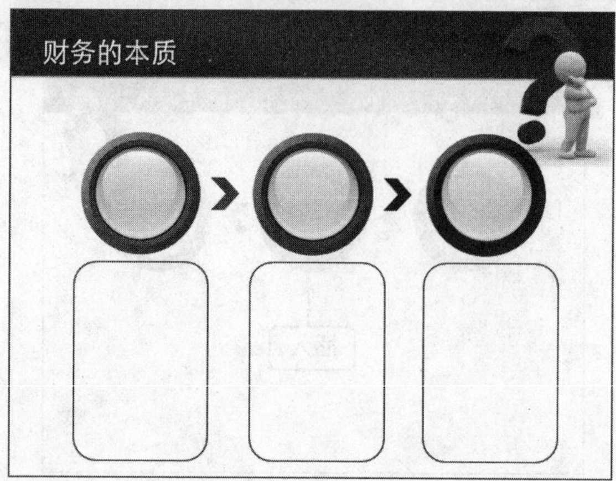

图18-33　复制圆角矩形

25 在其中的一个圆角矩形上单击鼠标右键，弹出快捷菜单，选择“编辑文字”命令，如图18-34所示。

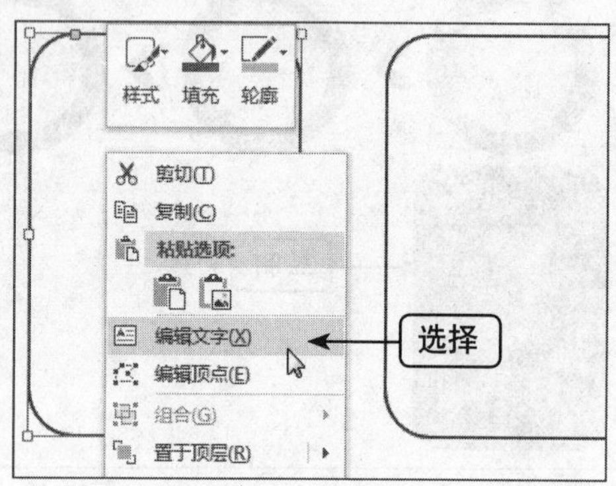

图18-34　选择“编辑文字”选项

26 在矩形上添加文本，并设置相应属性，如图18-35所示。

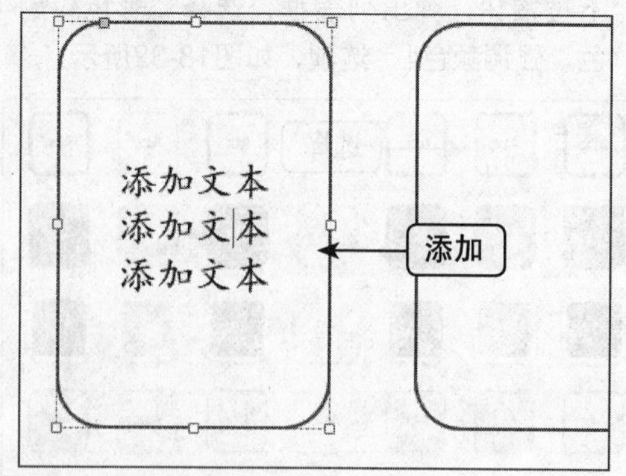

图18-35　添加文本内容

27 用与上面相同的方法，在其他矩形上添加文本，效果如图18-36所示。

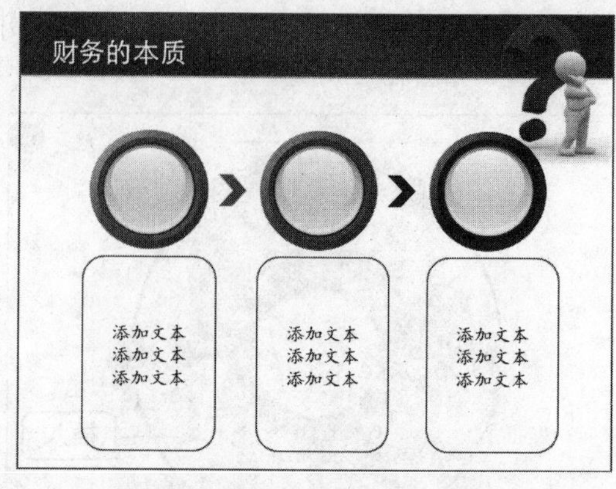

图18-36　在其他矩形上添加文本

28 进入第5张幻灯片，在标题文本框中输入文本，并设置与第4张幻灯片中标题相同的属性，如图18-37所示。

图18-37　输入标题文本

29 切换至“插入”面板，选择“表格”选项板中的“插入表格”选项，如图18-38所示。

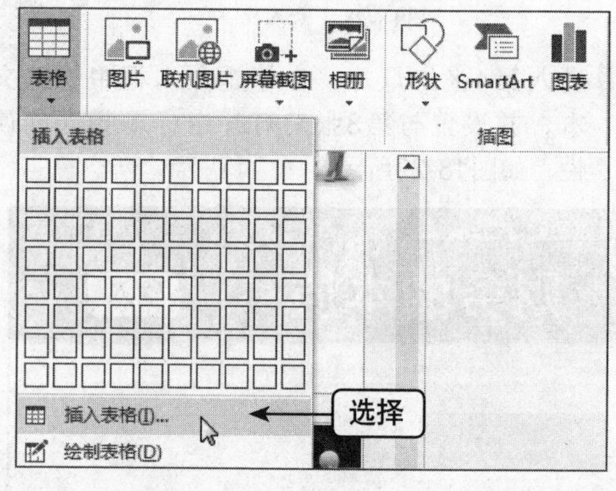

图18-38　选择“插入表格”选项

30 弹出“插入表格”对话框，设置“列数”为6、“行数”为7，单击“确定”按钮，即可插入表格。调整表格的大小和位置，效果如图18-39所示。

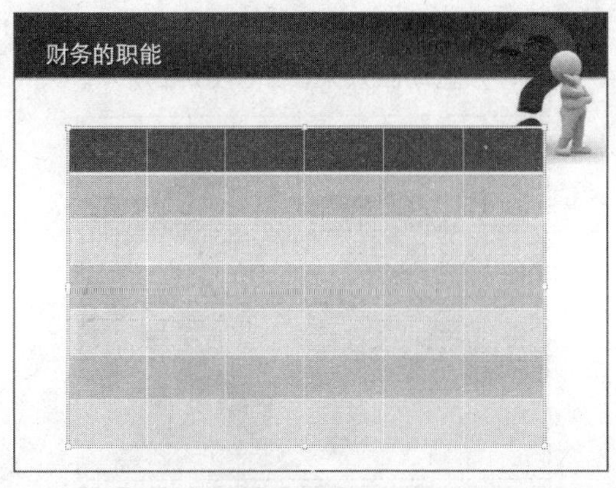

图18-39　插入表格

31 选中表格，切换至“表格工具”中的“设计”面板，在“绘图边框”选项板中设置“笔颜色”为灰色，然后单击“表格样式”选项板中的“边框”下拉按钮，弹出列表框，选择“所有框线”选项，如图18-40所示。

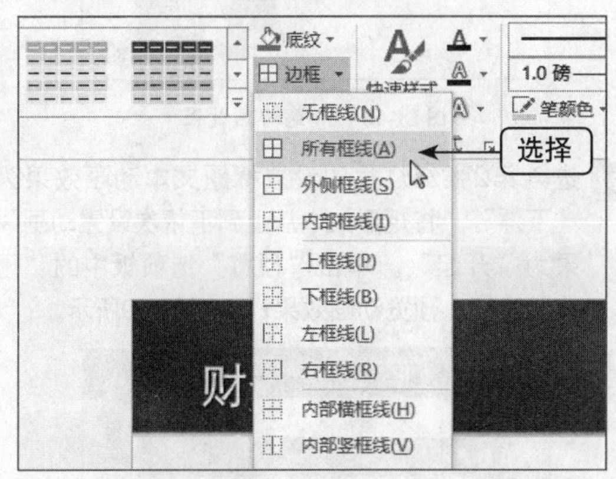

图18-40　选择“所有框线”选项

32 单击“表格样式”选项板中的“效果”下拉按钮，弹出列表框，选择“单元格凹凸效果”中的“斜面”选项，如图18-41所示。

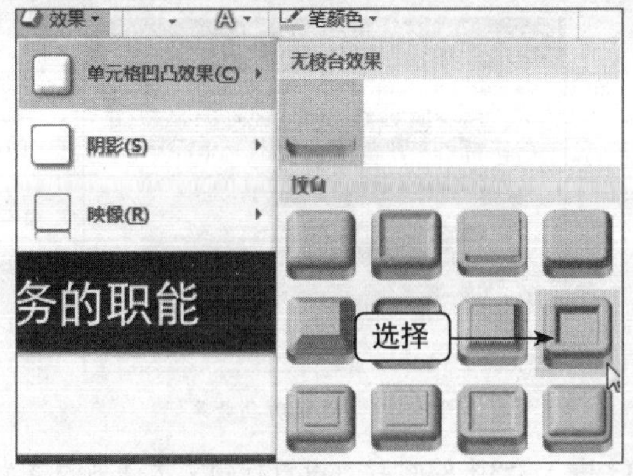

图18-41　选择“斜面”选项

33 执行操作后，即可设置表格凹凸效果，如图18-42所示。

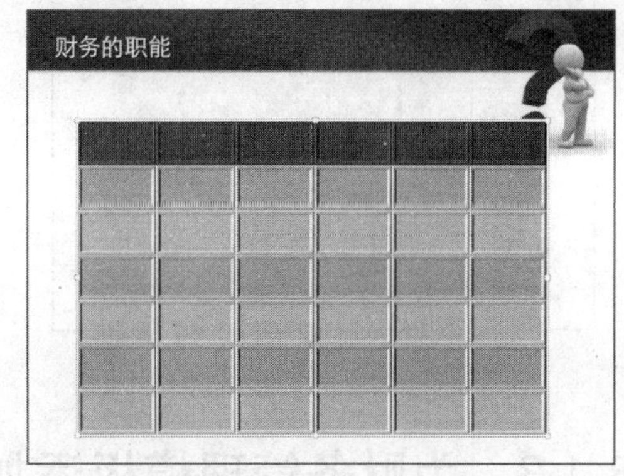

图18-42　设置表格凹凸效果

34 再次单击“表格样式”选项板中的“效果”下拉按钮，弹出列表框，选择“阴影”中的“左上角透视”选项，如图18-43所示。

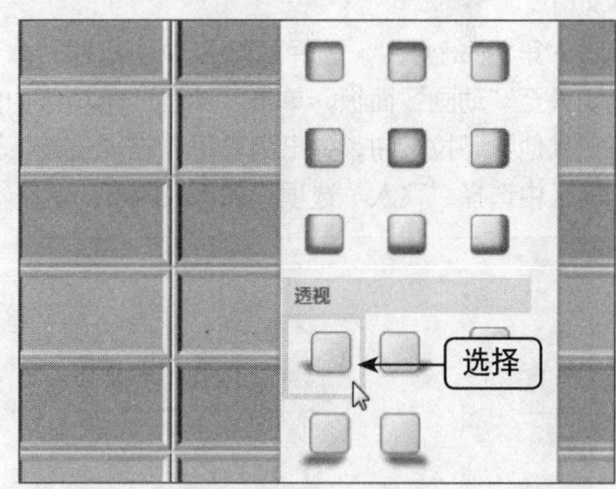

图18-43　选择“左上角透视”选项

35 执行操作后，即可设置表格效果，如图18-44所示。

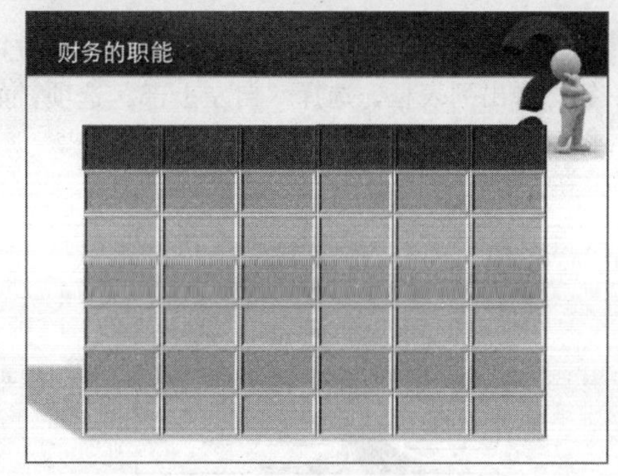

图18-44　设置表格效果

36 在表格中的适当位置添加文本，效果如图18-45所示。

图18-45　添加文本

18.1.3　为财务管理模板添加动画效果

为财务管理模板添加动画效果的具体操作步骤如下。

01 进入第1张幻灯片，选择幻灯片中的标题文本，切换至“动画”面板，单击“动画”选项板中的“其他”下拉按钮，弹出列表框，在“进入”选项区中选择“飞入”选项，如图18-46所示。

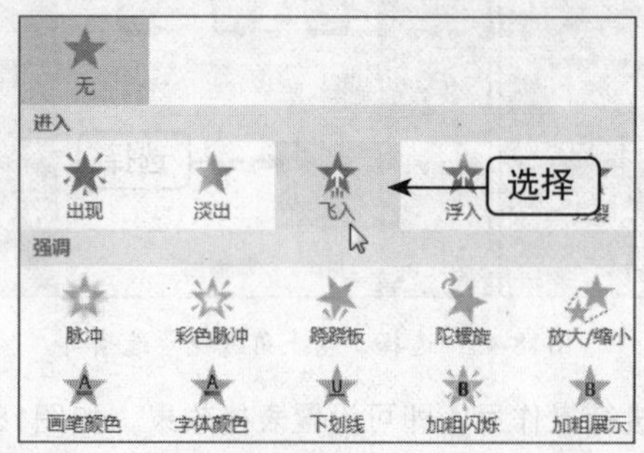

图18-46　选择“飞入”选项

02 单击“动画”选项板中的“效果选项”下拉按钮，弹出列表框，选择“自左上部”选项，如图18-47所示。

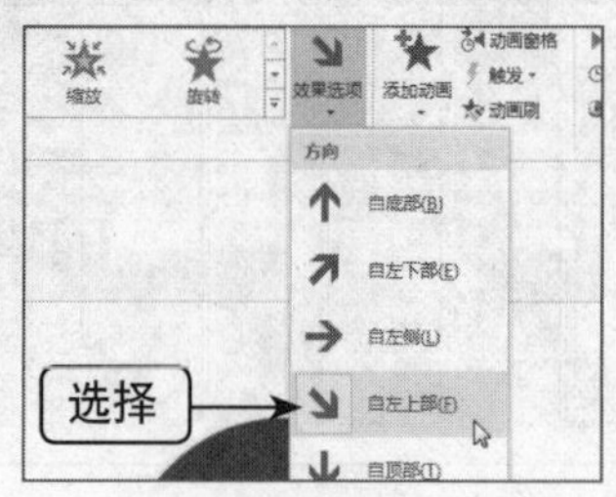

图18-47　选择“自左上部”选项

03 执行操作后，即可设置文本动画效果。用与上面相同的方法，设置副标题文本动画效果为“切入”。单击“预览”选项板中的“预览”按钮，预览动画效果，如图18-48所示。

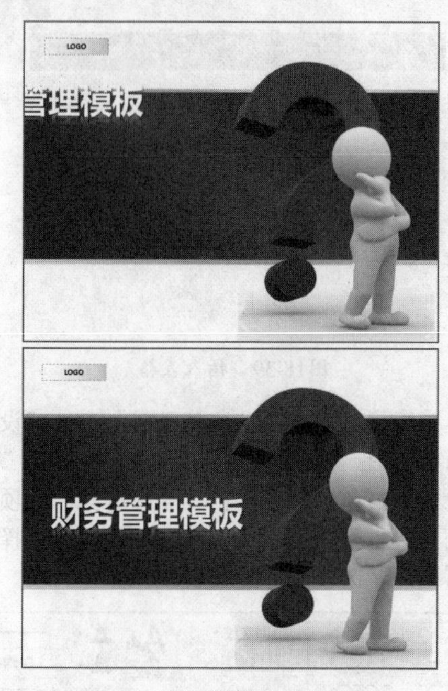

图18-48　预览动画效果

04 进入第2张幻灯片，设置标题文本动画效果为“下浮”、将矩形文本从上到下依次设置动画效果为“升起”。单击“预览”选项板中的“预览”按钮，预览动画效果，如图18-49所示。

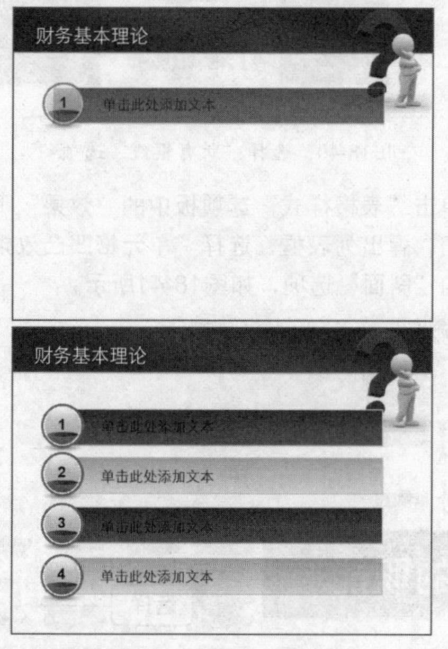

图18-49　预览动画效果

05 进入第3张幻灯片，设置标题文本动画效果为“下浮”、中间图形的动画效果为“缩放”、设置其他文本动画效果为“飞入”。单击“预览”选项板中的“预览”按钮，预览动画效果，如图18-50所示。

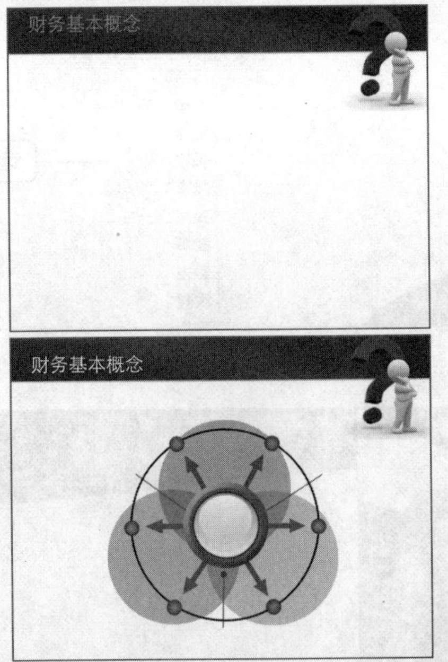

图18-50 预览动画效果

06 进入第4张幻灯片，设置标题文本动画效果为“下浮”、组合圆形的动画效果为“轮子”、设置下方的矩形文本动画效果为“伸展”。单击“预览”选项板中的“预览”按钮，预览动画效果，如图18-51所示。

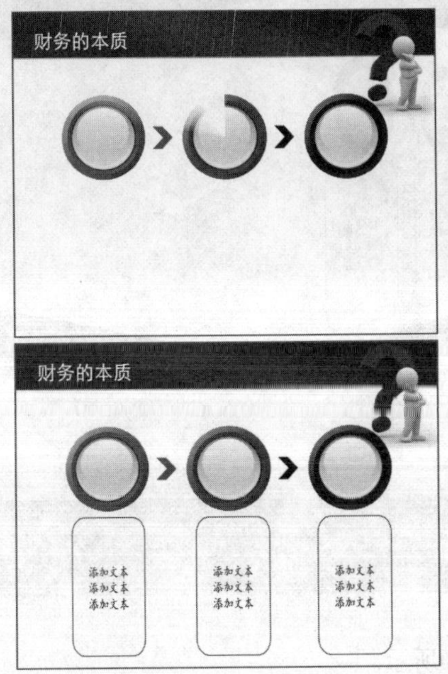

图18-51 预览动画效果

07 进入第5张幻灯片，设置标题文本动画效果为“下浮”、表格动画效果为“十字形扩展”。单击“预览”选项板中的“预览”按钮，预览动画效果，如图18-52所示。

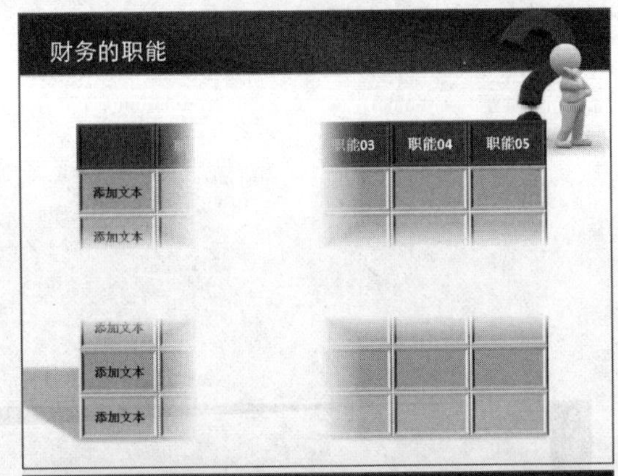

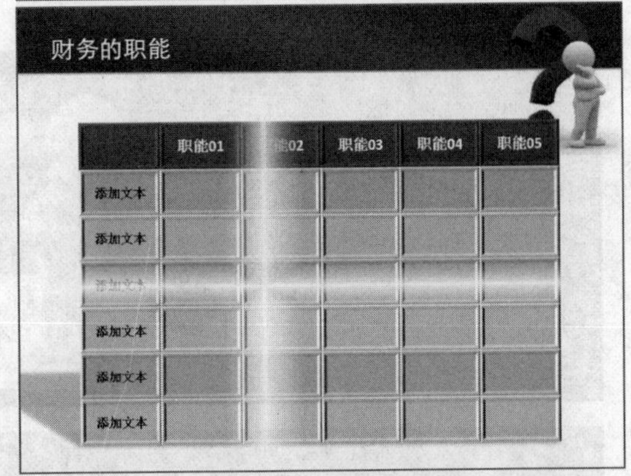

图18-52 预览动画效果

08 进入第1张幻灯片，切换至“切换”面板，单击“切换到此幻灯片”选项板中的“其他”下拉按钮，弹出列表框，在“华丽型”选项区中选择“立方体”选项，如图18-53所示。

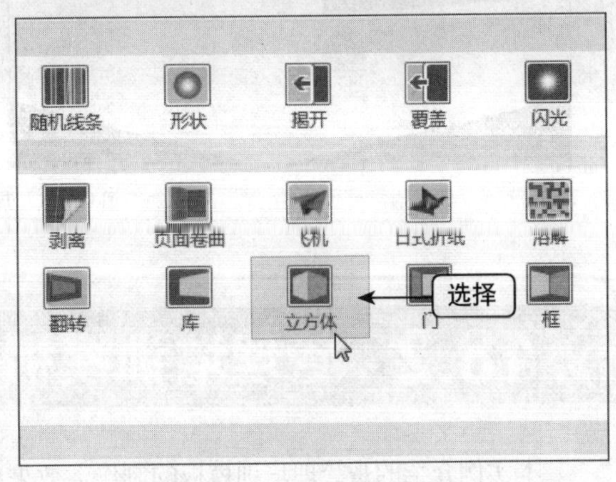

图18-53 选择“立方体”选项

09 单击“计时”选项板中的“声音”右侧的下拉按钮，弹出列表框，选择“风铃”选项，如图18-54所示。

10 在“计时”选项板中单击“全部应用”按钮，预览切换效果，如图18-55所示。

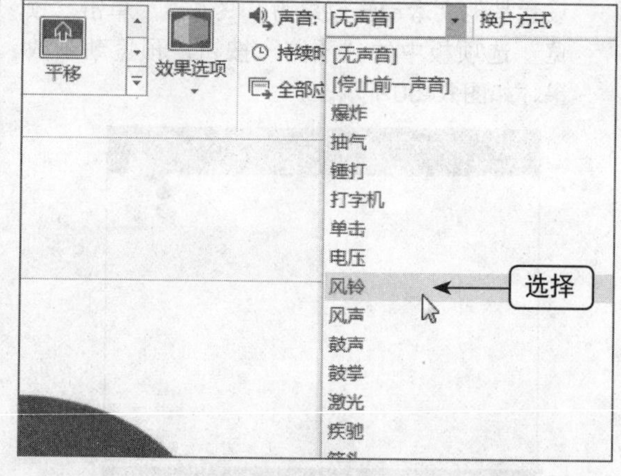

图18-54 选择“风铃”选项

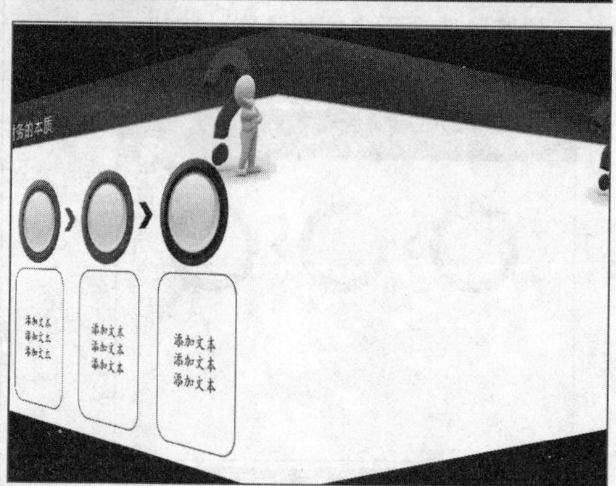

图18-55 预览切换效果

18.2 管理培训模板制作

本实例介绍的是管理培训模板的制作，效果如图18-56所示。

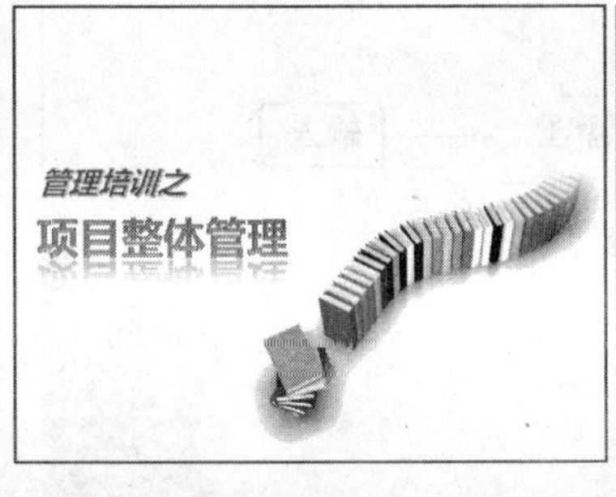

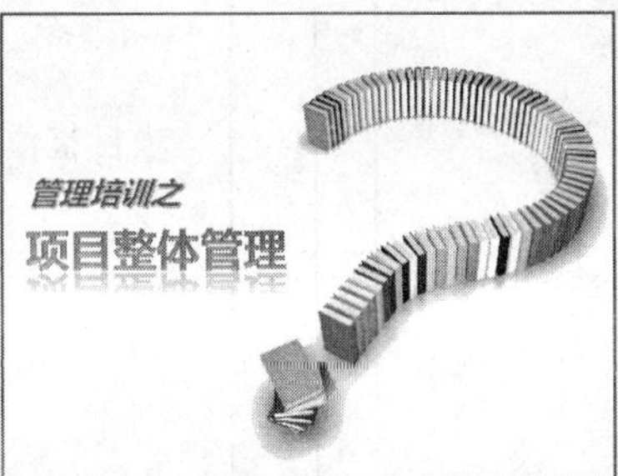

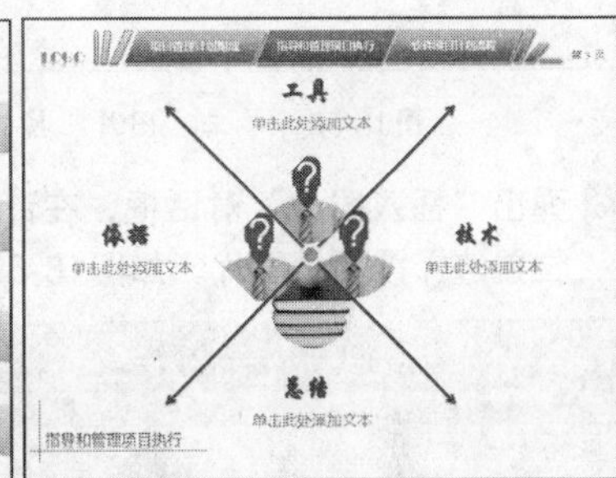

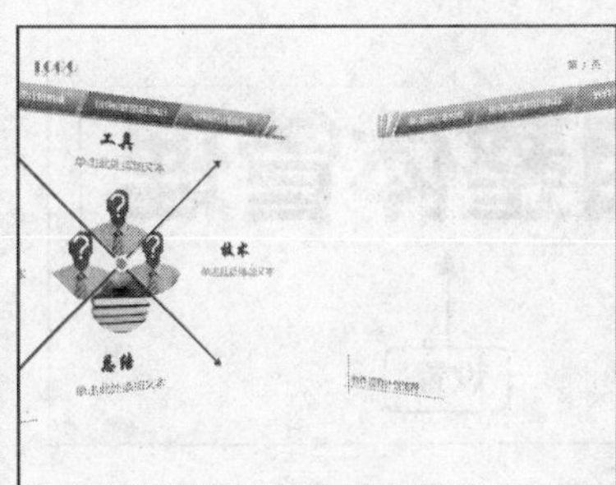

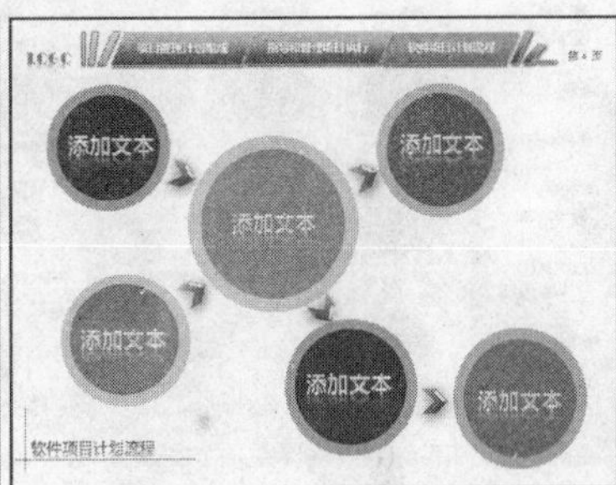

图18-56　管理培训模板效果

➡ 素材文件	素材\第18章\管理培训模板.pptx等
➡ 效果文件	效果\第18章\管理培训模板.pptx
➡ 视频文件	视频\第18章\制作管理培训模板首页.mp4等
➡ 难易程度	★★★★★

18.2.1　制作管理培训模板首页

制作管理培训模板首页的具体操作步骤如下。

01 在PowerPoint 2013中，打开一个素材文件，如图18-57所示。

02 切换至“插入”面板，单击“图像”选项板中的“图片”按钮，如图18-58所示。

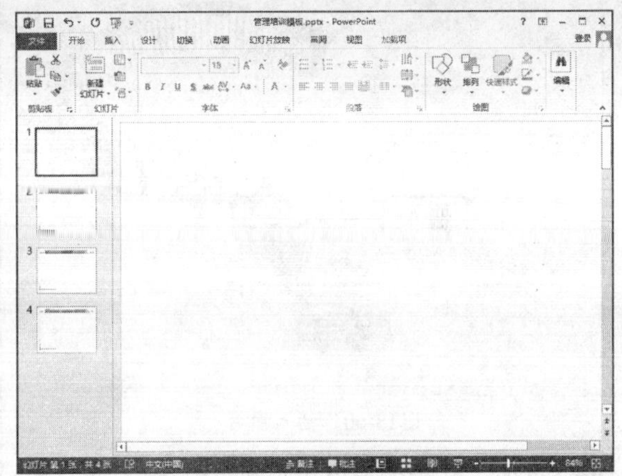

图18-57　打开一个素材文件

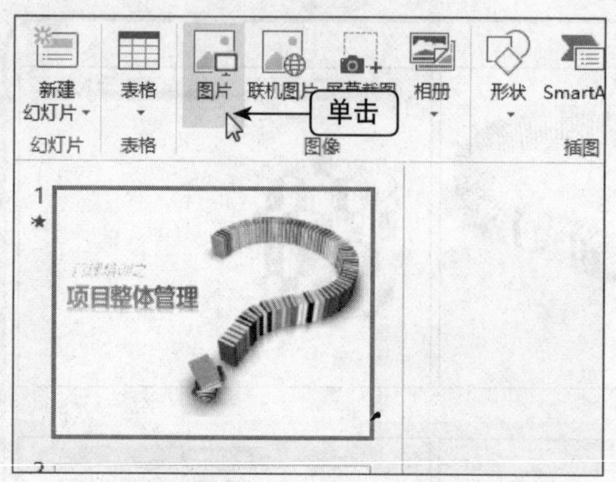

图18-58 单击“图片”按钮

03 弹出“插入图片”对话框，在计算机中的相应位置选择需要的图片，如图18-59所示。

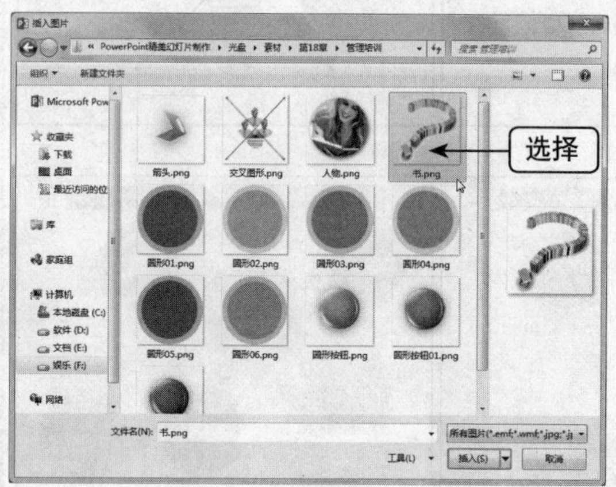

图18-59 选择需要的图片

04 单击“插入”按钮，即可插入图片。调整图片的位置，如图18-60所示。

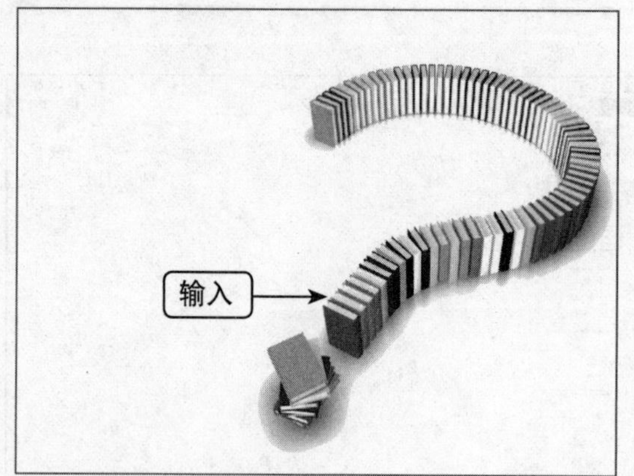

图18-60 插入图片

05 在幻灯片中绘制一个文本框，并输入文本，如图18-61所示。

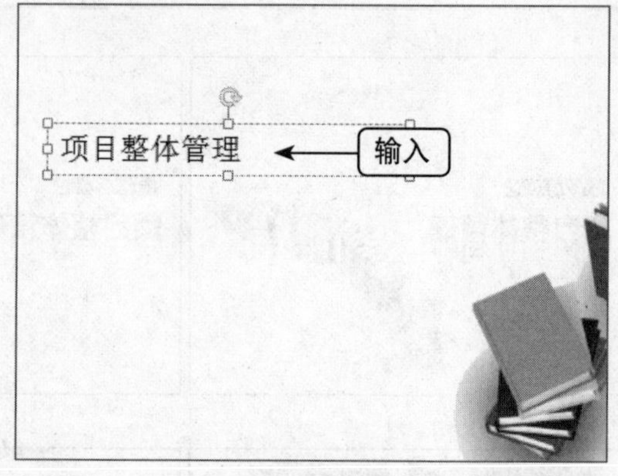

图18-61 输入文本

06 选中文本，在“字体”选项板中设置“字体”为“微软雅黑”、“字号”为50，单击“加粗”按钮，效果如图18-62所示。

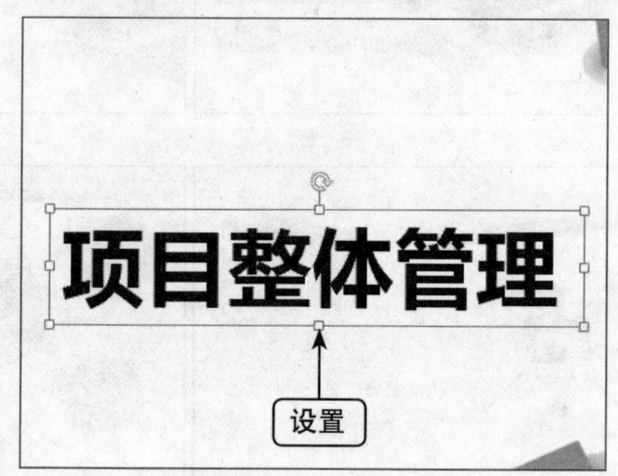

图18-62 设置文本属性

07 切换至“绘图工具”中的“格式”面板，在“艺术字样式”选项板中设置“文本填充”为浅绿色。再次单击“文本填充”下拉按钮，弹出列表框，选择“渐变”中的“线性对角，右上到左下”选项，如图18-63所示。

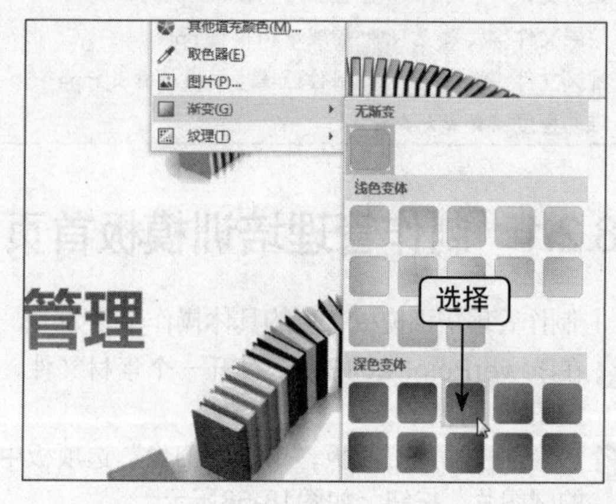

图18-63 选择“线性对角，右上到左下”选项

08 单击“艺术字样式”选项板中的“文本效果”下拉按钮，弹出列表框，选择相应选项，如图18-64所示。

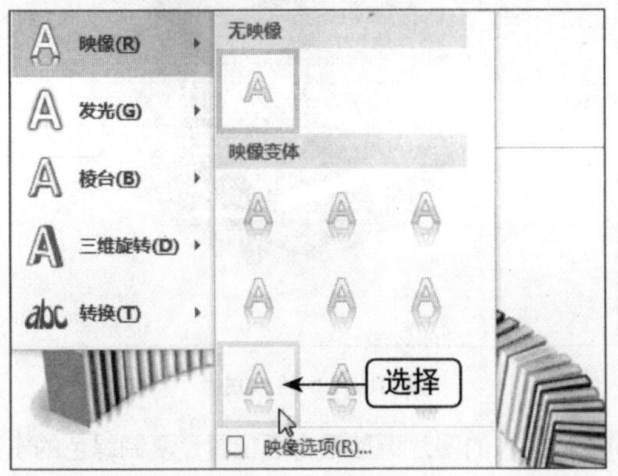

图18-64 选择相应选项

09 再次单击“艺术字样式”选项板中的“文本效果”下拉按钮，在弹出的列表框中选择“棱台”中的“柔圆”选项，如图18-65所示。

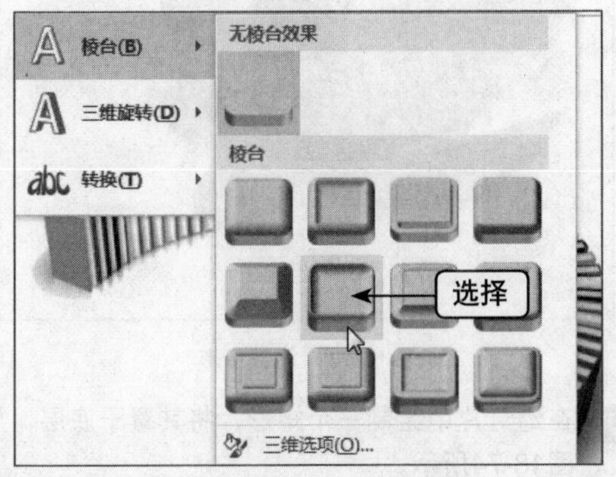

图18-65 选择“柔圆”选项

10 执行操作后，即可设置文本样式，效果如图18-66所示。

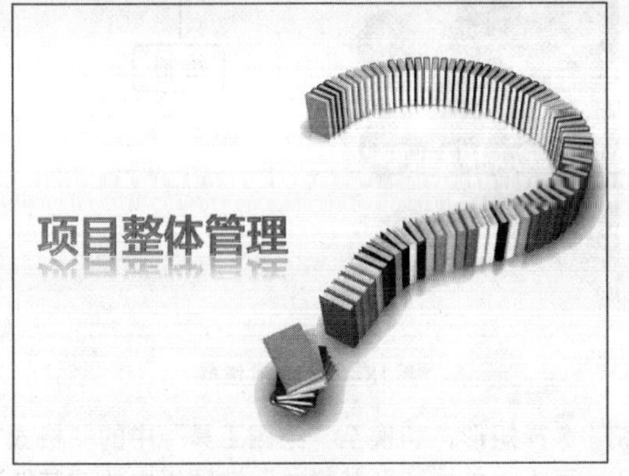

图18-66 设置文本样式

11 在标题文本的上方，绘制文本框，并输入文本，如图18-67所示。

图18-67 输入文本

12 选中文本，切换至“绘图工具”中的“格式”面板，在“艺术字样式”选项板中设置文本效果，如图18-68所示。

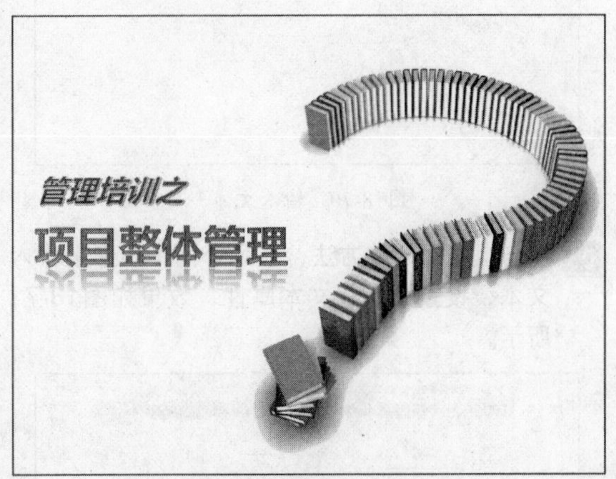

图18-68 设置文本样式

18.2.2 制作管理培训其他幻灯片

制作管理培训其他幻灯片的具体操作步骤如下。

01 进入第2张幻灯片，在幻灯片上方的图形上单击鼠标右键，弹出快捷菜单，选择“编辑文字”命令，如图18-69所示。

02 在图形上输入文本，并设置相应属性，如图18-70所示。

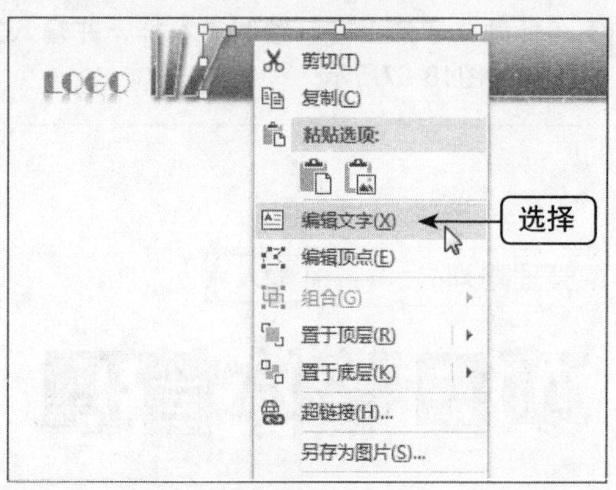

图18-69 选择“编辑文字”选项

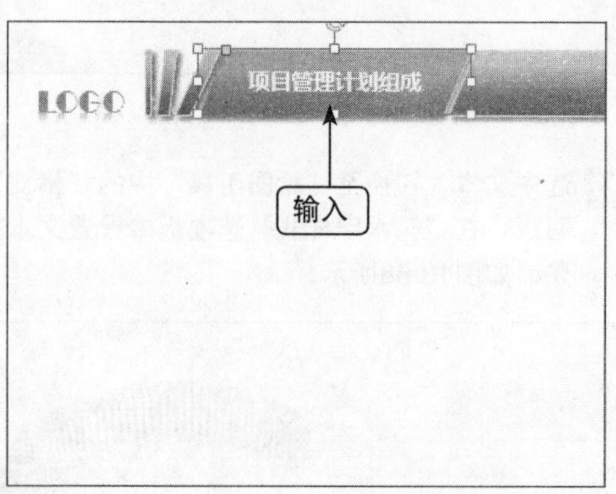

图18-70 输入文本

03 用与上面相同的方法，在另外两个矩形上输入文本，设置相应的文本属性，效果如图18-71所示。

图18-71 输入其他文本

04 切换至“插入”面板，在调出的“插入图片”对话框中选择需要的图片，单击“插入”按钮，将选择的图片插入至幻灯片中，如图18-72所示。

图18-72 插入图片

05 将插入的图片调整至合适位置，复制绿色的水晶图形，粘贴至相应位置，效果如图18-73所示。

图18-73 调整图形

06 在幻灯片中绘制一个矩形，将其置于底层，如图18-74所示。

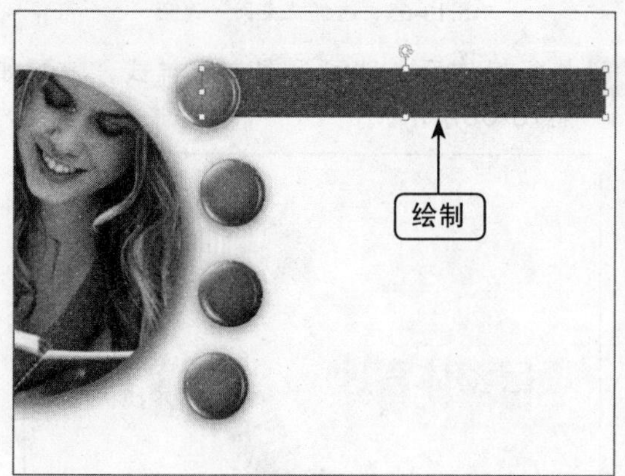

图18-74 绘制矩形

07 选择矩形，切换至“绘图工具”中的“格式”面板，单击“形状样式”选项板中的“其他”

下拉按钮，弹出列表框，选择“细微效果-黑色，深色1”选项，如图18-75所示。

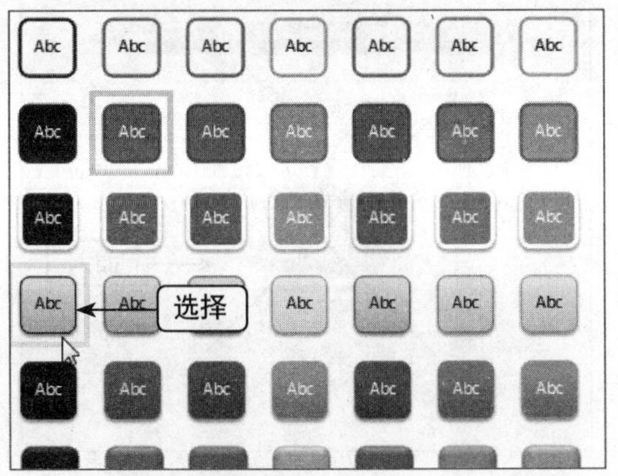

图18-75 选择“细微效果-黑色，深色1”选项

08 单击“形状样式”选项板中的“形状轮廓”下拉按钮，弹出列表框，选择“无轮廓”选项，如图18-76所示。

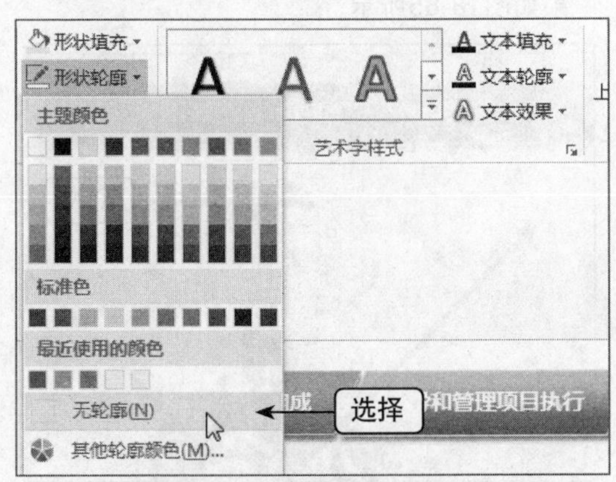

图18-76 选择“无轮廓”选项

09 执行操作后，即可设置形状样式，如图18-77所示。

图18-77 设置形状样式

10 复制3个矩形，将其调整至合适位置，效果如图18-78所示。

图18-78 复制矩形

11 在绘制的矩形上绘制文本框，并输入相应文本，如图18-79所示。

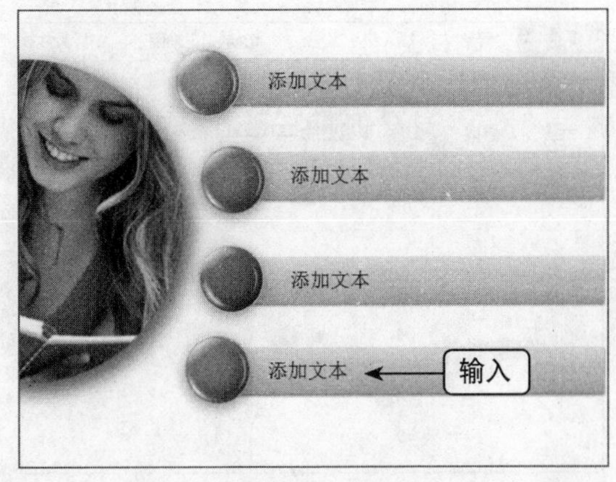

图18-79 输入文本

12 在幻灯片左下角绘制文本框，并输入相应文本，然后设置相应艺术效果，如图18-80所示。

图18-80 输入文本

13 进入第3张幻灯片，将第2张幻灯片上方的文本复制到第3张幻灯片中的相应位置，如图18-81所示。

图18-81 复制文本

14 切换至“插入”面板，单击“图像”选项板中的“图片”按钮，如图18-82所示。

图18-82 单击“图片”按钮

15 弹出“插入图片”对话框，在计算机中的相应位置选择需要的图片，如图18-83所示。

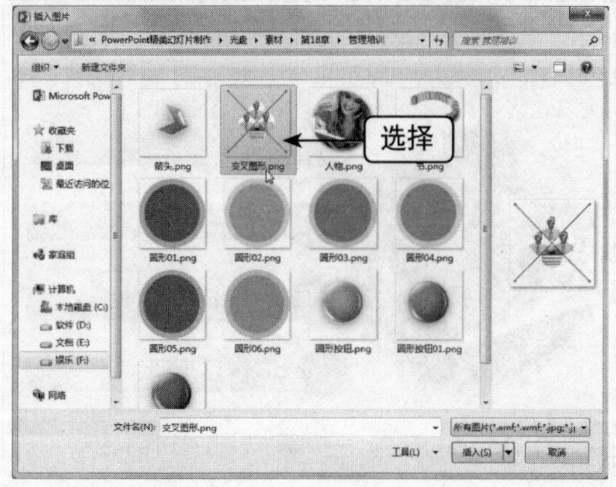

图18-83 选择需要的图片

16 单击“插入”按钮，即可插入图片，如图18-84所示。

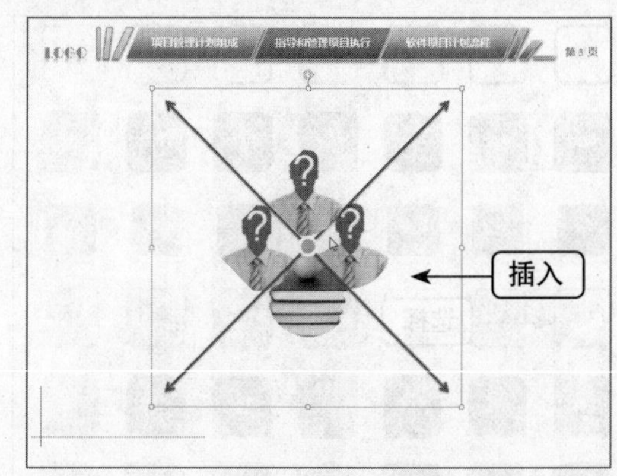

图18-84 插入图片

17 在幻灯片中绘制文本框，并输入文本，设置“字体”为“微软简行楷”、“字号”为30，单击“加粗”和“文字阴影”按钮，效果如图18-85所示。

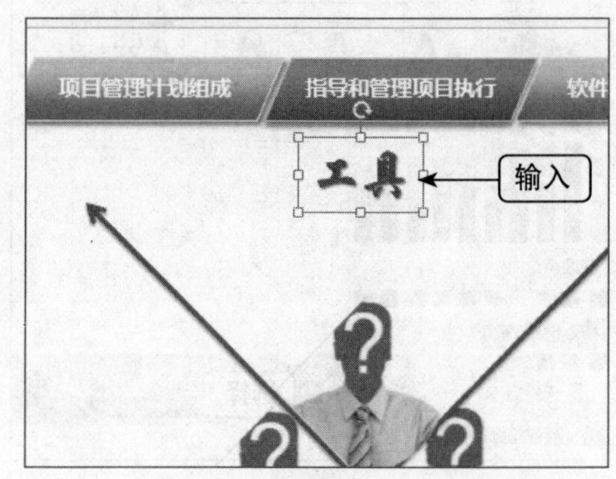

图18-85 输入并设置字体属性

18 用与上面相同的方法，在幻灯片中的其他位置输入文本，效果如图18-86所示。

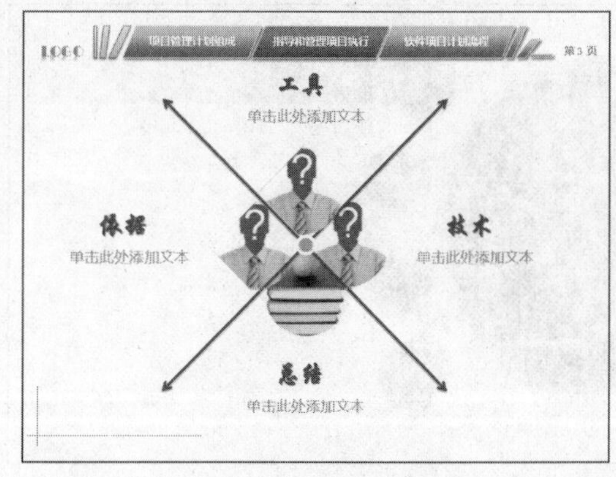

图18-86 输入其他文本

19 复制第2张幻灯片中左下角的文本，粘贴至第3张幻灯片中，修改文本内容，如图18-87所示。

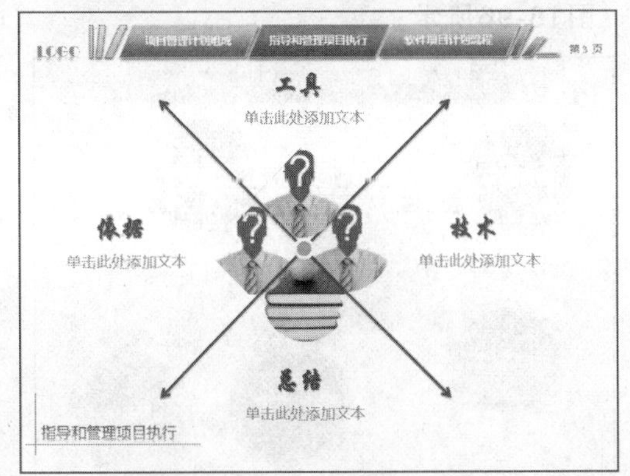

图18-87 修改文本内容

20 进入第4张幻灯片，复制上一张幻灯片中上方的文本，粘贴至第4张幻灯片中的相应位置。切换至“插入”面板，在调出的“插入图片”对话框中选择需要的图片，效果如图18-88所示。

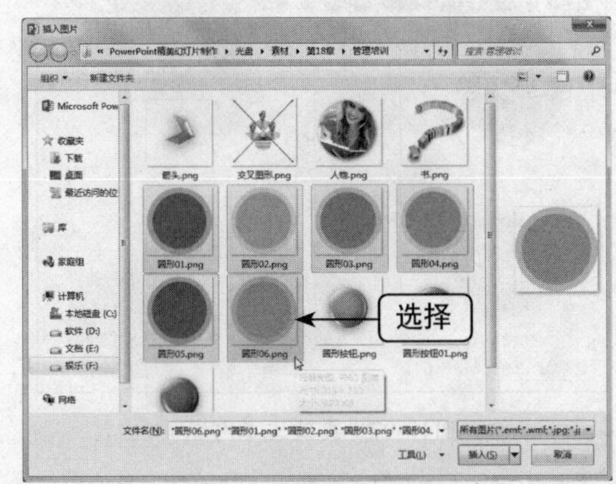

图18-88 选择需要的图片

21 单击“插入”按钮，即可插入图片。调整图片的位置和大小，如图18-89所示。

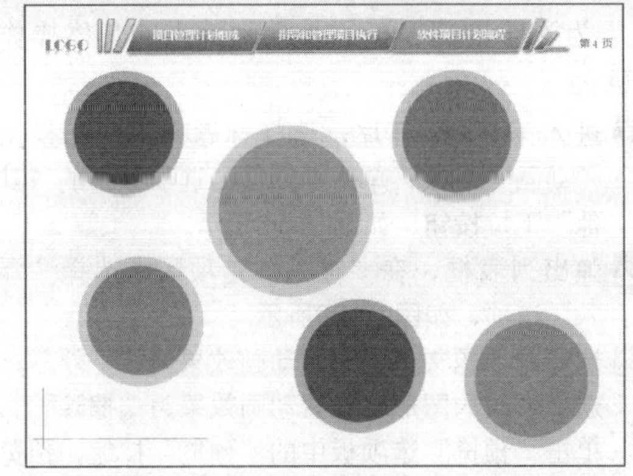

图18-89 输入文本

22 在添加的圆形图片上绘制文本框并输入文本，如图18-90所示。

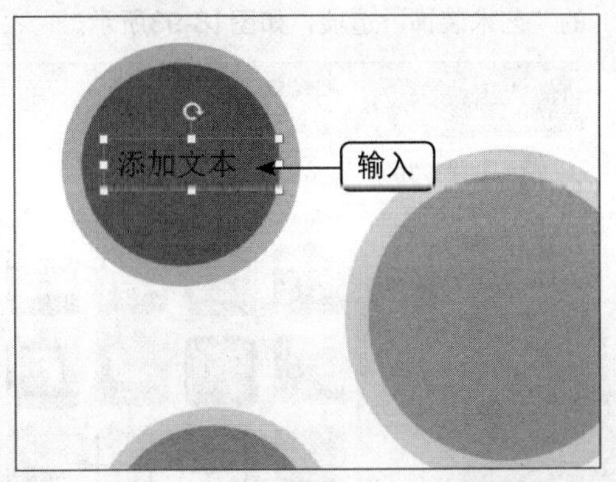

图18-90 输入文本

23 选中文本，在“字体”选项板中设置“字体”为“微软雅黑”、“字号”为25，单击“加粗”按钮，“字体颜色”为白色，效果如图18-91所示。

图18-91 设置文本属性

24 切换至“绘图工具”中的“格式”面板，单击“艺术字样式”选项板中的“文本效果”下拉按钮，弹出列表框，选择“映像”中的“紧密映像，8pt 偏移量”选项，如图18-92所示。

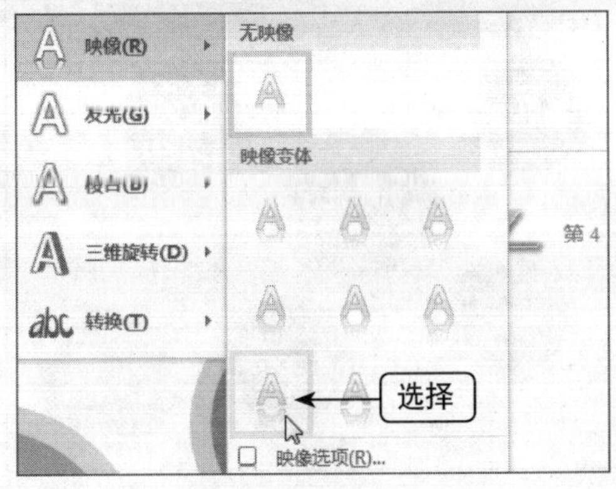

图18-92 选择“紧密映像，8pt 偏移量”选项

25 再次单击“艺术字样式”选项板中的“文本效果”下拉按钮，弹出列表框，选择“棱台”中的“艺术装饰”选项，如图18-93所示。

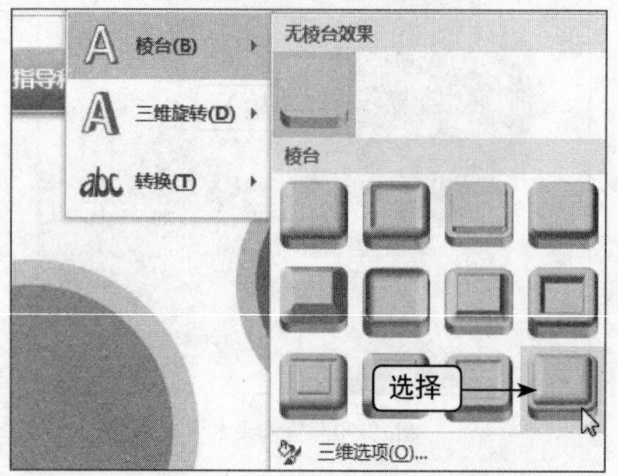

图18-93　选择“艺术装饰”选项

26 执行操作后，即可设置文本样式，如图18-94所示。

图18-94　设置文本样式

27 复制文本，在其他圆环上添加与上面相同的文本，效果如图18-95所示。

图18-95　添加文本

28 切换至“插入”面板，调出“插入图片”对话框，在幻灯片中插入连接符号，效果如图18-96所示。

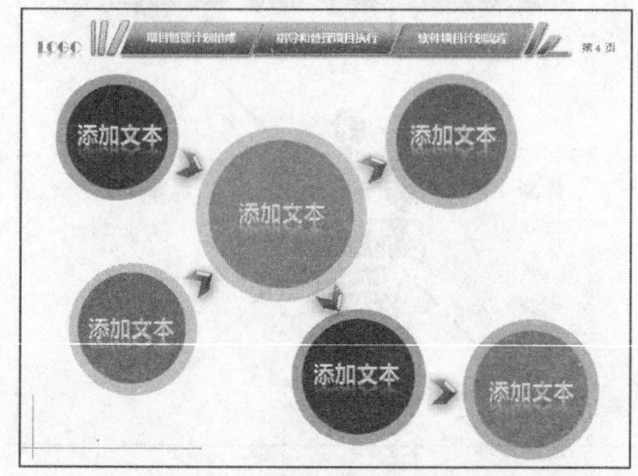

图18-96　插入连接符号

29 将第3张幻灯片中左下角的文本复制到第4张幻灯片中，更改文本内容，如图18-97所示。

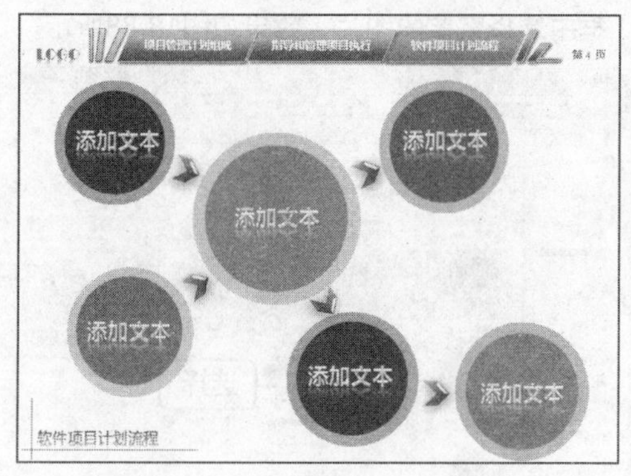

图18-97　更改文本内容

18.2.3　为管理培训模板添加动画效果

为管理培训模板添加动画效果的具体操作步骤如下。

01 进入第1张幻灯片，选择标题文本，切换至“动画”面板，单击“动画”选项板中的“其他”下拉按钮，如图18-98所示。

02 弹出列表框，在“进入”选项区中选择“浮入”选项，如图18-99所示。

03 选择副标题文本，设置动画效果为“下浮”，选择右边的图形，设置动画效果为“擦除”。单击“预览”选项板中的“预览”按钮，预览动画效果，如图18-100所示。

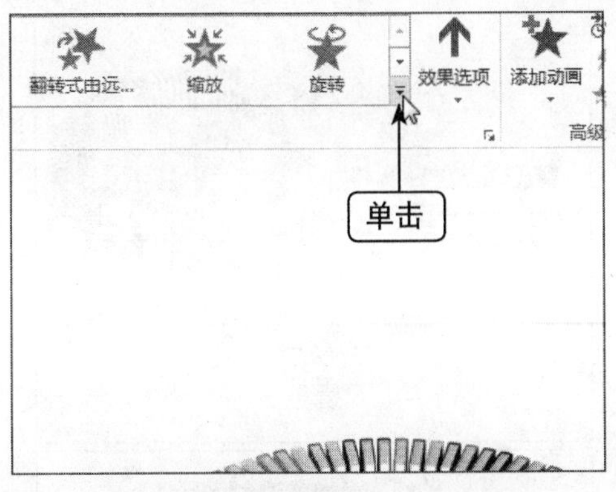

图18-98 单击“其他”下拉按钮

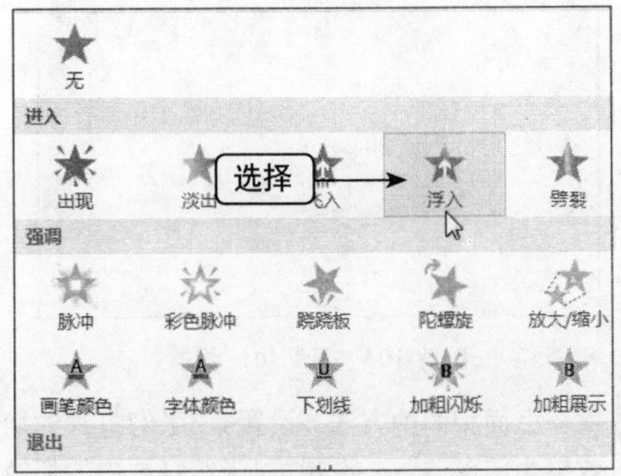

图18-99 选择“浮入”选项

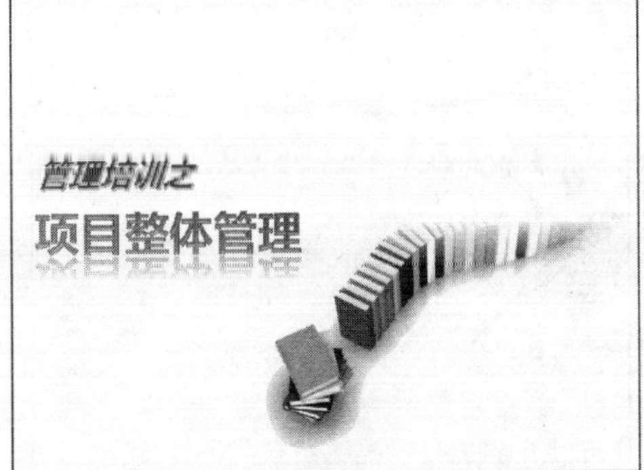

图18-100 预览动画效果

04 进入第2张幻灯片，用与上面相同的方法，设置人物图片动画效果为“棋盘”、右边图文对象依次设置为“上浮”。单击“预览”选项板中的“预览”按钮，预览动画效果，如图18-101所示。

图18-101 预览动画效果

05 进入第3张幻灯片，用与上面相同的方法，设置中间图形动画效果为“螺旋飞入”、设置图形周边动画效果为“上浮”。单击“预览”选项板中的“预览”按钮，即可预览动画效果，如图18-102所示。

06 进入第4张幻灯片，用与上面相同的方法，依次设置图形义本动画效果为“浮动”、连接符号动画效果为“飞入”。单击“预览”选项板中的“预览”按钮，预览动画效果，如图18-103所示。

07 进入第1张幻灯片，切换至“切换”面板，设置第1张幻灯片的切换效果为“擦除”。进入第2张幻灯片，设置切换动画效果为“涟漪”。单击“预览”选项板中的“预览”按钮，预览切换效果，如图18-104所示。

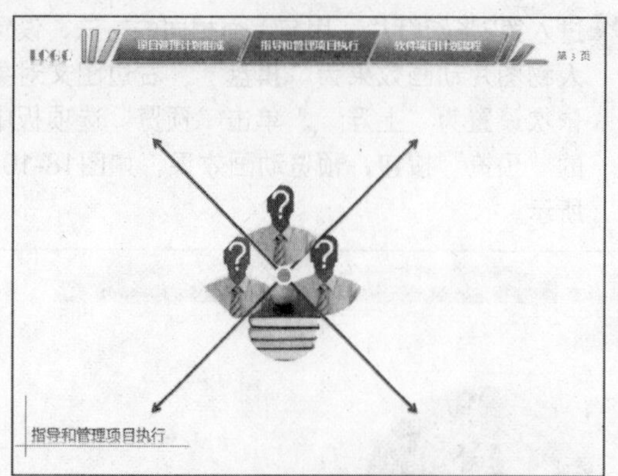

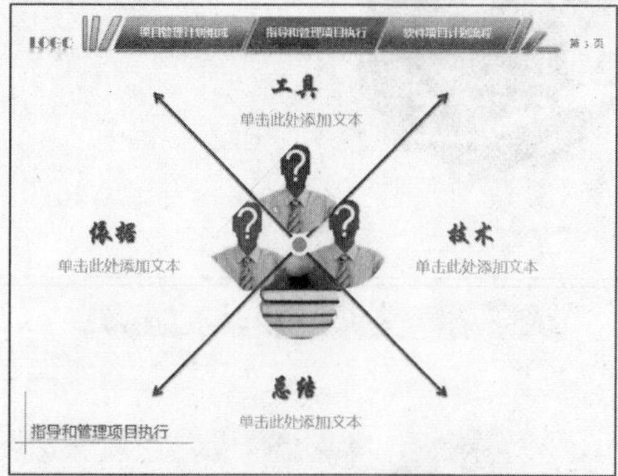

图18-102　预览动画效果

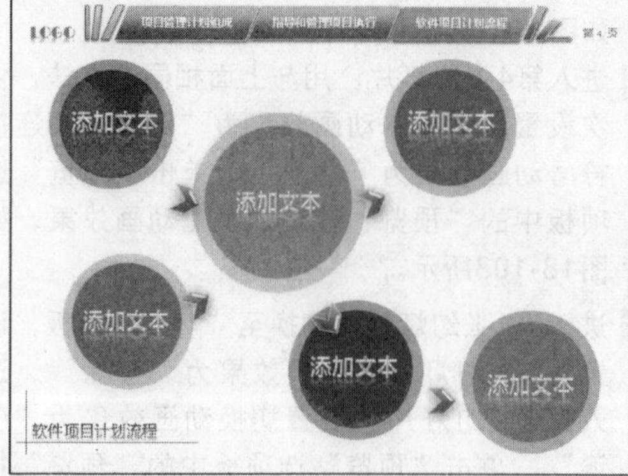

图18-103　预览动画效果

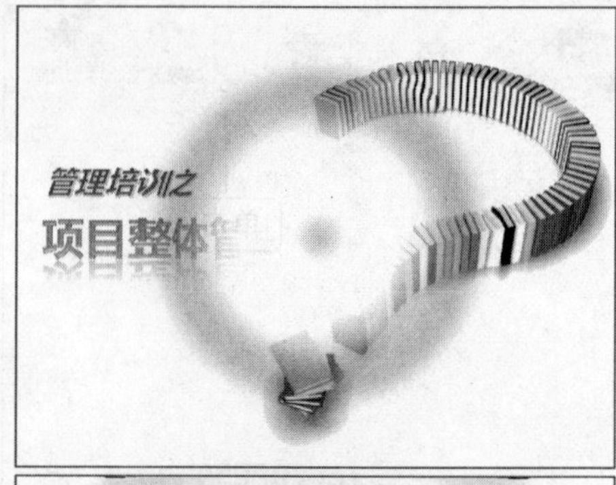

图18-104　预览切换效果

08 用与上面相同的方法，设置第3张幻灯片的切换效果为“窗口”、设置第4张幻灯片中的切换效果为“轨道”。单击“预览”选项板中的“预览”按钮，预览切换效果，如图18-105所示。

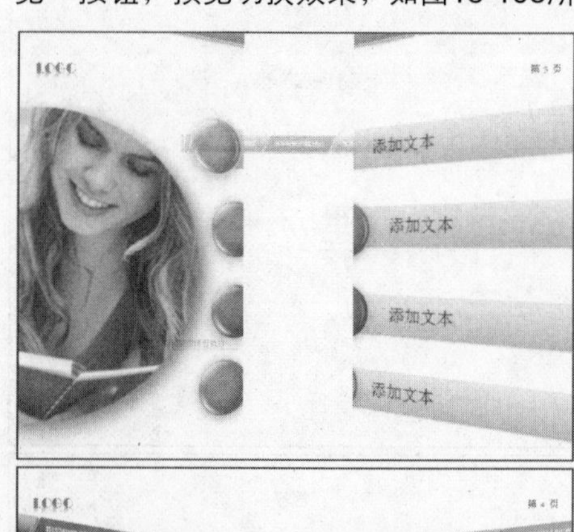

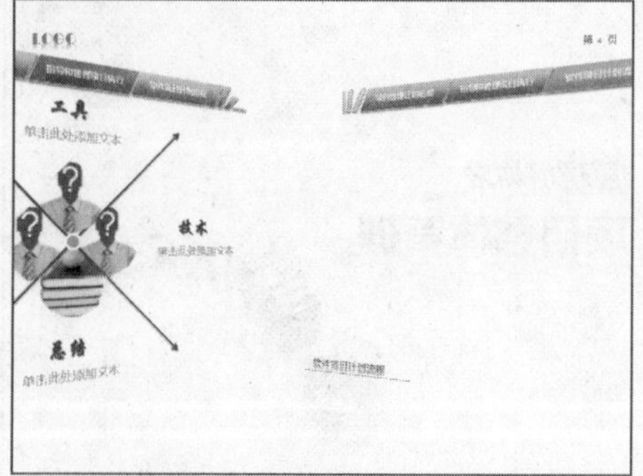

图18-105　预览切换效果

18.3 企业演讲模板制作

本实例介绍的是企业演讲模板的制作，效果如图18-106所示。

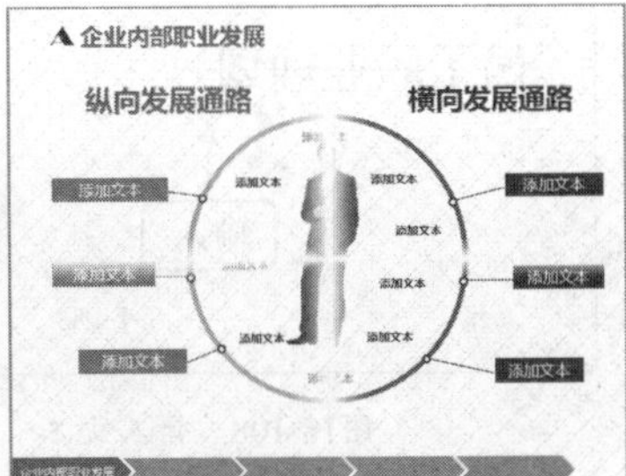

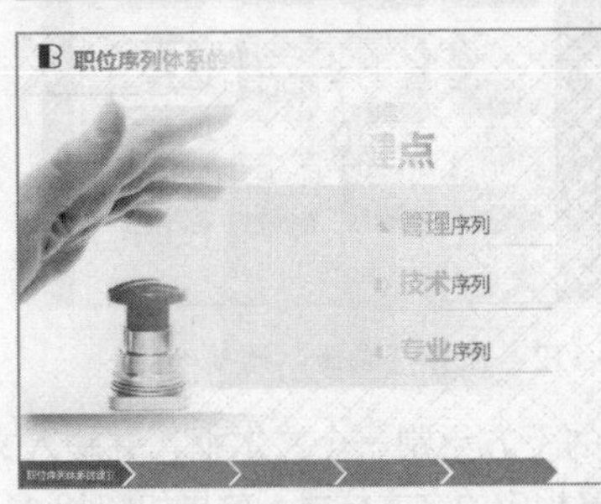

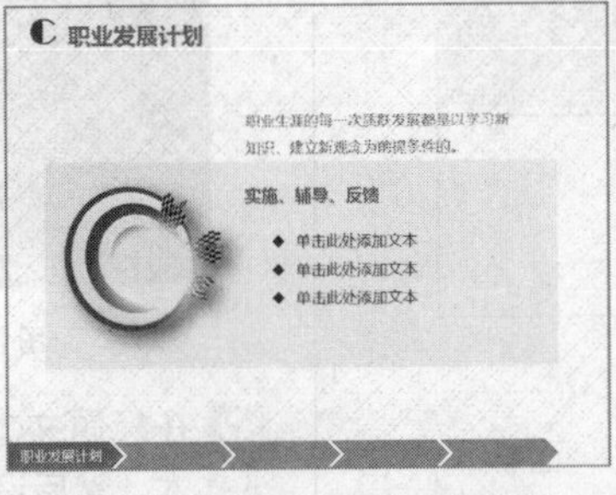

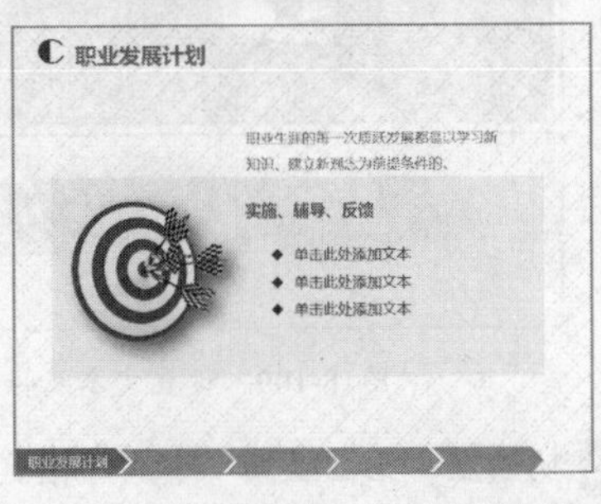

图18-106　企业演讲模板效果

➡ 素材文件	素材\第18章\企业演讲模板.pptx等
➡ 效果文件	效果\第18章\企业演讲模板.pptx
➡ 视频文件	视频\第18章\制作企业演讲模板首页.mp4等
➡ 难易程度	★★★★★

18.3.1 制作企业演讲模板首页

制作企业演讲模板首页的具体操作步骤如下。

01 在PowerPoint 2013中，打开一个素材文件，如图18-107所示。

图18-107　打开一个素材文件

02 在幻灯片中绘制一个文本框，并输入文本，如图18-108所示。

图18-108 输入文本

03 选中文本，在弹出的悬浮工具栏中设置“字体”为“微软雅黑”、“字号”为40，单击“加粗”、“倾斜”和“文字阴影”按钮，效果如图18-109所示。

图18-109 设置文本属性

04 切换至“绘图工具”中的“格式”面板，单击“艺术字样式”选项板中的“其他”下拉按钮，弹出列表框，选择相应选项，如图18-110所示。

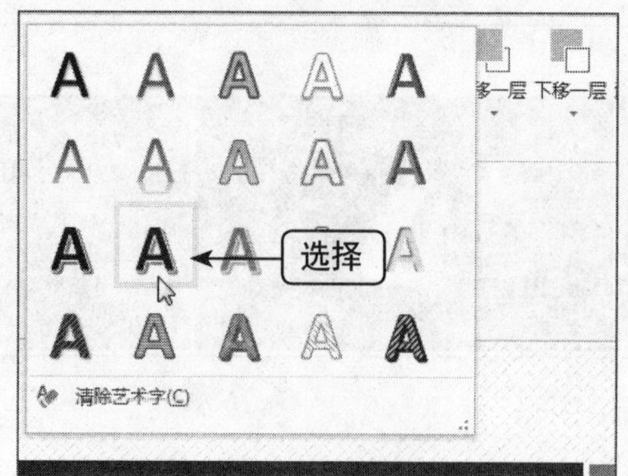

图18-110 选择相应选项

05 单击“艺术字样式”选项板中的“文本填充”下拉按钮，弹出列表框，选择“浅蓝”，如图18-111所示。

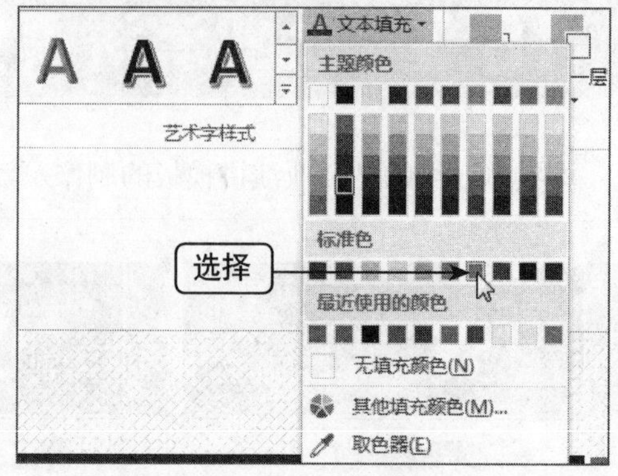

图18-111 选择“浅蓝”

06 单击“艺术字样式”选项板中的“文本效果”下拉按钮，弹出列表框，选择“棱台”中的“柔圆”选项，如图18-112所示。

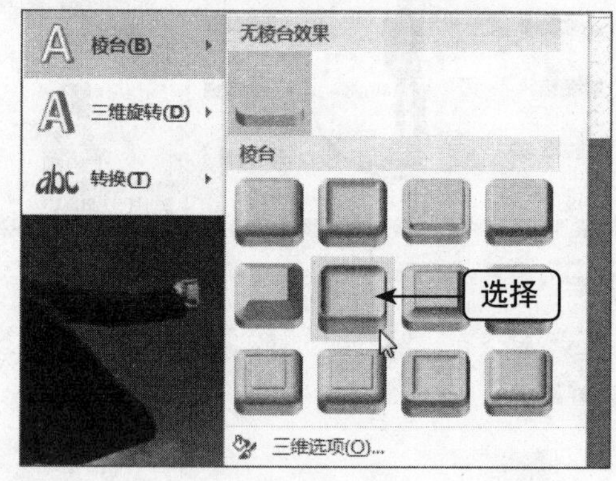

图18-112 选择“柔圆”选项

07 在标题文本的下方绘制一个文本框，并输入文本，然后设置相应的文本样式，效果如图18-113所示。

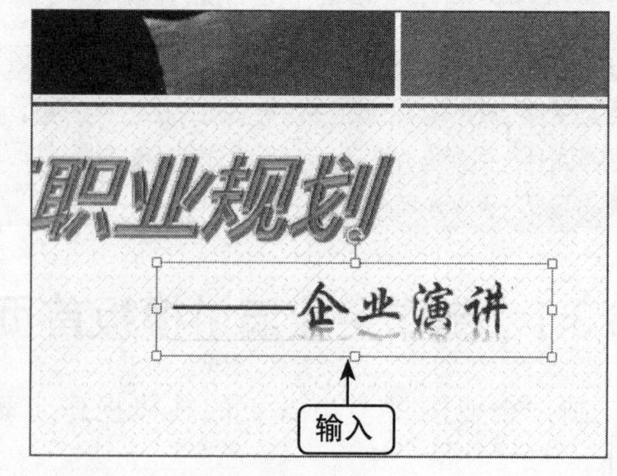

图18-113 输入文本

08 用与上面相同的方法，在幻灯片中的其他位置添加文本，如图18-114所示。

图18-114 添加文本

18.3.2 制作企业演讲其他幻灯片

制作企业演讲其他幻灯片的具体操作步骤如下。

01 进入第2张幻灯片，在幻灯片的左上角绘制文本框，并输入文本，如图18-115所示。

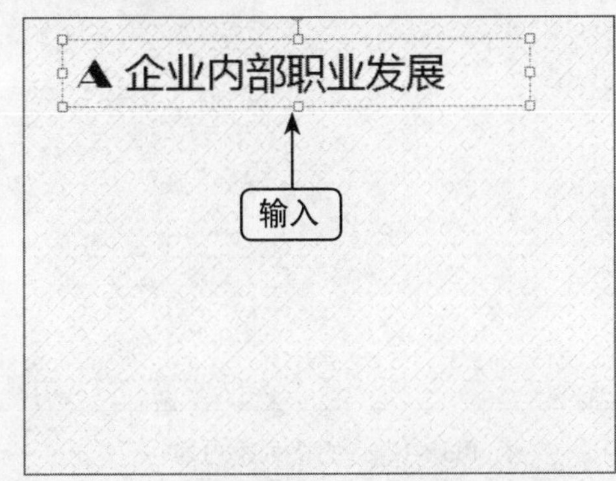

图18-115 输入文本

02 选中文本，设置各属性，其中英文字母的“字体颜色”为深红色，效果如图18-116所示。

图18-116 设置文本属性

03 切换至“插入”面板，在调出的“插入图片”对话框中选择需要的图片，如图18-117所示。

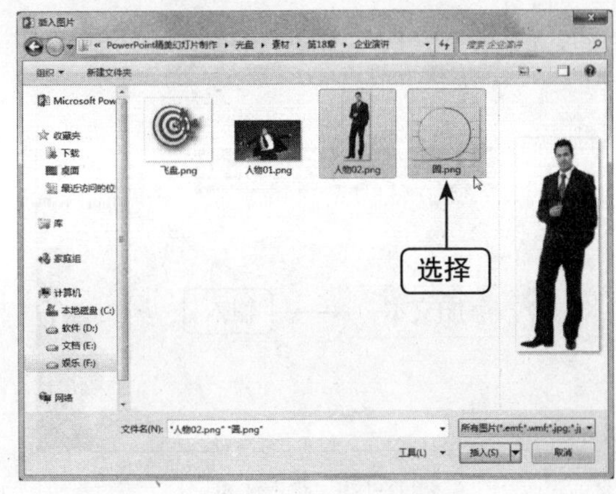

图18-117 选择需要的图片

04 单击“插入”按钮，即可将图片插入到幻灯片中，效果如图18-118所示。

图18-118 插入图片

05 在标题文本下方分别绘制文本框，并输入文本，然后设置文本属性，效果如图18-119所示。

图18-119 输入文本

06 在插入的圆形图的节点位置绘制文本框，并输入文本，如图18-120所示。

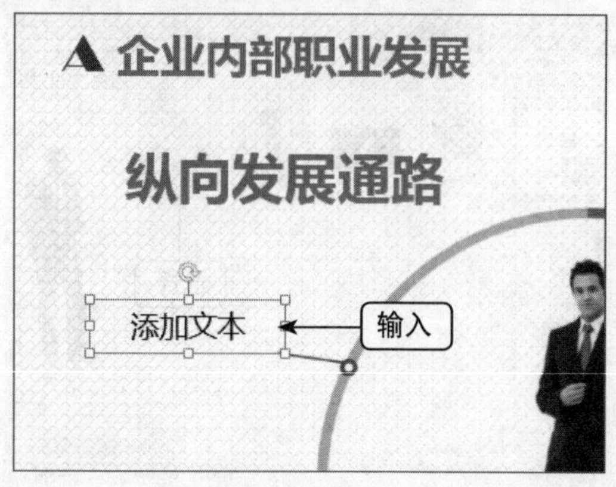

图18-120 输入文本

07 选中文本，切换至“绘图工具”中的“格式”面板，单击“形状样式”选项板中的“形状填充”下拉按钮，弹出列表框，选择“浅蓝”，如图18-121所示。

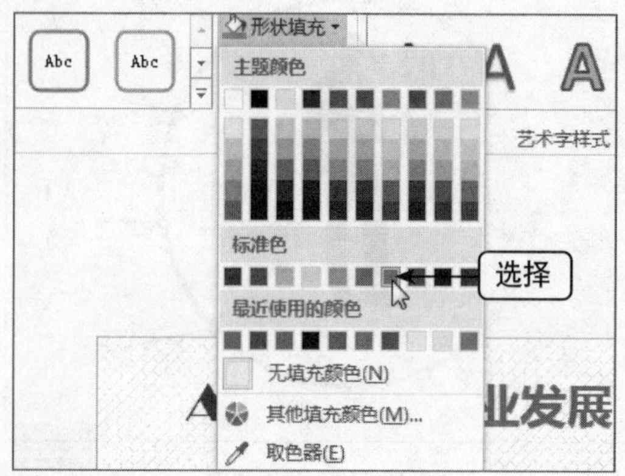

图18-121 选择“浅蓝”选项

08 设置“字体颜色”为白色，效果如图18-122所示。

图18-122 设置文本颜色

09 用与上面相同的方法，在幻灯片中的其他位置添加文本，效果如图18-123所示。

图18-123 添加文本

10 进入第3张幻灯片，复制第2张幻灯片中的标题文本，粘贴至第3张幻灯片中的相应位置，并更改文本内容，如图18-124所示。

图18-124 更改文本内容

11 切换至“插入”面板，在调出的“插入图片”对话框中选择需要插入的图片，如图18-125所示。

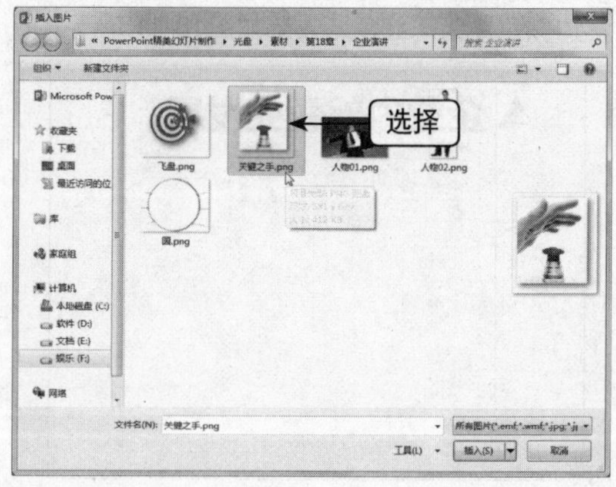

图18-125 选择需要插入的图片

12 单击“插入”按钮，即可将图片插入到幻灯片中，调整图片的位置，如图18-126所示。

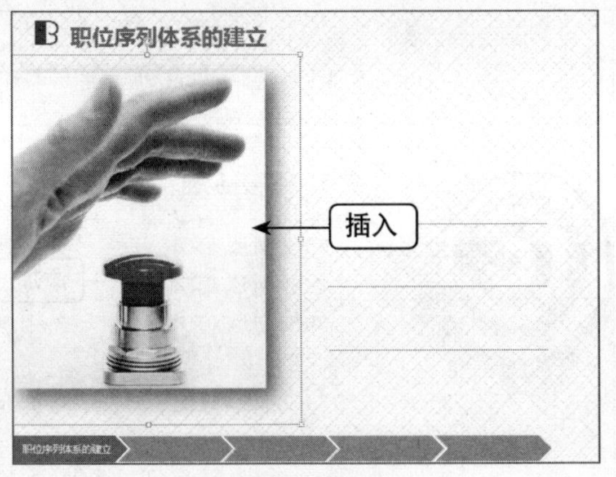

图18-126 插入图片

13 在图片右侧绘制文本框，并输入文本，如图18-127所示。

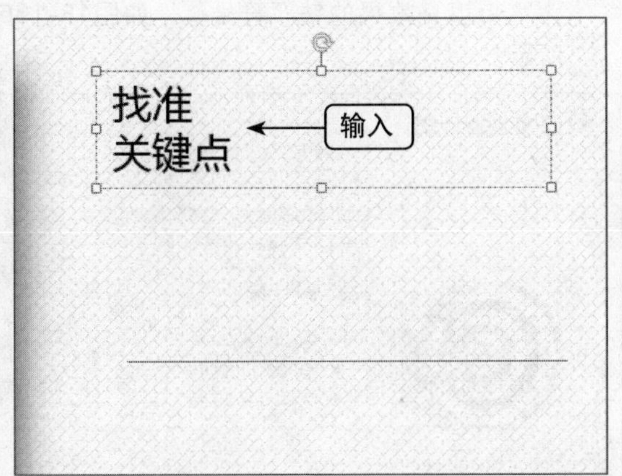

图18-127 输入文本

14 选中文本，设置文本加粗，分别设置文本的字号以及颜色，效果如图18-128所示。

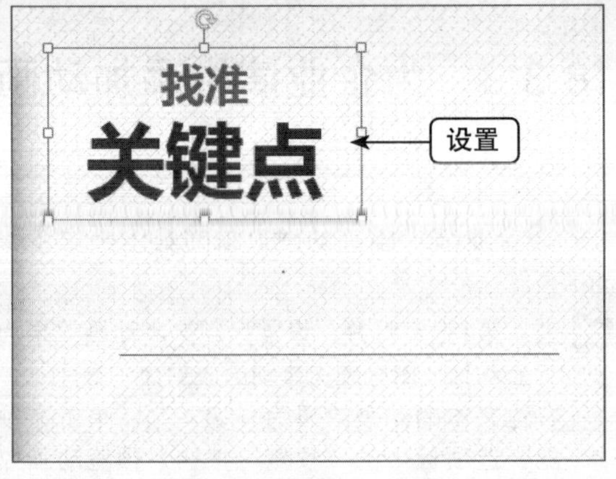

图18-128 设置文本效果

15 用与上面相同的方法，在下方的横线上再次添加文本，效果如图18-129所示。

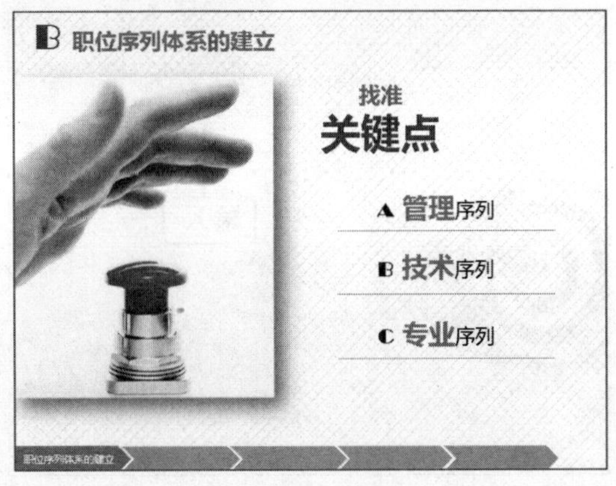

图18-129 添加文本

16 进入第4张幻灯片，复制第3张幻灯片中的标题文本，粘贴至第4张幻灯片中，更改文本内容，效果如图18-130所示。

图18-130 更改文本内容

17 在幻灯片中的灰色区域插入图片，如图18-131所示。

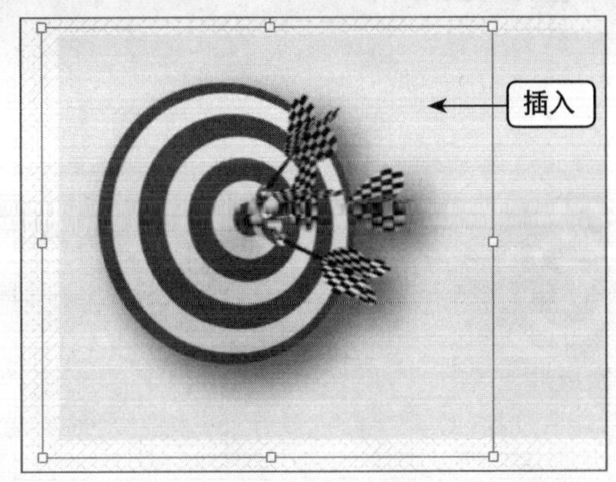

图18-131 插入图片

18 在灰色矩形的上方，绘制一个横排文本框，并输入文本，如图18-132所示。

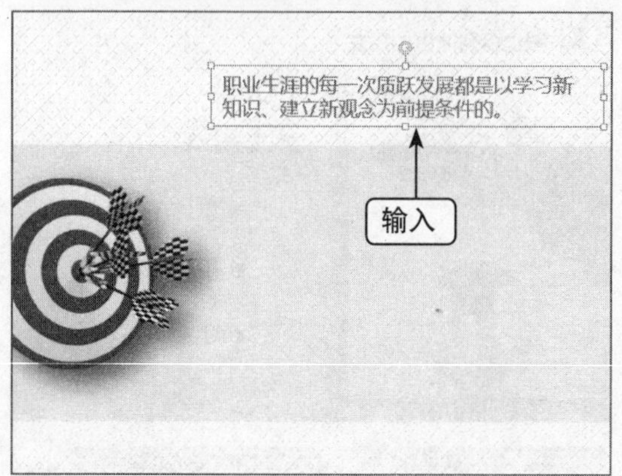

图18-132 输入文本

19 选中文本，在“段落”选项板中单击“行距”下拉按钮，弹出列表框，选择“1.5”选项，效果如图18-133所示。

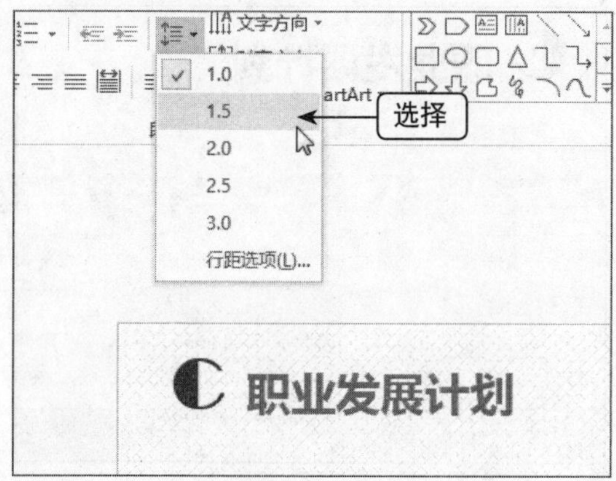

图18-133 选择1.5选项

20 执行操作后，即可设置文本行距，效果如图18-134所示。

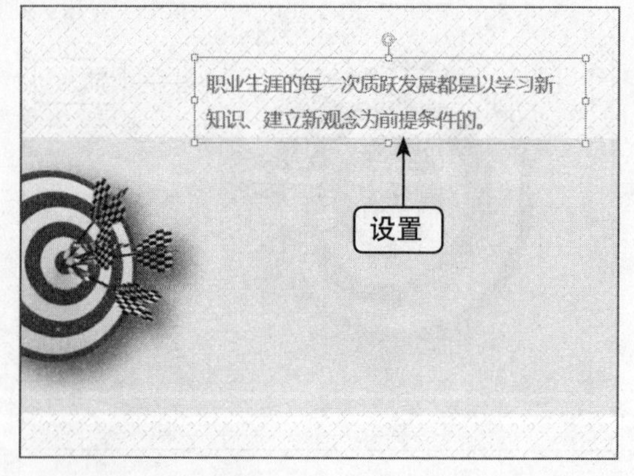

图18-134 设置文本行距

21 用与上面相同的方法，在灰色区域添加相应文本，如图18-135所示。

图18-135 添加文本

22 选中相应段落文本，设置段落文本的项目符号为“带填充效果的钻石符号”，如图18-136所示。

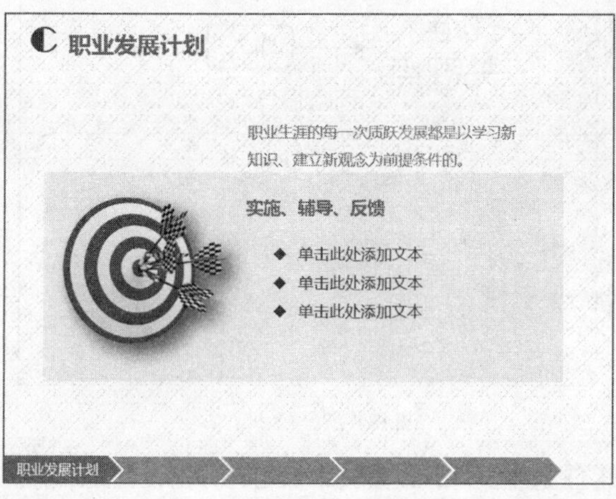

图18-136 设置项目符号

18.3.3 为企业演讲添加动画效果

为企业演讲添加动画效果的具体操作步骤如下。

01 进入第1张幻灯片，设置标题文本动画效果为“上浮”、副标题文本动画效果为“擦除”，右边文本的动画效果为“切入”。单击“预览”选项板中的“预览”按钮，预览动画效果，如图18-137所示。

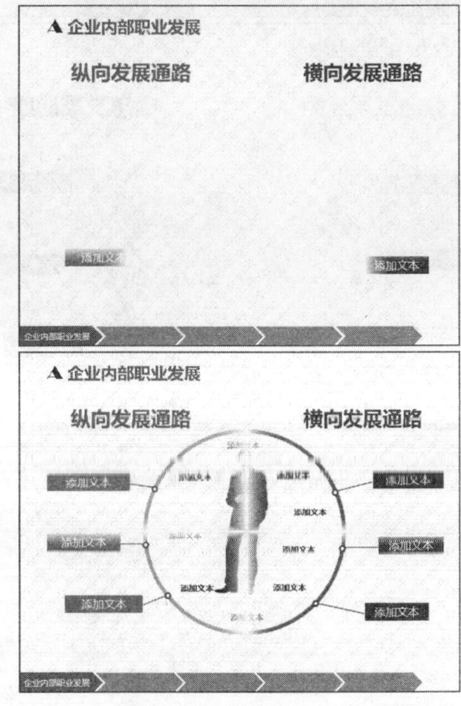

图18-137 预览动画效果

02 进入第2张幻灯片，从上到下依次设置动画效果为“上浮”、“缩放”以及“十字形扩展”。单击“预览”选项板中的“预览”按钮，预览动画效果，如图18-138所示。

A 企业内部职业发展
纵向发展通路 横向发展通路

图18-138 预览动画效果

03 进入第3张幻灯片，从上到下依次设置文本动画效果为“上浮”、“升起”以及“上浮”，设置图片动画效果为“棋盘”，预览动画效果，如图18-139所示。

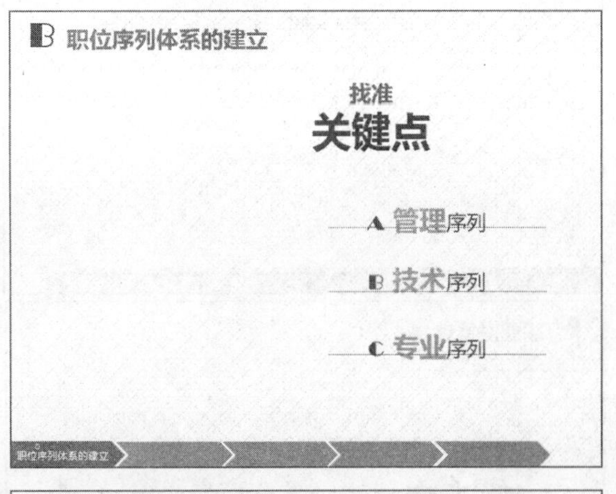

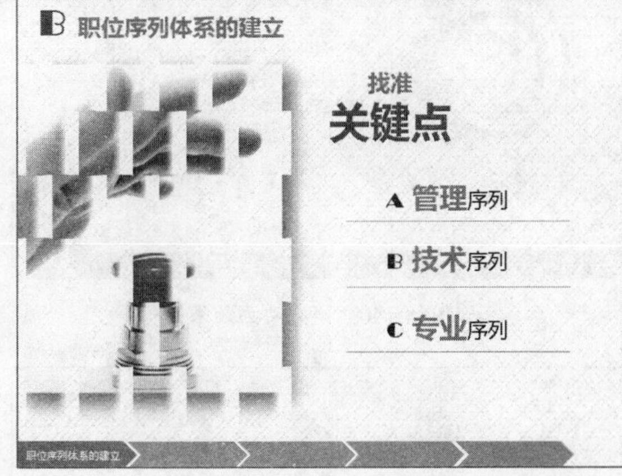

图18-139 预览动画效果

04 进入第4张幻灯片，从上到下依次设置文本动画效果为“上浮”和“升起”，设置图片动画效果为“圆形扩展”。单击“预览”选项板中的“预览”按钮，即可预览动画效果，如图18-140所示。

05 进入第1张幻灯片，切换至“切换”面板，单击“切换到此幻灯片”选项板中的“其他”下拉按钮，弹出列表框，在“华丽型”选项区中选择“门”选项，如图18-141所示。

06 在“计时”选项板中单击“全部应用”按钮，如图18-142所示。

07 执行操作后，即可将“门”切换效果应用到所有幻灯片。单击“预览”选项板中的“预览”按钮，预览切换效果，如图18-143所示。

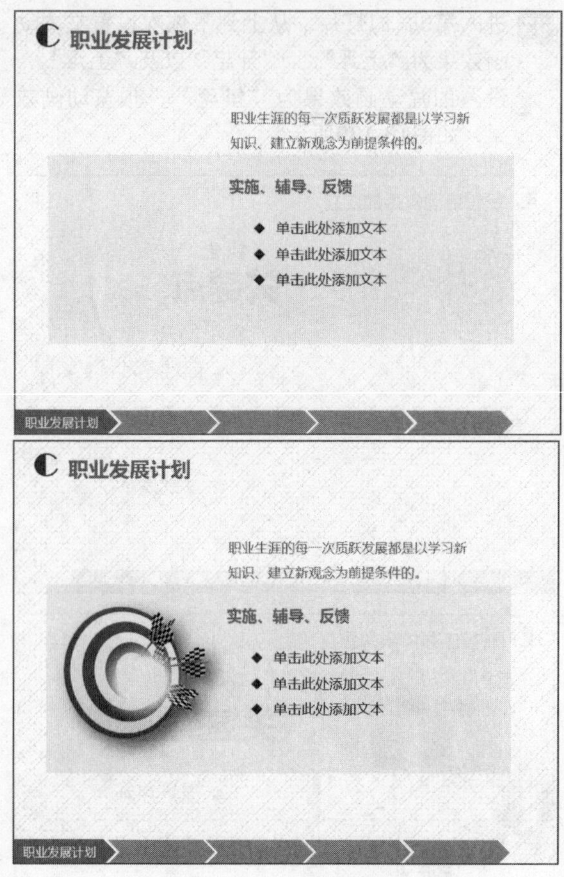

图18-140　预览动画效果

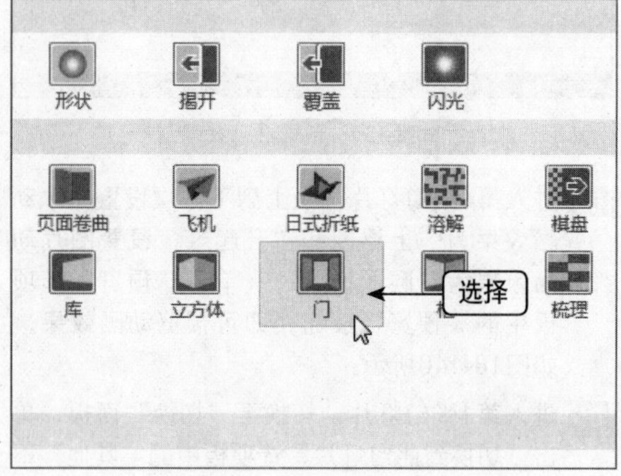

图18-141　选择“门”选项

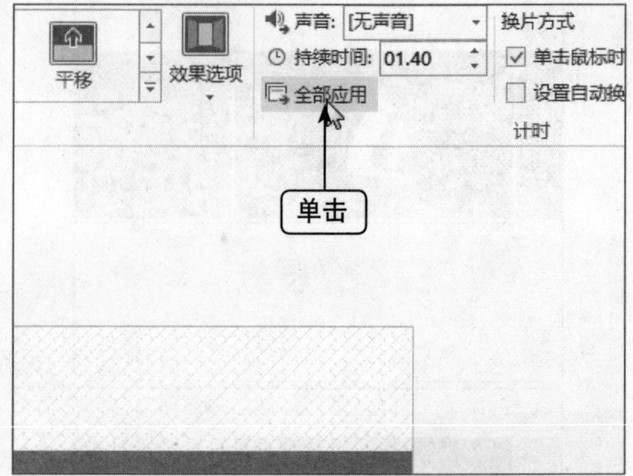

图18-142　单击“全部应用”按钮

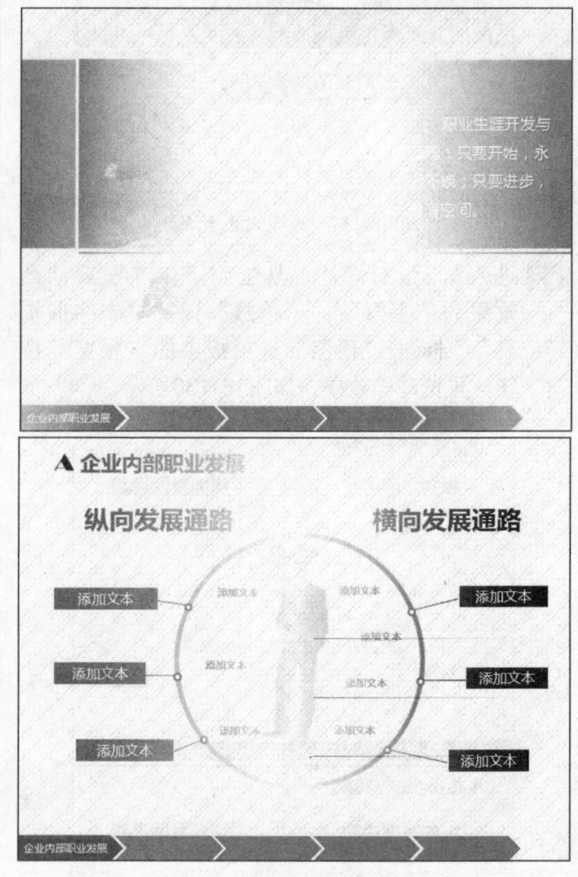

图18-143　预览切换效果

宣传、推广、销售模板制作

学习提示

目前，各类广告频频出现于电视、报纸、杂志、路牌和互联网上，日益成为新世纪各现代企业的营销手段和传递信息的重要方式。本章主要向用户介绍制作宣传、推广、销售模板的操作方法。

主要内容

- 制作产品宣传模板首页
- 制作产品宣传其他幻灯片
- 制作市场推广模板首页
- 制作市场推广其他幻灯片
- 制作销售数据模板首页
- 制作销售数据其他幻灯片

重点与难点

- 为产品宣传模板添加动画效果
- 为市场推广模板添加动画效果
- 为销售数据模板添加动画效果

学完本章后你会做什么

- 掌握制作产品宣传模板首页、为产品宣传模板添加动画效果的操作方法
- 掌握制作市场推广模板首页、制作市场推广其他幻灯片的操作方法
- 掌握制作销售数据模板首页、为销售数据添加动画效果的操作方法

视频文件

19.1 产品宣传模板制作

本实例介绍的是产品宣传模板的制作，效果如图19-1所示。

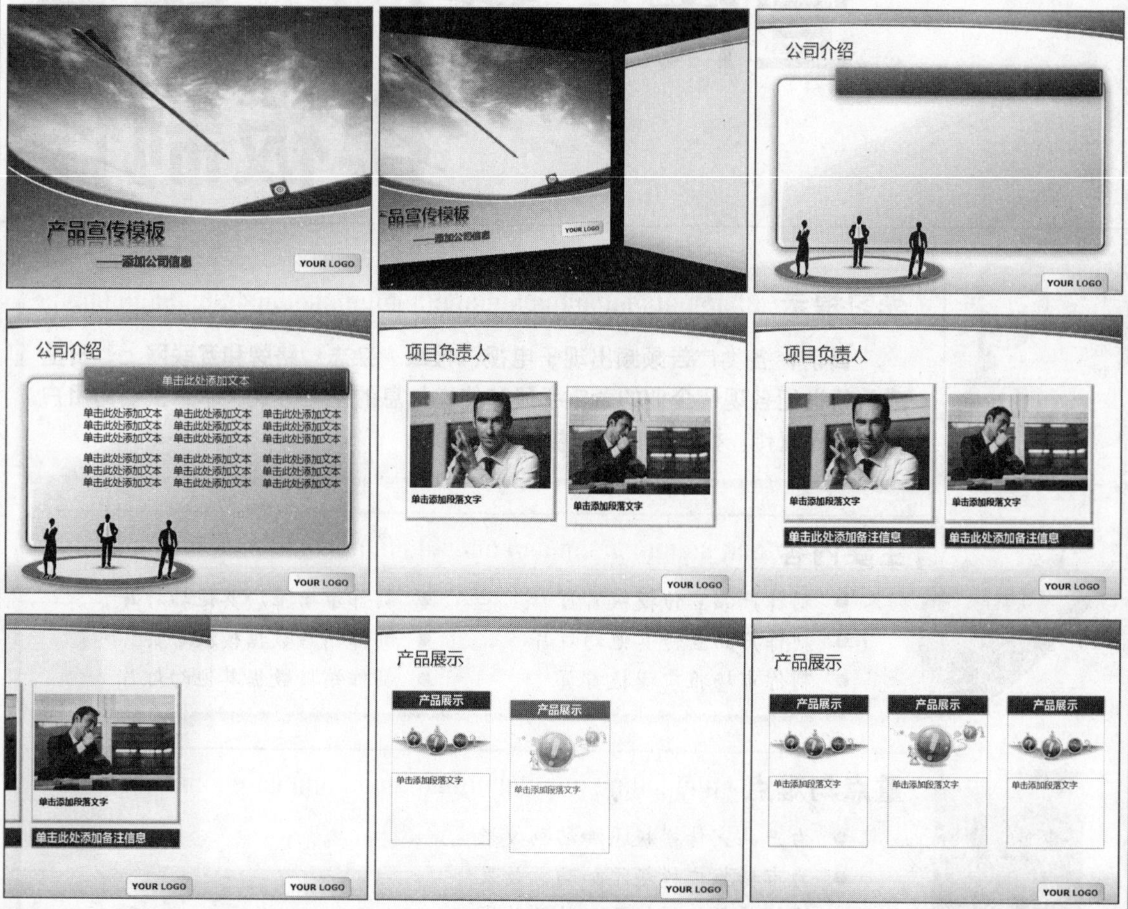

图19-1　产品宣传模板效果

➡ 素材文件	素材\第19章\产品宣传模板.pptx等
➡ 效果文件	效果\第19章\产品宣传模板.pptx
➡ 视频文件	视频\第19章\制作产品宣传模板首页.mp4等
➡ 难易程度	★★★★★

19.1.1 制作产品宣传模板首页

制作产品宣传模板首页的具体操作步骤如下。

01 在PowerPoint 2013中，打开一个素材文件，如图19-2所示。

图19-2　打开一个素材文件

02 在幻灯片中绘制一个横排文本框，并输入文本，如图19-3所示。

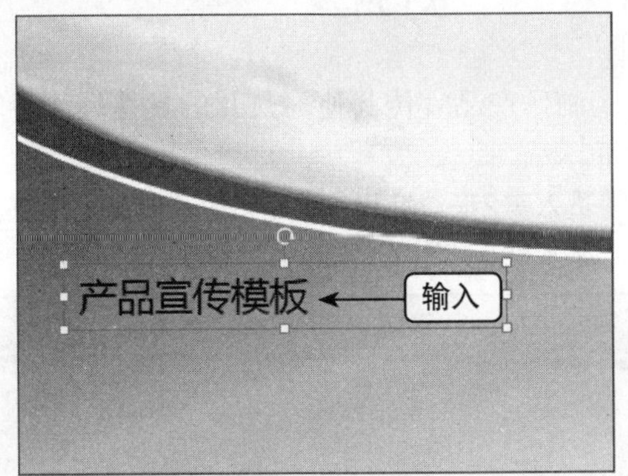

图19-3 输入文本

03 选中输入的文本，在"字体"选项板中，设置"字体"为"微软雅黑"、"字号"为32，单击"加粗"和"文字阴影"按钮，效果如图19-4所示。

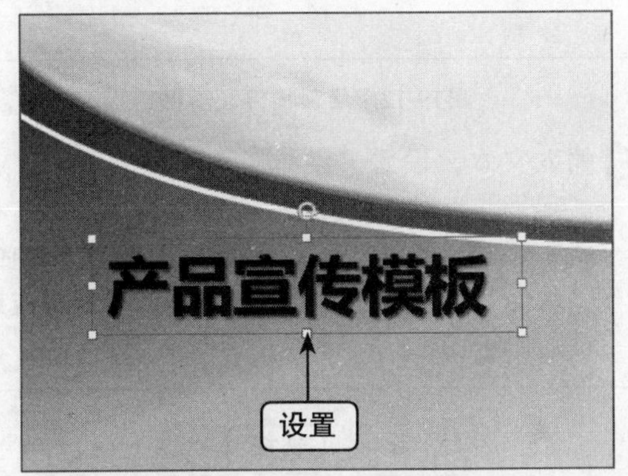

图19-4 设置文本属性

04 切换至"绘图工具"中的"格式"面板，单击"艺术字样式"选项板中的"其他"下拉按钮，弹出列表框，选择相应选项，如图19-5所示。

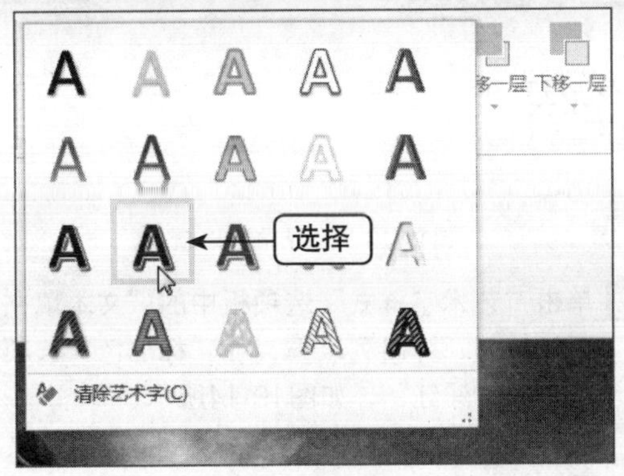

图19-5 选择相应选项

05 单击"艺术字样式"选项板中的"文本填充"下拉按钮，弹出列表框，选择"深蓝"，如图19-6所示。

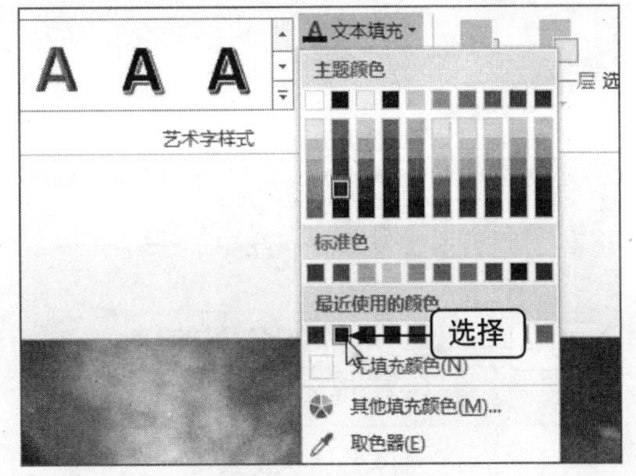

图19-6 选择"深蓝"

06 单击"艺术字样式"选项板中的"文本效果"下拉按钮，弹出列表框，选择"映像"中的"紧密映像，4 pt偏移量"选项，如图19-7所示。

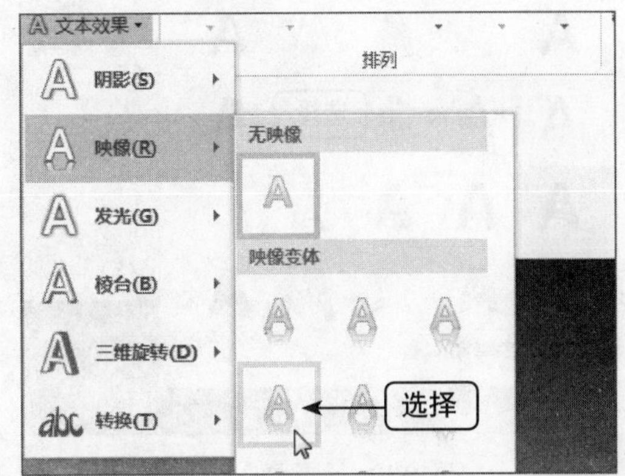

图19-7 选择"紧密映像，4pt 偏移量"选项

07 执行操作后，即可设置文本艺术效果，如图19-8所示。

图19-8 设置文本艺术效果

08 在标题文本的下方，绘制一个横排文本框，并输入文本，如图19-9所示。

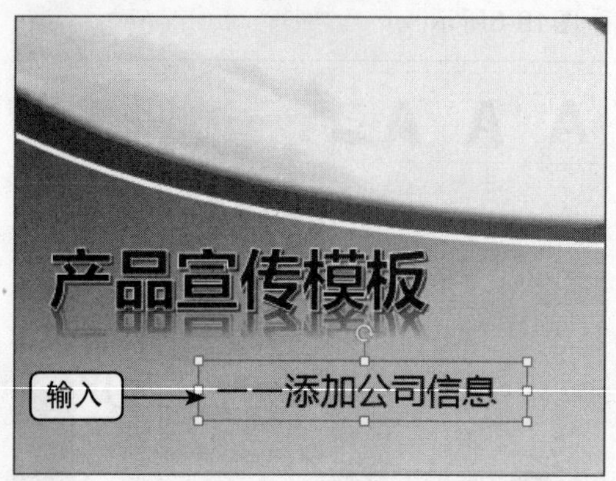

图19-9 输入文本

09 选中文本，单击“艺术字样式”选项板中的“其他”下拉按钮，弹出列表框，选择相应选项，如图19-10所示。

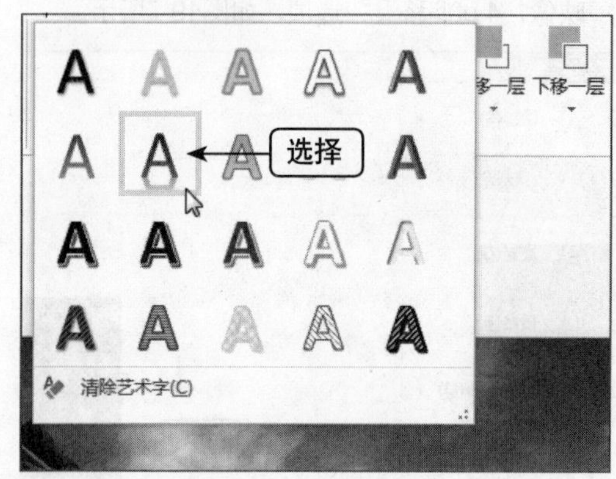

图19-10 选择相应选项

10 加粗文本，在“艺术字样式”选项板中设置“文本填充”为红色、“文本轮廓”为深红色，效果如图19-11所示。

图19-11 设置文本属性

19.1.2 制作产品宣传其他幻灯片

制作产品宣传其他幻灯片的具体操作步骤如下。

01 进入第2张幻灯片，在幻灯片中绘制一个横排文本框，如图19-12所示。

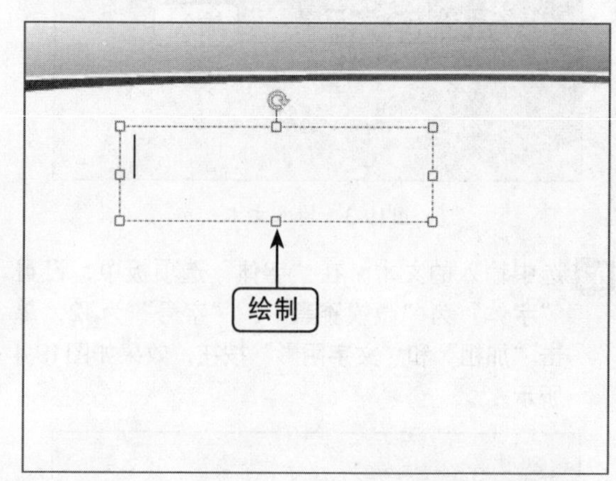

图19-12 绘制横排文本框

02 输入文本，设置“字体”为“微软雅黑”、“字号”为27。切换至“绘图工具”中的“格式”面板，单击“艺术字样式”选项板中的“其他”下拉按钮，弹出列表框，选择相应选项，如图19-13所示。

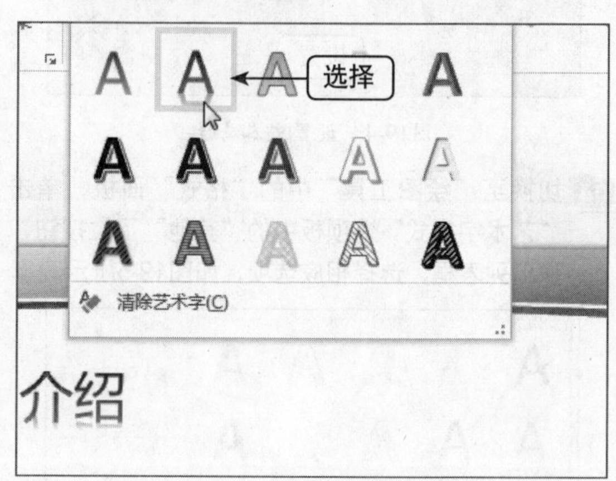

图19-13 选择相应选项

03 单击“艺术字样式”选项板中的“文本填充”下拉按钮，弹出列表框，在“标准色”选项区中选择“深红”，如图19-14所示。

04 执行操作后，即可设置艺术字样式，效果如图19-15所示。

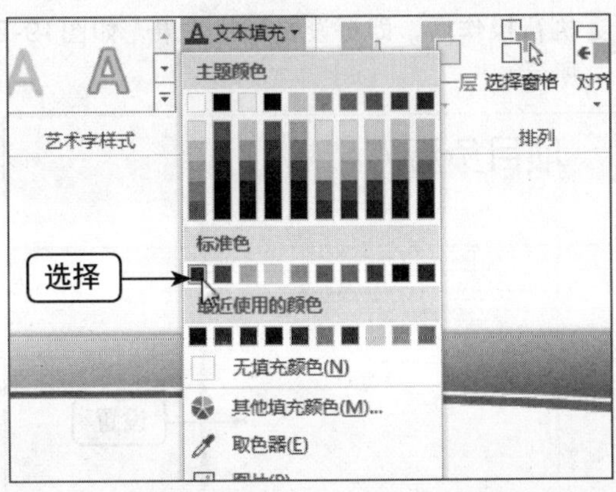

图19-14 选择“深红”

图19-15 设置艺术字样式

05 切换至“插入”面板，在“图像”选项板中单击“图片”按钮，弹出“插入图片”对话框，在计算机中的相应位置选择需要插入的对象，如图19-16所示。

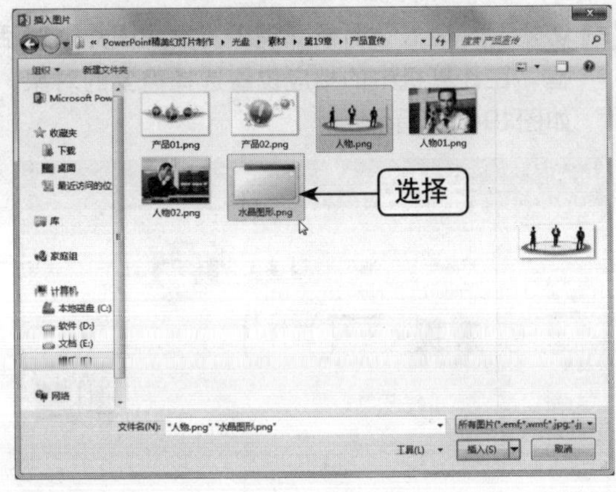

图19-16 选择需要插入的对象

06 单击“插入”按钮，即可将选择的对象插入到幻灯片中。调整图片的大小和位置，如图19-17所示。

图19-17 插入图片

07 在幻灯片中的相应位置绘制文本框，并输入文本，然后设置文本属性，效果如图19-18所示。

图19-18 输入文本

08 进入第3张幻灯片，复制第2张幻灯片中的标题文本，粘贴至第3张幻灯片中的相应位置，更改文本内容，如图19-19所示。

图19-19 更改文本内容

09 在幻灯片中的合适位置绘制一个矩形，如图19-20所示。

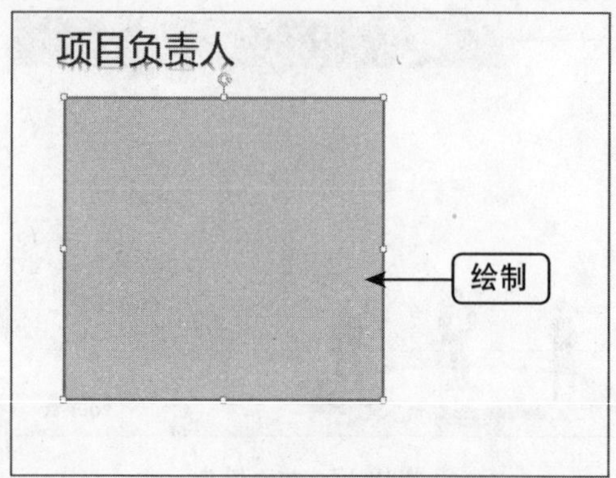

图19-20 绘制矩形

10 双击矩形，在“形状样式”选项板中单击“其他”下拉按钮，弹出列表框，选择相应选项，如图19-21所示。

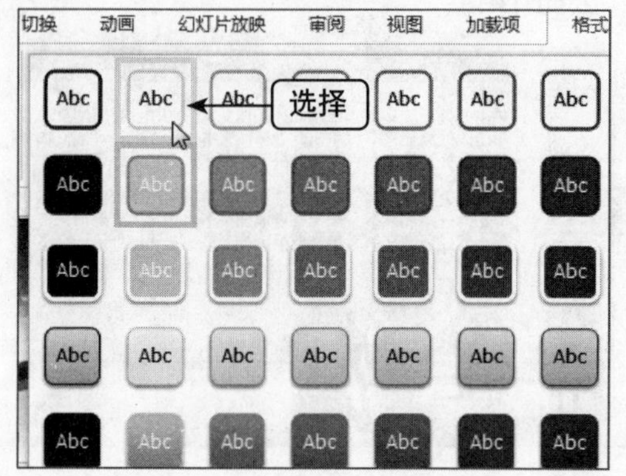

图19-21 选择相应选项

11 执行操作后，即可设置形状样式。单击“形状样式”选项板中的“形状效果”下拉按钮，弹出列表框，选择“阴影”中的“内部右下角”选项，如图19-22所示。

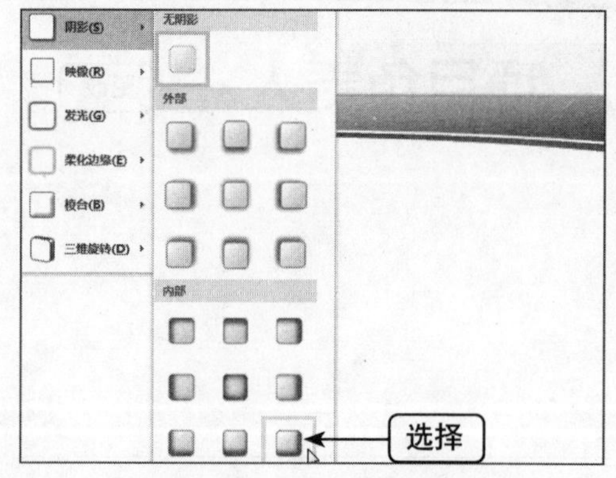

图19-22 选择“内部右下角”选项

12 执行操作后，即可设置形状效果，如图19-23所示。

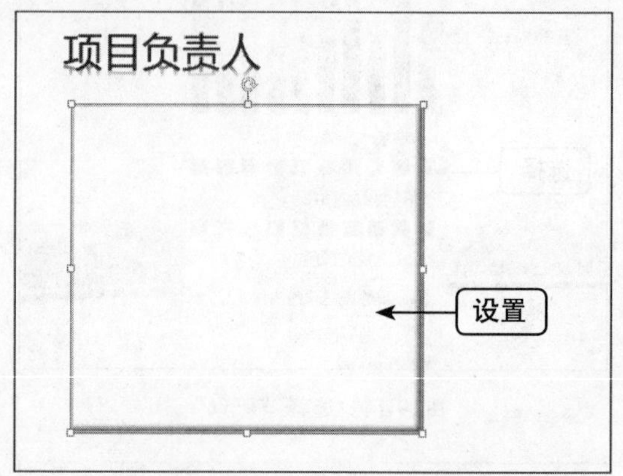

图19-23 设置形状效果

13 复制一个矩形，放置在幻灯片右侧的空白位置，如图19-24所示。

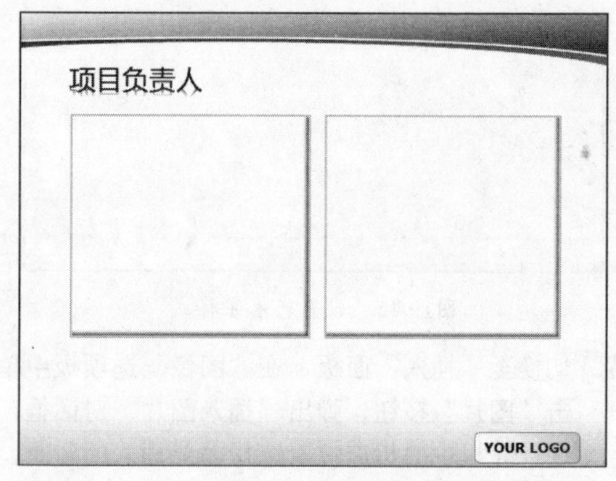

图19-24 复制矩形

14 切换至“插入”面板，调出“插入图片”对话框，在计算机中的相应位置选择需要的对象，如图19-25所示。

图19-25 选择需要的对象

15 单击“插入”按钮，即可将选择的对象插入至幻灯片中。调整图片大小和位置，如图19-26所示。

图19-26　插入图片

16 在两张图片的下方，分别绘制文本框，并输入文本，如图19-27所示。

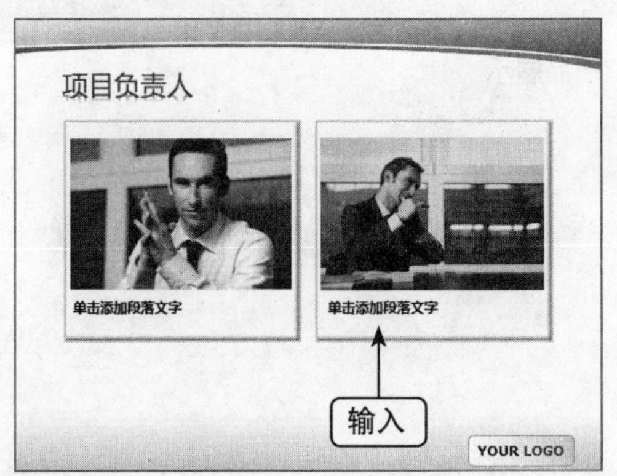

图19-27　输入文本

17 在矩形的下方，再次绘制一个矩形。切换至“绘图工具”中的“格式”面板，单击“形状样式”选项板中的“其他”下拉按钮，弹出列表框，选择相应选项，如图19-28所示。

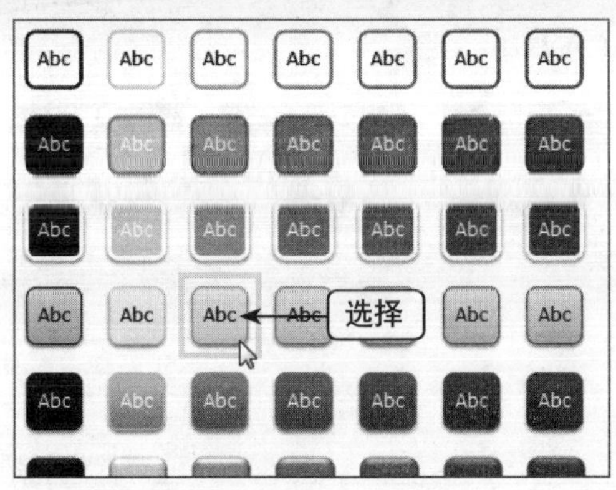

图19-28　选择相应选项

18 在“形状样式”选项板中，设置“形状填充”为深红色，效果如图19-29所示。

图19-29　设置形状填充

19 单击“形状样式”选项板中的“形状填充”下拉按钮，弹出列表框，选择“渐变”中的“线性向上”选项，如图19-30所示。

图19-30　选择“线性向上”选项

20 设置“形状轮廓”为“灰色-25%，着色1”，效果如图19-31所示。

图19-31　设置形状轮廓

21 在绘制的矩形上输入文本，并设置相应属性，效果如图19-32所示。

图19-32　输入文本

22 复制矩形文本，调整至合适位置，如图19-33所示。

图19-33　绘制圆角矩形

23 进入第4张幻灯片，复制第3张幻灯片中的标题文本，粘贴至第4张幻灯片中的相应位置，更改文本内容，如图19-34所示。

图19-34　更改文本内容

24 切换至“插入”面板，在调出的“插入图片”对话框中选择需要的对象，如图19-35所示。

图19-35　选择需要的对象

25 单击“插入”按钮，插入选择的对象，复制蓝色的对象，调整至合适位置，效果如图19-36所示。

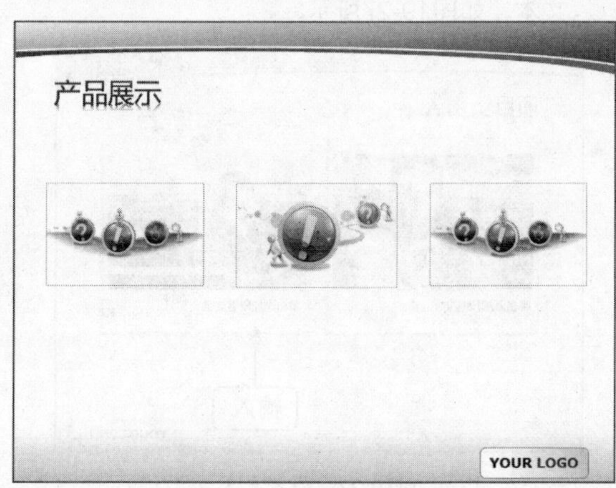

图19-36　插入对象

26 复制第3张幻灯片中的红色矩形，粘贴至第4张幻灯片中，更改文本内容，效果如图19-37所示。

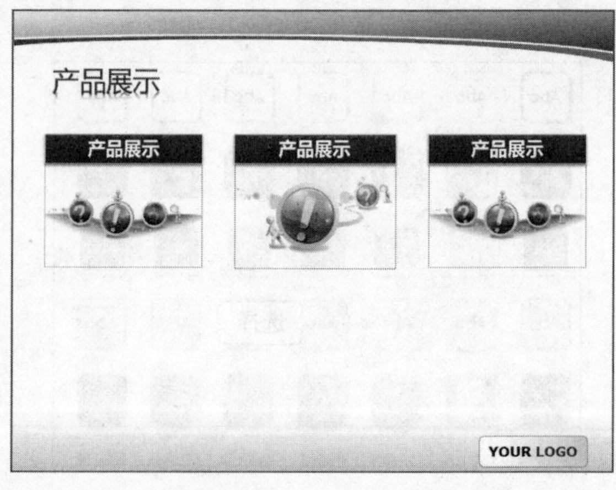

图19-37　添加文本内容

27 在图片的下方绘制文本框，设置“形状轮廓”为灰色，并输入文本，效果如图19-38所示。

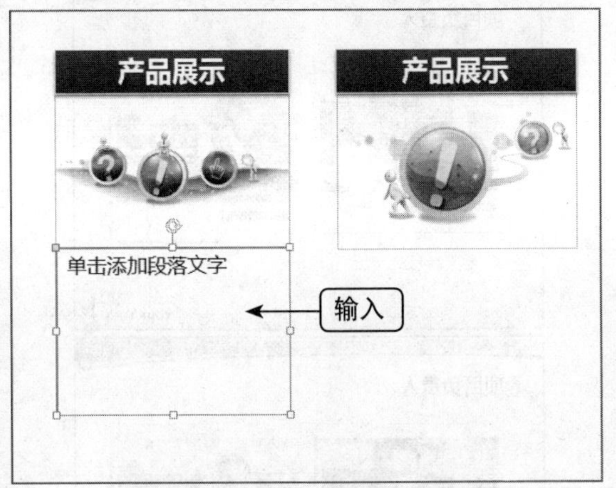

图19-38 输入文本

28 复制文本框，将文本框放置到合适的位置，效果如图19-39所示。

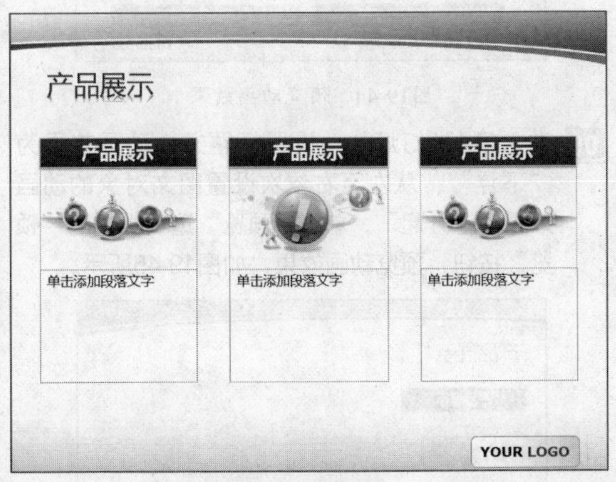

图19-39 复制文本框

19.1.3 为产品宣传模板添加动画效果

为产品宣传模板添加动画效果的具体操作步骤如下。

01 进入第1张幻灯片，选择标题文本，切换至“动画”面板，单击“动画”选项板中的“其他”下拉按钮，弹出列表框，选择“更多进入效果”选项，弹出“更改进入效果”对话框，在“华丽型”选项区中选择“挥鞭式”选项，如图19-40所示。

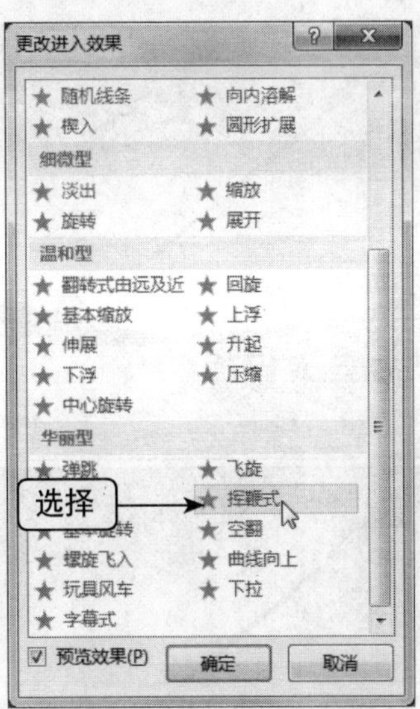

图19-40 选择“挥鞭式”选项

02 单击“确定”按钮，即可添加动画效果。用与上面相同的方法，在“更改进入效果”对话框中的“温和型”选项区中选择“上浮”选项，如图19-41所示。

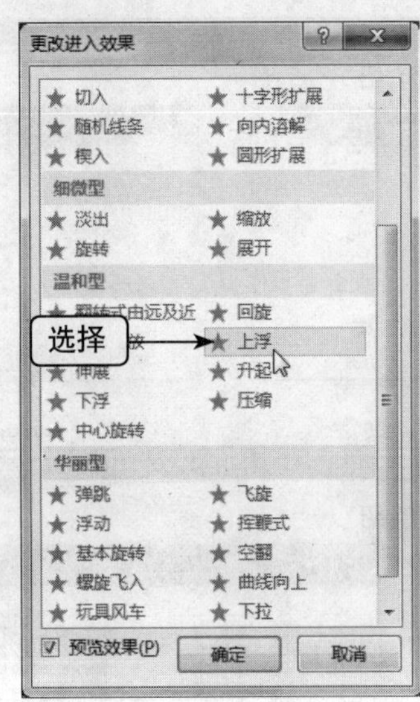

图19-41 选择“上浮”选项

03 单击“确定”按钮，即可设置副标题文本动画效果。单击“预览”选项板中的“预览”按钮，预览动画效果，如图19-42所示。

04 进入第2张幻灯片，设置标题文本动画效果为“下浮”、矩形动画效果为“菱形”、人物剪贴画的动画效果为“基本缩放”、中间文本动画效果为“上浮”。单击“预览”选项板中的“预览”按钮，预览动画效果，如图19-43所示。

图19-42　预览动画效果

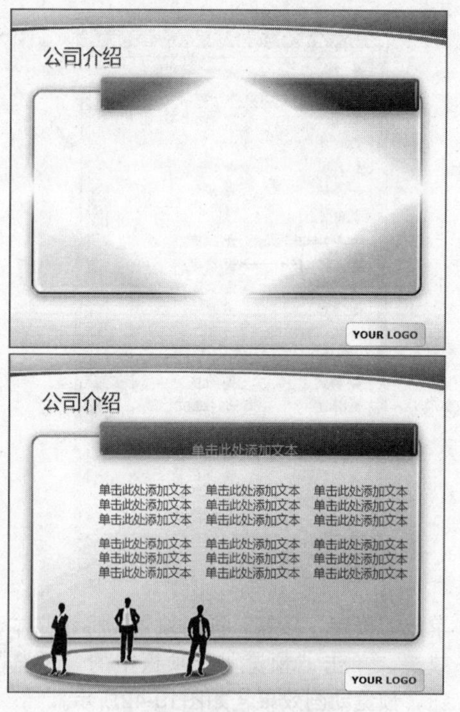

图19-43　预览动画效果

05 进入第3张幻灯片，设置标题文本动画效果为“下浮”、依次设置两个矩形对象的动画效果为“切入”、设置下方的两个矩形动画效果为“升起”。单击“预览”选项板中的“预览”按钮，预览动画效果，如图19-44所示。

图19-44　预览动画效果

06 进入第4张幻灯片，设置标题文本动画效果为“下浮”、从左至右依次设置图文对象的动画效果为“升起”。单击“预览”选项板中的“预览”按钮，预览动画效果，如图19-45所示。

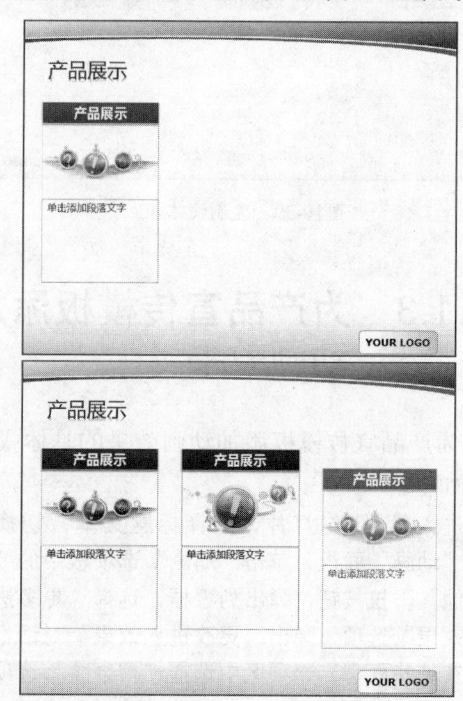

图19-45　预览动画效果

07 进入第1张幻灯片，切换至“切换”面板，单击“切换到此幻灯片”选项板中的“其他”下拉按钮，弹出列表框，在“细微型”选项区中选择“淡出”选项，如图19-46所示。

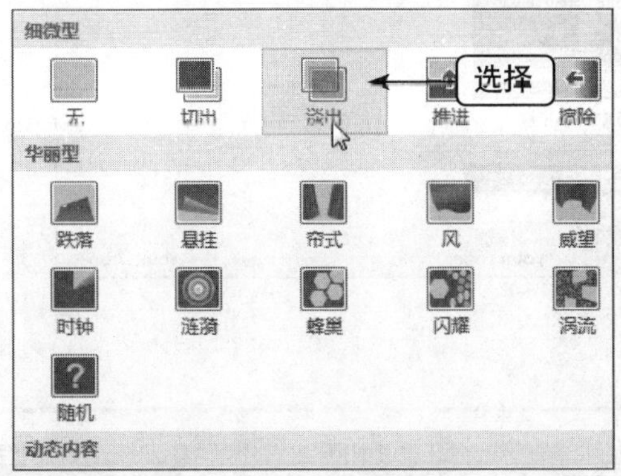

图19-46　选择“淡出”选项

08 在“计时”选项板中，设置“持续时间”为01：20，单击“声音”右侧的下拉按钮，弹出列表框，选择“鼓掌”选项，如图19-47所示。

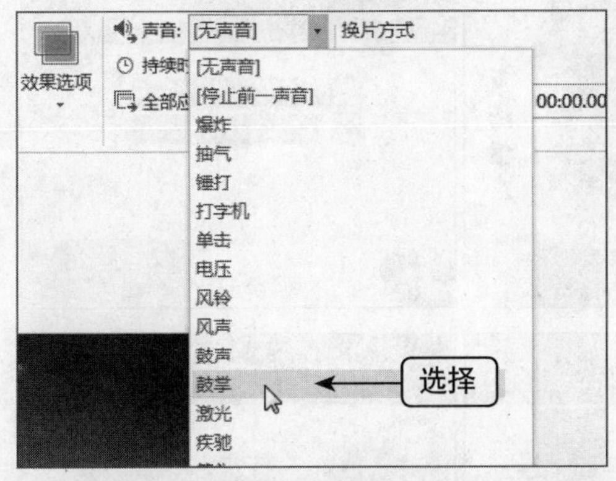

图19-47　选择“鼓掌”选项

09 执行操作后，即可将第1张幻灯片的切换效果设置为“淡出”。进入第2张幻灯片，单击“切换到此幻灯片”选项板中的“其他”下拉按钮，弹出列表框，在“华丽型”选项区中选择“框”选项。单击“预览”选项板中的“预览”按钮，即可预览切换效果，如图19-48所示。

10 进入第3张幻灯片，在“细微型”选项区中选择“擦除”选项，如图19-49所示。

11 执行操作后，即可设置第3张幻灯片的切换效果。进入第4张幻灯片，用与上面相同的方法，在“细微型”选项区中选择“揭开”选项，如图19-50所示。

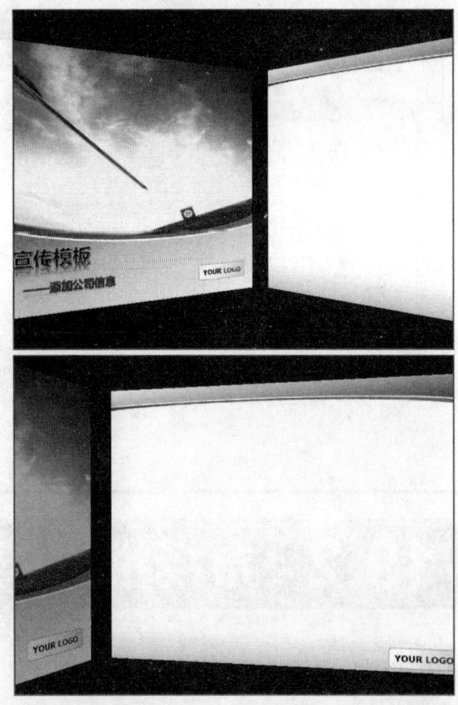

图19-48　预览框切换效果

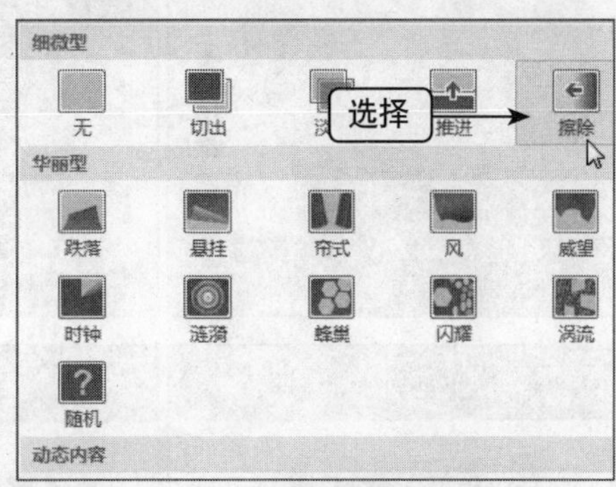

图19-49　选择“擦除”选项

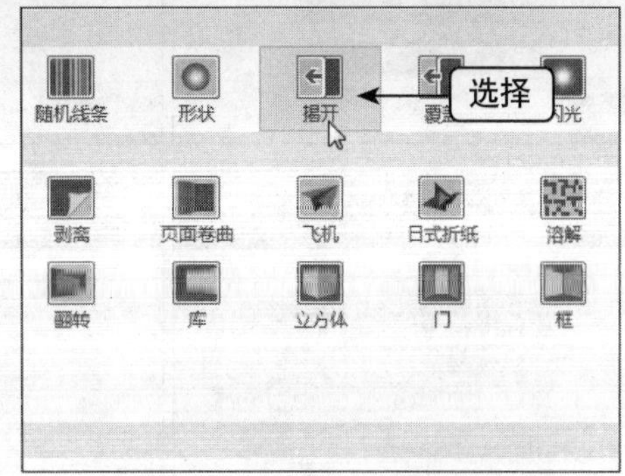

图19-50　选择“揭开”选项

12 执行操作后，即可设置切换效果。预览第3张和第4张幻灯片设置的切换效果，如图19-51所示。

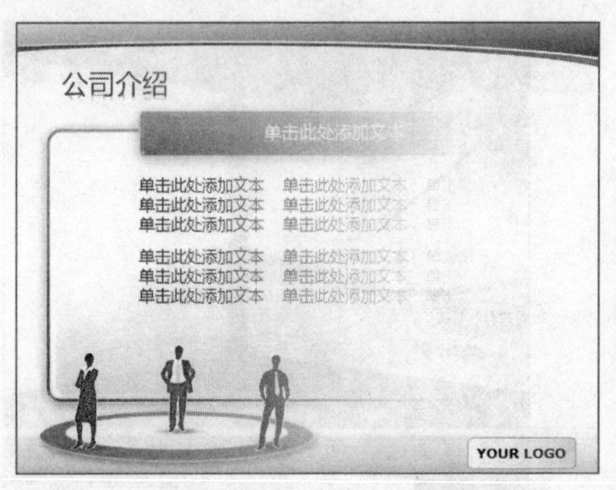

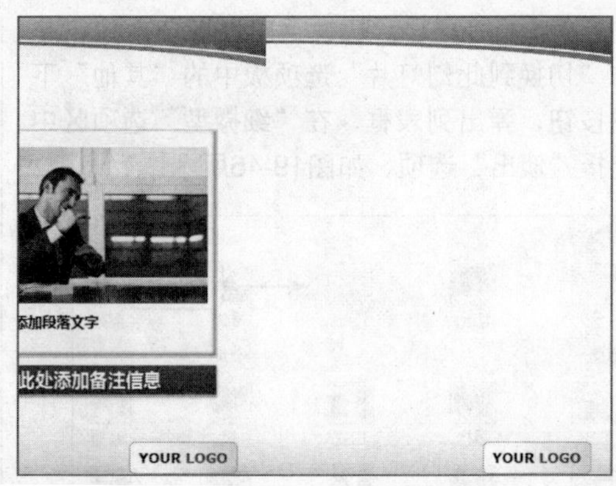

图19-51　预览切换效果

19.2　市场推广模板制作

本实例介绍的是管理培训模板的制作，效果如图19-52所示。

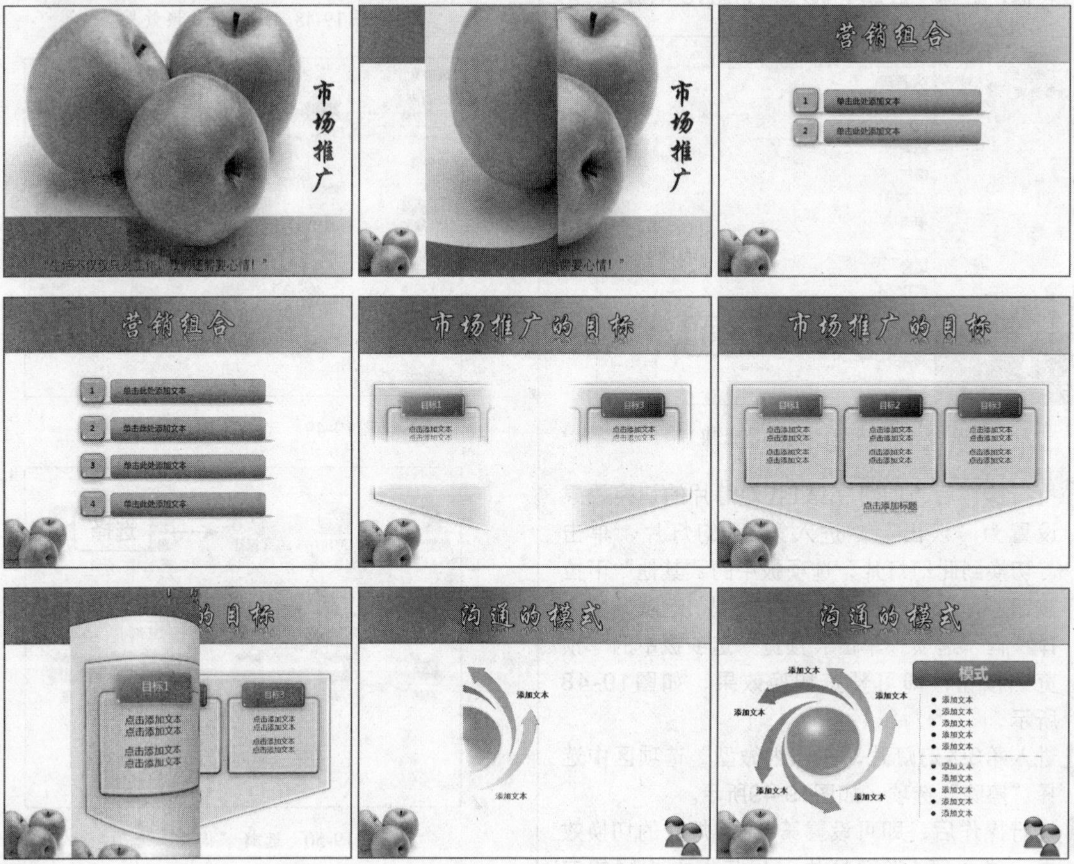

图19-52　市场推广模板效果

➡素材文件	素材\第19章\市场推广模板.pptx等
➡效果文件	效果\第19章\市场推广模板.pptx
➡视频文件	视频\第19章\制作市场推广模板首页.mp4等
➡难易程度	★★★★★

19.2.1　制作市场推广模板首页

制作市场推广模板首页的具体操作步骤如下。

01 在PowerPoint 2013中，打开一个素材文件，如图19-53所示。

图19-53　打开一个素材文件

02 在幻灯片中绘制一个竖排文本框，如图19-54所示。

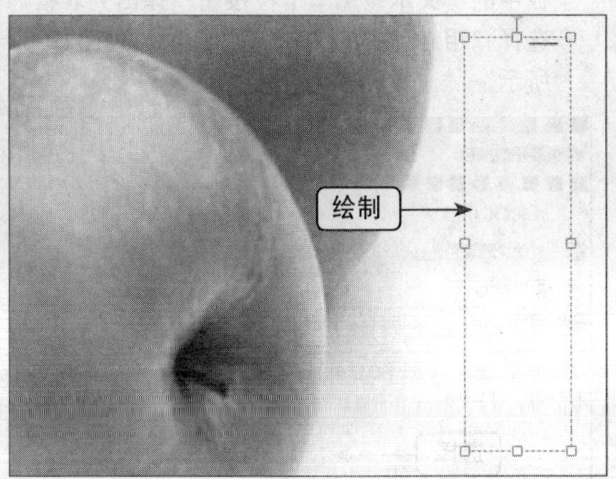

图19-54　绘制竖排文本框

03 输入文本，在"字体"选项板中设置"字体"为"微软简行楷"、"字号"为55，单击"加粗"按钮，设置"字体颜色"为深绿色，效果如图19-55所示。

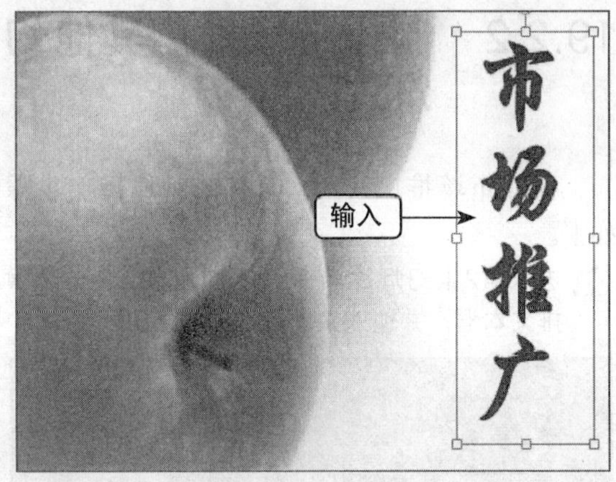

图19-55　输入文本

04 选择文本，切换至"绘图工具"中的"格式"面板，单击"艺术字样式"选项板中的"文本效果"下拉按钮，弹出列表框，选择"棱台"中的"松散嵌入"选项，如图19-56所示。

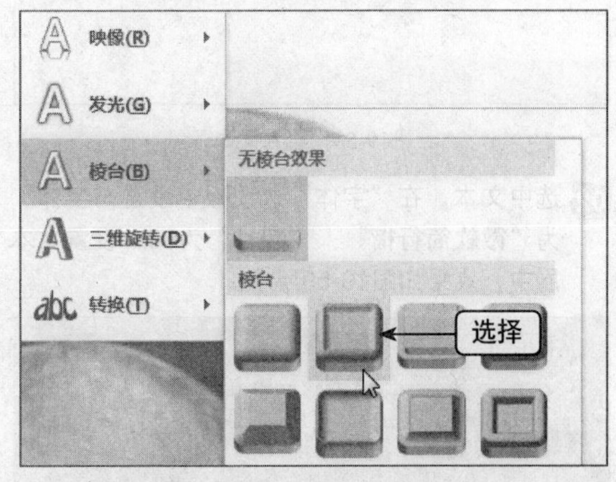

图19-56　选择"松散嵌入"选项

05 执行操作后，即可设置文本艺术效果，如图19-57所示。

图19-57　设置文本艺术效果

19.2.2 制作市场推广其他幻灯片

制作市场推广其他幻灯片的具体操作步骤如下。

01 进入第2张幻灯片，在幻灯片上方绘制一个横排文本框，并输入文本，如图19-58所示。

图19-58 输入文本

02 选中文本，在“字体”选项板中设置“字体”为“微软简行楷”、“字号”为60，设置文本居中，效果如图19-59所示。

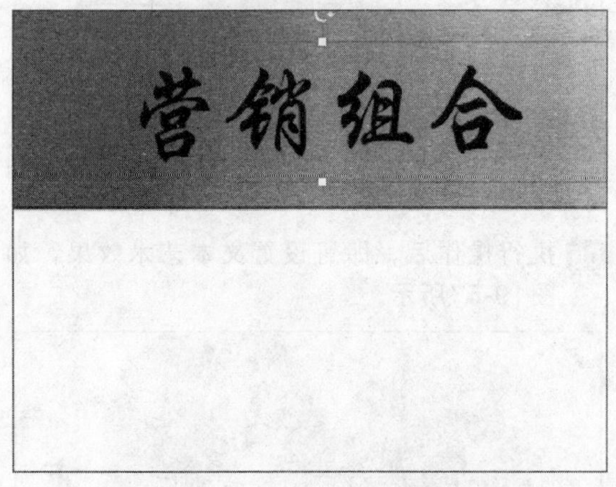

图19-59 设置文本属性

03 选中文本，切换至“绘图工具”中的“格式”面板，单击“艺术字样式”选项板中的“其他”下拉按钮，弹出列表框，选择相应选项，如图19-60所示。

04 在“艺术字样式”选项板中，设置“文本填充”为黄色、“文本轮廓”为“黑色，背景2，淡色10%”，如图19-61所示。

图19-60 选择相应选项

图19-61 设置艺术字效果

05 设置文本加粗，再次单击“艺术字样式”选项板中的“文本轮廓”下拉按钮，弹出列表框，选择“粗细”中的“1.5磅”选项，如图19-62所示。

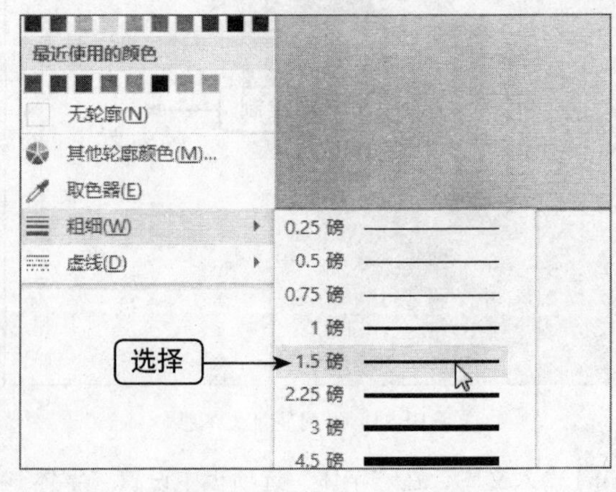

图19-62 选择“1.5磅”选项

06 执行操作后，即可设置文本轮廓，效果如图19-63所示。

图19-63 设置文本轮廓

07 切换至“插入”面板，单击“图像”选项板中的“图片”按钮，弹出“插入图片”对话框，在计算机中的相应位置选择需要插入的对象，如图19-64所示。

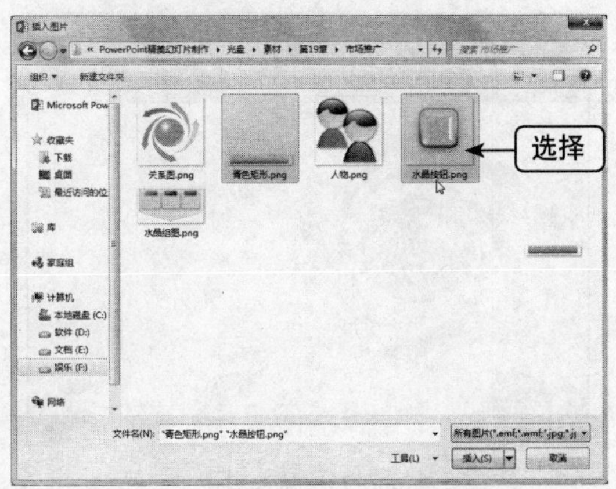

图19-64 选择需要插入的对象

08 单击“插入”按钮，即可将选择的对象插入到幻灯片中。调整图片到合适的位置，如图19-65所示。

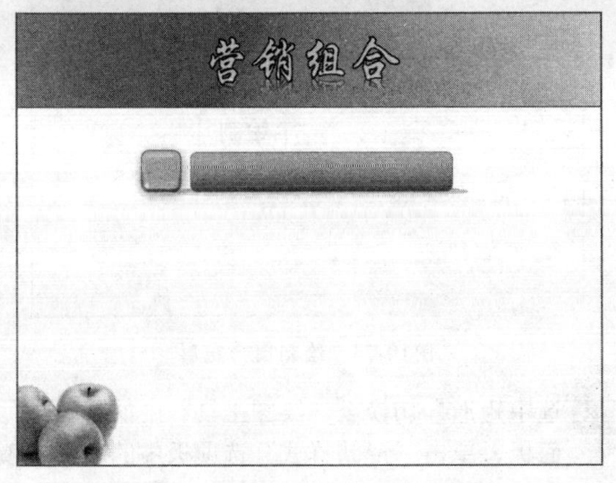

图19-65 插入图片

09 选中插入的对象，单击鼠标右键，在弹出的快捷菜单中选择“组合”中的“组合”命令，组合图形，然后复制3组图形，效果如图19-66所示。

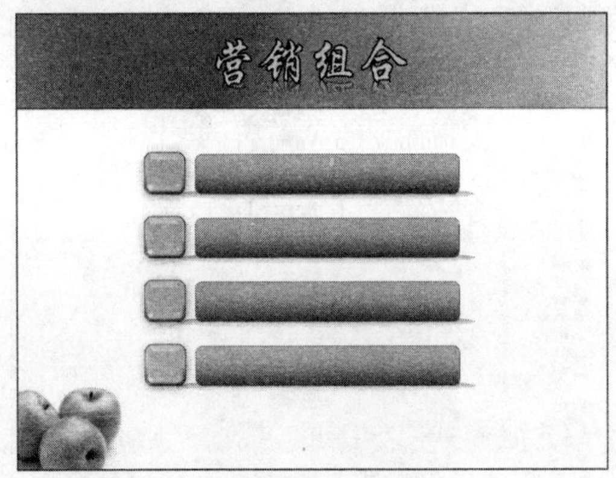

图19-66 设置形状样式

10 在图形上绘制文本框，并输入文本，效果如图19-67所示。

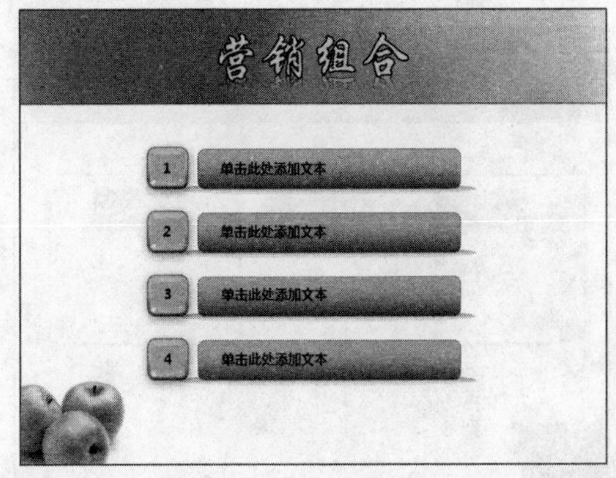

图19-67 输入文本

11 进入第3张幻灯片，复制第2张幻灯片中的标题文本，粘贴至第3张幻灯片中，并更改文本内容，如图19-68所示。

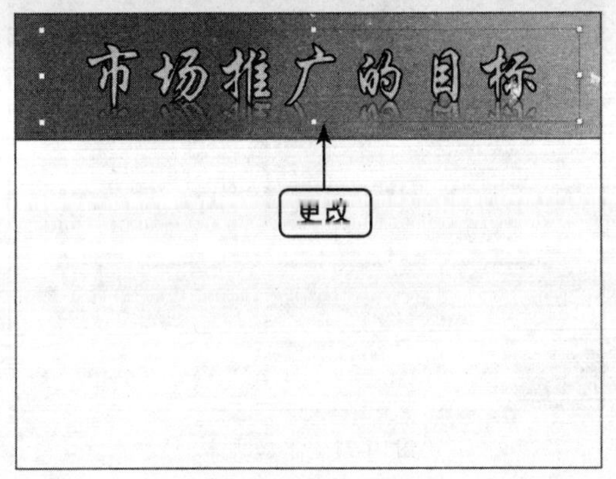

图19-68 更改文本内容

12 用与上面相同的方法，调出“插入图片”对话框，在计算机中的相应位置选择需要的图片，如图19-69所示。

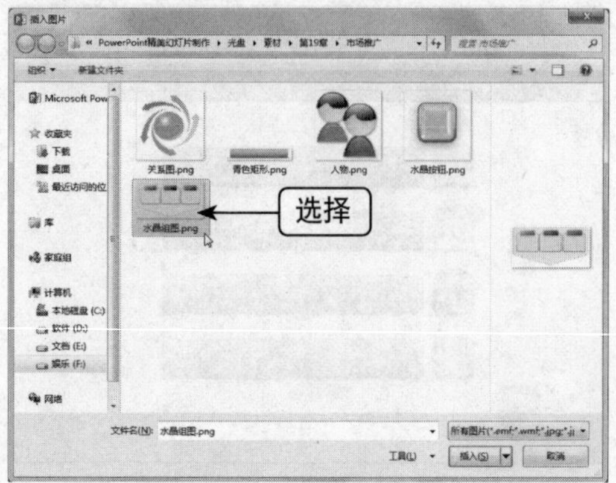

图19-69　选择需要的图片

13 单击“插入”按钮，即可插入图片。调整图片位置，如图19-70所示。

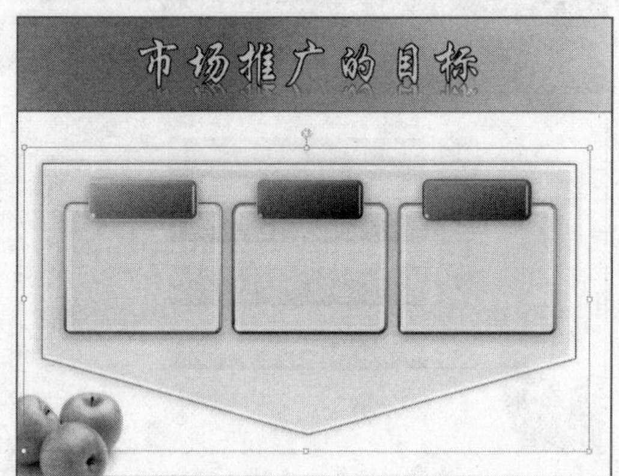

图19-70　插入图片

14 在图形上分别添加文本，效果如图19-71所示。

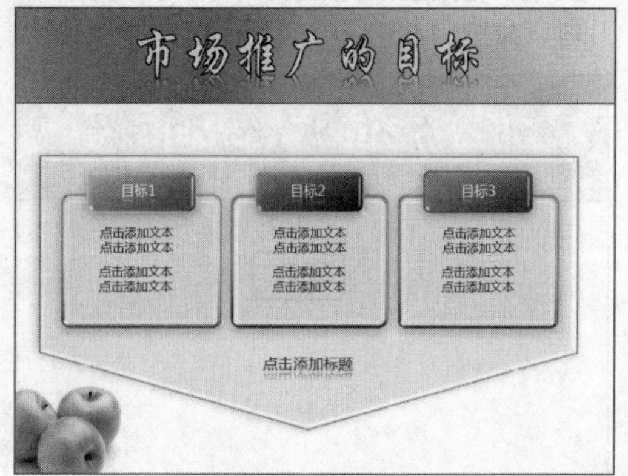

图19-71　添加文本

15 进入第4张幻灯片，复制第3张幻灯片中的标题文本，粘贴至第4张幻灯片中，更改文本内容，如图19-72所示。

图19-72　更改文本内容

16 在幻灯片中插入图片，调整到合适位置，如图19-73所示。

图19-73　插入图片

17 在幻灯片中绘制一个圆角矩形，如图19-74所示。

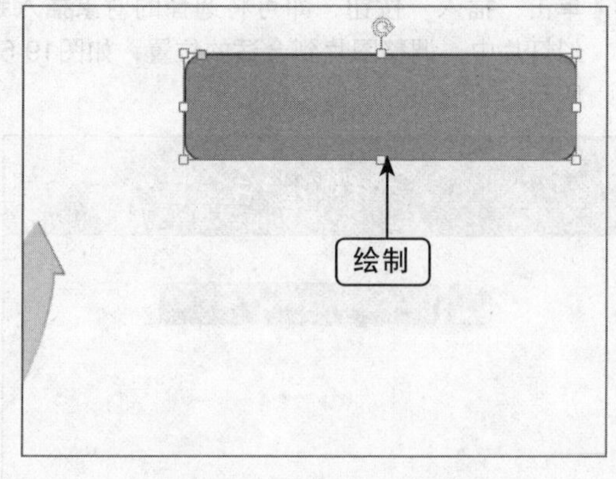

图19-74　绘制圆角矩形

18 选中矩形，切换至“绘图工具”中的“格式”面板，单击“形状样式”选项板中的“形状填充”下拉按钮，弹出列表框，选择“渐变”中的“线性向上”选项，如图19-75所示。

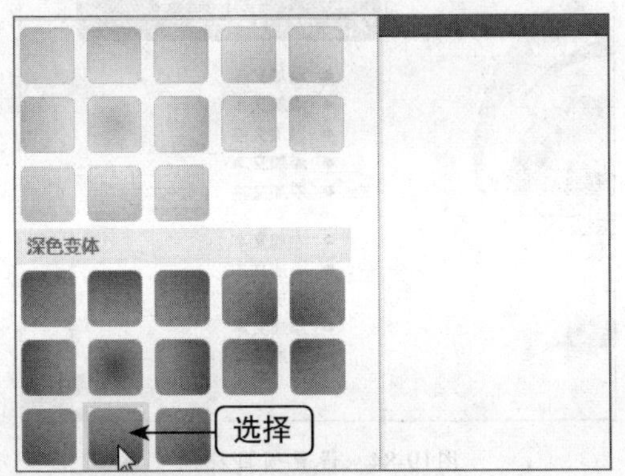

图19-75　选择“线性向上”选项

19 执行操作后，即可设置形状填充。在形状上单击鼠标右键，弹出快捷菜单，选择“编辑文字”命令，如图19-76所示。

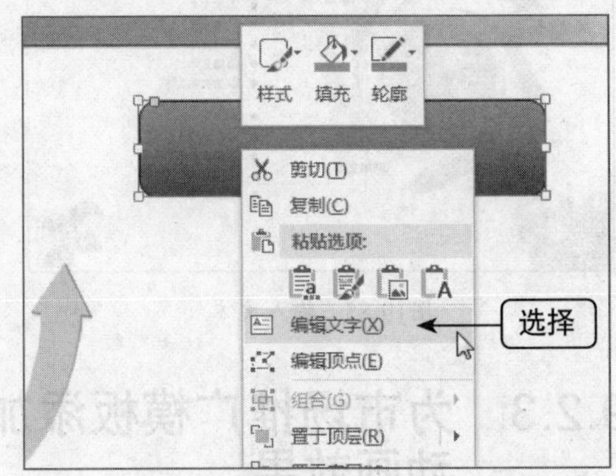

图19-76　选择“编辑文字”命令

20 输入文本，设置文本属性，效果如图19-77所示。

图19-77　输入文本

21 在幻灯片中绘制一条直线，在“绘图工具”中的“格式”面板，单击“形状样式”选项板中的“其他”下拉按钮，弹出列表框，选择相应选项，如图19-78所示。

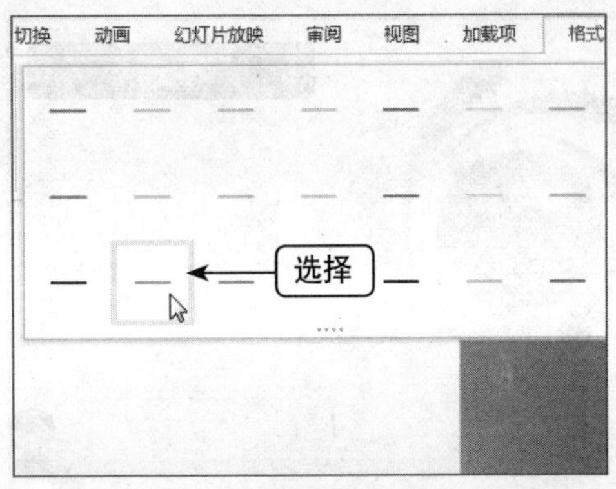

图19-78　选择相应选项

22 单击“形状样式”选项板右下角的“设置形状格式”按钮，弹出“设置形状格式”窗格，在展开的“线条”选项区中选中“实线”单选按钮，在下方单击“短划线类型”右侧的下拉按钮，弹出列表框，选择“圆点”选项，如图19-79所示。

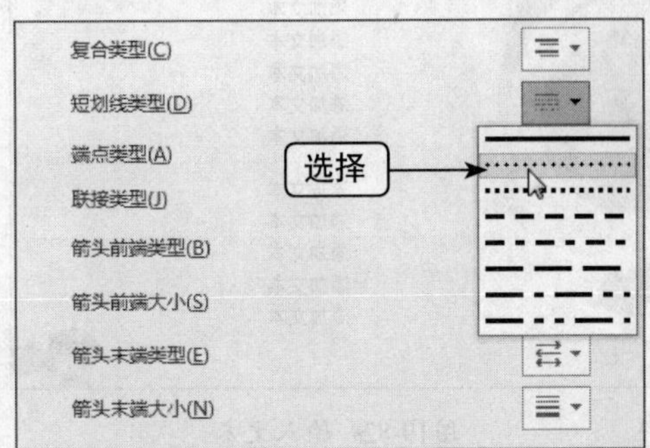

图19-79　选择“圆点”选项

23 执行操作后，即可设置线段类型，效果如图19-80所示。

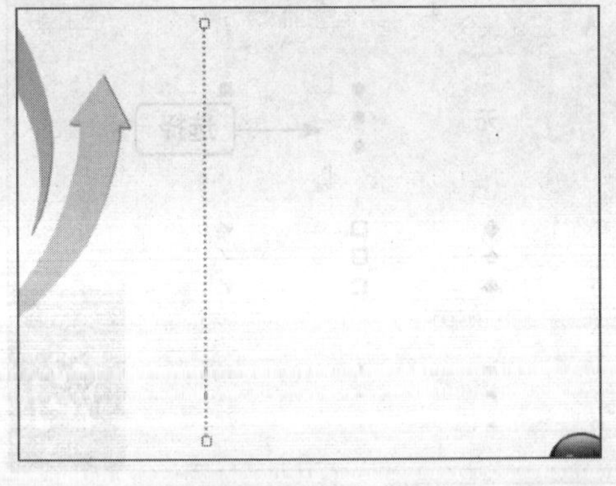

图19-80　设置文本属性

24 复制一条圆点线段，单击“排列”选项板中的“旋转”下拉按钮，弹出列表框，选择“向右旋转90°”选项，调整复制的线段的位置，效果如图19-81所示。

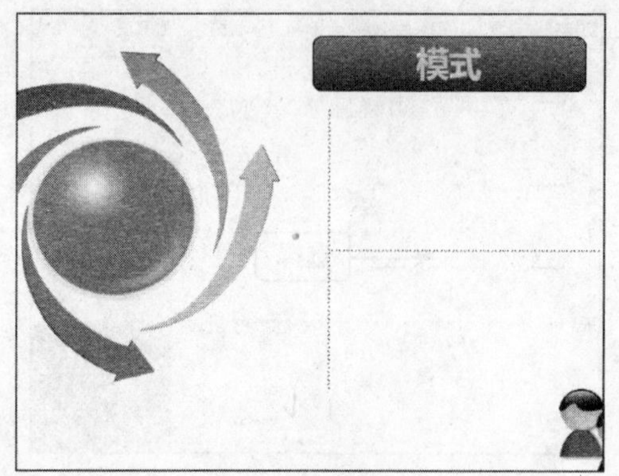

图19-81 复制圆点线段

25 在圆点线段的上下位置绘制文本框，并输入文本，如图19-82所示。

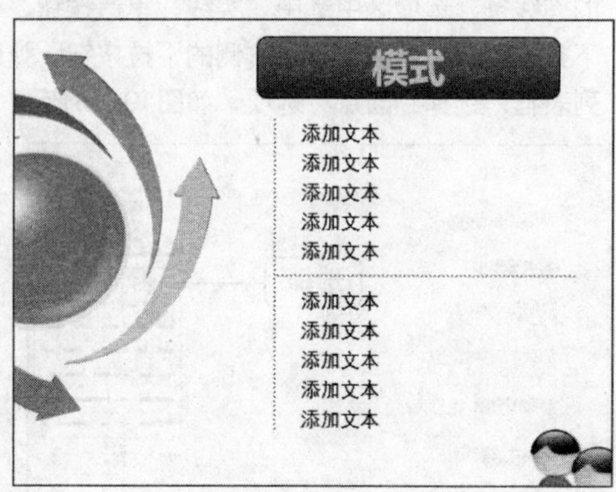

图19-82 输入文本

26 选中上方的文本，在“段落”选项板中单击“项目符号”下拉按钮，弹出列表框，选择“带填充效果的大圆形项目符号”选项，如图19-83所示。

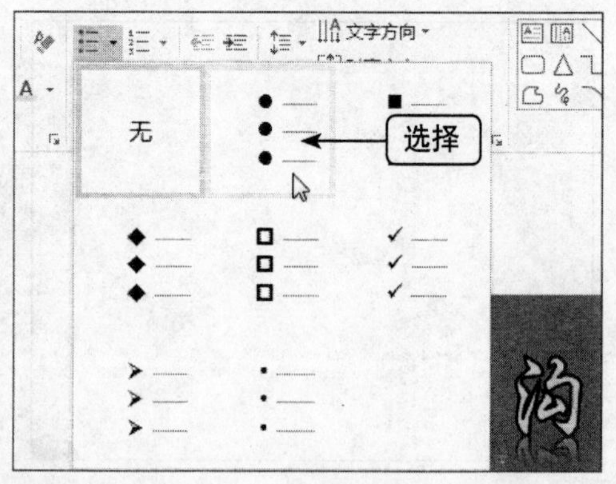

图19-83 选择“带填充效果的大圆形项目符号”选项

27 用与上面相同的方法，设置下方文本的项目符号，效果如图19-84所示。

28 在左边图形的周边绘制文本框，并输入文本，效果如图19-85所示。

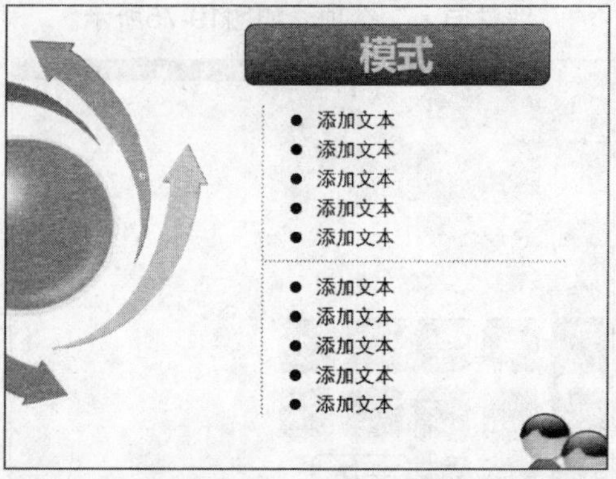

图19-84 设置项目符号

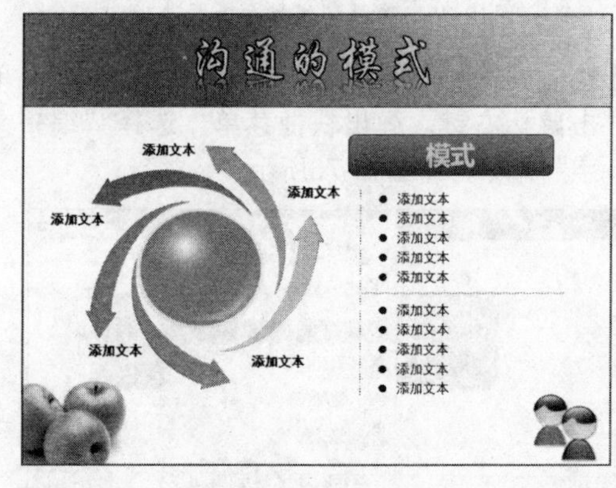

图19-85 输入文本

19.2.3 为市场推广模板添加动画效果

为市场推广模板添加动画效果的具体操作步骤如下。

01 进入第1张幻灯片，选择标题文本，切换至“动画”面板，单击“动画”选项板中的“其他”下拉按钮，如图19-86所示。

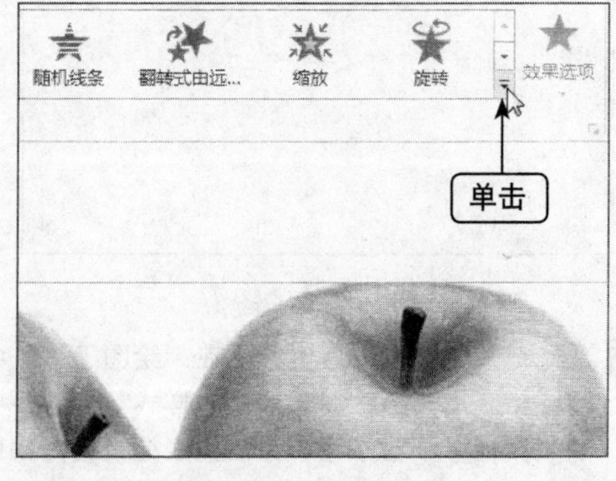

图19-86 单击“其他”下拉按钮

02 弹出列表框，选择“更多进入效果”选项，如图19-87所示。

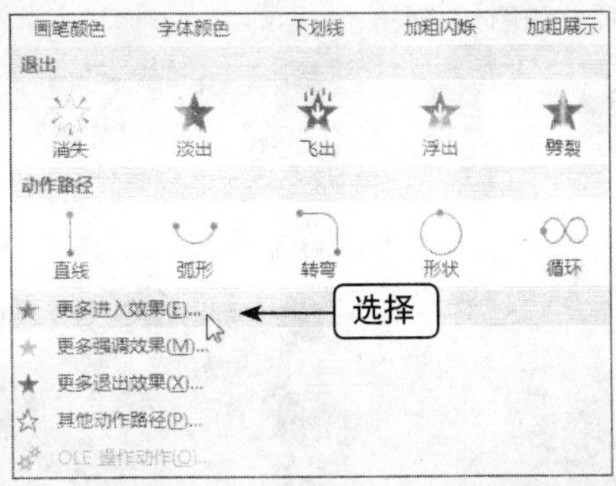

图19-87 选择“更多进入效果”选项

03 弹出“更改进入效果”对话框，在“华丽型”选项区中选择“空翻”选项，如图19-88所示。

图19-88 选择“空翻”选项

04 执行操作后，即可设置文本动画效果。进入第2张幻灯片，用与上面相同的方法，设置标题动画效果为“下浮”、从上至下依次设置图文对象的动画效果为“升起”，如图19-89所示。

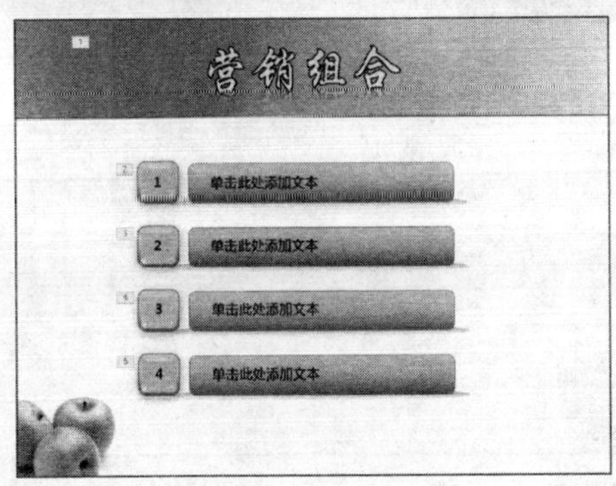

图19-89 设置动画效果

05 在“预览”选项板中单击“预览”按钮，即可预览第2张幻灯片的动画效果，如图19-90所示。

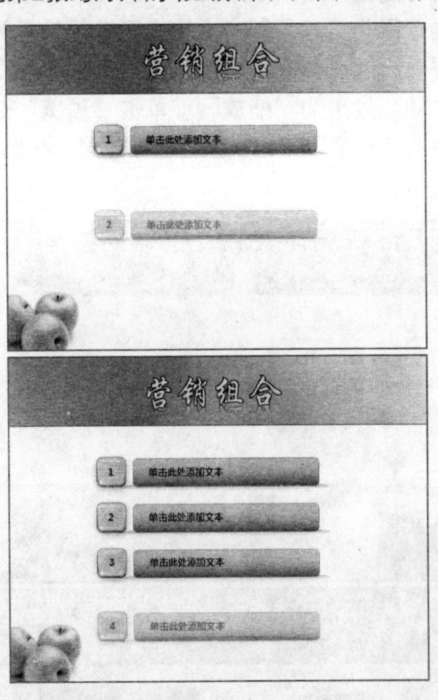

图19-90 预览第2张幻灯片的动画效果

06 进入第3张幻灯片，用与上面相同的方法，设置标题文本动画效果为“下浮”，设置下方图形文本动画效果为“十字形扩展”。单击“预览”选项板中的“预览”按钮，预览动画效果，如图19-91所示。

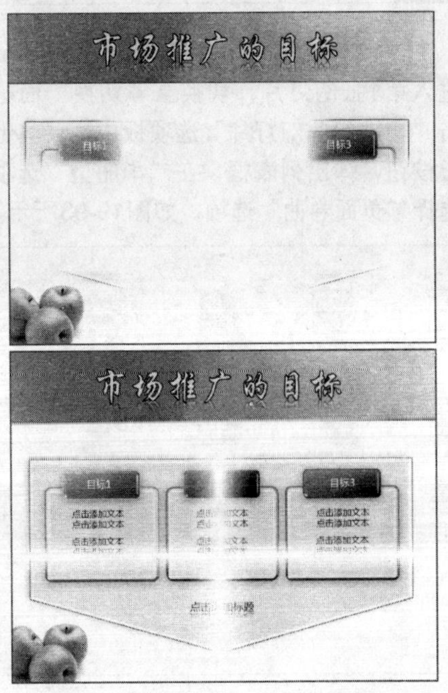

图19-91 预览第3张幻灯片动画效果

07 进入第4张幻灯片，用与上面相同的方法，设置标题文本动画效果为“下浮”、左边图文动画效果为“轮子”、右边矩形动画效果为“上浮”、圆点线段动画效果为“飞入”、上下文本动画效果为“缩放”。单击“预览”选项板中的“预览”按钮，预览动画效果，如图19-92所示。

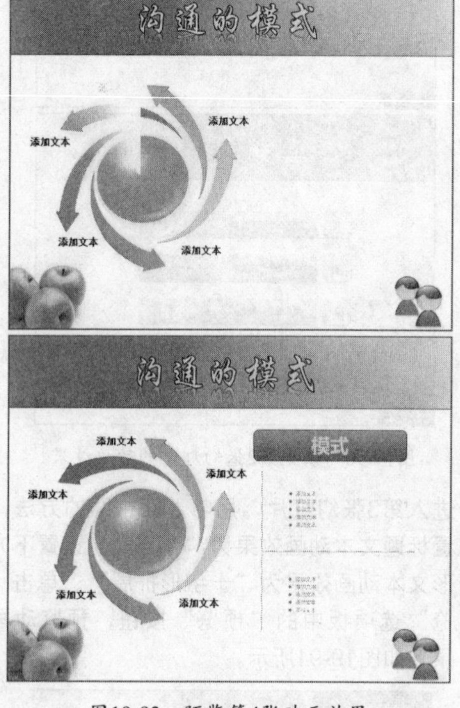

图19-92　预览第4张动画效果

08 进入第1张幻灯片，切换至“切换”面板，单击“切换到此幻灯片”选项板中的“其他”下拉按钮，弹出列表框，在“华丽型”选项区中选择“页面卷曲”选项，如图19-93所示。

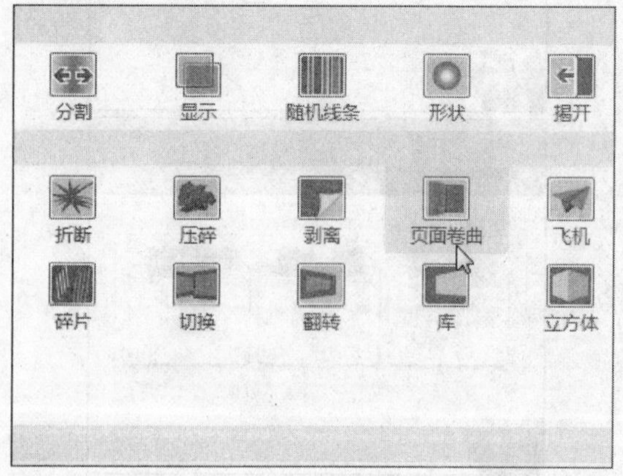

图19-93　选择“页面卷曲”选项

09 单击“切换到此幻灯片”选项板中的“效果选项”下拉按钮，弹出列表框，选择“双右”选项，如图19-94所示。

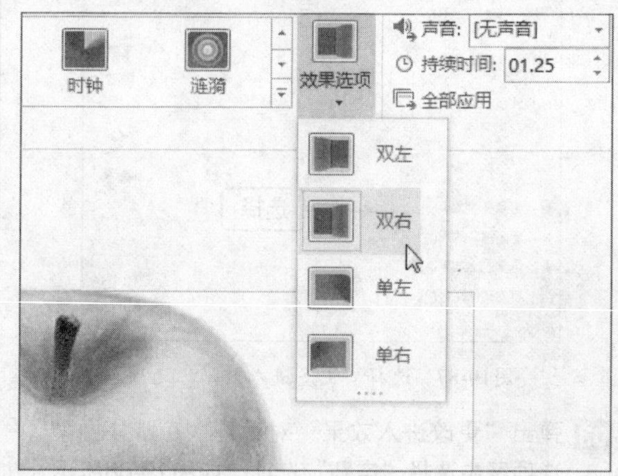

图19-94　选择“双右”选项

10 在“计时”选项板中，单击“全部应用”按钮，即可将该切换效果应用到所有幻灯片。单击“预览”选项板中的“预览”按钮，预览切换效果，如图19-95所示。

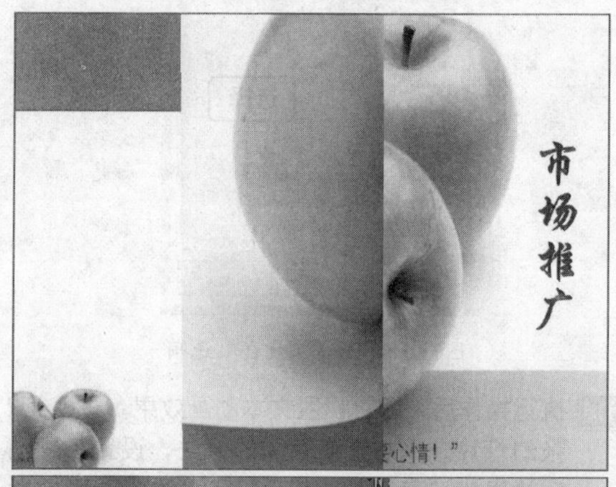

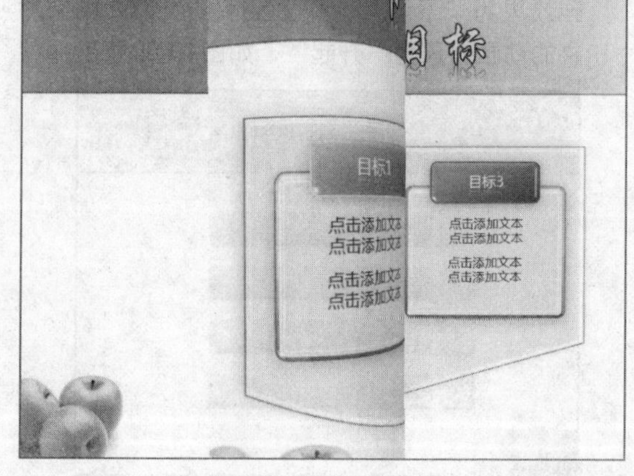

图19-95　预览切换效果

19.3 销售数据模板制作

本实例介绍的是销售数据模板的制作，效果如图19-96所示。

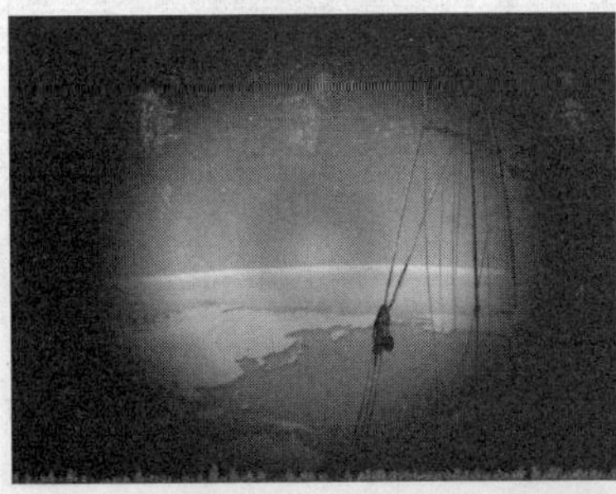

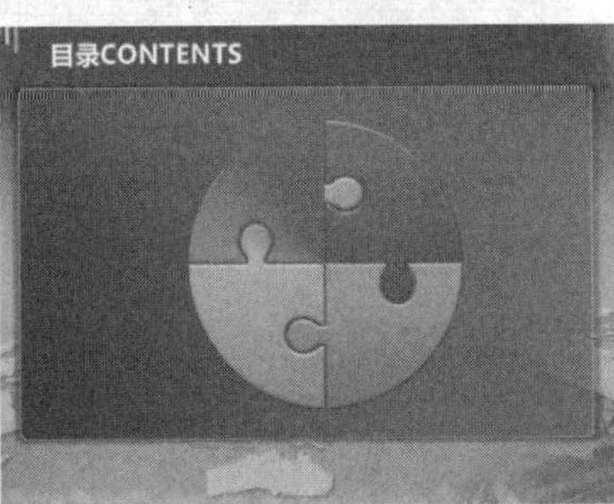

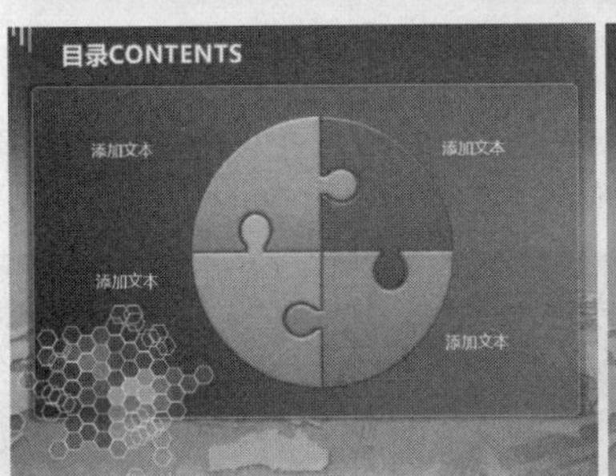

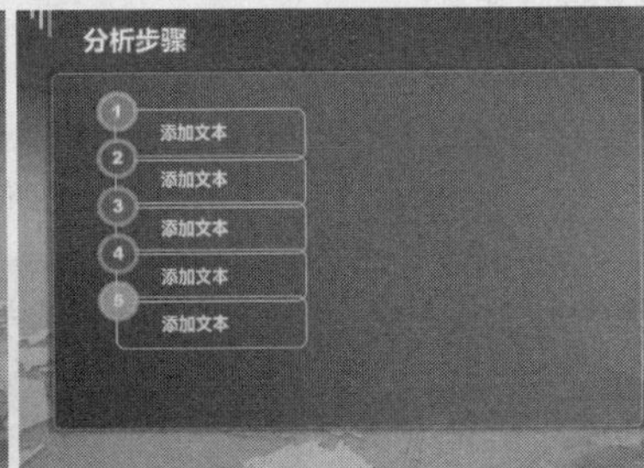

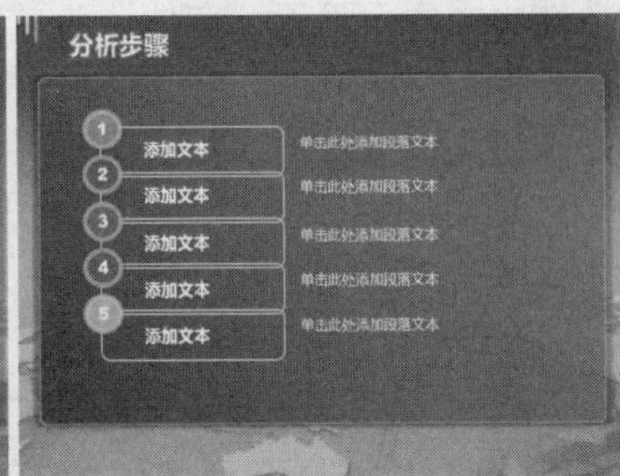

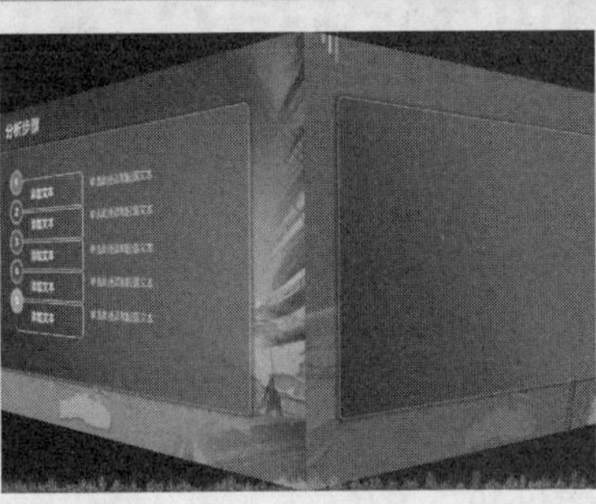
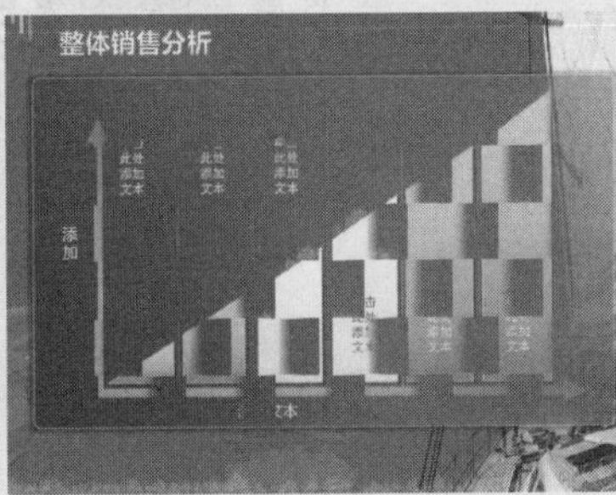

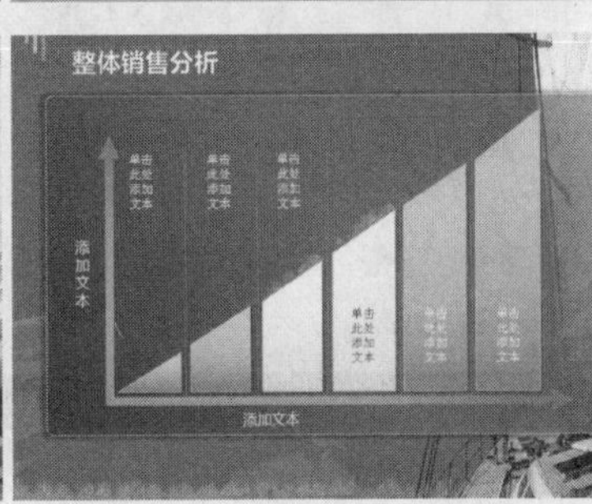

图19-96 销售数据模板效果

➡ 素材文件	素材\第19章\销售数据模板.pptx等
➡ 效果文件	效果\第19章\销售数据模板.pptx
➡ 视频文件	视频\第19章\制作销售数据模板首页.mp4等
➡ 难易程度	★★★★★

19.3.1 制作销售数据模板首页

制作销售数据模板首页的具体操作步骤如下。

01 在PowerPoint 2013中，打开一个素材文件，如图19-97所示。

图19-97 打开一个素材文件

02 在幻灯片中绘制一个横排文本框，并输入文本，如图19-98所示。

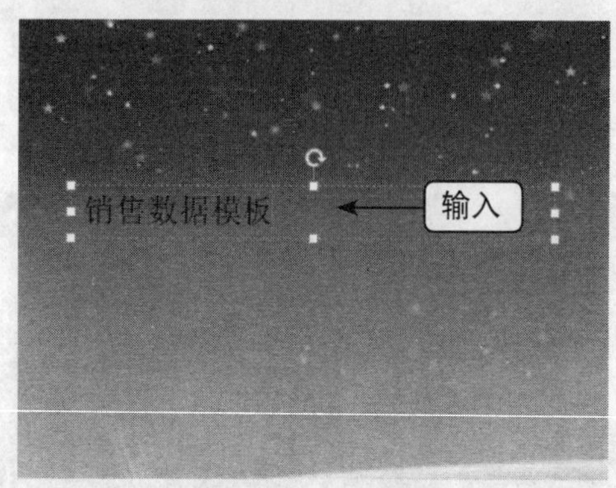

图19-98　输入文本

03 选中文本，设置“字体”为“微软雅黑”、“字号”为70，单击“加粗”和“文字阴影”按钮，双击文本，单击“艺术字样式”选项板中的“其他”下拉按钮，弹出列表框，选择相应选项，如图19-99所示。

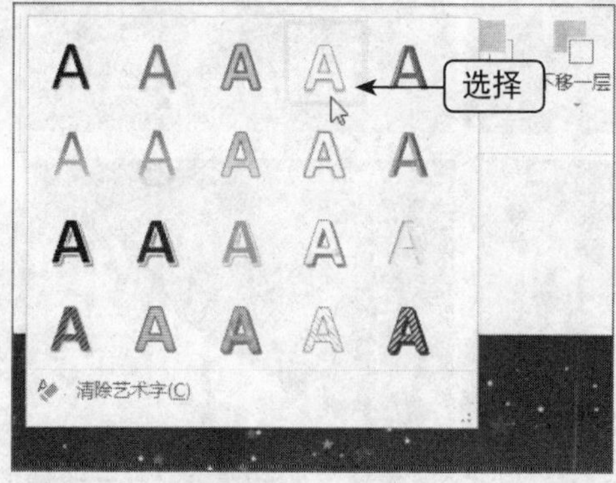

图19-99　选择相应选项

04 单击“艺术字样式”选项板中的“文本效果”下拉按钮，弹出列表框，选择“映像”中的“紧密映像，8pt 偏移量”选项，如图19-100所示。

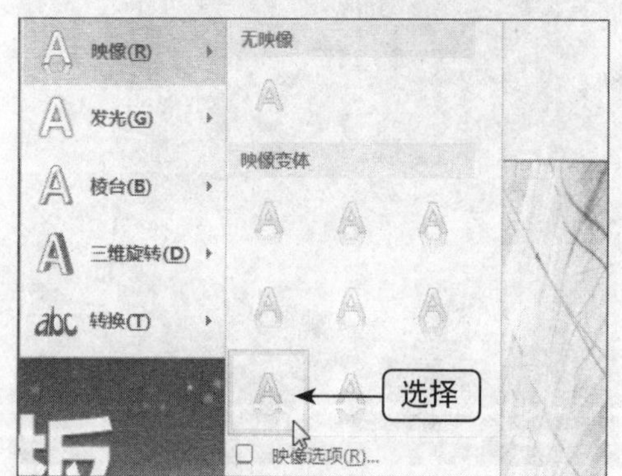

图19-100　选择“紧密映像，8pt 偏移量”选项

05 执行操作后，即可设置文本效果，如图19-101所示。

图19-101　设置文本效果

06 选中艺术文本，进行合适角度的旋转，效果如图19-102所示。

图19-102　旋转文本

07 用与上面相同的方法，在幻灯片中添加副标题文本，设置相应属性，效果如图19-103所示。

图19-103　添加副标题文本

19.3.2 制作销售数据其他幻灯片

制作销售数据其他幻灯片的具体操作步骤如下。

01 进入第2张幻灯片，在幻灯片的左上角绘制文本框，并输入文本，如图19-104所示。

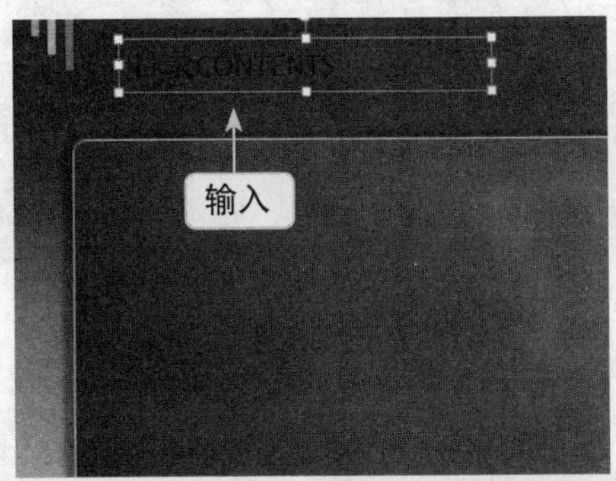

图19-104 输入文本

02 选中文本，为文本设置相应属性，效果如图19-105所示。

图19-105 设置文本属性

03 切换至“插入”面板，在调出的“插入图片”对话框中选择需要的图片，如图19-106所示。

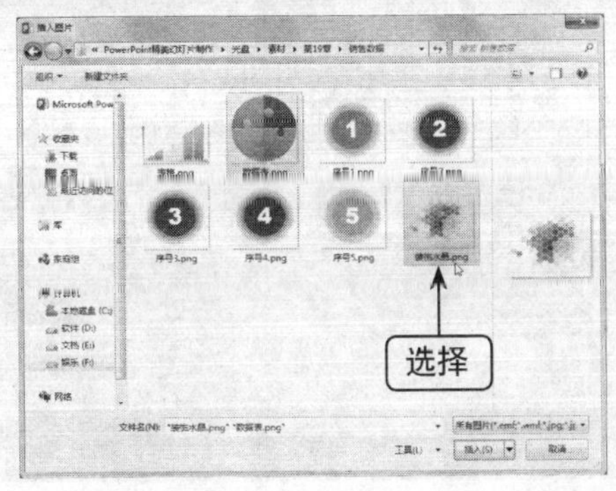

图19-106 选择需要的图片

04 单击“插入”按钮，即可将图片插入到幻灯片中，效果如图19-107所示。

图19-107 插入图片

05 在数据表周边的适当位置添加文本，如图19-108所示。

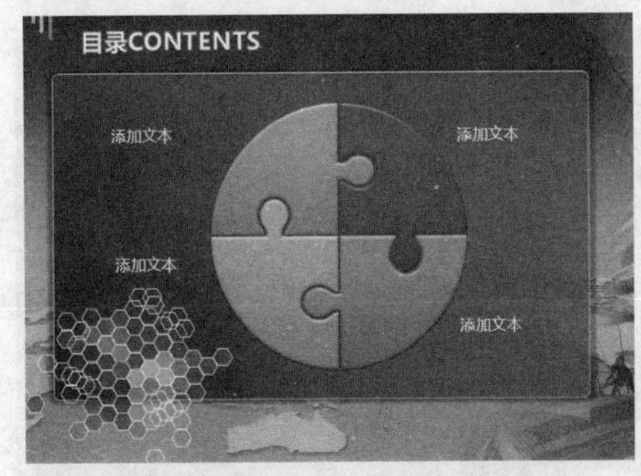

图19-108 添加文本

06 进入第3张幻灯片，复制第2张幻灯片中的标题文本，粘贴至第3张幻灯片中，更改文本内容，如图19-109所示。

图19-109 更改文本内容

07 在中间矩形的左侧绘制圆角矩形，切换至“绘图工具”中的“格式”面板，设置“形状填充”为“无填充颜色”、“形状轮廓”为“白色，背景1，深色15%”，效果如图19-110所示。

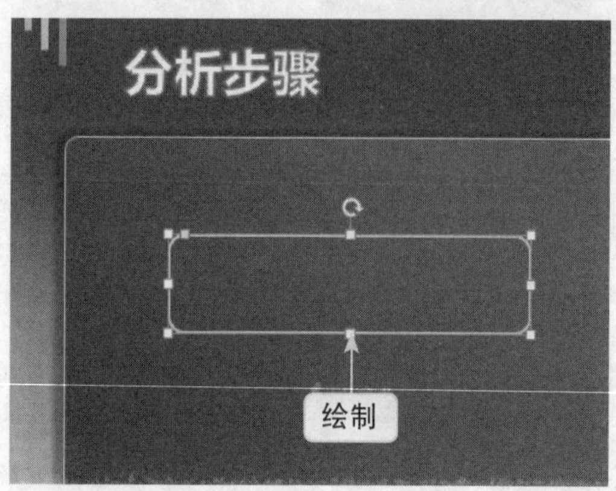

图19-110　绘制圆角矩形

08 复制圆角矩形，调整各矩形的位置，如图19-111所示。

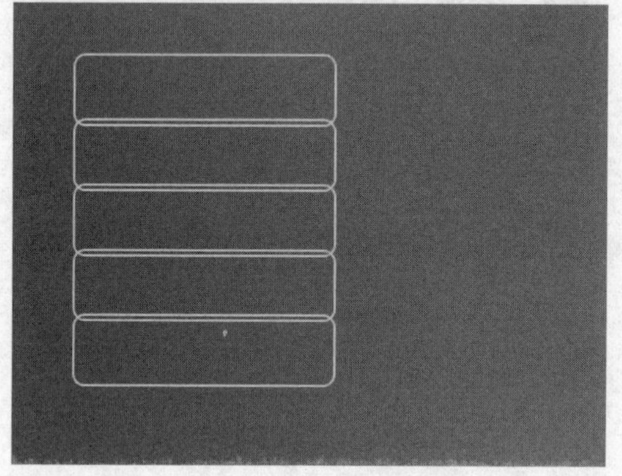

图19-111　复制圆角矩形

09 切换至“插入”面板，在调出的“插入图片”对话框中的相应位置选择需要的对象，如图19-112所示。

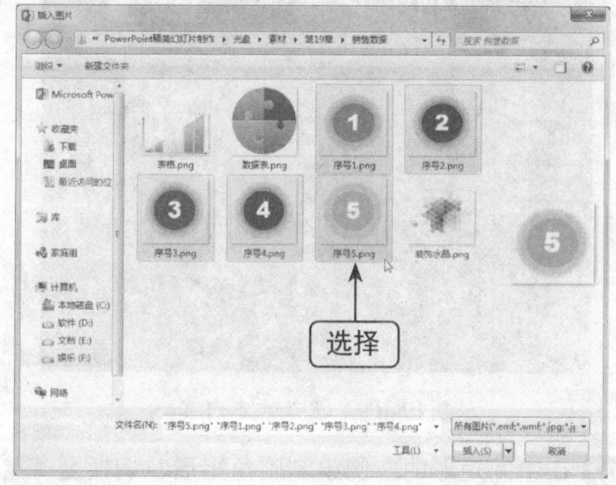

图19-112　选择需要的对象

10 单击“插入”按钮，即可插入对象，调整其位置，如图19-113所示。

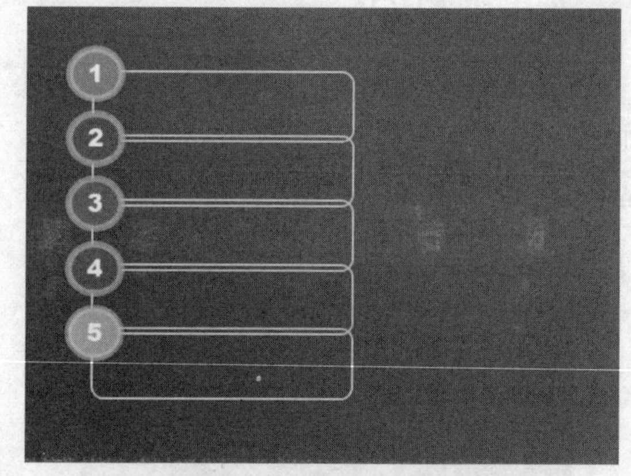

图19-113　插入对象

11 在幻灯片中绘制文本框，并输入文本，效果如图19-114所示。

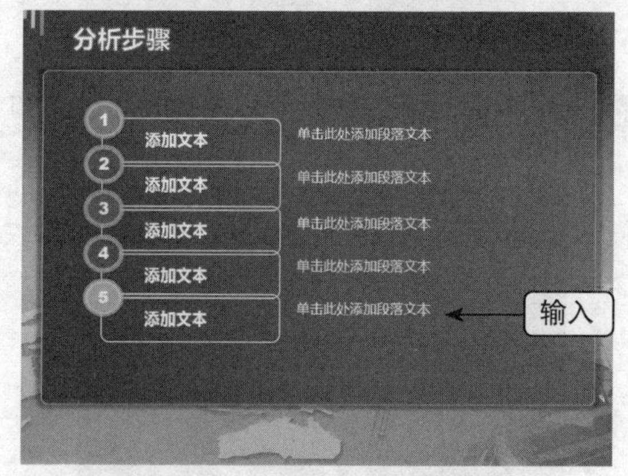

图19-114　输入文本

12 进入第4张幻灯片，复制第3张幻灯片中的标题文本，粘贴至第4张幻灯片中，更改文本内容，如图19-115所示。

图19-115　更改文本内容

13 切换至“插入”面板，在“图像”选项板中单击“图片”按钮，如图19-116所示。

图19-116 单击“图片”按钮

14 弹出“插入图片”对话框，在计算机中的相应位置选择需要的对象，如图19-117所示。

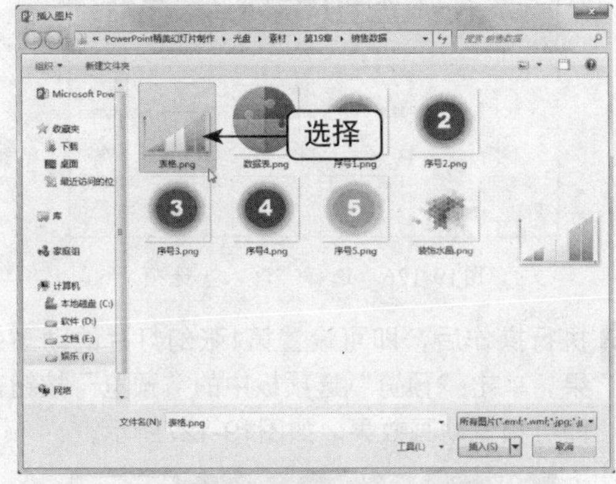

图19-117 选择需要的对象

15 单击“插入”按钮，即可将选择的对象插入到幻灯片中，如图19-118所示。

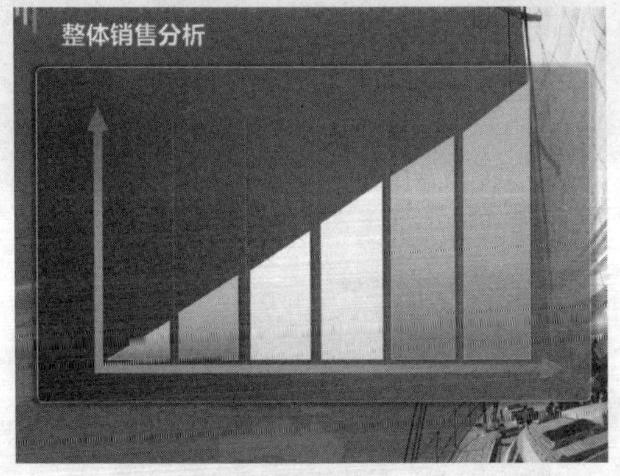

图19-118 插入对象

16 在插入对象的下方绘制一个横排文本框，如图19-119所示。

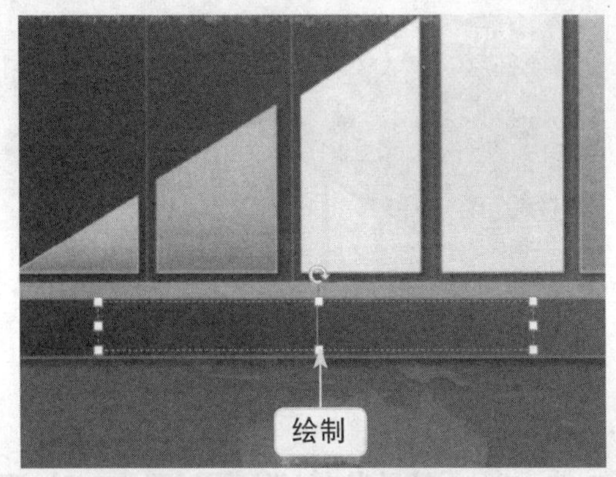

图19-119 绘制横排文本框

17 输入文本，在“字体”选项板中设置“字体”为“微软雅黑”、“字号”为18、“字体颜色”为白色，在“段落”选项板中单击“居中”按钮，如图19-120所示。

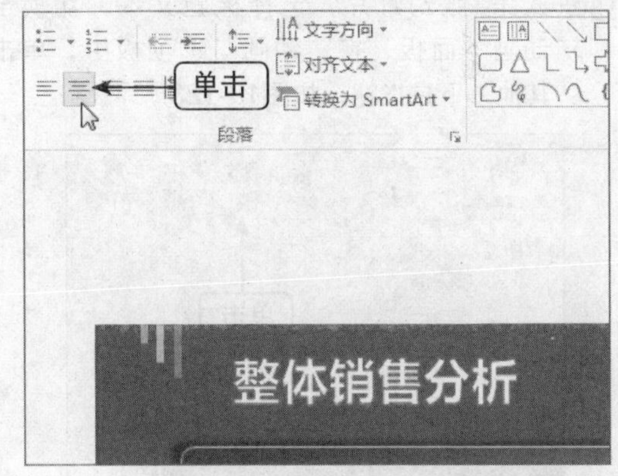

图19-120 单击“居中”按钮

18 执行操作后，即可设置文本属性，效果如图19-121所示。

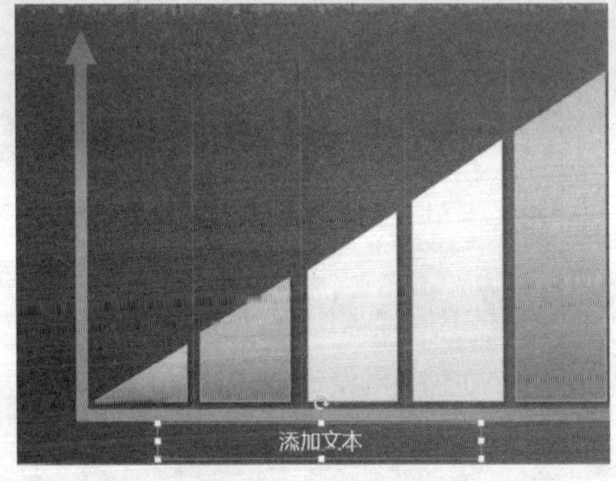

图19-121 设置文本属性

19 用与上面相同的方法，在幻灯片中的其他位置添加文本，效果如图19-122所示。

图19-122　添加其他文本

19.3.3　为销售数据添加动画效果

为销售数据添加动画效果的具体操作步骤如下。

01 进入第1张幻灯片，选择标题文本，切换至“动画”面板，在“动画”选项板中，单击“其他”下拉按钮，如图19-123所示。

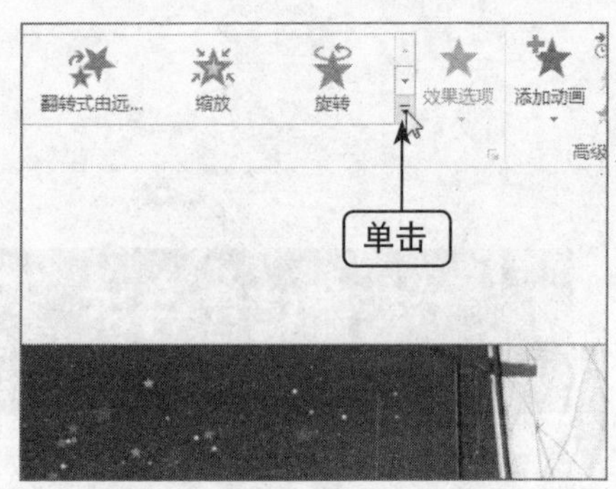

图19-123　单击“其他”下拉按钮

02 弹出列表框，选择“更多进入效果”选项，如图19-124所示。

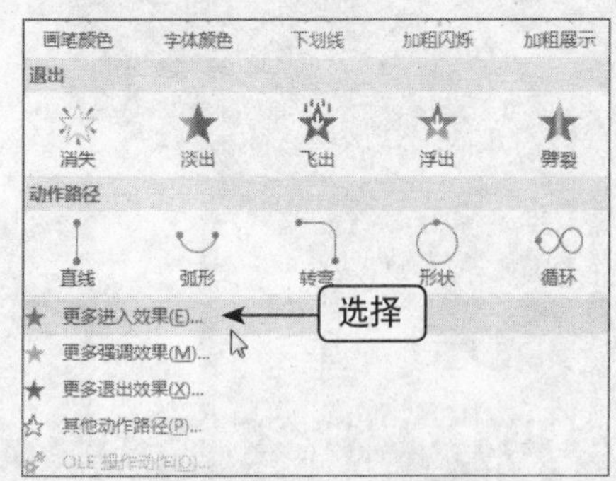

图19-124　选择“更多进入效果”选项

03 弹出“更改进入效果”对话框，在“温和型”选项区中选择“升起”选项，如图19-125所示。

04 单击“确定”按钮，即可将标题文本设置动画效果为“升起”。用与上面相同的方法，选中副标题文本，单击“动画”选项板中的“其他”下拉按钮，弹出列表框，在“进入”选项区中选择“浮入”选项，如图19-126所示。

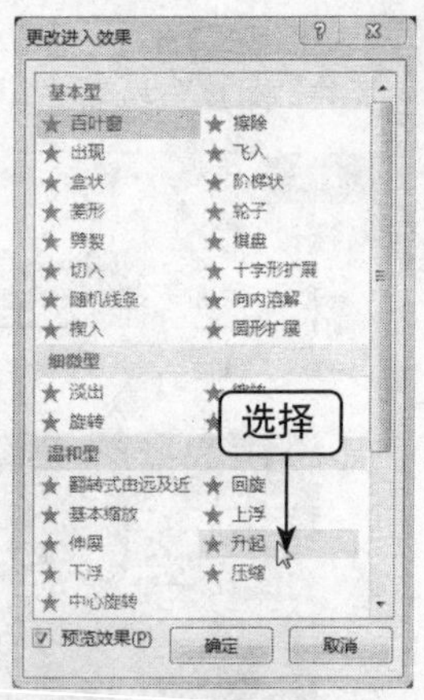

图19-125　选择“升起”选项

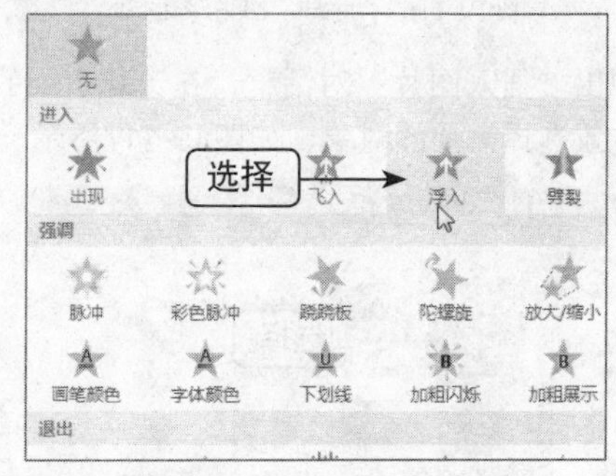

图19-126　选择“浮入”选项

05 执行操作后，即可设置第1张幻灯片的动画效果。单击“预览”选项板中的“预览”按钮，即可预览动画效果，如图19-127所示。

图19-127　预览第1张动画效果

06 进入第2张幻灯片，用与上面相同的方法，设置标题文本动画效果为“下浮”、中间的数据表动画效果为“轮子”、数据表周边文本动画效果为“淡出”、装饰水晶的动画效果为“基本缩放”，预览效果如图19-128所示。

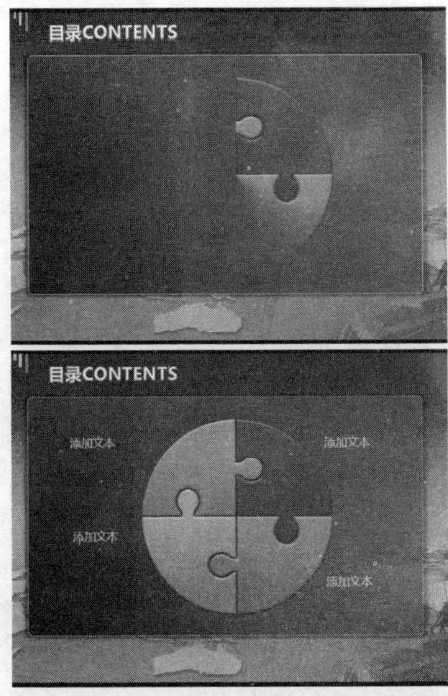

图19-128 预览第2张幻灯片的动画效果

07 进入第3张幻灯片，设置标题文本动画效果为“下浮”、左边图文对象动画效果为“升起”、右边文本动画效果为“飞旋”，预览效果如图19-129所示。

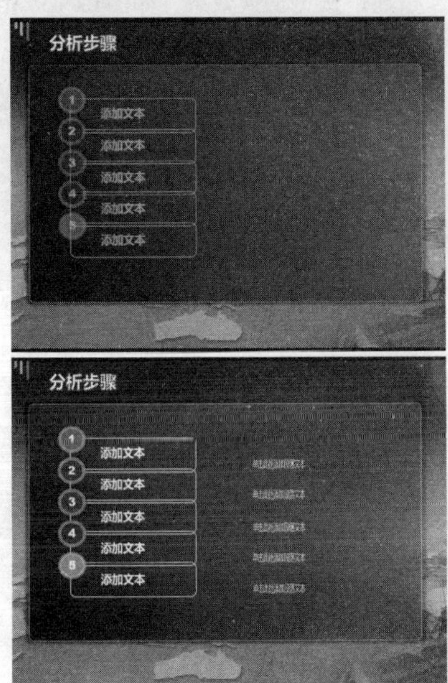

图19-129 预览第3张幻灯片的动画效果

08 进入第4张幻灯片，设置标题文本动画效果为“下浮”、图表与文本的动画效果为“棋盘”，预览效果如图19-130所示。

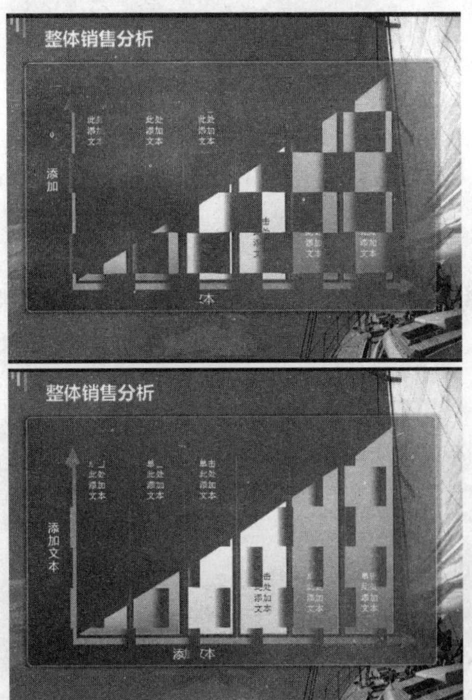

图19-130 预览第4张幻灯片的动画效果

09 进入第1张幻灯片，切换至“切换”面板，单击“切换到此幻灯片”选项板中的“其他”下拉按钮，弹出列表框，在“华丽型”选项区中选择“涟漪”选项，如图19-131所示。

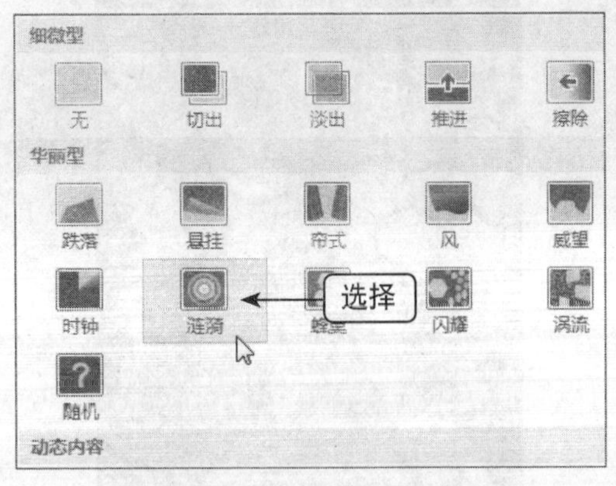

图19-131 选择“涟漪”选项

10 进入第2张幻灯片，用与上面相同的方法，单击“切换到此幻灯片”选项板中的“其他”下拉按钮，弹出列表框，在“华丽型”选项区中选择“蜂巢”选项，效果如图19-132所示。

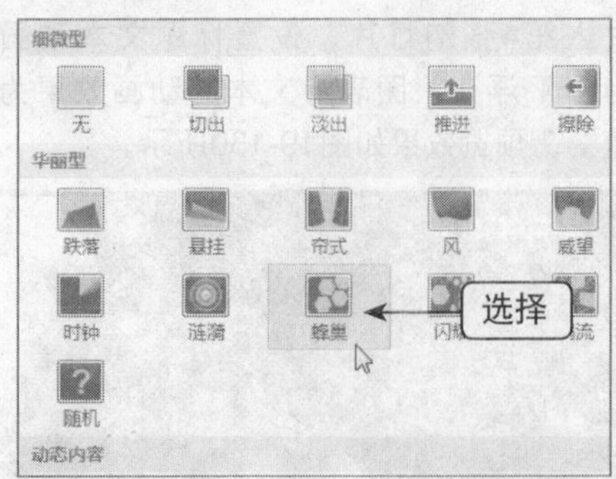

图19-132　选择“蜂巢”选项

11 执行操作后，即可设置第2张幻灯片的切换效果，预览第1张和第2张幻灯片的切换效果，如图19-133所示。

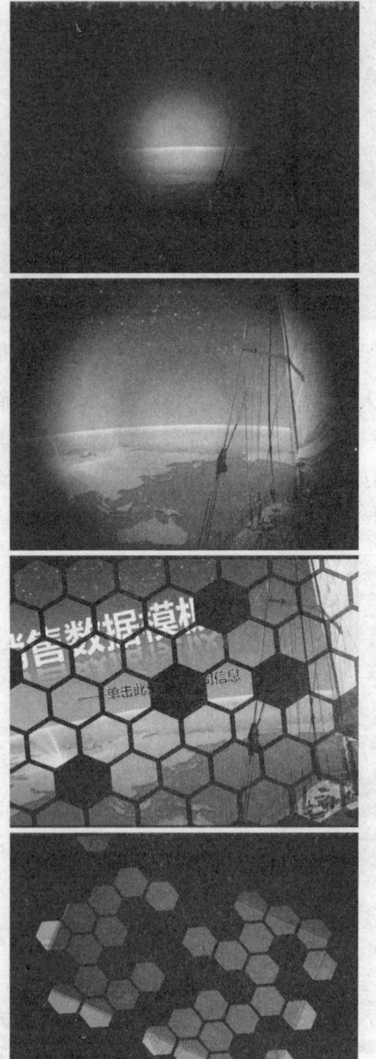

图19-133　预览第1张和第2张幻灯片的切换效果

12 进入第3张幻灯片，用与上面相同的方法，单击“切换到此幻灯片”选项板中的“其他”下拉按钮，弹出列表框，在“华丽型”选项区中选择“闪耀”选项。单击“预览”选项板中的“预览”按钮，预览切换效果，如图19-134所示。

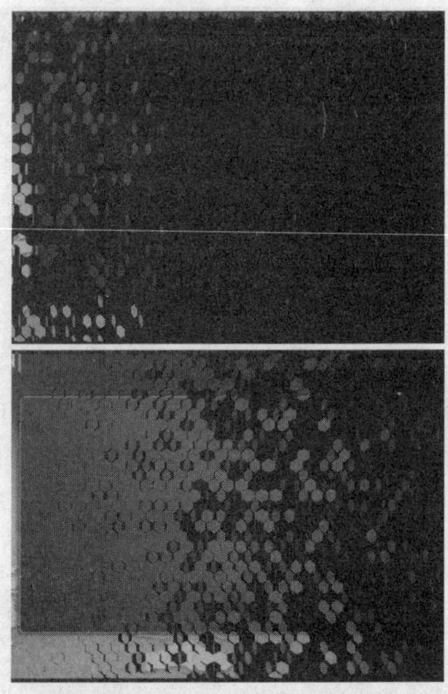

图19-134　预览第3张幻灯片的动画效果

13 进入第4张幻灯片，用与上面相同的方法，单击“切换到此幻灯片”选项板中的“其他”下拉按钮，弹出列表框，在“华丽型”选项区中选择“切换”选项。单击“预览”选项板中的“预览”按钮，预览切换效果，如图19-135所示。

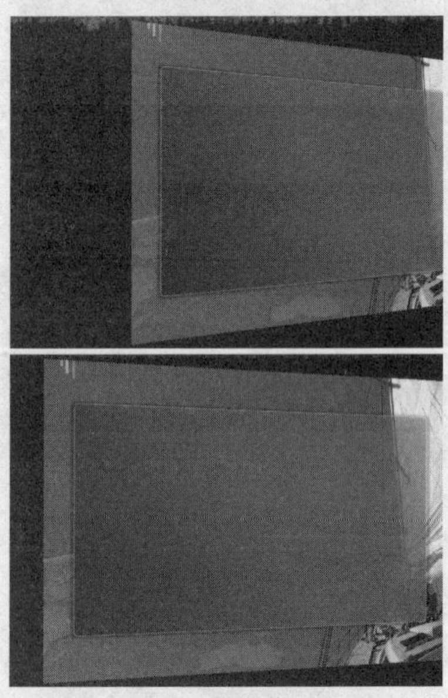

图19-135　预览第4张幻灯片的动画效果